Bernd Künne

Köhler/Rögnitz Maschinenteile 1

Bernd Künne

Köhler/Rögnitz Maschinenteile

Köhler/Rögnitz Maschinenteile 1
9., überarbeitete und aktualisierte Auflage 2003
475 Seiten mit 537 Abbildungen, Tabellen und Diagrammen sowie zahlreichen Beispielrechnungen

Inhalt des ersten Teils:
Einführung in das Konstruieren und Gestalten von Maschinenteilen - Grundlagen der Festigkeitsberechnung - Normen - Nietverbindungen - Stoffschlüssige Verbindungen - Reib- und Formschlüssige Verbindungen - Schraubenverbindungen - Federn - Rohrleitungen und Armaturen - Dichtungen

Köhler/Rögnitz Maschinenteile 2
9., überarbeitete und aktualisierte Auflage gepl. Ende 2003
ca. 510 Seiten mit zahlreichen Abbildungen, Tabellen und Diagrammen sowie Beispielrechnungen

Inhalt des zweiten Teils:
Achsen und Wellen - Gleitlager - Wälzlager - Kupplungen und Bremsen - Kurbelbetrieb - Kurvengetriebe - Zugmittelgetriebe - Zahnrädergetriebe

Bernd Künne

Köhler/Rögnitz Maschinenteile 1

9. überarbeitete und aktualisierte Auflage

mit 537 Abbildungen, Tabellen und Diagrammen
sowie zahlreichen Beispielrechnungen

B. G. Teubner · Stuttgart · Leipzig · Wiesbaden

Bibliografische Information der Deutschen Bibliothek
Die Deutsche Bibliothek verzeichnet diese Publikation in der Deutschen Nationalbibliographie;
detaillierte bibliografische Daten sind im Internet über <http://dnb.ddb.de> abrufbar.

Herausgegeben und bearbeitet von
Univ.-Prof. Dr.-Ing. **Bernd Künne**, Fachgebiet Maschinenelemente, Universität Dortmund.

Begründet von
Baudirektor Dipl.-Ing. **Günter Köhler**, Direktor der Staatl. Ingenieurschule Beuth, Berlin, und Oberbaurat Dr.-Ing. **Hans Rögnitz**, Staatl. Ingenieurschule Beuth, Berlin.

Ab der 4. Auflage herausgegeben und maßgeblich bearbeitet von
Professor Dr.-Ing. **Joachim Pokorny**, Universität Gesamthochschule Paderborn, ehem. Oberbaudirektor, Leiter der Staatl. Ingenieurschule für Maschinenwesen Soest.

Bearbeitet u.a. von
Professor Dipl.-Ing. **Karl-Heinz Küttner**, Technische Fachhochschule Berlin,
Professor Dipl.-Ing. **Erwin Lemke**, Technische Fachhochschule Berlin,
Professor Dipl.-Ing. **Gerhart Schreiner**, Fachhochschule für Technik, Mannheim
Professor Dipl.-Ing. **Udo Zelder**, Universität Gesamthochschule Paderborn,
Professor Dipl.-Ing. **Lothar Hägele**, Fachhochschule Aalen

1. Aufl. 1960
3. Aufl. 1965
4. Aufl. 1968
5. Aufl. 1976
6. Aufl. 1981
7. Aufl. 1986
8. Aufl. 1992
9. überarbeitete und aktualisierte Auflage 2003

Alle Rechte vorbehalten
© B. G. Teubner / GWV Fachverlage GmbH, Wiesbaden 2003

Der B. G. Teubner Verlag ist ein Unternehmen der Fachverlagsgruppe BertelsmannSpringer.
www.teubner.de

Das Werk einschließlich aller seiner Teile ist urheberrechtlich geschützt. Jede Verwertung außerhalb der engen Grenzen des Urheberrechtsgesetzes ist ohne Zustimmung des Verlags unzulässig und strafbar. Das gilt insbesondere für Vervielfältigungen, Übersetzungen, Mikroverfilmungen und die Einspeicherung und Verarbeitung in elektronischen Systemen.

Die Wiedergabe von Gebrauchsnamen, Handelsnamen, Warenbezeichnungen usw. in diesem Werk berechtigt auch ohne besondere Kennzeichnung nicht zu der Annahme, dass solche Namen im Sinne der Warenzeichen- und Markenschutz-Gesetzgebung als frei zu betrachten wären und daher von jedermann benutzt werden dürften.

Umschlaggestaltung: Ulrike Weigel, www.CorporateDesignGroup.de
Druck und buchbinderische Verarbeitung: Těšínská tiskárna, a.s. Český Těšín
Gedruckt auf säurefreiem und chlorfrei gebleichtem Papier.
Printed in Czech Republik

ISBN 3-519-16341-1

Vorwort

In der heutigen Zeit werden an die Kenntnisse von Ingenieurinnen und Ingenieuren zahlreiche neue Anforderungen gestellt. So ist es neben den „klassischen" Gebieten des Maschinenbaus erforderlich, umfangreiches Fachwissen auch in planerischen, organisatorischen und logistischen Bereichen zu besitzen. Dennoch kann auf die wesentlichen Inhalte der Grundlagenfächer nicht verzichtet werden. Vielmehr ist es notwendig, die Kenntnisse aus diesen Bereichen schnell, übersichtlich und nachvollziehbar zur Verfügung zu haben. Geeignete Fachbücher können daher auch durch die neuen Medien nicht ersetzt werden.

Das Buch „Köhler/Rögnitz Maschinenteile" stellt ein traditionsreiches Werk auf dem Gebiet der Maschinenelemente dar, das in der Vergangenheit als wertvolle Hilfe nicht nur für Studierende, sondern auch für Konstrukteurinnen und Konstrukteure in der beruflichen Praxis diente. Nachdem die achte Auflage mittlerweile vergriffen war, stellte sich die Aufgabe, die für die neunte Auflage erforderlichen Änderungen und Aktualisierungen vorzunehmen. Leider stand hierfür Herr Professor Dr.-Ing. J. Pokorny, der sich in jahrzehntelanger mühevoller Arbeit dieser Aufgabe gewidmet hatte, nicht mehr zur Verfügung. Aus diesem Grunde erklärte ich mich bereit, als Herausgeber der neunten Auflage mitzuwirken und dadurch das Buch im Sinne des bisherigen Herausgebers und der Autoren weiterzuführen. Auf diesem Wege entstand die vorliegende neunte Auflage des Teils 1 „Köhler/Rögnitz Maschinenteile".

Mit der Neuausgabe eines derartig renommierten Werkes geht die Schwierigkeit einher, Bewährtes fortzuführen und gleichzeitig die Inhalte und den Aufbau so an die geänderten Randbedingungen anzupassen, dass die Aktualität der vermittelten Informationen erhalten bleibt. Um dieser Zielsetzung gerecht zu werden, wurden neben der inhaltlichen Überarbeitung auch einige formale Änderungen durchgeführt. Als wichtigstes ist hierbei der Verzicht auf den bisherigen Anhang in Form von Arbeitsblättern zu nennen. Statt dessen erfolgte eine Einarbeitung der Inhalte in die entsprechenden Kapitel. Hierdurch konnte der gesamte Inhalt deutlich kompakter aufbereitet werden.

Der inhaltliche Rahmen wurde ebenso wie die Untergliederung in zwei Teile beibehalten. Ein erheblicher Aktualisierungsbedarf bestand insbesondere bei verwendeten Normen. Gerade in diesem Bereich haben sich in der letzten Jahren starke Veränderungen durch die Anpassung an europäische und internationale Standards ergeben. Der Stand der aufgenommenen Normen entspricht dem Zeitpunkt der Drucklegung.

Das vorliegende Lehr- und Arbeitsbuch soll dem Leser die erforderlichen Kenntnisse über die wesentlichen Maschinenelemente vermitteln. Die Darstellung des Stoffes führt dabei von der Aufgabenstellung über die Funktion, Berechnung und Gestaltung zu Lösungsmöglichkeiten. Hierbei werden die erforderlichen Berechnungsgleichungen hergeleitet, die physikalischen Abhängigkeiten aufgezeigt und Problembereiche betrachtet.

Vorwort

Im Teil 1 des Werks „Köhler/Rögnitz Maschinenteile" wird zunächst im Abschnitt 1 eine „Einführung in das Konstruieren und Gestalten von Maschinenteilen" vorgenommen. Nach einer kurzen Betrachtung konstruktionsmethodischer Gesichtspunkte werden Gestaltungsregeln für Gussteile dargestellt und an Gut-Schlecht-Beispielen verdeutlicht. Gestaltungsregeln für die übrigen Maschinenteile werden in den jeweiligen Abschnitten betrachtet. Das Unterkapitel Werkstoffe im Abschnitt 1 behandelt die wichtigsten Werkstoffarten und liefert die für die Berechnung erforderlichen Kennwerte.

Der Abschnitt 2 beinhaltet die „Grundlagen der Festigkeitsberechnung". Dieser Abschnitt soll keineswegs die einschlägige Fachliteratur und Lehrveranstaltungen auf dem betreffenden Gebiet ersetzen. Vielmehr sollen die wichtigsten Grundlagen in komprimierter Form so dargestellt werden, dass die für die Konstruktion erforderlichen Kenntnisse zügig wiederholt werden können. Hierzu gehören sowohl die im Bauteil vorhandenen Spannungen und die Festigkeitshypothesen als auch die Bestimmung der zulässigen Spannungen. Weiterhin wird das Ermitteln unbekannter Kräfte und Momente dargestellt. In den nachfolgenden Abschnitten werden die jeweils erforderlichen Berechnungsformeln für die Auslegung und Nachrechnung der Maschinenteile wieder aufgegriffen.

Im Abschnitt 3 werden „Normen" behandelt, die für die Erstellung von Konstruktionen und insbesondere für deren Ausarbeitung hilfreich sein können. Hierzu gehören die Normzahlen, die Oberflächenangaben sowie Toleranzen und Passungen.

Die folgenden Abschnitte beinhalten die Themen „Nietverbindungen", „Stoffschlüssige Verbindungen", „Reib- und formschlüssige Verbindungen", „Schraubenverbindungen", „Federn", Rohrleitungen und Armaturen" und „Dichtungen". Dabei werden die jeweiligen Maschinenteile zunächst bezüglich ihrer Aufgabe und ihrer Funktion betrachtet. Im Anschluss hieran erfolgt die Behandlung der wichtigsten Dimensionierungsregeln. Die meisten der Abschnitte enthalten zahlreiche Anwendungs- und Gestaltungsbeispiele, die dazu dienen sollen, Anregungen für eigene Konstruktionen zu geben und Fehler zu vermeiden.

Jedem Abschnitt ist eine Zusammenstellung der wichtigsten Nomen vorangestellt; weitere Verweise auf Normen befinden sich innerhalb der Abschnitte. Hierdurch soll einerseits die Möglichkeit gegeben werden, ggf. fehlende Informationen aus den entsprechenden Normen zu entnehmen und andererseits die inhaltliche Beschäftigung mit geltenden Normen angeregt werden. Empfehlenswert ist in diesem Zusammenhang das ebenfalls im B. G. Teubner Verlag erschienene Buch „Klein: Einführung in die DIN-Normen" sowie die Seite „www.beuth.de".

Es wurde versucht, die verwendeten Formelzeichen möglichst einheitlich zu gestalten. Dabei musste vereinzelt von den Bezeichnungen abgewichen werden, die in den betreffenden DIN-Normen genannt werden. Um eine bessere Übersicht geben zu können, beinhaltet jeder Abschnitt eine Zusammenstellung der verwendeten Formelzeichen. Bei den angegebenen Gleichungen handelt es sich fast ausschließlich um Größengleichungen nach DIN 1313, in die die einzelnen physikalischen Größen in beliebiger Einheit (SI-Einheiten oder abgeleitete SI-Einheiten) eingesetzt werden können. Oftmals ist zusätzlich eine sinnvolle Einheit für die einzelnen Werte angegeben, die jedoch lediglich zur besseren Übersicht dienen soll. Nur an den Stellen, wo es unvermeidbar ist, werden auf bestimmte Einheiten zugeschnittene Größen- bzw. Zahlenwertgleichungen verwendet. Hier ist es unbedingt erforderlich, die Größen in der angegebenen Einheit einzusetzen, um ein sinnvolles Ergebnis zu erhalten.

Vorwort

Abschließend möchte ich allen danken, die direkt oder indirekt zum Gelingen dieses Buches beigetragen haben. Hier sind zunächst die bisherigen Autoren und insbesondere der bisherige Herausgeber, Herr Professor Dr.-Ing. J. Pokorny, zu nennen. Mein Dank gebührt auch allen studentischen Hilfskräften, die bei der Erfassung der Texte und bei der formalen Ausgestaltung mitgewirkt haben. Herrn Dr. Martin Feuchte vom B. G. Teubner Verlag danke ich für die Unterstützung und Förderung des Werkes.

Ich würde mich freuen, auch weiterhin Anregungen aus den Kreisen der Benutzer zu erhalten.

Dortmund, im Januar 2003   Bernd Künne

Inhalt

1 Einführung in das Konstruieren und Gestalten von Maschinenteilen
    1.1 Allgemeine Gesichtspunkte für das Konstruieren 11
    1.2 Grundlagen der Gestaltung 13
    Literatur 26
    1.3 Werkstoffe 28
    Literatur 44

2 Grundlagen der Festigkeitsberechnung
    2.1 Spannungszustand und Beanspruchungsarten 45
    2.2 Festigkeitshypothesen 56
    2.3 Grenzspannungen 59
    2.4 Ermitteln unbekannter Kräfte und Momente (Freischneiden von Bauteilen) 79
    Literatur 89

3 Normen
    3.1 Normzahlen 92
    3.2 Toleranzen und Passungen 92
    3.3 Technische Oberflächen 108
    Literatur 114

4 Nietverbindungen
    4.1 Werkstoffe für Bauteile und Niete 117
    4.2 Herstellung von Nietverbindungen, Nietformen, Nahtform 118
        4.2.1 Setzkopf, Schaft, Schließkopf 118
        4.2.2 Warmnietung 120
        4.2.3 Kaltnietung 121
        4.2.4 Nahtformen 121
    4.3 Berechnungsgrundlagen 122
        4.3.1 Berechnen von Nietverbindungen im Stahlbau 123
        4.3.2 Nietverbindungen im Leichtmetallbau 134
    Literatur 138

Inhalt

5 Stoffschlüssige Verbindungen

5.1 Schweißverbindungen 139
    5.1.1 Technologie des Schweißens 140
    5.1.2 Bezeichnung von Schweißnähten 144
    5.1.3 Gestalten von Schweißteilen 151
    5.1.4 Nennspannungen 155
    5.1.5 Zulässige Spannungen und Spannungsnachweis 167
    5.1.6 Berechnungsbeispiele 186

Literatur 197

5.2 Lötverbindungen 197
    5.2.1 Technologie des Lötens 198
    5.2.2 Berechnen und Gestalten 202

Literatur 206

5.3 Klebverbindungen 206
    5.3.1 Klebstoffe und Verfahren 207
    5.3.2 Berechnen und Gestalten 210

Literatur 216

6 Reib- und formschlüssige Verbindungen

6.1 Reibschlüssige Verbindungen 217
    6.1.1 Reibungsschluss 219
    6.1.2 Klemmverbindung 222
    6.1.3 Kegelverbindung 225
    6.1.4 Spannverbindung 227
    6.1.5 Pressverbindung 234
    6.1.6 Gestalten und Fertigen 250
    6.1.7 Keilverbindung 252

Literatur 254

6.2 Formschlüssige Verbindungen 255
    6.2.1 Sicherungen gegen axiales Verschieben 257
    6.2.2 Passfederverbindungen 262
    6.2.3 Profilwellenverbindungen 265
    6.2.4 Bolzen- und Stiftverbindungen 272

Literatur 278

7 Schraubenverbindungen

7.1 Allgemeines 283
    7.1.1 Gewindenormen 283
    7.1.2 Gewindetolerierung 284
    7.1.3 Schraubenwerkstoffe 287
    7.1.4 Schrauben- und Mutternarten 289

7.2 Kräfte in der Schraubenverbindung 291
7.2.1 Kräfte im Gewinde 291
7.2.1 Anziehdrehmoment 296
7.2.3 Verspannungsschaubild 297
7.2.4 Elastische Nachgiebigkeit 299
7.2.5 Krafteinleitung 302
7.2.6 Setzen der Schraubenverbindung 304
7.2.7 Selbsttätiges Lösen 306
7.3 Berechnen von Schrauben 308
7.3.1 Bemessungsgrundlagen 308
7.3.2 Rechnungsgang 313
7.3.3 Berechnen im Stahlbau 319
7.3.4 Berechnen im Druckbehälterbau 323
7.3.5 Bewegungsschrauben 324
7.4 Ausführungen von Schraubenverbindungen 326
7.4.1 Gestaltung von Gewindeteilen 330
7.4.2 Gestaltung von Schraubenverbindungen 331
7.5 Berechnungsbeispiele 334
Literatur 343

8 Federn
8.1 Allgemeine Berechnungsgrundlagen 346
8.2 Bemessen und Gestalten der verschiedenen Bauformen 352
8.2.1 Metallfedern 352
8.2.2 Gummifedern 379
8.3 Gasfedern 384
8.3.1 Allgemeine Grundlagen 385
8.3.2 Ausführungsformen 387
Literatur 390

9 Rohrleitungen und Armaturen
9.1 Aufgabe und Darstellung von Rohrleitungen 393
9.2 Rohre 394
9.2.1 Berechnen von Rohrleitungen 394
9.2.2 Rohrnormen 402
9.2.3 Berechnungsbeispiel 406
9.3 Rohrverbindungen 408
9.3.1 Schweißverbindung 408
9.3.2 Schraubverbindung für Gewinderohre 410
9.3.3 Muffenverbindung 410
9.3.4 Flanschverbindung 410

		9.3.5 Verschraubung	411
	9.4	Rohrleitungsschalter (Armaturen)	413
		9.4.1 Hahn	413
		9.4.2 Ventil	413
		9.4.3 Schieber	418
		9.4.4 Klappe	419
	Literatur		420

10 Dichtungen

    10.1 Aufgaben und Einteilung 421
    10.2 Dichtungen an ruhenden Maschinenteilen 422
        10.2.1 Unlösbare und bedingt lösbare Berührungsdichtungen 422
        10.2.2 Lösbare Berührungsdichtungen 423
    10.3 Berührungsdichtungen an bewegten Maschinenteilen 427
        10.3.1 Packungen 428
        10.3.2 Selbsttätige Berührungsdichtungen 430
    10.4 Berührungsfreie Dichtungen 451
        10.4.1 Strömungsdichtungen 451
        10.4.2 Dichtungen mit Flüssigkeitssperrung 454
        10.4.3 Berührungsfreie Schutzdichtungen 456
        10.4.4 Membrandichtungen 457
    Literatur 459

Sachverzeichnis **460**

Hinweise für die Benutzung des Werkes

1. Bei den angegebenen Formeln handelt es sich um Größengleichungen (s. DIN 1313). In diesen Gleichungen bedeuten die Formelzeichen physikalische Größen, also jeweils ein Produkt aus Zahlenwert (Maßzahl) und Einheit.

Werden Zahlenwertgleichungen benutzt, wird hierauf gesondert hingewiesen. Die entsprechenden Größen sind als Zahlenwerte einzusetzen, wobei die angegebenen Einheiten berücksichtigt werden müssen.

Am Ende der einzelnen Kapitel befindet sich jeweils eine Formelsammlung, der zur schnellen Orientierung über die Bedeutung eine Formelzeichenliste vorangestellt ist.

2. Angaben zum Internationalen Einheitensystem und Umrechnungsbeziehungen:

Masse: $1 \text{ kp s}^2/\text{m} = 9{,}81 \text{ kg}$

Kraft: $1 \text{ N} = 1 \text{ kg m/s}^2$ $1 \text{ kp} = 9{,}81 \text{ kg m/s}^2 = 9{,}81 \text{ N} \approx 10 \text{ N}$

Die Gewichtskraft F_g, die auf den Körper der Masse $m = 1 \text{ kg}$ wirkt, beträgt:
$F_g = m \cdot g = 1 \text{ kg} \cdot 9{,}81 \text{ m/s}^2 = 9{,}81 \text{ N}$

Mechanische Spannung, Flächenpressung: $1 \text{ kp/mm}^2 = 9{,}81 \text{ N/mm}^2$

Druck:
$1 \text{ Pa} = 1 \text{ N/m}^2 = 1 \cdot 10^{-5} \text{ bar}$
$1 \text{ MPa} = 1 \text{ N/mm}^2 = 1 \text{ MN/m}^2 = 10 \text{ bar} \approx 10 \text{ kp/cm}^2$
$1 \text{ bar} = 0{,}1 \text{ MPa} = 0{,}1 \text{ N/mm}^2$
$1 \text{ at} = 1 \text{ kp/cm}^2 = 9{,}81 \cdot 10^4 \text{ N/m}^2 = 0{,}981 \text{ bar} \approx 1 \text{ bar}$

Arbeit:
$1 \text{ J} = 1 \text{ Nm} = 1 \text{ Ws}$ $1 \text{ kpm} = 9{,}81 \text{ Nm} \approx 10 \text{ Nm}$
$1 \text{ kcal} = 427 \text{ kpm} = 4186{,}8 \text{ J}$

Leistung:
$1 \text{ W} = 1 \text{ J/s} = 1 \text{ Nm/s}$ $1 \text{ kpm/s} = 9{,}81 \text{ J/s} = 9{,}81 \text{ W}$
$1 \text{ PS} = 75 \text{ kpm/s} \approx 736 \text{ W}$ $1 \text{ kW} = 1{,}36 \text{ PS}$

Trägheitsmoment: $1 \text{ kpm s}^2 = 9{,}81 \text{ Nm s}^2 = 9{,}81 \text{ kg m}^2$

Magnetische Flussdichte: $1 \text{ T (Tesla)} = 1 \text{ Vs/m}^2 = 1 \text{ Nm/(m}^2 \cdot \text{A)}$

Dynamische Viskosität: $1 \text{ Pa s} = 1 \text{ Ns/m}^2 = 1 \text{ kg/(m} \cdot \text{s)} = 10^3 \text{ cP (Centipoise)}$

Kinematische Viskosität: $1 \text{ m}^2/\text{s} = 1 \text{ Pa s m}^3/\text{kg} = 10^4 \text{ St} = 10^6 \text{ cSt (Centistokes)}$

3. Hinweise auf DIN-Normen in diesem Werk entsprechen dem Stand der Normung bei Abschluss des Manuskriptes. Maßgebend sind die jeweils neuesten Ausgaben der Normblätter des DIN Deutsches Institut für Normung e.V., die durch die Beuth-Verlag GmbH, Berlin und Köln, www.beuth.de, zu beziehen sind. Sinngemäß gilt das Gleiche für alle in diesem Buch erwähnten amtlichen Bestimmungen, Richtlinien, Verordnungen usw.

4. Bilder und Gleichungen sind abschnittsweise nummeriert. Es bedeuten z. B.:
a) Bild **6.1** das 1. Bild im Abschn. 6 (Abschn.-Nr. und Bild-Nr. fett), Hinweis im Buchtext (**6.1**)
b) Gleichung (6.2) die 2. Gleichung im Abschn. 6 - (Abschn.-Nr. und Gl.-Nr. mager), Hinweise im Text Gl. (6.2)

Griechisches Alphabet (DIN ISO 3098-2)

A α	a	Alpha	H η	e	Eta	N ν	n	Nü	T τ	t	Tau
B β	b	Beta	Θ ϑ	th	Theta	Ξ ξ	x	Ksi	Y υ	$ü$	Ypsilon
Γ γ	g	Gamma	I ι	j	Jota	O o	o	Omikron	Φ φ	ph	Phi
Δ δ	d	Delta	K κ	k	Kappa	Π π	p	Pi	X χ	ch	Chi
E ε	e	Epsilon	Λ λ	l	Lambda	P ρ	r	Rho	Ψ ψ	ps	Psi
Z ζ	z	Zeta	M μ	m	Mü	Σ σ	s	Sigma	Ω ω	o	Omega

1 Einführung in das Konstruieren und Gestalten von Maschinenteilen

1.1 Allgemeine Gesichtspunkte für das Konstruieren

Maschinenteile sind Bauteile oder Bauteilgruppen, die in unterschiedlichen Maschinen oder Geräten jeweils gleiche oder ähnliche Funktionen zu erfüllen haben. Sie müssen daher vergleichbare Konstruktionsmerkmale aufweisen.

Die Maschinenteile wurden im Laufe der Zeit ständig weiterentwickelt. Viele wiederkehrende Maschinenteile sind genormt und sollten vom Konstrukteur für seine Konstruktionen bevorzugt werden. Die Zusammenstellung der Bauteile zu Bauteilgruppen bzw. Maschinen erfordert die konstruktive Anpassung der Maschinenteile aneinander.

Die ersten Unterweisungen im Konstruieren und Gestalten erhalten die Studierenden im Allgemeinen im Fach „Maschinenelemente" („Maschinenteile", „Konstruktionslehre"). Das Konstruieren umfasst das Planen, Entwerfen und Ausarbeiten technischer Gebilde, wobei alle zur Fertigung erforderlichen Unterlagen erstellt werden müssen.

Eine erfolgreiche Bearbeitung konstruktiver Aufgaben setzt eine methodische Vorgehensweise voraus. Dennoch erfordert das Finden von Lösungen nach wie vor ein hohes Maß an Kreativität. Dabei schließt die Methodik die Intuition nicht aus, sondern soll im Gegenteil dazu dienen, Funktionen zu erkennen, aus der Erfahrung bekannte Lösungen neu zu kombinieren und basierend auf möglichst umfangreichen Fachkenntnissen Lösungen zu erarbeiten.

Das methodische Konstruieren ist Inhalt weiterführender Lehrveranstaltungen („Konstruktionssystematik") und wird im dafür maßgeblichen Schrifttum (s. Literatur zum Abschnitt 1) und in den VDI-Richtlinien 2221 und 2222 ausführlich behandelt. Zur Durchführung wertanalytischer Untersuchungen sind die VDI-Richtlinien 2225 und 2801 wertvolle Hilfsmittel. Voraussetzungen sind jedoch stets umfassende Kenntnisse auf dem Gebiet der Maschinenteile, einschließlich deren Konstruktion, Berechnung und Gestaltung.

Im Folgenden sollen einige konstruktionsmethodische Grundlagen vermittelt werden. Sie sollen die Studierenden insbesondere beim Anfertigen von Konstruktionsübungen unterstützen.

Vorgehensplan für das Schaffen neuer technischer Gebilde beim Konstruieren

1. **Planen:** Auswählen der Aufgabe.
2. **Konzipieren:** Klären der Aufgabenstellung. Aufgliedern der Gesamtfunktion in Teilfunktionen. Kombinieren von Lösungsprinzipien zum Erfüllen der Gesamtfunktion. Ausarbeiten von Lösungsvarianten. Technisch-wirtschaftliche Bewertung der Konzeptvarianten.
3. **Entwerfen:** Erstellen eines maßstäblichen Entwurfs. Technisch-wirtschaftliche Bewertung des Entwurfs. Erstellen eines verbesserten Entwurfs und Optimieren der Gestaltungszonen. Festlegen des bereinigten Entwurfs.

4. **Ausarbeiten:** Gestalten und Optimieren der Einzelteile. Ausarbeiten der Ausführungsunterlagen (Zeichnungen, Stücklisten, Fertigungs-, Montage-, Transport- und Betriebsvorschriften). Überprüfen der Kosten. Bau von Prototypen oder Modellen. Entscheiden und Freigabe zum Fertigen.

Die **Produktplanung** gibt den Anstoß für die Neu- bzw. Weiterentwicklung von Produkten. Gründe für entsprechende Maßnahmen können sein: Technische und wirtschaftliche Veraltung der eigenen Produkte, Marktanalysen und Trendstudien, neue Forschungsergebnisse und neue Technologien, Patente oder Kundenanfragen.

Konzipieren ist der Teil des Konstruierens, der nach geeigneten Lösungsprinzipien sucht und das Lösungskonzept festlegt. Ein Erzeugnis soll unter bestimmten Bedingungen eine genau definierte Aufgabe (Funktion) erfüllen. Es ist zweckmäßig, eine Funktion durch ein Substantiv und ein Verb auszudrücken, z. B. „Last heben", „Bauteile reinigen". Hierdurch wird eine zu frühe Festlegung auf ein bestimmtes Konzept vermieden.

Die **Klärung der Aufgabenstellung** beinhaltet die Festlegung aller Eigenschaften, die das Produkt haben muss (Festforderungen) bzw. haben soll (Wünsche); diese Eigenschaften werden tabellarisch in einer Anforderungsliste (Lastenheft, Pflichtenheft) zusammengestellt. Im Einzelnen zählen hierzu geometrische Eigenschaften (Abmessungen); kinematische, mechanische, thermische, elektrische, magnetische, optische, akustische und chemische Eigenschaften; Funktion (Aufgabe), Stoff, Gebrauch, Wartung und Bedienung, Herstellung, Transport, Montage, Kosten, Termine und Rechtsfragen.

Die **Gesamtfunktion** (Gesamtaufgabe) einer Maschine oder Baugruppe lässt sich im Allgemeinen in Teilfunktionen aufgliedern und zweckmäßig in Funktionsstrukturen (zeichnerische Darstellung, Prinzipskizzen) zusammenstellen. Zu den Teilfunktionen müssen **Lösungsprinzipien** gefunden werden, die das physikalische Geschehen und die prinzipielle Gestaltung enthalten. Als **Hilfsmittel zur Lösungsfindung** sind zu nennen: Studium der Fachliteratur, Konstruktionskataloge mit bewährten Lösungen, Analyse bekannter technischer Systeme; Analyse natürlicher Systeme, Bauformen oder Vorgänge in der Natur (Bionik); Analogiebetrachtungen, Messungen und Modellversuche.

Zur **Ideensuche** und zum Finden von Lösungen wurden folgende allgemein anwendbare Methoden entwickelt, die schrittweises oder diskursives Denken zielbewusst steuern:

Methode des Fragens. Das systematische Aufstellen von Fragen dient der Anregung des Denkprozesses und der Intuition. Aus einer Frage ergibt sich neben der Antwort meist eine neue Frage, die die Lösungsfindung vorantreibt. Fragelisten erleichtern die Durchführung der Gedankenarbeit. Typische Fragen sind: Was lässt sich verändern, was muss bleiben? Kann man das Produkt für andere Zwecke verwenden? Welche ähnlichen Produkte gibt es? (z. B. Funktion, Bewegung, Größe, Form, Beschaffenheit, Farbe.) Was kann man hinzufügen, was kann man wegnehmen? (z. B. größere Häufigkeit, höher, länger, dicker, stärker, kleiner, kürzer, kompakter, geteilt.) Kann man verdoppeln oder multiplizieren? (z. B. parallel geschaltete Elemente.) Was kann man ändern bzw. ersetzen? (z. B. Material, Herstellung, Energiequellen, Platz.) Kann man Komponenten oder Anordnungen austauschen? (z. B. positiv und negativ, oben und unten.) Kann man Ursache und Wirkung übertragen? Kann man Einheiten kombinieren? In dieser Frageliste sind Begriffsgegensätze oder Polaritäten enthalten, wie z. B. magnifizieren-minifizieren, positiv-negativ, teilen-kombinieren, die auch Elemente der folgenden Methoden sind.

Die **Methode der Negation** und **Neukonzeption** geht von einer bekannten Lösung aus, beschreibt sie durch einzelne Aussagen und negiert diese Aussagen. Hieraus können neue Lösungen entstehen.

Nach der **Methode des Vorwärtsschreitens** geht man von einem ersten Lösungssatz aus und versucht, vorwärtsschreitend möglichst viele Wege einzuschlagen, die von diesem Ansatz wegführen und weitere Lösungen liefern.

Bei der **Methode des Rückwärtsschreitens** geht man vom Entwicklungsziel aus und entwickelt rückwärtsschreitend möglichst viele Wege, die zu diesem Ziel führen.

Die **Methode der Analogie** überträgt das Problem in ein anderes Problemfeld, für das die Lösung leichter erscheint. Die gefundene Lösung für das analoge Modell wird dann wieder in das ursprüngliche Problemfeld übertragen.

Die **Interpretation mathematischer Funktionen**, die physikalische Wirkungszusammenhänge beschreiben, ist anwendbar, wenn ein Problem mathematisch beschreibbar ist. Dabei lassen sich Lösungen ableiten, indem man konstruktive Lösungen zur Variation der Einflussgrößen betrachtet.

Die **systematische Suche mit Hilfe von Ordnungsschemata** erleichtert das Erkennen wesentlicher Lösungsmerkmale und entsprechender Verknüpfungsmerkmale. Das allgemein übliche zweidimensionale Ordnungsschema besteht aus Zeilen und Spalten. Jede Gesamtfunktion wird in Teilfunktionen aufgegliedert und, wenn sinnvoll, weiter unterteilt. Beim morphologischen Kasten werden den Funktionen Prinziplösungen zugeordnet, die durch „Pfade" zu einer Gesamtlösung kombiniert werden.

Mehrere Methoden, wie **Brainstorming**, haben zum Ziel, die Kreativität durch unbefangene Äußerungen von Partnern zu fördern und durch Gedankenassoziationen neue Lösungswege anzuregen.

Die **einfachste Methode** sind Gespräche, aus denen Anregung und neue Lösungen entstehen. Führt man ein solches Gespräch unter Beachtung der allgemein anwendbaren Methoden des gezielten Fragens, der Negation oder des Vorwärtsschreitens, so kann dieses sehr fördernd sein.

Unter **Entwerfen** wird der Teil des Konstruierens verstanden, der für ein technisches Gebilde vom Konzept ausgehend die Gestaltung nach technischen und wirtschaftlichen Gesichtspunkten so weit vornimmt, dass ein nachfolgendes Ausarbeiten zur Fertigungsreife eindeutig möglich ist. Bis eine endgültige Gestaltung für die angestrebte Lösung vorliegt, sind in vielen Fällen mehrere Entwürfe nötig. Die Tätigkeit des Entwerfens enthält neben kreativen auch korrektive Arbeitsschritte. Zu den Methoden zur Lösungssuche und Bewertung treten solche zur Fehlererkennung und Optimierung hinzu. Eingehende Kenntnisse über Werkstoffe, Fertigungsverfahren, Normen, Vorschriften und Berechnungen sind nötig. Obgleich für das Entwerfen ein strenger Ablaufplan oft nur begrenzt aufstellbar ist, sollte zur Arbeitserleichterung doch ein prinzipieller Vorgehensplan festgelegt werden.

1.2 Grundlagen der Gestaltung

Das **Gestalten** als Schwerpunkt der Entwurfsphase muss nach bestimmten Regeln erfolgen, deren Nichtbeachtung zu Fehlern, Schäden oder anderen Nachteilen führt. Die Funktion des Produkts sollte stets **eindeutig, einfach** und **sicher erfüllt** werden. Dazu muss das Verhalten des Produkts möglichst zuverlässig vorausgesagt werden können. Der Fertigungsaufwand muss klein gehalten werden, Haltbarkeit, Zuverlässigkeit und Unfallfreiheit sind beim Gestaltungsvorgang zu berücksichtigen, um Wirtschaftlichkeit und Sicherheit für Mensch und Umgebung zu gewährleisten.

Während der Gestaltung muss immer wieder überprüft werden, ob die Hauptmerkmale der Zielsetzung (Festforderungen der Anforderungsliste) erfüllt werden. Hierzu dienen die folgenden **Kontrollfragen**:

Kontrollfragen

Funktion: Wird die Funktion eindeutig erfüllt? Werden alle Teilfunktionen erfüllt? Sollten die Funktionen zusammengefasst (geringere Herstellkosten) oder getrennt (bessere Funktionserfüllung) werden? Welche Teilfunktionen müssen erfüllt werden?

Wirkprinzip: Ist das Wirkprinzip eindeutig? Welche Wirkungsgrade bzw. Verluste sind zu erwarten? Welche Störungen können auftreten?

Gestalt: Werden alle Anforderungen bezüglich Raumbedarf bzw. Baugröße und Gewicht erfüllt?

Kraftfluss: Werden alle Kräfte direkt und auf kürzestem Wege abgestützt? Ist die Kraftleitung eindeutig? Wird der Kraftfluss scharf umgelenkt? Bestehen schroffe Querschnittsübergänge und Kerben? Sind gleiche Gestaltfestigkeit, abgestimmte Verformung, Kraftausgleich gewährleistet? Ist eine selbstverstärkende Lösung möglich?

Auslegung: Wie wird der Werkstoff ausgenutzt? Ist hinreichende Lebensdauer auch bei Verschleiß und Korrosion gewährleistet? Welche Störungen sind zu erwarten in Folge von Verformung, Ausdehnung, Stoßbelastungen, Resonanz?

Recycling: Können alle Baugruppen, Bauteile, Werkstoffe wieder- bzw. weiterverwendet werden? Wird nur ein einziger rezyklierbarer Werkstoff ohne Störstoffe verwendet? Ist das Produkt leicht demontierbar, auch nach Korrosion? Werden Herstellverfahren mit möglichst wenig Abfall eingesetzt?

Fertigung: Welche Fertigungsverfahren werden eingesetzt? Sind alle Teile fertigungsgerecht gestaltet? Sind alle Teile montierbar? Werden so weit wie möglich Kaufteile und Normteile verwendet?

Sicherheit: Sind alle Sicherheitsbestimmungen (Arbeits- und Umweltsicherheit) erfüllt? Ist das Produkt sicher gegen Fremdeinwirkung?

Ergonomie: Ist die Bedienung ergonomisch? Welche Belastungen wirken auf das Bedienpersonal? Sind alle Kontroll- und Überwachungsfunktionen erfüllbar?

Kontrolle: Sind alle Vorgänge während der Fertigung und während des Gebrauchs eindeutig kontrollierbar? Ist die Qualitätssicherung eindeutig gewährleistet?

Montage: Sind alle inner- und außerbetrieblichen Montagevorgänge, Einstellungen und Inbetriebnahmen sowie Nachrüstungen eindeutig, leicht und bequem durchführbar?

Transport: Welche inner- und außerbetrieblichen Transportvorgänge sind erforderlich? Sind Lastaufnahmepunkte und Transportsicherungsmittel vorhanden? Welche Transportrisiken sind vorhanden? Welche Versandart und Verpackung ist vorgesehen?

Gebrauch: Sind Handhabung, Betriebsverhalten, Geräusche, Erschütterungen, Korrosionseigenschaften und Verbrauch an Betriebsmitteln hinreichend beachtet?

Instandhaltung: Ist eine einfache Wartung, Inspektion, Instandsetzung und Austauschbarkeit gewährleistet? Kann die Austauschbarkeit durch Normung verbessert werden?

Kosten: Werden die Grenzen der Herstellkosten eingehalten? Welche zusätzlichen Betriebs- oder Nebenkosten entstehen? Wo können Kosten gesenkt werden?

Termin: Sind Termine einhaltbar? Können durch Auslagerung von Teilaufgaben und Verwendung weiterer Zukaufkomponenten die Lieferzeiten verkürzt werden?

Damit lässt sich folgende allgemeine Leitregel aufstellen:

1.2 Grundlagen der Gestaltung

> Konstruiere funktionsgerecht, kraftflussgerecht, beanspruchungsgerecht, werkstoffgerecht, recyclinggerecht, fertigungsgerecht, normgerecht, formschön, kontrollgerecht, montagegerecht, transportgerecht, bedienungsgerecht, möglichst wartungsfrei, betriebssicher, umweltfreundlich, wirtschaftlich, leichtbaugerecht, strömungsgerecht.

Die genannten Zielsetzungen sind teilweise miteinander verknüpft, teilweise jedoch auch widersprüchlich, so dass im Rahmen der Konstruktion stets Kompromisse zu schließen sind. So sind die Funktionssicherheit und die Wirtschaftlichkeit einer technischen Konstruktion hauptsächlich vom Werkstoff, von der Gestalt und von den Beanspruchungen abhängig. Diese Einflussgrößen sind also miteinander verbunden. Der Begriff Werkstoff schließt den Ausgangszustand, physikalische und chemische Eigenschaften, die Verformbarkeit und die Oberflächenbeschaffenheit ein. Der Begriff Gestalt umfasst die Konstruktion und Formgestaltung, die Werkstoffauswahl, Bemessung, Fertigung, Wartung und die Schmierung. Die Beanspruchung kann mechanisch durch Kräfte und Momente, chemisch oder elektrochemisch, thermisch oder durch Eigenspannungen erfolgen. Die Beachtung des Kraftflusses ist ebenfalls von großer Bedeutung. Alle Beanspruchungsarten können zusammen einwirken. Die Beanspruchung ist sowohl vom Werkstoff als auch von der Gestalt abhängig, bzw. bestimmt sie die Werkstoffauswahl und die Gestalt. Ein Maschinenteil, das hinsichtlich seiner Funktion und Wirtschaftlichkeit zweckmäßig sein soll, muss somit beanspruchungsgerecht, gestaltungsgerecht und werkstoffgerecht ausgeführt sein.

Das **beanspruchungsgerechte Gestalten** von Maschinenteilen beruht auf der Ermittlung wichtiger Abmessungen und Querschnitte auf Grund ihrer Festigkeit und Steifigkeit bei Beanspruchung durch äußere oder innere Kräfte (s. Abschn. 2. Grundlagen der Festigkeitsberechnung). Man unterscheidet demnach festigkeits- und steifigkeitsgerechtes Gestalten.

Dem heutigen Stand der Technik entsprechend hat die Berechnung der dynamischen Beanspruchung (durch Belastungsschwankungen) eine große Bedeutung erlangt. Sie führt im allgemeinen zu einer betriebssicheren Bauteilbemessung.

Die auf ein Bauteil wirkenden äußeren Kräfte oder Momente verformen das Bauteil. Spannungen im Inneren des Bauteils sind die Folge davon. Sie sind örtlich verschieden groß. Die größte Spannung darf an keiner Stelle die Grenzwerte der Werkstoffbelastbarkeit überschreiten. Eine ausreichende Dimensionierung und eine angepasste Formgebung unter Beachtung der zulässigen Spannungen ist daher erforderlich.

In manchen Fällen muss auch die Verformung des Werkstückes beachtet werden. Hierbei wird die elastische oder die plastische Verformung in die Rechnung einbezogen. Bei spröden Werkstoffen (z. B. Gusseisen, gehärteter Stahl) darf nur mit sehr kleinen elastischen Verformungen gerechnet werden, wogegen bei zähen Werkstoffen (z. B. Baustahl und Vergütungsstähle) größere elastische oder auch plastische Dehnungen zugelassen werden können.

Den Zusammenhang der Dehnung und der Spannung beschreibt das *Hooke*sche Gesetz $\sigma = \varepsilon \cdot E$ mit $\sigma = F/A$ und $\varepsilon = \Delta l / l$. Die Spannung σ ist demnach direkt proportional der Dehnung ε mit dem Elastizitätsmodul E als Proportionalitätsfaktor. In den Gleichungen bedeuten: F Kraft, A Fläche, l ursprüngliche Länge und Δl Verlängerung (Dehnung).

Analog dem *Hooke*schen Gesetz für Zug- und Druckbeanspruchung gilt bei Schub- und Torsionsbeanspruchung für die Schubspannung $\tau = \gamma \cdot G$ mit dem Schub- oder Gleitmodul G und mit der Gleitung oder Verschiebung γ.

Die **Regeln** der Festigkeitslehre lassen sich für **festigkeits- oder steifigkeitsgerechtes Gestalten** mit folgenden Zielen anwenden:

1. **Bei Annahme der für einen Werkstoff zulässigen Spannung können überschlägig die erforderlichen Abmessungen eines Maschinenteils ermittelt werden** (z. B.: $A = F/\sigma_{zul}$ mit $\sigma_{zul} = \sigma_G/S$, hierbei bedeuten: A Fläche, F Kraft, σ_{zul} zulässige Spannung, σ_G Grenzspannung (Werkstofffestigkeit) und S Sicherheit).

2. **Bei Annahme seiner Abmessungen können die vorhandenen Spannungen des Maschinenteils ermittelt und dann hinsichtlich ihrer Zulässigkeit beurteilt werden** (z. B.: $\sigma = F/A \leq \sigma_{zul}$ oder $\sigma/\sigma_G \leq 1$).

3. **Es können Abmessungen für eine bestimmte elastische Verformung unter Einwirkung äußerer Kräfte oder Momente ermittelt und die hierbei entstehenden Spannungen hinsichtlich ihrer Zulässigkeit überprüft werden.**

Beispiele:
Federn, drehnachgiebige Kupplungen, Wellen, Kolbenstangen für Schwebekolben.

Das Ermitteln wichtiger Abmessungen kann außerdem noch nach folgenden Gesichtspunkten erfolgen, die zum Teil die Funktion betreffen, sonst aber mit den Regeln der Festigkeitsrechnung bzw. auch mit der Verschleißverhinderung verknüpft sind:

1. Ermitteln der Abmessungen bei vorgegebenen Gewichts-, Massen- oder Volumengrößen.

Beispiele:
Belastungsgewichte von Sicherheitsventilen, Schwunggewichte von Zentrifugalreglern, Behälter, Zylinder von Kraft- und Arbeitsmaschinen mit bekanntem Hubvolumen, Rohrleitungsquerschnitte für vorgegebene Mengenströme.

2. Ermitteln der Abmessungen unter Beachtung kinetischer Einflussgrößen (Weg, Geschwindigkeit, Beschleunigungskraft) zur Erzielung bestimmter Bewegungsabläufe.

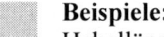
Beispiele:
Hebellängen, Durchmesserverhältnisse von Zahnrädern, Ausbildung von Kurvenscheiben.

3. Ermitteln der Abmessungen nach empirisch gewonnenen Formeln ("Faustformeln").

Beispiele:
Abstände von Nieten, Wanddicken von Naben und Gusszylindern. Die letzteren werden vom Konstrukteur häufig nach Erfahrungsformeln der Gießereien bei ausgesprochener Überdimensionierung festgelegt, weil die auf Grund einer Festigkeitsberechnung sich ergebenden geringen Wanddicken nicht herstellbar sind.

4. Ermitteln der Abmessungen aus Ähnlichkeitsbeziehungen zu bereits ausgeführten und bewährten Bauteilen.

Beispiel:
Das Produkt aus Kolbenweg s und dem Quadrat der Drehzahl n einer Kolbenmaschine ($s \cdot n^2$) als aus der Erfahrung gewonnener Richtwert für Neukonstruktionen.

5. Ermitteln der Abmessungen mit Rücksicht auf die höchstzulässige Erwärmung im Betrieb, um unzulässigen Verschleiß zu vermeiden oder Durchbrennen von elektrischen Spulen zu verhindern.

1.2 Grundlagen der Gestaltung

▪ **Beispiele:**
Lager, Zahnräder, Kupplungen, Bremsen.

6. Ermitteln der Abmessungen für eine bestimmte Lebensdauer bei vorgegebener Belastung, z. B. unter Beachtung von Verschleiß und Abrieb.

▪ **Beispiele:**
Kupplungs- und Bremsbeläge, Auswahl von Wälzlagern.

7. Ermitteln der Abmessungen für fertigungsgerechtes Fügen mehrerer Bauteile unter Beachtung der DIN-Normen.

▪ **Beispiele:**
Toleranzen bei Passungen für Schrumpfverbindungen.

Verschleiß, der bei Festkörper- oder Mischreibung entsteht und u. a. von der Belastung und vom Werkstoff abhängt, muss bei der Gestaltung mancher Maschinenteile beachtet werden, um Funktionsuntüchtigkeit zu vermeiden.

Kraftflussgerechtes Gestalten. Unter Kraftfluss versteht man die Weiterleitung einer Kraft und/oder eines Moments in einem Bauteil vom Angriffspunkt aus bis zu der Stelle, an der diese durch eine Reaktionskraft und/oder durch ein Moment aufgenommen werden. Der Begriff Kraftfluss ist in der Festigkeitslehre nicht genau definiert. Zur Veranschaulichung kann man sich die Weiterleitung der Kraft längs einer Kraftlinie vorstellen, in Analogie zur Stromlinie in einem Flüssigkeitsstrom.

Starke Krümmungen und Annäherungen der Kraftlinien lassen auf eine starke Werkstoffbeanspruchung schließen, z. B. an Kerben oder scharf abgesetzten Wellen. Mit dieser Vorstellung lassen sich die Lage von Stellen mit Spannungsspitzen und damit die Bruchgefahr abschätzen.

Maschinenteile sind so zu gestalten, dass möglichst einfache und kurze Kraft- oder Momentenflüsse entstehen (Bilder mit eingezeichnetem Kraftfluss siehe in den Abschnitten „Schweißverbindungen" und „Achsen und Wellen"). Eine Vorstellung über die Weiterleitung und Verteilung einer Kraft erlauben spannungsoptische Untersuchungen an durchsichtigen Kunststoffmodellen. Sie geben einen Einblick in die Spannungsverteilung der im Modell wiedergegebenen Maschinenelemente **(1.1)**. Linien gleicher Helligkeit sind Linien gleicher Beanspruchung. Längs einer solchen Isochromate, auch Isokline genannt, ist die Differenz der Hauptspannungen $\sigma_1 - \sigma_2$ des ebenen Spannungszustandes stets dieselbe.

Die Zahl der nebeneinander liegenden Linien ist ein Maß für die Größe der Beanspruchung. Diese Linien sind zwar nicht analog zur Stromlinie in einem Flüssigkeitsstrom zu verstehen; sie geben jedoch Aufschluss über die Verteilung der Last, z. B. in **(1.1)** der Lagerlast auf die einzelnen Wälzkörper (s. auch Teil 2, Abschnitt Wälzlager).

1.1
Verteilung der Lagerlast auf die einzelnen Wälzkörper in einem Rillenkugellager (spannungsoptische Aufnahme; SKF, Schweinfurt)

Ausdehnungsgerechtes Gestalten. Bei der Konstruktion von Maschinen, Apparaten und Rohrleitungen muss die Ausdehnung durch Wärmeeinwirkung berücksichtigt werden. Jedes Bauteil muss in seiner Lage eindeutig festgelegt sein, um bei seiner Ausdehnung unzulässige Spannungen und Funktionsstörungen zu verhindern. Im allgemeinen bestimmt man einen Festpunkt und lässt das Bauteil in eine gewünschte Richtung ausweichen (z. B.: Ein Festlager und ein Loslager auf einer Welle oder Kompensatoren in Rohrleitungen).

Fertigungsgerechtes Gestalten. Anfänger neigen häufig dazu, alle Querschnittsabmessungen mit Hilfe der Festigkeitslehre bestimmen zu wollen. Dieses Verfahren ist jedoch nicht empfehlenswert, weil dadurch das Abstimmen der Proportionen der einzelnen Teile aufeinander und damit die Gestaltungsarbeit erschwert wird. Es ergeben sich schlecht proportionierte Konstruktionen. Auch können sich Maße ergeben, die überhaupt nicht ausführbar sind. Besser und schneller kommt man meist zum Ziel, wenn man einige wenige Hauptabmessungen überschlägig mit Hilfe der Festigkeitslehre berechnet, im übrigen aber freizügig gestaltet und zum Schluss die vorhandenen Spannungen nachrechnet. Diese werden dann mit den Werkstoffkennwerten verglichen.

Ohne Mut zur Änderung lässt sich keine brauchbare Konstruktion erzielen. Es sollte daher immer der Grundsatz des Entwerfens und Verwerfens beachtet werden. Durch zweckmäßige Gestaltung verbessert der Konstrukteur dann die Form des Teils, u. a. vor allem mit dem Ziel, seine wirtschaftliche Herstellung zu ermöglichen.

Gestaltungsrichtlinien für Bauteile aus Gusswerkstoffen. Die Gestaltung muss modellformgerecht, gießgerecht sowie bearbeitungsgerecht sein. Bevorzugen einfacher Formen für Modelle und Kerne. Anstreben ungeteilter Modelle, möglichst ohne Kern. Vorsehen von Aushebeschrägen von der Teilfuge aus. Anordnen von Rippen so, dass das Modell ausgehoben werden kann. Keine Hinterschneidungen. Kerne zuverlässig lagern. Vermeiden waagerechter Wandteile (Gasblasen, Lunker) und sich verengender Querschnitte zu den Steigern. Anstreben gleichmäßiger Wanddicken, Querschnitte und allmählicher Querschnittsübergänge. Beachten zulässiger Wanddicken, Teilfugen so anordnen, dass Gussversatz nicht stört bzw. in Bearbeitungszonen liegt und leichte Gratentfernung möglich ist. Vorsehen gießgerechter Bearbeitungszugaben mit Werkzeugauslauf. Vorsehen ausreichender Spannflächen. Vermeiden schrägliegender Bearbeitungsflächen und Bohrungsansätze. Zusammenfassen von Bearbeitungsgängen durch Zusammenlegen und Angleichen von Bearbeitungsflächen und Bohrungen. Bearbeiten nur unbedingt notwendiger Flächen durch Aufteilen großer Flächen. Kleinste Wandstärke von Gussteilen siehe **1.2**; Gestalten von Gussteilen siehe **1.3**.

Gestaltungsrichtlinien für Sinterteile. Die Gestaltung muss werkzeug- und sintergerecht sein. Vermeiden von spitzen Winkeln und scharfen Kanten. Einhalten von Abmessungsgrenzen und -verhältnissen. Vermeiden feinverzahnter Rändelungen und Profile. Vermeiden zu kleiner Toleranzen.

Gestaltungsrichtlinien für Gesenkschmiedeteile. Sie streben eine gesenkwerkzeuggerechte, schmiedegerechte bzw. fließgerechte und bearbeitungsgerechte Gestaltung an. Vermeiden von Unterschneidungen. Vorsehen von Aushebeschrägen. Anstreben von Teilfugen in etwa halber Höhe. Vermeiden geknickter Teilfugen (Gratnähte). Anstreben einfacher, möglichst rotationssymmetrischer Teile. Vermeiden zu dünner Böden. Vorsehen großer Rundungen. Vermeiden zu schlanker Rippen, von Hohlkehlen und zu kleinen Löchern. Vermeiden schroffer Querschnittsübergänge. Versetzen von Teilfugen bei napfförmigen Teilen großer Tiefe. Anordnen

1.2 Grundlagen der Gestaltung

der Teilfuge stets so, dass Versatz leicht erkennbar und Entfernen der Gratnaht leicht möglich ist.

Gestaltungsrichtlinien für Biegeumformung. Es ist eine schneid- und biegegerechte Gestaltung anzustreben. Vermeiden komplizierter Biegeteile, statt dessen besser teilen und fügen. Mindestwerte für Biegeradien beachten. Mindestabstand von der Biegekante für vor dem Biegen eingebrachte Löcher. Vermeiden von schräg verlaufenden Außenkanten im Bereich der Biegekante. Vorsehen von Aussparungen an Ecken mit allseitig umgebogenen Schenkeln.

Gestaltungsrichtlinien für Teile mit Drehbearbeitung. Drehteile müssen werkzeug- und spangerecht sein. Auf erforderlichen Werkzeugauslauf achten. Anstreben einfacher Formmeißel. Vermeiden von Nuten und engen Toleranzen bei Innenbearbeitung. Ausreichende Spannmöglichkeit vorsehen. Vermeiden großer Zerspanarbeit. Anpassen der Bearbeitungslängen und -güten an Funktion (Welle absetzen).

Gestaltungsrichtlinien für Teile mit Bohrbearbeitung. Werkzeug- und spangerecht. Zulassen von Sacklöchern möglichst nur mit Bohrspitze. Ansatz- und Auslaufflächen bei Schräglöchern vorsehen. Anstreben durchgehender Bohrungen (z. B. bei Getriebegehäusen).

Gestaltungsrichtlinien für Teile mit Fräsbearbeitung. Werkzeug- und spangerecht. Anstreben gerader Fräsflächen. Satzfräser einsetzen. Bei Verwendung von Scheibenfräser auslaufende Nuten vorsehen. Anordnen von Flächen in gleicher Höhe und parallel zur Aufspannung.

Gestaltungsrichtlinien für Teile mit Schleifbearbeitung. Vermeiden von Bundbegrenzungen. Schleifscheibenauslauf vorsehen. Anordnung der Bearbeitungsflächen so, dass unbehindertes Schleifen möglich ist. Bevorzugen gleicher Ausrundungsradien und Neigungen an einem Werkstück.

Gestaltungsrichtlinien für geschweißte Teile. Bevorzugen von Lösungen mit wenig Teilen und Schweißnähten. Vermeiden von Nahtanhäufungen, Reduzierung von Schrumpfspannungen durch Nahtlänge, Nahtanordnung und Schweißfolge. Anstreben guter Zugänglichkeit der Nähte. Eindeutige Fixierung der Fügeteile vor dem Schweißen.

	Sandguss		Kokillenguss		Druckguss	
	s_{min}	g ($\pm$)	s_{min}	g ($\pm$)	s_{min}	g ($\pm$)
EN-GJL (GG), EN-GJS (GGG)	3	1				
EN-GJMB, EN-GJMW (GT), GS	(5)	1				
Al-Legierungen	3,5	0,8	3	0,2 ... 0,3	0,8 ... 3	0,03 ... 0,1
Mg-Legierungen	3,5	0,8	3	0,2 ... 0,3	0,8 ... 3	0,02 ... 0,1
Zn-Legierungen	3,5	0,8	3	0,2 ... 0,3	0,5 ... 3	0,02 ... 0,1
Messing	3,5	1	3		1 ... 3	0,15 ... 0,3

1.2
Kleinste Wandstärke s_{min} in mm und erreichbare Maßgenauigkeit g in $\pm$mm von Gussteilen

Bei Temperguss mit ferritischer Randzone und perlitischem Kern ist wegen des Durchtemperns auf eine gleichmäßige Wanddicke von 3 bis 8 mm zu achten. In der Ausführung als Schwarzguss (ganz ferritisch und vergütbar) sind auch ungleiche Wanddicken von 3 bis 40 mm möglich.

unzweckmäßig	zweckmäßig	Erläuterungen
1)		**Werkstoffgerechte Gestaltung** Infolge unterschiedlicher Abkühlungsgeschwindigkeit erstarrt der flüssige Werkstoff im Inneren einer örtlichen Materialanhäufung später als in den anschließenden Partien. Da das Volumen der Gusswerkstoffe im flüssigen Zustand größer ist als im erstarrten, bilden sich in Werkstoffanhäufungen Hohlräume (Lunker). Materialanhäufung lässt sich in vielen Fällen durch eine zweckmäßige Konstruktion vermeiden.
2)		An Übergangsstellen, die zu große Abrundungen aufweisen, entstehen Werkstoffanhäufungen (Lunkergefahr). Außerdem verteuern große Abrundungen die Herstellung des Modells. Die Rundungshalbmesser sollen 1/3 bis 1/4 der Wanddicke betragen.
3)		Ein einfaches Hilfsmittel zur Kontrolle von Materialanhäufungen ist die *Heuvers*sche Kreismethode. Bei einer gießgerechten Konstruktion soll das Verhältnis der einbeschriebenen Kreisquerschnitte nahe bei 1 liegen.
4)		Um Gussstücke aus Werkstoffen mit großer Erstarrungskontraktion (z. B. GS) dicht speisen zu können, sind die Wanddicken besonders sorgfältig auszulegen. Auch hier kommen die *Heuvers*schen Kontrollkreise zur Anwendung. Bei einer gießgerechten Konstruktion müssen die Flächen der Kreise zum Speiser hin größer werden.
5)		Bei Übergängen von einer dünnen Wand in eine dickere besteht bei zu kleiner Ausrundung Rissgefahr, bei zu großer Rundung Gefahr der Lunkerbildung. Ein stetiger Querschnittsübergang mit einer Steigung 1:4 bis 1:5 ist vorzusehen.
6)		Für Übergänge mit Rundungen zwischen ungleicher Wanddicke bestehen die Richtwerte $$R_i = \frac{s_1 + s_2}{2} \quad \text{und} \quad R_a = \frac{s_1 + s_2}{2}$$

1.3
Gestaltung von Gussteilen (Fortsetzung s. nächste Seiten)

1.2 Grundlagen der Gestaltung

unzweckmäßig	**zweckmäßig**	Erläuterungen
7)		Für Übergänge mit Rundungen zwischen gleich starken Wänden gelten die Richtwerte $R_i = (0{,}5 \ldots 1{,}0) \cdot s$ und $R_a = R_i + s$
8)		Werkstoffanhäufungen können häufig durch Aussparung und Verrippung vermieden werden.
9)		Rippen zwischen Wand und Nabe vermindern die Rissgefahr.
10) A–B / C–D		Versteifung in einem Gussfundament. Materialanhäufung vermeiden durch Auseinanderlegen zweier Rippenanschlüsse und Durchbruch der Rippe in der Gehäuseecke.
11)		Rippen sollen zur Herabsetzung der Gussspannungen stets dünner als die Wanddicke ausgeführt werden. Die Rippendicke sollte das 0,8fache der Wanddicke s und der Ausrundungsradius R das 0,25 ... 0,35fache der Wanddicke s betragen.
12)		Bei beiderseits angeordneten Rippen ist zur Verringerung der Werkstoffanhäufung ein Versatz erforderlich.

1.3
Gestaltung von Gussteilen (Fortsetzung)

unzweckmäßig	zweckmäßig	Erläuterungen
13)		Knotenpunkte, in denen Rippen oder Wände aufeinander treffen, bilden Werkstoffanhäufungen, die durch besondere Gestaltung, durch das Einlegen von Kernen oder durch Speisung aufgelöst werden können.
14)		
15) Lunker	Kern	
16)		Zur Vermeidung von Luftblasenbildung - und somit einer unansehnlichen Oberfläche - können Scheibenflächen schräg angeordnet werden.
17) Kern	Teilungsebene	Durch bessere Gestaltung können Teilungsebenen und Kerne eingespart werden.
18)		Teilungsebenen sollten so gelegt werden, dass Flächen, die unbearbeitet bleiben und maßhaltig sein sollen, nicht durch die Formteilung durchtrennt werden. Außerdem besteht die Gefahr eines Versatzes.
19) Grat	Grat	Eine zweckmäßige Lage der Teilungsebene erleichtert das Entgraten des Werkstücks.

1.3
Gestaltung von Gussteilen (Fortsetzung)

1.2 Grundlagen der Gestaltung

unzweckmäßig	zweckmäßig	Erläuterungen
20)		Gebrochene Formteilungsebenen vermeiden und durch gerade Teilungsebenen ersetzen.
21)		Außenflächen in Aushebrichtung abschrägen, damit sich die Modelle aus der Form heben lassen, ohne diese zu beschädigen.
22)	≈1°	Querrippen und Augen sind so zu gestalten, dass sich die Modelle leicht aus der Form heben lassen.
23)		Kerne sind teuer und erschweren das Einformen. Sie sollten nach Möglichkeit vermieden werden. Anzustreben sind offene Querschnitte. Notwendige Öffnungen sind so zu legen, dass Kerne nicht erforderlich sind.
24) Kernstützen		Sind Kerne notwendig, so müssen sie gut gelagert werden, da sie durch das flüssige Metall einen starken Auftrieb erhalten. Einseitige Kernlagerungen sind zu vermeiden, da die hier notwendigen Kernstützen zur Bildung von Poren und Fehlstellen beitragen. Eine zweiseitige Kernlagerung oder eine seitliche Abstützung ist anzustreben.

1.3
Gestaltung von Gussteilen (Fortsetzung)

unzweckmäßig	zweckmäßig	Erläuterungen
25)		**Beanspruchungsgerechte Gestaltung** Zug- und Biegebeanspruchungen sollten besonders bei EN-GJL (GG) zugunsten von Druckbeanspruchungen vermieden werden. Für die Aufnahme von Biegemomenten, wie bei einem Wandlagerarm, soll die neutrale Faser so gelegt werden, dass der auf Zug beanspruchte Querschnitt größer ist als der auf Druck beanspruchte.
26)		Durch richtige Formgebung wird die in einem Zylinderdeckel durch den Innendruck bewirkte Zugspannung in eine Druckspannung umgewandelt.
27)		Die im Fuß des Lagerbockes auftretende Biegespannung wird durch richtige Gestaltung in Druckspannung umgewandelt.
28)		Die Beanspruchung eines offenen Profils auf Torsion ist wenig sinnvoll, da zur Aufnahme der Verdrehkräfte große Querschnitte erforderlich werden. Trotz der teureren Kernarbeit ist in diesem Fall ein Hohlprofil zweckmäßiger.
29)		Lagerböcke (oder auch Hebel) werden in der Regel nicht auf Torsion beansprucht. Hier ist eine offene Rippenbauweise zur Aufnahme der Zug- und Druckkräfte ausreichend.
30)		Rippen mit konisch auslaufender und abgerundeter Form sind bei biegewechselnder Beanspruchung anrissgefährdet. An Durchbrüchen entstehen hohe Randspannungen. Zur Verminderung der Randspannungen an Rippen und Durchbrüchen werden Wülste vorsehen. Die Wulsthöhe h, der Wulstradius R_W und der Ausrundungsradius R sind wie folgt zu wählen:
31)		$h = (0{,}5 \ldots 0{,}6) \cdot s; \quad R_W = 0{,}5 \cdot s; \quad R = (0{,}25 \ldots 0{,}35) \cdot s.$

1.3 Gestaltung von Gussteilen (Fortsetzung)

1.2 Grundlagen der Gestaltung

unzweckmäßig	zweckmäßig	Erläuterungen
32)		**Fertigungsgerechte Gestaltung** Wichtige Voraussetzung für die spanende Fertigung ist ein gutes und sicheres Spannen des Werkstückes. Gussstücke dürfen beim Spannen nicht auf ungeeigneten Flächen liegen. In solchen Fällen sind Stützen anzugießen, die nach dem Bearbeiten leicht abgetrennt werden können.
33)		Um Bearbeitungszeit zu sparen, sollten Standflächen von Maschinen so unterteilt werden, dass nur schmale Leitern oder Füße spanend bearbeitet werden müssen. Spart man die Flächen nur aus, so wird die Bearbeitungszeit oft nicht verringert, da das Werkzeug doch durchlaufen muss.
34)		Rippen sollten möglichst niedriger als die Wandung ausführt werden, um die Bearbeitung ihrer Stirnflächen zu sparen.
35)		Bei zu bearbeitenden Flächen ist auf ausreichenden Auslauf für das verwendete Werkzeug zu achten. In der zweckmäßigen Ausführung kann sowohl mit dem Umfangs- als auch mit dem Stirnfräser gearbeitet werden.
36)		Bei Drehkörpern muss der Drehmeißel auch bei unrund ausgefallenen Gussstücken (z. B. durch Kernversatz) auslaufen können. Die Bearbeitungsflächen sind daher ausreichend von den unbearbeiteten Flächen abzusetzen, damit das Maß a nicht zu klein wird (Allgemeintoleranzen beachten).
37)		Dicht nebeneinanderliegende Flächen zu einer Fläche zusammenfassen, um einen erneuten Anschnitt zu vermeiden.
38)		Bei Werkstücken mit langer Bohrung sollte der Kern so gestaltet werden, dass eine durchgehende Bearbeitung des Innendurchmessers nicht notwendig ist.

1.3
Gestaltung von Gussteilen (Fortsetzung)

unzweckmäßig	zweckmäßig	Erläuterungen
39)		Bohrungen so kurz wie möglich ausführen.
40)		Wenn die Funktion es zulässt, dann sollten mehrere Bearbeitungsflächen auf gleicher Höhe liegen, um die Bearbeitung zu vereinfachen.
41)		Bearbeitungsflächen möglichst rechtwinklig zueinander anordnen, da die Werkstücke sonst schwierig zu spannen sind.
42)		Bei schräg anzubohrenden Flächen brechen oder verlaufen die Werkzeuge leicht. Abhilfe schaffen Bohrvorrichtungen. Zweckmäßiger sind das Anbringen von Augen oder die Umgestaltung der Wände.

1.3
Gestaltung von Gussteilen (Fortsetzung)

Literatur

Konstruieren

[1] Ehrlenspiel, K., Kiewert, A., Lindemann, U.: Kostengünstig Entwickeln und Konstruieren. Kostenmanagement bei der integrierten Produktentwicklung. 3. Auflage. Berlin u. a. 2000.

[2] Ewald, O.: Lösungssammlung für das methodische Konstruieren. Düsseldorf 1975.

[3] Gerhard, E.: Entwickeln und konstruieren mit System. 3. Auflage. Renningen-Malmsheim 1998.

[4] Hänchen, R.: Gegossene Maschinenteile. München 1964.

[5] Koller, R: Konstruktionsmethode für den Maschinen-, Geräte- und Apparatebau. Berlin – Heidelberg – New York 1979.

[6] Leyer, A.: Maschinenkonstruktionslehre. Heft 1-7. Technica-Reihe. Basel – Stuttgart 1963, 1964, 1966, 1968, 1969, 1971, 1978.

[7] Pahl, G.: Konstruktionslehre 4. Auflage. Berlin u. a. 1997.

[8] Rodenacker, W. G.: Methodisches Konstruieren. 4. Auflage. Berlin u. a. 1991.

[9] Roth, K.: Methodisches Ermitteln von Funktionsstruktur und Gestalt. VDI-Berichte 219. Düsseldorf 1974.

[10] VDI-Richtlinie 2211: Datenverarbeitung in der Konstruktion. Düsseldorf 1980.

Literatur

[11] VDI-Richtlinie 2221: Methodik zum Entwickeln und Konstruieren technischer Systeme und Produkte. Düsseldorf 1993.

[12] VDI-Richtlinie 2222: Konstruktionsmethodik. Düsseldorf 1997.

[13] Wolff, J.: Kreatives Konstruieren. 1. Auflage. Essen 1976.

Gestaltung

[14] Hildebrand, S., Krause, W.: Fertigungsgerechtes Gestalten in der Feinwerktechnik. Braunschweig 1978.

[15] Lange, K., Meyer-Nolkemper, H.: Gesenkschmieden. Berlin u.a. 1977.

[16] Niemann, G.: Maschinenelemente. Bd. 1, 2. Auflage. Berlin u. a. 1975.

[17] Rögnitz, H., Köhler, G.: Fertigungsgerechtes Gestalten im Maschinen- und Gerätebau. 4. Auflage. Stuttgart 1968.

[18] Sieker, K.-H., Rabe, K.: Fertigungs- und stoffgerechtes Gestalten in der Feinwerktechnik. Berlin u. a. 1968.

[19] Tschochner, H.: Konstruieren und Gestalten. Essen 1954.

[20] VDI-Richtlinie 2225: Konstruktionsmethodik. Technisch-wirtschaftliches Konstruieren. Düsseldorf 1997.

[21] VDI-Richtlinie 2244: Konstruktion sicherheitsgerechter Produkte. Düsseldorf 1988.

[22] Fritz, A. H.: Fertigungstechnik. 5. Auflage. Berlin u. a. 2001.

1.3 Werkstoffe

DIN-Blatt Nr.	Ausgabedatum	Titel
1681	6.85	Stahlguss für allgemeine Verwendungszwecke; Technische Lieferbedingungen
1694	9.81	Austenitisches Gusseisen
1694 Beiblatt 1	9.81	Austenitisches Gusseisen; Anhaltsangaben über mechanische und physikalische Eigenschaften
1729 T 1	8.82	Magnesiumlegierungen; Knetlegierungen
17111	9.80	Kohlenstoffarme unlegierte Stähle für Schrauben, Muttern und Niete; Technische Lieferbedingungen
50106	12.78	Prüfung metallischer Werkstoffe; Druckversuch
50115	4.91	Prüfung metallischer Werkstoffe; Kerbschlagbiegeversuch; Besondere Probenform und Auswerteverfahren
50150	10.00	Prüfung metallischer Werkstoffe - Umwertung von Härtewerten
EN 576	9.95	Aluminium und Aluminiumlegierungen - Unlegiertes Aluminium in Masseln - Spezifikationen
EN 1561	8.97	Gießereiwesen - Gusseisen mit Lamellengraphit
EN 1562	8.97	Gießereiwesen - Temperguss
EN 1563	8.02	Gießereiwesen - Gusseisen mit Kugelgraphit
EN 1706	6.98	Aluminium und Aluminiumlegierungen - Gussstücke - Chemische Zusammensetzung und mechanische Eigenschaften
EN 1753	8.97	Magnesium und Magnesiumlegierungen - Blockmetalle und Gussstücke aus Magnesiumlegierungen
EN 10002 T 1	4.91	Metallische Werkstoffe; Zugversuch; Teil 1: Prüfverfahren bei Raumtemperatur
EN 10002 T 5	12.01	-; Teil 5: Prüfverfahren bei erhöhter Temperatur
EN 10027 T 1	8.01	Bezeichnungssysteme für Stähle; Teil 1: Kurznamen, Hauptsymbole
EN 10027 T 2	9.92	-; Teil 2: Nummernsystem
EN 10083 T 1	10.96	Vergütungsstähle; Teil 1: Technische Lieferbedingungen für Edelstähle
EN 10083 T 2	10.96	-; Teil 2: Technische Lieferbedingungen für unlegierte Qualitätsstähle
EN 10084	6.98	Einsatzstähle - Technische Lieferbedingungen
EN 10213 T 1	1.96	Technische Lieferbedingungen für Stahlguss für Druckbehälter; Teil 1: Allgemeines
EN 10213 T 2	1.96	-; Teil 2: Stahlsorten für die Verwendung bei Raumtemperatur und erhöhten Temperaturen
EN 10213 T 3	1.96	-; Teil 3: Stahlsorten für die Verwendung bei tiefen Temperaturen
EN 10213 T 4	1.96	-; Teil 4: Austenitische und austenitisch-ferritische Stahlsorten
EN 10222 T 1	7.02	Schmiedestücke aus Stahl für Druckbehälter; Teil 1: Allgemeine Anforderungen an Freiformschmiedestücke
EN 10250 T 1	12.99	Freiformschmiedestücke aus Stahl für allgemeine Verwendung - Teil 1: Allgemeine Anforderungen

1.3 Werkstoffe

Werkstoffe, Fortsetzung

DIN-Blatt Nr.	Ausgabedatum	Titel
EN 10269	11.99	Stähle und Nickellegierungen für Befestigungselemente für den Einsatz bei erhöhten und/oder tiefen Temperaturen
EN 10277 T 3	10.99	Blankstahlerzeugnisse – Technische Lieferbedingungen; Teil 3: Automatenstähle
EN 10283	12.98	Korrosionsbeständiger Stahlguss
EN 10291	1.01	Metallische Werkstoffe - Einachsiger Zeitstandversuch unter Zugbeanspruchung - Prüfverfahren
EN 10291 Bbl. 1	1.01	-; Hinweise für die Anwendung der Norm
EN ISO 1043 T 1	6.02	Kunststoffe - Kennbuchstaben und Kurzzeichen; Teil 1: Basis-Polymere und ihre besonderen Eigenschaften
EN ISO 1043 T 2	4.02	-; Teil 2: Füllstoffe und Verstärkungsstoffe
EN ISO 1043 T 3	1.00	-; Teil 3: Weichmacher
EN ISO 1043 T 4	1.00	-; Teil 4: Flammschutzmittel
EN ISO 6506 T 1	10.99	Metallische Werkstoffe - Härteprüfung nach Brinell; Teil 1: Prüfverfahren
EN ISO 6507 T 1	1.98	Metallische Werkstoffe - Härteprüfung nach Vickers; Teil 1: Prüfverfahren
EN ISO 6508 T 1	10.99	Metallische Werkstoffe – Härteprüfung nach Rockwell (Skalen A, B, C, D, E, F, G, H, K, N, T); Teil 1: Prüfverfahren

Für ein **werkstoff-** und **beanspruchungsgerechtes Gestalten** sind folgende Werkstoffeigenschaften von Bedeutung:

Festigkeitskenngrößen (Grenzspannungen) zur Berechnung der Belastbarkeit und Sicherheit. Elastizitäts- bzw. Schubmodul zur Ermittlung der Steifigkeit. Dehnung und Zähigkeit zur Beurteilung der Sicherheit gegen Gewalt- oder Verformungsbruch. Spezifische Masse. Oberflächenzustand und -behandlung. Härte und Härtbarkeit. Kerbempfindlichkeit, Kerbschlagfestigkeit, Schwindungsverhalten und Dämpfungsfähigkeit. Verarbeitbarkeit, Rezyklierbarkeit, Korrosionsbeständigkeit. Elektrische, magnetische und chemische Eigenschaften. Alterungsbeständigkeit, Temperaturverhalten. Formbeständigkeit. Preis und Wirtschaftlichkeit.

Die Werkstoffe werden an Hochschulen im Grundstudium in speziellen Lehrveranstaltungen eingehend behandelt. Daher wird nachfolgend nur ein Überblick über Eigenschaften der wichtigsten Werkstoffe im Maschinenbau gegeben.

Die Festigkeitskenngrößen aus dem Zugversuch nach DIN EN 10002-1 und DIN EN 10002-5 und andere Werkstoffkennwerte siehe S. 37-44.

Aus der Zugfestigkeit lassen sich mit Hilfe von Erfahrungswerten aus **2.3** die wichtigsten Grenzspannungen, wie Streckgrenze bzw. Fließgrenze, Wechselfestigkeit, Biegewechselfestigkeit und Torsionswechselfestigkeit ermitteln.

Eisenwerkstoffe

Stahl ist ein Eisenwerkstoff mit einem Kohlenstoffgehalt von weniger als 1,7%. Die systematische Einteilung und Benennung der Vielzahl bekannter Stahlsorten erfolgt mittels der Bezeichnung nach DIN EN 10025 oder durch die Werkstoffnummern nach DIN EN 10027-2. Die Norm gilt nicht für Hohlprofile, die nun von DIN 10210-1 erfasst werden.

Unlegierte Baustähle werden wie folgt bezeichnet:

A-B-CCC-D-E

A: G = Stahlguss (wenn erforderlich)
B: Hauptsymbol (S = Konstruktionsstahl; E = Maschinenbaustahl)
C: Mindeststreckgrenze in N/mm² für den kleinsten Dickenbereich
D: entfällt
E: Gruppe 1: Kerbschlagarbeit (**1.4**) oder G für andere Merkmale
   Gruppe 2: Zusatzsymbole (**1.5**)
F: Zusatzsymbole für Stahlerzeugnisse, näheres siehe DIN EN 10027-2

Beispiel: S355J2G3 (entspricht St 52-3N nach DIN 17100) Konstruktionsstahl mit einer Streckgrenze von 355 N/mm², Kerbschlagarbeit 27 J bei −20 °C, Gütegruppe 3.

27 J	40 J	60 J	Prüftemperatur
JR	KR	LR	+20 °C
J0	K0	L0	0 °C
J2	K2	L2	-20 °C
J3	K3	L3	-30 °C
J4	K4	L4	-40 °C
J5	K5	L5	-50 °C
J6	K6	L6	-60 °C

1.4
Zusatzsymbol für Gruppe 1 für die Kerbschlagarbeit in J nach DIN V 17006-100

Symbol	Bedeutung	z. Hauptsymbol	Symbol	Bedeutung	z. Hauptsymbol
C	Besondere Kaltumformbarkeit	S; E	N	Normalgeglüht oder normalisierend gewalzt	S
C	Eignung zum Kaltziehen	M	O	für Offshore	S
D	für Schmelzüberzüge	S; H	P	Spundwandstahl	S
E	für Emaillierung	S	Q	Vergütet	S; R
F	zum Schmieden	S	R	Raumtemperatur	P
H	Hohlprofile	S; D	S	für Schiffsbau	S
H	Hochtemperatur	P	T	für Rohre	S
L	für tiefe Temperaturen	P; S	W	wetterfest	S
M	Thermomechanisch gewalzt	S	X	Hoch- und Tieftemperatur	P

1.5
Zusatzsymbol für Gruppe 2 nach DIN V 17006-100

Nach der zurückgezogenen Norm DIN 17100 wurden allgemeine Baustähle nach ihrer Festigkeit bezeichnet, z. B. St 37 mit $R_m \approx 370$ N/mm². Diese Bezeichnungen werden zum Teil auch heute noch umgangssprachlich benutzt.

Feinkornbaustähle nach DIN EN 10028 sind ebenfalls durch ihre Mindeststreckgrenze gekennzeichnet. Der Bezeichnung wird der Buchstabe P vorangesetzt, z. B.: P235GH.

Unlegierte Stähle enthalten Beimengungen von Si < 0,5%, Mn < 0,8%, Cu < 0,25% sowie Al und Ti. Man setzt weitgehend möglichst diese unlegierten, billigen Stähle ein. Erst wenn ihre Eigenschaften nicht ausreichen, verwendet man legierte Stähle.

Unlegierte Stähle, die für eine Wärmebehandlung bestimmt sind (Qualitäts-, Edelstähle), werden einsatzgehärtet oder vergütet. Sie werden mit dem C-Gehalt in Verbindung mit dem chemischen Zeichen C (z. B.: C45 mit 0,45 % Kohlenstoff) bezeichnet.

Niedriglegierte Stähle mit einem Legierungsgehalt < 5 Gew.-% werden mit dem C-Gehalt und dem Gehalt der Legierungsbestandteile bezeichnet. Der Buchstabe C wird weggelassen. Die Bezeichnung beginnt mit dem Hundertfachen des mittleren Kohlenstoffgehaltes in %.

1.3 Werkstoffe

Darauf folgen die chemischen Symbole nach fallendem Gehalt geordnet. Dahinter stehen Zahlen zur Kennzeichnung der mittleren Legierungsgehalte.

Um diese Kennzahlen zu erhalten, werden die Legierungsgehalte in Gew.-% mit einem bestimmten Faktor multipliziert. Faktor 4 für Cr, Co, Mo, Mn, Ni, Si und W; Faktor 10 für Al, B, Be, Cu, Pb, Mo, Nb, Ta, Ti, V und Zr, Faktor 100 für Ce, N, P, S und Faktor 1000 für Bor, z. B.: Für 0,75 Gew.-% Cr heißt die Kennzahl 0,75 mal 4 = 3. Die Sorte 17Cr3 (DIN EN 10084) ist ein nichtlegierter Stahl mit einem Kohlenstoffgehalt von 0,17 Gew.-% und einem mittleren Chromgehalt von 3/4 = 0,75 Gew.-%.

Hochlegierte Stähle mit einem Legierungsgehalt > 5 Gew.-% werden wie die niedriglegierten Stähle nach ihrer chemischen Zusammensetzung benannt. Die Multiplikation der Legierungsbestandteile mit einem Faktor wird nicht vorgenommen, außer der vom Kohlenstoffgehalt. Dieser wird mit dem Faktor 10 multipliziert und ohne Angabe des C-Zeichens angegeben. Außerdem werden hochlegierte Stähle durch Vorsetzen eines X gekennzeichnet; z. B.: Die Sorte X 5 Cr Ni Mo 18 10 (DIN 17224) ist ein hochlegierter Stahl mit 0,05 Gew.-% Kohlenstoff, 18 Gew.-% Chrom, 10 Gew.-% Nickel und mit einem geringen Molybdängehalt.

Einfluss der Legierungszusätze auf das physikalische und chemische Verhalten der Werkstoffe:

Blei (Pb) in Automatenstählen bewirkt kurze Spanbildung und saubere Schnittflächen.

Bor (B) verbessert die Durchhärtung in Baustählen und erhöht die Kernfestigkeit in Einsatzstählen.

Chrom (Cr) erhöht die Festigkeit, verbessert die Warmfestigkeit, Zunderbeständigkeit, Durchhärtbarkeit, die Rostbeständigkeit und durch Karbidbildung die Härte und Verschleißfestigkeit.

Kobalt (Co) bildet keine Carbide. Es hemmt das Kornwachstum bei höheren Temperaturen, verbessert die Anlassbeständigkeit und die Warmfestigkeit. Es wird daher als Legierungselement in Schnellstählen und in warmfesten Werkstoffen benutzt.

Kohlenstoff (C) erhöht die Festigkeit, die Härtbarkeit und die Kerbempfindlichkeit. Jedoch werden mit höherem C-Gehalt die Bruchdehnung, die Schmiedbarkeit, die Schweißbarkeit und Bearbeitbarkeit durch spanabhebende Werkzeuge verringert.

Kupfer (Cu) erhöht die Festigkeit des Stahls, verbessert den Rostwiderstand, setzt aber die Bruchdehnung herab.

Mangan (Mn) erhöht die Festigkeit des Stahls, verbessert die Schmied- und Schweißbarkeit sowie den Verschleißwiderstand und vergrößert die Einhärtetiefe. Perlitische Mn-Stähle sind überhitzungsempfindlich und neigen zu Anlasssprödigkeit.

Molybdän (Mo) erhöht die Zugfestigkeit, steigert die Eignung zur Durchvergütung und Schweißbarkeit. Es verringert die Anlasssprödigkeit des Stahls.

Nickel (Ni) steigert die Festigkeit, verbessert die Kerbschlagfestigkeit und die Durchhärtbarkeit. Cr-Ni-Stähle sind rost-, säure- und zunderbeständig sowie warmfest. Nickel beeinflusst nicht die Schweißbarkeit.

Schwefel (S) verbessert die Zerspanbarkeit in Automatenstählen, macht aber den Stahl spröde und rotbrüchig.

Silizium (Si) erhöht die Zugfestigkeit und Streckgrenze, den elektrischen Widerstand und die Durchhärtungsneigung. Es verschlechtert die Kaltverformbarkeit.

Titan (Ti), Tantal (Ta) und Niob (Nb) sind Carbidbildner. Sie werden in austenitischen Stählen zur Vermeidung interkristalliner Korrosion eingesetzt.

Vanadin (V) wirkt karbidbildend, vermindert die Überhitzungsempfindlichkeit und verbessert die Warmfestigkeit.

Wolfram (W) steigert die Festigkeit, Härte und Zähigkeit sowie die Schneidhaltigkeit.

Stähle können außer nach ihrem Legierungsgehalt (unlegierte, niedriglegierte und hochlegierte Stähle) noch nach verschiedenen anderen Gesichtspunkten unterteilt werden:
1. Nach dem Erschmelzungsverfahren: Thomas-, Siemens-Martin-, Elektrostähle usw.
2. Nach der Verwendung: Bau-, Werkzeug-, Automaten- und Federstähle; Stähle für Schrauben, Muttern, Rohre und für Elektromaschinen. Für Werkzeugstähle bestehen vier Gruppen: Kaltarbeitsstähle, Warmarbeitsstähle, Schnellarbeitsstähle und Werkzeugstähle für besondere Verwendungsgebiete.
3. Nach den chemischen und physikalischen Eigenschaften: Nichtrostende-, warmfeste-, hochwarmfeste, hitzebeständige, wetterfeste, hochfeste, schweißbare, alterungsbeständige, druckwasserbeständige und kaltzähe Stähle sowie Vergütungs-, Einsatz- und Nitrierstähle.
4. Nach Gütegruppen: Massen-, Qualitäts- und Edelstähle.

Eine Normenauswahl für Stahlsorten befindet sich am Anfang des Abschnitts 1.3. Stähle für besondere Verwendungszwecke werden in den einzelnen Abschnitten behandelt. Wegen ihrer Bedeutung werden Baustähle, Einsatzstähle und Vergütungsstähle im Folgenden aufgeführt.

Allgemeine Baustähle nach DIN EN 10222-1, DIN EN 10025-1 und -2 sind unlegierte Stähle mit einem Kohlenstoffanteil von (0,2 ... 0,5) Gew.-%, die im warmgeformten Zustand nach einem Normalglühen oder nach einer Kaltumformung verwendet werden. Als Formstahl oder Halbzeug werden sie im Hoch-, Tief- und Brückenbau sowie im Maschinen-, Behälter- und Fahrzeugbau für kleine und mittlere Beanspruchung bei Temperaturen unter 200 °C eingesetzt.

Die Stahlsorte wird mit S und mit der darauffolgenden Kennzahl für die Mindeststreckgrenze in N/mm² gekennzeichnet. An diese Kennzahl wird die Kennzeichnung der Kerbschlagzähigkeit und die Gütegruppe angehängt. Es bestehen mehrere Gütegruppen, die sich in der Schweißeignung und in den Anforderungen an die Kerbschlagarbeit.

> **Beispiel**
> Der Baustahl der Gütegruppe 2 mit dem Kurznamen S235JRG2 (früher: RSt37-2) besitzt die Mindeststreckgrenze 235 N/mm².

Die Mindeststreckgrenze der allgemeinen Baustähle beträgt je nach Stahlsorte zwischen R_m = 185 und 360 N/mm², der Elastizitätsmodul E = 215 000 N/mm² und die Dichte ρ = 7,85 kg/dm³. Werte für die Zugfestigkeit und Streckgrenze s. Bild **1.6** und für die Schwingfestigkeit die Bilder **1.7**.

Vergütungsstähle nach DIN EN 10083-1 und -2 mit dem Kurznamen z. B.: C45 (W.-Nr. 1.0503), 34Cr4 (W.-Nr. 1.7033) oder 51CrV4 nach DIN EN 10083-1 (W.-Nr. 1.8159) sind Baustähle, die sich auf Grund ihrer chemischen Zusammensetzung, besonders ihres Kohlenstoffgehaltes von (0,2 ... 0,6) Gew.-%, zum Härten eignen. Sie weisen im vergüteten Zustand

1.3 Werkstoffe

hohe Zähigkeit auf. Die Legierungsbestandteile Cr, Ni, Mo erhöhen das Durchhärtevermögen. Mo vermeidet die Anlasssprödigkeit. Vergütungsstähle werden als Formstahl oder Halbzeug geliefert und allgemein für Walzerzeugnisse, Gesenkschmiedestücke und Freiformstücke bei höheren Festigkeitsanforderungen insbesondere wegen der großen Zähigkeit bei Wechselbeanspruchung verwendet. Bei der Vergütung lassen sich gezielt bestimmte Festigkeits- und Zähigkeitseigenschaften erreichen, die von der Querschnittsgröße und Anlasstemperatur abhängen. Die Zugfestigkeit beträgt je nach Sorte R_m = (500 ... 1900) N/mm² und der Elastizitätsmodul E = 215 000 N/mm² (Werkstoffkennwerte s. Bild **1.8**; Schwingfestigkeiten s. Bild **1.10**). Die Norm teilt die Stähle in Qualitäts- und Edelstähle ein. Die Edelstähle unterscheiden sich von den Qualitätsstählen nicht nur durch niedrigen Phosphor- und Schwefelgehalt, sondern durch die Gleichmäßigkeit ihrer Eigenschaften und durch bessere Oberflächenbeschaffenheit.

Einsatzstähle nach DIN EN 10084 sind Baustähle mit verhältnismäßig niedrigem Kohlenstoffgehalt (C = (0,07 ... 0,31) Gew.-%), die an der Oberfläche aufgekohlt, gegebenenfalls gleichzeitig aufgestickt und anschließend gehärtet werden. Die Stähle haben nach dem Härten in der Oberflächenzone hohe Härte und guten Verschleißwiderstand, wogegen die Kernzone hohe Zähigkeit aufweist. Diese Norm unterscheidet zwischen unlegierten und legierten Stählen, wobei die unlegierten Stähle das Zusatzsymbol E aufweisen, z. B. C10E (W.-Nr. 1.1121). Die Stähle sind für die Abbrennstumpfschweißung und Schmelzschweißung geeignet und werden als Formstahl oder Halbzeug geliefert. Man verwendet Einsatzstähle für Maschinenteile mit harter, verschleißfester Oberfläche und zähem Kern, z. B. für Zahnräder, Gelenk- und Vielkeilwellen sowie für Gelenk- und Kolbenbolzen. Weitere Stahlsorten sind u. a. C10R (W.-Nr. 1.1207), C15E (W.-Nr. 1.1141), 16MnCr5 (W.-Nr. 1.7131). Die Zugfestigkeit beträgt R_m = (400 ... 1450) N/mm² je nach Sorte und der Elastizitätsmodul E = 215 000 N/mm² (Festigkeitswerte s. Bild **1.9** und **1.11**).

Warmfeste, hochwarmfeste Stähle besitzen unter langzeitiger Beanspruchung bei hohen Temperaturen hohe Zeitdehngrenzen und Zeitstandfestigkeiten. Bei warmfesten Stähle ist dies bis zu einer Temperatur von ≈ 540 °C der Fall, bei hochwarmfesten bis ≈ 800 °C (Bild **2.17**).

Zu den warmfesten Stählen zählen unlegierte Stähle, deren obere Anwendungstemperatur bis 400 °C liegt und niedriglegierte Stähle mit oberen Anwendungstemperaturen von 540 °C. Für Anwendungstemperaturen bis ≈ 600 °C eignen sich die Gruppe der 12%-Cr-Stähle und für Temperaturen bis ≈ 650 °C die austenitischen Stähle mit ≈ 18% Cr und ≈ 13% Ni.

Gusseisen mit Lamellengraphit (Grauguss) nach DIN EN 1561 mit der Bezeichnung EN-GJL (früher GG) ist eine gegossene Eisenlegierung mit (2 ... 4) % Kohlenstoff- und (0,5 ... 3) % Siliziumgehalt. Der Kohlenstoff ist im Gefüge als freier Graphit in Form von Lamellen oder Plättchen enthalten. Bei langsamer Erkaltung erhält man graues Gusseisen und bei schnellem Abkühlen weißes Gusseisen.

Gusseisen mit Lamellengraphit wird u. a. wegen der Eigenschaft, in Gießformen gut einzufließen und die Form gut auszufüllen, im Maschinenbau für Gussstücke bevorzugt verwendet. Es ist gewöhnlich spröde, hat eine geringe Bruchdehnung und ist daher schlagempfindlich. Es besitzt gute Gleitreibungseigenschaften, eine hohe Dämpfungsfähigkeit und hohe Druckfestigkeit. Wegen der Graphitlamellen, die wie innere Kerben wirken, ist dieses Gusseisen gegen äußere Kerben unempfindlich. EN-GJL mit einer Brinellhärte über 240 ist schwer zerspanbar. Die Schweißbarkeit ist nur nach besonderer Vorbereitung möglich. Die Dichte beträgt bei EN-

GJL-100 bis EN-GJL-200 ρ = 7,2 kg/dm³ und bei EN-GJL-250 bis EN-GJL-350 ρ = 7,35 kg/dm³. Der Elastizitätsmodul E nimmt mit zunehmender Belastung ab und schwankt bei EN-GJL-200 zwischen (90000 ... 120 000) N/mm² und bei EN-GJL-350 zwischen (125 000 ... 155 000) N/mm². Die Zugfestigkeit ist vom Rohgussdurchmesser des Probestückes bzw. vom Nenndurchmesser der Zugprobe abhängig (Festigkeitskennwerte s. Bilder **1.12**, **1.13** und **1.14**).

Gusseisen mit Kugelgraphit nach DIN EN 1563 mit der Bezeichnung EN-GJS (auch Sphäroguss genannt) ist ein Eisengusswerkstoff, dessen größerer Teil als kugeliger Graphit im Gefüge enthalten ist. EN-GJS lässt sich gut zerspanen, vergüten, oberflächenhärten und unter Beachtung des großen Kohlenstoffgehaltes schweißen. Es hat eine größere Verschleißfestigkeit einen höheren Korrosionswiderstand, einen höheren Elastizitätsmodul, aber eine geringere innere Dämpfung als EN-GJL. Im Vergleich zu diesem zeichnet sich EN-GJS durch seine mehr stahlähnlichen Eigenschaften und durch seine höhere Zunderbeständigkeit aus. Der Werkstoff ist dehnbar und hat eine Streckgrenze (Festigkeitskennwerte s. Bilder **1.13** und **1.14**).

Temperguss (EN-GJMB und EN-GJMW) nach DIN EN 1562 (Festigkeitskennwerte s. Bild **1.13**). Nach dem Bruchaussehen der fertig getemperten Gussstücke unterscheidet man schwarzen Temperguss (EN-GJMB, Schwarzguss) und weißen Temperguss (EN-GJMW). Beide erstarren jedoch nach dem Gießen weiß (graphitfrei). Sie bestehen also im Rohzustand aus Ledeburit und Perlit, sind in diesem Zustand spröde und unbearbeitbar. Im Temperrohguss für weißen Temperguss EN-GJMW sind C = (2,8 ... 3,4) %, Si = (0,8 ... 0,4) % und für EN-GJMB C = (2,2 ... 2,8) % und Si = (1,4 ... 0,9) % enthalten. Erst durch langdauerndes Glühen (Tempern) erhält Temperguss seine Zähigkeit und Bearbeitbarkeit.

Das Glühen des Temperrohgusses für EN-GJMW erfolgt in neutraler Atmosphäre, etwa 30 Stunden lang bei 950 °C und anschließender langsamer Abkühlung. Durch gelenkte Abkühlung ergibt sich ein mehr oder weniger perlitisches Gefüge mit eingelagerter Temperkohle. Dadurch wird eine größere Zähigkeit und Verschleißfestigkeit des EN-GJMB erreicht. Das Gefüge der EN-GJMB besteht nach dem Tempern über den ganzen Querschnitt einheitlich aus Ferrit und Temperkohle, evtl. mit etwas Perlit. Das Gefüge ist unabhängig von der Wanddicke.

Das Glühen des Temperrohgusses für EN-GJMW erfolgt in einem Sauerstoff abgebenden Mittel bei 1070 °C über eine Zeit von etwa 80 Stunden. Das Gefüge besteht nach dem Tempern bei kleinen Wanddicken aus Ferrit mit wenig Perlit, bei großen Wanddicken am Rande aus Ferrit mit wenig Perlit, in der Übergangszone aus Ferrit, Perlit und Temperkohle, im Kern aus Perlit, Temperkohle und wenig Ferrit. Das Gefüge ist also von der Wanddicke abhängig.

Zugfestigkeit und Bruchdehnung sind bei EN-GJMB für alle Wanddicken praktisch gleich, bei GTW dagegen stark von der Wanddicke abhängig. Die Zerspanbarkeit ist bei EN-GJMB in allen Wanddicken sehr gut, bei dicken Teilen aus EN-GJMW schwieriger, aber durch Weichglühen zu verbessern. Schweißarbeiten während der Herstellung oder bei der Verwendung des Tempergussstückes sind möglich. Reparaturschweißungen müssen nachträglich wärmebehandelt werden. Für Festigkeitsschweißung eignet sich die weitgehend entkohlte Sorte EN-GJMW-360-12.

Alle Sorten lassen sich weichlöten. Für Hartlötung ist die Gruppe EN-GJMW mit großer Entkohlungstiefe gut geeignet. Vergüten und Härten ist möglich, Verzug nach Wärmebehandlung lässt sich durch Richten beseitigen. Als Oberflächenschutz können metallische (z. B. galvanische) und nichtmetallische Überzüge dienen.

Temperguss vereinigt in sich die guten Gießeigenschaften des Gusseisens EN-GJL mit einer mehr stahlähnlichen Zähigkeit. Anwendungsbeispiele für dünnwandigen EN-GJMW sind

1.3 Werkstoffe

Rohrverbindungen, Tür- und Schraubenschlüssel. Beschläge, Schalthebel, Bremstrommeln. Für dickere, spanabhebend zu bearbeitende Teile wird EN-GJMB vorgezogen.

Austenitisches Gusseisen nach DIN 1694 ist ein hochlegierter Eisenkohlenstoff-Gusswerkstoff mit C = (2,2 ... 2,5 ... 3,0) % Gew. Zur Zeit sind 20 Gusseisensorten als Legierungen mit C, Si, Mn, Ni, Cr und Cu genormt. Ihr Grundgefüge ist durch hohe Legierungszusätze austenitisch. Der Kohlenstoff liegt zum überwiegenden Teil als Graphit vor. Man unterscheidet: Austenitisches Gusseisen mit Lamellengraphit (GGL-) und Austenitisches Gusseisen mit Kugelgraphit (GGG-), (Werkstoffkennwerte s. Bild **1.13**) Werkstoffbezeichnung z. B.: GGL-Ni Cr 20 3 und GGG-Ni Cr 20 3. Die austenitischen Gusseisenwerkstoffe besitzen je nach Zusammensetzung und Graphitausbildung unterschiedliche Eigenschaften, wie z. B. Korrosions-, Erosions- und Hitzebeständigkeit, gute Laufeigenschaften, kaltzähes Verhalten. Einige Sorten sind nicht magnetisierbar. Alle Sorten lassen sich gut in Formen gießen und gut bearbeiten.

Stahlguss nach DIN 1681 mit der Bezeichnung GS ist jeder in Formen gegossener unlegierter oder legierter Stahl. Die Eigenschaften, Wärmebehandlungs-, Härtungs- und Legierungsmöglichkeiten sind für Stahlguss grundsätzlich die gleichen wie für Stahl.

Um Gasblasen beim Erstarren zu vermeiden, muss Stahlguss stets beruhigt vergossen werden. Da das Schwindmaß mit etwa 2% hoch ist, besteht die Gefahr der Lunkerbildung. Um dies zu vermeiden, ist auf richtige Gestaltung der Gussstücke zu achten. Stahlguss wird verwendet, wenn die Festigkeit von Temper- oder Grauguss nicht ausreichen sowie bei großen Maschinenteilen.

Unter den Begriff Stahlguss für allgemeine Verwendungszwecke nach DIN 1681, mit Kurzbezeichnungen z. B.: GS-38, GS-60, fallen die gegossenen unlegierten oder niedrig legierten Stähle mit gewährleisteter Streckgrenze und einem Kohlenstoffgehalt von (0,14 ... 0,45) % je nach Sorte. Die Norm enthält auch Sorten mit zusätzlich gewährleisteter Kerbschlagzähigkeit. Sie werden durch die Kennziffer .3 unterschieden, z. B. GS-38.3. Die Sorteneinteilung beruht im Wesentlichen auf mechanischen Eigenschaften. Das Herstellverfahren und die chemische Zusammensetzung der Stahlgusssorten bleibt dem Hersteller überlassen. Die Dichte beträgt ρ = 7,85 kg/dm^2, der Elastizitätsmodul E = (200 000 ... 215 000) N/mm^2 (Festigkeitswerte s. **1.15**).

Warmfester ferritischer Stahlguss nach DIN EN 10213-1 und -2 mit der Bezeichnung z. B.: GP240GH, GX23CrMoV12-1 dient zur Anfertigung von Gussstücken, die für den Einsatzbereich bis zu 600 °C bestimmt sind. Die Stahlsorten sind im Wesentlichen nach ihrer chemischen Zusammensetzung eingeteilt. Legierungsbestandteile sind Cr $\leq$ 12,5%, Ni $\leq$ 1,5%, Mo $\leq$ 1,2%, Si $\leq$ 0,6%, Mn $\leq$ 0,8%, V $\leq$ 0,35% und C $\leq$ (0,15 ... 0,26) %.

Stahlgussstücke dieser Norm werden vergütet oder normalgeglüht geliefert. Die Dichte beträgt ρ = (7,7 ... 7,85) kg/dm^2 und der Elastizitätsmodul E = 155 000 N/mm^2 bei 600 °C bis 210 000 N/mm^2 bei 20 °C. Schweißbarkeit nach erneutem Anlassen ist gegeben (Kennwerte s. **1.16**).

Warmfester Stahlguss wird für Gehäuse, Ventile, Lauf- und Leiträderscheiben sowie für Flansche von Heißdampf- und Gasturbinenanlagen und für Hochtemperaturanlagen der Chemie verwendet.

Nichtrostender Stahlguss nach DIN EN 10283 mit der Bezeichnung z. B.: GX12Cr12, GX5CrNi19-10 wird in Elektroöfen erschmolzen. Geliefert werden die ferritischen Stahlgusssorten in vergütetem und die austenitischen im abgeschreckten Zustand. Legierungsbestandteile: Cr $\leq$ 20%, Ni $\leq$ 12,5%, Mo $\leq$ 2,5%, Si $\leq$ 2,0%, Mn $\leq$ 1,5%, Nb $\leq$ 1,0% und C $\leq$ (0,08 ... 0,27) %.

Die Sorten dieser Norm zeichnen sich durch hohe Warmfestigkeit, gute Korrosionsbeständigkeit, Schweißbarkeit, Schmiedbarkeit und Oberflächenhärtbarkeit aus. Das große Schwindmaß (etwa 2%) muss bei der Gestaltung der Gussstücke berücksichtigt werden. Nichtrostender Stahlguss wird u. a. im Apparatebau und Turbinenbau verwendet (Werkstoffkennwerte s. **1.17**).

Leichtmetalle. Leichtmetalle sind Rein-Aluminium (DIN EN 576) und Aluminiumlegierungen (DIN EN 1706) mit der Dichte $\rho = (2,7 ... 2,85)$ kg/dm^3 sowie Magnesiumlegierungen (DIN 1729) mit der Dichte $\rho = 1,8$ kg/dm^3.

Für Nichteisenmetalle erfolgt derzeit eine Umstellung der Bezeichnungen von nationalen Normen auf Europäische Normen. Nichteisenmetalle werden mit den chemischen Symbolen für die Legierungsbestandteile Si, Cu, Mg, Al, Mn und Ti und Kennzahlen bzw. Kennbuchstaben bezeichnet, oder die Werkstoffbezeichnung wird durch eine Ziffernfolge verschlüsselt.

Rein-Aluminium ist tiefziehfähig. Durch Kaltverformung erhöht sich die Festigkeit, die aber bei Temperaturen über 100 °C stark abfällt. Aluminium ist schweißbar, aber wegen der Oxidhaut schwierig lötbar. Wegen der Schutzschicht ist es beständig gegen reines Wasser, Schwefeldioxyd und verschiedene Säuren, aber unbeständig gegen Seewasser, anorganische Säuren, Mörtel und Beton. Die Verbindungsstellen mit anderen Metallen müssen wegen der Gefahr elektrolytischer Korrosion mit einer Schutzschicht überzogen werden.

Festigkeitswerte von Rein-Al: Gegossen $R_m = (90 ... 120)$ N/mm^2; geglüht $R_m = (70 ... 100)$ N/mm^2; gewalzt $R_m = (100 ... 140 ... 230)$ N/mm^2. Elastizitätsmodul $E = 70\,000$ N/mm^2.

Al-Knetlegierungen (DIN EN 1706) können gepresst, gezogen, gewalzt, geschmiedet und geschweißt werden. Manche Sorten (z. B.: AlMg-, AlMgMn- und AlMn-Legierungen) sind seewasserbeständig und korrosionsbeständig. AlCuMg-Legierungen (z. B. Duraluminium) besitzen eine hohe Festigkeit, aber einen geringen Korrosionswiderstand.

Festigkeitswerte von Al-Knetlegierungen: $R_m \leq 500$ N/mm^2; $\sigma_{bw} = (140 ... 180)$ N/mm^2 und $E = 70\,000$ N/mm^2. Für Bleche und Bänder über 0,35 mm s. DIN EN 485-2.

Aluminium-Gusslegierungen werden hauptsächlich als Kokillenguss, in zweiter Linie als Sandguss, aber auch als Druckguss und zu einem geringen Teil als Schleuderguss verarbeitet. Mit Si legiert, bildet Al ein Eutektikum mit sehr guten Gießeigenschaften (EN AC-AlSi12(a)). Der Zusatz Mg verbessert die Warmfestigkeit und Korrosionsbeständigkeit. Die AlCuTi-Gusslegierungen erreichen hohe Festigkeit.

Festigkeitskennwerte für Al-Gusslegierungen:
$R_m = (180... 240 ... 440)$ N/mm^2; $R_{p0,2} = (70 ... 150 ... 380)$ N/mm^2;
$\sigma_{bw} = (60... 80 ... 1\,00)$ N/mm^2; $E = 70\,000$ N/mm^2.

Kunststoffe nach DIN EN ISO 1043-1 werden in zunehmendem Maße im Maschinen- und Apparatebau eingesetzt. Voraussetzung für die erfolgreiche Auswahl eines Kunststoffes aus der Vielzahl von Werkstoffen ist die Kenntnis ihrer Eigenschaften (z. B.: Festigkeit, Elastizitätsmodul, Zeitstandfestigkeit, optische, elektrische, thermische und chemische Eigenschaften), die stark von der Temperatur abhängen. Es ist zweckmäßig, genaue Werte über Werkstoffeigenschaften vom Hersteller einzuholen.

Man unterscheidet folgende Kunststoffarten:

Werkstoffkennwerte 37

1. **Thermoplaste** (Plastomere). Sie werden mit zunehmender Temperatur dehnbarer, plastisch oder flüssig (z. B. Polyolefine).
2. **Duroplaste** (Duromere). Sie erweichen mit zunehmender Temperatur nicht (z. B. Aminoplaste, Phenoplaste, Polyester und Epoxydharze).
3. **Elastoplaste** (Elastomere) mit elastisch-plastischem Verhalten (z. B. Buna, Neoprene und Vulkollan).
4. **Schaumkunststoffe** auf der Basis der Thermoplaste, Duroplaste und Elastoplaste mit Zellenstruktur des erstarrten Schaums (z. B. Styropor, Moltoprene und Moosgummi).
5. **Mischpolymerisate** (Copolymerisate). Kunststoff aus verschiedenen monomeren Substanzen.
6. **Gefüllte Kunststoffe**. Thermoplaste, Duroplaste oder Elastoplaste mit eingearbeiteten Füllstoffen wie Gewebe, Fasern oder Schnitzel aus Asbest, Bor, Kohlenstoff, Metall oder Synthesefasern.

Werkstoffkennwerte

Formelzeichen

A_5	Bruchdehnung bei $L_0 = 5 \cdot d_0$	$R_{p0,2}$	0,2% - Dehngrenze	σ_{dB}	Druckfestigkeit
E	Elastizitätsmodul	R_m	Zugfestigkeit	σ_{Sch}	Schwellfestigkeit
G	Schubmodul	d_0	Probestabdurchmesser	σ_w	Wechselfestigkeit (Zug–Druck)
L_0	Probestablänge	σ_{bB}	Biegefestigkeit		
R_e	obere Streckgrenze	σ_{bF}	Biegefließgrenze	τ_{tF}	Torsionsfließgrenze
R_p	Dehngrenze	σ_{bSch}	Biegeschwellfestigkeit	τ_{tSch}	Torsionsschwellfestigkeit
		σ_{bw}	Biegewechselfestigkeit	τ_{tw}	Torsionswechselfestigkeit

Stahlsorte			R_m in N/mm² für Nenndicken			
Bezeichnung EN 10027	Kurzname DIN 17100 (veraltet)	Wkst.-Nr. EN 10027	< 3 mm	≥ 3 mm ≤ 100 mm	≤ 100 mm ≤ 150 mm	≥ 150 mm ≤ 250 mm
S185	St 33	1.0035	310 ... 510	290 ... 510	-	
S235JRG2	RSt 37-2	1.0038	360 ... 510	340 ... 470	340 ... 470	320 ... 470
S275J2G3	St 44-3	1.0144	430 ... 580	410 ... 560	400 ... 540	380 ... 540
S355J2G3	St 52-3	1.0570	510 ... 680	490 ... 630	470 ... 630	380 ... 540
E295	St 50-2	1.0050	490 ... 660	570 ... 710	550 ... 710	440 ... 610
E335	St 60-2	1.0060	590 ... 770	570 ... 710	550 ... 710	540 ... 710
E360	St 70-2	1.0070	690 ... 900	670 ... 830	650 ... 830	640 ... 830

1.6
Festigkeitswerte der Baustähle nach DIN EN 10025

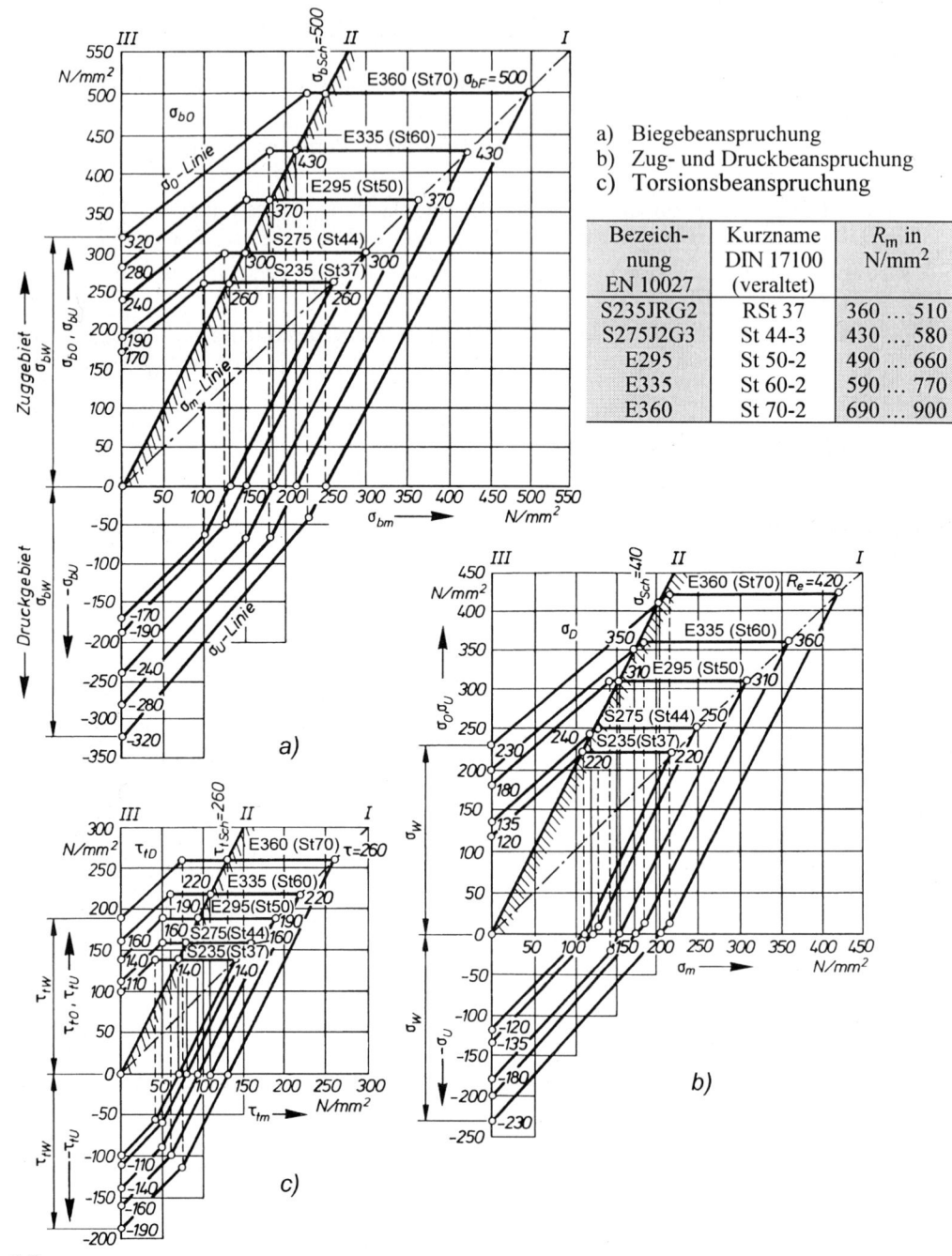

a) Biegebeanspruchung
b) Zug- und Druckbeanspruchung
c) Torsionsbeanspruchung

Bezeich-nung EN 10027	Kurzname DIN 17100 (veraltet)	R_m in N/mm²
S235JRG2	RSt 37	360 … 510
S275J2G3	St 44-3	430 … 580
E295	St 50-2	490 … 660
E335	St 60-2	590 … 770
E360	St 70-2	690 … 900

1.7
Dauerfestigkeitsschaubilder der allgemeinen Baustähle

Werkstoffkennwerte

Kurzname	Wkst.-Nr.	$d \leq 16$ mm $t \leq 8$ mm		$d \leq 40$ mm $t \leq 20$ mm		$d \leq 100$ mm $t \leq 60$ mm	
		R_e	R_m	R_e	R_m	R_e	R_m
C35	1.0501	430	630 ... 780	380	600 ... 750	320	550 ... 700
C45	1.0503	490	700 ... 850	430	650 ... 800	370	630 ... 780
C60	1.0601	580	850 ... 1000	520	800 ... 950	450	750 ... 900
28Mn6	1.5065	590	800 ... 950	490	700 ... 850	440	650 ... 800
34Cr4	1.7033	700	900 ... 1100	590	800 ... 950	460	700 ... 850
41Cr4	1.7035	800	1000 ... 1200	660	900 ... 1100	560	800 ... 950
34CrMo4	1.7220	800	1000 ... 1200	650	1000 ... 1100	550	800 ... 950
42CrMo4	1.7225	900	1100 ... 1300	750	1000 ... 1200	650	900 ... 1100
34CrNiMo6	1.6582	1000	1200 ... 1400	900	1100 ... 1300	800	1000 ... 1200
30CrNiMo8	1.6580	1050	1250 ... 1450	1050	1250 ... 1450	900	1100 ... 1300

1) R_e als Mindestwert; R_e und R_m in N/mm² für die angegebenen Nenndicken
2) C35, C45, C60 sind Qualitätsstähle; alle anderen sind Edelstähle.

1.8
Festigkeitswerte[1] einiger Vergütungsstähle nach DIN EN 10083-1 im vergüteten Zustand für Erzeugnis-Durchmesser über (16 ... 40) mm

Kurzname		Wkst.-Nr.	Dicke								
			5 ... 10 mm		10 ... 16 mm		16 ... 40 mm		40 ... 63 mm		63 ... 100 mm	
			$R_{p0,2}$	R_m	$R_{p0,2}$	R_m	$R_{p0,2}$	R_m	$R_{p0,2}$	R_m	$R_{p0,2}$	R_m
C10R	kaltge-zogen	1.1207	350	460 ... 760	300	430 ... 730	250	400 ... 700	200	350 ... 640	180	320 ... 580
C15R		1.1140	380	500 ... 800	340	480 ... 780	280	430 ... 730	240	380 ... 670	215	340 ... 600
C16R		1.1208	400	520 ... 820	360	500 ... 800	300	450 ... 750	260	400 ... 690	235	360 ... 620
C10R	ge-walzt	1.1207	–	–	–	–	–	310 ... 550	–	310 ... 550	–	310 ... 550
C15R		1.1140	–	–	–	–	–	330 ... 600	–	330 ... 600	–	330 ... 600
C16R		1.1208	–	–	–	–	–	350 ... 620	–	350 ... 620	–	350 ... 620

Kurzname	Wkst.-Nr.	R_e mind. in N/mm²	R_m in N/mm²	A_5 in %
17Cr3	1.7016	440	700	11
16MnCr5	1.7131	590	900	10
20MnCr5	1.7147	700	1200	8
18CrNiMo7-6	1.6587	785	1100	8
20MoCrS4	1.7323	590	800	10

Die Festigkeitswerte für kleinere Querschnitte liegen höher und für größere Querschnitte niedriger als die angegebenen Werte

1.9
Festigkeitswerte für Einsatzstähle nach DIN EN 10084 in Abhängigkeit von der Dicke bzw. bezogen auf blindgehärtete Querschnitte mit dem Durchmesser von 30 mm

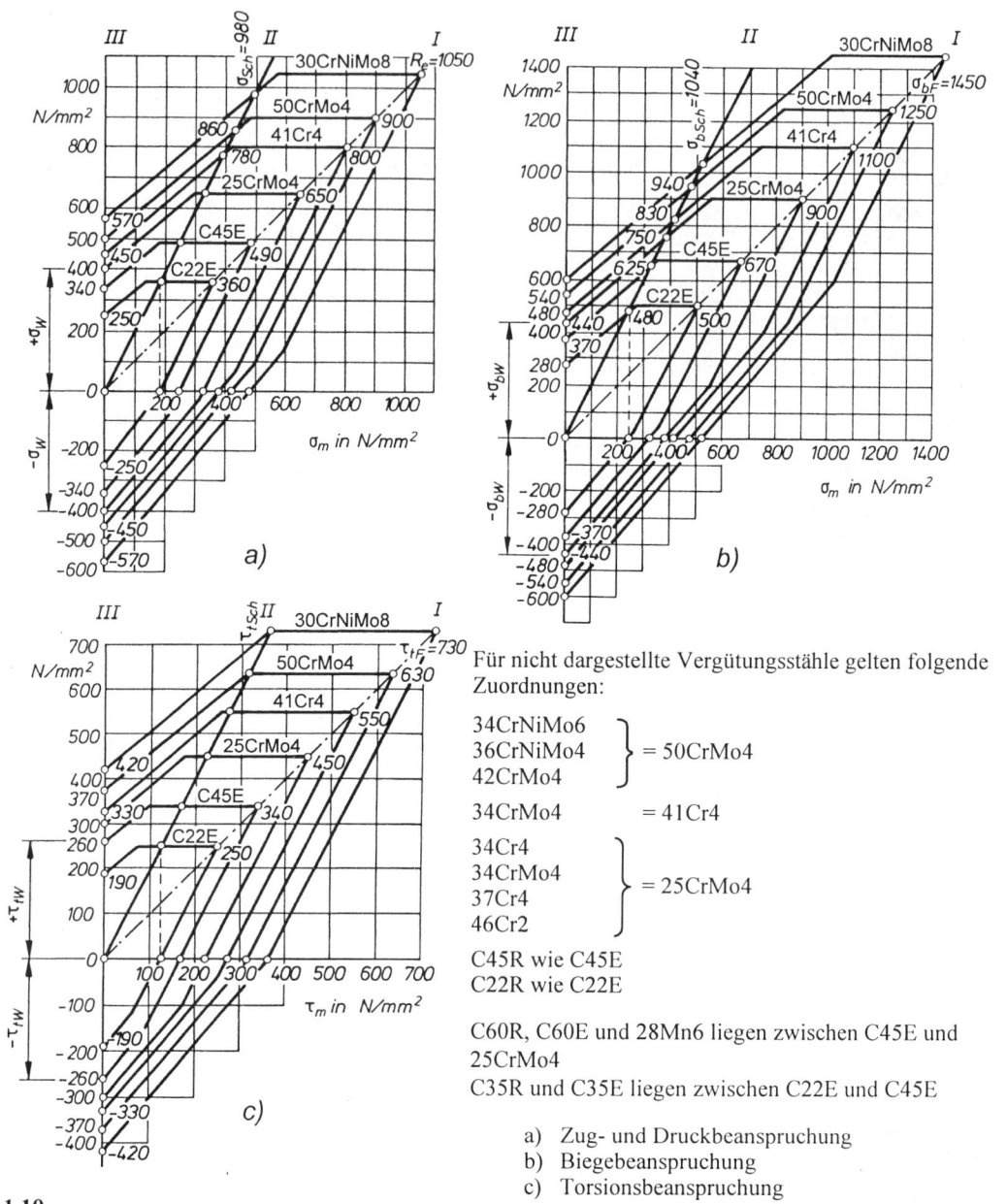

Für nicht dargestellte Vergütungsstähle gelten folgende Zuordnungen:

$$\left.\begin{array}{l} 34\text{CrNiMo6} \\ 36\text{CrNiMo4} \\ 42\text{CrMo4} \end{array}\right\} = 50\text{CrMo4}$$

$$34\text{CrMo4} = 41\text{Cr4}$$

$$\left.\begin{array}{l} 34\text{Cr4} \\ 34\text{CrMo4} \\ 37\text{Cr4} \\ 46\text{Cr2} \end{array}\right\} = 25\text{CrMo4}$$

C45R wie C45E
C22R wie C22E

C60R, C60E und 28Mn6 liegen zwischen C45E und 25CrMo4

C35R und C35E liegen zwischen C22E und C45E

a) Zug- und Druckbeanspruchung
b) Biegebeanspruchung
c) Torsionsbeanspruchung

1.10
Dauerfestigkeitsschaubilder der Vergütungsstähle nach DIN EN 10083-1

Werkstoffkennwerte

1.11
Dauerfestigkeitsschaubilder der Einsatzstähle nach DIN EN 10084

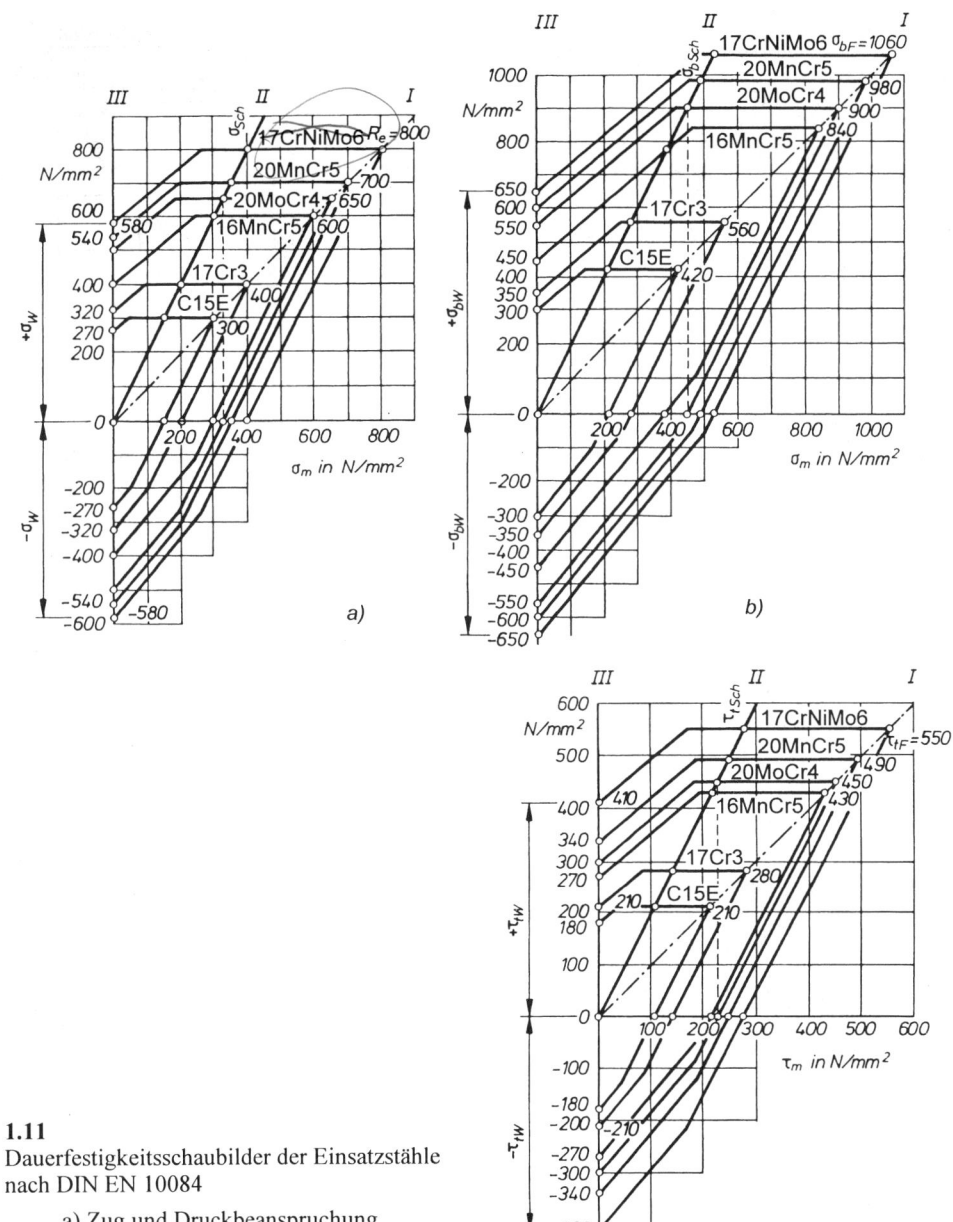

    a) Zug und Druckbeanspruchung
    b) Biegebeanspruchung
    c) Torsionsbeanspruchung

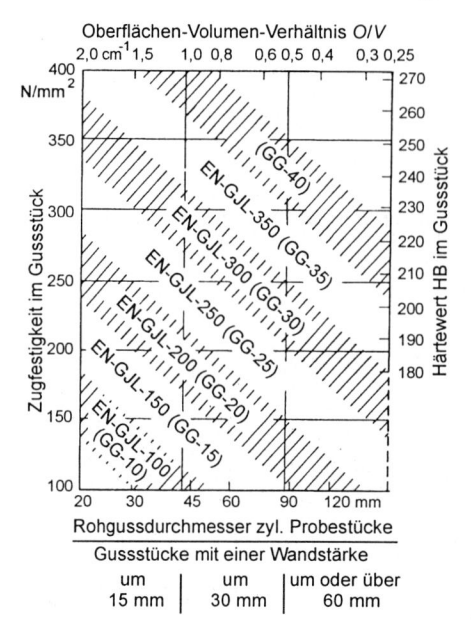

1.12 Abschätzung der Zugfestigkeit und Brinellhärte (HB30) in Gussstücken aus Grauguss mit Lamellengraphit nach DIN EN 1561

DIN	Werkstoff Bezeichnung	Kurzname (veraltet)	Nr.	R_m mind. N/mm²	$R_{p0,2}$ mind. N/mm²	A %	σ_{db} N/mm²	σ_{bB} N/mm²	E-Modul in 10^3 N/mm²	G-Modul in 10^3 N/mm²	Brinellhärte
EN 1561	EN-GJL-150	GG-15	0.6015	150 [1]	–	–	550	300	80..100	38	135..180
	EN-GJL-200	GG-20	0.6020	200 [1]	–	–	600	380	90..115	40	170..210
	EN-GJL-350	GG-35	0.6035	350 [1]	–	–	950	600	110..150	58	210..280
	–	GG-40	0.6040	400 [1]	–	–	1200	700	125..155	64	230..300
EN 1563	EN-GJS-400-15U	GGG-40	0.7040	400	250	15 [2]	800	800	175	63,5	150..200
	EN-GJS-600-3U	GGG-60	0.7050	600	380	3	1000	900	185	71,3	210..300
	EN-GJS-700-2U	GGG-70	0.7070	700	440	2	1100	1100	195	71,3	230..320
EN 1562	EN-GJMB-450-6	GTS-45	0.8145	450	300	7 [3]	1500	900	170	67	160..200
	EN-GJMB-650-2	GTS-65	0.8165	650	430	3	1700	1300	190	75	210..250
	EN-GJMB-700-2	GTS-70	0.8170	700	550	2	1750	1400	190	75	240..270
	EN-GJMW-450-7	GTW-45	0.8045	450	260	7	1200	900	170	67	180..200
	–	GTW-65	0.8065	650	430	3	1350	1200	190	75	240..270
1694	GGL-NiMn137		0.6652	≤ 200		[2]	≤ 700		70..90		120..150
	GGL-NiCr203		0.6661	≤ 210		1,5	≤ 1000		98..113		160..250
1694	GGG-NiMn137		0.7652	≤ 450	250	15 [2]			140..150		120..150
	GGG-NiCr203		0.7661	≤ 450	250	12			112..133		150..255

[1] R_m-Werte für GG gelten für einen Rohgussdurchmesser des Probestückes von 30 mm und für einen Nenndurchmesser der Zugprobe von 20 mm.
[2] A_5 für $L_0 = 5 d_0$
[3] A_3 für $L_0 = 3 d_0$

1.13 Festigkeitskennwerte verschiedener Gusseisensorten (Auswahl)

Werkstoffkennwerte

Werkstoff Bezeichnung	Kurzname (veraltet)	R_m N/mm²	σ_w N/mm²	σ_{Sch} N/mm²	$\sigma_{b\,W}$ N/mm²	$\sigma_{b\,Sch}$ N/mm²	$\tau_{t\,W}$ N/mm²	$\tau_{t\,Sch}$ N/mm²
EN-GJL-150	GG-15	150	35	55	70	110	60	75
EN-GJL-200	GG-20	200	50	75	100	150	85	105
EN-GJL-350	GG-35	350	90	140	175	275	150	205
–	GG-40	400	100	155	200	310	170	240
EN-GJS-400-15U	GGG-40	400	130	220	180	310	100	160
EN-GJS-600-3U	GGG-60	600	180	300	250	440	150	250
EN-GJS-700-2U	GGG-70	700	210	360	300	530	170	290

1.14
Dauerfestigkeit in N/mm² für Gusseisen nach DIN EN 1561 und DIN EN 1563

Werkstoff Kurzname	Nr.	R_m N/mm²	R_e N/mm²	A_5 in %	KV[1] in J/cm²	σ_w N/mm²	σ_{Sch} N/mm²	$\sigma_{b\,W}$ N/mm²	$\sigma_{b\,Sch}$ N/mm²	$\tau_{t\,W}$ N/mm²	$\tau_{t\,Sch}$ N/mm²
GS-38	1.0416	380	190	25	–	150	190	150	250	85	110
GS-38.3	1.0420				50						
GS-45	1.0443	450	230	22	–	180	230	180	300	100	130
GS-45.3	1.0446				40						
GS-52	1.0551	520	260	18	–	210	260	210	340	120	150
GS-52.3	1.0552				30						
GS-60	1.0553	600	300	15	–	240	300	240	390	140	170
GS-60.3	1.0558				200						
GS-62	1.0555	620	350	16	–	250	350	250	460	150	200
GS-62.3	1.0559				20						
GS-70	1.0554	700	420	12	–	280	420	280	540	160	240

[1]) Kerbschlagarbeit für ISO-V-Proben (Mindestwert)

1.15
Festigkeitswerte von Stahlguss für allgemeine Verwendungszwecke nach DIN 1681

Werkstoff Bezeichnung	Kurzname (veraltet)	Nr.	Zug-festigkeit R_m in N/mm²	0,2 – Grenze bei einer Temperatur von °C								A_5 in %	KV in J
				100	200	300	350	400	450	500	550		
				$R_{p0,2}$ in N/mm² mindestens									
GP240GH	GS-C25	1.0619	420 bis 600	210	175	145	135	130	125	–	–	22	27
G20Mo5	GS-22Mo4	1.5419	440 bis 590	–	190	165	155	150	145	135	–	22	27
G17CrMo5-5	GS-17CrMo5 5	1.7357	490 bis 690	–	250	230	215	200	190	175	160	20	27
G17CrMo9-10	GS-18CrMo9 10	1.7379	590 bis 740	–	355	345	330	315	305	280	240	18	40
G17CrMoV5-10	GS-17CrMoV5 11	1.7706	590 bis 780	–	385	365	350	335	320	300	260	27	27
GX8CrNi12	G-X8CrNi12	1.4107	540 bis 690	–	275	265	–	255	–	–	–	18	45
GX23CrMoV12-1	G-X22CrMoV121	1.4931	740 bis 880	–	450	430	410	390	370	340	290	15	27

[1]) Bruchdehnung ($L_0 = 5 \cdot d_0$) (Mindestwert)
[2]) Kerbschlagarbeit für ISO-V-Kerbproben (Mindestwert)

1.16
Festigkeitswerte für warmfesten Stahlguss nach DIN EN 10213-2

Werkstoff Kurzname	Nr.	Wärme-behandlung	R_m N/mm² ($\geq$)	$R_{p0.2}$ N/mm² ($\geq$)	$R_{p1.0}$ N/mm² ($\geq$)	A in % ($\geq$)	KV[1] in J ($\geq$)
Martensitische Stahlgussorten							
GX12Cr12	1.4011	Nach Abschrecken in Luft oder Flüssigkeit und Anlassen	620	450	–	15	20
GX7CrNiMo12-1	1.4008		590	440	–	15	27
GX4CrNi13-4	1.4317		700	500	–	12	35
GX4CrNiMo16-5-1	1.4405		760	540	–	15	60
GX3CrNiMo16-5-2	1.4411		760	540	–	15	60
GX5CrNiCu16-4	1.4525		900	750	–	5	20
Austenitische Stahlgussorten							
GX2CrNi19-11	1.4309	Nach Lösungsglühen und Wasserabschreckung	440	185	210	30	80
GX5CrNi19-10	1.4308		440	175	200	30	60
GX5CrNiNb19-11	1.4552		440	175	200	25	40
GX2CrNiMo19-11-2	1.4409		440	195	220	30	80
GX5CrNiMo19-11-2	1.4408		440	185	210	30	60
GX5CrNiMoNb19-11-2	1.4581		440	185	210	25	40
GX5CrNiMo19-11-3	1.4412		440	205	230	30	60
GX2CrNiMoN17-13-4	1.4446		440	210	235	20	50

[1]) Kerbschlagarbeit für Kerbschlagbiegeversuch

1.17
Festigkeitswerte für Nichtrostenden Stahlguss nach DIN EN 10283

Literatur

[1] Biederbick, K.: Kunststoffe kurz und bündig. 4. Aufl. Würzburg 1983.
[2] Domke, W.: Werkstoffkunde und Werkstoffprüfung. Essen 10. Aufl. 1998.
[3] Dubbel: Taschenbuch für den Maschinenbau. 20. Aufl. Berlin-Heidelberg-New York-Tokyo 2001.
[4] Klein, M.: Einführung in die DIN-Normen. 13. Aufl. Stuttgart 2001.
[5] Oberbach: Kunststoff-Kennwerte für Konstrukteure. 2. Aufl. München 1980.
[6] Stahleisen: Stahlbau-Profile. 23. Aufl. Düsseldorf 2001.
[7] Steinhilper, W.; Röper, R.: Maschinen- und Konstruktionselemente. Bd. 1, Berlin-Heidelberg-New York 1990.

2 Grundlagen der Festigkeitsberechnung

Für höher beanspruchte Bauteile ist stets der Festigkeitsnachweis zu erbringen. Hierdurch wird sichergestellt, dass die im praktischen Einsatz vorhandenen Spannungen die zulässigen Spannungen nicht überschreiten und dass die Sicherheiten nicht zu gering sind. Wegen seiner besonderen Bedeutung werden die Grundzüge des Festigkeitsnachweises und der dazu notwendigen Festigkeitsberechnung in diesem Abschnitt dargestellt. Die verwendeten Formelzeichen sind im Folgenden erläutert.

Formelzeichen

A	Fläche	M	Moment	S_F	-, gegen Fließen
b	Größenfaktor	R_e	Streckgrenze (bei Zug)	S_K	-, gegen Knicken
E	Elastizitätsmodul	R_m	Zugfestigkeit	S_{kD}	-, gegen Dauerbruch; Berücksichtigung der Kerbwirkung
F	Kraft	$R_{p0,2}$	0,2-Grenze		
G	Schubmodul	S	Sicherheit, allgemein		
l	Knicklänge	S_B	-, gegen Gewaltbruch		
l_K	rechnerische Knicklänge	S_D	-, gegen Dauerbruch		
T	Torsionsmoment (Drehmoment)	κ	Oberflächenfaktor	τ_t	Torsionsspannung
		λ	Schlankheitsgrad	τ_a	(Tangentialspannung)
α	Formzahl	λ_0	-, Grenzwert	τ_{sm}	Abscherspannung (= τ_{sm})
α_0	Anstrengungsverhältnis	σ	Normalspannung	φ	mittlere Schubspannung (= τ_a)
α_k	Formziffer	σ_1	Hauptnormalspannung	χ	Proportionalitätsfaktor
β_k	Kerbwirkungszahl	σ_2	-, senkrecht zu σ_1		bezogenes Spannungsgefälle
δ_w	Wechselfestigkeitsverhältnis	τ	Schubspannung		

Indizes

a	für Abscher-	k	Kerb-	t	für Torsion
B	für Bruch	m	für mittlere	v	für Vergleichs-
b	für Biegung	n	für Nenn-	W	für wechselnd
D	für Dauerfestigkeit	P	f. Proportonalitätsgrenze	x	für in x-Richtung
d	für Druck	p	für polar	y	für in y-Richtung, senkrecht zu x
F	für Fließen	res	für resultierend	z	für Zug
G	für Grenzwert	Sch	für schwellend	zul	für zulässig
K	für Knicken	s	für Schub		

2.1 Spannungszustand und Beanspruchungsarten

Die Bauteile können von außen her durch punktförmig angreifende Kräfte (Einzelkräfte), durch flächenhaft verteilte Kräfte (Flächenpressung, Druck) oder durch räumlich verteilte Kräfte (Massenkräfte) belastet werden.

Diese Kräfte verursachen in jedem Querschnitt Kraftwirkungen (z. B. Normalkräfte, Schubkräfte, Biege- und Verdrehmomente), die das Bauteil verformen.

Die inneren Kräfte wirken der aufgezwungenen Verformung entgegen. Die auf die Flächeneinheit bezogenen inneren Kräfte werden Spannungen genannt. Die Spannung senkrecht zur Querschnittsfläche nennt man **Normalspannung** σ (z. B.: Zug-, Druck- oder Biegespannung), die Spannung in der Ebene des Querschnitts **Tangentialspannung** τ (z. B.: Schub- und Torsionsspannung).

Spannungszustand. In einem belasteten Bauteil wirken auf ein gedachtes würfelförmiges Körperelement im allgemeinen Fall (im 3-achsigen Spannungszustand) auf jede der 6 Begrenzungsebenen eine Normal- und zwei Schubspannungen (**2.1**). Sind die Spannungen an zwei gegenüberliegenden Ebenen Null, wie es oft an Bauteiloberflächen der Fall ist, dann spricht man von einem ebenen oder 2-achsigen Spannungszustand. Der einachsige Spannungszustand liegt vor, wenn am würfelförmigen Element nur eine Normalspannung angreift; alle anderen Spannungen aber gleich Null sind.

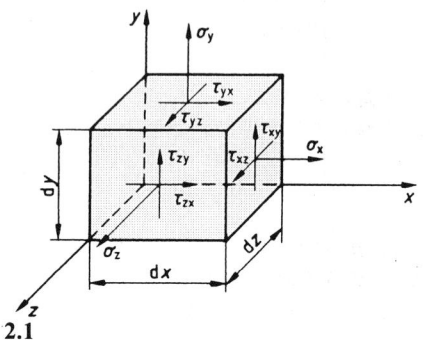

2.1 Räumlicher Spannungszustand

Die Beziehungen zwischen den beim **zweiachsigen (ebenen) Spannungszustand** herrschenden Spannungen σ_x, σ_y und τ_{yx} einerseits und den in einer Schnittfläche unter dem Winkel φ zur y-Richtung auftretenden Spannungskomponenten σ_φ und τ_φ (**2.2 a**) andererseits beschreibt die Gleichung des ***Mohr*schen Spannungskreises (2.2 b)**:

$$\left(\sigma_\varphi - \frac{\sigma_x + \sigma_y}{2}\right)^2 + \tau_\varphi^2 = \left[\left(\frac{\sigma_x - \sigma_y}{2}\right)^2 + \tau_{xy}^2\right] \tag{2.1}$$

mit dem Radius

$$r = \sqrt{\left(\frac{\sigma_x - \sigma_y}{2}\right)^2 + \tau_{xy}^2} \tag{2.2}$$

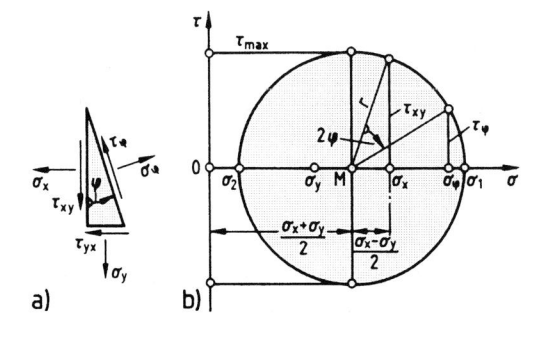

2.2
Ebener Spannungszustand
a) Spannungen am geschnittenen Element
b) *Mohr*scher Spannungskreis

2.1 Spannungszustand und Beanspruchungsarten

Der Mittelpunkt M dieses Kreises ist im Schaubild mit den Koordinaten σ und τ um den Betrag $(\sigma_x + \sigma_y)/2$ aus dem Nullpunkt verschoben.

Bei einem bestimmten Schnittwinkel, dem schubspannungsfreien Hauptschnitt, nehmen die Normalspannungen Größt- bzw. Kleinstwerte an. Diese **Hauptnormalspannungen** σ_1 bzw. σ_2 ergeben sich bei der Schubspannung $\tau = 0$ zu

$$\boxed{\sigma_{1,2} = \frac{\sigma_x + \sigma_y}{2} \pm \sqrt{\left(\frac{\sigma_x - \sigma_y}{2}\right)^2 + \tau_{xy}^2}} \qquad (2.3)$$

In Schnittrichtungen, die unter einem Winkel von 45° zu den Hauptschnitten liegen, nehmen die **Schubspannungen** Größtwerte an (s. Radius im *Mohr*schen Spannungskreis):

$$\boxed{\tau_{max} = 0{,}5 \cdot \sqrt{(\sigma_x - \sigma_y)^2 + 4 \cdot \tau_{xy}^2}} \qquad (2.4)$$

Hierbei sind die Normalspannungen der vier Flächen gleich groß, und sie betragen $\sigma_{45°} = (\sigma_x + \sigma_y)/2$ (s. Verschiebung des Mittelpunktes vom Nullpunkt im *Mohr*schen Spannungskreis).

Spannung und Verformung. Die durch äußere Belastung verursachte Verformung wird durch Angabe von Längen- und Winkeländerung beschrieben. Die Längenänderung Δl wird auf die Ausgangslänge l bezogen und als Dehnung $\varepsilon = \Delta l / l$ bezeichnet; die Änderung eines rechten Winkels nennt man Schiebung γ. Ein runder Probestab mit dem Durchmesser d erfährt durch eine in Achsenrichtung angreifende Kraft nicht nur eine Längenänderung Δl, sondern auch eine negative Querdehnung (Querkontraktion) $\varepsilon_q = \Delta d / d$. Das Verhältnis der (negativen) Querdehnung ε_q zur Längsdehnung ε wird **Poissonsche Querzahl** μ genannt; $\varepsilon_q = -\mu \cdot \varepsilon$.

Zwischen Normalspannung σ und Dehnung ε sowie zwischen Schubspannung τ und Schiebung γ besteht bei metallischen Werkstoffen im elastischen Bereich bis zur Proportionalitätsgrenze ein linearer Zusammenhang (*Hooke*sches Gesetz). Es gelten mit der Volumendehnung $\varepsilon_V = \varepsilon_x + \varepsilon_y + \varepsilon_z$ die Beziehungen

$$\boxed{\sigma_{x,y,z} = \frac{E}{1+\mu} \cdot \left(\varepsilon_{x,y,z} + \frac{\mu}{1-2\cdot\mu} \cdot \varepsilon_V\right)} \qquad (2.5)$$

$$\boxed{\varepsilon_{x,y,z} = \frac{1}{E} \cdot \left(\sigma_{x,y,z} - \mu \cdot \sigma_{y,z,x} - \mu \cdot \sigma_{z,x,y}\right)} \qquad (2.6)$$

$$\boxed{\tau_{xy} = G \cdot \gamma_{xy} \qquad \tau_{yz} = G \cdot \gamma_{yz} \qquad \tau_{zx} = G \cdot \gamma_{zx}} \qquad (2.7)$$

Der Elastizitätsmodul E, der Gleit- oder Schubmodul G und die Querzahl μ sind werkstoffabhängige Kenngrößen, die durch die Beziehung $G = E / [2 \cdot (1+\mu)]$ miteinander verknüpft sind.

Beanspruchungsarten

Zugbeanspruchung (2.3). Die an einem Stab in Längsrichtung angreifende Kraft F erzeugt in einem Querschnitt A senkrecht zur Wirklinie (Stabachse) die **Zugspannung**

$$\boxed{\sigma_z = F/A} \qquad (2.8)$$

Die **Festigkeitsbedingung** lautet $\sigma_{vorh}/K < 1$ bzw. $\sigma_{vorh} \leq \sigma_{zul}$ mit $\sigma_{zul} = K/S$.

Die zulässige Spannung σ_{zul} wird durch den Werkstoffkennwert K und durch die erforderliche Sicherheit S festgelegt. Für K setzt man bei ruhender Belastung R_m, R_e oder R_p (**2.16**), bei reiner Schwellbelastung die Schwellfestigkeit σ_{Sch} und bei reiner Wechselbelastung die Wechselfestigkeit σ_W ein. Die Bedingung lässt erkennen, wie hoch die Werkstofffestigkeit ausgenutzt wird.

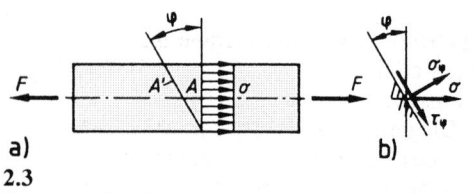

2.3 Zugstab mit schrägem Schnitt
a) Spannung im Querschnitt A
b) Spannung im schräg geschnittenen Querschnitt A'

Je nach Schnittführung um einen Winkel φ zur Fläche A treten in der Schnittfläche A' Normal- und Schubspannungen verschiedener Größe auf (**2.3**) (**2.2**):

$$\sigma_\varphi = \sigma \cdot \cos^2 \varphi \quad \text{und} \quad \tau_\varphi = (\sigma/2) \cdot \sin 2\varphi$$

In der Lage $\varphi = 0$ wird die Schubspannung $\tau_\varphi = 0$. Die zugehörige Normalspannung $\sigma_{\varphi 1}$ ist die Hauptspannung $\sigma_1 = \sigma = F/A$; die Spannung $\sigma_{\varphi 2}$ ist $\sigma_2 = 0$.
Bei Schnittführung im Winkel $\varphi = 45°$ erreicht die Schubspannung den Größtwert $\tau_{max} = \sigma/2$, wogegen die Normalspannungen auf $\sigma_\varphi = \sigma/2$ sinken.

Im *Mohr*schen Spannungskreis lässt sich der einachsige Zug als Sonderfall darstellen.
Gegeben: $\sigma_1 = \sigma = F/A$, $\sigma_2 = 0$, $\tau_{xy} = 0$.
Gesucht: τ_{max} und σ_φ.
Ergebnis: $\tau_{max} = \sigma/2$ bei $2 \cdot \varphi = 90°$ und $\sigma_\varphi = \sigma_x = \sigma_y = \sigma/2$.

Für die **Druckbeanspruchung** σ_d eines Stabes gilt analog zur Zugbeanspruchung

$$\boxed{\sigma_d = F/A} \qquad (2.9)$$

und für die **Festigkeitsbedingung** $\sigma_{d\,vorh} \leq \sigma_{d\,zul} = K/S$.

Die Druck- bzw. Schubspannung in einem beliebigen Querschnitt ist

$$\sigma_\varphi = \sigma_d \cdot \cos^2 \varphi \quad \text{und} \quad \tau_\varphi = (\sigma_d/2) \cdot \sin 2\varphi$$

Scherbeanspruchung. Greifen zwei wenig gegeneinander versetzte Kräfte F quer zur Längsachse eines Stabes an (**2.4**), so entstehen in dem dazwischenliegenden Stabquerschnitt Schubspannungen (s. Bolzen, Stifte, Niete, Schweißverbindungen). Unter der Annahme einer über den Querschnitt A gleichmäßig verteilten Schubspannung rechnet man mit der **Abscherspannung**

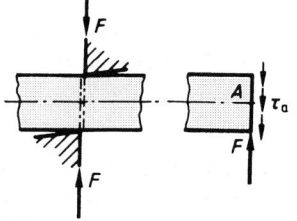

$$\boxed{\tau_a = F/A} \qquad (2.10)$$

und mit der **Festigkeitsbedingung**

2.4 Scherbeanspruchung

$\tau_{a\,vorh} \leq \tau_{a\,zul} = K/S$.

2.1 Spannungszustand und Beanspruchungsarten

Für den Werkstoffkennwert K wird bei ruhender Belastung die Scherfestigkeit τ_{aB} eingesetzt; für zähen Stahl gilt
$\tau_{aB} \approx 0{,}8 \cdot R_m$.

Biegebeanspruchung. Gerade und reine Biegung ohne Querkraft liegt vor, wenn ein gerader Balken allein durch ein über die Balkenlänge konstantes Biegemoment beansprucht wird und die Lastebene mit einer der beiden Hauptachsen des Balkenquerschnitts zusammenfällt (**2.5**). Der Biegemomentvektor, der senkrecht auf der Lastebene steht, fällt mit einer Hauptträgheitsachse des beanspruchten Querschnitts zusammen (**2.5 d, e**). Das Biegemoment verursacht im Querschnitt Biegespannungen σ_b (Normalspannung), die in der neutralen Faser gleich Null sind, mit zunehmendem Abstand z von der neutralen Faser linear ansteigen und als Zug- bzw. Druckspannungen entgegengesetzt gerichtet sind (**2.5 f**). Die **größte Zug- bzw. Druckbiegespannung** ergibt sich **im äußersten Faserabstand** z_1 bzw. z_2 in Abhängigkeit vom Biegemoment M_b und vom Flächenmoment 2. Ordnung I_y zu

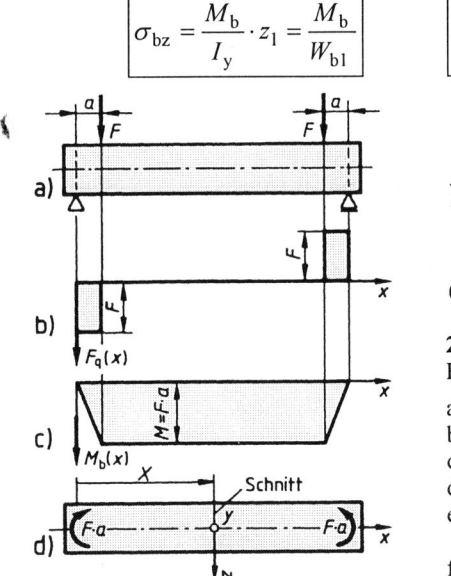

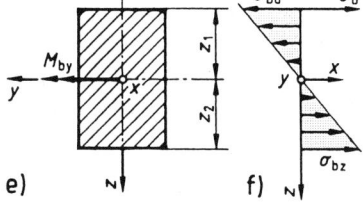

$$\boxed{\sigma_{bz} = \frac{M_b}{I_y} \cdot z_1 = \frac{M_b}{W_{b1}}} \qquad \boxed{\sigma_{bd} = \frac{M_b}{I_y} \cdot z_2 = \frac{M_b}{W_{b2}}} \tag{2.11}$$

2.5
Biegebeanspruchung
a) reine Biegung M_b = const. zwischen den Lasten F
b) Querkraftverlauf
c) Biegemomentverlauf
d) gleichwertiger Belastungsfall wie in a)
e) Querschnitt zwischen den Lasten F mit Biegemomentvektor $M_{by} = F \cdot a$
f) Biegespannungsverlauf

Den Quotienten Flächenmoment I durch Faserabstand z bezeichnet man als Widerstandsmoment gegen Biegung W_b. Für Querschnitte, die zur Biegeachse symmetrisch sind, besteht ein Wert ($z_1 = z_2$), für unsymmetrische Querschnitte zwei Werte.

Festigkeitsbedingung. Die größte Biegespannung $\sigma_{b\,max}$ darf die zulässige Spannung $\sigma_{b\,zul}$ nicht überschreiten; $\sigma_{b\,max} = M_b/W_{b\,min} < \sigma_{b\,zul}$ mit $\sigma_{b\,zul} = K/S$. Die Wahl des Werkstoffkennwertes K richtet sich nach der Belastungsart, z. B. σ_{bB} oder σ_{bF} bei ruhender, $\sigma_{b\,Sch}$ bei Schwell- und σ_{bW} bei Wechselbelastung.

Flächenmomente 2. Ordnung, die auf die gleiche Bezugsachse bezogen sind, dürfen addiert oder voneinander subtrahiert werden. Flächenmomente 2. Ordnung (äquatoriale Flächenträgheitsmomente) beliebiger, zusammengesetzter Flächen (**2.6**) berechnet man, indem man zunächst die Schwerachse bestimmt, d. h. die Achse durch den Flächenschwerpunkt, um die das Bauteil gebogen wird:

$$z^* = \frac{\sum(b_i \cdot h_i \cdot z_i^*)}{\sum(b_i \cdot h_i)}$$

Nun werden die Flächenmomente der einzelnen Teilflächen bezogen auf ihre eigene Schwerachse nach dem **Satz von Steiner** auf die Schwerachse umgerechnet und die einzelnen Beträge dann addiert bzw. subtrahiert; z. B.: $I_y = (b_1 \cdot h_1^3)/12 + z_1^2 \cdot b_1 \cdot h_1 + (b_2 \cdot h_2^3)/12 + z_2^2 \cdot b_2 \cdot h_2$. Flächenmomente und Widerstandsmomente für verschiedene Querschnittsformen sind in den folgenden Abschnitten angegeben; s. auch [3], [10].

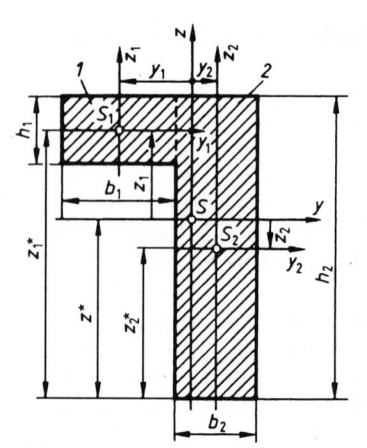

Biegung mit Querkraft. In den Trägerabschnitten mit veränderlichem Biegemoment $M_{by}(x)$ wirken Querkräfte $F_q(x)$ (**2.7**). Bei der Biegung mit Querkraft entstehen zusätzlich zu den Biegespannungen σ_b noch Schubspannungen τ_q quer zur Längsachse und τ_l in den Längsschnitten parallel zur Nullfaser. Das Auftreten einer Längsschubspannung lässt sich durch die Verformung aufeinanderliegender Bretter unter Einwirkung eines Biegemoments veranschaulichen: Die relative Verschiebung der einzelnen Bretter zueinander lässt sich nur durch Schubkräfte verhindern; vgl. massiven Holzbalken.

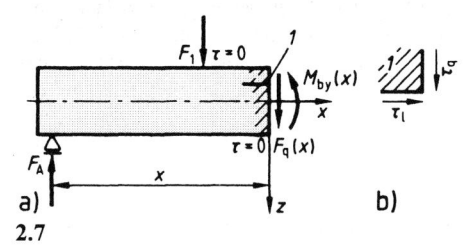

2.6
Aufteilung der Winkelfläche in zwei Rechtecke 1 und 2 zur Bestimmung der Flächenmomente 2. Ordnung nach *Steiner*

2.7
Schubspannungen durch Querkraft bei der Biegung
a) Querkraft $F_q(x)$ und Biegung $M_{by}(x)$ sind in x-Richtung veränderlich
b) abgeschnittenes Balkenstück mit der Schubspannung τ_q quer zur Längsachse und τ_l in Richtung der Längsachse

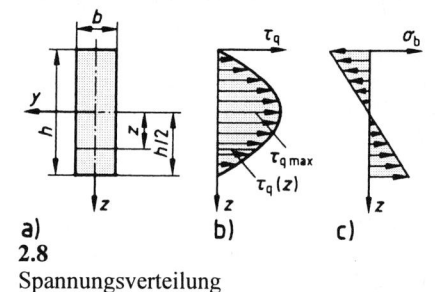

2.8
Spannungsverteilung
a) Querschnitt des Balkens
b) Schubspannungsverteilung
c) Biegespannungsverteilung

Berücksichtigt man, dass $\tau_l = \tau_q$ ist, ergibt sich für die durch eine in x-Richtung veränderliche Querkraft $F_q(x)$ erzeugte **Schubspannung**

$$\tau_q = \frac{F_q(x) \cdot H_y(x)}{I_y \cdot b(z)} \qquad (2.12)$$

Hierin bedeuten $H_y(z)$ das statische Flächenmoment (Flächenmoment 1. Ordnung) des Querschnitts in den Grenzen zwischen z und z_{max} (im Bild **2.8**: $z_{max} = h/2$) in Bezug auf die y-Achse (veränderlich in z-Richtung), I_y das Flächenmoment 2. Ordnung in Bezug zur y-Achse und $b(z)$ die Breite des Querschnitts (abhängig von der z-Richtung).

2.1 Spannungszustand und Beanspruchungsarten

In einem Rechteckquerschnitt erhält man die **Schubspannungsverteilung** (Bild **2.8**)

$$\tau_q(z) = 1{,}5 \cdot \frac{F_q(x)}{A} \cdot \left[1 - \left(\frac{z}{h/2}\right)^2\right] \qquad (2.13)$$

Mit $z = h/2$ wird die Schubspannung $\tau_q = 0$ und mit $z = 0$ am größten: $\tau_{q\,max} = 1{,}5 \cdot F_q/A$. Demnach hat die Schubspannung ihren Größtwert in der Nulllinie und ist dort Null, wo die Biegespannung am größten ist.

Festigkeitsnachweis. Die Biegespannung σ_b und die Schubspannung τ wirken senkrecht aufeinander. Beide Spannungen werden bei zähen Werkstoffen nach der Gestaltänderungsenergiehypothese (GEH) zur Vergleichsspannung $\sigma_v = \sqrt{\sigma_b^2 + 3 \cdot \tau^2}$ oder bei spröden Werkstoffen nach der Normalspannungshypothese (NH) zu $\sigma_v = 0{,}5 \cdot \sigma_b + 0{,}5 \cdot \sqrt{\sigma_b^2 + 4 \cdot \tau^2}$ zusammengefasst. Diese Vergleichsspannungen lassen sich auch mit einem Korrekturfaktor α_0 nach *Bach* ausdrücken (s. Abschn. 2.2). Die Vergleichsspannung darf nicht größer als eine zulässige Normalspannung (Biegespannung) sein; $\sigma_v \leq \sigma_{zul}$ mit $\sigma_{zul} = K/S$. Für den Werkstoffkennwert K wird bei ruhender Belastung und Ermittlung der Vergleichsspannung nach der GEH die Biegefließgrenze σ_{bF} eingesetzt.

Bei Berechnung nach der NH ist die Grenzspannung für sprödbrechende Bauteile die Bruchfestigkeit σ_{bB} (s. Abschn. 2.2).

Bei Kreisquerschnitten hat die parabolische Schubspannungsverteilung den Größtwert $\tau_{q\,max} = (4/3) \cdot (F_q/A)$. Das Verhältnis der Schubspannung zur Biegespannung in einem Balken ist dem Verhältnis von Balkenhöhe h zur Länge l proportional; $\tau_{q\,max}/\sigma_{b\,max} = (c \cdot h)/l$. Die Konstante c ist eine von der Querschnittsform und der Balkenlagerung abhängige Zahl. Die Schubspannungen sind bei der Biegung nur dann zu berücksichtigen, wenn der Balken sehr kurz ist. Für einen kreisrunden Wellenzapfen (als Freiträger) mit dem Durchmesser d ist das Verhältnis $\tau_{q\,max}/\sigma_{b\,max} = (1/6) \cdot d/l$. Die Schubspannungen im Wellenzapfen sind geringer als 5% der Biegespannung, wenn die Länge l größer als $3{,}33 \cdot d$ ist.

Schubmittelpunkt. Voraussetzung für eine torsionsfreie Querkraftbiegung ist, dass die Lastebene durch den Angriffspunkt der Resultierenden der Schubspannungen durch den Schubmittelpunkt geht. Dieser liegt bei einachsig-symmetrischen Querschnitten auf der Symmetrieachse und bei zweiachsig-symmetrischen Querschnitten im Schwerpunkt. Berechnung der Koordinaten des Schubmittelpunktes s. Literatur [3], [10].

Schiefe Biegung oder allgemeine Biegung liegt vor, wenn die Lastebene nicht mit einer Hauptachse zusammenfällt bzw. wenn die Lasten in Richtung beider Hauptachsen wirken.

Wird vorausgesetzt, dass die Balkenachse in der Lastebene liegt, so lässt sich die schiefe Biegung durch Zerlegen der Biegekraft oder des Biegemomentenvektors in Richtung der beiden Hauptachsen auf die Überlagerung zweier gerader Biegungen zurückführen (s. Teil 2, Abschn. Achsen und Wellen). Die resultierende Biegespannung erhält man durch algebraisches Addieren der Einzelspannungen. Auf ähnliche Weise lässt sich die Durchbiegung berechnen:

1. Biegekraft in ihre mit den Hauptträgheitsachsen des Querschnitts zusammenfallenden Komponenten zerlegen,
2. Durchbiegung für jede der beiden Richtungen getrennt bestimmen,
3. Einzeldurchbiegungen zur Gesamtbiegung geometrisch addieren.

Die **Durchbiegung** gerader Balken und die elastische Linie werden in den Abschnitten Federn sowie Achsen und Wellen behandelt.

Biegung mit Querkraft (hier Zug und Schub) lässt sich im *Mohr*schen Spannungskreis wie folgt darstellen (**2.9**): Bekannt sind die Biegezugspannung $\sigma_{bz} = \sigma_{bx}$ und die Schubspannung τ. Die Normalspannung in y-Richtung ist $\sigma_y = 0$. Mit diesen Größen lassen sich die Lage des Kreismittelpunkts sowie der Kreis zeichnen und folgende Werte ablesen: Hauptnormalspannungen σ_1 und σ_2 sowie der Winkel φ für die Richtung der Hauptspannung σ_1. Analog hierzu lässt sich der Fall Biegedruck und Schubspannung darstellen. Die angestellten Überlegungen gelten auch für die Fälle Zug und Torsion bzw. Druck und Torsion.

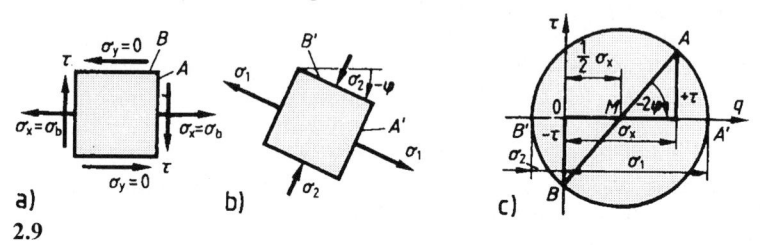

2.9
Mohrscher Spannungskreis für Zug und Schub mit Flächenelementen
a) Zugspannung σ_x = Biegespannung σ_b, Schubspannung τ durch Querkraft
b) gedrehtes Flächenelement mit der Hauptspannung σ_1 als Zug- und σ_2 als Druckspannung
c) *Mohr*scher Spannungskreis

Torsionsbeanspruchung entsteht in dem Abschnitt eines geraden Stabes (Balken, Welle, Drehstabfeder), an dessen Enden jeweils entgegengesetzte Drehmomente oder Kräftepaare angreifen, deren Vektoren in Richtung der Stabachse zeigen (**2.10**).

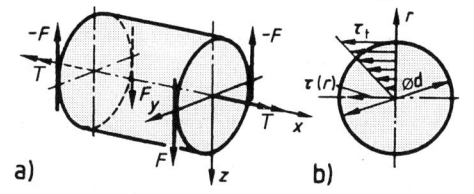

2.10
Torsionsbeanspruchung

a) Torsionsstab
b) Schubspannungsverteilung bei Torsion

In den Querschnitten entstehen in tangentialer Richtung Schubspannungen τ_t.

Der Index t gibt an, dass es sich um eine Torsionsschubspannung handelt; man kann ihn weglassen, wenn Verwechslungen mit anderen Schubspannungen ausgeschlossen sind.

Ist der Querschnitt eines Torsionsstabes kreisförmig (**2.10b**), so bleiben die Kreisquerschnitte bei der Verdrehung eben, und die Schubspannung hat mit zunehmendem Radius r einen linearen Verlauf; $\tau(r) = T \cdot r / I_p$. Hierbei ist T das belastende Drehmoment, I_p ist das polare Flächenmoment 2. Ordnung eines Kreisquerschnittes (bezogen auf den Mittelpunkt als Pol).

Der Ausdruck für die **größte Schubspannung**, die Randschubspannung (**Torsionsspannung**) im Abstand $r = d/2$ bei einem Widerstandsmoment gegen Torsion $W_t = I_p / (d/2)$ sowie der Ausdruck für die **Festigkeitsbedingung** lauten

$$\boxed{\tau_t = \frac{T}{I_p} \cdot \frac{d}{2} = \frac{T}{W_t} \qquad \tau_t \leq \tau_{t\,zul} = \frac{K}{S}} \tag{2.14}$$

2.1 Spannungszustand und Beanspruchungsarten

Die größte Schubspannung τ_t darf die zulässige Spannung $\tau_{t\,zul}$, die aus einem Werkstoffkennwert K und der Sicherheit S gebildet wird, nicht überschreiten.

Das Widerstandsmoment W_t gegen Torsion für den Kreisquerschnitt ergibt sich aus dem Quotienten von $I_p = (\pi/32)\cdot d^4$ und dem Randabstand $d/2$ zu $W_t = (\pi/16)\cdot d^3$. Für einen Hohlstab ist das polare Flächenmoment $I_p = (\pi/32)\cdot(d_a^4 - d_i^4)$ und das Widerstandsmoment $W_t = (\pi/32)\cdot[d_a^3\cdot(1-\alpha^4)]$ mit $\alpha = d_a/d_i \leq 1$ (Index i für Innendurchmesser, a für Außendurchmesser).

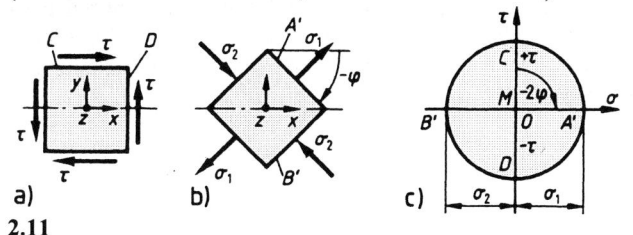

2.11
*Mohr*scher Spannungskreis für reinen Schub (Torsion) mit Flächenelementen
a) Schubspannung τ = Torsionsspannung $\tau_{t\,max}$
b) gedrehtes Flächenelement mit den Hauptspannungen $\sigma_2 = -\sigma_1$. Schubspannung $\tau = 0$
c) *Mohr*scher Spannungskreis; $|\sigma_1| = |\sigma_2| = \tau = \tau_{max}$

An einem Element an der Außenfläche, dessen Seiten parallel und normal zur Stablängsachse verlaufen, greifen nur Torsionsspannungen $\tau_{t\,max}$ an (**2.11**). Wird das Element um 45° zur Stabachse gedreht, so wirken nur die Hauptspannungen $\sigma_2 = -\sigma_1$; die Torsionsspannungen haben den Wert Null.

Für den Verdrehungswinkel gilt $\psi = (T\cdot l)/(G\cdot I_p)$. Er hängt im Wesentlichen von der Stablänge l und vom Schubmodul G ab, s. Teil 1, Abschnitt Federn, und Teil 2, Abschnitt Achsen und Wellen.

Torsionsstäbe mit beliebigem Querschnitt. Die Annahme einer linearen Spannungsverteilung gilt nur für kreisförmige Querschnitte. Bei allen anderen Querschnittsformen treten Verwölbungen auf, die berücksichtigt werden müssen. Die Gleichung (2.14) mit dem polaren Flächenmoment I_p und dem daraus gebildeten Widerstandsmoment gilt daher nur für den Kreisquerschnitt.

Beim Rechteck-Querschnitt befindet sich die Stelle mit der größten Torsionsspannung in der Mitte der langen Seiten. Von da aus fällt die Spannung bis zu den Ecken auf den Wert Null ab.

Man berechnet die Torsionsspannung τ_t bzw. den Verdrehungswinkel ψ für beliebige Querschnitte zwar auch nach den Gleichungen $\tau_t = T/W_t$ bzw. $\psi = (T\cdot l)/(G\cdot I_t)$, aber I_t ist hier nicht das polare Flächenmoment 2. Ordnung; auch wird das Widerstandsmoment nicht aus dem polaren Flächenmoment gebildet. Exakte Lösungen für I_t und W_t liegen nur für wenige Querschnitte vor (z. B. für Ellipse, Dreieck, Rechteck). Sie können der einschlägigen Literatur entnommen werden [3], [12].

Knicken und Knickbeanspruchung. Schlanke Stäbe knicken unter Druck oder Drehdruckbeanspruchung bei Erreichen der kritischen Belastung (F_K, σ_K). Bei dünnwandigen schalenartig geformten Bauteilen besteht außerdem noch die Gefahr des Beulens. Berechnungsangaben zum Stabilitätsnachweis gegen Ausknicken oder Beulen werden in DIN 18 800 T 2 u. T 3 behandelt.

Um die **Stabilität** eines Druckstabes gegen Knicken zu gewährleisten, muss die vorhandene Druckspannung $\sigma_d = F/A$ kleiner als die Knickspannung $\sigma_K = F_K/A$ sein, bei der Knicken eintreten würde; $\sigma_d < \sigma_K$. Die Sicherheit gegen Knicken ist somit $S_K = \sigma_K/\sigma_d = F_K/F$. Es bedeuten F die vorhandene Druckkraft und F_K die ermittelte kritische Knickkraft, die selbst vom Stabquerschnitt A, von der rechnerischen Knicklänge l_K des Stabes und vom Flächenmoment 2. Ordnung I abhängt. Die rechnerische Knicklänge l_K richtet sich nach dem *Euler*schen **Knickfall**; s. 2.12. Im allgemeinen Maschinenbau rechnet man im elastischen Bereich mit der Sicherheit $S = 5 \ldots 10$ und im unelastischen Bereich mit $S = 3 \ldots 8$.

elastischer Bereich	Elastisch-plastischer Bereich	
Knickspannung σ_K $\leq$ Proportionalitätsgrenze σ_P	Knickspannung σ_K $>$ Proportionalitätsgrenze σ_P $<$ Quetschgrenze σ_{dF}	
Gültigkeitsbereich $\lambda \geq \lambda_0 = \sqrt{\pi^2 \cdot E / \sigma_P}$ mit $\lambda = l_K / i$, $i = \sqrt{I_{min} / A}$, l_K rechnerische Knicklänge (s. rechts) E Elastizitätsmodul, I Trägheitsmoment, A Querschnittsfläche	$\lambda < \lambda_0 = \sqrt{\pi^2 \cdot E / \sigma_P}$	Grundfälle der Knickbelastung. Freie Knicklänge l_K für *Euler*sche Knickformel
*Euler*sche Knickformel: $\sigma_K = \pi^2 \cdot E \cdot I / A \cdot l_K^2$	*Tetmajer*sche Formel: (Zahlenwertgleichungen mit σ_K in N/mm²) S235 (St 37) $\sigma_K = 310 - 1{,}14 \cdot \lambda$ E335 (St 60) $\sigma_K = 335 - 0{,}62 \cdot \lambda$ EN-GJL (GG) $\sigma_K = 776 - 12 \cdot \lambda + 0{,}053 \cdot \lambda^2$ Nadelholz $\sigma_K = 29{,}3 - 0{,}194 \cdot \lambda$	
Beachte: σ_K ist hierbei unabhängig von der Festigkeit des Werkstoffes: St 37 und St 60 sind gleichwertig.	Im *Tetmajer*-Bereich wirkt sich die Werkstofffestigkeit aus. *Tetmajer* unterscheidet „Flusseisen" und „Flussstahl" (Hier ersatzweise St 37 und St 60 eingesetzt.)	a) Fall I, $l_K = 2 \cdot l$ b) Fall II, $l_K = l$ (Normalfall) c) Fall III, $l_K \approx 0{,}7 \cdot l$ d) Fall IV, $l_K = l / 2$

Zahlenwert für λ_0 und E

	S235 (St 37)	E335 (St 60)	EN-GJL (GG)	Nadelholz	Berechnungsgrundlagen s. unter Knicken, Abschn. 2.1
λ_0	100	93	80	100	
E in N/mm²	$2{,}1 \cdot 10^5$		$1 \cdot 10^5$	$0{,}1 \cdot 10^5$	

2.12
Ermittlung der Grenzspannung σ_K beim Knicken (Knickspannung)

Knicken im elastischen (*Euler-*)Bereich. Mit dem Trägheitsradius $i = \sqrt{I/A}$ und der Schlankheit $\lambda = l_K/i$ berechnet man nach *Euler* die Knickspannung $\sigma_K = (\pi^2 \cdot E \cdot I) / (A \cdot l_K^2) = (\pi^2 \cdot E) / \lambda^2$. Die Funktion $\sigma_K(\lambda)$ stellt im Knickspannungsdiagramm (**2.13**) die *Euler*hyperbel dar. Die Eulergleichungen gelten nur im linearen, elastischen Verformungsbereich, also für $\sigma_K \leq \sigma_{dP}$ bzw. $\lambda \geq \lambda_0$. Der Übergang aus dem elastischen in den unelastischen, plastischen Bereich findet statt bei der Grenzschlankheit $\lambda_0 = \sqrt{\pi^2 \cdot E/\sigma_{dP}}$. Setzt man für den Werkstoff S235 (St 37) die Druck-Dehngrenze $\sigma_{dP} \approx 0{,}8 \cdot 240$ N/mm² und $E = 2{,}1 \cdot 10^5$ N/mm² ein, so wird die Grenzschlankheit $\lambda_0 = 100$ N/mm².

2.1 Spannungszustand und Beanspruchungsarten

Knicken im unelastischen Bereich. Nach der *Euler*gleichung überschreitet σ_k für Schlankheitsgerade $\lambda < \lambda_0$ die Druck-Dehngrenze σ_{dP}. Es muss mit plastischer Verformung gerechnet werden. Die *Euler*gleichung trifft nicht mehr zu.

Tetmajer erfasste auf Grund von Versuchen die Knickspannungen im Bereich zwischen der Proportionalitätsgrenze σ_{dP} und der Quetschgrenze σ_{dF} durch eine Gerade im Knickspannungsdiagramm (2.13); $\sigma_k = a - b \cdot \lambda$ (Werte a und b für diese Zahlenwertgleichung s. Bild **2.12**).

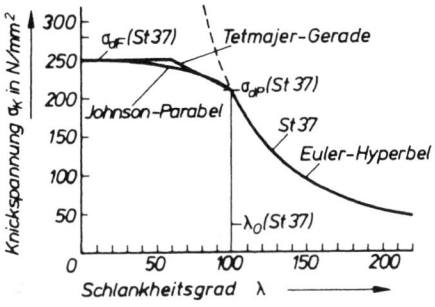

Johnson wählte eine Parabel, die die σ_k-Achse bei σ_{dF} trifft und bei λ_0 in die *Euler*kurve übergeht (**2.13**). Die Gleichung der *Johnson*-Parabel lautet

$$\sigma_k = \sigma_{dF} - (\sigma_{dF} - \sigma_{dP}) \cdot (\lambda/\lambda_0)^2$$

Im Kran-, Hoch- und Brückenbau ist die Berechnung der Knicksicherheit gemäß DIN 18800 Teil 2 vorgeschrieben. Für die entsprechenden Anwendungsfälle ist näheres dieser Norm zu entnehmen.

2.13 Knickspannungsdiagramm

Beanspruchung der Oberflächen. Zwei mit der Kraft F_n gegeneinander gedrückte ebene Oberflächen stehen unter der Flächenpressung $p = F_n / A$. Obgleich sich die Oberflächen wegen der Rauheiten nur an wenigen Stellen berühren, wird mit der gesamten senkrecht zur Kraftrichtung projizierten Fläche A gerechnet.

Die Festigkeitsbedingung lautet $p \leq p_{zul}$. Die zulässige Flächenpressung p_{zul} ist vom Belastungsfall abhängig und richtet sich nach dem weicheren Teil. Anhaltswerte für p_{zul}: $p_{zul} \approx \sigma_{dF}/(1{,}2 \ldots 2)$ für zähe Werkstoffe und $p_{zul} \approx \sigma_{dB}/(2 \ldots 3)$ für spröde Werkstoffe. Hierbei werden die kleineren Sicherheitswerte jeweils bei ruhender Belastung und die größeren bei schwellender Belastung eingesetzt.

Werden zusammengepresste Oberflächen gegeneinander bewegt, so verursacht die Reibleistung Reibungswärme, die bei der Festlegung der zulässigen Flächenpressung berücksichtigt werden muss (s. Abschn. Kupplungen und Bremsen, Teil 2).

Flächenpressung zwischen gewölbten Flächen. Wird ein Wellenzapfen mit der (äußeren) Kraft F in eine halbumschließende Lagerschale gedrückt, so entsteht eine Flächenpressung, deren Verteilung und Größe von der sich berührenden Fläche, also vom Lagerspiel, abhängt. Mit wachsendem Spiel nimmt die Größe der Berührungsfläche ab, und unter der Voraussetzung konstanter Belastung steigt die Flächenpressung an.

Wellenzapfen und Lagerschale *ohne Spiel*. Angenommen wird eine über den halben Umfang des Wellenzapfens gleichmäßig verteilte, radial wirkende konstante Pressung (**2.14**). Diese Pressung wird nun in Komponenten $p \cdot \sin \varphi$ senkrecht zur äußeren Kraft und in Komponenten $p \cdot \cos \varphi$ in Richtung der äußeren Kraft zerlegt. Letztere bilden am Flächenelement $dA = b \cdot r \cdot d\varphi$ Kräfte der Größe $dF = p \cdot b \cdot r \cdot \cos \varphi \cdot d\varphi$. Durch Integration über den Bogen von 0 bis $\pi/2$ und

Verdoppelung erhält man die Flächenpressung p, die notwendig ist, der Kraft F das Gleichgewicht zu halten: $p = F/d \cdot b$. Diese entspricht der Kraft F, bezogen auf die projizierte Fläche A der Bohrung mit dem Durchmesser d und der Breite b.

Wird eine Kosinusverteilung der Pressung $p = p_n$ mit $p_n = p_{max} \cos \varphi$ angenommen (**2.14**), dann ergibt die Integration der Gleichung $dF = p_{max} \cdot b \cdot d \cdot \cos^2 \varphi \cdot d\varphi$ die größte Flächenpressung $p_{max} = (4/\pi) \cdot F/(d \cdot b)$ = $(4 \cdot p)/\pi$. Ungünstige Formen und Passungen werden jedoch noch größere Pressungen mit sich bringen.

Bei Bolzen, Stiften, Nieten oder Schrauben wird die Flächenpressung $p = F/A$ als Lochleibung bezeichnet. Auch hier wird die Kraft F auf die projizierte Fläche A mit dem Durchmesser d und der Breite b bezogen.

***Hertz*sche Pressung.** Zwei Körper mit gekrümmten Oberflächen, die aufeinandergepresst werden, verformen sich an der Berührungsstelle. Die Spannungen in diesen Druckstellen lassen sich nach der Theorie von *Hertz* berechnen. Die Projektion der Druckfläche zweier Zylinder ist ein Rechteck von der Breite $2 \cdot a$ und der Zylinderlänge b. Die Druckspannungen verteilen sich elliptisch über die Breite $2 \cdot a$ im Bereich der Mantellinie.

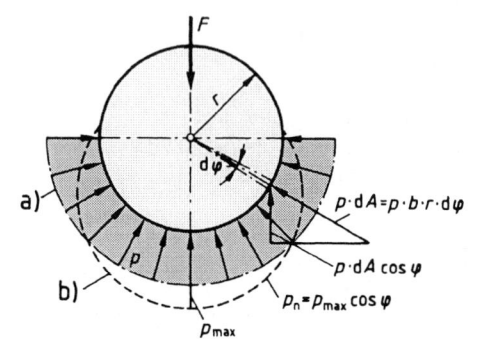

2.14
Flächenpressung zwischen Wellenzapfen und Lagerschale ohne Spiel
a) konstante Verteilung der Pressung
b) Kosinusverteilung der Pressung

In der Mitte der Flächenbreite, im **Abstand a** vom Rand, ist die **maximale Pressung**

$$\boxed{\sigma_H = \sqrt{\frac{F \cdot E}{2 \cdot \pi \cdot \rho \cdot b \cdot (1-\mu^2)}}} \qquad \boxed{a = \sqrt{\frac{8 \cdot F \cdot \rho \cdot (1-\mu^2)}{\pi \cdot E \cdot b}}} \qquad (2.15)$$

Hierin bedeuten:
F die Anpresskraft, E der gemeinsame Elastizitätsmodul bei unterschiedlichem Material der Zylinder 1 und 2 aus $E = (2 \cdot E_1 \cdot E_2)/(E_1 + E_2)$, ρ der Krümmungshalbmesser aus $\rho = (\rho_1 \cdot \rho_2)/(\rho_1 + \rho_2)$, μ die Querdehnungszahl (für Stahl $\mu = 0{,}3$) und b die Zylinderlänge (s. Abschn. Zahnrädergetriebe, Teil 2).

2.2 Festigkeitshypothesen

Der Festigkeitsnachweis bei den einfachen, einachsig wirkenden Grundbeanspruchungsarten (Zug, Druck, Biegung oder Torsion) sowie bei einfach zusammengesetzter Beanspruchung (Zug und Biegung) erfolgt durch Vergleich der vorhandenen Spannung mit den bei den entsprechenden Grundbeanspruchungen durch Versuch ermittelten Werkstoffkennwerten (Grenzspannungen). Für die Wahl der zulässigen Grenzspannung ist, neben der Art der Beanspruchung, die Art des möglichen Versagens maßgebend.

Das Versagen lässt sich nach der Bruchform des Bauteils beurteilen. Man unterscheidet den Trennbruch bei sprödem, wenig verformungsfähigem Werkstoff sowie den Verformungs- und den Gleitbruch bei zähem, verformungsfähigem Werkstoff. Maßgebend für die Bruchform ist entweder unter Einwirkung der größten Zug-Normalspannung die Trennfestigkeit oder infolge der Wirkung der größten Schubspannung die Gleitfestigkeit.

2.2 Festigkeitshypothesen

Für zusammengesetzte, mehrachsige Beanspruchungen (Spannungszustände) stehen entsprechende Werkstoffkennwerte zur Bildung der zulässigen Spannungen selten zur Verfügung. Um aus dem Versagen bei einachsiger Beanspruchung auf das Verhalten bei mehrachsiger Beanspruchung schließen zu können, wurden Festigkeits- oder Bruchhypothesen entwickelt. Ihr Ziel ist es, die Spannungen des mehrachsigen Spannungszustandes auf eine gleichwertige einachsige Normalspannung, die **Vergleichsspannung** σ_v, zurückzuführen. Diese Vergleichsspannung kann dann mit einer **zulässigen Spannung** verglichen werden, die aus dem bei einachsiger Beanspruchung ermittelten Werkstoffkennwert K errechnet wurde. **Die Vergleichsspannung muss stets kleiner oder darf höchstens gleich der zulässigen Spannung sein.**

Normalspannungshypothese (NH). Sie beruht auf der Überlegung, dass mit einem Trennbruch senkrecht zur Hauptzugspannung zu rechnen ist, wenn unabhängig von den anderen Spannungen die größte der Normal- oder Hauptspannungen einen Grenzwert, die Trennfestigkeit, erreicht.

Für ein beliebig belastetes Bauteil, z. B. mit den drei Hauptspannungen $\sigma_1 > \sigma_2 > \sigma_3$, ist die größte Hauptspannung σ_1 die **Vergleichsspannung**

$$\boxed{\sigma_{v(N)} = \sigma_{max} = |\sigma_1| \leq \sigma_{zul}} \tag{2.16}$$

Entsprechend ist $\sigma_v = |\sigma_2|$ für $|\sigma_2| > |\sigma_1|$ und $|\sigma_2| > |\sigma_3|$ bzw. $\sigma_v = |\sigma_3|$ für $|\sigma_3| > |\sigma_1|$ und $|\sigma_3| > |\sigma_2|$. Bei der Bildung der Vergleichsspannung bleiben die beiden übrigen kleineren Hauptspannungen jeweils unberücksichtigt.

Sind die Normalspannungen σ_x, σ_y und die Schubspannung τ_{xy} bekannt, so wird für den allgemeinen zweiachsigen Spannungszustand bei $\sigma_1 > \sigma_2$ nach Gl. (2.3) die **Vergleichsspannung**

$$\boxed{\sigma_{v(N)} = 0{,}5\,(\sigma_x + \sigma_y) + 0{,}5\,\sqrt{(\sigma_x + \sigma_y)^2 + 4\tau_{xy}^2} \leq \sigma_{zul}} \tag{2.17}$$

Für den allgemeinen einachsigen Spannungszustand mit der bekannten Normalspannung $\sigma_x = \sigma$ und mit der Schubspannung $\tau_{xy} = \tau$ ist die **Vergleichsspannung**

$$\boxed{\sigma_{v(N)} = 0{,}5\,\sigma + 0{,}5\,\sqrt{\sigma^2 + 4\tau^2} \leq \sigma_{zul}} \tag{2.18}$$

Die Normalspannungshypothese kommt in Betracht bei sprödem, trennbruchempfindlichem Werkstoff, aber auch bei zähen Werkstoffen, wenn der Spannungszustand die Verformungsmöglichkeit des Bauteils einschränkt (z. B. bei dreiachsigem Spannungszustand in dickwandigen Bauteilen durch Kerbwirkung oder Schweißnähte). Grenzspannung für sprödbrechende Bauteile ist die Bruchfestigkeit R_m.

Schubspannungshypothese (SH). Sie geht von der Überlegung aus, dass die größte Schubspannung bei Erreichen eines Grenzwertes, der Gleitfestigkeit oder Schubfließgrenze, Gleitverformung bzw. Gleitbruch verursacht. Als Vergleichsspannung σ_v gilt dann diejenige einachsige Spannung, bei der die gleich große maximale Schubspannung auftritt wie bei dem vorliegenden mehrachsigen Spannungszustand. Diese Hypothese wird bei verformungsfähigen Werkstoffen angewendet. Die Anwendung bei sprödem Werkstoff ist zulässig, wenn durch überwiegende Druckbeanspruchung ein Gleitbruch erwartet werden kann.

Aus den *Mohr*schen Spannungskreisen geht hervor, dass die größte Schubspannung τ_{max} unter dem Winkel von 45° zu jeder der drei Hauptspannungsebenen dem Durchmesser des betreffenden Spannungskreises proportional ist.

Die größte Schubspannung ist als halbe Differenz der größten und kleinsten Hauptspannung gegeben: $\tau_{max} = (\sigma_{max} - \sigma_{min})/2$. Die **Vergleichsspannung** und die Festigkeitsbedingung lauten:

$$\boxed{\sigma_{v(S)} = 2\tau_{max} = \sigma_{max} - \sigma_{min} \leq \sigma_{zul}} \qquad (2.19)$$

Zur Bildung der zulässigen Spannung wird die Streckgrenze eingesetzt.

Im zweiachsigen Spannungszustand ergibt sich für den Fall $\sigma_1 \geq 0$; $\sigma_2 \geq 0$; $\sigma_3 = 0$ (**2.15a**), für die Vergleichsspannung, $\sigma_{v(S)} = 2 \cdot \tau_{max} = \sigma_1$. Sie ist für diesen Fall identisch mit der Vergleichsspannung der Normalspannungshypothese.

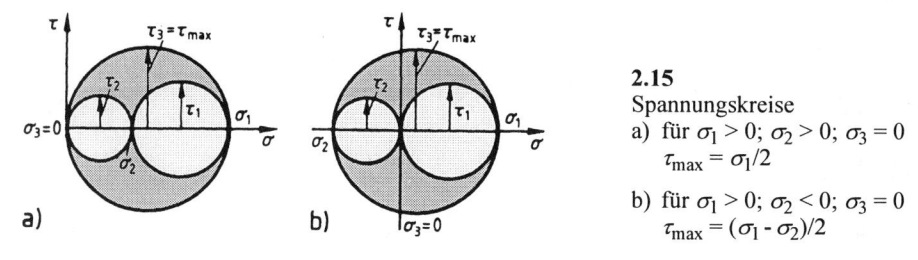

2.15 Spannungskreise
a) für $\sigma_1 > 0$; $\sigma_2 > 0$; $\sigma_3 = 0$
$\tau_{max} = \sigma_1/2$

b) für $\sigma_1 > 0$; $\sigma_2 < 0$; $\sigma_3 = 0$
$\tau_{max} = (\sigma_1 - \sigma_2)/2$

Von besonderer Bedeutung ist im zweiachsigen (ebenen) Spannungszustand der Fall $\sigma_1 \geq 0$; $\sigma_2 \geq 0$; $\sigma_3 = 0$ (**2.15b**). Hierfür ist die **Vergleichsspannung** $\sigma_{v(S)} = 2\tau_{max} = \sigma_1 - \sigma_2$; oder auf den allgemeinen Spannungszustand bezogen mit den Normalspannungen σ_x, σ_y und mit der Schubspannung τ_{xy} (s. Gl. (2.4))

$$\boxed{\sigma_{v(S)} = \sqrt{(\sigma_x - \sigma_y)^2 + 4\tau_{xy}^2} \leq \sigma_{zul}} \qquad (2.20)$$

Für den einachsigen Spannungszustand mit $\sigma_x = \sigma$, $\sigma_y = 0$ wird die **Vergleichsspannung**

$$\boxed{\sigma_{v(S)} = \sqrt{\sigma^2 + 4\tau^2} \leq \sigma_{zul}} \qquad (2.21)$$

Gestaltänderungsenergie-Hypothese (GEH). Sie vergleicht die zur Gestaltänderung aufgrund von Gleitungen zu Beginn des Fließens erforderlichen Arbeiten beim mehrachsigen und einachsigen Spannungszustand. Die Vergleichsspannung ist demnach diejenige Normalspannung, welche die gleiche spezifische Gestaltungsänderungsarbeit hervorruft wie alle Beanspruchungen im mehrachsigen Fall zusammen. Die GE-Hypothese wird bei zähen Werkstoffen angewendet, die bei plastischen Deformationen versagen. Bei dynamischer Belastung mit sinusförmiger Spannungsänderung gilt in erster Näherung noch die GEH. Für den zweiachsigen Spannungszustand ist die **Vergleichsspannung**

$$\boxed{\sigma_{v(GE)} = \sqrt{\sigma_1^2 + \sigma_2^2 - \sigma_1\sigma_2} = \sqrt{\sigma_x^2 + \sigma_y^2 - \sigma_x\sigma_y + 3\tau_{xy}^2} \leq \sigma_{zul}} \qquad (2.22\text{ a})$$

Für den einachsigen Spannungszustand wird für **Biegung** und **Torsion** mit $\sigma_x = \sigma_b$; $\sigma_y = 0$ und $\tau = \tau_t$.

2.3 Grenzspannungen

$$\boxed{\sigma_{v\,(GE)} = \sqrt{\sigma_b^2 + 3\,\tau_t^2}} \tag{2.22 b}$$

Anstrengungsverhältnis nach *Bach*. Häufig unterliegen die Normalspannungen σ und die Schubspannungen τ verschiedenen Belastungsfällen (Fall I ruhende, Fall II schwellende, Fall III wechselnde Belastung). Um dieses zu berücksichtigen, wird die Schubspannung τ mit dem Anstrengungsverhältnis $\alpha = \sigma_G / \varphi \cdot \tau_G$ auf den Belastungsfall von σ umgerechnet. Hierbei sind σ_G und τ_G die Grenzfestigkeiten beim betreffenden Belastungsfall. Der Faktor φ ergibt sich für die jeweilige Festigkeitshypothese, wenn für $\sigma = 0$ eingesetzt wird: $\sigma_v = \tau$ zu $\varphi = 1$ für die NH; $\sigma_v = 2\tau$ zu $\varphi = 2$ für die SH und $\sigma_v = \sqrt{3}\tau$ zu $\varphi = 1{,}73$ für die GE-Hypothese.

Für den wichtigen Beanspruchungsfall der gleichzeitigen **Biegung und Torsion** eines Stabes oder einer Welle (s. Abschn. Achsen und Wellen, Teil 2) nehmen die **Vergleichsspannungen** folgende Form an:

Normalspannungshypothese

$$\sigma_v = 0{,}5\,\sigma_b + 0{,}5\sqrt{\sigma_b^2 + 4\,(\alpha_0 \cdot \tau_t)^2} \tag{2.23}$$

Schubspannungshypothese

$$\sigma_v = \sqrt{\sigma_b^2 + 4\,(\alpha_0 \cdot \tau)^2} \tag{2.24}$$

Gestaltänderungsenergiehypothese

$$\sigma_v = \sqrt{\sigma_b^2 + 3\,(\alpha_0 \cdot \tau)^2} \tag{2.25}$$

2.3 Grenzspannungen

Die Festigkeit der Werkstoffe wird durch Versuche mit genormten Probeformen (z. B. Stäben) ermittelt. Der Festigkeitskennwert stellt die rechnerische Beanspruchung des Probestabes an der Grenze des Versagens dar. (Das Bild **2.16** zeigt ein Spannungs-Dehnungs-Diagramm, wie es beim Zugversuch unter einachsiger, zügiger Beanspruchung aufgenommen wird.) Um Gefährdung eines Bauteils auszuschließen, darf die vorhandene Spannung eine bestimmte Grenzspannung (Festigkeitskennwert) nicht überschreiten. Die Gefährdung eines Bauteils kann eintreten durch Gewaltbruch, plastische Verformung, unzulässige elastische Verformung, Kriechen, Knicken, Dauer- oder Zeitbruch. (Man bezeichnet den Festigkeitskennwert mit K, wenn der Begriff Festigkeiten bei verschiedenen Belastungsfällen einschließt.)

Grenzspannung bei Gewaltbrüchen. Gewaltbruch wird mit Sicherheit vermieden, wenn die im Bauteil vorhandene Spannung kleiner als die Bruchfestigkeit R_m (**2.16**), Biegefestigkeit σ_{bB} oder Torsionsfestigkeit τ_{tB} ist. Bei höherer Temperatur ϑ ist die Warmfestigkeit $R_{m/\vartheta}$ maßgebend. Bauteile aus sprödem Werkstoff (z. B. Gusseisen) werden gegen Bruch dimensioniert.

Grenzspannung bei plastischer Verformung. Plastische Verformung wird mit Sicherheit vermieden, wenn die im Bauteil vorhandene Spannung kleiner als die Streck- oder Fließgrenze der betreffenden Beanspruchungsart ist (R_e; σ_{bF}; τ_{tF}). Bei Werkstoffen mit nicht ausgeprägter Fließgrenze wird hierfür die 0,2%-Dehnungsgrenze gesetzt ($R_{p\,0,2}$; $\sigma_{b\,0,2}$; $\tau_{t\,0,2}$) (s. Bild **2.16** a, b). Bei höherer Temperatur ist die Warmstreckgrenze $R_{p\,0,2/\vartheta}$ maßgebend. Die Warmstreckgrenze $R_{p\,0,2/\vartheta}$ wird bis zu derjenigen Temperatur ϑ benutzt, bei der sich die Kurven der Warmstreckgrenze und der Zeitdehngrenze $R_{p\,1/10^5/\vartheta}$ (hier z. B. 1 % Dehnung nach 100 000 Stunden) schneiden; bei darüber liegenden Temperaturen ist die Zeitdehngrenze als Festigkeitswert einzusetzen (**2.17**). Bei ungleichförmiger Spannungsverteilung über den Querschnitt (Biegung, Torsion, Zug mit Kerbwirkung bei geringen Lastwechselzahlen kann die Stützwirkung in Rechnung gesetzt werden (s. Formzahl $\bar{\alpha}$ und „Spannungsgefälle").

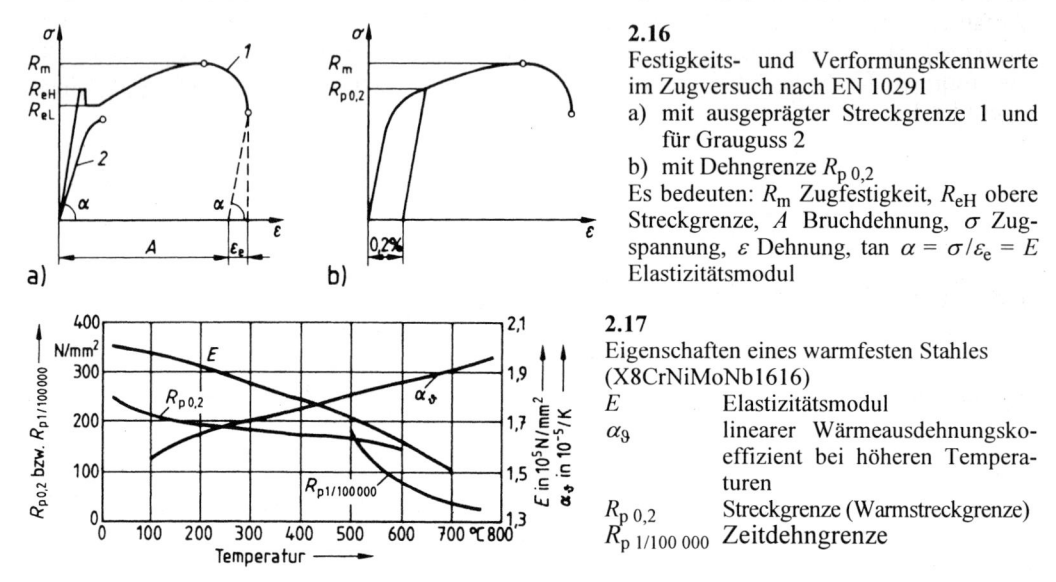

2.16
Festigkeits- und Verformungskennwerte im Zugversuch nach EN 10291
a) mit ausgeprägter Streckgrenze 1 und für Grauguss 2
b) mit Dehngrenze $R_{p\,0,2}$
Es bedeuten: R_m Zugfestigkeit, R_{eH} obere Streckgrenze, A Bruchdehnung, σ Zugspannung, ε Dehnung, $\tan \alpha = \sigma/\varepsilon_e = E$ Elastizitätsmodul

2.17
Eigenschaften eines warmfesten Stahles (X8CrNiMoNb1616)
E Elastizitätsmodul
α_ϑ linearer Wärmeausdehnungskoeffizient bei höheren Temperaturen
$R_{p\,0,2}$ Streckgrenze (Warmstreckgrenze)
$R_{p\,1/100\,000}$ Zeitdehngrenze

Grenzspannung bei elastischer Verformung. Sollen bestimmte elastische Formänderungen (Längenänderungen, Durchbiegungen oder Verdrehungen) nicht überschritten werden, so müssen die Abmessungen des Bauteils so festgelegt werden, dass die Elastizitätsgrenze nicht überschritten wird. Da diese wegen ihrer schwierigen Ermittlung in den Werkstoffnormen nicht enthalten ist, muss man ersatzweise die Streckgrenze bzw. die 0,2-Grenze verwenden. Will man noch eine Sicherheit gegen Fließen bei Überlastung haben, so setzt man als Grenzspannung je nach der gewünschten Sicherheit nur einen Bruchteil der Streckgrenze in die Verformungsgleichungen der Elastizitätslehre ein. Anwendungen dieser Gleichungen befinden sich im Abschn. Federn.

Grenzspannung bei Knicken. Soll Knicken mit Sicherheit vermieden werden, so wird als Grenzspannung die Knickspannung eingesetzt, die nach Abschn. 2.1 und **2.12** bestimmt werden kann.

Grenzspannung bei dynamischer Beanspruchung polierter Probestäbe. Die Erfahrungen haben gezeigt, dass bei Betrieb mit ständig veränderlicher Belastung bereits Brüche auftreten können, wenn die im Bauteil vorhandenen Spannungen noch weit unter den jeweiligen Bruchfestigkeitswerten liegen. Der Vergleich der im Betrieb auftretenden Maximalspannung mit der

2.3 Grenzspannungen

Bruchfestigkeit kann somit nur vor einem Gewaltbruch, nicht aber vor einem sog. Dauerbruch schützen. Die Dauerbrüche stellen aber die Mehrzahl aller auftretenden Brüche dar.

Für die Dimensionierung dynamisch belasteter Bauteile sind die Dauerschwingfestigkeit σ_D (Dauerfestigkeit) und die Zeitfestigkeit maßgebend. (Der Begriff Dauerfestigkeit schließt die Schwell- und Wechselfestigkeit mit ein.)

Die **dynamische Beanspruchung** wird durch zeitlich veränderliche äußere Belastungen hervorgerufen (**2.18**), deren zeitlicher Verlauf durch eine Fourier-Analyse in einen konstanten Anteil und in sinus- oder kosinusförmige Anteile zerlegt werden kann. Nach einem vereinfachten Verfahren entnimmt man z. B. dem Belastungsbild (**2.18**) die kleinste und größte wiederholt auftretende Unter- bzw. Oberlast F_u und F_o und zerlegt dann die Belastung bei Annahme eines sinusförmigen Verlaufs nach Bild **2.19** in eine **ruhende Mittellast** F_m und in einen diese überlagernden **Lastausschlag** F_a:

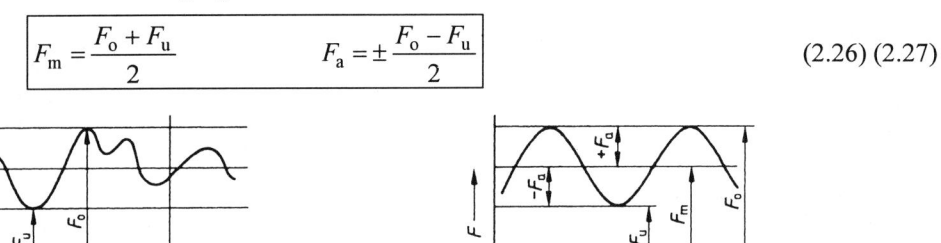

$$\boxed{F_m = \frac{F_o + F_u}{2} \qquad F_a = \pm \frac{F_o - F_u}{2}} \qquad (2.26)\,(2.27)$$

2.18
Beispiel des Belastungsbildes eines Maschinenteiles. Kraft F in Abhängigkeit von der Zeit t. Der Belastungsablauf wiederholt sich je Periodenzeit T
F_o Oberlast $\qquad$ F_u Unterlast

2.19
Aus Bild **2.18** gewonnenes, vereinfachtes Belastungsbild
$\pm F_a$ Lastausschlag $\qquad$ F_o Oberlast
F_m Mittellast $\qquad$ F_u Unterlast

Aus Bild **2.19** ist zu entnehmen, dass die Oberlast $F_o = F_m + F_a$ und die Unterlast $F_u = F_m - F_a$ ist.

Sinngemäß erhält man bei Belastungen durch Biegemomente oder Torsionsmomente die den Indizes entsprechenden Werte. Aus den Kräften oder Momenten werden nach den Gleichungen für die Beanspruchungsarten Zug, Druck, Biegung, Schub und Torsion in Bild **2.20** die Unterspannungen σ_u (τ_{tu}), die Oberspannungen σ_o (τ_{to}), die Mittelspannungen σ_m (τ_{tm}) und die Spannungsausschläge σ_a (τ_{ta}) berechnet. Es ergeben sich die Beziehungen $\sigma_m = (\sigma_o + \sigma_m)/2$; $\sigma_a = (\sigma_o - \sigma_u)/2$; $\sigma_o = \sigma_m + \sigma_a$; $\sigma_u = \sigma_m - \sigma_a$.

Bei reiner Wechselbelastung (Belastungsfall III) sind Ober- und Unterspannung entgegengesetzt gleich groß $\sigma_o = |\sigma_u|$; die Mittelspannung hat den Wert Null $\sigma_m = 0$, und der Spannungsausschlag ist $\sigma_a = \pm \sigma_o$.

Reine Schwellbelastung (Belastungsfall II) liegt vor, wenn die Oberspannung positiv und die Unterspannung Null ist (Zugbeanspruchung) oder wenn die Oberspannung Null und die Unterspannung negativ ist (Druckbeanspruchung). In diesem Fall wird $\sigma_a = \sigma_m$.

		Beanspruchung	vorhandene Spannung	
einfache Beanspruchung		Zug	$\sigma_z = F/A$	Gl. (2.8)
		Druck	$\sigma_d = F/A$	Gl. (2.9)
		Schub [1]	$\tau_{sm} = F/A$	Gl. (2.10)
		Biegung	$\sigma_b = M_b/W_b$	Gl. (2.11)
		Torsion [2]	$\tau_t = T/W_t$	Gl. (2.14)
		Knicken [3]	$\sigma_d = F/A < \sigma_K$	
zusammengesetzte Beanspruchung	gleichgerichtete Spannung	Zug u. Biegung	$\sigma_{res} = \sigma_z + \sigma_b$	
		Druck u. Biegung	$\sigma_{res} = \sigma_d + \sigma_b$	
		Schub u. Torsion	$\tau_{res} = \tau_s + \tau_t$	

[1] τ_{sm} mittlere Schubspannung (auch häufig als Abscherspannung τ_a bezeichnet).

[2] Bei Kreis- und Kreisringquerschnitten ist $W_t = W_p$. In allen anderen Fällen ist W_t eine Rechengröße, die nicht mit dem polaren Widerstandsmoment W_p identisch ist (s. Taschenbücher).

[3] Die Druckspannung muss kleiner als die Knickspannung σ_K sein. Die Knickspannung erhält man aus den Beziehungen in Bild **2.12**; s. auch Abschn. 2.1.

2.20
Ermittlung der Nennspannungen für häufigsten Beanspruchungsfälle

Dauerschwingfestigkeit. Die Haltbarkeit eines Bauteils mit oftmals wiederholter Belastungsänderung lässt sich abschätzen aus dem Spannungsausschlag σ_a bzw. τ_{tA}, den ein glatter Probestab (polierte Oberfläche, Durchmesser etwa 10 mm) aus dem zu verwendenden Werkstoff unbegrenzt lange aushält. Bei dem daraus gefertigten Bauteil wirken sich dann noch Einflüsse wie Bauform, Baugröße und Oberflächengüte auf die Haltbarkeit aus.

Der **ertragbare Spannungsausschlag** σ_A (τ_{tA}) des Probestabes ist keine feste Werkstoffkenngröße; er ist von der Größe der vorhandenen Mittelspannung σ_m (τ_{tm}) abhängig. In Folge dessen werden die ertragbaren Spannungsausschläge σ_A (τ_{tA}) in sog. Dauerfestigkeitsschaubildern in Abhängigkeit von der im Probestab vorhandenen Mittelspannung dargestellt. Als Dauerschwingfestigkeit oder kurz als Dauerfestigkeit σ_D des Werkstoffes bezeichnet man nach DIN 50 100 den Spannungsausschlag ± σ_A bei der Mittelspannung σ_m, den eine Probe „unendlich oft" ohne Bruch und ohne unzulässige Verformung aushält. Somit lautet die Gleichung für die **Dauerfestigkeit**:

$$\boxed{\sigma_D = \sigma_m \pm \sigma_A \quad \text{bzw.} \quad \tau_{tD} = \tau_{tm} \pm \tau_{tA}} \tag{2.28}$$

Häufig wird das Diagramm von *Smith* verwendet. Es gibt auch Diagramme für fertige Bauteile, z. B. *Goodman*-Diagramme für Federn. Diese Diagramme heißen Gestaltfestigkeitsdiagramme.

Das Schaubild von *Smith* ist folgendermaßen aufgebaut (**2.21**). Auf der Abszisse sind die Mittelspannungen σ_m (τ_{tm}) aufgetragen. (Durch Einfügen einer 45°-Linie kann man die Werte der Mittelspannung auch auf der Ordinatenachse ablesen.) Die durch Wöhlerversuche (Durchführung nach DIN 50 100) ermittelten ertragbaren Spannungsausschläge ± σ_A (τ_{tA}) sind über der jeweiligen Mittelspannung vom Punkt A der unter 45° geneigten Geraden aus nach oben und unten einzutragen. Auf diese Weise erhält man die einhüllenden Grenzkurven der ertragbaren Oberspannungen $\sigma_O = \sigma_m + \sigma_A$ und der zugehörigen Unterspannungen $\sigma_U = \sigma_m - \sigma_A$, entsprechend für Torsionsspannungen τ_{tO} bzw. τ_{tU}. Das Schaubild wird oben durch die jeweilige

2.3 Grenzspannungen

Fließgrenze begrenzt, weil Fließen auf jeden Fall vermieden werden soll. Die Fälle der ruhenden (I), schwellenden (II) und wechselnden (III) Beanspruchung sind im Dauerfestigkeitsschaubild (**2.22**) ebenfalls enthalten.

Die **Grenzspannung für ruhende Beanspruchung** $\sigma_O = \sigma_U =$ const ist die Fließgrenze, im Bild **2.22** dargestellt durch den Schnittpunkt der unteren und oberen Grenzkurve (Grenzspannung bei plastischer Verformung).

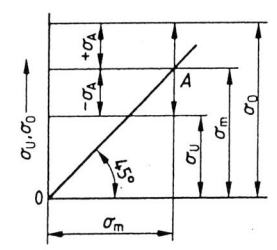

2.21
Entwicklung des Dauerfestigkeitsschaubildes nach *Smith* (ertragbare Spannungen)
± σ_A Spannungsausschlag
σ_m Mittelspannung
σ_O Oberspannung
σ_U Unterspannung

Kleine Indizes o, u, a kennzeichnen im Werkstück vorhandene Spannungen, große Indizes (O, U, A) ertragbare Spannungen. Die Mittelspannung wird in der Regel mit dem Index m gekennzeichnet.

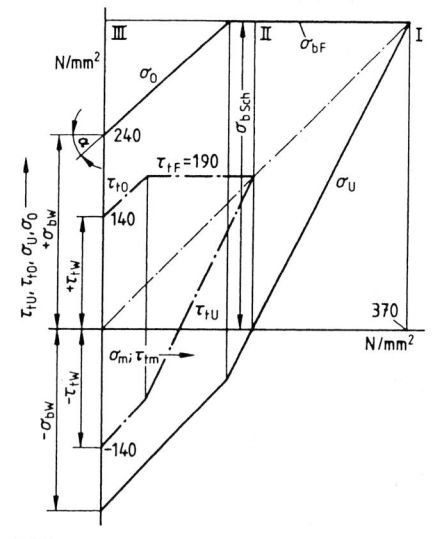

2.22
Dauerfestigkeitsschaubild für Biegung und Torsion (E295 (St 50-2)); $\alpha \approx 37{,}5°$

Die **Grenzspannung für die schwellende Beanspruchung** ist die Schwellfestigkeit σ_{Sch} mit den kennzeichnenden Werten $\sigma_U = 0$, $\sigma_m = \sigma_A$, $\sigma_O = \sigma_m + \sigma_A = 2\sigma_A$ (**2.22**). Somit ist $\sigma_{Sch} = 2 \cdot \sigma_A$.

Werkstoff	Streckgrenze R_e	Wechselfestigkeit σ_W	Biegewechselfestigkeit σ_{bW}	Torsionswechselfestigkeit τ_{tW}
C-Stähle	$(0{,}55 \ldots 0{,}65)\,R_m$	$(0{,}3 \ldots 0{,}45)\,R_m$	$(0{,}45 \ldots 0{,}5)\,R_m$	$(0{,}2 \ldots 0{,}35)\,R_m$
legierte Stähle	$(0{,}7 \ldots 0{,}8)\,R_m$	$(0{,}3 \ldots 0{,}45)\,R_m$	$0{,}25\,(R_e + R_m) + 50$	$(0{,}2 \ldots 0{,}35)\,R_m$
Stahlguss	$0{,}5\,R_m$	$0{,}4\,R_m$	$(0{,}35 \ldots 0{,}5)\,R_m$	$(0{,}2 \ldots 0{,}3)\,R_m$
Kugelgraphitguss	$(0{,}6 \ldots 0{,}7)\,R_m$	$(0{,}2 \ldots 0{,}5)\,R_m$	$(0{,}4 \ldots 0{,}5)\,R_m$	$(0{,}25 \ldots 0{,}4)\,R_m$
Temperguss	$(0{,}5 \ldots 0{,}6)\,R_m$	$0{,}4\,R_m$	$(0{,}3 \ldots 0{,}4)\,R_m$	-
Cu-Legierungen	-	-	$(0{,}2 \ldots 0{,}25)\,R_m$	-
Leichtmetalle	$(0{,}45 \ldots 0{,}65)\,R_m$	$(0{,}2 \ldots 0{,}35)\,R_m$	$(0{,}3 \ldots 0{,}5)\,R_m$	$(0{,}2 \ldots 0{,}3)\,R_m$

2.23
Überschlägige Ermittlung der Grenzspannungen R_e, σ_W, σ_{bW}, τ_{tW} in N/mm² mit R_m in N/mm²

Die **Grenzspannung für wechselnde Beanspruchung** ist die Wechselfestigkeit σ_W. Diese ist identisch mit dem ertragbaren Spannungsausschlag σ_A bei der Mittelspannung $\sigma_m = 0$. Entsprechendes gilt für Torsionsbeanspruchungen τ_{tSch} und τ_{tW}.

Sofern nicht bekannt, können die Festigkeitskennwerte wie folgt ermittelt werden; damit können auch die Dauerfestigkeitsschaubilder nach Bild **2.22** näherungsweise entwickelt werden:

Für Stähle:
$\sigma_{bF} \approx (1{,}3 \ldots 1{,}4)\, R_e$ Biegefließgrenze
$\tau_{tF} = (0{,}56 \ldots 0{,}68)\, R_e$ Torsionsstreckgrenze
$\tau_{aB} = 0{,}8\, R_m$ Abscherfestigkeit

für Baustahl und Stahlguss: $\sigma_{Sch} = R_e$; $\sigma_{b\,Sch} \approx \sigma_{bF}$; $\tau_{t\,Sch} = \tau_{tF}$

für Vergütungs- und Einsatzstahl: $\sigma_{Sch} \approx R_e$, $\sigma_{b\,Sch} = (0{,}7 \ldots 0{,}8)\, R_e$, $\sigma_{b\,Sch} = (0{,}68 \ldots 1)\, \sigma_{bF}$,
                                                                                                              $\tau_{tsch} = (0{,}85 \ldots 1)\, \tau_{tF}$

Das Dauerfestigkeitsschaubild (**2.22**) für unlegierte und legierte Stähle mit Zugfestigkeiten R_m zwischen 300 und 1200 N/mm² kann näherungsweise aus der Wechselfestigkeit der jeweiligen Beanspruchungsart (σ_W, σ_{bW}, τ_{tW}) und dem Neigungswinkel der oberen Grenzlinie $\alpha = 31{,}5° \ldots 42°$, im Mittel 37,5°, entwickelt werden. Die Wechselfestigkeitswerte können nach Bild **2.23** errechnet werden. Die Dauerfestigkeitsversuche zeigen starke, bisher nicht eindeutig erklärbare Streuungen. Einige Schaubilder s. **1.5**; **1.8**; **1.9**.

Zeitfestigkeit. Die Festigkeitsberechnung für Bauteile, die nur einer begrenzten Anzahl von Lastspielen ausgesetzt sind, also nur eine bestimmte Lebensdauer zu erreichen brauchen, wird mit der Zugfestigkeit als Grenzspannung durchgeführt. Die Zeitfestigkeit ist die Spannung, die ein glatter, polierter Probestab von 10 mm Durchmesser bei schwingender Belastung unter konstanter Mittelspannung eine bestimmte Anzahl von Lastspielen ohne Bruch oder ohne schädigende Verformung aushält. Zeitfestigkeitswerte können aus *Wöhler*linien entnommen werden.

Spannungserhöhende und festigkeitsmindernde Einflüsse

Größeneinfluss; Größenfaktor *b*. Alle Festigkeitswerte vermindern sich bei größeren Bauteilabmessungen wegen der ungleichmäßigen Gefügeausbildung beim Gießen, durch Wärmebehandlung, Schmieden oder Walzen (s. Zugfestigkeit von Grauguss **1.10**). So ist auch bei Biegung und Torsion die Dauerfestigkeit von der Probengröße abhängig. Die Dauerfestigkeit ungekerbter Proben ist bei Zugbeanspruchung und gleichmäßiger Gefügeausbildung praktisch unabhängig von der Probendicke; bei Biegung und Torsion nimmt die Dauerfestigkeit dagegen mit wachsender Probengröße bis zu einem unteren Grenzwert ab. Da die Dauerfestigkeitsdiagramme für Probestäbe von 10 mm Durchmesser aufgestellt sind, muss bei größeren Querschnitten der festigkeitsmindernde Größeneinfluss durch den Größenfaktor oder -beiwert *b* berücksichtigt werden (**2.24**).

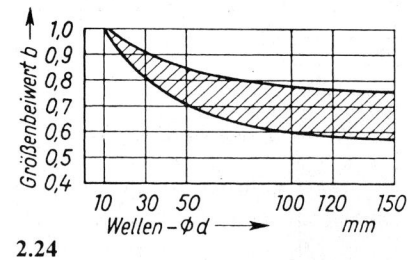

2.24 Größenbeiwert *b* in Abhängigkeit von Wellendurchmesser *d*; Streubereich schraffiert

Kerbwirkung; Formziffer α_k, (s. **2.27** u. **2.29**). Wird ein glatter Stab (**2.25**) mit dem Querschnitt *A* durch die Zugkraft *F* belastet, so ergibt sich eine gleichmäßig über den Querschnitt verteilte Zugspannung $\sigma_z = F/A$. Wird dagegen ein gekerbter Stab (**2.26**) mit dem gleichen Querschnitt *A* an der gekerbten Stelle durch dieselbe Kraft *F* belastet, so hat die Zugspannung den in Bild **2.26** dargestellten Verlauf: Im Kerbgrund entsteht die Spannungsspitze $\sigma_{max} = \alpha_k \cdot \sigma_n$. Hierin ist σ_n die Nennspannung: $\sigma_n = F/A$ bei Zug. (Für σ_n setzt man $\sigma_b = M_b/W_b$ bei Biegung und $\tau_t = T/W_t$ bei Torsion.)

2.3 Grenzspannungen

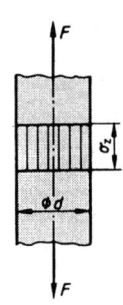

2.25 Auf Zug beanspruchter glatter Stab: gleichmäßige Spannungsverteilung

$$\sigma_z = F/A = \frac{F}{\pi \cdot d^2 / 4}$$

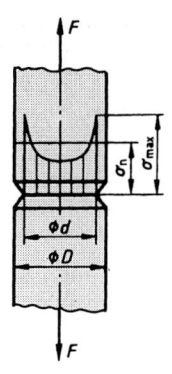

2.26 Auf Zug beanspruchter gekerbter Stab: ungleichmäßige Spannungsverteilung, Spannungsspitze

$$\sigma_{max} = \alpha_k \cdot \sigma_n = \overline{\alpha} \cdot \overline{\sigma}_m$$

	Flachstab				Rundstab					
	gekerbt		abgesetzt		gekerbt			abgesetzt		
	z	b	z	b	z	b	t	z	b	t
A	0,10	0,08	0,55	0,40	0,10	0,12	0,40	0,44	0,40	0,40
B	0,70	2,20	1,10	3,80	1,60	4,00	15,00	2,00	6,00	25,00
C	0,13	0,20	0,20	0,20	0,11	0,10	0,10	0,30	0,80	0,20
k	1,00	0,66	0,80	0,66	0,55	0,45	0,35	0,60	0,40	0,45
l	2,00	2,25	2,20	2,25	2,50	2,66	2,75	2,20	2,75	2,25
m	1,25	1,33	1,33	1,33	1,50	1,20	1,50	1,60	1,50	2,00

z Zug   b Biegung   t Torsion

$$\alpha_k = 1 + \cfrac{1}{\sqrt{\cfrac{A}{\left(\cfrac{t}{\rho}\right)^k} B \left[\cfrac{1+\cfrac{a}{\rho}}{\cfrac{a}{\rho}\sqrt{\cfrac{a}{\rho}}}\right] + C \cfrac{\cfrac{a}{\rho}}{\left(\cfrac{a}{\rho}+\cfrac{t}{\rho}\right)^m}}}$$

2.27 Formel für die Berechnung von Formziffern an Kerbstäben

Für die **Formziffer** gilt

$$\boxed{\alpha_k = \frac{\sigma_{max}}{\sigma_n} > 1} \qquad (2.29)$$

Die Formziffern α_k erfassen den **geometrischen Einfluss** der Bauform auf die **Spannungserhöhung** unabhängig vom Werkstoff. Sie werden rechnerisch oder durch Spannungs-Dehnungs-Messungen bestimmt und sind stets größer als Eins (Bild **2.29**). Die Auswirkung der Bauform (Formziffer) auf die Haltbarkeit eines Bauteils ist abhängig von der Beanspruchungsart. Man unterscheidet Formziffern bei Zug-, Druck-, Biege- und Torsionsbeanspruchung. Für gleiche Kerbgeometrie ist allgemein α_k (Zug) > α_{kb} (Biegung) > α_{kt} (Torsion).

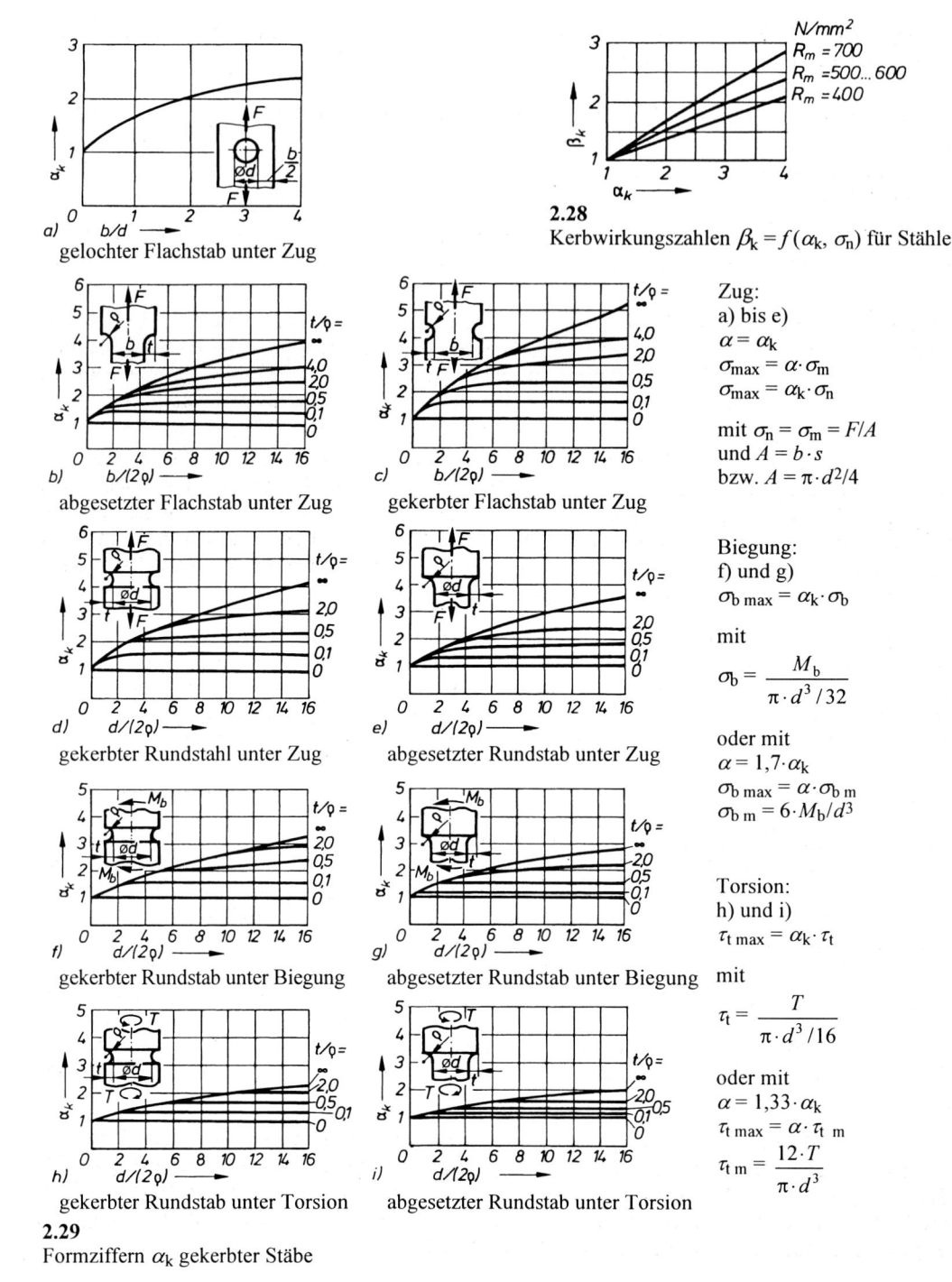

2.28
Kerbwirkungszahlen $\beta_k = f(\alpha_k, \sigma_n)$ für Stähle

Zug:
a) bis e)
$\alpha = \alpha_k$
$\sigma_{max} = \alpha \cdot \sigma_m$
$\sigma_{max} = \alpha_k \cdot \sigma_n$

mit $\sigma_n = \sigma_m = F/A$
und $A = b \cdot s$
bzw. $A = \pi \cdot d^2/4$

a) gelochter Flachstab unter Zug
b) abgesetzter Flachstab unter Zug
c) gekerbter Flachstab unter Zug

Biegung:
f) und g)
$\sigma_{b\,max} = \alpha_k \cdot \sigma_b$

mit
$$\sigma_b = \frac{M_b}{\pi \cdot d^3/32}$$

oder mit
$\alpha = 1{,}7 \cdot \alpha_k$
$\sigma_{b\,max} = \alpha \cdot \sigma_{b\,m}$
$\sigma_{b\,m} = 6 \cdot M_b/d^3$

d) gekerbter Rundstahl unter Zug
e) abgesetzter Rundstab unter Zug
f) gekerbter Rundstab unter Biegung
g) abgesetzter Rundstab unter Biegung

Torsion:
h) und i)
$\tau_{t\,max} = \alpha_k \cdot \tau_t$

mit
$$\tau_t = \frac{T}{\pi \cdot d^3/16}$$

oder mit
$\alpha = 1{,}33 \cdot \alpha_k$
$\tau_{t\,max} = \alpha \cdot \tau_{t\,m}$
$$\tau_{t\,m} = \frac{12 \cdot T}{\pi \cdot d^3}$$

h) gekerbter Rundstab unter Torsion
i) abgesetzter Rundstab unter Torsion

2.29
Formziffern α_k gekerbter Stäbe

2.3 Grenzspannungen

(In der Literatur wird häufig für Formziffer α_k der Ausdruck Formzahl α_k benutzt, der zu Verwechselungen mit der Formzahl $\bar{\alpha}$ führen kann.)

Formziffer α_k bei ruhender Beanspruchung. Im Allgemeinen kann bei ruhender Beanspruchung und zähen Werkstoffen die Formziffer vernachlässigt werden, weil mit steigender Belastung das Fließen an der Stelle der Spannungsspitze durch die geringer beanspruchten Fasern aufgefangen wird.

Bei spröden Werkstoffen dagegen ist die Formziffer α_k zu berücksichtigen; die nach den Gleichungen in Bild **2.20** ermittelte Spannung ist mit α_k zu multiplizieren.

Formziffer α_k bei veränderlicher Beanspruchung. Bei veränderlicher, oftmals wiederholter Belastung wirkt sich die Formziffer α_k stark festigkeitsmindernd aus. Die Bauteile brechen häufig bereits bei einer Beanspruchung, die weit unter der Bruchfestigkeit des Werkstoffes liegt. Die Formziffer wirkt sich aber wider Erwarten meist nicht in voller Höhe aus.

Formzahl $\bar{\alpha}$. Bei ruhender Beanspruchung ungekerbter und gekerbter Bauteile kann rechnerisch berücksichtigt werden, dass die stärkste Verformung an der höchst beanspruchten Stelle des Querschnitts liegt und die übrigen Stellen nicht voll ausgelastet sind. Ungleichförmige Spannungsverteilung tritt nicht nur bei Kerbwirkung (**2.26**), sondern, wie man z. B. aus Bild **2.30** mit der bekannten linearen Spannungsverteilung über den Querschnitt ersehen kann, auch bei Biegung und Verdrehung kerbfreier Querschnitte auf.

Die Ungleichförmigkeit des Anstrengungsverlaufs gegenüber dem Anstrengungsmittelwert $\bar{\sigma}_{bm}$ wird durch die Formzahl $\bar{\alpha}$ gekennzeichnet. Die größte Spannung ist damit $\sigma_{max} = \bar{\alpha} \cdot \sigma_{bm}$. Die Formzahl $\bar{\alpha}$, die sich auf die mittlere Spannung und nicht auf die Randnennspannung bezieht, ist von der Formziffer α_k streng zu unterscheiden; nur bei Zugbeanspruchung ist $\alpha_k = \bar{\alpha}$.

In die Gleichung $\sigma_{max} = \bar{\alpha} \cdot \bar{\sigma}_{bm}$ ist für die mittlere Spannung folgendes einzusetzen: Für den Rundstab bei Zugbeanspruchung $\bar{\sigma}_m = 4 \cdot F/(\pi \cdot d^2)$, bei Biegung $\bar{\sigma}_{bm} = 6 \cdot M_b/d^3$ und bei Torsion $\bar{\tau}_{tm} = 12 \cdot T/(\pi \cdot d^3)$. Für den Balken bei Zugbeanspruchung $\bar{\sigma}_m = F/(b \cdot h)$ und bei Biegung $\bar{\sigma}_{bm} = 4 \cdot M_b/(b \cdot h^2)$. Für Verdrehrohre mit dem Innenradius r_i und dem Außenradius r_a gilt folgende Gleichung: $\bar{\tau}_{tm} = (2 \cdot T)/[3 \cdot \pi \cdot (r_a^3 - r_i^3)]$.

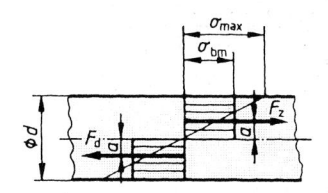

2.30
Lineare Spannungsverteilung bei Biegung eines ungekerbten Rundstabes
$\sigma_{max} = M_b/W_b = \bar{\alpha} \cdot \bar{\sigma}_{bm}$

Die Beziehung zwischen Formzahl $\bar{\alpha}$ und Formziffer α_k ergibt sich aus $\bar{\alpha} \cdot \bar{\sigma}_m = \alpha_k \cdot \sigma_n$ für den Rundstab bei Zugbeanspruchung zu $\bar{\alpha} = \alpha_k$, bei Biegung zu $\bar{\alpha} = 1{,}7 \cdot \alpha_k$ und bei Torsion zu $\bar{\alpha} = 1{,}33 \cdot \alpha_k$; für Rohre gilt bei Torsion $\bar{\alpha} = (1{,}33 \dots 1{,}1) \cdot \alpha_k$. Für den Balken ist bei Zugbeanspruchung $\bar{\alpha} = \alpha_k$ und bei Biegung $\bar{\alpha} = 1{,}5 \cdot \alpha_k$. (Formziffer α_k s. Bild **2.29** u. **2.27**. Entwicklung von $\bar{\sigma}_{bm}$ s. Abschn. Spannungsgefälle.)

Zur Berücksichtigung solcher ungleichförmiger Spannungsverteilungen kann man der Rechnung die sog. Formdehngrenze $K_{0{,}2}^*$ zugrunde legen. Hierunter versteht man die gedachte Spannung, die bei rein elastischem Verhalten des Werkstoffes an der höchstbeanspruchten Stelle des Querschnitts auftreten würde, an der in Wirklichkeit eine bleibende Dehnung von 0,2% unter Berücksichtigung der Kerbwirkung auftritt.

Die Formdehngrenze $K^*_{0,2}$ wird aus dem Produkt des Dehngrenzenverhältnisses $\delta_{0,2}$ und der Streckgrenze R_e bzw. $R_{p\,0,2}$ gebildet.

$$K^*_{0,2} = \delta_{0,2} \cdot R_p \tag{2.30}$$

Die Festigkeitsbedingung für ungleichförmig beanspruchte Bauteile aus verformungsfähigen Werkstoffen lautet mit der Sicherheit S

$$\sigma_{max} = \overline{\alpha} \cdot \sigma_m \leq (\delta_{0,2} \cdot R_e)/S \tag{2.31}$$

Für gekerbte runde Stäbe kann bei Biegebeanspruchung das Dehngrenzenverhältnis näherungsweise nach der Zahlenwertgleichung mit R_e in N/mm² angesetzt werden:

a) für Stähle mit ausgeprägter Fließgrenze

$$\delta_{0,2} \approx 1 + 0{,}95\,(\overline{\alpha} - 1)\,\sqrt[4]{200/R_e} \tag{2.32}$$

b) für Werkstoffe mit 0,2 Dehngrenze

$$\delta_{0,2} \approx 1 + 0{,}75\,(\overline{\alpha} - 1)\,\sqrt[4]{300/R_e} \tag{2.33}$$

Für runde Vollstähle beträgt bei Torsion $\delta_{0,2} \approx 1{,}1 \ldots 1{,}33$; für glatte Rohre $\delta_{0,2} \approx 1{,}1 \ldots 1{,}3$ (die höheren Werte gelten für größere Wanddicken).

Bei **zusammengesetzter Beanspruchung** muss das Dehngrenzenverhältnis $\delta_{0,2}$ als Mittelwert aus den für die einzelnen Beanspruchungsarten geltenden Dehngrenzenverhältnissen gebildet werden. So gilt für stabförmige Bauteile, die gleichzeitig unter Zug-, Scher-, Biege- und Verdrehbeanspruchung stehen, die Beziehung

$$\delta_{0,2} = \sqrt{(k_z + k_b \cdot \delta_b)^2 + 3(k_s + k_t \cdot \delta_t)^2} \tag{2.34}$$

Es bedeuten δ_b und δ_t die Dehngrenzenverhältnisse für Biegung und Verdrehung; $k_z = \sigma_z/\sigma_v$ den Anteil der mittleren Zugspannung σ_z zur Gesamtanstrengung σ_v; den Verhältniswert für die größte Biegespannung $k_b = \sigma_b/\sigma_v$, $k_s = \tau_s/\sigma_v$ den für die mittlere Scherspannung und $k_t = \tau_t/\sigma_v$ den Verhältniswert für die größte Torsionsspannung zum Anstrengungshöchstwert σ_v.

Beispiel 1

Ein gekerbter Rundstab (Bild **2.29f**) mit dem Außendurchmesser 30 mm wird durch ein Biegemoment $M_b = 550$ Nm ruhend belastet. Die Kerbtiefe t und der Rundungsradius ρ betragen 2 mm, der geschwächte Durchmesser $d = 26$ mm. Werkstoff: C-Stahl mit $R_e = 300$ N/mm². Gesucht: Sicherheit S.

1. Anstrengungs-Höchstwert ist für Biegung $\sigma_{max} = \overline{\alpha} \cdot \sigma_m = (\overline{\alpha} \cdot 6 \cdot M_b)/d^3 = (3{,}57 \cdot 6 \cdot 550000$ Nmm$)/26^3$ mm³ $= 670$ N/mm² mit der Formzahl $\overline{\alpha} = 1{,}7 \cdot \alpha_k = 1{,}7 \cdot 2{,}1 = 3{,}57$. Den Wert $\alpha_k = 2{,}1$ s. Bild **2.52f** für $t/\rho = 1$ und $d/(2\rho) = 26/4 = 6{,}5$.

2. Werkstoffkennwert $K^*_{0,2} = \delta_{0,2} \cdot R_e = 3{,}2 \cdot 300$ N/mm² $= 960$ N/mm² mit $\delta_{0,2} \approx 1 + 0{,}95 \cdot (\overline{\alpha} - 1) \cdot \sqrt[4]{200/R_e} = 1 + 0{,}95 \cdot (3{,}57 - 1) \cdot \sqrt[4]{200/300} = 3{,}2$ nach Gl. (2.32).

2.3 Grenzspannungen

Beispiel 1, Fortsetzung

3. Sicherheit $S = K^*_{0,2}/\sigma_{max} = 960/670 = 1,43$.
4. Die Rechnung mit $\sigma_{max} = (\alpha_k \cdot 32 \cdot M_b)/(\pi \cdot d^3) = (2,1 \cdot 32 \cdot 550000 \text{ N/mm}^2)/(\pi \cdot 26^3 \text{ mm}^3)$
   $= 669 \text{ N/mm}^2$ und $S = R_e/\sigma_{b\,max} = 300/669 = 0,48$ als Vergleich ergibt eine Überbelastung des Stabes. ∎

Kerbwirkungszahl β_k. Die Auswirkung einer Kerbe wird durch die Kerbwirkungszahl β_k erfasst. Diese ist stets kleiner oder gleich α_k. Sie gibt nach DIN 50 100 das Verhältnis des ertragbaren Spannungsausschlages σ_A des glatten kerbfreien Probestabes zum ertragbaren Spannungsausschlag des gekerbten Stabes oder Bauteiles an. Es gilt

$$\beta_k = \frac{\sigma_A}{\sigma_{A\,gekerbt}} \qquad \sigma_{A\,gekerbt} = \frac{\sigma_A}{\beta_k} \qquad (2.35)$$

Am sichersten erhält man β_k durch entsprechende Dauerversuche (DIN 50 100) für bestimmte Kerbformen, Werkstoffe und Belastungen, wie Zug-Druck, Biegung, Torsion.

Der rechnerische Zusammenhang zwischen α_k und β_k wurde mehrfach untersucht. Die verschiedenen Methoden zeigen bisweilen erhebliche Abweichungen voneinander. Im Zweifelsfall sollte die Formziffer α_k verwendet werden.

β_k-Werte für die einzelnen Maschinenteile enthalten die jeweiligen Abschnitte dieses Buches.

Oberflächenfaktor κ. Der ertragbare Spannungsausschlag ist auch von der Oberflächengüte abhängig. Er sinkt mit steigender Rauheit, da jede Oberflächenriefe als Kerbe wirkt. Dies wird durch den Oberflächenfaktor κ berücksichtigt. Der Wert kann Bild **2.31** entnommen werden.

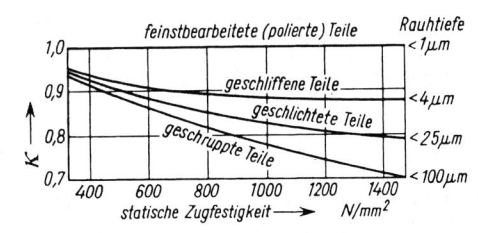

2.31 Oberflächenfaktor κ nach *E. Lehr*

Grenzspannungen bei dynamisch beanspruchten gekerbten Bauteilen

Unter Berücksichtigung der beschriebenen festigkeitsmindernden Einflüsse ergibt sich für einen gekerbten Stab der **ertragbare Grenzspannungsausschlag**

$$\sigma_{AG} = \frac{b \cdot \kappa \cdot \sigma_A}{\beta_k} \qquad (2.36)$$

Die **Sicherheit** eines rein wechselnd beanspruchten Bauteils mit dem vorhandenen Nennspannungsausschlag σ_a ist dann

$$S_D = \frac{b \cdot \kappa \cdot \sigma_W}{\beta_k \cdot \sigma_a} \qquad (2.37)$$

Als **erforderliche Sicherheit** für gekerbte Bauteile gegen Dauerbruch kann daher auch folgender Ausdruck gesetzt werden:

$$S_{\text{k D erf}} = \frac{S_{\text{D glatt}} \cdot \beta_k}{b \cdot \kappa} > \frac{\sigma_A}{\sigma_a} \quad (2.38a)$$

Hierbei wird mit dem ertragbaren Grenzspannungsausschlag σ_A für ungekerbte Bauteile und dem vorhandenen Nennspannungsausschlag σ_a gerechnet. Die Kerbwirkung wird dann durch die erhöhte Sicherheitszahl S_{kD} erfasst. Häufig berücksichtigen die β_k-Werte für einzelne Bauformen bereits den Größen- und Oberflächeneinfluss. Dann vereinfacht sich Gl. (2.38a):

$$S_{\text{k D erf}} = S_{\text{D glatt}} \cdot \beta_k \quad (2.38b)$$

Anhaltswerte für die Sicherheit S sind Bild **2.32** zu entnehmen. (s. auch Beispiel 3). Für kerbfreie Bauteile gilt $\beta_k = 1$.

Gl. (2.37) kann, abweichend von der Definition für β_k, auch folgendermaßen gedeutet werden

$$S_D = \frac{\text{ertragbarer Spannungsausschlag eines glatten Probestabes}}{\text{vorhandener Nennspannungsausschlag} \cdot (\beta_k / b \cdot \kappa)}$$

Liegt keine reine Wechselbeanspruchung vor ($\sigma_m = 0$), sondern eine Grundbeanspruchung mit überlagertem Beanspruchungsausschlag $\pm \sigma_a$, so ist aus dem Dauerfestigkeitsdiagramm der ertragbare Spannungsausschlag σ_A bei der bekannten Mittelspannung σ_m zu entnehmen. Die **Sicherheit** ist dann mit den Bezeichnungen von Bild **2.32** und dem Oberflächenfaktor $\kappa = 1$ (polierte Oberfläche)

$$S_D = \frac{b \cdot \sigma_A}{\beta_k \cdot \sigma_a} = \frac{b \cdot \sigma_W}{\beta_k \cdot \sigma_a} \quad (2.39a)$$

Hierbei ist vorausgesetzt, dass bei Überlastung die Mittelspannung σ_m konstant bleibt, also nur die Spannungsausschläge bis zum ertragbaren Grenzspannungsausschlag zunehmen. Nimmt man an, dass bei Überbeanspruchungen im Betrieb sämtliche Spannungen linear ansteigen, dann bleibt bei allen Belastungen das Verhältnis von Mittelspannung zu Oberspannung, der so genannte Ruhegrad $r = \sigma_m / \sigma_o$ konstant.

In diesem Fall findet man die Grenzspannung folgendermaßen (2.33): Man errechnet für die Mittelspannung $\sigma_m = 0$ und für eine andere Mittelspannung σ_m die zugehörigen Werte $b \cdot \sigma_A / \beta_k$ (σ_A entnimmt man dem Dauerfestigkeitsdiagramm). Die errechneten Werte trägt man nach oben und unten von der 45°-Geraden (sog. σ_m-Gerade; im Bild **2.33** mit 3 bezeichnet) ab. Die Verbindungsgerade der gefundenen Punkte bildet die obere Grenzkurve 2 unter Berücksichtigung der festigkeitsmindernden Einflüsse.

Jetzt trägt man die vorhandenen Nennspannungen σ_u und σ_o bei der gegebenen Mittelspannung σ_m ein. Der Proportionalitätsstrahl OA in Bild **2.33** schneidet die obere Grenzkurve für Kerbwirkung bei der Grenzspannung σ_{OG}. Die **Sicherheit** ist dann

$$S_D = \frac{\sigma_{OG}}{\sigma_o} \quad (2.39b)$$

2.3 Grenzspannungen

Belastungsfall	Sicherheitszahlen und Grenzspannungen		Kenn- und Richtwerte
ruhende Belastung	Sicherheit gegen Gewaltbruch Grenzspannungen	$S_B = 2 \ldots 3$ $R_m, \sigma_{dB}, \sigma_{bB}$ τ_{aB}, τ_{tB}	Grenzspannung s. Abschnitt 1 u. (angenähert) Bild **2.23**
	Sicherheit gegen Fließen Grenzspannungen	$S_F = 1{,}2 \ldots 1{,}5 \ldots 2$ $R_e, \sigma_{dF}, \sigma_{bF}, \tau_F$ oder Ersatzstreckgrenzen	β_K-Werte in Abschnitten der betreffenden Maschinenteile oder aus Bild **2.28**
	Sicherheit gegen Knicken [2]) Grenzspannungen	$S_K \geq 5 \ldots 10$ bei Kleinmaschinen $10 \ldots 20$ bei größeren Maschinen σ_K (nach Bild **2.12**)	Sofern β_K nicht bekannt ist, rechne man mit α_K. α_K Bilder **2.29 a** bis **i** δ_w Bild **2.35** b Bild **2.24** κ Bild **2.31**
veränderliche Belastung Um den Leichtbau zu fördern, wird die Sicherheit von der prozentualen Häufigkeit der auftretenden Höchstlast abhängig gemacht.	Sicherheit gegen Dauerbruch Bauteil kerbfrei oder Kerbwirkung bei den vorhandenen Spannungen berücksichtigt	$S_D = 1{,}5 \ldots 2{,}5$	Rechnung bei dynamischer Beanspruchung s. Abschn. 2.3; Grenzspannungen und Dauerfestigkeitsdiagramme s. Abschnitt 1. Nachrechnung nach Abschnitt 2.3
	Bauteil mit Kerbwirkung; Rechnung mit Nennspannungen nach Bild **2.20**, Kerbwirkung in Sicherheitszahl berücksichtigt (s. Abschn. 2.3)	$S_{kD} = \dfrac{(1{,}5 \ldots 2{,}5)}{b \cdot \kappa} \beta_k$ mit Kerbwirkungszahl β_K, Größenfaktor b, Oberflächenfaktor κ	
	reine Schwellbeanspruchung	Grenzspannungen $\sigma_{Sch}, \sigma_{dSch}, \sigma_{bSch}, \tau_{tSch}$	
	reine Wechselbeanspruchung	Grenzspannungen $\sigma_W, \sigma_{bW}, \tau_{tW}$	
	Bauteile mit einer ruhenden Vorspannung und einer sich dieser überlagernden Wechselspannung		

	dynamische Belastung	ruhende Belastung	Kenn- und Richtwerte
Normalspannungen [3])	$\sigma_{zul} = \dfrac{\sigma_G}{S_{kD}}$	$\sigma_{tzul} = \dfrac{\sigma_G}{S \cdot \alpha_k}$	Bei zähem Werkstoff und ruhender Belastung ist $\alpha_k = 1$ zu setzen
Tangentialspannungen [3])	$\tau_{tzul} = \dfrac{\tau_{tG}}{S_{kD}}$	$\tau_{tzul} = \dfrac{\tau_G}{S \cdot \alpha_k}$	Grenzspannung σ_G und τ_{tG} s. oben und Bild **2.20** Sicherheitszahlen S_k, S s. oben

[1]) Die Richtwerte sollten möglichst nicht unterschritten werden; bei unsicheren Rechenansätzen und sicherheitsrelevanten Bauteilen sind sie entsprechend zu erhöhen. Gesetzliche oder andere verbindliche Vorschriften sind zu beachten. Die angegebenen Grenzspannungen (Werkstoffkennwerte) gelten nur unterhalb der Kristallerholungstemperatur.

[2]) Wenn beim Knicken die Durchbiegung rechnerisch erfasst wird, genügt die Sicherheitszahl $S_K = 1{,}5$.

[3]) In S_{kD} und damit in σ_{zul} und $\tau_{t\,zul}$ sind bereits die Kerbwirkungen sowie der Oberflächen- und Größeneinfluss enthalten. Der vorhandene Spannungsausschlag wird daher als Nennspannung nach Bild **2.20** berechnet und mit σ_{zul} bzw. $\tau_{t\,zul}$ verglichen.

2.32
Richtwerte für die Sicherheitszahl S und für die zulässigen Spannungen

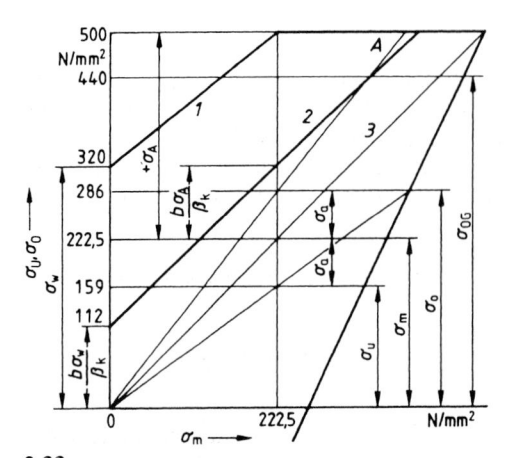

2.33
Ermitteln der Sicherheit mit Hilfe des Dauerfestigkeitsdiagramms. Obere Grenzspannungen ohne Kerbwirkung Gerade 1, mit Kerbwirkung Gerade 2, Mittelspannungen Gerade 3

Nach einer anderen Rechnungsart erhält man die obere Grenzkurve unter Berücksichtigung der Kerbwirkung, des Oberflächen- und des Größeneinflusses, indem man die zu verschiedenen Mittelspannungen gehörenden **Oberspannungen** aus der Beziehung

$$\sigma_{O\,kerb} = b \cdot \kappa \cdot \frac{\sigma_m + \sigma_A}{\beta_k} \qquad (2.40)$$

errechnet und die so erhaltenen Punkte verbindet. Hierbei werden also die Kerbwirkungszahl, der Größenfaktor und die Oberflächenziffer auf die Oberspannung, also auf die Summe von Mittelspannung und Spannungsausschlag, bezogen. Nach DIN 50100 bezieht sich die Kerbwirkung aber auf den Spannungsausschlag. Der Ansatz nach Gl. (2.40) enthält daher eine zusätzliche Sicherheit, weil die Kerbwirkung auch für die ruhende Mittelspannung in Ansatz gebracht wird. Für den Sonderfall $\sigma_m = 0$ (reine Wechselbeanspruchung) sind die Gl. (2.36) und (2.40) identisch.

Beispiel 2

Der polierte, gekerbte Rundstab aus E360 (St 70-2) nach Bild **2.29f** wird durch ein zwischen $M_{bu} = 100$ kN cm und $M_{bo} = 180$ kN cm schwankendes Biegemoment belastet. Die Sicherheit soll ermittelt werden. Außendurchmesser $D = 44$ mm, $d = 40$ mm, $\rho = 1$ mm, $t = 2$ mm. Es werden zunächst folgende Werte berechnet:

Unterspannung:
$$\sigma_u = \frac{M_{bu}}{W_b} = \frac{100\,000 \text{ N cm}}{\pi \cdot (4 \text{ cm})^3 / 32} = 15\,900 \text{ N/cm}^2 = 159 \text{ N/mm}^2$$

Oberspannung:
$$\sigma_o = \frac{M_{bo}}{W_b} = \frac{180\,000 \text{ N cm}}{6{,}28 \text{ cm}^3} = 28\,600 \text{ N/cm}^2 = 286 \text{ N/mm}^2$$

Mittelspannung:
$$\sigma_m = \frac{\sigma_o + \sigma_u}{2} = 222{,}5 \text{ N/mm}^2$$

Spannungsausschlag:
$$\sigma_a = \frac{\sigma_o - \sigma_u}{2} = 63{,}5 \text{ N/mm}^2$$

Diese Werte werden dann in das Dauerfestigkeitsdiagramm (**2.33**) eingetragen. Der Formfaktor $\alpha_k \approx 3$ und die Kerbwirkungszahl $\beta_k \approx 2{,}3$ werden Bild **2.29** entnommen, der Oberflächenfaktor sei $\kappa = 1$.

Zur Ermittlung der Grenzspannung σ_{OG} bildet man für $\sigma_m = 0$ das Verhältnis $b \cdot \sigma_A / \beta_k = b \cdot \sigma_{bW} / \beta_k = (0{,}8 \cdot 320 \text{ N/mm}^2)/2{,}3 = 112 \text{ N/mm}^2$; b entnimmt man Bild **2.29**, σ_{bW} dem

2.3 Grenzspannungen

Beispiel 2, Fortsetzung

Dauerfestigkeitsdiagramm. Für $\sigma_m = 222{,}5$ N/mm² findet man mit dem zugehörigen Wert für σ_A den Grenzspannungsausschlag $[0{,}8 \cdot (500 - 222{,}5)$ N/mm²$] / 2{,}3 = 96$ N/mm². Damit erhält man nach Bild **2.33** die obere Grenzkurve 2 für σ_{OG}. Der Proportionalitätsstrahl OA schneidet diese bei $\sigma_{OG} = 440$ N/mm². Damit wird die Sicherheit, bezogen auf den ertragbaren Spannungsausschlag bei konstanter Mittelspannung

$$S_D = 96/63{,}5 = 1{,}51$$

Bezogen auf die ertragbare Oberspannung bei konstanter Mittelspannung gilt

$$S_D = (222{,}5 + 96)/286 = 1{,}11$$

und bezogen auf die ertragbare Oberspannung bei Ruhegrad $r = $ const gilt

$$S_D = 440/286 = 1{,}54$$

Die vorstehenden drei Ergebnisse für die Sicherheit desselben Bauteils zeigen deutlich, dass der Konstrukteur sich Klarheit darüber verschaffen muss, in welcher Weise sich die Belastung eines Bauteils bei Überlastung ändert. Sinngemäß rechnet man bei Zug-Druck- sowie Torsionsbeanspruchung. ■

Spannungsgefälle. Die Tatsache, dass sich die Spannungsspitze bei schwingender Belastung festigkeitsmindernd, wider Erwarten aber nicht in ihrem vollen Ausmaß mindernd auswirkt, lässt sich auf die Stützwirkung der weniger beanspruchten Querschnittstellen und auf das sog. bezogene Spannungsgefälle zurückführen.

Dieser Begriff ist am einfachsten am glatten (polierten), kerbfreien ($\alpha_k = 1$), auf Biegung beanspruchten Rundstab zu erläutern. Für diesen ist die Randspannung $\sigma_{max} = \alpha_k \cdot \sigma_n = \alpha_k \cdot \sigma_b = \alpha_k \cdot M_b/(\pi \cdot d^3/32)$ mit der in Bild **2.30** dargestellten Spannungsverteilung. Die mittlere über den Querschnitt konstante Spannung $\overline{\sigma}_{bm}$ (2.30) kann man sich als folgendermaßen entstanden denken:

Die Belastung der gezogenen und der gedrückten Querschnittshälfte erfolgt durch die Kraft $F_z = F_d = M_b/2 \cdot a$ mit dem Schwerpunktabstand $a = 2 \cdot d/3 \cdot \pi$ der beiden Querschnittshälften von der Nullfaser des Querschnitts. Dann ist die mittlere Zug- oder Druckspannung

$$\sigma_m = \frac{F_z}{A/2} = \frac{F_d}{A/2} = M_b \cdot \frac{2}{A \cdot 2 \cdot a} = \frac{M_b}{A \cdot a} \tag{2.41}$$

Die Formzahl, bezogen auf $\overline{\sigma}_{bm}$, ist

$$\overline{\alpha} = \alpha_k \cdot \overline{\sigma}_b / \overline{\sigma}_{bm} = \frac{\alpha_k \cdot 32 \cdot M_b \cdot \pi \cdot d^2 \cdot 2d}{\pi \cdot d^3 \cdot 4 \cdot 3\pi \cdot M_b} = 1{,}7 \cdot \alpha_k$$

Die Spannungsspitze hat den Wert $\sigma_{max} = \overline{\alpha}_k \cdot \overline{\sigma}_{bm} = \alpha_k \cdot \sigma_n$. Der Spannungsabfall an der Spannungsspitze ist durch den Differentialquotienten $d\sigma/dx$ an der Stelle σ_{max} (x-Achse $\perp$ Spannung angenommen) in Bild **2.30** gegeben. Bezieht man diesen Wert auf die Spannungsspitze σ_{max}, so erhält man das **bezogene Spannungsgefälle**

$$\boxed{\chi = \frac{1}{\sigma_{max}} \left(\frac{d\sigma}{dx}\right)_{\sigma_{max}}}$$

Für den vorliegenden Fall gradlinigen Spannungsgefälles kann man statt des Differentialquotienten den Differenzenquotienten setzen. Damit ergibt sich als Spannungsgefälle für den glatten, auf Biegung beanspruchten Rundstab die Gleichung

$$\chi = \frac{\sigma_{max}}{\sigma_{max} \cdot d/2} = \frac{2}{d}$$

Weitere χ-Werte für verschiedene andere Bauformen enthält Bild **2.34**. Die fiktive Wechselfestigkeit eines Werkstoffes σ_W^* an der Stelle der Spannungsspitze ist abhängig von dem bezogenen Spannungsgefälle und wird als Vielfaches δ_W (Wechselfestigkeitsverhältnis) der Wechselfestigkeit σ_W des glatten, auf Zug-Druck beanspruchten Stabes angegeben. Bei dieser Betrachtungsweise entfällt der Größenfaktor b, weil das Spannungsgefälle den Größeneinfluss erfasst. Damit wird die fiktive Gestaltfestigkeit

$$\kappa \cdot \sigma_W^* = \kappa \cdot \delta_W \cdot \sigma_W \qquad (2.42)$$

Bauform	Beanspruchung		
	Zug - Druck	Biegung	Verdrehung
a)	$\chi \approx \dfrac{2}{\rho}$	$\chi \approx \dfrac{2}{h} + \dfrac{2}{\rho}$	
b)	$\chi \approx \dfrac{2}{\rho}$	$\chi \approx \dfrac{2}{d} + \dfrac{2}{\rho}$	$\chi \approx \dfrac{2}{d} + \dfrac{1}{\rho}$
c)	$\chi \approx \dfrac{2}{\rho}$	$\chi \approx \dfrac{4}{D+d} + \dfrac{2}{\rho}$	$\chi \approx \dfrac{4}{D+d} + \dfrac{1}{\rho}$

2.34 Bezogenes Spannungsgefälle χ für verschiedene Bauformen

Die Sicherheit an der höchst beanspruchten Faser ist dann

$$S_D = \frac{\kappa \cdot \delta_W \cdot \sigma_W}{\overline{\alpha} \cdot \overline{\sigma}_{bm}} = \frac{\kappa \cdot \delta_W \cdot \sigma_W}{\alpha_k \cdot \sigma_n} = \frac{\kappa \cdot \sigma_W^*}{\alpha_k \cdot \sigma_n} \qquad (2.43)$$

Bei Torsionsbeanspruchung kann man nach der Gestaltänderungsenergiehypothese setzen:

$$\tau_W^* = \sigma_W^*/1{,}73 \qquad (2.44)$$

Werte für das Wechselfestigkeitsverhältnis δ_W sind Bild **2.35** zu entnehmen.

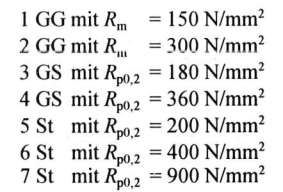

1 GG mit R_m = 150 N/mm²
2 GG mit R_m = 300 N/mm²
3 GS mit $R_{p0,2}$ = 180 N/mm²
4 GS mit $R_{p0,2}$ = 360 N/mm²
5 St mit $R_{p0,2}$ = 200 N/mm²
6 St mit $R_{p0,2}$ = 400 N/mm²
7 St mit $R_{p0,2}$ = 900 N/mm²

2.35 Wechselfestigkeitsverhältnis δ_W von GG, GS und St

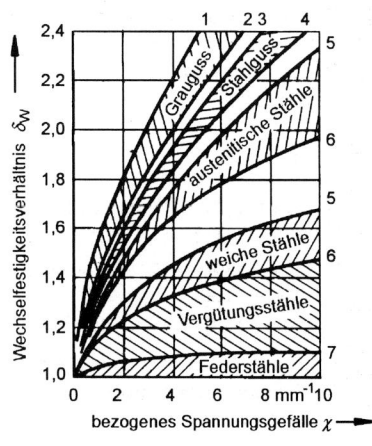

2.3 Grenzspannungen

Beispiel 3

Eine Welle ist von $D = 80$ mm auf $d = 40$ mm abgesetzt. Der Übergang ist mit $\rho = 5$ mm ausgerundet und poliert ($\kappa = 1$) (vgl. Bild c in Bild **2.34**). Die Beanspruchung ist eine wechselnde Biegung. Die vorhandene Biegenennspannung in der Hohlkehle ist nach Gl. (2.11) $\sigma_b = \pm 40$ N/mm². Gesucht wird die Sicherheit, wenn E295 (St 50-2) verwendet wird.

Die Höhe des Absatzes ist $t = (D-d)/2 = (80\text{ mm} - 40\text{ mm})/2 = 20$ mm. Mit den Werten $t/\rho = 20/5 = 4$ und $d/(2\rho) = 40/(2\cdot 5) = 4$ findet man in Bild **2.29g** $\alpha_k = 1{,}8$ bezogen auf die Randspannung $\sigma_b = M_b/W_b$.

Nach Bild **2.34** gilt für das bezogene Spannungsgefälle $\chi = 4/(D+d) + 2/\rho = 4/(80\text{ mm} + 40\text{ mm}) + 2/(5\text{ mm}) = 0{,}43$ mm⁻¹. Für weiche Stähle entnimmt man hierfür Bild **2.35** das Wechselfestigkeitsverhältnis $\delta_W = 1{,}1$. Bei der Zug-Druck-Wechselfestigkeit $\sigma_W^* = 180$ N/mm² (**1.5b**) wird dann die fiktive Wechselfestigkeit an der Stelle der Spannungsspitze $\sigma_{bG} = \delta_W \cdot \sigma_W^* = 1{,}1 \cdot 180$ N/mm² $= 198$ N/mm². Folglich wird die ertragbare Grenzspannung an der Stelle der Spannungsspitze
$\sigma_{bG} = \kappa \cdot \sigma_W^*/\alpha_k = 1 \cdot (198\text{ N/mm}^2)/1{,}8 = 110\text{ N/mm}^2$.

Die Sicherheit gegen Dauerbruch ist somit nach Gl. (2.43)

$$S_D = \frac{\kappa \cdot \sigma_W^*}{\alpha_k \cdot \sigma_n} = \frac{\sigma_{bG}}{\sigma_{vorh}} = \frac{110\text{ N/mm}^2}{40\text{ N/mm}^2} = 2{,}8 \qquad\blacksquare$$

Anwendung des Dauerfestigkeitsdiagramms bei zusammengesetzter Beanspruchung

Treten in einem Querschnitt gleichzeitig Normalspannungen und Schubspannungen auf, so zerlegt man jede einzelne Spannung in einen ruhenden Anteil (Mittelspannung σ_m bzw. τ_m) und einen diesem Wert überlagerten Anteil (Spannungsausschlag σ_a bzw. τ_a). Sowohl aus den Mittelspannungen als auch aus den Spannungsausschlägen ermittelt man die Hauptspannungen nach Gl. (2.3), getrennt nach Mittelspannungen und Spannungsausschlägen. Aus den Hauptspannungen bestimmt man dann die ruhende und die schwingende Anstrengung oder Vergleichsspannung σ_{vm} und σ_{va} nach Gl. (2.22). Diese trägt man in das Dauerfestigkeitsdiagramm für die Normalbeanspruchung ein, weil die Schubspannung auf eine Normalspannung zurückgeführt worden ist. Die eingetragenen Spannungen beurteilt man nach dem im Abschn. „Grenzspannungen bei dynamisch beanspruchten gekerbten Bauteilen" angegebenen Verfahren.

Beispiel 4

Eine glatte Welle aus E335 (St 60-2) ist ruhend auf Verdrehung und wechselnd auf Biegung beansprucht. Die Torsionsspannung an der gefährdeten Stelle beträgt $\tau_t = T/W_p = 50$ N/mm² und die Biegespannung $\sigma_b = M_b/W_b = 80$ N/mm². Die ruhende Torsionsspannung entspricht der Mittelspannung, der sich die wechselnde Biegespannung als Spannungsausschlag überlagert.

Nach der Theorie des ebenen Spannungszustandes erhält man aus den vorhandenen Normalspannungen σ_x und σ_y und der Schubspannung, die beiden Hauptspannungen aus Gl. (2.3)

Beispiel 4, Fortsetzung

$$\sigma_{1,2} = \frac{\sigma_x + \sigma_y}{2} \pm \sqrt{\left(\frac{\sigma_x - \sigma_y}{2}\right)^2 + \tau^2}$$

Die Hauptspannungen werden nun getrennt ermittelt für die ruhende Mittelspannung und den Spannungsausschlag. Mittelspannung ist im vorliegenden Fall τ_t. Infolgedessen erhält man als ruhende Hauptspannungen aus Gl. (2.3) mit $\sigma_x = 0$ und $\sigma_y = 0$

$$\sigma_{1,2} = \pm \tau_t = \pm 50 \text{ N/mm}^2$$
$$\sigma_1 = 50 \text{ N/mm}^2$$
$$\sigma_2 = -50 \text{ N/mm}^2$$

Hieraus ergibt sich nach der Gestaltänderungsenergie-Hypothese die ruhende Vergleichsspannung nach Gl. (2.22)

$$\sigma_{vm} = \sqrt{\sigma_1^2 \cdot \sigma_2^2 + \sigma_1 \cdot \sigma_2}$$
$$= \sqrt{(50 \text{ N/mm}^2)^2 \cdot (-50 \text{ N/mm}^2)^2 + (50 \text{ N/mm}^2) \cdot (-50 \text{ N/mm}^2)}$$
$$= \sqrt{750 \text{ N}^2/\text{mm}^4} = 86{,}5 \text{ N}/\text{mm}^2$$

Die Hauptspannungen für den Spannungsausschlag sind nach Gl. (2.3) mit $\sigma_y = 0$ und $\tau = 0$

$$\sigma_{1,2} = \frac{\sigma_x}{2} \pm \frac{\sigma_x}{2} = 40 \text{ N}/\text{mm}^2 \pm 40 \text{ N}/\text{mm}^2$$
$$\sigma_1 = \sigma_x = 80 \text{ N}/\text{mm}^2 \qquad \sigma_2 = 0 \text{ N}/\text{mm}^2$$

Aus diesen beiden Hauptspannungen ergibt sich nach Gl. (2.22) die schwingende Vergleichsspannung

$$\sigma_{va} = \pm \sigma_1 = \pm 80 \text{ N}/\text{mm}^2$$

Demnach entspricht der vorliegende Belastungsfall einem einachsigen Belastungsfall mit der ruhenden Vorspannung $\sigma_m = 86{,}5$ N/mm² und dem überlagerten Spannungsausschlag $\sigma_a = \pm 80$ N/mm². Diesen Fall trägt man in das Dauerfestigkeitsdiagramm für Biegung ein und beurteilt die Spannungen nach Abschn. „Grenzspannungen bei dynamisch beanspruchten gekerbten Bauteilen".

Die etwas aufwändigere Anwendung des Dauerfestigkeitsdiagramms lässt sich vermeiden, wenn man näherungsweise mit der Gestaltänderungsenergiehypothese nach Gl. (2.25) rechnet. Für das vorliegende Beispiel wird die Vergleichsspannung dann

$$\sigma_v = \sqrt{(80 \text{ N/mm}^2)^2 + 3(0{,}735 \cdot 50 \text{ N/mm}^2)^2}$$
$$= \sqrt{640 \text{ N}^2/\text{mm}^4 + 3 \cdot 37{,}2^2 \text{ N}^2/\text{mm}^4} = 100 \text{ N}/\text{mm}^2$$

2.3 Grenzspannungen

Beispiel 4, Fortsetzung

Hierin ist das Anstrengungsverhältnis (α_0 nach *Bach* für E335 (St 60-2))

$$\alpha_0 = \sigma_{bW}/(1{,}73 \cdot \tau_{tF}) = (280 \text{ N/mm}^2)^2/(1{,}73 \cdot 220 \text{ N/mm}^2) = 0{,}735$$

Die ruhende Verdrehspannung ist bei diesem Ansatz durch das Anstrengungsverhältnis α_0 auf wechselnde Beanspruchung zurückgeführt worden. In Folge dessen muss die Vergleichsspannung σ_v unterhalb der Grenzspannung $b \cdot \sigma_{bW}/\beta_k$ liegen. Dieser Ansatz ist der bisher übliche; das Anstrengungsverhältnis α_0 erfasst aber nicht die wirklichen Zusammenhänge. Ein weiteres Zahlenbeispiel für zusammengesetzte Beanspruchung mit Kerbwirkung s. Teil 2, Abschn. Wellen und Achsen. ∎

Beispiel 5

Berücksichtigung der Stützwirkung bei zusammengesetzter Beanspruchung. Ein abgesetzter, geschliffener Lagerzapfen (Bild **2.29g**) mit den Abmessungen $d = 35$ mm, $t = 10$ mm und $\rho = 2$ mm wird mit einem ruhenden Biegemoment $M_b = 1200$ Nm und mit einem pulsierenden Drehmoment $T = 1600$ Nm belastet. Werkstoff: Vergütungsstahl, $R_{p\,0{,}2} = 600$ N/mm², $R_m = 900$ N/mm², Zugwechselfestigkeit $\sigma_W = \pm 440$ N/mm².

Gesucht: Sicherheit gegen Verformen S_F und Sicherheit gegen Dauerbruch S_D.

Die ruhende Biegespannung entspricht der unteren Spannung, über der sich die pulsierende Schubspannung aufbaut.

1. Ruhende Biege-Maximalspannung $\sigma_{b\,max} = \overline{\alpha} \cdot \overline{\sigma}_{bm} = (\overline{\alpha} \cdot 6 \cdot M_b)/d^3 = (3{,}7 \cdot 6 \cdot 1200 \cdot 10^3$ N mm$)/35^3$ mm³ = 621 N/mm². Aus Bild **2.29g** ergibt sich für $d/(2\rho) = 8{,}75$ und $t/\rho = 5$ $\alpha_k \approx 2{,}2$; damit ist die Formzahl $\overline{\alpha} = 1{,}7 \cdot \alpha_k = 1{,}7 \cdot 2{,}2 = 3{,}7$.

2. Pulsierende Schub-Maximalspannung $\tau_{t\,max} = \overline{\alpha} \cdot \overline{\tau}_{tm} = (\overline{\alpha} \cdot 12 \cdot T)/(\pi \cdot d^3) = (2{,}2 \cdot 12 \cdot 1600 \cdot 10^3$ Nmm$)/(\pi \cdot 35^3$ mm³$) = 312$ N/mm²; hierin ist die Formzahl $\overline{\alpha} = 1{,}33 \cdot \alpha_k = 1{,}33 \cdot 1{,}7 = 2{,}2$ mit $\alpha_k \approx 1{,}7$ gemäß Bild **2.29i** für $d/(2\rho) = 8{,}75$ und $t/\rho = 5$.

3. Obere Grenzbeanspruchung nach der GE-Hypothese Gl. (2.22b)

$$\sigma_{vo} = \sqrt{\sigma_{b\,max}^2 + 3\tau_{t\,max}^2} = \sqrt{621^2 + 3 \cdot 312^2} \text{ N/mm}^2 = 823 \text{ N/mm}^2$$

Untere Grenzbeanspruchung $\sigma_{vu} = \sigma_{b\,max} = 621$ N/mm². Mittlere Beanspruchung $\sigma_{vm} = 0{,}5 \cdot (\sigma_{vo} + \sigma_{vu}) = 0{,}5 \cdot (823 + 621)$ N/mm² = 722 N/mm². Schwingungsausschlag $\sigma_{va} = 0{,}5 \cdot (\sigma_{vo} - \sigma_{vu}) = 0{,}5 \cdot (823 - 621)$ N/mm² = 101 N/mm².

4. Formdehngrenze $K_{0{,}2}^* = \delta_{0{,}2} \cdot R_{p\,0{,}2} = 2{,}32 \cdot 600$ N/mm² = 1392 N/mm² nach Gl. (2.30) mit $\delta_{0{,}2} = \sqrt{(k_b \cdot \delta_b)^2 + 3 \cdot (k_t \cdot \delta_t)^2} = \sqrt{(0{,}76 \cdot 2{,}7)^2 + 3 \cdot (0{,}76 \cdot 1{,}7)^2} = 2{,}32$ nach Gl. (2.34) aus $\delta_b = 1 + 0{,}75 \cdot (3{,}7 - 1) \cdot \sqrt[4]{300/600} = 2{,}7$ nach Gl. (2.32) für Biegung sowie $\delta_t = 1 + 0{,}75 \cdot (2{,}2 - 1) \cdot \sqrt[4]{300/600} = 1{,}7$ für Torsion und mit $k_b = \sigma_{b\,max}/\sigma_{vo} = 621/823 = 0{,}76$ $k_t = \tau_{t\,max}/\sigma_{vo} = 312/823 = 0{,}37$.

5. Gestaltfestigkeit $\kappa \cdot \sigma_W^* = \kappa \cdot \delta_W \cdot \sigma_W = 0{,}9 \cdot 1{,}05 \cdot 440$ N/mm² = 416 N/mm² nach Gl. (2.42) mit dem Spannungsgefälle nach Bild **2.34** $\chi = (2/d) + (1/\rho) = (2/35) + (1/2) = 0{,}56$ mm⁻¹, mit dem Wechselfestigkeitsverhältnis $\delta_W = 1{,}05$ (Bild **2.35**) und mit $\kappa = 0{,}9$ (Bild **2.31**).

Beispiel 5, Fortsetzung

6. Ergebnis: Sicherheit gegen Verformen $S_F = K^*_{0,2}/\sigma_{vo} = 1392/823 = 1{,}7$. Sicherheit gegen Dauerbruch $S_D = \sigma_A/\sigma_{va} = 340/101 = 3{,}4$.

Die Ausschlagfestigkeit $\sigma_A = 340$ N/mm² wird durch Konstruktion des Gestaltfestigkeits-Diagramms nach *Smith* gefunden. Sie ist kleiner als die Zugwechselfestigkeit σ_W, weil die Linien für die Ober- und Unterspannungen nicht parallel zur Mittelspannung verlaufen. ∎

Sicherheitszahl. Am besten lässt sich die vorhandene Spannung beurteilen, wenn man sie auf Werkstoffkennwerte (Grenzspannungen) bezieht, die im Betrieb nicht überschritten werden dürfen. Als Sicherheit bezeichnet man das Verhältnis S von Grenzspannung zur vorhandenen Spannung; sie ist von der Art der Grenzspannung abhängig. Richtwerte für die Sicherheit S können Bild **2.32** entnommen werden. Die Grenzspannungswerte (Fließgrenze, Schwellfestigkeit und Wechselfestigkeit) kann man aus den Dauerfestigkeitsdiagrammen (**2.22** und **1.5** ... **1.9** und **1.12** ... **1.15**) ablesen. Zugfestigkeit und Streckgrenze findet man in den Werkstoffnormen. Eine überschlägige Ermittlung der verschiedenen Kennwerte aus der Zugfestigkeit ist mit Hilfe von Bild **2.36** möglich.

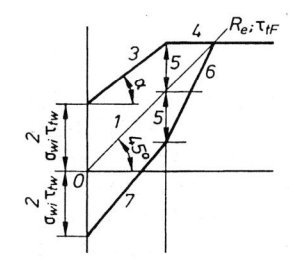

2.36
Näherungsweise Konstruktion (Konstruktionsschritte 1 ... 7) der Dauerfestigkeitsschaubilder aus Wechselfestigkeit, Fließgrenze und Winkel $\alpha \approx 37{,}5°$ für Stähle mit $R_m = (300 ... 1200)$N/mm²

Auf dem Gebiet der Festigkeitsforschung sind noch viele Fragen ungeklärt. Um so wichtiger ist es, die Sicherheitszahl stets davon abhängig zu machen, ob im Ernstfall Menschenleben gefährdet sind oder höhere materielle Verluste eintreten. Können keine Erprobungen an Versuchsstücken durchgeführt werden und liegen keine Erfahrungen im Einzelfall vor, so sollte die Sicherheit eher größer werden als in Bild **2.32** angegeben. Können dagegen Versuche durchgeführt werden, so empfiehlt sich die Wahl einer kleineren Sicherheit. Treten dann im Versuch Schwierigkeiten auf, so ist man gezwungen, Konstruktionsänderungen vorzunehmen. Bei einer zu hoch gewählten Sicherheit fehlt stets der Zwang zu einer Änderung der Konstruktion im Sinne des Leichtbaues.

Zulässige Spannungen

Die in der Literatur und in der Praxis häufig verwendeten Werte für zulässige Spannungen berücksichtigen die von *Bach* geprägten drei Belastungsfälle:

I. **ruhende Belastung,** Punkt I in Bild **2.22**

II. **schwellende Belastung:** Die Last schwankt wiederholt zwischen Null und einem Höchstwert, Senkrechte II in Bild **2.22**

2.4 Ermitteln unbekannter Kräfte und Momente

III. wechselnde Belastung: Die Last schwankt wiederholt zwischen einem Höchstwert und einem gleich großen negativen Wert (Zug-Druck und Biegung oder Torsion nach entgegengesetzten Richtungen), Senkrechte III in Bild **2.22**

Außerdem werden in der Praxis häufig die in bewährten Bauteilen auftretenden Spannungen als zulässige Spannung (zusätzliche Spannungsvergleichswerte) für die Berechnung ähnlicher und gleicher Belastungsart ausgesetzter Teile zugrunde gelegt. Auch in diesem Buch werden Werte für zulässige Spannungen in einzelnen Abschnitten angegeben. Diese Werte enthalten in der Regel die festigkeitsmindernden Einflüsse. Man sollte diese Werte der zulässigen Spannungen nur zur überschlägigen Ermittlung einiger Hauptabmessungen verwenden. Für die exakte Spannungsbeurteilung sind sie ungeeignet, weil sie eine nicht bekannte Sicherheit enthalten.

Da die in den Werten für die zulässigen Spannungen $\sigma_{zul} = \sigma_G/S$ enthaltene Sicherheit nicht unmittelbar erkennbar ist, sollte man es sich zum Grundsatz machen, stets die Sicherheit durch den Vergleich der vorhandenen Spannung mit der Grenzspannung nach der Gleichung $S = \sigma_G/\sigma_{vorh}$ zu ermitteln.

2.4 Ermitteln unbekannter Kräfte und Momente (Freischneiden von Bauteilen)

Voraussetzung für jede Festigkeitsrechnung ist die Kenntnis der an einem Bauteil angreifenden äußeren Kräfte. Ihre Ermittlung beginnt stets mit dem sog. „Freischneiden des Bauteils". Hierzu denkt man sich dieses zunächst von allen angrenzenden Bauteilen getrennt. An den Trennstellen (vorher Verbindungs- oder Berührungsstellen) trägt man diejenigen Kräfte und Momente an, welche die angrenzenden Teile vor der Trennung auf das zu untersuchende Maschinenteil ausgeübt haben. Für den „freigeschnittenen Körper" werden dann die Gleichgewichtsbedingungen zur Bestimmung der unbekannten Kräfte und Momente angesetzt.

Bei statisch unbestimmten Fällen reichen die zur Verfügung stehenden Gleichgewichtsbedingungen nicht aus. In diesen Fällen wird zusätzlich mit Verformungsgleichungen aus der Elastizitätslehre gerechnet. Die Summe der verfügbaren Gleichgewichtsbedingungen und Elastizitätsgleichungen muss mindestens gleich der Anzahl der zu ermittelnden unbekannten Kräfte und Momente sein.

Anwendungsbeispiel (Kurbelgetriebe)

Nach Bild **2.37** setzt die auf der Welle W sitzende Kurbel K über den Gleitstein G_1 die Schwinge (Kulisse) S in schwingende Bewegung um den Drehpunkt 0; der an der Schwinge S drehbar gelagerte Gleitstein G_2 bewegt den horizontal geführten Tisch T. Dieser setzt der hier gerade nach links gerichteten Bewegung des Gleitsteins G_2 den Widerstand F_w entgegen. Die in den einzelnen Gliedern (Bauteilen) des Getriebes auftretenden Kräfte sind zu ermitteln. Reibungs- und Massenkräfte sollen hier vernachlässigt werden. Es sollte aber stets geprüft werden, ob dies tragbar ist.

Untersucht man die Verhältnisse für verschiedene Kurbelwinkel, so kann man die ermittelten Kräfte und Momente der einzelnen Bauteile über dem Kurbelwinkel oder der Zeit darstellen.

Aus diesen sog. „Belastungs-Zeit-Bildern" lassen sich die kleinste und die größte Belastung entnehmen, die der Rechnung auf Dauerfestigkeit (Gestaltfestigkeit) zugrunde gelegt werden.

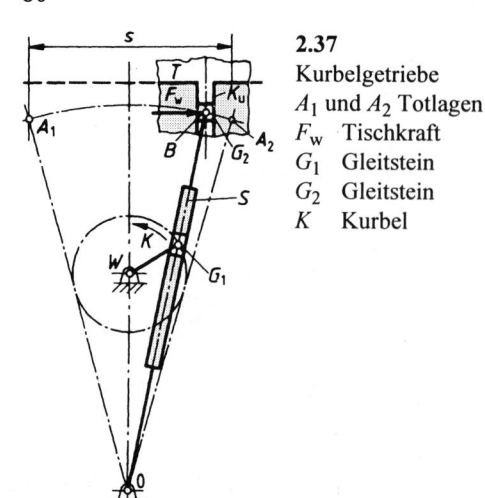

2.37
Kurbelgetriebe
A_1 und A_2 Totlagen K_u Tischkulisse
F_w Tischkraft S Schwinge
G_1 Gleitstein s Hub
G_2 Gleitstein T Tisch
K Kurbel W Welle

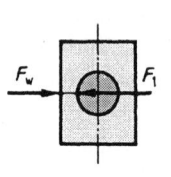

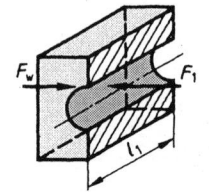

2.38
Freigeschnittener Gleitstein (G_2 in Bild **2.25**)
F_W Tischkraft F_1 Bolzenkraft

Das Freischneiden der einzelnen Bauteile des Kurbelgetriebes beginnt hier mit dem Gleitstein G_2, weil an diesem die vom Tisch herrührende Widerstandskraft F_w bekannt ist.

Gleitstein G_2 (2.38). Bei Vernachlässigung der Reibung kann auf dieses Bauteil vom Tisch her nur die auf seiner Seitenfläche senkrecht stehende Widerstandskraft F_w wirken. Sie muss mit der vom Gleitsteinbolzen herrührenden Kraft F_1 (2.38) im Gleichgewicht stehen. Folglich lautet die Gleichgewichtsbedingung

$$\Sigma F = F_w - F_1 = 0 \tag{2.45}$$

Hieraus ergibt sich: $F_1 = F_w$. Die Kräfte sind dem Betrag nach gleich, die Richtung von F_1 ist aber entgegengesetzt zu F_w.

Auswirkung der Kräfte. Aus der Widerstandskraft F_w lässt sich die Flächenpressung p zwischen Tischkulisse K_u und Gleitstein G_2 ermitteln, wenn die Größe ihrer Berührungsfläche bekannt ist. Umgekehrt kann aus der zulässigen Spannung (Flächenpressung) die erforderliche Größe der Berührungsfläche bestimmt werden. (Dasselbe gilt für die Flächenpressung zwischen Gleitstein und Bolzen.)

Bolzen im Gleitstein G_2 (2.39). Auf den Bolzen wirkt vom Gleitstein her die Kraft F_2 als Gegenkraft (Reaktionskraft) von F_1. Sie steht im Gleichgewicht mit den Kräften F_3 und F_4, die die Schwinge auf den Bolzen ausübt. Somit ergibt sich die Gleichgewichtsbedingung

$$\Sigma F = F_2 - F_3 - F_4 = 0 \tag{2.46}$$

Auswirkung der Kräfte. Die Kraft F_2 verursacht die Flächenpressung zwischen Gleitstein und Bolzen, die Kräfte F_3 und F_4 bewirken die Flächenpressungen zwischen Bolzen und Schwinge.

Bereits der vorliegende einfache Fall einer Bolzenbelastung kann Schwierigkeiten bei der Ermittlung der durch die Kräfte hervorgerufenen Biegebeanspruchung bereiten. Zu deren Bestimmung bestehen nämlich verschiedene Ansatzmöglichkeiten: Bilder **2.40** bis **2.42**.

2.4 Ermitteln unbekannter Kräfte und Momente

Aus Symmetriegründen ist $F_3 = F_4$.
Somit folgt aus Gl. (2.45)

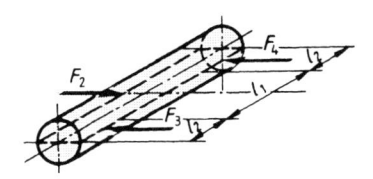

$$2F_3 = F_2 \qquad F_3 = F_2/2 \qquad F_4 = F_2/2$$

2.39
Freigeschnittener Bolzen (B in Bild **2.25**)
F_2 Gleitsteinkraft
F_3, F_4 Schwingenkräfte

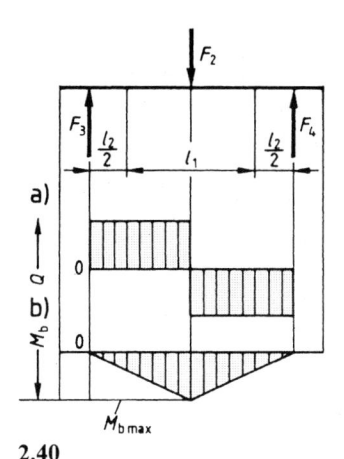

2.40
Freigeschnittener Bolzen (B in Bild **2.37**) nach Bild **2.39**; $l_2 = l_1/2$
a) Belastungsbild mit Einzelkräften
b) Querkraftverlauf
c) Biegemomentverlauf
$M_{b\,max} = (3/8) \cdot F_2 \cdot l_1$

Die vorstehenden drei Betrachtungen der Belastung des Bolzens im Gleitstein G_2 in Bild **2.37** ergeben demnach maximale Biegemomente, die zwischen den extremen Werten $M_b = (3/8) \cdot F_2 \cdot l_1 = (9/24) \cdot F_2 \cdot l_1$ und $M_b = (1/12) \cdot F_2 \cdot l_1 = (2/24) \cdot F_2 \cdot l_1$ liegen. Bei vollkommen fester Einspannung (Presssitz und starre Augen) und Annahme einer Streckenlast ergibt sich ein um 7/9, d. h. um 78%, kleineres Biegemoment als bei Annahme loser Lagerung mit Einzellasten. Geben bei fester Einspannung (Presssitz) die Augen der Durchbiegung des Bolzens elastisch nach, so liegt das maximale Biegemoment zwischen den beiden Extremwerten.

Es gelten also die beiden Grundsätze:
1. Je unnachgiebiger die Einspannung, desto kleiner sind die auftretenden maximalen Biegemomente.
2. Rechnen mit Einzellasten ergibt stets größere maximale Biegemomente als Rechnen mit Streckenlasten. Das Rechnen mit Einzellasten ist daher immer sicherer.

Das vorstehende einfache Beispiel zeigt, dass die Art der Berechnung von Maschinenteilen bisweilen auf Annahmen basiert, also eine Ermessensfrage sein kann. Eine exakte Bestimmung der Kraftwirkungen und damit der in einem Bauteil auftretenden Spannungen ist häufig nur mit Hilfe der Spannungsoptik an einem Modell oder mit der Spannungsdehnungsmessung am bereits ausgeführten Bauteil möglich. In vielen Fällen führt die Finite-Element-Methode zu einer Lösung. Sie beruht darauf, ein großes Problem auf kleine, einfache Teilprobleme mit fertigen allgemeinen Lösungen zurückzuführen.

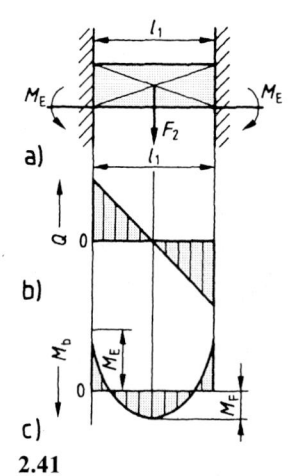

2.41
Freigeschittener Bolzen (B in Bild **2.37**)
a) Belastungsbild mit Streckenlast F_2 Bolzen fest eingespannt; Augen der Schwinge starr angenommen
b) Querkraftverlauf
c) Biegemomentverlauf

M_E Einspannmoment = $M_{b\,max} = F_2 \cdot l_1/12$
M_F Feldmoment = $F_2 \cdot l_1/12$

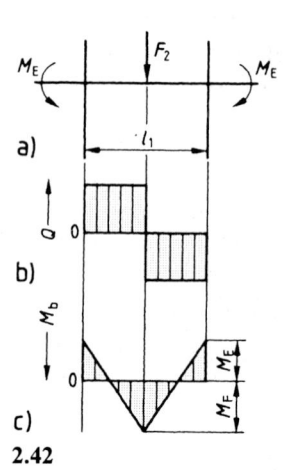

2.42
Freigeschittener Bolzen (B in Bild **2.37**)
a) Belastungsbild mit Einzellast F_2 fest eingespannt
b) Querkraftverlauf
c) Biegemomentverlauf

M_E Einspannmoment = M_F Feldmoment = $F_2 \cdot l_1/8$

Allein schon wegen der beschriebenen Unsicherheiten bei der Bestimmung der tatsächlich auftretenden Kräfte werden alle Festigkeitsrechnungen mit Sicherheitszahlen (s. Abschn. 2.3) durchgeführt.

Im oben betrachteten Beispiel (Kurbelgetriebe) ergibt sich zunächst aus dem maximalen Biegemoment und den angenommenen Bolzenabmessungen die vorhandene Biegespannung. Umgekehrt lässt sich nach Wahl des Werkstoffes der Querschnitt unter Zugrundelegen der zulässigen Spannung berechnen, s. Abschn. 2.3.

Schwinge S (2.43). Am oberen Gabelkopf wirken die Kräfte F_5 und F_6 als Reaktionskräfte von F_3 und F_4 (**2.39**). Folglich sind F_5 und F_6 nach Betrag und Richtung bekannt.

Der Gleitstein G_1 kann bei Vernachlässigung der Reibung nur die unbekannte Kraft F_7 senkrecht zur Schwingenberührungsfläche ausüben. Am unteren Drehpunkt 0 wirkt vom Lager her auf die Schwingen die nach Betrag und Richtung unbekannte Kraft F_8, die in ihre Komponenten F_{8x} und F_{8y} zerlegt werden kann. Die gewählte Lage des Achsenkreuzes hat den Vorteil, dass man auf einfache Weise die Längs- und Querkräfte für die Schwinge erhält, die für die Festigkeitsrechnung benötigt werden. Mit der Resultierenden $R_{5,6} = F_5 + F_6$ und dem aus Bild **2.43** entnommenen Winkel β ergeben sich folgende Gleichgewichtsbedingungen

$$\Sigma X = R_{5,6} \cdot \cos \beta - F_{8x} = 0 \qquad (2.47)$$

$$\Sigma Y = R_{5,6} \cdot \sin \beta + F_{8y} - F_7 = 0 \qquad (2.48)$$

$$\Sigma M_0 = R_{5,6} \cdot \sin \beta \, l_3 - F_7 \, l_4 = 0 \qquad (2.49)$$

2.4 Ermitteln unbekannter Kräfte und Momente

Hieraus ergibt sich $F_7 = R_{5,6} \cdot \sin \beta \cdot l_3/l_4$; **aus Gl. (2.48) folgt** $F_{8y} = F_7 - R_{5,6} \cdot \sin \beta$.

Auswirkung der Kräfte. Bild **2.44** zeigt das Belastungsschema der Schwinge. Die Schwinge wird über die ganze Länge auf Zug beansprucht. Der Zugspannung überlagert ist eine Biegespannung und eine Schubspannung. Längskräfte L und Querkräfte Q werden für den jeweilgen Querschnitt der Längs- bzw. Querkraftkurve (**2.44 b** und **c**), das Biegemoment der Biegemomentkurve (**2.44d**) entnommen. Da Querschnitt und Widerstandsmoment über die Länge der Schwinge nicht konstant sind, muss zunächst der gefährdete Querschnitt überschlägig ermittelt werden: Besonders gefährdet sind die Angriffsstelle der Kraft F_7 und der Fuß des Gabelkopfes. Außerdem empfiehlt sich die Kontrolle der Flächenpressungen in den oberen und unteren Lageraugen der Schwinge.

Die an einer Stelle gleichzeitig auftretenden Spannungen werden zu einer Vergleichsspannung oder resultierenden Spannung zusammengesetzt und beurteilt (s. Abschn. 2.2 und 2.3).

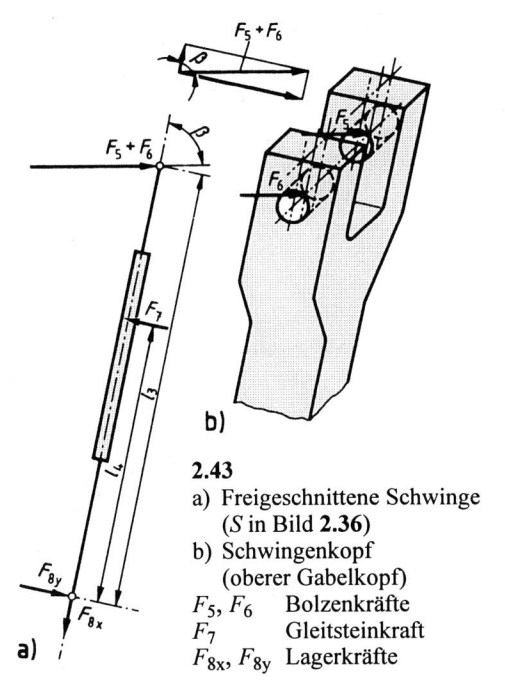

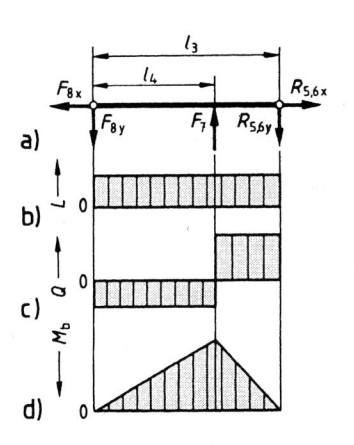

2.43
a) Freigeschnittene Schwinge (S in Bild **2.36**)
b) Schwingenkopf (oberer Gabelkopf)
F_5, F_6 Bolzenkräfte
F_7 Gleitsteinkraft
F_{8x}, F_{8y} Lagerkräfte

2.44
Freigeschnittene Schwinge (S in Bild **2.37**)
a) Belastungsschema
b) Längskraftverlauf Kräfte um 90° gedreht, l_3 Zugbereich
c) Querkraftverlauf, l_3 Schubbereich
d) Biegemomentverlauf, l_3 Biegebereich

Gleitstein G_1 (2.45). Auf die Berührungsfläche zwischen Gleitstein und Schwinge wirkt die Kraft F_9 als Reaktionskraft von F_7 (**2.43**). Sie ist somit nach Betrag und Richtung bekannt. Der Kurbelzapfen der Kurbel wirkt mit der unbekannten Kraft F_{10} auf den Gleitstein. Setzt man die Gleichgewichtsbedingungen an, so erhält man nach Bild **2.45**

$$\Sigma Y = F_9 - F_{10} = 0 \tag{2.50}$$

Folglich ist $F_{10} = F_9 = F_7$. Hierbei wird angenommen, dass der Kurbelzapfen so dimensioniert ist, dass seine Durchbiegung vernachlässigt werden kann; er wird also - wie in der Statik üblich - als starrer Körper angesehen. (An sich tritt mit der Durchbiegung des Zapfens eine Verkantung des Gleitsteins ein. Diese führt zu Kantenpressungen zwischen Zapfen und Gleitstein bzw. zwischen Gleitstein und Schwinge.)

Auswirkung der Kräfte. Die Flächenpressung zwischen Schwinge und Gleitstein erhält man, wenn man die Abmessungen der Fläche annimmt. Umgekehrt kann man wieder unter Zugrundelegen der zulässigen Flächenpressung p die erforderliche Fläche bestimmen. (Entsprechend ergibt sich die Flächenpressung zwischen Bolzen und Gleitstein.)

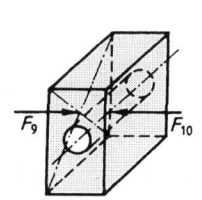

2.45
Freigeschnittener Gleitstein (G_1 in Bild **2.37**)
F_9 Schwingenkraft
F_{10} Kurbelzapfenkraft

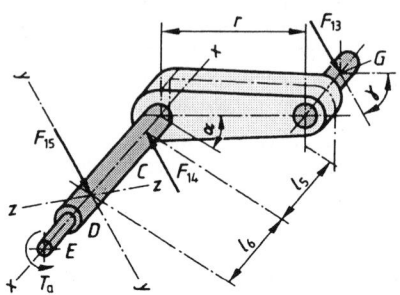

2.46
Freigeschnittene Kurbelwelle (K in Bild **2.37**)
F_{13} Gleitsteinkraft
F_{14}, F_{15} Lagerkräfte
T_a Antriebsmoment

Kurbelwelle (2.46). An der Kurbel wirkt die Kraft F_{13} als Reaktionskraft von F_{10} (**2.45**). Unter der Annahme, dass der Kurbelzapfen starr ist, wirken an der Kurbelwelle nur noch die Lagerkräfte bei C und D und das Antriebsmoment T_a am Wellenzapfen bei E. Mit dem Achsenkreuz x, y, z durch D (x-Achse in der Wellenachse, y-Achse parallel zur Kraft F_{13}, z-Achse senkrecht zu F_{13}) lauten die Gleichgewichtsbedingungen für die freigeschnittene Kurbelwelle nach Bild **2.46** mit dem bei der gezeichneten Kurbelstellung erforderlichen Antriebsmoment T_a am Wellenzapfen E, dem Kurbelradius r und dem Winkel γ zwischen Kurbelarm und der Richtung von F_{13}:

$$\Sigma Y = F_{13} - F_{14} + F_{15} = 0 \tag{2.51}$$

$$\Sigma M_z = F_{13} \cdot (l_5 + l_6) - F_{14} \cdot l_6 = 0 \tag{2.52}$$

$$\Sigma M_x = F_{13} \cdot r \cdot \sin \gamma - T_a = 0 \tag{2.53}$$

Aus Gl. (2.52) ergibt sich $F_{14} = F_{13} \cdot (l_5 + l_6)/l_6$. Aus Gl. (2.51) erhält man $F_{15} = F_{14} - F_{13} = F_{13} \cdot l_5/l_6$. Aus Gl. (2.53) lässt sich T_a ermitteln.

Auswirkung der Kräfte. In der Welle zwischen Kurbelarm und Wellenzapfen E treten Verdrehbeanspruchungen auf, Gl. (2.14). Die Drehmomentkurve zwischen den Punkten E und F zeigt Bild **2.47a**. Zwischen D und F treten als Folge der Querkräfte Q Schubspannungen auf, s. Gl. (2.12). Die Querkräfte für die jeweiligen Querschnitte werden dem Querkraftverlauf (**2.47b**) entnommen. Zwischen D und F wirken außerdem als Folge der Biegemomente M_b Biegespannungen, s. Gl. (2.11). Den Biegemomentverlauf zeigt Bild **2.47c**. Die Biege- und Verdrehspannungen werden zu einer Vergleichsspannung zusammengesetzt, Gl. (2.25).

2.4 Ermitteln unbekannter Kräfte und Momente

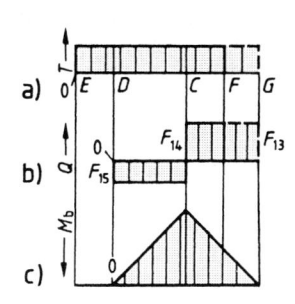

2.47
a) Drehmomentverlauf für Wellenstück zwischen den Querschnitten E und F der Welle nach Bild **2.35**
b) Querkraftverlauf für das Wellenstück zwischen den Querschnitten E und F
c) Biegemomentverlauf für das Wellenstück zwischen den Querschnitten E und F

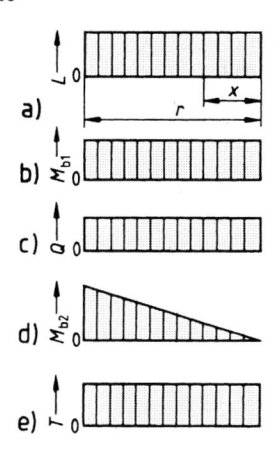

2.48
Kräfte- und Momentverlauf am Kurbelarm nach Bild **2.50**
a) Längskraftverlauf; Längskraft $L = F_{13} \cdot \cos \gamma$ um 90° gedreht
b) Biegemomentverlauf $M_{b1} = F_{13} \cdot l_7 \cdot \cos \gamma$
c) Querkraftverlauf $Q = F_{13} \cdot \sin \gamma$
d) Biegemomentverlauf $M_{b2} = F_{13} \cdot x \cdot \sin \gamma$
e) Drehmomentverlauf $T = F_{13} \cdot l_7 \cdot \sin \gamma$

Der Kurbelarm wird durch die Kraft F_{13} auf Zug, Biegung, Verdrehung und Schub beansprucht (**2.50**; **2.51** u. **2.52**). Zweckmäßigerweise zerlegt man F_{13} wieder in zwei Komponenten in Richtung der Längsachse des Kurbelarms (x-Achse) und senkrecht dazu (y-Achse). Die Komponente $F_{13} \cdot \cos \gamma$ wirkt als Zugkraft auf den Kurbelarm. Diese Längskraft ist in der Längskraftkurve in Bild **2.48a** über der Längsachse des Kurbelarms dargestellt. Außerdem entsteht infolge der exzentrischen Lage von $F_{13} \cdot \cos \gamma$ gegenüber der Längs-Schwerachse des Kurbelarms ein über die Länge r des Kurbelarms konstantes Biegemoment $M_{b1} = F_{13} \cdot l_7 \cdot \cos \gamma$ (l_7 s. Bild **2.50**). Den Biegemomentverlauf zeigt Bild **2.48b**.
Die Kraft $F_{13} \cdot \sin \gamma$ verursacht als Querkraft eine Schubspannung im Kurbelarm. Die Querkraftkurve stellt Bild **2.48c** dar. Infolge des Abstandes x von den einzelnen Querschnitten des Kurbelarms verursacht die Kraft $F_{13} \cdot \sin \gamma$ ein Biegemoment $M_{b2} = F_{13} \cdot x \cdot \sin \gamma$. Die Biegemomente sind über der Länge des Kurbelarms in Bild **2.48d** aufgetragen. Infolge des Abstandes l_7 der Kraft $F_{13} \cdot \sin \gamma$ von der Längsachse des Kurbelarms entsteht außerdem ein über die Längsachse konstantes Torsionsmoment $T = F_{13} \cdot l_7 \cdot \sin \gamma$. Den Momentverlauf gibt Bild **2.48e** wieder.

Im vorliegenden Fall überlagern sich somit eine Zugspannung, zwei Biegespannungen, eine Abscherspannung und eine Torsionsspannung. Das Ermitteln und Zusammensetzen dieser Spannungen wird wegen der grundsätzlichen Bedeutung des Verfahrens im folgenden Abschn. „Spannungsermittlung" eingehend behandelt.

Der am Kurbelarm befindliche Kurbelzapfen (**2.46** und **2.50** wird durch die Kraft F_{13} auf Schub und Biegung beansprucht.

Nunmehr sind alle Kräfte und deren Wirkungen an den einzelnen Maschinenteilen des Kurbelgetriebes nach Bild **2.37** bekannt. Anstelle der hier benutzten analytischen Gleichgewichtsbedingungen können zur Ermittlung der unbekannten Kräfte natürlich auch die graphischen Verfahren der Statik angewendet werden (z. B. Bild **2.49**).

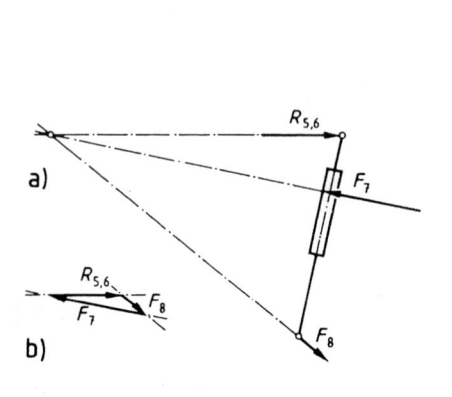

2.49
Graphische Ermittlung der an der Schwinge (S in Bild **2.37**) angreifenden Kräfte. Bekannt sind Betrag und Richtung von $R_{5,6}$, Richtung von F_7 und Angriffspunkt von F_8

a) Lageplan, b) Krafteck

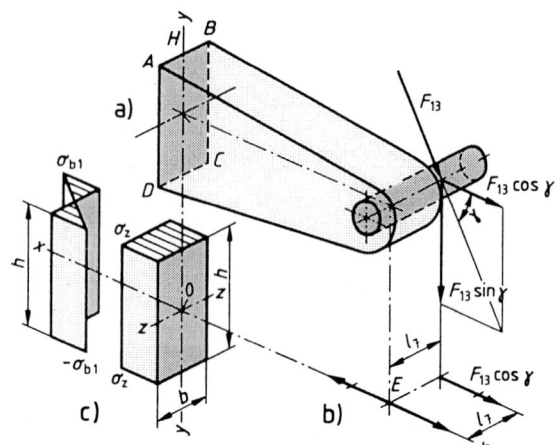

2.50
Freigeschnittenes Kurbelarmstück

a) Zerlegen der Kraft F_7 in $F_{13} \cdot \cos \gamma$ und $F_{13} \cdot \sin \gamma$
b) Verschieben der Komponente $F_{13} \cdot \cos \gamma$ nach E
c) Zugspannung σ_z und Biegespannung σ_{b1}

Spannungsermittlung

Die Ermittlung der in einem Bauteil auftretenden Spannungen erfolgt ebenfalls durch Freischneiden; in diesem Falle werden aber Bestandteile der Bauteile abgetrennt. (Spannungen in ausgeführten Bauteilen lassen sich durch Messung der Dehnung ermitteln.)

Anwendungsbeispiel (Kurbelarm). Das Freischneiden von Teilstücken der Bauteile und damit der eigentliche Ansatz für die Festigkeitsberechnung bereitet häufig Schwierigkeiten. Das Verfahren wird daher hier am Beispiel des Kurbelarms (**2.50**) noch einmal erläutert.

Will man z. B. die Spannungen im Querschnitt $ABCD$ bestimmen, so legt man durch diesen einen Trennschnitt. Dann verschiebt man alle äußeren Kräfte an demjenigen Teilstück, an dem sie leichter zu übersehen sind, in den Schwerpunkt des Querschnitts der Trennstelle, bringt im Querschnitt diejenigen Spannungen an, die vor dem Trennen von dem abgetrennten Stück auf das untersuchte Stück übertragen wurden, und setzt wieder die Gleichgewichtsbedingungen an. Die Lage der „gefährdeten", d. h. am ungünstigsten beanspruchten Querschnitte der verschiedenen Maschinenteile wird in den entsprechenden Abschnitten dieses Buches gezeigt; $ABCD$ ist hier nicht der gefährdete Querschnitt.

Verschiebt man die Kraft $F_{13} \cdot \cos \gamma$ parallel zu sich selbst in die Längsachse des Kurbelarms (Punkt E in Bild **2.39**) und bringt gleichzeitig das Kräftepaar $F_{13} \cdot l_7 \cdot \cos \gamma$ (Kraftpfeile durch / gekennzeichnet) an, so hat sich an der Kraftwirkung auf den Kurbelarm nichts geändert. Es ist jedoch deutlich sichtbar, dass an ihm die Längskraft $F_{13} \cdot \cos \gamma$ und das Kräftepaar $F_{13} \cdot l_7 \cdot \cos \gamma$ wirken. Die Gleichgewichtsbedingungen für das abgeschnittene Stück lauten nunmehr

2.4 Ermitteln unbekannter Kräfte und Momente

$$\Sigma X = F_{13} \cdot \cos \gamma - \sigma_z \cdot A = 0 \qquad (2.54)$$

$$\Sigma M_y = F_{13} \cdot l_7 \cdot \cos \gamma - \sigma_{b1} \cdot W_{b1} = 0 \qquad (2.55)$$

mit Querschnitt $A = b \cdot h$ und Widerstandsmoment $W_{b1} = h \cdot b^2/6$.
Hieraus ergeben sich die Zugspannung

$$\sigma_z = \frac{F_{13} \cdot \cos \gamma}{A} \qquad \text{[s. Gl. (2.8)]}$$

und die Biegespannung

$$\sigma_{b1} = \frac{F_{13} \cdot l_7 \cdot \cos \gamma}{h \cdot b^2/6} \qquad \text{[s. Gl. (2.11)]}$$

Verschiebt man die Kraft $F_{13} \cdot \sin \gamma$ parallel zu sich selbst in die Längsachse des Kurbelarms (Punkt E in Bild **2.51**) und bringt man gleichzeitig das Kräftepaar $F_{13} \cdot l_7 \cdot \cos \gamma$ (durch // gekennzeichnet) an, so hat sich wiederum an der Kraftwirkung nichts geändert.
Das Kräftepaar $F_{13} \cdot l_7 \cdot \cos \gamma$ übt, bezogen auf die Querschnittsfläche *ABCD*, ein Drehmoment aus. Die Gleichgewichtsbedingung lautet $\Sigma M_x = F_{13} \cdot l_7 \cdot \cos \gamma - \tau_{t\,max} \cdot W_t = 0$. Hieraus ergibt sich die maximale Torsionsspannung

$$\tau_{t\,max} = \frac{F_{13} \cdot l_7 \cdot \sin \gamma}{W_t} \qquad \text{[s. Bild \textbf{2.52} und Gl. (2.14)]}$$

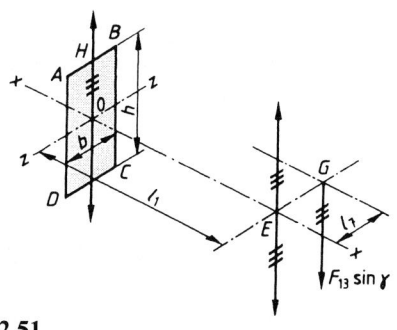

2.51
Verschieben der Komponente $F_{13} \sin\gamma$ (**2.39**) in den Schwerpunkt 0 der Schnittfläche *ABCD*

Hierin ist W_t nicht das polare Widerstandsmoment, sondern eine vom Seitenverhältnis des Rechtecks abhängige Rechengröße, die einschlägigen Taschenbüchern entnommen werden kann. Für den vorliegenden Rechteckquerschnitt z. B. ist $W_t = c_1 \cdot b \cdot h^2/c_2$; h ist die größere, b die kleinere Seite des Rechtecks, c_1 und c_2 sind vom Seitenverhältnis $h : b$ abhängige Faktoren [3], [9]; s. auch Abschn. 2.1 unter Torsionsbeanspruchung. Die maximale Torsionsspannung tritt beim Rechteckquerschnitt in der Mitte der langen Seiten auf. In der Mitte der kurzen Seiten ist die Torsionsspannung $\tau'_{t\,max} = \tau_{t\,max}$. In den Eckpunkten ist $\tau_t = 0$.

Die in Punkt E (**2.51**) nach unten gerichtete Kraft verschiebt man parallel zu sich selbst in den Schwerpunkt 0 der betrachteten Querschnittsfläche (**2.51**). Um die Kraftwirkung nicht zu verändern, muss man noch ein weiteres Kräftepaar (durch /// gekennzeichnet) anbringen. Das Kräftepaar $F_{13} \cdot l_8 \cdot \sin \gamma$ übt auf den Querschnitt ein Biegemoment aus. Die Gleichgewichtsbedingung lautet

$$\Sigma M_z = F_{13} \cdot l_8 \cdot \sin \gamma - \sigma_{b2} \cdot W_{b2} = 0$$

mit dem Widerstandsmoment $W_{b2} = b \cdot h^2/6$. Hieraus ergibt sich die Biegespannung

$$\sigma_{b2} = \frac{l_8 \cdot F_{13} \cdot \sin\gamma}{b \cdot h^2/6} \qquad \text{[s. Gl. (2.11)]}$$

Die Biegespannung σ_{b2} ist in Bild **2.52b** dargestellt. Die in 0 (**2.51**) nach unten gerichtete Einzelkraft $F_{13} \cdot \sin\gamma$ beansprucht den Querschnitt $A = b \cdot h$ auf Abscheren. Die Gleichgewichtsbedingung lautet

$$\Sigma Y = F_{13} \cdot \sin\gamma - \tau_{sm} \cdot A = 0$$

Hieraus erhält man die mittlere Schubspannung τ_{sm} [s. Gl. (2.10)]

$$\tau_{sm} = F_{13} \cdot \sin\gamma / A$$

Diese Spannung ist in Bild **2.52c** dargestellt. Die wirkliche Verteilung der Schubspannung τ_s verläuft parabolisch über den Querschnitt. In den oberen und unteren Randfasern ist $\tau_s = 0$. In der horizontalen Schwerachse des Querschnitts *ABCD* hat τ_s sein Maximum.

Insgesamt treten so im Querschnitt *ABCD* (**2.50**) die Spannungen σ_z, σ_{b1}, σ_{b2}, τ_s und τ_t auf. Man muss nunmehr die Stelle ermitteln, an der das Zusammentreffen der verschiedenen Spannungen die ungünstigste Wirkung hat. Aus Bild **2.50** und **2.52** ist zu entnehmen, dass am Punkt *B* die Zugspannung σ_z, die Biegespannung σ_{b1} und die Biegespannung σ_{b2} zusammentreffen. Die Schubspannungen τ_s und τ_t sind gleich Null.

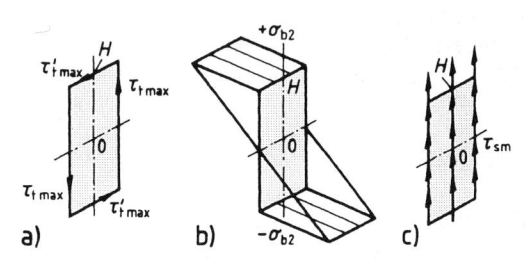

2.52
a) Torsionsspannungsverteilung in der Schnittfläche *ABCD* von Bild **2.50a**
($\tau_{t\,max} = l_7 \cdot F_{13} \sin\gamma / W_t$)
b) Biegespannungsverteilung auf der Schnittfläche *ABCD* von Bild **2.50a**
($\sigma_{b2} = l_8 \cdot F_{13} \sin\gamma / W_{b2}$)
c) Mittlere Schubspannung in der Schnittfläche *ABCD* von Bild **2.39a**
($\tau_{sm} = F_{13} \cdot \sin\gamma / A$)

Die resultierende Spannung oder Vergleichsspannung in *B* ist

$$\sigma_{res} = \sigma_z + \sigma_{b1} + \sigma_{b2} \qquad \text{[s. Bild 2.20)]}$$

In Punkt *H* treffen folgende Spannungen zusammen: σ_z, σ_{b2} und $\tau'_{t\,max}$. Die Zug- und Biegespannungen wirken in gleicher Richtung; sie können daher wieder algebraisch unter Berücksichtigung des Vorzeichens addiert werden: $\sigma_{res} = \sigma_z + \sigma_{b2}$. Die resultierende Normalspannung σ_{res} und die Verdrehspannung $\tau'_{t\,max}$ wirken senkrecht zueinander. Sie werden nach der Gestaltänderungsenergiehypothese bei zähen Werkstoffen oder nach der Normalspannungshypothese bei spröden Werkstoffen (z. B. GG) zu einer Vergleichsspannung zusammengesetzt (z. B. mit α_0 nach *Bach*)

Gestaltänderungsenergiehypothese $\qquad \sigma_v = \sqrt{\sigma_{res}^2 + 3 \cdot (\alpha_0 \tau_t)^2} \qquad$ [s. Gl. (2.25)]

Normalspannungshypothese $\qquad \sigma_v = 0{,}5 \cdot \sigma_{res} + 0{,}5 \cdot \sqrt{\sigma_{res}^2 + 4 \cdot (\alpha_0 \tau_t)^2} \qquad$ [s. Gl. (2.23)]

Die systematische Untersuchung der Beanspruchung des Querschnitts *ABCD* (**2.50**) in der geschilderten Weise ergibt so die am ungünstigsten beanspruchte Stelle. Die ermittelten Spannungen müssen auf ihre Größe hin beurteilt werden, z. B. durch Vergleich mit einer Grenzfestigkeit zur Feststellung der vorhandenen Sicherheit oder durch Vergleich mit einer zulässigen Spannung.

Anfänger neigen häufig dazu, alle Querschnittsabmessungen mit Hilfe der Festigkeitslehre bestimmen zu wollen. Dieses Verfahren ist jedoch nicht empfehlenswert, weil dadurch das Abstimmen der Proportionen der einzelnen Teile aufeinander und damit die Gestaltungsarbeit erschwert wird. Es ergeben sich schlecht proportionierte Konstruktionen. Auch können sich Maße ergeben, die überhaupt nicht ausführbar sind.

Besser und schneller kommt man meist zum Ziel, wenn man einige wenige Hauptabmessungen überschlägig mit Hilfe der Festigkeitslehre berechnet, im übrigen aber freizügig gestaltet und zum Schluss die vorhandenen Spannungen nachrechnet. Diese werden dann mit den Werkstoffkennwerten (s. Abschn. 1.3 und 2.3) verglichen. Gegebenenfalls wird die Konstruktion geändert. Ohne Mut zur Änderung lässt sich keine brauchbare Konstruktion erzielen. Es sollte daher immer der Grundsatz des Entwerfens und Verwerfens beachtet werden.

Literatur

[1] Berg, S.: Gestaltfestigkeit. 3 Teile. Düsseldorf 1952.
[2] Brauch, W.; Dreyer, H.-J.; Haacke, W.: Mathematik für Ingenieure, 9. Aufl. Stuttgart 1995.
[3] Dubbel, H.: Taschenbuch für den Maschinenbau. 20. Aufl. Berlin-Heidelberg-New York-Tokyo 2001.
[4] Fink, K.; Rohrbach, C.: Handbuch der Spannungs- und Dehnungsmessung. 2. Aufl. Düsseldorf 1965.
[5] Föppl, L.; Mönch, E.: Praktische Spannungsoptik. 3. Aufl. Berlin-Heidelberg-New York 1972.
[6] Hänchen, R.: Neue Festigkeitsberechnung für den Maschinenbau. 3. Aufl. München 1967.
[7] Hertel, H.: Ermüdungsfestigkeit der Konstruktionen. Berlin-Heidelberg-New York 1969.
[8] Holzmann, G.; Meyer, H.; Schumpich, G.: Technische Mechanik, Teil 1: Statik. 9. Aufl. Stuttgart 2000.
[9] Holzmann, G.; Meyer, H.; Schumpich, G.: Technische Mechanik, Teil 2: Kinematik und Kinetik. 8. Aufl. Stuttgart 2000.
[10] Holzmann, G.; Meyer, H.; Schumpich, G.: Technische Mechanik, Teil 3: Festigkeitslehre. 8. Aufl. Stuttgart 2002.
[11] Hübner, E.: Technische Schwingungslehre in ihren Grundzügen. Berlin-Göttingen-Heidelberg 1957.
[12] Czichios, H. (Hrsg.): Hütte - Die Grundlagen der Ingenieurwissenschaften. 31. Aufl. Berlin 2000.
[13] Neuber, H.: Kerbspannungslehre. 3. Aufl. Berlin-Heidelberg-New York 1970.
[14] Schwaigerer, S.; Mühlenbeck, G.: Festigkeitsberechnung im Dampfkessel-, Behälter- und Rohrleitungsbau. 5. Aufl. Berlin-Heidelberg-New York 1997.
[15] Szabo, I.: Einführung in die technische Mechanik. 8. Aufl. (Nachdruck) Berlin-Heidelberg-New York 1984.
[16] Weber, C.: Festigkeitslehre. 2. Aufl. Hannover 1951.
[17] Wellinger, K.; Dietmann, H.: Festigkeitsberechnung. 3. Aufl. Stuttgart 1977.

3 Normen

DIN-Blatt Nr.	Ausgabedatum	Titel
323 T 1	8.74	Normzahlen und Normzahlreihen; Hauptwerte, Genauwerte, Rundwerte
406 T 10	12.92	Technische Zeichnungen; Maßeintragung; Begriffe, allgemeine Grundlagen
620 T 2	2.88	Wälzlager; Wälzlagertoleranzen; Toleranzen für Radiallager
820 T 1	4.94	Normungsarbeit; Grundsätze
1301 T 1	10.02	Einheiten; Teil 1: Einheitennamen; Einheitenzeichen
1304 T 1	3.94	Formelzeichen; Allgemeine Formelzeichen
1313	12.98	Größen
4760	6.82	Gestaltabweichungen; Begriffe, Ordnungssystem
4764	6.82	Oberflächen an Teilen für Maschinenbau und Feinwerktechnik; Begriffe nach der Beanspruchung
4765	3.74	Bestimmen des Flächentraganteils von Oberflächen; Begriffe
4766 T 1	3.81	Herstellverfahren der Rauheit von Oberflächen; Teil 1: Erreichbare gemittelte Rautiefe Rz nach DIN 4768 T 1
T 2	3.81	-; Teil 2: Erreichbare Mittenrauwerte Ra nach DIN 4768
5425 T 1	11.84	Wälzlager; Toleranzen für den Einbau; Allgemeine Richtlinien
7154 T 1	8.66	ISO-Passungen für Einheitsbohrung; Teil 1: Toleranzfelder, Abmaße in µm
T 2	8.66	-; Teil 2: Passtoleranzen, Spiele und Übermaße in µm
7155 T 1	8.66	ISO-Passungen für Einheitswelle; Teil 1: Toleranzfelder, Abmaße in µm
T 2	8.66	-; Teil 2: Passtoleranzen, Spiele und Übermaße in µm
7157	1.66	Passungsauswahl; Toleranzfelder, Abmaße, Passtoleranzen
7178 T 1	12.74	Kegeltoleranz- und Kegelpasssystem für Kegel von Verjüngung $C = 1:3$ bis $1:500$ und Längen von 6 bis 630 mm; Kegeltoleranzsystem
EN ISO 1302	6.02	Geometrische Produktspezifikation (GPS) - Angabe der Oberflächenbeschaffenheit in der technischen Produktdokumentation
EN ISO 3274	4.98	Geometrische Produktspezifikationen (GPS) - Oberflächenbeschaffenheit: Tastschnittverfahren - Nenneigenschaften von Tastschnittgeräten
EN ISO 4287	10.98	Geometrische Produktspezifikationen (GPS) - Oberflächenbeschaffenheit: Tastschnittverfahren - Benennungen, Definitionen und Kenngrößen der Oberflächenbeschaffenheit

3 Normen

DIN-Blatt Nr.	Ausgabe-datum	Titel
EN ISO 4288	4.98	Geometrische Produktspezifikationen (GPS) – Oberflächenbeschaffenheit: Tastschnittverfahren – Regeln und Verfahren für die Beurteilung der Oberflächenbeschaffenheit
EN ISO 8785	10.99	Geometrische Produktspezifikation (GPS) - Oberflächenunvollkommenheiten - Begriffe, Definitionen und Kenngrößen
ISO 286 T 1	11.90	ISO-System für Grenzmaße und Passungen; Teil 1: Grundlagen für Toleranzen, Abmaße und Passungen
T 2	11.90	-; Teil 2: Tabellen der Grundtoleranzgrade und Grenzabmaße für Bohrungen und Wellen
ISO 2768 T 1	6.91	Allgemeintoleranzen; Teil 1: Toleranzen für Längen- und Winkelmaße ohne einzelne Toleranzeintragung
T 2	4.91	-; Teil 2: Toleranzen für Form und Lage ohne einzelne Toleranzeintragung
ISO 3040	9.91	Technische Zeichnungen - Eintragung der Maße und Toleranzen für Kegel
ISO 1101	3.85	Technische Zeichnungen; Form- und Lagetolerierung; Form-, Richtungs-, Orts- und Lauftoleranzen; Allgemeines, Definition, Symbole, Zeichnungseintragungen
ISO 5459	1.82	-; -; Bezüge und Bezugssysteme für geometrische Toleranzen

In diesem Werk sind jedem Abschnitt die wichtigsten Normen vorangestellt. Außerdem wird an dieser Stelle wegen der allgemeinen Bedeutung für das Konstruieren und Fertigen auf die wichtigsten Grundnormen über Normzahlen, Toleranzen und Passungen und über technische Oberflächen eingegangen.

Normung ist ein Mittel zur Ordnung und Grundlage für ein sinnvolles Zusammenarbeiten und Zusammenleben. Durch sie ist Rationalisierung und Austausch von Sachen und Gedanken leichter möglich. Die Normung hat zum Ziel, im Bereich der Wissenschaft, Technik, Wirtschaft und Verwaltung Begriffe, Vorschriften, Verfahren, Abmessungen, Größenstufungen, Genauigkeitsgrade usw. zu ordnen, festzulegen und zu vereinheitlichen. Sie bietet anerkannte und bewährte Lösungen für sich wiederholende Aufgaben an.

Das Deutsche Institut für Normung (DIN) der Bundesrepublik Deutschland gibt die DIN-Normen heraus. Sie haben keine Gesetzeskraft; sie sollen sich auf Grund ihrer Zweckmäßigkeit einführen. Die Technischen Komitees der „International Organization for Standardization" (ISO) erarbeiten Empfehlungen für die nationalen Normenausschüsse oder geben selbst die ISO-Normen heraus. Die von den Berufsgruppen VDI oder VDE aufgestellten Richtlinien sind teilweise Vorgänger von DIN-Normen. Grundlage für die Normungsarbeit ist die DIN 820.

Seit der Aufstellung der ersten Normen im „Normenprofil-Buch für Walzeisen" durch den Verein Deutscher Ingenieure (VDI) im Jahre 1869 sind z. B. folgende Normenarten entstanden: Verständigungsnormen (Begriffe, Bezeichnungen, Benennungen, Symbole, Formelzeichen, Einheiten ...); Stufungs- oder Typnormen (Typung von Erzeugnissen nach Art, Form, Größe oder sonstigen gemeinsamen Merkmalen); Planungsnormen (Grundsätze für Entwurf, Berechnung und Ausführung); Konstruktionsnormen (Hinweise für die Gestaltung technischer Gegenstände); Abmessungsnormen (Abmessungen, Maßtoleranzen); Stoffnormen (Einteilung, Eigenschaften, Verwendung); Gütenormen; Prüfnormen (Untersuchungs- und Messverfahren); Verfahrensnormen; Liefer- und Dienstleistungsnormen und Sicherheitsnormen.

3.1 Normzahlen

Normzahlen (NZ) nach DIN 323 (**3.1**) sind Vorzugszahlen für die Wahl und insbesondere für die Stufung von Größen beliebiger Art, wie Längen-, Flächen-, Raummaße, Gewichte, Kräfte, Dreh- und Biegemomente, Drücke, Temperaturen, Drehzahlen, Geschwindigkeiten, Beschleunigungen, Leistungen, Arbeitsvermögen, Spannungen usw. mit dem Ziel, die praktisch zu verwendende Zahlenmenge auf das notwendige Minimum zu beschränken. Die Anwendung der Normzahlen schafft die Voraussetzung, dass an verschiedenen Stellen gleiche Größen verwendet werden, und vermeidet z. B. eine willkürliche Abstufung bei Typungen von Bauteilen, Maschinen und Geräten.

Normzahlen sind gerundete Glieder geometrischer Reihen, die die ganzzahligen Potenzen von 10 (... 0,1; 1; 10; 100 ...) enthalten. Die Reihen werden mit dem Buchstaben R (nach *Charles Renard*) und nachfolgenden Ziffern bezeichnet, die die Anzahl der Stufen je Dezimalbereich angeben. Das Verhältnis eines Gliedes zum vorhergehenden heißt Stufensprung q. Er ist innerhalb einer Reihe konstant, von Reihe zu Reihe jedoch verschieden; z. B. für die Reihe R5: $q_5 = \sqrt[5]{10} = 1{,}60$ und für die Reihe R10: $q_{10} = \sqrt[10]{10} = 1{,}25$. Jede Normalzahl entsteht durch Multiplikation der vorhergehenden mit dem Stufensprung.

Hinsichtlich der Genauigkeit unterscheidet man bei Normzahlen fünf Arten: Theoretische Werte, Genauwerte, Hauptwerte, Rundwerte und naheliegende Werte. Für den gewöhnlichen Gebrauch dienen die etwas gerundeten Hauptwerte. Sie unterscheiden sich von den Genauwerten um höchstens +1,26% und −1,01%. Unter naheliegenden Werten werden Zahlenwerte verstanden, die selbst keine Normzahlen sind, aber in der Rechnung durch diese vertreten werden können, z. B. π durch 3,15, $\sqrt{10}$ durch 3,15 und $\sqrt{2}$ durch 1,40. Werden bei Größenreihen von Konstruktionen für bestimmte Kenngrößen Normzahlen benutzt, so ergeben vielfach auch die übrigen Kenngrößen Normzahlen, sofern zwischen den Größen multiplikative Zusammenhänge bestehen. Hat z. B. die Länge den Stufensprung q, dann ergibt sich für den Querschnitt der Stufensprung q^2, für das Volumen und das Widerstandsmoment q^3 und für das Flächenträgheitsmoment q^4.

Grafische Darstellungen: Werden Exponentialfunktionen $y = c \cdot a^{k \cdot x}$ im einfach-logarithmischen Netz (Abszisse linear, Ordinate logarithmisch geteilt) bzw. Potenzfunktionen $y = c \cdot x^a$ im doppelt logarithmischen Netz dargestellt, so ergeben sich Geraden. Um den Nachteil der ungleichmäßigen logarithmischen Teilung zu vermeiden, schreibt man an linear geteilte Koordinaten (kariertes oder Millimeterpapier) die Zahlenwerte von Normzahlen an. Dies ist möglich, weil beim Logarithmieren einer geometrischen Reihe sich eine arithmetische Reihe ergibt, deren Glieder gleiche Abstände aufweisen (s. verschiedene Schaubilder in den Abschnitten „Wellen", „Kupplungen" und „Gleitlager" im Teil 2).

3.2 Toleranzen und Passungen

Ein Werkstück kann nur mit Abweichungen vom Nennmaß gefertigt werden, deren Größe vom Fertigungsaufwand abhängt. Abhängig von der Funktion ist es deshalb erforderlich, zwei Grenzmaße und damit ein Toleranzfeld festzulegen, innerhalb dessen das Istmaß des Werkstückes

3.2 Toleranzen und Passungen

$q_5 = \sqrt[5]{10}$ $= 1{,}60$	$q_{10} = \sqrt[10]{10}$ $= 1{,}25$	$q_{20} = \sqrt[20]{20}$ $= 1{,}12$	$q_{40} = \sqrt[40]{40}$ $= 1{,}06$	Mantissen	Genauwerte	Abweichung der Hauptwerte von den Genauwerten in %
R 5	R 10	R 20	R 40			
1,00	1,00	1,00	1,00	000	1,0000	0
			1,06	025	1,0593	+0,07
		1,12	1,12	050	1,1220	−0,18
			1,18	075	1,1855	−0,71
	1,25	1,25	1,25	100	1,2589	−0,71
			1,32	125	1,3353	−1,01
		1,40	1,40	150	1,4125	−0,88
			1,50	175	1,4962	+0,25
1,60	1,60	1,60	1,60	200	1,5849	+0,95
			1,70	225	1,6788	+1,26
		1,80	1,80	250	1,7783	+1,22
			1,90	275	1,8836	+0,87
	2,00	2,00	2,00	300	1,9953	+0,24
			2,12	325	2,1135	+0,31
		2,24	2,24	350	2,2387	+0,06
			2,36	375	2,3714	−0,48
2,50	2,50	2,50	2,50	400	2,5119	−0,47
			2,65	425	2,6607	−0,40
		2,80	2,80	450	2,8184	−0,65
			3,00	475	2,9854	+0,49
	3,15	3,15	3,15	500	3,1623	−0,39
			3,35	525	3,3497	+0,01
		3,55	3,55	550	3,5481	+0,05
			3,75	575	3,7584	−0,22
4,00	4,00	4,00	4,00	600	3,9811	+0,47
			4,25	625	4,2170	+0,78
		4,50	4,50	650	4,4668	+0,74
			4,75	675	4,7315	+0,39
	5,00	5,00	5,00	700	5,0119	−0,24
			5,30	725	5,3088	−0,17
		5,60	5,60	750	5,6234	−0,42
			6,00	775	5,9566	+0,73
6,30	6,30	6,30	6,30	800	6,3096	−0,15
			6,70	825	6,6834	+0,25
		7,10	7,10	850	7,0795	+0,29
			7,50	875	7,4989	+0,01
	8,00	8,00	8,00	900	7,9433	+0,71
			8,50	925	8,4140	+1,02
		9,00	9,00	950	8,9125	+0,98
			9,50	975	9,4406	+0,63
10,00	10,00	10,00	10,00	000	10,0000	0

Die Schreibweise der Normzahlen ohne Endnullen ist international ebenfalls gebräuchlich.

3.1
Normzahlen, Hauptwerte der Grundreihen und Stufensprung q nach DIN 323

liegen muss. Wird zwischen zu paarenden Werkstücken eine spezielle Passungsart gefordert, dann ist es notwendig, dem Nennmaß eine Abweichung zuzuordnen, die entweder positiv oder negativ ist, um so das geforderte Spiel oder Übermaß zu erreichen.

Seit Jahrzehnten wird in nahezu allen Ländern der Erde das ISO-System für Grenzmaße und Passungen angewendet. Zur Vereinheitlichung wurden einige bisherigen DIN-Normen in der Norm DIN ISO 286 T 1 u. T 2 zusammengefasst.

Grundbegriffe. Auswahl nach DIN ISO 286 Teil 1. (Zur Verwendung in Berechnungen und Zeichnungen wurde hinter manche Begriffe ein Buchstabe als Formelzeichen gesetzt.)

Einheitswelle. Eine Welle, die als Grundlage für das Passungssystem „Einheitswelle" gewählt wurde (**3.12**). In diesem System für Grenzmaße und Passungen hat die Welle das obere Abmaß Null.

Einheitsbohrung. Eine Bohrung, die als Grundlage für das Passungssystem „Einheitsbohrung" gewählt wurde (**3.14**). In diesem System für Grenzmaße und Passungen hat die Bohrung das untere Abmaß Null.

Nennmaß N. Das Maß, von dem die Grenzmaße mit Hilfe der oberen und unteren Abmaße abgeleitet werden (**3.2**). Das Nennmaß kann eine ganze Zahl oder eine Dezimalzahl sein, z. B. 32; 15; 8,75; 0,5 usw.

Istmaß. Als Ergebnis von Messungen festgestelltes Maß.

Grenzmaße. Die beiden extremen zugelassenen Maße eines Formelementes, zwischen denen das Istmaß liegen soll einschließlich der Grenzmaße selbst.

Höchstmaß G_o. Größtes zugelassenes Maß eines Formelements (**3.2**).

Mindestmaß G_u. Kleinstes zugelassenes Maß eines Formelements (**3.2**).

Nulllinie. In einer graphischen Darstellung von Grenzmaßen und Passungen die gerade Linie, die das Nennmaß darstellt, auf das sich die Abmaße und Toleranzen beziehen (**3.2**).

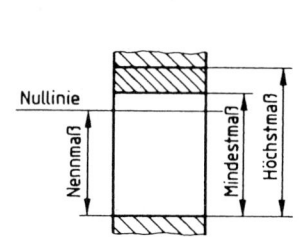

3.2
Nennmaß, Höchstmaß, Mindestmaß

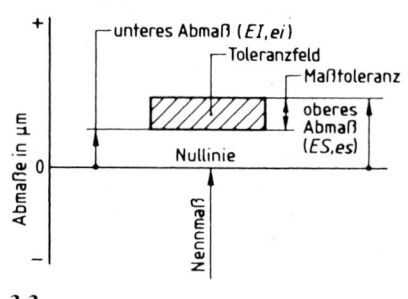

3.3
Übliche Darstellung eines Toleranzfeldes

Abmaß. Algebraische Differenz zwischen einem Maß (Istmaß, Grenzmaß usw.) und dem zugehörigen Nennmaß. Abmaße für Wellen werden mit Kleinbuchstaben (*es, ei*), Abmaße für Bohrungen mit Großbuchstaben (*ES, EI*) gekennzeichnet (**3.3**).

Grenzabmaße. Oberes Abmaß und unteres Abmaß.

Oberes Abmaß (*ES, es*). Algebraische Differenz zwischen dem Höchstmaß und dem zugehörigen Nennmaß (**3.3**).

Unteres Abmaß (*EI, ei*). Algebraische Differenz zwischen dem Mindestmaß und dem zugehörigen Nennmaß (**3.3**). In DIN-Normen waren bisher für das obere Abmaß das Kurzzeichen A_o und für das unte-

3.2 Toleranzen und Passungen

re Abmaß das Kurzzeichen A_u eingeführt. Dabei wurde bei der Schreibweise nicht zwischen Außenmaßen (Wellen) und Innenmaßen (Bohrungen) unterschieden.

Grundabmaß. Im ISO-System für Grenzmaße und Passungen das Abmaß, das die Lage des Toleranzfeldes in bezug zur Nulllinie festlegt (**3.3**). Dies kann entweder das obere oder das untere Abmaß sein; üblicherweise ist es das Abmaß, das der Nulllinie am nächsten liegt.

Die Grundabmaße werden nach den in DIN ISO 286 T 1 angegebenen Formeln errechnet. Für die Wellen der Toleranzfeldlagen a bis h ist das Grundmaß jeweils das obere Abmaß und für die Wellen der Toleranzfeldlagen k bis zc das untere Abmaß. Ausgenommen sind die Wellen mit den Toleranzfeldlagen j und js, für die es genaugenommen kein Grundabmaß gibt. Das Grenzabmaß, das dem Grundabmaß für eine Bohrung entspricht, ist mit Bezug zur Nulllinie genau symmetrisch zu dem Grenzabmaß, das dem Grundabmaß für eine Welle mit demselben Buchstaben entspricht. Diese Regel gilt aber nicht für alle Grundabmaße.

Maßtoleranz. Die Differenz zwischen dem Höchstmaß und dem Mindestmaß, also auch die Differenz zwischen dem oberen Abmaß und dem unteren Abmaß. Die Toleranz ist ein absoluter Wert ohne Vorzeichen.

Grundtoleranz (IT). In diesem System für Grenzmaße und Passungen jede zum System gehörende Toleranz. Die Buchstaben IT bedeuten „Internationale Toleranz".

Grundtoleranzgrade. In dem System für Grenzmaße und Passungen eine Gruppe von Toleranzen (z. B. IT7), die dem gleichen Genauigkeitsniveau für alle Nennmaße zugeordnet werden.

Toleranzfeld T. In einer graphischen Darstellung von Toleranzen das Feld zwischen zwei Linien, die das Höchstmaß und das Mindestmaß darstellen. Das Toleranzfeld wird festgelegt durch die Größe der Toleranz und deren Lage zur Nulllinie (**3.3**).

Toleranzklasse. Die Benennung für eine Kombination eines Grundabmaßes mit einem Toleranzgrad, z. B. h9, D13 usw. Der Toleranzgrad ist die Zahl des Grundtoleranzgrades.

Toleranzfaktor (i, I). Im ISO-System für Grenzmaße und Passungen ein Faktor, der eine Funktion des Nennmaßes ist und als Basis für die Festlegung der Grundtoleranz des Systems dient. (Der Toleranzfaktor i gilt für Nennmaße ≤ 500 mm; der Toleranzfaktor I gilt für Nennmaße > 500 mm.)

Spiel S. Die positive Differenz zwischen dem Maß der Bohrung und dem Maß der Welle vor dem Fügen, wenn der Durchmesser der Welle kleiner ist als der Durchmesser der Bohrung (**3.4**).

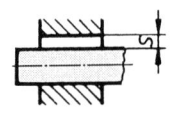

3.4
Spiel

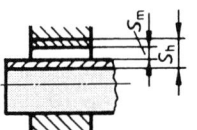

3.5
Passung mit Spiel
Mindestspiel S_m
Höchstspiel S_h

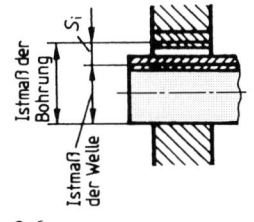

3.6
Istspiel S_i

Mindestspiel S_m. Bei einer Spielpassung die positive Differenz zwischen dem Mindestmaß der Bohrung und dem Höchstmaß der Welle (**3.5**).

Höchstspiel S_h. Bei einer Spiel- oder Übergangspassung die positive Differenz zwischen dem Höchstmaß der Bohrung und dem Mindestmaß der Welle (**3.5**).

Istspiel S_i. Spiel zwischen dem Istmaß der Bohrung und dem Istmaß der Welle (**3.6**).

Übermaß U. Die negative Differenz zwischen dem Maß der Bohrung und dem Maß der Welle vor dem Fügen, wenn der Wellendurchmesser größer ist als der Bohrungsdurchmesser (**3.7**).

Mindestübermaß U_m. Bei einer Übermaßpassung die negative Differenz zwischen dem Höchstmaß der Bohrung und dem Mindestmaß der Welle vor dem Fügen (**3.8**).

Höchstübermaß U_h. Bei einer Übermaß- oder Übergangspassung die negative Differenz zwischen dem Mindestmaß der Bohrung und dem Höchstmaß der Welle vor dem Fügen (**3.8**).

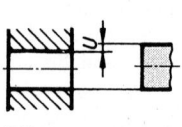

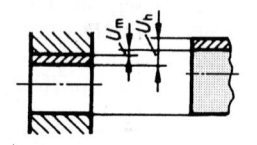

3.7
Übermaß U

3.8
Übermaßpassung
  Mindestübermaß U_m
  Höchstübermaß U_h

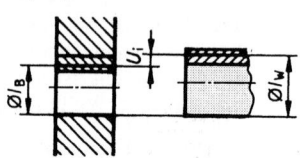

3.9
Istmaß der Bohrung I_B
Istmaß der Welle I_W
Istübermaß U_i

Istübermaß U_i. Übermaß zwischen dem Istmaß der Bohrung und dem Istmaß der Welle. Das Ergebnis muss negativ sein (**3.9**).

Passung. Die Beziehung, die sich aus der Differenz zwischen den Maßen zweier zu fügender Formelemente (Bohrung und Welle) ergibt. Die zwei zu einer Passung gehörenden Passteile haben dasselbe Nennmaß.

Spielpassung. Eine Passung, bei der beim Fügen von Bohrung und Welle immer ein Spiel entsteht, d. h. das Mindestmaß der Bohrung ist größer oder im Grenzfall gleich dem Höchstmaß der Welle (**3.5**, **3.12** und **3.14**).

Übergangspassung. Eine Passung, bei der beim Fügen von Bohrung und Welle entweder ein Spiel oder ein Übermaß entsteht, abhängig von den Istmaßen von Bohrung und Welle, d. h. die Toleranzfelder von Bohrung und Welle überdecken sich vollständig oder teilweise (**3.10**, **3.12** und **3.14**).

Übermaßpassung. Eine Passung, bei der beim Fügen von Bohrung und Welle überall ein Übermaß entsteht, d. h. das Höchstmaß der Bohrung ist kleiner oder im Grenzfall gleich dem Mindestmaß der Welle (**3.8**, **3.12** und **3.14**).

Passtoleranz T_p. Die arithmetische Summe der Toleranzen der beiden Formelemente, die zu einer Passung gehören (**3.11**). Die Passtoleranz ist ein absoluter Wert ohne Vorzeichen.

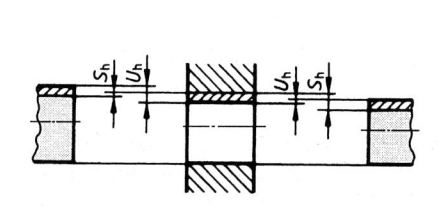

3.10
Übergangspassung
  Höchstspiel S_m
  Höchstübermaß U_h

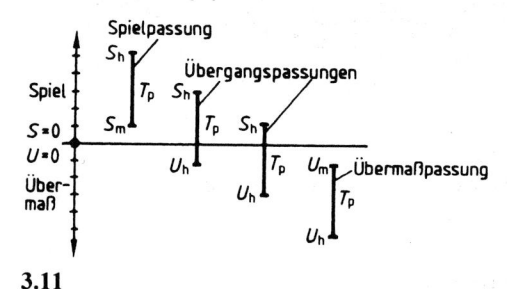

3.11
Passtoleranz, Passungsarten

3.2 Toleranzen und Passungen

Passungssystem Einheitswelle. Ein Passungssystem, in dem die geforderten Spiele oder Übermaße dadurch erreicht werden, dass den Bohrungen mit verschiedenen Toleranzklassen Wellen mit einer einzigen Toleranzklasse zugeordnet sind. Im Passungssystem Einheitswelle ist das Höchstmaß der Welle gleich dem Nennmaß, d. h. das obere Abmaß der Welle ist Null (3.12 und 3.13). Das Passungssystem Einheitswelle wird bei langen Wellen bevorzugt, die aus unbearbeiteten blanken Halbzeugen bestehen.

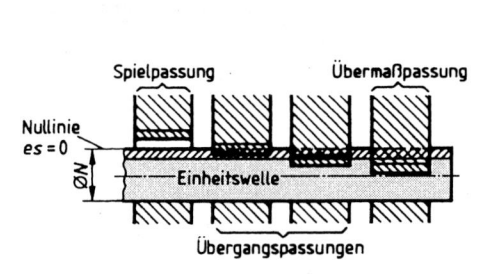

3.12
Passungssystem „Einheitswelle"

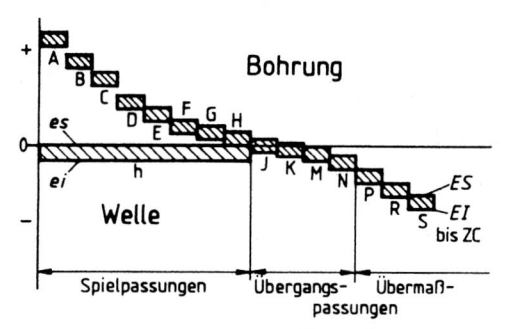

3.13
Lage der Toleranzfelder im Passungssystem „Einheitswelle" für gleichen Grundtoleranzgrad (schematisch, ohne Zwischenfelder)

Passungssystem Einheitsbohrung. Ein Passungssystem, in dem die geforderten Spiele oder Übermaße dadurch erreicht werden, dass den Wellen mit verschiedenen Toleranzklassen Bohrungen mit einer einzigen Toleranzklasse zugeordnet sind. Das Passungssystem Einheitsbohrung wird im Maschinenbau bevorzugt verwendet. Im Passungssystem Einheitsbohrung ist das Mindestmaß der Bohrung gleich dem Nennmaß, d. h. das untere Abmaß der Bohrung ist Null (3.14 und 3.15).

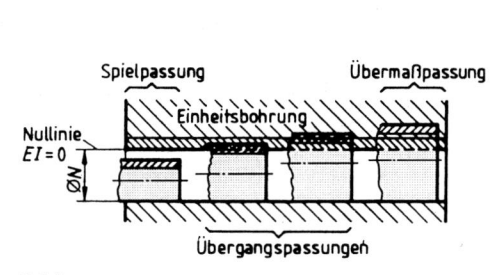

3.14
Passungssystem „Einheitsbohrung"

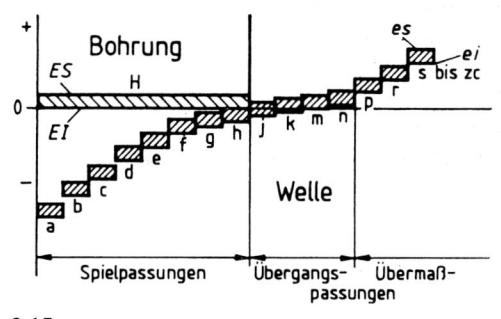

3.15
Lage der Toleranzfelder im Passungssystem „Einheitsbohrung" für gleichen Grundtoleranzgrad (schematisch, ohne Zwischenfelder)

Kurzzeichen

Grundtoleranzgrade. Die Grundtoleranzgrade sind mit den Buchstaben IT und einer nachfolgenden Zahl gekennzeichnet, z. B. IT7. Wenn die Toleranzgrade im Zusammenhang mit einem

Grundabmaß stehen, um eine Toleranzklasse zu bilden, entfallen die Buchstaben IT: z. B. h7 (s. **3.19**). Das ISO-System gibt 20 Grundtoleranzgrade an, von denen die Grade IT1 bis IT18 allgemein gebräuchlich und im Hauptteil der Norm enthalten sind. Die Grade IT0 und IT01 sind nicht für die allgemeine Anwendung vorgesehen.

Abmaße

Toleranzfeldlage. Die Lage des Toleranzfeldes zur Nulllinie ist eine Funktion des Nennmaßes und wird mit Großbuchstaben für Bohrungen (A ... ZC) oder mit Kleinbuchstaben für Wellen (a ... zc) gekennzeichnet (**3.13**, **3.15** und **3.16**). Die Buchstaben kennzeichnen den kleinsten Abstand der Toleranzfelder von der Nulllinie. Um Missverständnisse zu vermeiden, werden folgende Buchstaben nicht verwendet: I, i, L, l, O, o, Q, q, W, w.

Die mit A bzw. a und Z bzw. z bezeichneten Toleranzfeldlagen haben den größten Abstand von der Nulllinie. Die Toleranzfeldlage A für die Bohrung befindet sich im Plusbereich, das Toleranzfeld liegt oberhalb der Nulllinie. Der Buchstabe A kennzeichnet somit das untere Abmaß der Bohrung. Die Toleranzfeldlage Z für die Bohrung befindet sich im Minusbereich, also unterhalb der Nulllinie. Der Buchstabe kennzeichnet somit das obere Abmaß der Bohrung. Die Toleranzfeldlage H beginnt an der Nulllinie. Ihr Toleranzfeld reicht in das Plusgebiet hinein.

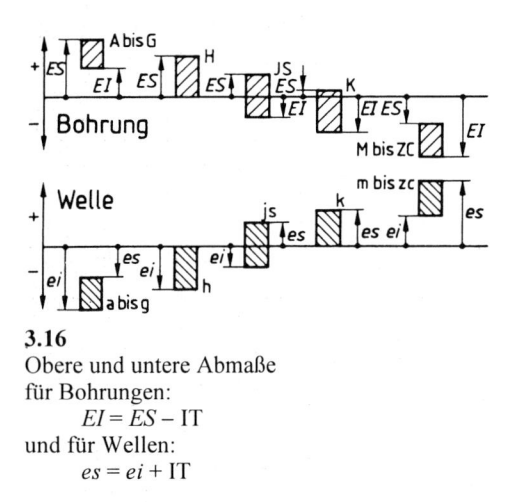

3.16 Obere und untere Abmaße
für Bohrungen:
$EI = ES - IT$
und für Wellen:
$es = ei + IT$

Die Toleranzfeldlagen für Wellen befinden sich entsprechend auf der anderen Seite der Nulllinie. Hierbei kennzeichnen die Buchstaben a bis h die oberen Abmaße und k bis zc die unteren Abmaße.

Das J-Feld und das K-Feld liegen zu beiden Seiten der Nulllinie (**3.13** und **3.22**; s. auch Erläuterungen zu **3.20** und **3.17**).

Obere Abmaße. Obere Abmaße werden mit den Buchstaben „*ES*" für Bohrungen und „*es*" für Wellen gekennzeichnet (**3.16**).

Untere Abmaße. Untere Abmaße werden mit den Buchstaben „*EI*" für Bohrungen und „*ei*" für Wellen gekennzeichnet (**3.16**).

Bezeichnung

Toleranzklasse. Eine Toleranzklasse wird mit dem Buchstaben für das Grundabmaß sowie mit der Zahl des Grundtoleranzgrades bezeichnet.

3.2 Toleranzen und Passungen

		Untere Abmaße EI						
Toleranzfeldlage		A	B	C	D	E	F	G
Toleranzgrad		alle Grundtoleranzgrade						
Nennmaßbereich in mm	> 1 ... 3	+ 270	+ 140	+ 60	+ 20	+ 14	+ 6	+ 2
	> 3 ... 6	+ 270	+ 140	+ 70	+ 30	+ 20	+ 10	+ 4
	> 6 ... 10	+ 280	+ 150	+ 80	+ 40	+ 25	+ 13	+ 5
	> 10 ... 18	+ 290	+ 150	+ 95	+ 50	+ 32	+ 16	+ 6
	> 18 ... 30	+ 300	+ 160	+ 110	+ 65	+ 40	+ 20	+ 7
	> 30 ... 40	+ 310	+ 170	+ 120	+ 80	+ 50	+ 25	+ 9
	> 40 ... 50	+ 320	+ 180	+ 130				
	> 50 ... 65	+ 340	+ 190	+ 140	+ 100	+ 60	+ 30	+ 10
	> 65 ... 80	+ 360	+ 200	+ 150				
	> 80 ... 100	+ 380	+ 220	+ 170	+ 120	+ 72	+ 36	+ 12
	>100 ... 120	+ 410	+ 240	+ 180				
	>120 ... 140	+ 460	+ 260	+ 200	+ 145	+ 85	+ 43	+ 14
	>140 ... 160	+ 520	+ 280	+ 210				

		Obere Abmaße ES							Δ - Wert					
Toleranzfeldlage		J			K	M		N						
Toleranzgrad		6	7	8	bis 8	bis 8	ab 9	bis 8	3	4	5	6	7	8
Nennmaßbereich in mm	1 ... 3	+ 2	+ 4	+ 6	0	− 2	− 2	− 4			Δ = 0			
	> 3 ... 6	+ 5	+ 6	+ 10	− 1 + Δ	− 4 + Δ	− 4	− 8 + Δ	1	1,5	1	3	4	6
	> 6 ... 10	+ 5	+ 8	+ 12	− 1 + Δ	− 6 + Δ	− 6	− 10 + Δ	1	1,5	2	3	6	7
	> 10 ... 18	+ 6	+ 10	+ 15	− 1 + Δ	− 7 + Δ	− 7	− 12 + Δ	1	2	3	3	7	9
	> 18 ... 30	+ 8	+ 12	+ 20	− 2 + Δ	− 8 + Δ	− 8	− 15 + Δ	1,5	2	3	4	8	12
	> 30 ... 50	+ 10	+ 14	+ 24	− 2 + Δ	− 9 + Δ	− 9	− 17 + Δ	1,5	3	4	5	9	14
	> 50 ... 80	+ 13	+ 18	+ 28	− 2 + Δ	− 11 + Δ	− 11	− 20 + Δ	2	3	5	6	11	16
	> 80 ... 120	+ 16	+ 22	+ 34	− 3 + Δ	− 13 + Δ	− 13	− 23 + Δ	2	4	5	7	13	19
	>120 ... 180	+ 18	+ 26	+ 41	− 3 + Δ	− 15 + Δ	− 15	− 27 + Δ	3	4	6	7	15	23

		Obere Abmaße ES										
Toleranzfeldlage [1])		P	R	S	T	U	V	X	Y	Z	ZA	ZB	ZC
Toleranzgrad		ab IT 8											
Nennmaßbereich in mm	1 ... 3	− 6	− 10	− 14	−	− 18	−	− 20	−	− 26	− 32	− 40	− 60
	> 3 ... 6	− 12	− 15	− 19	−	− 23	−	− 28	−	− 35	− 42	− 50	− 80
	> 6 ... 10	− 15	− 19	− 23	−	− 28	−	− 34	−	− 42	− 52	− 67	− 97
	> 10 ... 14	− 18	− 23	− 28	−	− 33	−	− 40	−	− 50	− 64	− 90	− 130
	> 14 ... 18						− 39	− 45	−	− 60	− 77	− 108	− 150
	> 18 ... 24	− 22	− 28	− 35	−	− 41	− 47	− 54	− 63	− 73	− 98	− 136	− 188
	> 24 ... 30				− 41	− 48	− 55	− 64	− 75	− 88	− 118	− 166	− 218
	> 30 ... 40	− 26	− 34	− 43	− 48	− 60	− 68	− 80	− 94	− 112	− 148	− 200	− 274
	> 40 ... 50				− 54	− 70	− 81	− 97	− 114	− 136	− 180	− 242	− 325
	> 50 ... 65	− 32	− 41	− 53	− 66	− 87	− 102	− 122	− 144	− 172	− 226	− 300	− 405
	> 65 ... 80		− 43	− 59	− 75	− 102	− 120	− 146	− 174	− 210	− 274	− 360	− 480
	> 80 ... 100	− 37	− 51	− 71	− 91	− 124	− 146	− 178	− 214	− 258	− 335	− 445	− 585
	>100 ... 120		− 54	− 79	− 104	− 144	− 172	− 210	− 254	− 310	− 400	− 525	− 690
	>120 ... 140	− 43	− 63	− 92	− 122	− 170	− 202	− 248	− 300	− 365	− 470	− 620	− 800
	>140 ... 160		− 65	− 100	− 134	− 190	− 228	− 280	− 340	− 415	− 535	− 700	− 900

[1]) Für Toleranzfeldlagen P bis ZC in Grundtoleranzgraden ≤ IT7 werden die Werte für ES von IT8 um Δ erhöht: ES = ES von IT8 + Δ. Beispiel: Für ES von S6 im Bereich von 30 ... 40 mm ist Δ = 5μm bei IT6, deshalb wird für S6 das obere Abmaß ES = − 43 +5 = 38 μm.

3.17
Grundabmaße in μm für Innenpassflächen (Bohrungen); Auszug aus DIN ISO 286 T1

Erläuterung zur Bildung der Grenzabmaße eines Toleranzfeldes. Das Grundabmaß aus **3.20** und **3.17** und das durch Addieren oder Subtrahieren der entsprechenden Grundtoleranz nach **3.19** errechnete zweite Abmaß sind die Grenzabmaße eines Toleranzfeldes. Das Grundabmaß bezeichnet die kürzeste Entfernung des Toleranzfeldes von der Nulllinie für den betreffenden Buchstaben. Durch welche Rechenart das zweite Abmaß bestimmt werden muss, ist aus den folgenden Hinweisen ersichtlich. Die in den vorstehenden Bildern nicht aufgeführten Nennmaßbereiche und Zwischentoleranzen s. DIN ISO 286 T1.

Toleranzfeldlage a bis h unterhalb der Nulllinie

Toleranzfeldlage j annähernd symmetrisch zu Nulllinie

Toleranzfeldlage js symmetrisch zur Nulllinie

Toleranzfeldlage k bis zc oberhalb der Nulllinie

Toleranzfeldlage A bis H oberhalb der Nulllinie

Toleranzfeldlage JS symmetrisch zu beiden Seiten der Nulllinie

Toleranzfeldlage K, M, N bis Grundtoleranzgrad IT8 und P bis ZC bis Grundtoleranzgrad IT7 vorwiegend unterhalb der Nulllinie

Toleranzfeldlage K, M, N über Grundtoleranzgrad IT8 und P bis ZC über Grundtoleranzgrad IT7 unterhalb der Nulllinie

3.18
Bildung der Grenzabmaße eines Toleranzfeldes

Beispiele: H7 (Bohrungen), h7 (Wellen).

Toleriertes Maß. Ein toleriertes Maß besteht entweder aus dem Nennmaß und dem Kurzzeichen der geforderten Toleranzklasse oder dem Nennmaß und den Abmaßen

Beispiele: 32H7, 80js15, 100g6, 100$^{-0,012}_{-0,034}$

Passung. Eine Passung zwischen zu paarenden Formelementen erfordert die Angaben: a) das gemeinsame Nennmaß, b) das Kurzzeichen der Toleranzklasse für die Bohrung und c) das Kurzzeichen der Toleranzklasse für die Welle.

Beispiele: 52H7/g6 oder 52$\frac{H7}{g6}$

Berechnung der Grundtoleranzgrade (IT) für Nennmaße bis 500 mm

Das ISO-System für Grenzmaße und Passungen enthält 20 Grundtoleranzgrade mit den Bezeichnungen IT01, IT0 und IT1 bis IT18 für die Nennmaßbereiche 0 bis 500 mm und 18 Grundtoleranzgrade mit den Bezeichnungen IT1 bis IT18 für die Nennmaßbereiche 500 bis 3150 mm.

3.2 Toleranzen und Passungen

Grundtoleranzgrade IT01 bis IT4. Formeln zur Berechnung der Grundtoleranzen für die Grundtoleranzgrade IT01, IT0 und IT1 s. DIN ISO 286 T 1. Die Grundtoleranzgrade IT0 und IT01 werden in der Praxis nur wenig angewendet. Es ist zu beachten, dass für IT2, IT3 und IT4 keine Formeln vorhanden sind. Die Werte für diese Grundtoleranzgrade sind ungefähr in geometrischer Reihe zwischen den Werten für IT1 und IT5 festgelegt worden.

Grundtoleranzgrade IT5 und IT18. Die Werte der Grundtoleranzen T für die Grundtoleranzgrade IT5 bis IT18 für Nennmaße bis 500 mm sind gleich dem Produkt aus dem Toleranzfaktor i für das gegebene Nennmaß und dem jedem Grundtoleranzgrad zugeordneten Faktor f, also $T = i \cdot f$ **(3.19)**.

Der Toleranzfaktor i wird nach folgender Formel berechnet: $i = 0{,}45 \cdot \sqrt[3]{D} + 0{,}001 \cdot D$ in µm mit D in mm als dem geometrischen Mittel aus den Grenzwerten $D_1 \cdot D_2$ des Nennmaßbereiches: $D = \sqrt{D_1 \cdot D_2}$.

Berechnung von Grundtoleranzen (IT) für Nennmaße von 500 bis 3150 mm
Die Werte der Grundtoleranzen für die Grundtoleranzgrade IT1 bis IT18 werden als Funktion des Toleranzfaktors I ermittelt. Der Toleranzfaktor I in µm wird nach folgender Formel berechnet: $I = 0{,}004 \cdot D + 2{,}1$ µm, wobei D das geometrische Mittel der Bereichsgrenzen des Nennmaßbereiches in mm ist. Die Werte der Grundtoleranzen werden mit dem Toleranzfaktor I und dem zugeordneten Faktor f berechnet; s. DIN ISO 286 T 1.

Grund-toleranz-grad		Nennmaßbereich									Multi-plikator f
		1⋮3	>3⋮6	>6⋮10	>10⋮18	>18⋮30	>30⋮50	>50⋮80	>80⋮120	>120⋮180	>180⋮250	
01	IT01	0,3	0,4	0,4	0,5	0,6	0,6	0,8	1	1,2	2	–
0	IT0	0,5	0,6	0,6	0,8	1	1	1,2	1,5	2	3	–
1	IT1	0,8	1	1	1,2	1,5	1,5	2	2,5	3,5	4,5	–
2	IT2	1,2	1,5	1,5	2	2,5	2,5	3	4	5	7	–
3	IT3	2	2,5	2,5	3	4	4	5	6	8	10	–
4	IT4	3	4	4	5	6	7	8	10	12	14	–
5	IT5	4	5	6	8	9	11	13	15	18	20	7
6	IT6	6	8	9	11	13	16	19	22	25	29	10
7	IT7	10	12	15	18	21	25	30	35	40	46	16
8	IT8	14	18	22	27	33	39	46	54	63	72	25
9	IT9	25	30	36	43	52	62	74	87	100	115	40
10	IT10	40	48	58	70	84	100	120	140	160	185	64
11	IT11	60	75	90	110	130	160	190	220	250	290	100
12	IT12	100	120	150	180	210	250	300	350	400	460	160
13	IT13	140	180	220	270	330	390	460	540	630	720	250
14	IT14	250	300	360	430	520	620	740	870	1000	1150	400
15	IT15	400	480	580	700	840	1000	1200	1400	1600	1850	640
16	IT16	600	750	900	1100	1300	1600	1900	2200	2500	2900	1000
17	IT17	–	–	1500	1800	2100	2500	3000	3500	4000	4600	1600
18	IT18	–	–	–	2700	3300	3900	4600	5400	6300	7200	2500

3.19
Grundtoleranzen der Nennmaßbereiche in µm nach DIN ISO 286 T1, abhängig vom Grundtoleranzgrad bzw. vom Toleranzfaktor i; $T = i \cdot f$

Toleranzfeldlage	Obere Abmaße es						
	a	b	c	d	e	f	g
Toleranzgrad	alle Grundtoleranzgrade						
1 ··· 3	−270	−140	−60	−20	−14	−6	−2
> 3 ··· 6	−270	−140	−70	−30	−20	−10	−4
> 6 ··· 10	−280	−150	−80	−40	−25	−13	−5
> 10 ··· 18	−290	−150	−95	−50	−32	−16	−6
> 18 ··· 30	−300	−160	−110	−65	−40	−20	−7
> 30 ··· 40	−310	−170	−120	−80	−50	−25	−9
> 40 ··· 50	−320	−180	−130				
> 50 ··· 65	−340	−190	−140	−100	−60	−30	−10
> 65 ··· 80	−360	−200	−150				
> 80 ··· 100	−380	−220	−170	−120	−72	−36	−12
>100 ··· 120	−410	−240	−180				
>120 ··· 140	−460	−260	−200	−145	−85	−43	−14
>140 ··· 160	−520	−280	−210				

Nennmaßbereich in mm

Toleranzfeldlage	Untere Abmaße ei					
	j		k	m	n	p
Toleranzgrad	5 und 6	7	4 bis 7	alle Genauigkeitsgrade		
1 ··· 3	−2	−4	0	+2	+4	+6
> 3 ··· 6	−2	−4	+1	+4	+8	+12
> 6 ··· 10	−2	−5	+1	+6	+10	+15
> 10 ··· 18	−3	−6	+1	+7	+12	+18
> 18 ··· 30	−4	−8	+2	+8	+15	+22
> 30 ··· 50	−5	−10	+2	+9	+17	+26
> 50 ··· 80	−7	−12	+2	+11	+20	+32
> 80 ··· 120	−9	−15	+3	+13	+23	+37
>120 ··· 180	−11	−18	+3	+15	+27	+43

Nennmaßbereich in mm

Toleranzfeldlage	Untere Abmaße ei									
	r	s	t	u	v	x	y	z	za	zb	zc
Toleranzgrad	alle Grundtoleranzgrade									
> 1 ··· 3	+10	+14	−	+18	−	+20	−	+26	+32	+40	+60
> 3 ··· 6	+15	+19	−	+23	−	+28	−	+35	+42	+50	+80
> 6 ··· 10	+19	+23	−	+28	−	+34	−	+42	+52	+67	+97
> 10 ··· 14	+23	+28	−	+33	−	+40	−	+50	+64	+90	+130
> 14 ··· 18					+39	+45	−	+60	+77	+108	+150
> 18 ··· 24	+28	+35	−	+41	+47	+54	+63	+73	+98	+136	+188
> 24 ··· 30			+41	+48	+55	+64	+75	+88	+118	+160	+218
> 30 ··· 40	+34	+43	+48	+60	+68	+80	+94	+112	+148	+200	+274
> 40 ··· 50			+54	+70	+81	+97	+114	+136	+180	+242	+325
> 50 ··· 65	+41	+53	+66	+87	+102	+122	+144	+172	+226	+300	+405
> 65 ··· 80	+43	+59	+75	+102	+120	+146	+174	+210	+274	+360	+480
> 80 ··· 100	+51	+71	+91	+124	+146	+178	+214	+258	+335	+445	+585
>100 ··· 120	+54	+79	+104	+144	+172	+210	+254	+310	+400	+525	+690
>120 ··· 140	+63	+92	+122	+170	+202	+248	+300	+365	+470	+620	+800
>140 ··· 160	+65	+100	+134	+190	+228	+280	+340	+415	+535	+700	+900

Nennmaßbereich in mm

3.20
Grundabmaße in μm für Außenflächen (Wellen); Auszug aus DIN ISO 286 T1

3.2 Toleranzen und Passungen

Passungsauswahl

Bildung von Toleranzfeldern. Das Grundabmaß (Bilder **3.20** und **3.17**) und das durch Addieren oder Subtrahieren der entsprechenden Grundtoleranz (Bild **3.19**) errechnete zweite Abmaß sind die Grenzabmaße (Nennabmaße) eines ISO-Toleranzfeldes.

Die Norm DIN ISO 286 T 2 enthält Tabellen der Grundtoleranzgrade und Grenzabmaße für Bohrungen und Wellen. Diese umfangreichen Tabellen können hier nicht wiedergegeben werden. Mit Hilfe der Bilder **3.19**, **3.20** und **3.17** lassen sich jedoch Grenzabmaße für die darin angeführten Nennmaße bzw. Grundtoleranzgrade berechnen.

Paarungsauswahl. Die beliebige Paarung der Toleranzklassen würde eine sehr große Zahl von Passungen ergeben. Eine wirtschaftliche Fertigung erfordert allein wegen der Beschränkung der Werk- und Messzeuge auf die Mindestzahl eine weitgehende Einschränkung der Zahl der Toleranzklassen. Die Norm DIN 7157 enthält eine Vorzugsreihe von Toleranzklassen für Passungen mit einem weitgehenden Anwendungsbereich (Bild **3.24**). Diese Toleranzklassen können beliebig gepaart werden, jedoch sollte die Empfehlung der DIN 7157 für eine Paarungsauswahl nach **3.21** berücksichtigt werden. Nur wenn die Eigenart des Industriezweiges oder die Funktion der Teile es erfordert, sollte auf die Normen DIN 7154 und DIN 7155 zurückgegriffen werden.

1)	Presspassung	Übergangspassung	Spielpassung					
1	H8/x8, H8/u8 H7/r6	H7/n6	H7/h6	H8/h9	H7/f7	H8/f7		
2	H7/s6	H7/k6 H7/j6	F8/h9	F8/h6	E9/h9	D10/h9	C11/h9	
3			H11/h9	H7/g6	H8/e8	H8/d9	D10/h11	C11/h11
			H11/h11	H11/d9	H11/c11	H11/a11	A11/h11	

1) Paarungen möglichst aus 1 anwenden.

3.21
Passungsauswahl nach DIN 7157

Wälzlagerpassungen. Der Einbau von Wälzlagern erfordert besondere Beachtung. Nach der Norm DIN 620 T 2 sind für Innendurchmesser des Innenringes und für Außendurchmesser des Außenringes eigene Toleranzklassen festgelegt, z. B. für Radiallager P0 (Normaltoleranz) sowie P6 ... P2, für Kegelrollenlager die Toleranzklasse P0 und P6X ... P4. Sie entsprechen nur annähernd den Toleranzklassen H5 ... 6 bzw. h5 ... 6 nach DIN ISO 286 T 1. Die Grenzabmaße für Innen- und Außenringe dieser Wälzlager s. DIN 620 T 2 oder Wälzlagerkataloge.

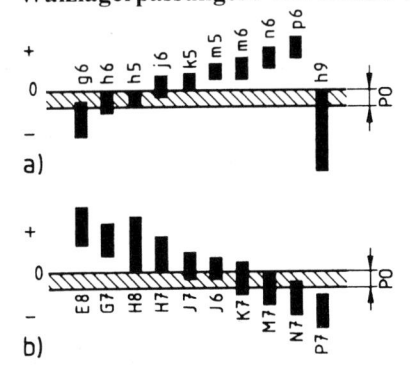

3.22
Lage der Toleranzfelder für Wälzlagerpassungen
a) Wellentoleranzen im Vergleich zur Bohrungstoleranz des Innenringes
b) Gehäusetoleranz im Vergleich zur Außendurchmessertoleranz der Wälzlager

Die einwandfreie Funktion eines Wälzlagers hängt in besonderem Maße von der Einstellung des richtigen Betriebsspiels ab. Dieses ergibt sich aus der im nicht montierten Lager vorhandenen Lagerluft und deren Verminderung durch Passungswahl und Temperatureinfluss.

Die Passungswahl richtet sich außerdem noch nach dem Verwendungszweck, den Einbaubedingungen und nach dem Gehäusewerkstoff.

Die erforderliche feste oder lose Passung wird dadurch erreicht, dass für Wellen und Bohrungen geeignete Toleranzklassen aus dem Passungssystem DIN ISO 286 T 1 ausgewählt werden. Für Wälzlagerpassungen kommt nach DIN 5425 nur eine beschränkte Auswahl von ISO-Toleranzklassen in Betracht (**3.22**; s. auch Teil 2 „Wälzlager"). Die für den Einbau von Wälzlagern gewünschten Grenzabmaße können zum Teil aus **3.24** entnommen oder aus den Bilder **3.20** und **3.17** in Verbindung mit Bild **3.19** berechnet werden.

Passfederpassungen. Bei der Passungsauswahl für Passfedern wird das System der Einheitswelle zugrunde gelegt. Die Höhe der Passfedern wird mit der Toleranzklasse h11 und die Breite mit h9 gefertigt. Die Breite der Nabennut und die der Wellennut können unterschiedlich toleriert werden. Bei Übermaßpassung erhält die Nutenbreite in der Welle und in der Nabe die Toleranzklasse P9 (P8); bei Übergangspassung in der Welle N9 (N8) und in der Nabe JS9, J9 (J8) und bei Spielpassung in der Welle H9 (H8) und in der Nabe D10. Die gewünschten Grenzabmessungen können entweder aus **3.24** oder aus **3.17** in Verbindung mit **3.19** berechnet werden.

Toleranzangaben in Zeichnungen

Die Eintragung von Maßtoleranzen und Passungskurzzeichen erfolgt nach den Regeln der Norm DIN 406. Hierbei ist zu beachten: Maßtoleranzen und Passungskurzzeichen sind hinter der Maßzahl des Nennmaßes einzutragen. Die Abmaße werden hinter das Nennmaß geschrieben; das obere Abmaß steht über dem unteren Abmaß. Bei zusammengebaut bezeichneten Teilen ist das Maß mit der Toleranz für die Außenteile (Innenmaß, Bohrung) über dem Maß mit der Toleranz für das Innenteil (Außenmaß, Welle) anzuordnen. Die Zuordnung der Maße ist durch Wertangabe z. B. „Bohrung", „Welle", „Pos. Nr." zu kennzeichnen. Wenn es die Deutlichkeit der Zeichnung erfordert, sind Bezugslinien und/oder zwei Maßlinien vorzunehmen. Bei Verwendung von ISO-Kennzeichen in Zeichnungen werden die Großbuchstaben und die Zahl für den Genauigkeitsgrad für Innenmaße (Bohrungen) und die Kleinbuchstaben und Zahlen für Außenmaße (Wellen) hinter das Nennmaß gesetzt.

Allgemeintoleranzen nach DIN ISO 2768 geben die werkstattüblichen Abweichungen nicht tolerierter Maße in 4 Genauigkeitsgeraden an (Bild **3.23**). Sie werden nicht in die Zeichnung geschrieben, sondern die Toleranzklasse wird in das Schriftfeld eingetragen.

Toleranzklasse		Nennmaßbereich in mm								
		0,5 ⋮ 3,0	>3 ⋮ 6	>6 ⋮ 30	>30 ⋮ 120	>120 ⋮ 400	>400 ⋮ 1000	>1000 ⋮ 2000	>0,5 ⋮ 3	>3 ⋮ 6	>6
		Längenmaße							Rundungshalbmesser, Fasen		
f	fein	±0,05	±0,05	±0,1	±0,15	±0,2	±0,3	±0,5	±0,2	±0,5	±1
m	mittel	±0,1	±0,1	±0,2	±0,3	±0,5	±0,8	±1,2			
c	grob	±0,2	±0,3	±0,5	±0,8	±1,2	±2	±3	±0,4	±1	±2
v	sehr grob	–	±0,5	±1	±1,5	±2,5	±4	±6			

3.23
Allgemeintoleranzen in mm (Auszug aus DIN ISO 2768). Obere und untere Abmaße für Längenmaße und für Rundungshalbmesser bzw. Fasenhöhen

3.2 Toleranzen und Passungen

3.24 Passungsauswahl DIN 7157; Abmaße in μm (Nennmaß > 200 s. Norm)

ISO-Kurz-zeichen	Reihe 1	Reihe 2	x8/u8¹⁾	s6	r6	n6	k6	j6	h6	h9	h11	g6	f7	e8	d9	c11	a11	H7	H8	H11	G7	F8	E9	D10	C11
			Außenmaße (Wellen)															**Innenmaße (Bohrungen)**							
von bis	1	3	+34 +20	+20 +14	+16 +10	+10 +4	+6 0	+4 −2	0 −6	0 −25	0 −60	−2 −8	−6 −16	−14 −28	−20 −45	−60 −120	−270 −330	+10 0	+14 0	+60 0	+12 +2	+20 +6	+39 +14	+60 +20	+120 +60
über bis	3	6	+46 +28	+27 +19	+23 +15	+16 +8	+9 +1	+6 −2	0 −8	0 −30	0 −75	−4 −12	−10 −22	−20 −38	−30 −60	−70 −145	−270 −345	+12 0	+18 0	+75 0	+16 +4	+28 +10	+50 +20	+78 +30	+145 +70
über bis	6	10	+56 +34	+32 +23	+28 +19	+19 +10	+10 +1	+7 −2	0 −9	0 −36	0 −90	−5 −14	−13 −28	−25 −47	−40 −76	−80 −170	−280 −370	+15 0	+22 0	+90 0	+20 +5	+35 +13	+61 +25	+98 +40	+170 +80
über bis	10	14	+67 +40	+39 +28	+34 +23	+23 +12	+12 +1	+8 −3	0 −11	0 −43	0 −110	−6 −17	−16 −34	−32 −59	−50 −93	−95 −205	−290 −400	+18 0	+27 0	+110 0	+24 +6	+43 +16	+75 +32	+120 +50	+205 +95
über bis	14	18	+72 +45	+39 +28	+34 +23	+23 +12	+12 +1	+8 −3	0 −11	0 −43	0 −110	−6 −17	−16 −34	−32 −59	−50 −93	−95 −205	−290 −400	+18 0	+27 0	+110 0	+24 +6	+43 +16	+75 +32	+120 +50	+205 +95
über bis	18	24	+87 +54	+48 +35	+41 +28	+28 +15	+15 +2	+9 −4	0 −13	0 −52	0 −130	−7 −20	−20 −41	−40 −73	−65 −117	−110 −240	−300 −430	+21 0	+33 0	+130 0	+28 +7	+53 +20	+92 +40	+149 +65	+240 +110
über bis	24	30	+81 +48	+48 +35	+41 +28	+28 +15	+15 +2	+9 −4	0 −13	0 −52	0 −130	−7 −20	−20 −41	−40 −73	−65 −117	−110 −240	−300 −430	+21 0	+33 0	+130 0	+28 +7	+53 +20	+92 +40	+149 +65	+240 +110
über bis	30	40	+99 +60	+59 +43	+50 +34	+33 +17	+18 +2	+11 −5	0 −16	0 −62	0 −160	−9 −25	−25 −50	−50 −89	−80 −142	−120 −280 −310 −470		+25 0	+39 0	+160 0	+34 +9	+64 +25	+112 +50	+180 +80	+280 +120
über bis	40	50	+109 +70	+59 +43	+50 +34	+33 +17	+18 +2	+11 −5	0 −16	0 −62	0 −160	−9 −25	−25 −50	−50 −89	−80 −142	−130 −290 −320 −480		+25 0	+39 0	+160 0	+34 +9	+64 +25	+112 +50	+180 +80	+290 +130
über bis	50	65	+133 +87	+72 +53	+60 +41	+39 +21	+21 +2	+12 −7	0 −19	0 −74	0 −190	−10 −29	−30 −60	−60 −106	−100 −174	−140 −330 −340 −530		+30 0	+46 0	+190 0	+40 +10	+76 +30	+134 +60	+220 +100	+330 +140
über bis	65	80	+148 +102	+78 +59	+62 +43	+39 +21	+21 +2	+12 −7	0 −19	0 −74	0 −190	−10 −29	−30 −60	−60 −106	−100 −174	−150 −340 −360 −550		+30 0	+46 0	+190 0	+40 +10	+76 +30	+134 +60	+220 +100	+340 +150
über bis	80	100	+178 +124	+93 +71	+73 +51	+45 +23	+25 +3	+13 −9	0 −22	0 −87	0 −220	−12 −34	−36 −71	−72 −126	−120 −207	−170 −390 −380 −600		+35 0	+54 0	+220 0	+47 +12	+90 +36	+159 +72	+260 +120	+390 +170
über bis	100	120	+198 +144	+101 +79	+76 +54	+45 +23	+25 +3	+13 −9	0 −22	0 −87	0 −220	−12 −34	−36 −71	−72 −126	−120 −207	−180 −400 −410 −630		+35 0	+54 0	+220 0	+47 +12	+90 +36	+159 +72	+260 +120	+400 +180
über bis	120	140	+233 +170	+117 +92	+88 +63	+52 +27	+28 +3	+14 −11	0 −25	0 −100	0 −250	−14 −39	−43 −83	−85 −148	−145 −245	−200 −450 −460 −710		+40 0	+63 0	+250 0	+54 +14	+106 +43	+185 +85	+305 +145	+450 +200
über bis	140	160	+253 +190	+125 +100	+90 +65	+52 +27	+28 +3	+14 −11	0 −25	0 −100	0 −250	−14 −39	−43 −83	−85 −148	−145 −245	−210 −460 −520 −770		+40 0	+63 0	+250 0	+54 +14	+106 +43	+185 +85	+305 +145	+460 +210
über bis	160	180	+273 +210	+133 +108	+93 +68	+52 +27	+28 +3	+14 −11	0 −25	0 −100	0 −250	−14 −39	−43 −83	−85 −148	−145 −245	−230 −480 −580 −830		+40 0	+63 0	+250 0	+54 +14	+106 +43	+185 +85	+305 +145	+480 +230
über bis	180	200	+308 +236	+151 +122	+106 +77	+60 +31	+33 +4	+16 −13	0 −29	0 −115	0 −290	−15 −44	−50 −96	−100 −172	−170 −285	−240 −530 −660 −950		+46 0	+72 0	+290 0	+61 +15	+122 +50	+215 +100	+355 +170	+530 +240

¹⁾ Bis Nennmaß 24 mm: x 8; über Nennmaß 24 mm: u8

Form- und Lagetoleranzen (DIN ISO 1101) können zusätzlich zu den Maßtoleranzen angegeben werden, um Funktion und Austauschbarkeit sicherzustellen. Formtoleranzen begrenzen die Abweichungen eines einzelnen Elementes von seiner geometrisch idealen Form.

Lagetoleranzen begrenzen die Abweichung der gegenseitigen Lage zweier oder mehrerer Elemente. Von diesen wird in der Regel ein Element als Bezugselement für die Toleranzangaben verwendet. Das Begrenzungselement muss genügend genau sein (nötigenfalls Formtoleranz vorschreiben).

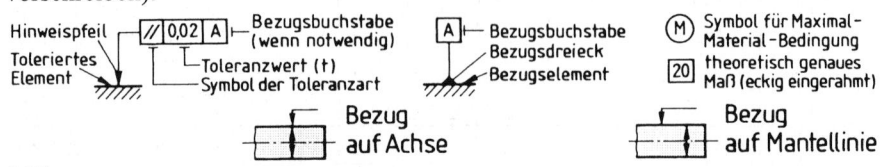

3.25
Form und Lagetoleranzen; Zeichnungseintragungen

Symbol und tolerierte Eigenschaft		Toleranzzone	Anwendungs-Beispiele	
			Zeichnungsangabe	Erklärung
Form	Geradheit			die Achse des zylindrischen Teils des Bolzens muss innerhalb eines Zylinders vom Durchmesser $t = 0{,}03$ mm liegen
	Ebenheit			die tolerierte Fläche muss zwischen zwei parallelen Ebenen vom Abstand $t = 0{,}05$ mm liegen
	Rundheit			die Umfangslinie jedes Querschnittes muss in einem Kreisring von der Breite $t = 0{,}02$ mm enthalten sein
	Zylinderform			die tolerierte Fläche muss zwischen zwei koaxialen Zylindern liegen, die einen radialen Abstand von $t = 0{,}05$ mm haben
	Linienform			das tolerierte Profil muss zwischen zwei Hüll-Linien liegen, deren Abstand durch Kreise vom Durchmesser $t = 0{,}08$ mm begrenzt wird. Die Mittelpunkte dieser Kreise liegen auf der geometrisch idealen Linie
	Flächenform			die tolerierte Fläche muss zwischen zwei Hüll-Flächen liegen, deren Abstand durch Kugeln vom Durchmesser $t = 0{,}03$ mm begrenzt wird. Die Mittelpunkte dieser Kugeln liegen auf der geometrisch idealen Fläche

3.26
Formtoleranzen nach DIN ISO 1101

3.2 Toleranzen und Passungen

Symbol und tolerierte Eigenschaft		Toleranzzone	Anwendungs-Beispiele	
			Zeichnungsangabe	Erklärung
Lage / Richtung	Parallelität //			die tolerierte Achse muss innerhalb eines zur Bezugsachse parallelliegenden Zylinders vom Durchmesser $t = 0,1$ mm liegen
				die tolerierte Fläche muss zwischen zwei zur Bezugsfläche parallelen Ebenen vom Abstand $t = 0,01$ mm liegen
	Rechtwinkligkeit ⊥			die tolerierte Achse muss zwischen zwei parallelen zur Bezugsfläche und zur Pfeilrichtung senkrechten Ebenen vom Abstand $t = 0,08$ mm liegen
	Neigung (Winkligkeit) ∠			die Achse der Bohrung muss zwischen zwei zur Bezugsfläche im Winkel von 60° geneigten und zueinander parallelen Ebenen vom Abstand $t = 0,1$ mm liegen
Lage / Ort	Position ⊕			die Achse der Bohrung muss innerhalb eines Zylinders vom Durchmesser $t = 0,05$ mm liegen, dessen Achse sich am geometrisch idealen Ort (mit eingerahmten Maßen) befindet
	Symmetrie ⌀			die Mittelebene der Nut muss zwischen zwei parallelen Ebenen liegen, die einen Abstand von $t = 0,08$ mm haben und symmetrisch zur Mittelebene des Bezugselementes liegen
	Koaxialität Konzentrizität ◎			die Achse des tolerierten Teiles der Welle muss innerhalb eines Zylinders vom Durchmesser $t = 0,03$ mm liegen, dessen Achse mit der Achse des Bezugselementes fluchtet
Lauf	Planlauf ↗			bei Drehung um die Bezugsachse D darf die Planlaufabweichung in jedem Messzylinder 0,1 mm nicht überschreiten
	Rundlauf			bei Drehung um die Bezugsachse AB darf die Rundlaufabweichung in jeder senkrechten Messebene 0,1 mm nicht überschreiten

3.27
Lagetoleranzen nach DIN ISO 1101

Wenn nichts anderes angegeben ist, bezieht sich die Toleranz auf die Gesamtabmessung des betreffenden Elementes; gilt die Toleranz nur auf einer Teillänge, so wird das beispielsweise wie folgt angegeben: 0,1/200. Wenn sich die Eintragung auf die Achse bezieht, wird der Hinweispfeil bzw. das Bezugsdreieck auf die Maßlinie gesetzt und nicht daneben, wie in den Fällen, wo sich der Hinweispfeil bzw. das Bezugsdreieck auf die Fläche der Mantellinie bezieht (**3.25**, **3.26** und **3.27**).

Toleranzangaben bei Kegeln (DIN ISO 3040)

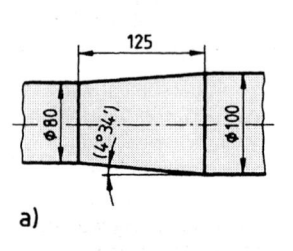

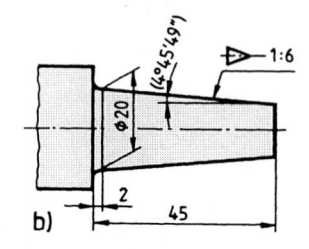

3.28 Maße für Kegel
a) allgemein
b) Außenkegel-Bemaßung von einer Bezugskante aus

Um Größe, Form und Lage von Kegeln festzulegen, werden die folgenden Maße in verschiedenen Kombinationen angegeben (**3.28**): Die Kegelverjüngung als Verhältnis, z. B. $1:x$, oder durch Angabe des eingeschlossenen Winkels α oder $\alpha/2$; der größere und der kleinere Durchmesser D bzw. d oder der Durchmesser an einem bestimmten Querschnitt; die Länge L des Kegels und bei genormten Kegeln die Benennung und die entsprechende Nummer. Die Kegelverjüngung wird ausgedrückt durch $1:x = (D - d)/L = 2 \cdot \tan(\alpha/2)$.

Die für Kegel einzutragenden Toleranzen und deren Werte hängen vom jeweiligen Funktionsfall ab. Nach DIN ISO 3040 kann die Tolerierung nach fünf verschiedenen Methoden erfolgen (**3.29**).

3.3 Technische Oberflächen

Es ist technisch nicht möglich, Werkstücke mit einer geometrisch idealen Oberfläche herzustellen. Gestaltabweichungen, Unebenheiten und Rauheiten sind von der Art der Fertigung, von der Güte bzw. dem Verschleißzustand der verwendeten Werkzeuge und Werkzeugmaschinen sowie vom Arbeitsaufwand und der Sorgfalt abhängig. Vorschriften zur Berücksichtigung der Maß- und Formabweichungen (Grobgestaltabweichungen) sind in der Norm DIN ISO 286 bzw. in DIN ISO 1101 festgelegt. Über Herstellungsverfahren der Rauheit von Oberflächen gibt DIN 4766 und über die Ermittlung der Rauheitsmessgrößen DIN EN ISO 4287 Auskunft.

Einheitliche Begriffe zur Beschreibung der Oberflächengestalt weist die Norm DIN 4760 auf: Die wirkliche Oberfläche ist die Begrenzung eines festen Körpers gegenüber dem umgebenden Raum. Die Istoberfläche bezeichnet die maßtechnisch erfasste Oberfläche. Sie ist das angenäherte Abbild der wirklichen Oberfläche und hängt vom Messverfahren ab. Die Solloberfläche ist die vorgeschriebene Oberfläche. In Zeichnungen ist sie durch normgemäße Angaben festgelegt. Die geometrisch-ideale Oberfläche ist die Begrenzung des geometrisch vollkommen gedachten Körpers.

3.3 Technische Oberflächen

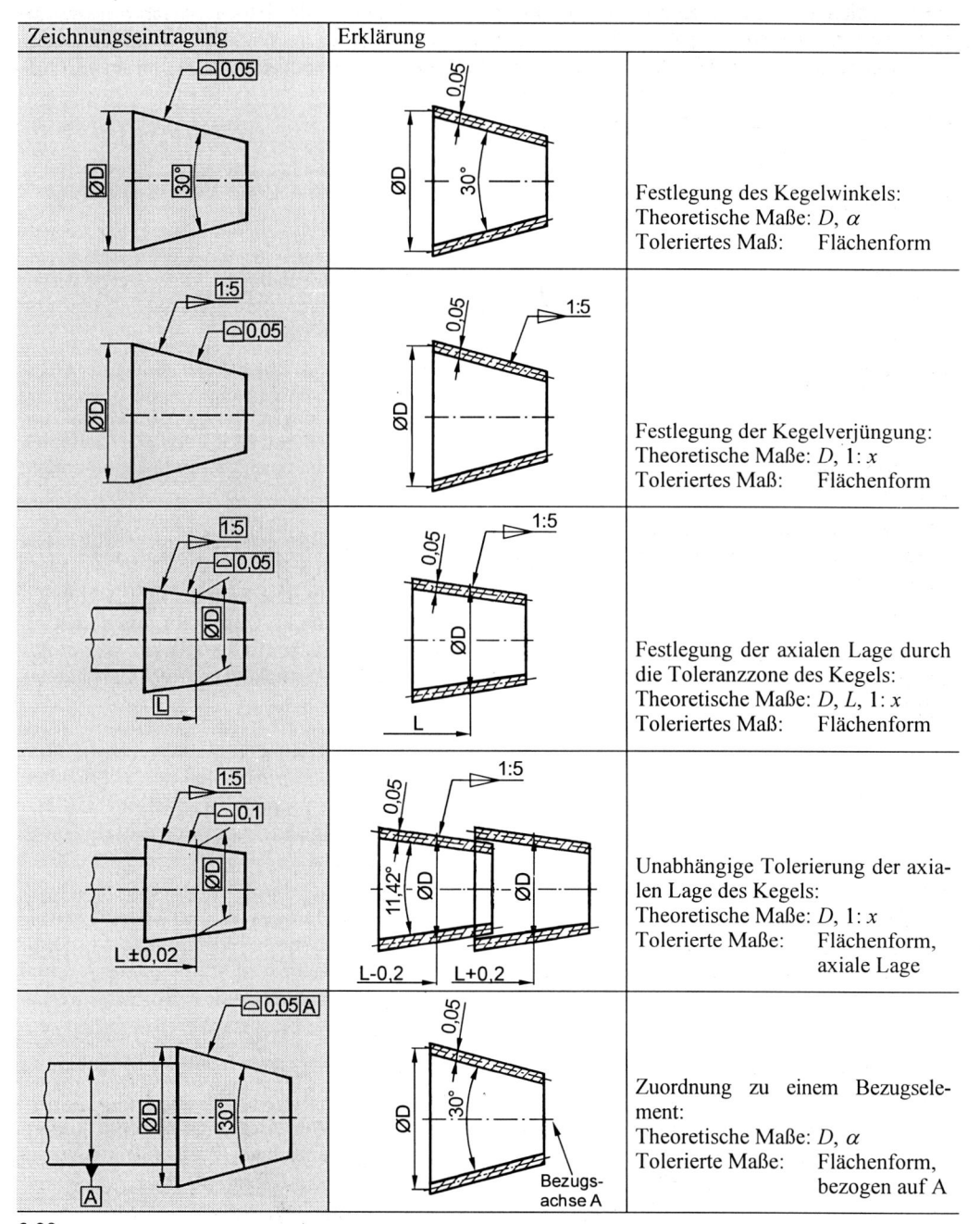

Zeichnungseintragung	Erklärung	
		Festlegung des Kegelwinkels: Theoretische Maße: D, α Toleriertes Maß: Flächenform
		Festlegung der Kegelverjüngung: Theoretische Maße: D, $1:x$ Toleriertes Maß: Flächenform
		Festlegung der axialen Lage durch die Toleranzzone des Kegels: Theoretische Maße: D, L, $1:x$ Toleriertes Maß: Flächenform
		Unabhängige Tolerierung der axialen Lage des Kegels: Theoretische Maße: D, $1:x$ Tolerierte Maße: Flächenform, axiale Lage
		Zuordnung zu einem Bezugselement: Theoretische Maße: D, α Tolerierte Maße: Flächenform, bezogen auf A

3.29
Toleranzeintragungen für Kegel (DIN ISO 3040)

Die **Gestaltabweichung** ist die Gesamtheit aller Abweichungen der Istoberfläche von der geometrisch-idealen Oberfläche. Es kann zwischen gröberen und feineren Abweichungen unterschieden werden. Zum genauen Unterscheiden sind die Gestaltabweichungen in sechs Ordnungen unterteilt.

Unter der Gestaltabweichung 1. Ordnung (Grobgestaltabweichung) versteht man die Formabweichung, z. B. Unebenheit und Unrundheit, die durch Fehler der Werkzeugmaschine, infolge der Durchbiegung der Maschine oder des Werkstückes, durch falsche Einspannung, Härteverzug oder Verschleiß entsteht.

Die Gestaltabweichung 2. Ordnung (Feingestaltabweichung) ist die Welligkeit, die z. B. bei der Herstellung der Wellen durch außermittige Einspannung oder durch Schwingungen der Werkzeugmaschine entsteht. Die Gestaltabweichung 3. Ordnung sind z. B. Rillen und die Abweichung 4. Ordnung z. B. Riefen und Schuppen. Sie stellen Oberflächenrauheit dar, die erst bei starker Vergrößerung feststellbar sind. Die Gestaltabweichungen 1. bis 4. Ordnung überlagern sich im allgemeinen.

Zur Gestaltabweichung 5. Ordnung zählt z. B. die Gefügestruktur, wie sie durch Veränderung der Oberfläche nach chemischer Einwirkung (z. B. Beizen) entsteht. Die Gestaltabweichungen 3. bis 5. Ordnung werden auch als Rauheit bezeichnet. Die Gestaltabweichung 6. Ordnung, z. B. der Gitteraufbau des Werkstoffes, entsteht durch physikalische und chemische Vorgänge im Aufbau der Materie und durch Spannungen und Gleitungen im Kristallgitter. Die Gestaltabweichungen 5. und 6. Ordnung sind nicht mehr in einfacher Weise bildlich darstellbar.

Die Rauheit von Werkstücken wird entweder durch Sicht- und Tastvergleich geprüft (DIN EN ISO 4288) oder mit einem elektrischen Tastschnittgerät gemessen (DIN EN ISO 3274). Messungen der Oberflächenrauheit unterliegen einer starken Streuung. Die Sichtprüfung soll einen Gesamteindruck der zu beurteilenden Oberfläche solcher Werkstücke vermitteln, bei denen eine Rauheitsmessung unnötig ist. Sie soll Aufschluss über Oberflächenfehler (Rillen, Risse, Poren, Kratzer) geben. Der Sicht- und/oder Tastvergleich von Werkstücken ist mit Oberflächen-Vergleichsmustern durchzuführen (DIN 4769-4).

Elektrische Tastschnittgeräte (DIN EN ISO 3274) erfassen Oberflächenrauheiten, für die vom Hersteller Toleranzen angegeben sind. Die Messung geschieht durch Abtasten der technischen Oberfläche mit einer Tastspitze, die die Gestaltabweichungen in analoge elektrische Größen umwandelt. Die elektrischen Signale werden verstärkt und aufgezeichnet oder mittels Rechnerprogramm verarbeitet.

Die **Oberflächenrauheit** der Gestaltabweichung 3. und 4. Ordnung wird durch einen Profilschnitt senkrecht zur idealgeometrischen Oberfläche erfasst und durch verschiedene Messgrößen beschrieben (**3.30**). Sie entsteht durch Oberflächenunregelmäßigkeiten mit relativ kleinen Abständen, die durch das angewendete Fertigungsverfahren oder durch andere Einflüsse verursacht werden.

Die **Mittellinie** teilt das Rauheitsprofil so, dass die Summe der werkstofferfüllten Flächen A_o über ihr und die Summe der werkstofffreien Flächen A_u unter ihr gleich sind.

Als **maximale Profilhöhe** Rz wird der Abstand der Linie der Profiltäler (untere Berührungslinie) von der Linie der Profilkuppen (obere Berührungslinie) bezeichnet (**3.30**) (DIN EN ISO 4287). Rz entspricht $Rmax$ (**3.31**) nach der zurückgezogenen Norm DIN 4768.

Die **maximale Profilspitzenhöhe** Rp (früher Glättungstiefe) ist der Abstand zwischen dem höchsten Punkt des Profils von der Mittellinie der Bezugsstrecke (**3.30**) (DIN EN ISO 4287).

3.3 Technische Oberflächen

3.30
Profilschnitt senkrecht zur geometrisch-idealen Oberfläche
a) Gestaltabweichung 1. Ordnung (Grobgestalt)
b) Rauheit (Gestaltabweichung 4. Ordnung), vergrößert; $\Sigma A_u = \Sigma A_o$; Rz maximale Profilhöhe und Rp maximale Profilspitzenhöhe nach DIN EN ISO 4287. $Rz = Rp + Rv$

Die **maximale Profiltaltiefe Rv** ist der Abstand des tiefsten Punktes des Profils von der Mittellinie innerhalb der Bezugsstrecke (**3.30**) (DIN EN ISO 4287).

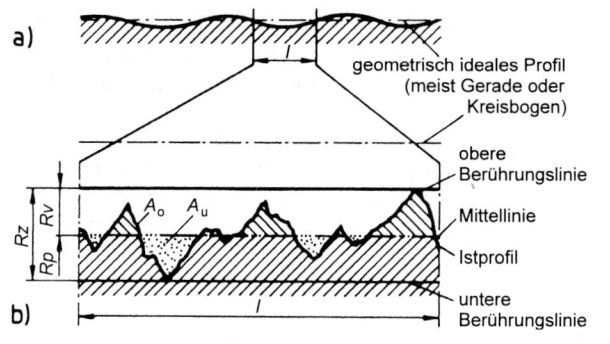

DIN EN ISO 4288 behandelt das Messen der Oberflächenrauheit mit Tastschnittgeräten, die mit elektrischen Wellenfiltern ausgerüstet sind. Mit diesen Geräten wird durch Ausfilterung der Welligkeit erreicht, dass die Rauheitsmessgrößen nur die Rauheit und nicht die Welligkeit erfassen. Als Rauheitsmessgrößen werden hauptsächlich die gemittelte Rautiefe Rz oder der Mittenrauwert Ra angegeben.

Die gemittelte Rautiefe Rz ist das arithmetische Mittel aus den Einzelrautiefen fünf aneinander grenzender, gleich langer Einzelmessstrecken eines gefilterten Profils (**3.31**).

Der **Mittenrauwert Ra** ist der arithmetische Mittelwert der absoluten Beträge der Abstände y des Rauheitsprofils vom mittleren Profil innerhalb der Gesamtmessstrecke l_m nach dem Ausfiltern der Welligkeit. Der Mittenrauwert Ra ist gleichbedeutend mit der Höhe eines Rechtecks, dessen Länge gleich der Gesamtmessstrecke l_m und das flächengleich mit der Summe der zwischen Rauheitsprofil und mittlerer Linie eingeschlossenen Fläche ist (**3.32**).

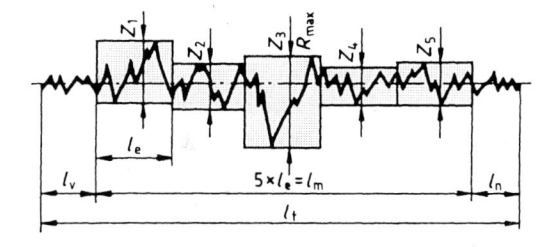

3.31
Gemittelte Rautiefe Rz
$Rz = 1/5 \cdot (Z_1 + Z_2 + Z_3 + Z_4 + Z_5)$
Z Einzelrautiefe, l_m Gesamtmessstrecke, l_v Vor- und l_n Nachlauf, l_t Taststrecke

Eine genaue Umrechnung zwischen der Rautiefe Rz und dem Mittenrauwert Ra lässt sich weder theoretisch begründen noch empirisch nachweisen. Der Ra-Wert schwankt zwischen 1/3 bis 1/7 des Rz-Wertes. Um eine Verständigung zwischen Betrieben, in denen die Rauheit nach der Rautiefe Rz beurteilt wird, und Betrieben, die hierfür den Mittenrauwert Ra benutzen, zu ermöglichen, gab die zurückgezogene Norm DIN 4768 Richtwerte für eine gegenseitige Zuordnung dieser Rauheitsmaße für die durch Spanen erzeugten Oberflächen an (Bild **3.33**). Da die gemittelte Rautiefe Rz messtechnisch einfacher zu erfassen ist, wird sie in Deutschland bevorzugt angewendet. Orientierungswerte über die bei verschiedenen Fertigungsverfahren erreichbaren Mittenrauwerte vermittelt das Bild **3.35**.

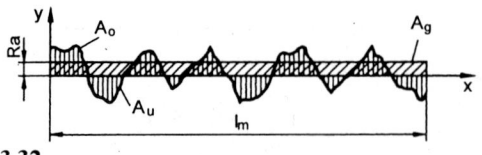

3.32
Mittenrauwert Ra nach DIN EN ISO 4287

$$Ra = \frac{1}{l_m} \int_{x=0}^{x=l_m} |y| \, dx$$

$\Sigma A_o = \Sigma A_u; \ A_g = \Sigma A_o + \Sigma A_u$

3.33
Gegenseitige Zuordnung von gemittelter Rautiefe Rz und Mittenrauwert Ra für Oberflächen, die durch Spanen erzeugt werden, nach DIN 4768 T1 Bbl.1 (zurückgezogen)

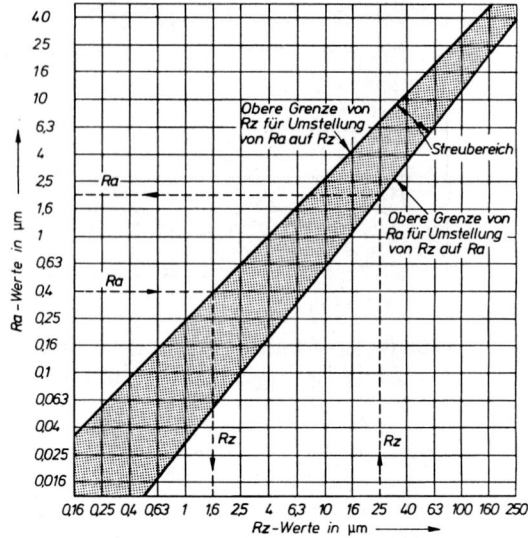

Werden besondere Ansprüche an die Oberfläche gestellt, wie hohe Flächenpressung, hohe Dichtheit oder Verteilung der Reibleistung bei Festkörperreibung auf eine möglichst große Reibfläche, so wird neben der Angabe der Rauheit auch die Angabe des Flächentraganteils erforderlich (DIN 4764 und DIN 4765) (s. Bild **3.35**).

Die **Eintragung der Oberflächenbeschaffenheit** in technische Zeichnungen erfolgt nach DIN EN ISO 1302 (**3.34**). Einzutragen sind am Grundsymbol jeweils nur die Angaben, die nötig sind, um die Oberfläche ausreichend zu kennzeichnen. Bevorzugt einzutragende Zahlenwerte für die Rauheitsmessgrößen waren den zurückgezogenen Normen ISO 4287-1 (1984) und ISO 4288 (1985) zu entnehmen. An Stelle von Rauheitswerten Ra konnten nach der zurückgezogenen Norm ISO 1302 (1992) auch die Rauheitsklassen N1 ... N12 eingetragen werden (Bild **3.36**); diese findet man teilweise in älteren Zeichnungen.

Besondere Oberflächenangaben, wie z. B. Fertigungsverfahren, Beschichtungen, Behandlungen, werden auf die waagerechte Linie des Symbols geschrieben. Darüber hinaus können Angaben über Rillenrichtung, Bearbeitungszugaben und Bezugsstrecken (für die Rauheitsmessgröße) am Symbol eingetragen werden (**3.37** und **3.38**). Symbole mit Zusatzangaben sind so anzuordnen, dass sie von unten oder von der rechten Seite zu lesen sind (**3.39**).

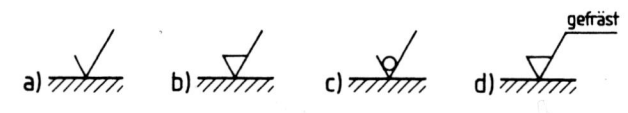

3.34
Oberflächensymbole nach DIN EN ISO 1302
   a) Grundsymbol für die Kennzeichnung der Oberflächenbeschaffenheit
   b) Symbol zur Kennzeichnung einer materialabtragenden Bearbeitung
   c) Symbol zur Kennzeichnung einer Oberfläche, die nicht materialabtragend bearbeitet werden darf
   d) Symbol mit Angabe über ein bestimmtes Fertigungsverfahren

3.3 Technische Oberflächen

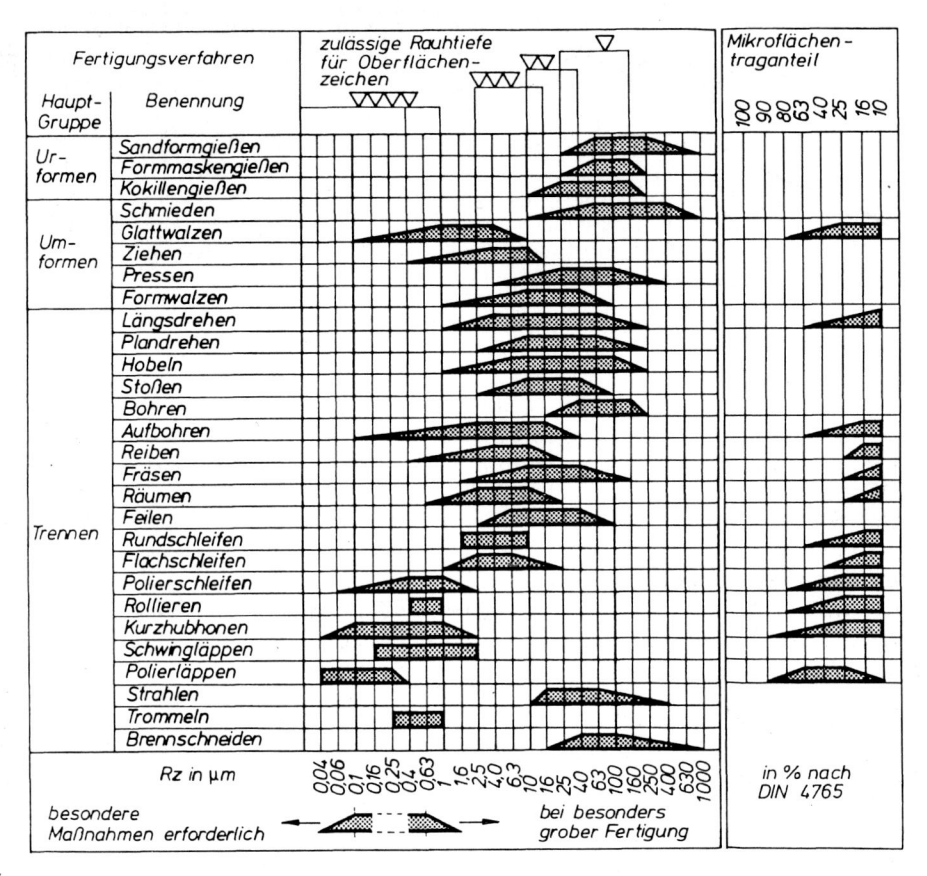

3.35
Bei den verschiedenen Fertigungsverfahren erreichbare gemittelte Rautiefe Rz nach DIN 4766 T1 und erreichbarer Mikroflächenanteil in % nach DIN 4765, der bei einem Anpressdruck von 10 N auf eine Fläche von 2,5 mm · 0,1 mm ermittelt wurde

$Ra/\mu m$	Rauheitklassen	$Ra/\mu m$	Rauheitklassen
50,0	N 12	0,8	N 06
25,0	N 11	0,4	N 05
12,5	N 10	0,2	N 04
6,3	N 09	0,1	N 03
3,2	N 08	0,05	N 02
1,6	N 07	0,025	N 01

3.36
Rauheitsklassen nach ISO 1302 (vorige Ausgabe) für den Mittenrauwert Ra nach DIN EN ISO 1302

Lage der Oberflächenangaben am Symbol	Kennzeichnung der Rillenrichtung
a = Oberflächenbeschaffenheit, Mittenrauwert Ra in μm andere Rauheitsmessgrößen (z. B. Rz, Rp ...)	= parallel zur Projektionsebene verlaufend
	⊥ senkrecht zur Projektionsebenegekreuzt verlaufend
b = Weitere Anforderungen an die Oberflächenbeschaffenheit	× in 2 Richtungen schräg zur Projektionsebene verlaufend
c = Fertigungsverfahren, Behandlung, Beschichtung	M in mehreren Richtungen verlaufend
	C annähernd kreisförmig verlaufend
d = Oberflächenrillen und –ausrichtung	R annähernd radial zur Oberflächenmitte verlaufend
e = Bearbeitungszugabe	P Nichtrillige Oberfläche, ungerichtet

3.37
Zusatzangaben

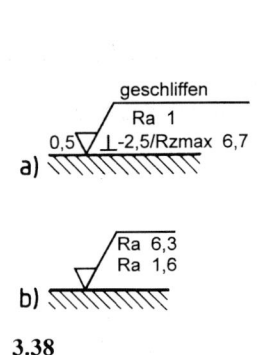

3.38
Eintragungsbeispiel

a) spanend durch Schleifen hergestellte Oberfläche mit Bearbeitungszugabe 0,5 mm, maximalem Mittenrauwert $Ra \leq 1$ μm; maximale Rautiefe $Rzmax = 6,7$ μm bei Übertragungscharakteristik -2,5 mm, Rillenrichtung senkrecht zur Projektionsebene

b) spanend hergestellte Oberfläche mit Mittenrauwert $Ra = 1,6$ bis 6,3 μm

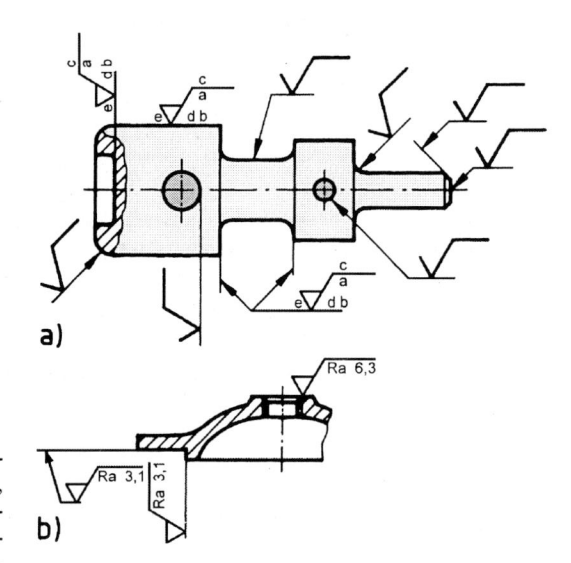

3.39 Anordnung der Symbole

a) mit den Zusatzangaben b, c, d, e
b) mit der Angabe a (Mittenrauwert Ra)

Literatur

[1] Böttcher, P.; Forberg, R.: Technisches Zeichnen. 23. Aufl. Stuttgart, Leipzig 1998.
[2] Klein, M.: Einführung in die DIN-Normen. 13. Aufl. Stuttgart, Leipzig, Wiesbaden 2001.

4 Nietverbindungen

DIN-Blatt Nr.	Ausgabedatum	Titel
101	5.93	Niete; Technische Lieferbedingungen
124	5.93	Halbrundniete, Nenndurchmesser 10 bis 36 mm
302	5.93	Senkniete, Nenndurchmesser 10 bis 36 mm
660	5.93	Halbrundniete, Nenndurchmesser 1 bis 8 mm
661	5.93	Senkniete, Nenndurchmesser 1 bis 8 mm
662	5.93	Linsenniete, Nenndurchmesser 1,6 bis 6 mm
674	5.93	Flachrundniete, Nenndurchmesser 1,4 bis 6 mm
675	10.93	Flachsenkniete (Riemenniete), Nenndurchmesser 3 bis 5 mm
997	10.70	Anreißmaße (Wurzelmaße) für Formstahl und Stabstahl
998	10.70	Lochabstände in ungleichschenkligen Winkelstählen
999	10.70	Lochabstände in gleichschenkligen Winkelstählen
6434	11.84	Nietzieher
4113 T 1	5.80	Aluminiumkonstruktionen unter vorwiegend ruhender Belastung; Teil 1: Berechnung und bauliche Durchbildung
T 2	9.02	-; Teil 2: Berechnung geschweißter Aluminiumkonstruktionen
6435	11.84	Nietkopfmacher
7331	5.93	Hohlniete, zweiteilig
7338	8.93	Niete für Brems- und Kupplungsbeläge
7339	5.93	Hohlniete, einteilig, aus Band gezogen
7340	5.93	Rohrniete aus Rohr gefertigt
7341	7.77	Nietstifte
15018 T 1	11.84	Krane; Teil 1: Grundsätze für Stahltragwerke; Berechnung
T 2	11.84	-; Teil 2: Stahltragwerke; Grundsätze für die bauliche Durchbildung und Ausführung
T 3	11.84	-; Teil 3: Grundsätze für Stahltragwerke; Berechnung von Fahrzeugkranen
17111	9.80	Kohlenstoffarme unlegierte Stähle für Schrauben, Muttern und Niete; Technische Lieferbedingungen
18800 T 1	11.90	Stahlbauten; Teil 1: Bemessung und Konstruktion
T 2	11.90	-; Teil 2: Stabilitätsfälle; Knicken von Stäben und Stabwerken
18801	9.83	Stahlhochbau; Bemessung, Konstruktion, Herstellung
48073	2.75	Verbindungsbolzen
EN 485 T 2	3.95	Aluminium und Aluminiumlegierungen – Bänder, Bleche und Platten; Teil 2: Mechanische Eigenschaften
EN 515	12.93	Aluminium und Aluminiumlegierungen; Halbzeuge; Bezeichnungen der Werkstoffzustände

DIN-Normen, Fortsetzung

DIN-Blatt Nr.	Ausgabe-datum	Titel
EN 754 T 2	8.97	Aluminium und Aluminiumlegierungen – Gezogene Stangen und Rohre; Teil 2: Mechanische Eigenschaften
EN 10025	3.94	Warmgewalzte Erzeugnisse aus unlegierten Baustählen - Technische Lieferbedingungen
LN 9011	6.92	Schließköpfe für Niete; Flachkopf
LN 9178	6.85	Universalniete aus Nickellegierungen
LN 9179	2.88	Senkniete 100° aus Nickellegierungen
LN 9198	6.84	Universalniete aus Aluminium und Aluminium-Legierungen
LN 9199	2.88	Senkniete 100° aus Aluminium und Aluminium-Knetlegierungen
LN 9314	12.87	Blindniete aus Aluminium-Legierungen mit Flachrundkopf
LN 9315	9.88	Blindniete aus Aluminium-Legierungen, mit Senkkopf 120°
LN 9317	3.84	C-Niete (Blindniete), aus Aluminium-Legierungen mit Senkkopf 120°
LN 9318	3.84	Füllstifte für C-Niete
LN 9320	4.84	Schraubniete mit Sechskantkopf
LN 9321	4.84	Schraubniete mit Flachsenkkopf
LN 9360	9.63	Niet-Schergeräte für zweischnittige Scherung von Nieten und Nietdrähten
LN 29761	7.70	Werkzeuge zum Walzen von Blechen für Senkniete 100° und Senkschrauben 100°; Konstruktionsrichtlinien
LN 29682	8.80	Anniet-Mutternleisten, selbstsichernd, beweglich, für Temperaturen bis 120 °C

Das Nieten dient zur Herstellung unlösbarer Verbindungen von Bau- und Maschinenteilen aus metallischen und nichtmetallischen Werkstoffen (Leder, Fiber, Stoff, Bremsbelägen und dgl.).

Soll die Nietverbindung lediglich Kräfte von einem zum anderen Bauteil übertragen, handelt es sich um feste Verbindungen bzw. Kraftverbindungen. Hauptanwendungsgebiet: Hochbau und Kranbau, Leichtmetallbau. Nietverbindungen zur Abdichtung von Behältern, bei denen die Kräfteübertragung eine untergeordnete Rolle spielt, nennt man dichte Vernietungen. Anwendungsbeispiele: Flache Behälter, dünnwandige Rohre, Leitungskanäle u. ä. Sind beide Aufgaben durch die Nietverbindungen zu erfüllen, dann handelt es sich um feste und dichte Vernietungen, also Verbindungen im Druckbehälter-, besonders im Dampfkesselbau, die heute allerdings zugunsten der Schweißkonstruktionen an Bedeutung verloren haben.

Die Vorteile der Nietverbindungen gegenüber dem Schweißen bestehen neben der einfachen und billigen Herstellung in erster Linie darin, dass die Festigkeitseigenschaften der Bauteile nicht durch starke Erwärmungen verringert werden und dass keine unkontrollierbaren Spannungen und Verformungen eintreten. Diese Vorteile haben zu einer Bevorzugung und weiten Verbreitung der Nietverbindungen im Leichtmetallbau geführt, wobei die verwendeten Leichtmetallniete kalt geschlagen werden. Auch im Stahlbau nutzt man diese Vorteile aus, indem die in Werkstätten vorgearbeiteten (z. T. auch geschweißten) Teilstücke auf den Baustellen durch Nieten angeschlossen werden. In vielen Bereichen werden heutzutage Nietverbindungen durch Klebverbindungen ersetzt.

Formelzeichen

A	Vollquerschnitt von Blechen und Profilen, Bruchdehnung	n	Anzahl der Niete
ΔA	Querschnittsschwächung durch Nietlöcher	n_a	- -, die sich aus der Berechnung auf Abscheren ergibt
A_l	(projizierte) Lochleibungsfläche	n_l	- - -, die sich aus der Berechnung auf Lochleibung ergibt
A_1	Nietlochquerschnitt = Scherquerschnitt	p	Innendruck, Betriebsdruck = höchstzulässiger Dampfdruck
b	Breite		
c	Abnutzungszuschlag bei Wanddicken	Q	Querkraft beim Biegeträger
D	Kesseldurchmesser	s, s_1, s_2	Wand-, Laschen-, Steg- oder Flanschdicke
d_1	Rohnietdurchmesser (für Bestellung)		
d	Nietlochdurchmesser (für Berechnung)	t	Nietteilung
e_1, e_2	Randabstände von Nieten	v	Schwächungsbeiwert
F	zu übertragende Gesamtkraft	W_b	axiales Widerstandsmoment
H_y, H_h, H_k	Flächenmomente 1. Grades	y	Ordinate von Querschnitten
I_{min}	kleinstes Flächenträgheitsmoment	λ	Schlankheitsgrad
I_0	Flächenträgheitsmoment bezogen auf Schwerachse	σ oder σ_z	Zugspannung
		σ_l	Lochleibungsdruck
i	Trägheitsradius eines Querschnitts	τ	Schubspannung in Bauteilen
l	Schaftlänge von Nieten	τ_a	Abscherspannung im Niet
l_k	Knicklänge von Druckstäben	ψ	Ausgleichszahl
M_b	Biegemoment		
m	Schnittzahl je Niet bzw. Anzahl der Berührungsflächenpaare		

4.1 Werkstoffe für Bauteile und Niete

Bei der Konstruktion und Berechnung von Nietverbindungen muss immer von den Bauteilen ausgegangen werden; ihre Abmessungen und Werkstoffe richten sich nach dem jeweiligen Verwendungszweck. Die Niete als eigentliche Verbindungselemente müssen in Anordnung, Abmessung und Werkstoff auf die Bauteile abgestimmt werden. Als Grundregel gilt, dass für Bauteile und Niete gleichartige Werkstoffe verwendet werden, um eine Lockerung durch ungleiche Wärmedehnung und um Zerstörungen durch elektrochemische Korrosion zu vermeiden. Insbesondere bei Leichtmetallnietungen muss die Potentialdifferenz der Werkstoffe möglichst niedrig gehalten werden. Außerdem soll der Nietwerkstoff weicher sein als der Werkstoff der Bauteile; leichte Verformbarkeit ist zur Bildung des Schließkopfes (s. Abschn. 4.2.1) erforderlich.

Die Werkstoffe für Bauteile und Niete im Stahlbau sind in DIN 18800 (Stahlbauten) festgelegt; es werden für die Niete die in DIN 17111 genormten, für Warmstauchung geeigneten Nietstähle USt 36 und RSt 38 verwendet, Bild **4.1**.

Werkstoff		Streckgrenze	Zugfestigkeit
Bezeichnung	Nr.	$f_{y,b,k}$ in N/mm²	$f_{u,b,k}$ in N/mm²
USt36	1.0203	205	330
RSt38	1.0223	225	370

4.1 Nietwerkstoffe nach DIN 17111

Die Werkstoffe für Bauteile und Niete aus Aluminiumlegierungen und ihre geeignete Zuordnung sind in DIN 4113 (Aluminium im Hochbau) und in [4] zu finden, Bild **4.2**.

Bauteilwerkstoffe	Nietwerkstoffe		
	Bezeichnung	Zustand	Durchmesser
AlZn4,5Mg1	AlMgSi1 F20	kaltausgehärtet	bis 12 mm (Drähte)
AlMgSi1	AlMgSi1 F21		bis 80 mm (Stangen)
AlMgSi0,5	AlMgSi1 F25	kaltausgehärtet und gezogen	bis 10 mm (Drähte)
AlMg4,5Mn	AlMg5 W27	weich	bis 15 mm (Drähte)
AlMg2Mn0,8	AlMg5 F31	gezogen	bis 15 mm (Drähte)
AlMg3			

4.2
Aluminiumlegierungen für Niete (nach DIN 4113)

4.2 Herstellung von Nietverbindungen, Nietformen, Nahtformen

4.2.1 Setzkopf, Schaft, Schließkopf

Im unverarbeiteten Zustand besteht der Niet in der Regel aus dem Setzkopf und dem entweder massiven, zylindrischen bzw. leicht kegeligen oder rohrförmigen Nietschaft (**4.3**). Durch Stauchen oder Pressen des über die zu verbindenden Teile hinausragenden Endes des Nietschaftes wird dann der Schließkopf geformt (**4.4**). Die Nietlöcher sollen möglichst nicht gestanzt, sondern sauber gebohrt und aufgerieben werden. Bei Stahlrohrnieten mit $d_1 \geq 10$ mm Schaftdurchmesser ist der Lochdurchmesser d um 1 mm größer als der Nenndurchmesser d_1.

Bei Leichtmetallnieten bis 10 mm Durchmesser beträgt dieser Durchmesserunterschied 0,1 mm, bei größeren Nieten 0,2 mm.

Die Lochränder sind zu entgraten bzw. mit Versenk auszubilden.

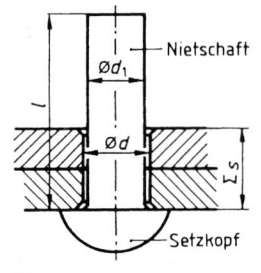

4.3
Niet im unverarbeiteten Zustand

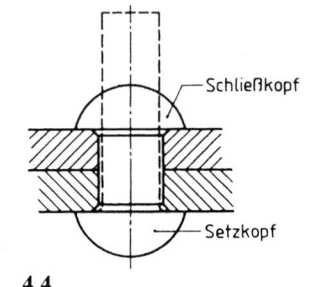

4.4
Geschlagener Niet

Die gebräuchlichsten Nietformen und Schließkopfausbildungen sind in Bild **4.5** zusammengestellt.

4.2 Herstellung von Nietverbindungen, Nietformen, Nahtformen

Bild	Bezeichnung	DIN	Einsatzgebiet
	Halbrundniet	124 660	Stahlbau
	Flachrundniet	674	Karosserie- und Flugzeugbau, Feinbleche
	Linsenniet	662	Trittbleche, Leisten, Beschläge
	Senkniet	302 661	Stahlbau Fahrzeugbau
	Flachsenkniet	675	Riemen, Gurte aus Leder, Kunststoff, Gewebe
	Hohlniet, einteilig	7339	für empfindliche Werkstoffe, da nur geringe Schließkräfte
	Hohlniet, zweiteilig	7331	für empfindliche Werkstoffe
	Nietstift	7341	für große Klemmlängen, Gelenke
	Rohrniet	7340	für empfindliche Werkstoffe, hohle Bauteile
	Dornniet (nach Junkers)		der hohle Nietschaft wird durch den mit einer Sollbruchstelle versehen Dorn ausgefüllt – Fahrzeugbau, Gerätebau
	Durchziehniet (Chobert-Niet)		der Hilfsbau dient nur zur Bildung des Schließkopfes und der Schaftaufweitung – Fahrzeugbau, Gerätebau
	Schließringbolzen (Huck-Bolt)		der aufgeschobene Schließring wird in die Schaftrillen gepresst und der Nietbolzen abgerissen

4.5
Nietformen und Einsatzgebiet

Die Schaftlänge l des (**4.3**) Nietes richtet sich nach der Klemmlänge (Summe der Blechdicken) und der Kopfform (Richtwerte in **4.6**).

Stahlbauniete (DIN 124)	$l \approx 1{,}2\,(\Sigma s) + 1{,}2 \cdot d_1$		
Leichtmetallniete mit		Leichtmetallniete mit	
Halbrundkopf	$l \approx \Sigma s + 1{,}4 \cdot d_1$	Kegelspitzkopf	$l \approx \Sigma s + 1{,}6 \cdot d_1$
Flachrundkopf	$l \approx \Sigma s + 1{,}8 \cdot d_1$	Kegelstumpfkopf	$l \approx \Sigma s + 1{,}7 \cdot d_1$

Mit d_1 = Rohrnietdurchmesser und Σs = Summe der Blechstärken = Klemmlänge

4.6
Richtwerte für Schaftlänge l

4.2.2 Warmnietung

Stahlniete über 10 mm Durchmesser werden warm verarbeitet, d. h. sie werden hellrot- bis weißglühend in das Nietloch eingesetzt, und dann wird der Schließkopf mit Hilfe des Schellhammers oder Schließkopfdöppers geschlagen oder gepresst. Beim Erkalten des Niets schrumpft der Schaft; die Köpfe legen sich fest an die Bauteile an und drücken diese (zwischen Schließ- und Setzkopf) mit hoher Kraft aufeinander. In den Berührungsflächen zwischen Nietkopfunterseite (am Schließ- und Setzkopf) und den zu verbindenden Bauteilen selbst herrscht eine Presskraft (Normalkraft), die der im Nietschaft durch die Schrumpfung entstehenden Zugkraft gleich ist. Die Presskraft bewirkt, dass bei Belastung durch die Kräfte F (**4.3**), welche die Bleche gegeneinander verschieben wollen, Reibungskräfte in den Berührungsflächen auftreten, die eine Verschiebung bzw. „Gleiten" verhindern. Man bezeichnet diese Reibungskräfte auch als den Gleitwiderstand, dessen Grenzwert - bei diesem tritt gerade ein Gleiten ein - nicht nur von der Zugkraft im Nietschaft, sondern auch vom Reibungsbeiwert zwischen den Berührungsflächen abhängig ist.

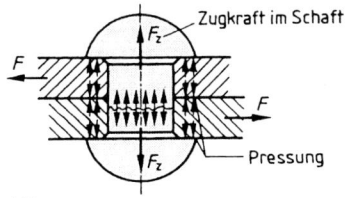

4.7
Warmverarbeiteter Niet, Kraftwirkung infolge Schrumpfens. Das kleine Spiel zwischen Schaft und Bohrungen infolge der Durchmesserverringerung des Schaftes ist nicht eingezeichnet

Beim warmverarbeiteten Niet tritt infolge des Schrumpfens und durch die Querkontraktion infolge der Zugspannungen im Schaft eine Durchmesserverringerung ein, so dass der Schaft an der Lochwandung nicht anliegt. Erst wenn die Belastung F den Gleitwiderstand überschreiten würde, könnten sich die Bauteile so weit gegeneinander verschieben, dass der Nietschaftmantel zum Anliegen kommt; erst dann würde aus der Reibschluss- oder Klemmverbindung eine Scherverbindung werden, wie sie beim kaltgestauchten Niet die Regel ist.

4.2.3 Kaltnietung

Stahlniete unter 10 mm Durchmesser sowie Leichtmetall- und Kupferniete werden kalt verarbeitet. Hierbei wird der Nietschaft in Achsenrichtung gestaucht, so dass sich sein Durchmesser vergrößert. Er legt sich an der Wand des Nietloches an und presst sogar gegen diese. Beim Bilden des Schließkopfes entsteht durch die Verformung und durch die elastische Rückwirkung zwar auch eine geringe Normalkraft und damit eine Reibschlusswirkung. In erster Linie trägt jedoch der Schaft des Nietes. Bei Belastung durch die Kraft F (4.8) wird zwischen dem Nietschaftmantel und den Wandungen der Bohrung in den Bauteilen eine Pressung erzeugt, die sog. Lochleibung. Außerdem wird der Nietschaft in der Schnittebene auf Scherung beansprucht.

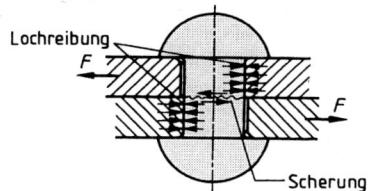

4.8
Kaltgeschlagener Niet

Das Spiel zwischen Schaft und Bohrung und die gegenseitige Verschiebung der Bleche sind übertrieben gezeichnet, um die Anlageflächen und damit den Wirkungsbereich der Lochleibung kenntlich zu machen. In Wirklichkeit wird durch den gestauchten Schaft die Bohrung satt ausgefüllt.

4.2.4 Nahtformen

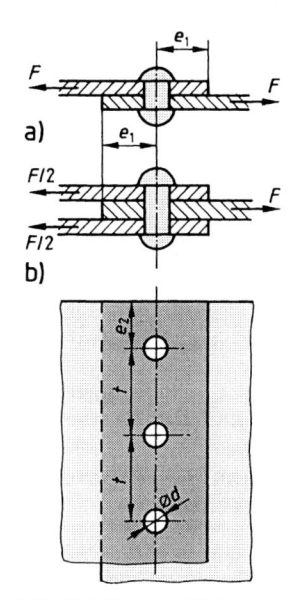

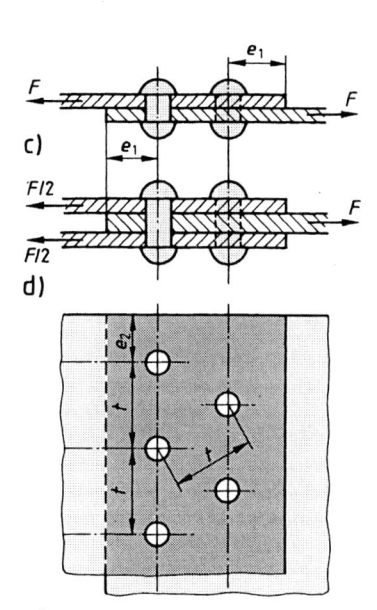

4.9 Nahtformen; Teilung und Randabstände bei Überlappungsnietungen
  a) einreihig einschnittig
  b) einreihig zweischnittig
  c) zweireihig einschnittig
  d) zweireihig zweischnittig

Nietverbindungen werden in ebenen, zylindrischen oder sphärisch gewölbten Flächen als Überlappungs- oder als Laschennietungen (meist Doppellaschen) ausgebildet, wobei jeweils die Niete ein-, zwei- oder mehrreihig in Parallel- oder Zickzackform angeordnet werden (s. Bild **4.9** und **4.14**). Nach der Zahl der Schnitt- oder Scherebenen bzw. der Zahl der Berührungsflächenpaare je Niet unterscheidet man ein-, zwei- oder mehrschnittige Niete; bei einfacher Überlappungsnietung sind die Niete einschnittig; bei Doppellaschennietung zweischnittig. Werte für die Teilung t und für die Randabstände e sind in **4.10** angegeben.

		Mindestwert	Höchstwert
Hochbau	Teilung t		
	Kraftniete und Heftniete in Druckstäben und Stegaussteifungen	$t \geq 3 \cdot d$	$t \leq 8 \cdot d$ oder $\leq 15 \cdot s$ [1]
	Heftniete in Zugstäben	$t \geq 3 \cdot d$	$t \leq 12 \cdot d$ oder $\leq 25 \cdot s$
	Randabstand in Kraftrichtung e_1	$e_1 \geq 2 \cdot d$	$e_1 \leq 3 \cdot d$ oder $\leq 6 \cdot s$ [2]
	senkrecht zur Kraftrichtung e_2	$e_2 \geq 1,5 \cdot d$	$e_2 \leq 3 \cdot d$ oder $\leq 6 \cdot s$
Kranbau	Teilung t	$t \geq 3,5 \cdot d$	$t \leq 6 \cdot d$ oder $\leq 15 \cdot s$
	in besonderen Fällen	$t \geq 3 \cdot d$	
	Radabstand in Kraftrichtung e_1	$e_1 \geq 2 \cdot d$	$e_1 \leq 4 \cdot d$ oder $\leq 8 \cdot s$
	senkrecht zur Kraftrichtung e_2	$e_2 \geq 1,5 \cdot d$	$e_2 \leq 4 \cdot d$ oder $\leq 8 \cdot s$

[1] s ist die Dicke des dünnsten, außenliegenden Teiles. Bei den von d und s abhängigen Höchstwerten ist der kleinere einzuhalten.
[2] Bei Stab- und Formstählen darf am versteiften Rand $9 \cdot s$ statt $6 \cdot s$ gewählt werden.

4.10
Richtwerte für Teilung und Randabstände (s. Bild **4.9**)

4.3 Berechnungsgrundlagen

Die wirklichen Beanspruchungsverhältnisse in Nietverbindungen sind wegen räumlicher Spannungszustände, vielseitiger Spannungsüberlagerungen und vor allem wegen der unvermeidlichen Spannungsspitzen sehr verwickelt und rechnerisch nicht exakt zu erfassen. Für die Dimensionierung muss man daher vereinfachende Annahmen treffen (**4.11** und **4.12**) und sich im Wesentlichen auf Erfahrungswerte stützen.

Insbesondere hinsichtlich der Zuordnung von Nietdurchmesser und Bleckdicken sowie von Nietdurchmesser und Teilungen bzw. Randabständen bei verschiedenen Anordnungen sind Anhaltswerte zu verwenden, die in Form von Richtlinien, Näherungsformeln, Tabellen und graphischen Darstellungen in den folgenden Abschnitten zusammengestellt sind.

Die Abmessungen der Bauteile (Blechdicken, Profile und dgl.) werden wie üblich nach den Regeln der Festigkeitslehre ermittelt, wobei zu beachten ist, dass die gefährdeten Querschnitte durch die Nietlöcher geschwächt werden. Der Nietdurchmesser wird abhängig von den gefundenen Wanddicken gewählt. Die je Niet und je Schnittfläche (bzw. je Berührungsflächenpaar) übertragbare Kraft ergibt sich aus den zulässigen Werten, d. h. im Kesselbau aus dem zulässigen spezifischen Gleitwiderstand und im Hochbau aus der zulässigen Scherspannung bzw. der

4.3 Berechnungsgrundlagen

zulässigen Lochleibung. Aus der zu übertragenden Gesamtkraft und aus der je Niet übertragbaren Kraft folgt dann die erforderliche Nietzahl. Nach ersten Überschlagsrechnungen sind häufig genauere Nachrechnungen erforderlich.

Allen Rechnungen werden jeweils die Nietloch- und nicht die Nietschaftdurchmesser zugrunde gelegt; man nimmt also immer – auch bei Warmnietungen – an, dass die Bohrungen der Bauteile vom gestauchten Nietschaft völlig ausgefüllt werden; bei Leichtmetallnieten sind der Nietloch- und der Nietschaftdurchmesser annähernd gleich.

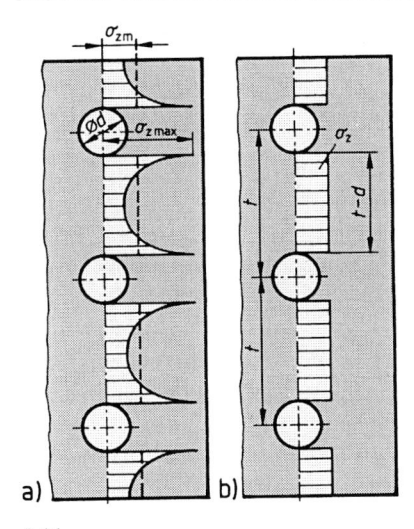

4.11
Zugspannungen im durch die Nietlöcher geschwächten Bauteil
a) wirklicher Spannungsverlauf im gelochten Blech bei Zugbeanspruchung; Spannungsspitzen am Lochrand
b) vereinfachende Annahme für die Berechnung: gleichmäßige Spannungsverteilung

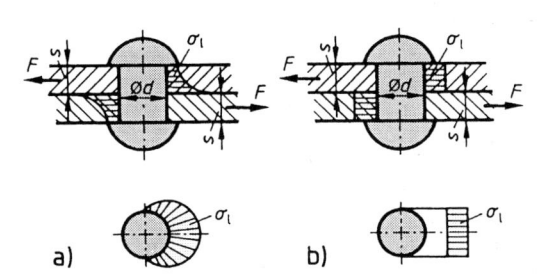

4.12
Lochleibungsdruck an den Anlageflächen zwischen Nietschaft und Blech
a) wirklicher Verlauf des Lochleibungsdruckes: Spitzenwerte in der Nähe der Berührungsfläche der Bleche und (in der Draufsicht) in Richtung der Kraft
b) vereinfachte Annahme für die Berechnung: gleichmäßige Verteilung über die projizierte Zylindermantelfläche (Lochleibungsfläche)

4.3.1 Berechnen von Nietverbindungen im Stahlbau

4.3.1.1 Berechnen der Bauteile

Bei Nietverbindungen im Stahlbau (Hochbau, Kranbau) handelt es sich meistens um Stöße von Zug- oder Druckstäben oder ihre Anschlüsse an Knotenbleche (Fachwerkträger) oder um Nietträger und Stöße von genieteten Blechträgern. Für Entwurf, Berechnung und Ausführung von „tragenden Bauteilen aus Stahl" ist im Hochbau DIN 18800 und im Kranbau DIN 15018 maßgebend. Es wird demnach neben einem Stabilitäts- und Standsicherheitsnachweis vor allen

Dingen ein allgemeiner Spannungsnachweis „zum Nachweis der Sicherheit gegen Fließen oder statischen Bruch" verlangt, d. h. es muss durch die Berechnung belegt werden, dass die auftretenden Spannungen kleiner sind als die vorgeschriebenen zulässigen Spannungen. Die letzteren werden für zwei verschiedene Lastfälle angegeben:

Lastfall H

Berücksichtigung der Summe der Hauptlasten (H), wozu ständige Last, Verkehrslast (einschl. Schnee) und freie Massenkräfte von Maschinen gehören.

Lastfall HZ

Berücksichtigung der Summe der Haupt- und Zusatzlasten (Z), wobei zu letzteren Windlast, Bremskräfte, waagerechte Seitenkräfte und Wärmewirkungen gerechnet werden.

Für die Bemessung und den Spannungsnachweis ist jeweils der Lastfall maßgebend, der die größten Querschnitte ergibt.

Im Kranbau (DIN 15018) wird ferner noch durch eine Ausgleichszahl ψ berücksichtigt, ob die Bauteile durch die Wander- oder Verkehrslast zeitlichen Belastungswechseln (bezogene Betriebsdauer), größeren Wechseln in der Höhe der Last (bezogene Belastung) und Stößen aus der Lastbewegung ausgesetzt sind.

Zahlenwerte für die zulässigen Spannungen sind in Bild **4.13** zusammengestellt. Die zulässige Zug-, Druck- und Biegespannung ist auf die Fließgrenze σ_F bezogen, wobei der Sicherheitsbeiwert im Lastfall H gleich 1,7 und im Lastfall HZ gleich 1,5 ist.

Nach DIN 18800 sind für „Zug und Biegung, und für Biegedruck, wenn Ausweichen der gedrückten Gurte nicht möglich ist", die entsprechenden Sicherheitsbeiwerte nur 1,5 bzw. 1,33.

Die **zulässige Schubspannung** für Bauteile wird als Bruchteil von σ_{zul} angegeben, und zwar:

Stahlbauten: (Nach DIN 18800) $\tau_{zul} = 0{,}580 \cdot \sigma_{zul}$ bzw. $0{,}650 \cdot \sigma_{d\,zul}$, Kranbau (DIN 15018) $\tau_{zul} = 0{,}80 \cdot \sigma_{zul}$.

Bei Zugstäben muss mit dem durch die Nietlöcher geschwächten Querschnitt, also mit $A - \Delta A$, gerechnet werden, wenn A der Voll-Querschnitt des Stabes und ΔA die Summe der Flächen aller Löcher ist, die in die ungünstigste Risslinie fallen. Das Verhältnis des geschwächten zum ungeschwächten Querschnitt beschreibt das Schwächungsverhältnis v.

$$v = \frac{A - \Delta A}{A} \qquad (4.1)$$

Für die (mittlere) **Zugspannung**, die aus der zu übertragenden Zugkraft F resultiert, gilt:

$$\boxed{\sigma_z = \frac{F}{A - \Delta A}} \qquad (4.2)$$

Für eine erste überschlägige Dimensionierung sollte das Schwächungsverhältnis v abgeschätzt werden ($v \approx 0{,}7$ bis $0{,}85$); hiermit lässt sich mit Gl. (4.1) die Gl. (4.2) zunächst umformen

$$\boxed{\sigma_z = \frac{F}{v \cdot A}} \qquad (4.3)$$

4.3 Berechnungsgrundlagen

			Lastfall			
			H	HZ	H	HZ
Stahlbauten nach DIN 18800		Bauteile aus	S235JR (St 37-2)		S355J2G3 (St 52-3)	
	Druck und Biegedruck für Stabilitätsnachweis nach DIN 18800	$\sigma_{d\,zul}$	140	160	210	240
	Zug und Biegezug, Biegedruck, Druck und Biegedruck	σ_{zul}	160	180	240	270
	Schub	τ_{zul}	92	104	139	156
		Niete aus	USt 36-1		RSt 44-2	
	Abscheren	$\tau_{a\,zul}$	140	160	210	240
	Lochleibungsdruck	$\sigma_{l\,zul}$	320	360	480	540
Kranbau nach DIN 15018		Bauteile aus	S235JR (St 37-2)		S275JR (St 44-2)	
	Zug, Biegung, Druck	σ_{zul}	140	160	210	240
	Schub	τ_{zul}	92	104	138	156
		Niete aus	USt 36-1		RSt 44-2	
	Abscheren einschnittig	$\tau_{a\,zul}$	84	196	126	144
	Lochleibungsdruck einschnittig	$\sigma_{l\,zul}$	210	240	315	360
	Abscheren mehrschnittig	$\tau_{a\,zul}$	113	128	168	192
	Lochleibungsdruck mehrschnittig	$\sigma_{l\,zul}$	280	320	420	480

4.13
Zulässige Spannungen in N/mm² im Stahlbau

Wird σ_{zul} an Stelle von σ_z eingesetzt und nach A aufgelöst, gilt:

$$A \geq \frac{F}{v \cdot \sigma_{zul}} \tag{4.4}$$

Mit dem so gefundenen erforderlichen Vollquerschnitt A kann nun ein geeignetes Profil gewählt werden, nach Abschn. 4.3.1.2 der zu den Blechdicken passende Nietlochdurchmesser d bestimmt und nach Abschn. 4.3.1.3 die erforderliche Nietzahl n berechnet werden. Danach wird eine genauere Nachrechnung von v und σ_z nach den Gl. (4.1) und (4.2) vorgenommen und eventuell korrigiert.

Handelt es sich beispielsweise um die einreihige Doppellaschennietung eines Flachstabes (**4.14**) mit der Breite b und der Dicke s, gilt für die Querschnittsfläche A

$$A = b \cdot s \tag{4.5}$$

Hierbei kann s gewählt und b berechnet werden (oder umgekehrt). Ist n die Anzahl der erforderlichen Niete in einer Nietreihe (mit dem Lochdurchmesser d), t die Teilung und e_2 der Randabstand senkrecht zur Kraftrichtung, dann ergibt sich für die **Breite b**, das Schwächungsverhältnis v und die Zugspannung σ_z:

$$\boxed{b = (n-1) \cdot t + 2 \cdot e_2} \tag{4.6}$$

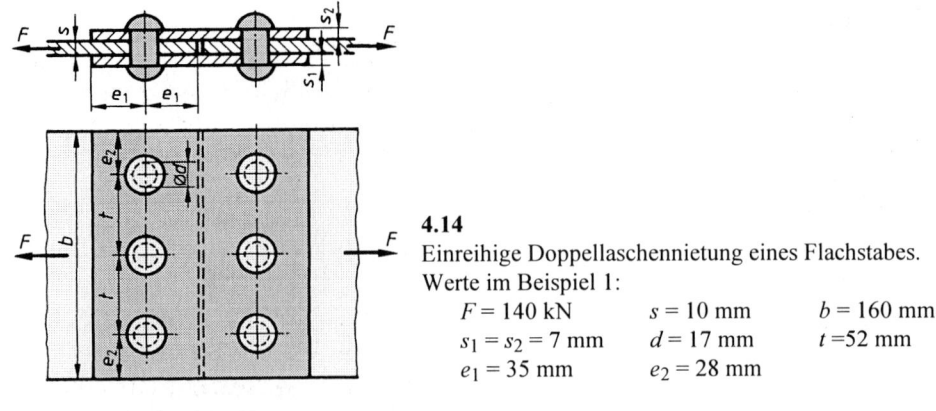

4.14
Einreihige Doppellaschennietung eines Flachstabes.
Werte im Beispiel 1:

$F = 140$ kN	$s = 10$ mm	$b = 160$ mm
$s_1 = s_2 = 7$ mm	$d = 17$ mm	$t = 52$ mm
$e_1 = 35$ mm	$e_2 = 28$ mm	

$$v = \frac{b - n \cdot d}{b} \tag{4.7}$$

$$\sigma_z = \frac{F}{(b - n \cdot d) \cdot s} \tag{4.8}$$

Die höchsten **Zug- oder Druckrandspannungen** bei auf Biegung beanspruchten Trägern sind aus dem Biegemoment und dem Widerstandsmoment zu berechnen:

$$\sigma_b = \frac{M_b}{W_b} \tag{4.9}$$

4.3.1.2 Wahl des Nietdurchmessers

Die nach DIN 124 gestuften Nietlochdurchmesser d und die (kleinsten) Blechdicken s sind nach den in Bild **4.15** angegebenen Erfahrungswerten einander zugeordnet. Man kann auch die im Stahlbau für den Nietdurchmesser d_1 in cm übliche Näherungsformel (Zahlenwertgleichung) verwenden, wobei für s die kleinste zu verbindende Blechdicke in cm einzusetzen ist.

$$d_1 / [\text{cm}] \approx \sqrt{5 \cdot s / [\text{cm}]} - 0{,}2 \tag{4.10}$$

Außerdem sind in den Profiltafeln für Walzprofile [21] die größtmöglichen Nietlochdurchmesser d (zusammen mit den Nietrisslinien, also den Wurzel- oder Streichmaßen w) angegeben. Kleinere Niete sind auf denselben Nietrisslinien zulässig, aber meist wegen der dann erforderlichen größeren Nietzahl unwirtschaftlich.

s in mm	4···6	5···7	6···8	7···9	8···11	10···14	13···17	16···21	20···26
d in mm	13	15	17	19	21	23	25	28	31

4.15 Zuordnung von (kleinsten) Blechdicken s und Nietlochdurchmessern d im Stahlbau

4.3 Berechnungsgrundlagen

4.3.1.3 Erforderliche Nietzahl

Die eigentliche Nietberechnung erfolgt im Stahlbau (bei Warm- und Kaltnietung) auf Abscheren und auf Lochleibung. Die Werte der zulässigen Spannungen $\tau_{a\,zul}$ und $\sigma_{l\,zul}$ sind für die üblichen Werkstoffe Bild **4.13** zu entnehmen; sie werden für die in Abschn. 4.1 angegebenen Zuordnungen von Bauteil und Nietwerkstoffen auf σ_{zul} bezogen, und zwar ist die zulässige Abscherspannung

im Kranbau	$\tau_{a\,zul}$	$= 0{,}8 \cdot \sigma_{zul}$
in Stahlbauten	$\tau_{a\,zul}$	$= 1{,}0 \cdot \sigma_{d\,zul}$
und der zulässigen Lochleibungsdruck	$\sigma_{l\,zul}$	$= 2{,}0 \cdot \sigma_{d\,zul}$

Bei der Berechnung wird angenommen, dass die Spannungen gleichmäßig verteilt sind (**4.11** und **4.12**) und dass sich alle Niete im gleichen Maß an der Kraftübertragung beteiligen.

Diese Annahme ist nur bis zu einer Nietzahl von etwa 5 Nieten in Kraftrichtung möglich. Bei einer größeren Nietzahl ergibt sich, durch die unterschiedliche Verformung des Bauteils in Kraftrichtung, eine zunehmend unterschiedliche Belastung der Niete. Dabei werden die am Rande liegenden Niete am höchsten belastet.

Es bedeuten im folgenden:

n	Gesamtzahl der Niete		
n_a	Anzahl der Niete, die sich aus der Berechnung auf Abscheren ergibt	$A_1 = \dfrac{\pi \cdot d^2}{4}$	Scherquerschnitt (= Nietlochquerschnitt)
n_l	Anzahl der Niete, die sich aus der Berechnung auf Lochleibung ergibt	$A_1 = d \cdot s$	(projizierte) Lochleibungsfläche
		F	gesamte zu übertragende Kraft
m	Anzahl der Scherflächen je Niet (Schnittzahl)		

Die **Abscherspannung** ist bei Berechnung auf Abscheren bei gegebener Nietzahl n:

$$\boxed{\tau_a = \frac{F}{\dfrac{\pi \cdot d^2}{4} \cdot n \cdot m}} \qquad (4.11)$$

Setzt man $\tau_{a\,zul}$ an Stelle von τ_a ein und löst man nach n auf, dann erhält man die erforderliche Nietzahl:

$$\boxed{n_a = \frac{F}{\dfrac{\pi \cdot d^2}{4} \cdot m \cdot \tau_{a\,zul}}} \qquad (4.12)$$

Für den **Lochleibungsdruck** gilt bei Berechnung auf Lochleibung mit der gegebenen Nietzahl n:

$$\boxed{\sigma_l = \frac{F}{d \cdot s \cdot n}} \qquad (4.13)$$

Die **erforderliche Nietzahl** ergibt sich mit $\sigma_{l\,zul}$ an Stelle von σ_l:

$$n_1 = \frac{F}{d \cdot s \cdot \sigma_{1\,zul}} \tag{4.14}$$

In Gl. (4.14) ist für s bei Überlappungsnietung die kleinere der beiden Blechdicken, bei Doppellaschennietung (**4.14**) ist der kleinere der Werte s oder ($s_1 + s_2$) einzusetzen. Man wählt die Laschendicke $s_1 = s_2 \approx 0{,}65 \cdot s$ bis $0{,}8 \cdot s$.

Von den nach Gl. (4.12) und (4.13) errechneten Nietzahlen ist für die Ausführung die größere zu wählen und aufzurunden. Zur Kontrolle können dann nach Gl. (4.11) und (4.13) die auftretenden Spannungen nachgerechnet werden.

4.3.1.4 Nietteilung, Randabstände, Gestaltungsrichtlinien

Für die Nietteilungen und Randabstände (**4.9**) werden in den Normblättern Richtwerte, und zwar Mindest- und Höchstwerte, angegeben, die die Gewähr dafür bieten, dass zwischen den Nietlöchern und zwischen Niet und Rand keine gefährlichen Spannungsspitzen auftreten (**4.11**). Eine genauere Berechnung ist daher nicht erforderlich und exakt auch kaum möglich. Die genannten Richtwerte sind in Bild **4.10** zusammengestellt. Für Winkelstähle sind Zahlenwerte in DIN 998 und 999 zu finden.

Bei Stößen und Anschlüssen sind zweischnittige Nietverbindungen (z. B. Doppellaschennietungen) den einschnittigen (Überlappungsnietungen) vorzuziehen; bei letzteren treten immer Unsymmetrien und außermittige Lastangriffe auf, die die Niete zusätzlich auf Biegung beanspruchen.

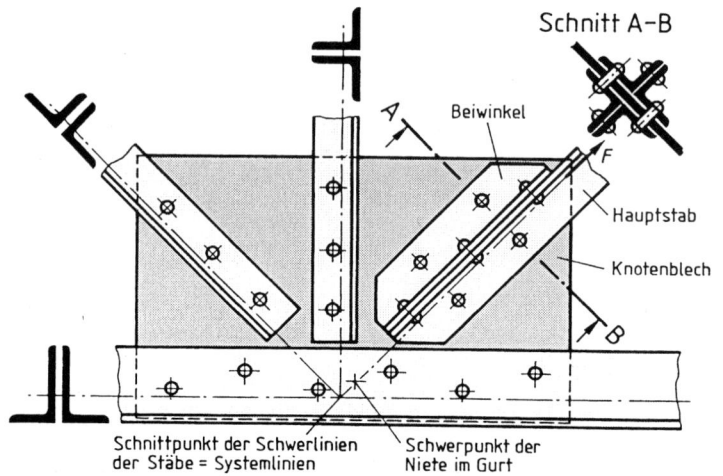

4.16
Knotenpunkt einer Fachwerkkonstruktion mit Winkelstählen. Der rechte Diagonalstab (Zugstab) ist mit Beiwinkeln angeschlossen.
Gurtstab: ⌐⌐ 120 x 80 x 8
linker Diagonalstab und
Beiwinkel: ⌐⌐ 65 x 7
rechter Diagonalstab und
Beiwinkel: ⌐⌐ 70 x 9

Werte im Beispiel 2:
F = 300.000 N
d_1 = 21 mm
s = 14 mm
t = 120 mm
e_1 = 45 mm

Bei Fachwerkträgern sollen die Schwerlinien der Stäbe mit den Systemlinien (Netzlinien), die sich in den Knotenpunkten schneiden, zusammenfallen (**4.16**); anderenfalls treten zusätzliche Biegemomente auf, die in den Stäben Biegespannungen hervorrufen und besonders bei Druckstäben die Knickgefahr erhöhen. Die genannte Forderung bringt es jedoch mit sich, dass bei

4.3 Berechnungsgrundlagen

unsymmetrischen Profilen (z. B. Winkelstahl) die Schwerlinien der Niete (Nietrisslinien) nicht mit den Schwerlinien der Stäbe (und demnach nicht mit den Systemlinien) zusammenfallen, so dass hier zusätzliche Biegemomente nicht zu vermeiden sind. Bei symmetrischen Querschnitten ist es dagegen leicht möglich, die Schwerlinie des Stabes und die Schwerlinien der Niete mit den Systemlinien zur Deckung zu bringen (**4.17**).

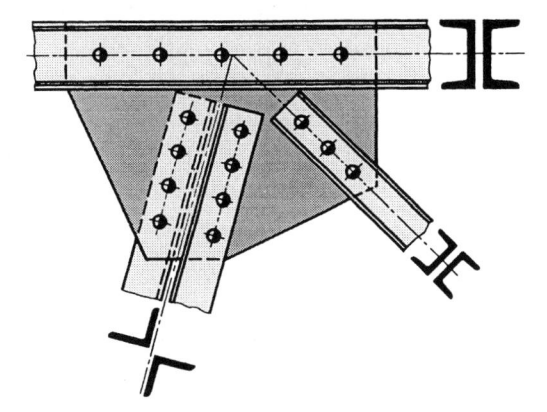

4.17
Knotenpunkt einer Fachwerkkonstruktion mit symmetrischen Profilen;
linker Schrägstab = Druckstab aus Winkelstählen

Kraftstäbe sind mit mindestens zwei Nieten anzuschließen. Bei mehr als fünf Nieten in einer Reihe ist nicht mehr gewährleistet, dass die Niete sich einigermaßen gleichmäßig an der Kraftübertragung beteiligen. Sind rechnerisch mehr als fünf Niete erforderlich oder sollten die Knotenbleche nicht zu lang werden, dann sind Beiwinkel vorzusehen. Diese sind an das Knotenblech mit der anteiligen Kraft und an den Hauptstab mit dem 1,5fachen der anteiligen Kraft anzuschließen (Bild **4.16** und Beispiel 2).

Für die Knotenbleche sind möglichst einfache Formen zu wählen. Ihre Dicke richtet sich nach den zu übertragenden Kräften, wobei für die Berechnung der in der ungünstigsten Risslinie liegende Querschnitt und gleicher Lastanteil für jeden Niet anzunehmen sind. Die Knotenblechdicke kann etwa gleich der mittleren Dicke aller im Knotenpunkt zusammenlaufenden Stäbe gewählt werden. Bei durchgehenden Gurtstäben übernimmt das Knotenblech nur die Differenz der Stabkräfte der benachbarten Felder; der Schwerpunkt der Niete im Gurt soll etwa mit dem Schnittpunkt der Systemlinien zusammenfallen. Aus Zweckmäßigkeitsgründen werden an einem Knotenblech möglichst gleiche Nietdurchmesser verwendet.

Bei Momentenanschlüssen nach (**4.18**) müssen die Niete einer Nietgruppe die Quer- oder Längskraft und das Biegemoment aufnehmen. Die Kraft verteilt sich gleichmäßig auf die einzelnen Niete. Das Biegemoment erzeugt um den Schwerpunkt der Nietgruppe die Momente $F_1 \cdot r_1 \ldots F_n \cdot r_n$.

Bezeichnet man die auf die einzelnen Niete der Gruppe von der Momentwirkung herrührenden Kräfte mit $F_1, F_2 \ldots F_n$ und den zugehörigen Hebelarm (Abstand vom Nietschwerpunkt und Schwerpunkt S der Nietgruppe mit $r_1, r_2 \ldots r_n$, ergibt sich nach Bild **4.18** folgende Belastung:

	Steg	Gurt
Abstand Kraftangriff–Schwerpunkt S	a_1	a_2
Anzahl der Niete	$n_1 = 12$	$n_2 = 8$
Einzellast je Niet aus Quer- oder Längskraft	$F/n_1 = F/12$	$F/n_2 = F/8$
Momentenbelastung der Nietgruppe	$F \cdot a_1 = 4 \cdot F_1 \cdot r_1 + 4 \cdot F_2 \cdot r_2 + 4 \cdot F_3 \cdot r_3$	$F \cdot a_2 = 2 \cdot F_4 \cdot r_4 + 2 \cdot F_5 \cdot r_5 + 2 \cdot F_6 \cdot r_6 + 2 \cdot F_7 \cdot r_7$

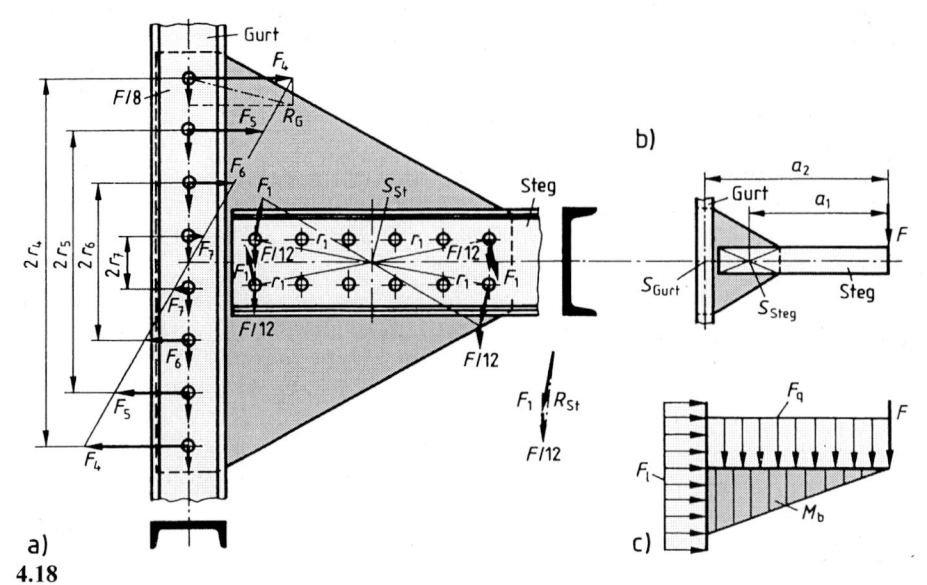

4.18
Momentenanschluss

Die Niete im Steg und Gurt werden zu Gruppen zusammengefasst; auf diese Gruppen wirken eine Einzellast F und Kräftepaare, die aus $F \cdot a_1$ bzw. $F \cdot a_2$ resultieren.

a) Verteilung der Kräfte auf die Niete
b) Schwerpunkte S der Nietgruppen, um die die Momente $F \cdot a_1$ und $F \cdot a_2$ wirken
c) Verteilung der Längskraft F_l, der Querkraft F_q und des Biegemomentes M_b

Nimmt man an, dass die Kräfte $F_1 \ldots F_n$ entsprechend der Verformung der Bauteile und somit der Spannungsverteilung bei Torsion proportional ihrem Abstand vom Schwerpunkt S sind, so gilt mit $F_1/r_1 = F_2/r_2 = \ldots = F_n/r_n$

für die Nietgruppe im Steg:

$$F \cdot a_1 = 4 \cdot F_1 \cdot r_1 + 4 \cdot F_1 \cdot r_2^2/r_1 + 4 \cdot F_1 \cdot r_3^2/r_1 \tag{4.15}$$

für die Nietgruppe im Gurt:

$$F \cdot a_2 = 2 \cdot F_4 \cdot r_4 + 2 \cdot F_4 \cdot r_5^2/r_4 + 2 \cdot F_4 \cdot r_6^2/r_4 + 2 \cdot F_4 \cdot r_7^2/r_4 \tag{4.16}$$

Hierbei sind die Kräfte

$$F_1 = \frac{F \cdot a_1 \cdot r_1}{4 \cdot (r_1^2 + r_2^2 + r_3^2)} \qquad F_4 = \frac{F \cdot a_2 \cdot r_4}{2 \cdot (r_4^2 + r_5^2 + r_6^2 + r_7^2)} \tag{4.17} \quad (4.18)$$

die größten Nietlasten aus der Momentwirkung infolge des größeren Hebelarmes r_1 bzw. r_4 der betreffenden Nietgruppe. Diese setzt man mit der von der Quer- oder Längskraft herrührenden Kraft $F/12$ bzw. $F/8$ zu den Resultierenden R_{St} bzw. R_G zusammen. Sie werden der Berechnung des am stärksten belasteten Nietes der jeweiligen Nietgruppe zugrunde gelegt.

4.3 Berechnungsgrundlagen

Die übrigen Niete der zugehörigen Nietgruppe erhalten den gleichen Durchmesser. Die hiermit verbundene geringere Werkstoffausnutzung wird in Kauf genommen.

Bei biegebeanspruchten genieteten Trägern nach Bild **4.19** müssen die Kopf- und Halsniete die in den Berührungsflächen auftretenden Schubkräfte infolge der Querkraft Q übertragen, da zwischen Stegblech, Gurtwinkeln und Gurtplatten schubfeste Verbindungen hergestellt werden müssen. Für die **Schubspannung im Steg** eines Trägerquerschnittes nach Bild **4.20** gilt nach den Regeln der Festigkeitslehre (Gl. (2.12) u. Gl. (4.19)):

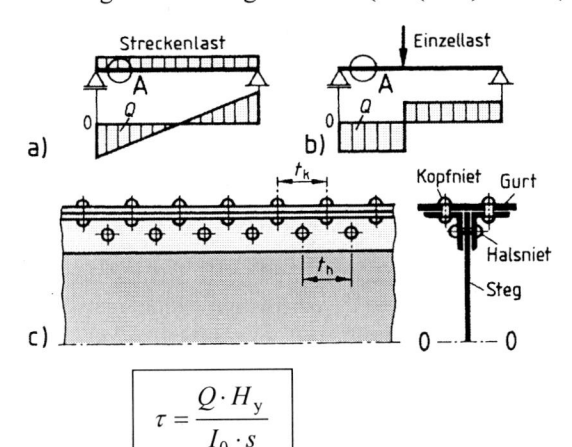

4.19
Biegebeanspruchter genieteter Träger. Die Kopf- und Halsniete müssen die Schubkräfte infolge der Querkraft Q übertragen

a) Querkraftverlauf bei gleichmäßiger Streckenlast eines statisch bestimmt gelagerten Trägers
b) Querkraftverlauf bei Einzellast
c) konstruktive Ausbildung bei A von Bildteil b) in der Nähe der Stützstelle bzw. an Stellen größter Querkraft

$$\tau = \frac{Q \cdot H_y}{I_0 \cdot s} \qquad (4.19)$$

Hierin bedeuten (Bild **4.20**):
Q Querkraft an der betrachteten Stelle des Trägers;
s Stegdicke (im Abstand y);
I_0 Trägheitsmoment des gesamten Querschnitts, bezogen auf die Schwerachse 0-0;
H_y Flächenmoment 1. Grades des oberhalb von y gelegenen (schraffierten) Querschnittsteiles, bezogen auf die Schwerachse 0-0.

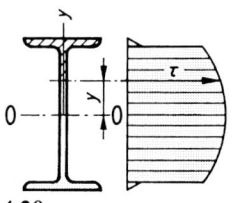

4.20
Schubspannungen im I–Trägerquerschnitt. Es ist das Flächenmoment 1. Grades H_y des schraffierten Teiles (oberhalb von y) bezogen auf die Schwerachse 0-0 zu ermitteln

4.21
Flächenmoment 1. Grades
a) H_h zur Berechnung der Halsniete (a)
b) H_k zur Berechnung der Kopfniete (b)

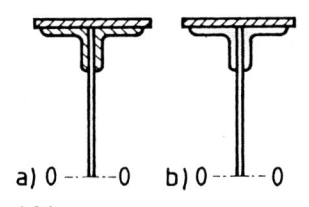

Für die Berechnung der Halsniete ist an Stelle von H_y der Wert H_h einzusetzen, also das Flächenmoment 1. Grades der Gurtwinkel einschließlich der Gurtplatten, bezogen auf die Schwerachse 0-0 (in Bild **4.21a** schraffiert). Auf die Länge t_h (Teilung der Halsniete; Bild **4.19**) entfällt dann nach Gl. (4.19) die folgende Schubkraft:

$$\tau \cdot s \cdot t_h = \frac{Q \cdot H_h \cdot t_h}{I_0} \qquad (4.20)$$

Diese muss von einem Niet aufgenommen werden. Die **Abscherspannung im Niet** ergibt sich mit dem Nietlochdurchmesser d und dem Wert $m = 2$ (die Halsniete sind zweischnittig):

$$\boxed{\tau_a = \frac{Q \cdot H_h \cdot t_h}{2 \cdot \frac{\pi \cdot d^2}{4} \cdot I_0}} \qquad (4.21)$$

Für den **Lochleibungsdruck** gilt entsprechend:

$$\boxed{\sigma_l = \frac{Q \cdot H_h \cdot t_h}{d \cdot s \cdot I_0}} \qquad (4.22)$$

Hierbei ist für s der jeweils kleinere Wert, also entweder die Stegdicke oder die Summe der anliegenden Schenkeldicken, einzusetzen. Werden nun τ_a und σ_l durch die zulässigen Werte ersetzt, erhält man für die Teilung der Halsniete die beiden Bestimmungsgleichungen:

$$t_h \leq \frac{2 \cdot I_0 \cdot \frac{\pi \cdot d^2}{4} \cdot \tau_{a\,zul}}{Q \cdot H_h} \qquad t_h \leq \frac{I_0 \cdot s \cdot d \cdot \sigma_{l\,zul}}{Q \cdot H_h} \qquad (4.23) \quad (4.24)$$

Für die Ausführung der Nietteilung ist jeweils der kleinere der aus Gl. (4.23) und (4.24) ermittelten Werte zu nehmen, wobei die in Bild **4.10** angegebenen Werte nicht überschritten werden dürfen.

Für die Kopfniete können dieselben Gleichungen verwendet werden, da auf eine Teilung t_k (**4.19**) jetzt zwei einschnittige Niete kommen. An Stelle von H_h ist nur H_k, das ist das statische Moment lediglich der Gurtplatte, bezogen auf die Schwerachse 0-0 (in Bild **4.21b** schraffiert), einzusetzen. Für s ist der kleinere Wert von der Dicke der Gurtplatte oder der Dicke der waagerechten Schenkel einzusetzen.

Beispiel 1

Der Stoß eines Zug-Flachstabes für $F = 140\,000$ N (Lastfall H) soll als einreihige Doppellaschennietung (**4.14**) ausgeführt werden. Es sollen die im Kranbau zulässigen Werte zugrunde gelegt werden (s. Bild **4.13**). Die Bauteile bestehen aus Stahl S235 (St37) mit $\sigma_{zul} = 140$ N/mm², die Niete aus USt36-1 mit $\tau_{a\,zul} = 113$ N/mm², $\sigma_{l\,zul} = 280$ N/mm².

Mit dem zunächst angenommenen Wert $v = 0{,}7$ ergibt sich aus Gl. (4.4) der erforderliche Vollquerschnitt:

$$A = b \cdot s = \frac{F}{v \cdot \sigma_{zul}} = \frac{140\,000\,\text{N}}{0{,}7 \cdot 140\,\text{N}/\text{mm}^2} = 1430\,\text{mm}^2$$

4.3 Berechnungsgrundlagen

Beispiel 1, Fortsetzung

Gewählt wird $s = 10$ mm, also wird $b \approx 143$ mm. Die Laschendicke ist nach Abschn. 4.3.1.3 hier $s_1 = 0{,}65 \cdot s$ bis $0{,}8 \cdot s$; es wird $s_1 = 7$ mm gewählt. Nach Bild **4.15** ist hierfür der Nietlochdurchmesser $d = 17$ mm passend. Mit der Schnittzahl $m = 2$ wird dann nach Gl. (4.12) die Anzahl der Niete bei Berechnung auf Abscheren:

$$n_a = \frac{F}{\frac{\pi \cdot d^2}{4} \cdot m \cdot \tau_{a\,zul}} = \frac{140\,000\,\text{N}}{\frac{\pi \cdot 17^2\,\text{mm}^2}{4} \cdot 2 \cdot 113\,\frac{\text{N}}{\text{mm}^2}} = 2{,}73$$

Dann ist mit der kleinsten Blechdicke $s = 10$ mm (die Summe der Laschendicken ist größer!) nach Gl. (4.14) die Nietzahl bei Berechnung auf Lochleibung

$$n_1 = \frac{F}{d \cdot s \cdot \sigma_{l\,zul}} = \frac{140\,000\,\text{N}}{17\,\text{mm} \cdot 10\,\text{mm} \cdot 280\,\text{N}/\text{mm}^2} = 2{,}94$$

Die Ausführung erfolgt demnach mit $n = 3$ Nieten. Mit den Richtwerten nach Bild **4.10** erhält man für die Teilung $t = 3 \cdot d = 51$ mm und für die Randabstände $e_1 = 2 \cdot d = 34$ mm und $e_2 \geq 1{,}5 \cdot d = 26$ mm, so dass sich für die wirkliche Breite nach Gl. (4.6) ergibt: $b = (n-1) \cdot t + 2 \cdot e_2 = 2 \cdot 51$ mm $+ 2 \cdot 26$ mm $= 154$ mm; damit wird der wirkliche Schwächungsbeiwert

$$v = \frac{b - n \cdot d}{b} = \frac{154\,\text{mm} - 51\,\text{mm}}{154\,\text{mm}} = 0{,}67$$

Für die tatsächliche Zugspannung im geschwächten Querschnitt gilt:

$$\sigma_z = \frac{F}{(b - n \cdot d) \cdot s} = \frac{140\,000\,\text{N}}{103\,\text{mm} \cdot 10\,\text{mm}} = 136\,\text{N}/\text{mm}^2$$

Zur Kontrolle werden noch nachgerechnet nach Gl. (4.11) und nach Gl. (4.13):

$$\tau_a = \frac{F}{\frac{\pi \cdot d^2}{4} nm} = \frac{140\,000\,\text{N}}{227\,\text{mm}^2 \cdot 3 \cdot 2} = 103\,\text{N}/\text{mm}^2 < \tau_{a\,zul}$$

$$\sigma_l = \frac{F}{d \cdot s \cdot n} = \frac{140\,000\,\text{N}}{17\,\text{mm} \cdot 10\,\text{mm} \cdot 3} = 274\,\text{N}/\text{mm}^2 < \sigma_{l\,zul} \qquad \blacksquare$$

Beispiel 2

Ein Diagonalstab (**4.16**, rechts), der mit $F = 300\,000$ N auf Zug, Lastfall H, belastet ist und aus zwei gleichschenkeligen Winkelstäben besteht, soll mit Beiwinkeln an das Knotenblech mit der Dicke $s = 14$ mm angeschlossen werden. Es sollen die bei Stahlbauten (DIN 18800) zulässigen Werte zugrunde gelegt werden (s. Bild **4.13**). Die Bauteile bestehen aus Stahl S235 (St 37) mit $\sigma_{zul} = 160$ N/mm², die Niete aus USt36-1 mit $\tau_{a\,zul} = 140$ N/mm² und $\sigma_{l\,zul} = 320$ N/mm². Mit $v = 0{,}8$ ergibt sich nach Gl. (4.4):

Beispiel 2, Fortsetzung

$$A = b \cdot s = \frac{F}{v \cdot \sigma_{zul}} = \frac{300\,000\,\text{N}}{0{,}8 \cdot 160\,\text{N}/\text{mm}^2} = 2380\,\text{mm}^2$$

Es werden gewählt zwei Winkelstähle 70 x 7 (DIN 1028) mit $A = 2 \cdot 940$ mm² = 1880 mm². Nach DIN 999 ist als größter Nietlochdurchmesser $d = 21$ mm möglich.

Mit $m = 2$ wird nach Gl. (4.12)

$$n_a = \frac{F}{\frac{\pi \cdot d^2}{4} \cdot m \cdot \tau_{a\,zul}} = \frac{300\,000\,\text{N}}{\frac{\pi \cdot 21^2\,\text{mm}^2}{4} \cdot 2 \cdot 140\,\frac{\text{N}}{\text{mm}^2}} = 3{,}1$$

und mit $s = 14$ mm erhält man nach Gl. (4.14)

$$n_l = \frac{F}{d \cdot s \cdot \sigma_{l\,zul}} = \frac{300\,000\,\text{N}}{21\,\text{mm} \cdot 14\,\text{mm} \cdot 320\,\text{N}/\text{mm}^2} = 3{,}19$$

Es sind also für den Anschluss am Knotenblech vier Niete erforderlich, wovon zwei zwischen Beiwinkel und Knotenblech und zwei zwischen Beiwinkel und Hauptstab angeordnet werden. Für die Niete zwischen Beiwinkel und Knotenblech beträgt der Kraftanteil 150 000 N, für die Niete zwischen Beiwinkel und Hauptstab wird wegen der durch die Kraftumlenkung entstehenden Momente mit einem Zuschlag von 50% gerechnet, also $F' = 1{,}5 \cdot 150\,000$ N $= 225\,000$ N. Es sollen dieselben Niete verwendet werden, jedoch ist die Verbindung einschnittig, somit wird

$$n_a = \frac{F'}{\frac{\pi \cdot d^2}{4} \cdot m \cdot \tau_{a\,zul}} = \frac{225\,000\,\text{N}}{\frac{\pi \cdot 21^2\,\text{mm}^2}{4} \cdot 1 \cdot 140\,\frac{\text{N}}{\text{mm}^2}} = 4{,}64$$

$$n_l = \frac{F'}{d \cdot s \cdot \sigma_{l\,zul}} = \frac{225\,000\,\text{N}}{21\,\text{mm} \cdot 9\,\text{mm} \cdot 320\,\text{N}/\text{mm}^2} = 3{,}72$$

Es müssen fünf Niete verwendet werden. Aus symmetrie- und fertigungstechnischen Gründen werden sechs Niete, d. h. drei Niete auf jeder Seite vorgesehen. ∎

4.3.2 Nietverbindungen im Leichtmetallbau

4.3.2.1 Berechnung der Bauteile

Im Leichtmetallbau, der sich außer im Fahrzeugbau und in der Luftfahrt auch im Hoch- und Brückenbau immer weitere Anwendungsgebiete erobert, werden die Nietverbindungen den Schweißverbindungen vorgezogen. Beim Schweißen tritt infolge der notwendigen Schweißtemperaturen ein Festigkeitsverlust in den Schweißzonen ein. Es erweist sich als besonders vorteilhaft, dass Leichtmetallniete in der Regel (bei geeigneten Schließkopfformen bis zu Nietdurchmessern von 20 mm) kalt geschlagen werden.

4.3 Berechnungsgrundlagen

Bei Leichtmetallkonstruktionen müssen insbesondere die Werkstoffbesonderheiten der Aluminiumlegierungen beachtet werden. Den Vorteilen des geringen spezifischen Gewichtes, der relativ hohen Festigkeit, die an die normaler Baustähle heranreicht, und der hohen Korrosionsbeständigkeit stehen im Vergleich zu Stahl die Nachteile des höheren Preises und des niedrigeren, nur etwa 1/3 so großen Elastizitätsmoduls gegenüber. Es muss daher den elastischen Formänderungen, also den Durchbiegungen, und bei Druckstäben den Knicklängen bzw. der günstigen Gestaltung der Querschnitte besondere Sorgfalt entgegengebracht werden. Gerade in dieser Hinsicht bieten sich aber bei Leichtmetall viele Möglichkeiten in dem Herstellverfahren „Strangpressen" (Sonderprofile, auch Hohlprofile; wirtschaftlich schon bei geringen Fertigungsmengen!) und in der Anwendung von Abkantprofilen.

Bezüglich der Berechnung bestehen gegenüber Abschn. 4.3.1 im Prinzip keine Unterschiede; die angegebenen Formeln können auch auf den Leichtmetallbau angewendet werden. Es müssen nur jeweils die für die verschiedenen Aluminium-Legierungen in den Normblättern (EN 485 T2 Bänder, Bleche und Platten; EN 754 T2 und EN 755 T2 Stangen, Rohre und Profile) angegebenen Festigkeitswerte, insbesondere die zulässigen Spannungen (DIN 4113), eingesetzt werden. Die zulässigen Zug-, Druck- und Biegespannungen werden für die Bauteile auf die Zugstreckgrenze $R_{p0,2}$ bezogen, wobei auch hier für den Lastfall H mit dem Sicherheitsbeiwert 1,7 und für den Lastfall HZ mit 1,5 gerechnet wird; die zulässige Schubspannung wird auf σ_{zul} bezogen, es wird $\tau_{zul} = 0{,}6 \cdot \sigma_{zul}$ gesetzt. Damit ergeben sich die in Bild **4.20** zusammengestellten Werte.

Werkstoff		zulässige Spannungen in N/mm²					
		Zug, Druck σ_{zul} Lastfall		Schub τ_{zul} Lastfall		Lochleibung $\sigma_{l\,zul}$ Lastfall	
		H	HZ	H	HZ	H	HZ
AlZn4,5Mg1 F35 (F34) [1]	Bleche	160	180	95	110	240	270
AlMgSi1 F32/F31 (F30) [2]	Rohre	145	165	90	100	210	240
AlMgSi1 F28	Profile	115	130	70	80	160	180
AlMgSi0,5 F22	Rohre, Profile	95	105	55	60	145	165
AlMg4,5Mn G31	Bleche	120	135	70	80	190	215
AlMg4,5Mn F27/W28	Bleche	70	80	45	50	115	130
AlMg4,5Mn F27	Rohre, Profile	80	90	50	55	125	140
AlMg2Mn0,8 F24/F25/G24	Bleche, Rohre	95	105	55	60	145	165
AlMg3Mn F24/F25/G24	Bleche, Rohre	95	105	55	60	145	165
AlMg2Mn0,8F20	Rohre, Profile	55	65	35	40	90	100
AlMg3 F18	Rohre, Profile	45	50	30	35	80	90
AlMg2Mn0,8 W18/W19/F19	Bleche, Rohre	45	50	30	35	80	90
AlMg3 W18/W19/F19	Bleche, Rohre	45	50	30	35	80	90

[1]) Die Werte für F34 gelten für Bleche bis 15 mm Dicke; darüber ist ein Faktor von 0,97 zu berücksichtigen
[2]) Die Werte für F30 gelten für Bleche bis 10 mm Dicke; darüber ist ein Faktor von 0,94 zu berücksichtigen

4.20
Aluminiumlegierungen für Bauteile (nach DIN 4113)

4.3.2.2 Wahl des Nietdurchmessers

Das Verhältnis von Nietdurchmesser zu (kleinster) Blechdicke ist theoretisch dann am günstigsten, wenn die bei Berechnung auf Abscheren und die bei Berechnung auf Lochleibung ermittelten übertragbaren Kräfte gleich sind. Meist sind jedoch konstruktive oder fertigungstechnische Gesichtspunkte für die Wahl des Nietdurchmessers maßgebend. Als Richtlinie können die in Bild **4.21** angegebenen Werte dienen. Man kann auch näherungsweise mit $d = (1{,}5 \ldots 2) \cdot s$ rechnen.

s	bis 1,3	1,2···1,8	1,4···2	1,6···2,4	1,8···2,5	2···3,2	2,5···4	3···4,5
d	2	2,6	3	3,5	4	5	6	7
s	3,2···5	4···6	4,5···7	5···8	6···9	7···10	8···11	8···12	9···14
d	8	9	10	12	14	16	18	20	22

4.21
Zuordnung von (kleinsten) Blechdicken s und Nietdurchmessern d im Leichtmetallbau (in mm)

4.3.2.3 Erforderliche Nietzahl

Die Berechnung erfolgt nach dem in Abschn. 4.3.1.3 angegebenen Verfahren. Die erforderlichen zulässigen Werte für die Abscherspannung $\tau_{a\,zul}$ und den Lochleibungsdruck $\sigma_{l\,zul}$ sind für die verschiedenen Nietwerkstoffe in Bild **4.22** (nach DIN 4113 und [4]) zusammengestellt. Die Werte für $\tau_{a\,zul}$ werden auf den $\tau_{0{,}5}$-Wert, eine Verformungsgrenze (analog der Streckgrenze $R_{p\,0{,}2}$), bezogen. Dieser Wert ist etwa gleich $0{,}75 \cdot \tau_B$, wenn τ_B die nach dem Schlagen und evtl. Aushärten experimentell ermittelte effektive Bruchscherfestigkeit bedeutet. Es gilt:

für Lastfall H

$$\tau_{a\,zul} = \frac{0{,}75 \cdot \tau_B}{1{,}7} = \frac{\tau_B}{2{,}28}$$

für Lastfall HZ

$$\tau_{a\,zul} = \frac{0{,}75 \cdot \tau_B}{1{,}5} = \frac{\tau_B}{2{,}0}$$

Der zulässige Lochleibungsdruck beträgt etwa $\sigma_{l\,zul} = 2{,}5 \cdot \tau_{a\,zul}$. Mit diesen zulässigen Werten lässt sich nach Gl. (4.12) und (4.14) die Anzahl der Niete berechnen.

Nietwerkstoff	Abscheren $\tau_{a\,zul}$ Lastfall	
	H	HZ
AlMgSi1 F20	50	55
AlMgSi1 F21	50	55
AlMgSi1 F25	60	70
AlMg5 W27	65	75
AlMg5 F31	75	85

4.22
Zul. Spannungen in N/mm² für die verschiedenen Nietwerkstoffe (nach DIN 4113)

4.3 Berechnungsgrundlagen

4.3.2.4 Nietteilung und Randabstände

Die üblichen Nietteilungen und Randabstände sind in Bild **4.23** zusammengestellt. Die Mindestwerte betragen:

Nietteilung	$t \geq 2{,}5 \cdot d$
Randabstand in Kraftrichtung	$e_1 \geq 2 \cdot d$
Randabstand senkrecht zur Kraftrichtung	$e_2 \geq 2 \cdot d$

		Mindestwert	allgemein	Höchstwert
Teilung t	Kraftniete	$2{,}5 \cdot d$	$3 \cdot d$ bis $4 \cdot d$	$6 \cdot d$
	Heftniete			$7 \cdot d$ oder $15 \cdot s$ [1])
Randabstand	Kraft- und Heftniete in Kraftrichtung e_1		$2 \cdot d$ oder $4 \cdot s$ [2])	
	senkrecht zur Kraftrichtung e_2		$2 \cdot d$ oder $4 \cdot s$	

[1]) s ist die Dicke des dünnsten, außenliegenden Teiles.
[2]) In zweischnittigen Nietungen kann am beidseitig gehaltenen dickeren Blech e_1 = minimal $1{,}5 \cdot d$ sein.

4.23
Richtwerte für Teilung und Randabstände (s. Bild **4.9**) im Leichtmetallbau

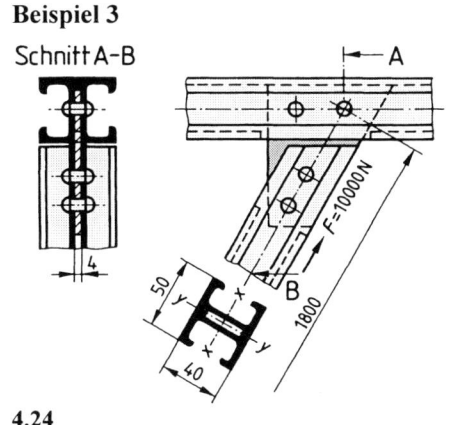

Beispiel 3

Ein Druckstab aus AlMgSi1F32 ist mit dem Sonderprofil nach Bild **4.24** für die Maximallast $F = 8000$ N ausgelegt. Es sollen die Spannungen in der Nietverbindung für den Lastfall H nachgerechnet werden.

Für die Niete wird der Werkstoff AlMgSi1F25 gewählt (vgl. Bild **4.2**), für den sich nach Bild **4.22** der Wert $\tau_{a\,zul} = 60$ N/mm² ergibt. Für den Grundwerkstoff AlMgSi1F32 gilt nach Bild **4.20** $\sigma_{l\,zul} = 145$ N/mm². Mit $d = 8{,}1$ mm und $n = 2$, $m = 2$ ergibt sich mit Gl. (4.11) und mit $s = 4$ mm nach Gl. (4.13):

4.24
Druckstab eines Fachwerkes aus Leichtmetall. Einteiliges symmetrisches Sonderprofil mit gleichem Trägheitsmoment um beide Schwerachsen und der Möglichkeit der Ausnutzung zweischnittiger Nietbeanspruchung

$$\tau_a = \frac{F}{\frac{\pi \cdot d^2}{4} \cdot n \cdot m} = \frac{8\,000\,\text{N}}{51{,}5\,\text{mm}^2 \cdot 2 \cdot 2} = 38{,}8\,\text{N}/\text{mm}^2 < \tau_{a\,zul}$$

$$\sigma_l = \frac{F}{d \cdot s \cdot n} = \frac{8\,000\,\text{N}}{8{,}1\,\text{mm} \cdot 4\,\text{mm} \cdot 2} = 123{,}5\,\text{N}/\text{mm}^2 < \sigma_{l\,zul} \qquad \blacksquare$$

Literatur

[1] Altenpohl, D.: Aluminium von innen betrachtet. Einführung in die Metallkunde der Aluminiumverarbeitung, 5. Aufl. Düsseldorf 1994

[2] Aluminium; Fachzeitschrift der deutschen Aluminiumindustrie. Hrsg. Aluminium-Zentrale e. V., Düsseldorf

[3] Aluminium; Lehrheft 2: Verarbeitung. Hrsg. Aluminium-Zentrale e. V., Düsseldorf

[4] Aluminium-Merkblätter (insbes. Nieten von Aluminium, Merkbl. V 5), Hrsg. Aluminium-Zentrale e. V., Düsseldorf

[5] Aluminium-Sondermerkblätter für den Fahrzeugbau. Hrsg. Aluminium-Zentrale e. V., Düsseldorf

[6] Aluminium-Taschenbuch. Hrsg. Aluminium-Zentrale e. V., 14. Aufl. 1983

[7] Bauen mit Aluminium: Jahrbuch 1969. Hrsg. Aluminium-Zentrale e. V., Düsseldorf

[8] Buchenau, H.; Thiele, A.: Stahlhochbau. Teil 1, 21.Aufl.; Teil 2, 17. Aufl. Stuttgart 1986/1985

[9] www.beuth.de

[10] Ernst, H.: Die Hebezeuge, Bd. I, II, III. Braunschweig 1973/1966/1964

[11] Hegmann, W.: Handwerkliche Bearbeitung von Aluminium. 5. Aufl. Düsseldorf 1989

[12] Czichios, H. (Hrsg.): Hütte - Die Grundlagen der Ingenieurwissenschaften. 31. Aufl. Berlin 2000.

[13] Hütte: Taschenbuch der Werkstoffkunde (Stoffhütte). 4. Aufl., Hrsg. Akad. Verein Hütte e. V., Berlin. Berlin-München 1967

[14] Kennel, E.: Das Nieten im Stahl- und Leichtmetallbau. München 1951

[15] Klein, M.: Einführung in die DIN-Normen. 13. Aufl. Stuttgart 2001

[16] Z. Konstruktion im Maschinen-, Apparate- und Gerätebau. Berlin-Heidelberg-Göttingen

[17] Niemann, G.: Maschinenelemente. 3. Bd. Berlin-Heidelberg-New York. 2. Aufl. 1981, 1983

[18] Repp, 0.: Werkstoffe. Stuttgart 1964

[19] Rögnitz, H.; Köhler, G.: Fertigungsgerechtes Gestalten im Maschinen- und Gerätebau. 4. Aufl. Stuttgart 1968

[20] Stahlbau, ein Handbuch für Studium und Praxis. Bd. I: Grundlagen. Hrsg. Deutscher Stahlbauverband, 2. Aufl. Köln 1971

[21] Stahl im Hochbau. Hrsg. Verein Deutscher Eisenhüttenleute, 13. Aufl. Düsseldorf 1969

[22] Suppus, H.: Fahrzeugkonstruktionen aus Aluminium. 2. Aufl. Düsseldorf 1962

[23] Werkstattblätter, Bl. 158/159 (Nieten von Leichtmetall I und II). München

5 Stoffschlüssige Verbindungen

Stoffschlüssige Verbindungen dienen dazu, Teile durch Ineinanderschmelzen sowie durch intermolekulare oder chemische Bindungskräfte, gegebenenfalls über Zusatzstoffe, miteinander zu verbinden. Zu diesen Verbindungen gehören insbesondere Schweiß-, Löt- und Klebverbindungen. Zusammen mit den Niet-, Press- und Schrumpfverbindungen bilden sie die unlösbaren, d. h. nicht zerstörungsfrei lösbaren Verbindungen.

5.1 Schweißverbindungen

DIN-Blatt Nr.	Ausgabe-datum	Titel
1910 T 2	8.77	Schweißen; Teil 2: Schweißen von Metallen, Verfahren
2559 T 1	5.73	Schweißnahtvorbereitung; Teil 1: Richtlinien für Fugenformen, Schmelzschweißen von Stumpfstößen an Stahlrohren
15018 T 1	11.84	Krane; Teil 1: Grundsätze für Stahltragwerke; Berechnung
T 2	11.84	-; Teil 2: Stahltragwerke; Grundsätze für die bauliche Durchbildung und Ausführung
T 3	11.84	-; Teil 3: Grundsätze für Stahltragwerke; Berechnung von Fahrzeugkranen
18800 T 1	11.90	Stahlbauten; Teil 1: Bemessung und Konstruktion
T 2	11.90	-; Teil 2: Stabilitätsfälle; Knicken von Stäben und Stabwerken
EN 287 T 1	8.95	Prüfung von Schweißern – Schmelzschweißen; Teil 1: Stähle
EN 499	1.95	Schweißzusätze – Umhüllte Stabelektroden zum Lichtbogenhandschweißen von unlegierten Stählen und Feinkornstählen – Einteilung
EN 756	12.95	Schweißzusätze – Drahtelektroden und Draht-Pulver-Kombinationen zum Unterpulverschweißen von unlegierten Stählen und Feinkornstählen – Einteilung
EN 757	5.97	Schweißzusätze – Umhüllte Stabelektroden zum Lichtbogenhandschweißen von hochfesten Stählen – Einteilung
EN 759	8.97	Schweißzusätze – Technische Lieferbedingungen für metallische Schweißzusätze – Art des Produktes, Maße, Grenzabmaße und Kennzeichnung
EN 1011 T 2	5.01	Schweißen – Empfehlungen zum Schweißen metallischer Werkstoffe; Teil 2: Lichtbogenschweißen von ferritischen Stählen
EN 12536	8.00	Schweißzusätze – Stäbe zum Gasschweißen von unlegierten und warmfesten Stählen – Einteilung
EN 22553	3.97	Schweiß- und Lötnähte - Symbolische Darstellung in Zeichnungen
EN 29692	4.94	Lichtbogenhandschweißen, Schutzgasschweißen und Gasschweißen, Schweißnahtvorbereitung für Stahl

DIN-Normen, Fortsetzung

DIN-Blatt Nr.	Ausgabedatum	Titel
EN ISO 9692 T2	9.99	Schweißen und verwandte Verfahren – Schweißnahtvorbereitung; Teil 2: Unterpulverschweißen von Stahl
EN ISO 13920	11.96	Schweißen – Allgemeintoleranzen für Schweißkonstruktionen – Längen- und Winkelmaße; Form und Lage

Besondere Vorschriften (Auswahl)

AD-Merkblätter für Druckbehälter
AD-Merkblätter der Reihe B – Berechnung
AD-Merkblätter der Reihe HP – Herstellung und Prüfung
AD-Merkblätter der Reihe W – Werkstoffe

Technische Regeln für Dampfkessel (TRD)
TRD der Reihe 300 – Berechnung
TRD der Reihe 200 – Herstellung
TRD der Reihe 100 – Werkstoffe

5.1.1 Technologie des Schweißens

Schweißen ist das Vereinigen von Grundwerkstoffen oder das Beschichten eines Grundwerkstoffs unter Anwendung von Wärme oder von Druck oder von beidem ohne oder mit Zusatzwerkstoffen. Die Verbindung ist unlösbar. Die Grundwerkstoffe werden vorzugsweise in plastischem oder flüssigem Zustand der Schweißzone vereinigt. Bei gleichartigen Grundwerkstoffen sind die Eigenschaften der Schweißverbindung denen der Grundwerkstoffe ähnlich.

Der Schweißvorgang kann durch Schweißhilfsstoffe, wie Pasten, Pulver und Schutzgase, ermöglicht oder unterstützt werden. Zu seiner Durchführung werden verschiedene Verfahren angewendet, die nach folgenden Kriterien unterteilt werden:

1. Nach der Art der Grundwerkstoffe: Metallschweißen, Kunststoffschweißen

2. Nach dem Zweck des Schweißens: Verbindungsschweißen, Auftragschweißen

3. Nach der Art der Fertigung: Schweißen von Hand oder maschinell

4. Nach dem Ablauf des Schweißens: Press- oder Schmelzschweißen

Verfahren

Schmelzschweißen. Die Werkstücke werden unter Wärmeeinwirkung und ohne zusätzlichen Druck gefügt. Die wichtigsten Verfahren sind folgende:

5.1 Schweißverbindungen

Gasschmelzschweißen, Kurzzeichen G bzw. 31, auch Autogenschweißen genannt, arbeitet mit der Flamme eines Acetylen-Sauerstoffgemischs, deren Temperatur ca. 3150 °C beträgt. Der Zusatzwerkstoff wird in Form eines Schweißdrahtes zugeführt. Das relativ langsame Verfahren hat einen großen Wärmeeinflussbereich und erzeugt hohen Verzug. Es ist für ungleiche Wandstärken nur bedingt geeignet. Hauptanwendungsgebiete dieses Verfahrens sind das Schweißen von dünnen Blechen, von einigen NE-Metallen, von Rohrleitungen sowie die Reparatur- und Auftragschweißung.

Lichtbogenhandschweißen, Kurzzeichen E bzw. 111, ist ein Verfahren, bei dem mittels eines Schweißtransformators Ströme von bis zu mehreren hundert Ampere bei Spannungen von etwa vierzig Volt erzeugt werden. Ein Lichtbogen zwischen einer Elektrode und den Werkstücken führt zur Erwärmung und zum Abbrennen der umhüllten Stabelektrode, die als Zusatzwerkstoff dient. Die Energiekonzentration ist hoch und der Verzug damit geringer.

Beim **Metallschutzgasschweißen** (MIG-/MAG-Schweißen) wird eine endlose, blanke Drahtelektrode von der Rolle unter Schutzgas verschweißt. Es lassen sich hohe Abschmelzleistungen erzielen. Beim Metall-Aktivgasschweißen wird ein Gemisch aus CO_2 und Argon verwendet, beim Metall-Inertgasschweißen das Edelgas Argon. Entsprechend der Bauteildicke werden Zusatzdrähte von (0,6 ... 3,2) mm Durchmesser verwendet. Das Verfahren ist gut automatisierbar, z. B. in der Serienfertigung in Verbindung mit Schweißrobotern. Das MIG-/MAG-Schweißen stellt heute eines der wichtigsten Verfahren dar.

Beim **WIG-Verfahren** (Wolfram-Inertgasschweißen) brennt der Lichtbogen zwischen einer nicht abschmelzenden Wolframelektrode und dem Werkstück in einer Atmosphäre von inertem Schutzgas (Argon, Helium). Dieses Verfahren liefert gute Ergebnisse beim Schweißen von hochlegierten Stählen, Nickel, Aluminium, Kupfer und von deren Legierungen. Bei Aluminium und Al-Legierungen muss mit Wechselstrom geschweißt werden.

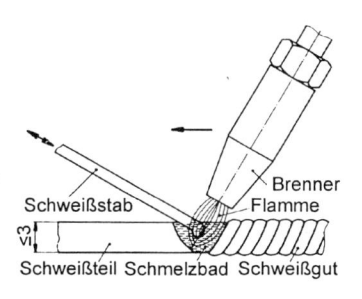

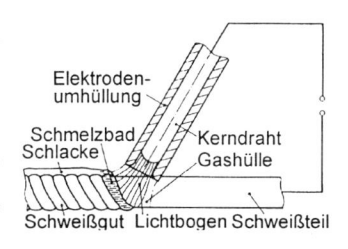

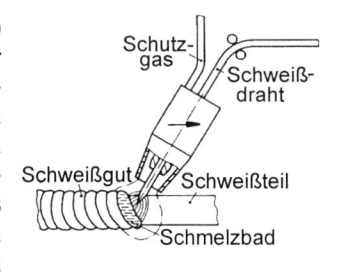

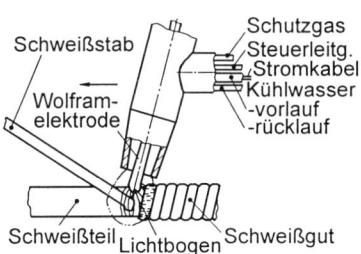

Das **Unterpulverschweißen** (UP-Schweißen) wird mit dickeren Zusatzdrähten und höheren Schweißströmen durchgeführt, wodurch wesentlich gesteigerte Abschmelzleistungen erreicht werden. Der Lichtbogen brennt zwischen einer endlosen, abschmelzenden, blanken Drahtelektrode und dem Werkstück unter einer Schicht von kontinuierlich zugeführtem Schweißpulver in einer Schlackenblase. Dieses Schweißpulver kann mit der Umhüllungsmasse der Handschweißelektroden verglichen werden. Das Verfahren ist bei langen, geraden Nähten in Wannenlage ab 4 mm Blechdicke sehr wirtschaftlich. Durch die Anwendung des Engspaltschweißens, einer neuen Technologie, können große Wanddicken schweißgutsparend und mit hoher Qualität geschweißt werden.

Sind aus konstruktiven Gründen oder metallurgischen Gegebenheiten kleinste Wärmeeinschlusszonen erforderlich oder muss Wert auf eine absolut einwandfreie Schweißnaht gelegt werden, werden Verfahren mit hoher Leistungsdichte eingesetzt, wie das **Plasma-**, das **Elektronenstrahl-** oder das **Laser-Schweißen**; als Beispiel ist ein Getrieberad dargestellt (**5.1**), dessen Teile nach dem Fertigbearbeiten und Wärmebehandeln mittels Elektronenstrahlschweißen miteinander verbunden wurden.

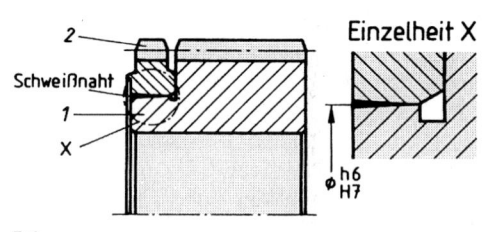

5.1
Getrieberad für ein Kfz-Getriebe, in fertig bearbeitetem Zustand elektronenstrahlgeschweißt
1 Zahnrad   2 Synchronkörper

Pressschweißen

Durch **Widerstandspressschweißen** können Teile mit rundem oder quadratischem Querschnitt bis etwa 150 mm² stumpf miteinander verbunden werden, z. B. Glieder von Rundstahlketten. Bei größeren Querschnitten wird das Abbrennstumpfschweißen zum stirnseitigen Verbinden von Profilen aller Art, wie Schienen, Achsen, Wellen, Rohren, Kettengliedern und Werkzeugen, z. B. Bohrer und Reibahlen, eingesetzt. Die Erwärmung der Stirnflächen geschieht mittels kurzzeitig brennender, vagabundierender Lichtbögen. Der dabei entehende Abbrand wird durch Nachschieben eines Fügeteils ausgeglichen. Nach dem Erwärmen werden die Fügeteile schlagartig zusammengepresst.

Bei rotationssymmetrischen Teilen wird bei größeren Stückzahlen auch das **Reibschweißen** angewendet. Die Dauerfestigkeit solcher Schweißverbindungen ist nahezu gleich der der Grundwerkstoffe. Oft werden dabei auch zwei völlig verschiedene Stahlwerkstoffe miteinander verschweißt, z. B. normal korrosionsbeständiger Stahl mit hochhitzebeständigem Werkstoff bei der Fertigung der Vorkammer eines Dieselmotors (**5.2**).

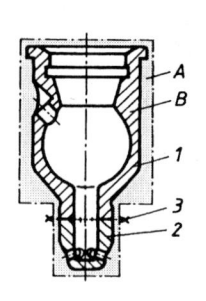

5.2
Abbrennstumpfgeschweißte Vorkammer eines Dieselmotors

1 korrosionsbeständiger Stahl
2 hochhitzebeständiger Werkstoff
3 Stauchgrat

A Rohteil   B Fertigteil

Im Fahrzeug-, Karosserie- und im Leichtbau wird durch Widerstandspunkt-, Buckel- und Rollennahtschweißen ein hoher Automatisierungsgrad erreicht.

Für die Schweißverfahren gelten folgende Kurzzeichen:

G: Gasschmelzschweißen; E: Lichtbogenhandschweißen mit Stabelektrode; UP: Unterpulverschweißen; WIG: Schutzgasschweißen unter Edelgas mit Wolframelektrode; MIG: Schutzgasschweißen unter Edelgas mit abschmelzender Drahtelektrode; MAG: Schutzgasschweißen unter Mischgas mit abschmelzender Drahtelektrode; SG: Schutzgasschweißen allgemein.

Die Schweißverfahren können zur Angabe auf Konstruktionszeichnungen und Fertigungsplänen auch mit einer Kennzahl nach der Norm ISO 4063/1998 bezeichnet werden; so gilt z. B. als Kennzahl für das Lichtbogenhandschweißen 111, für das MAG-Schweißen 135 und für das UP-Schweißen 12, s. dazu auch Abschn. 5.1.2, Nahtform.

Welches der zahlreichen Schweißverfahren wirtschaftlich eingesetzt werden soll, bedarf einer gründlichen Planung.

5.1 Schweißverbindungen

Werkstoffe

Bauteilwerkstoffe. Die Schweißbarkeit **unlegierter und niedriglegierter Baustähle** (Allgemeine Baustähle nach DIN EN 10025) wird von ihrer Neigung zu Sprödbrüchen begrenzt. Bis zu einem Kohlenstoffgehalt von 0,2% sind die unlegierten Baustähle gut schweißbar. Bei höheren Kohlenstoffgehalten besteht besonders bei größeren Werkstoffdicken die Gefahr des Aufhärtens von Zonen neben der Naht. Durch Anwärmen der Bauteile vor dem Schweißen oder durch Wärmenachbehandlung lässt sich die Aufhärtgefahr verringern. Unberuhigt vergossene Stähle sind wegen ihres ungünstigen Phosphor- und Schwefelgehalts bedingt schweißbar. Der Stahl S355J2G2 (St52.3) wurde als Stahl mit erhöhter Festigkeit speziell auf eine gute Schweißbarkeit hin entwickelt (Bild **5.54**). Kesselbleche nach DIN EN 10028 (Bild **5.55**) sind schmelzschweißbar, jedoch schreiben die Richtlinien für bestimmte Kesselbleche eine Wärmevor- und -nachbehandlung vor.

Da in **legierten Stählen** außer Kohlenstoff auch andere Elemente, wie z. B. Mn, Cr, Ni, die Aufhärtung und Gefügeveränderung der Übergangszone neben der Naht beeinflussen, wird das Kohlenstoffäquivalent (EC-Wert = equivalent carbon) ermittelt. Mit Hilfe dieses EC-Wertes können Vorwärmtemperaturen von zur Aufhärtung neigenden legierten Stählen in Abhängigkeit von der Blechdicke festgelegt werden. Hinweise dazu sind in der schweißtechnischen Literatur angegeben [15].

Bei **Feinkornbaustählen** (**5.51**) wird im Vergleich zu den allgemeinen Baustählen nach DIN EN 10025 eine wesentliche Festigkeitssteigerung durch Zugabe bestimmter Legierungselemente erreicht, die ein feines Korn und einen gewissen Aushärtungseffekt bewirken. Mit diesen Stählen sind bei gleicher Belastbarkeit leichtere Konstruktionen möglich. Durch geeignete Wärmeführung während des Schweißens – wichtig ist eine schnelle Erwärmung und eine in der Regel langsame Abkühlung, die durch die Abkühlzeit von 800 °C auf 500 °C beschrieben wird – sind diese Stähle schweißgeeignet. Diese Abkühlzeit $\Delta t_{8/5}$ ist aus Unterlagen der Stahlhersteller oder aus der Literatur [15] zu bestimmen.

Stahlguss ist in geglühtem Zustand in gleicher Weise schweißbar wie Walz- oder Schmiedestahl entsprechender Zusammensetzung. So sind Gussteile aus GS-38 und GS-45 gut schweißbar, Gussteile aus GS-52, GS-60 und aus GS-70 müssen je nach Wanddicke und Größe des Teils zum Schweißen vorgewärmt werden. Das Verschweißen von Stahlgussteilen mit Blechen oder Profilen zu sogenannten Verbundkonstruktionen bringt oft konstruktive und fertigungstechnische Vorteile.

Grauguss ist wegen seines hohen Kohlenstoffgehalts auf einfache Weise nicht schweißbar. Hier werden nur Instandsetzungsschweißungen, für die ein gewisser Aufwand notwendig ist, durchgeführt.

Temperguss wird bevorzugt für kleinere Gussteile in der Serienfertigung eingesetzt. Die Tempergusssorte EN-GJMW-360-12 (GTW S38-12, Werkstoff-Nr. 0.8038) ist bis 8 mm Wanddicke ohne Wärmevor- und -nachbehandlung gut schweißbar.

Chemisch beständige Stähle mit austenitischem Gefüge sind gut schweißbar, wenn mit geringer Wärmeeinbringung geschweißt wird. Um nachfolgende Korrosion in der Wärmeeinflusszone zu vermeiden, sind kohlenstoffarme (LC- und ELC-)Stähle wie z. B. X2CrNi189, Werkstoff-Nr. 1.4307, oder stabilisierte Stähle wie z. B. X6CrNiTi1810, Werkstoff-Nr. 1.4541, zu verwenden. Nach dem Schweißen ist das Bauteil – am besten durch Beizen – wieder metallisch blank zu machen.

Ferritische Chromstähle, die bevorzugt für rostbeständige Maschinenteile eingesetzt werden, wie z. B. X20CR13, Werkstoff-Nr. 1.4021, sind nur bedingt schweißbar. Die Bauteile müssen zum Schweißen vorgewärmt und nachher wieder neu vergütet oder entspannt werden.

Aluminium und Al-Legierungen sind im allgemeinen gut schweißbar. Bevorzugt wird das WIG- oder das MIG-Schweißverfahren.

Sondermetalle, wie Titan, Zirkon, Tellur, die vorwiegend in der Luft- und Raumfahrt und im Reaktorbau Verwendung finden, werden schutzgas-, plasma- oder elektronenstrahlgeschweißt. Dabei ist unbedingt zu beachten, dass während des Abkühlens die Naht vor Sauerstoff geschützt wird.

Allgemein gilt: Metallische Werkstoffe lassen sich besser press- als schmelzschweißen.

Schweißzusatzwerkstoffe. Die Auswahl der Schweißzusatzwerkstoffe richtet sich nach dem Verfahren, der Schweißposition, der Schweißeignung des Grundwerkstoffs, der Korrosionsbeständigkeit und nach der Verformungsfähigkeit. Schweißzusatzwerkstoffe liegen für das MIG/MAG- und UP-Schweißen als endlose, auf Spulen gewickelte blanke Drahtelektroden, für das Gas- und WIG-Schweißen als blanke Stäbe und für das Lichtbogenschweißen als umhüllte Stäbe – jeweils in verschiedenen Durchmessern – vor. Umhüllte Elektroden werden nach DIN EN 499 nach ihrer Umhüllungsdicke und nach der Art der Umhüllungszusammensetzung unterschieden. Aufgabe der Elektrodenumhüllung bzw. des Schweißpulvers beim UP-Schweißen ist es, den Luftspalt zwischen Elektrodenspitze und Werkstück elektrisch leitend zu machen, den Lichtbogen zu stabilisieren, die Schmelze vor Sauerstoff zu schützen, Verunreinigungen in der Schmelze durch die Schlacke zu binden und durch Bildung einer leicht zu entfernenden Schlackenraupe eine zu schnelle Abkühlung der Naht zu verhindern.

Zusatzwerkstoffe müssen dem zu schweißenden Grundstoff und dem Schutzgas oder Schweißpulver angepasst sein, damit die Verbindung die gewünschten Eigenschaften aufweist. Aus einer normgerechten Kurzbezeichnung der Gasschweißstäbe und der Schweißelektroden werden die für die Anwendung benötigten Angaben entnommen.

5.1.2 Bezeichnung von Schweißnähten

Schweißstoß. Teile – vorwiegend Halbzeuge wie Bleche, Rohre, Profile – werden durch Schweißen am Schweißstoß zum geschweißten Bauteil verbunden, Bild **5.3**. Die Art des Schweißstoßes wird bestimmt durch die Anordnung der zu verbindenden Teile zueinander, wobei die Gestaltung des geschweißten Bauteils (z. B. dickwandig oder dünnwandig), der Kraftfluss, die Zugänglichkeit zum Schweißen und die wirtschaftliche Herstellung eine Rolle spielen.

Art	Kennzeichen	Merkmale
Stumpfstoß		Die Teile liegen in einer Ebene und stoßen stumpf gegeneinander
Parallelstoß		Die Teile liegen parallel aufeinander
Überlappstoß		Die Teile liegen parallel aufeinander und überlappen sich
T-Stoß		Die Teile stoßen rechtwinklig (T-förmig) aufeinander
Doppel-T-Stoß (Kreuzstoß)		Zwei in einer Ebene liegende Teile stoßen rechtwinklig (kreuzend, Doppel-T) gegen ein dazwischenliegendes drittes Teil
Schrägstoß		Ein Teil stößt schräg gegen ein anderes
Eckstoß		Zwei Teile stoßen unter beliebigem Winkel aneinander (Ecke)
Mehrfachstoß		Drei oder mehr Teile stoßen unter beliebigem Winkel aneinander
Kreuzungsstoß		Zwei Teile liegen kreuzend übereinander

5.3
Arten von Schweißstößen nach DIN EN 12345

5.1 Schweißverbindungen

Nahtarten. Die Nahtart ergibt sich aus der Art des Schweißstoßes. Dabei werden unterschieden:
Stumpfnaht, Bild **5.23**. Die Teile liegen mit der Schweißfuge in einer Ebene. **Kehlnaht**, Bild **5.33**. Die Teile liegen in zwei Ebenen rechtwinklig zueinander und bilden eine Kehlfuge. **Sonstige Nähte**, z. B. Punktschweißnaht beim Überlappstoß.
Die Nahtarten werden in verschiedenen Nahtformen ausgeführt, z. B. Stumpfnähte als nicht vorbereitete I-Nähte oder als vorbereitete V- oder U-Nähte oder als andere Nähte.

Nahtform. Die Wahl der Nahtform richtet sich nach dem Werkstoff, der Dicke der Fügeteile, der Beanspruchung, dem Schweißverfahren, der Zugänglichkeit und der Lage der Naht. Die zu verschweißenden Werkstücke bedürfen einer Vorbereitung am Schweißstoß, da nur richtig vorbereitete Nähte gute Durchschweißung, einwandfreie Verbindung der Fügeteile, geringen Verbrauch an Zusatzwerkstoffen und Energie, hohe Schweißgeschwindigkeit und damit große Wirtschaftlichkeit ermöglichen. Die Vorbereitung der Fugenform beschreiben DIN EN 29692 (Bild **5.9**), DIN 8552 und DIN 8553. Nahtart, Nahtdicke und Nahtlänge sind dem Schweißer vorzuschreiben.

Darstellung von Schweißnähten: Bei der Darstellung der Schweißnähte in Zeichnungen werden Symbole und Kurzzeichen nach DIN EN 22553 verwendet. Sie kennzeichnen Form, Vorbereitung und gewünschten Endzustand der Nähte, ohne an bestimmte Verfahren gebunden zu sein. Zusatzzeichen können die Ausführung der Oberflächenform, z. B. Bearbeitung der Nähte nach dem Schweißen, kennzeichnen. Die Darstellung durch Symbole muss eindeutig sein, andernfalls sind die Nähte bildlich zu zeichnen und vollständig zu bemaßen.

Bewertung von Schweißnähten: Die Anforderungen bezüglich Ausführung und Eigenschaften an die Schweißnähte sind für die einzelnen Maschinenteile entsprechend der Lage und der Beanspruchung der Naht unterschiedlich. In DIN EN 25817 sind diese Anforderungen definiert und in Bewertungsgruppen für Stumpf- und Kehlnähte definiert. Den Bewertungsgruppen liegen bestimmte Nahtbefunde zu Grunde. Dies sind Merkmale für den äußeren Befund, wie Nahtüberhöhung, Kantenversatz, Einbrand- oder Randkerben, offene Endkrater, Oberflächenporen, sichtbare Schlackeneinschlüsse, Wurzelrückfall, nicht durchgeschweißte Wurzel, und Merkmale für den inneren Befund, wie Gaseinschlüsse, feste Einschlüsse, Bindefehler, und Risse. Die zulässigen Fehler werden in der Norm qualitativ und quantitativ beschrieben. Die Bewertungsgruppe A (in der zurückgezogenen Norm DIN 8563, Teil 3 genormt, in der Nachfolgenorm DIN EN 25817 nicht mehr vorhanden) stellt die höchste und die Gruppe D die niedrigste Bewertung einer Schweißnaht dar.

Arbeitsposition: Die möglichen Arbeitspositionen beim Schweißen sind in DIN EN 756 durch das Arbeitspositionskurzzeichen und durch den Nahtneigungs- und Nahtdrehwinkel definiert; es bedeuten:
PA: Wannenposition, waagerechtes Arbeiten, Nahtmittellinie senkrecht
PB: Horizontalposition, horizontales Arbeiten, Decklage nach oben
PD: Horizontalposition, horizontales Arbeiten, Decklage nach unten
PF: Steigposition, Schweißen von unten nach oben
PG: Fallposition, Schweißen von oben nach unten
PC: Querposition, waagerechtes Arbeiten, Nahtmittellinie horizontal
PE: Überkopfposition, waagerechtes Arbeiten über Kopf, Decklage unten.
DIN EN 25817 enthält noch zusätzliche Angaben über die Sicherung der Güte von Schweißarbeiten; so werden hier z. B. noch die für bestimmte Schweißaufgaben erforderliche Qualifika-

tion der Schweißer, der Schweißaufsichtspersonen und der Betriebe bezüglich ihrer Ausstattung geregelt.

In Bild **5.6** sind die Grund- und Zusatzsymbole für die Darstellung von Schweißnähten in Konstruktionszeichnungen aufgeführt. Die Grundsymbole bezeichnen nur die Nahtart, wogegen die Zusatzsymbole die zusätzlichen Angaben über die Ausführung der Naht enthalten. An folgenden zwei Beispielen wird die grundsätzliche Anwendung dieser Symbole dargelegt:

5.4
Stellung des Symbols für Kehlnähte
a) bildliche Darstellung der Naht
b) symbolhafte Darstellung der Naht

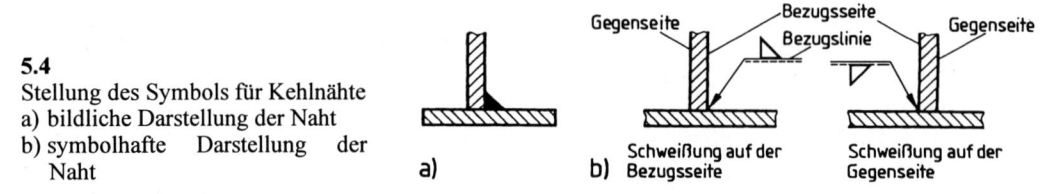

Bild **5.4** zeigt die Stellung des Symbols für einseitige Kehlnähte. Die Bezugsseite ist die Seite, auf die die Pfeillinie hinweist. Die Naht liegt auf der Bezugsseite, wenn das Symbol auf der durchgezogenen Linie steht. Die Gegenseite ist durch die gestrichelte Linie gekennzeichnet. Die Naht liegt dort, wenn das Symbol unter dieser Linie steht. So kann die Naht nach Bild **5.4a)** durch unterschiedliche Stellung der Symbole (**5.4b**) beschrieben werden. Dies gilt sinngemäß auch für Stumpfnähte.

In Bild **5.5** ist eine beidseitig geschweißte Stumpfnaht unter Verwendung der Grund- und Zusatzsymbole dargestellt. Die vor dem Schweißen vorzubereitenden Schweißkanten müssen z. B. in einer Einzelheitsdarstellung bemaßt werden (**5.5a** und **5.9**).

Die Bezeichnung einer Schweißnaht ist in folgender Reihenfolge vorzunehmen: Sinnbild und Zusatzzeichen; Maßangaben (Nahtdicke a und Nahtlänge l); Schweißverfahren (Kurzzeichen nach DIN 1910 oder Kennzahl nach ISO); geforderte Bewertungsgruppe; Arbeitsposition.

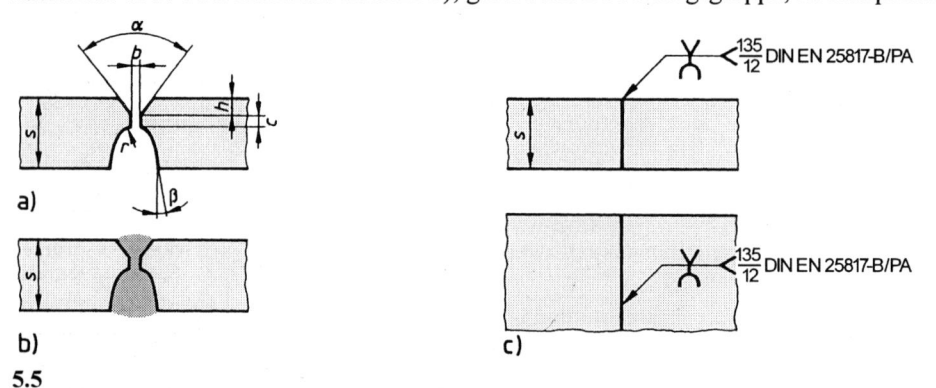

5.5
Beidseitig geschweißte Stumpfnaht

a) Schweißkanten; b) bildliche Darstellung; c) symbolhafte Darstellung (Ansicht in Richtung Blechdicke und auf die Nahtoberseite)
Oberseite: V-Naht, Verfahren MAG (Kennzahl 135); Unterseite: U-Naht, Verfahren UP (Kennzahl 12); Bewertungsgruppe B nach DIN EN 25817; Schweißposition PA (Wannenposition)

Das Bauteil wird zum Schweißen der Gegenseite gewendet.

5.1 Schweißverbindungen

Benennung und Symbolnummer	Darstellung erläuternd	Darstellung symbolhaft	Benennung und Symbolnummer	Darstellung erläuternd	Darstellung symbolhaft
Bördelnaht ⌒ 1			Kehlnaht ▷ 10		
I-Naht ‖ 2					
V-Naht V 3			Lochnaht ⊓ 11		
HV-Naht ⩙ 4			Punktnaht ○ 12		
Y-Naht Y 5			Liniennaht ⊖ 13		
HY-Naht ⊬ 6			Steilflakennaht ⋁ 14		
U-Naht ⋃ 7			Halb-Steilflankennaht ⊬ 15		
HU-Naht ⊃ 8			Stirnflachnaht ‖‖‖ 16		

Gegenlage 9 s. Bild **5.7**

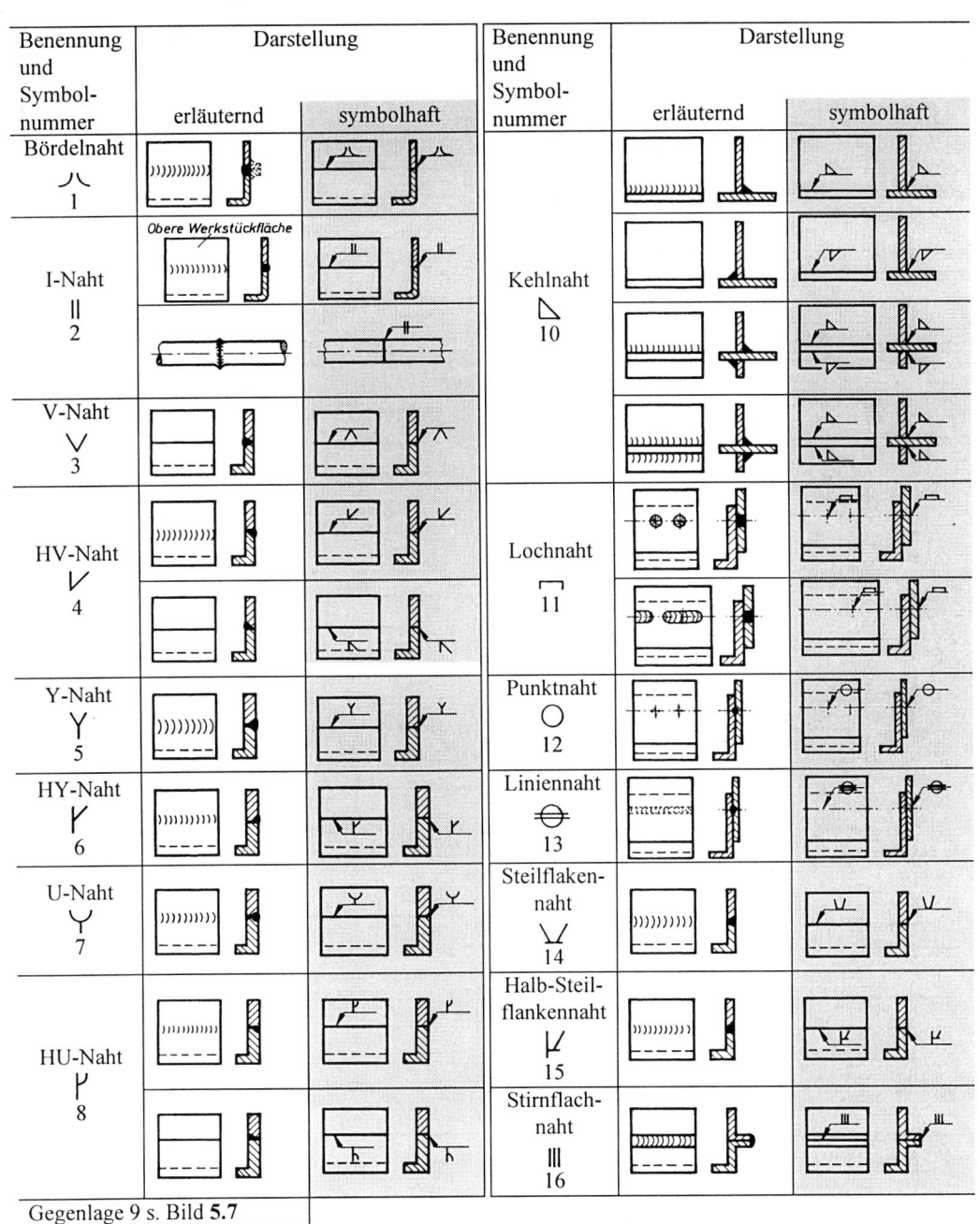

5.6
Darstellung von Schweißnähten in Zeichnungen DIN EN 22553; Grund- und Zusatzsymbole
Fortsetzung s. nächste Seite

Benennung und Symbolnummer	Darstellung		Darstellung	
	erläuternd	symbolhaft	erläuternd	symbolhaft
			Zusatzsymbole	
			Oberflächenform	Zusatzsymbol
Flächennaht = 17			hohl (konkav)	⌣
			flach (eben)	—
			gewölbt (konvex)	⌢
			Ergänzungssymbole	
Schrägnaht ∠ 18			Ringsum verlaufende Nähte z. B. V-Nähte	
Falznaht ⊋ 19			Montagenähte z. B. V-Nähte	

5.6 Darstellung von Schweißnähten in Zeichnungen (Fortsetzung)

V-Naht mit Gegenlage 3-9	V 3 ⌣ 9			
Doppel-HV-Naht (K-Naht) 4-4	V 4			
V-U-Naht 3-7	V 3 Y 7			

5.7 Darstellung von Schweißnähten in Zeichnungen nach DIN EN 22553; Anwendung der Symbole für Lage und Gegenlage

5.1 Schweißverbindungen

Benennung	Illustration	Symbolhafte Darstellung	
		Vorderansicht	Draufsicht
Nahtdicke s von Stumpfnähten, durchgeschweißte V-Naht			
Nahtdicke s von Stumpfnähten, nicht durchgeschweißte Y-Naht			
Nahtdicke s von Stumpfnähten, durchgehende Naht mit Vormaß			
Nahtdicke s von Stumpfnähten, unterbrochene Stumpfnaht (nicht durchgeschweißt) mit Vormaß			
Durchgehende Kehlnaht			
Doppelkehlnaht unterbrochen, gegenüberliegend ohne Vormaß (gegenüberliegende Kehlnahtmaße können verschieden sein)			
Doppelkehlnaht unterbrochen, versetzt mit Vormaß. Das Zeichen für unterbrochene, versetzte Doppelkehlnähte bei einem Vormaß ist Z			

5.8
Darstellung von Schweißnähten in Zeichnungen nach DIN EN 22553; Grundsätze für die Bemaßung/Auszug

Naht	Symbol	Nahtvorbereitung	Naht	Symbol	Nahtvorbereitung
G-, E-, WIG-, MIG/MAG-Schweißen					
Bördelnaht	⊥		Doppel-U-Naht	7-7	
I-Naht	‖		HV-Naht	V	
E-, WIG-, MIG/MAG-Schweißen					
V-Naht [1], [2]	V		Doppel-HV-Naht	K	
				4-4	
Doppel-V-Naht	X		HU-Naht	Y	
	3-3			8	
Y-Naht	Y		UP-Schweißen		
	5		I-Naht [3]	‖	
				1	
U-Naht	Y		Doppel-U-Naht	X	
	7			4-4	

[1] Wurzel gegebenenfalls ausgearbeitet und gegengeschweißt
[2] G-Schweißen bis $s \approx 10$ wirtschaftlich
[3] Bei größeren Spaltbreiten ist eine Badsicherung (Pulverbrett, Kupferschiene o.ä.) erforderlich

5.9
Nahtarten nach DIN EN 22553; Nahtvorbereitung nach DIN EN 29692 für G-, E-, WIG-, MIG/MAG- und UP-Schweißen (Auszug)

5.1.3 Gestalten von Schweißteilen

Für den Entwurf von geschweißten Konstruktionen gelten besondere Gesetzmäßigkeiten. So kann eine Gusskonstruktion nicht im Aufbau unverändert in eine Schweißkonstruktion umgewandelt und eine Niet- oder Schraubenverbindung nicht einfach durch eine Schweißnaht ersetzt werden. Vielmehr müssen schweißtechnische Konstruktionsmerkmale angewendet werden. Die Konstruktion muss in ihren Einzelheiten aus Halbzeugen aufgebaut und schweißtypisch gestaltet werden.

Bei der Gestaltung zweckmäßiger Schweißkonstruktionen sind daher die folgenden wichtigen Regeln bezüglich Werkstoffwahl, Gestaltung und Fertigung zu beachten:

1. Die Bauteilwerkstoffe müssen mit dem gewählten Verfahren und einer entsprechenden Vorbereitung schweißbar sein, s. Abschn. 5.1.1.
2. Für abnahmepflichtige Schweißkonstruktionen sind die von der Abnahmestelle vorgeschriebenen Bauteil- und Zusatzwerkstoffe mit den geforderten Abnahmezeugnissen zu verwenden.
3. Die Hohlkehlen von Profilstählen sind von Schweißnähten frei zu halten, um festigkeitsmindernde Eigenspannungen und ein Aufschmelzen der Seigerungszonen zu vermeiden.
4. Der Kraftfluss im Bauteil ist zu beachten; die Schweißnähte sind nicht in hochbeanspruchte Stellen zu legen. Es ist anzustreben, sie außerhalb der Kraftumlenkungszone zu platzieren.
5. Eindeutiger, kurzer Kraftfluss wird auch durch Verbundkonstruktionen erreicht. An hochbeanspruchten und gefährdeten Stellen können Stahlguss- oder Schmiedeteile eingeschweißt werden. Nahtanhäufungen, Eigenspannungen und Anrisse werden dadurch vermieden.
6. An Schweißnähten sparen, z. B. durch sinnvolles Abkanten oder Abbiegen der Fügeteile oder durch Verwendung von Stahlguss- oder Schmiedeteilen in Schweißkonstruktionen (Verbundkonstruktionen), (**5.10**).
7. Die Schweißnähte sind nur so dick auszuführen, wie es die Festigkeit der Verbindung erfordert; z. B. Kehlnähte.

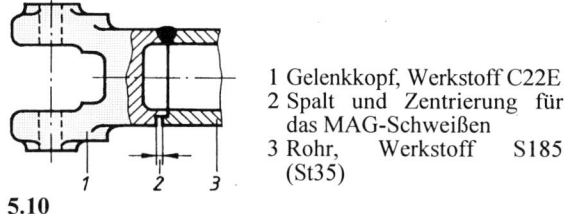

1 Gelenkkopf, Werkstoff C22E
2 Spalt und Zentrierung für das MAG-Schweißen
3 Rohr, Werkstoff S185 (St35)

5.10
Verbundkonstruktion, Gelenkwelle

8. Wegen des kurzen, geradlinigen Kraftflusses sind Stumpfnähte anzustreben.
9. Unterbrochene Nähte verringern zwar wegen der geringeren Wärmeeinbringung den Verzug des Bauteiles, aber Ansatzstellen und Nahtenden ergeben Kerben. Durchlaufende dünne Nähte sind manchmal günstiger.
10. Häufungen und Kreuzungen von Schweißnähten sind zu vermeiden, da sie ein Verziehen des Bauteiles oder hohe Schrumpfspannungen zur Folge haben. Abhilfe ist z. B. durch versetzte Nähte (**5.11**) oder durch Ausnehmungen möglich (Bild **5.20**).
11. Gleichmäßige Nahtbeanspruchung wird erreicht, wenn die Schwerlinie eines anzuschließenden Stabes mit der Schwerlinie seiner Schweißnähte zusammenfällt, siehe Bild **5.12**. Es sollte gelten: $(a_1 \cdot l_1)/(a_2 \cdot l_2) = e_2/e_1$.

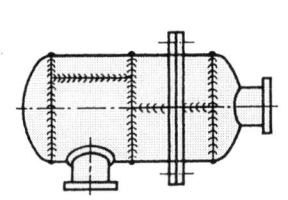

5.11
Behälter mit versetzten Längsnähten

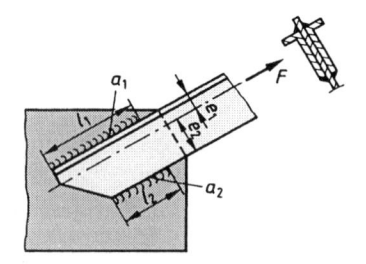

5.12
Anschluss eines L-Profiles
l Nahtlänge, a Nahtdicke, e Abstand der Schwereachse

12. Zentrierungen sollen so klein wie möglich gehalten werden, wenn die endgültige Lage der Teile zueinander durch die Schweißnaht gewährleistet ist (**5.13**).

13. Bei hoher Oberflächengüte oder kleinen Toleranzen sollen Funktionsflächen (z. B. Dichtflächen) nicht durch eine Schweißnaht gestört werden (**5.13**).

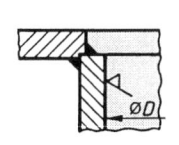

5.13
Durch Schweißnaht nicht gestörter Werkzeugauslauf; Zentrierabsatz so klein wie möglich

5.14
Nahtwurzel in der Druckzone

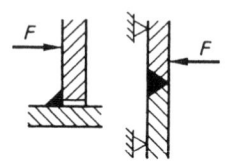

14. Bei Biegebeanspruchungen sind Nahtwurzeln möglichst in die Druckzone zu legen; in den Wurzeln können durch örtliche Bindefehler Kerbwirkungen auftreten, die sich bei Zugbeanspruchungen ungünstiger auswirken als bei Druckbeanspruchung (**5.14**).

15. Zugbeanspruchung in Blechdickenrichtung ist zu vermeiden. Durch den Walzvorgang bei der Blechherstellung sind parallel zur Blechoberfläche schichtweise Anordnungen von nichtmetallischen Einschlüssen vorhanden. Dadurch sind Formänderungsvermögen und Trennfestigkeit in Dickenrichtung vermindert. Durch Schweißeigenspannungen treten Terrassenbrüche auf, die besonders bei schwingender Beanspruchung zur Ausweitung der Risse bis zum Dauerbruch führen (Terrassenbruch), Bild **5.20**.

16. Bei Abbrennstumpfschweißungen ist eine ausreichende Zugabe für Abbrand und Stauchung vorzusehen.

17. Starres Einspannen zu schweißender Teile ist zu vermeiden.

18. Damit die Schweißeigenspannungen und die maßlichen Veränderungen, insbesondere Verformungen, möglichst klein bleiben, muss ein Schweißfolgeplan aufgestellt werden. Für Allgemeintoleranzen bei Schweißkonstruktionen gilt DIN EN ISO 13920.

19. Durch das Auftragschweißen geeigneter Werkstoffe oder durch Schweißplattieren lassen sich verschleiß- und korrosionsfeste Oberflächen erzielen, z. B. Schweißplattieren von Behältern und Flanschen (**5.15**), Panzern von Ventilen und Baggerzähnen.

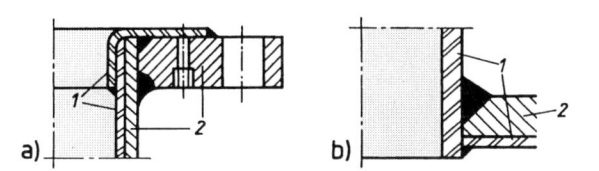

5.1 Schweißverbindungen

5.15 Plattierte Behälter
a) angeschweißter Flansch
b) eingeschweißter Stutzen

1 korrosionsbeständiger Werkstoff
2 Stahl als Trägerwerkstoff

In Bild **5.20** sind Beispiele aufgeführt, bei denen unzweckmäßige und zweckmäßige Ausführungen und Anordnungen von Schweißnähten gegenübergestellt sind.

Die Konstruktionshinweise sind vielfach widersprüchlich, so dass im Anwendungsfall Kompromisse geschlossen werden müssen (**5.16**, **5.17**). Außerdem muss bei der Gestaltung zwischen ruhend und schwingend beanspruchten Bauteilen unterschieden werden (**5.18**).

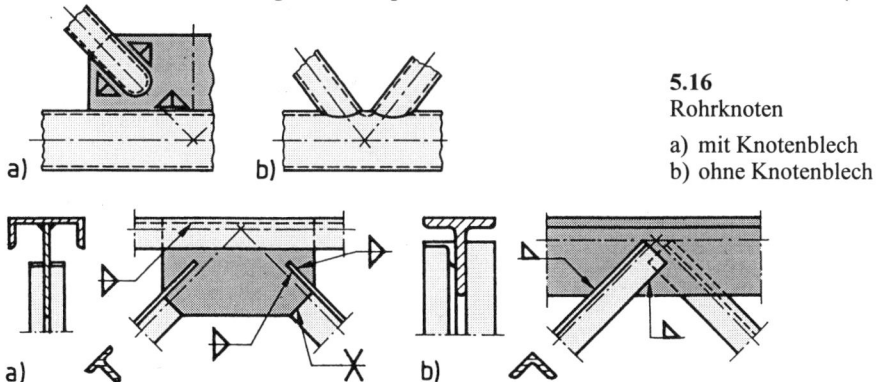

5.16 Rohrknoten
a) mit Knotenblech
b) ohne Knotenblech

5.17 Geschweißte Fachwerkknoten (Nähte nur für einen Stab bezeichnet)
a) mit Knotenblech, b) ohne Knotenblech

Der geringste Werkstoffaufwand wird bei größeren Konstruktionen mit der Zellenbauweise erreicht, die beispielsweise im Werkzeugmaschinenbau angewendet wird. Bild **5.19** zeigt als Beispiel das Bett einer schweren Schleifmaschine. In das kastenförmige Bauteil 1-2-3-4 sind die aus dünnerem Blech bestehenden Versteifungsrippen 5 eingeschweißt, die die Zellen bilden. Diese geben dem Querschnitt eine große Steifigkeit gegen Biegung und insbesondere auch gegen Torsion und ermöglichen es, die Wände dünner auszuführen.

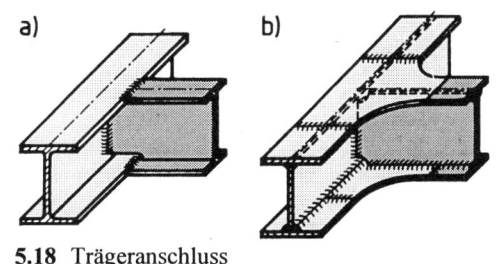

5.18 Trägeranschluss
a) für statische Belastung, b) für dynamische Belastung

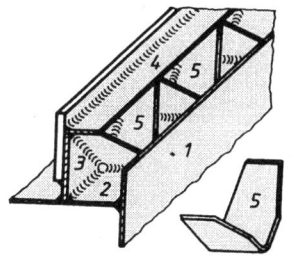

5.19 Aufbau in Zellenbauweise

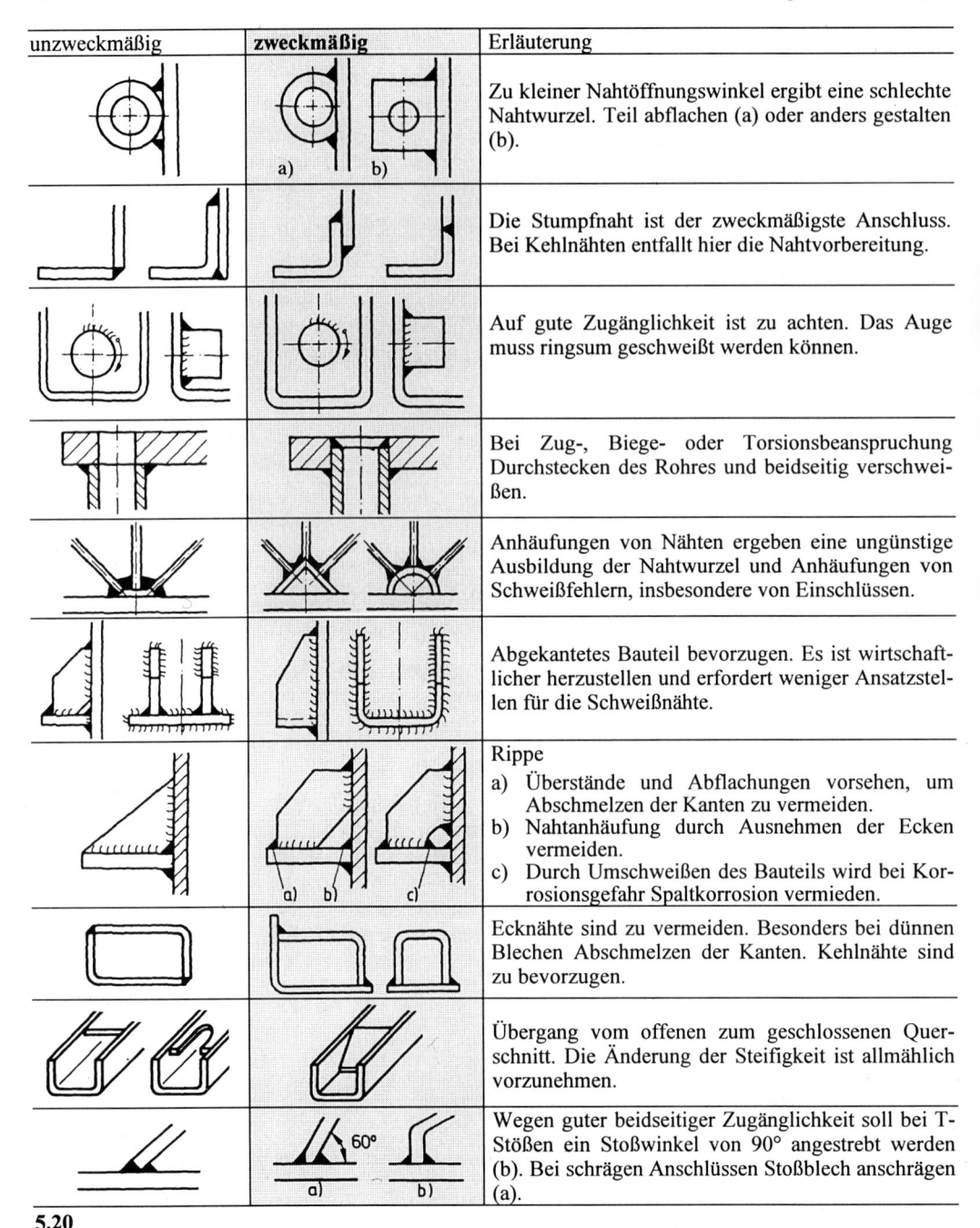

unzweckmäßig	zweckmäßig	Erläuterung
	a) b)	Zu kleiner Nahtöffnungswinkel ergibt eine schlechte Nahtwurzel. Teil abflachen (a) oder anders gestalten (b).
		Die Stumpfnaht ist der zweckmäßigste Anschluss. Bei Kehlnähten entfällt hier die Nahtvorbereitung.
		Auf gute Zugänglichkeit ist zu achten. Das Auge muss ringsum geschweißt werden können.
		Bei Zug-, Biege- oder Torsionsbeanspruchung Durchstecken des Rohres und beidseitig verschweißen.
		Anhäufungen von Nähten ergeben eine ungünstige Ausbildung der Nahtwurzel und Anhäufungen von Schweißfehlern, insbesondere von Einschlüssen.
		Abgekantetes Bauteil bevorzugen. Es ist wirtschaftlicher herzustellen und erfordert weniger Ansatzstellen für die Schweißnähte.
	a) b) c)	Rippe a) Überstände und Abflachungen vorsehen, um Abschmelzen der Kanten zu vermeiden. b) Nahtanhäufung durch Ausnehmen der Ecken vermeiden. c) Durch Umschweißen des Bauteils wird bei Korrosionsgefahr Spaltkorrosion vermieden.
		Ecknähte sind zu vermeiden. Besonders bei dünnen Blechen Abschmelzen der Kanten. Kehlnähte sind zu bevorzugen.
		Übergang vom offenen zum geschlossenen Querschnitt. Die Änderung der Steifigkeit ist allmählich vorzunehmen.
	60° a) b)	Wegen guter beidseitiger Zugänglichkeit soll bei T-Stößen ein Stoßwinkel von 90° angestrebt werden (b). Bei schrägen Anschlüssen Stoßblech anschrägen (a).

5.20
Gestaltung von Schweißverbindungen (Fortsetzung s. nächste Seite)

5.1 Schweißverbindungen

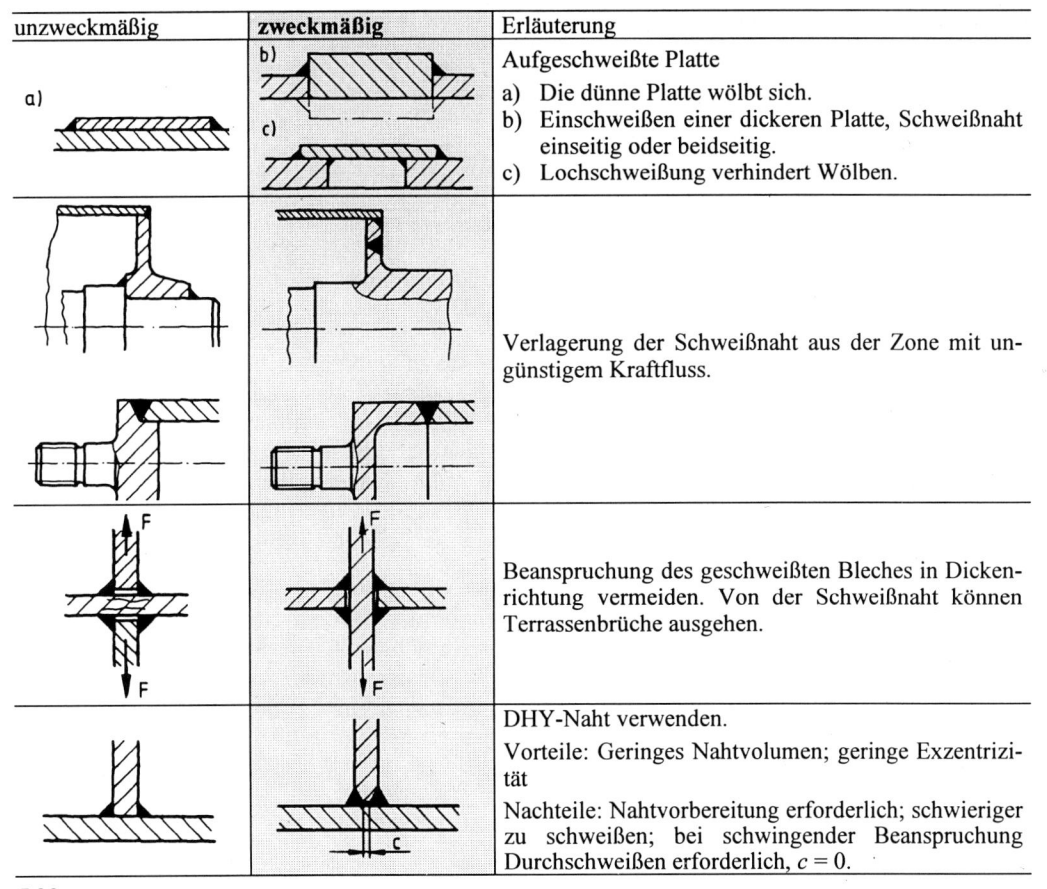

unzweckmäßig	zweckmäßig	Erläuterung
a)	b) c)	Aufgeschweißte Platte a) Die dünne Platte wölbt sich. b) Einschweißen einer dickeren Platte, Schweißnaht einseitig oder beidseitig. c) Lochschweißung verhindert Wölben.
		Verlagerung der Schweißnaht aus der Zone mit ungünstigem Kraftfluss.
F ... F	F ... F	Beanspruchung des geschweißten Bleches in Dickenrichtung vermeiden. Von der Schweißnaht können Terrassenbrüche ausgehen.
		DHY-Naht verwenden. Vorteile: Geringes Nahtvolumen; geringe Exzentrizität Nachteile: Nahtvorbereitung erforderlich; schwieriger zu schweißen; bei schwingender Beanspruchung Durchschweißen erforderlich, $c = 0$.

5.20
Gestaltung von Schweißverbindungen (Fortsetzung)

5.1.4 Nennspannungen

Die **Festigkeitsrechung** bei Schweißnähten erfolgt entweder durch Vergleich der **Nennspannung** in der Naht mit einer zulässigen Spannung für die Naht nach dem Ansatz $\sigma_N = F/A_N \leq \sigma_{zul\,N}$ oder bei Annahme einer zulässigen Spannung durch Ermittlung der erforderlichen Abmessungen der Schweißnaht nach dem Ansatz $A_N = F/\sigma_{zul\,N}$, wobei A_N die erforderliche Fläche des Nahtquerschnitts bedeutet.

Die zulässigen Spannungen werden nach Abschn. 5.1.5 ermittelt. Bevor die der Schweißnaht berechnet wird, erfolgt die Berechnung der Anschlussteile, z. B. Stäbe bzw. Träger.

Die Nennspannungen in der Schweißnaht werden aus der Belastung (Kräfte F bzw. Momente M, T unter Berücksichtigung des Betriebsfaktors: $F_{max} = \varphi \cdot F$, $T_{max} = \varphi \cdot T$) und dem Nahtquerschnitt berechnet. Die vorhandenen Spannungen in der Naht werden mit σ_N, σ_{bN}, τ_N, τ_{tN} und im Anschlussquerschnitt mit σ, σ_b, τ, τ_t bezeichnet. Für den Betriebsfaktor φ sind in Abhängigkeit von der Betriebsart folgende Werte einzusetzen:

Dampf- und Wasserturbinen, Schleifmaschinen, leichte Betriebsstöße	$\varphi = 1,0 \ldots 1,1$
Kolbenmaschinen (Brennkraftmaschinen, Pumpen und Verdichter), Hobelmaschinen; mittelstarke Betriebsstöße	$\varphi = 1,2 \ldots 1,5$
Schmiedepressen (Spindel- und Gesenkpressen), Abkantpressen, Kollergänge; starke Betriebsstöße	$\varphi = 1,6 \ldots 2,0$
mechanische Hämmer, Walzwerkmaschinen, Steinbrecher; sehr starke Betriebsstöße	$\varphi = 2,0 \ldots 3,0$

Der **Nahtquerschnitt** ergibt sich aus der Nahtdicke a und der Nahtlänge l.

Stumpfnähte

Als Nahtdicke a wird bei Stumpfnähten die Dicke s der zu verbindenden Teile im Schweißstoß angesetzt, wenn der Querschnitt durchgeschweißt ist. Bei unterschiedlichen Dicken ist die kleinere Dicke maßgebend. Ein Nahtüberstand zählt nicht. Die Nahtlänge l ist die Länge des Schweißstoßes. Bei durchgeschweißten Stumpfnähten verläuft der Kraftfluss geradlinig. Sie haben daher von den verschiedenen Nahtarten die größte Dauerhaltbarkeit. Um eine sichere Durchschweißung des Bauteilquerschnitts zu erhalten, werden Stumpfnähte je nach Werkstoff, Bauteildicke und eingesetztem Schweißverfahren in verschiedenen Formen ausgeführt:

I-Nähte werden nur bei dünnen Blechen vorgesehen. Richtwerte für die Blechdicke bei Stahl sind für das E- und MAG-Schweißen $s \leq 4$ einseitig und $s \leq 8$ beidseitig geschweißt, für das UP-Schweißen $s \leq 8$ einseitig und $s \leq 20$ beidseitig geschweißt. Die Schweißkanten müssen parallel und senkrecht zur Blechoberfläche sein. Zur besseren Schweißung und bei dickeren Blechen werden die Schweißkanten durch Hobeln, Fräsen, Drehen, Brenn- oder Plasmaschneiden vorbereitet (Bild **5.9**).

V-Nähte (**5.21 b** und **c**) werden bei den Blechdicken $s = (3 \ldots 20)$ mm angewendet. Der Öffnungswinkel der Naht beträgt $\alpha = 60° \ldots 70°$. Bei V-Nähten ohne Gegenlagenschweißung (**5.21b**) ist die Kerbspannung σ_k im Anschlussquerschnitt bei I besonders groß und die Dauerhaltbarkeit der Naht entsprechend gering. Bei V-Nähten mit Gegenlagenschweißung (mit oder ohne Ausarbeitung der Nahtwurzel, **5.21c**) ist die Kerbspannung σ_k bei I wesentlich kleiner als in Bild **5.21b**. Die am Schweißwulst bei II auftretende Kerbwirkung ist bei guter Ausführung der Naht ebenfalls gering. Die V-Naht mit Wurzelverschweißung und Bearbeitung hat von allen Nahtarten die größte Dauerhaltbarkeit.

Doppel-V-Nähte (X-Nähte) (**5.21d**). Bei guter Ausführung können für die Doppel-V-Naht dieselben Dauerhaltbarkeitswerte wie für die V-Naht mit Wurzelverschweißung angenommen werden.

HV (1/2V)- und Doppel-HV-Nähte (K-Nähte) (**5.22**). Diese erfordern gegenüber V- und Doppel-V-Nähten weniger Vorbereitungsarbeit, werden jedoch nur bei weniger stark beanspruchten Bauteilen angewendet.

U- oder Doppel-U-Nähte (Bild **5.9**) werden bei dicken Blechen verwendet. Die eingebrachte Schweißgutmenge ist kleiner als bei V- und Doppel-V-Nähten.

Die für Stumpfnähte anzusetzenden Nennspannungen für die einzelnen Beanspruchungsarten und Nahtanordnungen sind aus Bild **5.23** zu entnehmen.

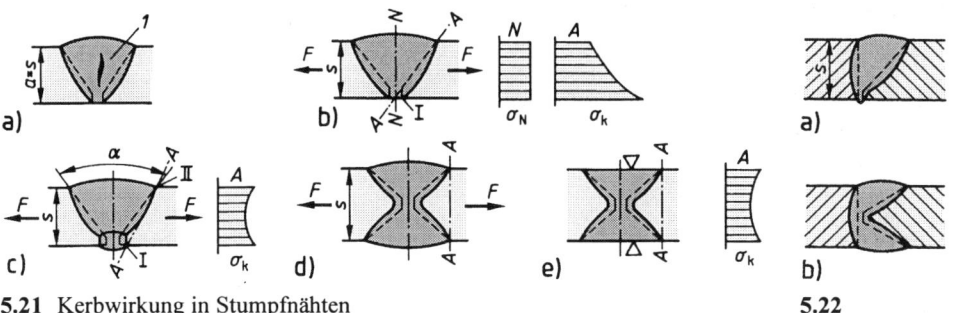

5.1 Schweißverbindungen

5.21 Kerbwirkung in Stumpfnähten
a) durch Schlackeneinschluss oder Poren 1
b) und c) V-Nähte ohne bzw. mit Wurzelgegenschweißung
d) und e) Doppel-V-Nähte unbearbeitet bzw. bearbeitet
A Anschlussquerschnitt σ_N Nahtspannung I, II Kerbstellen
N Nahtquerschnitt σ_k Kerbspannung im Anschlussquerschnitt

5.22
HV-Naht (a) und
Doppel-HV-Naht (b)

Beanspruchung	Anordnung	Nahtform	Nennspannung in der Naht	Nahtfläche bzw. -widerstandsmoment
Zug			$\sigma_N = \dfrac{F}{A_N}$ Gl. (5.1)	$A_N = a \cdot l$
Druck			$\sigma_N = -\dfrac{F}{A_N}$ Gl. (5.2)	
Schub	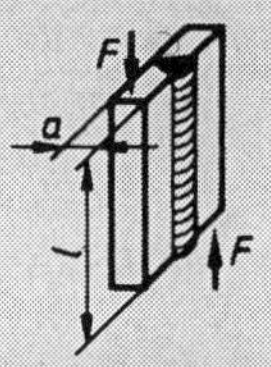		$\tau_N = \dfrac{F}{A_N}$ Gl. (5.3)	$A_N = a \cdot l$
Biegung	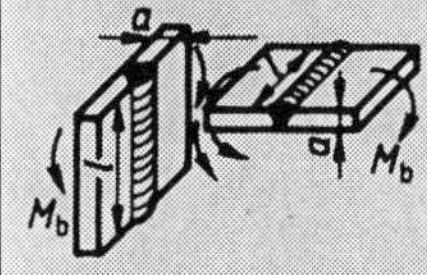		$\sigma_{bN} = \dfrac{M_b}{I_{bN}/e_N} = \dfrac{M_b}{W_{bN}}$ Gl. (5.4)	$W_{bN} = a \cdot l^2/6$ hochkant $W_{bN} = l \cdot a^2/6$ flachkant
Zug und Biegung	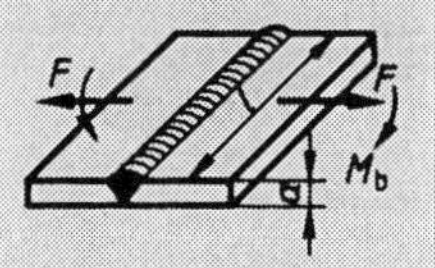		Resultierende Spannung $\sigma_{N\,res} = \sigma_N + \sigma_{bN}$ Gl. (5.5)	
Schub und Biegung	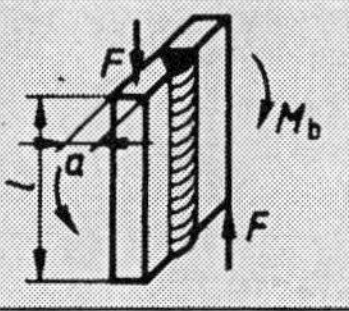		Vergleichsspannung aus σ_{bN} und τ_N $\sigma_{vN} = 0{,}5 \cdot \left(\sigma_{bN} + \sqrt{\sigma_{bN}^2 + 4\tau_N^2}\right)$ Gl. (5.6), Gl. (2.18)	

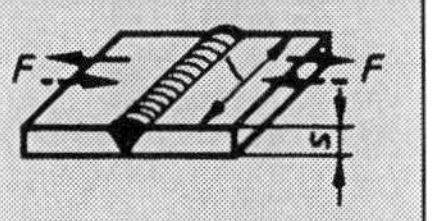

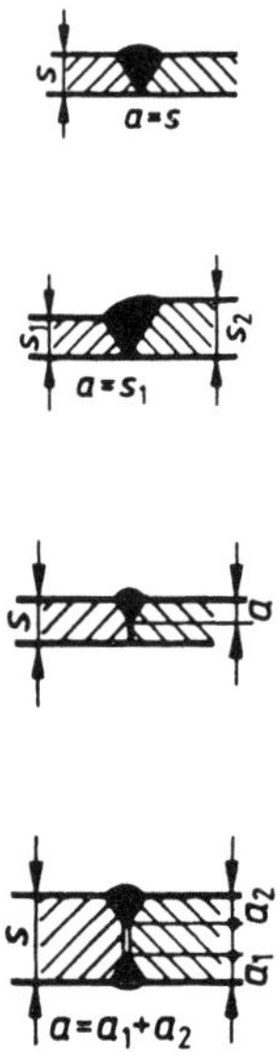

5.23
Nennspannung bei Stumpfnähten (Formelzeichen s. nächste Seite)

Formelzeichen

A	Querschnitt	M	Moment	W	Widerstandsmoment. Verfahrensfaktor beim Punktschweißen
a	Kehlnahtdicke	N	Spannungsspielzahl		
C	Faktor für Bodenform	n	Zahl der Schweißpunkte		
c	Abstand, Wanddickenzuschlag	p	höchstzul. Überdruck in Kesseln und Behältern	α	Formzahl
				α_0	Beiwert für Nahtbewertung
D, d	Durchmeser, Punktdurchmesser	Q	Querkraft		
		R, r	Radius	β	Beiwert für Schrumpfspannungen. Beiwert zur Berücksichtigung des Durchmesserverhältnisses beim Behälter, der Bodenform und Ausschnitte in Böden
e	Randfaserabstand, Randabstand, Einbrand	R_e	Streckgrenze		
		$R_{p\,0,2}$	0,2-Grenze		
F	Kraft	R_m	Zugfestigkeit		
H	Flächenmoment 1. Grades	S	Sicherheitszahl		
		s	Blechdicke, Wanddicke		
h	Steghöhe	T	Drehmoment		
I	Flächenmoment 2. Grades (axiales Trägheitsmoment)	t	Punktabstand	ϑ_B	Berechnungstemperatur
		V	Schweißfaktor für Punktschweißung	κ	Spannungsverhältnis
				σ	Normalspannung
K	Werkstoffkennwert, Grenzspannung, Kerbfall	v	Wertigkeitszahl für Schweißnaht	τ	Schubspannung
				φ	Betriebsfaktor
l	Nahtlänge				

Indizes

A	für Anschlussquerschnitt	W	für Wechselfestigkeit (Zugdruck)	t	für Verdrehung
B	für Bruch			ü	für Überdruck
D	für Dauerfestigkeit	b	für Biegung	v	für Vergleichsspannung
F	für Fließgrenze	d	für Druck	x	in x-Richtung
G	für Grenzspannung	i	für Innen-	y	in y-Richtung
N	für Naht	k	für Kerbspannung	zul	für zulässig
Sch	für Schwellfestigkeit	n	für Nenngröße	‖	für Spannung in der Längsrichtung der Naht
Schw	für Schweißen	p	für polar		

Kehlnähte

Maßgebende Größen für die Berechnung von Kehlnähten sind die Nahtdicke a und die Nahtlänge l. Die rechnerische Nahtdicke a ist gleich der Höhe des größten im Nahtquerschnitt einbeschriebenen gleichschenkeligen Dreiecks ohne Wurzeleinbrand (5.24).

5.24
Formen der Kehlnähte

a) Volle Kehlnaht (Wölbnaht)
b) Flachnaht
c) Hohlnaht
d) Ungleichschenkelige Naht (30°-Naht)

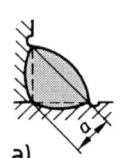

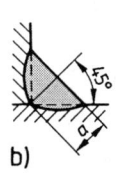

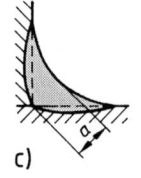

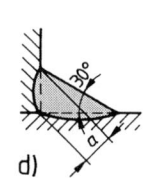

Die **Wölbnaht** (5.24a) besitzt die für den Kraftfluss ungünstigste Form; daher sind stets Flach- oder Hohlnähte zu bevorzugen.

Die **Hohlnaht** (5.24c) hat wegen ihres allmählichen Übergangs zum Grundwerkstoff die geringste Kerbwirkung, aber bei gleicher Nahtdicke ein größeres Schweißvolumen als die Flach-

5.1 Schweißverbindungen

naht. Die ungleichschenkelige Kehlnaht (**5.24d**, 30°-Naht) bewirkt besonders bei Laschenstößen (**5.32b**) einen flacheren Verlauf der Kraftlinien.

Die rechnerische Nahtlänge l ist die Länge des Schweißstoßes. Nahtanfänge und -enden, die die geforderten Nahtdicken nicht erreichen, zählen nicht zur Nahtlänge.

Ausführungen von Kehlnähten. In Kehlnahtverbindungen verläuft der Kraftlinienfluss nicht geradlinig, sondern die Kraftlinien werden im Nahtbereich umgelenkt (**5.30, 5.31**). Daher sind Kehlnähte immer stärker beansprucht als Stumpfnähte. Kehlnähte können in verschiedener Weise und in verschiedener Anordnung der Teile zueinander ausgeführt werden.

Flankenkehlnähte (5.25). Diese liegen parallel zur Kraftrichtung. Flankenkehlnähte sind bei ruhender Belastung den Stumpfnähten fast gleichwertig. Ihre Dauerhaltbarkeit bei dynamischer Beanspruchung ist jedoch wesentlich kleiner.

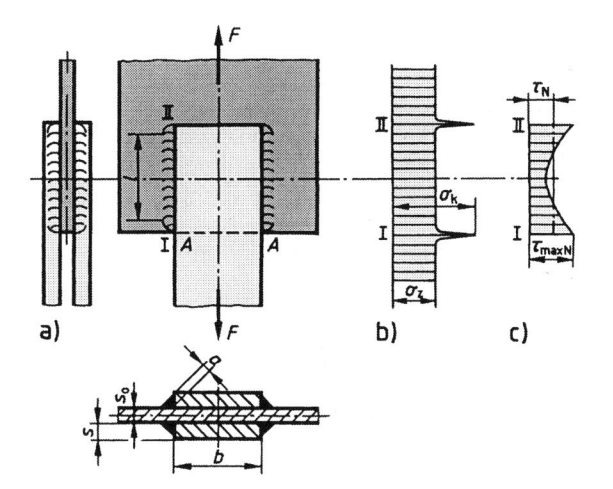

5.25
a) Flankenkehlnähte unbearbeitet; A–A Anschlussquerschnitt
b) Zugspannungen; keine quantitative Darstellung
c) Schubspannung in den Nähten; keine quantitative Darstellung

Die Kraftlinien werden zweimal stark umgelenkt. Sie gehen vom Stabquerschnitt durch die schmalen Nahtquerschnitte und von diesen in den Blechquerschnitt über. Bei ausreichender Nahtbemessung treten im Anschlussquerschnitt an den Nahtenden I und II als „Kerbstellen" (**5.25a**) Kerbspannungen σ_k auf, die wesentlich höher als die Nennspannung σ_z im Stabquerschnitt sind und Ausgangsstellen für Dauerbrüche sein können. Bei schwingender Beanspruchung ist deshalb ein Glätten (Verschleifen) der Nähte bei I und II zweckmäßig.

Stirnkehlnähte. Das Kennzeichen dieser Nähte ist die zueinander senkrechte Lage von Kraft- und Nahtrichtung (**5.26**).

T-Stoß mit einseitiger Kehlnaht (5.26). Infolge des exzentrischen Kraftverlaufs ist der Stoß durch zusätzliche Biegung besonders ungünstig beansprucht. Er sollte daher nur bei Kastenquerschnitten mit umlaufender Naht benutzt werden (Beispiel 9).

Wird die Naht am T-Stoß versenkt ausgeführt (**5.27**), so erhält man einen vollwertigen Schweißanschluss.

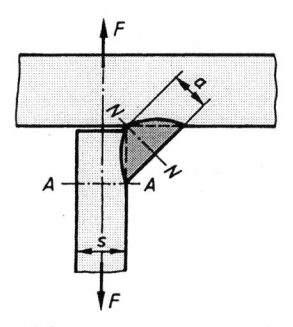

5.26
T-Stoß mit einseitiger Kehlnaht

A – A Anschlussquerschnitt
N – N Nahtquerschnitt

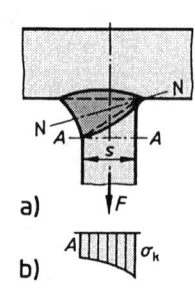

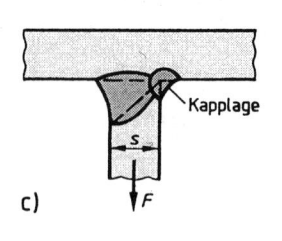

5.27
T-Stoß mit versenkter Naht (a) und Spannungsverlauf im Anschlussquerschnitt (b), Kapplage gegengeschweißt (c). Rechnerische Nahtdicke $a = s$

T-Stoß mit doppelseitiger Kehlnaht (Flachnaht s. Bild **5.26**). Führt man die Stirnkehlnähte als Hohlnähte nach Bild **5.29a** aus, so liegt die Festigkeit des Anschlussquerschnittes um $\approx 25\%$ höher als beim T-Stoß mit Flachnaht (**5.28**). Werden größere Anforderungen an die Schweißverbindungen gestellt, so werden versenkte Hohlnähte (**5.29 b und c**) angewendet.

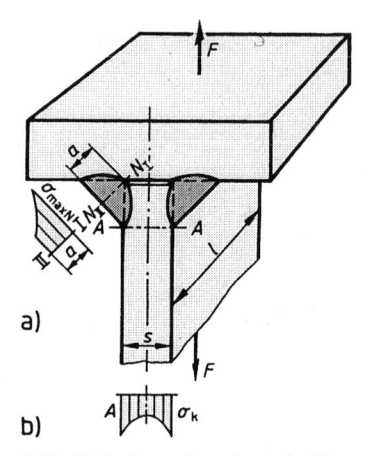

5.28 T-Stoß mit doppelseitiger Kehlnaht (Flachnaht), auf Zug beansprucht
a) Spannungsverlauf im Nahtquerschnitt N-N
b) im Anschlussquerschnitt A-A

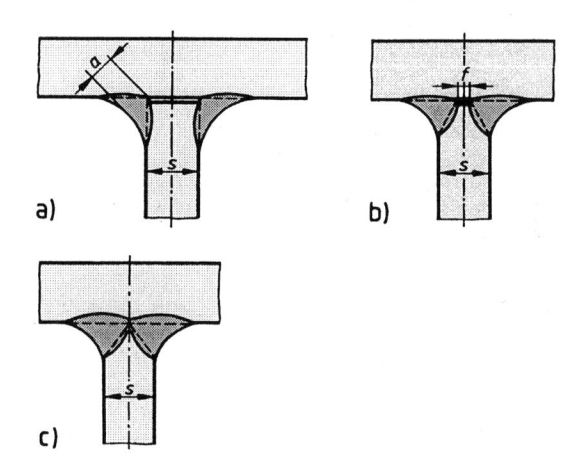

5.29 T-Stoß mit Hohlnähten
a) Anschlussblech nicht vorbereitet
b) Doppel-HY-Naht
c) Doppel-HV-Naht

Sie sind jedoch wegen der größeren Vorbereitungsarbeit (Abschrägen der Schweißkanten am Steg) wesentlich teurer.

Die rechnerische Nahtdicke für die Ausführung (b) setzt man $a = s$, wenn $f \leq (1/5) \cdot s$ und gleichzeitig auch $f \leq 3$ mm ist.

5.1 Schweißverbindungen

Laschenstoß und **Kreuzstoß**. Die Festigkeitsprüfung der Stirnkehlnähte geschieht mit dem Laschenstoß (**5.30**) oder mit dem Kreuzstoß (**5.31**).

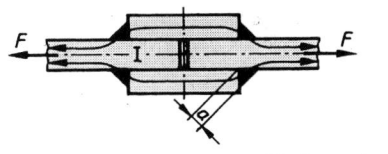

5.30 Laschenstoß mit Kraftlinienverlauf

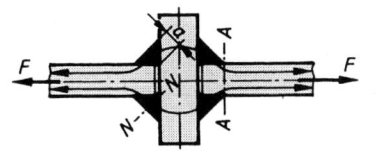

5.31 Kreuzstoß
N–N Nahtquerschnitt
A–A Anschlussquerschnitt

Beim Nahtquerschnitt N_I–N_{II} des Laschenstoßes nach Bild **5.32** tritt der Größtwert der Nahtspannung $\sigma_{max\,N}$ an der Nahtwurzel bei I auf. Der Anschlussquerschnitt A ist durch den Einbrand der Schweißnähte geschwächt. Werden die Nähte des Laschenstoßes als 30°-Nähte nach Bild **5.32b** ausgeführt, so verlaufen die Kraftlinien flacher, auch ist die Kerbspannung σ_k am Anschlussquerschnitt A kleiner als bei der 45°-Naht nach Bild **5.32a**.
Beim Kreuzstoß (**5.31**) sind die Beanspruchungen des Naht- und Anschlussquerschnittes die gleichen wie beim Laschenstoß (**5.32a**).

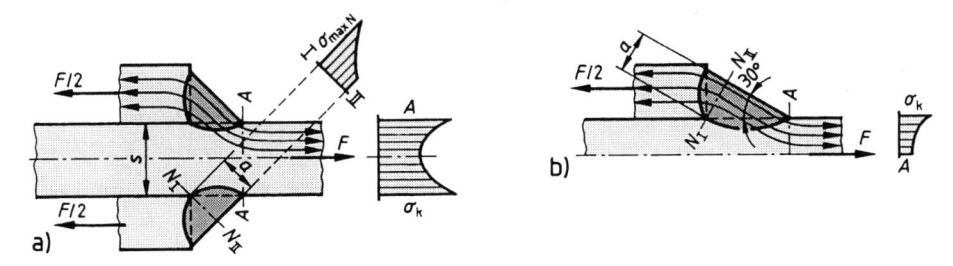

5.32
Laschenstoß, Kraftlinien- und Spannungsverlauf in der Schweißnaht
a) bei der 45°-Naht
b) bei der 30°-Naht

Die Nennspannungen für Kehlnähte sind für die einzelnen Beanspruchungsarten entsprechend den in Bild **5.33** aufgeführten Nennspannungen anzusetzen. Die Schweißnähte sind zur besseren Verständlichkeit bildlich dargestellt.

Punktschweißverbindungen werden durch Widerstandsschweißen wirtschaftlich hergestellt und daher häufig im Fahrzeugbau und im Blechleichtbau verwendet. Bei Beanspruchung der Verbindung auf Scherzug kann der Schweißpunkt etwa dreimal so hoch belastet werden wie bei Beanspruchung auf Kopfzug. Torsionsbeanspruchung (nur beim Einzelpunkt) und Schälbeanspruchung sind zu vermeiden, Bild **5.34 a ... d**.

Beanspruchung	Anordnung	Nahtform	Nennspannung in der Naht	Nahtfläche bzw. -widerstandsmoment
Zug Druck			$\sigma_N = \dfrac{F}{A_N}$ $\sigma_N = -\dfrac{F}{A_N}$ Gl. (5.7)	$A_N = a \cdot l$ bzw. $A_N = \Sigma\, a \cdot l$
Schub			$\tau_N = \dfrac{F}{A_N}$ Gl. (5.8)	$A_N = a \cdot l$ bzw. $A_N = \Sigma\, a_1 \cdot l_1 + \Sigma\, a_2 \cdot l_2$
Biegung			$\sigma_{bN} = \dfrac{M_b}{I_{bN}/e_N}$ Gl. (5.9) $= \dfrac{M_b}{W_{bN}}$	$W_b = a \cdot l^2/6$ hochkant $W_b = l \cdot a^2/6$ flachkant
Schub und Biegung			Vergleichsspannung aus σ_{bN} und τ_N $\sigma_{vN} = 0{,}5(\sigma_{bN} + \sqrt{\sigma_{bN}^2 + 4\tau_N^2})$ Gl. (5.10), (2.18)	$W_{bN} = \dfrac{1}{6(h+2a)} \cdot \left[(s+2a)\cdot(h+2a)^3 - s\cdot h^3\right]$
Torsion			$\tau_{tN} = \dfrac{T}{W_{pN}}$ Gl. (5.11)	$W_{pN} = \dfrac{\pi}{16} \cdot \dfrac{(d+2a)^4 - d^4}{(d+2a)}$ vgl. Gl. (5.16)
Biegung und Torsion			Vergleichsspannung aus σ_{bN} und τ_N $\sigma_{vN} = 0{,}5(\sigma_{bN} + \sqrt{\sigma_{bN}^2 + 4\tau_{tN}^2})$ Gl. (5.12), (2.18)	W_{bN} Gl. (5.14) $W_{bN} = \dfrac{\pi}{32} \cdot \dfrac{(d+2a)^4 - d^4}{(d+2a)}$

5.33
Nennspannung bei Kehlnähten

5.1 Schweißverbindungen

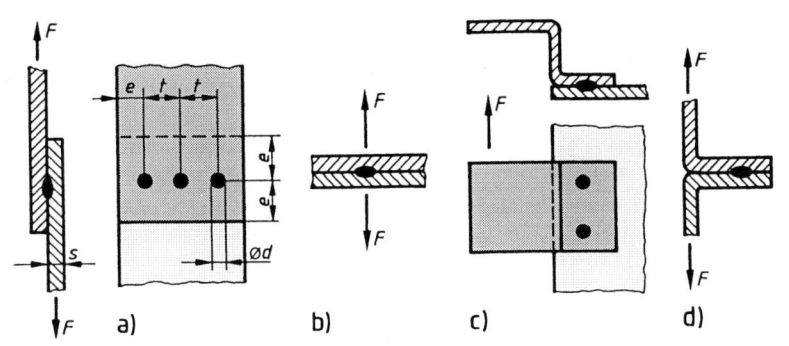

5.34 Beanspruchungen von Widerstandspunktschweißverbindungen
a) Scherzugbeanspruchung, b) Kopfzugbeanspruchung, c) Torsionsbeanspruchung,
d) Schälbeanspruchung

Anhaltswerte für die Gestaltung: Für die Wahl des vorzuschreibenden Punktdurchmessers kann die Näherungsformel (Zahlenwertgleichung) $d \approx 5 \cdot \sqrt{s}$ in mm benutzt werden, wobei für s die kleinste zu verbindende Blechdicke in mm einzusetzen ist. Für die Punktabstände und Randabstände gilt:

$t \approx 3{,}5 \cdot d$ bei statischer Beanspruchung
$t \approx 4 \cdot d$ bei dynamischer Beanspruchung
$t \approx 5 \cdot d$ mehrreihige Verbindung

$d \approx 5 \cdot \sqrt{s}$ im mm mit s in mm
$e \approx 1{,}2 \cdot d$

Die Berechnung einer einschnittigen Verbindungsstelle erfolgt bei Beanspruchung auf Scherzug mit der Gleichung (5.3) für die **Abscherspannung**

$$\boxed{\tau_N = \frac{F}{\dfrac{\pi \cdot d^2}{4} \cdot n \cdot V \cdot W} \leq \tau_{zul\,N}} \tag{5.13}$$

Hierin bedeuten

d Schweißpunktdurchmesser; n Anzahl der Schweißpunkte;

V Schweißfaktor; abh. von Art und Häufigkeit der Kontrolle der Schweißparameter und Punktgeometrie
$V = 1{,}0;\ 0{,}75;\ 0{,}5$ Prüfung durch Einstellversuche
$V = 1{,}0;\ 0{,}75$ Stichproben während der Fertigung
$V = 1{,}0$ laufende Überwachung der Schweißparameter

W Verfahrensfaktor; abh. von der Zuverlässigkeit des gewählten Verfahrens
$W = 1{,}0$ zweiseitiges Schweißen mit stationärer Maschine
$W = 0{,}9$ zweiseitiges Schweißen mit Hängezange
$W = 0{,}8$ einseitiges Schweißen
$W = 0{,}8$ Drei- oder Vierblechverbindungen

$\tau_{zul\,N}$ Zulässige Spannung

$\tau_{zul\,N} = \dfrac{\tau_{BN}}{S_F}$ bzw. $\dfrac{\tau_{DN}}{S_D}$
mit Sicherheit $S_F = 1{,}2 \ldots 1{,}8$ bzw. $S_D = 1{,}5 \ldots 2{,}5$
und $\tau_{DN} = (0{,}3 \cdots 0{,}5)\,\tau_{BN}$
Mindestscherfestigkeit τ_{BN} s. Bild **5.35**

Für **ruhende Belastung** erhält man die **zulässige Spannung** $\tau_{zul\,N} = \tau_{BN}/S_B$ aus der Mindestscherfestigkeit τ_{BN} bei statischer Beanspruchung (s. Bild **5.35**) und aus dem Sicherheitsbeiwert gegen Bruch $S_B = 1{,}5 \ldots 2{,}0$. Bei dynamischer Belastung gilt $\tau_{zul\,N} = \tau_{DN}/S_D$ mit der Dauerscherfestigkeit $\tau_{DN} = (0{,}3 \ldots 0{,}5) \cdot \tau_{BN}$ und mit der Sicherheit gegen Dauerbruch $S_D = 1{,}5 \ldots 2{,}5$. Die Dauerfestigkeit von Punktschweißverbindungen erreicht nur (30…50)% der Werte bei statischer Belastung (s. Bild **5.35**). Es empfiehlt sich, die Festigkeit einer dynamisch beanspruchten Verbindung durch Versuche nachzuprüfen, da sich die Kerbwirkung und der Einfluss von Gestalt und Werkstoff nicht in jedem Fall hinreichend genau abschätzen lassen. Bei einreihigen einschnittigen Punktschweißverbindungen nimmt die Dauerfestigkeit mit zunehmender Blechdicke ab.

Blech-dicke s in mm	Punkt-durchmesser d in mm	Mindestscherfestigkeit τ_{BN} in N/mm²		Blech-dicke s in mm	Punkt-durchmesser d in mm	Mindestscherfestigkeit τ_{BN} in N/mm²	
		DC01 (St12) DC03 (RRSt13)	DC04 St14			DC01 (St12) DC03 (RRSt13)	DC04 St14
0,5	3	89	73	2,0	6	134	111
	4	65	54		7	115	95
	5	51	42		8	102	85
					9	92	76
0,8	4	110	91				
	5	80	66	2,5	8	118	98
	6	64	53		9	106	88
					10	95	78
1,0	4	115	95				
	5	89	74	3,0	8	133	110
	6	73	60		9	120	99
	7	60	50		10	109	90
					11	99	82
1,5	5	121	101				
	6	100	81				
	7	82	68				

5.35
Mindestscherfestigkeit τ_{BN} für Widerstands-Punktschweißverbindungen

Beispiele zur Ermittlung der Nennspannung

Der Spannungsansatz bei Schweißnähten ist in den folgenden Ausführungsbeispielen noch einmal zusammenfassend dargelegt.

Beispiel 1

Zug und Zugdruck. Ermittlung der Nennspannungen der Schweißnähte (Stumpf- und Kehlnähte) am Anschluss eines Gabelstücks an eine Rundstange (bzw. an ein Rohr) (**5.36**). Der Nahtquerschnitt ist

$$A_N = \pi \cdot (d + 2 \cdot a)^2 / 4 - \pi \cdot d^2 / 4 \quad \text{oder} \quad A_N = l \cdot a = \pi \cdot (d + a) \cdot a$$

5.1 Schweißverbindungen

Beispiel 1, Fortsetzung

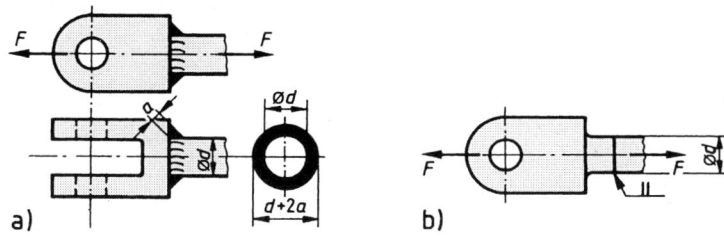

5.37
Schweißanschluss eines Gabelstücks an eine Rundstahlstange
a) mit einer Kehlnaht als Rundnaht
b) durch Abbrennstumpf- oder Reibschweißen

Ist die Kraft, wie dies in Bild **5.37a** der Fall ist, eine Zugkraft, so erhält man nach Gl. (5.1) die **Nennspannung**

$$\sigma_N = F/A_N$$

Ist sie eine Wechselkraft, dann ist nach Gl. (5.1 und 5.2) die Spannung

$$\sigma_N = \pm F/A_N$$

Wird das Gabelstück durch Abbrennstumpf- oder Reibschweißen an die Stange angeschlossen (**5.37b**), so ist der Schweißquerschnitt $A_N = \pi \cdot d^2/4$. Bei der Abbrennstumpf- und Reibschweißung beträgt die Nahtfestigkeit (90 ... 100)% der Festigkeit des Werkstoffs. ∎

Beispiel 2

Biegung und Schub in einer Kehlnaht am Zapfenanschluss an eine Platte (**5.38**). Das Biegemoment ist $M_b = F \cdot c$. Das Widerstandsmoment des Nahtquerschnittes $W_{bN} = \Delta I/e$ ergibt sich nach Bild **5.38b** mit $r = d/2$ und $e = r + a$

$$W_{bN} = \frac{1}{r+a} \left[\frac{\pi}{64} \cdot (d+2a)^4 - \frac{\pi}{64} \cdot d^4 \right]$$

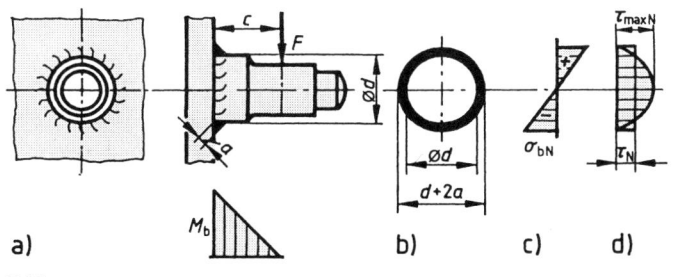

5.38
An eine biegefeste Platte angeschweißter Zapfen und Verlauf des Biegemomentes M_b (a); Schweißquerschnitt (b); Nahtspannungen, Biegung (c) bzw. Schub (d)

Beispiel 2, Fortsetzung

Dann ist nach Gl. (5.9) die **Biegespannung (5.38c)**

$$\boxed{\sigma_{bN} = M_b/W_{bN}}$$

Mit der Fläche des Nahtquerschnittes (**5.38b**)

$$A_N = \frac{\pi}{4} \cdot (d+2a)^2 - \frac{\pi}{4} \cdot d^2$$

und der Schubkraft F erhält man dann nach Gl. (5.8) die mittlere Schubspannung (Abscherspannung) $\tau_{m\,N} = \tau_N = F/A_N$. Für den Kreisringquerschnitt mit verhältnismäßig kleiner Wanddicke ist nach **5.38d** der Größtwert der Schubspannung $\tau_{max\,N} = 2 \cdot \tau_N$. Aus Schubspannung und Biegespannung bildet man die **Vergleichsspannung** nach der beim Berechnen von Schweißverbindungen meist verwendeten Gleichung [Normalspannungshypothese Gl. (5.10) bzw. Gl. (2.18)]

$$\boxed{\sigma_{vN} = 0{,}5 \cdot \left(\sigma_{bN} + \sqrt{\sigma_{bN}^2 + 4\tau_N^2}\right)}$$

∎

Beispiel 3

Biegung und Schub in den Kehlnähten eines Konsolträgers (**5.39**).

Für diese werden nach Bestimmung der Randfaserabstände e_1 und e_2 die Widerstandsmomente $W_{b\,N1} = I_{xN}/e_1$ und $W_{b\,N2} = I_{xN}/e_2$ mit dem axialen Trägheitsmoment der Schweißnaht I_{xN} berechnet.

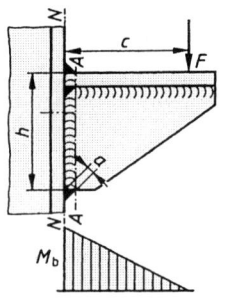

5.39 Konsolträger
Beanspruchung:
Biegung und Schub

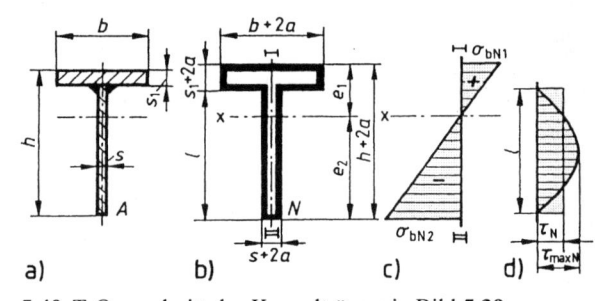

5.40 T-Querschnitt des Konsolträgers in Bild **5.39**
a) Anschlussquerschnitt A
b) Nahtquerschnitt N
c) und d) Nahtspannungen (Biegung bzw. Schub)

Mit dem Biegemoment $M_b = F \cdot c$ sind die **Biegespannungen (5.40c)** nach Gl. (5.9)

$$\boxed{\sigma_{bN1} = M_b/W_{bN1}} \quad \text{und} \quad \boxed{\sigma_{bN2} = M_b/W_{bN2}}$$

Mit der Schubkraft F und dem Nahtquerschnitt A_N ist die mittlere **Schubspannung** (Abscherspannung) $\tau_N = F/A_N$. Die **Vergleichsspannung** σ_{vN} wird nach der Gl. (5.10)

5.1 Schweißverbindungen

Beispiel 3, Fortsetzung

(Normalspannungshypothese) oder nach Gl. (5.23) ermittelt. Sie ist an der Stelle II am größten.

Bei der Berechnung des Nahtquerschnittes A_N werden nur die Stegnähte von Bild **5.39b** in der Befestigungsebene des T-Profils als tragend angenommen, weil nur sie im wesentlichen die Schubkraft übertragen (s. Bild **5.40d** und DIN 18800). ∎

Beispiel 4

Rundnähte; auf Verdrehung beanspruchte Schweißverbindung zwischen Kettenrad und Hohlwelle (**5.41**).

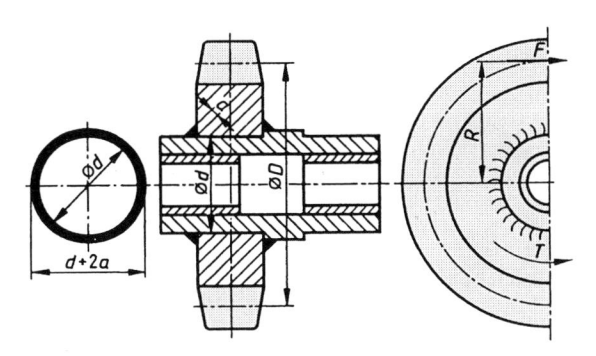

5.41 Auf eine Hohlwelle aufgeschweißtes Kettenrad

Das Drehmoment $T = F \cdot R$ wird durch zwei Rundnähte mit der Dicke a auf die Hohlwelle übertragen und beansprucht jede Naht nach Gl. (5.11) mit der **Torsionsspannung** $\tau_{tN} = T/(2 \cdot W_{pN})$; der Faktor 2 berücksichtigt die Aufteilung des Drehmoments auf 2 Nähte. Der geringe Durchmesserunterschied durch die Zentrierung wird hierbei vernachlässigt. Für den Schweißquerschnitt ist das polare **Widerstandsmoment** $W_{pN} = I_p/e$ mit $e = r + a$ als Abstand der Randfaser von der Schwerelinie des Anschlussquerschnitts. Somit wird

$$W_{pN} \approx \frac{1}{r+a} \left[\frac{\pi(d+2a)^4}{32} - \frac{\pi d^4}{32} \right] \quad (5.16)$$

∎

5.1.5 Zulässige Spannungen und Spannungsnachweis

Die Festigkeit einer Schweißverbindung ist abhängig von der Schweißeignung des Bauteilwerkstoffes, von der Form und Lage der Schweißnaht, vom Schweißverfahren, bei Handschweißungen von der Fertigkeit der Schweißer, von der Nahtvorbereitung, von der Schweißfolge und von der Wärmevor- und -nachbehandlung der Schweißzone. Trotz Beachtung dieser Punkte bei der Ausführung muss davon ausgegangen werden, dass die Schweißnaht eine

Schwachstelle im Bauteil darstellen kann. Durch unterschiedliche Gefügezustände, Nahtüberhöhung, Einbrand, Endkrater, Einschlüsse und Poren entsteht Kerbwirkung. Diese muss besonders bei schwingend beanspruchten Bauteilen beachtet werden. Aber auch bei ruhend beanspruchten Bauteilen werden im mehrachsigen Spannungszustand Anrisse durch Kerbwirkung infolge Verformungsbehinderung gefördert.

5.1.5.1 Geschweißte Maschinenteile

Da allgemein keine Vorschriften oder Normen für die Berechnung geschweißter Maschinenteile bestehen, werden die zulässigen Spannungen in Schweißnähten aus den Grenzspannungen des Bauteilwerkstoffs, dem Sicherheitsbeiwert und aus Zuschlägen ermittelt.

Ruhende Beanspruchung. Die **zulässige** Spannung für **Zugbeanspruchung** ist $\sigma_{zul\,N} = R_e/S_F$ mit R_e als Streckgrenze des Bauteilwerkstoffs und S_F als Sicherheit gegen Fließen; $S_F = 1{,}5\ldots2{,}0$.

Bei Biege- oder Schubbeanspruchung wird die betreffende Grenzspannung, z. B. bei Biegung σ_{bF}, bei gleichem Sicherheitswert eingesetzt.

Schwingende Beanspruchung. Bei schwingender Beanspruchung muss sowohl gegen Dauerbruch im Nahtquerschnitt als auch gegen Dauerbruch im Anschlussquerschnitt gerechnet werden:

Zulässige Spannung für den **Nahtquerschnitt**

$$\boxed{\sigma_{zul\,N} = \frac{\sigma_D}{S_D} \cdot \alpha_0 \cdot \alpha_N \cdot \beta} \qquad (5.17a)$$

Zulässige Spannung für den **Anschlussquerschnitt**

$$\boxed{\sigma_{zul\,A} = \frac{\sigma_D}{S_D} \cdot \alpha_0 \cdot \alpha_A \cdot \beta} \qquad (5.17b)$$

Als **Grenzspannung** σ_D wird die Dauerfestigkeit des Bauteilwerkstoffs eingesetzt; je nach Beanspruchung (Zug, Druck, Biegung oder Torsion) ist dies die **Schwellfestigkeit** σ_{Sch}, $\sigma_{b\,Sch}$, oder $\tau_{t\,Sch}$ bzw. die **Wechselfestigkeit** σ_W, $\sigma_{b\,W}$ oder $\tau_{t\,W}$ (Bild **5.42**; s. auch Bild **1.7**):

Bezeichnung EN 10027	Kurzname DIN 17100 (veraltet)	R_m in N/mm²	σ_{Sch} in N/mm²	σ_W in N/mm²	$\sigma_{b\,Sch}$ in N/mm²	$\sigma_{b\,W}$ in N/mm²	$\tau_{t\,Sch}$ in N/mm²	$\tau_{t\,W}$ in N/mm²
S235JRG2	RSt 37	360 … 510	220	120	260	170	140	110
E295	St 50-2	490 … 660	310	18	370	240	190	160

5.43
Grenzspannung σ_D für S235JRG2 und E295

Als Sicherheit wird der für schwingend beanspruchte Bauteile übliche Wert von $S_D = 1{,}5 \ldots 2{,}5$ gewählt, wenn Kerbwirkungen, Schweißgüte der Naht und Eigenspannungen im Bauteil abschätzbar sind und gute Schweißbarkeit des Werkstoffs gewährleistet ist. Bei unsicheren Rechenansätzen oder bei schlecht abzuschätzenden Einflüssen der Schweißung wählt man einen

5.1 Schweißverbindungen

höheren Sicherheitswert, oder man ermittelt in einer speziellen Bauteilprüfung unter Betriebsbedingungen die Dauerfestigkeit des geschweißten Bauteiles.

Die festigkeitsmindernden Einflüsse der Schweißung werden in Gl. (5.17a und b) durch die **Formzahl** α_N für die Naht und α_A für den Anschlussquerschnitt sowie durch die Faktoren α_0 und β berücksichtigt. (Formzahlen s. Bild **5.43**).

Bezeichnet σ_D die Dauerhaltbarkeit des Bauteilwerkstoffs und σ_{DN} die Dauerhaltbarkeit der Naht, so ist die **Formzahl** für den **Nahtquerschnitt**

$$\alpha_N = \frac{\sigma_{DN}}{\sigma_D} \qquad (5.18)$$

Mit σ_{DA} als der Dauerhaltbarkeit für den Anschlussquerschnitt ist die **Formzahl** für den **Anschlussquerschnitt**

$$\alpha_A = \frac{\sigma_{DA}}{\sigma_D} \qquad (5.19)$$

Nahtart		Formzahl			
		Zug-Druck		Biegung	Schub
		Naht α_N	Anschluss α_A	α_N	
V-Naht		0,4 ... 0,5	0,4 ... 0,5		0,3 ... 0,4
V-Naht wurzelverschweißt und DV-Naht		0,7 ... 0,8		0,8 ... 0,9	0,5 ... 0,7
V-Naht bearbeitet		0,92		1,0	0,73
Flachkehlnaht		0,35	0,56	0,5 ... 0,7	0,35
Hohlkehlnaht		0,35	0,70	0,85	0,45
Doppel-HV-Naht, Doppel-HY-Naht, (K-Naht)		0,56	0,6	0,8	0,45
Doppel-HV-Naht, Doppel-HY-Naht, (K-Naht), hohl		0,7	0,7 ... 0,8	0,85	0,45
Flachkehlnaht einseitig		0,25	—	0,12	0,2
HV-Naht, hohl		0,6	—	0,7	0,5
Flankenkehlnaht ohne Bearbeitung		—	0,35	—	0,65
Flankenkehlnaht, Endkrater bearbeitet		—	0,5	—	0,7
Rundnaht		—	—	Formzahl für Verdrehungsbeanspruchung $\alpha_N \approx 0,5$	

5.43
Formzahlen für den Nahtquerschnitt und für den Anschlussquerschnitt

Der Faktor α_0 drückt die Bewertung der Schweißnaht aus. Für die Bewertungsgruppen AS und AK nach DIN 8563 (zurückgezogen) gilt $\alpha_0 = 1{,}0$; bezüglich der Bewertungsgruppen nach DIN EN 25817 gilt für B $\alpha_0 \approx 0{,}8$ und für C und D $\alpha_0 \approx 0{,}5$. Der Beiwert β berücksichtigt die in der Schweißverbindung auftretenden Eigenspannungen, die eine Folge der Wärmewirkung beim Schweißen sind. Allgemein kann mit $\beta \approx 0{,}9$ gerechnet werden. Für spannungsarm geglühte Verbindungen und für Rundnähte gilt $\beta \approx 1{,}0$.

Ermittlung der zulässigen Spannung nach anderen Regeln der Technik

DIN 15018, T1; Krane. Entsprechend dieser Norm können zulässige Spannungen auch für schwingend beanspruchte Schweißnähte im Maschinenbau in Abhängigkeit vom Werkstoff, vom Spannungsspielbereich, vom Grenzspannungsverhältnis und vom Kerbfall ermittelt werden. Die Vorgehensweise ist dabei folgende: Die Schweißverbindung wird einer der in Bild **5.45** dargestellten Nähte zugeordnet. Aus Nahtgestalt, Ausführung und Prüfumfang wird der Kerbfall festgelegt. Aus Spannungskollektiv und Spannungsspielbereich wird die Beanspruchungsgruppe ermittelt.

Kerbfall K: Durch den Kerbfall (die Fälle K0 bis K4 sind möglich) werden Form und Ausführung der Schweißverbindung beschrieben. Verbindungen, die dem Kerbfall K0 zugeordnet sind, besitzen die geringsten, Verbindungen, die dem Kerbfall K4 zugeordnet sind, die größten Kerbeinflüsse, Bild **5.45**.

Spannungskollektiv S: Die im Betrieb zu erwartenden Spannungskollektive können näherungsweise den Spannungskollektiven S_0 bis S_3 zugeordnet werden. Aus den Quotienten $\lg N/\lg N_0$ und $(\sigma_o - \sigma_m)/(\sigma_{o\,max} - \sigma_m)$ wird im Diagramm nach Bild **5.46** ein Wert zwischen S_0 und S_3 abgelesen. Bei Zwischenwerten wird der Wert mit dem größeren Index gewählt.

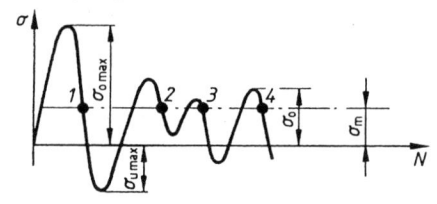

5.44
Zeitlicher Verlauf der Beanspruchung über $N_1 = 4$ Spannungsspiele

N ist die Zahl der tatsächlich auftretenden Spannungsspiele (Lastwechsel) und N_0 die Zahl der vorgesehenen Spannungsspiele. Außerdem ist σ_o der Betrag der Oberspannung, der N-mal erreicht wird, und $\sigma_{o\,max}$ der Betrag der größten Oberspannung innerhalb des Spannungskollektivs. Die Mittelspannung wird aus $\sigma_m = 0{,}5 \cdot (\sigma_{o\,max} + \sigma_{u\,max})$ gebildet **(5.44)** (s. auch Abschn. 2.3).

Beanspruchungsgruppe B: Aus dem ermittelten Spannungskollektiv $S_0 \ldots S_3$ und dem vorgesehenen Spannungsspiel N_0 wird die Beanspruchungsgruppe B gebildet. Die Gruppen B1 bis B6 sind möglich, Bild **5.47**.

Grenzspannungsverhältnis χ: Das jeweilige Grenzspannungsverhältnis wird durch den Faktor χ berücksichtigt. Er gibt das Verhältnis der Unterspannung σ_u zur Oberspannung σ_o im Belastungsprofil an. Für ruhende Beanspruchung bei $\sigma_o = \sigma_u$ ist das Verhältnis $\chi = 1$. Bei schwingender Beanspruchung für $\sigma_o > \sigma_u$ liegt der Verhältniswert im Bereich $-1 \leq \chi \leq +1$. Die Werte $0 \leq \chi < 1$ entsprechen dem Schwell- und $-1 \leq \chi < 0$ dem Wechselbereich; somit gilt für Schwellbeanspruchung mit $\sigma_u = 0$ das Verhältnis $\chi = 0$ und für Wechselbeanspruchung mit $\sigma_o = -\sigma_u$ der Wert $\chi = -1$.

5.1 Schweißverbindungen

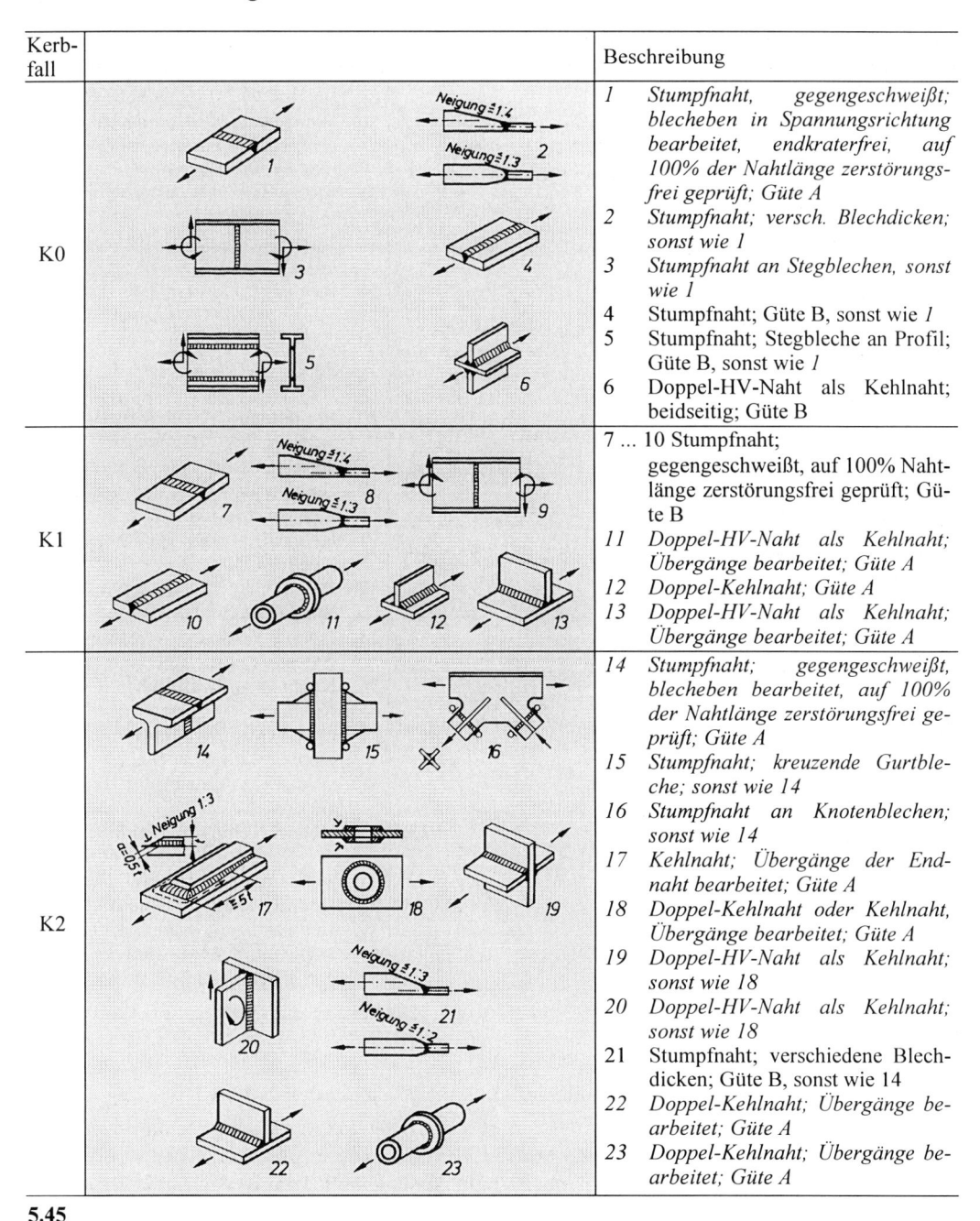

Kerb-fall		Beschreibung
K0		1 Stumpfnaht, gegengeschweißt; blecheben in Spannungsrichtung bearbeitet, endkraterfrei, auf 100% der Nahtlänge zerstörungsfrei geprüft; Güte A 2 Stumpfnaht; versch. Blechdicken; sonst wie *1* 3 Stumpfnaht an Stegblechen, sonst wie *1* 4 Stumpfnaht; Güte B, sonst wie *1* 5 Stumpfnaht; Stegbleche an Profil; Güte B, sonst wie *1* 6 Doppel-HV-Naht als Kehlnaht; beidseitig; Güte B
K1		7 ... 10 Stumpfnaht; gegengeschweißt, auf 100% Nahtlänge zerstörungsfrei geprüft; Güte B *11 Doppel-HV-Naht als Kehlnaht; Übergänge bearbeitet; Güte A* *12 Doppel-Kehlnaht; Güte A* 13 Doppel-HV-Naht als Kehlnaht; Übergänge bearbeitet; Güte A
K2		14 Stumpfnaht; gegengeschweißt, blecheben bearbeitet, auf 100% der Nahtlänge zerstörungsfrei geprüft; Güte A 15 Stumpfnaht; kreuzende Gurtbleche; sonst wie *14* 16 Stumpfnaht an Knotenblechen; sonst wie *14* 17 Kehlnaht; Übergänge der Endnaht bearbeitet; Güte A 18 Doppel-Kehlnaht oder Kehlnaht, Übergänge bearbeitet; Güte A 19 Doppel-HV-Naht als Kehlnaht; sonst wie *18* 20 Doppel-HV-Naht als Kehlnaht; sonst wie *18* 21 Stumpfnaht; verschiedene Blechdicken; Güte B, sonst wie *14* *22 Doppel-Kehlnaht; Übergänge bearbeitet; Güte A* 23 Doppel-Kehlnaht; Übergänge bearbeitet; Güte A

5.45
Kerbfälle nach DIN 15 018, T1 (Auszug) (Fortsetzung s. nächste Seite)
kursiv gedruckte Fälle nach DIN 8563 (zurückgezogen); übrige Fälle nach DIN 25817

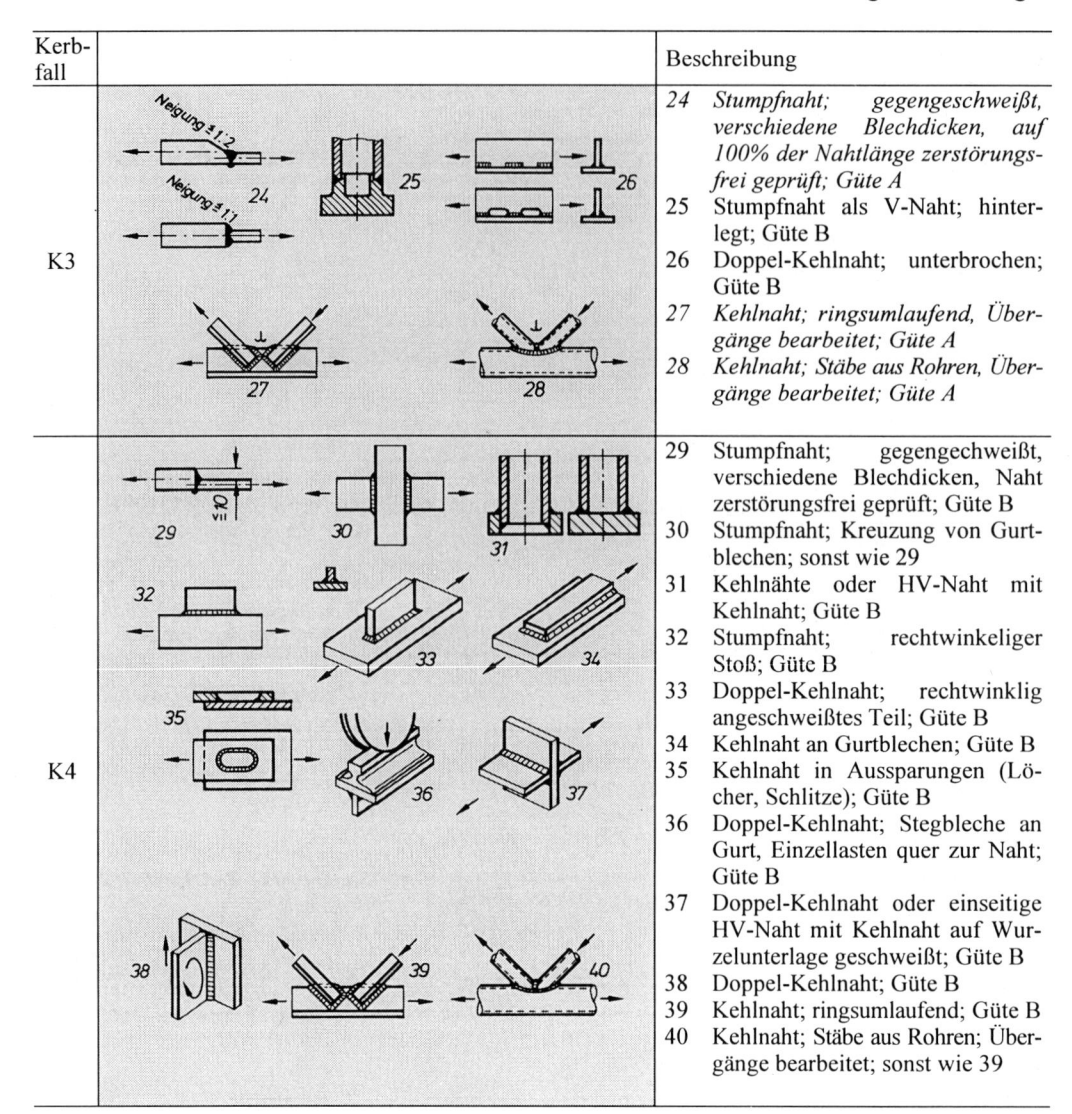

Kerb-fall		Beschreibung
K3		24 *Stumpfnaht; gegengeschweißt, verschiedene Blechdicken, auf 100% der Nahtlänge zerstörungsfrei geprüft; Güte A* 25 Stumpfnaht als V-Naht; hinterlegt; Güte B 26 Doppel-Kehlnaht; unterbrochen; Güte B 27 *Kehlnaht; ringsumlaufend, Übergänge bearbeitet; Güte A* 28 *Kehlnaht; Stäbe aus Rohren, Übergänge bearbeitet; Güte A*
K4		29 Stumpfnaht; gegengeschweißt, verschiedene Blechdicken, Naht zerstörungsfrei geprüft; Güte B 30 Stumpfnaht; Kreuzung von Gurtblechen; sonst wie 29 31 Kehlnähte oder HV-Naht mit Kehlnaht; Güte B 32 Stumpfnaht; rechtwinkeliger Stoß; Güte B 33 Doppel-Kehlnaht; rechtwinklig angeschweißtes Teil; Güte B 34 Kehlnaht an Gurtblechen; Güte B 35 Kehlnaht in Aussparungen (Löcher, Schlitze); Güte B 36 Doppel-Kehlnaht; Stegbleche an Gurt, Einzellasten quer zur Naht; Güte B 37 Doppel-Kehlnaht oder einseitige HV-Naht mit Kehlnaht auf Wurzelunterlage geschweißt; Güte B 38 Doppel-Kehlnaht; Güte B 39 *Kehlnaht; ringsumlaufend; Güte B* 40 *Kehlnaht; Stäbe aus Rohren; Übergänge bearbeitet; sonst wie 39*

5.45
Kerbfälle nach DIN 15 018, T1 (Auszug) (Fortsetzung)
kursiv gedruckte Fälle nach DIN 8563 (zurückgezogen); übrige Fälle nach DIN 25817

In Bild **5.48** sind für die Werkstoffe S235JRG2 (St37-2) und S355J2G2 (St52-3) die zulässigen Spannungen für Zug- und Druckbeanspruchung in Abhängigkeit vom Kerbfall, der Beanspruchungsgruppe und des Grenzspannungsverhältnisses in Diagrammform dargestellt. Aus Platzgründen wurden nur die Beanspruchungsgruppen B5 und B6 aufgeführt; die Werte der übrigen Beanspruchungsgruppen können daraus berechnet werden, s. Bild **5.48**, Fußnote.

5.1 Schweißverbindungen

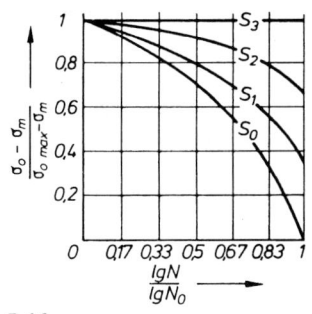

σ_o: Betrag der Oberspannung, die N-mal erreicht wird
$\sigma_{o\,max}$: Betrag der größten Oberspannung des Spannungskollektivs
σ_m: Mittelspannung $\sigma_m = \frac{1}{2} \cdot (\sigma_{o\,max} + \sigma_{u\,max})$
N: Zahl der Tatsächlich auftretenden Spannungsspiele
N_0: Zahl der vorgesehenen Spannungsspiele

5.46
Ermittlung der Spannungskollektive nach DIN 15018, T1

Spannungsspielbereich	N1	N2	N3	N4
Gesamte Anzahl der vorgesehenen Spannungsspiele N_0	über $2 \cdot 10^4$ bis $2 \cdot 10^5$ Gelegentliche, nicht regelmäßige Benutzung mit langen Ruhezeiten	über $2 \cdot 10^5$ bis $6 \cdot 10^5$ Regelmäßige Benutzung bei unterbrochenem Betrieb	über $6 \cdot 10^5$ bis $2 \cdot 10^6$ Regelmäßige Benutzung im Dauerbetrieb	über $2 \cdot 10^6$ Regelmäßige Benutzung in angestrengtem Betrieb
Spannungskollektiv	Beanspruchungsgruppe			
S_0 sehr leicht	B1	B2	B3	B4
S_1 leicht	B2	B3	B4	B5
S_2 mittel	B3	B4	B5	B6
S_3 schwer	B4	B5	B6	B6

5.47
Ermittlung der Beanspruchungsgruppen nach DIN 15018, T1

Nach DIN 15018 wird die Vergleichsspannung bei zusammengesetzter Beanspruchung nicht nach Gl. (5.6) und Gl. (5.23) ermittelt. Der Festigkeitsnachweis erfolgt vielmehr nach der in Beispiel 9 unter 4. beschriebenen Anleitung.

DS 952 der Deutschen Bundesbahn: Vorschrift für das Schweißen metallischer Werkstoffe. Hiernach schließt die zulässige Spannung ebenfalls den Kerbfall (hier A ... F) und das Grenzspannungsverhältnis χ mit ein, wogegen die Beanspruchungsgruppe und das Spannungskollektiv unberücksichtigt bleiben. Die nach dieser Vorschrift ermittelten Werte für die zulässige Spannung entsprechen etwa den Werten der Beanspruchungsgruppe B4 bis B5 nach DIN 15018.

Die Ermittlung der zulässigen Spannung für abnahmepflichtige Konstruktionen ist stets nach der neuesten Ausgabe der entsprechenden Vorschrift durchzuführen.

5.1.5.2 Geschweißte Stahlbauten

Im Stahlbau müssen für tragende Bauteile und deren Verbindungen unter Berücksichtigung einzelner Lastfälle (Lastfälle H und HZ, s. Abschn. 4, Nietverbindungen) grundsätzlich folgende Nachweise geführt werden:

– Allgemeiner Spannungsnachweis auf Sicherheit gegen Erreichen der Fließgrenze bei vorwiegend ruhender Beanspruchung, z. B. nach DIN 18800.

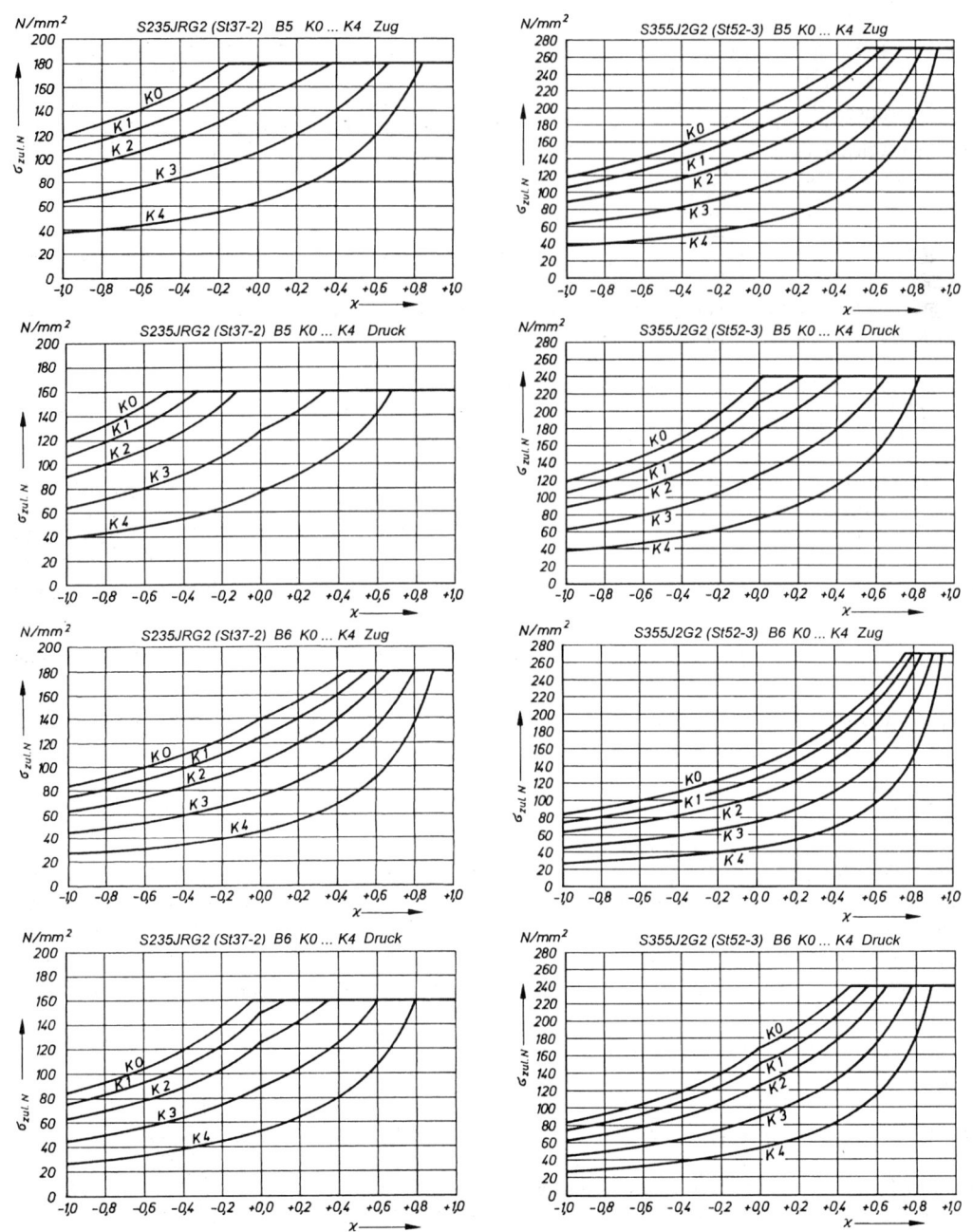

5.48 Zulässige Spannungen in N/mm² für Schweißnähte nach DIN 15018, T1, Krane, Stahltragwerke. S235JRG2 (St37-2) und S355J2G2 (St52-3), Zug und Druck; Beanspruchungsgruppe B5 und B6 [1]) für den Kerbfall K = 0 ... 4 abhängig vom Spannungsverhältnis χ.

5.1 Schweißverbindungen

Fußnote zu Bild **5.48**:
[1]) Die zulässigen Spannungen der Beanspruchungsgruppen B4 ... B0 werden ermittelt, indem die zulässigen Spannungen der nächsthöheren Beanspruchungsgruppe mit dem Faktor $\sqrt{2}$ multipliziert werden: Zulässige Spannung von B5 mal $\sqrt{2}$ gibt die zulässige Spannung von B4 usw. Der Grenzwert von $\sigma_{zul\,N}$ ist bei S235JRG2 (St37-2) $\sigma_{zul\,N} = 180$ N/mm² für Zug und $\sigma_{zul\,N} = 160$ N/mm² für Druck und bei und S355J2G2 (St52-3) $\sigma_{zul\,N} = 270$ N/mm² für Zug und $\sigma_{zul\,N} = 240$ N/mm² für Druck. Die zulässige Schubspannung ist:

$$\tau_{zul\,N} = \frac{\sigma_{zul\,N}}{\sqrt{2}}$$

Für $\sigma_{zul\,N}$ werden hier die Werte für die zulässige Spannung nach Bild **5.48** für die jeweilige Beanspruchungsgruppe B bei dem jeweiligen Grenzspannungsverhältnis χ, jedoch für den Kerbfall K0 eingesetzt. Die Berechnungsformeln für die zulässigen Spannungen, die den Diagrammen zugrunde liegen, sind in DIN 15018, T1 Abschn. 7 angegeben.

– Stabilitätsnachweis auf Sicherheit gegen Knicken, Kippen, Beulen.
– Betriebsfestigkeitsnachweis auf Sicherheit gegen Bruch bei schwingender Beanspruchung (Dauerbruch), z. B. nach DIN 15018, s. Abschn. 5.1.5.1.

Die Bemessung und Konstruktion tragender Bauteile aus Stahl im Stahlbau ist für vorwiegend ruhende Beanspruchung in DIN 18800, Teil 1 festgelegt. Diese Norm ersetzt teilweise DIN 1050, Stahlhochbau; DIN 1073, stählerne Straßenbrücken; DIN 4101, geschweißte Straßenbrücken und DIN 4100, geschweißte Stahlbauten. Bis zu einer geplanten vollständigen Neuordnung der Stahlbaunormen sind die genannten Normen noch weiter zu beachten. Die noch nicht erschienene DIN 18800, Teil 6 enthält Bemessungsregeln für nicht vorwiegend ruhende Beanspruchung.

Wegen ihrer Bedeutung und Anwendung auch in anderen Fachbereichen werden die Grundsätze der DIN 18800, auszugsweise dargelegt:

1. Die **Bauteile** und **Schweißnähte** werden unter Berücksichtigung von Hauptlasten (H), Haupt- und Zusatzlasten (HZ) und Sonderlasten (S) berechnet.

2. Im geforderten Spannungsnachweis sind die im Bauteil und in den Schweißnähten errechneten Spannungen mit den zulässigen Spannungen der Norm (Bild **5.49**) zu vergleichen.

3. Als **Werkstoffe** dürfen nur die Stähle S235JRG2 (St37-2), S235J2G3 (St37-3) und S355J2G2 (St52-3) verwendet werden (zul. Spannung s. Bild **4.13** und Bild **5.49**). Andere Stähle dürfen verwendet werden, wenn ihre mechanischen Eigenschaften und Schweißeignung ausreichend belegt sind, wenn spezielle Fachnormen ihre Verwendung regeln und wenn ihre Brauchbarkeit z. B. durch eine bauaufsichtliche Zulassung besonders nachgewiesen ist. Dadurch erweitert sich der Anwendungsbereich auf Feinkornbaustähle, kaltzähe Stähle, nichtrostende Stähle u. a.

4. Nahtdicke und **Nahtlänge.** Die rechnerischen Abmessungen der Schweißnähte sind mit der Dicke a und der Länge l gegeben (**5.26**, **5.28**, **5.52**, **5.32**). Die Nahtdicke soll für Kehlnähte mindestens $a = 2$ mm betragen, sie soll aber nicht kleiner als nach der Zahlenwertgleichung $a = \sqrt{s_{max}} - 0{,}5$ in mm sein. Die größte Nahtdicke beträgt $a = 0{,}7 \cdot s_{min}$; es bedeuten s_{max} die größte und s_{min} die kleinste Blechdicke in mm am Anschluss. Bei Verwendung von Schweißverfahren, die einen über den theoretischen Wurzelpunkt hinausgehenden Einbrand gewährleisten, wird mit der Nahtdicke $a = \bar{a} + e/2$ gerechnet (**5.49**).

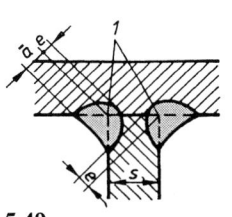

5.49 Kehlnähte mit tiefem Einbrand
1 theoretischer Wurzelpunkt

Nahtart	Bild	Nahtgüte	Spannungsart	Stahlsorte S235JRG2 (St37-2) H	HZ	S235J2G3 (St52-3) H	HZ	Gleichung
Stumpfnaht Doppel-HV-Naht (K-Naht) HV-Naht	5.21 5.22 5.29c 5.27	alle Nahtgüten Nahtgüte nachgewiesen [1]	Druck und Biegedruck	160	180	240	270	(5.1) (5.2) (5.4) (5.5) (5.7) (5.9) (5.26)
Doppel-HY-Naht (K-Stegnaht)	5.29		Zug und Biegezug	135	150	170	190	
Kehlnähte	5.26 5.29a	alle Nahtgüten	Druck und Biegedruck					
			Zug und Biegezug	135	150	170	190	
Alle Nähte			Schub in Nahtrichtung					(5.3) (5.12) (5.21)
Kehlnähte			Vergleichs- spannung					(5.6) (5.23)

[1]) Freiheit von Rissen, Binde- und Wurzelfehlern und Einschlüssen. Die Nahtgüte ist durch Durchstrahlungs- oder Ultraschalluntersuchung nachgewiesen.

5.50
Zulässige Spannungen in N/mm² für Schweißnähte nach DIN 18800 T1 (Auszug). Geschweißte Stahlbauten für vorwiegend ruhende Beanspruchung
Lastfall H: Summe der Hauptlasten; Lastfall HZ: Summe der Haupt- und Zusatzlasten

Nahtart	Bild	Nahtgüte	Spannungsart	Stahlsorte P460N (StE460) H	HZ	P690N (StE690) H	HZ	P885N (StE885) H	HZ
Stumpfnaht Doppel-HV-Naht (K-Naht)	5.21 5.22 5.27c	Sondergüte (Nahtgüte nach- gewiesen)	Zug	306	345	460	518	590	665
			Druck						
Alle Nähte			Vergleichs- spannung						
Stumpfnaht Doppel-HV-Naht (K-Naht)	5.21 5.22 5.27c	Normalgüte	Zug	271	306	408	459	523	590
Kehlnähte				216	244	325	366	417	470
			Druck	248	280	373	421	479	540
Alle Nähte			Schub	216	244	265	299	340	384

5.51
Zulässige Spannungen in N/mm² für Schweißnähte nach DIN 15018, T3 Fahrzeugkrane. Feinkornbaustähle

5.1 Schweißverbindungen

Als rechnerische Nahtlänge wird die Gesamtlänge der Naht eingesetzt. Bei Stumpfnähten ist die Nahtlänge l gleich der Breite b des Bauteils, gleiche Beschaffenheit der Naht auf der gesamten Breite vorausgesetzt. Für Stabanschlüsse mit Flankenkehlnähten nach Bild **5.12** und **5.25** ist die größte Länge der Einzelnaht mit $l_{max} = 100 \cdot a$ und die kleinste Nahtlänge mit $l_{min} = 15 \cdot a$ festgelegt. Für Stirnkehlnähte und für umlaufende Nähte beträgt $l_{min} = 10 \cdot a$.

5. Beanspruchung der Naht. Die **Nennspannung** σ_N bzw. τ_N (vorhandene Spannung) muss kleiner oder gleich der zulässigen Spannung sein. Bei Beanspruchung durch eine Längskraft F bzw. durch eine Querkraft Q, hier als Schubkraft F bezeichnet, wird nach den Gleichungen (5.1), (5.2), (5.3) gerechnet:

$$\sigma_N \text{ bzw. } \tau_N = F / \sum(a \cdot l) \leq \sigma_{zul\,N} \text{ bzw. } \tau_{zul\,N} \qquad (5.20)$$

Werden Nähte am biegefesten Trägeranschluss (**5.62**) durch ein Biegemoment M_b und durch eine Querkraft Q beansprucht, so ist nach Gl. (5.9) die **Biegespannung** $\sigma_{bN} = M_b/W_{bN} = M_b \cdot e/I_N$ und nach Gl. (5.20) die mittlere **Schubspannung** (Abscherspannung) $\tau_N = Q/\sum(a \cdot l)$. Hierbei ist e der Abstand der Naht von der Schwerachse der Anschlussfläche. Bei Kehlnähten sind abweichend von der bisherigen Darstellung die Abstände der Schwerachse nicht an der Außenfaser, sondern an den theoretischen Nahtwurzelpunkten anzusetzen (s. Beispiel 6). Der Ausdruck $\sum(a \cdot l)$ umfasst diejenigen Anschlussnähte, die infolge ihrer Lage vorzugsweise Schubspannungen übertragen können. Bei I- und [-ähnlichen Querschnitten kommen hierfür nur die Steganschlussnähte in Betracht (s. Beispiel 6).

Die Längsnähte an einem Träger zwischen Steg und Gurt (Halsnähte, **5.63**) nehmen Biege- und Schubspannungen auf (s. Beispiel 7). Die **Schubspannung**, in der Nahtlängsrichtung hervorgerufen durch die **Querkraft Q**, ist

$$\tau_{\parallel N} = \frac{Q \cdot H}{I \cdot \sum a} \qquad (5.21)$$

mit der Summe der angeschlossenen Schweißnahtdicken a, dem Flächenmoment 1. Grades H der anzuschließenden Querschnittsteile (Gurt, Flansch) und mit dem Trägheitsmoment I des gesamten Trägerquerschnittes [vgl. Gl. (5.21) mit Gl. (2.12)]. Alle Querschnittswerte sind auf die Schwerachse zu beziehen. Das Biegemoment M_b beansprucht die Längsnähte mit der **Biegespannung**

$$\sigma_{bN} = \frac{M_b \cdot e}{I} \qquad (5.22)$$

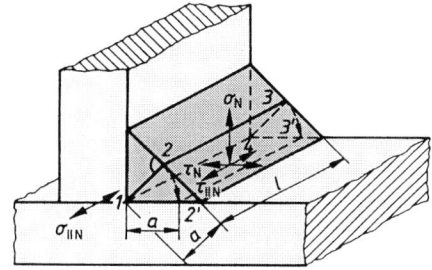

5.52
Idealisierte Kehlnaht; mögliche Spannungsrichtungen in geklappter rechnerischer Kehlnahtfläche 1, 2, 3, 4

$\sigma_N; \tau_N$ Normalspannung (Zug, Druck, Biegung) bzw. Schubspannung senkrecht zur Nahtrichtung

$\sigma_{\parallel N}; \tau_{\parallel N}$ Normal- bzw. Schubspannung in der Längsrichtung der Naht

Hierin bedeuten

e Abstand der Längsnähte von der Trägernulllinie und
I Trägheitsmoment des gesamten Trägerquerschnittes.

Wirken in Kehlnähten oder in HV-Stegnähten mit Kehlnaht gleichzeitig Normal- und Schubspannungen (**5.52**), so rechnet man nach DIN 18800 mit der empirischen **Vergleichsspannung**

$$\boxed{\sigma_{vN} = \sqrt{\sigma_{bN}^2 + \tau_N^2 + \tau_{\parallel N}^2} \leq \sigma_{zul\,N}} \qquad (5.23)$$

Diese Vergleichsspannung braucht nicht ermittelt zu werden für Nähte eines biegesteifen Anschlusses mit den Schnittgrößen M_b, Q und F, wenn die Aufnahme des größten Biegemoments M_b durch die Flanschnähte nach Gl. (5.9), der größten Querkraft Q durch die Stegnähte und der Längskraft F durch alle Nähte nach Gl. (5.20) nachgewiesen ist (s. Beispiel 6, Punkt 2).

6. Bauliche Durchbildung. DIN 18800 schlägt für die Anordnung der Schweißnähte vor:

a) Auf Zug oder Biegezug beanspruchte Stumpfstöße sollten möglichst vermieden werden. Müssen solche Stumpfstöße ausnahmsweise ausgeführt werden, so sind sie rechtwinklig zur Längsachse anzuordnen. Auf eine sorgfältige Nahtvorbereitung ist wegen Seigerungszonen besonders zu achten.

b) Bei Bauwerken im Freien dürfen unterbrochene Nähte wegen der Korrosionsgefahr (z. B. Spaltkorrosion) nicht ausgeführt werden.

c) Bei unberuhigten Stählen sind Nähte in Hohlkehlen von Walzprofilen in Längsrichtung unzulässig (Aufschmelzen von Seigerungszonen).

Darüber hinaus sind die für Schweißnähte geltenden Konstruktionshinweise nach Abschn. 5.1.3 zu beachten.

5.1.5.3 Schweißen im Kessel- und Behälterbau

Dampfkessel, Druckbehälter, Apparate für die chemische Industrie und Rohrleitungen werden vorwiegend geschweißt. Die Schweißnähte im Kessel-, Behälter- und Rohrleitungsbau müssen nicht nur Kräfte sicher aufnehmen, die sich aus Innen- oder Außendruck, Eigengewichten, Wärmespannungen und oft auch aus Eigenspannungen ergeben, sondern sie müssen auch absolut dicht sein.

Der Entwurf, die Berechnung und die Herstellung von Dampfkesseln und Druckbehältern erfolgen nach den „Regeln der Technik" für das Dampfkessel- und Druckbehälterwesen. Für den Dampfkesselbau sind die „Technischen Regeln für Dampfkessel" (TRD) und für Druckbehälter die „AD-Merkblätter" (AD = Arbeitsgemeinschaft Druckbehälter) verbindliche Vorschriften. Sie gelten auch für den Bau von chemischen Apparaten und Rohrleitungen.

Berechnung

Den Vorschriften für die Berechnung der Blechdicke der drucktragenden Teile liegt die „Kesselformel" zugrunde, die sich durch Ansetzen der Gleichgewichtsbedingung am Längs- und Querschnitt des dünnwandigen Hohlzylinders ergibt.

Mit den Bezeichnungen in Bild **5.53** erhält man für den Längsschnitt (Längsnaht) die Bedingung

$$\sigma_t \cdot 2 \cdot s \cdot l = p \cdot D_i \cdot l$$

5.1 Schweißverbindungen

5.53
Dünnwandiger Hohlzylinder
a) Längsschnitt; Gleichgewicht der Kräfte ergibt die Spannung σ_t in der Längsnaht
b) Querschnitt; Gleichgewicht der Kräfte ergibt die Spannung σ_z in der Rundnaht

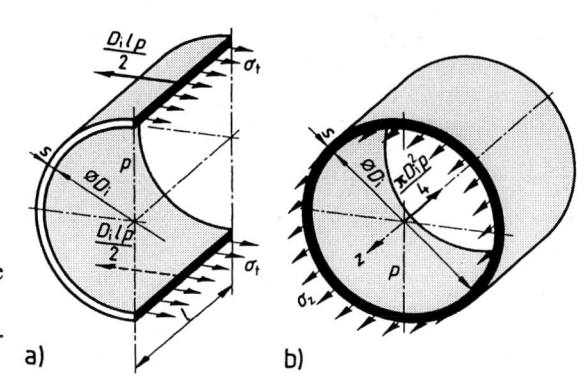

Hieraus ergibt sich für die **Spannung in der Längsnaht** (Umfangsspannung):

$$\boxed{\sigma_t = \frac{p \cdot D_i}{2 \cdot s}} \quad \text{(„Kesselformel")} \tag{5.24}$$

Mit genügender Genauigkeit gilt für den Querschnitt (Rundnaht):

$$\sigma_z \cdot \pi \cdot D_i \cdot s = p \cdot \frac{\pi \cdot D_i^2}{4}$$

Damit ist die **Spannung in der Rundnaht** (Längsspannung):

$$\boxed{\sigma_z = \frac{p \cdot D_i}{4 \cdot s}} \tag{5.25}$$

Die mittlere **Radialspannung** beträgt

$$\boxed{\sigma_r = p/2} \tag{5.26}$$

Die Beanspruchung der Längsnaht ist demnach doppelt so groß wie die der Rundnaht, wenn beide Nähte gleich dick sind. Rohre und zylindrische Mäntel reißen daher im Schadenfall in Längsrichtung. Für ihre Auslegung ist die Umfangsspannung maßgebend.

Nach der **Schubspannungshypothese**, Gl. (2.19), ergibt sich für die **Längsnaht** die **Vergleichsspannung** $\sigma_v = \sigma_{max} - \sigma_{min} = \sigma_t - \sigma_r$ und mit Gl. (5.24) und Gl. (5.26)

$$\boxed{\sigma_v = \frac{D_i \cdot p}{2 \cdot s} + \frac{p}{2} \leq \sigma_{zul}} \tag{5.27}$$

Die zulässigen Spannungen $\sigma_{zul} = K/S$ erhält man aus dem Werkstoffkennwert K (s. Bild **5.54** und **5.55**) und dem Sicherheitsbeiwert S (s. Bild **5.56** und **5.57**).

Aufgrund praktischer Erfahrungen wurde für die Berechnung der Wanddicke von Druckbehältern und Dampfkesseln die „Kesselformel" um Faktoren und Zuschläge erweitert.

	ruhende Beanspruchung				dynamische Beanspruchung							
	R_e	Kennwert K (Grenzspannung) bei Berechnungstemperatur			σ_{Sch}	σ_W	σ_{bF}	σ_{bSch}	σ_{bW}	τ_{tF}	τ_{tSch} ¹⁾	τ_{tW} ¹⁾
	20°C	120°C	200°C	250°C²⁾					¹⁾			
Stähle nach DIN EN 10222; Stähle der Güteklasse 1 nur für Bauteile mit kleinen Wanddicken und bei ruhender Beanspruchung. U-Stähle für $s \leq 16$ mm, R-Stähle und Stähle der Klasse 3 für $s \leq 40$ mm									unterhalb Kristallerholungstemperatur			
S205G1T S205G2T (USt 34-2; RSt 34-2) ³⁾	180	170	140	130	–	–	–	–	–	–	–	–
S235JRG1 (USt 37-2) ³⁾	210	190	160	150	–	–	–	–	–	–	–	–
S235JRG2 (RSt 37-2; St37-2) ³⁾ (RSt 46-2; St46-3)	240	220	190	180	230	130	320	300	160	140	160	100
S355J2G3 (St52-3) ³⁾	360	300	250	230	320	180	450	400	210	260	230	120
X5CrNi18 9 Werkstoff-Nr. 1.4301 nicht rostende Stähle DIN 17440	220	160	140	130								
X10CrNiTi18 9 Werkstoff-Nr. 1.4541	270	190	170	165								
X10CrNiNb18 9 Werkstoff-Nr. 1.4550	270	190	170	165								
X5CrNiMo18 10 Werkstoff-Nr. 1.4401	220	160	140	130								
Leichtmetall-Legierungen nach DIN EN 573-3	$R_{p\,0,2}$				σ_b W ⁴⁾		σ_{Sch} N ⁵⁾	σ_W N ⁵⁾				σ_b Sch N ⁵⁾
AlMg3 F18	80	–	–		120 ··· 130		50	30				90
AlMg3 F26	180	–	–		120 ··· 140							

¹) polierte Rundstäbe   ²) bei beheizten Wandungen von Druckbehältern

³) Für $p_{\ddot{u}}$ 1,5 bar/130 °C-Kessel; als $p_{\ddot{u}}$ 1,5 bar/130 °C-Kessel gelten Dampferzeuger mit dem maximalen Betriebsdruck $p_{\ddot{u}}$ 1,5 bar und Heißwassererzeuger mit der maximalen Vorlauftemperatur 130 °C bei dem höchsten statischen Druck 50 m Wassersäule. Das Produkt aus Wasserinhalt (bei Dampferzeugern beim niedrigsten Wasserstand) in m³ und Betriebsdruck $p_{\ddot{u}}$ in bar darf 10 nicht übersteigen; bei Heißwassererzeugern ist für $p_{\ddot{u}}$ höchstens 1,5 bar, etwa entsprechend 130 °C einzusetzen (TRD 101). Für Druckbehälter sind diese Werkstoffe bis zur maximalen Wandtemperatur 300 °C zugelassen. Außerdem muss das Produkt $D \cdot p$ aus innerem Durchmesser des Behälters in mm und Betriebsdruck p in bar kleiner als 20 000 sein (AD-Merkbl. W 1).

⁴) Umlaufbiegeprobe

⁵) an stumpfgeschweißten Flachstäben ermittelt

Weitere Kennwerte s. Bilder **5.35**, **5.50** und **5.55**

5.54
Festigkeitskennwerte K der wichtigsten für Schweißkonstruktionen verwendeten Werkstoffe in N/mm² (s. auch Abschn. 1.3)

5.1 Schweißverbindungen

Werkstoff		P235GH (H I)	P265GH (H II)	(H III)	(H IV)	P295GH (17Mn4)	19Mn5	16Mo3 (15Mo3)	13CrMo4-5 (13CrMo44)
Zugfestigkeit in N/mm²		350 bis 450	410 bis 500	440 bis 530	470 bis 560	470 bis 560	520 bis 620	440 bis 530	440 bis 560
Mindest-Streckgrenze bei 20°C in N/mm²		210	240	260	270	280	320	270	300
Festigkeitskennwert K in N/mm² bei der Berechnungstemperatur ϑ_B in °C	250	170	190	210	220	230	250	230	260
	300	140	160	180	190	210	230	200	240
	350	120	140	160	170	180	210	180	220
	400	100	120	125	125	160	180	170	210
	450	65	65	65	65	85	85	160	200
	500	33	33	33	33	40	40	120	170
	550							37	50
	600								20
Zeitstandfestigkeit $R_{m\,100000}$ in N/mm²	400	135	135	135	135	180	180		
	460	60	60	60	60	77	77	213	256
	500	30	30	30	30	40	49	95	140
	560							32	41
1% Zeitdehngrenze $R_{p1/100000}$ in N/mm²	400	97	97	97	97	120	120		
	460	43	43	43	43	52	52	149	179
	500	21	21	21	21	30	30	75	100
	560							25	31

5.55
Festigkeitskennwert K der Kesselbleche nach DIN EN 10028 T1

Die Berechnungstemperatur ϑ_B setzt sich zusammen aus Bezugstemperatur und Temperaturzuschlag

Bezugstemperatur: Heißdampftemperatur bzw. Sättigungstemperatur bei Wasserdampfgemischen

Temperaturzuschlag:
- Beheizung durch Strahlung + 50 K
- Beheizung durch Berührung; Heißdampf + 35 K
- Wasserdampfgemisch + 50 K
- gegen Feuergase abgedeckte Bauteile + 20 K

nahtlose Trommeln und Schüsse, geschweißte Trommeln, Schüsse und Böden, bei denen der Kraftlinienfluss durch die Art der Verbindung in keiner Weise gestört ist. Festigkeitswert: R_e bzw. $R_{p\,0,2}$ bei Berechnungstemperatur R_m bei 20 °C	Sicherheitsbeiwert S		
	Walz- und Schmiedestähle [1]		Stahlguss [1]
	innerer Überdruck	äußerer Überdruck	
	1,5	1,8	2,0
	2,4	2,4	3,2

[1]) Mit Abnahmezeugnis nach DIN EN 10204 für den Werkstoff

5.56
Berechnungstemperatur und Sicherheitsbeiwerte für Dampfkessel; nach TRD 300 (Auszug)

Festig-keits-nennwert	Werkstoff und Ausführung	Sicherheitsbeiw. b. Berechnungstemp. m. Abnahmezeugnis nach DIN EN 10204 (s. AD-Merkbl. W1)	bei Prüfdruck $p_{\text{prüf}} = 1{,}3 \cdot p$
R_e oder $R_{p\,0,2}$ bzw. $R_{m/100000}$	Walz- und Schmiedestähle	1,5	1,1
	GS	2,0	1,5
	EN-GJS-700-2U (GGG70), --600-3U (GGG60)	5,0[1])	2,5
	EN-GJS-500-(GGG 50)	4,0[1])	2,0
	EN-GJS-400-15U (GGG40)	3,5[1])	1,7
	EN-GJS-400-18-LT (GGG40.3), -250-22-LT (GGG35.3)	2,4[1])	1,2
	Aluminium und Al-Legierungen (Knetwerkstoffe)	1,5	1,1
R_m	EN-GJL (GG n. DIN EN 1561)	9,0[2])	3,5

[1]) geglüht   [2]) ungeglüht

5.57
Sicherheitsbeiwerte S für Druckbehälter nach AD-Merkblatt B0; 3.90 (Auszug)

Berechnung von Druckbehältern nach den AD-Merkblättern [1]

Für die Berechnung der **Wanddicke** von zylindrischen Mänteln und Kugeln unter innerem Überdruck bis zu einem Durchmesserverhältnis $D_a/D_i \leq 1{,}2$ schreibt das AD-Merkblatt B 1 folgende modifizierte „Kesselformel" vor:

für **zylindrische Mäntel**

$$s = \frac{D_a \cdot p}{2 \cdot \frac{K}{S} \cdot \upsilon + p} + c_1 + c_2 \quad \text{in mm} \tag{5.28}$$

für **Kugeln**

$$s = \frac{D_a \cdot p}{4 \cdot \frac{K}{S} \cdot \upsilon + p} + c_1 + c_2 \quad \text{in mm} \tag{5.29}$$

Nach AD-Merkblatt B 3 ist die **Wanddicke** für **gewölbte Böden** unter innerem und äußerem Überdruck

$$s = \frac{D_a \cdot p}{\frac{4 \cdot K}{\beta \cdot S} \cdot \upsilon} + c_1 + c_2 \quad \text{in mm} \tag{5.30}$$

In den Gl. (5.28) bis (5.30) bedeuten
s in mm erforderliche Wanddicke des Bauteils
D_a in mm Außendurchmesser
p in N/mm² (0,1 N/mm² = 1 bar) Berechnungsdruck; i. allg. der höchst zulässige Betriebsdruck. Statische Drücke von mehr als 0,05 N/mm² (5 m WS) sind zusätzlich zu berücksichtigen
K in N/mm² Festigkeitskennwert des Werkstoffs (Bild **5.55**)
   Bei Werkstoffen mit bekannter Streckgrenze ist der niedrigste der beiden folgenden Werte einzusetzen:
   1. die Streckgrenze R_e oder $R_{p\,0,2}$ bei der Berechnungstemperatur oder

5.1 Schweißverbindungen

2. die Zeitstandfestigkeit $R_{m\ 100\ 000}$ bei der Berechnungstemperatur

Ist die 1%-Zeitdehngrenze $R_{p\ 1/100\ 000}$ niedriger als die Zeitstandfestigkeit, so muss die Zeitdehngrenze eingesetzt werden.

Bei Werkstoffen ohne gewährleistete Streck- oder Dehngrenze ist die Zugfestigkeit R_m bei Berechnungstemperatur einzusetzen.

S Sicherheitsbeiwert (Bild **5.57**)

υ Bewertungsziffer der Naht. Dieser Zahlenwert berücksichtigt die Ausnutzung der zulässigen Berechnungsspannung in der Schweißnaht. Im Normalfall werden die Nähte mit $\upsilon = 0{,}85$ bewertet; Höherbewertungen mit $v = 1{,}0$ (Werkstoffersparnis) sind nur unter Berücksichtigung entsprechender Vorschriften möglich. Für nahtlose Schüsse oder nicht geschweißte Böden ist $\upsilon = 1{,}0$. Der Faktor υ ist u. a. abhängig vom Werkstoff, von der Werkstoffdicke und von der Prüfung der Schweißnaht (s. AD-Merkblatt HP0) und bei geschweißten Böden auch von der Lage der Schweißnähte (s. AD-Merkblatt B 3).

β Berechnungsbeiwert. Er berücksichtigt die ungleiche Spannungsverteilung in Abhängigkeit der Bodenform und der Ausschnitte in den Böden (Bild **5.58**).

c_1 in mm; Minustoleranz des Halbzeugs oder des Gussteils bei gegossenen Behältern

c_2 Abnutzungszuschlag; $c_2 = 1$ mm und bei $s < 30$ mm; bei starker Korrosion muss $c_2 > 1$ mm gesetzt werden; bei austenitischen Stählen ist $c_2 = 0$.

Bodenform	Verhältnis H/D_a	β für Vollböden a)	β für Böden mit unverstärkten ein- und ausgehaltsten Ausschnitten b) und c) bei $d_A / \sqrt{D_a(s-c_1-c_2)}$ [2)]								1) β
			0,5	1,0	2,0	3,0	4,0	5,0	6,0	7,0	
Klöpperböden $R = D_a$; $r = 0{,}1 \cdot D_a$	0,20	2,9	2,9	2,9	3,7	4,6	5,5	6,5	7,5	8,5	2,4
tiefgewölbter Boden $R = 0{,}8 \cdot D_a$ $r = 0{,}154 \cdot D_a$	0,25	2,0	2,0	2,3	3,2	4,1	5,0	5,9	6,8	7,7	1,8
Halbkugelboden	0,5	1,1	1,2	1,6	2,2	3,0	3,7	4,3	4,9	5,4	1,1

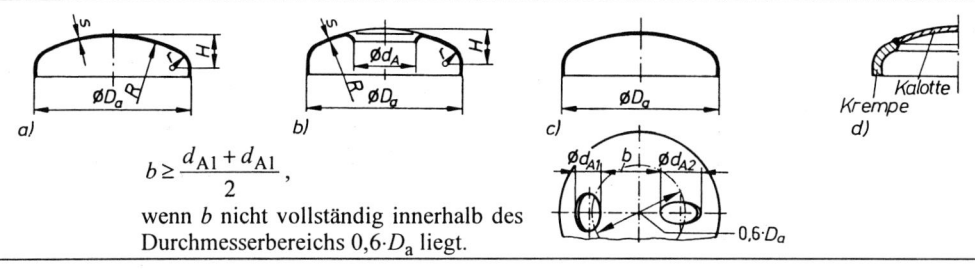

$$b \geq \frac{d_{A1} + d_{A1}}{2},$$

wenn b nicht vollständig innerhalb des Durchmesserbereichs $0{,}6 \cdot D_a$ liegt.

[1)] Berechnungsbeiwert β für Kugelkalotte (ohne Ausschnitte) bei unterschiedlicher Wanddicke des Krempen- und Kalottenteils, d).
[2)] In die Zahlenwertgleichung sind d_A, D_a und die zu erwartende Wanddicke s in mm einzusetzen. Diese Wanddicke muss mit der errechneten übereinstimmen; ist dies nicht der Fall, muss s erneut geschätzt und der Rechnungsgang wiederholt werden (iteratives Vorgehen).

In den AD-Merkblättern werden die β-Werte aus Diagrammen ermittelt.

5.58
Berechnungsbeiwert β für gewölbte Behälterböden (nach AD-Merkbl. B 3)

Ausschnitte in Böden und Mänteln sind für Nippel, Rohrstutzen und Hand- oder Mannlöcher erforderlich. Ein Ausschnitt bedeutet eine örtliche Spannungserhöhung und somit eine Schwächung des Bauteils, die durch eine der folgenden Maßnahmen ausgeglichen werden muss:

1. Vergrößerung der Wanddicke des gesamten Bodens oder des gesamten Mantelschusses, in dem sich der Ausschnitt befindet (**5.59a** und **5.60**). Die Berechnung der Wanddicke erfolgt nach Gl. (5.30) mit dem Berechnungswert β aus Bild **5.58**, der die Schwächung berücksichtigt (s. Beispiel 13).
2. Scheibenförmige Verstärkungen im Ausschnitt (**5.59b**)
3. Rohrförmige Verstärkung der eingeschweißten oder ausgehalsten Stutzen (**5.59c**).

Die Berechnung und Gestaltung scheiben- und rohrförmiger Verstärkungen ist nach AD-Merkblatt B 9 durchzuführen.

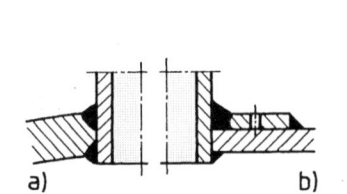

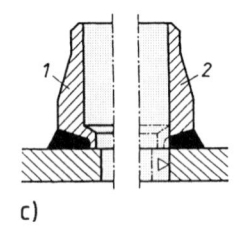

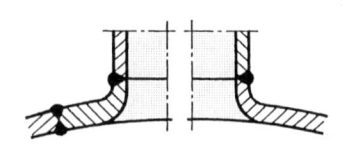

5.59 Boden mit Ausschnitt
  a) der ganze Boden verstärkt
  b) Boden durch aufgeschweißten Ring örtlich verstärkt
  c) rohrförmige Verstärkung durch aufgeschweißten Stutzen
  1 nach dem Schweißen   2 nach dem Bohren

5.60 Ausgehalste Böden

Technische Regeln für Dampfkessel, TRD

Diesen Vorschriften ist der mittlere Durchmesser $D_m = D_a - s = D_i + s$ mit Außendurchmesser D_a und Innendurchmesser D_i des Kessels zugrunde gelegt. In Folge der ungleichen Verteilung der Spannung σ_t in dicken Wänden gilt die Formel für die Wanddicke s von zylindrischen Mänteln nur für ein Durchmesserverhältnis $D_a/D_i \leq 1{,}7$.

Ebene, kreisförmige Behälterböden. Der Spannungsverlauf in ebenen, kreisförmigen Behälterböden ist bei Belastung durch einseitig wirkenden Druck von der Art der Verbindung des Bodens mit dem Mantel abhängig. Die Technischen Regeln für Dampfkessel TRD 305 und das AD-Merkblatt B 5 berücksichtigen die konstruktive Gestaltung des Bodens durch den **Faktor C** (s. Bild **5.61**) in der Zahlenwertgleichung für die **Wanddicke**

$$s \geq C \cdot D_b \cdot \sqrt{\frac{p}{K/S}} \quad \text{in mm} \tag{5.31}$$

mit dem Berechnungsdurchmesser D_b in mm, dem Betriebsdruck p in N/mm², dem Festigkeitskennwert des Werkstoffs K in N/mm² und dem Sicherheitsbeiwert S.

Im Apparatebau müssen oft Werkstoffe verwendet werden, die auch durch aggressive Medien nicht korrodiert werden.

Apparate mit dünnen Wänden werden oft ganz aus korrosionsbeständigen Werkstoffen gefertigt. Bei größeren Wanddicken ist die Verwendung plattierter Stahlbleche wirtschaftlicher. Plattierte Bleche be-

5.1 Schweißverbindungen

stehen aus Kesselblech mit einer fest haftenden metallischen Deckschicht. Als tragende Wanddicke gilt die Wanddicke des Grundwerkstoffs mit dessen Festigkeitswerten. Bei Verwendung von Plattierungswerkstoffen, bei denen der Elastizitätsmodul und die Streckgrenze gleich oder größer als die entsprechenden Werte des Grundwerkstoffs sind (s. Bild **5.54**), kann die gesamte Wanddicke mit dem Festigkeitswert des Grundwerkstoffs als tragend in die Rechnung eingesetzt werden. Wenn es die Betriebstemperaturen zulassen, ist ein nachträgliches Auskleiden von geschweißten Apparaten mit Kunststoffen in vielen Fällen der billigste Schutz gegen Korrosion.

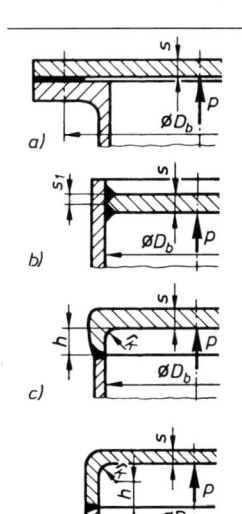

a) ebene Platte an einer Flanschverbindung mit durchgehender Dichtung
$C = 0{,}35$

b) beidseitig eingeschweißte Platte
$s \leq 3 \cdot s_1$ $C = 0{,}35$
$s > 3 \cdot s_1$ $C = 0{,}40$

c) geschmiedeter oder gepresster ebener Boden
$r_k \geq 0{,}33 \cdot s$; mind. $r_k = 8$ mm; $h \geq s$ $C = 0{,}35$

d) ebene gekrempte Vollböden $r_k = 1{,}3\,s$ bzw.

r_k in mm	30	35	40	45	50
D_a in mm	< 500	> 500 ≤ 1400	> 1400 ≤ 1600	> 1600 ≤ 1900	> 1900

Bordhöhe $h \geq 3{,}5\,s$ $C = 0{,}30$

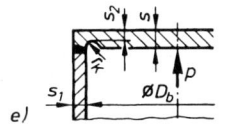

e) ebene Platte mit Entlastungsnut
$s_2 \leq 0{,}77 \cdot s_1$; $s_2 \geq \left(\dfrac{D_b}{2} - r_k\right) \cdot \dfrac{1{,}3 \cdot p}{K/S}$ in mm, $s_{2\,\text{min}} = 5$ mm

mit p in N/mm², D_b in mm, r_k in mm, K in N/mm²
$r_k > 0{,}2 \cdot s$; $r_{k\,\text{min}} = 5$ mm $C = 0{,}40$

f) einseitig eingeschweißte Platte
$s \leq 3 \cdot s_1$ $C = 0{,}35$
$s > 3 \cdot s_1$ $C = 0{,}50$

g) gekrempter ebener Boden mit Einhalsung und angeschlossenem oder durchgestecktem Anker
$r_1 \geq 1{,}3 \cdot s$; $h \geq 3{,}5 \cdot s$ $C = 0{,}25$

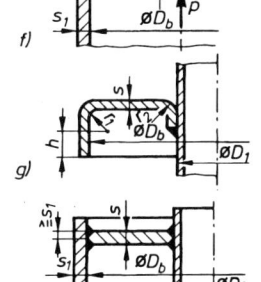

h) beidseitig eingeschweißte ebene Platte
$s \leq 3 \cdot s_1$ $C = 0{,}30$
$s > 3{,}5 \cdot s_1$ $C = 0{,}35$

5.61
Berechnungsfaktor C für ebene, kreisförmige Behälterböden (AD-Merkbl. B 5; 3.90; Auszug)

5.1.6 Berechnungsbeispiele

Beispiel 5

Ein Stab eines Stahltragwerkes (**5.12**) besteht aus zwei Winkelprofilen, L60×40×6 DIN 1029. Sie sollen mit voller Belastbarkeit an ein Knotenblech angeschlossen werden. Werkstoff S235JRG2 (St37-2), Lastfall H, Nahtdicke $a = 3$ mm. Die Länge der Schweißnähte ist zu bestimmen.

1. Beanspruchung des Stabes auf Zug. Die zulässige Spannung für das Bauteil ist gemäß Bild **4.13** nach DIN 18800 $\sigma_{zul} = 160$ N/mm²; die Querschnittsfläche beträgt $A = 568$ mm². Damit ergibt sich die Belastbarkeit eines der beiden Profile folgendermaßen: $F = A \cdot \sigma_{zul} = 568$ mm² $\cdot 160$ N/mm² $= 90900$ N. Beide Profile zusammen können also die Last $F_{ges} = 181800$ N aufnehmen.

2. Beanspruchung der Naht auf Schub. Die erforderliche Nahtfläche eines Profils ist bei gleicher Nahtdicke $a = 3$ mm auf beiden Seiten und mit der zulässigen Spannung $\tau_{zul\,N} = 135$ N/mm² (Bild **5.50**)

$$A_N = a \cdot (l_1 + l_2) = \frac{F}{\tau_{zul\,N}} = \frac{90900\,\text{N}}{135\,\text{N}/\text{mm}^2} = 673\,\text{mm}^2$$

Da die Anschlussmomente der beiden Nähte um die neutrale Linie gleich sein müssen, also $A_{n1} \cdot e_1 = A_{N2} \cdot e_2$, ergibt sich aus $l_1 + l_2 = A_N/a$ und $l_1/l_2 = e_2/e_1$ für die Nahtlänge

$$l_1 = \frac{e_2}{e_1 + e_2} \cdot \frac{A_N}{a} = \frac{40\,\text{mm}}{60\,\text{mm}} \cdot \frac{673\,\text{mm}^2}{3\,\text{mm}} = 150\,\text{mm}$$

$$l_2 = \frac{e_1}{e_1 + e_2} \cdot \frac{A_N}{a} = \frac{20\,\text{mm}}{60\,\text{mm}} \cdot \frac{673\,\text{mm}^2}{3\,\text{mm}} = 75\,\text{mm}$$

Die Nahtlängen l_1 und l_2 sind $> 15 \cdot a$, aber $< 100 \cdot a$. Sie entsprechen damit DIN 18800.■

Beispiel 6

Der biegefeste Anschluss eines Trägers I 300 DIN 1025 nach Bild **5.62** ist nachzurechnen. An der Anschlussstelle wirken ein Biegemoment $M_b = 30$ kNm und eine Querkraft $Q = 150$ kN, Werkstoff S235JRG2 (St37-2), Lastfall HZ.

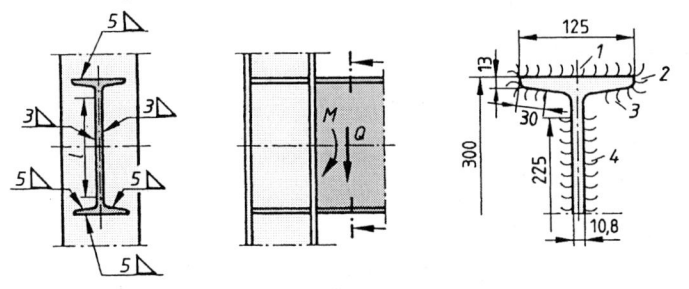

5.62
Geschweißter Anschluss eines biegefesten Trägers; 1...4 Schweißnähte

5.1 Schweißverbindungen

Beispiel 6, Fortsetzung

1. Nennspannung (Biegung, Schub und Vergleichsspannung). Das Widerstandsmoment des Schweißnahtanschlusses ist $W_{bN} = I_N/e$. Das Trägheitsmoment I_N erhält man mit Hilfe des Satzes von *Steiner*: $I_N = \Sigma(b \cdot h^3/12 + A_N \cdot c_N^2)$. Hierbei bedeutet c_N den Schwerpunktabstand. Abweichend von der bisherigen Darstellung schreibt DIN 18800 vor, den Abstand e der Kehlnaht nicht an der Außenfaser (Randfaserabstand), sondern im Nahtwurzelpunkt anzusetzen (s. Abschn. 5.1.5.2); somit ergibt sich $e = 15$ cm.

Die Trägheitsmomente für die einzelnen Schweißnähte sind

$$I_1 = \frac{2 \cdot 12,5\,\text{cm} \cdot (0,5\,\text{cm})^3}{12} + 2 \cdot 12,5\,\text{cm} \cdot 0,5\,\text{cm} \cdot (15,2\,\text{cm})^2 \approx 2890\,\text{cm}^4$$

$$I_2 = \frac{4 \cdot 0,5\,\text{cm} \cdot (1,3\,\text{cm})^3}{12} + 4 \cdot 0,5\,\text{cm} \cdot 1,3\,\text{cm} \cdot (14,3\,\text{cm})^2 \approx 532\,\text{cm}^4$$

$$I_3 = \frac{4 \cdot 3\,\text{cm} \cdot (0,5\,\text{cm})^3}{12} + 4 \cdot 3\,\text{cm} \cdot 0,5\,\text{cm} \cdot (13,6\,\text{cm})^2 \approx 1110\,\text{cm}^4$$

$$I_4 = \frac{2 \cdot 0,3\,\text{cm} \cdot (22,5\,\text{cm})^3}{12} \approx 570\,\text{cm}^4$$

Mit $I_N = \Sigma I = 5102$ cm^4 ergeben sich das Widerstandsmoment $W_{bN} = 5102$ cm^4/15 cm = 340 cm^3 und die größte Biegespannung in der Naht [Gl. (5.9)]

$$\sigma_{bN} = \frac{M_{bN}}{W_{bN}} = \frac{30\,000 \cdot 10^2\,\text{Ncm}}{340\,\text{cm}^3} = 8820\,\text{N}/\text{cm}^2 = 88,2\,\text{N}/\text{mm}^2$$

Die Schubspannung in den Stegnähten 4 beträgt nach Gl. (5.8)

$$\tau_{\|N} = \frac{Q}{\Sigma a \cdot l} = \frac{150\,000\,\text{N}}{2 \cdot 3\,\text{mm} \cdot 225\,\text{mm}} = 110\,\text{N}/\text{mm}^2$$

Nach Gl. (5.23) erhält man für die Vergleichsspannung

$$\sigma_{vN} = \sqrt{\sigma_{bN}^2 + \tau_{\|N}^2} = \sqrt{88,2^2 + 110^2}\,\text{N}/\text{mm}^2 = 141\,\text{N}/\text{mm}^2$$

Nach Bild **5.50** ist die zulässige Spannung $\sigma_{zul\,N} = 150$ N/mm$^2 > \sigma_{vN}$. Die Schweißnähte des Trägeranschlusses sind ausreichend dimensioniert.

2. Vereinfachte Berechnung ohne Ermittlung der Vergleichsspannung unter der Annahme, dass nur die Flanschnähte 1, 2, 3 das Biegemoment und nur die Stegnähte 4 die Querkraft aufnehmen. Mit dem Trägheitsmoment $I_N \approx 4532$ cm^4 für die Nähte 1 ... 3 wird die Biegespannung

$$\sigma_{bN} = \frac{M_b \cdot e}{I_N} = \frac{30\,000 \cdot 10^2\,\text{Ncm} \cdot 15\,\text{cm}}{4532\,\text{cm}^4} = 9926\,\text{N}/\text{cm}^2 = 99,3\,\text{N}/\text{mm}^2$$

und damit kleiner als die zulässige Spannung $\sigma_{bzul\,N} = 150$ N/mm^2 nach Bild **5.50**. Die Schubspannung bleibt wie unter Punkt 1. Somit ist hier ebenfalls $\tau_N = 110$ N/mm^2 < $\tau_{zul\,N} = 150$ N/mm^2 ($\tau_{zul\,N}$ s. Bild **5.50**). ∎

Beispiel 7

Die Kehlnähte als Längsnähte mit der Nahtdicke $a = 5$ mm eines geschweißten vollwandigen **I**-Trägers nach Bild **5.63** sind zu berechnen. Bauteilwerkstoff S235JRG2 (St37-2), Lastfall H; Querkraft $Q = 600$ kN, Biegemoment $M_b = 400$ kNm an der Berechnungsstelle. Für das Trägheitsmoment des gesamten Trägerquerschnitts ergibt sich $I = 136960$ cm^4 und für das Flächenmoment 1. Grades eines Gurtes (angeschlossener Flansch) $H = 30$ cm $\cdot$ 2 cm $\cdot$ 31 cm $= 1860$ cm^3. Hiermit errechnet sich die Schubspannung nach Gl. (5.21)

$$\tau_{\parallel N} = \frac{Q \cdot H}{I \cdot \sum a} = \frac{600\,000\,\text{N} \cdot 1860\,\text{cm}^3}{136\,960\,\text{cm}^4 \cdot 2 \cdot 0{,}5\,\text{cm}} = 8150\,\text{N}/\text{cm}^2 = 81{,}5\,\text{N}/\text{mm}^2$$

und die Biegespannung in der Naht nach Gl. (5.22)

$$\sigma_{bN} = \frac{M_b \cdot e}{I} = \frac{400 \cdot 10^5\,\text{N\,cm} \cdot 30\,\text{cm}}{136\,960\,\text{cm}^4} = 8760\,\text{N}/\text{cm}^2 = 87{,}6\,\text{N}/\text{mm}^2$$

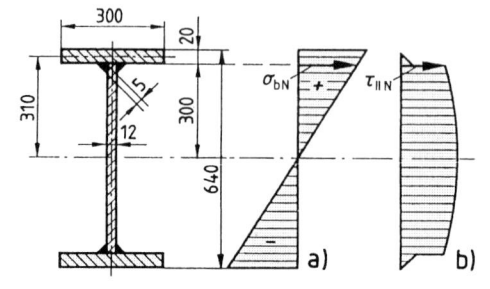

5.63
Halsnähte an einem **I**-Träger
a) Verlauf der Biegespannung im Träger mit σ_{bN} für die Naht
b) Verlauf der Schubspannung im Träger mit $\tau_{\parallel N}$ für die Naht

Nach Gl. (5.23) errechnet man die Vergleichsspannung

$$\sigma_{vN} = \sqrt{\sigma_{bN}^2 + \tau_{\parallel N}^2} = \sqrt{87{,}6^2 + 81{,}5^2}\;\text{N}/\text{mm}^2 = 119{,}7\,\text{N}/\text{mm}^2 < \sigma_{zul\,N}$$

Aus Bild **5.50** wird $\sigma_{zul\,N} = 135$ N/mm^2 abgelesen. ∎

Beispiel 8

Geschweißter Winkelhebel nach Bild **5.64** mit $d = 70$ mm, $b = 130$ mm, $c = 50$ mm, Hebelarm $l_1 = 400$ mm, $l_2 = 250$ mm, Werkstoff S235JRG2 (St37-2), Querschnitt $hs =$ 100 mm $\cdot$ 15 mm. Nahtdicke $a = 5$ mm angenommen. Hebelkräfte $F_1 = 1050$ N, $F_2 = 1680$ N. Betriebsfaktor $\varphi = 1{,}2$. Bewertungsfaktor für die Naht $a_0 = 0{,}8$. Belastung der Welle nach dem Krafteck in Bild **5.45** $F \approx 2000$ N.

Berechnet wird der Schweißquerschnitt N .

1. Beanspruchungsart: Biegung und Schub, schwellende Belastung.

Das Biegemoment ist

$$M_{b\,max} = \varphi \cdot M_b = \varphi \cdot F_1 \cdot \left(l_1 - \frac{b}{2}\right) = 1{,}2 \cdot 1050\,\text{N}(40 - 6{,}5)\,\text{cm} = 42210\,\text{Ncm}$$

Die Schubkraft $F_1 = 1050$ N wird vernachlässigt.

5.1 Schweißverbindungen

Beispiel 8, Fortsetzung

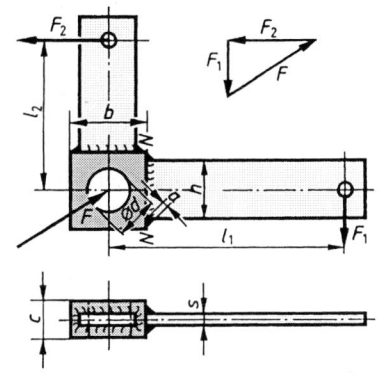

5.64
Geschweißter Winkelhebel

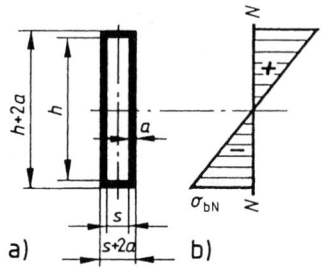

5.65
Nahtquerschnitt (a) und Nahtspannung (b) zum Winkelhebel nach Bild **5.64**

2. Nennspannung. Das Widerstandsmoment des Nahtquerschnitts (**5.46**) ist die Differenz der äquatorialen Flächenträgheitsmomente ΔI (hier I der großen Fläche minus I der kleineren Fläche) dividiert durch den äußersten Faserabstand $e = (h/2) + a$ (s. auch Abschn. 2, Flächenmomente 2. Ordnung):

$$W_{bN} = \frac{\Delta I}{e} = \frac{1}{(h/2)+a} \cdot \left[(s+2a) \cdot \frac{(h+2 \cdot a)^3}{12} - \frac{s \cdot h^3}{12} \right] = \frac{1}{10\,\text{cm}/2 + 0,5\,\text{cm}}$$

$$\cdot \left[(1,5\,\text{cm} + 2 \cdot 0,5\,\text{cm}) \cdot \frac{(10\,\text{cm} + 2 \cdot 0,5\,\text{cm})^3}{12} - \frac{1,5\,\text{cm} \cdot (10\,\text{cm})^3}{12} \right]$$

$$\approx 27,6\,\text{cm}^3$$

Die größte Biegespannung beträgt

$$\sigma_{bN} = M_{b\,\text{max}}/W_{bN} = 42210\,\text{Ncm}/27,6\,\text{cm}^3 \approx 1529\,\text{N/cm}^2$$
$$= 15,3\,\text{N/mm}^2$$

3. Zulässige Biegespannung. Sie wird errechnet mit Hilfe der Gl. (5.17a):

$$\sigma_{b\,\text{zul}\,N} = \frac{\alpha_0 \cdot \alpha_N \cdot \beta \cdot \sigma_{b\,\text{Sch}}}{S_{erf}} = \frac{0,8 \cdot 0,6 \cdot 0,9 \cdot 300\,\text{N/mm}^2}{1,5} \approx 85\,\text{N/mm}^2$$

mit α_N aus Bild **5.43** für Flachkehlnaht und $\sigma_{b\,\text{Sch}}$ aus Bild **5.49** (s. auch Bild **1.7**). Somit ist $\sigma_{b\,N}$ erheblich kleiner als $\sigma_{b\,\text{zul}\,N}$. Die vorhandene Sicherheit ist

$$S = \frac{\alpha_0 \cdot \alpha_N \cdot \beta \cdot \sigma_{b\,\text{Sch}}}{\sigma_{bN}} = \frac{0,8 \cdot 0,6 \cdot 0,9 \cdot 300\,\text{N/mm}^2}{15,3\,\text{N/mm}^2} \approx 8,4$$

gegenüber $S_{erf} = 1,5$. ∎

Beispiel 9

Geschweißter Lagerbock mit geteiltem Lager nach Bild **5.66** mit Zapfendurchmesser d = 70 mm, Lagerlänge l = 100 mm, h_0 = 350 mm, h_1 = 325 mm, h = 220 mm, b = 80 mm, s = 8 mm, s_1 = 25 mm, Nahtdicke a = 5 mm. Die Lagerkraft F = 20000 N ist unter 45° nach oben wirkend angenommen. Erforderliche Sicherheit S = 2, Betriebsfaktor φ = 1,2, Werkstoff S235JRG2 (St37-2), Bewertungsfaktor für die Naht α_0 = 0,8.

Die Komponenten der Lagerkraft sind eine Biegekraft F_1 = $F \cdot \cos 45° = 0{,}707 \cdot 20000$ N ≈ 14000 N und eine Zugkraft F_2 = 14000 N. Berechnet wird der Schweißquerschnitt N nach Bild **5.66b**. Beanspruchungsarten sind Biegung und Zug. Die noch auftretende Schubkraft F_1 = 14000 N wird vernachlässigt.

1. Belastung. Das Biegemoment ist

$$M_{b\,max} = \varphi \cdot M_b = \varphi \cdot F_1 \cdot h_1$$
$$= 1{,}2 \cdot 14000\,\text{N} \cdot 32{,}5\,\text{cm} = 546000\,\text{Ncm}$$

die Zugkraft

$$F_{2\,max} = \varphi \cdot F_2 = 1{,}2 \cdot 14\,000\,\text{N} = 16\,800\,\text{N}$$

2. Nennspannungen (Biegung, Zug, Schub). Das Widerstandsmoment des Nahtquerschnitts ist (**5.66b**) (s. auch Beispiel 8)

$$W_{bN} = \frac{1}{(h/2)+a}$$

$$\cdot \left[(b+2a) \cdot \frac{(h+2a)^3}{12} - \frac{b \cdot h^3}{12}\right] = \frac{1}{22/2+0{,}5}$$

$$\cdot \left[(8+2\cdot 0{,}5) \cdot \frac{(22+2\cdot 0{,}5)^3}{12} - \frac{8 \cdot 22^3}{12}\right]\text{cm}^3$$

$$\approx 175\,\text{cm}^3$$

Dann wird die Biegespannung $\sigma_{bN} = M_{b\,max}/W_{bN}$ = 546000 Ncm/175 cm³ = 3120 N/cm² = 31,2 N/mm² (**5.66c**). Die auf Zug beanspruchte Querschnittsfläche ist

$$A_N = (b+2a) \cdot (h+2a) - b \cdot h$$
$$= \left[(8+2\cdot 0{,}5) \cdot (22+2\cdot 0{,}5)\right.$$
$$\left. - 8 \cdot 22\right]\text{cm} \approx 31\,\text{cm}^2$$

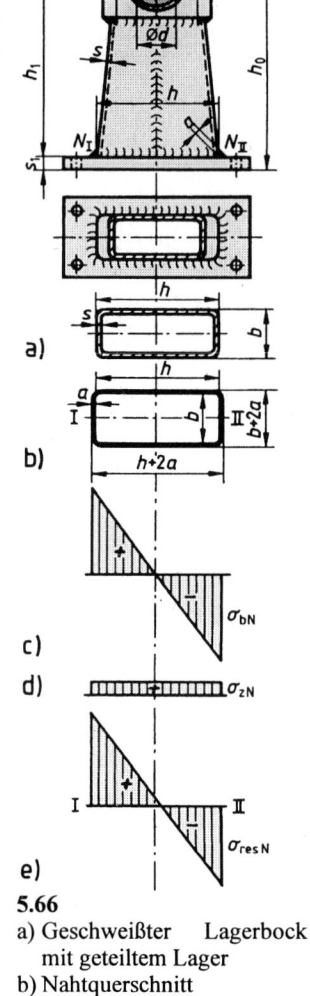

5.66
a) Geschweißter Lagerbock mit geteiltem Lager
b) Nahtquerschnitt
c) bis e) Nahtspannungen

5.1 Schweißverbindungen

Beispiel 9, Fortsetzung

Nach Bild **5.66d** ist die Zugspannung $\sigma_{zN} = F_{2\,max}/A_N = 1{,}2 \cdot 14000\,N/31\,cm^2 \approx 540\,N/cm^2 = 5{,}4\,N/mm^2$ und die Schubspannung $\tau_N = F_{2\,max}/A_N = 5{,}4\,N/mm^2$. Die resultierenden Spannungen betragen an den Stellen I und II in Bild **5.66e**

$$\sigma_{resN1} = +\sigma_{bN} + \sigma_{zN} = (+31{,}2 + 5{,}4)\,N/mm^2 = +36{,}6\,N/mm^2$$

$$\sigma_{resN2} = -\sigma_{bN} + \sigma_{zN} = (-31{,}2 + 5{,}4)\,N/mm^2 = -25{,}8\,N/mm^2$$

Die Vergleichsspannung ist dann nach Gl. (2.18) bzw. nach Gl. (5.10)

$$\sigma_{vN} = 0{,}5 \cdot \left(\sigma_{res\,N1} + \sqrt{\sigma_{res\,N1}^2 + 4\tau_N^2}\right)$$

$$= 0{,}5\,(36{,}6 + \sqrt{36{,}6^2 + 4 \cdot 5{,}4^2})\,N/mm^2 = 37{,}3\,N/mm^2$$

3. Zulässige Spannung. Nach Gl. (5.17a) erhält man mit $\sigma_{b\,Sch}$ aus Bild **5.49**

$$\sigma_{b\,zul\,N} = \frac{\alpha_0 \cdot \alpha_N \cdot \beta \cdot \sigma_{b\,Sch}}{S_{erf}} = \frac{0{,}8 \cdot 0{,}5 \cdot 0{,}9 \cdot 300\,N/mm^2}{2{,}0} = 54\,N/mm^2$$

Die Formzahl der einseitigen Kehlnaht von Kastenquerschnitten ist wie die der zweiseitigen Flachkehlnaht bei Biegung $\alpha_N \approx 0{,}5$ (Bild **5.43**). Die vorhandene Sicherheit ist

$$S = \frac{\alpha_0 \cdot \alpha_N \cdot \beta \cdot \sigma_{b\,Sch}}{\sigma_{vN}} = \frac{108\,N/mm^2}{37{,}3\,N/mm^2} = 2{,}9 \quad \text{gegenüber} \quad S_{erf} = 2$$

Bemerkung: Eine HV-Naht würde eine unauffälligere und festere Verbindungsstelle ergeben.

4. Ermittlung der zulässigen Spannung nach DIN 15018, T1. Bei zusammengesetzten Beanspruchungen muss für das Bauteil und die Schweißnaht die Bedingung erfüllt sein:

$$\left(\frac{\sigma_x}{\sigma_{x\,zul}}\right)^2 + \left(\frac{\sigma_y}{\sigma_{y\,zul}}\right)^2 - \frac{\sigma_x \cdot \sigma_y}{|\sigma_{x\,zul}| \cdot |\sigma_{y\,zul}|} + \left(\frac{\tau}{\tau_{zul}}\right)^2 \leq 1{,}1$$

In 2. wurden ermittelt

$$\sigma_x = \sigma_{zN} = 5{,}4\,N/mm^2, \quad \sigma_y = \sigma_{bN} = 31{,}2\,N/mm^2, \quad \tau = \tau_N = 5{,}4\,N/mm^2.$$

Die Schweißnaht wird der Nahtform 38, Bild **5.45** zugeordnet. Die Kehlnaht kann hier nicht als Doppelkehlnaht ausgeführt werden. Sie ist einseitig, aber umlaufend geschweißt und daher mit einer Doppelkehlnaht vergleichbar. Damit ergibt sich der Kerbfall K4 (Bild **5.45**). Wird als Betriebsgruppe B6 gewählt (Bild **5.47**), so kann in Bild **5.48** (S235JRG2, B6, K0–K4, Zug) bei schwellender Beanspruchung ($\chi = 0$) für die am höchsten beanspruchte Stelle (Zug und Biegezug) $\sigma_{x\,zul} = \sigma_{y\,zul} = 45\,N/mm^2$ abgelesen werden. Die zulässige Schubspannung ergibt sich zu $\tau_{zul\,N} = \sigma_{zul\,N}/\sqrt{2} = 140\,N/mm^2/\sqrt{2} = 99\,N/mm^2$ mit $\sigma_{zul\,N}$ für den Kerbfall K 0.

Die ermittelten Werte in Gl. (5.32) eingesetzt, ergeben als Nachweis für die Schweißnaht:

$$\left(\frac{5{,}4}{45}\right)^2 + \left(\frac{31{,}2}{45}\right)^2 - \frac{5{,}4 \cdot 31{,}2}{45 \cdot 45} + \left(\frac{5{,}4}{99}\right)^2 = 0{,}41 \leq 1{,}1 \quad \blacksquare$$

Beispiel 10

Schweißanschluss einer Federkonsole nach Bild **5.67**. Die Konsole ist aus einem Stück 12 mm dicken Bleches zugeschnitten, das [-förmig abgekantet ist. Es sind $h=$ 180 mm, $b= 120$ mm, $b_1 = 130$ mm, $s = 12$ mm, $c = 70$ mm, Dicke der Schweißnaht $a = 4$ mm, Federkraft $F = 57000$ N, erforderliche Sicherheit $S = 2$, Betriebsfaktor $\varphi = 1{,}2$, Werkstoff S235JRG2 (St37-2), Bewertungsfaktor für die Naht $\alpha_0 = 0{,}8$.
Berechnet wird der Schweißquerschnitt N (**5.67b**).

Belastungen: Biegung und Schub

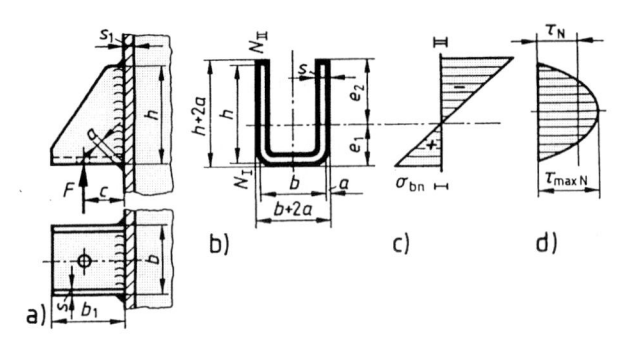

5.67 Schweißanschluss einer Federkonsole (a); Nahtquerschnitt (b); Nahtspannungen, Biegung (c) und Schub (d)

1. Belastung. Das Biegemoment ist nach Bild **5.67a**

$$M_{b\,max} = \varphi \cdot M_b = \varphi \cdot F \cdot c = 1{,}2 \cdot 57000\,\text{N} \cdot 7\,\text{cm} = 480\,000\,\text{N\,cm}$$

Die Schubkraft ist gleich der Federkraft

$$F_{max} = \varphi \cdot F = 1{,}2 \cdot 57000\,\text{N} = 68\,500\,\text{N}$$

2. Nennspannungen. Die Randfaserabstände des Schweißquerschnittes betragen nach Bild **5.67b**: $e_1 = 81$ mm, $e_2 = 107$ mm. Sein nach dem Satz von *Steiner* errechnetes Trägheitsmoment ist $I_x \approx 1415$ cm^4, und die Widerstandsmomente betragen $W_{bN1} = I_x/e_1 \approx 175$ cm^3 bzw. $W_{bN2} = I_x/e_2 \approx 132$ cm^3. Somit sind die maximalen Biegespannungen (**5.67c**).

$$\sigma_{bN1} = M_{b\,max}/W_{bN1} = 480\,000\,\text{N\,cm}/175\,\text{cm}^3 \approx 2750\,\text{N}/\text{cm}^2 = 27{,}5\,\text{N}/\text{mm}^2$$

$$\sigma_{bN2} = M_{b\,max}/W_{bN2} = 480\,000\,\text{N\,cm}/132\,\text{cm}^3 \approx 3650\,\text{N}/\text{cm}^2 = 36{,}5\,\text{N}/\text{mm}^2$$

Die Schubkraft wird durch die senkrechten Flankenkehlnähte übertragen. Ihr Querschnitt ist $A_N \approx 4 \cdot a \cdot h = 4 \cdot 4$ mm $\cdot$ 180 mm ≈ 2900 mm^2. Dann ist nach Bild **5.67d** die mittlere Schubspannung (Abscherspannung)

$$\tau_N = \varphi \cdot F/A_N = 68500\,\text{N}/2900\,\text{mm}^2 \approx 24\,\text{N}/\text{mm}^2$$

5.1 Schweißverbindungen

Beispiel 10, Fortsetzung

Die größte Schubspannung beträgt $\tau_{\text{max N}} = 1{,}5 \cdot 24 \text{ N/mm}^2 = 36 \text{ N/mm}^2$. Das Nachrechnen der Vergleichsspannung $\sigma_{v\,N}$ nach Gl. (5.10) erübrigt sich, weil $\tau_{\text{max N}}$ annähernd an der Stelle $\sigma_{b\,N} = 0$ auftritt und τ_N an der Stelle $\sigma_{b\,N2}$ gleich Null ist.

3. Zulässige Spannungen. Nach Gl. (5.17a) folgt für Biegung mit $\alpha_N = 0{,}85$ (Bild **5.43**, HY-Naht, hohl) und $\beta = 0{,}9$

$$\sigma_{b\,\text{zul}\,N} = \frac{\alpha_0 \cdot \alpha_N \cdot \beta \cdot \sigma_{b\,\text{Sch}}}{S_{\text{erf}}} = \frac{0{,}8 \cdot 0{,}85 \cdot 0{,}9 \cdot 300 \text{ N/mm}^2}{2{,}0} \approx 91{,}8 \text{ N/mm}^2$$

und für Schub mit $\alpha_N = 0{,}45$ (Bild **5.43**, HY-Naht, hohl) und $\beta = 0{,}9$

$$\tau_{b\,\text{zul}\,N} = \frac{\alpha_0 \cdot \alpha_N \cdot \beta \cdot \tau_{\text{Sch}}}{S_{\text{erf}}} = \frac{0{,}8 \cdot 0{,}45 \cdot 0{,}9 \cdot 184 \text{ N/mm}^2}{2{,}0} = 29{,}8 \text{ N/mm}^2$$

mit $\tau_{\text{Sch}} = 0{,}8 \cdot \sigma_{b\,N} = 0{,}8 \cdot 230 \text{ N/mm}^2 = 184 \text{ N/mm}^2$ (Bild **5.54** oder Bild **1.7**).

Ein Nachrechnen des Anschlussquerschnittes ergibt, dass dieser niedriger beansprucht ist als der Nahtquerschnitt. Vorhandene Sicherheit für Biegung und Schub entsprechend Beispiel 8 und 9. ∎

Beispiel 11

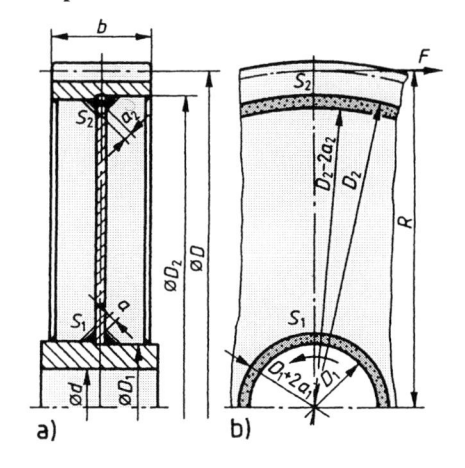

5.68
a) Geschweißtes Stirnrad
b) Nahtquerschnitt der Rundnähte S_1 und S_2

Berechnung der Rundnähte eines geschweißten Stirnrades (S_1 und S_2 in Bild **5.68**). Belastung des Rades nur in einer Umlaufrichtung. Teilkreisdurchmesser $D = 800$ mm, Zahnbreite $b = 120$ mm, Bohrung $d = 90$ mm, Durchmesser $D_1 = 150$ mm, $D_2 = 740$ mm, Nahtdicken $a_1 = 10$ mm, $a_2 = 5$ mm. Umfangskomponente der Zahnkraft $F = 47500$ N, erforderliche Sicherheit $S = 1{,}5$, Bewertungsfaktor für die Schweißnaht $\alpha_0 = 0{,}8$, Betriebsfaktor $\varphi = 1{,}2$, Werkstoff des Zahnkranzes E295 (St50-2), der übrigen Teile S235JRG2 (St37-2).

Berechnet werden die beiden Rundnähte S_1 und S_2. Beanspruchungsart dieser Nähte:

Beispiel 11, Fortsetzung

Schwellende Belastung, Verdrehung. Die Schweißung kann auch ohne Bearbeitung (Zentrierung) von Zahnkranz und Nabe erfolgen.

Rundnaht S_1

1. Belastung der Nähte durch das Drehmoment $T_{max} = \varphi \cdot F \cdot R = 1{,}2 \cdot 47500 \text{ N} \cdot 40 \text{ cm} = 2280 \text{ kNcm}$

2. Nennspannung. Das Widerstandsmoment der Naht S_1 (**5.45b**) ist nach Gl. (5.16)

$$W_{pN1} = \frac{\Delta I}{e} = \frac{1}{R_1 + a_1} \cdot \left[\frac{\pi \cdot (D_1 + 2 \cdot a_1)^4}{32} - \frac{\pi \cdot D_1^4}{32} \right]$$

$$= \frac{1}{(7{,}5 + 1{,}0)\,\text{cm}} \cdot \left[\frac{\pi \cdot (15\,\text{cm} + 2 \cdot 1{,}0\,\text{cm})^4}{32} - \frac{\pi \cdot (15\,\text{cm})^4}{32} \right] \approx 380\,\text{cm}^3$$

Damit wird die Verdrehungsspannung unter der Annahme, dass das Drehmoment beide Naben-Nähte gleichmäßig belastet

$$\tau_{tN1} = T_{max} / (2 \cdot W_{pN1}) = 2280\,\text{kN\,cm} / 760\,\text{cm}^3 \approx 3000\,\text{N/cm}^2 = 30\,\text{N/mm}^2$$

3. Zulässige Spannung. Die zulässige Verdrehungsspannung ist mit $\tau_{t\,Sch} = 140\,\text{N/mm}^2$ aus Bild **5.54** nach Gl. (5.17a) mit $\alpha_N = 0{,}5$ (Bild **5.43**, Rundnaht) und $\beta \approx 1$

$$\tau_{t\,zul\,N} = \frac{\alpha_0 \cdot \alpha_N \cdot \beta \cdot \tau_{t\,Sch}}{S_{erf}} = \frac{0{,}8 \cdot 0{,}5 \cdot 1 \cdot 140\,\text{N/mm}^2}{1{,}5} \approx 37{,}3\,\text{N/mm}^2$$

Rundnaht S_2

Die Nähte S_2 sind stets nur niedrig beansprucht und können entsprechend schwach gehalten werden (Nahtdicke $a_2 = 5$ mm). Eine Nachrechnung der Nähte erübrigt sich daher meist. Im vorliegenden Fall ergibt sich eine Verdrehungsspannung von

$$\tau_{tN2} = T_{max} / (2 \cdot W_{pN2}) = 2280\,\text{kN\,cm} / 8400\,\text{cm}^3 = 271\,\text{N/cm}^2 = 2{,}7\,\text{N/mm}^2$$

Zulässige Verdrehungsspannung (s. Naht S_1)

Demnach ist $\tau_{t\,N\,1}$ bzw. $\tau_{t\,N\,2} < \tau_{t\,zul\,N}$. ∎

5.1 Schweißverbindungen

Beispiel 12

Berechnung des auf eine Welle aufgeschweißten Hebels nach Bild **5.69**. Der Durchmesser der Welle ist mit Rücksicht auf den Einbrand der Rundnähte am Sitz des Hebels auf den Durchmesser $d = 70$ mm verstärkt. Länge des Hebelarmes $l = 150$ mm, Dicke der Schweißnähte $a = 5$ mm, Hebelkraft $F = 5000$ N, erforderliche Sicherheit $S = 2$, Bewertungsfaktor für die Schweißnaht $\alpha_0 = 0{,}8$, Betriebsfaktor $\varphi = 1{,}25$; Werkstoff des Hebels S235JRG2 (St37-2), der Welle E295 (St50-2). Die Schweißnähte sind auf Verdrehung schwellend beansprucht.

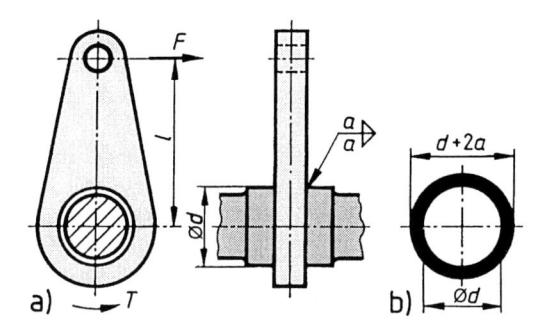

5.69
a) Auf einer Welle aufgeschweißter Hebel
b) Schweißquerschnitt

1. Belastung. Das Drehmoment ist

$$T_{max} = \varphi \cdot F \cdot l = 1{,}25 \cdot 5000 \text{ N} \cdot 15 \text{ cm} = 93500 \text{ Ncm}$$

2. Nennspannung. Den Schweißquerschnitt der Rundnähte zeigt Bild **5.69b**. Das Widerstandsmoment der Rundnaht beträgt $W_{pN} \approx 41{,}5$ cm³.

Damit ist die Verdrehungsspannung

$$\tau_N = T_{max}/(2 \cdot W_{pN}) = 93500 \text{ Ncm}/2 \cdot 41{,}5 \text{ cm}^3 \approx 1120 \text{ N/cm}^2 = 11{,}2 \text{ N/mm}^2$$

3. Zulässige Spannung der Rundnähte. Sie erfolgt aus Gl. (5.17a) wie in Beispiel 11

$$\tau_{t\,zul\,N} = \frac{\alpha_0 \cdot \alpha_N \cdot \beta \cdot \tau_{t\,Sch}}{S_{erf}} = \frac{0{,}8 \cdot 0{,}5 \cdot 1 \cdot 140 \text{ N/mm}^2}{1{,}5} \approx 37{,}3 \text{ N/mm}^2$$

Also ist $\tau_{t\,N} < \tau_{t\,zul\,N}$. Wird der Hebel in beiden Drehrichtungen beansprucht, dann tritt an Stelle der Torsionsschwellfestigkeit $\tau_{t\,Sch}$ die Torsionswechselfestigkeit $\tau_{t\,W}$. ∎

Beispiel 13

Ein geschweißter Membranspeicher (**5.70**), der in ein Hydrauliksystem eingebaut war, ist gerissen. Abmessungen: D_a = 165 mm, Wanddicke des nahtlosen Mantels s = 7,5 mm, Wanddicke der halbkugelförmigen Böden s_1 = 10 mm, Anschlussdurchmesser d_A = 60 mm, Werkstoff für alle Teile 19Mn5. Betriebszustand: Innerer Überdruck p = 200 bar = 20 N/mm², t = 20 °C. Wertigkeit der Schweißnaht v = 1,0 (einteiliger Boden). Waren die Wanddicken ausreichend bemessen?

1. Wanddicke der Böden. Die Nachrechnung erfolgt nach Gl. (5.30). Eingesetzt werden c_1 = 0 und c_2 = 1 mm.

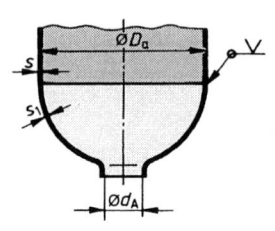

5.70
Membranspeicher. Zylindrischer Mantel mit zwei halbkugelförmigen Böden (nur eine Seite abgebildet)

Der einzusetzende Berechnungsbeiwert β = 1,9 wird für H/D_a = 0,5 und bei $d_A/\sqrt{D_a(s-c_1-c_2)}$ = $60/\sqrt{165(10-1)}$ = 1,56 aus Bild **5.58** abgelesen. Mit dem Festigkeitskennwert K = 320 N/mm² (Streckgrenze aus Bild **5.55**) für den Werkstoff 19Mn5 und mit der erforderlichen Sicherheit S = 1,5 (Bild **5.57**) errechnet man für die Wanddicke

$$s = \frac{D_a \cdot p}{\frac{4 \cdot K}{\beta \cdot S} \cdot v} + c_2 = \frac{165 \cdot 320}{\frac{4}{1,9} \cdot \frac{320}{1,5} \cdot 1,0} + 1 = 7,35 + 1 = 8,35 \text{ mm}$$

Die Wanddicken der Böden waren mit s_1 = 10 mm richtig bemessen.

2. Wanddicke des Mantels. Die Nachrechnung erfolgt nach Gl. (5.28). Die Wertigkeit des nahtlosen Rohrs ist v = 1,0, und man erhält dann für die Wanddicke des Mantels

$$s = \frac{D_a \cdot p}{2 \cdot \frac{K}{S} \cdot v + p} + c_2 = \frac{165 \cdot 20}{2 \cdot \frac{320}{1,5} \cdot 1 + 20} + 1 = 7,4 + 1 = 8,4 \text{ mm}$$

Die Wanddicke des Mantels war mit s = 7,5 mm zu gering bemessen. Sie entspricht nicht der Berechnungsvorschrift. Dass der Membranspeicher bei der Abnahme dem Prüfdruck von $p_{prüf}$ = 1,3·p = 260 bar = 26 N/mm² dennoch standhielt, ist auf die vorhandene Sicherheit [aus Gl. (5.28)] zurückzuführen

$$S = \frac{2 \cdot K \cdot v}{\frac{D_a \cdot p}{s} - p} = \frac{2 \cdot 320 \text{ N/mm}^2 \cdot 1}{\frac{165 \text{mm} \cdot 26 \text{ N/mm}^2}{7,5 \text{mm}} - 26 \text{ N/mm}^2} \approx 1,2$$

∎

Literatur

[1] AD-Merkblätter, Hrsg. Arbeitsgemeinschaft Druckbehälter, Köln-Berlin.
[2] Auernhammer, G.; Müller, A.: Erläuterungen zu DIN 4100, 3. Aufl., Düsseldorf 1970.
[3] Dampfkesselbestimmungen. Hrsg. Techn. Überwachungsvereine e. V., Köln.
[4] Klein, M.: Einführung in die DIN-Normen. 13. Aufl. Stuttgart, Leipzig, Wiesbaden 2001.
[5] Holzmann, G.; Meyer, H.; Schumpich, G.: Technische Mechanik. Teil 3. Festigkeitslehre. 8. Aufl. Stuttgart 2002.
[6] Klöppel, K.: Sicherheit und Güteanforderungen bei den verschiedenen Arten geschweißter Konstruktionen. Z. Schweißen u. Schneiden (1954) H. 6.
[7] Neumann, A.: Schweißtechnisches Handbuch für Konstrukteure. Bd. II. 2. Aufl. Berlin 1962; Bd. III. 2. Aufl. Braunschweig-Berlin 1963.
[8] Ruge, J.: Handbuch der Schweißtechnik. Bd. II. 2. Aufl. Berlin 1980.
[9] Schimpke, P.; Horn, H. A.; Ruge, J.: Praktisches Handbuch der gesamten Schweißtechnik. Bd. III. 2. Aufl. Berlin-Göttingen-Heidelberg 1959.
[10] Schweißverbindungen im Kessel-, Behälter- und Rohrleitungsbau. Hrsg. Technischer Ausschuss des Deutschen Verbandes für Schweißtechnik e.V., Düsseldorf 1966.
[11] Technische Regeln für Dampfkessel (TRD). Hrsg. Vereinigung der Techn. Überwachungsvereine e. V., Köln-Berlin.
[12] Veit, H. J.; Scheermann, H.: Schweißgerechtes Konstruieren. Düsseldorf 1963.
[13] Wellinger, K.; Eichhorn, F.; Gimmel, P.: Schweißen. Stuttgart 1964.
[14] -; Gimmel, P.: Werkstofftabellen der Metalle. 8. Aufl. Stuttgart 2000.
[15] Boese, U.; Werner, D.; Wirtz, H.: Das Verhalten der Stähle beim Schweißen. Teil II. 2. Aufl. Düsseldorf 1984.

5.2 Lötverbindungen

DIN-Normen

DIN-Blatt Nr.	Ausgabedatum	Titel
8505 T1	5.79	Löten; Teil 1: Allgemeines, Begriffe
T2	5.79	-; Teil 2: Einteilung der Verfahren, Begriffe
T3	1.83	-; Teil 3: Einteilung der Verfahren nach Energieträgern, Verfahrensbeschreibungen
8514 T1	7.78	Lötbarkeit; Teil 1: Begriffe
8515 T1	6.79	Fehler an Lötverbindungen aus metallischen Werkstoffen; Teil 1: Hart- und Hochtemperatur-Lötverbindungen, Einteilung, Benennun- gen, Erklärungen
8593 T7	9.85	Fertigungsverfahren Fügen; Teil 7: Fügen durch Löten; Einordnung, Unterteilung

DIN-Normen, Fortsetzung

DIN-Blatt Nr.	Ausgabedatum	Titel
32515	6.91	Bewertungsgruppen für Lötverbindungen; hart- und hochtemperaturgelötete Bauteile
EN 1044	7.99	Hartlöten - Lotzusätze
EN 1045	8.97	Hartlöten - Flussmittel zum Hartlöten - Einteilung und technische Lieferbedingungen
EN 12797	12.00	Hartlöten - Zerstörende Prüfung von Hartlötverbindungen
EN 22553	3.97	Schweiß- und Lötnähte - Symbolische Darstellung in Zeichnungen
EN 29454 T1	2.94	Flussmittel zum Weichlöten; Einteilung und Anforderungen; Teil 1: Einteilung, Kennzeichnung und Verpackung

Formelzeichen

A	Lötfläche	S	Sicherheit, Sicherheitszahl	σ	Zugspannung im Lötquerschnitt
b	–, Breite	s	Blechdicke	σ_{zul}	zulässige Zugspannung
d	–, Durchmesser	s_{Sp}	Spaltweite	τ_a	Scherspannung in der Lötfläche
F	Kraft auf die Lötfläche, Länge	R_{mL}	Zugfestigkeit der Lötverbindung	$\tau_{a\,BL}$	Scherfestigkeit der Lötverbindung
				$\tau_{a\,zul}$	zulässige Scherspannung

5.2.1 Technologie des Lötens

Lötvorgang. Durch Löten lassen sich metallische Werkstoffe (besonders GG, St, Cu, Ms, Zn und Edelmetalle), abweichend vom Schweißen, auch im festen Zustand miteinander verbinden. In DIN 8505 ist Löten definiert als „ein Verfahren zum Vereinigen metallischer Werkstoffe mit Hilfe eines geschmolzenen Zulegemetalles (Lot s. Bild **5.71**), dessen Schmelztemperatur unterhalb derjenigen der zu verbindenden Werkstücke liegt und das die Grundwerkstoffe benetzt, ohne dass diese geschmolzen werden". Es handelt sich bei der Bindung der Metalle um einen Grenzflächenvorgang mit Adhäsion, Diffusion oder beiden Vorgängen. Um ein einwandfreies Ausbreiten, Fließen und Binden des Lotes zu erreichen, müssen die Werkstücke an der Lötstelle auf die sog. Arbeitstemperatur gebracht werden. Diese ist im wesentlichen vom Lot abhängig und liegt zwischen seinem unteren und oberen Schmelzpunkt (Solidus- und Liquiduspunkt) oder darüber. Zu beachten sind auch Temperatureinflüsse auf die zu lötenden Werkstücke, wenn diese erhitzungsempfindlich sind. Das Lot muss nach dem Schmelzen noch einige Zeit auf der Arbeitstemperatur gehalten werden, damit das Lot die Fügeflächen benetzen, sich ausbreiten und am Grundwerkstoff binden kann. Diese Fließzeit soll betragen bei

Weichlot (15...20) s, Silberlot 30 s, Ms 63 (40...60) s, Elektrolytkupfer 60 s.

Die Lötzeiten liegen demnach im Bereich zwischen einigen Sekunden (Induktionslötung) und wenigen Minuten.

Nach der Höhe des Schmelzpunktes des Lotes unterscheidet man Weichlöten (Lotschmelztemperatur < 450 °C) und Hartlöten (Lotschmelztemperatur > 450 °C) und auch Hochtemperatur-Löten (Lotschmelzpunkt > 1000 °C) als Weiterentwicklung der Hartlöttechnik, s. auch Bild **5.71**. Dieses Bild enthält auch Angaben über die Erwärmungsquellen.

5.2 Lötverbindungen

Lotgruppe	Kurzzeichen DIN EN 1044 (DIN 8513, zurückgezogen)	Arbeitstemperatur in °C	zu verbindende Werkstoffe	Anwendungsbeispiele	Spaltbreiten[2] s_{Sp} in mm bei Verbindung von Leichtmetallen	Spaltbreiten[2] s_{Sp} in mm bei Verbindung von Stählen	Spaltbreiten[2] s_{Sp} in mm bei Verbindung von NE-Schwermetallen	Wärmequellen Lötmethoden
Hochtemperaturlote Schmelzpunkt ≥ 1000 °C Nickelbasislote	NI (L-Ni)	980 … 1100	Hochtemperaturwerkstoffe	Brennkammern f. Triebwerke	–	0 … 0,01 … 0,05		Ofen, unter Schutzgas oder im Vakuum [9]
Palladiumhaltige Lote	L-PdAg [8] L-PdNi	820 … 1250	Cr-Ni-Leg Ni-Cr-Mo-Leg Co-Leg	Reaktortechnik				
Hartlote Schmelzpunkt > 450 °C Kupferlote	CU (L-Cu)	1100	St unlegiert	Gerätebau				
	L-Ms60 [3] L-SoMs [3][4]	900	St, GT, Cu, Cu-Leg., No, Ni-Leg.	Rohrleitungs- u. Fahrzeugbau Instandsetzung	–	0,05 … 0,25	0,1 … 0,4	Brenner, Ofen, Schutzgasofen, elektr. Widerstandslöten, Induktionserhitzg. Tauchlöten
	L-Ms 42	845	Neusilber	Griffe, Hefte				
	L-Ms 54	890	St, GT, Cu, Cu-Leg.	Gerätebau				
silberhaltige Lote	AG (L-Ag) [1]	960 … 610[1]	St, GT, Cu, Cu-Leg., Ni, Ni-Leg., Ms, Edelmetalle je nach Lot	Lötungen mit merklichen Spannungen. Teilweise korrosionssicher, je nach Lot, Kontakte	–	0,02 … 0,15	0,05 … 0,25	
Leichtmetall-Lote	AL 104 (L-AlSi 12)	590	Al, Al-Leg.	Gusst. nur aus GAlSi12, Bleche, Drähte, Profile	0,15 … 0,6 kurze bis lange Nähte	–	–	
	(L-AlSiSn)	560		Gussstücke außer GAlSi12, Bleche, Drähte, Profile				

5.71
Lotarten (Auswahl); Fußnoten und Fortsetzung s. nächste Seite

Lot-gruppe	Kurzzeichen DIN EN 29453	Arbeits-temperatur in °C	zu verbindende Werkstoffe	Anwendungs-beispiele	Spaltbreiten[2] s_{Sp} in mm bei Verbindung von			bevorzugte Lötmethoden	Wärmequellen Lötmethoden
					Leicht-metallen	Stählen	NE-Schwer-metallen		
Weichlote Schmelzpunkt ≤ 450 °C / Zinn-Blei-Legierungen	S-Pb92Sn8	305	St, Cu, Cu-Leg., Zn-Leg.	Kühlerbau	0,2	0,1	0,1 ... 2	F[5]	Gasbrenner[5],
	S-Pb78Sn20Sb2 (mit Antimon)	270		Lötungen all-gemeiner Art				T[6]	Lötlampe[5],
	S-Pb60Sn40	235		Verzinnung, Zinkblech-lötungen				F	Salzbad, Tauchlöten,
	S-Sn63Pb37	190	St, Cu, Cu-Leg.	Verzinnung, Feinlötungen, Elektro-industrie				T	elektrisches
	S-Sn60Pb40	190						K[7]	Widerstandslöten

1) Bezeichnung und Temperatur je nach Zusammensetzung.
2) Beim Verlöten von Werkstoffen mit verschiedenen Wärmeausdehnungszahlen muss die Spaltweite größer gewählt werden zum Ausgleich von Schrumpfspannungen; z. B. Hartmetallschneidplättchen auf E 360 (St 70-2) mit s_{Sp} = (0,23 ... 0,9) mm.
3) Auch zum Fugenlöten geeignet
4) Auch für GG-Fugenlöten geeignet
5) Flammenlötung
6) Tauchlötung
7) Kolbenlötung
8) nicht genormte Bezeichnung
9) Vorschriften des Lotherstellers beachten

5.71
Lotarten (Auswahl); Fortsetzung

5.2 Lötverbindungen

Zum Erzielen einer einwandfreien Bindung auf der Oberfläche der Grundwerkstoffe und der Lote müssen Oxide gelöst oder an der Bildung gehindert werden. Hierzu dienen nichtmetallische Stoffe, sogenannte Flussmittel (DIN EN 1045), deren Schmelzpunkt niedriger als der des Lotes sein muss. Sie werden i. allg. als Flüssigkeit, Paste oder Pulver aufgetragen oder in dem als Hohlstab ausgebildeten Lot (Lötstab) oder als Lotmantel der Lötstelle zugeführt.

Lötarten. Nach der Form der Lötstelle unterscheidet man Spalt-, Fugen- und Auftragslöten.

Spaltlöten. Das geschmolzene Lot wird durch Kapillarwirkung in den parallelwandigen Spalt gezogen. Jede Erweiterung des Spaltes beeinträchtigt die Kapillarwirkung; Verengungen können vorteilhaft sein (s. z. B. Bild **5.74**). Die günstigste Spaltweite s_{Sp} liegt im Regelfall zwischen (0,05...0,25) mm (**5.72**), s. Bild **5.71**. Mit größerer Spaltweite nimmt die Festigkeit der Lötverbindungen infolge schwächerer Diffusion und schlechterer Kapillarwirkung ab (s. Abschn. 5.2.2).

Raue Oberflächen erhöhen die Festigkeit nicht, weil die Bindung nicht durch mechanische Verklammerung, sondern durch atomare Bindungskräfte, wie bei Gummi-Metallfedern (s. Abschn. 8), erfolgt. Bearbeitungsriefen senkrecht zur Fließrichtung des Lotes sind zu vermeiden. Wenn dies aus konstruktiven und fertigungstechnischen Gründen nicht möglich ist, sollen sie kleiner als 10% der Spaltweite s_{Sp} sein. Bearbeitungsriefen in Richtung der Lotbewegung können die Kapillarwirkung unterstützen, wenn sie nicht zu tief sind; eine Oberflächenrauheit $Rz \approx$ (10...25) μm nach DIN 4766 T1 (Bild **3.35**) ist ausreichend. Bei Übermaßpassungen (s. Abschn. 3.2 und 6.1.5) empfiehlt sich Rändeln oder Einarbeiten von mindestens drei am Umfang verteilten Riefen zur Unterstützung der Kapillarwirkung, sofern nicht Kupferlot verwendet wird, das auch in Presssitze eindringt.

Fugenlöten erfordert einen Mindestabstand der zu verbindenden Flächen der Werkstücke von 0,5 mm. Häufig wird die Fuge auch V- oder X-förmig ausgebildet (**5.72b**). Sie wird mit geschmolzenem Lot gefüllt; erfolgt dies in einer dem Gasschweißen ähnlichen Arbeitsweise, so nennt man diesen Vorgang Schweißlöten.

Auftraglöten. Bei diesem Verfahren werden hochwertige Werkstoffe mit besonderen Eigenschaften, z. B. hoher Verschleißfestigkeit oder Wärmebeständigkeit, auf weniger wertvolle Werkstoffe aufgetragen, z. B. Auftraglöten an Schieberplatten bei Absperrschiebern.

Vorteile. Da beim Löten infolge der niedrigen Schmelzpunkte der Lote keine schädlichen Gefügeveränderungen und Wärmespannungen auftreten und daher Verziehen und Reißen vermieden werden, finden Lötverbindungen bevorzugt auch für Reparaturen (z. B. von Rissen in Gussgehäusen) Anwendung. Lediglich beim Verbinden von Werkstoffen mit verschiedenen Wärmeausdehnungszahlen können schädliche Wärmespannungen auftreten; dann ist die Spaltbreite zu vergrößern (s. Bild **5.71**). Das Auflöten von Hartmetallschneidplättchen auf Werkzeughalter, das Verbinden von Stahl mit Stahl, von Stahl mit Nichteisenmetallen sowie von Nichteisenmetallen miteinander sind häufige Anwendungsbeispiele. Heute findet neben dem Löten in steigendem Maße das Metallkleben (s. Abschn. 5.3) Anwendung. Ein nicht zu unterschätzender Vorteil des Lötens ist die gute elektrische Leitfähigkeit der Verbindung; um eine unzulässige Erwärmung des Lotes durch zu hohe Stromdichte zu vermeiden, müssen gegebenenfalls die Leitquerschnitte an der Lötstelle und damit auch die der Erwärmung ausgesetzten Lotquerschnitte vergrößert werden.

5.2.2 Berechnen und Gestalten

Die Festigkeit einer Lötverbindung hängt wesentlich von Größe und Oberflächenzustand der Lötflächen, von der Weite des Lötspaltes, der Lötart, den Eigenschaften des Lotes und des Flussmittels und bei Handlötung auch von der Sorgfalt des Lötenden ab. (Festigkeitswerte und Lotarten enthalten die Bilder **5.71** und **5.73**.) Um vergleichbare Festigkeitswerte für Lötverbindungen zu gewinnen, sollen diese nach DIN EN 12797 ermittelt werden. Alle Angaben über Festigkeitswerte von Lötverbindungen sind aber mit Vorsicht zu verwenden, sofern die Bedingungen, unter denen sie ermittelt worden sind, nicht bekannt sind. Es ist mindestens eine zweifache Sicherheit zu empfehlen.

Berechnen erstreckt sich nur auf die Ermittlung der Zug- und Scherbeanspruchung. Mit belastender Kraft F und Lötfläche A gelten folgende Beziehungen mit den Bezeichnungen in Bild **5.72**

Zugbeanspruchung

$$\sigma = F/A \leq \sigma_{zul} \tag{5.33}$$

mit $A = b \cdot s$

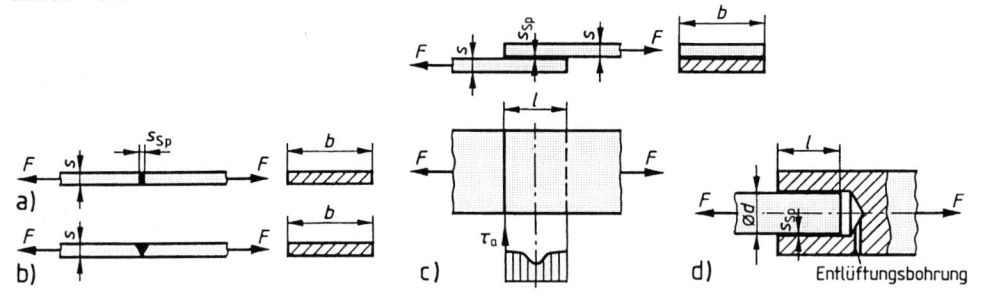

5.72
Zur Berechnung von Lötverbindungen
a) und b) Zugbeanspruchung
c) und d) Scherbeanspruchung

b Breite der Lötfläche
l Länge der Lötfläche
s Höhe der Lötfläche und Dicke der zu verbindenden Bleche
D Durchmesser der Lötmantelfläche
τ_a Abscherspannung über Länge l
s_{Sp} Spalt- bzw. Fugenweite (Spaltweite vergrößert dargestellt)

Richtwerte: $l = (3 \ldots 6) \cdot s$ mit s als kleinster Blechdicke

Scherbeanspruchung

$$\tau_a = F/A \leq \tau_{a\,zul} \tag{5.34}$$

mit $A = b \cdot l$ bzw. $A = \pi \cdot d \cdot l$

Die Überlappungslänge soll für eine günstige Spannungsverteilung $l = (3 \ldots 6) \cdot s$ betragen. In langen Überlappungen sind die Mittelzonen nicht vollwertig an der Kraftaufnahme beteiligt (**5.72c**).

5.2 Lötverbindungen

Lötart	zu verbindende Werkstoffe	Lot Bild **5.71**	Zugfestigkeit R_{mL}	Scherfestigkeit τ_{aBL}	Scherfestigkeit τ_{aWL}	Torsionsfestigk. (Nabe auf Welle) τ_{tWL}	Biegefestigkeit σ_{bWL}
Fugenlöten	S275JR (St 44-3)	L-Ms60 L-Ns	230±20% 370±10%	–	–	–	–
Spaltlöten [3]	E335 (St 60-2)	L-Ms 60 L-Ns AG 304 (L-Ag40Cd)	400±10%	250±10% 290±10% 230 ± 5%	– – 30	– – 60	– [3] – [3] 50 ··· 150 [3]
	St, Cu, Cu-Leg	S-Pb60Sn40 [2] S-Sn60Pb40 [2]	40±10% nur bei kurzzeitiger Belastung	30 ± 10%	–	–	–[3]

Messinglot- und Kupferlotverbindungen an Schwermetallen sowie Leichtmetallverbindungen mit Lot AL 104 (L-AlSi12 DIN 8512) erreichen die Zug- und Scherfestigkeit der Grundwerkstoffe.
[1] Z. T. nach Blanc, G. M.: Grundlagen und Erkenntnisse der Löttechnik. Das Industrieblatt. Februar 1962.
[2] Weichlötungen von Kräften entlasten, weil Weichlote unter Last kriechen.
[3] Spaltlötungen sind gegenüber Schlagbiegebeanspruchung empfindlich.

5.73
Festigkeit gelöteter Verbindungen in N/mm²

Die **zulässige Spannung** ergibt sich aus der Zug- bzw. Scherfestigkeit der Lötverbindungen R_{mL} bzw. τ_{aBL} und der Sicherheit S, die man mit $S = 2 ... 4$ ansetzt

$$\boxed{\sigma_{zul} = R_{mL}/S} \qquad \boxed{\tau_{azul} = \tau_{aBL}/S} \tag{5.35}$$

Gestalten. Typische Beispiele für die konstruktive Gestaltung von Lötverbindungen zeigen die Bilder **5.72** und **5.74**.

unzweckmäßig	zweckmäßig	Erläuterung
a)	b) c)	**Blechverbindung** a) Stumpfnähte nur bei $s \geq 1$ mm zweckmäßig, bei $s < 1$ mm aufwändige Anpassarbeit. b) Bördelnaht ergibt größere Spaltfläche als Stumpfnaht. Die Vorbereitung der Bördel ist aufwändig. c) Überlappt-, Gekröpftüberlappt- und Laschenverbindungen geben größere Nahtflächen
	a) b) Entlüftung	**Bolzenverbindung** a) Steckverbindungen sind wegen größerer Nahtflächen fester. b) Bei Sacklöchern muss für Entlüftung des Lötspalts gesorgt werden.

5.74
Gestalten von Lötverbindungen; Fortsetzung s. nächste Seite

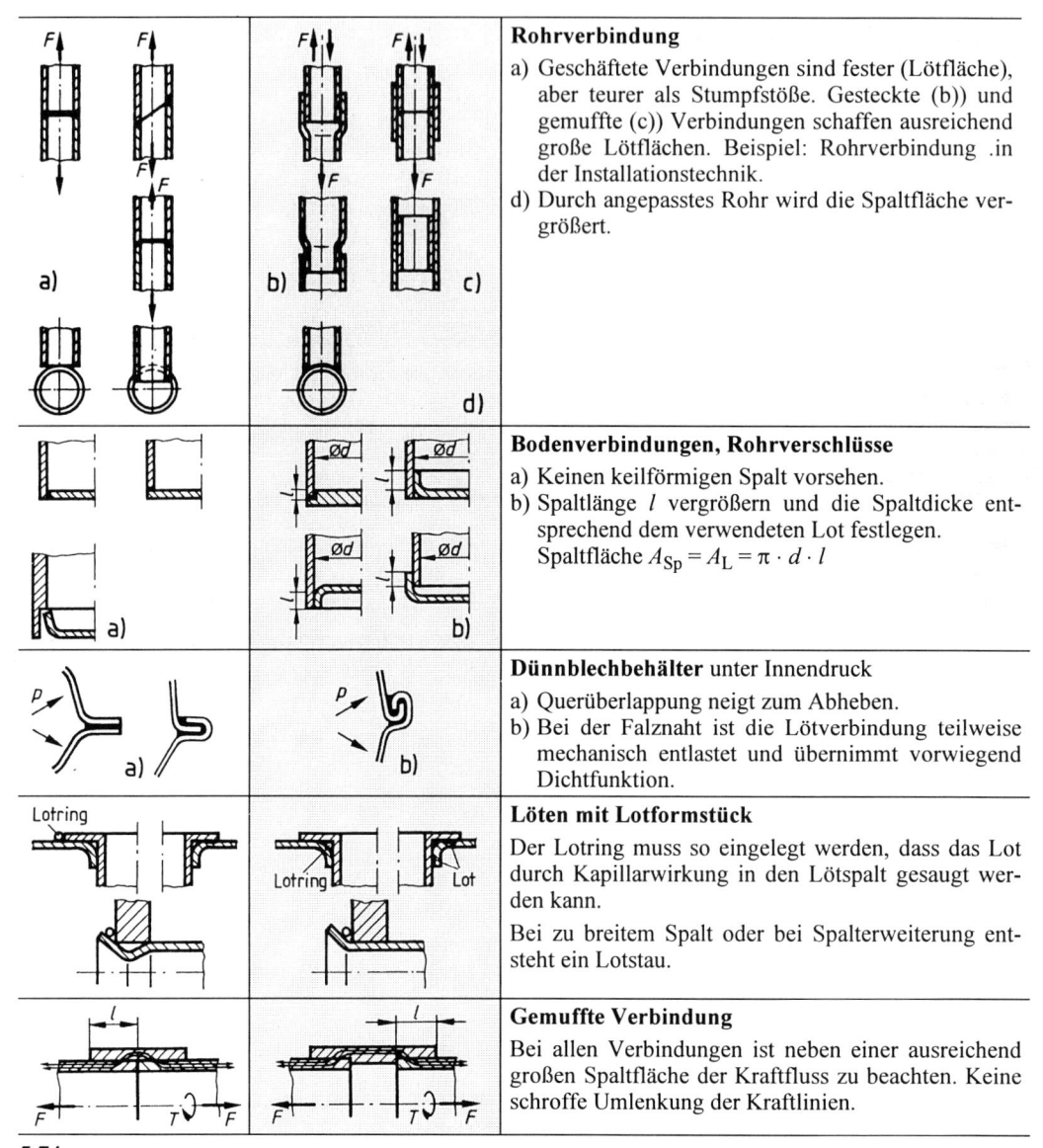

(Bilder a, b, c, d)		**Rohrverbindung** a) Geschäftete Verbindungen sind fester (Lötfläche), aber teurer als Stumpfstöße. Gesteckte (b)) und gemuffte (c)) Verbindungen schaffen ausreichend große Lötflächen. Beispiel: Rohrverbindung in der Installationstechnik. d) Durch angepasstes Rohr wird die Spaltfläche vergrößert.
(Bild a)	(Bild b)	**Bodenverbindungen, Rohrverschlüsse** a) Keinen keilförmigen Spalt vorsehen. b) Spaltlänge l vergrößern und die Spaltdicke entsprechend dem verwendeten Lot festlegen. Spaltfläche $A_{Sp} = A_L = \pi \cdot d \cdot l$
(Bild a)	(Bild b)	**Dünnblechbehälter unter Innendruck** a) Querüberlappung neigt zum Abheben. b) Bei der Falznaht ist die Lötverbindung teilweise mechanisch entlastet und übernimmt vorwiegend Dichtfunktion.
Lotring	Lotring, Lot	**Löten mit Lotformstück** Der Lotring muss so eingelegt werden, dass das Lot durch Kapillarwirkung in den Lötspalt gesaugt werden kann. Bei zu breitem Spalt oder bei Spalterweiterung entsteht ein Lotstau.
		Gemuffte Verbindung Bei allen Verbindungen ist neben einer ausreichend großen Spaltfläche der Kraftfluss zu beachten. Keine schroffe Umlenkung der Kraftlinien.

5.74
Gestalten von Lötverbindungen; Fortsetzung

Weichlötverbindungen können wegen der geringen Festigkeit der Weichlote nur relativ kleine Spannungen aufnehmen; in Folge dessen müssen durch entsprechende Gestaltung große Lötflächen geschaffen werden. Diese Möglichkeit bieten die Lötstellen mit Scherbeanspruchung (Bild **5.74**). Weichlötungen sind besonders geeignet für Abdichtungen (Konservendosen, Kühler), Verbindungen elektrischer Leiter und aufgelötete elektrische Kontakte, also für Lötstellen, die von Kräften entlastet sind.

5.2 Lötverbindungen

Hartlötverbindungen erfordern kleinere Spaltweiten als Weichlötverbindungen, um die Kapillarwirkung zu gewährleisten; bei der Spaltweite $s_{Sp} = 0{,}05$ mm kann beispielsweise bei Kupferlot mit einer Steighöhe (Kapillarwirkung) des Lotes bis 100 mm gerechnet werden. Beim Fugenlöten gelten die in Abschn. 5.2.1 gegebenen Hinweise. Wegen der erheblich größeren Festigkeit der Hartlötverbindungen dürfen diese zusätzlich zu den Verbindungsformen, die beim Weichlöten verwendet werden, auch als auf Zug und Biegung beanspruchte Stumpfnähte ausgeführt werden. Trotzdem sollte Biegung wegen der ungleichmäßigen Spannungsverteilung vermieden werden.

Behälterlötungen. Wenn für Druckbehälter für besondere Werkstoffe oder Blechdicken oder aber aus Fertigungsgründen Hartlöten vorgesehen wird, sind die gleichen Regeln wie für Behälterschweißungen anzuwenden.

Maßgebend sind z. B. die AD-Merkblätter (s. Abschn. 5.1):

B 1 Zylindrische Mäntel und Kugeln unter innerem Überdruck
B 2 Kegelförmige Mäntel unter innerem und äußerem Überdruck
B 3 Gewölbte Böden unter innerem und äußerem Überdruck
B 6 Zylindrische Mäntel unter äußerem Überdruck
W1, W5, W13 Werkstoffe für Druckbehälter

Herstellen von Lötverbindungen. Beim Löten muss das Werkstück großflächig und gleichmäßig auf Arbeitstemperatur erwärmt werden; örtliche Temperaturspitzen sind schädlich. Einzelstücke werden mit dem von Hand geführten Brenner unter Zugabe von Lot als Stab (angesetztes Lot) und Flussmittel hergestellt.

Bei größeren Stückzahlen werden Lötmaschinen eingesetzt. Das Werkstück wird auf einem Rundtisch oder mit einem Transportband an den stationären Brennern vorbei bewegt.

Vorher wird das Lot als Formstück (z. B. Drahtring) auf oder in die vorgefügten Teile gelegt. Das Flussmittel wird vor dem Erwärmen dosiert aufgespritzt. Wenn die Zugabe oder die Entfernung von Flussmittel nach dem Löten schwierig ist, wird unter Schutzgas im Durchlaufofen gelötet. Wichtig ist, dass die zu verbindenden Teile in ihrer Lage zueinander einwandfrei fixiert werden. Wenn Werkstücke z. B. ineinander gesteckt werden (**5.72d**), muss die Passung so gewählt werden, dass auch bei der höchsten Ofentemperatur ausreichende Kapillarwirkung auftritt und dass gleichzeitig die Passung die gegenseitige Lage der zu verbindenden Teile gewährleistet.

Sonderwerkstoffe aus der Luft- und Raumfahrt (z. B. Nimonic, Inconel) werden unter Vakuum bei etwa 10^{-3} bis etwa 10^{-5} mbar hochtemperaturgelötet. Die Teile müssen an der Lötstelle besonders sorgfältig geschliffen und gebeizt, in besonderen Fällen sogar vernickelt sein.

Beispiel

Eine Blechverbindung aus E335 (St 60-2) nach Bild **5.75** hat die Abmessungen $b = 10$ mm und $l = 12$ mm. Die zu übertragende Kraft ist $F = 5000$ N. Es ist zu prüfen, ob bei ruhender Beanspruchung eine Lötverbindung in Frage kommt.

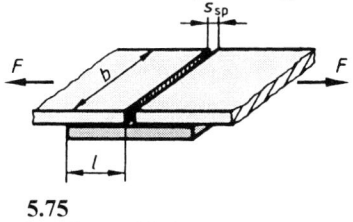

5.75 Laschenverbindung

Laschenverbindung: Nach Bild **5.73** hat die Scherfestigkeit bei der Verbindung von E335 (St 60-2) mit dem Lot L-Ms60 den Wert $\tau_{aBL} = 250$ N/mm² ± 10%. Rechnet man mit dem unteren Wert, kann die Kraft $F_1 = 225$ N/mm²·(10·12) mm² = 27000 N durch die Lötfläche zwischen Blech und Lasche übertragen werden. Die vorhandene Sicherheit ist $S = 27000$ N / 5000 N = 5,4 und damit ausreichend.

Beispiel, Fortsetzung

Stumpfnaht: Bisher wurde nicht berücksichtigt, dass die auf Zug beanspruchte Spaltverbindung bei der Blechdicke $s = 2{,}5$ mm, der Spaltfläche $A = 2{,}5 \cdot 10$ mm^2 = 25 mm^2 und der Lötfestigkeit R_{mL} = 400 N/mm^2 ± 10% zusätzlich die Kraft F_2 = 360 N/mm^2 · 25 mm^2 = 9000 N übertragen kann. Die Sicherheit erhöht sich demnach auf S = (27000 + 9000) N / 5000 N ≈ 7.

Zu beachten ist, dass die Bleche aus E335 (St 60-2) mit der Zugfestigkeit R_m = 600 N/mm^2 und einer gewählten Sicherheit von S = 3 nur $F = A \cdot R_m/S$ = 25 mm^2 · 600/3 N/mm^2 = 5000 N bis zum Bruch übertragen können. Im vorliegenden Fall sind also die Lötstellen tragfähiger als die Bleche. Die Lasche könnte daher verkleinert werden. ∎

Literatur

[1] Aluminium-Taschenbuch. Hrsg. Aluminium-Zentrale e. V. 16. Aufl. Düsseldorf 2002.
[2] Die Verfahren der Schweißtechnik. Hrsg. Deutscher Verband für Schweißtechnik, Düsseldorf 1974.
[3] Dubbel: Taschenbuch für den Maschinenbau. 20. Aufl. Berlin-Heidelberg-New York-Tokyo 2001.
[4] Klein, M.: Einführung in die DIN-Normen. 13. Aufl. Stuttgart 2001.
[5] v. Linde, R.: Das Löten. Werkstattbücher, Heft 28. Berlin 1954.
[6] Technik die verbindet, Berichte aus Forschung und Praxis. Hrsg. Degussa, Hanau.
[7] VDI/VDE-Richtlinie 2251, Bl. 3 Feinwerkelemente; Lötverbindungen.
[8] Zimmermann, K. F.: Hartlöten, Regeln für Konstruktion und Fertigung. Düsseldorf 1968.

5.3 Klebverbindungen

DIN-Normen

DIN-Blatt Nr.	Ausgabe-datum	Titel
8593 T8	9.85	Fertigungsverfahren Fügen; Teil 8: Kleben; Einordnung, Unterteilung, Begriffe
16920	6.81	Klebstoffe; Klebstoffverarbeitung, Begriffe
53281 T1	9.79	Prüfung von Metallklebstoffen und Metallklebungen; Teil 1: Proben, Klebflächenvorbehandlung
T2	9.79	-; Teil 2: Proben, Herstellung
T3	9.79	-; Teil 3: Proben, Kenndaten des Klebvorgangs
53282	9.79	-; Winkelschälversuch
53286	9.79	-; Bedingungen für die Prüfung bei verschiedenen Temperaturen
53287	9.79	-; Bestimmung der Beständigkeit gegenüber Flüssigkeiten

5.3 Klebverbindungen

DIN-Normen, Fortsetzung

DIN-Blatt Nr.	Ausgabe-datum	Titel
EN 1464	1.95	Klebstoffe - Bestimmung des Schälwiderstandes von hochfesten Klebungen - Rollenschälversuch
EN 1465	1.95	Klebstoffe - Bestimmung der Zugscherfestigkeit hochfester Überlappungsklebungen
EN 26922	5.93	Klebstoffe; Bestimmung der Zugfestigkeit von Stumpfklebungen
EN ISO 9664	8.95	Klebstoffe - Verfahren zur Prüfung der Ermüdungseigenschaften von Strukturklebungen bei Zugscherbeanspruchung

Formelzeichen

A Klebfugenfläche
b Klebfugenbreite
d Klebfugendurchmesser
F Kraft, die die Klebfuge belastet
l Klebfugenlänge
S Sicherheit, Sicherheitszahl
s Dicke der Fügeteile
s_1 Dicke der Laschen
$ü$ Überlappungsverhältnis

δ Klebfugendicke
R_e Streckgrenze des dünnsten Fügeteils
$R_{p\,0,2}$ 0,2-Streckgrenze
τ_a Schubspannungen, Scherspannungen in der Klebfuge
$\tau_{a\,BK}$ Scherfestigkeit der Klebverbindung
$\tau_{a\,Sch\,K}$ Schwellfestigkeit der Klebverbindung
$\tau_{a\,zul}$ zulässige Scherspannung der Klebfuge

5.3.1 Klebstoffe und Verfahren

Im Gegensatz zum Kleben und Leimen poröser Stoffe (z. B. Holz) hat das Kleben metallischer und unporöser nichtmetallischer Werkstoffe sich erst in neuerer Zeit durchgesetzt. Über die Gummi-Metallverbindungen (s. Abschn. 8.2.2), die als Federn und Schwingungsdämpfer Verwendung finden, und über den Flugzeugzellenbau fand das Kleben schließlich in zahlreiche andere Fabrikationszweige Eingang. Heute gibt es bewährte Klebverbindungen im Maschinen- und Apparatebau, Rohrleitungsbau, Fahrzeugbau, Stahlbau und in der Feinwerktechnik (**5.81 a** bis **e**). Die zu fügenden Teile (Fügeteile) werden durch einen Klebstofffilm verbunden.

Klebstoffe. Als Bindemittel (Klebstoff) für das Metallkleben dienen hauptsächlich Kunstharze (Duroplaste) sowie Kunstharzmischungen und Kunstkautschuk. Die Klebstoffe werden auf die zu verbindenden Werkstücke kalt oder warm aufgetragen und härten durch Polykondensation, Polymerisation oder Polyaddition irreversibel aus. Werden beim Aushärten (Verketten der Moleküle) Gase ausgeschieden, so muss die Verkettung unter Druck bis zu 200 N/cm² erfolgen. Die Aushärtezeit liegt je nach Klebstoffart zwischen einigen Minuten und einer Woche; Kaltklebstoffe härten bei Raumtemperatur, Warmklebstoffe zwischen 100 und 200 °C aus. Nach ihrer Zusammensetzung unterscheidet man Einkomponenten-Klebstoffe, die alle zur Härtung erforderlichen Bestandteile enthalten, und Zweikomponenten-Klebstoffe, denen die härtende Komponente erst unmittelbar vor der Verarbeitung zugeführt wird. Zur Verbindung thermisch belastbarer metallischer Bauteile wurden die „Keramischen Klebstoffe", Bindemittel aus anorganischen Gläsern, entwickelt.

Die wichtigsten Metall-Klebstoffe sind in der VDI-Richtlinie 2229 [6] zusammengestellt; einen Auszug daraus zeigt Bild **5.82**. Die Forderung, bei Raumtemperatur und ohne Zusammenpressen während des Aushärtens eine Verbindung mit hoher Festigkeit auch bei höheren Betriebstemperaturen herzustellen, erfüllt keiner der bekannten Klebstoffe. Eine genaue Beachtung der neuesten Vorschriften der Klebstoffhersteller ist unbedingt erforderlich.

Die Bindung wird durch die sog. spezifische Adhäsion (intermolekulare Anziehungskräfte und chemische Bindungskräfte) auf glatten Flächen zwischen den Grenzschichten der Klebstoffe und der Fügeteile und durch die Kohäsion des erhärteten Klebstoffes erklärt. Beim Leimen poröser Stoffe dringt flüssiger Klebstoff in deren Poren und erhärtet dann; es liegt demnach, zumindest teilweise, auch eine mechanische Bindung vor. Diese ist beim Kleben von untergeordneter Bedeutung.

Die Haftfestigkeit des Klebstoffes an den Fügeteilen ist größer als die Festigkeit des Klebstoffes selbst, sofern die Oberflächen der Fügeteile an der Fügestelle frei von Verunreinigungen jeder Art (Staub, Fett, Oxidschichten u. a.) sind. Die Behandlung der Haftgrundflächen vor dem Kleben ist daher zur Erzielung einer einwandfreien Benetzung und somit für die Haltbarkeit der Verbindung besonders wichtig.

Als wirksame Verfahren werden angewendet:
1. Entfetten mit Dampf oder Heißwasser mit Zusätzen. Entfernen von Fett, Bearbeitungsölen oder Konservierungsmitteln.
2. Mechanische Bearbeitung mit Schleifleinen, auf Schleifmaschinen oder durch Bürsten und Sandstrahlen mit anschließendem Reinigen. Das hierbei z. T. auftretende Aufrauhen vergrößert die Haftfläche und damit die Summe der molekularen Haftkräfte.
3. Chemisches Reinigen mit Beizbädern.
4. Gründlich spülen.

Das für einen bestimmten Klebstoff geeignete Verfahren wird vom Hersteller empfohlen, s. auch VDI-Richtlinie 2239 [6].

Vor- und Nachteile. Als Vorteile der Klebverbindungen im Vergleich zu anderen Verbindungsarten, wie Schweißen, Löten oder Schrauben, sind zu nennen:
1. Die Spannungsverteilung in der Klebfuge ist annähernd gleichmäßig (**5.76**), sofern man von den Randzonen der Klebfläche absieht. Die bei Nietverbindungen vorhandenen örtlichen Spannungsspitzen treten nicht auf.

In Bild **5.76** sind die Schubspannungen, um 90° in die Senkrechte gedreht, dargestellt. Am Überlappungsende 3 und an allen anderen Blechrändern sind die Schubspannungen am größten. Die ungleichmäßige Schubspannungsverteilung erklärt sich aus der unterschiedlichen Dehnung, bedingt durch die Elastizität des Fügeteils und der Klebschicht. Unmittelbar am Ende der Schicht mit der Dicke δ (vergrößert wiedergegeben) längs der freien Klebstoffränder können keine Schubspannungen auftreten, daher erfolgt hier ein steiler Spannungsanstieg.

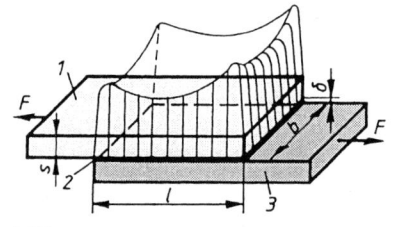

5.76
Schubspannungsverteilung in der Klebschicht, unmittelbar zwischen oberem Blech 1 und oberer Klebschichtfläche 2; Überlappungsende 3

5.3 Klebverbindungen

2. Die zu verbindenden Werkstoffe werden nicht oder nur gering erwärmt. Dadurch werden im Vergleich zum Schweißen Gefügeänderungen und Verzug der zu fügenden Teile vermieden.
3. Es können nicht schweißbare Werkstoffe geklebt werden.
4. Dünne Bleche, bei denen Schweißen und Nieten nicht mehr anwendbar ist, können geklebt werden.
5. Es können verschiedenartige Werkstoffe verklebt werden. Häufige Kombinationen sind: Metall mit Metall, Metall mit Holz, Kunststoff, Glas oder Keramik (Bild **5.82**). Alle dort genannten Werkstoffe können auch miteinander verklebt werden.
6. Bei der Verbindung von Fügeteilen aus unterschiedlichen Werkstoffen verhindert die Klebschicht Kontaktkorrosion.
7. Die Klebschicht ist elektrisch isolierend.
8. Klebverbindungen haben glattgestaltete Oberflächen und somit gutes Aussehen (z. B. Vermeiden von Schmutzkanten o. ä.).
9. Kleben ermöglicht häufig einfachere Konstruktionen, deren Fertigungskosten niedrig gehalten werden können (z. B. durch den Einsatz angelernter Arbeitskräfte) (leichtes Ausrichten der Fügeteile, Einsparen von Passungen oder Vergrößerung von Toleranzen (**5.81**)).
10. Klebverbindungen können werkstoffsparend und damit gewichtsvermindernd sein.
11. Klebverbindungen sind schwingungs- und damit schalldämpfend; sie klappern und klirren nicht.
12. Klebverbindungen sind fugenfüllend und dichten ab.
13. Kleben bietet in vielen Fällen die einzige Möglichkeit, fertig bearbeitete Teile stoffschlüssig zu verbinden, z. B. auch im Reparaturfall (Bild **5.81e**).

Den zahlreichen Vorteilen stehen folgende Nachteile gegenüber:

1. Die spezifische Belastbarkeit ist relativ gering; sie kann jedoch häufig durch genügend große Klebflächen ausgeglichen werden.
2. Fügeeinrichtungen, wie Öfen und heizbare Pressen, die für das Kleben mit unter Druck und Wärme härtenden Klebstoffen benötigt werden, sind kostspielig. Hierdurch wird z. B. die Anwendung des Klebens im Blechbau erschwert.
3. Längere Aushärtezeiten können wegen ihrer Dauer den Fertigungsablauf ungünstig beeinflussen.
4. Die Vorbehandlung der Klebflächen (Reinigung, Haftgrundvorbehandlung) erfordert zusätzliche Kosten.
5. Die Temperaturfestigkeit ist z. B. gegenüber Schweiß- und Lötverbindungen gering.
6. Klebverbindungen sind korrosionsanfällig.
7. Klebverbindungen kriechen bei Dauerbelastung.
8. Zur Zeit sind keine zerstörungsfreien Prüfverfahren bekannt. Es muss aber betont werden, dass die Entwicklung der Klebstoffe weitergeht, also noch keineswegs als abgeschlossen zu betrachten ist.

5.3.2 Berechnen und Gestalten

Obwohl sich das Kleben in zahlreichen Fällen bewährt hat, werden seine Vorteile von vielen Konstrukteuren noch nicht ausgenutzt. Die Ursachen dieses Zögerns sind wohl vor allen Dingen darin zu suchen, dass die Berechnungsverfahren noch auf keiner allgemeingültigen Theorie der Adhäsion basieren, sondern empirisch ermittelt wurden. Die im Normenverzeichnis genannten Normen vereinheitlichen die Prüfbedingungen für die Ermittlung der Festigkeit von Klebverbindungen.

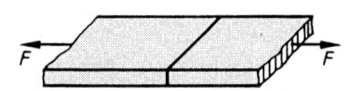

5.77
Stumpfstoß. Wegen hoher Zugbeanspruchung der Klebfläche ungeeignet

Da die Kohäsion des erhärteten Klebstoffes meist geringer als die Festigkeit der Fügeteile ist, sollte man eine Zugbeanspruchung nach Bild **5.77** (Stumpfstoß) stets vermeiden (s. Abschn. 5.2).

Berechnen einer auf Schub beanspruchten Verbindung. Die Berechnung dieser bevorzugten Verbindung erfolgt mit den Bezeichnungen in Bild **5.78** nach der Gleichung

$$\tau_a = F/(b \cdot l) \leq \tau_{a\,zul} \qquad (5.36)$$

Mit steigender Breite b steigt die Tragfähigkeit somit proportional an. Dies gilt jedoch nicht für $b < 20$ mm, weil sich hier die Spannungserhöhung an den Seitenrändern der Klebschicht (**5.76**) ungünstig auswirkt. Das Überlappungsverhältnis

$$ü = l/s \qquad (5.37)$$

soll 10...20 betragen. DIN 53281 bezeichnet den reziproken Wert als Gestaltfaktor. Erfahrungsgemäß wird durch Vergrößern von $ü$ die Verbindungsfestigkeit nicht erhöht. Bei einer ausgeglichenen Konstruktion soll außerdem die Klebfläche keine größeren Kräfte übertragen können als der Werkstoff der Fügeteile. Die Überlappungslänge soll also nicht unnütz groß gehalten werden. Eine Erfahrungsregel gibt bei einfacher Überlappung für die optimale Überlappungslänge die folgende Zahlenwertgleichung an:

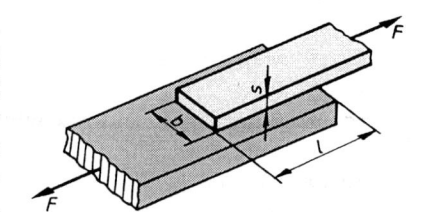

$$l_{opt} \approx 0{,}1 \cdot s \cdot R_e \quad \text{in mm} \qquad (5.38)$$

5.78
Einfache Überlappung, einschnittig
F angreifende Kraft
b Klebfugenbreite
s Dicke des aufgeklebten Fügeteils
l Klebfugenlänge

Es sind die Streckgrenze R_e oder $R_{p\,0,2}$ des dünnsten Fügeteils in N/mm² und der Fügeteildicke s in mm einzusetzen. Die **zulässige Schubspannung** (Scherspannung) ergibt sich bei ruhender Beanspruchung aus der Schubfestigkeit (Scherfestigkeit; in VDI 2229 als Zugscherfestigkeit bezeichnet) $\tau^\ast_{a\,B\,K}$ der Klebverbindung und der Sicherheit S, die man in der Regel mit $S = 2 \ldots 3$ ansetzt:

$$\boxed{\tau_{a\,zul} = \frac{\tau_{a\,B\,K}}{S} = \frac{\tau_{a\,B\,K}}{2\ldots3}} \qquad (5.39)$$

5.3 Klebverbindungen

Bei niedrigeren Sicherheitszahlen muss bei Dauerlast (Langzeitbeanspruchung) mit einem erheblichen Abfall der Haftkräfte gerechnet werden.

Bei dynamischer Beanspruchung verwendet man in der Rechnung statt der Schubfestigkeit τ_{aBK} die Schwellfestigkeit:

$$\tau_{a\,Sch\,K} \approx 0{,}3 \cdot \tau_{a\,B\,K} \qquad (5.40)$$

Gestalten. Die wichtigsten Nahtformen sind in den Bildern **5.78**, **5.79** und **5.80** zusammengestellt. Die beste Haltbarkeit weisen Klebflächen auf, die auf Schub beansprucht werden. Die Klebschicht sollte möglichst dünn sein (0,05 ... 0,25 mm) und eine ausreichend große Fläche besitzen. Der Klebstoffbedarf beträgt etwa (50...150) g/m² Klebfläche, in Sonderfällen bis zu 1000 g/m².

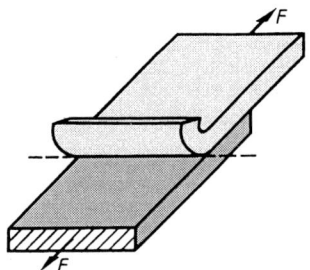

5.79 Abschälvorgang

Dickere Teile können geschäftet werden, sofern man die für die Schäftung anfallenden Fertigungskosten in Kauf nimmt. Diese Ausführung hat gegenüber dem Stumpfstoß (**5.77**) den Vorteil der größeren Klebfläche und wirkt dem Nachteil von Überlappungsstößen entgegen, da sich an den Überlappungsenden der Fügeteile bei konstanter Blechdicke Zonen kleinster und größter Dehnung gegenüberliegen; durch das Schäften findet hier ein Ausgleich statt. In Folge dessen wird die an den Enden der Fügeteile auftretende Spannungserhöhung abgebaut.

Die in Bild **5.80** dargestellten Nähte der Blechverbindungen b) bis g) und die der Rohrverbindungen a) bis d) sind hinsichtlich der Spannungsverteilung zweckmäßiger als die Naht der Blechverbindung a) und die der Verbindung im Bild **5.78**, weil sie die hier auftretende zusätzliche Biegebeanspruchung infolge exzentrischen Kraftangriffs vermeiden. Aufgrund der Biegung treten in der Klebschicht senkrecht zur Klebfläche zusätzlich Zugspannungen auf; werden diese zu groß, so tritt Abschälen an den Enden der Überlappungsfläche ein (s. Bild **5.79** und „unzweckmäßige Eckverbindung" in Bild **5.80**). DIN 53282 gibt Hinweise für Definition und Ermittlung des Schälwiderstandes von Metallklebungen gegen senkrecht zur Klebfuge angreifende Kräfte. Dem Abschälen kann man u. a. durch Verschrauben, Vernieten, Umfalten sowie durch Erhöhung des Widerstandsmomentes der Flächenenden entgegenwirken. Hierdurch erhält man gleichzeitig eine einwandfreie Fixierung der Fügeteile während des Aushärtens.

Für **Rohrverbindungen** (Bild **5.80**) gilt ebenfalls der Grundsatz, dass möglichst große Klebflächen geschaffen werden müssen. Die für die ebenen Nähte gegebenen Hinweise gelten sinngemäß auch für die Nähte der Rohrverbindungen.

Bild **5.81** zeigt einige in der Praxis bewährte Konstruktionen. Auch bei Klebverbindungen ist zu beachten, dass völliges Neukonstruieren häufig besser ist als einfaches Ersetzen z. B. einer Nietstelle durch eine Klebverbindung.

Für alle Nähte setzt man der Einfachheit halber einheitlich Gl. (5.39) für die Spannungsermittlung ein und berücksichtigt exzentrischen Kraftangriff durch Wahl der oberen Grenze der empfohlenen Sicherheitszahl S. Auch die zusätzliche Erhöhung der Tragfähigkeit der Verbindung durch Verschrauben, Vernieten oder Punktschweißen der Enden wird im Allgemeinen in der Rechnung nicht besonders erfasst.

unzweckmäßig	zweckmäßig	Erläuterung
		Blechverbindung
		Vergrößerung der Klebfläche erfolgt durch
		a) Überlappen
		b) Schäften
		c) Überlappung, gefalzt
		d) Überlappung, abgesetzt
		e) Überlappung, doppelt abgesetzt
		f) Laschung, einfach
		g) Laschung, doppelt
		Klebfläche $A = b \cdot l$
		Rohrverbindung
		Vergrößerung der Klebfläche erfolgt durch
		a) Schäften
		b) Stecken
		c) Stecken, ein Teil aufgeweitet
		d) Muffen
		Klebfläche $A = \pi \cdot d \cdot l$
		Stirnverbindung
		Vergrößerung der Klebfläche erfolgt durch
		a) Abbiegen
		b) Verwendung eines speziellen Profils
		c) Stecken in eine Nut
		Eckverbindung
		Abschälen wird vermieden durch
		a) Abwinkeln
		b) Winkelbleche
		c) Genutetes Eckstück
		d) Abwinkeln
		Blechverbindung
		Biegebeanspruchung der Klebefuge. Abschälen wird vermieden durch
		a) Überlappen
		b) Laschen (hier doppelt)

5.80
Gestalten von Klebverbindungen; Fortsetzung s. nächste Seite

5.3 Klebverbindungen

unzweckmäßig	zweckmäßig	Erläuterung
		Falzverbindung Die Klebverbindung ist mechanisch entlastet. Der Klebstoff übernimmt vorwiegend Dichtfunktion.
	a) b) c) d)	**Blechverbindung** Biegebeanspruchung. Abschälen wird vermieden durch a) Zusätzliches Fügemittel (Niet, Schraube, Punktschweißung) b) Umbördeln c) Vergrößern der Steifigkeit d) Örtliches Vergrößern der Fläche

5.80
Gestalten von Klebverbindungen; Fortsetzung

Da die Klebstoffverbindungen mehr oder weniger korrosionsempfindlich sind, müssen die Klebschichten gegebenenfalls durch Schutzlackanstrich vor Feuchtigkeit und anderen Korrosionserregern geschützt werden. Hierbei ist zu beachten, dass auch die Korrosion der Fügeteile sich unter die Klebschicht ausbreiten kann. Angaben über das Korrosionsverhalten der verschiedenen Klebstoffe (physikalisch-chemisches Verhalten) enthalten die Richtlinie VDI 2229 und die Empfehlungen der Klebstoff-Hersteller.

Bei der Auswahl der Klebstoffe ist zu beachten, dass Konstruktionen ähnlich der ineinander gesteckten Rohrverbindung b), Bild **5.80** und der Eckverbindung c), Bild **5.80** nur ohne Spannvorrichtung geklebt werden können; es muss also ein Klebstoff gewählt werden, der ohne Zusammenpressen aushärtet.

Beispiel

Der in Beispiel 1, Abschn. 4 „Nietverbindungen" berechnete genietete Stoß soll geklebt werden.

a) Sofern die Möglichkeit besteht, den Stoß bei etwa 200 °C aushärten zu lassen, kann für einen auf Epoxydharzbasis aufgebauten Klebstoff nach Bild **5.82** die Scherfestigkeit $\tau_{aBK} = 55 \text{ N/mm}^2$ angenommen werden. Rechnet man mit schwellender Beanspruchung, so wird nach Gl. (5.40) die Schwellfestigkeit

$$\tau_{a\text{Sch K}} = \frac{55 \text{ N/mm}^2}{3} = 18 \text{ N/mm}^2$$

Beispiel, Fortsetzung

Bei zwei Scherflächen ist die zur Verfügung stehende Klebfläche
$$A = 2 \cdot 2 \cdot e_1 \cdot b = 2 \cdot 2 \cdot 35 \text{ mm} \cdot 160 \text{ mm} = 22400 \text{ mm}^2$$

Die Sicherheit der Verbindung ist ausreichend:
$$S = \frac{\tau_{a\,Sch\,K}}{\tau_{a\,vorh}} = \frac{\tau_{a\,Sch\,K}}{F/A} = \frac{18 \text{ N}/\text{mm}^2}{140\,000 \text{ N}/22400 \text{ mm}^2} = 2{,}9$$

Das Überlappungsverhältnis $ü = l/s = 2 \cdot e_1 / s = 70/10 = 7$ ist zwar kleiner als der Richtwert, von einer Vergrößerung wird aber abgesehen, weil die Sicherheit ausreicht. Die Laschen werden jedoch, da sie nicht durch Nieten geschwächt werden, nur 5 mm dick gestaltet. Die Konstruktion wird also leichter. Auch hier müsste geprüft werden, ob im Hinblick auf die gesamte Konstruktion, in der sich der Stoß befindet, der Flachstab schmaler ausgeführt werden könnte, weil der Werkstoff wegen der fehlenden Nietschwächung ebenfalls geringer belastet ist als bei der Nietkonstruktion. In diesem Fall müsste dann die Klebfläche in ihren Abmessungen, also in der Länge, geändert werden.

b) Für einen bei Raumtemperatur aushärtenden Klebstoff mit $\tau_{a\,B\,K} = 30$ N/mm² ergibt sich die folgende Sicherheit, die als nicht ausreichend zu bewerten ist:
$$S = 2{,}9 \cdot \frac{30 \text{ N}/\text{mm}^2}{55 \text{ N}/\text{mm}^2} = 1{,}6$$

Ausführlicher Rechnungsgang:
$$\tau_{a\,Sch\,K} = \tau_{aBK}/3 = \frac{30 \text{ N}/\text{mm}^2}{3} = 10 \text{ N}/\text{mm}^2$$

$$S = \frac{\tau_{a\,Sch\,K}}{\tau_{a\,vorh}} = \frac{10 \text{ N}/\text{mm}^2}{140\,000 \text{ N}/22400 \text{ mm}^2} = 1{,}6$$

Setzt man $ü = l/s = 2 \cdot e_1/s = 10$, also $l = 100$ mm, so ergibt sich eine ausreichende Sicherheit:
$$S = \frac{10 \text{ N}/\text{mm}^2}{140\,000 \text{ N}/(2 \cdot 10 \text{ mm} \cdot 160 \text{ mm})} = 2{,}3 \qquad \blacksquare$$

5.3 Klebverbindungen

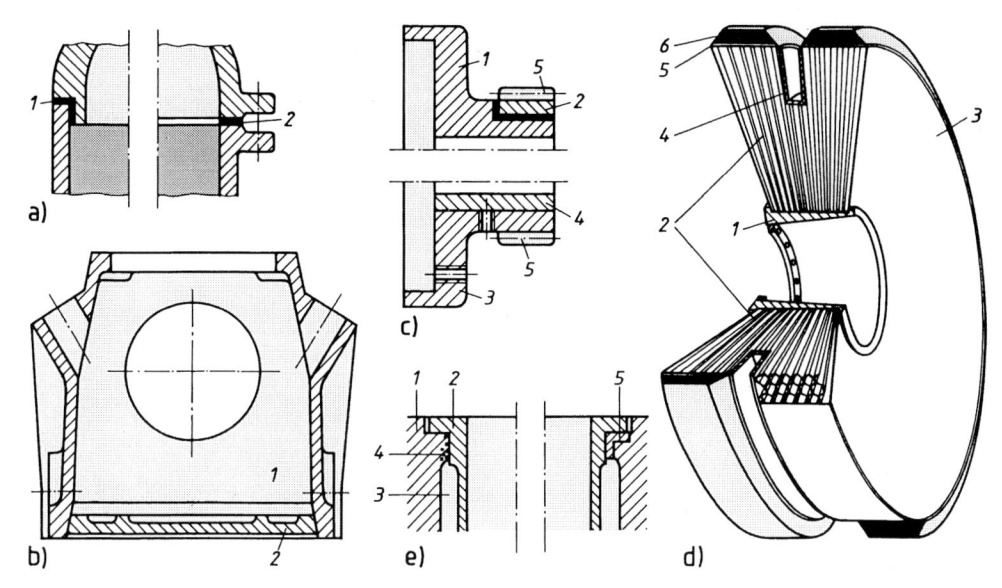

5.81
Ausgeführte Konstruktionen [2] (Klebschichtdicke vergrößert dargestellt)

a) Absperrschieber-Gehäuse (Fa. Döring GmbH, Sinn)
   linke Bildhälfte: geklebte Ausführung
   1 Klebfuge; Reparaturen durch Lösen bei 300 °C möglich
   rechte Bildhälfte: bisherige Bauart
   2 Dichtung

b) Kurbelgehäuse eines Kompressors (Fa. Westinghouse Bremsen GmbH, Hannover)
   1 Druckgussgehäuse
   2 eingeklebter Boden

c) Schaltmuffe
   untere Bildhälfte: bisherige Ausführung
   3 Grundkörper aus St, Verzahnung auf Stoßmaschine hergestellt
   4 Gleitlagerbuchse aus GG
   obere Bildhälfte: geklebte Ausführung, Fertigungskosten um 50% gesenkt
   1 Grundkörper aus GG
   2 aufgeklebtes Ritzel aus St, Verzahnung durch Abwälzfräsen hergestellt

d) Laufrad für Gleiskettenfahrzeug (Fa. Neodyne Corp., Waukesha, WI)
   1 eingeklebte Nabe aus EN AC-AlSi6Cu4
   2 Wabenkern aus 0,8 mm dicken gewellten, miteinander verklebten Blechscheiben aus AlMg3Si
   3 auf den Kern beiderseits aufgeklebte Scheiben zum Schutz des Kerns aus AlMg3Si
   4 eingeklebte Verschleiß- und Gleiskettenführungsringe aus St gehärtet
   5 auf den Kern geklebte Felgenbänder aus AlMg3Si
   6 Gummibandagen als Lauffläche

e) Reparatur an einem Kurbelgehäuse eines Dieselmotors für ein Großfahrzeug
   1 Kurbelgehäuse, Werkstoff EN AC-AlSi10Mg
   2 Zylinderlaufbuchse
   3 Kühlwasserraum
   4 Kavitation an der Zylinderlaufbuchsenaufnahme durch Relativbewegung zwischen 1 und 2; dadurch Schwächung der Auflage und Kühlwasserverlust
   5 Eingeklebter Ring als Reparaturlösung. Werkstoff Cr-Ni-Stahl. Die schadhaften Zonen im Gehäuse wurden ausgedreht.

Chemische Basis	Härtungsbedingungen Druck in N/mm²	Härtungsbedingungen Temperatur in °C	Scherfestigkeit τ_{aBK} [1]) der Klebverbindung in N/mm²	Betriebs- temperatur in °C	Fügeteil-Werkstoff
Polyester	Kein Zusammenpressen nötig, wenn Anlegen und Fixieren	13 ... 23	Al-Al 15 ... 20	−70 ... +140	Metalle, Duroplaste, Glas, Keramik
Vinyl- bzw. Methacrylharze		20 ... 80	35	... +100	Metalle, Duroplaste, Keramik
Epoxydharz		20 ... 250	Al-Al 7 ... 27 ... 35 St-St 18 ... 30 ... 55	−60 ... +80 ... +110	Metalle, Verbindungen von Werkstoffen verschiedener Ausdehnung (Duroplaste, Glas, Keramik)
Kunstkautschuk		150 ... 250	10	... +200	Metalle, Gummi, Duroplaste, Glas
Epoxydharz	0,2	100 ... 260	Al-Al 25 ... 35	−55 ... +150	Metalle, Keramik
Kunstkautschuk	0,3 ... 0,5	100 ... 180	speziell f. Bremsbeläge bei 20 °C 10 bei 200 °C 5	... +250	Metalle, Verbindungen von Werkstoffen verschiedener Ausdehnung
	1,0	160 ... 180	3 ... 29	−45 ... +260	Metalle, Holz-Metall
Phenolharz	0,2 ... 0,3	150 ... 200	Al-Al 38	... +90	Metalle, Keramik, Duroplaste
	0,07 ... 0,7	140 ... 155	Al-Al 20	−60 ... +350	Metalle
modifiziertes Phenolharz	0,3 ... 2,0	145 ... 165	Al-Al 14 ... 38	−50 ... +90	Metalle, Metalle-Holz Metall-Bremsbeläge
Phenol-Polyvinyl formal	0,07 ... 1,5	145 ... 180	Al-Al 30	−60 ... +300	Metalle-Gummi, Duroplaste, Holz, Metalle-Bremsbeläge

[1]) Scherfestigkeitswerte gelten für $\delta = (0{,}05 \cdots 0{,}25)$ mm und 20 °C Betriebstemperatur. Sie sind abhängig von Härtungstemperatur und -dauer und untereinander nur grob vergleichbar. Nähere Angaben enthalten die VDI-Richtlinie 2229 und die Schriften der Hersteller.

5.82
Klebstoffe [6]

Literatur

[1] Brockmann, W.; Draugelates, U.: Phys. und technolog. Eigenschaften von Metallklebstoffen und ihre Bedeutung für das Festigkeitsverhalten von Metallklebverbindungen. DFBO-Mitteilungen (1968) H. 14.

[2] Eichhorn, F.; Hahn, O.: Das Festigkeitsverhalten von Metallklebverbindungen mit warmfesten Klebstoffen. DFBO-Mitteilungen (1970) H. 2.

[3] Endlich, W.: Kleb- und Dichtstoffe in der modernen Technik. 3. Aufl. Essen 1990.

[4] Käufer, H.: Konstruktive Gestaltung von Klebungen zur Fertigungs- und Festigkeitsoptimierung. Z. Konstruktion 36 (1984) H. 10.

[5] Klein, M.: Einführung in die DIN-Normen. 13. Aufl. Stuttgart 2001.

[6] Muschard, W. D.: Klebgerechte Gestaltung einer Welle-Nabe-Verbindung. Z. Konstruktion 36 (1984) H. 9.

[7] VDI-Richtlinie 2229: Metallklebverbindungen. Hinweise für Konstruktion und Fertigung.

[8] VDI-Richtlinie 3821: Kunststoffkleben.

6 Reib- und formschlüssige Verbindungen

6.1 Reibschlüssige Verbindungen

DIN-Blatt Nr.	Ausgabe-datum	Titel
254	10.00	Geometrische Produktspezifikationen (GPS) - Kegel
268	9.74	Tangentkeile und Tangentkeilnuten für stoßartige Wechselbeanspruchungen
271	9.74	Tangentkeile und Tangentkeilnuten für gleichbleibende Beanspruchungen
748 T1	1.70	Zylindrische Wellenenden; Teil 1: Abmessungen, Nenndrehmomente
1448 T1	1.70	Kegelige Wellenenden mit Außengewinde; Teil 1: Abmessungen
1449	1.70	Kegelige Wellenenden mit Innengewinde; Abmessungen
6881	2.56	Spannungsverbindungen mit Anzug; Hohlkeile, Abmessungen und Anwendung
6883	2.56	Spannungsverbindungen mit Anzug; Flachkeile, Abmessungen und Anwendung
6884	2.56	Spannungsverbindungen mit Anzug; Nasenflachkeile, Abmessungen und Anwendung
6886	12.67	Spannungsverbindungen mit Anzug; Keile, Nuten, Abmessungen und Anwendung
6887	4.68	Spannungsverbindungen mit Anzug; Nasenkeile, Nuten, Abmessungen und Anwendung
6889	2.56	Spannungsverbindungen mit Anzug; Nasenhohlkeile, Abmessungen und Anwendungen
7190	2.01	Pressverbände; Berechnungsgrundlagen und Gestaltungsregeln

Reibschlüssige Verbindungen werden zur Einleitung von axialen Kräften in Achsen und Wellen oder zur Übertragung von Drehmomenten benutzt.

Zu den reibschlüssigen Verbindungen gehören die Klemmverbindung mit geschlitzter oder geteilter Nabe, die Hohlkeil- und Kegelpressverbindung, die „Schrumpfscheiben", der Längs- und Querpressverband sowie Verbindungen mit federnden Zwischenteilen wie die Ringfeder-Spannelemente, die Ringspann-Sternscheibe, die Spannhülse und die Toleranzringe.

Formelzeichen

$\tilde{A}$	Schenkelquerschnitt
b	tragende Nabenbreite bzw. rechnerische Breite eines Ringspannelementes
D, d	Durchmesser von Nabe bzw. Welle
D_F	Fugendurchmesser
d_m	mittlerer Durchmesser des kegeligen Wellenendes
d_s	Schraubennenndurchmesser
E	Elastizitätsmodul
F	Kraft, allgemein
F_a	Axialkraft
F'_a	– zum Erreichen der Flächenpressung
F_0	– zum Ausgleich des Einbauspiels
F_1	Einpresskraft
F_s	Sprengkraft in der Nabe
F_V	Schraubenvorspannkraft
i	Schraubenzahl
l	Breite des Ringspannelements
l_1, l_2	Hebelarm
p, p', p''	Flächenpressung, Fugendruck
Q_N, Q_H	Durchmesserverhältnis D_i/D_a bzw. d_i/d_a
R_e	Streckgrenze
R^*_e	fiktive Streckgrenze
R_m	Zugfestigkeit
R_p	maximale Profilkuppenhöhe
$R_{p\,0,2}$	0,2-Grenze bei Zug
Rz	gemittelte Rautiefe
S_B, S_F	Sicherheitswert gegen Bruch bzw. Fließen des Werkstoffs
S_k	Zuschlag zu U_h für leichtes Fügen in der Fertigung
S_{max}	Höchstspiel zwischen Ring und Welle bzw. Bohrung bei Ringspannverbindungen
T_A	Anzugsmoment einer Schraube
T, T_{Nenn}	Drehmoment, Nenndrehmoment
$U, \Delta U$	Übermaß, -Verlust
U_h, U_m	Höchst- bzw. Mindestübermaß einer ISO-Passung
Z	nutzbares Haftmaß
z	Zahl der Ringspannelemente
α	Kegelwinkel
α_ϑ	linearer Ausdehnungskoeffizient
β_{kt}	Kerbfaktor bei Torsionsspannungen
ε	Längsdehnung
ε_q	Querdehnung bzw. -kürzung
ϑ, ϑ_0	Temperatur, Raumtemperatur
μ	Querzahl $= \varepsilon_q/\varepsilon$; Reibungszahl
μ_1, μ_q	Reibungszahl für Längs- bzw. Querpresssitze
ξ	bezogenes wirksames Übermaß
ξ_N	bezogene Aufweitung des Außenteils, Nabe
ξ_H	bezogene Zusammendrückung des Innenteils, Hohlwelle, Vollwelle
σ	Normalspannung
σ_v	Vergleichsspannung
ζ	Plastizitätsdurchmesser

Indizes

H	Hohlwelle
N	Nabe
W	Vollwelle
a	für axial, außen, Außenteil, Nabe
el	elastisch
ges	gesamt
i	für innen, Innenteil, Welle
pl	plastisch

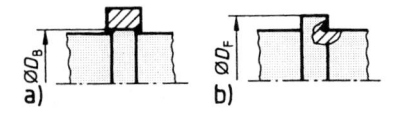

6.1
Aufgeschrumpfter Ring (a) und aus dem Vollen gedrehter Bund (b) D_F, D_B Fugen- bzw. Bunddurchmesser

Die Übernahme axialer Kräfte durch Achsen oder Wellen wird z. B. durch aufgeschrumpfte Ringe (**6.1a**) bewirkt. Deren Vorteil liegt in der Werkstoffersparnis, da der Durchmesser des Halbzeugs nur wenig über dem Fugendurchmesser zu liegen braucht, wogegen bei Ausführen eines Bundes (**6.1b**) von dessen Außendurchmesser ausgehend spanhebend bearbeitet werden muss.

6.1 Reibschlüssige Verbindungen

Beispiele für Drehmomentübertragung durch Reibungsschluss zeigen die Bilder **6.2** bis **6.6**. Reibschluss zwischen Nabe und Achse sowie zwischen Radscheibe und Radkranz, jedoch ohne Drehmomentübertragung, hat sich z. B. bei Schienenfahrzeugen bewährt.

Oft ist die Aufgabe zu lösen, ein Bauteil auf einer zylindrischen Führung leicht und schnell zu verschieben, dabei aber in jeder Lage feststellen zu können (**6.6**). Hier müssen Führungs- und Feststellfunktionen in einem Bauteil vereinigt werden.

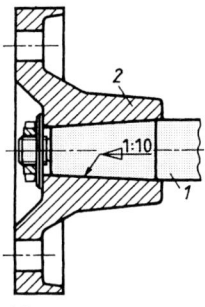

6.2
Kegeliges Wellenende 1 mit Kupplungsnabe 2; Nabenüberstand, um Kerbwirkung zu verringern

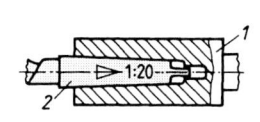

6.3
Werkzeugaufnahme 1 für den Wendelbohrer 2 in einer Bohrmaschine

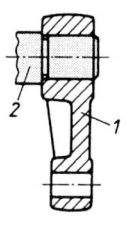

6.4
Längspresssitz eines Hebels 1 auf der Welle 2

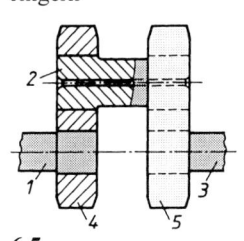

6.5
„Gebaute" Kurbelwelle; Zapfen 1, 2, 3 in Wangen 4, 5 eingeschrumpft

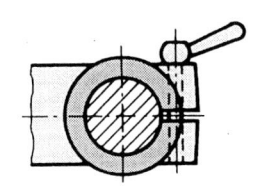

6.6
Klemmverbindung mit geschlitzter Nabe an einer Säule oder Welle

6.1.1 Reibungsschluss

Bei den Reibschlussverbindungen werden die Flächen, an denen sich die zu verbindenden Teile berühren, so fest zusammengepresst, dass die Reibungskraft - auch Haftkraft F_H genannt - einer Verschiebung durch die äußere Kraft (F_U Umfangskraft bzw. F_a Axialkraft) widersteht.

Unter der Annahme einer **gleichmäßig** auf den Umfang $\pi \cdot D$ der Teilfuge verteilten **Flächenpressung p** ergibt sich bei der Kraftübertragung mittels einer geschlossenen (**6.7**) oder enganliegenden geteilten Nabe (**6.8**) die Haftkraft in Umfangsrichtung wie folgt:

$$F_H = \mu \cdot F_N = \mu \cdot p \cdot A = \mu \cdot \pi \cdot D \cdot b \cdot p \qquad (6.1)$$

Hierin ist μ die Reibungszahl der Ruhereibung und b die tragende Nabenbreite. Zur Vereinfachung wird für den Fugendurchmesser D_F der Nenndurchmesser D der Welle gesetzt.

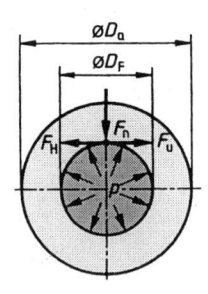

6.7
Kraftübertragung durch Reibungsschluss; alle Kräfte in einem Punkt konzentriert gedacht

$F_n = \pi \cdot D_F \cdot b \cdot p$ auf den Umfang verteilte Anpresskraft (Normalkraft)

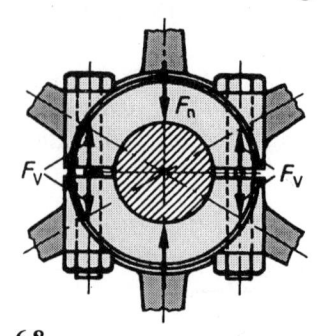

6.8
Klemmsitz mit geteilter Nabe

F_n Anpresskraft, F_V Vorspannkraft einer Schraube, $\Sigma F_V = F_n$

Die Haftkraft F_H muss bei der Drehmomentübertragung größer als die vom äußeren Moment T_{max} herrührende Umfangskraft F_u sein (s. Teil 2 Abschn. Kupplungen und Bremsen). Ebenso muss bei Übertragung von Axialkräften die Haftkraft in Längsrichtung F_{aH} größer als die Axialkraft $F_{a\,max}$ sein, wenn die Verbindung nicht rutschen soll.

$$F_H \geq F_u = 2T_{max}/D \quad \text{bzw.} \quad F_{aH} \geq F_{a\,max} \tag{6.2}$$

Die zur Drehmomentübertragung erforderliche **Anpresskraft** F_n bzw. **Flächenpressung** p ist nach Gl. (6.1) und Gl. (6.2) sowie mit $F_n = p \cdot D \cdot b$ (s. Abschn.2.1 unter Flächenpressung zwischen gewölbten Flächen)

$$\boxed{F_n = \frac{2 \cdot T_{max}}{\mu \cdot \pi \cdot D}} \quad \text{bzw.} \quad \boxed{p = \frac{2 \cdot T_{max}}{\mu \cdot \pi \cdot b \cdot D^2}} \tag{6.3) (6.4}$$

Hieraus ergibt sich das **übertragbare Drehmoment**

$$\boxed{T = \frac{\pi}{2} \cdot \mu \cdot F_n \cdot D} \tag{6.5}$$

Eine über den Umfang überwiegend gleichmäßig verteilte Flächenpressung ist nur durch einen genauen Sitz der Welle in der Bohrung möglich (z. B. leichte Presspassung H8/n7). Die Anpresskraft (Normalkraft) F_n muss bei geteilten Naben durch die Vorspannkraft F_V der Schrauben aufgebracht werden, wobei die Anzahl der Schrauben zu berücksichtigen ist.

Mit **punktförmigem Kraftangriff** ist bei geteilten Naben zu rechnen, wenn ein zu weites Spiel gewählt wird (**6.9**).

6.1 Reibschlüssige Verbindungen

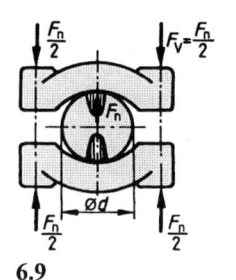

6.9 Klemmsitz mit geteilter Nabe und großem Spiel; punktförmiger Kraftangriff

Das übertragbare Drehmoment

$$T = \mu \cdot F_n \cdot D_F = \mu \cdot p \cdot b \cdot D^2 \quad (6.6)$$

ist um den Faktor $\pi/2$ kleiner als bei der Annahme gleichmäßig verteilter Flächenpressung. Entsprechend wird die vorhandene Flächenpressung $p = T_{max}/(\mu \cdot p \cdot b \cdot D^2)$.

Die weiteren Ausführungen beziehen sich auf die Übertragung von Drehmomenten, gelten jedoch sinngemäß ebenfalls bei axialen Kräften. Um eine sichere Haftung im ungünstigsten Betriebsfall und insbesondere auch bei kurzzeitigen Überlastungen zu gewährleisten, ist in Gl. (6.4) nicht das Nenndrehmoment T_{Nenn}, sondern das Maximaldrehmoment $T_{max} \approx (1{,}2 \ldots 1{,}5) \cdot T_{Nenn}$ eingeführt. Sind besondere Bedingungen der Betriebsart, z. B. starke Momentstöße oder dynamische Zusatzkräfte (z. B. bei Zahnrädern) im Nenndrehmoment nicht erfasst, so wählt man $T_{max} \approx (2 \ldots 4) \cdot T_{Nenn}$ bzw. berücksichtigt die Betriebsart durch den Betriebsfaktor φ (s. unten) und setzt $T_{max} = \varphi \cdot T_{Nenn}$. Als Ruhereibungszahl wird, je nach Art des Fügens, μ_l (Längspresssitz) oder μ_q (Querpresssitz) eingesetzt (Bild **6.10**).

Dampf- und Wasserturbinen, Schleifmaschinen, leichte Betriesstöße $\varphi = 1{,}0 \ldots 1{,}1$

Kolbenmaschinen (Brennkraftmaschinen, Pumpen und Verdichter), Hobelmaschinen; mittelstarke Betriesstöße $\varphi = 1{,}2 \ldots 1{,}5$

Schmiedepressen (Spindel- und Gesenkpressen), Abkantpressen, Kollergänge; starke Betriesstöße $\varphi = 1{,}6 \ldots 2{,}0$

mechanische Hämmer, Walzwerkmaschinen, Steinbrecher; sehr starke Betriesstöße $\varphi = 2{,}0 \ldots 3{,}0$

In der Praxis sind für Gl. (6.1) T_{max} und D meist vorgegebene Werte, wogegen μ, p und b zunächst noch frei wählbar sind; μ hängt von der Werkstoffpaarung sowie vom Schmierzustand und der Rauhtiefe der Fugenoberfläche ab. Günstig sind trockene Oberflächen (evtl. chemisch entfetten) und kleine Rautiefen (durch Feindrehen, Schleifen usw. erzielbar). Die größte zulässige Flächenpressung p_{max} erhält man nach Gl. (6.44), (6.57) und (6.62) aus der zulässigen Spannung für die Wanddicken von Nabe und Welle (evtl. Hohlwelle). Da bei Klemm- und Kegelverbindungen die Flächenpressung mittelbar durch Anziehen von Schrauben erzeugt wird, sind diese Werte von p_{max} nur dann zuverlässig erzielbar, wenn Drehmomentschlüssel verwendet werden. Im allgemeinen verzichtet man aber hierauf und setzt kleinere p_{zul}-Werte ein (Richtwerte für μ und p_{zul} s. Bild **6.10**). Die Mindestnabenbreite ergibt sich dann aus Gl. (6.4) mit D als Fugen- bzw. Nenndurchmesser der Welle bei gleichmäßig verteilter Flächenpressung

$$b_{min} = \frac{2 \cdot T_{max}}{\mu \cdot \pi \cdot D^2 \cdot p_{zul}} \quad \text{mit } \mu = \mu_q \text{ bzw. } \mu_l \text{ (s. Bild } \mathbf{6.10}) \quad (6.7)$$

Werkstoffpaarung	St/St und St/GS			St/GG		St/Al und Mg	St/CuZn
Behandlungsart	Öl	trocken	unterkühlt	Öl	trocken	trocken	trocken
μ_q; [$\mu_l \approx (2/3) \cdot \mu_q$]	0,1 ... 0,2	0,15 ... 0,2	0,1 ... 0,15	0,08	0,1 ... 0,18	0,10 ... 0,15	0,17 ... 0,2
p_{zul} [2]) in N/mm²	50 ... 90 (... 130)			30 ... 50 (... 70)			

[1]) μ_l nur für Längspresssitze und Kegelverbindungen.
[2]) Bei Ringspannverbindungen ist p_{zul} nach den Gl. (6.53) bis (6.56) aus den p'_{zul} Werten für Pressverbindungen unter Berücksichtigung eines Verspannungsfaktors c (s. Abschn. 6.1.4) zu bestimmen.

6.10
Reibungszahlen μ für reibschlüssige Verbindungen [1]) und zulässige Flächenpressung für Klemm- und Kegelsitze

6.1.2 Klemmverbindung

Beim Klemmsitz mit geschlitzter Nabe (**6.6**) wird die Anpresskraft durch Schrauben und beim Klemmsitz mit geteilter Nabe (**6.8**) durch Schrauben, Kegelringe oder Schrumpfringe erzeugt.

Wellen-Naben-Verbindungen mit geschlitzter, durch Schraubenkraft verspannter Nabe werden häufig im Kleinmaschinenbau und in der Feinwerktechnik verwendet. Vorteilhaft sind die einfache Herstellung und Montage und die Eignung für dynamische Belastung.

Die Auslegung von Klemmverbindungen mit einer geschlitzten Nabe kann anhand zweier Modellvorstellungen vorgenommen werden.

1. Ein-Gelenkpunktmodell (6.11): Der Schlitzgrund wird als Gelenk, die beiden Schenkel werden als starre Hebel gedacht. Über die Längen l_1 und l_2 und aus der für die Übertragung des Moments T_{max} erforderlichen Normalkraft bei punktförmigem Kraftangriff $F_n = T_{max} / \mu \cdot D$, s. Gl. (6.6), wird die notwendige **Schraubenkraft** F_V berechnet:

$$F_v = \frac{l_2}{l_1} \cdot F_n = \frac{l_2}{l_1} \cdot \frac{T_{max}}{\mu \cdot D} \tag{6.8}$$

6.11
Klemmsitz mit geschlitzter Nabe

l gedachter Gelenkhebel
F_V Schraubenkraft
F_n Normalkraft

Für den Fall $l_1 = 2 \cdot l_2$ ist $F_V = T_{max} / (2 \cdot \mu \cdot D)$ bzw. das übertragbare Moment

$$T = 2 \cdot \mu \cdot D \cdot F_V \tag{6.9}$$

Bei gleichmäßig auf den Umfang verteilter Flächenpressung erhält man mit Gl. (6.8) die **Schraubenkraft**

$$F_v = \frac{l_2}{l_1} \cdot F_n = \frac{l_2}{l_1} \cdot \frac{2 \cdot T_{max}}{\pi \cdot \mu \cdot D} \tag{6.10}$$

und mit $F_H = \pi \cdot \mu \, F_V \, l_1 / l_2$ das **übertragbare Moment**

$$T = \frac{\pi \cdot l_1}{2 \cdot l_2} \cdot \mu \cdot D \cdot F_v \tag{6.11}$$

und für $l_1 = 2 \cdot l_2$

$$T = \pi \cdot \mu \cdot D \cdot F_V \tag{6.12}$$

6.1 Reibschlüssige Verbindungen

Auf Grund der Eingelenk-Modellvorstellung ergibt sich im engsten Schenkelquerschnitt $A = [(h - D)/2] \cdot b$ eine **Biegespannung** $\sigma_b = M_b/W_b$ mit $M_b = F_V \cdot l_3$ und $W_b = (b/6) \cdot [(D/2) \cdot ((h/D) - 1)]^2 = (A/6) \cdot (D/2) \cdot [(h/D) - 1]$ zu

$$\sigma_b = \frac{12 \cdot l_3 \cdot F_v}{A \cdot D \cdot \left(\dfrac{h}{D} - 1\right)} \qquad (6.13)$$

In diese Gleichung kann die Schraubenkraft F_V nach Gl. (6.8) oder Gl. (6.10) eingesetzt werden. Ist der Schraubendurchmesser bereits gewählt oder vorgegeben, dann wird in die Gleichungen (6.9), (6.11), (6.12) und (6.13) für F_V die zulässige Schraubenvorspannung eingesetzt, wobei die Anzahl der Schrauben zu berücksichtigen ist. Die Größe der Spannung bzw. auch des übertragbaren Momentes werden durch die Wahl des Gelenkpunktes beeinflusst. Unsicher ist seine Lage insbesondere dann, wenn der Schlitz über die andere Seite der Bohrung hinausgeht. Die zulässige Biegespannung wird daher allgemein mit einem hohen Sicherheitsfaktor $S = 2$ festgelegt. Auf Grund folgender Überlegungen ist ein solch hoher Sicherheitsfaktor aber nicht erforderlich, wenn nach Gl. (6.13) gerechnet wird.

Für $l_3 = D$ und $h/D = 1,6...2,0$ ergibt Gl. (6.13) $\sigma_b = (12...20) \cdot F_V/A$. Nach *Eberhard* [7] liefert diese Gleichung (3, 4...5, 7)mal höhere Spannungen als die am Nabenrand gemessenen. Es wird daher ein Anhaltswert für die **größte Randspannung** vorgeschlagen, der sich aus der Vorspannkraft F_V und dem Schenkelquerschnitt A ermitteln lässt:

$$\sigma_{max} \approx 3,5 \cdot \frac{F_v}{A} \qquad (6.14)$$

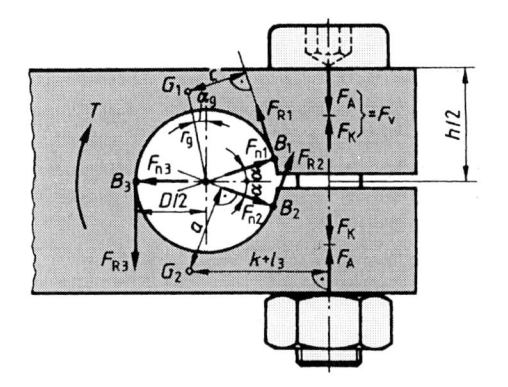

6.12
Kräfte in der Klemmverbindung als Zwei-Gelenkpunktmodell

G_1, G_2 Gelenkpunkte, $B_1 ... B_3$ Berührungspunkte,
F_K Kontaktkraft zur Verformung der Schenkel,
F_V Schraubenkraft, $F_A = F_V - F_K$

Diese Gleichung (6.14) gilt für Abmessungen $h/D = 1,6...2$; $b/D = 0,8...1$ und $l_3/D = 0,8...1$. Vorausgesetzt ist ein mittleres Spiel bei H7/g6, maximale Belastung durch das äußere Moment T_{max}, eine Reibungszahl $\mu = 0,15$ und Nabe sowie Welle aus Stahl. Der mögliche Fehler muss mit ± 30% in Rechnung gesetzt werden. Zur Bemessung der Nabenschenkel muss $\sigma_{max} \leq R_e/S$ sein, mit dem Sicherheitsfaktor $S \approx 1,1...1,5$.

2. Zwei-Gelenkpunktmodell (6.12) [7]: Zur Erzielung leichter Verschieblichkeit der geschlitzten Nabe bei gelöster Klemmschraube kommt nur Spielpassung in Betracht. Das Spiel muss durch Verformung der Schenkel beim Anziehen der Schrauben überwunden werden, wodurch ein Teil der Vorspannung der Schrauben erforderlich ist. Spannungsoptische Untersuchungen sowie die Auswertung von Druckmarken auf den Kontaktflächen ausgeführter Klemmschlitznaben zeigten, dass sich die Flächenpressung auf drei Berührungspunkte $B_1 ... B_3$ konzentriert (**6.12**). Auf Grund dieser Feststellung wurde für die Berechnung der Spannung am Nabenrand sowie der Normalkräfte F_n in den Berührungspunkten das Zweigelenkpunktmodell eingeführt. Die Punkte G_1 und G_2 sind hierbei die Gelenkpunkte, um die sich beide Nabenschenkel bei der Überwindung des Spiels bis zur Anlage frei drehen können. Das übertragbare Drehmoment ergibt sich aus der Summe der drei Normalkräfte $F_{n1} ... F_{n3}$, multipliziert mit dem halben Bohrungsdurchmesser $D/2$ und der Reibungszahl μ.

$$T = \mu \cdot (D/2) \cdot (F_{n1} + F_{n2} + F_{n3}) \qquad (6.15)$$

Die Normalkräfte F_{n1} und F_{n2} ergeben sich aus der Gleichung $F_n = [F_A \cdot (k + l_3)/a]$ mit der Kraft F_A aus der Differenz von Schraubenvorspannung F_V und Kontaktkraft F_K: $F_A = F_V - F_K$. Die Kontaktkraft wird zur Verformung der Schenkel benötigt. Sie ist vom Spiel und vom Nabenquerschnitt abhängig (Angaben s. [7]). Die Normalkraft F_{n3} berechnet man mit dem Berührungswinkel α nach der Gleichung $F_{n3} = (F_{n1} + F_{n2}) \cdot \cos \alpha$.

Ohne Berücksichtigung der Kontaktkraft F_K ergeben sich in Abhängigkeit der Schraubenvorspannung F_V aus dem Momentengleichgewicht um G_1 und G_2 für die Normalkräfte (**6.11**) $F_{n1} = [F_V \cdot (k + l_3)/(a + \mu \cdot c)]$ und $F_{n2} = [F_V \cdot (k + l_3)/(a - \mu \cdot c)]$ mit $k = \sin \alpha_g \cdot r_g$; $a = \cos(\alpha - \alpha_g) \cdot r_g$ und $c = (D/2) - \sin(\alpha - \alpha_g) \cdot r_g$.

Wegen des aufwändigen Berechnungsganges, der zur Ermittlung der Gelenkpunkte G notwendig ist, wird folgende **überschlägige Berechnung** für das übertragbare Drehmoment empfohlen [7]. Sie gilt für Werte $h/D = 1,4...2$; $k \approx (0,05...0,2) \cdot D$ und $l_3 \approx 0,9 \cdot D$ sowie für die dafür ermittelten Normalkräfte $F_{n1,2} \approx 1,5 \cdot F_V$. Unter Berücksichtigung kleiner Winkel α ist die dritte Normalkraft $F_{n3} = F_{n1} + F_{n2}$ und damit $\Sigma F_n \approx 6 \cdot F_V$. Das übertragbare Drehmoment beträgt somit

$$T = \mu \cdot (D/2) \cdot \Sigma F_n = 3 \cdot \mu \cdot D \cdot F_V \qquad (6.16)$$

Vergleiche Gl. (6.5) mit Gl. (6.9) und Gl. (6.11). Unberücksichtigt ist dabei der Verlust durch Überwindung des Spiels. Überschlägig kann dieser Verlust mit 10% der Vorspannung in Rechnung gesetzt werden. Dann beträgt das **übertragbare Drehmoment**

$$\boxed{T = 2{,}7 \cdot \mu \cdot D \cdot F_V} \qquad (6.17)$$

und unter der Annahme einer gleichmäßigen Verteilung über den Umfang mit $F_V = (l_2/l_1) \cdot F_n$ nach Gl. (6.8) die **Flächenpressung**

$$\boxed{p = \frac{l_1}{l_2} \cdot \frac{T}{2{,}7 \cdot \mu \cdot b \cdot D^2}} \qquad (6.18)$$

6.1 Reibschlüssige Verbindungen

Beispiel 1
Der Hebel aus S275J2G3 (St44-3) eines Steuergestänges soll mittels Klemmverbindung (**6.11**) auf einer Welle mit Spielpassung befestigt werden.

Gegeben: Welle aus E335 (St60-2) mit D = 20 mm; Nabenhöhe h = 40 mm, Breite b = 25 mm, die Längen $l_3 = 0{,}9 \cdot D$ = 18 mm, $l_2 = 1{,}2 \cdot (D/2)$ = 12 mm, $l_1 = l_2 + l_3$ = 30 mm; eine Schraube M8 der Festigkeitsklasse 6.9 mit $F_{V\,zul}$ = 14200 N (s. Abschnitt 7).

Fragen
1. Wie groß ist das übertragbare Drehmoment T bei voller Ausnutzung der zulässigen Schraubenvorspannung F_{Vzul}?
2. Ist die vorhandene Schenkelspannung zulässig?
3. Ist die vorhandene Flächenpressung zulässig?
4. Ist die Torsionsspannung in der Welle zulässig?

Lösung
1. **Ohne** Berücksichtigung von 10% Vorspannungsverlust zur Überwindung des Spiels ist nach Gl. (6.17) mit μ = 0,15 das übertragbare Drehmoment

$$T = 2{,}7 \cdot \mu \cdot D \cdot F_V = 2{,}7 \cdot 0{,}15 \cdot 20 \text{ mm} \cdot 14\,200 \text{ N} = 115\,020 \text{ Nmm}.$$

2. In dem engsten Schenkelquerschnitt $A = [(h - D)/2] \cdot b = [(40 - 20)\text{mm}/2] \cdot 25$ mm = 250 mm² ist nach Gl. (6.14) $\sigma_{max} \approx 3{,}5 \cdot F_V/A = 3{,}5 \cdot 14\,200 \text{ N}/250 \text{ mm}^2 = 199 \text{ N/mm}^2$. Bei Berücksichtigung eines Fehlers von ± 30% wird σ_{max} = (139 ... 259) N/mm². Mit der Streckgrenze R_e = 265 N/mm² aus der Bild **1.7** für S275J2G3 (St44-3) ist die Sicherheit $S = R_e/\sigma_{max}$ = 265/(139...259) = 1,9...1,02. Die vorhandene Schenkelspannung ist somit noch zulässig.

3. Die Flächenpressung ergibt sich mit Gl. (6.18)

$$p = \frac{l_1}{l_2} \cdot \frac{T}{2{,}7 \cdot \mu \cdot b \cdot D_2} = \frac{30}{12} \cdot \frac{115\,020 \text{ N/mm}}{2{,}7 \cdot 0{,}15 \cdot 25 \text{ mm} \cdot 20^2 \text{ mm}^2} = 71 \text{ N}/\text{mm}^2$$

Die zulässige Flächenpressung p_{zul} = 75 N/mm² nach Bild **6.10** wird damit nicht überschritten.

4. Die Torsionsspannung ist nach Gl. (2.14)

$$\tau_t = T/W_t = 16 \cdot 115\,020 \text{ Nmm} / (\pi \cdot 20^3 \text{ mm}^3) = 73{,}22 \text{ N/mm}^2$$

Legt man für E335 (St60-2) als Grenzspannung die Schwellfestigkeit τ_{tsch} = 220 N/mm² aus dem Bild **1.7** zugrunde, so erhält man als ausreichende Sicherheit

$$S = \tau_{tsch} / \tau_t = 220 / 73{,}22 \approx 3.$$ ∎

6.1.3 Kegelverbindung

Ersetzt man den Fugendurchmesser D_F (**6.7**) durch den mittleren Kegeldurchmesser d_m (**6.13**), so gelten die Gl. (6.3) bis (6.7) auch für Kegelverbindungen. Allerdings steht jetzt die Normalkraft F_n nicht mehr senkrecht zur Wellenachse, sondern zur Kegelmantellinie. Die Flächenpressung wird durch eine in axialer Richtung auf die Nabe wirkende Kraft F_a erzeugt. Aus (**6.13**) ergibt sich mit $F_w = F_n/\cos\rho = F_u/(\mu_1 \cdot \cos\rho)$

$$F_a = \frac{F_u}{\mu_1 \cdot \cos\rho} \cos\left[\left(90 - \frac{\alpha}{2}\right) - \rho\right] \tag{6.19}$$

Nach Umformen und Einsetzen von $F_u = 2 \cdot T/d_m$ erhält man die **Mindest-Axialkraft**

$$\boxed{F_{a\,min} = \frac{2T_{max}}{d_m} \cdot \frac{\sin\alpha/2 + \mu_1 \cdot \cos\alpha/2}{\mu}} \tag{6.20}$$

Für den Normkegel 1:10 (DIN 254) und $\mu_1 = 0{,}1$ errechnet man die durch Schrauben zu erzeugende Axialkraft nach der Zahlenwertgleichung

$$F_{a\,min} = \frac{20 \cdot T_{max}}{d_m} \cdot 1{,}4987 \tag{6.21}$$

$$\approx 30 \cdot \frac{T_{max}}{d_m}$$

in N mit T_{max} in Ncm und d_m in mm.

Der Spannungsnachweis erfolgt wie bei Querpressverbindungen (Gl. (6.35)) mit $Q_N = d_m/D_a$ und $p = p_{zul}$

$$\sigma_{vi\,N} = 2 \cdot p \cdot \frac{1}{1 - Q_N^2} \leq \sigma_{zul} \tag{6.22}$$

Aus Gl. (6.7) wird mit d_m die Nabenlänge b_{min} bestimmt. Sie entspricht hier der tragenden Nabenbreite b bzw. der Höhe des tragenden Kegels. Wegen der Kerbwirkung muss die Nabe über das Kegelende hinausstehen. (Kegelwinkel α siehe Bild **6.14**).

Die Einleitung der axialen Kraft F_a bei kegeligen Wellenenden (**6.13**) geschieht meist über Gewindezapfen mit Feingewinde. Als Mutter wird wegen ihrer geringen Höhe häufig eine Nutmutter nach DIN 1804 mit Sicherungsblech (DIN 462) benutzt. Oft ist eine Druckscheibe notwendig, um die Flächenpressung zu begrenzen. Der Gewindezapfen des Wellenendes wird am Gewindeende hinterdreht. Das zur Erzeugung der axialen Kraft F_a erforderliche Anziehdrehmoment an der Mutter kann nach Gl. (7.15) bestimmt werden (s. Abschn. Schraubenverbindungen). Die Verwendung einer Passfeder im reibschlüssigen Kegel-Wellenende ist in der Regel nicht sinnvoll, da die Nabennut eine scharfe Kerbe darstellt. Außerdem soll im Sinne ei-

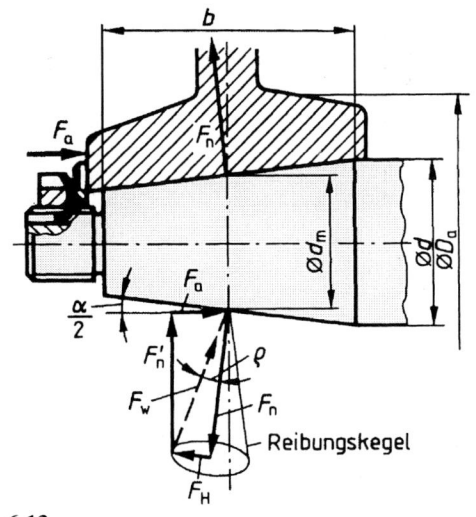

6.13
Kräfte an einem kegeligen Wellenende, in einem Punkt konzentriert gedacht. Nabe unter der Mittellinie nicht dargestellt; α Kegelwinkel, $F_H = F_U = \mu \cdot F_n = \tan\rho \cdot F_n = \mu_1 \cdot F_n$. Dabei wirkt $F_u \perp$ zur Zeichenebene am Umfang von d_m. Annahme: Reibungszahlen der Längs- und Querrichtung sind gleich groß, $\mu_l = \mu_q$

ner eindeutigen Konstruktion das Drehmoment entweder durch Kraft- oder aber durch Formschluss übertragen werden.

Kegel-Steigung	Kegelwinkel α		Anwendung
7:24 (1:3,429)	16°35'40''	16,594°	Steilkegel für Frässpindelköpfe DIN 2079 und Fräswerkzeuge DIN 2080
1:5	11°25'16''	11,421°	leicht abnehmbare Maschinenteile bei Beanspruchung quer zur Achse und auf Verdrehung; Spurzapfen, Reibungskupplungen, Bohrung von Keilriemenscheiben, Schleifscheibenbefestigungen, Absperrkegel für Ventile im Schiffbau, Kegeldichtungen zu Tankanlagen, Schlauchanschlussteile für Druckluftwerkzeuge, Glaskegelschliffe.
1:10	5°43'30''	5,725°	Maschinenteile bei Beanspruchung quer zur Achse, auf Verdrehung und längs der Achse; kegelige Wellenenden, nachstellbare Lagerbuchsen, Gesenkfräser, Nietlochreibahlen, Glaskegelschliffe, Injektionsgeräte
1:20	2°51'52''	2,864°	metrische Kegel, Werkzeugkegel nach DIN 228, Werkzeugschäfte u. Aufnahmekegel der Werkzeugmaschinenspindeln; metrisches, kegeliges Feingewinde für Lötgeräte. Reibahlen: DIN 205, DIN 1896, Lehren: DIN 234, DIN 235, DIN 2221, DIN 2222

6.14
Kegel mit kreisförmigem Querschnitt nach DIN 254

6.1.4 Spannverbindung

Reibschlüssige, lösbare Spannverbindungen werden auf glatten, ungenuteten Wellen und in durchgehend glatten Nabenbohrungen eingesetzt und verspannt. Sie können große Drehmomente und Axialkräfte spielfrei bei Wechselbeanspruchung mit hoher Rundlaufgenauigkeit übertragen. Diese Art der Welle-Nabe-Verbindung wurde in vielen Varianten entwickelt, die ein schnelles Wechseln von Teilen auf Wellen und Einstellen der Teile an jeder gewünschten Stelle ermöglichen. Auch wegen der geringen Kerbwirkung und der Materialersparnis bietet sich ihr Einsatz dort an, wo bisher Schrumpfsitze, Keil-, Passfeder- und Polygonverbindungen sowie Vielkeilprofile angewendet wurden.

Ringspann-Verbindung. Diese reibschlüssige Verbindung beruht auf dem Prinzip der Ringfeder. Durch gegenseitiges axiales Verspannen der beiden geschlossenen Ringe in Bild **6.15** entstehen in diesen hauptsächlich tangentiale Zug- und radiale Druckspannungen, die Erweiterungen bzw. Verengungen der Durchmesser bewirken. Setzt man ein Ringpaar oder mehrere derartige Ringpaare zwischen glatte zylindrische Wellen und Bohrungen, so lässt sich mit der Axialkraft F_a eine hohe Flächenpressung in den Fugen erzielen, die die Übertragung großer und auch ungleichförmiger Drehmomente ermöglicht.

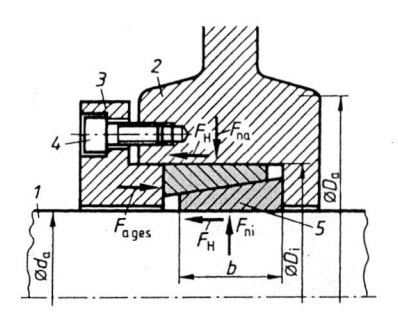

6.15
Kräfte an einer Ringspann-Verbindung mit einem Spannelement

Nabenseitige Verspannung
1 Achsen oder Welle   4 Spannschraube
2 Nabe   5 Spannelement
3 Spannring
(Indizes: a Außen- bzw. Axial-, i Innen-, H Haft-, n Normal-)

6.16
Vier-Element-Ringspann-Verbindung mit wellenseitiger Verspannung, vereinfacht dargestellt. Moment je Element $T = c \cdot T_1$

Verspannungsfaktor c:
Wellenseitige Verspannung $c = 0{,}6$
Nabeseitige Verspannung $c = 0{,}8$

Die Höhe des übertragbaren Drehmoments ist durch die ertragbare Flächenpressung des Wellen- und Nabenwerkstoffes, also durch R_e bzw. R_m, und durch die Torsionswechselfestigkeit τ_{tW} bzw. die Torsionsschwellfestigkeit τ_{tsch} der Welle begrenzt. Wegen der geringen Kerbwirkung ($\beta_{kt} = 1{,}1...1{,}3$) erreicht diese Verbindung 75 bis 90% der Torsionswechselfestigkeiten glatter Wellen. Bei Verwendung von z hintereinander geschalteten gleichen Ringpaaren (Bild **6.16**) übertragen diese die Kraft nicht gleichmäßig; infolge der Reibungsverhältnisse tritt eine Abnahme der Flächenpressung und somit des Kraftschlusses ein, die etwa gemäß der Normreihe R40/12 mit dem Stufensprung 2 verläuft. Eine Erhöhung der Zahl der Elemente über $z = 4$ bringt dem gemäß keinen nennenswerten Gewinn.

Das durch das erste Ringelement (Bild **6.16**) übertragbare Drehmoment ist

$$T_1 = T_{max} \cdot (1-0{,}5)/(1-0{,}5^z) \tag{6.23}$$

Die erforderliche tragende Innenringbreite eines Elementes wird

$$b = \frac{2 \cdot T_1}{\mu_q \cdot \pi \cdot d_a^2 \cdot p_{zul}} \leq l \tag{6.24}$$

Hierin ist l die wahre Breite des Elements, s. Bild **6.17**. Ist die gesamte Nabenbreite gleich der Breite eines Elements, so gelten für p_{zul} die Werte von p'_{zul} in Gl. (6.53) bis (6.55). Da die Nabenbreite jedoch praktisch meist größer ist, verringern sich die auftretenden Spannungen, so dass die Flächenpressung höher gewählt werden kann: $p_{zul} \approx p'_{zul}/c$ mit $c \approx 0{,}6$ bei wellenseitiger (Bild **6.16**) und $c \approx 0{,}8$ bei nabenseitiger Verspannung (Bild **6.15**). Diese Werte gelten auch bei mehreren Elementen, da sich p_{zul} auf das erste Element als das höchstbelastete bezieht. Für die Reibungszahl bei trockenen Oberflächen und $Rz \leq 6$ µm gilt $\mu_q \leq 0{,}15$. Den Verlauf der Druckspannung σ_d in Folge der Flächenpressung, der Torsionsspannung τ_t und der für

6.1 Reibschlüssige Verbindungen

den qualitativen Vergleich durch Addition zusammengesetzten Spannung σ_v in der Welle einer Vier-Elemente-Verbindung zeigt Bild **6.16**. Bemerkenswert ist die hohe Flächenpressung am ersten Ringelement sowie der allmähliche Abfall bis zum letzten Element, also der günstige Spannungsübergang zur Welle hin als der Stelle des Drehmomenteintritts in die Nabe (s. auch Abschn. 10.3.1, Kräfte in einer Weichpackungsstopfbuchse).

Im Gegensatz zur Kegelverbindung muss hier die Axialkraft $F_{a\,ges}$ unterteilt werden in einen Anteil F_0 zum Ausgleich des Einbauspiels der Ringe und eine Kraft F'_a, die die Flächenpressung bewirkt:

$$F_{a\,ges} = F_0 + F'_a \qquad (6.25)$$

Nach Angaben des Herstellers gilt für den Spielausgleich die Zahlenwertgleichung

$$F_0 \approx 277000 \cdot l \cdot S_{max} \cdot (D_i - d_a)/(D_i + d_a) \quad \text{in N} \qquad (6.26)$$

mit l, D_i, d_a in mm und S_{max} in mm als Höchstspiel zwischen Ring und Welle bzw. Bohrung (s. Abschn. 3). Die Kraft F'_a ergibt sich aus der Größengleichung

$$F'_a = \mu_q \cdot \pi \cdot d_a \cdot l \cdot p_{vorh}/0{,}36 \qquad (6.27)$$

Das Schlüsselanzugsmoment für i Schrauben mit dem Durchmesser d_s ist

$$T_A \approx 0{,}26\, F_{a\,ges} \cdot d_s/i \qquad (6.28)$$

Für die Auslegung der Schrauben setzt man $F_{a\,ges}/i = F_V = F_{max}$ (s. Abschn. 7) und wählt als Festigkeitsklasse der Schrauben 8.8 oder 10.9.

Bei der Ringfederspannverbindung unterscheidet man wellen- und nabenseitige Verspannung. Bei der ersteren, Bild **6.16**, darf in Folge der geringeren Spannung des letzten Elements der Wellenbund sehr klein sein oder auch durch einen Sicherungsring (DIN 471) ersetzt werden. Bei der vorzugsweise zu verwendenden nabenseitigen Verspannung (**6.15**, **6.18a**) erfolgt die Verspannung durch mehrere Schrauben, die kreuzweise mit einem Drehmomentschlüssel angezogen werden. Auch hier kann das letzte Element durch einen Bund oder einen Sicherungsring (DIN 472) festgelegt werden. Bei längeren Naben ist ein Distanzstück (**6.18b**) für symmetrische Auflage zweckmäßig. Es ist darauf zu achten, dass der Druckflansch stets am Außenring des ersten Elements angreift und dass der Drehmomenteintritt am letzten Element mit der kleinsten Flächenpressung erfolgt. Als Passungen werden empfohlen: Zwischen Welle und Innenring bzw. Außenring und Bohrung für $d_a \leq 38$ mm E7/h6 bzw. H7/f7, für $d_a > 38$ mm E8/h8 bzw. H8/e8. Bild **6.17** zeigt eine Auswahl von Ringfeder-Spannelementen.

Eine Vielzahl verschiedenartig gestalteter Fertig-Spannsätze (**6.19**) und (**6.20**) ermöglicht wirtschaftliche Anwendungen. Beim Spannsatz nach Bild (**6.19**) werden geschlitzte Innen- und Außenringe mit Hilfe der Spannschrauben und Druckringe nach außen gegen die Nabe und nach innen gegen die Welle gedrückt.

Ringfeder-Spannelemente												Ringfeder-Spannsätze							
d	D	L	l	d	D	L	l	d	D	L	l	d	D	L	l	d	D	L	l
9	12	4,5	3,7	40	45	8	6,6	70	79	14	12,2	30	55	20	17	90	130	28	24
:	:	:	:	42	48	8	6,6	71	80	14	12,2	35	60	20	17	95	135	28	24
20	25	6,3	5,3	45	52	10	8,6	75	84	14	12,2	40	65	20	17	100	145	30	26
22	26	6,3	5,3	48	55	10	8,6	80	91	17	15	45	75	24	20	110	155	30	26
25	30	6,3	5,3	50	57	10	8,6	85	96	17	15	50	80	24	20	120	165	30	26
28	32	6,3	5,3	55	62	10	8,6	90	101	17	15	60	90	24	20	130	180	38	34
30	35	6,3	5,3	56	64	12	10,4	95	106	17	15	65	95	24	20	140	190	38	34
32	36	6,3	5,0	60	68	12	10,4	100	114	21	18,7	70	110	28	24	150	200	38	34
35	40	7,0	6,0	63	71	12	10,4	110	124	21	18,7	75	115	28	24	160	210	38	34
36	42	7,0	6,0	65	73	12	10,4	120	134	21	18,7	80	120	28	24	170	225	44	38
38	44	7,0	6,0									85	125	28	24	180	235	44	38

d in mm	Toleranzen			
	Welle	Nabe	Spannelement innen	außen
≤ 38	h 6	H 7	E 7	f 7
> 38	h 8	H 8	E 8	e 8

Rautiefen: $Rz ≤ 6$ μm
Ringwerkstoff: Sonderstahl, vergütet

Spannringpaar

Spannsatz

L Einbaulänge; l Anlagebreite des Ringspannelementes (Werksnormen Ringfeder GmbH, Krefeld-Uerdingen)

6.17
Ringfeder-Elemente (Auswahl; Maße in mm)

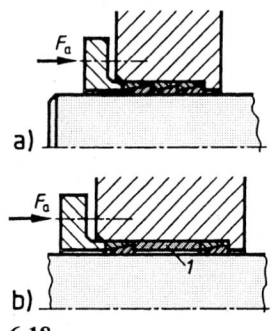

6.18
Nabenseitige Ringspannverbindung
a) für normale Nabenlängen
b) für längere Naben mit Distanzstück 1

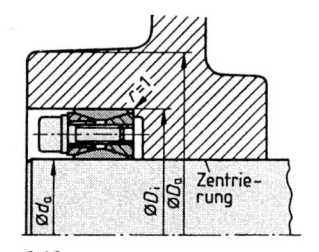

6.19
Verbindung mit Hilfe eines Spannsatzes (Fertig-Einbauteil)

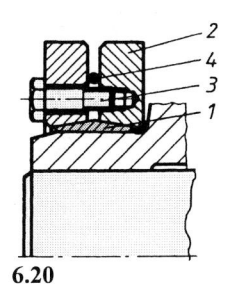

6.1 Reibschlüssige Verbindungen

6.20
Schrumpfscheiben-Verbindung

1 Spannring   3 Spannschrauben
2 Scheiben   4 Dichtung

„Schrumpfscheiben"-Verbindung (6.20). Der ungeteilte, bei manchen Ausführungen auch geteilte, doppelkegelige Spannring 1 wird durch die beiden Außenscheiben 2, die mittels Spannschrauben 3 gegeneinander angezogen werden und sich dabei auf die kegeligen Flächen schieben, gegen die Nabe gedrückt. Die Verformung der Nabe überbrückt das Passungsspiel zwischen Nabe und Welle und ermöglicht das Aufbringen des zur Drehmomentübertragung notwendigen Fugendrucks. Der Dichtungsring 4 verhindert das Eindringen von Feuchtigkeit und Schmutz in den Innenraum des Spannsatzes.

Ringspannscheiben. Die reibschlüssige Verbindung wird durch radiale Verspannung zwischen Welle und Bohrung mittels dünnwandiger, flachkegeliger, elastischer Ringscheiben (Ringspann Albrecht Maurer KG, Bad Hornburg) (6.22) bewirkt. Beim Flachdrücken des Kegels durch eine axiale Betätigungskraft vergrößert sich der Außendurchmesser unter gleichzeitiger Verkleinerung des Innendurchmessers. Die Radialkraft wird hierbei fünf- bis zehnmal größer als die Axialkraft. Durch Anordnung mehrerer Scheiben hintereinander lassen sich große Drehmomente oder Längskräfte übertragen. Die Verbindung ist spielfrei und verursacht keine Unwucht. Sie wird vorteilhaft zur Befestigung u. a. von Riemenscheiben, Kettenrädern, Zahnrädern, Kupplungen, Handrädern, zur winkelgenauen Einstellung von Kurvenscheiben und Hebeln sowie besonders auch bei Spannwerkzeugen für Fertigungszwecke benutzt, Bild **6.23** und **6.24** (s. auch Teil 2 Reibscheibenkupplungen). Maße siehe Bild **6.21**. In der Bohrung festverspannter Werkzeuge, Bild **6.24**, sitzen Ringspannscheiben 1 unter Spannung auf dem Grunddorn 2. Sie dürfen sich weder beim Spannen noch beim Lösen des Werkstücks 3 auf ihrem inneren Sitz verschieben. Die umgekehrte Bauart führt zu einer Spannvorrichtung für ein Werkzeug mit zylindrischem Schaft.

d	D	s	T'_{max}	F'_{ax}	d	D	s	T'_{max}	F'_{ax}	d	D	s	T'_{max}	F'_{ax}
3	14	0,5	4	60	40	62		4000	4000	70	90		13800	7900
⋮	⋮	⋮	⋮	⋮	45	62		5300	4700	75	100		16300	8600
20	37	0,9	830	1660	50	70	1,15	6450	5200	80	100	1,15	18500	9200
25	42	0,9	1270	2040	55	70		8800	6400	85	110		21000	9900
30	52	1,15	2200	2940	60	80		9800	6400	90	110		23800	10600
35	52	1,15	3140	3620	65	90		2000	7400	100	120		30000	12000

übertragbares Gesamtmoment $T_{max} = n \cdot T'_{max}$ n Scheibenzahl/Paket $n_{max} = 16$
notwendige axiale Verspannkraft $F_{ax} = n \cdot F'_{ax}$ d – f 6 bis h 9 D – H 9 bis G 7

6.21
Ringspann-Sternscheiben (Werksnorm der Ringspann Albrecht Maurer KG, Bad Homburg, Auswahl; Maße, Kräfte und Momente in mm, Ncm, N), s. **(6.23)**

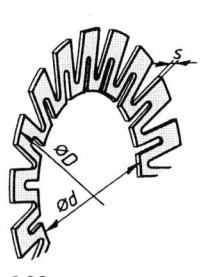

6.22
Flachkegelige Ringspannsternscheibe

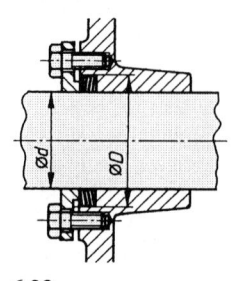

6.23
Befestigung einer Nabe mit Ringspannsternscheiben ($n = 4$)

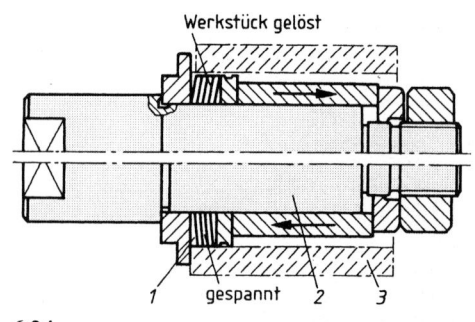

6.24
Festspannen von Werkstücken in ihrer Bohrung

Druckhülsen (6.25) sind durch radiale Ausnehmungen besonders ausgebildete Drehteile aus federhartem Stahl mit zylindrischer Außenfläche und Bohrung sowie ebenen Planflächen. Sie dienen als Kraftschluss-Elemente der genauen und lösbaren Verbindung von Maschinenteilen, beispielsweise Nabe und Welle bei Riemenscheiben, Kupplungen und Zahnrädern. Eine Schwächung des Wellenquerschnitts z. B. durch Nut oder Verzahnung wird vermieden.

6.25
Druckhülsen

a) Außen-Druckhülse
b) Innen-Druckhülse

(Spieth-Maschinenelemente, Esslingen-Zell)

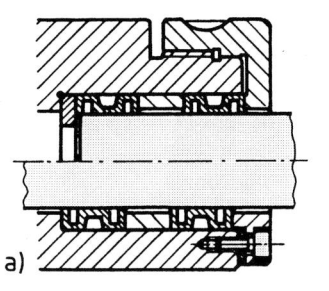

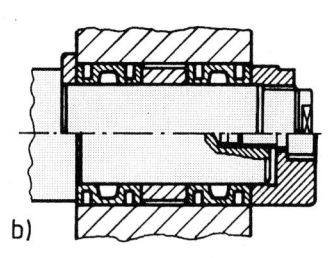

Unter der Einwirkung einer Axialkraft verformt sich die Druckhülse radial nach außen und innen und verspannt die Anschlussteile genau mittig zur Drehachse. Das Drehmoment wird durch Reibung zwischen den verspannten Teilen übertragen.

Je nach Art der Spannungseinleitung unterscheiden sich:

1. Außen-Druckhülse (Spanneinleitung vom Gehäuse ausgehend): **(6.25a)**, **(6.26)**,
2. Innen-Druckhülse (Spanneinleitung von der Welle ausgehend): **(6.25b)**, **(6.26)** und
3. Druckhülsen mit eingebauten Spannschrauben: **(6.27)**.

Druckhülsen werden auch zur Rollspieleinstellung bei Zylinderrollenlagern oder mit kunststoffbeschichteter Bohrungsseite als Führungsbuchse axialbeweglicher Wellen, Säulen, Pinolen usw. sowie in Verbindung mit Innenbuchsen aus Lagerbronze als Gleitlager verwendet.

6.1 Reibschlüssige Verbindungen

Abmessung in mm				Spann-kraft	Übertragbare Kräfte und Momente			
					ADK und IDK		ADL und IDL	
d_1	d_2	K	L	F	T	F_a	T	F_a
H 6	h 5			N	Nm	N	Nm	N
10	15	12	19	18000	10	2350	18	4200
14	20	12	19	18000	18	3300	32	5900
16	22	12	19	18000	24	3750	43	6750
20	32	16	26	22000	65	7000	110	12600
25	37	16	26	22000	100	8700	180	15600
30	42	16	26	22000	150	10400	270	18700
35	52	21	35	32500	230	14100	410	25300
40	56	21	35	32500	290	15850	520	28500
45	68	26	42	60000	430	20800	770	37400
50	72	26	42	60000	520	22600	930	40600

Toleranzfeld der Anschlussteile:
Bohrung H 6 ... H 7
Welle h 5 ... h 6

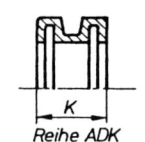

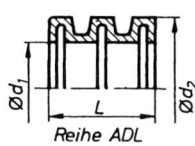

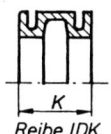

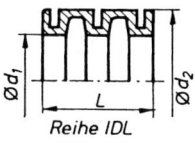

Reihe ADK   Reihe ADL   Reihe IDK   Reihe IDL

6.26
Druckhülsen (Auswahl aus Werksnorm der Spieth-Maschinenelemente GmbH, Esslingen-Zell)

Abmessungen in mm			Spannschrauben				Übertragbare Kräfte		Wellenenden [2]	
d_1	d_2	L	DIN EN	Anzahl	h	T_A	T oder F_a		d	l
[1]	h 5		ISO 4762		mm	Nm	Nm	N	mm	mm
16	32	36	M 4 × 35	6	4	5	130	16 300	16	40
22	42	46	M 5 × 45	5	5	10	290	26 400	22	50
28	48	52	M 5 × 50	6	5	10	550	39 300	28	60
32	55	62	M 6 × 60	5	6	17	800	50 000	32	80
42	72	92	M 8 × 90	5	8	40	2000	95 200	42	110
55	85	92	M 8 × 90	6	8	40	3100	118 000	55	110
60	90	122	M 8 × 120	6	8	40	3550	119 000	60	140
70	100	122	M 8 × 120	6	8	40	4500	129 000	70	140
75	105	122	M 8 × 120	7	8	40	5000	133 000	75	140

[1]) Die Toleranz der Druckhülsenbohrung d_1 ist abgestimmt auf die Wellentoleranz k6 bzw. m6 nach DIN 748. Die Bohrung des aufzunehmenden Teils ist im Toleranzfeld H6 ... H7 auszuführen.
[2]) Toleranzfeld nach DIN 748: bis 48 = k6, ab 55 = m6.

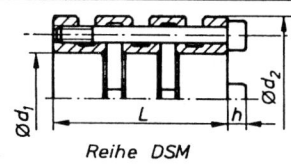

Reihe DSM

6.27
Druckhülse mit eingebauten Spannschrauben (Auswahl aus Werksnorm der Spieth- Maschinenelemente GmbH, Esslingen-Zell)

Hydraulische Dehnhülse. Eine zum Einbau zwischen Welle und Nabe vorgesehene Hülse hat mehrere innen liegende ringförmige Kammern, die über Durchtrittsöffnungen in den Zwischenwänden miteinander verbunden sind. Die Hülse besteht aus einzelnen Ringsegmenten, die mit Epoxidharz miteinander verklebt sind. Werden die Kammern bei der Montage über einen Hochdrucknippel mit Fett gefüllt, so dehnt sich die Hülse aus und verbindet Welle und Nabe kraftschlüssig miteinander.

Toleranzringe aus Federstahl dienen außer zur Drehmomentübertragung auch zum Ausgleich von Fertigungstoleranzen, Fluchtfehlern und von Wärmedehnungen. Sie werden zur Herstellung einer Pressverbindung zwischen Nabe und Welle entweder direkt auf die glatte Welle gesetzt (**6.28a**) oder in eine Welleneinsparung gelegt (**6.28b**). Eine besondere Toleranzring-Ausführung ist für die Lagerung von Wälzlagern geeignet, z. B. für den Einbau zwischen Wälzlageraußenring und Gehäuse.

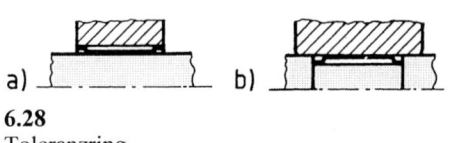

6.28
Toleranzring
a) freier Einbau für System Einheitswelle
b) zentrierter Einbau für System Einheitsbohrung

6.1.5 Pressverbindung

Pressverbände können bei richtiger Auslegung sehr große Drehmomente bzw. Längskräfte zwischen Welle und Nabe übertragen. Sie sind einfach herzustellen.

Je nach Art des Fügens unterscheidet man zwischen Quer- und Längspresssitzen. Längspressverbände (**6.29**) werden durch kaltes Aufpressen der Nabe auf die Welle hergestellt, wobei die Spitzen der Oberflächenrauheiten gewaltsam abgetrennt werden.

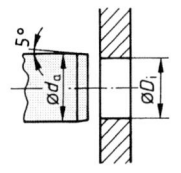

Beim Querpressverband (**6.30**) wird die Nabe so weit erwärmt oder die Welle so stark unterkühlt, dass die Teile sich ohne Zwang fügen lassen; die Verformung der Rauheiten tritt hier allmählich in radialer Richtung ein, ohne dass ein Abtrennen erfolgt.

6.29
Längspressverband vor dem Fügen (schematisch)
$d_a = D_i + U$

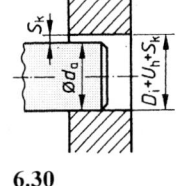

6.30
Querpressverband im Fügezustand, schematisch (Nabe erwärmt)
S_k Zuschlag, s. Gl. (6.72)

Die unterschiedlichen Verhältnisse nach dem Fügen werden durch verschiedene Werte für μ berücksichtigt. Es ist $\mu_l \approx (2/3)\cdot\mu_q$ mit dem Index l für längs und q für quer, Bild **6.10**.

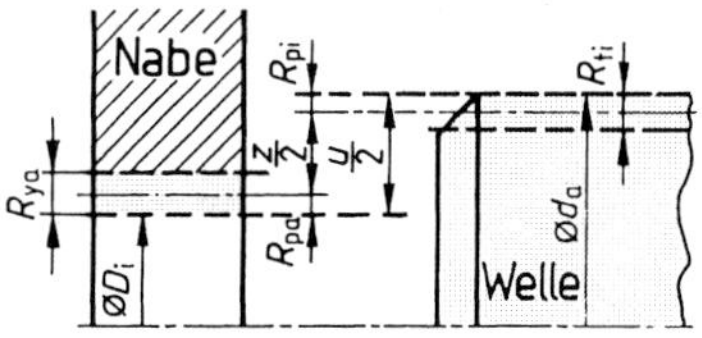

Die durch Pressung zu verbindenden Teile (Welle und Nabe) müssen vor dem Fügen ein Übermaß U aufweisen (**6.31**). Nach dem Fügen ist die Welle zusammengedrückt und die Bohrung aufgeweitet, so dass sich ein neuer Fugendurchmesser D_F einstellt. Seine Größe hängt von der Elastizität bzw. auch von der Plastizität der beiden Werkstoffe der Verbindungsteile ab.

6.31
Übermaßpassung eines Pressverbandes vor dem Fügen (schematisch)
$R_{pi} = \Delta U_i / 2$, $R_{pa} = \Delta U_a / 2$

6.1 Reibschlüssige Verbindungen

Hauptaufgaben beim Auslegen von Pressverbänden. Üblicherweise geht man vom zu übertragenden Drehmoment oder von der geforderten Haftkraft in axialer Richtung aus. Bei bekannter Reibungszahl μ in der Fugenfläche und einer geforderten Sicherheit S gegen Durchrutschen lässt sich der erforderliche Mindest-Fugendruck p_{min} ermitteln, s. Gl. (6.51) und Gl. (6.52). Mit dem erforderlichen Fugendruck p_{min} wird dann das Mindest-Übermaß U_{min} festgelegt, das die Presspassung vor dem Fügen haben muss.

Zur Festlegung der Toleranzen für Welle und Nabe bzw. zur Wahl der Passung (s. Abschn. 6.1.5.2) wird außer U_{min} noch das größte zulässige Übermaß U_{max} benötigt, das von der zulässigen Fugenpressung $p_{zul} < p'$ abhängt; p' ist der Fugengrenzdruck, der sich beim Erreichen der Streckgrenze in Nabe oder Welle einstellt. Der Berechnung für elastische Verformung liegt demnach die Bedingung $p_{min} < P_{zul} < p'$ zugrunde.

Für den vorhandenen Fugendruck ist jedoch nicht allein das Übermaß U vor dem Fügen maßgeblich. Es müssen auch die Rauheiten der Oberflächen berücksichtigt werden (über Rauheiten s. Abschn. 3.3). Je nach Art der Verbindung stellt sich beim oder nach dem Fügen eine gewisse Glättung der Oberflächen ein. Die Rauheiten werden dabei größtenteils plastisch verformt (**6.32**). Die maximale Profilhöhe (Rauhtiefe) R_y der Oberflächen wird durch die Flächenpressung um die Kuppenhöhe (Glättungstiefe) R_p vermindert. Das bedeutet für Pressverbindungen, dass sich das durch Messen festgestellte Übermaß U um die Summe der Kuppenhöhe (Glättungstiefe) des Außen- und Innenteils auf das wirksame Übermaß Z vermindert. Die Summe aller Glättungstiefen wird als Übermaßverlust ΔU (meist in μm gemessen) bezeichnet (**6.32**). Im gefügten Zustand beträgt das wirksame Übermaß

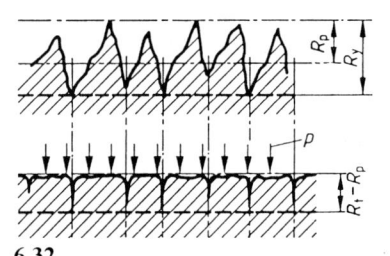

6.32
Plastische Deformation der Oberflächerauheiten von der maximalen Profilhöhe (Rauhtiefe) R_y (oben) infolge der Flächenpressung p (unten); R_p maximale Kuppenhöhe (Glättungstiefe)

$$Z = U - \Delta U \quad \text{mit} \quad \Delta U = \Delta U_a + \Delta U_i = 2 \cdot (R_{pa} + R_{pi}) \tag{6.29}$$

Mit dem Erfahrungswert $R_p \approx 0{,}4\, R_z$ erhält man den Übermaßverlust

$$\Delta U \approx 0{,}8\, (R_{za} + R_{zi}) \tag{6.30}$$

Die Indizes a und i beziehen sich auf Außen- und Innenteil; Rz ist die gemittelte Rauhtiefe. Beim Auslegen eines Pressverbandes ohne Berücksichtigung der Rotation stellen sich zwei Hauptaufgaben:

Die erste Hauptaufgabe besteht darin, bei vorgegebenem **Fugendruck** das erforderliche wirksame Übermaß Z zu berechnen. Mit dem Übermaßverlust ΔU lässt sich dann das Übermaß U vor dem Fügen ermitteln.

In der zweiten Hauptaufgabe wird bei vorgegebenem wirksamem **Übermaß Z** der sich in der Fugenfläche einstellende Fugendruck p berechnet. Der Rechengang für diese zweite Aufgabe ist aufwändiger als für die erste; einen Rechengang s. [3] und DIN 7190.

Das in den folgenden Ausführungen behandelte Berechnungsverfahren nach Kollmann [3] u. [6] gilt für rein elastisch und elastisch-plastisch beanspruchte Pressverbände ohne Berücksichtigung der Rotation. Erhöhte Umfangsgeschwindigkeiten bewirken aber über die Zentrifugalkraft größere Beanspruchungen der rotierenden Bauteile und über die Zentrifugalbeschleunigung eine radiale Aufweitung von Innen- und Außenteil. Dadurch sind in einem rotierenden Pressverband der Fugendruck und damit das übertragbare Drehmoment gegenüber dem Zustand bei Stillstand kleiner. Eine Berechnungsmethode für rotierende Pressverbände bei rein elastischer Beanspruchung s. [8] und [4] sowie DIN 7190 Ausgabe 2.2001.

6.1.5.1 Berechnungsverfahren für elastisch-plastisch beanspruchte Querpressverbände

In dem folgenden Berechnungsverfahren für das Auslegen elastisch-plastisch beanspruchter Querpressverbindungen wird die Vergleichsspannung, Gl. (6.35), nach der Schubspannungshypothese (SH) [3] ermittelt. Die Gestaltänderungsenergie-Hypothese (GEH) beschreibt zwar das im Experiment gemessene Verhalten zäher Werkstoffe genauer, jedoch ist die Berechnung schwieriger durchzuführen.

Um die einfacher zu handhabende SH der zutreffenderen GEH anzunähern, wurde die modifizierte Schubspannungshypothese (MSH) eingeführt [5], [6]; s. auch DIN 7190. Bei der MSH wird die Streckgrenze R_e um den Faktor $2/\sqrt{3} = 1{,}155$ erhöht. In die Berechnungsgleichungen ist die fiktive Streckgrenze $R_e^* = (2/\sqrt{3}) \cdot R_e$ einzusetzen.

6.1.5.1.1 Beanspruchung und Verformung im elastischen Bereich ($\sigma_v < R_e^*$). Hohlwelle und Nabe werden in der Berechnung als "dickwandige Rohre" unter Außen- bzw. Innendruck behandelt (**6.33**). Da an den Schnittflächen des Segmentes keine Schubspannungen wirken, sind die **Radialspannungen** σ_r und die **Tangentialspannungen** σ_t zugleich auch Hauptspannungen, wenn man den ebenen Spannungszustand zu Grunde legt (s. Abschn. 2.1). Das Gleichgewicht der Kräfte in radialer Richtung lässt sich durch eine Differentialgleichung ausdrücken, deren Lösung für die Radialspannung σ_r und für die Tangentialspannung σ_t mit den Bezeichnungen $Q_N = D_i/D_a$ und $Q_H = d_i/d_a$ folgende Gleichungen ergibt [2], [12], [9]:

1. Nabe (Rohr) unter Innendruck p_i (rein elastisch), Bild 6.33b

$$\sigma_r = -p_i \cdot \frac{\left(\frac{r_i}{r}\right)^2 - Q_N^2}{1-Q_N^2} \qquad \sigma_t = -p_i \cdot \frac{\left(\frac{r_i}{r}\right)^2 + Q_N^2}{1-Q_N^2} \qquad (6.31)\ (6.32)$$

Die größte Beanspruchung in der Nabe (bzw. im Rohr) tritt demnach am Innendurchmesser $r = r_i = D_F/2$ auf (Spannungsverteilung s. Bild **6.34**):

$$\sigma_{riN} = -p \quad \text{und} \quad \sigma_{tiN} = p \cdot \frac{1+Q_N^2}{1-Q_N^2} \qquad (6.33)\ (6.34)$$

Hierbei sind σ_{riN} bzw. σ_{tiN} die Radial- bzw. Tangentialspannungen am Innendurchmesser der Nabe. Die Flächenpressung oder der Fugendruck p ist gleichbedeutend mit dem Innendruck p_i.

6.1 Reibschlüssige Verbindungen

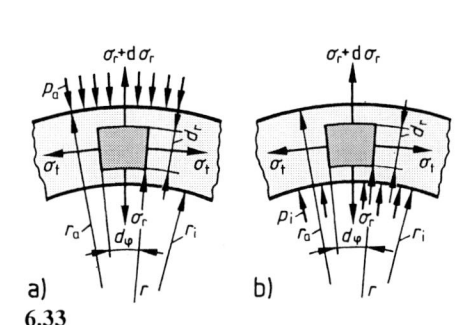

6.33
Beanspruchung eines dickwandigen Rohres an den Schnittflächen
a) unter Außendruck p_a
   $r_a = D_a/2$, $r_i = D_i/2 = D_F/2$
b) unter Innendruck p_i
   $r_a = d_a/2 = D_F/2$, $r_i = d_i/2$

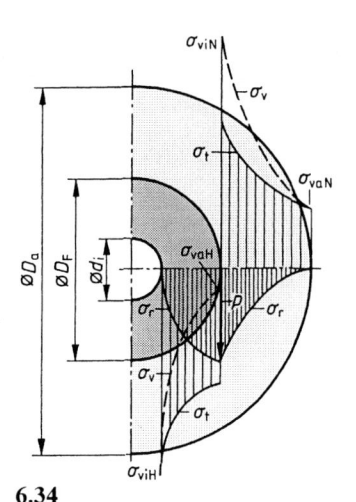

6.34
Spannungsverteilung bei einem Presssitz
σ_t tangentiale Zugspannungen
σ_r radiale Spannungen (um 90° gedreht)
p Flächenpressung in der Fuge (um 90° gedreht)
σ_v Vergleichsspannung
D_a Nabenaußendurchmesser
d_i Hohlwellen-Innendurchmesser
D_F Fugendurchmesser
$D_i \approx D_F \approx d_a$ Nabeninnen- bzw. Wellenaußendurchmesser

Für Werkstoffe mit ausgeprägtem Fließverhalten werden die Radial- und Tangentialspannungen nach der Schubspannungshypothese (SH) zu einer Vergleichsspannung zusammengesetzt (**6.34**) (s. auch Abschn. 2.2). Die **größte Vergleichsspannung** ist mit Gl. (6.34) und Gl. (6.33)

$$\sigma_{viN} = \sigma_1 - \sigma_2 = \sigma_{tiN} - \sigma_{riN} = 2 \cdot p \cdot \frac{1}{1-Q_N^2} \qquad (6.35)$$

Bei Verwendung von sprödem Werkstoff (GG) kann nach der Hypothese der größten Normalspannung gerechnet werden. Danach ist für die Nabe

$$\sigma_{viN} = \sigma_{tiN} = p \cdot (1+Q_N^2)/(1-Q_N^2) \qquad (6.36)$$

und mit Gl. (6.35) für die Hohlwelle

$$\sigma_{viH} = \sigma_{tiH} = -2p/(1-Q_H^2) \qquad (6.37)$$

zu setzen.

Der Innendruck p_i im Rohr ist gleichbedeutend dem Druck p in der Fuge. Unter diesem Druck weitet sich der **Innendurchmesser der Nabe** d_i um die auf den Innendurchmesser **bezogene** elastische Aufweitung $\xi_{Nel} = (1/E_N)\cdot(\sigma_{tiN}-\mu\cdot\sigma_{riN})$ auf. Mit den Spannungen nach Gl. (6.33) und (6.34) wird

$$\xi_{Nel} = \frac{\Delta d_i}{d_i} = \frac{p}{E_N}\cdot\left(\frac{1+Q_N^2}{1-Q_N^2}+\mu_N\right) \tag{6.38}$$

Sie ist eine dimensionslose Zahl und vom Elastizitätsmodul E_N des Außenteils (Nabe) sowie von der Querzahl $\mu_N = \varepsilon_q/\varepsilon$ des Außenteils abhängig (Querzahl s. Abschn. 2.1).

2. Hohlwelle (Rohr) unter Außendruck p_a (rein elastisch) (6.33a)

$$\sigma_r = -p_a\cdot\frac{1-\left(\frac{r_i}{r}\right)^2}{1-Q_N^2} \qquad \sigma_t = -p_a\cdot\frac{1+\left(\frac{r_i}{r}\right)^2}{1-Q_H^2} \tag{6.39}\;(6.40)$$

Die größte **Radialspannung** σ_r tritt demnach im Außenmantel bei $r = r_a = D_F/2$ und die größte **Tangentialspannung** σ_t im inneren Mantel bei $r = r_i$ auf **(6.33)**.

$$\boxed{\sigma_{raH} = -p} \qquad \boxed{\sigma_{tiH} = -2p\cdot\frac{1}{1-Q_H^2}} \tag{6.41}\;(6.42)$$

Im inneren Mantel der Hohlwelle ist $\sigma_{riH} = 0$ und $\sigma_{tiH} > \sigma_{taH}$. Demnach ist $\sigma_{tiH} = \sigma_{viH}$ auch die größte Spannung in der Hohlwelle **(6.34)**.

> **Beachte: Die höchste Beanspruchung tritt am Innendurchmesser der Nabe, Gl. (6.35), bzw. der Hohlwelle, Gl. (6.42), auf. Sie ist maßgebend für die weitere Rechnung.**

Die auf den Außendurchmesser der Hohlwelle **bezogene elastische Zusammendrückung** des Außendurchmessers ist $\xi_{Nel} = (1/E_H)\cdot(\sigma_{taH}-\mu_H\cdot\sigma_{raH})$ und mit Gl. (6.40) und (6.41)

$$\xi_{Hel} = \frac{\Delta d_a}{d_a} = \frac{p}{E_H}\cdot\left(\frac{1+Q_H^2}{1-Q_H^2}-\mu_H\right) \tag{6.43}$$

Mit dem Elastizitätsmodul E_H und mit der Querzahl μ_H der Hohlwelle.

3. In der **Vollwelle unter Außendruck $p_a = p$ (rein elastisch)** herrscht ein **gleichförmiger** (hydrostatischer) **Spannungszustand**

$$\boxed{\sigma_{rw} = \sigma_{tw} = -p} \tag{6.44}$$

Die Spannungen sind hier im Gegensatz zur Hohlwelle unabhängig vom Radius r, weil der Spannungszustand für $r = 0$ nicht singulär werden darf, Gl. (6.39) und Gl. (6.40), [9]. Festigkeitsbedingung für die Vollwelle: $p \leq R_e^*$.

6.1 Reibschlüssige Verbindungen

> **In der Vollwelle ist die höchste Beanspruchung so groß wie der Fugendruck p.**

Die **bezogene elastische Zusammendrückung** der Vollwelle beträgt nach Gl. (6.43) mit $Q_W = d_i/d_a = 0$

$$\boxed{\xi_{W\,el} = -(p/E_W)\cdot(1-\mu_W)} \tag{6.45}$$

Hierin sind E_W der Elastizitätsmodul und μ_W die Querzahl der Welle.

Erforderliches Übermaß. Für die Aufstellung der Beziehungen zwischen den Durchmesseränderungen und der Fugenpressung benutzt man nicht das wirksame Übermaß Z, sondern die dimensionslose Größe, das **bezogene wirksame Übermaß** $\xi = Z/D_F$. Die gesamte bezogene Verformung der Pressverbindung als Folge der Flächenpressung ist die Differenz aus der Aufweitung des Außenteils (Nabe) am Innendurchmesser $\xi_{N\,el}$ nach Gl. (6.38) und der Zusammendrückung des Innenteils (Hohlwelle) am Außendurchmesser $\xi_{H\,el}$ nach Gl. (6.43)

$$\boxed{\xi_{ges} = \frac{Z}{D_F} = \xi_{N\,el} - \xi_{H\,el} = \frac{p}{E_N}\left(\frac{1+Q_N^2}{1-Q_N^2}+\mu_N\right) + \frac{p}{E_H}\left(\frac{1+Q_H^2}{1-Q_H^2}-\mu_H\right)} \tag{6.46}$$

Handelt es sich um die Verbindung mit einer Vollwelle, so wird in die Gleichung (6.46) für $\xi_{H\,el}$ die bezogene Zusammendrückung der Vollwelle $\xi_{W\,el}$ nach Gl. (6.45) oder $Q_H = 0$ eingesetzt. Somit ergibt sich für die Vollwelle-Nabenverbindung das **bezogene wirksame Übermaß**

$$\xi_{ges} = \frac{p}{E_N}\cdot\left(\frac{1+Q_N^2}{1-Q_N^2}+\mu_N\right) + \frac{p}{E_W}\cdot(1+\mu_W)$$

Für den Sonderfall, dass bei einer Vollwelle die Elastizitätskonstanten mit denen des Außenteils übereinstimmen ($E_W = E_N = E$ und $\mu_W = \mu_N = \mu$), ist das bezogene wirksame Übermaß

$$\xi_{ges} = \frac{p}{E}\cdot\frac{2}{1-Q_N^2}$$

Das **wirksame Übermaß** ist

$$\boxed{Z = \xi_{ges}\cdot D_F} \tag{6.47}$$

und das gesamte **notwendige Übermaß** nach Gl. (6.29)

$$\boxed{U = Z + \Delta U} \tag{6.48}$$

Drehmomenteinfluss auf die Spannungen in der Nabe. Das Drehmoment erzeugt am inneren Mantel der Nabe in Folge der Reibung in der Ebene senkrecht zur Radialrichtung eine Schubspannung $\tau_{rti\,N} = \mu\cdot p$ in tangentialer Richtung und die entgegengesetzt gerichtete, gleich große Schubspannung $\tau_{tri\,N}$ in der Ebene senkrecht zur Tangentialrichtung; $\tau_{rti\,N} = \tau_{tri\,N}$. Im ebenen Spannungszustand ist $\tau_{zti\,N} = \tau_{zri\,N} = 0$ (vgl. **Bild 2.1**). Somit ist die Radialschnittebene eine Hauptspannungsebene mit $\sigma_{zi\,N} = 0$.

Wegen der vorhandenen Schubspannungen $\tau_{rti\,N} = \tau_{tri\,N} \neq 0$ können jedoch $\sigma_{ri\,N}$ und $\sigma_{ti\,N}$ keine Hauptspannungen sein (s. Abschn. 2.1). Somit folgt für die Vergleichsspannung nach der GEH, (s. Gl. (2.22a), mit $\sigma_x \triangleq \sigma_{ti\,N} = p \cdot (1 + Q_N^2)/(1 - Q_N^2)$, $\sigma_y \triangleq \sigma_{ri\,N} = -p$ und $\tau_{yx} \triangleq \tau_{rti\,N} = \mu \cdot p$

$$\sigma_{vi\,N} = \sqrt{\sigma_x^2 + \sigma_x^2 - \sigma_x \sigma_y + 3\tau_{xy}^2} = p\sqrt{\left(\frac{1+Q_N^2}{1-Q_N^2}\right) + 1 + \frac{1+Q_N^2}{1-Q_N^2} + 3\mu^2} \qquad (6.49)$$

(In vorstehenden Gleichungen bedeutet μ Reibungszahl.)

Bleibt das Drehmoment unberücksichtigt, dann treten keine Schubspannungen auf, und die Radial- sowie Tangentialspannung sind Hauptspannungen $\sigma_{ti\,N} = \sigma_1$; $\sigma_{ri\,N} = \sigma_2$. Nach der GEH (Gl. (2.22a)) ist dann die Vergleichsspannung

$$\sigma_{vi\,N} = \sqrt{\sigma_1^2 + \sigma_2^2 - \sigma_1 \cdot \sigma_2} = p\sqrt{\left[\frac{1+Q_N^2}{1-Q_N^2}\right]^2 + 1 + \frac{1+Q_N^2}{1-Q_N^2}} \qquad (6.50)$$

Die Gleichung (6.49) und (6.50) unterscheiden sich durch den Wert $+3\mu^2$ unter dem Wurzelzeichen. Mit $Q_N = 0{,}5$ und $\mu = 0{,}15$ wird nach Gl. (6.49) $\sigma_{vi\,N} = 2{,}35 \cdot p$ und nach Gl. (6.50) $\sigma_{viN} \approx 2{,}34 \cdot p$.

Der Drehmomenteinfluss auf die Vergleichsspannung für die Nabe ist vernachlässigbar, wenn das Drehmoment radial nach außen abgeführt wird.

Mindest-Fugenpressung. Um das Drehmoment T_{max} mit einer Querpressverbindung übertragen zu können, muss in der Fuge eine genügend große Flächenpressung herrschen. Nach Gl. (6.4) beträgt diese Mindest-Fugenpressung

$$p_{min} = \frac{2 T_{max}}{\pi \cdot \mu \cdot b \cdot D_F^2} \qquad (6.51)$$

Wird die Pressverbindung mit der Axialkraft $F_{a\,max}$ auf Zug belastet, dann ist

$$p_{min} = \frac{F_{a\,max}}{\pi \cdot \mu \cdot b \cdot D_F} \qquad (6.52)$$

mit μ Reibungszahl, b Nabenbreite, D_F Fugendurchmesser.

Zulässige Spannungen für elastisch beanspruchte Pressverbindungen. Die vorhandenen Maximalspannungen in Nabe sowie Welle dürfen nicht höher als die zulässigen Spannungen sein; $\sigma_{zul} = \sigma_G/S$. Als Grenzspannung σ_G wird bei Verwendung zäher Werkstoffe die Streckgrenze R_e bzw. die Dehngrenze $R_{p0,2}$ und bei spröden Werkstoffen die Bruchfestigkeit R_m eingesetzt. Die Sicherheit S wird hierbei verhältnismäßig klein gewählt, da eine weitere Spannungserhöhung im Allgemeinen nicht zu erwarten ist und es nur darauf ankommt, dass die Beanspruchung außerhalb des plastischen Verformungsbereichs bleibt. (Richtwerte für Sicherheit gegen Fließgrenze $S_F \approx 1{,}1...1{,}5$ und für Sicherheit gegen Bruchfestigkeit $S_B \approx 2...3$.)

6.1 Reibschlüssige Verbindungen

Beim Auftreten von nennenswerten Zentrifugalkräften am Nabenteil sind die höheren Sicherheiten zu wählen, falls die hierdurch auftretenden zusätzlichen Spannungen nicht rechnerisch erfasst werden können.

Zulässiger Fugendruck (rein elastisch). Ein Spannungsvergleich $\sigma_{vorh} \leq \sigma_{zul}$ braucht nicht durchgeführt zu werden, wenn mit dem zulässigen Fugendruck gerechnet wird. Aus Gl. (6.35), (6.36), (6.42) und (6.44) ergeben sich mit der fiktiven Streckgrenze R^*_e oder $R^*_{p\,0,2}$ und mit der Sicherheit S die **zulässigen Flächenpressungen in der Fuge** bezogen auf den **inneren Mantel der Nabe bei zähem Werkstoff** (nach der MSH)

$$\boxed{p'_{zul\,N} = \frac{p'_N}{S} = \frac{R^*_{eN}}{2 \cdot S} \cdot \left(1 - Q_N^2\right)} \quad (6.53)$$

für eine **Nabe aus sprödem Werkstoff** (nach der NH)

$$\boxed{p'_{zul\,N} = \frac{p'_N}{S} = \frac{R_{mN}}{S} \cdot \left(\frac{1 - Q_N^2}{1 + Q_N^2}\right)} \quad (6.54)$$

bezogen auf den **inneren Mantel der Hohlwelle aus zähem Werkstoff** (für R_e bei sprödem Werkstoff R_m einsetzen)

$$\boxed{p'_{zul\,H} = \frac{p'_H}{S} = \frac{R^*_{eH}}{2 \cdot S} \cdot \left(1 - Q_H^2\right)} \quad (6.55)$$

für die **Vollwelle**

$$\boxed{p'_{zul\,W} = \frac{R^*_{eW}}{S} \quad \text{bzw.} \quad \frac{R_{mW}}{S}} \quad (6.56)$$

Für die weitere Rechnung ist der kleinere Wert von p'_{zul} zu verwenden. (Über den Fugengrenzdruck p' siehe folgenden Abschn. 6.1.5.1.2).

6.1.5.1.2 Beanspruchung und Verformung im elastisch-plastischen Bereich.

Die Berechnung der Pressverbindungen im elastisch-plastischen Bereich beruht auf der modifizierten Schubspannungshypothese (MSH) und gilt für ideal plastische Werkstoffe [3], [6].

Bei ideal plastischen Werkstoffen steigt im Zugversuch die Dehnung mit zunehmender Spannung konstant bis zur Streckgrenze R_e an. Ab da beginnt ohne Übergang die plastische Verformung; die Dehnung wächst bei konstanter Spannung.

Die rein elastische Formänderung einer zylindrischen Pressverbindung ist bei einem Fugengrenzdruck p' beendet, bei dem die in der Nabe oder in der Welle vorhandene Spannung die Streckgrenze R^*_e erreicht. Wird p' überschritten, so breitet sich vom Innendurchmesser der Nabe bzw. der Hohlwelle ausgehend eine plastisch verformte Ringzone mit dem wachsenden Durchmesser D_s bzw. d_s aus (Bild **6.35**), bis bei einem Fugendruck p'' uneingeschränktes und deshalb unzulässiges Fließen eintritt. Für eine Vollwelle ist $p' = p'' = R^*_{ed}$ und somit keine Teilplastizierung möglich. (R^*_{ed} Elastizitätsgrenze bei Druck.)

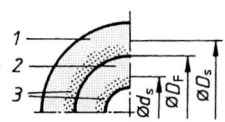

6.35
Plastische Formänderung der Pressverbindung

1 Nabe
2 Hohlwelle
3 plastizierte Zonen

d_S, D_S plastizierte Durchmesser der Welle bzw. der Nabe
D_F Fugendurchmesser

Hohlwelle (elastisch-plastisch). Der Werkstoff an der Bohrung wird plastisch beansprucht, wenn die Vergleichsspannung nach Gl. (6.42) die fiktive Streckgrenze erreicht, $\sigma_{viH} = R^*_e$. Hieraus ergibt sich der **vorhandene Fugengrenzdruck**

$$p'_H = (R^*_{eH}/2) \cdot (1-Q_H^2) \tag{6.57}$$

(Index H bezieht sich auf die Hohlwelle.)

Erreicht der **Fugendruck** den **Größtwert**

$$\boxed{p''_H = R^*_{eH} \cdot (1-Q_H)} \tag{6.58}$$

so ist der gesamte Querschnitt der Hohlwelle plastisch beansprucht und seine Tragfähigkeit erschöpft. Falls die Ungleichung $p'_H < p < p''_H$ erfüllt ist, d. h. wenn gilt

$$(R^*_{eH}/2) \cdot (1-Q_H^2) < p < R^*_{eH} \cdot (1-Q_H) \tag{6.59}$$

dann liegt ein elastisch-plastischer Beanspruchungszustand vor. Der plastische Bereich erstreckt sich von der Bohrung bis zum Plastizitätsdurchmesser d_S. Der auf den Fugendurchmesser D_F bezogene dimensionslose Plastizitätsdurchmesser ist

$$\xi_H = d_S/D_F = (1/Q_H) \cdot \left(1-(p/R^*_{eH}) - \sqrt{[1-(p/R^*_{eH})]^2 - Q_H^2} \right) \tag{6.60}$$

und die **bezogene teilplastische Zusammendrückung** in der Hohlwelle

$$\boxed{\xi_{Hpl} = \frac{R^*_{eH}}{E_H} \left[\left(\frac{1-\xi_H^2}{1+\xi_H^2} \right) \cdot \frac{p}{R^*_{eH}} + \frac{2\xi_H^2}{1+\xi_H^2} \right]} \tag{6.61}$$

Vollwelle. Nur elastische Beanspruchung zulässig: $p < p'' = p' = R^*_{eW}$ (Index W bedeutet Welle).

Nabe (elastisch-plastisch). An der Bohrung der Nabe wird der Werkstoff **plastisch** beansprucht, wenn der **Fugendruck** folgenden Wert erreicht:

$$\boxed{p'_N = \left(R^*_{eN}/2 \right) \cdot \left(1-Q_N^2 \right)} \tag{6.62}$$

Bei weiterer Steigerung des Fugendrucks stellt sich im Außenteil ein elastisch-plastischer Spannungszustand ein.

Zwei Fälle sind zu unterscheiden:

1. Eine „dünnwandige" Nabe mit dem Durchmesserverhältnis $Q_N \geq 0{,}368$ kann über den gesamten Querschnitt $D_S = D_a$ plastisch beansprucht werden. Diese als „vollplastisch" bezeichnete Beanspruchung tritt ein, wenn der **Fugendruck** folgenden Wert erreicht:

6.1 Reibschlüssige Verbindungen

$$\boxed{p'' = -R^*_{eN} \cdot \ln Q_N} \tag{6.63}$$

2. Bei einer „dickwandigen" Nabe mit $Q_N < 0{,}368$ ist der größte erreichbare **Fugendruck** gleich der Streckgrenze

$$\boxed{p''_N = R^*_{eN}} \tag{6.64}$$

Bei einem dickwandigen Außenteil ist kein vollplastischer Beanspruchungszustand möglich. Eine außenliegende Ringzone bleibt auch bei maximalem Fugendruck elastisch.

Der dimensionslose **Plastizitätsdurchmesser** für die Nabe

$$\boxed{\zeta_N = D_S / D_F} \tag{6.65}$$

ergibt sich nach iterativem Auflösen der folgende transzendenten Gleichung

$$2 \cdot \ln \zeta_N - (Q_N \cdot \zeta_N)^2 = 2 \cdot (p/R^*_{eN}) - 1 \tag{6.66}$$

Mit dem Wert ξ_N ist die bezogene teilplastische Aufweitung

$$\zeta_{N\,pl} = (R^*_{eN} / E_N) \cdot [\zeta^2_N - (1 - \mu_N) \cdot (p / R^*_{eN})] \tag{6.67}$$

Zur iterativen Lösung der Gl. (6.66) wird zunächst die rechte Seite ausgewertet. Dann wird mit schrittweise verbesserten Werten von ξ_N die linke Seite berechnet, bis sie auf drei Stellen genau mit der rechten übereinstimmt. Damit die erste Schätzung leichter wird, sind in (Bild **6.36**) Werte für ξ_N in Abhängigkeit vom Durchmesserverhältnis Q_N und vom Parameter p/R^*_{eN} angegeben.

Q_N	0,1	0,2	0,3	0,4	0,5	0,6	0,7	0,8	0,9
p''_{max}/R^*_e	1,000	1,000	1,000	0,916	0,693	0,511	0,357	0,223	0,105
p/R^*_e	–	–	–	–	–	–	–	–	–
0,100									1,031
0,150									
0,200				Rein elastischer Bereich				1,065	
0,250									
0,300								1,104	
0,350							1,050	1,314	
0,400						1,035	1,147		
0,450				1,037	1,110	1,274			
0,500	1,006	1,022	1,051	1,103	1,196	1,497			
0,550	1,058	1,076	1,112	1,174	1,298				
0,600	1,113	1,134	1,177	1,254	1,425				
0,650	1,170	1,196	1,246	1,342	1,600				
0,700	1,231	1,261	1,322	1,443					
0,750	1,295	1,331	1,403	1,561					
0,800	1,363	1,405	1,493	1,702		Voll plastischer Bereich			
0,850	1,434	1,483	1,591	1,887					
0,900	1,509	1,567	1,699	2,189					
0,950	1,589	1,657	1,821						
1,000	1,672	1,754	1,960						

6.36
Plastizitätsdurchmesser ξ_N der Nabe (Außenteil): $2 \cdot \ln \zeta_N - (Q_N \cdot \zeta_N)^2 = 2 \cdot (p/R^*_{eN}) - 1$; als Ansatz zur Lösung der Gl. (6.66) durch Iteration

Der **zulässige Fugendruck** (elastisch-plastisch) zur Festlegung der Passung nach Bestimmung des größten wirksamen Übermaßes Z_{max} für die maximal zulässige Beanspruchung ist mit dem Sicherheitsfaktor $S = 1,1...1,5$

nach Gl. (6.63) für die „**dünnwandige**" Nabe ($Q_N \geq 0,368$)

$$p''_{zul\,N} = (R^*_{eN} \cdot \ln Q_N)/S \qquad (6.68)$$

nach Gl. (6.64) für die „**dickwandige**" Nabe ($Q_N < 0,368$)

$$p''_{zul\,N} = (R^*_{eN}/S) \qquad (6.69)$$

und nach Gl. (6.58) für die **Hohlwelle**

$$p''_{zul\,H} = R^*_{eH} \cdot (1 - Q_H)/S \qquad (6.70)$$

6.1.5.2 Festlegen der Passung

Für die Fertigung soll eine ISO-Passung angegeben werden (s. Abschn. 3.2). Es muss also eine Übermaßpassung bestimmt werden, die folgende Bedingungen erfüllen soll: Das Mindestübermaß U_m muss gleich oder größer als das erforderliche Mindestübermaß U_{min} und das Höchstübermaß U_h muss gleich oder kleiner als das größte zulässige Höchstübermaß U_{max} sein.

$$U_m \geq U_{min} \qquad U_h \leq U_{max}$$

Bezüglich der Passtoleranz T_p, des Toleranzfeldes der Bohrung T_B und des Toleranzfeldes der Welle T_W (**6.37**) gilt

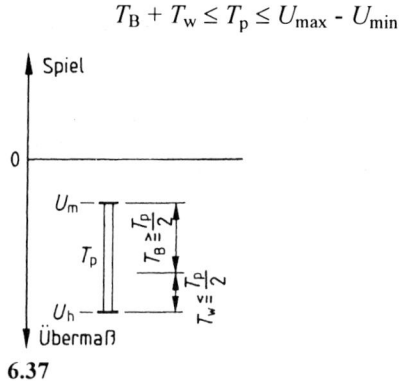

$$T_B + T_W \leq T_p \leq U_{max} - U_{min}$$

6.37
Passtoleranz beim Pressverband

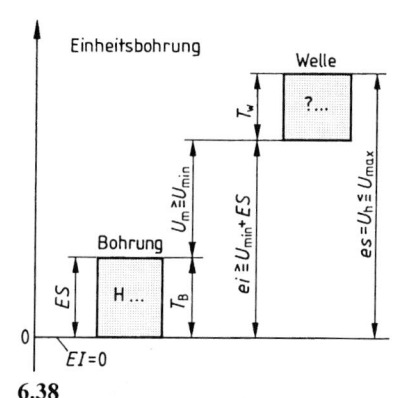

6.38
Toleranzfeldermittlung für einen Pressverband bei berechneten Übermaßen U_{min} und U_{max}

Für das im allgemeinen Maschinenbau meist gebräuchliche System der Einheitsbohrung liegt für die Bohrungstoleranz das H-Feld mit H6, H7 oder H8 bereits fest.

Da die Toleranzfeldgröße der Welle vom gleichen Grundtoleranzgrad oder um einen Grundtoleranzgrad besser sein soll, ist $T_B \geq T_p/2$ und $T_W \leq T_p/2$. Damit wird zunächst der Grundtoleranzgrad des H-Feldes bestimmt. Für die Welle sind dann die maximale Toleranzfeldgröße und das obere und untere Abmaß nach Bild **6.38**:

6.1 Reibschlüssige Verbindungen 245

$$T_W \leq T_p - T_B \quad es \leq |U_{max}| \quad ei \geq ES + |U_{min}|$$

6.1.5.3 Einpresskraft und Schrumpftemperatur

Die für einen Längspressverband (Index 1) notwendige maximale **Einpresskraft** ist (s. auch Gl. (6.1))

$$\boxed{F_{t\,max} = \mu_1 \cdot F_n = \mu_1 \cdot \pi \cdot D_F \cdot b \cdot p'_{zul}} \tag{6.71}$$

Sie ist bei Beginn des Fügens geringer (*b* klein) und steigt während des Einpressens an. Da zur Erleichterung des Fügens vielfach Öl benutzt wird, ist der entsprechende μ_1-Wert zu Grunde zu legen (**6.10**).

Für einen Querpressverband muss die Temperatur ermittelt werden, auf die die Nabe zu erwärmen oder die Welle abzukühlen ist, um ein leichtes Überschieben zu ermöglichen. Das Teil muss sich dabei mindestens so weit dehnen, dass das Übermaß U ausgeglichen wird ($U = 0$). Zum Ausgleich von Ungenauigkeiten sieht man einen Zuschlag S_k zum Übermaß vor: $U = U_h + S_k$ (**6.30**), (**6.39**). Die notwendige **Erwärmungstemperatur** ϑ_a des Außenteils mit der Ausgangstemperatur ϑ_0 erhält man mit dem linearen Ausdehnungskoeffizienten α_ϑ (**6.40**) wie folgt:

$$\pi[D_i + (|U_h| + S_k)] = \pi \cdot D_i + \pi \cdot \alpha_{\vartheta a} \cdot D_i \cdot \Delta\vartheta$$
$$|U_h| + S_k = \alpha_{\vartheta a} \cdot D_i \cdot \Delta\vartheta \quad \Delta\vartheta = \vartheta_a - \vartheta_0$$

$$\boxed{\vartheta_a = \frac{|U_h| + S_k}{\alpha_{\vartheta a} \cdot D_i} + \vartheta_0} \tag{6.72}$$

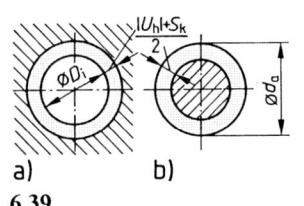

6.39 Schematische Darstellung der Erwärmung der Nabenbohrung (a) und der Abkühlung der Welle (b)

Werkstoff	α_ϑ in 1/K	
	Erwärmung	Unterkühlung
St, GS	11·10⁻⁶	8,5·10⁻⁶
GG, GT	10·10⁻⁶	8,0·10⁻⁶
CuSn	17·10⁻⁶	15·10⁻⁶
CuZn	18·10⁻⁶	16·10⁻⁶
Al-Leg.	23·10⁻⁶	18·10⁻⁶
Mg-Leg.	26·10⁻⁶	21·10⁻⁶

6.40
Lineare Wärmeausdehnungskoeffizienten α_ϑ verschiedener Werkstoffe

Entsprechend ergibt sich für das Innenteil aus der Beziehung $\pi \cdot [d_a - (|U_h| + S_k)] = \pi \cdot d_a - \pi \cdot \alpha_{\vartheta i} \cdot d_a \cdot \Delta\vartheta$ durch Vereinfachen $|U_h| + S_k = \alpha_{\vartheta i} \cdot d_a \cdot \Delta\vartheta$ und mit $\Delta\vartheta = \vartheta_0 - \vartheta_i$ die notwendige **Abkühlungstemperatur** ϑ_i.

$$\boxed{\vartheta_i = \vartheta_0 = \frac{|U_h| + S_k}{\alpha_{\vartheta i} \cdot d_a}} \qquad (6.73)$$

Im allgemeinen wird auch hier $D_i \approx d_a \approx D_F \approx$ Nenndurchmesser gesetzt. Bei größeren Durchmessern ist jedoch D_i bzw. d_a auszumessen.

6.1.5.4 Rechnungsgang

Im Regelfall ist gegeben: Drehmoment T_{max} oder Axialkraft $F_{a\,max}$; daraus wird unter Berücksichtigung einer Sicherheit S der Wellendurchmesser $d = D_F$ und nach Gl. (6.51) oder (6.52) der erforderliche **Mindestfugendruck** p_{min} bestimmt.

Gesucht ist das wirksame **Übermaß** Z_{min} bei p_{min} zur sicheren Übertragung von T_{max} (bzw. $F_{a\,max}$). Gesucht wird außerdem das maximale wirksame Übermaß Z_{max} bei maximal zulässiger Beanspruchung p'_{zul} nach Gl. (6.53), (6.55), (6.56) (rein elastisch) oder p''_{zul} nach Gl. (6.68), (6.69), (6.70). Hieraus soll die erforderliche Passung ermittelt werden.

Vorgehensweise:

1. Prüfen, ob der **Mindestfugendruck** eine elastische oder elastisch-plastische Beanspruchung hervorruft (in Bild **6.41** sind vier mögliche Fälle zusammengestellt): Die **Hohlwelle**, Gl. (6.57) und (6.59), ist elastisch beansprucht, wenn $p_{min} \leq p'_H$; sie ist elastisch-plastisch beansprucht, wenn $p'_H \leq p_{min} \leq p''_H$, und sie ist durch uneingeschränktes Fließen unzulässig beansprucht, wenn $p_{min} \geq p''_H$ wird.

Die **Vollwelle**, Gl. (6.44) und (6.56), wird elastisch beansprucht bei Werten $p_{min} < R^*_{eW}$ und durch uneingeschränktes Fließen unzulässig beansprucht bei $p_{min} \geq R^*_{eW}$.

Die **Nabe**, Gl. (6.62), (6.63), (6.64), ist elastisch beansprucht für Werte $p_{min} < R^*_{eW}$, elastisch-plastisch beansprucht für $p'_H \leq p_{min} \leq p''_H$ und durch uneingeschränktes Fließen unzulässig beansprucht für $p_{min} \geq p''_H$.

2. Sind **Welle** und **Nabe** elastisch beansprucht, wird zunächst der zulässige Fugendruck p'_{zul} für Nabe und Welle nach Gl. (6.53) und (6.55) oder (6.56) festgelegt. Mit dem kleineren Wert von p'_{zul} und mit p_{min} wird dann mit Gl. (6.46) das bezogene wirksame Übermaß $\xi_{ges\,min}$ und $\xi_{ges\,max}$ ausgerechnet (Bild **6.41**, Fall 1).

3. Sind Welle und/oder Nabe **elastisch-plastisch** beansprucht, wird für p_{min} und p''_{zul} der bezogene Plastizitätsdurchmesser ζ nach Gl. (6.60) iterativ mit Gl. (6.66) berechnet und je nach Beanspruchungszustand nach Gl. (6.61) die bezogene Zusammendrückung $\xi_{H\,pl}$ und nach Gl. (6.67) die bezogene Aufweitung $\xi_{N\,pl}$ bestimmt (**6.41**). Mit diesen Werten werden dann die bezogenen wirksamen Übermaße $\xi_{ges\,min}$ und $\xi_{ges\,max}$ nach der Gleichung $\xi_{ges} = Z/D_F = \xi_N - \xi_H$ berechnet.

4. **Übermaß** U_{min} und U_{max} nach Gl. (6.29), (6.48) ausrechnen und die Passung festlegen.

5. **Fügetemperatur** bestimmen, Gl. (6.72), (6.73).

6.1 Reibschlüssige Verbindungen

Fall	Welle elastisch	Nabe elastisch	
1	$p_{min} \leq p'_H$ bzw. p'_W Gl. (6.51) $p_{min} \leq \dfrac{R^*_{eH}}{2}(1-Q^2_H)$ Gl. (6.57) $p_{min} \leq R^*_{eW}$ Gl. (6.44)	$p_{min} \leq p'_N$ Gl. (6.51) $p_{min} \leq \dfrac{R^*_{eN}}{2}(1-Q^2_N)$ Gl. (6.62)	$Q_H = \dfrac{d_i}{d_a} = \dfrac{d_i}{D_F}$ $Q_N = \dfrac{D_i}{D_a} = \dfrac{D_F}{D_a}$
	Welle elastisch	Nabe elastisch-plastisch	
2	$p_{min} \leq p'_H$ bzw. p'_W $p_{min} \leq \dfrac{R^*_{eH}}{2}(1-Q^2_H)$ Gl. (6.57) $p_{min} \leq R^*_{eW}$ Gl. (6.44)	$p'_N < p_{min} \leq p''_N$ Gl. (6.62) $\dfrac{R^*_{eN}}{2}(1-Q^2_N) < p_{min}$ $< \begin{cases} R^*_{eN} & \text{für } Q_N \leq 0{,}368 \\ R^*_{eN}\ln Q_N & \text{für } Q_N \geq 0{,}368 \end{cases}$ Gl. (6.64) Gl. (6.63)	
	Welle elastisch-plastisch	Nabe elastisch	
3	$p'_H < p_{min} \leq p''_H$ $\dfrac{R^*_{eH}}{2}(1-Q^2_H) < p_{min} < R^*_{eH}(1-Q_H)$ Gl. (6.59)	$p_{min} \leq p'_N$ $p_{min} \leq \dfrac{R^*_{eN}}{2}(1-Q^2_N)$ Gl. (6.62)	
	Welle elastisch-plastisch	Nabe elastisch-plastisch	
4	$p'_H < p_{min} \leq p''_H$ $\dfrac{R^*_{eH}}{2}(1-Q^2_H) < p_{min} < R^*_{eH}(1-Q_H)$ Gl. (6.59)	$p'_N < p_{min} \leq p''_N$ Gl. (6.62) $\dfrac{R^*_{eN}}{2}(1-Q^2_N) < p_{min}$ $< \begin{cases} R^*_{eN} & \text{für } Q_N \leq 0{,}368 \\ R^*_{eN}\ln Q_N & \text{für } Q_N \geq 0{,}368 \end{cases}$ Gl. (6.64) Gl. (6.63)	

Fall		
1	für Vollwelle ersetze $\xi_{H\,el}$ durch $\xi_{W\,el} = -(p/E_W)\cdot(1-\mu_W)$	Gl. (6.45)
	$\xi_{ges} = \xi_{N\,el} - \xi_{H\,el} = \dfrac{p}{E_N}\cdot\left(\dfrac{1+Q^2_N}{1-Q^2_N}+\mu_N\right) + \dfrac{p}{E_H}\cdot\left(\dfrac{1+Q^2_H}{1-Q^2_H}-\mu_H\right)$	Gl. (6.46)
2	$\xi_{ges} = \xi_{N\,pl} - \xi_{H\,el} = \dfrac{R^*_{eN}}{E_N}\cdot\left[\xi^2_N - (1-\mu_N)\cdot\dfrac{p}{R^*_{eN}}\right] + \dfrac{p}{E_H}\cdot\left(\dfrac{1+Q^2_H}{1-Q^2_H}-\mu_H\right)$	Gl. (6.67) Gl. (6.43)
	$2\cdot\ln\xi_N - (Q_N\cdot\xi_N)^2 = 2\cdot(p/R^*_{eN}) - 1$	Gl. (6.66)
	Ansatz zur Lösung der Gl. (6.66) für ξ durch Iteration Bild 6.36	
3	$\xi_{ges} = \xi_{N\,el} + \xi_{H\,pl} = \dfrac{p}{E_N}\cdot\left(\dfrac{1+Q^2_N}{1-Q^2_N}+\mu_N\right) + \dfrac{R^*_{eH}}{E_H}\cdot\left[\left(\dfrac{1-\xi^2_H}{1+\xi^2_H}-\mu_H\right)\cdot\dfrac{p}{R^*_{eH}} + \dfrac{2\xi^2_H}{1+\xi^2_H}\right]$	Gl. (6.38) Gl. (6.61)
	$\xi_H = (1/Q_H)\cdot\left(1-(p/R^*_{eH}) - \sqrt{[1-(p/R^*_{eH})]^2 - Q^2_H}\right)$	Gl. (6.60)
4	$\xi_{ges} = \xi_{N\,pl} + \xi_{H\,pl} = \dfrac{R^*_{eN}}{E_N}\cdot\left[\xi^2_N - (1-\mu_N)\cdot\dfrac{p}{R^*_{eN}}\right] + \dfrac{R^*_{eH}}{E_H}\cdot\left[\left(\dfrac{1-\xi^2_H}{1+\xi^2_H}-\mu_H\right)\cdot\dfrac{p}{R^*_{eH}} + \dfrac{2\xi^2_H}{1+\xi^2_H}\right]$	Gl. (6.38) Gl. (6.61)
	ξ_H wie Gl. (6.60) im Fall 3 und ξ_N wie Gl. (6.66) im Fall 2	

6.41
Pressverbindung. Beanspruchung von Nabe und Welle bei gegebenem Mindestfugendruck p_{min} und Berechnung des bezogenen wirksamen Übermaßes ξ

Querzahl $\mu = \varepsilon_q/\varepsilon$	Werkstoff		Werkstoff	Elastizitätsmodul E_N, E_H, E_W
	St, GS	GG	St	210 000 N/mm²
μ_N bzw. μ_H, μ_W	0,3	0,24 ... 0,26	GS	(200 000 ... 215 000) N/mm²
			GG	(90 000 ... 155 000) N/mm²

6.42
Querzahl und Elastizitätsmodul

Beispiel 1

Für eine Wellen-Naben-Verbindung ist ein Querpressverband nachzurechnen. Gegeben: Zu übertragende Leistung P = 35,6 kW, Drehzahl n = 1447 min⁻¹; Betriebsfaktor φ = 2,3. Aus der Beziehung $P = T \cdot \omega$ ergibt sich das Nennmoment $T_{Nenn} \approx$ 23 500 Ncm, T_{max} = 2,3·T_{Nenn} = 54 050 Ncm. Durchmesser der Vollwelle $d_a = D_F$ = 40 mm; Nabenabmessung D_a = 80 mm, $D_i = D_F$ = 40 mm, b = 70 mm; damit ergibt sich b/D_i = 70 mm/40 mm = 1,75. Welle aus E295 (St50-2) mit R_e = 295 N/mm² (Bild **1.6** und **1.7**), R^*_{eW} = 1,155·R_e = 335 N/mm², E_W = 2,1·10⁵ N/mm² und μ_W = 0,3 (Bild **6.42**); Nabe aus GS-60 mit R_e = 300 N/mm² (Bild **1.15**), R^*_{eN} = 1,155·R_e = 346 N/mm², E_N = 2,05·10⁵ N/mm² und μ_N = 0,3 (**6.42**). Oberflächengüte: Welle $Rz_i \approx$ 5 μm, Nabe $Rz_a \approx$ 10 μm (Rz gemittelte Rautiefe). Reibungszahl: St auf GS, trocken μ_q = 0,15 (**6.10**).

Zur Erleichterung der Rechnung werden folgende Werte ermittelt: $Q_N = D_F/D_a$ = 40/80 = 0,5; 1-Q_N^2 = 0,75; 1+Q_N^2 = 1,25; $Q_W = d_i/d_a$ = 0; 1-Q_W^2 = 1+Q_W^2 = 1.

Rechnungsgang:

1. Welche **Beanspruchung** liegt vor? Der **Mindestfugendruck** ist nach Gl. (6.51)

$$p_{min} = \frac{2T_{max}}{\pi \cdot \mu_q \cdot b \cdot D_F^2} = \frac{2 \cdot 540\,500\,\text{Nmm}}{\pi \cdot 0,15 \cdot 70\,\text{mm} \cdot 1600\,\text{mm}^2} = 20,5\,\text{N/mm}^2$$

Gl. (6.62)

Nabe $\quad p'_N = \dfrac{R^*_{eN}}{2}(1-Q_N^2) = \dfrac{346\,\text{N/mm}^2}{2} \cdot 0,75 = 129,7\,\text{N/mm}^2$

p_{min} = 20,5 N/mm² < p'_N = 129,7 N/mm², also liegt elastische Verformung vor.

Welle $\quad p_W = R_{ew}^*$ = 335 N/mm² > p_{min}, also liegt elastische Verformung vor.

Es handelt sich also um Fall 1 nach Bild **6.41**.

2. Bestimmung von p'_{zul}, ξ_{ges}, Z und U

Nabe $\quad p'_{zul\,N} = p'_N/S$ = 129,7 N/mm²/1,5 = 86,46 N/mm² Gl. (6.53)

Welle $\quad p'_{zul\,W} = R_{ew}^*/S$ = 335 N/mm²/2 = 167 N/mm² Gl. (6.56)

da $p'_{zul\,N} < p'_{zul\,W}$ wird $p'_{zul\,N}$ gerechnet.

Die Rechnung wird für den erforderlichen Mindestdruck p_{min} und für den maximal zulässigen Fugendruck $p'_{zul\,N}$ durchgeführt; Fall 1, Bild **6.42**.

6.1 Reibschlüssige Verbindungen

Beispiel 1, Fortsetzung

Minimum (mit p_{min})

$$\xi_{ges\,min} = \xi_{N\,el} - \xi_{H\,el} = \frac{20,5\,\text{N/mm}^2}{2,05\cdot 10^5\,\text{N/mm}^2}\left(\frac{1,25}{0,75}+0,3\right)+$$

$$+\frac{20,5\,\text{N/mm}^2}{2,1\cdot 10^5\,\text{N/mm}^2}(1-0,3) = 0,265\cdot 10^{-3}$$

$Z_{min} = \xi_{ges\,min} \cdot D_F = 0{,}265\cdot 10^{-3} \cdot 40\,\text{mm} \approx 11\,\mu\text{m}$ Gl. (6.47)

$U_{min} = Z_{min} + \Delta U = (11 + 12)\,\mu\text{m} = 23\,\mu\text{m}$

mit $\Delta U = 0{,}8 \cdot (5 + 10)\,\mu\text{m} = 12\,\mu\text{m}$ s. Gl. (6.29) und (6.48)

Maximum (mit $p'_{zul\,N}$)

$$\xi_{ges\,max} = \frac{86,46\,\text{N/mm}^2}{2,05\cdot 10^5\,\text{N/mm}^2}\cdot\left(\frac{1,25}{0,75}+0,3\right)+\frac{86,46\,\text{N/mm}^2}{2,1\cdot 10^5\,\text{N/mm}^2}\cdot(1-0,3)$$

$$= 1{,}1177\cdot 10^{-3}$$

$Z_{max} = \xi_{ges\,max} \cdot D_F = 1{,}1177 \cdot 10^{-3} \cdot 40\,\text{mm} = 44{,}71\,\mu\text{m}$

$U_{max} = Z_{min} + \Delta U = (44{,}71 + 12)\,\mu\text{m} = 56{,}7\,\mu\text{m}$

3. Festlegen der **Passungen** (s. Bild **6.37** und **6.38**).

$T_p \leq U_{max} - U_{min} = (56{,}7 - 23)\,\mu\text{m} = 33{,}7\,\mu\text{m}$

$T_B \geq T_p/2 = 33{,}7\,\mu\text{m} / 2 = 17\,\mu\text{m}$

Für die Bohrung kommt nach Bild **3.19** in Frage H6 mit $ES = +16\,\mu\text{m}$ und $EI = 0\,\mu\text{m}$. Entsprechend erhält man für die Welle

$T_w \leq T_p - T_B = (33{,}7 - 16)\,\mu\text{m} = 17{,}7\,\mu\text{m}$

$ei \geq U_{min} + ES = (23 + 16)\,\mu\text{m} = 39\,\mu\text{m}$ $es \leq U_{max} = 56{,}7\,\mu\text{m}$

Gewählt wird für die Welle nach Bild **3.19** und Bild **3.20** s5 mit $ei = +43\,\mu\text{m}$ und $es = 54\,\mu\text{m}$.

Die Passung H6/s5 genügt somit den Forderungen. Die Übermaße sind

$U_h = 0 - (+54\,\mu\text{m}) = (-)54\,\mu\text{m} < U_{max} = 56{,}7\,\mu\text{m}$ und

$U_m = +16\,\mu\text{m} - (43\,\mu\text{m}) = (-)27\,\mu\text{m} > U_{min} = 23\,\mu\text{m}$ (s. **6.38**)

4. Erwärmungstemperatur der Nabe bei $\vartheta_0 = 298\,\text{K}$. Für GS ist nach Bild **6.40** $\alpha = 11\cdot 10^{-6}/\text{K}$; entsprechend IT9...IT10 ist $S_k = 62...100\,\mu\text{m}$, gewählt wird $S_k \approx 70\,\mu\text{m}$. Mit Gl. (6.72) ist die erforderliche **Fügetemperatur** der Nabe

$$\vartheta_a = \frac{(54+70)\cdot 10^{-3}\,\text{mm}}{40\,\text{mm}\cdot 11\cdot 10^{-6}/\text{K}} + 298\,\text{K}$$

$$= (218{,}8 + 298)\,\text{K} \approx 580\,\text{K} \approx 310\,°\text{C} \qquad\blacksquare$$

6.1.6 Gestalten und Fertigen

In einer Pressverbindung darf keine zusätzliche Passfedernut angeordnet sein. Die Nut würde die Bildung der Tangentialspannung in der Nabe beeinträchtigen und einen vollen Fugendruck verhindern. Außerdem würde die Nabe empfindlich gekerbt werden.

Die Gestaltung der Welle wird auch im Teil 2, Abschnitt Achsen und Wellen, behandelt. Am Übergang zwischen Nabe und Welle tritt ein starker Spannungsanstieg auf, der zu einem Dauerbruch führen kann. Ursache ist Kerbwirkung infolge örtlich konzentrierter Flächenpressung (**6.43a**); sie kann durch einen Kerbfaktor β_{kt} bzw. β_{kb} berücksichtigt werden (s. Abschn. 2.3 und Abschnitt 6.2: Formschlüssige Verbindungen). Um die Kerbwirkung zu beheben, ist durch zweckmäßige Formgebung der Nabe ein allmählicher Spannungsanstieg anzustreben. Die Naben sollen daher konisch ausgebildet werden, damit die schwächeren Nabenenden eine kleinere Flächenpressung verursachen (**6.43b**). Auch Abrunden der Einspannkanten (nicht Abfasen mit 45°) oder ringförmige Einstiche (Entlastungskerben) beiderseits in der Nabe sind zweckmäßig. Oft wird auch die Welle an der Einspannstelle auf $(1{,}1 \ldots 1{,}3) \cdot d$ verstärkt oder durch Oberflächenbehandlung (Brennhärten, Oberflächendrücken usw.) auf eine höhere Festigkeit gebracht.

Reibkorrosion. Die Weiterleitung von Drehmoment-Anteilen in den hinteren Bereich der Pressfuge ist nur unter Verdrehung der Welle möglich. Da diese Verdrillung durch die drehsteifere Nabe behindert ist, wird der Hauptanteil des Wellenmomentes am Anfang der Pressfuge unter entsprechend hoher Schubspannung übertragen. Überschreitet die Umfangskraft (Schubspannung) die Haftkraft an dieser Stelle, so verdrillt sich die Welle unter örtlichem Mikrogleiten stärker als die Nabe. Ist dem mittleren Drehmoment ein Wechselmoment überlagert, so kommt es zum Wechselgleiten und damit zur Reibkorrosion, die eine erhöhte Dauerbruchgefahr durch zusätzliche Reibbeanspruchung darstellt. Die Gefahr der Reibkorrosion ist zu vermindern durch Verkleinern der Drehmomentausschläge (z. B. durch Einbau einer drehnachgiebigen Kupplung), durch Wahl eines elastischen Nabenwerkstoffes oder durch Gestaltung einer torsionselastischen Nabenform (**6.43b**).

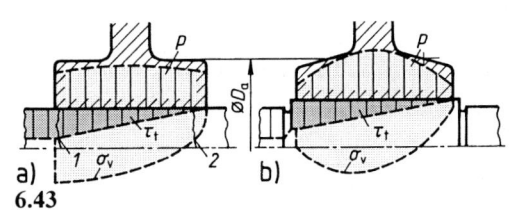

6.43
Einfluss der Nabenform auf die Spannungsverteilung in der Welle (Vereinfachte Darstellung); σ_v ergibt sich aus τ_t und p

a) steife Nabe: fast konstante Flächenpressung, starker Anstieg von σ_v, Dauerbruchgefahr bei 1 oder 2
b) stark kegelige, randelastische Nabenform; allmählicher Anstieg der Flächenpressung, geringe Dauerbruchgefahr ($D_a \approx$ mittlere Nabendurchmesser)

Bei **Längspressverbänden** empfiehlt es sich, das Naben- oder Wellenende auf eine Länge von 2...5 mm mit einer Anfassung von 5° zu versehen (**6.30**), um ein Wegschaben des Werkstoffs beim Fügen zu verhindern und die Einebnung der Rauheiten zu begünstigen. Außerdem ist auf eine nicht zu hohe Einpressgeschwindigkeit zu achten. Sie soll nicht höher als 2 mm/s sein. Bei mehrmaligem Lösen der Verbindung tritt eine Verminderung der Haftkraft bis zu 25% ein.

Beim Entwurf stützt man sich zunächst auf Erfahrungswerte. Die Rechnung dient dann der Nachprüfung der gewählten Dimensionierung bzw. der Auswahl des Werkstoffs. Für Außen-

6.1 Reibschlüssige Verbindungen

durchmesser bzw. Höhe und Breite der Nabe sind folgende Richtwerte üblich, wobei die kleineren Werte bei höherer Werkstoffgüte zu wählen sind:

$h/D \approx 1{,}8 \ldots 2{,}0$ (Klemmverbindung) $\qquad\qquad b/D_\mathrm{i} \approx 1{,}0 \ldots 2{,}0$ (Pressverbindung)

Die DIN-Normen für Wellenenden (DIN 748) gelten für alle Achsen und Wellen, die aus einer Maschine herausragen und mit einer handelsüblichen Kupplung, Riemenscheibe oder dgl. verbunden werden sollen. Sie gelten nicht für Verbindungen in Maschinen oder Geräten, die vom Hersteller speziell entwickelt werden. Hier sind lediglich Normdurchmesser und Normkegel (DIN 254, Bild **6.14**) einzuhalten. Richtwerte für die Länge zylindrischer Wellenenden nach DIN 748: $l = (1{,}4 \ldots 1{,}8) \cdot d$ für kurze und $l = (1{,}8 \ldots 2{,}7) \cdot d$ für lange Wellenenden.

Fertigen. Als Werkstoff wird für Wellen meist S235J2G2 (St37-2) und E295 (St50-2) verwendet, für Naben EN-GJL (GG) und GS, daneben - meist für Gesenkschmiedeteile - auch St. Da eine Erhöhung der Nennspannung bzw. der Flächenpressung durch Steigerung des Drehmoments oder der axial zu übertragenden Kräfte nicht eintreten kann, ist es möglich, die Sicherheit knapp zu bemessen ($S_\mathrm{F} = 1{,}1 \ldots 1{,}5$ bzw. $S_\mathrm{B} \approx 2 \ldots 3$). Bei Klemm- und Kegelsitzen mit unkontrollierbarem Schraubenanzugsmoment wählt man zweckmäßig die höheren Werte. Werte für p_zul und μ sind Bild **6.10** zu entnehmen.

Für die Herstellung der Nabenbohrung kommen im wesentlichen die gleichen Fertigungsverfahren wie bei Wellen in Betracht, hier außerdem noch das Räumen, das bei kürzester Bearbeitungszeit sehr kleine Rautiefen ergibt, sowie das Honen. Bild **3.35** gibt die erreichbaren Rautiefen an.

Bei der Erwärmung der Naben von Querpressverbänden ist zu beachten, dass im Ofen oder in offener Flamme oberhalb von $\vartheta_\mathrm{a} = 250 \ldots 300\,°\mathrm{C}$ Verzundern der Oberfläche eintritt. Bei lösbaren Pressverbänden ist eine Verzunderung unzulässig, so dass die maximale Erwärmungstemperatur im Ofen auf $\vartheta_\mathrm{a} \approx 250\,°\mathrm{C}$ begrenzt werden muss; im Ölbad können auch höhere Temperaturen zugelassen werden. Falls die erzielbare Temperatur nicht ausreicht, muss gleichzeitig die Welle unterkühlt werden. Bei der Unterkühlung wie mitunter auch bei der Erwärmung werden größere Teile durch Isoliermaterial (Glaswolle) und umhüllende Bleche geschützt. Durch Unterkühlung des Innenteils werden vor allem Laufbuchsen, Ventilsitze und bearbeitete Zahnräder aufgeschrumpft (erreichbare Temperaturen sowie α_ϑ-Werte siehe Bild **6.45** und **6.40**). Als Zuschlag S_K (6.39) genügen im allgemeinen Werte entsprechend IT9 oder IT10, auch IT8 kann ausreichend sein. Das Lösen von Längspressverbindungen geschieht mittels Pressen oder, bei größeren Teilen, durch Öldruck (**6.44**).

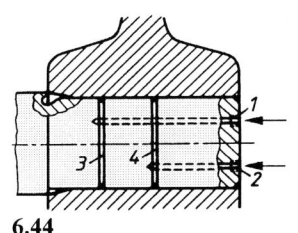

6.44
Lösen eines Pressverbandes mit Hilfe von Öldruck zur Aufweitung der Nabe. In der Welle sind mehrere Bohrungen 1, 2 und Ringnuten 3, 4 vorgesehen. Jede Bohrung wird durch eine eigene hydraulische Presse mit Öl beschickt. Durch das in die Bohrungen gedrückte Öl wird die Nabe geweitet und lässt sich geringem Kraftaufwand lösen

Werkstoff	Temperatur in °C	Bemerkung
Wärmeplatte	+ 100	für Wälzlager
Mineralöl	+ 360	
Ofen	+ 700	Temperatur begrenzt durch Gefügeänderung des Werkstoffs
Tiefkühltruhe	− 20	nur bei kleineren Teilen
Trockeneis	− 72	mit Kältemischungen (Alkohol, Aceton) bis − 100 °C
flüssige Luft	− 190	

6.45
Erwärmungs- und Abkühlungsmittel mit erreichbaren Werkstücktemperaturen

6.1.7 Keilverbindung

Der Keil ist je nach Ausführung eine reibschlüssige (Längskeil) oder eine vorgespannte formschlüssige Verbindung (Querkeil).

Beim Längskeil wird die Seite zum Nabengrund hin bezüglich der Seite zum Wellengrund mit einer bestimmten Neigung (Anzug) ausgeführt.

Die **Längskeilverbindung** (**6.46**), auch „Spannungsverbindung mit Anzug" genannt, überträgt das Drehmoment durch Reibungsschluss zwischen der Welle und der dem Keil gegenüberliegenden Nabenseite. Wegen der auftretenden einseitigen Verspannung sind diese Verbindungen nur für kleine bis mittlere Drehzahlen anwendbar, weil stets eine gewisse Unwucht auftritt. Es können stoßhafte oder wechselnde Drehmomente gut übertragen werden, wogegen die Passfederverbindung nur gleichförmigen Drehmomenten ausgesetzt werden soll. Bei großen Durchmessern, geteilten Schwungrädern usw. finden vielfach auch Tangentkeile Verwendung; neben dem Reibungsschluss tritt hier eine Verspannung in Umfangsrichtung auf (Bild **6.48** und **6.51**), so dass insbesondere große stoßhafte und wechselnde Drehmomente übertragen werden können.

Die Aufgabe der **Querkeilverbindung** besteht in der Übertragung von Längskräften. Sie wird als Stangenschloss ausgeführt (**6.47**), wobei durch den Keil 1 die Stange 3 in die Hülse 2 hineingezogen wird. Es entsteht somit eine formschlüssige Verbindung, bei der das Verbindungselement, der Keil, durch Reibungsschluss gesichert ist.

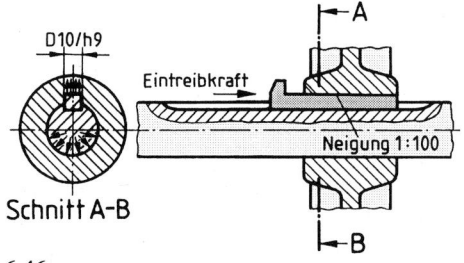

6.46
Verspannungskräfte an einer Längskeilverbindung
(Nasenkeil)

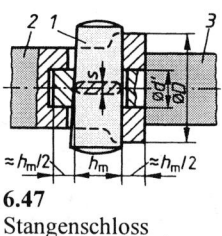

6.47
Stangenschloss
1 Querkeil, rundstirnig
2 Hülse
3 Stange

Berechnen. Bei Keilverbindungen wird die Flächenpressung p und damit der Reibungsschluss durch die Eintreibkraft des Keils erzeugt. Da diese nicht messbar ist, ist auch eine exakte Be-

6.1 Reibschlüssige Verbindungen

rechnung nicht möglich. Es gilt die Erfahrung, dass bei Längskeilen das gesamte Drehmoment zwischen Welle und Nabe übertragen werden kann, wenn die tragende Keillänge $l = 1{,}5 \cdot d$ mit d als Wellendurchmesser beträgt. Ist nicht das gesamte Drehmoment der Welle zu übertragen, dann können Flach- oder Hohlkeile (Bilder **6.50**, **6.48**) verwendet werden. Hierdurch wird die Bearbeitung der Welle am Keilsitz vereinfacht oder erspart. Bezüglich der Lage der Tangentkeile bei geteilten Naben s. Bild **6.51**.

Bei Querkeilverbindungen treten ungünstige und rechnerisch schwer erfassbare Spannungsverhältnisse auf. Ihre Verwendung ist daher beschränkt.

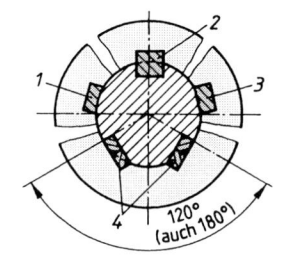

6.48
Verschiedene Keilformen, an einer Wellen-Naben-Verbindung dargestellt

1 Hohlkeil
2 Nasen-, Treib- und Einlegekeil
3 Flachkeil
4 Tangentkeil

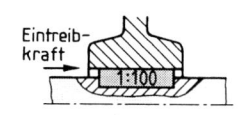

6.49
Einlegekeil

über	bis	b D10 h9	r	Keil DIN 6886 h	Keil DIN 6886 t_1	Keil DIN 6886 t_2	Nasenkeil DIN 6887 h_1	Nasenkeil DIN 6887 h_2	Flachkeil DIN 6883 h	Flachkeil DIN 6883 t_1	Flachkeil DIN 6883 t_2	Hohlkeil DIN 6881 h	Längenabstufung l	
10	12	4	0,2	4	2,5	1,2	4,1	7	–	–	–	–	14	16
12	17	5		5	3,0	1,7	5,1	8	–	–	–	–	18	20
17	22	6		6	3,5	2,2	6,1	10	–	–	–	–	22	25
22	30	8	0,4	7	4,0	2,4	7,2	11	5	1,3	3,2	3,5	28	32
30	38	10		8	5,0	2,4	8,2	12	6	1,8	3,7	4	36	40
38	44	12		8	5,0	2,4	8,2	12	6	1,8	3,7	4	45	50
44	50	14	0,5	9	5,5	2,9	9,2	14	6	1,4	4,0	4,5	56	63
50	58	16		10	6,0	3,4	10,2	16	7	1,9	4,5	5	70	80
58	65	18		11	7,0	3,4	11,2	18	7	1,9	4,5	5	90	100
65	75	20		12	7,5	3,9	12,2	20	8	1,9	5,5	6	110	125
75	85	22	0,6	14	9,0	4,4	14,2	22	9	1,8	6,5	7	140	160
85	95	25		14	9,0	4,4	14,2	22	9	1,9	6,4	7	180	200
95	110	28	0,8	16	10	5,4	16,2	25	10	2,4	6,9	7,5	220	250
110	130	32		18	11	6,4	18,3	28	11	2,3	7,9	8,5		
130	150	36	1,0	20	12	7,1	20,4	32	12	2,8	8,4	9	Nutausbildung	

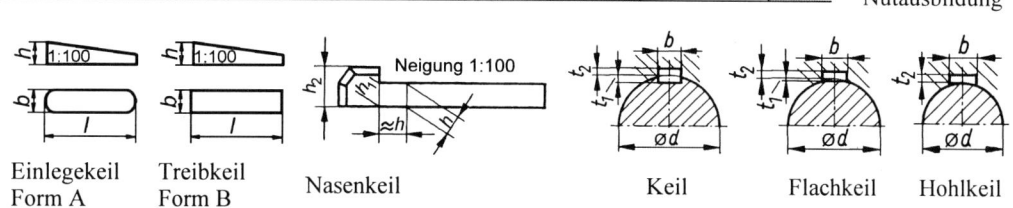

Einlegekeil Form A   Treibkeil Form B   Nasenkeil   Keil   Flachkeil   Hohlkeil

Neigung 1:100

6.50
Längskeile (Auswahl aus den DIN Normen; alle Maße in mm)

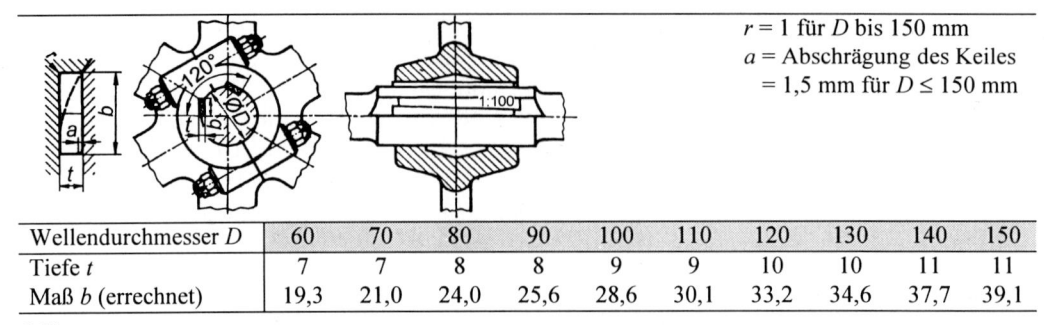

$r = 1$ für D bis 150 mm
a = Abschrägung des Keiles
= 1,5 mm für $D \leq 150$ mm

Wellendurchmesser D	60	70	80	90	100	110	120	130	140	150
Tiefe t	7	7	8	8	9	9	10	10	11	11
Maß b (errechnet)	19,3	21,0	24,0	25,6	28,6	30,1	33,2	34,6	37,7	39,1

6.51
Tangentkeilnuten DIN 271 (alle Maße in mm)

Gestalten. Die Nutenlänge muss dem nötigen Raum für das Ausziehen des Keils angepasst sein (**6.46**). Eine Ausnahme bildet der Einlegekeil, der schon in der Wellennut liegt, wenn die Nabe aufgeschoben wird (**6.49**). Empfehlenswert ist bei allen Längskeilen eine Übergangspassung von Welle und Nabe (z. B. H7/k6). Genormte Ausführungen mit einem Anzug von 1:100 zeigen (**6.50**) und (**6.49**). Als Werkstoff ist E335 (St60) oder St80 (sog. Keilstahl) vorzusehen. Für Querkeile (**6.48**) wird eine stärkere Neigung von 1:20 (für häufigeres Lösen) bis 1:40 (für dauernde Verbindungen) vorgesehen. Richtwerte (Bedeutung der Formelzeichen s. Bild **6.47**)

$$h_m/s \approx 4 \ldots 5 \qquad s/d' \approx 0{,}25 \qquad D/d' \approx 2{,}5 \ldots 2{,}7$$

Literatur

[1] Beitz, W.: Berechnung von Wellen-Naben-Passfederverbindungen. Z. Antriebstechnik 16 (1977) Nr.10.

[2] Brauch, W.; Dreyer, H.-J.; Haacke, W.: Mathematik für Ingenieure. Teil 3 Differentialgleichungen. 9. Aufl. Stuttgart 1995.

[3] Kollmann, F. G.: Neues Berechnungsverfahren für elastisch-plastisch beanspruchte Querpressverbände. Z. Konstruktion 30 (1978) H.7 und (1978) H. 8.

[4] -; Rotierende Pressverbände bei rein elastischer Beanspruchung. Z. Konstruktion 33 (1981), H. 6.

[5] -; Welle-Nabe-Verbindungen. Berlin-Heidelberg-New York-Tokyo 1984.

[6] Kollmann, F. G.; Önöz, E.: Ein verbessertes Auslegungsverfahren für elastisch-plastisch beanspruchte Querpressverbände. Z. Konstruktion 35 (1983) H. 11.

[7] Eberhard, G.: Theoretische und experimentelle Untersuchungen an Klemmverbindungen mit geschlitzter Nabe. Diss. Uni. Hannover 1980.

[8] Findeisen, D.: Verspannungsschaubild der Welle-Nabe-Verbindung „rotierender Querpressverband"; Analogie zur Schraubenverbindung unter axialer Zugkraft mit Querkraftschub. Z. Konstruktion 30 (1978), H. 11.

[9] Lehmann, Th.: Elemente der Mechanik II: Elastostatik. Braunschweig 1975.

[10] Lundberg, G.: Die Festigkeit von Presssitzen. Das Kugellager 19 (1944), H. 1 u. 2.

[11] Galle, G.: Fügen von Querpressverbindungen. Z. Konstruktion 31 (1979), H. 8.

[12] Holzmann, G.; Meyer, H.; Schumpich, G.: Technische Mechanik, Teil 3: Festigkeitslehre. 8. Aufl. Stuttgart 2002.

6.2 Formschlüssige Verbindungen

DIN-Blatt Nr.	Ausgabe-datum	Titel
471	9.81	Sicherungsringe (Halteringe) für Wellen; Regelausführung und schwere Ausführung
472	9.81	Sicherungsringe (Halteringe) für Bohrungen; Regelausführung und schwere Ausführung
983	9.81	Sicherungsringe mit Lappen (Halteringe) für Wellen
984	9.81	Sicherungsringe mit Lappen (Halteringe) für Bohrungen
5417	12.76	Befestigungsteile für Wälzlager; Sprengringe für Lager mit Ringnut
5464	9.65	Keilwellen-Verbindungen mit geraden Flanken; Schwere Reihe
5466 T1	10.00	Tragfähigkeitsberechnung von Zahn- und Keilwellen-Verbindungen; Teil 1: Grundlagen
5472	12.80	Werkzeugmaschinen; Keilwellen- und Keilnaben-Profile mit 6 Keilen, Innenzentrierung, Maße
5480 T1	10.91	Zahnwellen-Verbindungen mit Evolventenflanken; Grundbegriffe
T2	10.91	-; Eingriffswinkel 30°, Übersicht
T3 bis T13	10.91	-; Nennmaße, Messgrößen, Modul 0,5...10
T14	3.86	-; Flankenpassungen, Toleranzen
T15	9.74	-; Prüfung und Lehren bei Flankenzentrierung
T16	3.86	-; Wälzfräser, Schneidräder, Räumwerkzeuge
6799	9.81	Sicherungsscheiben (Haltescheiben) für Wellen
6885 T1	8.68	Mitnehmerverbindungen ohne Anzug; Passfedern, Nuten, hohe Form
T2	12.67	-; Passfedern, Nuten, hohe Form für Werkzeugmaschinen, Abmessungen und Anwendung
T3	2.56	-; Passfedern, niedrige Form, Abmessungen und Anwendung
6888	8.56	Mitnehmerverbindungen ohne Anzug; Scheibenfedern, Abmessungen und Anwendungen
7993	4.70	Runddraht-Sprengringe und Sprengringnuten für Wellen und Bohrungen
32711	3.79	Antriebselemente; Polygonprofile P3G
32712	3.79	-; Polygonprofile P4C
ISO 14	12.86	Keilwellen-Verbindungen mit geraden Flanken und Innenzentrierung; Maße, Toleranzen, Prüfung

Bolzen- und Stiftverbindungen

DIN-Blatt Nr.	Ausgabe-datum	Titel
1445	2.77	Bolzen mit Kopf und Gewindezapfen
1469	11.78	Passkerbstifte mit Hals

DIN-Blatt Nr.	Ausgabe-datum	Titel
EN 22340	10.92	Bolzen ohne Kopf
EN 22341	10.92	Bolzen mit Kopf
EN 28736	10.92	Kegelstifte mit Innengewinde, ungehärtet
EN 28737	10.92	Kegelstifte mit Gewindezapfen, ungehärtet
EN 28738	10.92	Scheiben für Bolzen; Produktklasse A
EN ISO 8733	3.98	Zylinderstifte mit Innengewinde aus ungehärtetem Stahl und austenitischem nichtrostendem Stahl
EN ISO 8735	3.98	Zylinderstifte mit Innengewinde aus gehärtetem Stahl und martensitischem nichtrostendem Stahl
EN ISO 8739	3.98	Zylinderkerbstifte mit Einführende
EN ISO 8740	3.98	Zylinderkerbstifte mit Fase
EN ISO 8741	3.98	Steckkerbstifte
EN ISO 8742	3.98	Knebelkerbstifte mit kurzen Kerben
EN ISO 8744	3.98	Kegelkerbstifte
EN ISO 8745	3.98	Passkerbstifte
EN ISO 8752	3.98	Spannstifte (-hülsen), geschlitzt, schwere Ausführung
EN ISO 13337	2.98	Spannstifte (-hülsen), geschlitzt, leichte Ausführung

Formelzeichen

b tragende Breite des Mitnehmers; Größenfaktor
c Beiwert für Polygonprofile
D, d Durchmesser des um- bzw. eingeschriebenen Kreises bei Polygonprofilen
D_M Messweite des Polygonprofils P 3
d Durchmesser der Welle
d_1 –; bzw. der Bohrung
d_2 Durchmesser der Nut
d_a –; des Kopfkreises
d_f –; des Fußkreises
d_m Durchmesser, an dem Umfangskraft F_u am Mitnehmer angreift
e Exzentrizität des Polygonprofils
F_a Axialkraft
g Hebellänge (Sicherung)
h Hebellänge, Flankenhöhe
k Beiwert für Polygonprofile
l tragende Länge des Mitnehmers bzw. des Polygonprofils
p Flächenpressung
$\bar{q}$ Beanspruchungszahl
R_e Streckgrenze
R_m Zugfestigkeit

S_D Sicherheitswert bei dynamischer Beanspruchung
s Nabenwanddicke, Ringdicke
T_{max} zu übertragendes maximales Drehmoment
t' tragende Höhe des Mitnehmers
W_p polares Widerstandsmoment der Welle
z Anzahl der Mitnehmer
α Eingriffswinkel
β_{kt}, β_{kb} Kerbfaktor der Wellennut bei Torsion bzw. Biegung
β_{max} maximaler Winkel zwischen Tangente an das Polygonprofil und Umfangskraft F_u
κ Oberflächenfaktor
φ Minderungsfaktor für $z > 1$
ψ Umstülpwinkel
σ_b Biegespannung
σ_G Grenzspannung
σ_{Sch} Schwellfestigkeit
τ_a Abscherspannung
τ_t Torsionsspannung
τ_{tG} Grenzspannung (Torsion)
τ_{tSch} Schwellfestigkeit

6.2 Formschlüssige Verbindungen

6.2.1 Sicherungen gegen axiales Verschieben

Formschlüssige Verbindungen übertragen Kräfte oder Drehmomente durch ihre Form. Für die Aufnahme axialer Kräfte werden neben Wellenbunden auch Querstifte, Sicherungsringe, Sicherungsscheiben, Stellringe und Stellmuttern vorgesehen, siehe Bild (**6.52**) und (**6.56**). Zur Übertragung von Drehmomenten muss die Nabe mit der Welle drehfest verbunden sein. Sie kann in Längsrichtung fest, Bild (**6.57**), aber auch verschiebbar angeordnet werden, Bild (**6.60**); z. B. bei Schaltgetrieben, Torsionsfedern, längsbeweglichen Kardanwellen und austauschbaren „Steckachsen" als Zahnwellen- Verbindung.

Sicherungsringe (**6.52**). Wegen der großen Zahl verschiedener Ausführungen werden sie in folgende Gruppen unterteilt:

1. Gruppe. Sie umfasst alle ebenen axial montierbaren Ringe, die nach dem Prinzip des gekrümmten Balkens gleicher Festigkeit aufgebaut sind und in Nuten angewendet werden.

Sicherungsringe, DIN 471/472, Regelausführung für Wellen und Bohrungen (**6.52a, b**) übertragen große Axialkräfte von dem andrückenden Maschinenteil auf die Nutwand. Als Wellenringe können sie bei hohen Drehzahlen verwendet werden. Nach DIN 471 und DIN 472 sind Ringe bis 300 mm Nabendurchmesser genormt (Auszug aus den DIN- Normen siehe Bild **6.53**).

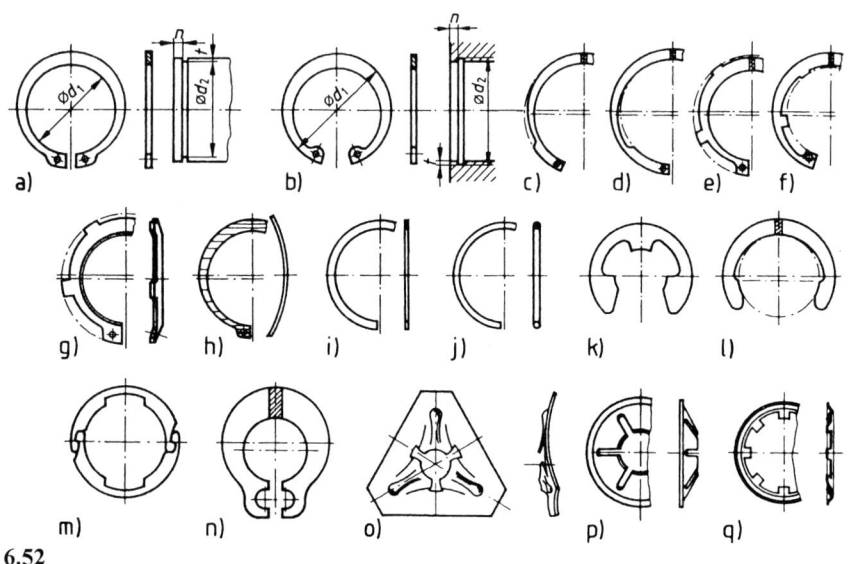

6.52
Sicherungen
- a) Sicherungsring DIN 471 für Wellen
- b) Sicherungsring DIN 472 für Bohrungen
- c) Seeger-V-Ringe für Wellen
- d) Seeger-V-Ringe für Bohrungen
- e) K-Ring DIN 983 für Wellen
- f) K-Ring DIN 984 für Bohrungen
- g) Seeger-L-Ring für Wellen
- h) Seeger-W-Ring für Wellen
- i) Sprengring DIN 5417
- j) Runddrahtsprengring DIN 7993
- k) Sicherungsscheibe DIN 6799
- l) Seeger-Halbmondring
- m) Schließring
- n) Greifring
- o) Dreieckring
- p) Klemmscheibe
- q) Zackenring für Bohrung

für Wellen, DIN 471									für Bohrungen, DIN 472								
d_1	s	a	b	d_2	d_1	s	a	b	d_2	d_1	s	a	b	d_2	d_1	s	a	b	d_2
	h11	$\leq$	$\approx$			h11	$\leq$	$\approx$			h11	$\leq$	$\approx$			h11	$\leq$	$\approx$	
10	1	3,3	1,8	9,6	50	2	6,9	5,1	47	10	1	3,2	1,4	10,4	50	2	6,5	4,6	53
12	1	3,3	1,8	11,5	55	2	7,2	5,4	52	12	1	3,4	1,7	12,5	55	2	6,8	5	58
14	1	3,5	2,1	13,4	60	2	7,4	5,8	57	14	1	3,7	1,9	14,6	60	2	7,3	5,4	63
16	1	3,7	2,2	15,2	65	2,5	7,8	6,3	62	16	1	3,8	2	16,8	65	2,5	7,6	5,8	68
18	1,2	3,9	2,4	17	70	2,5	8,1	6,6	67	18	1	4,1	2,2	19	70	2,5	7,8	6,2	73
20	1,2	4	2,6	19	75	2,5	8,4	7	72	20	1	4,2	2,3	21	75	2,5	7,8	6,6	78
22	1,2	4,2	2,8	21	80	2,5	8,6	7,4	76,5	22	1	4,2	2,5	23	80	2,5	8,5	7	83,5
24	1,2	4,4	3	22,9	85	3	8,7	7,8	81,5	24	1,2	4,4	2,6	25,2	85	3	8,6	7,2	88,5
25	1,2	4,4	3	23,9	90	3	8,8	8,2	86,5	25	1,2	4,5	2,7	26,2	90	3	8,6	7,6	93,5
26	1,2	4,5	3,1	24,9	95	3	9,4	8,6	91,5	26	1,2	4,7	2,8	27,2	95	3	8,8	8,1	98,5
28	1,5	4,7	3,2	26,6	100	3	9,6	9	96,5	28	1,2	4,8	2,9	29,4	100	3	9	8,4	103,5
30	1,5	5	3,5	28,6	110	4	10,1	9,6	106	30	1,2	4,8	3	31,4	110	4	10,4	9,2	114
32	1,5	5,2	3,6	30,3	115	4	10,6	9,8	111	32	1,2	5,2	3,2	33,7	115	4	10,5	9,3	119
35	1,5	5,6	3,9	33	120	4	11	10,2	116	35	1,5	5,4	3,4	37	120	4	10,5	9,7	124
38	1,75	5,8	4,2	36	125	4	11,4	10,4	121	38	1,5	5,5	3,7	40	125	4	11	10	129
40	1,75	6	4,4	37,5	130	4	11,6	10,7	126	40	1,75	5,8	3,9	42,5	130	4	11	10,2	134
42	1,75	6,5	4,5	39,5	140	4	12	11,2	136	42	1,75	5,9	4,1	44,5	140	4	11,2	10,7	144
48	1,75	6,9	5	45,5	145	4	12,2	11,5	141	48	1,75	6,4	4,5	50,5	145	4	11,4	10,9	149

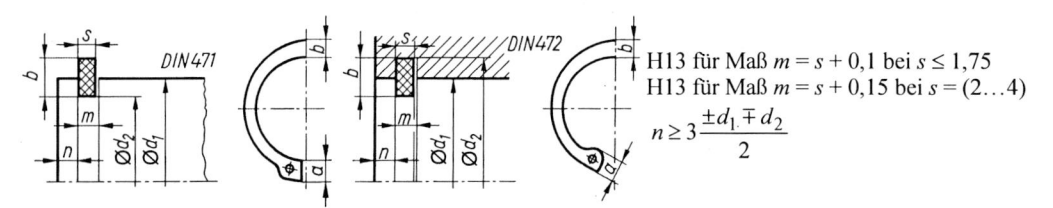

H13 für Maß $m = s + 0{,}1$ bei $s \leq 1{,}75$
H13 für Maß $m = s + 0{,}15$ bei $s = (2\ldots4)$

$$n \geq 3 \frac{\pm d_1 \mp d_2}{2}$$

Bild **6.53**
Sicherungsringe, Regelausführung (Auswahl aus den DIN- Normen, alle Maße in mm. Schwere Ausführung s. Normblätter)

In der schweren Ausführung, DIN 471/472, besitzen Sicherungsringe eine größere Dicke, und bei den kleineren Abmessungen auch eine größere Breite, als die normalen Ringe nach DIN 471/472. Sie sind dadurch in der Lage, bedeutend höhere Axialkräfte aufzunehmen. Für den Einsatz auf Zahnwellen-Verbindungen sind Sicherungsringe in der schweren Ausführung ganz besonders geeignet.

V-Ringe (Seeger-Orbis GmbH, 61454 Königstein/Taunus) (**6.52c, d**) für Wellen und Bohrungen besitzen eine kleinere radiale Bauhöhe als die normalen Sicherungsringe und bilden eine zur Achse der Welle bzw. des Gehäuses zentrisch begrenzte Schulter. Sie sind dadurch in der Lage, neben der Axialkraftübertragung, als radiale Führung zu dienen. Die zur kreisartigen Verformung erforderlichen Ausnehmungen liegen nutseitig, also umgekehrt als bei den normalen Ringen nach DIN 471/472 (daher die Bezeichnung V-Ring = verkehrter Ring). Die verkleinerte Nutanlagefläche hat eine Verkleinerung der Tragfähigkeit der Nut zur Folge. Das Hauptanwendungsgebiet liegt dort, wo in radialer Richtung nur wenig Platz zur Verfügung steht, z. B. bei dem Einbau von Nadellagern.

6.2 Formschlüssige Verbindungen

K-Ringe (6.52 e, f) für Wellen und Bohrungen, DIN 983/984, besitzen am Umfang gleichmäßig verteilt mehrere Lappen, um damit Maschinenteile mit großen Fasen, Abrundungen oder Kantenabständen festlegen zu können. Sie eignen sich gut für den überdeckten Einbau und zur Festlegung von Wälzlagern mit großen Kantenabständen.

Mit Hilfe von ebenen Sicherungsringen ist es nicht möglich, Maschinenteile axial spielfrei einzubauen. Die Fertigungstoleranzen der Nut, des festzulegenden Teiles und des Ringes führen immer zum Axialspiel. Die tellerfederartig geprägten K-Ringe, L-Ringe genannt (**6.52g**), und die gebogenen W-Ringe (**6.52h**) gleichen Axialspiel aus. Sie werden vorteilhaft für die axiale Vorspannung von Wälzlagern vorgesehen. (W-Ringe werden aus Sicherungsringen DIN 471/472 durch Biegen um eine Achse gefertigt!).

2. Gruppe. Sprengringe mit konstanter, radialer Breite, verformen sich unter Spannung nicht rund und sind nicht immer leicht zu montieren, weil Montagelöcher für einen Zangeneingriff fehlen.

Sprengringe für Wellen, DIN 5417 (**6.52i**), dienen u. a. zur Festlegung von Wälzlagern, in deren äußerem Laufring eine Nut eingestochen ist. Eine besondere Ausführung mit kleiner radialer Breite, die Sprengringe SW / SB (Seeger-Orbis), eignet sich besonders für die Festlegung von Nadellagern, Nadelkäfigen und Dichtungsringen.

Sprengringe für Wellen und Bohrungen, DIN 7993 (**6.52j**), werden aus patentgehärteten Drähten mit rundem Querschnitt gefertigt. Ihr Einsatz erfolgt vorzugsweise in halbrunden Nuten in Verbindung mit einer viertelkreisförmigen Überdeckung des andrückenden Maschinenteils. Sprengringe nach DIN 73130 dienen besonders zur Festlegung von Kolbenbolzen.

3. Gruppe. Radialmontierbare Sicherungen werden radial in die Nut gedrückt. Zur Montage und Demontage wird keine Zange benötigt. Zu dieser Gruppe zählen u. a. die Sicherungsscheiben DIN 6799 (**6.52k**), die Halbmondringe (**6.52 l**) und die Schließringe (**6.52m**) (Seeger-Orbis).

4. Gruppe. Selbstsperrende Sicherungsringe übertragen Axialkräfte entweder nur durch Reibungsschluss, oder durch Reibungs- und Formschluss. Die selbstsperrenden Ringe werden auf glatten, nicht genuteten Wellen oder in Gehäusen eingesetzt. Es besteht die Möglichkeit einer axialspielfreien Festlegung bzw. der Einstellung ohne Bindung an einen Nuteinstich oder an ein Splintloch. Bei ihrer Anwendung ist zu berücksichtigen, dass Stöße und Schwingungen Massenkräfte hervorrufen können, die höher als die Haltekräfte sind.

Zu den selbstsperrenden Sicherungsringen zählen der Greifring (**6.52n**), der Dreieckring (**6.52o**), die Klemmscheibe (**6.52p**) und der Zackenring (**6.52q**) (alle Seeger-Orbis).

Berechnung der Ringverbindungen. Entscheidend für die Anwendung der Sicherungsringe nach DIN 471/472 (**6.52a, b**) oder ähnliche ist die axiale Tragfähigkeit. Sie hängt von der Festigkeit des Werkstoffes, in den die Nut eingestochen ist, und von der Form des andrückenden Maschinenteiles (scharfkantig, gerundet, Fase, Kantenabstand) ab. Außerdem ist auch die zulässige Wellendrehzahl zu beachten.

Somit sind zu berechnen:

1. die Tragfähigkeit der Nut,
2. die Tragfähigkeit des Ringes,
3. die axiale Verschiebung und
4. die Ablösedrehzahl.

Tragfähigkeit der Nut. Die Berechnung erfolgt bei gegebener Axialkraft F_a auf **Flächenpressung**

$$p = (q \cdot F_a)/A \le p_{zul} = \sigma_G / S \tag{6.74}$$

mit der Nutfläche $A = \pi \cdot (d_1^2 - d_2^2)/4$ und mit der Beanspruchungszahl q, die vom Bundlängenverhältnis n/t abhängt; für $n/t \ge 3$ setzt man $q = 1{,}2$; für $n/t = 2$ setzt man $q = 2$ und für $n/t = 1$ setzt man $q = 4{,}5$.

Es bedeuten n Bundbreite (Randabstand der Nut) (**6.53**) und t Nuttiefe.

Voraussetzung für die Berechnung auf Flächenpressung ist, dass die Wanddicke des Gehäuses (Bohrungsringe) bzw. der Hohlwelle (Wellenringe) mindestens dreimal größer als die Nuttiefe ist.

Die Nut kann auf der Lastseite immer nur zügig oder schwellend beansprucht werden. Aus diesem Grunde wird in die Gl. (6.74) als Grenzspannung σ_G die Streckgrenze oder die Schwellfestigkeit σ_{Sch} eingesetzt. Die Wahl der Sicherheit S richtet sich nach der Konstruktion und Belastung. Bei Bundeslängenverhältnissen $n/t > 5$ ist gegen Gewaltbruch ($\sigma_G = R_m$) bei ruhender Belastung die Sicherheit $S = 2...3$ üblich.

Nach Umstellung der Gl. (6.74) erhält man für die zulässige Axialkraft die Bedingung

$$F_{a\,zul} = (A \cdot \sigma_G)/(q \cdot S) < F_{aN}$$

wobei F_{aN} die in den Maßlisten der Hersteller verzeichnete zulässige Axialkraft auf Grund der Tragfähigkeit der Nut bedeutet. Sie ist auf die Streckgrenze $R_e = (200...300)$ N/mm² bezogen, ohne die Sicherheit gegen Dauerbruch bzw. gegen Fließen zu berücksichtigen ($S = 1$).

Tragfähigkeit des Ringes. Das Berechnungsverfahren geht von der Annahme aus, dass sich der Ring bei dem Andruck eines Maschinenteiles infolge eines Biegemomentes $F_a \cdot h$ konisch verformt und um den Winkel ψ umstülpt, s. Bild (**6.55**). Dieser Umstülpwinkel $\psi = f/h$ darf nicht größer als ein zulässiger Winkel ψ_{zul} (**6.54**) werden:

$$\psi = (F_a \cdot h \cdot s)/K \le \psi_{zul} \tag{6.75}$$

Der Rechnungswert $K = C \cdot h^2$ in kNmm, siehe Bild **6.54**, wird aus der Federsteifigkeit C des Ringes abgeleitet und ergibt sich zu $K = [(\pi \cdot E \cdot s^2)/6] \cdot \ln(1 + 2b_m/y)$ mit E als Elastizitätsmodul, s Ringdicke, b_m mittlere Ringbreite; mit $y = d_2$ für Wellenringe und mit $y = d_2 - 2b_m$ für Bohrungsringe. Für die Hebellänge setzt man bei scharfkantiger Anlage $h = 0{,}3 + 0{,}002 \cdot d_1$ in mm mit d_1 in mm und bei Anlage mit Fase, Rundung oder Kantenabstand $h = 0{,}05 + g$ in mm mit g in mm (**6.55**).

In Maßlisten der Hersteller (Seeger-Orbis) sind im allgemeinen der Rechenwert K bezogen auf Federstahl und die für den entsprechenden zulässigen Umstülpwinkel ψ_{zul} berechnete Axialkraft F_{aR} ohne Berücksichtigung einer Sicherheit angegeben. Werden Ringe aus anderem Material, z. B. aus Walzbronze oder Hartmessing, verwendet, so sind die angegebenen Werte nach Angaben der Hersteller zu berichtigen.

Axiale Verschiebung f des Ringes ist durch den Andruck des Maschinenteils bedingt (**6.55**). Die Größe der Verschiebung ist für manche Konstruktionen von Bedeutung. Sie lässt sich aus

6.2 Formschlüssige Verbindungen

der Beziehung $f = (F_a \cdot h^2 / K) + V$ ermitteln. $V = (0{,}02 \ldots 0{,}05)$ mm berücksichtigt die Anfangsverschiebung.

	d_1	10	20	30	40	50	60	70	80	90	100	120	130	140	250
DIN 471	F_{aN}	1	5	11	25	38	46	54	72	81	90	123	134	144	388
	F_{aR}	4	17	32	51	73	69	134	128	217	206	425	395	376	504
	$n_{abl} \cdot 10^{-3}$	84	32	19	13	10	7,6	6,5	6,1	5	4,2	3,7	3,2	2,7	1,2
	K	28,2	36,3	64,2	97	133	126	241	236	401	397	882	852	840	1155
	ψ_{zul}	0,1	0,15	0,17	0,2	0,22	0,23	0,24	0,25	0,26	0,26	0,26	0,26	0,26	0,26
DIN 472	F_{aN}	1	5	11	27	40	48	56	75	84	93	127	138	148	396
	F_{aR}	4	7	14	45	61	61	119	120	199	188	396	374	350	504
	K	19,6	16,9	26,6	80,1	111	113	218	219	364	359	818	801	775	1155
	ψ_{zul}	0,1	0,15	0,17	0,2	0,22	0,23	0,24	0,25	0,26	0,26	0,26	0,26	0,26	0,26

Tragfähigkeit der Nut F_{aN} bei $R_e = 200$ N/mm² des genuteten Werkstoffes und Tragfähigkeit des Sicherungsringes F_{aR} bei scharfkantiger Anlage des andrückenden Teiles. Durchmesser d_1 in mm, Kraft [1]) in kN, Ablösedrehzahl $n_{abl} \cdot 10^{-3}$ in min⁻¹, Rechnungswert K in kN mm, Umstülpwinkel ψ_{zul} im Bogenmaß

[1]) Die Werte enthalten keine Sicherung gegen Fließen bei zügiger Beanspruchung und gegen Dauerbruch bei schwellender Beanspruchung. Gegen Bruch bei zügiger Beanspruchung ist eine 2- bis 3fache Sicherheit gegeben.

6.54
Zulässige Axialkraft und Drehzahl für Sicherungsringe in Regelausführung nach DIN 471 und DIN 472

Ablösedrehzahl. Sie ist die Drehzahl, bei der die Vorspannung des Ringes durch die Fliehkraft aufgehoben wird und der Ring beginnt, sich von dem Sitz auf dem Nutgrund zu lösen. Die Ablösedrehzahlen für kleine Ringe nach DIN 471 sind sehr hoch, fallen aber ab $d_1 = 100$ mm auf Werte unter $4 \cdot 10^3$ min⁻¹; sie müssen daher in vielen Fällen beachtet werden.

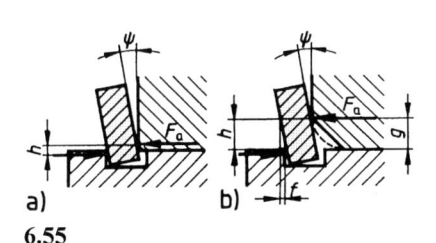

6.55
Verformung eines Sicherungsringes

a) scharfkantige Anlage ohne nennenswerte Fase oder Rundung, $h = 0{,}3 + 0{,}02 \cdot d_1$ in mm; für $d_1 \geq 150$ mm $\Rightarrow h = 0{,}6$ mm
b) Anlage mit Fase, Rundung oder Kantenabstand, $h = 0{,}05 + g$ in mm mit g in mm

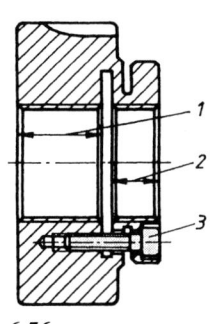

6.56
Stellmutter

1 Spannteil
2 Konterteil
3 Konterschraube

(Spieth, Esslingen-Zell)

Mit der **Stellmutter** (6.56) kann eine Schraubenverbindung gespannt, ein Wälz- oder Gleitlager-Laufspiel eingestellt oder z. B. in Verbindung mit einer Feder eine beliebige Längslage frei auf dem Gewinde fixiert und jeweils zuverlässig gesichert werden. Dabei sind keinerlei Sicherungsbleche oder Splinte und deshalb auch keine Nuten, Ausfräsungen oder Bohrungen an den Anschlussteilen nötig. Stellmuttern werden u. a. an Stelle von Kreuzloch-, Nut- oder Kronenmuttern eingesetzt. Sie sind besonders für den Rüttelbetrieb geeignet.

Die Stellmutter ist aus einem Stück gefertigt. Die membranartige Querschnittsform verleiht der Mutter eine axiale Elastizität. Der Inneneinstich teilt die Stellmutter in einen Spannteil 1 und in einen Konterteil 2. Sechs bis acht Schrauben 3 bringen beim Anziehen Spannteil und Konterteil in Längsrichtung einander näher. So wird das zwischen Spindel- und Muttergewinde bestehende Flankenspiel beseitigt und die Stellmutter auf der Spindel (Welle) festgelegt.

6.2.2 Passfederverbindungen

Passfedern übertragen im Vergleich zum Keil die Umfangskraft des Drehmomentes nur durch Formschluss. Sie besitzen parallele Flächen. Ein Keilanzug ist nicht vorhanden (vgl. Abschn. 6.1.7). Ihre Flanken müssen mit enger Passung (P9, P8, N9, N8, J9, JS9 / h9) fest in der Wellen- und Nabennut sitzen, wogegen zwischen Nutgrund der Nabe und Passfeder ein Rückenspiel bleibt (**6.57**). Für längsverschiebbare Naben oder Schiebemuffen (**6.58**) muss zwischen den Flanken der Passfedern und der Nabennut eine Spielpassung (D10/h9) vorgesehen werden, um leichtes Gleiten zu gewährleisten. (Maße hoher und flacher Passfedern DIN 6885 s. Bild **6.60**). Passfederpassungen s. auch Abschn. 3.2.)

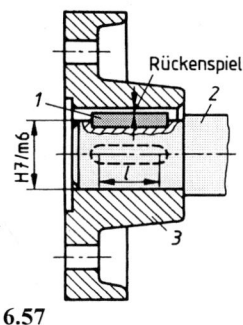

6.57
Über eine Passfeder 1 (Mitnehmer) nach DIN 6885 (Form A) mit der Welle 2 fest verbundene Nabe 3, tragende Länge *l*

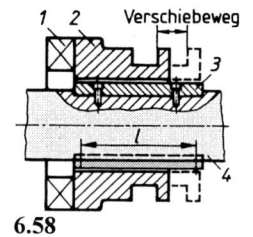

6.58
Beispiel einer verschiebbar angeordneten „Nabe": Schiebemuffe einer Klauenkupplung

1 Klaue 2 Nabe
3 Gleitfeder (DIN 6885)
4 Welle
tragende Länge *l*

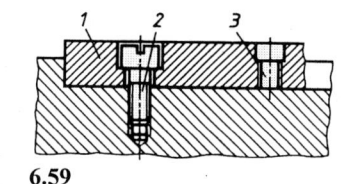

6.59
Halte- und Abdrückschraube an Pass- und Gleitfedern

1 Passfeder
2 Zylinderschraube (DIN 84)
3 Abdrückgewinde

Die Passfedern DIN 6885 sind in folgenden Formen genormt: Form A rundstirnig (**6.57**); Form B geradstirnig; Form C rundstirnig mit Bohrung für 1 Halteschraube; Form D geradstirnig mit Bohrung für 1 Halteschraube; Form E rundstirnig mit Bohrungen für 2 Halteschrauben (**6.58**) und ab 12 x 8 zusätzlich mit Gewindebohrung für 1 oder 2 Abdrückschrauben (**6.59**); Form F geradstirnig - sonst wie unter Form E; Form G geradstirnig mit Schrägung und Bohrung für 1 Halteschraube; Form H geradstirnig mit Schrägung und Bohrung für 2 Halteschrauben; Form I geradstirnig mit Schrägung und Bohrung für 1 Spannhülse.

6.2 Formschlüssige Verbindungen

Passfedern nach DIN 6885 (Auszug)

d_1 über	bis	b	h flach	hoch	t_1 flach	hoch	t_2 flach	hoch	r
6	8	2	2,9		2,0		1,0		0,2
⋮	⋮								
22	30	8	5	7	3,1	4,0	2,0	3,3	0,4
30	38	10	6	8	3,7	4,5	2,4	3,3	0,4
38	44	12	6	8	3,9	4,5	2,2	3,3	0,5
44	50	14	6	8	4,0	5,5	2,1	3,8	0,5
50	58	16	7	10	4,7	6,0	2,4	4,3	0,5
⋮	⋮								
440	500	100	50		31		19,5		2,5

Scheibenfedern[1]) nach DIN 6888 (Auszug)

d_1 über	bis	b	h flach	hoch	d_2 flach	hoch	t_1 flach	hoch	t_2	r
3	4	1	1,4		4		1		0,6	0,2
4	6	1,5	2,6		7		2		0,8	0,2
6	8	2	2,6	3,7	7	10	1,8	2,9	1,0	0,2
8	10	3	3,7	5,0	10	13	2,5	3,8	1,4	0,2
10	12	4	5,0	6,5	13	16	3,5	5,0	1,7	0,2
12	17	5	6,5	7,5	16	19	4,5	5,5	2,2	0,2
17	22	6	7,5	9,0	19	22	5,1	6,6	2,6	0,4
22	30	8	9,0	11	22	28	6,2	8,2	3,0	0,4
30	38	10	11	13	28	32	7,8	9,8	3,4	0,4

Zul. Abweichung der Rundungshalbmesser r: für Feder +0,1 ... 0,5 mm; für Nutgrund −0,1 ... 0,5 mm

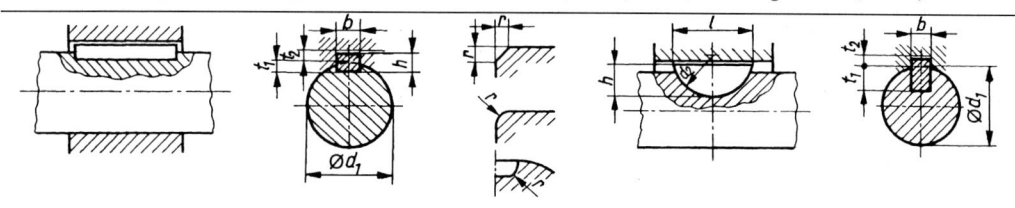

Für das Nachrechnen wählt man:
$\varphi = 1, t' = h - (t_1 + r), d \approx d_1, \varphi = 0{,}75$ bei $z = 2$

Scheibenfedertoleranzen: Für Maß b: h 9, für Maß h: h 12; Passfedertoleranzen für b

Nutherstellung	β_{kt}	β_{kb}		Wellennut	Nabennut gefräst	geräumt
Scheibenfräser	1,5 ... 1,8	1,3	Festsitz	P 9	P 9	P 8
Fingerfräser	1,7 ... 2,1	1,8	leichter Sitz	N 9	J 9	J 8

[1]) Anwendung wie Passfeder, d. h. meist zur Übertragung eines Drehmomentes. Dienen die Scheibenfedern nicht zur Drehmomentübertragung, sondern nur zur Festlegung der Lage, so ist die Zuordnung der Durchmesser : (6 ⋯ 8) mm zu $b = 1$ mm, (8 ⋯ 10) mm zu $b = 1{,}5$ mm usw.

Bild 6.60
Pass- und Scheibenfedern nach den DIN-Normen (Auswahl; alle Maße in mm)

Zur Übertragung kleinerer Drehmomente, z. B. im Kleinmaschinen- und Kraftfahrzeugbau oder als zusätzliche Sicherung bei Kegelverbindungen, wird die Scheibenfeder DIN 6888 verwendet, siehe Bild **6.60**.

Berechnung. Maßgebend für die Berechnung der Passfederverbindung sind die Flächenpressung p an den Flanken (**6.62**) sowie die Biege- und Torsionsspannung in der Welle unter Berücksichtigung der Kerbwirkung. Unter der Annahme gleichmäßig über die Wirkflächen verteilt angreifender Umfangskräfte $F_u = 2 \cdot T_{max}/d$ muss die **vorhandene Flächenpressung p** kleiner als die zulässige Pressung sein.

$$p = \frac{2 \cdot T_{max}}{\varphi \cdot z \cdot t' \cdot l \cdot d} \leq p_{zul} \qquad (6.76)$$

Hierin bedeuten:

T_{max} das größte vorhandene Drehmoment, φ der Minderungsfaktor, der den Traganteil bei einer Anzahl von z Federn berücksichtigt (bei $z = 1 \rightarrow \varphi = 1$; bei $z = 2 \rightarrow \varphi = 0{,}75$), t' die tragende Passfederhöhe, l die tragende Länge der Passfeder (**6.57**) und d der Wellendurchmesser.

Die zulässige Flächenpressung kann aus der Streckgrenze R_e des an der Übertragung beteiligten weicheren Werkstoffes unter Berücksichtigung eines Sicherheitsfaktors S berechnet werden. Eine genügende hohe Sicherheit bieten die Erfahrungswerte für die zulässige Flächenpressung nach Bild **6.63**. Durch Umstellung der Gl. (6.76) und Einsetzen von p_{zul} kann die erforderliche Länge l ermittelt werden. Passfedern brauchen im allgemeinen dann nicht berechnet zu werden, wenn beispielsweise genormte Wellenenden nach DIN 748 verwendet werden.

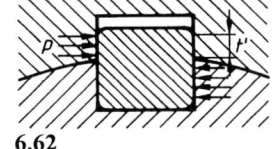

6.62
Passfeder mit gleichmäßig verteilter Flächenlast bei Drehmomentübertragung

p Flächenpressung
t' tragende Passfederhöhe
(Bild **6.54**)

Welle	Nabe	p_{zul}	
		Drehmoment	
		stoßhaft	... konstant
S275J2G3, E295	GG	45	... 65
E295	St, GS	75	... 115
harter Stahl	St, GS	75	... 115

6.63
Zulässige Flächenpressung in N/mm² einiger Wellen- und Nabenwerkstoffe

Untersuchungen [1] haben ergeben, dass die an der Passfeder bzw. an der Wellen- und Nabennut angreifenden Umfangskräfte nicht gleichmäßig über die Wirkflächen, insbesondere auch nicht gleichmäßig in Längsrichtung verteilt sind. Die Ursache dafür sind die Nachgiebigkeit der Welle, der Passfeder und Nabe vor allem bei zu langen Passfedern sowie die Passungstoleranzen und die Lastein- bzw. -ableitung. Es wird vorgeschlagen [1], die Passfederlänge nicht wesentlich größer als den Wellendurchmesser zu wählen. Die Berechnung nach Gl. (6.76) mit der Annahme gleichmäßig verteilter Kräfte führt zu falschen Beanspruchungswerten. Sie kann daher nur als Näherungslösung gelten. Eine Programmbeschreibung für die exakte Berechnung von Wellen-Naben Passfederverbindungen siehe [1].

6.2 Formschlüssige Verbindungen

Berechnung der Welle s. auch Abschnitt 2 und Teil 2, Abschnitt Achsen und Wellen. Die Welle wird auf Torsionsbeanspruchung berechnet, wenn keine nennenswerte Biegebelastung vorhanden ist. Bei einer Vollwelle mit dem Durchmesser d und dem polaren Widerstandsmoment $W_p = \pi \cdot d^3 / 16$ ist somit die Festigkeitsbedingung für die Torsionsspannung $\tau_t = T_{max} / W_p = 16 \cdot T_{max}/(\pi \cdot d^3) \leq \tau_{tzul}$ zu erfüllen.

Die Kerbwirkung durch die Nut wird durch den Kerbfaktor β_{kt} in der zulässigen Spannung $\tau_{t\,zul} = b \cdot \tau_{tSch}/(\beta_{kt} \cdot S)$ berücksichtigt (b Größenbeiwert, τ_{tSch} Schwellfestigkeit, S Sicherheit). Um die Unsicherheit klein zu halten, kann der Durchmesser des Restquerschnittes in die Rechnung eingesetzt werden, ohne dabei die Kerbwirkung zu berücksichtigen. Untersuchungen [2] ergaben aber, dass diese Rechnung nur für relative Nuttiefen $t_1/d > 0{,}13$ gilt. Wird die Welle unmittelbar neben der Nabe durch Torsion, Biegemomente und Schubkräfte beansprucht, so muss mit der Vergleichsspannung gerechnet werden (s. Abschnitt 2 und Teil 2, Abschnitt Achsen und Wellen).

Die notwendige Berücksichtigung der Kerbwirkung bei Passfederverbindungen führt zu großen Wellendurchmessern und dadurch zu teuren Gesamtkonstruktionen. Dieser Nachteil wird durch die Wahl einer Wellen-Naben-Verbindung mit geringerer Kerbwirkung vermieden (s. Spannverbindungen).

6.2.3 Profilwellenverbindungen

Profilwellenverbindungen können im Vergleich zu Passfederverbindungen größere und auch schwellende bzw. wechselnde Drehmomente übertragen. Die Kraftverteilung über dem Umfang ist gleichmäßiger. Zu diesen formschlüssigen Wellen-Naben-Verbindungen zählen Keilwellen, (Kerbzahnwellen), Zahnwellen mit Evolventenflanken und Polygonprofilwellen. (Kerbzahnwellen sollen laut Norm in Neukonstruktionen nicht mehr verwendet werden.)

Keilwellen nach DIN ISO 14, siehe Bild **6.64**, DIN 5464 und DIN 5472 bestehen aus einer Anzahl am Umfang herausragender Mitnehmer mit parallelen Seitenflächen (vgl. Passfedern). Die Bezeichnung „Keil" ist hier irreführend, weil die Mitnehmer keine Keil-Neigung besitzen. Es handelt sich um reinen Formschluss mit senkrecht zur Übertragungskraft liegenden Flächen, Bild **6.65**.

Die Form des Nutengrundes wird durch das Herstellungsverfahren bestimmt. Damit sind auch die Zentriermöglichkeiten (**6.66**) gegeben (siehe auch Zahnwellenverbindung mit Evolventenflanken).

Für genauen Rundlauf eignet sich die Innenzentrierung, zur Übertragung stoßartiger oder wechselnder Drehmomente die Flankenzentrierung. Mit Scheibenfräsern hergestellte Keilwellen weisen wegen der scharfkantigen Übergänge zwischen Welle und Flanken eine höhere Kerbwirkung auf als Keilwellen mit abgerundeten Profilformen, Bild **6.66a**.

Zentrierung	leichte Reihe				mittlere Reihe				
	Nennmaße $z \times d_1 \times d_2$			b	t'	Nennmaße $z \times d_1 \times d_2$			b	t'
Innen-zentrierung						6	11	14	3	0,9
						6	13	16	3,5	0,9
						6	16	20	4	1,4
						6	18	22	5	1,4
						6	21	25	5	1,4
	6	23	26	6	0,9	6	23	28	6	1,9
	6	26	30	6	1,4	6	26	32	6	2,2
	6	28	32	7	1,4	6	28	34	7	2,2
Innen- oder Flanken-zentrierung	8	32	36	6	1,2	8	32	38	6	2,2
	8	36	40	7	1,2	8	36	42	7	2,2
	8	42	46	8	1,2	8	42	48	8	2,2
	8	46	50	9	1,2	8	46	54	9	3,0
	8	52	58	10	2,0	8	52	60	10	3,0
	8	56	62	10	2,0	8	56	65	10	3,5
	8	62	68	12	2,0	8	62	72	12	4,0
	10	72	78	12	2,0	10	72	82	12	4,0
	10	82	88	12	2,0	10	82	92	12	4,0
	10	92	98	14	2,0	10	92	108	14	4,0
	10	102	108	16	2,0	10	102	112	16	4,0
	10	112	120	18	3,0	10	112	125	18	5,5

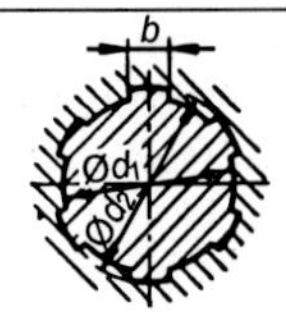

Die Flanken jedes Mitnehmers müssen bis zum Schnittpunkt mit dem Innendurchmesser d_1 parallel sein.

Bezeichnung durch die Nennmaße z. B. $6 \times 23 \times 26$

z Anzahl der Mitnehmer

Für die Berechnung wähle man

$\varphi = 0{,}75 \dots 0{,}8$
$\beta_{kt} = 2{,}5 \dots 3{,}5$
$d_m = 1/2 \cdot (d_1 + d_2)$

6.64
Keilwellenverbindungen mit geraden Flanken (aus DIN ISO 14; alle Maße in mm)

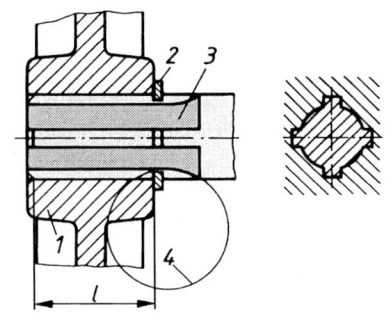

6.65
Nabenverbindung mit einer Keilwelle
1 Nabe
2 Sicherungsring (DIN 471)
3 Keilwelle
4 Fräser zur Herstellung der Keilnut

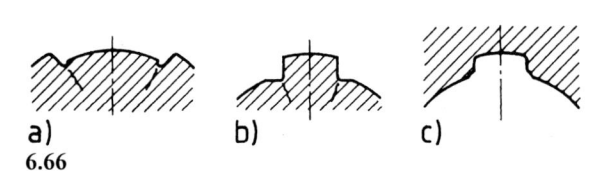

6.66
Profilformen und Zentrierung von Keilwellen
Herstellung durch
a) Abwälzfräser (Innenzentrierung)
b) Scheibenfräser im Teilverfahren (Flankenzentrierung)
c) Nabenherstellung durch Räumen

Schlangenlinien: durch Kerbwirkung gefährdete Stellen

6.2 Formschlüssige Verbindungen

Zahnwellen-Verbindungen mit Evolventenflanken DIN 5480 T1 bis T16 mit 30°, 37,5° und 45° Eingriffswinkel dienen zur leicht lösbaren, verschiebbaren oder festen Verbindung von Welle und Nabe. Sie besitzen sowohl die zur Drehmomentübertragung und Zentrierung erforderlichen Eigenschaften als auch die Bedingungen für wirtschaftliche Herstellbarkeit.

Die Norm DIN 5480 berücksichtigt folgende Grundsätze:

1. Jeweils gleiches Bezugsprofil für alle Teilungen, deshalb jeweils ein einheitliches Bildungsgesetz für alle Profile (s. Teil 2, Abschn. Zahnräder);
2. Zentrierung durch Flankenanlage als Normalfall, Durchmesserzentrierung nur bei 30° Eingriffswinkel;
3. Anwendung von Profilverschiebungen für Zahnwellen-Verbindungen mit 30° Eingriffswinkel, um günstige Nennmaße zu erreichen, und
4. ein ähnlich den DIN-Verzahnungstoleranzen gebildetes Passsystem, das den für Zahnwellen-Verbindungen eigentümlichen Einfluss der Verzahnungsabweichungen auf das Flankenspiel sowie unterschiedliche Verzahnungsqualitäten berücksichtigt (Abmessungen s. Bild **6.67**).

Eingriffswinkel 30°. Die Verzahnung von Welle und Nabe einer Zahnwellenverbindung ist durch das Bezugsprofil, den Bezugsdurchmesser d_B und die Zähnezahl z bestimmt. Die in der Norm DIN 5480 angegebenen Zähnezahlen wurden so gewählt, dass die durch den Bezugsdurchmesser bedingten Profilverschiebungen auf den Bereich $x_1 \cdot m = -0{,}05 \cdot m$ bis $+0{,}45 \cdot m$ beschränkt bleiben (x_1 Profilverschiebungsfaktor, m Modul; s. auch Teil 2. Abschn. Zahnräder). Dadurch liegen die mittleren Pressungswinkel in dem für Selbstzentrierung, genaue Herstellbarkeit und für geringe Normaldrücke zweckmäßigen Bereich um 30°.

Flankenzentrierung (**6.69a**). Bei flankenzentrierten Verbindungen dienen die Zahnflanken sowohl zur Mitnahme als auch zur Zentrierung. Kopf- und Fußkreisdurchmesser der Welle sind um das Kopfspiel c von den betreffenden Durchmessern der Nabe entfernt.

Passung und Zentriergenauigkeit werden durch die Lückenweiten- und Zahndickenabmaße und die erreichte oder vorgeschriebene Verzahnungsqualität bestimmt.

Passungsmerkmal ist das Spiel der Flankenpassung, das Flankenspiel. Die Grundsätze des Passsystems Einheitsbohrung sind maßgebend.

Durchmesserzentrierung bei 30° Eingriffswinkel (**6.69b, c**). Durchmesserzentrierte Verbindungen zentrieren sich in den äußeren Durchmessern (Naben-Fußkreisdurchmesser und Wellen-Kopfkreisdurchmesser, Außenzentrierung) oder in den inneren Durchmessern (Naben-Kopfkreisdurchmesser und Wellen-Fußkreisdurchmesser, Innenzentrierung). Die Verzahnung dient nur zur Mitnahme; sie muss deshalb ausreichendes Flankenspiel erhalten, um eine Überbestimmung der Zentrierung zu verhindern.

Passung und Zentriergenauigkeit werden durch die gewählten Toleranzklassen der Zentrierdurchmesser bestimmt.

Die Zentrierdurchmesser-Nennmaße der durchmesserzentrierten Verbindungen sind der Bezugsdurchmesser d_B bzw. der Naben-Kopfkreisdurchmesser d_{a2}.

Tragfähigkeitsberechnung. Die Norm DIN 5466 behandelt die Grundlagen zu einer einheitlichen Tragfähigkeitsberechnung flankenzentrierter Zahn- und Keilwellen-Verbindungen. Die Berechnung erfasst folgende Einflüsse: Größe und Lage der äußeren Belastung durch Drehmoment, Biegemoment, Quer- und Axialkräfte; Flankenspiel, Teilungs- und Dickenabweichungen durch Wahl der Toleranzen und Passungen; Lasteinteilung über der Länge der Verbindung und das elastische Verhalten der Verbindung [3].

Bezugs-durch-messer d_B	Zähne-zahl z	Teil-kreis d	Grundkreis-durch-messer d_b	d_{a2}	d_{f2}	d_{a1}	d_{f1}	Modul m	Wellen-Profilver-schiebung $x_1 \cdot m$	$e_2 = s_1$
16	14	14	12,124	14	16,3	15,8	13,5	1	+0,45	2,090
17	15	15	12,990	15	17,3	16,8	14,5	1	+0,45	2,090
18	16	16	13,856	16	18,3	17,8	15,5	1	+0,45	2,090
20	12	18	15,588	17	20,45	19,7	16,25	1,5	+0,175	2,558
22	13	19,5	16,887	19	22,45	21,7	18,25	1,5	+0,425	2,847
24	14	21	18,187	21	24,45	23,7	20,25	1,5	+0,675	2,558
25	15	22,5	19,486	22	25,45	24,7	21,25	1,5	+0,425	3,658
26	16	24	20,785	23	26,45	25,7	22,25	1,5	+0,175	2,792
28	14	24,5	21,218	24,5	28,52	27,65	23,62	1,75	+0,788	2,937
30	16	28	24,249	26,5	30,52	29,65	25,62	1,75	+0,037	3,603
32	17	29,75	25,764	28,5	32,525	31,65	27,62	1,75	+0,162	3,603
35	16	32	27,713	31	35,6	34,6	30	2	+0,4	3,026
37	17	34	29,445	33	37,6	36,6	32	2	+0,4	4,181
38	18	36	31,117	34	38,6	37,6	33	2	−0,1	3,026
40	18	36	31,117	36	40,6	38,6	35	2	+0,9	3,603
42	20	40	34,641	38	42,6	40,6	37	2	−0,1	3,603
45	21	42	36,373	41	45,6	42,6	40	2	+0,4	4,181
47	22	44	38,105	43	47,6	45,6	42	2	+0,9	3,602
48	22	44	38,105	44	48,6	47,6	43	2	−0,1	5,226
50	24	48	41,569	46	50,6	49,6	45	2	+1,125	5,226
55	20	50	43,301	50	55,75	54,5	48,75	2,5	+1,125	5,226
60	22	55	47,631	55	60,75	59,5	53,75	2,5	+1,125	5,226
65	24	60	51,962	60	65,75	64,5	58,75	2,5	+1,125	5,226
70	26	65	56,292	65	70,75	69,5	63,75	2,5	+1,125	5,226
75	28	70	60,622	70	75,75	74,5	67,75	2,5	+1,125	5,226
80	30	75	64,952	75	80,75	79,5	73,75	2,5	+1,125	5,226
85	32	80	69,282	80	85,75	84,5	78,75	2,5	+1,125	5,226

6.67
Zahnwellen-Verbindungen mit Evolventenflanken, Eingriffswinkel 30°, nach DIN 5480 (Auswahl; alle Maße in mm); $\varphi \approx 0,8$ $\quad \beta_{kt} \approx 1,5 \ldots 2$

Bezeichnungsbeispiel:

Bezugsdurchmesser	$d_B = 70$ mm
Modul	$m = 2,5$ mm
Eingriffswinkel	$\alpha = 30°$
Zähnezahl	$z = 26$
Flankenpassung nach DIN 5480	9 H/8 f

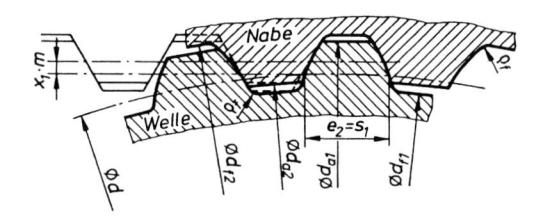

Bezeichnung der Zahnwellen-Verbindung   DIN 5480 − 70 × 2,5 × 30 × 26 × 9 H 8 f
Bezeichnung der Zahnnabe: DIN 5480 − N 70 × 2,5 × 30 × 26 × 9 H
Bezeichnung der Zahnwelle: DIN 5480 − W 70 × 2,5 × 30 × 26 × 8 f

6.68
Bezeichnung einer flankenzentrierten Zahnwellen-Verbindung

6.2 Formschlüssige Verbindungen

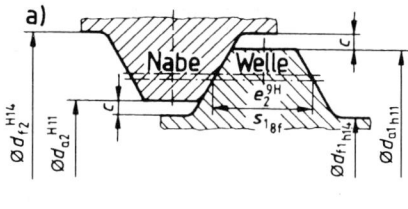

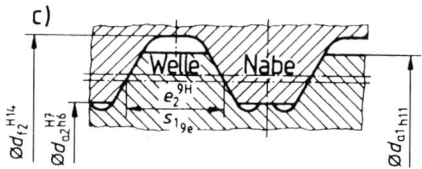

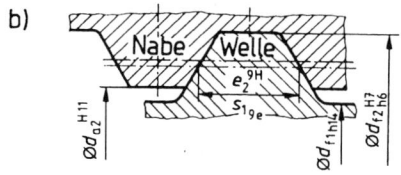

6.69

Zentrierung und Passung bei Zahnwellen-Verbindungen mit Evolventenzähnen, dargestellt im Bezugsprofil

a) Flankenzentrierung
b) Außenzentrierung
c) Innenzentrierung

Eine überschlägige Berechnung kann wie für Passfedern nach Gl. (6.76) erfolgen. Die Normalkraft $F_n = F_u / \cos \alpha = 2 \cdot T_{max} / (\cos \alpha \cdot d_m)$ (Bild **6.70**) verursacht die **Flächenpressung p**, die mit der **zulässigen Pressung** verglichen werden muss

$$p = \frac{2 \cdot T_{max}}{\cos \alpha \cdot \varphi \cdot z \cdot h \cdot l \cdot d_m} \leq p_{zul} \tag{6.77}$$

Es bedeuten:
T_{max} größtes vorhandenes Drehmoment, α Eingriffswinkel ($\alpha = 20°$ bei Evolventenzähnen, $\alpha = 0°$ bei Keilwellen), $\varphi = 0{,}75...0{,}8$ Traganteilfaktor, z Zähnezahl, $h = (d_{a1} - d_{a2})/2$ wirksame Berührungshöhe der Flanken in Radialrichtung (bei Keilwellen ist t' nach Bild **6.64** einzusetzen), l die tragende Länge der Zähne, $d_m = (d_{a1} + d_{a2})/2$ mittlerer Flankendurchmesser (Bild **6.64** und **6.67**), p_{zul} zulässige Flächenpressung (Bild **6.63**).

Durch die Zahnform entsteht am Evolventenzahn eine radiale Kraftkomponente (Bild **6.70**), die nachteilig sein kann. Sie weitet zu schwache Naben auf.

Die Berechnung der Welle kann wie im Abschnitt über Passfedern angegeben durchgeführt werden (s. auch Abschnitt 2 und Teil 2, Abschnitt Achsen und Wellen).

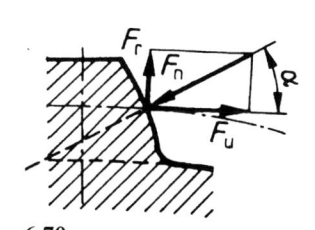

6.70
Kräfte an einem Evolventenzahn
$\alpha = 30°$ Eingriffswinkel, F_n, F_t, F_u, Normal-, Radial- und Umfangskraft

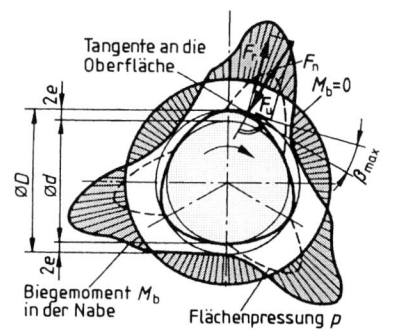

6.71
Kräfte, Biegemomente und Flächenpressung am Drei-Seiten-Polygon
F_n Normal-, F_u Umfangs-, F_t Radialkraft

Polygonprofilwellen (DIN 32711). Beim Polygonprofil verteilt sich die Mitnahmewirkung kontinuierlich auf drei Stellen des Wellenumfangs; da scharfkantige Nuten fehlen, ist die Kerbwirkung gering. An den „Ecken" des „Gleichdicks" entsteht eine entsprechend höhere Normalkraft und damit auch Flächenpressung, die zu einer Zug- und Biegebeanspruchung der Nabe führt. Den Verlauf der auftretenden Kräfte zeigt Bild **6.71**. Das übertragbare Drehmoment wird durch die tangentialen Umfangskräfte F_u bestimmt, die vom Winkel β_{max} abhängen. Dieser Winkel lässt sich durch das Maß $e = (D - d)/4$ in gewissen Grenzen verändern (**6.72**).

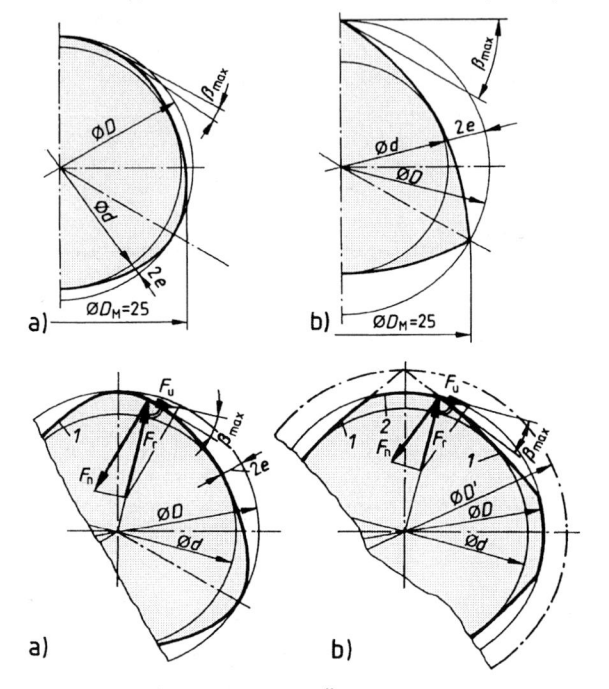

6.72
Grenzformen des Drei-Seiten-Polygonprofils für die Messweite $D_M = 25$ mm (für den Kreisquerschnitt ist $e = 0$)

a) schwaches Polygonprofil, $e = 0,25$ mm
b) stärkstes Profil mit Spitzenbildung, $e_{max} = 1,56$ mm

Es ergeben sich dabei verschiedene Wellendurchmesser D

6.73
Kräfte an den Polygonprofilen P3G (a) und P4C (b) bei gleicher Umfangskraft F_u

1 Polygonkurve
2 Ersatz des Polygonprofils durch Kreisbogenstück beim Profil P4C

Polygonprofile werden mit Übergangs- oder Spielpassung angefertigt. Das Profil P3G weist innerhalb der vorgesehenen Toleranzen eine völlige Gleichheit von Wellen- und Nabenprofil auf. Als Übergangspassung ist H6, H7/k6, m6 vorgesehen. Der Winkel β_{max} ist verhältnismäßig klein, und die Radial- und Normalkomponenten F_r und F_n der Umfangskraft F_u sind entsprechend groß (**6.73**). Die Bilder **6.74** und **6.75** zeigen auszugsweise die Abmessungen für die Ausführungen P3G (DIN 32711) und P4C (DIN 32712). Für die Verbindungslänge l, die Nabenwanddicke s und die Torsionsnennspannung τ_t in der Welle gilt:

$$l \approx \frac{T_{max}}{p'_{zul} \cdot (c \cdot \pi \cdot D_M \cdot e + D_M^2/20)} \tag{6.78}$$

$$s \approx k \cdot \sqrt{\frac{T_{max}}{l \cdot \sigma_{b\,zul}}} \tag{6.79}$$

$$\tau_t = \frac{T_{max}}{W_p} \leq \tau_{t\,zul} \tag{6.80}$$

6.2 Formschlüssige Verbindungen

Es bedeuten:
T_{max} größtes vorhandenes Drehmoment, p'_{zul} zulässige Flächenpressung (Gl. (6.53) bis (6.56)), c Traganteilfaktor ($c = 0{,}75$ für P3G und $c = 1$ für P4C), D_m mittlerer Durchmesser (Bild **6.74**, $D_m = d$ für P4C), e Exzentrizität (Bild **6.74** und **6.75**), k Korrekturfaktor ($k = 1{,}44$ für P3G mit $D \leq 35$ mm, $k = 1{,}2$ für P3G mit $D > 35$ mm, $k = 0{,}7$ für P4C), W_p Torsionswiderstandsmoment (Bild **6.74** und **6.75**), zulässige Spannungen $\sigma_{b\,zul} = R_e/(1{,}5 \ldots 2)$ bzw. $\sigma_{b\,zul} = R_m/(2 \ldots 3)$, $\tau_{t\,zul}$ s. Mitnehmerverbindungen.

D_M mm	D mm	d mm	e mm	W_p mm³	a mm	D_M mm	D mm	d mm	e mm	W_p mm³	a mm
14	14,88	13,12	0,44	450	3,3	40	42,8	37,2	1,4	10 450	10,5
16	17	15	0,5	670	3,8	45	48,2	41,8	1,6	14 790	12
18	19,12	16,88	0,56	960	4,2	50	53,6	46,4	1,8	20 260	13,5
20	21,26	18,74	0,63	1310	4,7	55	59	51	2	27 000	17,5
22	23,4	20,6	0,7	1750	5,3	65	69,9	60,1	2,45	44 200	18,4
25	26,6	23,4	0,8	2560	6	75	81,3	68,7	3,15	68 430	23,6
28	29,8	26,2	0,9	3600	6,8	80	86,8	73,2	3,4	82 450	25,5
32	34,24	20,76	1,12	5300	8,4	90	98	82	4	118 070	30
35	37,5	32,5	1,25	6900	9,4	100	109	91	4,5	161 430	34,0

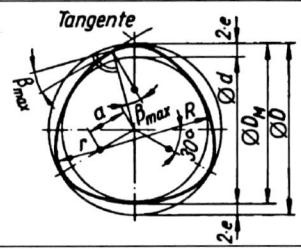

Näherungskonstruktion des Profils mit dem Maß a bzw. mit
$$r = \frac{d_1}{2} - 6{,}5 \cdot e \quad \text{und} \quad R = \frac{d_1}{2} + 6{,}5 \cdot e \qquad \tan \beta_{max} = 6 \cdot e / D_m$$

Bohrung räumen oder innenschleifen
Kerbfaktor für Torsion: $\beta_{kt} = 1{,}2 \ldots 1{,}5$

Bezeichnungsbeispiel:
Messweite $D_M = 50$ mm, Exzentrizität $e = 1{,}8$ mm, Passung H7/k6: „Polygonprofil P3G 50H7/k6 / 1,8"

6.74
Polygonprofile P3G; Maße Auszug aus DIN 32 711 für Übergangs- und Spielpassung

D mm	d mm	e mm	β_{max} °	W_p mm³	R mm	D mm	d mm	e mm	β_{max} °	W_p mm³	R mm
14	11	1,6	33,7	270	31	40	35	6	26,3	8 580	113
16	13	2	31,8	440	38	45	40	6	24,5	12 800	116
18	15	2	29,5	680	40	50	43	6	27	15 900	118
20	17	3	28,8	980	56	55	48	6	25,7	22 120	120
22	18	3	31,6	1170	57	60	53	6	24,3	29 780	123
25	21	5	30,7	1850	90	70	60	6	26,2	43 200	126
28	24	5	28,6	2760	92	80	70	8	25,1	68 000	163
30	25	5	30,9	3130	93	90	80	8	23,4	102 400	168
35	30	5	28,1	5400	95	100	90	8	21,7	145 800	173

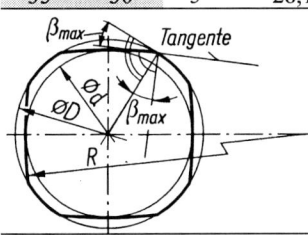

Näherungskonstruktion des Profils mit dem Maß $R = d/2 + 6{,}5 \cdot e$
Bohrung kann nur geräumt werden
Kerbfaktor für Torsion: $\beta_{kt} = 1{,}2 \ldots 1{,}5$

Bezeichnungsbeispiel:
Außendurchmesser $D = 45$ mm, Polygonmaß $d = 40$ mm, Exzentrizität $e = 6$ mm, Passung H7/g6: „Polygonprofil P4C 45×40H7/g6 / 6"

Passung für D i. allg. H11/e9.

6.75
Polygonprofile P4C; Maße Auszug aus DIN 32 712 für Übergangs- und Spielpassungen

Für Spielpassungen (H6, H7 / h6, g6, f7) sollen der Verschiebewiderstand $F_H = \mu \cdot F_n = \tan \vartheta \cdot F_n$ und damit also die Normalkraft F_n sowie die Flächenpressung p möglichst klein werden. Eine Verringerung von F_n ist für konstantes F_u jedoch nur erreichbar durch Vergrößern des „Anlagewinkels" β_{max}. Eingehende Untersuchungen ergaben, dass dieser mindestens den Wert des doppelten Reibungswinkels ($\beta_{max} \geq 2 \cdot \vartheta$) haben muss. Diese Bedingung ist durch die geschlossene Polygonkurve des Profils P3 nicht ausreichend erfüllbar, so dass das 4-Seiten-Polygonprofil P4C entwickelt wurde. Es entsteht aus einem echten 4-Seiten-Polygon mit Außendurchmesser D' (**6.73b**), das zylindrisch überdreht wird (D), so dass die Polygonkurve 1 an den vier Profilecken durch Kreisbogenstücke 2 geschlossen ist. Dadurch wird ein ausreichender Winkel β_{max} erreicht. Die Naben sind jetzt allerdings nicht mehr innen schleifbar, sondern müssen durch Räumen bearbeitet werden; eine vorhergehende Oberflächenhärtung ist bis zu $R_m = 850...900$ N/mm² zulässig. Da F_n kleiner ist als bei einem P3-Profil für gleiches Drehmoment T, kann die Nabenwanddicke ebenfalls kleiner sein.

6.2.4 Bolzen- und Stiftverbindungen

Bolzen (mit oder ohne Kopf) und Stifte dienen u. a. zur formschlüssigen Verbindung von zwei oder mehr Teilen. Bei Bolzenverbindungen bleibt ein Teil meist beweglich, so z. B. der Gelenkbolzen bei Laschenverbindungen (**6.76**) und Gliederketten, der Gabelbolzen bei Stangenverbindungen, der Achsbolzen (**6.77**) bei der Lagerung von Laufrollen (s. Teil 2, Abschn. Achsen und Wellen). Als sog. Brechbolzen übernehmen Bolzen die Funktion einer Überlastungssicherung (Sollbruchstelle).

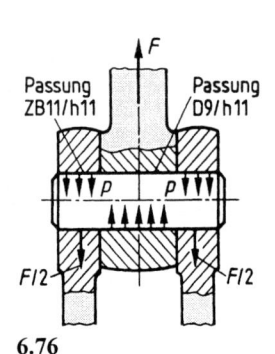

6.76
Laschenverbindung durch einen Bolzen

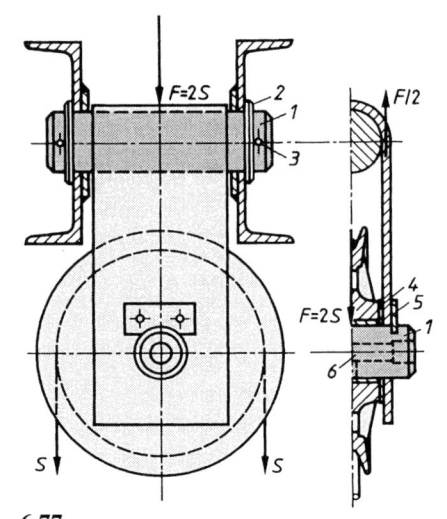

6.77
Achsenbolzen einer Seilrolle (unten) und Aufhängebolzen (oben)

1 Bolzen
2 Scheibe
3 Bolzensicherung (Zylinderstift, Kerbstift, Spannhülse)
4 Distanzscheibe (CuZn, CuSn)
5 Achshalter
6 Schmierloch
S Seilkräfte

6.2 Formschlüssige Verbindungen

Die Bolzen sind genormt als glatte Bolzen und Bolzen mit Kopf, jeweils mit oder ohne Splintloch, sowie als Bolzen mit Kopf und Gewindezapfen; als Werkstoffe werden insbesondere E295 (St50-2), E335 (St60-2), C35 und 9SMnPb28K benutzt. Es können jedoch andere Werkstoffe (gehärtet, vergütet usw.) und andere Toleranzen vorgesehen werden. Oft ergeben Hohlbolzen günstigere Verhältnisse, insbesondere bei wechselnder Biegebeanspruchung (Fortfall der gering belasteten Zone um die neutrale Faser, bessere Materialausnutzung), z. B. bei Kolbenbolzen. Hier werden hochlegierte Werkstoffe wie Cf53, 17Cr3, 16MnCr5 oder 20MnCr5 verwendet. Außerdem ist Flammen-, Induktions- oder Einsatzhärtung als Außen- und Innenhärtung zweckmäßig. Das Durchmesserverhältnis ist meist $d_a/d_i \geq 1{,}5$.

Abmessungen von Bolzen sind Bild **6.80** zu entnehmen. Die Berechnung der Bolzen (**6.53**) auf Flächenpressung und Biegung entspricht derjenigen für Achsen und Wellen (Teil 2, Abschn. 1), wobei hier noch eine Kontrolle der Schubspannung erfolgen sollte:

$\tau_{a\,zul} \approx (2/3) \cdot \sigma_{zul}$.

Stifte dienen als feste Verbindung u. a. zur Festlegung von Naben und Ringen auf Achsen oder Wellen (**6.78a**), zur Halterung oder als Anschlag für Federn, Riegel usw., zur Lagesicherung (Zentrierstifte, Bild **6.78b**) oder auch zur Bewegungssicherung von Bolzen. In manchen Fällen bleibt ein Teil beweglich.

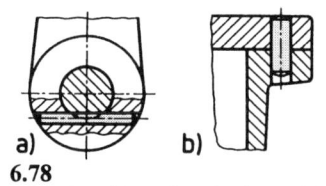

6.78
Zylinderstift nach DIN EN 22338
a) Hebelfestigung
b) Zentrieren eines Deckels

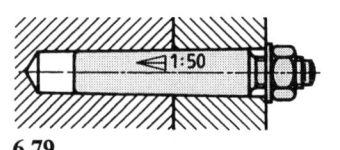

6.79
Kegelstift mit Gewindezapfen zum Ausziehen nach DIN EN 28737

Zylinderstifte sind in den Toleranzen m6 und h8 genormt. Ein Aufreiben der Bohrung auf Passmaß ist meist notwendig. Als Werkstoffe wird Stahl mit einer Härte von 125 HV30 bis 245 HV30 oder austenitischer nichtrostender Stahl mit einer Härte von 210 HV30 bis 280 HV30 verwendet.

Zylinderstifte brauchen im allgemeinen keine nennenswerten Kräfte zu übertragen, so dass sich ein Spannungsnachweis erübrigt. Für eine Nachrechnung gelten die Formeln und Richtwerte in Bild **6.85**, wobei alle c-Werte mit dem Wert 1 einzusetzen sind.

Kegelstifte (Kegel 1:50) sind überall da, wo höchste Präzision verlangt wird, zur Zentrierung unentbehrlich (u. a. im Werkzeugmaschinenbau). Genormt sind einfache Kegelstifte und solche mit Gewindezapfen bzw. Innengewinde zum Ausziehen der Stifte (**6.79**). Die kegelige Form der Bohrung wird hier durch mehrmaliges Reiben bzw. Vorbohren mit mehreren Durchmessern und anschließendes Reiben erreicht.

Kerbstifte. Werden an die Verbindung keine oder nur mäßige Zentrieransprüche gestellt, jedoch fester Sitz verlangt, so ist die Verwendung von Kerbstiften angebracht. Hier genügen Bohrungen mit den Toleranzklassen H9 bzw. H11 oder H12, wie sie sich mit Spiralbohrern ohne Nacharbeit ergeben. Als Werkstoff wird u. a. 9SMnPb28K, aber auch Kunststoff verwendet.

6 Reib- und formschlüssige Verbindungen

Bolzen ohne Kopf	DIN EN 22340	d h11		3		5	8	10	12	14	16	20	24	30	36	40	45	50 ... 100
		l	von	6		10	16	20	24	28	32	40	50	60	70	80	90	100
			bis	30		50	80	100	120	140	160	200	200	200	200	200	200	200
Bolzen mit Kopf	DIN EN 22341	d h11		3		5	8	10	12	14	16	20	24	30	36	40	45	50 ... 100
		l	von	6		10	16	20	24	28	32	40	50	60	70	80	90	100
			bis	30		50	80	100	120	140	160	200	200	200	200	200	200	200
		D h14		5		8	14	18	20	22	25	30	36	44	50	55	60	66	120
		k j14		1		1,6	3	4	4	4	4,5	5	6	8	8	8	9	9	13
blanke Scheiben für Bolzen	DIN EN 28738	d H11		3		5	8	10	12	14	16	20	24	30	36	40	45	50 ... 100
		D		6		10	15	18	20	22	24	30	37	44	50	56	60	66	120
		s		0,8		1	2	2,5	3	3	3	4	4	5	6	6	6	8	12
Kegelstifte	DIN EN 22339	d h10		0,6		1	1,5	2	3	5	8	10	12	16	20	25	30	40	50
		l	von	4		6	8	10	12	18	22	26	32	40	45	50	55	60	65
			bis	8		16	24	35	45	60	120	160	180	200	200	200	200	200	200
Zylinderstifte ungehärtet	DIN EN ISO 2338	d		0,8		1	1,5	2	3	5	8	10	12	16	20	25	30	40	50
		l	von	2		4	4	6	8	10	14	18	22	26	35	50	60	80	95
			bis	8		10	16	20	30	50	80	95	140	180	200	200	200	200	200
Zylinderkerbstifte mit Fase	DIN EN ISO 8740	d		1,5		2	2,5	3	4	5	6	8	10	12	16	20	25		
		l	von	8		8	10	10	10	14	14	14	18	22	26	26		
			bis	20		30	30	40	60	60	80	100	100	100	100	100	100		
Spannstifte (-hülsen), schwer	DIN EN ISO 8752	$d^{1)}$		2,5		3	3,5	4	4,5	5,0	6,0	8	10	12	13	14	16	18	20
		d_1		2,8		3,3	3,8	4,4	4,9	5,4	6,4	8,5	10,5	12,5	13,5	14,5	16,5	18,5	20,5
		s		0,5		0,6	0,75	0,8	1,0	1,0	1,2	1,5	2	2,5	2,5	3	3	3,5	4
		l	von	4		4	4	4	5	5	10	10	10	10	10	10	10	10	10
			bis	30		40	40	50	50	80	100	120	160	180	180	200	200	200	200
Kegelkerbstifte	DIN EN ISO 8744	d		1,5		2	2,5	3	4	5	6	8	10	12	16	20	25		
		l		8		8	8	8	8	8	10	12	14	14	24	26	26		
			bis	20		30	30	40	60	60	80	100	120	120	120	120	120		
Passkerbstifte	DIN EN ISO 8745	l	von	8		8	8	8	10	10	10	10	14	14	18	26	26	26	
			bis	20		30	30	40	60	60	80	100	120	200	200	200	200	200	200

6.80
DIN-Normen für Bolzen und Stifte (Auswahl; alle Maße in mm)
Fortsetzung, Bilder und Fußnote s. nächste Seite

6.2 Formschlüssige Verbindungen

			d	1,5	2	2,5	3	4	5	6	8	10	12	16	20	25
Steckkerbstifte	DIN EN ISO 8741		l von	8	8	8	8	10	10	12	14	18	26	26	26	26
			l bis	20	30	40	40	60	60	80	100	160	200	200	200	200
Knebelkerbstifte	DIN EN ISO 8742		l von	8	12	12	12	18	18	22	26	32	40	45	45	45
			l bis	20	30	40	40	60	60	80	100	160	200	200	200	200
Halbrund-kerbnägel	DIN EN ISO 8746		d	1,4	1,6	2	2,5	3	4	5	6	8	10	12	16	20
			D	2,4	2,8	3,5	4,4	5,2	7	8,8	10,5	14	15	18,5	24,5	31,5
			k	0,8	1	1,2	1,5	1,8	2,4	3	3,6	4,8	7	8	10,5	13,5
			l von	3	3	3	3	4	5	6	8	10	12	16	20	25
			l bis	6	8	10	12	16	20	25	30	35	40	40	40	40
Senkkerbnägel	DIN EN ISO 8747		d	1,4	1,6	2	2,5	3	4	5	6	8	10	12	16	20
			D	2,5	2,8	3,5	4,4	5,2	7	8,8	10,5	14	15	18,5	25	31
			k	0,4	0,5	0,6	0,8	0,9	1,2	1,5	1,8	2,4	3	3,6	4,8	6
			l von	3	3	3	3	4	5	6	8	10	12	16	20	25
			l bis	6	8	10	12	16	20	25	30	35	40	40	40	40

Bolzen ohne Kopf — Bolzen mit Kopf — Scheibe für Bolzen — Spannhülse — Zylinderstifte — Kegelstift — Passkerbstift — Senkkerbnagel — Zylinderkerbstift — Kegelkerbstift — Halbrundkerbnagel — Steckkerbstift — Knebelkerbstift

[1]) Nenndurchmesser d der Spannhülse zugleich Nenndurchmesser der zugehörigen Aufnahmebohrung mit der Toleranz H12.

6.80
DIN-Normen für Bolzen und Stifte (Auswahl; alle Maße in mm); Fortsetzung

Bei Kerbstiften treten teils plastische, teils elastische Verformungen ein, so dass die Flächenpressung in der Teilfuge ungleichmäßig verteilt ist. Deshalb ist eine Nachrechnung sinnvoll; Berechnungsformeln mit Korrekturwerten c für nichtlineare Spannungsverteilung siehe Bild **6.85**.

Die **Abmessungen** der Bolzen und Stifte werden nach Erfahrungswerten gewählt; danach wird der Spannungsnachweis geführt. Hierfür ist in erster Linie die Flächenpressung maßgebend; p_{zul} hängt nicht nur vom Belastungsfall (ruhend, schwellend usw.), sondern auch von der Relativbewegung zwischen Bolzen und Bolzenauflager ab. Ist diese gleich Null, kann $p_{zul} \leq \sigma_{d\,zul}$ gesetzt werden; mit wachsendem Ausschlagwinkel der bewegten Teile (z. B. Laschenkette) und steigender Zahl der Ausschläge pro Zeiteinheit nimmt p_{zul} stark ab. Des weiteren ist p_{zul} auch von der Werkstoffpaarung abhängig, wobei der Augenwerkstoff bestimmend ist, da das Material der Bolzen und Stifte stets härter sein soll als dieser. Als Anhaltswerte gelten für feste Verbindungen $p_{zul} \approx 40...110$ N/mm² (Bild **6.63**) und bei bewegten Teilen $p_{zul} \approx 5 ... 15$ N/mm².

Spannhülsen. Um die bei Zylinderstiften notwendige Passungsarbeit zu vermeiden, wurden Spannhülsen entwickelt, die in Bohrungen mit normalen Bohrungstoleranzen (z. B. H8, H9, H11) ausreichende Haltekräfte ergeben. Spannhülsen bestehen aus Federstahl 55Si7 und haben vor dem Einbau einen größeren Durchmesser als die Bohrungen. Im eingebauten Zustand tritt durch elastische Verformung an der Bohrungswandung eine Flächenpressung auf, die bei größer werdendem Abmaß der Bohrung geringer wird. Eine Spannungskontrolle ist nicht möglich. Bei Spannhülsen ist die Lage des Schlitzes zur Kraftrichtung zu beachten (**6.81**). Spannhülsen treten vielfach an die Stelle von Bolzen. Eine zweckmäßige Anwendungsmöglichkeit stellt ihre Verwendung in Verbindung mit einer Schraube dar (**6.82**): Die Spannhülse übernimmt hier die Zentrierung sowie die radialen Kräfte, wogegen die Schraube die für die Verspannung der Verbindung erforderliche Zugkraft aufbringt.

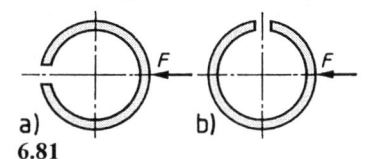

6.81
Schlitzlage bei Spannhülsen
a) für starke Belastung
b) für schwache Belastung (kleine Federwege in Richtung der Kraft F möglich)

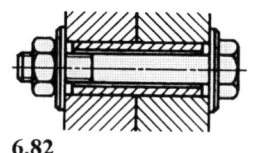

6.82
Schraubverbindung mit Spannhülse zur Aufnahme der Schubkräfte

An Stelle von Schrauben können auch Kerbnägel verwendet werden (Befestigung von Schildern, Blechdeckeln usw., Bild **6.83**) sowie Kerbstift-Spreizniete für Blindnietung (Bild **6.84**; s. a. Abschn. 4). Die Maße der Blindniete entsprechen DIN 660 (Halbrundniete).

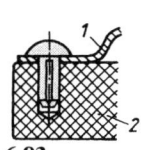

6.83
Befestigung eines Blechteils 1 auf einem Pressstoffstück 2 durch einen Kerbnagel

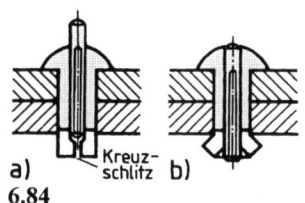

6.84
Blindnietung von Rohren oder Blechen
Nietstelle   a) vor und   b) nach dem Nieten

6.2 Formschlüssige Verbindungen

Berechnung von Bolzen- und Stiftverbindungen

In Bild **6.85** sind verschiedene Möglichkeiten zur Verwendung bzw. Anordnung von Bolzen und Stiften gezeigt. Darüber hinaus sind die entsprechenden Berechnungsformeln und Kenn- und Richtwerte zusammengestellt. Die Abmessungen gemäß Bild **6.80** sind zu beachten. Werden die zulässigen Werte überschritten, sind die gewählten Abmessungen der Bolzen und Stifte, u. U. auch der Nabe, Welle usw., entsprechend zu ändern, und der Spannungsnachweis ist zu wiederholen.

Formelzeichen

A	Querschnitt des Stiftes	l	Stift- bzw. Bolzenlänge
a	Klemmlänge des Stiftes	M_b	Biegemoment
b	Gabeldicke	p	Flächenpressung, allgemein
c_b, c_p, c_s, c_z	Kerbstiftfaktoren für Biegung, Flächenpressung, Abscheren und Zug	p_b	– aus dem Biegemoment $F \cdot (h+a/2) = M_b$
		p_d	– aus der Zugkraft F
D	Nabenaußendurchmesser, Augendurchmesser der Lasche	R_e	Streckgrenze
		s	Nabenwanddicke
d	Stift bzw. Bolzendurchmesser	T	Drehmoment
d_w	Wellen- bzw. Achsendurchmesser	W_b	Widerstandsmoment gegen Biegung
F	Zug- bzw. Biegekraft	σ	Zugspannung
F_u	Umfangskraft	σ_b	Biegespannung
h	Hebelarm der Biegekraft	τ_a	Abscherspannung

Gabelkopf mit Knebelkerbstift	Stift als Anschlag oder Federhalterung	Nabenverbindung durch Längsstift	durch Querstift

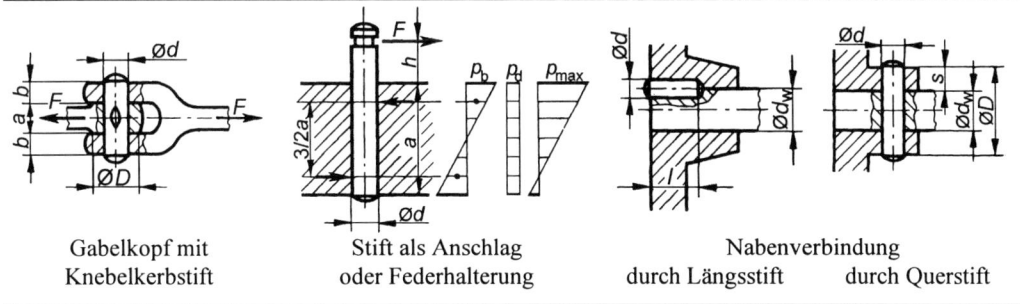

Formel			Kenn- und Richtwerte					
Gabelkopf			Kerbstift-Faktoren[1])			geometrische Proportionen		
Flächen- pressung	$p = \dfrac{c_p \cdot F}{d \cdot a}$ $p = \dfrac{F}{2 \cdot b \cdot d}$	Gl. (6.81) Gl. (6.82)	Nabenwerkstoff					
	$p \leq p_{zul}$			GG	GT,GS	St	Bolzen	Stifte
			c_p	1,4	1,0	1,0	a/d 1,5 ... 1,7	2 ... 3
Abscheren	$\tau_a = \dfrac{c_s \cdot F}{2 \cdot A} \leq \tau_{a\,zul}$	Gl. (6.83)	c_s	–	–	1,2	a/b 2 ... 3,5	≈2
			c_z	1,4	1,4	1,0	D/d 2,5 ... 3,5	2 ... 3
Zugspannung in der Stange	$\sigma = \dfrac{c_z \cdot F}{(D-d) \cdot a} \leq \sigma_{zul}$	Gl. (6.84)						

[1]) Bohrungstoleranzen für Kerbstifte: ⌀0,8 ... 1,2 mm – H8   ⌀1,5 ... 3,0 mm – H9   ⌀>3 mm – H11

6.85
Berechnung von Bolzen- und Stiftverbindungen; Fortsetzung s. nächste Seite

Formel		Kenn- und Richtwerte				
Stift als Anschlag u. dgl.		Kerbstift-Faktoren[1])			geometrische Proportionen	
Flächenpressung	$M_b = F \cdot (h+a/2)$ $= (p_b \cdot d \cdot a/2) \cdot (2 \cdot a/6)$ Gl. (6.85) $p_b = \dfrac{6 \cdot F \cdot (h+a/2)}{a^2 \cdot d}$ $= (h/a + 0,5) \cdot \dfrac{6 \cdot F}{a \cdot d}$ Gl. (6.86) $p_d = F/(a \cdot d)$ $p_{max} = p_b + p_d = (1,5 \cdot h/a + 1) \cdot c_p \cdot \dfrac{4F}{a \cdot d}$ Gl. (6.87)	für Bolzen und Zylinderstifte: c-Werte = 1			Kerbstiftwerkstoff: St mit R_e = 480 N/mm² $\sigma_{zul} = R_e/(1,2 \ldots 1,5)$ $\tau_{a\,zul} = (2/3) \cdot \sigma_{zul}$ p_{zul} Bild **6.63**	
			Nabenwerkstoff			
			GG	GT, GS	St	
			c_p 1,7	1,7	1,4	
Biegung	$\sigma_b = \dfrac{c_b \cdot F \cdot h}{W_b} \leq \sigma_{b\,zul}$ Gl. (6.88)		c_b –	–	1,2	
Nabenverbindung durch Längsstift						
Flächenpressung	$l = \dfrac{c_p \cdot 2 \cdot T_{max}}{d/2 \cdot d_w \cdot p_{zul}} = \dfrac{c_p \cdot 2 \cdot F_u}{d \cdot p_{zul}}$ Gl. (6.89)		Nabenwerkstoff			Stifte
			GG	GT, GS	St	
Abscheren	$\tau_a = \dfrac{c_s \cdot 2 \cdot T_{max}}{l \cdot d \cdot d_w} \leq \tau_{a\,zul}$ Gl. (6.90)		c_p 1,2	1,2	1,0	d/d_w 0,15 ... 0,2
			c_s –	–	≈1,2	l/d_w 1 ... 1,5
Nabenverbindung durch Querstift						
Flächenpressung						
in der Nabe	$p = \dfrac{c_p \cdot T_{max}}{d \cdot s \cdot (d_w + s)} \leq p_{zul}$ Gl. (6.91)		Nabenwerkstoff			
			GG	GT, GS	St	Stifte, Kerbstifte
in der Welle	$p = \dfrac{c_p \cdot 6 \cdot T_{max}}{d \cdot d_w^2} \leq p_{zul}$ Gl. (6.92)		c_p 1,4	1,4	1,2	d/d_w 0,2 ... 0,3
			c_s –	–	1,4	GG GS, St
Abscheren	$\tau_a = \dfrac{c_s \cdot T_{max}}{A \cdot d_w} \leq \tau_{a\,zul}$ Gl. (6.93)					D/d_w 2,5 2,0

6.85
Berechnung von Bolzen- und Stiftverbindungen; Fortsetzung; Fußnote s. vorige Seite

Literatur

[1] Beitz, W.: Berechnung von Wellen-Naben-Passfederverbindungen. Z. Antriebstechnik 16 (1977) Nr. 10.

[2] Baier, R.; Schug, R.: Berechnung von Torsionsspannungen in einer Welle mit Passfedernut. Z. Antriebstechnik 42 (1990) Nr. 11.

[3] Dietz, P.: Lastaufteilung und Zentrierverhalten von Zahn- und Keilwellenverbindungen. Konstruktion 31 (1979) H 7 und H 8.

7 Schraubenverbindungen

DIN-Blatt Nr.	Ausgabe-datum	Titel
Gewindenormen		
13 T1	11.99	Metrisches ISO-Gewinde allgemeiner Anwendung; Teil 1: Nennmaße für Regelgewinde; Gewinde-Nenndurchmesser von 1 bis 68 mm
T2	11.99	–; Teil 2: Nennmaße für Feingewinde mit Steigungen 0,2 mm, 0,25 mm und 0,35 mm; Gewinde-Nenndurchmesser von 1 bis 50 mm
76 T1	12.83	Gewindeausläufe, Gewindefreistiche für Metrisches ISO-Gewinde nach DIN 13
103 T1	4.77	Metrisches ISO-Trapezgewinde; Gewindeprofile
T4	4.77	–; Nennmaße
202	11.99	Gewinde; Übersicht
405 T1	11.97	Rundgewinde allgemeiner Anwendung; Teil 1: Gewindeprofile, Nennmaße
513 T1	4.85	Metrisches Sägengewinde; Gewindeprofile
2244	5.02	Gewinde - Begriffe und Bestimmungsgrößen für zylindrische Gewinde
2781	9.90	Werkzeugmaschinen; Sägengewinde 45°, eingängig, für hydraulische Pressen
2999 T1	7.83	Whitworth-Rohrgewinde für Gewinderohre und Fittings; Zylindrisches Innengewinde und kegeliges Außengewinde, Gewindemaße
3858	1.88	Whitworth-Rohrgewinde für Rohrverschraubungen; Zylindrisches Innengewinde und kegeliges Außengewinde; Gewindemaße
20 400	1.90	Rundgewinde für den Bergbau; Gewinde mit großer Tragtiefe
20 401 T1	5.84	Sägengewinde mit Steigung 0,8 bis 2 mm; Nennmaße
40 430	2.71	Stahlpanzerrohr-Gewinde; Maße
ISO 228 T1	4.01	Rohrgewinde für nicht im Gewinde dichtende Verbindungen; Teil 1: Maße, Toleranzen und Bezeichnungen
ISO 6410 T1	12.93	Technische Zeichnungen; Gewinde und Gewindeteile; Allgemeines
Schraubennormen		
478	2.85	Vierkantschrauben mit Bund
479	2.85	Vierkantschrauben mit Kernansatz
480	2.85	Vierkantschrauben mit Bund und Ansatzkuppe
561	2.95	Sechskantschrauben mit Zapfen und kleinem Sechskant
564	2.95	Sechskantschrauben mit Ansatzspitze und kleinem Sechskant
609	2.95	Sechskant-Passschrauben mit langem Gewindezapfen
653	9.86	Rändelschrauben, niedrige Form
835	2.95	Stiftschrauben; Einschraubende (ca.) $2 \cdot d$

DIN-Normen, Fortsetzung

DIN-Blatt Nr.	Ausgabedatum	Titel
913	12.80	Gewindestifte mit Innensechskant und Kegelkuppe
931 T2	9.87	Sechskantschrauben mit Schaft; Gewinde M 42 bis M 160 x 6, Produktklasse B
938	2.95	Stiftschrauben; Einschraubende (ca.) 1·d
939	2.95	Stiftschrauben; Einschraubende (ca.) 1,25·d
940	2.95	Stiftschrauben; Einschraubende (ca.) 2,5·d
962	11.01	Schrauben und Muttern; Bezeichnungsangaben; Formen und Ausführungen
2509	9.86	Schraubenbolzen
2510 T1	9.74	Schraubenverbindungen mit Dehnschaft; Übersicht, Anwendungsbereich und Einbaubeispiele
T2	8.71	–; Metrisches Gewinde mit großem Spiel, Nennmaße und Grenzmaße
T3	8.71	–; Schraubenbolzen
T4	8.71	–; Stiftschrauben
6900 T2	12.90	Kombi-Schrauben mit Regelgewinde mit Federscheibe
T3	12.90	Kombi-Schrauben mit Regelgewinde mit Federring
T4	12.90	Kombi-Schrauben mit Regelgewinde mit Fächerscheibe
T5	12.90	Kombi-Schrauben mit Regelgewinde mit Spannscheibe
6912	12.02	Zylinderschrauben mit Innensechskant; niedriger Kopf, mit Schlüsselführung
6914	10.89	Sechskantschrauben mit großen Schlüsselweiten; HV-Schrauben in Stahlkonstruktionen
7968	12.99	Sechskant-Passschrauben mit Sechskantmutter für Stahlkonstruktionen
7990	12.99	Sechskantschrauben mit Sechskantmutter für Stahlkonstruktionen
EN 20 273	2.92	Mechanische Verbindungselemente; Durchgangslöcher für Schrauben
EN 24 766	10.92	Gewindestifte mit Schlitz und Kegelkuppe
EN 27 434	10.92	Gewindestifte mit Schlitz und Spitze
EN 27 435	10.92	Gewindestifte mit Schlitz und Zapfen
EN ISO 1207	10.94	Zylinderschrauben mit Schlitz - Produktklasse A
EN ISO 4014	3.01	Sechskantschrauben mit Schaft - Produktklassen A und B
EN ISO 4017	3.01	Sechskantschrauben mit Gewinde bis Kopf - Produktklassen A und B
EN ISO 4762	2.98	Zylinderschrauben mit Innensechskant
EN ISO 10 644	10.98	Kombi-Schrauben mit flachen Scheiben - Härteklassen der Scheiben 200 HV und 300 HV

7 Schraubenverbindungen

DIN-Normen, Fortsetzung

DIN-Blatt Nr.	Ausgabe-datum	Titel
Mutternnormen		
935 T1	10.00	Kronenmuttern; Teil 1: Metrisches Regel- und Feingewinde; Produktklassen A und B
981	2.93	Wälzlager; Nutmuttern
1804	3.71	Nutmuttern; Metrisches ISO-Feingewinde
1816	3.71	Kreuzlochmuttern; Metrisches ISO-Feingewinde
6915	12.99	Sechskantmuttern mit großer Schlüsselweite für Verbindungen mit HV-Schrauben in Stahlkonstruktionen
7967	11.70	Sicherungsmuttern
EN ISO 4032	3.01	Sechskantmuttern, Typ 1 - Produktklassen A und B
EN ISO 8673	3.01	Sechskantmuttern, Typ 1, mit metrischem Feingewinde - Produktklassen A und B
EN ISO 8674	3.01	Sechskantmuttern, Typ 2, mit metrischem Feingewinde - Produktklassen A und B
EN ISO 10511	2.98	Sechskantmuttern mit Klemmteil – Niedrige Form (mit nichtmetallischem Einsatz)
Scheiben, Schraubensicherungen		
93	7.74	Scheiben mit Lappen (Sicherungsbleche mit Lappen)
128	10.94	Federringe, gewölbt
137	5.94	Federscheiben, gewellt
432	11.83	Scheiben mit Außennase (Sicherungsbleche mit Nase)
435	1.00	Scheiben, vierkant, keilförmig für I-Träger
436	5.90	Scheiben, vierkant, vorwiegend für Holzkonstruktionen
462	9.73	Werkzeugmaschinen; Sicherungsbleche mit Innennase, für Nutmuttern nach DIN 1804
463	7.74	Scheiben mit zwei Lappen (Sicherungsbleche mit 2 Lappen)
6797	7.88	Zahnscheiben
6798	7.88	Fächerscheiben
EN ISO 7089	11.00	Flache Scheiben - Normale Reihe, Produktklasse A
EN ISO 7090	11.00	Flache Scheiben mit Fase - Normale Reihe, Produktklasse A
EN ISO 7091	11.00	Flache Scheiben - Normale Reihe, Produktklasse C
EN ISO 7092	11.00	Flache Scheiben - Kleine Reihe, Produktklasse A

Formelzeichen

A	Querschnitt, Bruchdehnung	P	Gewindesteigung
A_{ers}	Querschnitt des Ersatzzylinders	p	Flächenpressung
A_K	Kopfauflagefläche	p_G	Grenzflächenpressung
A_S	Spannungsquerschnitt	R_e	Streckgrenze
A_{Sch}	Schaftquerschnitt	R_m	Zugfestigkeit
A_3	Kernquerschnitt	$R_{p\,0,2}$	0,2-Grenze
c	Federsteifigkeit	S	Sicherheit
D_A	Außendurchmesser des Ersatzzylinders	T_A	Anziehdrehmoment
D_B	Bohrungsdurchmesser	T	Drehmoment – im Gewinde
D_m	Wirkdurchmesser der Reibungskraft	T_L	Losdrehmoment
d, D	Gewinde-Nenndurchmesser	T_R	Auflagerreibungsmoment
d_2, D_2	– Flankendurchmesser	W_p	polares Widerstandsmoment
d_3	– Kerndurchmesser	α	Gewinde-Flankenwinkel
d_K	Durchmesser der Schraubenkopfauflage	α_A	Anziehfaktor
d_s	mittl. Durchmesser beim Spannungsquerschnitt	α_ϑ	Wärmeausdehnungskoeffizient
d_{Sch}	Schaftdurchmesser	δ	elastische Nachgiebigkeit
E	Elastizitätsmodul	δ_p	– der verspannten Teile
F_B	Betriebskraft	δ_e	– des eingeschraubten Gewindes
F_E	Ersatzkraft	δ_S	– der Schraube
$F_{K\,erf}$	erforderliche Mindestklemmkraft	ε	Dehnung
$F_{K\,R}$	Restklemmkraft	μ	Reibungszahl
F_n	Normalkraft	μ'	– für Spitzgewinde
F_p	Klemmkraftverlust	μ_A	– an der Schraubenauflagefläche
F_Q	Querkraft	μ_{ges}	– für Gewinde und Auflage
F_R	Reibungskraft	μ_R	– der Ruhereibung für die Trennfugen
F_S	Schraubenkraft	ρ	Reibungswinkel
F_t	Drehkraft	ρ'	– für Spitzgewinde
F_V	Vorspannkraft	σ_a	Spannungsausschlag
F_Z	Vorspannkraftverlust	σ_A	Dauerhaltbarkeit
F_{zd}	Zug- bzw. Druckkraft	σ_l	Lochleibung
f	elastische Formänderung	σ_m	Mittelspannung
f_Z	Setzbetrag	σ_{red}	Vergleichsspannung
H_1	Gewindetragtiefe	σ_v	Vorspannung
i	Schraubenzahl	σ_{zd}	Zug- bzw. Druckspannung
l_e	Einschraublänge	τ_t	Verdrehspannung
l_F	federnde Länge	τ_a	Abscherspannung
l_K	Klemmlänge	Φ	Kraftverhältnis
m	Mutterhöhe	φ	Gewinde-Steigungswinkel
n	Faktor für Krafteinleitung		

7.1 Allgemeines

Unter einem Gewinde versteht man eine besonders profilierte Einkerbung (7.1), wenn diese entlang einer Schraubenlinie (7.2) um einen Zylinder verläuft. Mit der Steigung P der Schraubenlinie ergibt sich nach Bild **7.2** für den **Steigungswinkel** φ

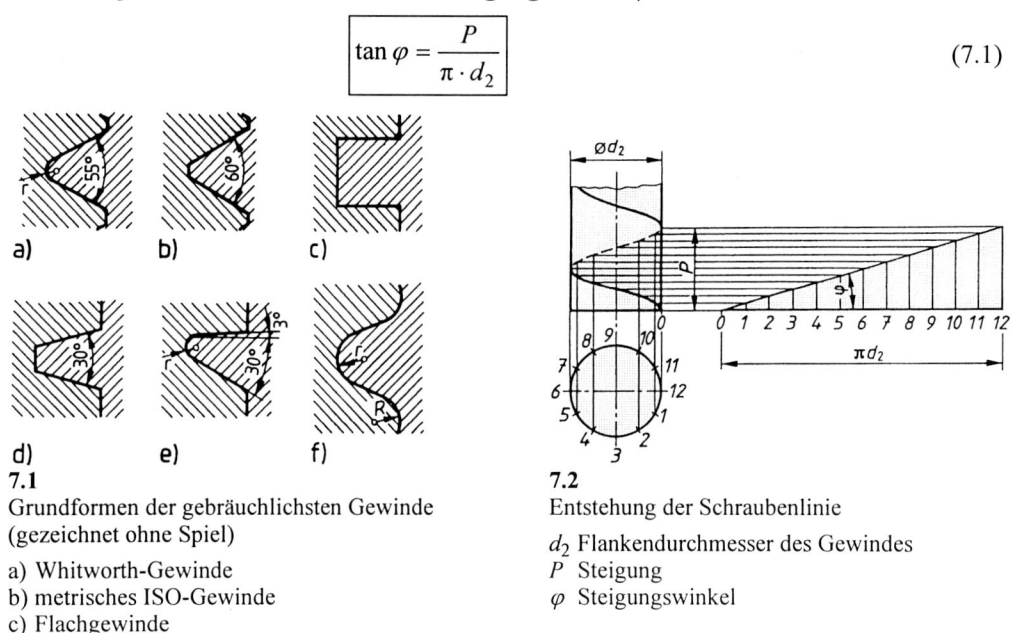

$$\boxed{\tan \varphi = \frac{P}{\pi \cdot d_2}} \qquad (7.1)$$

7.1
Grundformen der gebräuchlichsten Gewinde
(gezeichnet ohne Spiel)
a) Whitworth-Gewinde
b) metrisches ISO-Gewinde
c) Flachgewinde
d) Trapezgewinde
e) Sägengewinde
f) Rundgewinde

7.2
Entstehung der Schraubenlinie
d_2 Flankendurchmesser des Gewindes
P Steigung
φ Steigungswinkel

Zu einer Schraubenverbindung gehören ein mit Außengewinde versehener Bolzen, die Schraube, ein Gegenstück mit entsprechendem Innengewinde, die Mutter oder das Sacklochgewinde und die zu verspannenden Teile. Schrauben werden nicht nur als Befestigungsschrauben für lösbare Verbindungen, sondern auch als Bewegungsschrauben zum Umwandeln von Dreh- in Längsbewegungen verwendet.

7.1.1 Gewindenormen

Die genormten Gewinde haben maßlich festgelegte Gewindeprofile; Form und Maße werden in einem durch die Schraubenachse gelegten Axialschnitt dargestellt. Bei jedem Gewinde wird zwischen Gewinde-Nenndurchmesser d bzw. D, Flankendurchmesser d_2 bzw. D_2 und Kerndurchmesser d_3 bzw. D_3 unterschieden.

Die gebräuchlichsten Gewinde (7.1) sind:

1. **Metrisches ISO-Gewinde:** Spitzgewinde mit einem Flankenwinkel von 60°. Je nach Größe der Steigung unterscheidet man Regel- und Feingewinde.

Regelgewinde (DIN 13 T 1; s. Bild **7.3**): Jedem Gewindedurchmesser ist eine bestimmte Steigung zugeordnet. Bezeichnung eines Regelgewindes für d = 30 mm und P = 3,5 mm: Metrisches ISO-Gewinde M 30.

Feingewinde (DIN 13 T 2 bis T 11): Gleichen Gewindedurchmessern können verschiedene Steigungen zugeordnet werden. Bezeichnung eines Feingewindes für d = 30 mm und P = 2 mm nach DIN 13 T 7: Metrisches ISO-Gewinde M 30 × 2.

2. **Rohrgewinde:** Spitzgewinde mit einem Flankenwinkel von 55°. Rohrgewinde für nicht im Gewinde dichtende Verbindungen nach DIN EN ISO 228. Die Gewindebezeichnung bezieht sich auf die Nennweite (Innendurchmesser) des Rohres in Zoll, auf welches das Gewinde als Außengewinde geschnitten wird. Bezeichnung eines Gewindes für ein Rohr mit der Nennweite 1/2": Rohrgewinde G 1/2. Whitworth-Rohrgewinde nach DIN 2999 und DIN 3858 hat ein zylindrisches Innengewinde und ein kegeliges Außengewinde. Es wird für druckdichte Verbindungen bei Rohren, Fittings, Armaturen usw. eingesetzt. Bezeichnung eines Gewindes für ein Rohr mit der Nennweite 1/2": Whitworth-Rohrgewinde R 1/2.

3. **Metrisches ISO-Trapezgewinde (DIN 103; s. Bild 7.4):** Gewinde mit einem Flankenwinkel von 30°. Jedem Durchmesser bis 20 mm sind zwei, über 20 mm drei Steigungen zugeordnet. Das Gewinde kann ein- oder mehrgängig sein. Bezeichnung eines Trapezgewindes für d = 48 mm und P = 8 mm: Tr 48 × 8. Anwendung als Bewegungsgewinde (z. B. Leitspindeln von Drehmaschinen, Spindeln von Pressen, Schraubstöcken, Ventilen usw.).

4. **Metrisches Sägengewinde (DIN 513):** Eine Flanke bildet mit der Senkrechten zur Schraubenachse den Winkel 30°, die andere weicht um 3° von der Senkrechten ab. Bezeichnung eines Sägengewindes für d = 48 mm und P = 8 mm: S 48 × 8. Anwendung als Bewegungsgewinde, wenn hiermit größere Längskräfte in einer Richtung übertragen werden sollen (z. B. Hub- und Druckspindeln für Pressen).

5. **Sondergewinde.** Weitere Gewindearten, wie Rundgewinde (DIN 405, DIN 20 400), Elektrogewinde (DIN 40 400), Stahlpanzer-Rohrgewinde (DIN 40 430) u. dgl., sollen als Sondergewinde bezeichnet werden, da ihre Anwendung auf besondere Fälle beschränkt bleibt. Sämtliche Gewinde werden zu Sondergewinden, wenn sie als mehrgängige, gas- und dampfdichte oder als linksgängige Gewinde ausgeführt werden. Bezeichnungsbeispiel für ein Linksgewinde: M 30-LH (LH = Left Hand).

7.1.2 Gewindetolerierung

Die Gewindetoleranzen (DIN EN 20865) sollen folgendes sicherstellen:

1. Austauschbarkeit der Gewinde
2. Einhaltung einer gewünschten Passung
3. Güte der Gewindeverbindungen
4. Festigkeit und Tragfähigkeit der Gewindeverbindungen
5. Wirtschaftliche Fertigung der Gewinde

Für das Bolzengewinde sind die Toleranzlagen e, f, g und h, für das Muttergewinde die Toleranzlagen G und H festgelegt worden. Die Toleranzlagen e bis g und G sind für das Aufbringen eines galvanischen Schutzes geeignet. Sie gelten für das Gewindeprofil vor der Aufbringung des Oberflächenschutzes.

7.1 Allgemeines

Gewindetiefe $h_3 = 0{,}6134 \cdot P$
Gewindetiefe $H_1 = 0{,}5413 \cdot P$
Rundung $r = 0{,}1433 \cdot P$
Spannungsquerschnitt

$$A_S = \frac{\pi}{4} \cdot \left(\frac{d_2 + d_3}{2} \right)^2$$

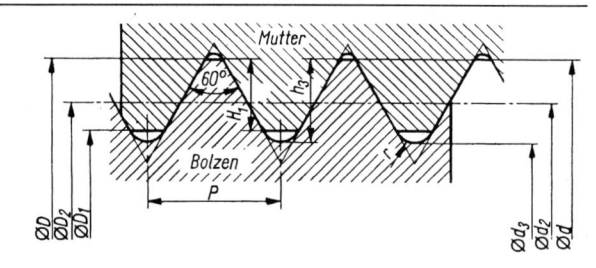

Nenn-durch-messer	Steigung	Flanken-durch-messer	Kerndurchmesser		Spannungs-querschnitt A_s
$d = D$	P	$d_2 = D_2$	d_3	D_1	in mm²
3	0,5	2,675	2,387	2,459	5,03
3,5	0,6	3,110	2,764	2,850	6,78
4	0,7	3,545	3,141	3,242	8,78
4,5	0,75	4,013	3,580	3,688	11,3
5	0,8	4,480	4,019	4,134	14,2
6	1	5,350	4,773	4,917	20,1
7	1	6,350	5,773	5,917	28,9
8	1,25	7,188	6,466	6,647	36,6
9	1,25	8,188	7,466	7,647	48,1
10	1,5	9,026	8,160	8,367	58
11	1,5	10,026	9,160	9,367	72,3
12	1,75	10,863	9,853	10,106	84,3
14	2	12,701	11,546	11,835	115
16	2	14,701	13,546	13,835	157
18	2,5	16,376	14,933	15,294	192
20	2,5	18,376	16,933	17,294	245
22	2,5	20,376	18,933	19,294	303
24	3	22,051	20,319	20,752	353
27	3	25,051	23,319	23,752	459
30	3,5	27,727	25,706	26,211	561
33	3,5	30,727	28,706	29,211	694
36	4	33,402	31,093	31,670	817
39	4	36,402	34,093	34,670	976
42	4,5	39,077	36,479	37,129	1120
⋮					
68	6	64,103	60,639	61,505	3060

7.3
Metrisches ISO-Gewinde; Regelgewinde, Nennmaße DIN 13 T 1 (Maße in mm)

Gewinde-Nenndurchmesser d	Steigung P [1]			Flankendurchmesser [2] $d_2 = D_2$	Kerndurchmesser [2] d_3	Tragtiefe [2] $H_1 = 0{,}5 \cdot P$	Kernquerschnitt [2] A_3 in mm
8		1,5		7,25	6,2	0,75	30,2
10	1,5	2		9	7,5	1	44,2
12	2	3		10,5	8,5	1,5	56,7
16	2	4		14	11,5	2	104
20	2	4		18	15,5	2	189
24	3	5	8	21,5	18,5	2,5	269
28	3	5	8	22,5	22,5	2,5	398
32	3	6	10	29	25	3	491
36	3	6	10	33	29	3	661
40	3	7	10	36,5	32	3,5	804
44	3	7	12	40,5	36	3,5	1018
48	3	8	12	44	39	4	1195
52	3	8	12	48	43	4	1452
60	3	9	14	55,5	50	4,5	1963

7.4
Metrisches ISO-Trapezgewinde, Nennmaße nach DIN 103 (Auszug), Maße in mm

[1] Mittlere Reihe bevorzugen
[2] Angegebene Werte gelten für Gewinde mit den zu bevorzugenden Steigungen.

Toleranzklassen		Toleranzfelder	Oberflächenzustand
fein (f)	Mutter	4H 5H	blank oder dünn phosphatiert
	Bolzen	4h	
mittel (m)	Mutter	6H	
	Bolzen	6g	blank, phosphatiert oder für dünne galvanische Schutzschicht
grob (g)	Mutter	7H	
	Bolzen	8g	

7.5
Vorzugs-Toleranzfelder (nach DIN EN 20865) für Metrisches ISO-Gewinde [1]

[1] Diese Toleranzfeldangabe ist in Anlehnung an die der ISO-Empfehlung für Toleranzen und Passungen festgelegten Symbole gewählt worden. Da aber bei gleichen Qualitätszahlen und gleichen Buchstaben die Zahlenwerte für Toleranzgröße und Toleranzlage nicht gleich sind, wird zur Unterscheidung im Symbol des Gewinde-Toleranzfeldes die Zahl für die Toleranzqualität vor den Buchstaben für die Toleranzlage gesetzt.

7.1 Allgemeines

Das ISO-System für Gewindetoleranzen unterscheidet drei Toleranzklassen: fein (f), mittel (m) und grob (g). Die folgenden Regeln gelten für die Wahl der Toleranzklassen:

1. fein (f): nur für Gewinde von großer Genauigkeit
2. mittel (m): für allgemeine Anwendung
3. grob (g): wenn keine besonderen Anforderungen an die Genauigkeit gestellt werden.

Die empfohlenen Vorzugs-Toleranzfelder siehe Bild **7.5**.

7.1.3 Schraubenwerkstoffe

Schrauben und Muttern aus unlegiertem oder niedrig legiertem Stahl, die keinen speziellen Anforderungen unterliegen, wie z. B. Schweißbarkeit, Korrosionsbeständigkeit, Warmfestigkeit über 300 °C und Kaltzähigkeit unter 50 °C, werden nach ihrer Festigkeit bezeichnet. Die Norm DIN EN ISO 898-1 unterscheidet die verschiedenen Festigkeitsklassen von Schrauben (**7.6** bis **7.10**). Analog hierzu weist die Norm DIN EN 20898-2 den Muttern die Festigkeitsklassen zu (**7.9** bis **7.10**).

Die Bezeichnung für Schrauben (DIN EN ISO 898-1) besteht aus zwei Zahlen, die durch einen Punkt getrennt sind. Die erste Zahl kennzeichnet die Mindestzugfestigkeit in N/mm², die zweite das 10fache Verhältnis der Mindeststreckgrenze zur Mindestzugfestigkeit (Streckgrenzenverhältnis) (**7.6**).

erste Zahl	3	4	5	6	8	10	12	14
Mindestzugfestigkeit R_m N/mm²	340	400	500	600	800	1000	1200	1400
zweite Zahl					.6	.7	.8	.9
$\dfrac{\text{Mindeststreckgrenze } R_e}{\text{Mindestzugfestigkeit } R_m} \cdot 10$ oder $\dfrac{R_{p0,2}}{R_m} \cdot 10$					6	7	8	9

7.6
Bezeichnungssystem für Festigkeitsklassen von Schrauben

Die den Festigkeitsklassen zugeordneten mechanischen Eigenschaften (**7.6**) gelten für fertige Schrauben. Da bei der Schraubenherstellung die zum Einsatz kommenden Fertigungsverfahren die mechanischen Eigenschaften der Werkstoffe erheblich verändern können (z. B. durch Kaltverfestigung bei der Kaltformung), wählt der Hersteller den geeigneten Ausgangswerkstoff aus. Angaben hierüber s. DIN EN ISO 898-1, angenäherte Richtwerte s. Bild **7.8**.

Festigkeitsklasse		3.6	4.6	4.8	5.6	5.8	6.6	6.8	6.9	8.8	10.9	12.9	14.9
Zugfestigkeit R_m N/mm²	min.	340	400	500	600					800	1000	1200	1400
	max.	490	550	700	800					1000	1200	1400	1600
Brinellhärte HB	min.	90	110	140	170					225	280	330	390
	max.	150	170	215	245					300	365	425	–
Rockwellhärte HRB	min.	47	63	78	88					–	–	–	–
	max.	82	88	97	102					–	–	–	–
HRC	min.	–	–	–	–					18	27	34	40
	max.	–	–	–	–					31	38	44	49
Vickershärte $HV\,30$	min.	90	110	140	170					225	280	330	400
	max.	150	170	215	245					300	370	440	510
Streckgrenze R_e	N/mm²	200	240	320	300	400	360	480	–	–	–	–	–
0,2-Dehnungsgrenze $R_{p0,2}$	N/mm²	–	–	–	–	–	–	–	540	640	900	1080	1260
Bruchdehnung A_5	% min.	25	25	14	20	10	16	8	12	12	9	8	7

7.7
Festigkeitswerte von Schrauben (nach DIN EN ISO 898 T1)

	Werkstoffe zum Herstellen von Schrauben und Muttern durch			Festigkeitskl.
	Warmformen	Kaltformen	Zerspanen	
Schrauben	St34	St34	St34KG	3.6
	St37, C15	St34, St37	St37KG, 9S20KG	4.6
	St50, C35	Cq22, Cq35	C35KG, 35S20KG	5.6
			St50K, C35K	6.8
	C35, C45	Cq34, Cq45	C35, C45	8.8
	41Cr4	41Cr4		10.9
	42CrMo4	42CrMo4		12.9
Muttern	St37		St37KG, 9S20KG	4
	St50, C35		St50KG, 35S20KG	5
		Kaltpressmutterstahl	St50K, C35K	6
	C35, C45		C35, C45, 35S20	8

7.8
Werkstoffe für Schrauben (angenäherte Richtwerte)

Die Festigkeitsklassen von Muttern (DIN EN 20898-2, **7.9**) werden mit einer Zahl gekennzeichnet, die eine Prüfspannung ausdrückt. Diese Prüfspannung σ_L entspricht der Mindestzugfestigkeit einer Schraube, mit der die Mutter gepaart werden kann. Die Muttern sind für diejenige Festigkeitsklasse der Schrauben geeignet, deren Mindestzugfestigkeit sie aufnehmen können, ohne dass ihr eigenes Gewinde abgestreift wird (**7.10**).

Für Schrauben und Muttern aus nichtrostenden Stählen sind Werkstoffe, mechanische Eigenschaften und Prüfverfahren in DIN EN ISO 3506 angegeben.

7.1 Allgemeines

Festigkeitsklasse der Mutter	4	5	6	8	10	12	14
Prüfspannung σ_L N/mm²	400	500	600	800	1000	1200	1400
Brinellhärte *HB*	302	302	302	302	353	353	375
Rockwellhärte *HRC*	30	30	30	30	36	36	39

7.9
Festigkeitswerte von Muttern (nach DIN EN 20898 T2)

	Festigkeitsklasse									
Schraube	3.6	4.6	4.8	5.6	5.8	6.8	8.8	10.9	12.9	14.9
Mutter	4		5		6		8	10	12	14

7.10
Zuordnung der Festigkeitsklassen von Schrauben und Muttern

Bezeichnungsbeispiel für die Festigkeitsklasse einer Schraube aus nichtrostendem CrNi-Stahl: M 10 × 50 EN ISO 4762 – A2–70; A bedeutet austenitischer CrNi-Stahl, die Ziffer 2 gibt die Stahlgruppe an, innerhalb der verschiedene Werkstoffe möglich sind, z. B. Werkstoff 1.4541. Die Zahl 70 bezeichnet die Festigkeitsklasse; sie ergibt mit 10 multipliziert die Zugfestigkeit des Werkstoffs in N/mm². Die Stahlgruppen 1, 2 und 4 mit den Festigkeitsklassen 50, 70 und 80 sind möglich. Bei den Stahlgruppen 2 und 4 ist die Festigkeitsklasse 70 der Regelfall.

Für Schrauben und Muttern aus kaltzähen und warmfesten Stählen enthält DIN 267 T 13 Angaben über Werkstoffe und Festigkeitsklassen. Für den Betriebs-Temperaturbereich > 300 °C bis 540 °C sind die in Bild **7.11** angegebenen Werkstoffe nach DIN EN 10269 zu verwenden. Im Betriebs-Temperaturbereich > 540 °C bis ≈ 650 °C werden hochlegierte Stähle empfohlen: für Schrauben z. B. X22CrMoV121 und X8CrNiMoBNb1616K, für Muttern X19CrMo121.

Zu beachten ist, dass sich bei höheren Temperaturen der Elastizitätsmodul der Werkstoffe, die zulässigen Spannungen und die Wärmeausdehnungszahlen α_ϑ ändern (**2.17**), dass also auch die Federsteifigkeit bei entsprechenden Temperaturen kleiner als die Federsteifigkeit bei Raumtemperatur (20 °C) ist.

Zur Berechnung von Schraubverbindungen, die mit Temperaturen über 350 °C beansprucht werden, darf nicht mehr die Warmstreckgrenze $R_{p\,0,2/\vartheta}$ der Werkstoffe benutzt werden (**2.17**). Es ist zweckmäßig, eine geeignete „Zeitstandkriechgrenze $R_{p\,1/100\,000}$" zu berücksichtigen.

7.1.4 Schrauben- und Mutternarten

Kopfschrauben (**7.14**) unterscheiden sich durch die Kopfform (Sechskant-, Vierkant-, Zylinderkopf- usw.) und die Bedienungsform (Innensechskant-, Schlitz-, Kreuzschlitz-, Rändel- usw.).

Stift- und Schaftschrauben (**7.15**) werden für Verbindungen von Gehäuseteilen verwendet. Das in dem Gehäuse befindliche Einschraubende, dessen Länge sich nach dem verwendeten Gehäusewerkstoff richtet (**7.12**), soll nach dem Einschrauben nicht mehr gelöst werden.

Stahlsorte Kurzname Nach DIN V 17006-100.	Zugfestigkeit R_m bei 20 °C in N/mm²	bei der Temperatur in °C																Bruchdehnung ($L_0=5 \cdot d_0$) bei 20 °C in % $\geq$	Kerbschlagzähigkeit bei 20 °C in Nm/cm² $\geq$
		Streckgrenze R_e in N/mm² $\geq$							Elastizitätsmodul E in 10^5 N/mm²					Wärmeausdehnungskoeffizient α_ϑ in 10^{-6}/K					
		20	200	250	300	350	400	450	500	300	400	500	600	300	400	500	600		
C35	500…600	280	220	210	190	170	150											22	–
Ck35	500…600	280	220	210	190	170	150											22	60
C45	600…720	360	290	270	250	220	190											18	–
Ck45	600…720	360	290	270	250	220	190											18	50
24CrMo5	600…750	450	420	400	370	340	310	280	240									18	80
24CrMoV5-5	700…850	550	500	480	460	440	410	380	350	1,85	1,75	1,65	1,55	12,9	13,5	13,9	14,1	17	80
21CrMoV5-11	700…850	550	520	510	490	470	440	410	380									17	80
X22CrMoV12-1		650	590	530		460				2,0	1,9	1,8	1,65	11,5	11,8	12	12,3		
X8CrNiMoVNb16-13		270	250	250		245			230	1,89	1,78	1,7	1,6	17,1	17,4	17,6	17,8		

12000/Zugfestigkeit, mindestens aber

7.11 Warmfeste Stähle für Schrauben und Muttern (nach DIN EN 10269, T1)

7.2 Kräfte in der Schraubenverbindung   291

Schraubenfestigkeitsklasse	8.8	8.8	10.9	10.9
Gewindefeinheit d/P	< 9	≥ 9	< 9	≥ 9
	Einschraubtiefe			
Al-Legierungen AlCuMg1F40	$1,1\,d$	$1,4\,d$	–	
Grauguss EN-GJL-200 (GG-20)	$1,0\,d$	$1,2\,d$		$1,4\,d$
Stahl S235JRG (St37-2)	$1,0\,d$	$1,25\,d$		$1,4\,d$
Stahl E295 (St50-2)	$0,9\,d$	$1,0\,d$		$1,2\,d$
Stahl C45V	$0,8\,d$	$0,9\,d$		$1,0\,d$

7.12
Empfohlene Mindesteinschraubtiefe für Grundlochgewinde

Verschlussschrauben (**7.13**) werden in verschiedenen Ausführungsformen für Öleinfüll-, Überlauf- und Ölablassöffnungen verwendet. Die Abdichtung erfolgt über einen Bund und einen Dichtring nach DIN 7603 oder über kegeliges Gewinde.

Bild	Benennung	DIN	Bild	Benennung	DIN
	Verschlussschraube mit Bund und Außensechskant	910 7604		Verschlussschraube mit Innensechskant und kegeligem Gewinde	906
	Verschlussschraube mit Bund und Innensechskant	908		Verschlussschraube mit Außensechskant und kegeligem Gewinde	909

7.13
Genormte Verschlussschrauben

Die gebräuchlichsten Mutternarten sind in Bild **7.16** dargestellt. Sechskant- und Vierkantmuttern werden mit den üblichen Schraubenschlüsseln angezogen. Bei beengten Raumverhältnissen können Schlitz-, Nut-, Kreuzloch- oder Zweilochmuttern verwendet werden. Für häufig zu lösende Verbindungen (z. B. im Vorrichtungsbau) sind Flügel- und Rändelmuttern geeignet. Ringmuttern werden wie Ringschrauben als Transportösen verwendet.

7.2 Kräfte in der Schraubenverbindung

7.2.1 Kräfte im Gewinde

Wird eine Gewindeverbindung mit der Längskraft F belastet, so wirkt auf jedes kleine, gleich große Teilchen eines tragenden Gewindeganges der Kraftanteil ΔF (**7.17a**, für Flachgewinde dargestellt). Um die Schraube (oder auch die Mutter) drehen zu können, sind entsprechend viele kleine Drehkräfte ΔF_t erforderlich (**7.17b**). Wird die Reibung in den Gewindegängen zunächst vernachlässigt, so sind Längs- und Drehkräfte mit der Normalkraft ΔF_n zwischen Schraube und Mutter im Gleichgewicht, wenn nach Bild **7.17c**

$$\Delta F_t = \tan\varphi \cdot \Delta F \tag{7.2}$$

gilt. Das zum Drehen von Schraube und Mutter erforderliche Drehmoment ergibt sich dann aus

$$\Delta T = \Delta F_t \cdot d_2/2 = \tan\varphi \cdot \Delta F \cdot d_2/2 \tag{7.3}$$

und man erhält

$$T = \Sigma\, \Delta F_t \cdot d_2/2 = \Sigma\, \tan \varphi \cdot \Delta F \cdot d_2/2\,. \tag{7.4}$$

Bild	Benennung	DIN	Bild	Benennung	DIN
	Sechskantschraube (mit Schaft)	EN ISO 4014 EN ISO 4016 EN ISO 8765		Vierkantschraube	479
	Sechskantschraube (mit Gewinde bis Kopf)	EN ISO 4017 EN ISO 4018 EN ISO 8676		Vierkantschraube mit Bund	478
	Sechskantschraube mit Mutter	7990 EN ISO 4016		Vierkantschraube mit Bund und Ansatzkuppe	480
	Sechskant-Passschraube	609 7968		Zylinderschraube mit Innensechskant	EN ISO 4762 6912 7984
	Sechskantschraube mit Zapfen	561		Zylinderschraube mit Schlitz	EN ISO 1207
	Sechskantschraube mit Ansatzspitze	564		Kreuzlochschraube mit Schlitz	404
	Linsenzylinderschraube (großer Kopf)	921		Linsenzylinderschraube mit Schlitz	EN ISO 1580
	Linsenzylinderschraube mit Kreuzschlitz	EN ISO 7045		Linsensenkschraube mit Schlitz (großer Kopf)	EN ISO 2010
	Senkschraube mit Schlitz	EN ISO 2009		Linsensenkschraube mit Kreuzschlitz	EN ISO 7047
	Senkschraube mit Kreuzschlitz	7987		Sechskant-Schneidschraube	7513
	Senkschraube mit Schlitz (für Stahlkonstruktionen)	7969		Zylinder-Blech-Schraube mit Schlitz	ISO 1481
	Senkschraube mit Innensechskant	7991		Senk-Blechschraube mit Schlitz	ISO 1482
	Senkschraube mit Nase	604		Linsensenk-Blechschraube mit Schlitz	7973
	Sechskant-Blechschraube	ISO 1479			

7.14
Genormte Kopfschrauben, Auswahl

7.2 Kräfte in der Schraubenverbindung

Bild	Benennung	DIN	Bild	Benennung	DIN
	Stiftschraube	835 938 939 940		Schaftschraube mit Schlitz und Kegelkuppe	427
	Stiftschraube mit Rille	835		Schaftschraube mit Innensechskant und Kegelkuppe	913
	Schraubenbolzen mit Vollschaft	2509		Gewindestift mit Schlitz und Kegelkuppe	EN 24766
	Schraubenbolzen mit Dehnschaft	2510		Gewindestift mit Innensechskant und Kegelkuppe	913

7.15
Genormte Stift- und Schaftschrauben, Auswahl

Bild	Benennung	DIN	Bild	Benennung	DIN
	Sechskantmutter	EN ISO 4034 EN ISO 8673 EN ISO 4032		hohe Rändelmutter	466
	flache Sechskantmutter	431 EN ISO 4035		Nutmutter	981 1804
	Hutmutter, hohe Form	1587		Kreuzlochmutter	548 1816
	Zweilochmutter	547		Ringmutter	582
	Kronenmutter	935		Flügelmutter	315
	Vierkantmutter	557			

7.16
Genormte Muttern

Mit $\Sigma \Delta F = F$ wird das **erforderliche Drehmoment im Gewinde** zu

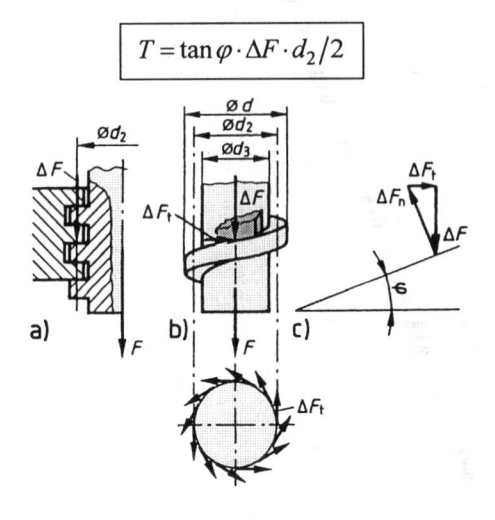

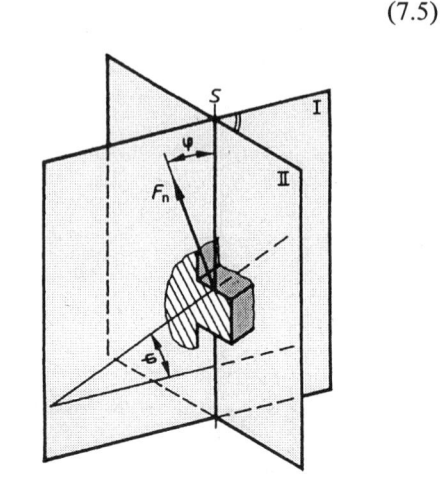

$$T = \tan\varphi \cdot \Delta F \cdot d_2/2 \qquad (7.5)$$

7.17
Kräfte am Flachgewinde ohne Reibung
a) Schnitt
b) Kräfte an einem Gewindeteilchen
c) Krafteck

7.18
Flachgewinde, Lage der Normalkraft F_n zur Schraubenachse S

Denkt man sich alle Kraftanteile ΔF_t und ΔF_n in einem Punkt vereinigt, so kann man $\Sigma\Delta F_t = F_t$ und $\Sigma\Delta F_n = F_n$ setzen.

Da die Normalkraft F_n senkrecht auf der Gewindeflanke steht, ergibt sich für Flachgewinde, dass F_n in der Ebene I (**7.18**) liegt und um den Steigungswinkel φ gegen die in der Ebene II senkrecht liegende Schraubenachse und damit auch gegen die Schnittlinie S der Ebene I und II geneigt ist.

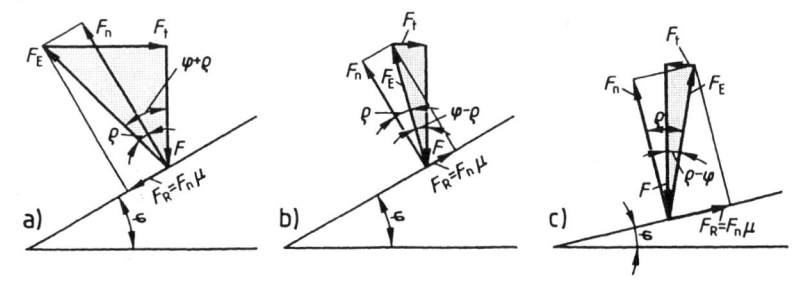

7.19
Kräfte am Flachgewinde mit Reibung (Ebene I, Bild **7.18**) für Heben einer Last (a) und Senken einer Last bei nicht selbsthemmendem (b) und selbsthemmendem (c) Gewinde.

Bei der Berücksichtigung der Reibung ist zu beachten, dass die Reibungskraft $F_R = \mu \cdot F_n$ stets der Bewegung entgegenwirkt und in derselben Ebene (**7.18**) wie die Kräfte F und F_t liegt. Die

7.2 Kräfte in der Schraubenverbindung

äußeren Kräfte F und F_t müssen mit der Ersatzkraft F_E – der Resultierenden aus F_n und F_R – im Gleichgewicht sein (**7.19**). Da F_E gegen F_n um den Reibungswinkel ρ geneigt ist, ergibt sich für das **Heben einer Last F** (**7.19a**) die **Drehkraft**

$$\boxed{F_t = \tan(\varphi + \rho) \cdot F} \qquad (7.6)$$

und für das **Absenken einer Last F** bei nicht selbsthemmenden Bewegungsschrauben (**7.19b**)

$$\boxed{F_t = \tan(\varphi - \rho) \cdot F} \qquad (7.7)$$

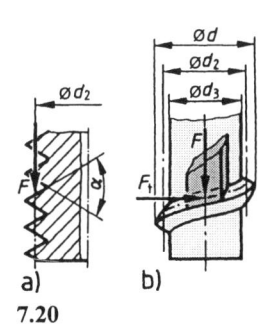

7.20
Kräfte am Spitzgewinde
a) Schnitt   b) äußere Kräfte

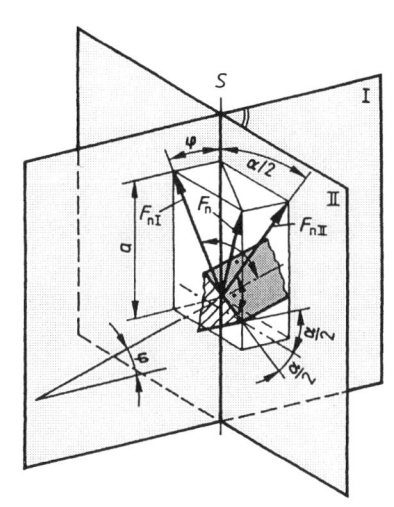

7.21
Spitzgewinde. Lage der Normalkraft F_n zur Schraubenachse S

Bei allen selbsthemmenden Befestigungsgewinden ist jedoch $\varphi < \rho$ und somit nach Bild **7.19c** die **Drehkraft** für das **Absenken einer Last**

$$\boxed{F_t = \tan(\rho - \varphi) \cdot F} \qquad (7.8)$$

Beim Spitzgewinde (**7.20**) liegt F_n nicht in der Ebene I, sondern ist gegen diese um den halben Flankenwinkel $\alpha/2$ und gegen die Ebene II um den Steigungswinkel φ geneigt (**7.21**). Dementsprechend steht F_E – die Resultierende aus $F_{n\,I}$ und F_R – unter dem Winkel ρ' zur Kraft $F_{n\,I}$ (**7.22**). Für **Spitzgewinde** wird daher die **Drehkraft zum Anziehen** zu

$$\boxed{F_t = \tan(\varphi + \rho') \cdot F} \qquad (7.9)$$

und die **Drehkraft zum Lösen** zu

$$\boxed{F_t = \tan(\rho' - \varphi) \cdot F} \qquad (7.10)$$

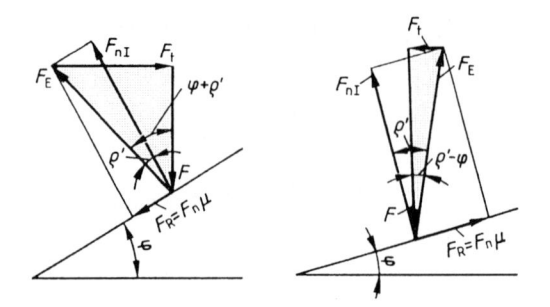

7.22
Kräfte am selbsthemmenden Spitzgewinde mit Reibung (Ebene I in Bild **7.21**) für Heben (links) und Senken (rechts) einer Last. F_{nI} steht senkrecht auf F_R

Da $\tan \rho = \mu$ ist, kann auch $\tan \rho' = \mu'$ gesetzt werden. Mit $\tan \rho' = \mu \cdot F_n/F_{nI}$ (7.22) folgt aus Bild **7.21** die Reibungszahl für Spitzgewinde

$$\mu' = \tan \rho' = \mu \cdot \frac{\sqrt{(a/\cos\varphi)^2 + (a \cdot \tan(\alpha/2))^2}}{a/\cos\varphi} = \mu \cdot \sqrt{1 + \cos^2\varphi \cdot \tan^2\frac{\alpha}{2}}$$

Für alle normalen Spitzgewinde, deren Steigungswinkel sehr klein sind ($\cos\varphi \approx 1$), ergibt sich dann die **Reibungszahl für Spitzgewinde**

$$\boxed{\mu' \approx \mu \cdot \sqrt{1 + \tan^2\frac{\alpha}{2}} = \mu \cdot \sqrt{\frac{1}{\cos^2\frac{\alpha}{2}}} = \frac{\mu}{\cos\frac{\alpha}{2}}} \qquad (7.11)$$

So wird z. B. für metrisches ISO-Gewinde mit $\alpha/2 = 30°$ und $\mu = 0{,}1$ die Reibungszahl $\mu' = 0{,}1/0{,}866 \approx 0{,}12$. Wegen der größeren Reibungskräfte in Spitzgewinden werden diese zum Befestigen von Maschinenteilen verwendet. Für Bewegungsschrauben werden wegen der geringeren Reibungskräfte Trapez- und Flachgewinde bevorzugt (z. B. Transportspindeln an Werkzeugmaschinen).

7.2.2 Anziehdrehmoment

Zum Anziehen einer Schraubenverbindung ist das Anziehmoment $T_A = T + T_R$ aufzubringen. Es setzt sich aus dem Drehmoment T im Gewinde und dem Reibungsmoment T_R an der Auflagefläche des Schraubenkopfes bzw. der Mutter zusammen. Nach Bild **7.22** und mit Gl. (7.9) und (7.10) ergibt sich zum Heben bzw. Senken einer Last unter Berücksichtigung der Reibung im Gewinde das erforderliche Drehmoment $T = F_t \cdot d_2/2 = \tan(\varphi \pm \rho') \cdot F \cdot d_2/2$. Soll eine Schraube mit der Kraft F_V vorgespannt werden, so ist hierfür das Drehmoment im Gewinde

$$\boxed{T = \tan(\varphi + \rho') \cdot F_v \cdot \frac{d_2}{2}} \qquad (7.12)$$

und zum Lösen (Entspannen) selbsthemmender Befestigungsgewinde das Drehmoment

$$T = \tan(\rho' - \varphi) \cdot F_v \cdot \frac{d_2}{2} \qquad (7.13)$$

7.2 Kräfte in der Schraubenverbindung

aufzubringen. Nach dem Anziehen wirkt T weiter und belastet die Befestigungsschraube auf Verdrehung.

Das Reibungsmoment an der Auflagefläche des Schraubenkopfes bzw. der Mutter, das **Auflagereibungsmoment** T_R, ergibt sich zu

$$T_R = \mu_A \cdot F_v \cdot \frac{D_m}{2} \tag{7.14}$$

mit μ_A als den Reibungsbeiwert an der Auflagefläche und mit $D_m/2 = (d_k + D_B)/4$ als den Hebelarm der Reibungskraft nach Bild **7.23** (d_k größter Auflagedurchmesser, D_B Durchmesser der Durchgangsbohrung). Die Summe aus dem Drehmoment im Gewinde und dem Auflagereibungsmoment ist das **Anziehdrehmoment**

$$T_A = F_v \cdot \left[\tan(\varphi + \rho') \cdot \frac{d_2}{2} + \mu_A \cdot \frac{D_m}{2} \right] \tag{7.15}$$

und das **Losdrehmoment**

$$T_L = F_v \cdot \left[\tan(\rho' - \varphi) \cdot \frac{d_2}{2} + \mu_A \cdot \frac{D_m}{2} \right] \tag{7.16}$$

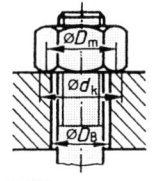

7.23 Zur Berechnung des Auflagereibungsmomentes

Welcher Reibungszustand, ob Grenzreibung oder Mischreibung mit vorwiegendem Grenzreibungsanteil, sich im Gewinde und zwischen Schraubenkopf bzw. Mutter und Auflage ausbildet, hängt u. a. von der Flächenpressung, von der Werkstoffpaarung, von der Oberflächenbeschaffenheit und von der Schmierung ab. Die Reibwerte μ und μ_A sind unterschiedlich und weisen große Streuungen auf. In Versuchen wurde eine Gesamtreibungszahl μ_{ges} ermittelt, welche die Reibung im Gewinde und an der Kopf- bzw. Mutterauflagefläche einschließt. Wenn die Reibungszahlen getrennt nicht abgeschätzt werden können, empfiehlt es sich, zur Berechnung des Anziehmoments sowohl für μ in Gl. (7.11) als auch für μ_A die entsprechende **Reibungszahl** μ_{ges} aus Bild **7.24** einzusetzen. Um beim Schraubenanzug den Einfluss der Reibung zu minimieren bzw. auszuschalten, werden in besonderen Fällen z. B. das drehwinkelgesteuerte bzw. das streckgrenzengesteuerte Anziehverfahren eingesetzt [5], [12].

7.2.3 Verspannungsschaubild

Beim Verbinden zweier Platten mit einer Durchsteckschraube (**7.25**) werden beim Anziehen der Schraube die Platten auf Druck und der Schraubenbolzen auf Zug beansprucht. Solange die Spannungen unterhalb der Proportionalitätsgrenze der Werkstoffe bleiben, ergeben sich nur elastische Verformungen, so dass die verspannte Schraubenverbindung auch als Federsystem aufgefasst werden kann. Trägt man die Formänderungen f in Abhängigkeit von der Schraubenkraft F_V (**7.26**) auf, so erhält man dem *Hooke*schen Gesetz entsprechende „Verformungsdreiecke", die sich zum Verspannungsschaubild [10] zusammensetzen lassen. Die durch das Drehmoment T (Gl. (7.12)) im Schraubenbolzen verursachte Torsionsspannung wird bei diesen Überlegungen nicht berücksichtigt (s. z. B. Bild **7.63**).

	Werkstoff/Oberflächenzustand		μ_{ges} bei Schmierzustand		
	Schraube Stahl	Mutter Stahl	ungeschmiert	geölt	Molybdän-Disulfid (MoS$_2$)-Paste
Auflageflächen Stahl	Mn-phosphat. Zn-phosphat. galv. verzinkt ≈ 7 µm galv. verkadm. ≈ 8 µm	ohne Nachbehandlung	**0,14**···0,18 **0,14**···0,21 **0,12**···0,18 **0,08**···0,12	**0,14**···0,15 **0,14**···0,17 **0,12**···0,17 **0,08**···0,11	**0,10**···0,11 **0,10**···0,12
	galv. verzinkt ≈ 8 µm	galv. verzinkt ≈ 5 µm	**0,23**···0,17	**0,14**···0,19	
	galv. verkadm. ≈ 7 µm	galv. verkadm. ≈ 6 µm	**0,23**···0,12	**0,10**···0,15	

	Werkstoff/Oberflächenzustand		μ_{ges} bei Schmierzustand		
	Schraube CrNi-Stahl	Mutter CrNi-Stahl	ungeschmiert	geölt	Paste auf Chlorparaffin-Basis
Auflageflächen CrNi-Stahl	A 2	A 2	**0,23**···0,5	**0,23**···0,45	**0,12**···0,23

7.24
Reibungszahlen für verschiedene Oberflächen- und Schmierzustände

[1]) Die Streuung der Reibungszahlen um den Nennwert (hier Fettdruck) wird durch den Anziehfaktor α_A (**7.35**) berücksichtigt.

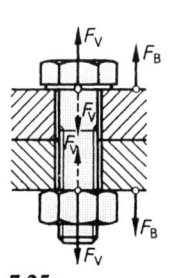

7.25
Einfache Schraubenverbindung mit angreifender Zugkraft F_B

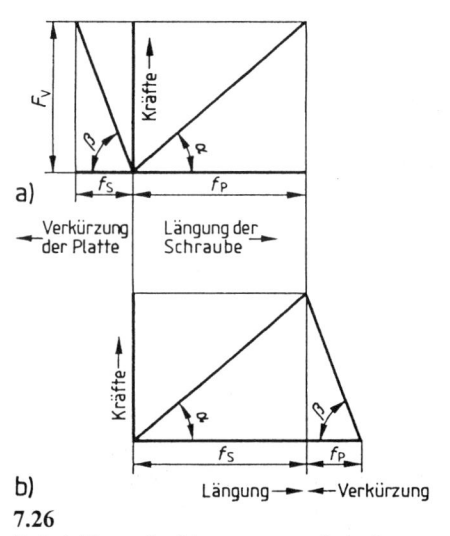

7.26
Entwicklung des Verspannungsdreieckes
a) Verformung nach dem *Hooke*schen Gesetz
b) Verformungsdreiecke zusammengesetzt

7.2 Kräfte in der Schraubenverbindung

Greift eine Betriebskraft F_B außen an den Platten (Flanschen) einer verspannten Schraubenverbindung an (**7.25**), so wird die Schraube weiter um Δf gedehnt, wobei die Zugkraft in der Schraube von F_V um ΔF_S auf $F_{S\,max}$ anwächst, während die Verkürzung der Platten teilweise aufgehoben wird und die Vorspannkraft in den Flanschen von F_V auf einen Restbetrag, die Klemmkraft F_K, abnimmt (**7.27**). Eine bestimmte Restvorspannkraft (Klemmkraft) muss erhalten bleiben, wenn die verspannten Teile abdichten, nicht abheben oder Kräfte durch Reibungsschluss senkrecht zur Schraubenachse aufgenommen werden sollen. Bei schwellender Betriebskraft F_B schwankt die Schraubenkraft zwischen F_V und $F_{S\,max}$. Der Kraftanteil $\Delta F_S = 2F_a$ beansprucht die Schraube schwellend um die Mittelkraft F_{Sm} (s. auch Abschn. 7.3.1).

Werden die verspannten Platten durch die schwellende Betriebskraft F_B auf Druck beansprucht (**7.28**), so wird auch die Schraube durch den Kraftanteil ΔF_S schwellend beansprucht (**7.29**).

7.27
Vollständiges Verspannungsdreieck für eine am äußeren Plattenrand angreifende schwellende Zugkraft (Betriebskraft F_B in Bild **7.25**) und deren Einfluss auf die Schraubenbelastung

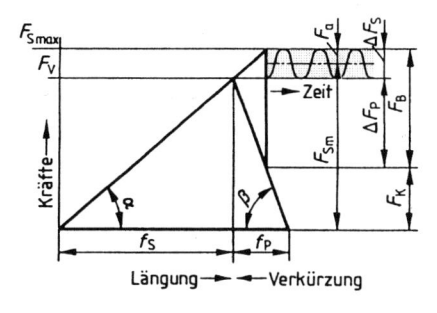

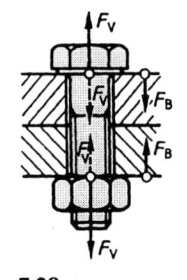

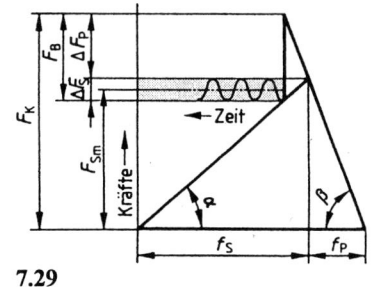

7.28
Einfache Schraubenverbindung mit angreifender Druckkraft F_B

7.29
Verspannungsdreieck für angreifende Druckkraft nach Bild **7.28**

7.2.4 Elastische Nachgiebigkeit

Für einen mit der Kraft F auf Zug beanspruchten Stab mit dem Querschnitt A folgt nach dem *Hooke*schen Gesetz für die Dehnung (**2.16**)

$$\varepsilon = \frac{\sigma}{E} = \frac{f}{l} = \frac{F}{A \cdot E} \qquad (7.17)$$

Hierin bedeuten σ die Spannung, E den Elastizitätsmodul, f die Längenänderung und l die ursprüngliche Länge. Aus Gl. (**7.17**) folgt für die elastische Formänderung (Längenänderung)

$$f = \frac{\sigma \cdot l}{E} = \frac{F \cdot l}{A \cdot E} \qquad (7.18)$$

Mit dem Kehrwert der Federsteifigkeit c als **elastische Nachgiebigkeit**

$$\boxed{\delta = \frac{1}{c} = \frac{f}{F} = \frac{l}{A \cdot E}} \qquad (7.19)$$

wird die elastische Formänderung

$$f = \delta \cdot F \qquad (7.20)$$

Schrauben bestehen aus einer Anzahl hintereinandergeschalteter zylindrischer Teile. Die gesamte federnde Länge l_F setzt sich aus der Klemmlänge l_K bzw. aus den elastischen Einzellängen $l_1 + l_2 + ...$ und aus dem federnden Anteil l_e zusammen (**7.30 a** bis **c**). Durch Addition der Nachgiebigkeit eines jeden Zylinders erhält man die **Nachgiebigkeit** δ_S der gesamten Schraube; z. B. ist für die Schraube nach Bild **7.30c**

$$\delta_S = \delta_e + \delta_1 + \delta_2 + \delta_3 + \delta_4 + \delta_e \qquad (7.21)$$

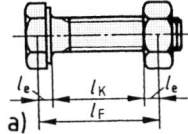

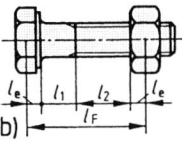

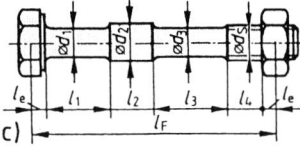

7.30
Federnde Länge einer Schraube
a) Schraube nach EN ISO 4017; b) Schraube nach EN ISO 4014; c) Dehnschraube mit Bund; für a) bis c) ist $l_e = 0{,}4 \cdot d$

Erfahrungsgemäß ist die elastische Nachgiebigkeit des Kopfes δ_e von genormten Sechskant- und Innensechskantschrauben sowie die elastische Nachgiebigkeit des an der Verformung beteiligten eingeschraubten Gewindes δ_e etwa gleich groß wie die von Zylindern mit dem Gewindeaußendurchmesser d und mit einer Länge $l_e = 0{,}4 \cdot d$, so dass gilt

$$\delta_e = \frac{0{,}4 \cdot d}{A \cdot E} \qquad (7.22)$$

Demnach ist nach Bild **7.30c** die **elastische Nachgiebigkeit einer Schraube**

$$\boxed{\delta_S = \frac{1}{E} \cdot \left(\frac{0{,}4 \cdot d}{A} + \frac{l_1}{A_1} + \frac{l_2}{A_2} + \frac{l_3}{A_3} + \frac{l_4}{A_S} + \frac{0{,}4 \cdot d}{A} \right)} \qquad (7.23)$$

Hierbei sind die Querschnitte $A = \pi \cdot d^2/4$ und $A_{1...3} = \pi \cdot d_{1...3}^2/4$ einzusetzen.

Für das Gewinde rechnet man mit dem **Spannungsquerschnitt (7.3)**

$$\boxed{A_S = \frac{\pi}{4} \cdot \left(\frac{d_2 + d_3}{2} \right)^2} \qquad (7.24)$$

7.2 Kräfte in der Schraubenverbindung

Die Bestimmung der **elastischen Nachgiebigkeit verspannter Teile** (Hülsen, Platten)

$$\delta_P = \frac{l_K}{A_{ers} \cdot E} \qquad (7.25)$$

ist problematisch, da nicht eindeutig festzulegen ist, welcher Werkstoffanteil an der Verformung teilnimmt. In Gl. (7.25) bedeuten l_K Klemmlänge, A_{ers} Ersatzquerschnitt und E Elastizitätsmodul.

Entsprechend der konstruktiven Gestaltung der verspannten Teile (**7.31 a** bis **c**) wirkt die Spannkraft in einer Zone mit unterschiedlichem Durchmesser D_A. Aus Messungen wurde für verschiedene Bereiche des Durchmessers D_A ein Ersatzquerschnitt festgelegt.

7.31
Ersatzzylinder für die Berechnung der elastischen Nachgiebigkeit von verspannten Platten für verschiedene Druckeinflusszonen (nach Junker)
a) $D_A \leq d_K$
b) $D_A > d_K < 3\,d_K$
c) $D_A \geq 3\,d_K$

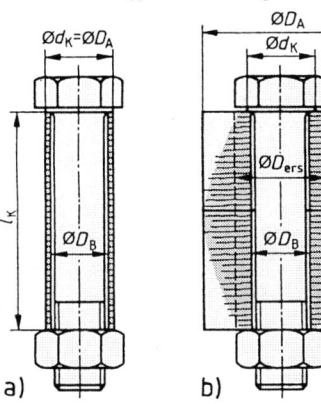

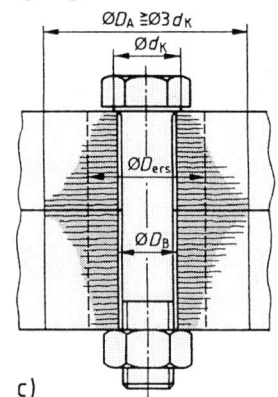

Für zentrisch verspannte Teile nach Bild **7.31 b, c** ergibt sich der **Ersatzquerschnitt**

$$A_{ers} = \frac{\pi}{4} \cdot \left(d_K^2 - D_B^2\right) + \frac{\pi}{8} \cdot d_K \cdot (D_A - d_K) \cdot \left[(x+1)^2 - 1\right] \qquad (7.26)$$

mit der Hilfsgröße

$$x = \sqrt[3]{\frac{l_K \cdot d_K}{D_A^2}} \qquad (7.27)$$

In diese Zahlenwertgleichung sind alle Abmessungen in mm einzusetzen.

Die Beziehung nach Gl. (7.27) gilt im Bereich $D_A \geq d_K$ und $D_A \leq d_K + l_K$. Im Bereich $D_A > d_K$ und $D_A \leq 1,5 \cdot d_K$ ist sie auf eine Klemmlänge von $l_K/d = 10$ begrenzt. Im Bereich $D_A > d_K + l_K$ ändert sich der Ersatzquerschnitt A_{ers} nur noch unwesentlich. Für diesen Bereich ist für D_A die Grenzbedingung $D_A = d_K + l_K$ in Gl. (7.27) einzusetzen.

Für zentrisch gedrückte Hülsen mit einem Außendurchmesser $D_A < d_K$ (**7.31a**) ist der **Querschnitt des Ersatzzylinders**

$$A_{ers} = \frac{\pi}{4} \cdot \left(D_A^2 - D_B^2\right) \qquad (7.28)$$

Exakt zentrisch belastete Schraubenverbindungen lassen sich konstruktiv nur selten verwirklichen. Die Nachgiebigkeit exzentrisch gedrückter Platten wird außer von der Längsverformung des Ersatzzylinders noch von dessen Biegeverformung durch den außermittigen Kraftangriff beeinflusst. Bereits kleine Außermittigkeiten der Krafteinteilung können erhebliche Biegespannungen und Biegeverformungen bewirken. Ein allgemeiner Berechnungsansatz für exzentrisch belastete Schraubenverbindungen ist bisher noch nicht bekannt. Jedoch zielen einige Arbeiten auf diesem Gebiete darauf hin, diese Berechnungsgrundlagen zu schaffen [11].

7.2.5 Krafteinleitung

Die in den Bildern **7.27** und **7.29** dargestellten Verspannungsdreiecke gelten nur für den seltenen Fall, dass die Betriebskraft an der gleichen Stelle eingeleitet wird wie die Vorspannkraft, nämlich an der Schraubenkopf- bzw. Mutterauflagefläche (**7.32a**). Im Normalfall wird sie irgendwo zwischen Auflage und Trennfuge über die verspannten Teile eingeleitet (**7.32b**); dadurch werden Teile der verspannten Platten zusätzlich gedrückt, und nur ein kleiner Bereich der Platten wird entlastet. Man unterscheidet drei mögliche Fälle der Krafteinleitung (**7.32 a bis c**). Fall I und III sind die Grenzfälle, zwischen denen sich die Krafteinleitungsebenen befinden können. Ihre Lage muss in der Konstruktionspraxis abgeschätzt werden. Angenommen, F_B greift in den Ebenen 2 – 2 und 4 – 4 an (**7.32b**, Fall II), so bewirkt F_B eine Entlastung der zwischen diesen Ebenen liegenden gedrückten Teile um ΔF_P, wogegen die zwischen den Ebenen 1 – 1 und 2 – 2 bzw. 4 – 4 und 5 – 5 liegenden Teile zusätzlich um ΔF_S belastet werden. Die elastische Nachgiebigkeit der Teile zwischen den Ebenen 2 – 2 und 4 – 4 kann, da hier nur ein Teil n der elastischen Länge l_K in Gl. (7.25) berücksichtigt werden darf, als Teil von δ_P zu $n \cdot \delta_P$ angesetzt werden, wobei $n < 1$ ist. Dadurch erscheinen die verspannten Teile starrer, und die Federkennlinie der Platte verläuft steiler (gestrichelte Linie in Bild **7.32b**, Winkel δ). Für die Teile zwischen den Ebenen 1 – 1 und 2 – 2 sowie 4 – 4 und 5 – 5 verbleibt dann die elastische Nachgiebigkeit $\delta_P - n \cdot \delta_P = (1 - n) \cdot \delta_P$.

Die um ΔF_S zusätzlich belasteten Teile der Platte sind den spannenden Teilen der Schraube zuzurechnen, die damit elastischer werden. An Stelle von δ_S allein tritt nun die Nachgiebigkeit $\delta_S + (1 - n) \cdot \delta_P$. Dadurch verläuft die Verformungskennlinie der Schraube flacher (gestrichelte Linie in Bild **7.32b**, Winkel γ).

Aus den geometrischen Beziehungen für den Fall I nach Bild **7.32a** ergibt sich unter Berücksichtigung der Gleichgewichtsbedingung $\Delta F_S + \Delta F_P = F_B$

$$x = \delta_S \cdot \Delta F_S = \delta_P \cdot \Delta F_P = \delta_P \cdot (F_B - \Delta F_S)$$

Hieraus folgt die **Differenzkraft für die Schraube**

$$\boxed{\Delta F_S = F_B \cdot \frac{\delta_P}{\delta_S + \delta_P} = F_B \cdot \Phi} \qquad (7.29)$$

und die **Differenzkraft für die Platten**

$$\boxed{\Delta F_P = F_B \cdot \left(1 - \frac{\delta_P}{\delta_S + \delta_P}\right) = F_B \cdot (1 - \Phi)} \qquad (7.30)$$

7.2 Kräfte in der Schraubenverbindung

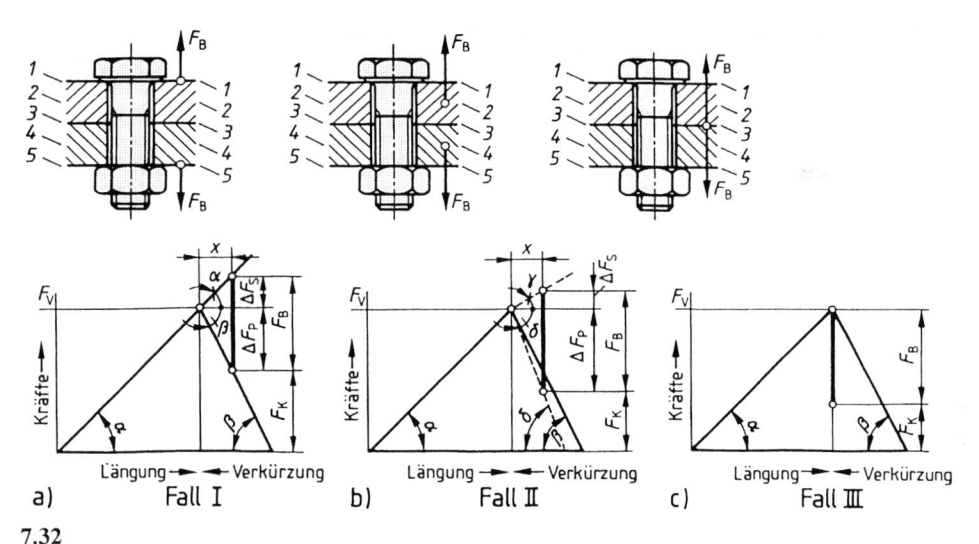

7.32
Einfluss der Krafteinleitung auf die Schraubenbelastung
a) Fall I $n = 1$ Krafteinleitung an der Außenfläche
b) Fall II $n = 0,5$ Krafteinleitung zwischen Auflage und Trennfuge
c) Fall III $n = 0$ Krafteinleitung an der Trennfuge

Zur Vereinfachung wird in Gl. (7.29) und (7.30) der Ausdruck $\delta_P/(\delta_S + \delta_P)$ mit Φ als das Kraftverhältnis bezeichnet. Nach Gl. (7.29) ist das **Kraftverhältnis**

$$\Phi = \frac{\Delta F_S}{F_B} = \frac{\delta_P}{(\delta_S + \delta_P)} \quad (7.31)$$

Für den allgemeinen Fall II ergibt sich mit den Winkeln γ und δ analog

$$\Delta F_S = F_B \cdot \Phi_n \quad \text{und} \quad (7.32)$$
$$\Delta F_P = F_B \cdot (1 - \Phi_n) \quad \text{mit} \quad (7.33)$$
$$\Phi_n = n \cdot \Phi \quad (7.34)$$

Für den Fall III wird der Winkel $\gamma = 0°$ und $\delta = 90°$. Somit ist $\delta_S = \infty$ und $\delta_P = 0$. Daraus folgt

$$\Delta F_S = F_B \cdot \Phi_n = 0 \quad \text{und} \quad (7.35)$$
$$\Delta F_P = F_B \cdot (1 - \Phi_n) = F_B \quad (7.36)$$

Je nach Lage der Krafteinleitungsebenen ($n = 0 ... 1$) kann also bei einer Schraubenverbindung die Differenzkraft ΔF_S zwischen 0 und $\Phi \cdot F_B$ schwanken. Für den dargestellten Fall II ist z. B. $\Phi_n = n \cdot \Phi = 0,5 \cdot \Phi = 0,5 \cdot \delta_P/(\delta_S + \delta_P)$.

Exzentrisch belastete Schraubenverbindungen [3] neigen zum einseitigen Abheben an der Trennfuge, wenn F_B einen von F_V und der Außermittigkeit des Kraftangriffs abhängigen Wert überschreitet. Einseitiges Abheben bedeutet eine Zunahme der Schraubenbeanspruchung durch Längskraft und Biegung (**7.33a**). Die Federkennlinie der verspannten Teile ist nicht mehr linear (**7.33b**), sobald die Verbindung zu klaffen beginnt. Die gekrümmte Kurve nähert sich asymptotisch einer gestrichelt gezeichneten Ursprungsgeraden, die den Fall des einseitigen Abhebens repräsentiert. Der Abknickpunkt A liegt um so tiefer, je höher die Vorspannkraft ist. Das bedeutet, dass hohe Vorspannkräfte die Sicherheit der Schraubenverbindung vor allem gegen Dauerbruch erhöhen.

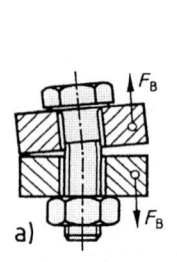

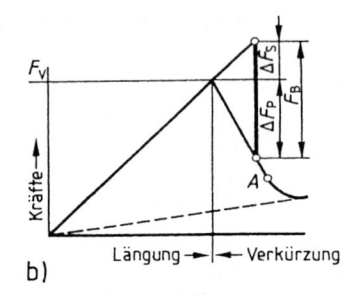

7.33
Exzentrische Belastung
a) einseitiges Abheben
b) Verspannungsdreieck für exzentrische Belastung

7.2.6 Setzen der Schraubenverbindung

In der Schraubenverbindung werden die Rauheiten der Auflageflächen durch die Vorspannkraft plastisch verformt. Da sich dieses Einebnen der Rauheitsspitzen über eine gewisse Zeit hin erstreckt, spricht man vom Setzen einer Schraubenverbindung. Durch die plastische Verformung wird die Rautiefe einer Oberfläche um die Glättungstiefe verkleinert. Der Setzbetrag f_Z (die Summe aller Glättungstiefen) vermindert die elastische Längung der Schraube.

Dadurch geht die ursprüngliche Vorspannkraft F_V um den Betrag F_Z zurück (**7.34**). In der Schraube bleibt nur noch die kleinere Vorspannkraft F_V bestehen, die so hoch angesetzt werden muss, dass beim Wirken einer Betriebskraft F_B die Klemmkraft F_K den Anforderungen noch genügt. Die **Kraftabnahme beim Setzen** ergibt sich aus der Beziehung (s. Gl. (7.19))

$$\frac{F_Z}{F_V} = \frac{f_Z}{\delta_S \cdot F_V + \delta_P \cdot F_V} \tag{7.37}$$

$$\boxed{F_Z = \frac{f_Z}{\delta_S + \delta_P}} \tag{7.38}$$

Mit dem Kraftverhältnis $\Phi = \dfrac{\delta_P}{\delta_S + \delta_P}$ wird der

Vorspannkraftverlust beim Setzen

$$\boxed{F_Z = \frac{f_Z \cdot \Phi}{\delta_P}} \tag{7.39}$$

Die Setzbeträge können in der Rechnung berücksichtigt werden [8]. Für den verspannten Gesamtblock einschließlich Gewinde beträgt nach folgender Zahlenwertgleichung der **Setzbetrag**

7.2 Kräfte in der Schraubenverbindung

$$\boxed{f_Z \approx 3{,}29 \cdot \left(\frac{l_K}{d}\right)^{0{,}34} \cdot 10^{-3} \text{ in mm}} \qquad (7.40)$$

mit der Klemmlänge l_K in mm und dem Gewindeaußendurchmesser d in mm. Voraussetzungen für die Gültigkeit dieser Gleichung sind voller Flächenkontakt in den Trennfugen und kein Überschreiten der Grenzflächenpressung.

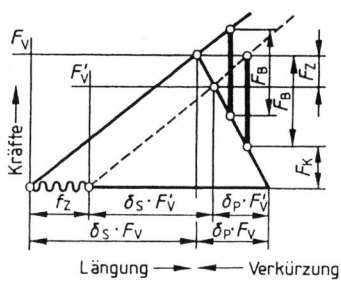

7.34
Zusammenhang zwischen Setzbetrag f_Z und Vorspannungsabfall F_Z
Die Nachgiebigkeit und die Betriebskraft F_B bleiben konstant. Die Klemmkraft F_K ist nach dem Setzen kleiner geworden.

Während des Betriebes muss die Maximalkraft $F_{S\,max}$ über die Fläche übertragen werden, mit der der Schraubenkopf oder die Mutter auf dem verspannten Teil aufliegt. Um ein Kriechen der Werkstoffe durch Überbelastung und damit Vorspannkraftverluste zu vermeiden, sollte weder die Quetschgrenze der verspannten Teile noch die der Schraube oder Mutter überschritten werden. Da sich bereits beim Anziehen die Auflageflächen unter dem Flächendruck deformieren und kaltverfestigen [7], kann auch eine höhere Flächenpressung als die Quetschgrenze, die experimentell ermittelte Grenzflächenpressung p_G, zugelassen werden (7.36).

Die Zulassungsbedingung für die größte **Flächenpressung** an der Kopf- bzw. Mutterauflagefläche A_K (7.37) beträgt

$$p = \frac{F_{S\,max}}{A_K} \leq p_G \qquad (7.41)$$

α_A	Anziehen mit	Oberflächenzustand der Paarung Schraube	Mutter	Schmierzustand
1,25	Drehmomentschlüssel	Mn-phosph.		
1,4	Drehmomentschlüssel Kraftbegrenzungsschlüssel	ohne Nachbehandlung oder phosphatiert		geölt oder MoS$_2$-Paste
1,6	Schlagschrauber Drehschrauber			
	Längenmessung	alle		alle
1,8	Drehmomentschlüssel Kraftbegrenzungsschlüssel	ohne Nachbehandlung oder phosphatiert	ohne Nachbehandlung	ungeschmiert
2	Schlagschrauber Drehschrauber	gal. verzinkt od. gal. verkadmet	ohne Nachbehandlung	ungeschmiert oder geölt
		galv. verkadmet		
		galv. verzinkt		
	Winkelmethode	alle		
4	Handanziehen mit verlängertem Schlüssel	alle		

7.35
Anziehfaktor α_A

Anziehfaktor. Die Unsicherheit in der Berechnung der Vorspannkraft einer Schraubenverbindung lässt sich durch den Anziehfaktor $\alpha_A = 1{,}25 \ldots 3$ weitgehend ausgleichen (**7.35**), [7]. Mit ihm werden Einflüsse auf die Spannkraft berücksichtigt, z. B. die Anziehmethode, der Ablesefehler, die Schmierung und der Oberflächenzustand.

Werkstoff	S235 (St 37)	E295 (St 50)	C45V	EN-GJL-200 (GG-20)	GD-MgAl9	GK-MgAl9	GK-AlSi6Cu4
Grenzflächenpressung p_G in N/mm²	260	420	700	750	200	200	200

7.36 Grenzflächenpressung für verschiedene Werkstoffe

Nenngröße d	Schraubenmaße				Durchgangsloch D_B [1]		Kopfauflagefläche A_K in mm²	
	d_k	k	l [4]	b [5]	fein	mittel	[2]	[3]
M 5	8	3,5	25 ⋯ 50	16	5,3	5,5	13,6	22,8
M 6	10	4	30 ⋯ 60	18	6,4	6,6	27	32,3
M 8	13	5,3	35 ⋯ 80	22	8,4	9	42	50
M 10	16	6,4	40 ⋯ 100	26	10,5	11	72,4	82,4
M 12	18	7,5	45 ⋯ 120	30	13	13,5	73,3	84,6
(M 14)	21	8,8	50 ⋯ 140	34	15	15,5	113	120,1
M 16	24	10	55 ⋯ 160	38	17	17,5	160,6	168,8
(M 18)	27	11,5	65 ⋯ 180	42	19	20	188,6	209,8
M 20	30	12,5	65 ⋯ 200	46	21	22	244,5	272,7
(M 22)	34	14	70 ⋯ 220	50	23	24	336,8	332,4
M 24	36	15	80 ⋯ 240	54	25	26	355,7	409,9
(M 27)	41	17	90 ⋯ 260	60	28	30	427,2	464
M 30	46	18,7	90 ⋯ 300	66	31	33	576,7	638,4

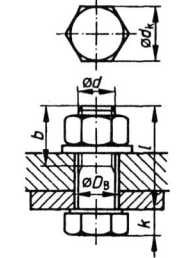

[1] entspricht d_h nach DIN EN 20273.
[2] für Sechskantschrauben nach DIN EN ISO 4014, EN ISO 4017 und Muttern nach DIN EN ISO 8673.
[3] für Innensechskantschrauben nach DIN EN ISO 4762 und DIN EN ISO 6912.
[4] Stufung: 18, 20, 22, 25, 28, 30, 40, 45, 50 usw.
[5] für Längen $l \leq 125$ mm.

7.37
Hauptabmessungen von Sechskantschrauben nach DIN EN ISO 4014 und Kopfauflageflächen (Klammergrößen vermeiden)

7.2.7 Selbsttätiges Lösen

Die Theorie über die Mechanik des selbsttätigen Lösens von Schraubenverbindungen beruht auf einem physikalischen Gesetz der Reibung: Wird die Reibungskraft zwischen zwei Körpern

7.2 Kräfte in der Schraubenverbindung

in einer Richtung durch eine äußere Kraft überwunden, so kann eine zusätzliche Bewegung in anderer Richtung durch Kräfte, die kleiner als die Reibungskraft sind, erzwungen werden [6].

Ein Körper mit der Gewichtskraft F_G (**7.38a**), der auf einer schiefen Ebene liegt, bewegt sich so lange nicht, wie der Neigungswinkel φ kleiner als der Reibungswinkel ρ ist. Die schiefe Ebene soll das Gewinde, die waagerechte Ebene die Schraubenkopf- oder Mutterauflage darstellen. Die resultierende Querkraft F_Q ist

$$F_Q = \tan(-\varphi + \rho) \cdot F_G + \tan \rho \cdot F_G \qquad (7.42)$$

7.38
Kräfte an der schiefen Ebene
a) in Ruhelage, b) unter Vibration, $\pm s$ = Schwinghub

Das System bleibt in Ruhe, solange F_Q größer als Null ist. Bewegung tritt jedoch ein, sobald die schiefe Ebene so heftig vibriert (**7.38b**), dass die Massenkraft die Reibungskraft übersteigt. Der Körper verhält sich nun so, als sei er in Neigungsrichtung der schiefen Ebene reibungsfrei:

$$F_Q = -\tan \varphi \cdot F_G \qquad (7.43)$$

Wie bei dem Körper auf der ruhenden schiefen Ebene nach Bild **7.38a** liegt bei einer Schraubenverbindung Selbsthemmung vor, solange keine Relativbewegungen zwischen den Berührungsflächen der spannenden und der verspannten Teile auftreten (**7.39a**). Zum Losdrehen der Schraube muss von außen das Losdrehmoment aufgebracht werden, s. Gl. (7.16)

$$T_L = F_V \cdot \left[\tan(-\varphi + \rho') \cdot \frac{d_2}{2} + \mu_A \cdot \frac{D_m}{2} \right] \qquad (7.44)$$

Das Losdrehmoment T_L setzt sich aus den folgenden Teilmomenten zusammen: Dem Reibmoment $T_{RK} = \mu_A \cdot F_V \cdot (D_m/2)$ in der Mutter- bzw. Kopfauflage, dem Reibmoment $T_{RG} = \tan \rho' \cdot F_V \cdot (d_2/2)$ im Gewinde und dem Einschraubmoment $T_{SG} = \tan(-\varphi) \cdot F_V \cdot (d_2/2)$.

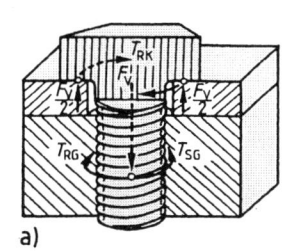

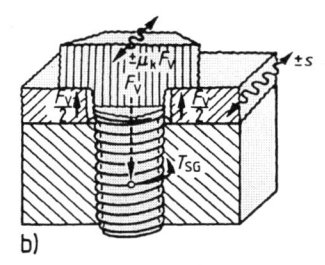

7.39
Kräfte und Momente an einer Schraubenverbindung
a) in Ruhelage
b) unter Vibration, $\pm s$ = Schwinghub

Da ρ' selbst bei bester Schmierung nicht kleiner als 6° und der Steigungswinkel bis herunter zu M 5 nicht größer als 3°20' ist, kann der Klammerausdruck niemals Null werden, d. h. das Produkt kann nur Null werden, wenn F_V auf Null absinkt.

Wenn durch das Einwirken äußerer Kräfte Relativbewegungen zwischen den Gewindeflanken und den Kopfauflageflächen auftreten, so wird das verschraubte System in Umfangsrichtung reibungsfrei, so dass unter der auf die schiefe Ebene des Gewindes wirkenden Vorspannkraft eine Komponente in Umfangsrichtung – und zwar in Losdrehrichtung – entsteht. Es wirkt ein inneres Losdrehmoment

$$T_{Li} = -\tan\varphi \cdot F_V \cdot \frac{d_2}{2} \tag{7.45}$$

Relativbewegungen zwischen den Gewindeflanken und Auflageflächen entstehen bei axialer Belastung dadurch, dass unter Zugbelastung in der Schraube Querkontraktion und in der Mutter elastische Aufweitung unter der Radialkomponente der Schraubenkraft entstehen.

Bei dynamisch querbelasteten Schraubenverbindungen können die Relativbewegungen bedeutend größer werden. Diese Schraubenverbindungen müssen daher gegen selbsttätiges Losdrehen wirksam gesichert werden, s. Abschn. 7.4.

7.3 Berechnen von Schrauben

7.3.1 Bemessungsgrundlagen

In Achsrichtung beanspruchte Schraubenverbindung. Bei der Montage wird die Schraube auf die Vorspannkraft F_V angezogen (in Bild **7.40** gestrichelt gezeichnet). Im Betrieb wird die Schraubenverbindung zusätzlich durch die Betriebskraft F_B beansprucht. (Dadurch ändert sich die Form des Verspannungsschaubildes; in Bild **7.40** ausgezogen dargestellt.) Die Betriebskraft bewirkt in der Schraube die zusätzliche Kraft ΔF_S und entlastet die verspannten Teile um ΔF_P. Die Summe dieser beiden Kräfte ist immer gleich der **Betriebskraft**

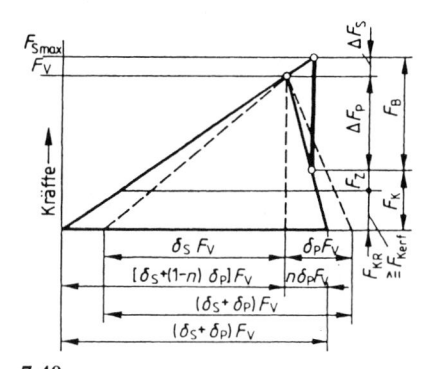

7.40
Verspannungsschaubild für eine über die verspannten Teile eingeleitete Betriebskraft F_B (ausgezogene Striche). Die gestrichelten Linien beziehen sich auf die Verhältnisse vor dem Einleiten der Betriebskraft

$$\boxed{F_B = \Delta F_S + \Delta F_P} \tag{7.46}$$

oder mit Gl. (7.32) und (7.33)

$$\boxed{F_B = \Phi_n \cdot F_B + (1-\Phi_n) \cdot F_B} \tag{7.47}$$

Nach der Belastung ist die **maximale Schraubenkraft** ohne Berücksichtigung des Setzens

$$\boxed{F_{S\,max} = F_V + \Delta F_S} \tag{7.48}$$

7.3 Berechnen von Schrauben

und die **Klemmkraft**

$$F_K = F_V - \Delta F_P \qquad (7.49)$$

Die Restklemmkraft F_{KR}, die sich nach dem Setzen bei ungünstigsten Montageverhältnissen und nach Belastung der Verbindung durch F_B einstellt, darf nicht kleiner als die erforderliche Klemmkraft $F_{K\,erf}$ sein, die zur Erfüllung der gestellten Anforderungen (z. B. Dichten, Verhindern des Abhebens, Reibschluss) notwendig ist; $F_{KR} \geq F_{K\,erf}$.
Aus diesen Forderungen ergibt sich die erforderliche theoretische Vorspannkraft bei der Montage (**7.40**)

$$F_{Vth} = F_{K\,erf} + F_Z + \Delta F_P \quad \text{bzw.} \quad F_{Vth} = F_{K\,erf} + (1 - \Phi_n) \cdot F_B + F_Z \qquad (7.50)$$

und mit dem Anziehfaktor α_A die für die Bemessung maßgebliche **erforderliche Vorspannkraft** bei der Montage

$$F_{S\,max} = \alpha_A \cdot \left[F_{K\,erf} + (1 - \Phi_n) \cdot F_B + F_Z \right] \qquad (7.51)$$

Die nach der Belastung durch F_B vorhandene **maximale Schraubenkraft** ist mit $F_{KR} \geq F_{K\,erf}$

$$F_{S\,max} = \alpha_A \cdot \left[F_{KR} + (1 - \Phi_n) \cdot F_B + F_Z \right] + \Phi_n \cdot F_B \qquad (7.52)$$

Querbelastete Schraubenverbindung. Für eine Schraubenverbindung, die durch eine Kraft F_Q quer zur Achse beansprucht wird (**7.41**), ergibt sich mit dem Beiwert μ_R die für Kraftschluss zwischen den Platten **notwendige Vorspannkraft**

$$F_V = \alpha_A \cdot \left(\frac{F_Q}{\mu_R} + F_Z \right) \qquad (7.53)$$

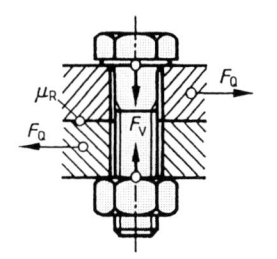

7.41
Quer zur Achse beanspruchte Schraubenverbindung

Dauerhaltbarkeit. Die Schraube erfährt durch eine schwingende Betriebskraft auch eine schwingende Beanspruchung (**7.42 a** bis **c**). Aus der oberen Grenzlast F_{Bo} und der unteren Grenzlast F_{Bu} bestimmt man nach Gl. (7.29) den **Schwingkraftausschlag** in der Schraube zu

$$F_a = \pm \Phi_n \cdot \frac{F_{Bo} - F_{Bu}}{2} \qquad (7.54)$$

und die dazugehörige **Mittelkraft** zu

$$F_{Sm} = F_v + \Phi_n \cdot \frac{F_{Bo} - F_{Bu}}{2} \qquad (7.55)$$

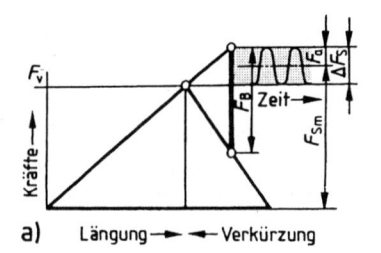

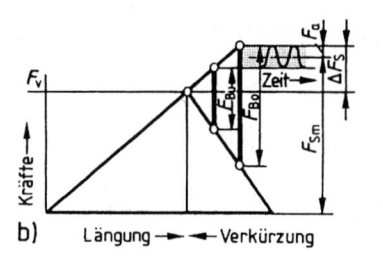

7.42
Mögliche schwingende Beanspruchung einer
Schraubenverbindung
a) $F_{Bo} = F_B$ $\quad F_{Bu} = 0$ $\quad F_{Bu} < F_B < F_{Bo}$
b) $F_{Bu} > 0$ $\quad F_{Bu} < F_B < F_{Bo}$
c) $F_{Bu} < 0$ $\quad F_{Bu} < F_B < F_{Bo}$

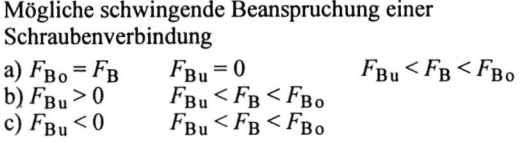

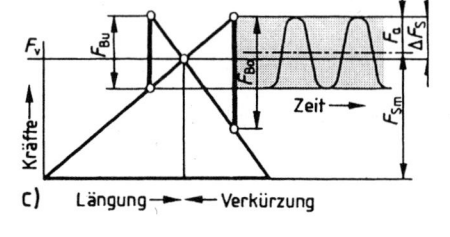

Der **Spannungsausschlag** im Gewinde mit dem Kernquerschnitt A_3 ist somit

$$\sigma_a = \pm \Phi_n \cdot \frac{F_{Bo} - F_{Bu}}{2A_3} \tag{7.56}$$

und bei einer von Null auf F_B schwellenden Betriebskraft

$$\sigma_a = \pm \Phi_n \cdot \frac{F_B}{2A_3} \tag{7.57}$$

Der vorhandene Spannungsausschlag σ_a wird bei Schaftschrauben auf den Kernquerschnitt und bei Dehnschrauben auf den dünneren Dehnschaftquerschnitt bezogen. Er darf den in Versuchen unter Wirkung der Verdrehbeanspruchung ermittelten dauerfest ertragbaren Spannungsausschlag σ_A der Schraube nicht überschreiten (**7.44** und **7.45**). Es muss sein $\sigma_a \leq \sigma_{azul} = \sigma_A/S$, mit der Sicherheit $S \geq 1{,}5$. Da der ertragbare Spannungsausschlag σ_A, der u. a. von der Gewindeherstellung abhängt, klein ist ($\sigma_A = 40...60...80$ N/mm²), muss dementsprechend auch σ_a klein bleiben. Dies wird durch Verwendung von elastischen Dehnschrauben (**7.30c**) bei möglichst starren Bauteilen (Flansche, Platten) erreicht (**7.43**).

Um bleibende Dehnung in der Schraube zu vermeiden, darf die Vergleichsspannung max σ_{red} aus der Summe der Mittelspannung $\sigma_m = F_{Sm}/A_S$ und dem Spannungsausschlag σ_a unter Berücksichtigung der Verdrehung beim Anziehen die Streckgrenze R_e bzw. $R_{p0{,}2}$ nicht überschreiten (s. Gl. (7.63)).

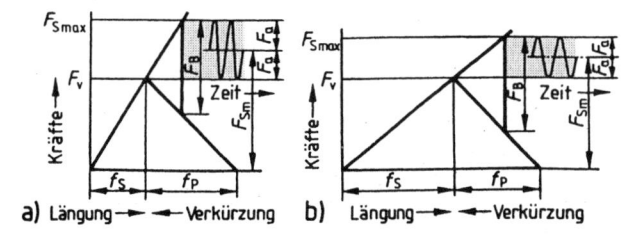

7.43
Einfluss der Schraubensteifig-
keit auf die Schwellkraft $\pm F_a$
bei gleicher Nachgiebigkeit der
Platten
a) starre Schraube
b) Dehnschraube

7.3 Berechnen von Schrauben

Die Dauerhaltbarkeit der Schraubenverbindung lässt sich auch durch die Lage des Kraftangriffes beeinflussen. Es ist vorteilhaft, den Kraftangriff in das Innere der verspannten Teile, möglichst nahe der Trennfuge zu verlegen (s. Bild **7.32**, Fall III, und Bild **7.69**).

Gewinde	Dauerhaltbarkeit $\pm\sigma_A$ N/mm²	Gültigkeitsbereich (Richtwerte)	Vorspannkraftabhängig
Schlussvergütet (SV)	$\pm\sigma_{ASV} \approx 0{,}75 \cdot \left(\dfrac{180}{d} + 52\right)$	$0{,}2 \cdot F_{0,2} < F_V < 0{,}8 \cdot F_{0,2}$	nein
Schlussgewalzt (SG)	$\pm\sigma_{ASG} \approx \left(2 - \dfrac{F_V}{F_{0,2}}\right) \cdot \sigma_{ASV}$		ja

7.44
Dauerhaltbarkeit des Gewindes von Schrauben der Festigkeitsklasse 8.8, 10.9, und 12.9 [12]

7.45
Dauerhaltbarkeit des Gewindes von Schrauben nach **7.44**
a) schlussvergütete Gewinde,
b) schlussgerollte Gewinde, wenn $F_V \approx 0{,}7 \cdot F_{0,2}$, was bei planmäßiger Vorspannung etwa zutrifft

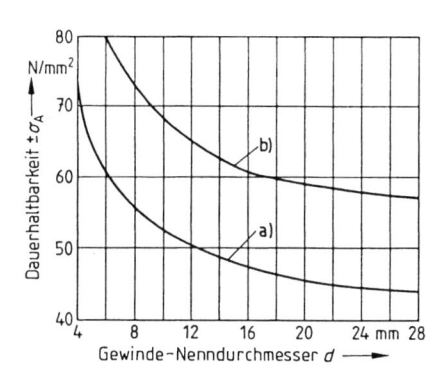

Beanspruchung der Schraube auf Verdrehung und Zug. Die Schraube wird beim Anziehen durch die erzeugte Vorspannung auf Zug, $\sigma_V = F_V/A_S$, und zusätzlich durch das Drehmoment im Gewinde, Gl. (7.12), auf Verdrehung beansprucht. Die Torsion wirkt auch nach dem Anziehen weiter und beansprucht die Schraube nach dem Aufbringen der Betriebskraft zusätzlich zur größten Zugspannung σ_{max}. Mit dem Widerstandsmoment gegen Verdrehen $W_t = W_p$ ist die Torsionsspannung in der Schraube

$$\tau_t = \frac{T}{W_p} \tag{7.58}$$

Setzt man die beim Anziehen gleichzeitig wirkende Zug- und Torsionsbeanspruchung nach der Gestaltänderungsenergie-Hypothese zu einer Vergleichsspannung σ_{red} zusammen, so erhält man (vgl. Gl. (2.22b))

$$\sigma_{red} = \sqrt{\sigma_V^2 + 3\tau_t^2} = \sigma_V \sqrt{1 + 3\left(\frac{\tau_t}{\sigma_V}\right)^2} \tag{7.59}$$

Lässt man für diese Vergleichsspannung 90% der Mindeststreckgrenze der Schraube zu, $\sigma_{red\,zul} = 0{,}9 \cdot R_{p0,2}$, so folgt

$$\frac{\sigma_{red}}{\sigma_V} = \sqrt{1 + 3\left(\frac{\tau_t}{\sigma_V}\right)^2} = \frac{\sigma_{red\,zul}}{\sigma_V} = \frac{0{,}9 \cdot R_{p0{,}2}}{\sigma_V} \tag{7.60}$$

und daraus die zulässige Vorspannung

$$\sigma_{V\,zul} = \frac{0{,}9 \cdot R_{p0{,}2}}{\sqrt{1 + 3\left(\frac{\tau_t}{\sigma_V}\right)^2}} = \frac{0{,}9 \cdot R_{p0{,}2}}{\sqrt{1 + 3\left(\frac{\tan(\varphi+\rho') \cdot d_2 \cdot A_S}{2 \cdot W_t}\right)^2}} \tag{7.61}$$

und schließlich die **zulässige Vorspannkraft**

$$\boxed{F_{V\,zul} = \frac{0{,}9 \cdot R_{p0{,}2} \cdot A_S}{\sqrt{1 + 3\left(\frac{\tan(\varphi+\rho') \cdot d_2 \cdot A_S}{2 \cdot W_t}\right)^2}}} \tag{7.62}$$

Hierin bedeuten

A_S bei Schaftschrauben den Spannungsquerschnitt (Gl. (7.24)) mit dem mittleren Durchmesser $d_S = (d_2 + d_3)/2$ und bei Dehnschrauben den Schaftquerschnitt $A_{Sch} = \pi d_{Sch}^2/4$, sowie das Widerstandsmoment gegen Torsion des Spannungs- bzw. Schaftquerschnitts $W_t = \pi d_S^3/16$ bzw. $\pi d_{Sch}^3/16$.

Messungen an Schrauben mit der axialen Vorspannung $\sigma_V = 0{,}7 \cdot R_{p\,0{,}2}$ (als reiner Zugspannung) ergaben je nach Reibung für die Vergleichsspannung $\sigma_{red} = (0{,}85...0{,}95) \cdot R_{p\,0{,}2}$. Um Schraubenverbindungen optimal auszunutzen, soll daher $\sigma_{red\,zul} = 0{,}9\,R_{p\,0{,}2}$ betragen.

Eine Zusammenstellung der zulässigen Vorspannkraft $F_{V\,zul}$ nach Gl. (7.62) für verschiedene Schrauben in Abhängigkeit vom Werkstoff und bei verschiedenen Reibungszahlen μ_{ges}, unter Ausnutzung von 90% der $R_{p\,0{,}2}$-Grenze (siehe Bild **7.46** und **7.47**).

Es muss sein F_V bzw. $F_{V\,erf} \leq F_{V\,zul}$.

Unter Wirkung der größten Zugspannung $\sigma_{max} = F_{S\,max}/A_S = (F_V + \Delta F_S)/A_S = \sigma_m + \sigma_a$ und der Torsionsspannung τ_t beim Anziehen bis zur Vorspannung ist die größte **Vergleichsspannung**

$$\boxed{\max \sigma_{red} = \sqrt{\sigma_{max}^2 + 3\tau_t^2} = \sqrt{(\sigma_m + \sigma_a)^2 + 3\tau_t^2}} \tag{7.63}$$

Diese Vergleichsspannung darf die Streckgrenze R_e bzw. $R_{p\,0{,}2}$ nicht überschreiten; $\max \sigma_{red} \leq R_{p\,0{,}2}/S$. Die Erfahrung hat gezeigt, dass hierbei die Sicherheit $S \approx 1$ noch zulässig ist. Die Spannung $\max \sigma_{red}$ bzw. die Schraubenkraft $F_{S\,max}$ bleibt in ertragbaren Grenzen, wenn für die Vorspannkraft $F_{V\,zul}$ die Werte aus Bild **7.46** und **7.47** eingesetzt werden und die **Differenzkraft**

$$\boxed{\Delta F_S = \Phi_n \cdot F_B \leq 0{,}1 \cdot R_{p\,0{,}2} \cdot A_S = 0{,}1 \cdot F_{0{,}2}} \tag{7.64}$$

ist. (Die Kraft an der Mindeststreckgrenze ist $F_{0{,}2} = R_{p\,0{,}2} \cdot A_S$ (**7.48**).)

7.3 Berechnen von Schrauben

Durch besondere konstruktive Maßnahmen (**7.69**) oder mittels besonderer Vorrichtungen, z. B. Vorspannen des Schaftes mit Öldruck [13] (**7.63**), lassen sich Schrauben ohne Verdrehbeanspruchung des Schaftes auf die gewünschte Vorspannung bringen. In manchen Fällen (**7.69**) wird nur das Stück zwischen feststehendem Schaft und Mutter zusätzlich durch die Verdrehung beansprucht. Erfährt die Schraube keine Verdrehbeanspruchung, dann vereinfacht sich die Berechnung.

Einschraubtiefe. Die Schraubenverbindung soll so ausgelegt werden, dass die volle Tragkraft der Schraube ohne Ausreißen der ineinandergreifenden Gewindegänge übertragen wird. Bei Überlastung soll der Bruch im freien Gewindeteil oder im Schaft eintreten.

Die Mindesteinschraubtiefe ist vom Werkstoff, von der Werkstoffpaarung Schraube-Mutter und von der Gewindefeinheit abhängig (**7.12**). Feingewinde erfordert größere Einschraubtiefen. Nach DIN EN 20898-2 ist die geeignete Festigkeitszuordnung dann gegeben, wenn die Ziffer für die Festigkeitsklasse der Mutter der ersten Ziffer in der Festigkeitsklasse der Schraube entspricht (z. B. Mutter 6 für Schraube 6.9)

7.3.2 Rechnungsgang [11]

Im allgemeinen sind folgende Kräfte und Größen bekannt:
1. die Betriebskraft F_B, in Richtung der Schraubenachse wirkend bzw.
2. die Querkraft F_Q, senkrecht zur Schraubenachse wirkend
3. die konstruktiv bedingte Klemmlänge l_K
4. der Setzbetrag f_Z
5. der Anziehfaktor α_A aufgrund der gewählten Anziehmethode

Die erforderliche Mindestklemmkraft $F_{K\,erf}$ wird ermittelt:
1. aus der Querkraft F_Q und dem Reibungsbeiwert μ_R für Trennfugen bei gefordertem Reibungsschluss
2. aus den Betriebsdrücken und Flächen bei geforderter Dichtfunktion

Man darf annehmen, dass in den einfachsten Fällen axialer Verspannung die Betriebskraft F_B in halber Höhe der verspannten Teile eingeleitet wird (Fall II in Bild **7.32**). Hierfür ist das Kraftverhältnis $\Phi_n = n \cdot \Phi = (0{,}75...0{,}5) \cdot \Phi$. In manchen Fällen ist aufgrund der geometrischen Form der verspannten Teile eine Abschätzung der Krafteinleitungsebene notwendig. Den von der Betriebskraft entlasteten Anteil der verspannten Teile setzt man $n \cdot l_K$ und $\Phi_n = n \cdot \Phi$.

Die Schraubenberechnung kann in nachstehender Reihenfolge durchgeführt werden:
1. Erforderlichen Schraubendurchmesser (Bild **7.50**) und Klemmlängenverhältnis l_K/d überschlägig wählen.
2. Anziehfaktor α_A (Bild **7.35**) wählen.
3. Bestimmung der Verlustkraft beim Setzen $F_Z = f_Z \cdot \Phi/\delta_P$ nach Gl. (7.39) mit dem Setzbetrag f_Z (Gl. 7.40) oder Bild **7.49**), mit dem Kraftverhältnis Φ, Gl. (7.31), und mit der elastischen Nachgiebigkeit der verspannten Teile, Gl. (7.25).

Schaftschrauben metr. Regelgewinde, DIN ISO 262									Dehnschrauben ($d_{Sch} \approx 0.9\, d_3$) metr. Regelgewinde, DIN ISO 262								
	Vorspannkraft $F_{V\,zul}$ in N				Anziehdrehmoment T_A in Nm ($\mu_{ges}=0{,}12$)					Vorspannkraft $F_{V\,zul}$ in N				Anziehdrehmoment T_A in Nm ($\mu_{ges}=0{,}12$)			
Abmessung	6.9	8.8	10.9	12.9	6.9	8.8	10.9	12.9	Abmessung	6.9	8.8	10.9	12.9	6.9	8.8	10.9	12.9
M 4	3500	4050	6000	7000	2,4	2,8	4,1	4,8	M 4	–	–	–	–	–	–	–	–
M 5	5700	6600	9700	11400	4,7	5,5	8,1	9,5	M 5	3900	4500	6600	7800	2,3	3,8	5,5	6,5
M 6	8000	9400	13700	16100	8,0	9,5	14,0	16,5	M 6	5400	6300	9300	10900	5,5	6,5	9,5	11,1
M 8	14700	17200	25000	29500	20	23	34	40	M 8	10000	11800	17300	20200	13,5	16	23	27,1
M10	23500	27500	40000	47000	39	46	68	79	M10	16200	18900	27500	32500	27	32	47	55
M12	34500	40000	59000	69000	67	79	117	135	M12	23700	27500	40500	47500	47	55	81	95
M14	47000	55000	80000	94000	107	125	185	215	M14	32500	38000	56000	65000	75	88	130	150
M16	65000	75000	111000	130000	115	195	280	330	M16	46000	53000	79000	92000	117	135	200	235
M18	78000	94000	135000	157000	230	280	390	460	M18	55000	66000	94000	110000	160	195	280	320
M20	100000	121000	173000	202000	320	390	560	650	M20	72000	86000	123000	144000	230	280	400	460
M22	125000	152000	216000	250000	440	530	750	880	M22	91000	109000	155000	182000	310	380	540	630
M24	145000	175000	249000	290000	560	670	960	1120	M24	103000	124000	177000	207000	400	480	680	800
M27	192000	230000	330000	385000	820	1000	1400	1650	M27	137000	166000	236000	275000	590	720	1020	1190
M30	232000	280000	400000	465000	1120	1350	1900	2250	M30	167000	200000	285000	335000	800	970	1400	1600

7.46
Zul. Vorspannkraft nach [12] [1]) bei $\sigma_{red\,zul}=0{,}9 \cdot R_{p0,2}$ und das hierfür notwendige Anziehdrehmoment bei $\mu_{ges}=0{,}12$ für Schrauben mit metrischem Gewinde und Kopfauflageflächen nach Bild **7.37**

1) Die vorstehenden Vorspannkräfte wurden in der VDI-Richtlinie 2230 (6.86) nach einer modifizierten Gl. (7.62) berechnet. Sie sind geringfügig (max. ≈ 5 %) größer, als wenn sie genau nach Gl. (7.62) berechnet werden.

7.3 Berechnen von Schrauben

Schaftschrauben metr. Regelgewinde, DIN ISO 262					$\mu_{ges} = 0{,}14$						Dehnschrauben ($d_{Sch} \approx 0{,}9\, d_3$) metr. Regelgewinde, DIN ISO 262					$\mu_{ges} = 0{,}14$			
Abmessung	Vorspannkraft $F_{V\,zul}$ in N				Anziehdrehmoment T_A in Nm					Abmessung	Vorspannkraft $F_{V\,zul}$ in N				Anziehdrehmoment T_A in Nm			
	6.9	8.8	10.9	12.9	6.9	8.8	10.9	12.9			6.9	8.8	10.9	12.9	6.9	8.8	10.9	12.9
M 4	3350	3900	5700	6700	2,6	3,1	4,5	5,3	M 4	–	–	–	–	–	–	–	–
M 5	5400	6400	9300	10900	5,2	6,1	8,9	10,4	M 5	3700	4300	6300	7400	3,5	4,1	6,0	7,0
M 6	7700	9000	13200	15400	9,0	10,4	15,5	18,0	M 6	5100	6000	8800	10300	6,0	7,0	10,3	12,0
M 8	14200	16500	24200	28500	21	25	37	43	M 8	9600	11200	16400	19200	15	17	25	30
M 10	22500	26000	38500	45000	43	51	75	87	M 10	15500	18000	26500	31000	30	35	51	60
M 12	33000	38000	56000	66000	75	87	130	150	M 12	22500	26500	38500	45000	51	60	88	103
M 14	45000	53000	77000	90000	120	140	205	240	M 14	31000	36000	53000	62000	82	96	140	165
M 16	62000	72000	106000	124000	185	215	310	370	M 16	44000	51000	75000	88000	130	150	220	260
M 18	75500	91000	129000	151000	255	300	430	510	M 18	52000	63000	89000	105000	170	210	300	350
M 20	97000	117000	166000	194000	360	430	620	720	M 20	68000	82000	117000	137000	250	300	430	510
M 22	121000	146000	208000	243000	480	580	830	970	M 22	86500	104000	148000	173000	340	420	590	690
M 24	140000	168000	239000	280000	620	740	1060	1240	M 24	98500	118000	168000	197000	430	520	740	870
M 27	185000	221000	315000	370000	920	1100	1550	1850	M 27	132500	158000	225000	265000	650	790	1120	1300
M 30	225000	270000	385000	450000	1250	1500	2100	2500	M 30	160000	191000	270000	320000	870	1060	1500	1750

7.47
Zul. Vorspannkraft nach [12] [1]) bei $\sigma_{red\,zul} = 0{,}9 \cdot R_{p0{,}2}$ und das hierfür notwendige Anziehdrehmoment bei $\mu_{ges}=0{,}14$ [2]) für Schrauben mit metrischem Gewinde und Kopfauflageflächen nach Bild **7.37**

[1]) Die vorstehenden Vorspannkräfte wurden in der VDI-Richtlinie 2230 (6.86) nach einer modifizierten Gl. (7.62) berechnet. Sie sind geringfügig (max. ≈ 5 %) größer, als wenn sie genau nach Gl. (7.62) berechnet werden.
[2]) Für andere Reibungsbeiwerte oder für Feingewinde sind die zul. Schraubenvorspannkraft F_V zul und das Anziehdrehmoment T_A nach Gl. (7.62) und Gl. (7.15) zu berechnen oder aus der VDI-Richtlinie 2230 (6.86), S. 70 ... 75 zu entnehmen. Bei Verwendung von Sicherungsmuttern, die durch Klemmen im Gewinde sichern (7.67), sind erhöhte Reibungsbeiwerte für das Gewinde anzusetzen.

Ab-messung	Spannungs-querschnitt A_S in mm²	Kern-querschnitt A_3 in mm²	1. Kraft an der Mindest-streckgrenze $F_{0,2}$ für Schaftschrauben[1] in N				Dehnschaft-querschnitt [2] A_{Sch} in mm²	2. Kraft an der Mindest-streckgrenze $F_{0,2}$ für Schaftschrauben [2] in N			
			6.9	8.8	10.9	12.9		6.9	8.8	10.9	12.9
M 4	8,78	7,75	4 750	5 600	7 900	9 500	6,28	3 400	4 000	5 900	6 900
M 5	14,2	12,7	7 650	9 100	12 800	15 300	10,3	5 600	6 600	9 700	11 300
M 6	20,1	17,9	10 900	12 900	18 100	21 700	14,5	7 800	9 300	13 600	15 900
M 7	28,9	26,2	15 600	18 500	26 000	31 200	21,2	11 400	13 600	19 900	23 300
M 8	36,6	32,8	19 800	23 400	32 900	39 500	26,6	14 400	17 000	25 000	29 500
M 9	48,1	43,8	26 000	30 800	43 300	52 000	34,9	18 800	22 300	31 400	37 700
M 10	58,0	52,3	31 300	37 100	52 000	62 500	42,4	22 900	27 000	40 000	46 500
M 12	84,3	76,2	45 500	54 000	76 000	91 000	61,8	33 500	39 500	58 000	68 000
M 14	115	105	62 000	73 500	103 500	124 000	84,8	46 000	54 000	80 000	93 000
M 16	157	144	85 000	100 000	141 000	170 000	117	63 000	75 000	110 000	128 000
M 18	192	175	104 000	123 000	173 000	207 000	142	76 500	94 000	133 000	156 000
M 20	245	225	132 000	157 000	220 000	265 000	182	98 000	12 000	171 000	201 000
M 22	303	282	164 000	194 000	273 000	327 000	228	123 000	151 000	214 000	250 000
M 24	353	324	191 000	226 000	318 000	381 000	263	142 000	173 000	247 000	290 000
M 27	459	427	248 000	294 000	413 000	496 000	346	190 000	228 000	325 000	380 000
M 30	561	519	303 000	359 000	505 000	606 000	420	227 000	275 000	395 000	460 000

7.48
Kraft an der Mindeststreckgrenze für Schaft- und Dehnschrauben
[1] ermittelt mit dem Spannungsquerschnitt A_S.
[2] mit dem Dehnschaftquerschnitt $A_{Sch} = \frac{\pi}{4}(0,9 \cdot d_3)^2$

7.3 Berechnen von Schrauben

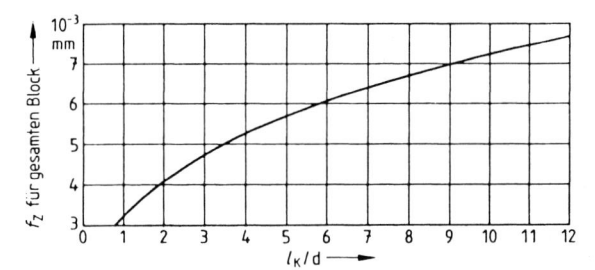

7.49
Richtwerte für Setzbeträge f_Z massiver Verbindungen, s. auch Gl. (7.40)

4. Ermittlung von $\Phi_n = n \cdot \Phi$ (s. Abschn. 7.2.5)
5. erforderliche Vorspannkraft $F_{V\,erf} = \alpha_A \cdot [F_{K\,erf} + (1 - \Phi_n) \cdot F_B + F_Z]$ ermitteln, Gl. (7.51)
6. Schraube für die erforderliche Vorspannkraft aus Bild **7.46** oder **7.47** wählen und Anziehmoment T_A ablesen. Es muss sein: $F_{V\,erf} \leq F_{V\,zul}$ [s. Gl. (7.62)]
7. Klemmlängenverhältnis l_K/d erneut festlegen und Φ und δ_P überprüfen; ggf. Rechenschritte 4. und 5. wiederholen
8. Die größte Schraubenkraft $F_{S\,max}$ nach Gl. (7.52) ist zulässig, wenn folgende Bedingung gilt: $\Delta F_S = \Phi_n \cdot F_B \leq 0{,}1 \cdot R_{p0,2} \cdot A_S$ [s. Gl. (7.64) und Bild **7.7, 7.48**]. $F_{S\,max}$ braucht hier nicht bestimmt zu werden, da die Werte für $F_{V\,zul}$ mit $\sigma_{red\,zul} = 0{,}9 \cdot R_{p\,0,2}$ festgelegt wurden und $F_{S\,max} = F_V + \Delta F_S$ ist. In anderen Fällen wird die Vergleichsspannung max $\sigma_{red} = \sqrt{\sigma_{max}^2 - 3\tau_t^2}$ nach Gl. (7.63) mit $\sigma_{max} = F_{S\,max}/A_{Sch}$ und mit $\tau_t = T/W_p$ nach Gl. (7.58) bestimmt, wobei max $\sigma_{red} \leq R_{p0,2}$ sein muss (s. Beispiel 3)
9. Ausschlagspannung σ_a der Schraube auf Zulässigkeit prüfen; $\sigma_a \leq \sigma_{a\,zul} = \sigma_A/S$ mit Gl. (7.56) und Bild **7.44** und **7.45**
10. Flächenpressung auf Zulässigkeit prüfen, Gl. (7.41) und Bild **7.36**.

Betriebskraft pro Schraube in N				Statisch und/oder dynamisch senkrecht zur Achsrichtung F_Q in N	Vorspannkraft F_V in N	Nenndurchmesser d in mm		
statisch		dynamisch				Festigkeitsklasse		
in Achsrichtung								
zentrisch	exzentrisch	zentrisch	exzentrisch			8.8	10.9	12.9
F_B in N								
1 600	1 000	1 000	630	320	2 500	4	–	–
2 500	1 600	1 600	1 000	500	4 000	5	4	4
4 000	2 500	2 500	1 600	800	6 300	6	5	5
6 300	4 000	4 000	2 500	1 250	10 000	7 [1]	6	5
10 000	6 300	6 300	4 000	2 000	16 000	8	7 [1]	7 [1]
16 000	10 000	10 000	6 300	3 150	25 000	10	9 [1]	8
25 000	16 000	16 000	10 000	5 000	40 000	14	12	10
40 000	25 000	25 000	16 000	8 000	63 000	16	14	12
63 000	40 000	40 000	25 000	12 500	100 000	20	16	16
100 000	63 000	63 000	40 000	20 000	160 000	24	20	20
160 000	100 000	100 000	63 000	31 500	250 000	30	27	24
250 000	160 000	160 000	100 000	50 000	400 000	–	30	30

7.50
Abschätzen des Durchmesserbereiches von Schrauben   [1]) M 7 und M 9 nur in Sonderfällen verwenden.

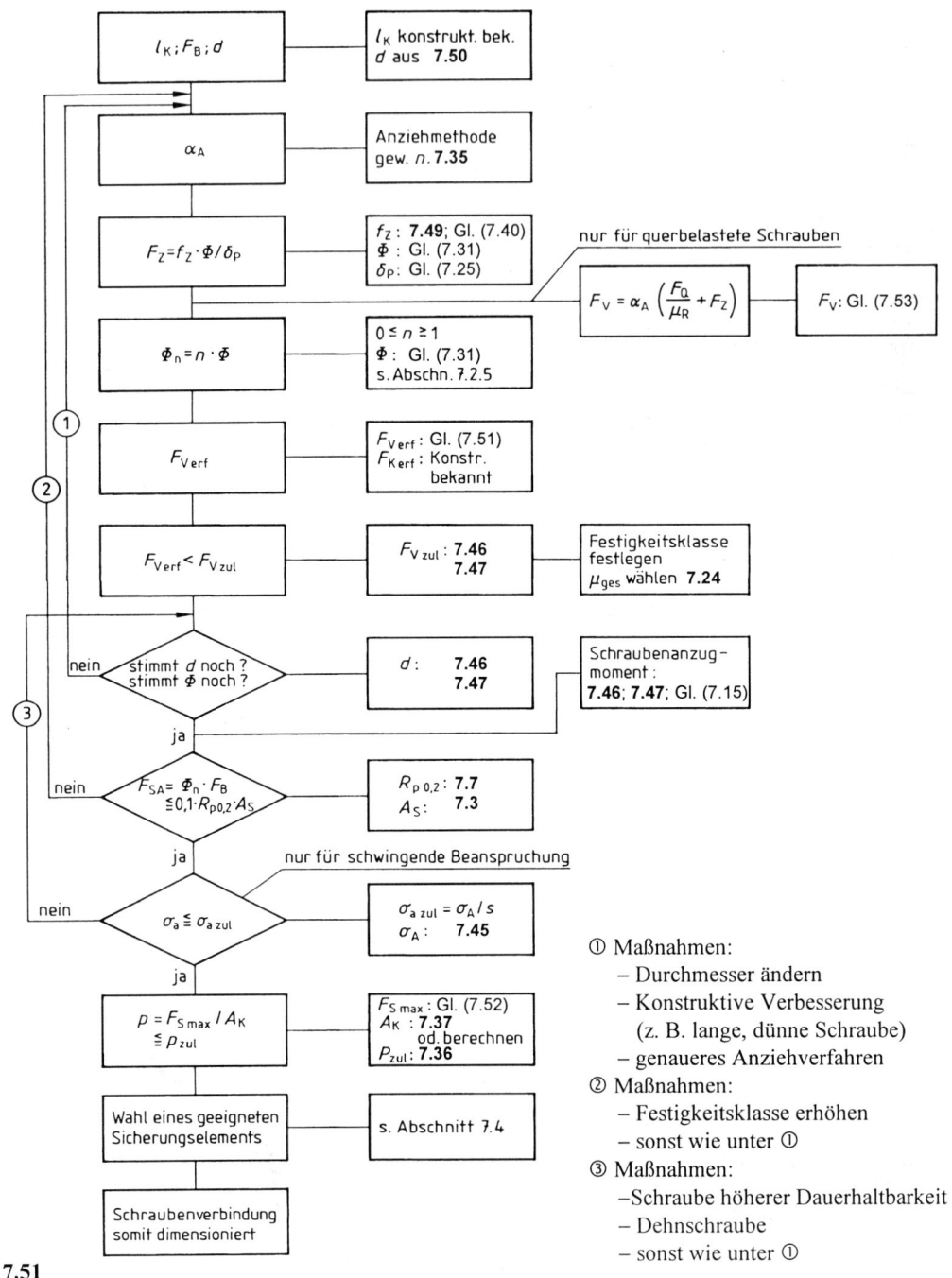

```
┌─────────────┐     ┌──────────────────┐
│ lK; FB; d   │────▶│ lK konstrukt.bek.│
└─────────────┘     │ d aus 7.50       │
       │            └──────────────────┘
       ▼
┌─────────────┐     ┌──────────────────┐
│   αA        │────▶│ Anziehmethode    │
└─────────────┘     │ gew. n. 7.35     │
       │            └──────────────────┘
       ▼
┌──────────────────┐  ┌──────────────────┐
│ FZ = fZ·Φ/δP     │─▶│ fZ: 7.49; Gl.(7.40)│   nur für querbelastete Schrauben
└──────────────────┘  │ Φ : Gl. (7.31)   │   ┌────────────────────┐   ┌──────────────┐
       │              │ δP: Gl. (7.25)   │──▶│ FV = αA(FQ/μR + FZ)│──▶│ FV: Gl.(7.53)│
       ▼              └──────────────────┘   └────────────────────┘   └──────────────┘
```

(1) — (2) — (3) feedback loops on left side

Equations in the flowchart:

- $l_K; F_B; d$ → l_K konstrukt. bek., d aus **7.50**
- α_A → Anziehmethode gew. n. **7.35**
- $F_Z = f_Z \cdot \Phi / \delta_P$ → f_Z: **7.49**; Gl. (7.40); Φ: Gl. (7.31); δ_P: Gl. (7.25)

nur für querbelastete Schrauben: $F_V = \alpha_A \left(\dfrac{F_Q}{\mu_R} + F_Z \right)$ → F_V: Gl. (7.53)

- $\Phi_n = n \cdot \Phi$ → $0 \leq n \geq 1$; Φ: Gl. (7.31); s. Abschn. 7.2.5
- $F_{V\,erf}$ → $F_{V\,erf}$: Gl. (7.51); $F_{K\,erf}$: Konstr. bekannt
- $F_{V\,erf} < F_{V\,zul}$ → $F_{V\,zul}$: **7.46**, **7.47** — Festigkeitsklasse festlegen, μ_{ges} wählen **7.24**
- stimmt d noch? stimmt Φ noch? → d: **7.46**, **7.47** — Schraubenanzugmoment: **7.46**; **7.47**; Gl. (7.15) (nein → ③)
- ja ↓
- $F_{SA} = \Phi_n \cdot F_B \leq 0{,}1 \cdot R_{p0,2} \cdot A_S$ → $R_{p\,0,2}$: **7.7**; A_S: **7.3** (nein → ②)
- ja ↓ nur für schwingende Beanspruchung
- $\sigma_a \leq \sigma_{a\,zul}$ → $\sigma_{a\,zul} = \sigma_A / s$; σ_A: **7.45** (nein → ③)
- ja ↓
- $p = F_{S\,max} / A_K \leq p_{zul}$ → $F_{S\,max}$: Gl. (7.52); A_K: **7.37** od. berechnen; P_{zul}: **7.36**
- Wahl eines geeigneten Sicherungselements → s. Abschnitt 7.4
- Schraubenverbindung somit dimensioniert

① Maßnahmen:
 – Durchmesser ändern
 – Konstruktive Verbesserung
   (z. B. lange, dünne Schraube)
 – genaueres Anziehverfahren

② Maßnahmen:
 – Festigkeitsklasse erhöhen
 – sonst wie unter ①

③ Maßnahmen:
 – Schraube höherer Dauerhaltbarkeit
 – Dehnschraube
 – sonst wie unter ①

7.51
Pfad zur Berechnung einer zentrisch belasteten Schraubenverbindung

7.3.3 Berechnen im Stahlbau

Scher-/Lochleibungsverbindungen (SL- und SLP- Verbindungen). Die Berechnung querbeanspruchter Schrauben im Stahlbau erfolgt, wie bei Nieten (s. Abschn. 4), auf Abscheren und Lochleibungsdruck. Für die Berechnung der übertragbaren Kräfte wird ausschließlich die Beanspruchung auf Abscheren in der Schraube sowie auf Lochleibung zwischen der Schraube und der Lochwand des zu verbindenden Bauteiles beachtet. Hochfeste Schrauben (Festigkeitsklasse 10.9) dürfen dabei ohne Vorspannung oder mit teilweiser Vorspannung $\geq 0{,}5 \cdot F_V$ (F_V s. Bild **7.52**), im Folgenden mit „nicht planmäßiger Vorspannung" bezeichnet, verwendet werden.

	1	2	3	4	5	6
	Schrauben-größe	Vorspannkraft F_V s. DIN 18 800 Tabelle 1, Spalte 2	$F_{GV\,zul}$ (GV-Verbindungen) Lochspiel 0,3 mm < $\Delta d \leq 2$ mm		$F_{GVP\,zul}$ (GVP-Verbindungen) Lochspiel $\Delta d \leq 3$ mm	
			Werkstoff der zu verbindenden Bauteile			
			S235JRG2 (St 37-2), S355J2G3 (St 52-3)		S235JRG2 (St 37-2), S355J2G3 (St 52-3)	
			Lastfall		Lastfall	
		10.9	H	HZ	H	HZ
		kN	kN	kN	kN	kN
1	M 12	50	20,0	22,5	38,5	43,5
2	M 16	100	40,0	45,5	72,0	82,0
3	M 20	160	64,0	72,5	112,5	128,0
4	M 22	190	76,0	86,5	134,0	153,0
5	M 24	220	88,0	100,0	156,5	178,5
6	M 27	290	116,0	132,0	202,0	230,5
7	M 30	350	140,0	159,0	245,5	280,0
8	M 36	510	204,0	232,0	354,5	404,0

Für GV-Verbindungen mit Lochspiel 2 mm < $\Delta d \leq 3$ mm sind die Werte der Spalte 3 und 4 auf 80% zu ermäßigen.

7.52
Vorspannkraft F_V und zulässige übertragbare Kräfte $F_{GV\,zul}$ und $F_{GVP\,zul}$ je Schrauben und Reibfläche (Scherfläche)

Durch nicht planmäßiges Vorspannen der Schrauben lässt sich durch Ausnutzen des dadurch hervorgerufenen räumlichen Spannungszustandes unter Nutzlast das Verformungsverhalten in Folge des Lochleibungsdruckes verbessern, was durch eine Erhöhung des zulässigen Lochleibungsdruckes in Rechnung gestellt werden kann (s. Bild **7.53**, Zeile 5 und 7).

Scher-/Lochleibungsverbindungen dürfen mit einem Lochspiel $\Delta d \leq 2$ mm (SL-Verbindungen) und $\Delta d \leq 0{,}3$ mm, unter Verwendung von Passschrauben (SLP-Verbindungen), ausgeführt werden.

Der **Lochleibungsdruck** σ_l zwischen Schraube und Lochwand des zu verbindenden Bauteiles, die **Abscherspannung** τ_a in der Schraube und die **zulässige Scherkraft** (Querkraft) $F_{Q\,zul}$ sind wie folgt zu berechnen:

$$\boxed{\sigma_l = \frac{F}{d \cdot n \cdot s}} \quad \boxed{\tau_a = \frac{F}{n \cdot m \cdot A_{Sch}}} \quad \boxed{F_{Q\,zul} = \tau_{a\,zul} \cdot A_{Sch}} \qquad (7.65)\ (7.66a)\ (7.66b)$$

Es bedeuten

A_{Sch} Schaftquerschnitt der Schraube, F zu übertragende Schnittkraft, n Anzahl der Schrauben in der Verbindung, m Anzahl der Scherfugen (Schnittigkeit), d Schaftdurchmesser der Schraube, s kleinste Summe der Bauteildicken mit in gleicher Richtung wirkendem Lochleibungsdruck.

Die $\sigma_{l\,zul}$-Werte für das Bauteil siehe Bild **7.53** und für die Schraube Bild **7.54**. Bei unterschiedlichen Werkstoffen für Bauteil und Schraube ist der kleinere Wert der Bemessung zugrunde zu legen. Die Werte für $\tau_{a\,zul}$ sowie $F_{Q\,zul}$ der gängigen Schrauben sind dem Bild **7.54** zu entnehmen.

		1	2	3	4	5
		Spannungsart	\multicolumn{4}{c}{Werkstoff}
			S235JRG2 (St 37-2)		S355J2G3 (St 52-3)	
			\multicolumn{4}{c}{Lastfall}
			H	HZ	H	HZ
			N/mm²	N/mm²	N/mm²	N/mm²
1		Druck und Biegedruck ($\sigma_{d\,zul}$) für Stabilitätsnachweis nach DIN 18 800	140	160	210	240
2		Zug und Biegezug / Druck und Biegedruck (σ_{zul})	160	180	240	270
3		Schub (τ_{zul})	92	104	139	156
4	Lochleibungsdruck ($\sigma_{l\,zul}$) für Materialdicken ≥ 3 mm bei Verbindung durch	SL	rohe Schrauben (DIN 7990), hochfeste Schrauben (DIN 7969) Lochspiel 0,3 mm < Δd ≤ 2 mm ohne Vorspannung	280	320	420	480
5		SL	hochfeste Schrauben (DIN 6914) Lochspiel 0,3 mm < Δd ≤ 2 mm nicht planm. Vorspannung: ≥ 0,5·F_V (F_V n. Bild **7.52**, Spalte 2)	380	430	570	645
6		SLP	Niete (DIN 124 und DIN 302) oder Passschrauben (DIN 7968) Lochspiel Δd ≤ 0,3 mm ohne Vorspannung	320	360	480	540
7		SLP	hochfeste Passschrauben (Lochspiel Δd ≤ 0,3 mm) nicht planm. Vorspannung: ≥ 0,5·F_V (F_V n. Bild **7.52**, Spalte 2)	420	470	630	710
8		GV, GVP	hochfeste Schraube (Lochspiel 0,3 mm < Δd ≤ 2 mm) hochfeste Passschraube (Lochspiel Δd ≤ 0,3 mm) Vorspannung: 1,0·F_V (F_V n. Bild **7.52**, Spalte 2)	480	540	720	810

7.53
Zulässige Spannungen für Bauteile

7.3 Berechnen von Schrauben

1	2	3	4	5	6	7	8	9	10	11	12	13	14	15
Schraubengröße	Scherfläche $\frac{\pi \cdot d^2}{4}$	SL-Verbindungen Rohe Schrauben (DIN 7990), hochfeste Schrauben(DIN 6914), Senkschrauben (DIN 7969) Lochspiel 0,3 mm < Δd ≤ 3 mm [1]						Scherfläche $\frac{\pi \cdot d^2}{4}$	SLP-Verbindungen Passschrauben (DIN 7968), Niete (DIN 124 und DIN 302) Lochspiel Δd ≤ 0,3 mm					
		DIN 7990 DIN 7969 4.6 [2]		DIN 7990 DIN 7969 5.6 [2]		DIN 6914 10.9 [2]			Passschrauben 4.6 [2] Niete St 36		Passschrauben 5.6 [2] Niete St 44		Passschrauben 10.9 [2]	
		Lastfall		Lastfall		Lastfall			Lastfall		Lastfall		Lastfall	
		H	HZ	H	HZ	H	HZ		H	HZ	H	HZ	H	HZ
	mm²	kN	kN	kN	kN	kN	kN	mm²	kN	kN	kN	kN	kN	kN
1 M 12	113	12,7	14,2	19,2	21,5	27,0	30,5	133	18,6	21,3	27,9	31,9	37,0	42,5
2 M 16	201	22,5	25,3	34,1	38,2	48,5	54,5	227	31,8	36,3	47,7	54,5	63,5	72,5
3 M 20	314	35,2	39,6	53,4	59,7	75,5	85,0	346	48,4	55,4	72,2	83,0	97,0	111,0
4 M 22	380	42,6	47,9	64,6	72,2	91,0	102,5	415	58,1	66,4	87,2	99,6	116,5	133,0
5 M 24	452	50,6	57,0	76,8	85,9	108,5	122,0	491	68,7	78,6	103,1	117,8	137,5	157,0
6 M 27	573	64,2	72,2	97,4	108,9	137,5	154,5	616	86,2	98,6	129,4	147,8	172,5	197,0
7 M 30	707	79,2	89,1	120,2	134,3	169,5	191,0	755	105,7	120,8	158,6	181,2	211,5	241,5
8 M 36	1018	114,0	128,3	173,1	193,4	244,5	275,0	1075	150,6	172,0	225,8	258,0	301,1	344,0
9 Abscheren $\tau_{a\,zul}$ (N/mm²)		112	126	168	192	240	270	–	140	160	210	240	280	320
10 Lochleibungsdruck $\sigma_{l\,zul}$ (N/mm²)		280	320	420[3]	470[3]	[4]	[4]	–	320	360	480[3]	540[3]	[4]	[4]

7.54
Zulässige übertragbare Scherkraft $F_{Q\,zul}$ je Schraube und je Scherfläche, zulässige Spannungen für Schrauben

[1] Bei Anschlüssen und Stößen seitenverschieblicher Rahmen ist Δd ≤ 1 mm einzuhalten.
[2] Festigkeitsklassen der Schrauben gemäß DIN EN ISO 898 Teil 1.
[3] Bei Verwendung in Bauteilen aus S235JRG2 (St 37-2) sind die dafür zugelassenen kleineren Werte nach Bild **7.53**, Zeilen 4 bis 8, anzusetzen.
[4] Es sind hier die $\sigma_{l\,zul}$-Werte des zu verbindenden Bauteils maßgebend.

Gleitfeste Verbindungen mit hochfesten Schrauben (GV- und GVP-Verbindungen). Zur Herstellung dieser Verbindungen sind die Schrauben planmäßig vorzuspannen (s. Bild **7.52**, Spalte 2). Damit lassen sich in den besonders vorbehandelten Berührungsflächen der zu verbindenden Bauteile Kräfte senkrecht zur Schraubenachse durch Reibung übertragen (GV-Verbindungen). Bei Verbindungen mit hochfesten Passschrauben (GVP-Verbindungen) wird zusätzlich die Abscher- und Lochleibungsfestigkeit zur Kraftübertragung ausgenutzt. Gleitfeste Verbindungen dürfen mit einem Lochspiel Δd ≤ 2 mm (GV-Verbindungen) und Δd ≤ 0,3 mm (GVP-Verbindungen) ausgeführt werden.

In gleitfesten Verbindungen mit hochfesten Schrauben (GV-Verbindungen) beträgt die **zulässige übertragbare Kraft** einer Schraube je Reibfläche senkrecht zur Schraubenachse

$$F_{GV\,zul} = \mu \cdot F_V / S \qquad (7.67)$$

Hierin sind F_V die Vorspannkraft der Schraube nach Bild **7.52**, Spalte 2; $\mu = 0{,}5$ die Reibungszahl für die Berührungsflächen bei einer der folgenden Flächenvorbereitungen: Stahlgusskiesstrahlen, 2 × Flammstrahlen, Sandstrahlen oder gleitfeste Beschichtung; S die Sicherheit gegen Gleiten (Lastfall H: $S_H = 1{,}25$; Lastfall HZ: $S_{HZ} = 1{,}10$).

Die Werte F_{GVzul} sind in Bild **7.52**, Spalten 3 und 4, angegeben. In gleitfesten Verbindungen mit hochfesten Passschrauben (GVP-Verbindungen) beträgt die **zulässige übertragbare Kraft** einer Schraube je Reibfläche (Scherfläche) senkrecht zur Schraubenachse

$$F_{GVPzul} = 0{,}5 \cdot F_{SLPzul} + F_{GVzul} \tag{7.68}$$

Die Werte F_{GVPzul} können dem Bild **7.52**, Spalten 5 und 6, entnommen werden. Der Lochleibungsdruck σ_l in den zu verbindenden Bauteilen ist nach Gl. (7.65) nachzuweisen; dabei ist der Einfluss von Reibungskräften unberücksichtigt zu lassen (σ_{lzul} s. Bild **7.53**, Zeile 8).

Verbindungen mit Zugbeanspruchung aus äußerer Belastung. Die Zugbeanspruchung wird rechnerisch ausschließlich den Schrauben zugewiesen. Der tatsächlich eintretende Abbau der Klemmkraft in den Berührungsflächen der Bauteile sowie die Vergrößerung der Pressung in den Auflageflächen von Schraubenkopf und Mutter werden nicht berücksichtigt. Die auf eine einzelne Schraube oder Passschraube entfallende Zugkraft F_z darf die im Bild **7.55** angegebenen Werte F_{zzul} nicht überschreiten.

In GV- und GVP-Verbindungen ist bei gleichzeitiger Beanspruchung aus äußerer Belastung in Richtung und senkrecht zur Schraubenachse die zulässige übertragbare Kraft wie folgt abzumindern

$$F_{GV,z} = \left(0{,}2 + 0{,}8 \cdot \frac{F_{z\,zul} - F_z}{F_{z\,zul}}\right) \cdot F_{GVzul} \tag{7.69}$$

$$F_{GVP,z} = 0{,}5 F_{SLPzul} + \left(0{,}3 + 0{,}8 \cdot \frac{F_{z\,zul} - F_z}{F_{z\,zul}}\right) \cdot F_{GVzul} \tag{7.70}$$

Es bedeuten F_z die in Richtung der Schraubenachse wirkende Zugkraft je Schraube und F_{zzul} die zulässige übertragbare Kraft einer Schraube in Richtung der Schraubenachse.

Für den zulässigen Lochleibungsdruck σ_l sind die Werte aus Bild **7.53**, Zeile 5 (SL-Verbindungen) bzw. Zeile 7 (SLP-Verbindungen) zu wählen.

Bei Verbindungen mit Zugbeanspruchung ist die Verwendung hochfester Schrauben ohne Vorspannung oder mit nicht planmäßiger Vorspannung nur unter bestimmten Voraussetzungen möglich. Näheres s. DIN 18 800 T 1 von 11.90.

Die zulässigen Spannungen für Schraubenverbindungen im Kranbau sind in DIN 15018 festgelegt.

7.3 Berechnen von Schrauben

	1	2	3	4	5	6	7	8	9	10
	Schraubengröße	Spannungsquerschnitt A_S	Schrauben ohne Vorspannung						Schrauben mit planmäßiger Vorspannung [3] 10.9 [4]	
			4.6 [4]		5.6 [4]		10.9 [2], [4]			
			Lastfall							
			H	HZ	H	HZ	H	HZ	H	HZ
		mm²	kN	kN	kN	kN	kN	kN	kN	kN
1	M 12	84,3	9,3	10,5	12,6	14,3	30,5	34,6	35,0	40,0
2	M 16	157	17,3	19,6	23,6	26,7	56,5	64,4	70,0	80,0
3	M 20	245	27,0	30,6	36,8	41,7	88,2	100,5	112,0	128,0
4	M 22	303	33,3	37,9	45,5	51,5	109,0	124,2	133,0	152,0
5	M 24	353	38,8	44,1	53,0	60,0	127,0	144,7	154,0	176,0
6	M 27	459	50,5	57,4	68,9	78,0	165,2	188,2	203,0	232,0
7	M 30	561	61,7	70,1	84,2	95,4	202,0	230,0	245,0	280,0
8	M 36	817	89,9	102,1	122,6	138,9	294,0	335,0	357,0	408,0
9	$\sigma_{z\,zul}$ (N/mm²):		110	125	150	170	360	410	$0{,}7 \cdot F_V / A_S$	$0{,}7 \cdot F_V / A_S$

7.55
Zulässige übertragbare Zugkraft $F_{z\,zul}$ je Schraube bzw. Passschraube [1]

[1]) In SL- und SLP-Verbindungen sind bei gleichzeitiger Beanspruchung auf Abscheren und Zug alle Einzelnachweise (F_Q, σ_l, F_z) unabhängig voneinander zu führen. Dabei dürfen die zulässigen Werte für die einzelnen Beanspruchungsarten nach den Bildern **7.54**, **7.55** und **7.53** ohne Nachweis einer Vergleichsspannung voll ausgenutzt werden. Für den zulässigen Lochleibungsdruck σ_l sind in planmäßig vorgespannten Verbindungen ($1{,}0 \cdot F_V$) die Werte nach Bild **7.53**, Zeile 5 (SL-Verbindungen) bzw. Zeile 7 (SLP-Verbindungen), in nicht planmäßig vorgespannten Verbindungen ($\geq 0{,}5 \cdot F_V$) die Werte nach Bild **7.53**, Zeile 4 (SL-Verbindungen) bzw. Zeile 6 (SLP-Verbindungen) in Rechnung zu stellen. Diese Werte gelten nur für $F_z = F_{z\,zul}$. Für kleinere Werte F_z kann zwischen den Werten des Bildes **7.53**, Zeilen 5 und 4 bzw. 7 und 6 geradlinig interpoliert werden.
[2]) Nur in Sonderfällen.
[3]) F_V nach Bild **7.52**, Spalte 2.
[4]) Festigkeitseigenschaften der Schrauben nach DIN EN ISO 898 Teil 1.

7.3.4 Berechnen im Druckbehälterbau

Die Berechnung von Schrauben für Druckbehälter ist nach den Richtlinien der „Arbeitsgemeinschaft Druckbehälter" (AD) durchzuführen. Das AD-Merkblatt B 7 [1] bezieht sich auf kraftschlüssige Verbindungen, deren Schrauben durch den Behälterdruck vorwiegend ruhend auf Zug beansprucht werden. Es wird empfohlen, besonders wenn es sich um hohe Temperaturen (> 300 °C) und um hohen Druck (> 40 bar) handelt, Dehnschrauben nach DIN 2510 zu verwenden. Eine ausreichende Klemmlänge lässt sich durch zusätzliche Dehnhülsen (**7.56**) erreichen. Die Dehnschaftlänge soll mindestens das Doppelte des Gewindedurchmessers betragen. Schrauben mit kleinerem Gewinde als M10 sind nur in besonderen Fällen, z. B. bei Armaturen, zulässig. Um das Dicht-

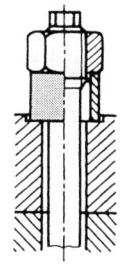

7.56
Schraubenbolzen (DIN 2510) mit Sechskantmutter und Dehnhülse zur Vergrößerung der Dehnschaftlänge

7.3.5 Bewegungsschrauben

Schrauben zur Umwandlung einer Drehbewegung in eine Längsbewegung heißen Spindeln. Bewegungsschrauben werden schwellend (z. B. Spindeln von Hubwerken oder Pressen) oder wechselnd (z. B. Spindeln von Werkzeugmaschinen) beansprucht. Da Spitzgewinde (siehe **7.1a**) zu kleine Steigungen haben, erhalten Bewegungsschrauben meistens Trapezgewinde (siehe Bild **7.1d** und Bild **7.4**). Sägengewinde eignen sich hervorragend zur Aufnahme einseitiger Druckkräfte. Anwendung von Spindeln s. Rohrleitungsschalter, Abschn. 9.4.

Schnelle Längsbewegungen sind mit mehrgängigen Gewinden erreichbar, bei denen n Gänge mit der Teilung P nebeneinander um den Kern umlaufen. Ihre Steigung (Bild **7.57**) ist

$$P_h = n \cdot P \tag{7.71}$$

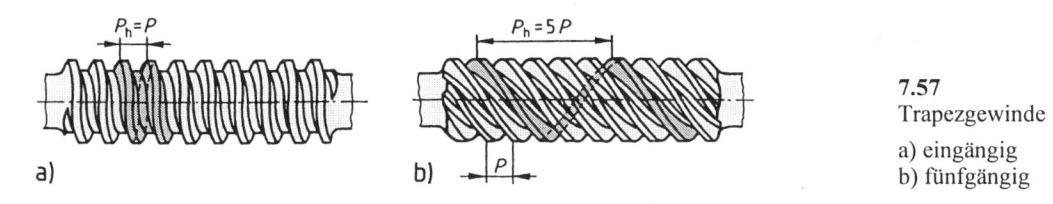

7.57 Trapezgewinde
a) eingängig
b) fünfgängig

Die Belastung mit einer Zug- oder Druckkraft F_{zd} verursacht im Kernquerschnitt A_3 der Spindel die Zug- oder Druckspannung

$$\sigma_{zd} = F_{zd}/A_3 \tag{7.72}$$

Das zum Heben oder Senken einer Last erforderliche Drehmoment errechnet man nach Gl. (7.12) bzw. (7.13) und das gesamte aufzubringende Drehmoment $T_A = T + T_R$ nach Gl. (7.15) bzw. (7.16), wobei T_R das Reibungsmoment im Axiallager der Spindel ist. Hiermit ergibt sich die **Verdrehspannung**

$$\boxed{\tau_t = T_A/W_p} \tag{7.73}$$

mit W_p als dem polaren Widerstandsmoment des Kerndurchmessers d_3. Beide Beanspruchungen werden zusammengefasst zur Vergleichsspannung nach der Gestaltänderungsenergie-Hypothese, Gl. (2.22a),

$$\sigma_V = \sqrt{\sigma_{zd}^2 + 3\tau_t^2} \tag{7.74}$$

Die zulässigen Vergleichsspannungen sind $\sigma_{v\,zul} \approx 0{,}2 \cdot R_m$ bei schwellender, bzw. $\approx 0{,}13 \cdot R_m$ bei wechselnder Beanspruchung für Trapezgewinde, und $\sigma_{v\,zul} \approx 0{,}25 \cdot R_m$ bzw. $\approx 0{,}16 \cdot R_m$ für Sägengewinde.

7.3 Berechnen von Schrauben

Die Kraft F_{zd} beansprucht die Flanken des Gewindes zwischen Mutter und Spindel mit der Flächenpressung

$$p = \frac{F_{zd} \cdot P}{\pi \cdot d_2 \cdot m \cdot H_1} \qquad (7.75)$$

Hierbei ist P die Teilung (Steigung eingängiger Gewinde, Bild **7.57**), m die tragende Mutterhöhe, d_2 der Flankendurchmesser und H_1 die Gewindetragtiefe.

Die zulässige Flächenpressung beträgt p_{zul} = (3 ... 8) N/mm² für Gusseisenmuttern und p_{zul} = (5 ... 15) N/mm² für Bronzemuttern (kleinere Werte für Dauerbetrieb, größere bei seltenem Betrieb).

Druckbeanspruchte Spindeln müssen auf Knicksicherheit nachgerechnet werden (s. Abschn. 2). Fast ausschließlich kommen die Knickfälle I und II nach *Euler* vor (**7.58**), (s. auch Bild **2.12**). Die Knicksicherheit hängt ab vom Schlankheitsgrad λ, der aus dem Quotienten der rechnerischen Knicklänge l_K und dem Trägheitsradius i gebildet wird; $\lambda = l_K/i$. Für eine Spindel (nicht hohl) ergibt sich mit

$$i = \sqrt{I/A_3} = \sqrt{(4\pi \cdot d_3^4)/(64\pi \cdot d_3^2)} = d_3/4$$

die Schlankheit

$$\lambda = 4 \cdot l_K/d_3 \qquad (7.76)$$

Die Knicksicherheit S_K für Stahlspindeln ist im Bereich $\lambda \geq 90$ nach *Euler*

$$S_K = (\pi^2 \cdot E)/(\lambda^2 \cdot \sigma) \geq 3 \ldots 6 \qquad (7.77)$$

und im Bereich $\lambda < 90$ nach *Tetmajer*

$$S_K = (\sigma_0 - \lambda \cdot k)/\sigma \geq 2 \ldots 4 \qquad (7.78)$$

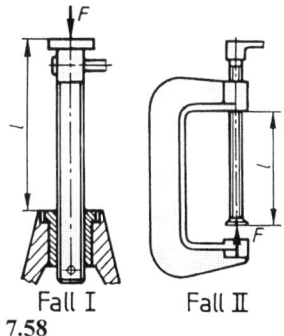

Fall I   **Fall II**
7.58
Knickfälle nach Euler für Schraubenspindeln
Für Fall I ist die freie Knicklänge $l_K = 2l$ und für Fall II $l_K = l$ (s. Bild **2.12**)

In diese Gleichungen werden eingesetzt: σ nach Gl. (7.72): die ideale Druckfestigkeit $\sigma_0 \approx$ 350 N/mm² für E295 (St 50) und für E335 (St 60); die Knickspannungsrate $k \approx 0{,}6$ N/mm² für E295 (St 50) und E335 (St 60) (vgl. Bild **2.13**). Die kleinere Knicksicherheit wählt man bei seltenem Betrieb, die größere bei Dauerbetrieb, zunehmend mit steigender Schlankheit. Für den Bereich $\lambda < 20$ ist eine Berechnung auf Knicksicherheit nicht erforderlich.

Wirkungsgrad. Bei einer Spindelumdrehung wird eine Last F um die Steigung P gehoben, also eine Nutzarbeit $F \cdot P$ verrichtet. Aufgewendet wird hierzu die Arbeit $\pi \cdot d_2 \cdot F_t$ oder mit Gl. (7.6) $\pi \cdot d_2 \tan(\varphi + \rho') \cdot F$. Das Verhältnis von Nutzarbeit zum Arbeitsaufwand bezeichnet man als Wirkungsgrad. Für das **Heben einer Last** ergibt sich der **Wirkungsgrad** einer Bewegungsschraube zu

$$\eta_{heben} = \frac{F \cdot P}{\pi \cdot d_2 \cdot \tan(\varphi + \rho') \cdot F} = \frac{\tan \varphi}{\tan(\varphi + \rho')} \qquad (7.79)$$

Bei nicht selbsthemmenden Schrauben (s. Abschn. 7.2.1) kann eine Längskraft in eine Drehbewegung umgewandelt werden. In diesem Fall ist der Arbeitsaufwand $F \cdot P$ und die Nutzarbeit $\pi \cdot d_2 \cdot F_t$ oder mit Gl. (7.7) $\pi \cdot d_2 \cdot \tan(\varphi - \rho') \cdot F$. Für das **Absenken einer Last** ergibt sich der **Wirkungsgrad** zu

$$\boxed{\eta_{senken} = \frac{\pi \cdot d_2 \cdot \tan(\varphi - \rho') \cdot F}{F \cdot P} = \frac{\tan(\varphi - \rho')}{\tan \varphi}} \qquad (7.80)$$

7.4 Ausführungen von Schraubenverbindungen

Außengewinde werden spanlos durch Kalt- und Warmwalzen hergestellt. Zur Herstellung sowohl von Außen- als auch von Innengewinden eignen sich Gewindedrücken, Druckgießen und spanende Verfahren, wie Gewindedrehen mit Formstählen, Gewindeschneiden mit Schneidwerkzeugen (Gewindebohrern, Schneideisen), Gewindefräsen, Gewindewirbeln und Gewindeschleifen. Durch Nitrieren, Einsatzhärten oder Gewinderollen nach dem Vergüten der Schraube (schlussgerollt) lässt sich die Dauerfestigkeit steigern, Bild **7.45b**. Kurze Einschraubtiefen in weiche Werkstoffe, wie Grauguss, Leichtmetall, Plastik oder Holz, sind durch Verwendung von Ensat-Einsatzbuchsen (Hersteller: Kerb-Konus-Vertriebs-GmbH, 92206 Amberg) möglich. Diese Stahl- oder Messingbuchsen schneiden sich beim Eindrehen in ein gebohrtes oder gepresstes Loch mit den äußeren Schneidkanten ihr Gewinde selbst, sitzen dann fest und ergeben haltbare, verschleißfeste Innengewinde (**7.59**). Auch können Reparaturen ausgerissener Innengewinde durch Aufbohren und Eindrehen von Ensat-Buchsen oder von Heli Coil-Gewinde-Einsätzen (Hersteller: Heli Coil-Werk Böllhof GmbH, 33649 Bielefeld) leicht durchgeführt werden. Der Heli Coil-Gewinde-Einsatz besteht aus einer Drahtspule aus CrNi-Stahl mit rhombischem Querschnitt, die in ein vorgebohrtes Sondergewinde eingeschraubt wird (**7.60**). Das auf diese Weise entstandene Innengewinde hängt von der vorgefertigten Form des Drahtquerschnittes ab; z. B. metrisches Regel- oder Feingewinde. Diese Gewindeeinsätze ergeben hochbelastbare Gewinde in metallischen Werkstoffen und sind abriebfest sowie korrosions- und hitzebeständig.

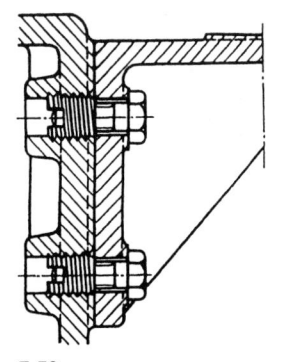

7.59
Anwendung von Einsatzbuchsen „Ensat"

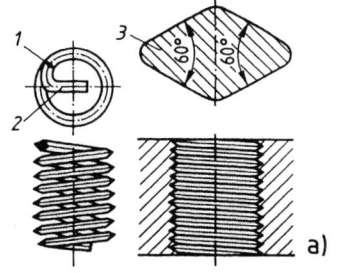

7.60
Heli Coil-Gewindeeinsatz
a) *1* Kerbe, *2* Mitnehmerzapfen, *3* Drahtquerschnitt
b) eingebaut mit Schraube; Mitnehmerzapfen entfernt

7.4 Ausführungen von Schraubenverbindungen

Die Gewindegänge einer Mutter in üblicher Ausführung (**7.61a**) werden nicht gleichmäßig beansprucht. Durch die Zugkraft wird das Gewinde des Bolzens gedehnt, das der Mutter dagegen zusammengedrückt. Dies hat eine ungleiche elastische Verformung und ungleichmäßige Kraftverteilung über die Verschraubungslänge zur Folge. Fast 50% der Gesamtlast entfallen auf die beiden ersten tragenden Gewindegänge, deren Haltbarkeit dadurch besonders gefährdet ist. Die einzelnen Gewindegänge einer Mutter werden gleichmäßiger beansprucht, wenn man Entlastungskerben anbringt, sofern der Durchmesser (bzw. die Schlüsselweite) dies zulässt (**7.61b**) oder Zugmuttern verwendet, bei denen die Zugkraft sowohl das Bolzen- als auch das Muttergewinde dehnt (**7.61 c** und **d**). Sonderschrauben (nicht genormte Dehnschrauben) und Sondermuttern werden den jeweiligen Bedingungen entsprechend gestaltet.

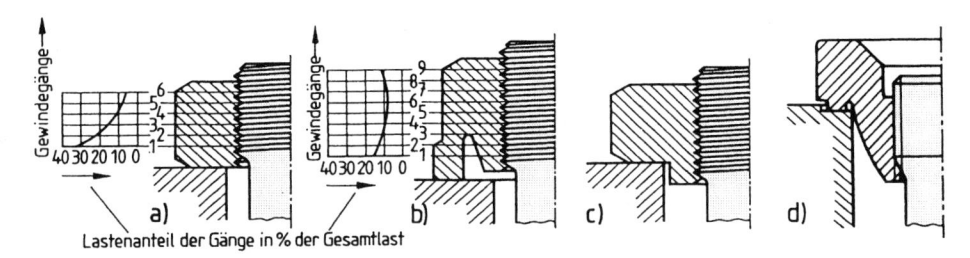

7.61
Verschiedene Mutterformen
a) Druckmutter; b) Mutter mit eingedrehter „Entlastungskerbe"; c) Mutter mit zugbeanspruchtem erstem Gewindegang; d) Zugmutter

Aus wirtschaftlichen Gründen werden meist die genormten Formen verwendet (s. DIN-Normen-Auswahl und Bilder **7.13** bis **7.16**).

Einige Ausführungen von Schraubenverbindungen s. Bild **7.62** bis **7.67** und **7.70**.

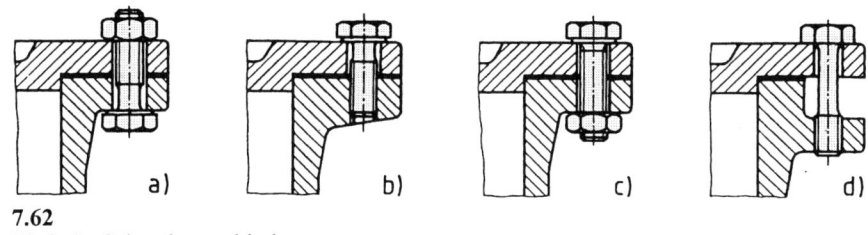

7.62
Einfache Schraubenverbindungen
a) billigste Ausführung (DIN EN ISO 4014)
b) Ausführung nach DIN EN ISO 4014, geringe Dauerhaltbarkeit bei Schwellbelastung
c) Ausführung nach DIN EN ISO 4017, erhöhte Dauerhaltbarkeit
d) Sechskantschraube mit Dehnschaft für höhere Dauerhaltbarkeit

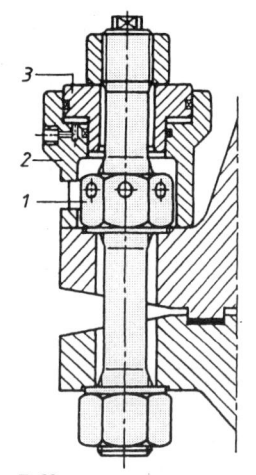

7.63
Schraubenverbindung für Hochdruckanlagen

Die Schraube wird mittels einer hydraulischen Spannvorrichtung ohne Verdrehbeanspruchung des Schaftes auf die Vorspannung gebracht und dann die Grundmutter mit einem Stift gedreht.

1 Grundmutter mit Gucklöchern
2 Druckzylinder
3 Druckkolben

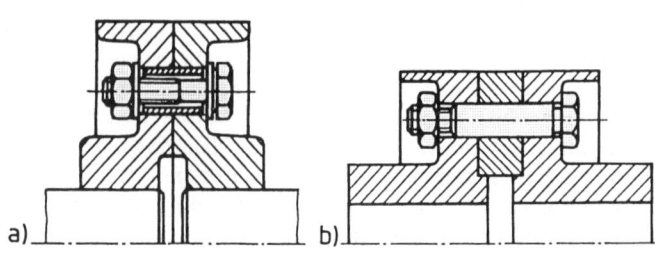

7.64
Querbelastete Schraubenverbindung
Die Kraftaufnahme erfolgt durch
a) Scherbuchsen b) Passschrauben

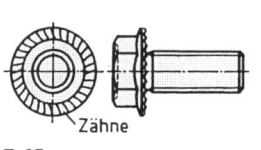

7.65
Sperrzahnschraube

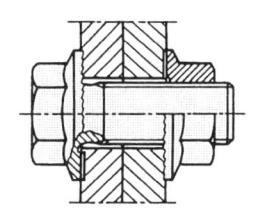

7.66
Bauer-Optal Sperrzahnschraube mit Sperrzahnmutter

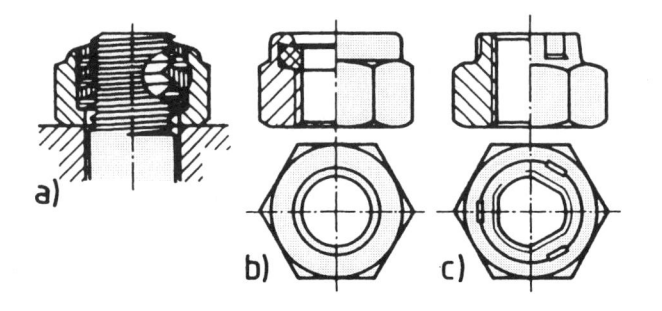

7.67
Sicherungsmuttern
a) Klemmscheibenmutter zur Sicherung gegen Lockern
b) Sicherungsmutter mit Kunststoffring
c) Sicherungsmutter mit definiert verengtem Kragen

Unterlegscheiben (DIN EN ISO 7089, EN ISO 7091, EN ISO 7092, 435, 436) werden benötigt, wenn die Oberflächen der verschraubten Teile nicht beschädigt werden sollen (z. B. bei weichem Werkstoff, polierter Oberfläche oder durch häufiges Lösen), ferner bei weiten (gegossenen) Durchgangslöchern und bei Langlöchern.

Sichern von Schraubenverbindungen. Schraubenverbindungen können versagen durch Lockern und/oder Losdrehen. Gegen diese Versagensfälle müssen Schraubenverbindungen gesichert sein. Sicherungselemente s. Bild **7.69**.

7.4 Ausführungen von Schraubenverbindungen

Lockern wird verursacht durch Verlust an Vorspannung durch Kriechvorgänge an Kopf- und Mutterauflage und in den Trennfugen z. B. durch weiche Dichtungen. Solange dabei die sich einstellende Klemmkraft $F_K \geq F_{K\,erf}$ bleibt, ist Lockern bei nur statischer Beanspruchung unbedenklich.

Losdrehen wird verursacht durch Verlust an Vorspannung infolge vorausgegangenem Lockern und anschließendem Verdrehen der Schraube oder Mutter durch schwingende Beanspruchung. Das selbsttätige Losdrehen kann trotz Selbsthemmung der Befestigungsschrauben und trotz wirkender Vorspannkraft bis zum völligen Verlust der Vorspannkraft fortschreiten und zum Herausfallen der Schraube führen (s. Abschn. 7.2.7).

Sicherung gegen Lockern. Die Sicherung ist gewährleistet, wenn die Verbindung eine hohe Vorspannung ermöglicht und diese auch dauernd behält. Um diese Forderung zu erfüllen, werden hochfeste Schrauben (ab Festigkeitsklasse 8.8 und höher) oder lange, dünne Schrauben (mit dem Klemmlängenverhältnis $l_K/d \geq 5$) sowie steife Fügeteile verwendet. Die Fügeteilwerkstoffe müssen hohe Flächenpressungen zulassen. Die Auflage- und Trennflächen müssen eben sein und dürfen nur eine kleine Rauheit aufweisen. Das Mitverspannen elastischer Elemente, die bei den geforderten hohen Kräften noch wirksam sind, sowie die Verwendung von Federkopfschrauben sind ebenfalls zweckmäßig.

Sichern gegen Losdrehen. Zunächst gelten die gleichen Bedingungen und Lösungsmöglichkeiten wie für das Sichern gegen Lockern. Bei kurzen Schrauben ($l_K/d < 5$) oder bei nur wenig vorgespannten Schrauben sind jedoch andere Lösungen erforderlich. Man kann z. B. Muttern mit kugelig oder kegelig ausgebildeter Auflagefläche verwenden. Diese wirken durch radiales und axiales elastisches Verformen so auf die Gewindegänge, dass die Reibungskraft im Gewinde erhöht wird. Andere Konstruktionselemente zur Sicherung gegen Losdrehen sind Sicherungsmuttern verschiedener Art (**7.67**), Sperrzahnschrauben (**7.65, 7.66**) und Blechkontermuttern nach DIN 7967. In vielen Fällen (nicht bei hochfesten Schrauben) werden die Drahtsicherung, das Sicherungsblech oder eine zweite Mutter als Kontermutter eingesetzt. Als stoffschlüssige Sicherung ist das Verkleben des Gewindes bekannt.

Die Verwendung der Federscheibe (DIN 128), der Zahn- und Fächerscheibe (DIN 6797 und 6798), des Federringes (DIN 128) sowie der Kronenmutter mit Splint (z. B. DIN 935) erfordert besondere Aufmerksamkeit. Es ist darauf zu achten, dass beim Zusammenbau der Verbindung (z. B. nach Reparaturen) nicht vergessen wird, das separate Sicherungselement einzubauen. Außerdem ist zu bedenken, dass sich diese Elemente bei schwingender Beanspruchung so stark verformen können, dass die Vorspannkraft erheblich sinkt. In Verbindung mit hochfesten Schrauben können diese Sicherungselemente völlig versagen (z. B. Abscheren des Splints bei Verwendung zur Sicherung einer Kronenmutter).

Bei Durchsteckschrauben müssen stets Schraube und Mutter gesichert werden (**7.66**), wenn sich beide im Gewinde frei drehen können und nicht infolge erhöhter Reibung im Gewinde (z. B. durch eine Sicherungsmutter) am Losdrehen gehindert werden.

7.4.1 Gestaltung von Gewindeteilen

Das fertigungsgerechte Gestalten von Gewindeteilen erfordert die Beachtung einiger Grundsätze, die in Bild **7.68** dargestellt sind.

unzweckmäßig	**zweckmäßig**	Erläuterungen
		Beim Gewindeschneiden mit Formstählen sind Freistiche nach DIN 76 erforderlich, um den Werkzeugauslauf zu sichern. Eine Kegelkuppe ist wirtschaftlicher herzustellen als eine Linsenkuppe.
		Beim Fertigen des Gewindes durch Fräsen, Walzen oder Drücken ist kein Freistich erforderlich. \ Er wäre in diesem Fall unwirtschaftlich und würde die Festigkeit herabsetzen.
		Gerollte Gewindeteile sind an den Stirnseiten anzuschrägen, da sonst durch den einseitigen Axialdruck das Werkzeug brechen kann. Der Schrägungswinkel sollte 15° ... 20° betragen.
		Bohrungen und Gewinde an einem Werkstück sollen möglichst den gleichen Durchmesser haben. Erforderliche Anschraubteile können mit entsprechend erhöhter Anzahl von Schrauben kleineren Durchmessers befestigt werden.
		Freistiche für Innengewinde sind nach DIN 76 ausreichend lang vorzusehen, um den Werkzeugauslauf zu sichern.
		Bei Gewindegrundlöchern kann das Gewinde nicht bis zum Ende der Bohrung geschnitten werden, da Gewindebohrer einen Anschnitt haben. Der Grundlochüberhang e ist nach DIN 76 zu wählen.
		Bohrungen, die sich an ein Gewinde anschließen, sollten immer gleich oder kleiner als der Kerndurchmesser des Gewindes ausgeführt werden, da sonst die Bearbeitung von beiden Seiten des Werkstücks erfolgen muss.
		Gewindedurchgangsbohrungen für Stiftschrauben müssen in ausreichendem Abstand von Wandungen angeordnet werden, da sonst der Gewindebohrer einseitig beansprucht wird und verläuft (Bruchgefahr).

7.68
Gestaltung von Gewindeteilen

7.4 Ausführungen von Schraubenverbindungen

7.4.2 Gestaltung von Schraubenverbindungen

Schraubenverbindungen müssen sicher sein und dabei einfach und wirtschaftlich ausgeführt werden. Die Ausführung richtet sich dabei weitgehend nach den Platzverhältnissen und der Montagemöglichkeit; einige Gestaltungsbeispiele s. Bild **7.69**.

unzweckmäßig	zweckmäßig	Erläuterungen
		Die Gewindelänge der Schrauben ist ausreichend zu bemessen, da sonst das Anziehen und damit ein Verspannen der Teile nicht möglich ist.
		Stiftschrauben können nicht bis zum Ende eines Grundloches eingeschraubt werden, da der Gewindebohrer einen gewissen Anschnitt hat. Die Befestigung der Stiftschrauben erfolgt durch kräftiges Verspannen des Einschraubendes.
		Um das Gewinde von Druckschrauben nicht zu beschädigen, sollten hier Schrauben mit zylindrischem Zapfen (nach DIN 78) verwendet werden.
		Schraubenköpfe und Muttern müssen eine senkrecht zur Schraubenachse befindliche Auflagefläche haben. a) Es sind daher bei Gussstücken einformbare Augen vorzusehen. b) Zum Ausgleich der Schrägflächen an Profilen (U- bzw. **I**-Trägern) dienen Vierkantscheiben nach DIN 435.
		Einsparung von Werkstoff und Fertigungszeit: a) Sechskantschrauben (DIN EN ISO 4014) geringerer Festigkeit (Güte 5.6) werden ersetzt durch b) hochfeste Zylinderschrauben (DIN EN ISO 4762, Güte 10.9).

7.69
Gestaltung von Schraubenverbindungen (Fortsetzung s. nächste Seiten)

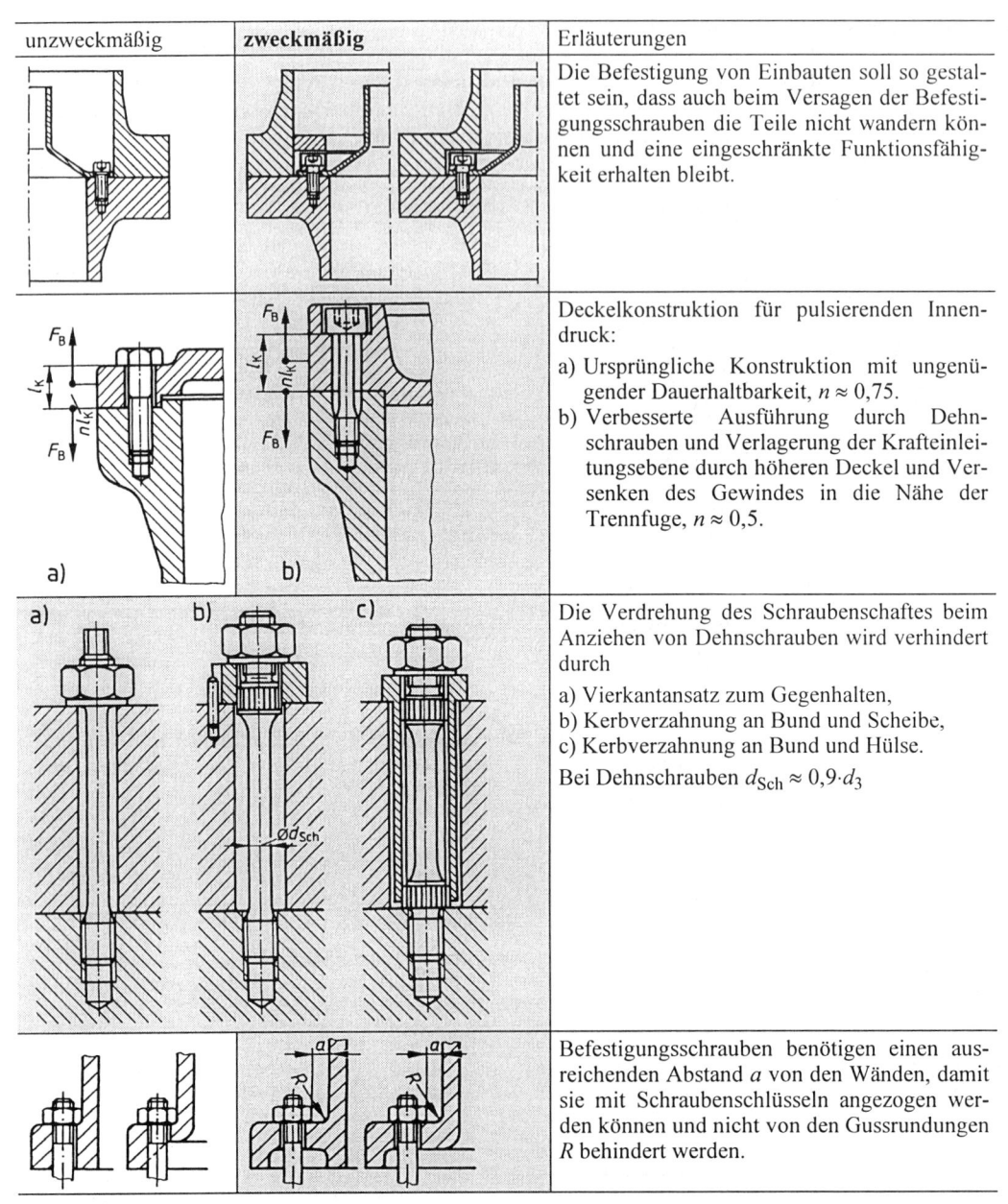

unzweckmäßig	zweckmäßig	Erläuterungen
		Die Befestigung von Einbauten soll so gestaltet sein, dass auch beim Versagen der Befestigungsschrauben die Teile nicht wandern können und eine eingeschränkte Funktionsfähigkeit erhalten bleibt.
a)	b)	Deckelkonstruktion für pulsierenden Innendruck: a) Ursprüngliche Konstruktion mit ungenügender Dauerhaltbarkeit, $n \approx 0{,}75$. b) Verbesserte Ausführung durch Dehnschrauben und Verlagerung der Krafteinleitungsebene durch höheren Deckel und Versenken des Gewindes in die Nähe der Trennfuge, $n \approx 0{,}5$.
a) b) c)		Die Verdrehung des Schraubenschaftes beim Anziehen von Dehnschrauben wird verhindert durch a) Vierkantansatz zum Gegenhalten, b) Kerbverzahnung an Bund und Scheibe, c) Kerbverzahnung an Bund und Hülse. Bei Dehnschrauben $d_{Sch} \approx 0{,}9 \cdot d_3$
		Befestigungsschrauben benötigen einen ausreichenden Abstand a von den Wänden, damit sie mit Schraubenschlüsseln angezogen werden können und nicht von den Gussrundungen R behindert werden.

7.69
Gestaltung von Schraubenverbindungen (Fortsetzung)

7.4 Ausführungen von Schraubenverbindungen

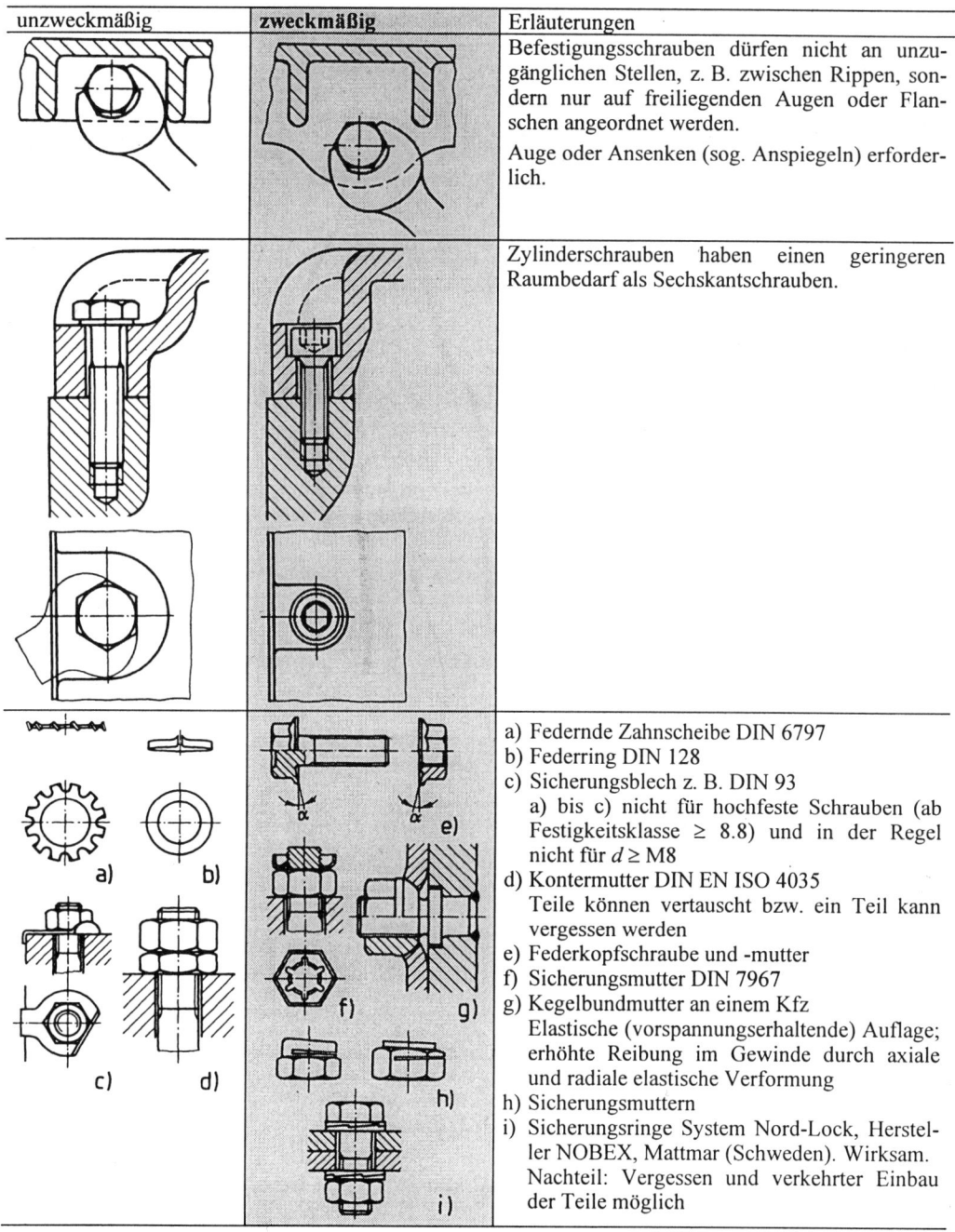

unzweckmäßig	zweckmäßig	Erläuterungen
		Befestigungsschrauben dürfen nicht an unzugänglichen Stellen, z. B. zwischen Rippen, sondern nur auf freiliegenden Augen oder Flanschen angeordnet werden. Auge oder Ansenken (sog. Anspiegeln) erforderlich.
		Zylinderschrauben haben einen geringeren Raumbedarf als Sechskantschrauben.

		a) Federnde Zahnscheibe DIN 6797
		b) Federring DIN 128
		c) Sicherungsblech z. B. DIN 93
		   a) bis c) nicht für hochfeste Schrauben (ab Festigkeitsklasse ≥ 8.8) und in der Regel nicht für $d \geq$ M8
		d) Kontermutter DIN EN ISO 4035
		   Teile können vertauscht bzw. ein Teil kann vergessen werden
		e) Federkopfschraube und -mutter
		f) Sicherungsmutter DIN 7967
		g) Kegelbundmutter an einem Kfz
		   Elastische (vorspannungserhaltende) Auflage; erhöhte Reibung im Gewinde durch axiale und radiale elastische Verformung
		h) Sicherungsmuttern
		i) Sicherungsringe System Nord-Lock, Hersteller NOBEX, Mattmar (Schweden). Wirksam. Nachteil: Vergessen und verkehrter Einbau der Teile möglich

7.69
Gestaltung von Schraubenverbindungen (Fortsetzung)

7.5 Berechnungsbeispiele

Beispiel 1

Eine einfache Schraubenverbindung nach Bild **7.32** mit der Klemmlänge l_K = 60 mm soll mit einer Betriebskraft F_B = 15 000 N dynamisch in Achsrichtung der Schraube belastet werden. Der Werkstoff der verspannten Teile ist E295 (St 50). Für den Kraftangriff wird der Fall I (siehe Bild **7.32a**) angenommen. Es soll eine unbehandelte, geölte Schraube nach DIN EN ISO 4017 mit der Festigkeitsklasse 8.8 verwendet werden, die mit einem Drehmomentschlüssel angezogen wird. Die Klemmkraft soll $F_{K\,erf}$ = 1000 N betragen. Das Gewinde geht annähernd bis an den Schraubenkopf.

1. Aus Bild **7.50** wird vorläufig d = M 14 gewählt. Damit ist das Klemmlängenverhältnis l_K/d = 60 mm/14 mm ≈ 4,3.

2. Aus Bild **7.35** ergibt sich für eine unbehandelte, geölte Schraube, angezogen mit einem Drehmomentschlüssel, der Anziehfaktor α_A = 1,4.

3. Aus den bekannten Schrauben- und Plattenmaßen werden nach Gl. (7.21) und Gl. (7.25) die elastischen Nachgiebigkeiten von Schraube δ_S und Platte δ_P berechnet.

Nachgiebigkeit der Schraube: Aus $\delta_S = \delta_e + \delta_1 + \delta_e$ folgt

$$\delta_S = \frac{1}{E_S}\left(\frac{0{,}4d}{A} + \frac{l_K}{A_S} + \frac{0{,}4d}{A}\right) = \frac{1}{2{,}1 \cdot 10^5 \text{ N/mm}^2}$$

$$\cdot \left(\frac{0{,}4 \cdot 14\text{mm}}{\frac{\pi}{4}\cdot(14\text{mm})^2} + \frac{60\text{mm}}{115\text{mm}^2} + \frac{0{,}4\cdot 14\text{mm}}{\frac{\pi}{4}\cdot(14\text{mm})^2}\right) = 2{,}83 \cdot 10^{-6} \text{ mm/N}$$

mit d = 14 mm, A_S = 115 mm² (Bild **7.3**), E_S = 2,1 · 10⁵ N/mm².

Nachgiebigkeit der Platten:

$$\delta_P = \frac{l_K}{A_{ers} \cdot E}$$

mit l_K = 60 mm, E_P = 2,1 · 10⁵ N/mm² und mit A_{ers} nach Gl. (7.26)

$$A_{ers} = \frac{\pi}{4}\cdot(d_K^2 - D_B^2) + \frac{\pi}{8}\cdot d_K \cdot (d_A - d_K)\cdot\left[(x+1)^2 - 1\right]$$

Mit d_K = 22 mm; D_B = 16 mm, $D_B \approx d_K + l_K$ = 22 mm + 60 mm = 82 mm und mit der Hilfsgröße nach der Zahlenwertgleichung Gl. (7.27)

$$x = \sqrt[3]{\frac{l_K \cdot d_K}{D_A^2}} = \sqrt[3]{\frac{60 \cdot 22}{82^2}} = 0{,}58$$

ergibt sich der Ersatzquerschnitt

7.5 Berechnungsbeispiele

Beispiel 1, Fortsetzung

$$A_{ers} = \frac{\pi}{4} \cdot (22^2 - 16^2) \text{mm}^2 + \frac{\pi}{8} \cdot 22 \text{mm} \cdot (82-22) \text{mm} \cdot \left[(0{,}58+1)^2 - 1\right]$$

$$= 955 \text{ mm}^2$$

und damit die Nachgiebigkeit der Platten

$$\delta_P = \frac{60 \text{mm}}{955 \text{mm}^2 \cdot 2{,}1 \cdot 10^5 \text{ N/mm}^2} = 0{,}299 \cdot 10^{-6} \text{ mm/N}$$

4. Das Kraftverhältnis Φ (Gl. (7.31)) und der Kraftangriff Gl. (7.34):

$$\Phi = \frac{\delta_P}{\delta_S + \delta_P} = \frac{0{,}299 \cdot 10^{-6} \text{ mm/N}}{(2{,}83 + 0{,}299) \cdot 10^{-6} \text{ mm/N}} = 0{,}096$$

$\Phi_n = n \cdot \Phi = 1 \cdot 0{,}096 = 0{,}096$ nach Fall I ist $n = 1$, s. Abschn. 7.2.5

5. Nach Gl. (7.51) wird die erforderliche Vorspannkraft

$$F_{Verf} = \alpha_A \cdot [F_{Kerf} + (1 - \Phi_n) \cdot F_B + F_Z]$$

Eingesetzt werden $\alpha_A = 1{,}4$; $F_{Kerf} = 1000$ N; $\Phi_n = 0{,}096$; $F_B = 15\,000$ N; und der Vorspannkraftverlust $F_Z = 1715$ N.

F_Z wird nach Gl. (7.38) ermittelt, wobei der Setzbetrag f_Z aus Bild **7.49** mit $f_Z = 5{,}4 \cdot 10^{-3}$ mm abgelesen wird, s. auch Gl. (7.40).

$$F_Z = f_Z \cdot \frac{1}{\delta_S + \delta_P} = 5{,}4 \cdot 10^{-3} \text{ mm} \cdot \frac{1}{(2{,}83 + 0{,}299) \cdot 10^{-6} \text{ mm/N}} = 1726 \text{ N}$$

Mit diesen Werten ergibt sich die erforderliche Vorspannkraft

$$F_{Verf} = 1{,}4 \cdot [1000 \text{ N} + (1 - 0{,}096) \cdot 15\,000 \text{ N} + 1726 \text{ N}] = 22\,800 \text{ N}$$

6. Für $\mu_{ges} = 0{,}14$ würde nach Bild **7.47** die Abmessung M 10 mit $F_{Vzul} = 26000$ N und $T_A = 51$ Nm an Stelle der vorläufig gewählten Abmessung M 14 mit $F_{Verf} = 22\,800$ N ausreichen.

7. Wiederholung der Rechenschritte 3., 4. und 5. mit den Werten für eine Schraube M10: $l_K/d = 60/10 = 6$; $D_B = 11$ mm; $d_K = 17$ mm; $D_A \approx d_K + l_K = 17$ mm + 60 mm = 77 mm

Nachgiebigkeit der Schraube:

$$\delta_S = \frac{1}{2{,}1 \cdot 10^5 \text{ N/mm}^2} \cdot \left(\frac{0{,}4 \cdot 10 \text{ mm}}{\frac{\pi}{4} \cdot (10 \text{mm})^2} + \frac{60 \text{ mm}}{58 \text{ mm}^2} + \frac{0{,}4 \cdot 10 \text{ mm}}{\frac{\pi}{4} \cdot (10 \text{mm})^2} \right)$$

$$= 5{,}41 \cdot 10^{-6} \text{ mm/N}$$

Beispiel 1, Fortsetzung

Nachgiebigkeit der Platten:

$$A_{ers} = \frac{\pi}{4} \cdot (17^2 - 11^2) \text{mm}^2 + \frac{\pi}{8} \cdot 17 \text{ mm}$$
$$\cdot (77-17) \text{mm} \cdot \left[(0{,}56+1)^2 - 1\right] = 706 \text{ mm}^2$$

Mit $\quad x = \sqrt[3]{\dfrac{60 \cdot 17}{77^2}} = 0{,}56$

$$\delta_p = \frac{60 \text{ mm}}{706 \text{ mm}^2 \cdot 2{,}1 \cdot 10^5 \text{ N/mm}^2} = 0{,}405 \cdot 10^{-6} \text{ mm/N}$$

Kraftverhältnis, Kraftangriff, Setzbetrag, erforderliche Vorspannkraft:

$$\Phi = \frac{0{,}405 \cdot 10^{-6} \text{ mm/N}}{(5{,}41 + 0{,}405) \cdot 10^{-6} \text{ mm/N}} = 0{,}07$$

$\Phi_n = 1 \cdot 0{,}07 = 0{,}07$

$f_Z = 6{,}1 \cdot 10^{-3}$

und damit

$$F_Z = 6{,}1 \cdot 10^{-3} \text{ mm} \cdot \frac{1}{(5{,}41 + 0{,}405) \cdot 10^{-6} \text{ mm/N}} = 1050 \text{ N}$$

$F_{Verf} = 1{,}4 \cdot [1000 \text{ N} + (1 - 0{,}07) \cdot 15\,000 \text{ N} + 1050 \text{ N}] = 22\,400 \text{ N}$

Damit ergibt sich aus Bild **7.47** die endgültige Schraubenabmessung M 10 mit F_{Vzul} = 26 000 N und T_A = 51 Nm.

8. Die größte zulässige Schraubenkraft F_{Smax} wird nicht überschritten, wenn nach Gl. (7.64) ist $\Delta F_S = \Phi_n \cdot F_B \leq 0{,}1 \cdot R_{p0,2} \cdot A_S$. Mit dem Wert für $R_{p0,2} \cdot A_S$ = 37 100 N aus Bild **7.48** wird

$0{,}07 \cdot 15\,000 \text{ N} \leq 0{,}1 \cdot 37\,100 \text{ N} \qquad 1050 \text{ N} < 3710 \text{ N}$

9. Der Spannungsausschlag der Schraube ist nach Gl. (7.57)

$$\sigma_a = \pm \Phi_n \cdot \frac{F_B}{2 A_3} = \pm 0{,}07 \cdot \frac{15\,000 \text{ N}}{2 \cdot 52{,}3 \text{ mm}^2} = \pm 10 \text{ N/mm}^2$$

Da nach Bild **7.44** und **7.45** die Dauerhaltbarkeit von Schrauben der Festigkeitsklasse 8.8 im Durchmesserbereich M 10 $\sigma_A \approx \pm 52$ N/mm² beträgt, ist die Sicherheit gegen Dauerbruch

$$S = \frac{\sigma_A}{\sigma_a} \approx 5$$

7.5 Berechnungsbeispiele

Beispiel 1, Fortsetzung

10. Die Flächenpressung errechnet sich nach Gl. (7.41) mit
$F_{S\,max} = F_V + \Phi_n \cdot F_B = 26\,000\,N + 1050\,N = 27\,050\,N$
und mit $A_K = 72{,}4\,mm^2$ aus Bild **7.37** zu

$$p = \frac{F_{S\,max}}{A_K} = \frac{27\,050\,N}{72{,}4\,mm^2} \approx 374\,N/mm^2$$

Dieser Wert ist nach Bild **7.36** für E295 (St 50) zulässig. ∎

Beispiel 2

Eine Kupplung nach Bild **7.64b** hat einen Lochkreisdurchmesser von $D = 130\,mm$, auf welchem $i = 12$ Schrauben M 10 nach DIN EN ISO 4017 mit einer Klemmlänge $l_K = 40\,mm$ angeordnet sind. Welche Festigkeitsklasse ist erforderlich, wenn das maximale Drehmoment der Kupplung, das allein durch den Reibungsschluss übertragen werden soll, auf $T_K = 2300\,Nm$ festgelegt wird?
Die Belastungsart ist dynamisch. Der Reibungswert für Ruhereibung in den glatten Teilfugen beträgt $\mu_R = 0{,}16$. Die unbehandelten, geölten Schrauben werden mit einem Drehschrauber angezogen.

1. Mit $d =$ M 10 und $l_K = 40\,mm$ wird $l_K/d = 4$.

2. Aus Bild **7.35** ergibt sich für eine unbehandelte, geölte Schraube, angezogen mit einem Drehschrauber der Anziehfaktor $\alpha_A = 1{,}6$.

3. Aus den bekannten Maßen der Schrauben und der verspannten Teile werden wie in Beispiel 1 die elastischen Nachgiebigkeiten der Schraube nach Gl. (7.21) und der Platten nach Gl. (7.25) berechnet. Das Gewinde reicht fast bis an den Schraubenkopf, daher wird der Spannungsquerschnitt als über die ganze Klemmlänge wirkend angesetzt.

Nachgiebigkeit der Schraube:

$$\delta_S = \delta_e + \delta_1 + \delta_e = \frac{1}{E_S}\left(\frac{0{,}4\,d}{A} + \frac{l_K}{A_S} + \frac{0{,}4\,d}{A}\right) = \frac{1}{2{,}1\cdot 10^5\,N/mm^2}$$

$$\cdot\left(\frac{0{,}4\cdot 10\,mm}{\frac{\pi}{4}\cdot(10\,mm)^2} + \frac{40\,mm}{58\,mm^2} + \frac{0{,}4\cdot 10\,mm}{\frac{\pi}{4}\cdot(10\,mm)^2}\right) = 3{,}77\cdot 10^{-6}\,mm/N$$

Mit $d = 10\,mm$; $l_K = 40\,mm$; $A_S = 58\,mm^2$ (siehe Bild **7.3**) und $E_S = 2{,}1\cdot 10^5\,N/mm^2$.

Nachgiebigkeit der Platten:

$$\delta_P = \frac{l_K}{E_P\cdot A_{ers}} \qquad E_P = 2{,}1\cdot 10^5\,N/mm^2 \text{ und } A_{ers} \text{ nach Gl. (7.26)}$$

$$A_{ers} = \frac{\pi}{4}(d_K^2 - D_B^2) + \frac{\pi}{8}\cdot d_K\cdot(D_A - d_K)\cdot\left[(x+1)^2 - 1\right]$$

$$= \frac{\pi}{4}\cdot(17^2 - 11^2)\,mm^2 + \frac{\pi}{8}\cdot 17\,mm\cdot(57-17)\,mm\cdot\left[(0{,}59+1)^2 - 1\right] = 540\,mm^2$$

Beispiel 2, Fortsetzung

mit $d_K = 17$ mm; $D_B = 11$ mm (Bild **7.37**); $D_A \approx d_K + l_K = 17$ mm + 40 mm = 57 mm und nach Gl. (7.27) wird

$$x = \sqrt[3]{\frac{l_K \cdot d_K}{D_A^2}} = \sqrt[3]{\frac{40 \cdot 17}{57^2}} = 0{,}59$$

damit wird

$$\delta_P = \frac{40\,\text{mm}}{2{,}1 \cdot 10^5\,\text{N}/\text{mm}^2 \cdot 540\,\text{mm}^2} = 0{,}353 \cdot 10^{-6}\,\text{mm/N}$$

4. Der Vorspannkraftverlust durch Setzen F_Z ist besonders bei kleinen Klemmlängen, $l_K/d \leq 5$ (hier $l_K/d = 40/10 = 4$), zu berücksichtigen. Nach Gl. (7.39) ist

$$F_Z = f_Z \cdot \frac{\Phi}{\delta_P}$$

Der Setzbetrag wird aus Bild **7.49** mit $f_Z \approx 5{,}5 \cdot 10^{-3}$ mm abgelesen.
Das Kraftverhältnis Φ ist nach Gl. (7.31)

$$\Phi = \frac{\delta_P}{\delta_S + \delta_P} = \frac{0{,}353 \cdot 10^{-6}\,\text{mm/N}}{(3{,}77 + 0{,}353) \cdot 10^{-6}\,\text{mm/N}} = 0{,}09$$

und damit wird der Vorspannkraftverlust

$$F_Z = 5{,}5 \cdot 10^{-3}\,\text{mm} \cdot \frac{0{,}09}{0{,}353 \cdot 10^{-3}\,\text{mm/N}} = 1402\,\text{N}$$

5. Aus dem Drehmoment T_K errechnet sich der senkrecht zur Schraubenachse wirkende Querkraftanteil

$$F_Q = \frac{2\,T_K}{i \cdot D} = \frac{2 \cdot 2300 \cdot 10^3\,\text{Nmm}}{12 \cdot 130\,\text{mm}} = 2950\,\text{N}$$

und damit die erforderliche Vorspannkraft nach Gl. (7.53)

$$F_V = \alpha_A \cdot \left(\frac{F_Q}{\mu_R} + F_Z\right) = 1{,}6 \cdot \left(\frac{2950\,\text{N}}{0{,}16} + 1402\,\text{N}\right) = 31743\,\text{N}$$

6. Für die Schraube M 10 ist nach Bild **7.47** bei $\mu_{ges} = 0{,}14$ die Festigkeitsklasse 10.9 mit $F_{V\,zul} = 38\,500$ N und $T_A = 75$ Nm erforderlich.

7. Die Flächenpressung errechnet sich mit $A_K = 72{,}4$ mm^2 aus Bild **7.37** zu

$$p = \frac{F_V}{A_K} = \frac{38500\,\text{N}}{72{,}4\,\text{mm}^2} = 532\,\text{N/mm}^2$$

Dieser Wert ist nach Bild **7.36** für EN-GJL-200 (GG-20) zulässig. ∎

7.5 Berechnungsbeispiele

Beispiel 3

Eine nicht genormte Pleuelschraube M 8 nach Bild **7.70** wird dynamisch in Achsrichtung mit einer Betriebskraft F_B = 10 000 N belastet. Werkstoff der verspannten Teile: 25CrMo4. Festigkeitsklasse der Schraube 10.9, phosphatiert und geölt. Die Verbindung wird mit einem Drehmomentschlüssel angezogen, μ_{ges} = 0,14. Krafteinleitung geschätzt: zwischen Fall I und Fall II liegend (**7.32**). Erforderliche Klemmkraft $F_{K\,erf}$ = 800 N.

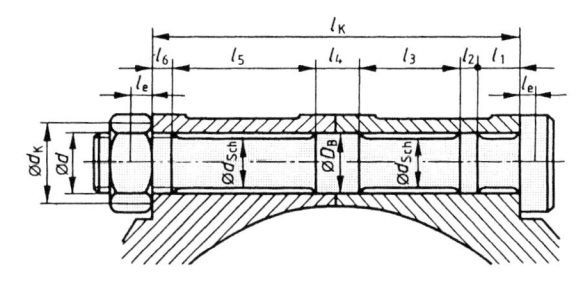

7.70 Verschraubung am Pleuel eines Verbrennungsmotors

l_K = 50 mm l_3 = 14 mm
l_1 = 6 mm l_4 = 6 mm
l_2 = 2 mm l_5 = 20 mm
l_6 = 2 mm d_K = 12 mm
D_B = 8 mm d = M 8
d_{Sch} = 5,6 mm

1. Aus Bild **7.35** ergibt sich der Anziehfaktor für eine geölte Schraube, Schraube phosphatiert, angezogen mit einem Drehmomentschlüssel, zu α_A = 1,4.

2. Das Kraftverhältnis gemäß Gl. (7.31) beträgt

$$\Phi = \frac{\delta_P}{\delta_S + \delta_P}$$

und die elastische Nachgiebigkeit der Schraube nach Bild **7.70** und Gl. (7.21)

$$\delta_S = \delta_e + \delta_1 + \delta_2 + \delta_3 + \delta_4 + \delta_5 + \delta_6 + \delta_e$$

Werden hierbei gleiche Durchmesser zusammengefasst, so wird

$$\delta_S = \frac{1}{E}\left(\frac{0,4\,d}{A} + \frac{l_1 + l_3 + l_5}{A_{ers}} + \frac{l_2 + l_4}{A_B} + \frac{l_6}{A_S} + \frac{0,4\,d}{A}\right)$$

Mit A_S = 36,6 mm² nach Bild **7.48**, mit A_{Sch} = $(\pi/4)\cdot d_{Sch}^2$ = 24,6 mm² und mit A_B = $(\pi/4)\cdot D_B^2 = A$ = 50,3 mm² folgt

$$\delta_S = \frac{1}{2,1\cdot 10^5\,\text{N/mm}^2}\cdot\left(\frac{0,4\cdot 8\,\text{mm}}{50,3\,\text{mm}^2} + \frac{(6+14+20)\,\text{mm}}{24,6\,\text{mm}^2} + \frac{(2+6)\,\text{mm}}{50,3\,\text{mm}^2}\right.$$

$$\left.+ \frac{2\,\text{mm}}{36,6\,\text{mm}^2} + \frac{0,4\cdot 8\,\text{mm}}{50,3\,\text{mm}^2}\right) = 9,37\cdot 10^{-6}\,\text{mm/N}$$

Für $D_A = d_K$ ergibt sich nach Gl. (7.28) die Querschnittsfläche des Ersatzzylinders

$$A_{ers} = \frac{\pi}{4}\left(D_A^2 - D_B^2\right) = \frac{\pi}{4}\left(12^2 - 8^2\right)\text{mm}^2 = 62,8\,\text{mm}^2$$

Beispiel 3, Fortsetzung

und damit nach Gl. (7.25)

$$\delta_P = \frac{l_K}{A_{ers} \cdot E} = \frac{50 \text{ mm}}{62,8 \text{ mm}^2 \cdot 2,1 \cdot 10^5 \text{ N/mm}^2} = 3,79 \cdot 10^{-6} \text{ mm/N}$$

Mit den Werten für δ_S und δ_P folgt nun das Kraftverhältnis

$$\Phi = \frac{\delta_P}{\delta_S + \delta_P} = \frac{3,79 \cdot 10^{-6} \text{ mm/N}}{9,37 \cdot 10^{-6} \text{ mm/N} + 3,79 \cdot 10^{-6} \text{ mm/N}} = 0,288$$

Nach Gl. (7.39) ist der Vorspannkraftverlust durch Setzen

$$F_Z = f_Z \cdot \frac{\Phi}{\delta_P} = \frac{6 \cdot 10^{-3} \text{ mm} \cdot 0,288}{3,79 \cdot 10^{-6} \text{ mm/N}} = 456 \text{ N}$$

mit dem aus Bild **7.49** für $l_K/d = 6,3$ ermittelten Setzbetrag $F_Z \approx 6 \cdot 10^{-3}$ mm.

3. Die Krafteinleitung liegt zwischen Fall I und II. Dabei ist der von der Betriebskraft entlastete Anteil der verspannten Teile $n \cdot l_K = 0,75 \cdot l_K$ und somit

$$\Phi_n = n \cdot \Phi = 075 \cdot 0,288 = 0,216$$

4. Die erforderliche Vorspannkraft ist nach Gl. (7.51)

$$F_{V erf} = \alpha_A \cdot [F_{K erf} + (1 - \Phi_n) \cdot F_B + F_Z]$$
$$= 1,4 \cdot (800 \text{ N} + 0,784 \cdot 10\,000 \text{ N} + 456 \text{ N}) = 12\,734 \text{ N} .$$

5. Nach Gl. (7.52) wird mit dieser Vorspannung die maximale Schraubenkraft

$$F_{S max} = F_{V erf} + \Phi_n \cdot F_B = 12\,734 \text{ N} + 0,216 \cdot 10\,000 \text{ N} = 14\,894 \text{ N}$$

und damit die größte Zugspannung im Schraubenschaft

$$\sigma_{max} = \frac{F_{S max}}{A_{Sch}} = \frac{14\,894 \text{ N}}{24,6 \text{ mm}^2} \approx 600 \text{ N/mm}^2$$

6. Mit dem Drehmoment im Gewinde nach Gl. (7.12), ρ' aus μ' nach Gl. (7.11),

$$T = \tan(\varphi + \rho') \cdot F_{V erf} \cdot \frac{d_2}{2} = \tan(3,1° + 9,2°) \cdot 12\,734 \text{ N} \cdot \frac{7,2 \text{ mm}}{2} = 9\,995 \text{ Nmm}$$

und mit dem Widerstandsmoment

$$W_p = \frac{\pi \cdot d_{Sch}^3}{16} = \frac{\pi \cdot 5,6^3 \text{ mm}^3}{16} = 34,5 \text{ mm}^3$$

ergibt sich die Verdrehspannung

$$\tau_t = \frac{T}{W_p} = \frac{9\,995 \text{ mm}}{34,5 \text{ mm}^3} = 290 \text{ N/mm}^2$$

7.5 Berechnungsbeispiele

Beispiel 3, Fortsetzung

7. Zug- und Verdrehspannung werden nach Gl. (7.63) zur Vergleichsspannung zusammengesetzt

$$\max \sigma_{red} = \sqrt{\sigma_{max}^2 + 3\tau_t^2} = \sqrt{600^2 (N/mm)^2 + 3 \cdot 290^2 (N/mm)^2} \approx 780\, N/mm^2$$

Da für die Festigkeitsklasse 10.9 die Streckgrenze $R_{p0,2}$ = 900 N/mm² beträgt, ist die vorhandene Sicherheit $S = R_{p0,2}/\sigma_{red} = 1,15$.

8. Der Spannungsausschlag der Schraube durch die Schwellbelastung ist nach Gl. (7.57)

$$\sigma_a = \pm \frac{\Phi_n \cdot F_B}{2 A_3} = \pm \frac{0,216 \cdot 10\,000\, N}{2 \cdot 32,8\, mm^2} = \pm 32,9\, N/mm^2$$

Nach Bild **7.44** bzw. **7.45** ist die Dauerhaltbarkeit schlussgerollter Schrauben bei $F_V \approx 0,7 \cdot F_{0,2}$ der Festigkeitsklasse 10.9 im Durchmesserbereich M 8

$$\sigma_A \approx \pm 70\, N/mm^2.$$

Somit beträgt die Sicherheit gegen Dauerbruch $S = \sigma_A/\sigma_a \approx 2$.

9. Da der Schraubenkopf eine größere Auflagefläche als die Mutter besitzt, ist die Flächenpressung unter der Mutter mit A_K aus Bild **7.37** maßgebend

$$p = \frac{F_{S\,max}}{A_K} = \frac{14\,894\, N}{42\, mm^2} = 355\, N mm^2$$

Dieser Wert ist für 25CrMo4 zulässig (vgl. Bild **7.36**).

10. Das Anziehdrehmoment $T_A = T + T_R$ ist mit dem Reibungsmoment zwischen Mutter und Auflage nach Gl. (7.14)

$$T_R = \mu_{ges} \cdot F_{V\,erf} \cdot \frac{D_m}{2} = 0,14 \cdot 12\,734\, N \cdot 5,25\, mm = 9\,360\, Nmm \approx 9,4\, Nm$$

für

$$\frac{D_m}{2} = \frac{d_K + D_B}{4} = \frac{13\, mm + 8\, mm}{4} = 5,25\, mm$$

und mit T = 9 995 Nmm

$$T_A = 9\,995\, Nmm + 9\,360\, Nmm = 19\,355\, Nmm \approx 19,4\, Nm.\qquad\blacksquare$$

Beispiel 4

Ein Zugstab als Bauteil aus dem Stahlbau ist mit i = 6 Schrauben der Festigkeitsklasse 10.9 an ein Knotenblech angeschlossen, Bild **7.71**. Welche Kraft kann die Schraubenverbindung übertragen, wenn sie als SL-, SLP-, GV- oder GVP- Verbindung ausgeführt wird?

Beispiel 4, Fortsetzung

Daten: Schrauben M 16; Blech: Werkstoff S235JRG2 (St 37-2); Breite $b = 150$ mm, Dicke $s = 20$ mm, einschnittig; Randabstände $e = e_3 = 70$ mm, $e_1 = e_2 = 40$ mm, Lastfall H.

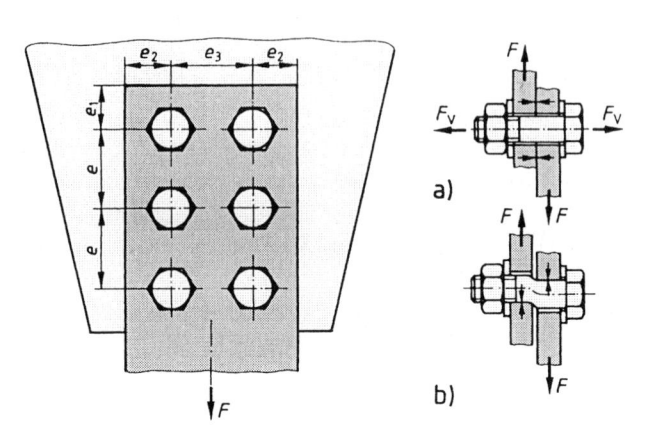

7.71
Stabanschluss aus dem Stahlbau, ausgeführt als
a) GV-Verbindung
b) SL-Verbindung

1. **Verbindung:** Übertragbare Kräfte
1.1 Scher-Lochleibung (SL); Scherkraft:

$$F_{SL} = i \cdot F_{Qzul} = 6 \cdot 48{,}5 \text{ kN} = 291 \text{ kN}$$

mit $F_{Qzul} = 48{,}5$ kN aus Bild **7.54**, Spalte 7.

$$F_{SLP} = i \cdot F_{Qzul} = 6 \cdot 63{,}5 \text{ kN} = 381 \text{ kN}$$

mit $F_{Qzul} = 63{,}5$ kN aus Bild **7.54**, Spalte 14.

Lochleibung: Bei Schrauben 10.9 ist für den zulässigen Lochleibungsdruck der zulässige Wert des Bauteilwerkstoffs maßgebend, s. Bild **7.54**, Fußnote [4]. Für die SL-Verbindung gilt z. B. $\sigma_{lzul} \approx 280$ N/mm², also wird

$$F_{SL} = i \cdot A \cdot \sigma_{lzul} = 6 \cdot 20 \text{ mm} \cdot 16 \text{ mm} \cdot 280 \text{ N/mm}^2 = 537\,600 \text{ N}$$
$$= 537{,}6 \text{ kN}.$$

Dies bedeutet, dass für die Bemessung die Scherkraft maßgebend ist, da 537,6 kN > 291 kN.

1.2 Reibschluss (GV)

$$F_{GV} = i \cdot F_{GVzul} = 6 \cdot 40 \text{ kN} = 240 \text{ kN}$$

mit $F_{GVzul} = 40$ kN aus Bild **7.52**, Spalte 3 (Lochspiel $\Delta d \geq 0{,}3$ mm und ≤ 2 mm).

$$F_{GVP} = i \cdot F_{GVPzul} = 6 \cdot 72 \text{ kN} = 432 \text{ kN}$$

mit $F_{GVPzul} = 72$ kN aus Bild **7.52**, Spalte 5.

Beispiel 4, Fortsetzung

2. **Bauteil:** Übertragbare Kraft

$$F = (A - \Delta A) \cdot \sigma_{zul} = (3\,000 \text{ mm}^2 - 2 \cdot (20 \cdot 16) \text{ mm}^2) \cdot 160 \text{ N/mm}^2$$
$$= 377{,}6 \text{ kN mit } \sigma_{zul} = 160 \text{ N/mm}^2 \text{ aus Bild } \mathbf{7.53}, \text{ Spalte 2, Lastfall H,}$$

$A = b\,s \quad$ und $\quad \Delta A = 2 \cdot s\,d$

Die Verbindung muss mindestens als SLP- Verbindung mit Passschrauben (DIN 7968 – 10.9) ausgeführt werden, wenn der Stab mit 377,6 kN voll belastet werden soll. Die Schrauben brauchen nicht planmäßig vorgespannt zu werden, s. Bild **7.53**, Spalte 7, quer.

Wird die Verbindung als GVP- Verbindung ausgeführt, müssen die Schrauben (DIN 7968 – 10.9) mit F_V = 100 kN planmäßig vorgespannt werden (Bild **7.52**, Spalte 2). Dies entspricht bei einer angenommenen Reibungszahl für die Schrauben von μ_{ges} = 0,14 einem Schraubenanziehmoment von $T_A \approx 310$ Nm (Bild **7.47**).

Eine SL- oder GV-Verbindung kommt bei voller Stabbelastbarkeit nicht in Frage, da F_{SL} bzw. F_{GV} < 377,6 kN. ∎

Literatur

[1] AD-Merkblatt B 7 (Feb. 1977): Berechnung von Druckbehälterschrauben.
[2] AD-Merkblatt W 7 (Sept. 1981): Schrauben und Muttern aus ferritischen Stählen.
[3] Boenick, U.: Untersuchungen an Schraubenverbindungen. Dissertation TU Berlin 1966.
[4] DIN V 2505 (1.86): Berechnung von Flanschverbindungen.
[5] Junker, G.; Boys, I.P.: Moderne Steuerungsmethoden für das Anziehen von Schraubenverbindungen. VDI-Bericht 220 (1974) S. 87.
[6] Illgner, K.-H.; Blume, D.: Schrauben-Vademecum. 6. Aufl.; Bauer & Schauerte Karcher GmbH, Neuss 1985.
[7] Junker, G.: Flächenpressung unter Schraubenköpfen. Z. Maschinenmarkt (1961) Nr. 38, S. 29/39.
[8] Junker, G.; Blume, D.; Leusch, F.: Neue Wege einer systematischen Schraubenberechnung. Düsseldorf.
[9] Junker, G.; Strehlow, D.: Untersuchungen über die Mechanik des selbsttätigen Lösens und die zweckmäßige Sicherung von Schraubenverbindungen. Z. Drahtwelt (1966), H. 3.
[10] Kübler, K.-H.; Mages, W.: Handbuch der hochfesten Schrauben. Essen 1986.
[11] VDI-Richtlinie VDI 2230 (Okt. 1977): Systematische Berechnung hochbeanspruchter Schraubenverbindungen.
[12] VDI-Richtlinie VDI 2230 Bl. 1 (6.1986): Systematische Berechnung hochbeanspruchter Schraubenverbindungen; zylindrische Einschrauben-Verbindungen.
[13] Fabry, Ch. W.: Untersuchungen an Dehnschrauben. Z. Konstruktion (1963) H. 15.

8 Federn

DIN-Blatt Nr.	Ausgabe-datum	Titel
2090	1.71	Zylindrische Schraubendruckfedern aus Flachstahl; Berechnung
2091	6.81	Drehstabfedern mit rundem Querschnitt; Berechnung und Konstruktion
2092	1.92	Tellerfedern; Berechnung
2093	1.92	Tellerfedern; Maße, Qualitätsanforderungen
2094	8.96	Blattfedern für Straßenfahrzeuge; Anforderungen, Prüfung
2095	5.73	Zylindrische Schraubenfedern aus runden Drähten; Gütevorschriften für kaltgeformte Druckfedern
2096 T1	11.81	Zylindrische Schraubendruckfedern aus runden Drähten und Stäben; Güteanforderungen bei warmgeformten Druckfedern
T2	1.79	-; Güteanforderungen für Großserienfertigung
2097	5.73	Zylindrische Schraubenfedern aus runden Drähten; Gütevorschriften für kaltgeformten Zugfedern
2098 T1	10.68	Zylindrische Schraubenfedern aus runden Drähten; Baugrößen für kaltgeformte Druckfedern ab 0,5 mm Drahtdurchmesser
2099 T1	11.02	Zylindrische Schraubenfedern aus runden Drähten und Stäben – Angaben für kaltgeformte Druckfedern; Teil 1: Vordruck A
T2	9.02	-; Teil 2: Angaben für kaltgeformte Zugfedern; Vordruck B
4621	12.95	Geschichtete Blattfedern – Federklammern
4626	2.86	Geschichtete Blattfedern – Federschrauben
5542	6.75	Blattfedernenden für Schienenfahrzeuge
5544 T1	2.85	Parabelfedern für Schienenfahrzeuge; Hauptmaße, Ausführungen, Anforderungen, Prüfung
T2	2.85	Parabelfedern für Schienenfahrzeuge; Einzelteile
11747	2.92	Landmaschinen und Traktoren; Blattfedern für Transportanhänger; Maße
34016	5.80	Blattfedern; Federgrundplatten für Federaufhängung
43801 T1	8.76	Elektrische Messgeräte; Spiralfedern, Maße
EN 13906 T1	7.02	Zylindrische Schraubendruckfedern aus runden Drähten und Stäben; Berechnung und Konstruktion – Teil 1: Druckfedern
T2	7.02	-; Berechnung und Konstruktion; Teil 2: Zugfedern
T3	7.02	-; Berechnung und Konstruktion; Teil 3: Drehfedern

DIN-Normen, Fortsetzung

DIN-Blatt Nr.	Ausgabedatum	Titel
ISO 2162 T1	8.94	Technische Produktdokumentation – Federn; Teil 1: Vereinfachte Darstellung
Werkstoffe (Halbzeug)		
17221	12.88	Warmgewalzte Stähle für vergütbare Federn; Technische Lieferbedingungen
53504	5.94	Prüfungen von Kautschuk und Elastomeren; Bestimmung von Reißfestigkeit, Zugfestigkeit, Reißdehnung und Spannungswerten im Zugversuch
53505	8.00	Prüfung von Kautschuk und Elastomeren – Härteprüfung nach Shore A und Shore D
EN 1654	3.98	Kupfer- und Kupferlegierungen – Bänder für Federn und Steckverbinder
EN 10132 T4	5.00	Kaltband aus Stahl für eine Wärmebehandlung – Technische Lieferbedingungen; Teil 4: Federstähle und andere Anwendungen
EN 10218 T2	8.96	Stahldraht und Drahterzeugnisse – Allgemeines; Teil 2: Drahtmaße und Toleranzen
EN 10270 T1	12.01	Stahldraht für Federn; Teil 1: Patentiert-gezogener unlegierter Federstahldraht
T2	12.01	–; Teil 2: Ölschlussvergüteter Federstahldraht
T3	8.01	–; Teil 3: Nichtrostender Federstahldraht
EN 12166	4.98	Kupfer und Kupferlegierungen – Drähte zur allgemeinen Verwendung

Formelzeichen

A, A_a, A_i	Schubfläche, Druckfläche, äußere bzw. innere	I_p	Trägheitsmoment, polares
		I_t	–, –, Rechengröße
a	lichter Abstand zwischen den Windungen	I	Trägheitsmoment, axiales
		i	Anzahl der federnden Windungen
b, b_0	Federbreite	K, K_1, K_2, K_3	Konstante (Biegefeder, Tellerfeder)
C	Federsteife, Federrate	k, k_1, k_2, k_3	Formfaktoren
D	mittlerer Windungsdurchmesser	L_c	Blocklänge
D_e, D_i	Außen- und Innendurchmesser	L_{KO}	Federkörper-Länge
d	Draht-, Stab-, Gummifederdurchmesser	L_0	Federlänge, unbelastet
		l	federnde Länge
E	Elastizitätsmodul	M	Moment
F	Federkraft	M_b	Biegemoment
G	Schubmodul (Gleitmodul)	N	Lastspiele
h	Federhöhe	R	Hebelarm Bild **8.1d**; **8.19**
h_0	Federweg bis zur Planlage	R_m	Zugfestigkeit

Formelzeichen, Fortsetzung

r	Halbmesser in Bild **8.15** sowie in Bild **8.49**	$\sigma_b H$	Biegehubfestigkeit
		τ	Schubspannung
S_a	Sicherheitsabstand	τ_A	ertragbarer Schubspannungsausschlag
s	Federweg	τ_{tA}	–, bei Verdrehung
t	Federdicke	τ_G	Schubgrenzspannung
T	Dreh-, Torsionsmoment	τ_{tG}	–, bei Verdrehung
W_b	Widerstandsmoment, axiales	τ_t	Torsionsspannung, ideelle Torsionsspannung (Drahtkrümmung unberücksichtigt)
W_p	Widerstandsmoment, polares		
W_t	–, –, Rechengröße		
w	Wickelverhältnis	τ_{tV}	Verdrehvorspannung
x	Faktor beim Mindestabstand	τ_{tc}	Torsionsspannung bei Blocklast
α	Formfaktor	τ_{tk}	Torsionsspannung unter Berücksichtigung der Drahtkrümmung
γ	Verschiebungswinkel		
ε	Federungsfaktor	τ_{tkh}	Hubspannung
η	Ausnutzungsfaktor	τ_{tkH}	Hubfestigkeit
σ	Normalspannung	τ_{tko}	Oberspannung der Belastung
σ_A	ertragbarer Normalspannungsausschlag	τ_{tkO}	Oberspannung der Dauerfestigkeit
σ_G	Normalgrenzspannung	τ_{tku}	Unterspannung der Belastung
σ_b, σ_d	Biege- bzw. Druckspannung ideelle Biegespannung (Drahtkrümmung unberücksichtigt)	τ_{tkU}	Unterspannung der Dauerfestigkeit
		φ_b	Breitenverhältnis = b/b_0
		$\psi, \psi°$	Verdrehwinkel in rad, in ° (Grad)

8.1 Allgemeine Berechnungsgrundlagen

Federn verformen sich unter Belastung elastisch. Nach Entlastung nehmen sie wieder ihre Ausgangsform an. Sie dienen zur Energiespeicherung (Federmotor, Türschließer), zum Kraftschluss (Ventilfeder) sowie zur Stoßminderung (Fahrzeugfeder) und Aufnahme von Formänderungen (Wärmeausdehnungen); ihre zahlreichen Bauformen lassen sich, besonders im Hinblick auf ihre Berechnung, gut nach der jeweiligen Beanspruchungsart ordnen: Biege-, Torsions-, Zug-, Druck- und Schubfedern. Die durch eine Zugkraft gedehnte Schraubenfeder (Bild **8.1**a) ist z. B. nach ihrer Beanspruchung eine Torsionsfeder.

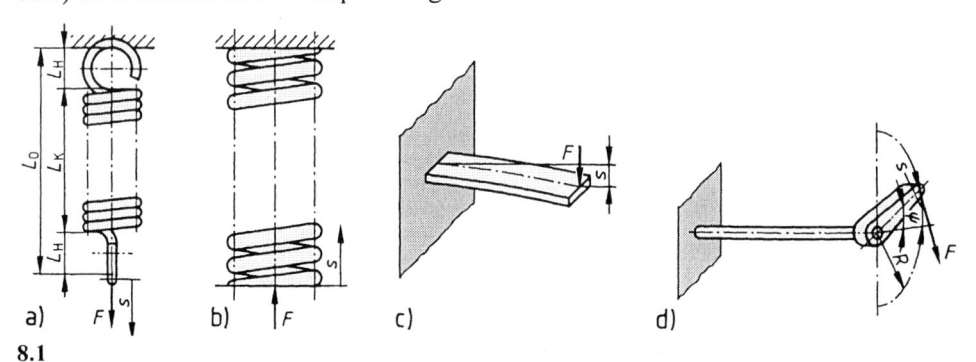

8.1
Federwege s
a) Verlängerung, b) Verkürzung, c) Durchbiegung, d) Verdrehung
Bogen $s = R \cdot \psi$ bzw. Drehwinkel (Verdrehungsbogenmaß in rad) $\psi = s/R$

8.1 Allgemeine Berechnungsgrundlagen

In der Praxis sind tabellarische und graphische Hilfsmittel der Federhersteller für fast alle Federformen bzw. -bauarten in Gebrauch. Die Berechnung und das Ermitteln der Federabmessungen setzt jedoch vor allem die Kenntnis einiger Grundbegriffe voraus, die zunächst erläutert werden. Eine besondere Federgruppe, deren Federkennlinien eigenen Gesetzen unterliegen, bilden die Luft- und Hydraulikfedern.

Kraftwirkung und Verformung. Die Auslenkung des Kraftangriffspunktes einer Feder heißt **Federweg** (Bild **8.1**). Die Beziehung zwischen Kraft F und Federweg s wird im **Federdiagramm** (Bild **8.2**) dargestellt. Reibungsfreie Federn, deren Werkstoff dem *Hooke*schen Gesetz folgt, haben fast ausnahmslos eine gerade Kennlinie. Die Zunahme der Federkraft F mit dem Federweg s bezeichnet man als **Federsteife** $c = dF/ds$ (Bild **8.2** und **8.3**).

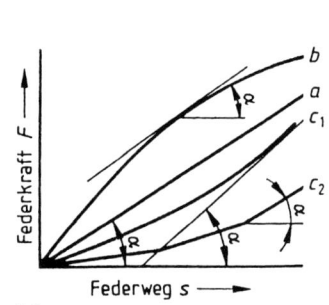

8.2
Federdiagramme für gerade (a), degressive (b) und progressive (c_1 und c_2) Kennlinien. Federsteife $c = dF/ds$. Bei den Kennlinien b, c_1 und c_2 ist c nicht konstant; je größer der Winkel α, desto härter die Feder

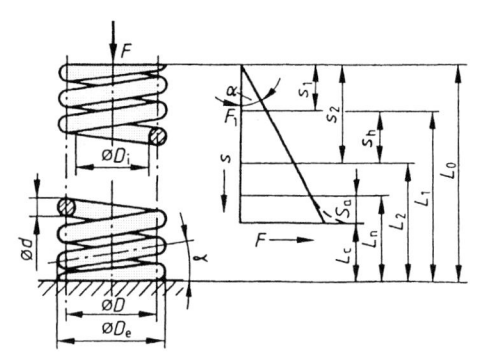

8.3
Federdiagramm (lineare Federkennlinie)

D mittlerer Windungsdurchmesser
s_h Arbeitsweg (Hub)
L_0 Länge der unbelasteten Feder
L_c Länge der zusammengedrückten (geblockten) Feder; Blocklänge
S_a Sicherheitsabstand = Federlänge bei Höchstlast = Blocklänge
α Anstiegswinkel der Kennlinie
γ Steigungswinkel der Windungen

Sie ist bei gerader Kennlinie in vorstehender Gleichung - Differenzenquotient statt Differentialquotient eingeführt - identisch mit der **Federrate** (früher Federkonstante genannt)

$$c = \frac{\Delta F}{\Delta s} = \frac{F_2 - F_1}{s_2 - s_1} = \frac{F_2}{s_2} = \frac{F_1}{s_1} = \frac{F_n}{s_n} \qquad (8.1)$$

Hierin bedeuten F_1 bis F_n die den Federwegen s_1 bis s_n zugeordneten Kräfte (Bild **8.3**). Der Kehrwert der Federsteife c ist die **spezifische Federung** (der spezifische Federweg) $1/c$.

Parallel- und Hintereinanderschaltung (Bild **8.4**). Federn können parallel oder hintereinander geschaltet werden. Auch eine Kombination beider Schaltungen ist möglich.

Parallelschaltung: Hierbei werden Federn derart miteinander gekoppelt, dass sich die angreifende Kraft F anteilmäßig auf die einzelnen Federn verteilt. Die auf die einzelnen Federn entfallenden Teilkräfte addieren sich, nicht aber die Federwege. Für die in Bild **8.4 a** und **b** dargestellten Anordnungen gilt die Gleichgewichtsbedingung

$$F - c_1 \cdot s - c_2 \cdot s = 0 \qquad F = (c_1 + c_2) \cdot s = \Sigma(c \cdot s) \tag{8.2}$$

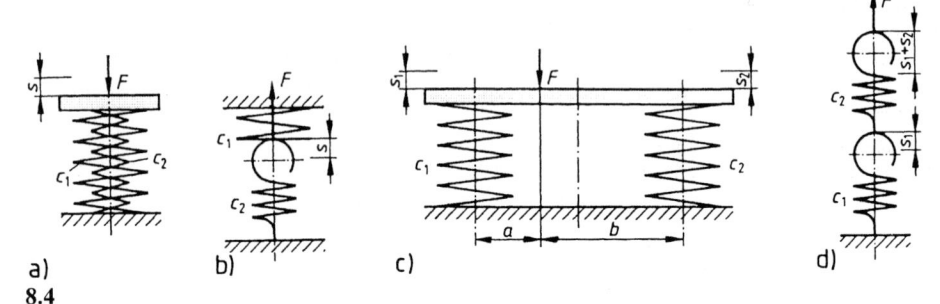

8.4
a) ... c) Parallelschaltung von zwei Federn
a), b) Schachtelung, Kombination von zwei Druckfedern (a) sowie von Zug- und Druckfedern (b),
c) Nebeneinanderreihung, d) Hintereinanderschaltung von zwei Zugfedern

Die resultierende **Federsteife** ist somit bei **Parallelschaltung**

$$\boxed{c_{\text{res}} = F/s = c_1 + c_2 = \Sigma c} \tag{8.3}$$

Bei der Anordnung nach Bild **8.4c** gelten unter der Voraussetzung, dass $s_1 = s_2 = s$ ist, die Gleichgewichtsbedingungen

$$\frac{F \cdot b}{a+b} - c_1 \cdot s = 0 \qquad \frac{F \cdot a}{a+b} - c_2 \cdot s = 0 \qquad F \cdot \left(\frac{a}{a+b} + \frac{b}{a+b}\right) = F = c_1 \cdot s + c_2 \cdot s = \Sigma(c \cdot s)$$

Die resultierende Federsteife ist wieder

$$c_{\text{res}} = F/s = c_1 + c_2 = \Sigma c$$

Hintereinanderschaltung: Hier werden Federn derart miteinander gekoppelt, dass die angreifende Kraft in voller Größe (also nicht anteilmäßig) an allen Federn angreift. Die Federwege addieren sich, nicht aber die Kräfte. Nach Bild **8.4d** gilt für den resultierenden Federweg

$$s_{\text{res}} = s_1 + s_2 = \frac{F}{c_1} + \frac{F}{c_2} = F \cdot \Sigma(1/c) \tag{8.4}$$

Die resultierende **Federsteife** ist bei **Hintereinanderschaltung**

$$\boxed{c_{\text{res}} = \frac{F}{s_{\text{res}}} = \frac{F}{s_1 + s_2} = \frac{F}{F/c_1 + F/c_2} = \frac{1}{1/c_1 + 1/c_2} = \frac{c_1 \cdot c_2}{c_1 + c_2}} \tag{8.5}$$

8.1 Allgemeine Berechnungsgrundlagen

Entsprechend ergibt sich für i Federn die **Federsteife** bei **Hintereinanderschaltung**

$$s_{res} = s_1 + s_2 + \ldots s_i = \Sigma s \qquad \boxed{1/c_{res} = 1/c_1 + 1/c_2 + \ldots 1/c_1 = \Sigma(1/c)} \qquad (8.6)$$

Anwendungen dieser Beziehungen zeigt Bild **8.25 c** und **d**.

Beispiel 1

Es soll das Federdiagramm einer Feder mit gerader Kennlinie (Bild **8.3**) entwickelt werden, die im eingebauten Zustand die Kraft $F_1 = 200$ N aufnimmt und sich im Betrieb um $\Delta s = s_h = 25$ mm verkürzt. Hierbei soll die Kraft auf $F_2 = 1400$ N steigen.

Für gerade Kennlinien ist nach Gl. (8.1) $c = \Delta F/\Delta s = (1400 - 200)$ N/25 mm = 48 N/mm. Damit ergibt sich die Kennlinie nach Bild **8.3**. Der Federweg bis zur Vorlast $F_1 = 200$ N (nach Abschn. 2.3, Unterlast F_u) im eingebauten Zustand ist

$$s_1 = \frac{F_1}{c} = \frac{200 \text{ N}}{48 \text{ N/mm}} = 4{,}17 \text{ mm}$$

Der Federweg bei der Betriebslast $F_2 = 1400$ N (Oberlast F_0 nach Abschn. 2.3) ist

$$s_2 = \frac{F_2}{c} = \frac{1400 \text{ N}}{48 \text{ N/mm}} = 29{,}17 \text{ mm}$$

Aus diesen Werten ermittelt man die Abmessungen der Feder je nach Bauart (s. Abschn. 8.2). ∎

Spannungs- und Verformungsgleichungen. Die **Spannungsgleichungen** beschreiben die Beziehungen zwischen Belastung, Spannung und Abmessungen einer Feder. Die Abmessungen müssen außerdem den gewünschten Verformungen entsprechend gewählt werden. Diese Beziehungen werden durch die **Verformungsgleichungen** erfasst. Die Berechnung einer Feder hat also stets beiden Gesichtspunkten Rechnung zu tragen. Spezielle Konstruktionsbedingungen werden im Abschn. 8.2 bei den einzelnen Federbauarten behandelt.

Arbeitsvermögen der Feder. Allgemein ist die Arbeit bzw. Energie $W = \int F \, ds$ mit F als der in Richtung des Weges s wirkenden Kraft. Die Energie, die eine Feder aufnehmen kann, ist im Federdiagramm als Fläche unter der Kennlinie darstellbar, weil dieses die Kraft in Abhängigkeit vom Federweg darstellt. Bei gerader Kennlinie ist nach Bild **8.3** die **Federungsarbeit**

$$\boxed{W = \frac{F \cdot s}{2} = \frac{c \cdot s^2}{2} = \frac{F^2}{2 \cdot c}} \qquad (8.7)$$

Beispiel 2

Alle Federn, welche die gerade Kennlinie nach obigem Beispiel 1 besitzen, speichern bei dem Federweg $s_2 = 29{,}17$ mm die Energie $W = 1400$ N · 29,17 mm/2 = 20 419 Nmm. Beim Entlasten auf 200 N geben sie die Arbeit $\Delta W = 20\,419$ Nmm − 200 N · 4,17 mm/2 = 20 000 Nmm ab. ∎

Ausnutzungsfaktor (Raumzahl) η. Der Ausdruck $W = F \cdot s/2$ nach Gl. (8.7) lässt sich mit Hilfe der Spannungs- und Verformungsgleichungen (Bild **8.13** und **8.49**) in eine andere, allen Federn mit gerader Kennlinie gemeinsame Form bringen. Demnach ist die **Federungsarbeit**

$$W = \frac{\eta \cdot \sigma_{max}^2 \cdot V}{2 \cdot E} \quad \text{mit \textbf{Normalspannung} } \sigma \tag{8.8}$$

oder

$$W = \frac{\eta \cdot \tau_{max}^2 \cdot V}{2 \cdot G} \quad \text{mit \textbf{Schubspannung} } \tau \tag{8.9}$$

Hierin bedeuten η den Ausnutzungsfaktor, σ_{max} bzw. τ_{max} die Spannungen bei Höchstlast, V das Werkstoffvolumen des federnden Teiles der Feder, E den Elastizitätsmodul und G den Schubmodul des Werkstoffes (Zahlenwerte in Bild **8.14** und Bild **8.16**).

Für eine **Blattfeder** (Bild **8.9a**) ergibt sich mit Gl. (8.15) und Gl. (8.24) aus Bild **8.13** sowie mit den in Bild **8.9** erläuterten Formelzeichen

$$F_{max} = \frac{b \cdot h^2 \cdot \sigma_{max}}{6 \cdot l} \qquad s_{max} = \frac{F_{max} \cdot l^3}{3 \cdot E \cdot I} = \frac{F_{max} \cdot l^3 \cdot 12}{3 \cdot b \cdot h^3 \cdot E} = \frac{4 \cdot F_{max} \cdot l^3}{E \cdot b \cdot h^3}$$

(E Elastizitätsmodul, I axiales Trägheitsmoment). Das Arbeitsvermögen ist mit der Höchstlast F_{max} und dem zugehörigen Federweg s_{max}

$$W = \frac{F_{max} \cdot s_{max}}{2} = \frac{b \cdot h \cdot l \cdot \sigma_{max}^2}{2 \cdot 9 \cdot E} = \frac{1}{9} \cdot \frac{\sigma_{max}^2 \cdot V}{2 \cdot E}$$

mit dem federnden Volumen $V = b \cdot h \cdot l$. Der Ausnutzungsfaktor ist demnach für eine Biegefeder mit rechteckigem Querschnitt $\eta = 1/9$. Bisweilen findet man in der Literatur anstatt Gl. (8.8) auch den Ausdruck $W = \eta \cdot (\sigma_{max}^2 \cdot V/E)$; dann wird im vorliegenden Fall $\eta = 1/18$. Der Ausnutzungsfaktor gibt einen Anhalt für die Güte der Werkstoffausnutzung verschiedener Federformen bei gleicher Spannung, aber keinen eindeutigen Hinweis für den Raumbedarf einer Federbauart, weil Form und Befestigungsart der Feder für den Raumbedarf eine entscheidende Bedeutung haben.

Resonanz schwingender Systeme. Jedes aus einer Masse m und einer Feder bestehende System ist schwingungsfähig (s. a. Teil 2: Abschn. Achsen und Wellen; Kupplungen). Unter Vernachlässigung der Eigenmasse der Feder sind für das Einmassensystem (Bild **8.5**) die **Eigenkreisfrequenz** ω_e in rad/s und die **Schwingungsdauer** T (Bild **8.6**) bei **Längsschwingungen**

$$\omega_e = \sqrt{c/m} \qquad T = 2\pi \cdot \sqrt{m/c} \tag{8.10, 8.11}$$

bei **Drehschwingungen**

$$\omega_e = \sqrt{c'/J} \qquad T = 2\pi \cdot \sqrt{J/c'} \tag{8.12, 8.13}$$

Hierin bedeuten m die mit der Feder verbundene schwingende Masse, c die Federrate, J das Massenträgheitsmoment der mit der Feder verbundenen und Drehschwingungen ausübenden Masse, c' das spezifi-

8.1 Allgemeine Berechnungsgrundlagen

sche Federrückstellmoment (Einheitsmoment, Drehsteife), $c' = T/\psi$ mit dem Drehmoment T bei dem Drehwinkel ψ in rad (**8.1d**) (Schwingungsdauer und Drehmoment haben hier gleiches Formelzeichen!).

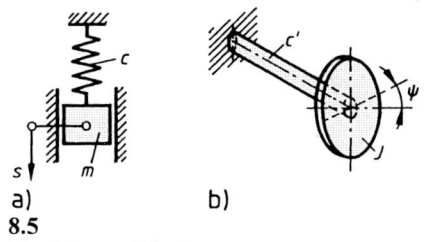

8.5
Ein-Massen-Schwingungssystem
a) für Längsschwingungen
b) für Drehschwingungen

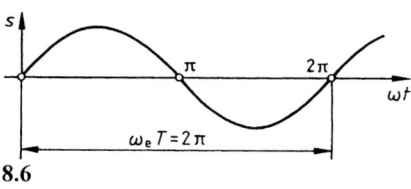

8.6
Harmonische Schwingung,
Weg-Zeit-Funktion
T Schwingungsdauer

Beispiel 3

Es sollen die **Schwingungszeit** und die **Eigenfrequenz** des in Bild **8.7** dargestellten Systems berechnet werden. Bekannt sind die Masse m_K des Kolbens K und m_S der Schubstange S, das Massenträgheitsmoment J_H des Hebels H, bezogen auf den Drehpunkt 1 und die Federsteife c.

Reduziert man die schwingenden Massen auf den zusammen mit der Feder Längsschwingungen ausübenden Punkt 2, so kann man die Schwingungszeit nach Gl. (8.11) berechnen. Die zunächst auf Punkt 3 reduzierte Masse des Kolbens und der Schubstange ist $m_{red} = m_K + m_S$. Die auf Punkt 2 reduzierte Masse ist dann $m_{red\,2} = (m_K + m_S) \cdot a^2/b^2$. Hinzu kommt noch die auf Punkt 2 reduzierte Masse des Hebels $m_{H\,red} = J_H/b^2$. Damit erhält man die Schwingungszeit und die Eigenfrequenz

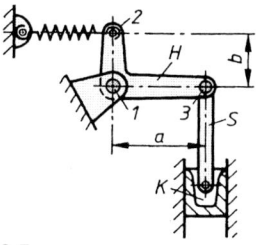

8.7
Schwingendes System
$1, 2, 3$ Drehpunkte

$$T = 2\pi \sqrt{\frac{(m_K + m_S) \cdot a^2/b^2 + J_H/b^2}{c}} \quad \text{und} \quad \omega_e = \frac{2\pi}{T}$$

∎

Resonanz tritt ein, wenn äußere Impulse auf das schwingende System einwirken, deren zeitlicher Abstand gleich oder angenähert gleich der Schwingungszeit T des Systems ist, wenn also die Erregung im Takt der Eigenfrequenz erfolgt ($\omega = \omega_e$). Wegen der Bruchgefahr muss durch entsprechende Wahl der Abmessungen Resonanz vermieden werden, oder man hält durch eine ausreichende Dämpfung die Resonanzausschläge klein.

Grenzspannungen. Da Federn sich nicht bleibend verformen dürfen, muss als Grenzspannung (s. Abschn. 2.3) die Elastizitätsgrenze gesetzt werden. Wenn diese nicht bekannt ist, wird sie allerdings häufig durch die Streckgrenze ersetzt (DIN EN 10002-1). Die Normen geben zulässige Spannungen an, die das Material gut ausnutzen, z. B. für die Blockspannung bei Schraubendruckfedern $\tau_{c\,zul} = 0{,}56 \cdot R_m$. Sie beziehen sich auf die Bruchfestigkeit und liegen unter der Streckgrenze. Federn, die im Betrieb ständigen Beanspruchungsänderungen ausgesetzt sind, müssen außerdem auf ihre Gestaltfestigkeit nachgerechnet werden. In diesem Fall ist als Grenzspannung der ertragbare Spannungsausschlag σ_A, τ_A bzw. die Dauerhubfestigkeit $\tau_{tH} = 2\tau_{tA}$

zur Beurteilung zu benutzen (s. Abschn. 2.3). Spannungen werden bei Berücksichtigung von Spannungsspitzen (z. B. infolge der Drahtkrümmung) bei Schraubenfedern (**8.1 a** und **b**) mit dem Index k bezeichnet.

In den Bildern **8.14**, **8.16** und **8.36** bis **8.39** sind die zulässigen Spannungen σ_{zul} und $\tau_{t\,zul}$ angegeben, die bei ruhender Belastung nicht überschritten werden dürfen, wenn bleibende Verformungen vermieden werden sollen. Die Bilder **8.14**, **8.23**, **8.40** und **8.41** bis **8.44** enthalten die **ertragbaren Spannungsausschläge** fertiger Federn (Gestaltfestigkeitswerte) σ_A, $\tau_{t\,A}$ bzw. die Hubfestigkeiten σ_H, $\tau_{t\,k\,H}$, die bei im Betrieb ständig schwankender Belastung nicht überschritten werden dürfen, wenn Dauerbrüche vermieden werden sollen. Den Bildern ist zu entnehmen, dass mit größer werdenden Querschnitten die Gestaltfestigkeit abnimmt.

Ermitteln der Federabmessungen. Die verschiedenen unbekannten Größen in den Spannungs- und Verformungsgleichungen (Bild **8.13** und **8.49**) zwingen zunächst zu Annahmen, wobei die aus dem für die Feder verfügbaren Raum sich ergebenden, oft unabänderlichen Bedingungen zu beachten sind. Man soll sich vor dem Berechnen Klarheit darüber verschaffen, welche Auswirkungen die Änderung einzelner Einflussgrößen in den Gleichungen auf andere Größen haben.

Ein nachträgliches Anpassen der Konstruktion einer Maschine oder eines Gerätes an die benötigte Federlänge wird sich nicht immer vermeiden lassen. Deshalb sollen Federberechnungen zu Beginn der Entwurfsarbeiten durchgeführt werden. Die Ausführung einer Feder hat also in vielen Fällen Einfluss auf die Abmessungen der Gesamtkonstruktion.

8.2 Bemessen und Gestalten der verschiedenen Bauformen

8.2.1 Metallfedern

Biegefedern, Tellerfedern

Für die als Federwerkstoff in Frage kommenden Stahlsorten ist, von nichtrostenden Stählen abgesehen, der Elastizitätsmodul E und der Schubmodul G von der Stahlsorte sowie von der Wärmebehandlung praktisch unabhängig (Zahlenwerte s. Bild **8.14**). In Folge dessen lässt sich die Federsteife durch Wahl verschiedener Stahlsorten oder durch Vergüten der Federn nicht beeinflussen. Lediglich die zulässige Belastung ist von der Stahlsorte und der Wärmebehandlung abhängig. Werte für E bzw. G von Nichteisenmetallen enthält Bild **8.16**. Die Federberechnung ist weitgehend genormt.

Zug- und druckbeanspruchte Federn

Federn, die nur Zug- oder Druckspannungen aufnehmen, sind die sog. Ringfedern, bestehend aus geschlossenen Innen- und Außenringen, die sich gegenseitig an ihren kegeligen Mantelflächen abstützen (Bild **8.8**). Sie werden als Pufferfedern [3], [4] und als Spannelemente (s. Abschn. 6) verwendet.

8.8 Ringfeder

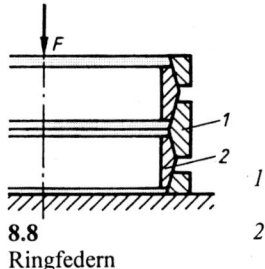

1 auf Zug beanspruchter Außenring
2 auf Druck beanspruchter Innenring

8.2 Bemessen und Gestalten der verschiedenen Bauformen

Biegefedern. Diese können je nach ihrer Bauart Zug- und Druckkräfte sowie Momente aufnehmen. Die Spannungs- und Verformungsgleichungen lassen sich auf einheitliche Grundformeln nach Bild **8.13** zurückführen.

Einfache Blattfeder. Die Federblätter haben konstante Dicke h und Breite b (**8.9a** und **8.1c**). Der Werkstoffausnutzungsfaktor η einer rechteckigen Blattfeder mit konstanter Dicke ist klein. Günstiger sind Federblätter mit zur Kraftangriffsstelle hin abnehmender Dicke (Körper gleicher Festigkeit). Derartige Blätter sollen andererseits vermieden werden, weil sie neuzeitlichen Fertigungsgesichtspunkten widersprechen. Leichter herstellbar sind Blätter in Trapezform mit konstanter Dicke (**8.9b**).

Ihre Verwendung führt zu beachtlichen Gewichtsersparungen, und die Ausnutzungszahl ist größer.

Alle fest eingespannten Federn sind an den Einspannstellen infolge Kerbwirkung dauerbruchgefährdet. Daher empfiehlt es sich, die Kanten der Einspannstelle zu runden, mindestens zu brechen oder Beilagen aus weicheren Werkstoffen (Papier, Kunststoff, Messing u. a.) vorzusehen. Eine starke Kerbwirkung haben auch Befestigungsbohrungen in der Einspannung. Sie sollten daher mindestens einen Abstand von der Einspannkante der Feder haben, der der vierfachen Blattdicke entspricht.

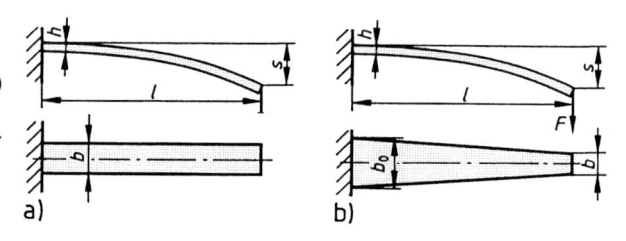

8.9
a) Einfache Biegefeder (Blattfeder) mit Rechteckquerschnitt
b) Trapezfeder mit Rechteckquerschnitt, Breitenverhältnis $\varphi_b = b/b_0$

φ_b	0	0,1	0,2	0,3	0,4	0,5	0,6	0,7	0,8	0,9	1,0
ε	1,500	1,390	1,315	1,250	1,202	1,160	1,121	1,085	1,054	1,025	1,000

8.10 Breitenverhältnis φ_b und Federungsfaktor ε von Trapezfedern

Geschichtete Blattfeder. Im Fahrzeugbau wurden früher vorwiegend geschichtete Blattfedern (Bild **8.11**) verwendet. Ihre Bedeutung geht jedoch, vom Lastkraftwagenbau abgesehen, wegen der schlecht erfassbaren und meist unerwünschten Reibung ständig zurück.

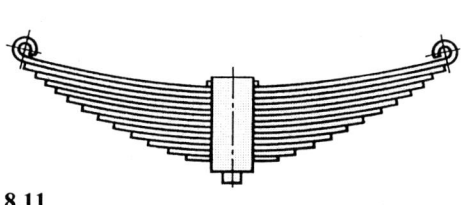

8.11 Geschichtete Blattfeder

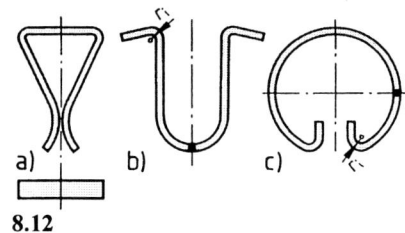

8.12 Formfedern
a) Flachformfeder
b) und c) Drahtformfeder

Federart	Bild	Spannungsgleichung		Verformungsgleichung		Kenn- und Richtwerte
Biegefedern	—	$\sigma_b = \dfrac{F \cdot l}{W_b}$	(8.14)	$s = \dfrac{F \cdot l^3}{K \cdot E \cdot I}$	(8.23)	
einfache Blattfeder	8.9a	$\sigma_b = \dfrac{6 \cdot F \cdot l}{b \cdot h^2}$	(8.15)	$s = \dfrac{4 \cdot F \cdot l^3}{E \cdot b \cdot h^3}$	(8.24)	$\eta = 1/9$
Trapezfeder	8.9b	$\sigma_b = \dfrac{6 \cdot F \cdot l}{b_0 \cdot h^2}$	(8.16)	$s = \dfrac{4 \cdot \varepsilon \cdot F \cdot l^3}{E \cdot b_0 \cdot h^3}$	(8.25)	$\eta = \dfrac{\varepsilon}{4{,}5 \cdot (1+\varphi_b)}$ $\varphi_b = b/b_0$ s. **8.9b** ε nach Bild **8.10**
Flach- und Draht-Formfeder	8.12	überschlägig nach (8.14)		überschlägig nach (8.20)		$\sigma_{max} = k_3 \cdot \sigma_b$ r_i und k_3 Bild **8.15**
ebene Spiralfeder [1]		$\sigma_b = \dfrac{M}{W_b}$	(8.17)	$\psi = \dfrac{M \cdot l}{E \cdot I}$	(8.26)	DIN 43 801
Rechteckquerschnitt	8.17 8.18	$\sigma_b = \dfrac{6 \cdot M}{b \cdot h^2}$	(8.18)	$\psi = \dfrac{12 \cdot M \cdot l}{E \cdot b \cdot h^3}$	(8.27)	$\eta = 1/3$
Kreisquerschnitt	8.17 8.18 a bis c	$\sigma_b = \dfrac{32 \cdot M}{\pi \cdot d^3}$	(8.19)	$\psi = \dfrac{64 \cdot M \cdot l}{E \cdot \pi \cdot d^4}$	(8.28)	$\eta = 1/4$ r_i und k_3 Bild **8.15**
zylindrische Schraubenbiege- bzw. Schenkelfeder	8.19	$\sigma_b = \dfrac{F \cdot R}{W_b}$	(8.20)	$s = R \cdot \psi = \dfrac{F \cdot l \cdot R^2}{E \cdot I}$	(8.29)	$\sigma_{max} = k_3 \cdot \sigma_b$ $L_{KO} = i \cdot (a+d)+d$ $w = D_m/d \approx 4 \dots 15$ $l = \pi \cdot D_m \cdot i$ $\eta = 1/3$
Rechteckquerschnitt		$\sigma_b = \dfrac{6 \cdot F \cdot R}{b \cdot h^2}$	(8.21)	$s = R \cdot \psi = \dfrac{12 \cdot F \cdot l \cdot R^2}{E \cdot b \cdot h^3}$	(8.30)	r_i und k_3 Bild **8.15** $\eta = 1/4$
Kreisquerschnitt		$\sigma_b = \dfrac{32 \cdot F \cdot R}{\pi \cdot d^3}$	(8.22)	$s = R \cdot \psi = \dfrac{64 \cdot F \cdot l \cdot R^2}{E \cdot \pi \cdot d^4}$	(8.31)	$\sigma_{max} = k_1 \cdot \sigma_b$ k_1 Bild **8.32**

[1]) Gültigkeit der Gleichungen: Federenden fest eingespannt, berühren sich nicht

8.13 Spannungs- und Verformungsgleichungen für Biegefedern; Richtwerte; zulässige Spannung s. Bild **8.14**

Federbauart	Werkstoff	Festigkeitswerte [1]) in N/mm²	
einfache Blattfeder	Federstahl DIN 17221, DIN EN 10132-4 Walzhaut und Oxidhaut erhalten Walzhaut entfernt, vergütet, verdichtet	$\sigma_{b\,zul}$ ≤ 750 ≤ 800	$\sigma_{b\,H}$ ≤ 240 ≤ 600
Flachformfeder, Drahtformfeder	Federstahl DIN EN 10132-4, DIN EN 10270, DIN EN 10218	Angaben beim Federhersteller erfragen	
Schenkelfeder	kaltgeformt DIN EN 10270	$\sigma_{b\,zul} \leq 0{,}7 \cdot R_m$	**8.44**
kaltgezogene Drähte	(DIN EN 10270)	$G = 81\,500$ N/mm²	$E = 206\,000$ N/mm²
kaltgewalzte Stahlbänder	(DIN EN 10132-4)	$G = 78\,500$ N/mm²	$E = 206\,000$ N/mm²
warmgeformte Stähle	(DIN 17221)	$G = 78\,500$ N/mm²	$E = 196\,200$ N/mm²
nichtrostende Stähle	(DIN EN 10270-3)	$G = 71\,500$ N/mm²	$E = 176\,600$ N/mm²

[1]) Ruhend: Querschnittstelle I; schwingend: Querschnittstelle II und III (s. Gl. (8.36) bis Gl. (8.38)).

8.14 Zulässige Spannung, Elastizitätsmodul E und Schubmodul G, für Biegefedern

8.2 Bemessen und Gestalten der verschiedenen Bauformen

r_i	$0,5 \cdot h$	$0,75 \cdot h$	$1,00 \cdot h$	$1,25 \cdot h$	$1,50 \cdot h$	$2,00 \cdot h$	$3,00 \cdot h$	$4,00 \cdot h$	d in mm	< 4	4 ... 7	7 ... 10	> 10
k_3	2,00	1,75	1,50	1,40	1,30	1,25	1,20	1,15	r_i in mm	$1,0 \cdot d$	$1,2 \cdot d$	$1,4 \cdot d$	$1,6 \cdot d$

8.15
Formfaktor k_3 für innere Rundungshalbmesser r_i von Flachform- und gewundenen Biegefedern; Rundungshalbmesser r_i für Drahtabbiegungen; d Drahtdurchmesser $\sigma_{max} = k_3 \cdot \sigma_b$ (zu Bild **8.11**, **8.18**, **8.19**)

Werkstoff		DIN	E-Modul ± 5%	G-Modul	Biegung $\sigma_{b\,zul}$ [1]			Torsion $\tau_{b\,zul}$ [1]		
					I	II	III	I	II	III
CuZn37	(früher Ms 63)	EN 12166; DIN EN 1654	110 000	42 000 / 35 000	25 / 28	180 / 210	70 / 100	- / 19	- / 120	- B / 60 D
CuSn6	(früher Sn Bz 6)	EN 12166; DIN EN 1654	115 000	41 000	42 / 50	300 / 420	130 / 230	- / 30	- / 230	-B B / 11
CuNi18Zn20	(früher Ns 6512)	DIN EN 1652	140 000	≈ 42 000	35 / 43	300 / 350	110 / 160	- / 26	- / 160	- B / 95 D

8.16
Richtwerte in N/mm² für Elastizitätsmodul E und Schubmodul G sowie zulässige Spannung von Nichteisenmetallen, B = Band, D = Draht; genaue Angaben beim Federhersteller erfragen, weil stark vom Kaltziehen bzw. Kaltwalzen und Anlassen abhängig.

[1] Für die Belastungsfälle I ruhend, II schwellend, III wechselnd.

Sonstige Formfedern. Außer den oben bereits beschriebenen Blattfedern gibt es - vor allem in der Feinwerktechnik - noch viele andere Bauformen (Bild **8.12**). Ihre exakte Berechnung ist oft nicht möglich; gute Näherungsverfahren enthält die einschlägige Fachliteratur. Es empfiehlt sich, nach überschläger Ermittlung der Hauptabmessungen nach den Gl. (8.14), (8.15), (8.23) und (8.24) für einfache **Blattfedern** stets die Federcharakteristik an einer Musterfeder zu überprüfen. Bei **Formfedern aus Draht** ist in Gl. (8.14) $W_b = \pi \cdot d^3/32$ und in Gl. (8.23) $I = \pi \cdot d^4/64$, für l die Drahtlänge und $K = 3$ zu setzen. Zu kleine Halbmesser r_i (Bild **8.12**) führen zu Spannungsspitzen, die durch den Formfaktor k_3 berücksichtigt werden. Faktor k_3 und Rundungshalbmesser r_i für Drahtbiegungen ist Bild **8.15** zu entnehmen. Den Abmessungen der Federn sind auch die Werkstoff-Normen zu Grunde zu legen.

Ebene gewundene Biegefeder (Spiralfeder DIN 43801). Die Spiralfeder wird i. allg. nach einer archimedischen Spirale gewickelt (**8.17**); hierbei haben die Windungen gleichen Abstand voneinander. Federn mit rechteckigem Querschnitt haben eine bessere Werkstoffausnutzung als solche mit rundem Querschnitt. Die **Spannungs-** und **Verformungsgleichungen** (8.17) bis (8.19) bzw. (8.26) bis (8.28) gelten nur, wenn die Federenden fest eingespannt sind oder ein Kräftepaar aufnehmen (Bild **8.20**). In diesem Fall kann das Biegemoment M_b, das gleich dem an der Welle wirkenden Drehmoment T ist, als über die ganze Federlänge konstant angenommen werden. Weitere Voraussetzungen für die Gültigkeit dieser Gleichungen ist, dass die Windungen sich nicht gegenseitig berühren. Selbst dann stellen aber die Gleichungen in Bild **8.13** nur Näherungen dar [3], [4]. Bei der Spannungskontrolle ist zu beachten, dass Abbiegungen starke Spannungsspitzen ergeben können. Der Formfaktor k_3 kann Bild **8.15** entnommen werden. Bild **8.18** zeigt Möglichkeiten zur Ausbildung der Federenden von ebenen gewundenen Biegefedern.

DIN 43801 enthält die Abmessungen kleiner Bronze-Federn für Messinstrumente in Abhängigkeit vom Drehmoment.

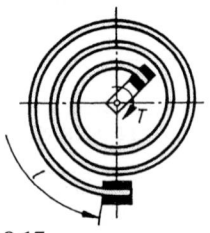

8.17
Ebene gewundene Biegefeder (archimedische Spirale): Spiralfeder mit Rechteck- oder Kreisquerschnitt und mit fest eingespannten Enden; l federnde Drahtlängen

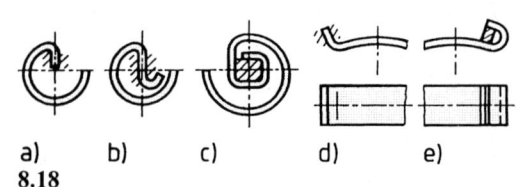

8.18
Gestaltung der Federenden von Spiralfedern nach Bild **8.17** bei fester Einspannung

Zylindrische Schraubenbiegefeder (Schenkelfeder, DIN EN 13906). Die wichtigsten Ausführungen zeigt Bild **8.19**. Die Feder soll möglichst so belastet werden, dass sich die Schenkel einander nähern und die Windungen sich zusammenziehen. Die umgekehrte Bewegungsrichtung führt zu ungünstigen Beanspruchungen (nähere Einzelheiten s. DIN EN 13906).

Die Spannungs- und Verformungsgleichungen (8.20) bis (8.22) bzw. (8.29) bis (8.31) gelten unter der Voraussetzung, dass die Federenden fest eingespannt sind oder ein Kräftepaar aufnehmen (Bild **8.20**).

Ist die Feder auf einen Dorn geschoben, so nähern sich die Befestigungsbedingungen für die Federenden bereits der festen Einspannung, wenn ihre Schenkel nur gegen Mitnehmer drücken. Die Länge der unbelasteten Feder ohne Schenkel bezeichnet man als Körperlänge L_{KO} (**8.19**).

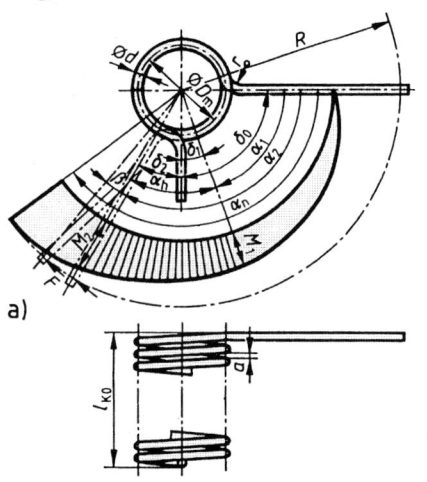

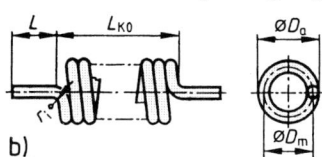

8.19
Schenkelfedern DIN EN 13906
a) Federkennlinie
b) längs abgekröpfte Federenden (Schenkel)
a Windungsabstand
α Drehwinkel, α_h Hubwinkel
δ Schenkelwinkel, δ_0 Schenkelwinkel bei unbelasteter Feder
M Federmomente
$F = M / R$ Federkräfte am Hebelarm R

Aus dem zur Verfügung stehenden Raum und der Körperlänge L_{KO} kann die unterzubringende Windungszahl i ermittelt werden. Die Schenkellänge soll möglichst kurz gehalten werden, um unerwünschte und in der Rechnung nicht erfassbare Verformungen zu vermeiden. Der Rundungshalbmesser r_i, mit dem die Schenkel oder Befestigungsösen usw. angebogen werden, sollen möglichst groß sein, um den Formfaktor k_3 klein zu halten. Bewährte Richtwerte für r_i enthält Bild **8.15**.

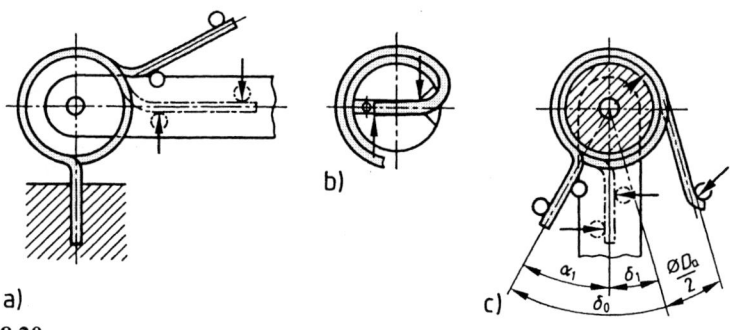

8.2 Bemessen und Gestalten der verschiedenen Bauformen

8.20
Schenkeleinspannungen DIN EN 13906
a) fest eingespannte Schenkel (zweckmäßig)
b) in einem Dorn fest eingespannter Schenkel (zweckmäßig)
c) einseitig nicht fest eingespannt, bewegter Schenkel fest eingespannt (zweckmäßig, umgekehrt unzweckmäßig)

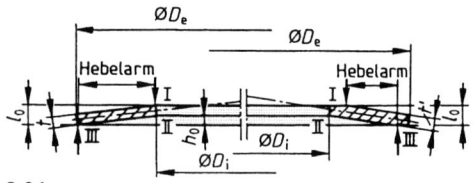

8.21
Tellerfeder

links: ohne Auflageflächen
rechts: mit Auflageflächen
I, II, III Querschnittsstellen der rechnerischen Spannung
h_0 unbelastete Höhe t Tellerdicke

Tellerfeder (DIN 2092, 2093). Die in Bild **8.21** dargestellte Tellerfeder ist eine kegelförmige Ringschale. Man kann ihr durch entsprechende Wahl des Verhältnisses der unbelasteten Höhe zur Schalendicke annähernd gerade oder degressive Kennlinien geben (Bild **8.22** und **8.24**).

Die Teller können zu Feder-Paketen (**8.25b**) und Feder-Säulen (**8.25 c** und **d**) zusammengesetzt werden. Durch entsprechendes Kombinieren mehrerer Teller erhält man progressive Kennlinien (c_1 und c_2 in Bild **8.2**, Bild **8.26**). Maße von Tellerfedern s. Bild **8.28**.

Kennlinienverlauf	h_0/t		Bild
annähernd gerade	$\leq 0{,}6$		8.2a, 8.24
degressiv	$0{,}6 \dots \sqrt{2}$		8.2b, 8.24
mit waagerechtem Kurventeil	$\sqrt{2} \approx 1{,}4$		8.24
Kurventeil mit absinkender Last	$> 1{,}4$		8.24
progressiv (Polygonzug)	Federpaket aus verschieden dicken Tellern oder mit verschiedener Schichtung		8.2: c_2 8.20

8.22
Kennlinienverlauf von Tellerfedern

Im Allgemeinen bevorzugt man Tellerfedern, wenn große Kräfte bei kleinen Federwegen aufgenommen werden sollen. Die Tellerfedern finden aber auch in anderen Fällen ständig weitere Anwendungsgebiete. Federn mit Kennlinien, die abschnittsweise eine annähernd konstante Federkraft haben, werden als Schraubensicherungen verwendet, wenn durch Schrumpfen von Dichtungen oder aus anderen Gründen ein Vorspannungsverlust eintreten kann. Nach dem gleichen Prinzip kann man trotz des eintretenden

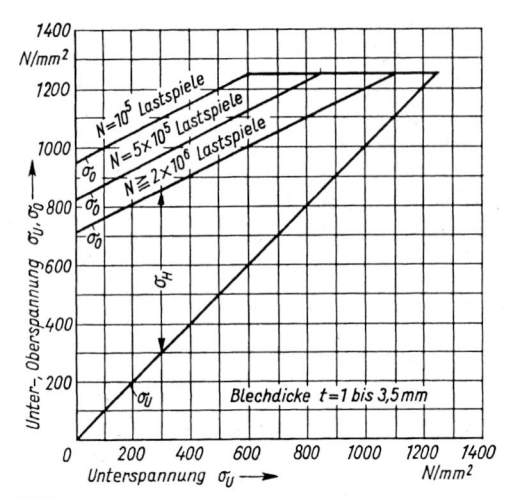

8.23
Dauer- und Zeitfestigkeitsschaubild für Tellerfedern nach DIN 2093. Dauerfestigkeit bei $N \geq 2 \cdot 10^6$ Lastspiele

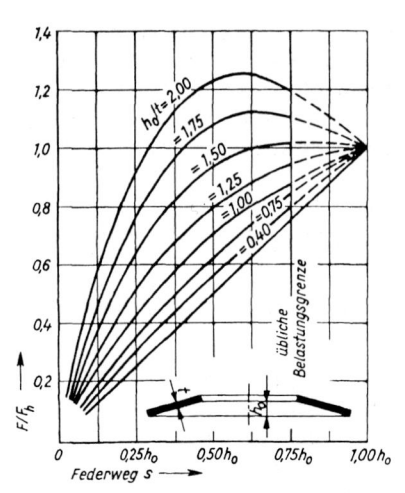

8.24
Kennlinien von Tellerfedern; Federkraft F bezogen auf Federkraft F_h (Kraft bei flachgedrückter Feder) in Abhängigkeit vom Federweg s und dem Verhältnis h_0/t. Nach DIN 2093 ist für Federn der Reihe A $h_0/t = 0{,}4$, der Reihe B $h_0/t = 0{,}75$, der Reihe C $h_0/t = 1{,}3$

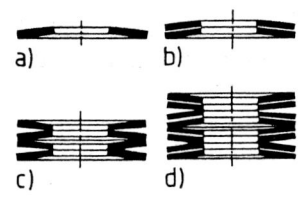

8.25
Tellerfederkombinationen mit gleich dicken Tellern
Unter Vernachlässigung der Reibung gilt, s. auch Gl. (8.2) bis (8.6)

a) Einzelteller $n = 1$, $i = 1$
  $F_{ges} = n \cdot F_1 = 1 \cdot F_1$ $s_{ges} = i \cdot s_1 = 1 \cdot s_1$ $L_0 = i \cdot [l_0 + (n-1) \cdot t]$ $L_0 = l_0$

b) einfache Schichtung (Parallelschaltung)
  $n = 2$, $i = 1$ $F_{ges} = 2 \cdot F_1$ $s_{ges} = 1 \cdot s_1$ $L_0 = l_0 + t$

c) Federsäule (Hintereinanderschaltung)
  $n = 1$, $i = 4$ $F_{ges} = 1 \cdot F_1$ $s_{ges} = 4 \cdot s_1$ $L_0 = 4 \cdot l_0$

d) Federsäule (kombinierte Parallel- und Hintereinanderschaltung)
  $n = 2$, $i = 4$ $F_{ges} = 2 \cdot F_1$ $s_{ges} = 4 \cdot s_1$ $L_0 = 4 \cdot [l_0 + (1 \cdot t)]$

e) Kennlinien zu a) bis d) als Geraden dargestellt (beachte jedoch Bild **8.24**)

n Anzahl der geschichteten Teller je Paket
F_1 Kraft für den Einzelteller, F_{ges} Gesamtkraft
$l_0 = h + t$ Länge des unbelasteten Einzeltellers
i Anzahl der Pakete
L_0 Länge der unbelasteten Tellerkombination

8.2 Bemessen und Gestalten der verschiedenen Bauformen

Verschleißes auch die Anpresskräfte in Reibungskupplungen (s. Teil 2: Abschn. Kupplungen und Bremsen) konstant halten. Auch für einen Spiel- und Toleranzausgleich (z. B. zur axialen Befestigung von Wälzlagern) sind diese Federn geeignet. In diesem Falle verwendet man auch radial geschlitzte Federn.

Die Tellerpakete besitzen eine bestimmte **Eigendämpfung**, die Eigenschwingungen rasch abklingen lässt (s. Abschn. 8.1). Legt man mehrere Teller ineinander („Federpaket" mit sog. gleichsinniger Schichtung), so führen die in den Berührungsflächen entstehenden Reibungskräfte durch die beachtliche, in Wärme umgewandelte Reibungsarbeit zu einer erhöhten Dämpfung. In Folge dessen eignen sich Federpakete sehr gut zur Vernichtung von Stoßenergie. Die Reibungsarbeit je Berührungsfläche beträgt etwa 6% der von dem Paket aufgenommenen Arbeit bei normalen bzw. 3% bei geschliffenen Berührungsflächen. **Tellerfederkombinationen** zeigen die Bilder **8.25** und **8.26**. Die Form ihrer Kennlinie kann nach den unter Gl. (8.35) angegebenen Konstruktionsbedingungen beeinflusst werden (**8.26** und **8.24**).

8.26
Tellerfeder-Kombinationen mit progressiven Kennlinien
a) mit gleich dicken Tellern
  $n = 1 ... 3, i = 4$
b) mit verschieden dicken Teller
  $n = 1, i = 6$

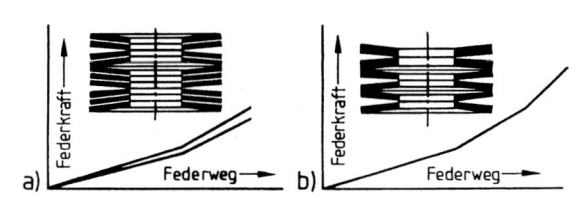

Die **Berechnung** der Tellerfeder ohne Auflagefläche erfolgt nach dem Näherungsverfahren von *Almen* und *László*. Hiernach ist die **Federkraft**

$$F = \frac{4 \cdot E}{1-\mu^2} \cdot \frac{t^4}{K_1 \cdot D_e^2} \cdot \frac{s}{t} \cdot \left[\left(\frac{h_0}{t} - \frac{s}{t}\right) \cdot \left(\frac{h_0}{t} - \frac{s}{2 \cdot t}\right) + 1 \right] \qquad (8.32)$$

mit s als Federweg, μ als Poisson-Zahl (Querzahl) und K_1 als Kennwert nach Bild **8.27**. Die Maßbezeichnungen s. Bild **8.21**. Tellerfedern werden im Allgemeinen aus Stahl mit dem Elastizitätsmodul $E = 206\,000$ N/mm² und $\mu \approx 0{,}3$ hergestellt. Die **Federrate** ist

$$c = \frac{4 \cdot E}{1-\mu^2} \cdot \frac{t^3}{K_1 \cdot D_e^2} \cdot \left[\left(\frac{h_0}{t}\right)^2 - 3 \cdot \frac{h_0}{t} \cdot \frac{s}{t} + \frac{3}{2} \cdot \left(\frac{s}{t}\right)^2 + 1 \right] \qquad (8.33)$$

Näherungsweise gilt für σ in N/mm² und s in mm mit D_e und t in mm und F in N:

$$\sigma \approx \frac{K_3 \cdot F}{t^2} \qquad s \approx \frac{F \cdot D_a^2 \cdot K_1}{923\,000 \cdot t^3} \qquad (8.34)\ (8.35)$$

Die Gleichungen (8.34) und (8.35) sind nur gültig für Stahlfedern und wenn $h_0/t \leq 0{,}6$ (gerade Kennlinie). $D_e/D_i \approx 2$ für beste Werkstoffausnutzung. $D_e/t \approx 18$ für härtere, $D_e/t \approx 28$ für weichere Federn, $s_{max} = 0{,}75\,h_0$.

D_e/D_i	K_1	K_2	K_3	D_e/D_i	K_1	K_2	K_3
1,2	0,29	1,02	1,05	2,2	0,73	1,26	1,45
1,4	0,46	1,07	1,14	2,4	0,75	1,31	1,53
1,6	0,57	1,12	1,22	2,6	0,77	1,35	1,60
1,8	0,65	1,17	1,30	2,8	0,78	1,39	1,67
2,0	0,69	1,22	1,38	3,0	0,79	1,43	1,74

8.27
Kennwerte K_1, K_2 und K_3 zur Tellerfederberechnung

D_e in mm h12	D_i in mm H12	t bzw. t' [2] in mm	Reihe A; $h_0/t \approx 0{,}4$			Reihe B; $h_0/t \approx 0{,}75$			
			h_0 in mm	F in N	σ [1] in $\frac{N}{mm^2}$	t bzw. t' [2] in mm	h_0 in mm	F in N	σ [1] in $\frac{N}{mm^2}$
8	4,2	0,4	0,2	210	1220*	0,3	0,25	119	1330
10	5,2	0,5	0,25	329	1240*	0,4	0,3	213	1300
12,5	6,2	0,7	0,3	673	1420*	0,5	0,35	291	1120
14	7,2	0,8	0,3	813	1340*	0,5	0,4	279	1100
16	8,2	0,9	0,35	1000	1290*	0,6	0,45	412	1120
18	9,2	1	0,4	1250	1300*	0,7	0,5	572	1130
20	10,2	1,1	0,45	1530	1300*	0,8	0,55	745	1110
22,5	11,2	1,25	0,5	1950	1320*	0,8	0,65	710	1080
25	12,2	1,5	0,55	2910	1410*	0,9	0,7	868	1030
28	14,2	1,5	0,65	2850	1280*	1	0,8	1110	1090
31,5	16,3	1,75	0,7	3900	1310*	1,25	0,9	1920	1190
35,5	18,3	2	0,8	5190	1330*	1,25	1	1700	1070
40	20,4	2,25	0,9	6540	1340*	1,5	1,15	2620	1150
45	22,4	2,5	1	7720	1300*	1,75	1,3	3660	1150
50	25,4	3	1,1	12000	1430*	2	1,4	4760	1140
56	28,5	3	1,3	11400	1280*	2	1,6	4440	1090
63	31	3,5	1,4	1500	1300*	2,5	1,75	7180	1090
71	36	4	1,6	20500	1330*	2,5	2	6730	1060
80	41	5	1,7	33700	1460*	3	2,3	10500	1140
90	46	5	2	31400	1300*	3,5	2,5	14200	1120
100	51	6	2,2	48000	1420*	3,5	2,8	13100	1050
112	57	6	2,5	43700	1240*	4	3,2	17800	1090
125	64	8 (7,5)	2,6	85900	1330*	5	3,5	30000	1150
140	72	8 (7,5)	3,2	85200	1280*	5	4	27900	1110

8.28
Tellerfedern (**8.21**), Maße und Belastungen. Auswahl aus DIN 2093.
Belastung F und Spannung σ gelten für $s \approx 0{,}75 \cdot h_0$ und $E = 206\,000$ N/mm², $\mu = 0{,}3$

[1] Angeben sind die jeweils größten rechnerischen Zugspannungen an der Unterseite des Einzeltellers. Bei den mit * versehenen Zahlenwerten errechnet sich diese größte Zugspannung für die Stelle II, bei den Zahlenwerten ohne * für die Stelle III. Eine Spannungskontrolle bei zusammengedrückter Feder erübrigt sich, wenn diese Federn nur ruhen und mit den angegeben Belastungen beansprucht werden.

[2] Angegeben sind jeweils die Nenngrößen der Tellerdicke t. Bei Tellerfedern der Gruppe 3 werden diese Tellerdicken auf die Dicken t' verringert.

8.2 Bemessen und Gestalten der verschiedenen Bauformen

Die größte Beanspruchung tritt am oberen Innenrand des Tellers (Stelle I in Bild **8.21**) als **Druckspannung** σ_I auf. Sie wird der Berechnung von ruhend oder selten wechselnd beanspruchten Federn zu Grunde gelegt. Für wechselnd beanspruchte Federn sind die **Zugspannungen** σ_{II} und σ_{III} an den unteren Innen- und Außenrändern maßgebend. Die entsprechenden Spannungsgleichungen lauten

$$\sigma_I = \frac{4 \cdot E}{1-\mu^2} \cdot \frac{t^2}{K_1 \cdot D_e^2} \cdot \frac{s}{t} \left[-K_2 \left(\frac{h_0}{t} - \frac{s}{2 \cdot t} \right) - K_3 \right] \quad \text{oberer Innenrand} \quad (8.36)$$

$$\sigma_{II} = \frac{4 \cdot E}{1-\mu^2} \cdot \frac{t^2}{K_1 \cdot D_e^2} \cdot \frac{s}{t} \left[-K_2 \left(\frac{h_0}{t} - \frac{s}{2 \cdot t} \right) + K_3 \right] \quad \text{unterer Innenrand} \quad (8.37)$$

$$\sigma_{III} = \frac{4 \cdot E}{1-\mu^2} \cdot \frac{t^2}{K_1 \cdot D_e^2} \cdot \frac{s}{t} \cdot \frac{1}{\delta} \left[(2 \cdot K_3 - K_2) \cdot \left(\frac{h_0}{t} - \frac{s}{2 \cdot t} \right) + K_3 \right] \quad \text{unterer Außenrand} \quad (8.38)$$

mit dem Durchmesserverhältnis $\delta = D_e/D_i$ und den Kennwerten K_2 und K_3 aus Bild **8.27** sowie mit s als Federweg und μ als Querzahl. Maßbezeichnungen s. Bild **8.21**.

Die Norm DIN 2092 hat u. a. die Gleichungen (8.32) ... (8.38) auf die Berechnung von Tellerfedern mit Auflageflächen erweitert und berücksichtigt den Reibungseinfluss auf die Kennlinie bei Einzelfedern, Paketen und Säulen.

Bei Tellerfedern aus Edelstahl nach DIN 17221 und DIN EN 10132 (aus den Werkstoffen Ck67, 67SiCr5 oder 50CrV4) mit ruhender bzw. selten schwellender Beanspruchung soll die rechnerische Spannung σ_I am oberen Innenrand die Streckgrenze des verwendeten Werkstoffes nicht überschreiten (R_e = 1400 ... 1600 ... 2000 N/mm²). Maße und Belastungen nach DIN 2093 s. Bild **8.28**.

Außer einer Kontrolle der oben genannten Spannungen muss bei schwellender Beanspruchung noch die Hubspannung $\sigma_h = \sigma_o - \sigma_u$ für die Stellen II und III überprüft werden (s. Abschn. 2.3 und Schraubenfeder). Die ertragbare Dauerhubfestigkeit kann den Dauerfestigkeitsschaubildern in DIN 2092 und Bild **8.23** entnommen werden. Man unterscheidet Tellerfedern mit praktisch unbegrenzter Lebensdauer, die ohne Bruch $2 \cdot 10^6$ Lastspiele und mehr ertragen, und Tellerfedern mit begrenzter Lebensdauer. Diese sollen im Bereich der Zeitfestigkeit $10^4 \leq N < 2 \cdot 10^6$ eine begrenzte Anzahl von Lastspielen bis zum Bruch ertragen. Um Anrisse am oberen Innenrand zu vermeiden, soll bei dynamisch beanspruchten Federn der Vorspannfederweg $s_v \geq 0{,}15 \cdot h$ sein.

Für Tellerfedern DIN 2093 bzw. DIN EN 13906 aus dem Werkstoff 50CrV4, DIN 17221, gilt:
$\sigma_{I\,zul} \leq 1200$ N/mm²   für $s_{max} = 0{,}75 \cdot h_0$ schwingend   und
$\sigma_{I\,zul} \leq 2400$ N/mm²   für $s_{max} = 0{,}75 \cdot h_0$ ruhend; $\sigma_H \leq 700$ N/mm²

Beispiel 4
Es soll geprüft werden, ob die Tellerfeder A40 DIN 2093 für eine schwellende Belastung zwischen $F_1 = 2850$ N und $F_2 = 5400$ N dauerfest ist. Gegeben nach DIN 2093: $D_e = 40$ mm; $D_i = 20{,}4$ mm; $1/\delta = 20{,}4/40 = 0{,}51$; $h_0 = 0{,}9$ mm; $t = 2{,}25$ mm; $h_0/t = 0{,}9/2{,}25 = 0{,}4$; aus Bild **8.27** $K_1 = 0{,}69$; $K_2 = 1{,}22$; $K_3 = 1{,}38$. Für $s = h_0$ ist nach Gl. (8.32) $F_h = 8408$ N. Aus Bild **8.24** ist zu entnehmen für $F_1/F_h = 0{,}339$ das Federwegverhältnis $s_1/h_0 = 0{,}3$ und für $F_2/F_h = 0{,}642$ das Wegverhältnis $s_2/h_0 = 0{,}6$. Somit ergibt

sich $s_1 = 0{,}27$ mm und $s_2 = 0{,}54$ mm. Mit diesen Werten erhält man für die Stellen II und III der Feder aus den Gleichungen (8.37) und (8.38) die Spannungen $\sigma_{o\,II} = 1035$ N/mm², $\sigma_{u\,II} = 481$ N/mm², $\sigma_{o\,III} = 920$ N/mm², $\sigma_{u\,III} = 484$ N/mm². Die Hubspannungen sind $\sigma_{h II} = 554$ N/mm² und $\sigma_{h III} = 436$ N/mm². Aus dem Dauerfestigkeitsschaubild **8.23** ist zu entnehmen, dass die Feder an der Stelle II nicht dauerfest ist. Sie kann aber mit Sicherheit bis zu 10^5 Lastspiele ertragen.

Alle Tellerfedern mit annähernd gerader Kennlinie können als ebene Kreisringplatte aufgefasst werden, die auf Biegung beansprucht wird. Unter dieser Voraussetzung vereinfachen sich die Gl. (8.32) und (8.37); es gelten dann Gl. (8.34) und (8.35). Aus Gründen der Wirtschaftlichkeit sollte stets versucht werden, mit den in DIN 2093 aufgeführten **Normfedern** die gestellte Aufgabe zu lösen (Bild **8.28**). Als Höchstlast sind dort die Federkräfte für den Federweg $s = 0{,}75 \cdot h_0$ angegeben. Für überschlägige Berechnungen kann die Kennlinie für die Normfeder noch als Gerade gezeichnet werden, weil der Wert h_0/t höchstens 0,75 beträgt. Eine Spannungskontrolle der genormten Federn erübrigt sich, wenn sie nur auf $0{,}75 \cdot h_0/t$ zusammengedrückt und ruhend beansprucht werden. Bei im Betrieb veränderlichen Beanspruchungen muss eine Spannungskontrolle mit Hilfe eines Dauerfestigkeitsschaubildes durchgeführt werden. ∎

Drehfedern
Sie werden auf Verdrehung beansprucht. Die Spannungs- und Verformungsgleichungen für Drehfedern s. Gl. (8.39) bis Gl. (8.47).

Einfache Drehstabfeder (DIN 2091)
Die einfachste Form der Drehfeder ist die gerade Drehstabfeder nach Bild **8.1d** und **8.29**. Sie wird meist mit rundem Querschnitt hergestellt, weil in diesem Fall die Werkstoffausnutzung am günstigsten ist. Ihre Enden werden zweckmäßig verstärkt, um die Spannungsspitzen an den Einspannstellen abzubauen. Die Federköpfe (Enden) werden als Vierkant, Sechskant oder Zylinder mit Profilverzahnung nach DIN 5480 ausgebildet.

Rein schwellend beanspruchte Drehstabfedern mit rundem Querschnitt werden häufig nach dem Vergüten über ihre Fließgrenze hinaus in Richtung der späteren Betriebsbeanspruchung verformt, d. h. vorgesetzt. Nach der Entspannung bleiben Eigenspannungen im Stab zurück, die eine günstigere Verteilung der Betriebsspannung im Stabquerschnitt und eine Entlastung der Randzone bewirken. Vorgesetzte Drehstäbe dürfen nur in ihrer Vorsetzrichtung beansprucht werden.

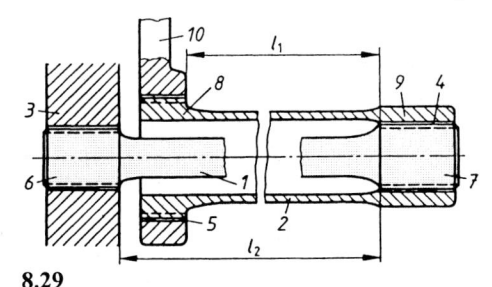

8.29
Drehstabfederkombinationen

Einfache Stabfedern *1* in Rohrfedern *2* mittels Kerbverzahnung *4*, *5* eingesetzt, hierdurch Vergrößerung der wirksamen federnden Länge l auf $l_1 + l_2$. *3* festes Bauteil, *6*, *7*, *8*, *9* Köpfe der Stab- bzw. Rohrfeder mit Kerbverzahnung, *10* abgefederter Hebel

Versieht man die Verzahnung der beiden Köpfe mit unterschiedlichen Zähnezahlen, so ergibt sich eine besonders gute Einstellbarkeit der Feder. Als federnde Länge kann der Abstand von Kopf zu Kopf der Rechnung zugrunde gelegt werden; die Durchmesserveränderungen in den Kopfübergängen darf man

8.2 Bemessen und Gestalten der verschiedenen Bauformen

vernachlässigen. Zur genaueren Bestimmung der Verdrehung wird die Länge des zylindrischen Schaftes und zusätzlich als Ersatzlängen 70% ... 75% der Längen an den Kopfübergängen (Hohlkehlenlänge) in die Rechnung eingesetzt. DIN 2091 berücksichtigt auch Relaxation (Setzen) und Kriechen, ausgedrückt in Prozenten vom Ausgangszustand. Relaxation ist hierbei ein Drehmomentverlust bei konstantem Drehwinkel und Kriechen eine Vergrößerung des Drehwinkels bei konstantem Drehmoment.

Schraubendrehfeder; Druckfeder, Zugfeder (DIN EN 13906). Dies sind mit Steigung gewickelte Drahtfedern mit rundem Drahtquerschnitt (gute Werkstoffausnutzung), seltener mit rechteckigem Querschnitt (Flachstahl). Allerdings kann bei rechteckigem Querschnitt die Raumausnutzung (Raumbedarf) besser sein. Die Federn werden als **Zugfedern** (8.1a) und als **Druckfedern** (8.3) ausgebildet. Sie sind auf Zug bzw. Druck und gleichzeitig auf Schub, Biegung und Torsion beansprucht. Wegen des kleinen Steigungswinkels der Windungen γ kann die Zug- bzw. Druckspannung sowie die Schub- und Biegespannung jedoch gegenüber der Torsionsspannung vernachlässigt werden. Die Feder wird mit genügender Genauigkeit wie eine gerade Drehstabfeder mit der federnden Länge $l = \pi \cdot D \cdot i$ berechnet (D mittlerer Windungsdurchmesser nach Bild **8.3**, i Anzahl der federnden Windungen).

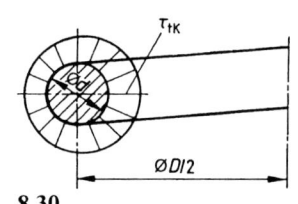

8.30
Verteilung der Torsionsspannung τ_t an einer Schraubenfeder. Maximalwert τ_{tk} am Innendurchmesser

Die Drahtkrümmung hat eine **Spannungserhöhung** an der Innenseite der Krümmung zur Folge (**8.30**). Diese Erhöhung wird durch den bei Schraubenfedern mit k_2 bezeichneten Formfaktor erfasst. Gl. (8.39) nimmt damit die Form nach Gl. (8.40) an. Bei ruhender Belastung kann die Spannungserhöhung vernachlässigt werden, weil sie sich nicht nachteilig auswirkt (s. Abschn. 2.3). Zahlenwerte für k_2 sind Bild **8.32** zu entnehmen. Die seltener verwendeten Federn aus Flachstahl mit rechteckigem Querschnitt behandelt DIN 2090.

Im Allgemeinen ist der Federdurchmesser D über die Federlänge konstant. Der Einbauraum soll möglichst groß gehalten werden, damit das zur Aufnahme der Federarbeit erforderliche Werkstoffvolumen untergebracht werden kann, ohne hochwertige Werkstoffe verwenden zu müssen (s. DIN 2099). Zur Vereinfachung der Rechnung dienen Nomogramme, Federtabellen und Rechenprogramme.

Zylindrische Schraubendruckfedern aus runden Drähten und Stäben (DIN EN 13906-1). Bei beschränktem Einbauraum kann bisweilen die Verwendung von **Federsätzen** (ineinander geschachtelte Federn; s. Bild **8.4a**) die Unterbringung des erforderlichen Werkstoffvolumens ermöglichen [3], [4]. Andernfalls muss ein besserer, d. h. höher belastbarer und damit teurer Werkstoff verwendet werden. In manchen Fällen wird die Vergrößerung des ursprünglich vorgesehenen Einbauraumes wirtschaftlicher. Baugrößen für Schraubendruckfedern s. Bild **8.31**.

Die **Berechnung** und **Konstruktion** nach DIN EN 13906-1 gilt für zylindrische Schraubenfedern mit konstantem Durchmesser und mit linearer Kennlinie, bei denen die Hauptlast in Richtung der Federachse aufgebracht wird und deren Gütevorschriften in DIN 2096 T1 und T2 festgelegt sind (**8.3**).

Vor der Berechnung einer Feder ist festzulegen, welchen Anforderungen sie genügen soll; insbesondere müssen festgelegt und beachtet werden:

d	D	F_n in N	Dorn D_d max.	Hülse D_h min.	$i = 3{,}5$ L_0	L_n	s_n	c in N/mm	$i = 5{,}5$ L_0	L_n	s_n	c in N/mm	$i = 8{,}5$ L_0	L_n	s_n	c in N/mm	$i = 12{,}5$ L_0	L_n	s_n	c in N/mm
0,5	6,3	6,70	5,3	7,5	13,5	4,3	9,2	0,74	20*)	6,0	14,0	0,47	30*)	8,7	21,3	0,31	44*)	12,2	31,8	0,21
	5	8,20	4,0	6,2	9,4	3,9	5,5	1,49	14	5,4	8,6	0,95	20,5*)	7,6	12,9	0,62	30*)	10,6	19,4	0,42
	4	9,50	3,1	5,0	7	3,7	3,3	2,89	10	5,1	4,9	1,85	15	7,1	7,9	1,19	21,5*)	9,8	11,7	0,81
0,8	10	15,7	8,6	11,6	20	6,9	13,1	1,22	30*)	9,8	20,2	0,77	45,5*)	14,3	31,2	0,50	66*)	19,9	46,1	0,34
	8	19,9	6,6	9,6	14,5	6,1	8,4	2,37	21,5	8,4	13,1	1,51	32*)	12,0	20,0	0,98	47*)	16,7	30,3	0,66
	6,3	24,5	5,0	7,7	10,5	5,6	4,9	4,86	15,5	7,7	7,8	3,09	23	10,9	12,1	2,00	33*)	15,1	17,9	1,36
1	12,5	22,4	10,8	14,4	24	9,4	14,6	1,52	36,5	13,4	23,1	0,97	55,5*)	19,4	36,1	0,62	80,5*)	27,4	53,1	0,42
	10	27,9	8,4	11,8	17,5	8,0	9,5	2,96	26	11,2	14,8	1,89	39	16,0	23,0	1,22	56*)	22,4	33,6	0,83
	8	33,8	6,5	9,6	13	7,3	5,7	5,79	19	10,1	8,9	3,68	28,5	14,3	14,2	2,38	40,5*)	19,9	20,6	1,62
1,6	20	86,5	17,5	22,6	48*)	12,4	35,6	2,43	73,5*)	17,6	55,9	1,85	110*)	25,5	84,5	1,01	165*)	36,0	129	0,68
	16	108	13,7	18,5	34	11,0	23,0	4,74	51,5*)	15,5	36,0	3,02	77,5*)	22,2	55,3	1,96	110*)	31,2	78,8	1,33
	12,5	138	10,3	14,7	24	10,0	14,0	9,95	36	14,1	21,9	6,35	53,5*)	20,1	33,4	4,12	78*)	28,0	50,0	2,78
2	25	130	22,0	28,0	58*)	15,0	43,0	3,04	88,5*)	21,4	67,1	1,94	135*)	31,0	104	1,25	195*)	43,8	151	0,85
	20	162	17,1	22,9	41	13,6	27,4	5,94	62*)	19,2	42,8	3,78	94*)	27,6	66,4	2,44	135*)	38,8	96,2	1,66
	16	202	13,4	18,6	30	12,5	17,5	11,6	45	17,7	27,3	7,38	68*)	25,5	42,5	4,78	98*)	35,9	62,1	3,25
3,2	40	294	35,6	44,6	82*)	21,2	60,8	4,85	125*)	29,7	95,3	3,09	190*)	42,3	148	2,00	275*)	59,2	216	1,36
	32	368	27,6	36,5	58,5	19,8	38,7	9,49	88,5*)	27,4	61,1	6,04	135*)	38,8	96,2	3,90	190*)	54,1	136	2,66
	25	470	21,1	28,9	42,5	19,1	23,4	19,8	63,5	26,3	37,2	12,6	94,5*)	37,1	57,4	8,18	135*)	51,6	83,4	5,56
	20	588	16,1	23,9	33,5	18,5	15,0	38,9	49,5	25,9	23,6	24,7	74	37,1	36,9	16,0	105*)	51,6	53,4	10,9
4	50	435	44,0	56,0	99*)	27,4	71,6	6,07	150*)	38,6	111	3,86	230*)	55,4	175	2,50	335*)	77,8	257	1,70
	40	543	34,8	45,2	71	25,2	45,8	11,9	105*)	35,1	69,9	7,55	160*)	50,0	110	4,88	235*)	69,8	165	3,32
	32	679	27,0	37,0	53,5	24,0	29,5	23,2	79,5	33,3	46,2	14,7	120	47,2	72,8	9,53	170*)	65,8	104	6,48
	25	869	20,3	29,7	41	22,9	18,1	48,6	60,5	32,2	28,3	30,9	89,5	46,0	43,5	20,0	130*)	64,5	65,5	13,6
5	63	635	56,0	70,0	120*)	32,3	87,7	7,41	180*)	45,3	135	4,72	275*)	64,8	210	3,05	395*)	90,8	304	2,07
	50	800	43,0	57,0	85	30,9	54,1	14,8	130	43,2	86,8	9,43	195*)	61,6	133	6,10	280*)	86,1	194	4,15
	40	1000	34,0	46,0	64	29,6	34,4	28,9	95,5	41,1	54,4	18,4	140	58,4	81,6	11,9	205*)	81,4	124	8,10
	32	1250	26,0	38,0	51	28,7	22,3	56,5	75	40,2	34,8	36,0	110	57,5	52,5	23,3	160*)	80,5	79,5	15,8
8	100	1440	89,0	111,0	170	52,0	118	12,1	260*)	73,0	187	7,73	390*)	104	286	5,00	570*)	147	423	3,40
	80	1800	69,0	91,0	125	49,0	76,0	23,7	180	69,0	111	15,1	285*)	99,0	186	9,77	410*)	139	271	6,64
	63	2280	53,0	73,0	95	47,0	48,0	48,6	140	66,0	74,0	30,9	205	93,5	112	20,0	300*)	131	169	13,6
	50	2880	40,5	60,0	75	45,0	30,0	97,2	110	63,2	46,8	62,0	160	90,0	70,0	40,0	230	127	103	27,2
10	100	2650	87,0	114,0	150	63,0	87,0	29,6	230	89,0	141	18,9	345	128	217	12,2	500*)	180	320	8,30
	80	3310	67,5	93,0	115	59,0	56,0	57,9	175	83,0	92,0	36,9	255	119	136	23,9	370	167	203	16,2
	63	4200	51,0	75,0	96	56,3	39,7	118	135	79,0	56,0	75,4	200	112	88,0	48,8	285	157	128	33,2

8.31
Baugrößen für kaltgeformte zylindrische Schraubendruckfedern aus runden Drähten. (Auswahl aus DIN 2098, Maße in mm. Endwindungen angelegt und geschliffen. Gesamtzahl der Windungen $i_g = i + 2$. Patentiert gezogener Federstahldraht Sorte C. Beanspruchungsart ruhend, selten wechselnd.) L_0 Länge der unbelasteten Feder. L_n Länge bei F_n. *)Diese Druckfedern können seitlich ausknicken. wenn sie nicht in einer Hülse oder auf einem Dorn geführt werden.

8.2 Bemessen und Gestalten der verschiedenen Bauformen

Eine Federkraft und der zugehörige Federweg oder zwei Federkräfte und der zugehörige Differenzfederweg, der Hub, die Federrate, der zeitliche Verlauf der Beanspruchung (bei dynamischer Beanspruchung die Mindestlastspielzahl bis zum Bruch), die Arbeitstemperatur, die zulässige Relaxation, Querfederung, Knickung, Stoßbeanspruchung, Resonanzschwingung und die Korrosion.

Berechnungsgleichungen für Schraubendruckfedern
Spannungsgleichung; Torsionsspannung (Schubspannung)

$$\tau_t = \frac{T}{W_t} = \frac{F \cdot D}{2 \cdot W_t} = \frac{8 \cdot D \cdot F}{\pi \cdot d^3} \quad \text{oder} \quad \tau_t = \frac{G \cdot d \cdot s}{\pi \cdot i \cdot D^2} \tag{8.39}$$

bei Berücksichtigung der **Drahtkrümmung**

$$\tau_{tk} = k_2 \cdot \tau_t \tag{8.40}$$

Für die Auslegung statisch bzw. quasistatisch beanspruchter Federn ist mit τ_t zu rechnen, wogegen bei dynamisch beanspruchten Federn die Spannungserhöhung an der Innenseite der Krümmung durch den Formfaktor k_2 (**8.32**) berücksichtigt werden muss.

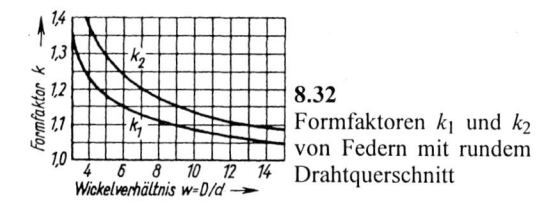

8.32 Formfaktoren k_1 und k_2 von Federn mit rundem Drahtquerschnitt

Federkraft

$$F = \frac{\pi \cdot d^3 \cdot \tau_{t\,zul}}{8 \cdot D}$$

Draht- oder Stabdurchmesser

$$d = \sqrt[3]{\frac{8 \cdot F \cdot D}{\pi \cdot \tau_{t\,zul}}} \tag{8.41} \tag{8.42}$$

Die zulässige Spannung $\tau_{t\,zul}$ ist entsprechend dem vorliegenden Konstruktionsfall festzulegen.

Verformungsgleichung
Federweg

$$s = \frac{F \cdot D^2 \cdot l}{4 \cdot G \cdot I_t} = \frac{8 \cdot i \cdot D^3 \cdot F}{G \cdot d^4}$$

federnde Drahtlänge

$$l = \pi \cdot D \cdot i \tag{8.43} \tag{8.44}$$

Federkraft

$$F = \frac{G \cdot d^4 \cdot s}{8 \cdot i \cdot D^3}$$

Federrate

$$c = \frac{F}{s} = \frac{G \cdot d^4}{8 \cdot i \cdot D^3} \tag{8.45} \tag{8.46}$$

Anzahl der federnden Windungen

$$i = \frac{G \cdot d^4 \cdot s}{8 \cdot D^3 \cdot F} \tag{8.47}$$

In den vorstehenden Gleichungen bedeuten:

T Torsionsmoment, $W_t = \pi \cdot d^3/16$ Widerstandsmoment, $D = (D_e + D_1)/2$ mittlerer Windungsdurchmesser (**8.3**), G Schubmodul (Bild **8.14**) und $I_t = \pi \cdot d^4/32$ polares Flächenmoment 2. Ordnung.

Gesamtanzahl der Windungen. Die Anzahl der erforderlichen, nicht wirksamen Endwindungen hängt von der Ausführung der Federenden und vom Herstellungsverfahren ab. Man benötigt nach DIN 2095 für kaltgeformte Federn 2 und nach DIN 2096 T1 und T2 für warmgeformte Federn 1,5 Windungen. Somit beträgt die Gesamtzahl der Windungen für kaltgeformte Federn $i_g = i + 2$ und für warmgeformte Federn $i_g = i + 1,5$.

Mindestabstand zwischen den wirksamen Windungen. Die Windungen dürfen sich auch bei der Höchstbelastung nicht berühren. Die Summe der Mindestabstände aller Windungen bezeichnet man mit S_a (Sicherheitsabstand s. Bild **8.3**). Die Zahlenwertgleichung für den **Sicherheitsabstand S_a** in mm mit D in mm und d in mm lautet für **kaltgeformte Federn** nach DIN 2095

$$S_a = \left(0{,}0015 \cdot \frac{D^2}{d} + 0{,}1 \cdot d\right) \cdot i \tag{8.48}$$

und für **warmgeformte Federn** nach DIN 2096

$$S_a = 0{,}02 \cdot (D + d) \cdot i \tag{8.49}$$

Bei dynamischer Beanspruchung ist S_a bei warmgeformten Federn zu verdoppeln, bei kaltgezogenen Federn muss er das 1,5fache betragen.

Längenabmessungen (8.3). Die **Länge L_0 der unbelasteten Feder** ist gleich der Summe aus Blocklänge L_c, dem Mindestabstand bei Höchstlast S_a und dem Federweg s

$$L_0 = L_c + S_a + s \tag{8.50}$$

Die **Blocklänge L_c** ist abhängig von der Ausbildung der Federenden, die sich nach dem Fertigungsverfahren richtet. Sie beträgt mit i_g als Gesamtzahl der Windungen und d als dem Drahtdurchmesser für:

kaltgeformte Federn mit angelegten, geschliffenen Federenden

$$L_c \leq i_g \cdot d \tag{8.51}$$

kaltgeformte Federn mit angelegten, unbearbeiteten Federenden

$$L_c \leq (i_g + 1{,}5) \cdot d \tag{8.52}$$

8.2 Bemessen und Gestalten der verschiedenen Bauformen

warmgeformte Federn mit angelegten, planbearbeiteten Federenden

$$L_c \leq (i_g - 0{,}3) \cdot d \tag{8.53}$$

warmgeformte Federn mit unbearbeiteten Federenden

$$L_c \leq (i_g + 1{,}1) \cdot d \tag{8.54}$$

Vergrößerung des Windungsdurchmessers ΔD_e. Beim Zusammendrücken einer Schraubendruckfeder wird der Windungsdurchmesser geringfügig größer. Die Vergrößerung des Windungsdurchmessers ΔD_e errechnet sich bei Blocklänge L_c und freier Lagerung der Federenden aus

$$\Delta D_e = 0{,}1 \cdot \frac{m^2 - 0{,}8 \cdot m \cdot d - 0{,}2 \cdot d^2}{D} \tag{8.55}$$

mit $m = (L_0 - d)/i$ für Federn mit angelegten, planbearbeiteten Federenden und mit $m = (L_0 - 2{,}5d)/i$ für Federn mit unbearbeiteten Federenden.

Resonanzschwingungen. Eine Schraubendruckfeder ist aufgrund der trägen Masse ihrer wirksamen Windungen und der Elastizität des Werkstoffes zu Eigenschwingungen fähig. Man unterscheidet die Schwingungen 1. Ordnung (Grundschwingung) und Schwingungen höherer Ordnung, sogenannte Oberschwingungen. Die Frequenz der Grundschwingung bezeichnet man als Grundfrequenz; die Frequenzen der Oberschwingungen sind ganzzahlige Vielfache davon. Bei der Berechnung von Federn, denen Schwingungen aufgezwungen werden, muss darauf geachtet werden, dass die Frequenz dieser Schwingung (Erregerfrequenz) nicht mit einer der Eigenfrequenzen der Feder in Resonanz kommt. Bei bekannten, mechanischen Erregungen (z. B. durch Nocken) kann Resonanz auch dann eintreten, wenn ein harmonischer Anteil der Erregerfrequenz mit einer der Eigenfrequenzen der Feder übereinstimmt. Im Resonanzfall treten an einzelnen Stellen der Feder, den Schwingungsknoten, erhebliche Spannungserhöhungen auf. Um diese Spannungserhöhungen durch Resonanz zu vermeiden, sind folgende Maßnahmen zu empfehlen: ganzzahlige Verhältnisse zwischen Erregerfrequenzen und Eigenfrequenzen vermeiden; Eigenfrequenz 1. Ordnung der Feder möglichst hoch wählen; Resonanz mit niedrigen Harmonischen der Erregung ausschließen; Verwendung von Federn mit progressiver Kennlinie (veränderliche Federrate); günstige Gestaltung des Nockens (kleine Scheitelwerte der Erreger-Harmonischen); Dämpfung durch Beilagen.

Eigenschwingungen. Die **Eigenfrequenz f_e** 1. Ordnung einer Schraubendruckfeder, die an beiden Federenden fest geführt ist und bei der ein Federende im Bereich des Arbeitshubs periodisch erregt wird, beträgt

$$f_e = \frac{1}{2\pi} \cdot \frac{d}{i \cdot D^2} \cdot \sqrt{\frac{G}{2 \cdot \rho}} \tag{8.56}$$

mit dem mittleren Windungsdurchmesser D, der Windungszahl i, dem Schubmodul G und der Dichte ρ.

Querfederung. Wird eine zylindrische Schraubendruckfeder mit parallel geführten Enden unter der gleichzeitigen Wirkung von Kräften längs und quer zur Federachse verformt, so entstehen zusätzlich Spannungen, die durch eine korrigierte Schubspannung berücksichtigt werden können (s. DIN EN 13906-1).

Knickung. Schraubendruckfedern können ausknicken. Um der Knickgefahr entgegenzuwirken, sollen die beiden Windungsenden sich um 180° versetzt gegenüberliegen, weil hierdurch der zentrische Kraftangriff unterstützt wird.

Die im Augenblick des Knickens gemessene Federlänge wird als Knicklänge L_K und der bis dahin zurückgelegte Federweg als **Knickfederweg** s_K bezeichnet. Der Einfluss der Federendenlagerung wird durch den Lagerungsbeiwert ν berücksichtigt (**8.33**). Der Knickfederweg wird nach folgender Gleichung berechnet

$$s_K = L_0 \cdot \frac{0{,}5}{1-\dfrac{G}{E}} \cdot \left[1 - \sqrt{1 - \frac{1-\dfrac{G}{E}}{0{,}5+\dfrac{G}{E}} \cdot \left(\frac{\pi \cdot D}{\nu \cdot L_0} \right)^2} \right] \qquad (8.57)$$

Die Knicksicherheit ist theoretisch gegeben für imaginären Wurzelwert und für $s_K/s > 1$. In der Gleichung (8.57) bedeuten: L_0 Länge der unbelasteten Feder, D mittlerer Windungsdurchmesser, G Schubmodul, E Elastizitätsmodul und ν Lagerungsbeiwert.

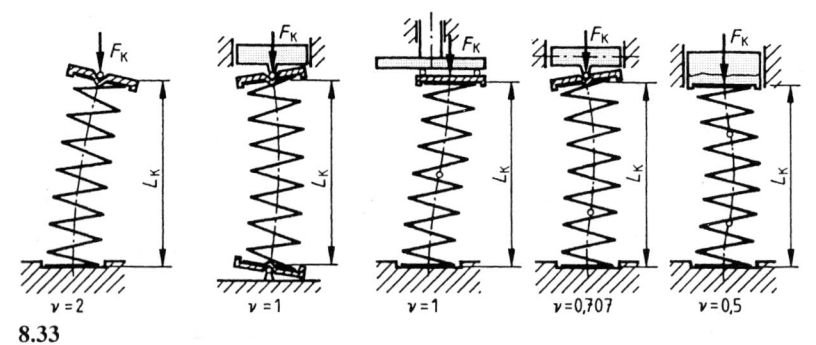

8.33
Lagerungsarten und zugehörige Lagerungsbeiwerte von axial beanspruchten Schraubendruckfedern

Zulässige Beanspruchungen

Zulässige Torsionsspannung bei Blocklänge (Bild **8.36** bis **8.37** und **8.45**). Aus fertigungstechnischen Gründen müssen kalt- und warmgeformte Schraubendruckfedern auf Blocklänge zusammengedrückt werden können. Die zulässige Torsionsspannung bei Blocklänge $\tau_{t\,c\,zul}$ darf dabei weder bei ruhender noch bei dynamischer Beanspruchung überschritten werden. Die vorhandene Torsionsspannung bei Blocklänge wird ohne Berücksichtigung des Spannungsbeiwertes k_2 ermittelt. Als zulässige Spannung wird bei **kaltgeformten** Schraubendruckfedern $\tau_{t\,c\,zul} = 0{,}56 \cdot R_m$ eingesetzt.

8.2 Bemessen und Gestalten der verschiedenen Bauformen

Die Mindestzugfestigkeit R_m kann den entsprechenden Normen entnommen werden. Die Festigkeitswerte sind für den angelassenen bzw. warmausgelagerten Zustand einzusetzen. (Anhaltswerte für $\tau_{t\,c\,zul}$ s. Bild **8.36**).

Die zulässigen Blockspannungen für **warmgeformte** Schraubendruckfedern sind vom Stab- oder Drahtdurchmesser abhängig, s. Bild **8.37**.

Zulässige Schubspannung bei statischer oder quasistatischer Beanspruchung. Die statische Beanspruchung ist eine zeitlich konstante Beanspruchung (ruhende Beanspruchung). Zur quasistatischen Beanspruchung bei Federn zählt man zeitlich veränderliche Beanspruchungen mit vernachlässigbar kleinen Hubspannungen bis 10% der Dauerhubfestigkeit und zeitlich veränderliche Beanspruchungen mit zwar größeren Hubspannungen, aber mit Lastspielzahlen bis zu 10^4.

Relaxation. Bei statisch oder quasistatisch beanspruchten Federn wird die zulässige Betriebsspannung durch die vertretbare Relaxation $R_{el} = \Delta F / F_{An}$ in % begrenzt. Die Relaxation ist ein temperatur- und zeitabhängiger Kraftverlust ΔF bei konstantem Federweg, ausgedrückt in Prozent in Abhängigkeit von der Anfangskraft F_{An} bzw. deren Spannung (s. DIN EN 13906-1). Sie ist nur dann zu überprüfen, wenn eine bestimmte Federkraft möglichst genau eingehalten werden soll.

Die Betriebsspannung wird ohne Berücksichtigung des Spannungsbeiwertes k_2 errechnet. Die Relaxation beträgt je nach Werkstoff, Belastung und Temperatur (0,5...15)%; für Ventilfederdraht s. Bild **8.35**.

Die **zulässige Hubspannung bei dynamischer Beanspruchung** wird durch die geforderte Mindestlastspielzahl und den vorgegebenen Stab- oder Drahtdurchmesser begrenzt. Bei der Berechnung ist der Spannungsbeiwert k_2 zu berücksichtigen und, wegen der Gefahr zusätzlicher Belastung infolge Eigenschwingungen, die zulässige Blockspannung $\tau_{t\,c\,zul}$ zu überprüfen.

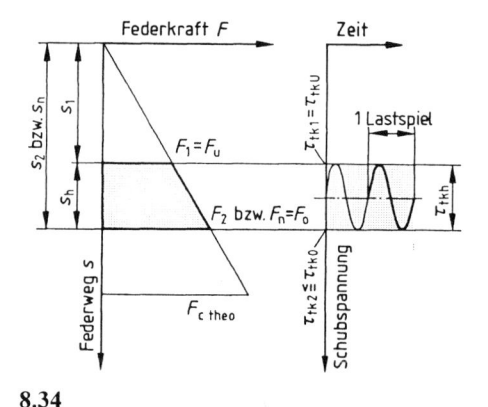

8.34
Schwingungsschaubild einer schwingend beanspruchten Schraubendruckfedern

$\tau_{t\,k\,h}$ Hubspannung
(Schwingbreite der Spannung)

Als dynamische Beanspruchungen bei Federn gelten zeitlich veränderliche Beanspruchungen mit Lastspielzahlen über 10^4 und Hubspannungen über $0,1 \times$ Dauerhubfestigkeit bei a) konstanter Hubspannung, b) veränderlicher Hubspannung.

Je nach der verlangten Mindestlastspielzahl N ohne Bruch unterscheidet man: a) den Bereich der Dauerfestigkeit mit Lastspielzahlen $N \geq 10^7$ für kaltgeformte Federn, $N \geq 2 \times 10^6$ für warmgeformte Federn, hierbei ist die Hubspannung kleiner als die Dauerhubfestigkeit; b) den Bereich der Zeitfestigkeit mit Lastspielzahlen $N < 10^7$ für kaltgeformte Federn, $N < 2 \times 10^6$ für warmgeformte Federn, hierbei ist die Hubspannung größer als die Dauerhubfestigkeit und kleiner als die Zeithubfestigkeit.

Die **vorhandene Hubspannung** τ_{tczul} ist die Differenz zwischen τ_{tk1} und τ_{tk2} (s. Bild **8.34**). Sie darf die **Dauerhubfestigkeit** τ_{tkH} nicht überschreiten.

Ist eine im Betrieb ständig schwankende Belastung gegeben, so berechnet man nach Abschn. 2.3 die Unterlast $F_u = F_1$ (Bild **8.34**), die Oberlast $F_o = F_2$, die Mittellast F_m, den Lastausschlag F_a und daraus die entsprechenden Spannungen, die kleiner als die zulässigen Spannungen sein müssen (s. Dauerfestigkeitsschaubilder für Schraubendruckfedern Bild **8.40** bis **8.43**; s. auch ertragbaren Spannungsausschlag σ_A (τ_{tA}) und Entwicklung des Dauerfestigkeitsschaubildes nach *Smith* (**2.21**) Abschn. 2.3).

Bei gegebenem $\tau_{tku} = \tau_{tkU}$ darf die Oberspannung τ_{tko} nicht größer als der Dauerfestigkeitswert für die Oberspannung τ_{tkO} sein, d. h. die Hubspannung τ_{tkh} darf den Wert der Dauerhubfestigkeit τ_{tkH}, der den Schaubildern zu entnehmen ist, nicht überschreiten. Da sich die Spannungen wie die Lasten verhalten, gilt die Beziehung

$$\frac{\tau_{tko}}{\tau_{tku}} = \frac{F_o}{F_u} \quad \text{und somit} \quad \tau_{tku} = \tau_{tko} \cdot \frac{F_u}{F_o} \tag{8.58}$$

Aus $\tau_{tka} = (\tau_{tko} - \tau_{tku})/2$ [entsprechend Gl. (2.26)] und aus der Beziehung $\tau_{tkazul} = \tau_{tkA}/S_D$ mit der Sicherheit S_D (für Federn etwa 1,1...1,2) erhält man dann die **Festigkeitsbedingung**

$$\boxed{\tau_{tko} - \tau_{tku} \leq \frac{2 \cdot \tau_{tka}}{S_D}} \tag{8.59}$$

Führt man für den doppelten Spannungsausschlag $2 \cdot \tau_{tka}$ den Begriff der Schwingbreite ein und bezeichnet diese entsprechend der Normung für Federn als Hubspannung τ_{tkh}, so nimmt Gl. (8.59) für die **Festigkeitsbedingung** folgende Form an

$$\boxed{\tau_{tko} - \tau_{tku} = \tau_{tkh} \leq \frac{2 \cdot \tau_{tkH}}{S_D}}$$

mit der Dauerhubfestigkeit τ_{tkH}. Diese ist für einige Federarten in den Normen in Dauerfestigkeitsschaubildern (*Goodman*-Diagramm) angegeben. Abweichend von den in Abschn. 2 erläuterten Schaubildern (*Smith*-Diagramm) enthalten diese die Hubfestigkeit in Abhängigkeit von der Unterspannung (Bild **8.23**, **8.40** bis **8.44**).

Fasst man Gl. (8.58) und (8.59) zusammen, so ergibt sich für die **zulässige Oberspannung**

$$\tau_{tko} - \tau_{tku} = \tau_{tko} \cdot \left(1 - \frac{F_u}{F_o}\right) \leq \frac{\tau_{tkH}}{S_D} \quad \text{oder} \quad \boxed{\tau_{tkozul} = \frac{\tau_{tkH}}{S_D \cdot (1 - F_u/F_o)}} \tag{8.60}$$

Die für die zulässige Hubspannung aufgestellten Gleichungen gelten sinngemäß auch für andere Federn. Man setzt bei Biegefedern statt der Torsionsspannung die Normalspannung σ_b und statt des Kräfteverhältnisses das Momentenverhältnis M_u/M_o und bei Drehstabfedern die Torsionsspannung und das Verhältnis T_u/T_o ein.

8.2 Bemessen und Gestalten der verschiedenen Bauformen

Arbeitstemperatur. Die Angaben über die zulässigen Beanspruchungen der verwendeten Werkstoffe gelten allgemein für Raumtemperatur. Die Verminderung der Festigkeit und Steifigkeit mit zunehmender Temperatur ist besonders bei Schraubendruckfedern mit eng tolerierten Federkräften zu berücksichtigen (Relaxation). Bei Arbeitstemperaturen unter −30 °C ist die Kerbschlagzähigkeit zu beachten. Elastizitäts- und Schubmodul nehmen bei der Temperaturerhöhung von 20 °C auf 250 °C um 8% ab und werden bis −30 °C um 1,5% größer als bei +20 °C.

Die **Gedankengänge bei Federberechnungen** sind z. B. folgende:

Eine Schraubendruckfeder soll bei ruhender Belastung eine Kraft F aufnehmen. Der Federweg sei nicht vorgeschrieben. Aus der Spannungsgleichung $F = \pi \cdot d^3 \cdot \tau_{t\,zul}/(8 \cdot D)$ [Gl. (8.41)] ist unter Vernachlässigung der durch die Drahtkrümmung vorhandenen Spannungsspitze zu entnehmen, dass der Drahtdurchmesser d um so kleiner werden darf, je größer die Schubspannung $\tau_{t\,zul}$ gewählt wird, d. h. je besser der Werkstoff ist. Die zulässige Spannung $\tau_{t\,zul}$ für die Kraft F muss kleiner als die zulässige Spannung $\tau_{t\,c\,zul}$ für die Blockkraft F_c gewählt werden. Nimmt man den mittleren Windungsdurchmesser D aufgrund des zur Verfügung stehenden Raumes an, so ergibt sich der Drahtdurchmesser d. Damit die Feder die gewünschte Kraft F aufnehmen kann, muss sie sich entsprechend zusammendrücken. Es muss also der **Federweg s** bestimmt werden. Die Verformungsgleichung Gl. (8.43) lautet

$$s = \frac{8 \cdot F \cdot D^2 \cdot l}{\pi \cdot G \cdot d^4} = \frac{8 \cdot i \cdot D^3 \cdot F}{G \cdot d^4}$$

mit der federnden **Drahtlänge**

$$l = \pi \cdot D \cdot i$$

Die Verformungsgleichung zeigt, dass nach Festlegen von D und d die Federung nur noch von der wirksamen Drahtlänge l abhängt. Es kann also nur noch die Anzahl der federnden Windungen i angenommen werden. Ist der für die Feder verfügbare Platz nicht vorgeschrieben, so kann i frei gewählt und damit der Federweg s bestimmt werden.

Nach DIN 2095 erhält man aus der Baulänge der gänzlich zusammengedrückten Feder (der Blocklänge) und einem Sicherheitsabstand zwischen den einzelnen Windungen die Baulänge, welche die Feder unter der Höchstlast F einnimmt. Selbstverständlich muss noch geprüft werden, ob die ungespannte Feder auch ohne Schwierigkeiten in der Maschine oder dem Gerät gespannt werden kann.

Ist die Länge des Einbauraumes der Feder vorgeschrieben, so muss man die Federlänge und damit die Windungszahl diesem Raum anpassen und die Größen D und d entsprechend abstimmen.

Soll eine bestimmte Kraft oder ein bestimmter Federweg bei ruhender Belastung dauernd genau eingehalten werden, so empfiehlt es sich, das Setzen (Relaxation) bzw. das Kriechen der Feder zu überprüfen.

Bei dynamischer Beanspruchung ist die vorhandene Hubspannung mit der zulässigen Hubspannung zu vergleichen.

Soll die Federsteife für eine vorhandene Feder nachgerechnet werden, so dividiert man die Last F durch den zugehörigen Federweg s, der sich aus der Verformungsgleichung Gl. (8.43) ergibt, und erhält die Federsteife c aus den Abmessungen der Feder mit Gl. (8.46). Entsprechendes gilt auch für andere Federarten.

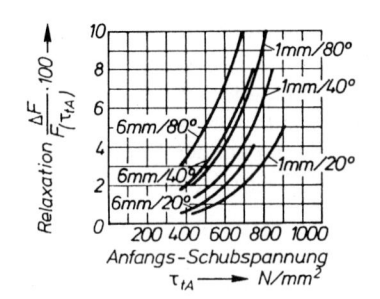

8.35
Relaxation nach 48 Stunden von kaltgeformten Schraubendruckfedern der Drahtsorte VDC (Ventilfederdraht) nach DIN EN 10270-2 vorgesetzt bei Raumtemperatur, in Abhängigkeit von der Anfangs-Schubspannung bei verschiedenen Temperaturen in °C und Drahtdurchmessern:

Drahtdurchmesser 1 mm, Zugfestigkeit 1725 N/mm²
Drahtdurchmesser 6 mm, Zugfestigkeit 1560 N/mm²

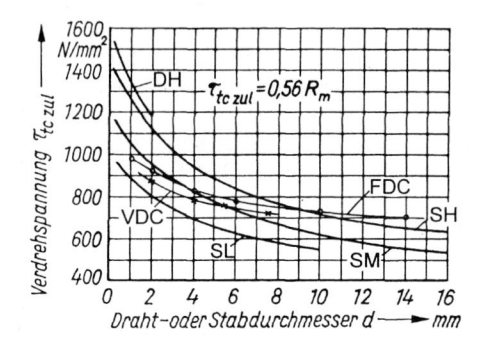

8.36
Zulässige Verdrehspannung $\tau_{t\,c\,zul}$ bei Blocklänge für kaltgeformte Schraubendruckfedern nach DIN EN 13906 aus patentiert-gezogenem Federstahldraht der Klassen SL, SM, SH und DH nach DIN EN 10270-1 sowie aus vergütetem Federdraht FDC und vergütetem Ventilfederdraht VDC nach DIN EN 10270-2

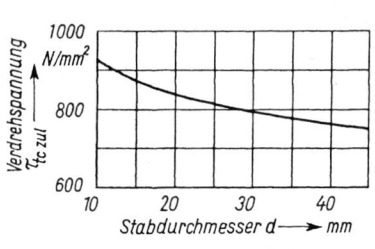

8.37
Zulässige Verdrehspannung $\tau_{t\,c\,zul}$ bei Blocklänge für **warmgeformte** Schraubendruckfedern nach DIN EN 13906 aus Edelstahl nach DIN 17221

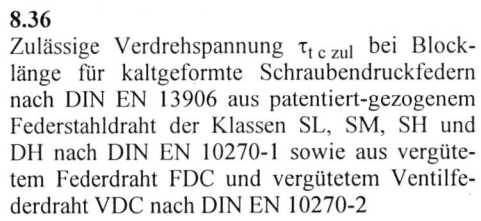

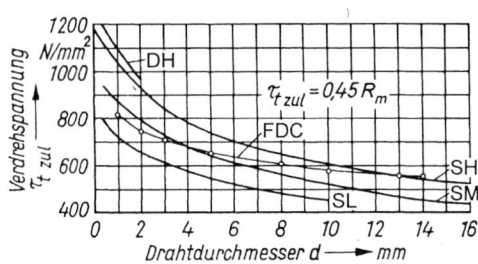

8.38
Zulässige Verdrehspannung $\tau_{t\,zul}$ für **kaltgeformte** Zugfedern nach DIN EN 13906 aus patentiert-gezogenem Federstahldraht der Klassen SL, SM, SH und DH nach DIN EN 10270-1 sowie aus vergütetem Federdraht FDC nach DIN EN 10270-2

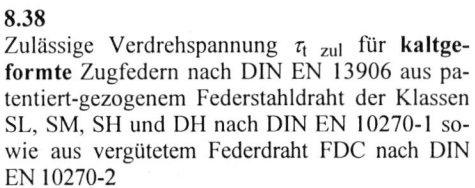

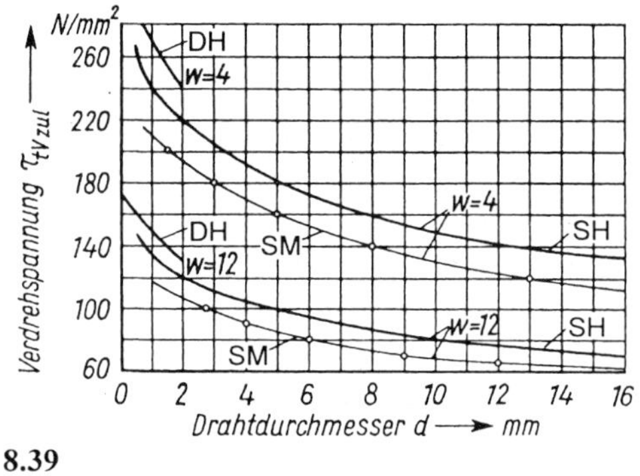

8.39
Zulässige innere Verdrehspannung $\tau_{t\,V\,zul}$ für kaltgeformte Zugfedern nach DIN EN 13906 aus patentiert-gezogenem Federstahldraht der Klassen SM, SH und DH nach DIN EN 10270-1 beim Wickeln auf der Wickelbank

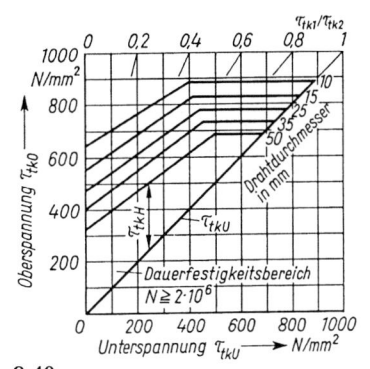

8.2 Bemessen und Gestalten der verschiedenen Bauformen

8.40
Dauerfestigkeitsschaubild (*Goodman*-Diagramm) für **warmgeformte** Schraubendruckfedern nach DIN EN 13906 aus Edelstahl nach DIN 17221 mit geschliffenen oder geschälter Oberfläche, **kugelgestrahlt**

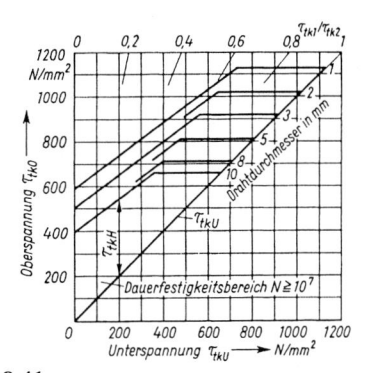

8.41
Dauerfestigkeitsschaubild (*Goodman*-Diagramm) für **kaltgeformte** Schraubendruckfedern nach DIN EN 13906 aus patentiert-gezogenem Federstahldraht der Klasse SH nach DIN EN 10270-1, **kugelgestrahlt**

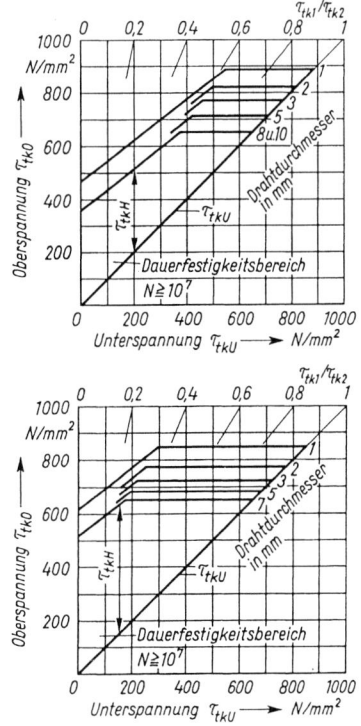

8.42
Dauerfestigkeitsschaubild (*Goodman*-Diagramm) für **kaltgeformte** Schraubendruckfedern nach DIN EN 13906 aus vergütetem Federdraht nach DIN EN 10270-2, **kugelgestrahlt**

8.43
Dauerfestigkeitsschaubild (*Goodman*-Diagramm) für **kaltgeformte** Schraubendruckfedern nach DIN EN 13906 aus vergütetem Ventilfederdraht nach DIN EN 10270-2, **kugelgestrahlt**

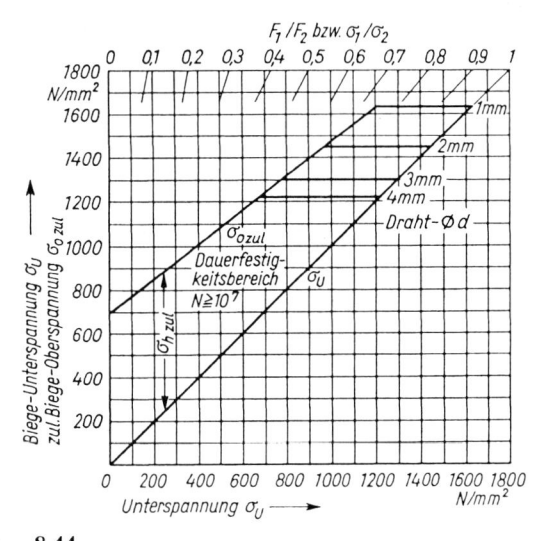

8.44
Dauerfestigkeitsschaubild für **kaltgeformte**, nicht oberflächenverdichtete Schenkelfedern nach DIN EN 13906-3 aus Federdraht nach DIN EN 10270

Federbauart	Werkstoff	Festigkeitswerte in N/mm²	
Torsionsfedern			
Drehstabfeder, DIN 2091 $d \leq 40$mm	50CrV 4, DIN 17221 vergütet, geschliffen geschält, vergütet, verdichtet	$\tau_{t\,zul}$ ≤ 700 ≤ 700	$\tau_{t\,A}$ $\leq \pm 200$ $\leq \pm 300$
$d > 40$mm	51CrMoV4		
Schraubendruckfedern DIN EN 13906 DIN 2095, warm geformt DIN 2098, 2099 (σ_B abhängig von d)	Federstahldraht Klasse SH / DIN EN 10270 Bl. 1; DIN EN 10218-2 $d = 1...12$ mm	$\tau_{c\,zul}$ $\leq 1250...650$	**8.41** $\tau_{tk\,H}$ $\leq 400...500$
	vergüteter Federdraht DIN EN 10270-2 $d = 1$ mm **8.36** $d = 3$ mm **8.41** $d = 9$ mm	$\tau_{c\,zul} \leq 0{,}56 \cdot R_m$ ≤ 980 ≤ 860 ≤ 730	$\tau_{tk\,H}$ Oberfläche nicht verdichtet ≤ 300 Oberfläche verdichtet ≤ 400
Schraubendruckfeder DIN EN 13906-1 DIN 2096, warm geformt	vergüteter Ventilfederdraht DIN EN 10270-2 $d = 1$ mm **8.36** $d = 2$ mm **8.43** $d = 6$ mm	$\tau_{tc\,zul} \leq 0{,}56 \cdot R_m$ ≤ 950 ≤ 860 ≤ 740	Oberfläche nicht verdichtet ≤ 400 Oberfläche verdichtet ≤ 600
DIN 2099 T1		**8.37**	**8.40**
Schraubenzugfeder DIN EN 13906-2 DIN 2097, kalt geformt DIN 2099 T2	Federstahldraht DIN EN 10270, DIN 17224; DIN EN 10218 Vorspannung $\tau_{tV} \leq 0{,}15 \cdot \tau_{t\,max}$, abhängig vom Herstellungsverfahren s. DIN EN 13906-2 **8.39**	$\tau_{t\,zul} \leq 0{,}45 \cdot R_m = 450 ... 1200$ N/mm² je nach Stahlsorte und Drahtdurchmesser. Schwingungsbeanspruchung vermeiden **8.38**	
	warm geformt	≤ 600	

8.45
Werkstoffe und zulässige Spannungen der wichtigsten Stahlfedern

Es ist zu beachten, dass sämtliche Werte **Richtwerte** sind. Grundsätzlich muss bei ruhender oder fast ruhender Beanspruchung die größte Spannung (Oberspannung) in der Feder kleiner als σ_{zul} bzw. $\tau_{t\,zul}$ sein. Bei kalt- und warmgeformten Schraubendruckfedern wird die Spannung bei Blocklast $\tau_{t\,c}$ ohne Berücksichtigung des Spannungsbeiwertes k_2 ermittelt. Sie darf nicht größer sein als $\tau_{t\,c\,zul}$ (s. Bild **8.36** und **8.37**). Bei veränderlicher Beanspruchung darf die Summe der Mittelspannung und des Spannungsausschlages $\sigma_m + \sigma_a$ bzw. $\tau_{tm} + \tau_{t\,k\,a}$ den Grenzwert σ_O bzw. $\tau_{t\,k\,O}$ im Dauerfestigkeitsschaubild nach *Smith* nicht überschreiten. Im Dauerfestigkeitsschaubild nach *Goodman* darf die Summe der Unterspannung und der Hubspannung $\sigma_u + \sigma_h$ bzw. $\tau_{t\,k\,u} + \tau_{t\,k\,h}$ nicht größer als die Grenzfestigkeit σ_O bzw. $\tau_{t\,k\,O}$ sein (s. Bild **8.23** und **8.41** bis **8.44**). Bei dynamischer Belastung sind die Spannungen stets unter Berücksichtigung etwaiger Formfaktoren zu ermitteln.

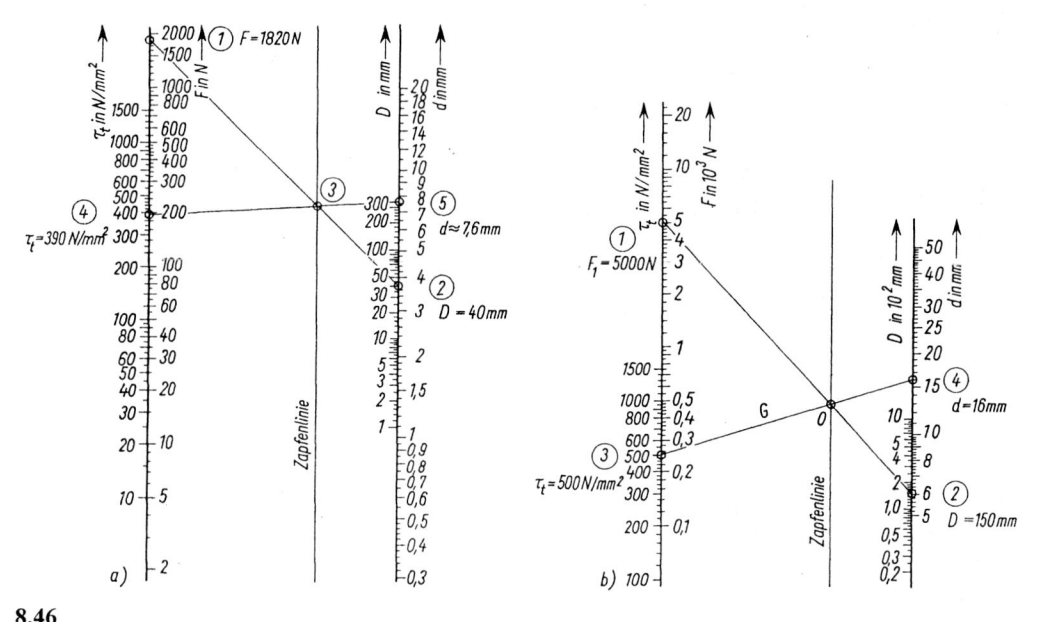

8.2 Bemessen und Gestalten der verschiedenen Bauformen

8.46
Leitertafeln zur überschlägigen Ermittlung der Abmessungen von Schrauben-Zug- und Druckfedern
a) für die Konstruktionspunkte 1 bis 5 s. Beispiel 4
b) für die Konstruktionspunkte 1 bis 4 s. Beispiel 8

Bei dynamischer Beanspruchung muss die Spannungserhöhung in Folge der Drahtkrümmung durch Multiplikation von F bzw. τ_t mit dem Formfaktor k_2 berücksichtigt werden.

Beispiel 5

Mit den Werten in Beispiel 1 erhält man für eine auf Verdrehung beanspruchte Schraubendruckfeder das Spannungsverhältnis $R = \tau_{t\,k\,u}/\tau_{t\,k\,o} = F_u / F_a = 200\,\text{N}/1400\,\text{N} = 1/7$. Die ertragbare Oberspannung lässt sich aus dem Dauerfestigkeitsschaubild für Federstahldraht der Klasse SH (Bild **8.41**) mit dem Spannungsverhältnis $R = 1/7 \approx 0{,}15$ bei einem geschätzten Drahtdurchmesser von 8 bis 10 mm zu $\tau_{t\,k\,O} = 470\,\text{N/mm}^2$ und die Dauerhubfestigkeit zu $\tau_{t\,k\,H} = 400\,\text{N/mm}^2$ ablesen. Mit der Sicherheit $S_D = 1{,}2$ ergibt sich dann die zulässige Oberspannung nach Gl. (8.60)

$$\tau_{t\,k\,o\,zul} = \frac{400\,\text{N/mm}^2}{1{,}2 \cdot (1 - 1/7)} \approx 390\,\text{N/mm}^2$$

Mit dieser Spannung bestimmt man aus der Spannungsgleichung (8.42) mit der Oberlast $F_o = 1400\,\text{N}$ die Abmessungen der Feder. Mit dem geschätzten Wickelverhältnis $w = D/d = 5$ bzw. $D = w \cdot d$ und $k_2 = 1{,}3$ nach Bild **8.32** ergibt sich aus Gl. (8.42)

$$d = \sqrt{\frac{8 \cdot k_2 \cdot F \cdot D}{\pi \cdot d \cdot \tau_{t\,k\,o\,zul}}} = \sqrt{\frac{8 \cdot k_2 \cdot w \cdot F}{\pi \cdot d \cdot \tau_{t\,k\,o\,zul}}} = \sqrt{\frac{8 \cdot 1{,}3 \cdot 5 \cdot 1400\,\text{N}}{\pi \cdot 390\,\text{N/mm}^2}} = 7{,}7\,\text{mm}$$

Beispiel 5, Fortsetzung

Die Windungszahl i folgt aus Gl. (8.47)

$$i = \frac{s_0 \cdot G \cdot d^4}{8 \cdot D^3 \cdot F_0} = \frac{29{,}2\,\text{mm} \cdot 81500\,\text{N/mm}^2 \cdot 8^4\,\text{mm}^4}{8 \cdot 40^3\,\text{mm}^3 \cdot 1400\,\text{N}} \approx 14$$

Überschlägig erhält man aus Bild **8.46a**, mit $F_{o\,k} = F_o \cdot k_2 \approx 1820$ N, $D = 40$ mm und $\tau_t = 390$ N/mm², den Durchmesser $d \approx 7{,}6$ mm.

Schließlich werden mit den endgültigen Maßen der Feder die vorhandene Oberspannung und der vorhandene Spannungsausschlag noch einmal überprüft und die vorhandene Blockspannung mit der zulässigen Spannung bei Blocklast $\tau_{t\,c\,zul}$ verglichen (Bild **8.36**). ∎

Beispiel 6

Druckfeder mit **ruhender** bzw. selten **schwellender** Belastung (8.3). Zu bestimmen sind die Federdaten τ_t, i, L_0. Gegeben: Höchste zulässige Federkraft $F_n = 1850$ N bei $s_n = 90$ mm, $D = 60$ mm. Angenommen $d = 8$ mm, kalt geformter Federstahldraht der Klasse SM nach DIN EN 10270 T 1 mit $\tau_{t\,c\,zul} = 670$ N/mm² (s. Bild **8.36**).

Mit Gl. (8.39) und ohne Berücksichtigung des Formfaktors k_2 erhält man $\tau_{t\,n} = 8\,F_n \cdot D/(\pi d^3) = 8 \cdot 1850\,\text{N} \cdot 60\,\text{mm}/(\pi \cdot 512\,\text{mm}^3) = 552\,\text{N/mm}^2 < \tau_{t\,c\,zul}$.

Nach Gl. (8.47) ist mit $G = 81\,500$ N/mm² die Anzahl der federnden Windungen $i = G \cdot d^4 \cdot s_n / (8 \cdot D^3 \cdot F_n) = 81\,500\,(\text{N/mm}^2) \cdot 8^4\,\text{mm}^4 \cdot 90\,\text{mm}/(8 \cdot 60^3\,\text{mm}^3 \cdot 1850\,\text{N}) = 9{,}4$. Da die Federenden um 180° zueinander versetzt sein sollen, wird $i = 9{,}5$ gewählt. Gesamtzahl der Windungen $i_g = i + 2 = 9{,}5 + 2 = 11{,}5$. Summe der Mindestabstände zwischen den einzelnen federnden Windungen nach Gl. (8.48) $S_a = [(0{,}0015 \cdot D^2/d) + 0{,}1 \cdot d] \cdot i = 14$ mm.

Die Blocklänge bei angeschliffenen Federenden ist $L_c = i_g \cdot d = 11{,}5 \cdot 8$ mm $= 92$ mm. Gespannte Länge $L_n = L_c + S_a = 92$ mm $+ 14$ mm $= 106$ mm. Länge der unbelasteten Feder $L_0 = L_n + S_n = 106$ mm $+ 90$ mm $= 196$ mm.

Nachrechnung der Torsionsspannung bei der theoretischen Blocklast $F_c = s_c \cdot F_n/s_n$. Mit $s_c = s_n + s_a = 90$ mm $+ 14$ mm $= 104$ mm wird $F_c = 2138$ N und $\tau_{t\,c} = 638$ N/mm². Diese Torsionsspannung liegt bedeutend unter $\tau_{t\,c\,zul} = 670$ N/mm ∎

Beispiel 7

Kaltgeformte **Druckfeder** mit **schwingender Belastung**. Gewünscht wird eine Druckfeder mit unbegrenzter Lebensdauer ($N > 10^7$) für $F_1 = 300$ N und $F_n = 650$ N bei einem Schwinghub $s_h = 14$ mm. Einbauraum-Durchmesser 37 mm. Zu bestimmen sind die erforderlichen Federdaten d, i, L_0, $\tau_{t\,k\,b}$ und der Werkstoff.

Die dem Schwinghub s_h zugehörige Hubspannung $\tau_{t\,k\,b}$ darf nicht größer als die Dauerhubfestigkeit $\tau_{t\,k\,H}$ des gewählten Werkstoffes sein. Außerdem muss $\tau_{t\,k\,n} < \tau_{t\,k\,O}$ sein. Gewählt wird eine kugelgestrahlte Feder aus vergütetem Ventilfederdraht.

Beispiel 7, Fortsetzung

Da der Drahtdurchmesser noch unbekannt ist, wird dem Dauerfestigkeitsschaubild **8.42** für $\tau_{tk\,n\,zul} = \tau_{tk\,O}/S_D$ ein geschätzter Wert entnommen, z. B. $\tau_{tk\,O} = 715$ N/mm². Damit ergibt sich mit der Sicherheit $S_D = 1,1$ für die Kraft F_n die zulässige Spannung $\tau_{tk\,n\,zul} = 650$ N/mm² ($\triangleq \tau_{tk\,n}$). Die Proportion $F_1/s_1 = (F_n - F_1)/s_h$ liefert den Federweg

$$s_1 = \frac{F_1 \cdot s_h}{F_n - F_1} = \frac{300\,\text{N} \cdot 14\,\text{mm}}{350\,\text{N}} = 12\,\text{mm}$$

Der Federweg ist $s_n = s_1 + s_h = (12 + 14)$ mm $= 26$ mm.
Mit der Proportion $\tau_{tk\,1} = s_1 \cdot \tau_{tk\,1}/s_n = (12\,\text{mm} \cdot 650\,\text{N/mm}^2)/26\,\text{mm} = 300$ N/mm² ergibt sich $\tau_{tk\,h} = \tau_{tk\,n} - \tau_{tk\,1} = (650 - 300)$ N/mm² $= 350$ N/mm², hierbei bedeuten $\tau_{tk\,n} = \tau_{tk\,o}$ und $\tau_{tk\,1} = \tau_{tk\,u}$. Diese Spannungen liegen im Dauerfestigkeitsschaubild innerhalb der zulässigen Grenzen (s. Bild **8.43**).

Der mittlere Windungsdurchmesser D ist durch den Einbauraum mit 37 mm Durchmesser annähernd festgelegt. Er wird bei einem geschätzten Drahtdurchmesser von 4,5 mm mit $D = 31$ mm angenommen. Aus Bild **8.32** entnimmt man vorläufig für $w = D/d = 31/4,5 = 6,9$ den Formfaktor $k_2 = 1,2$.
Somit ergibt sich aus Gl. (8.42) mit $\tau_{tk\,o\,zul} = \tau_{tk\,n\,zul}$ der Drahtdurchmesser

$$d = \sqrt[3]{\frac{8 \cdot k_2 \cdot F_n \cdot D}{\pi \cdot \tau_{tk\,o\,zul}}} = \sqrt[3]{\frac{8 \cdot 1,2 \cdot 650\,\text{N} \cdot 31\,\text{mm}}{\pi \cdot 650\,\text{N/mm}^2}} = 4,56\,\text{mm}$$

gewählt wird $d = 4,6$ mm.
Anzahl der federnden Windungen nach Gl. (8.47)

$$i = \frac{G \cdot d^4 \cdot s_n}{8 \cdot D^3 \cdot F_n} = \frac{81500\,\text{N/mm}^2 \cdot (4,6\,\text{mm})^4 \cdot 26\,\text{mm}}{8 \cdot (31\,\text{mm})^3 \cdot 650\,\text{N}} \approx 6,25$$

Gesamtzahl der Windungen $i_g = i + 2,25 = 8,5$, damit die Federenden gegenüberliegen. Summe der Mindestabstände $S_a^* = [(0,0015 \cdot 31^2\,\text{mm}^2/4,6\,\text{mm}) + 0,1 \cdot 4,6\,\text{mm}] \cdot 6,25 \approx 5$ mm, Gl. (8.48).
Bei dynamischer Belastung kaltgeformter Federn wird S_a^* um den Faktor 1,5 vergrößert, gewählt $S_a = 7,5$ mm. Blocklänge $L_c = i_g \cdot d = 8,5 \cdot 4,6$ mm $= 39,1$ mm; Länge $L_n = L_c + S_a = (39,1 + 7,5)$ mm $= 46,6$ mm; Länge $L_1 = L_n + s_h = (50,1 + 14)$ mm $= 64,1$ mm; Länge $L_0 = L_1 + s_1 = (64,1 + 12)$ mm $= 76,1$ mm; Federweg bei Blocklast $s_c = s_n + S_a = (26 + 7,5)$ mm $= 33,5$ mm.
Bei der theoretischen Blocklast $F_c = F_n \cdot s_c/s_n = 650\,\text{N} \cdot 33,5\,\text{mm}/26\,\text{mm} = 838$ N ist $\tau_{tc} = 8 \cdot D \cdot F_c/\pi \cdot d^3) = 8 \cdot 31\,\text{mm} \cdot 838\,\text{N}/(\pi \cdot 4,6^3\,\text{mm}^3) = 680$ N/mm². Nach Bild **8.36** ist für vergüteten Ventilfederdraht $\tau_{tc\,zul} = 770$ N/mm² bei $d = 4,6$ mm und damit größer als τ_{tc}. Eine Nachrechnung der Spannungen $\tau_{tk\,1}$, $\tau_{tk\,n}$ und $\tau_{tk\,b}$ ergibt keine bedeutende Abweichung von vorstehenden Werten. ∎

Zugfeder (DIN EN 13906, DIN 2097). Die Federn werden i. allg. mit eng aneinanderliegenden Windungen gewickelt. Bei Verwendung federharten Drahtes oder vergüteten Drahtes nach

DIN EN 10218 bzw. DIN EN 10270 können die Federn mit **Vorspannung** gewickelt werden. Nach dem Wickeln vergütete Federn lassen sich nur ohne Vorspannung herstellen.

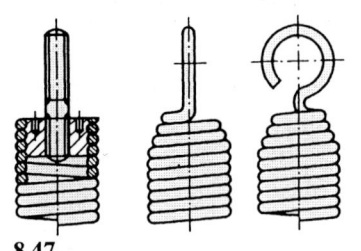

8.47
Federenden von Schraubenzugfedern nach DIN 2097 (s. auch Bild **8.1a**)

Die Höhe der Vorspannkraft F_V ist proportional der Wickelvorspannung; sie ist überschlägig $\tau_{tV} = 0{,}15 \cdot \tau_{t\,zul}$ mit $\tau_{t\,zul} = 0{,}45 \cdot R_m$ (s. Bild **8.45** und **8.39**, s. auch DIN EN 13906). Durch die Vorspannung werden Baulängen und Federweg verringert. Die eingesparte Länge beträgt F_V/c mit c als Federrate nach Gl. (8.1).

Die Federenden erhalten die verschiedensten Formen. Einige Ausführungen zeigen die Bilder **8.1a** und **8.47** (DIN 2097). Die Aufhängeösen sollen mit Halbmessern angebogen werden, welche die Werte nach Bild **8.15** nicht unterschreiten. Wegen der Bruchgefahr in den Federenden sollen Zugfedern bei Schwingungsbeanspruchung möglichst vermieden werden.

Beispiel 8

Gesucht sind die Hauptabmessungen einer **ruhend beanspruchten Zugfeder** mit innerer Vorspannung. Gegeben $F_1 = 5000$ N bei $s_1 = 210$ mm, $L_1 \approx 600$ mm, $D_e \approx 200$ mm, Lösung mit Hilfe der Leitertafel (Bild **8.46b**): Nach Wahl von $D \approx 150$ mm erhält man durch Verbinden der Punkte 1 und 2 den Zapfenpunkt 0. Durch Schwenken der Geraden G um 0 findet man durch Probieren die einander zugeordneten Werte $\tau_t = 500$ N/mm² (Punkt 3) und $d = 16$ mm (Punkt 4). Nach DIN EN 13906 und Bild **8.38**, **8.45** ist für Federstahldraht Klasse SH nach DIN EN 10270 T1 = 520 N/mm² zulässig; $d = 16$ mm ist nach DIN EN 10218 ein gängiger Durchmesser. Kontrollrechnung: Die **Schubspannung** ist nach Gl. (8.39)

$$\tau_{t1} = \frac{8 \cdot D \cdot F_1}{\pi \cdot d^3} = \frac{8 \cdot 150\,\text{mm} \cdot 5000\,\text{N}}{\pi \cdot (16\,\text{mm})^3} = 466\,\text{N/mm}^2$$

Bei Federn mit innerer Vorspannung beim Wickeln kann die Anzahl der federnden Windungen zunächst aus der gewünschten Länge der unbelasteten Feder bestimmt werden, weil die Windungen dicht an dicht liegen. Abweichungen von den Vorbedingungen der Verformungsgleichung werden durch die innere Vorspannung ausgeglichen.

Die Länge der unbelasteten Feder ist $L_0 = L_1 - s_1 = (600 - 210)$ mm = 390 mm, die Länge des unbelasteten Federkörpers ohne Öse (Bild **8.47** rechts) wird $L_K = [390 - 1{,}6 \cdot (150 - 16)]$ mm = 175,6 mm und die Anzahl der federnden Windungen

$$i = \frac{L_K}{d} - 1 = \frac{175{,}6\,\text{mm}}{16\,\text{mm}} - 1 \approx 10$$

Aus der Beziehung für die Federrate $c = \Delta F/\Delta s = (F_1 - F_V)/s_1$ ergibt sich mit Gl. (8.46) die erforderliche innere Vorspannkraft $F_V = F_1 - c \cdot s_1$;

8.2 Bemessen und Gestalten der verschiedenen Bauformen

Beispiel 8 (Fortsetzung)

$$F_V = F_1 - \frac{G \cdot d^4 \cdot s_1}{8 \cdot D^3 \cdot i} = 5000\,\text{N} - \frac{81500\,\text{N/mm}^2 \cdot (16\,\text{mm})^4 \cdot 220\,\text{mm}}{8 \cdot (150\,\text{mm})^3 \cdot 10} = 648\,\text{N}$$

In Folge dessen muss die Feder nach Gl. (8.39) mit der inneren Vorspannung

$$\tau_{tV} = \frac{8 \cdot D \cdot F_V}{\pi \cdot d^3} = \frac{8 \cdot 150\,\text{mm} \cdot 648\,\text{N}}{\pi \cdot (16\,\text{mm})^3} \approx 60\,\text{N/mm}^2$$

gewickelt werden. Nach DIN EN 13906 (s. Bild **8.39**) beträgt für Federdraht Klasse SH und Wickeln auf der Wickelbank die innere zulässige Vorspannung $\tau_{tV\,zul}$ = 95 N/mm², s. auch Überschlagsformel $\tau_{tV\,zul}$ = 0,15 · $\tau_{t\,zul}$ = 0,15 · 520 N/mm² = 78 N/mm² ∎

Kegelige Druckfeder (Kegelstumpffeder). In Sonderfällen werden die Schraubenfedern zur Erzielung einer progressiven Kennlinie konisch gewickelt, mit gleichmäßig abnehmendem mittlerem Windungsdurchmesser und ungleichmäßiger Steigung. Kegelstumpffedern lassen sich nur näherungsweise berechnen. Wegen ihrer geringeren Bedeutung wird hier auf die einschlägige Literatur verwiesen [1], [3], [4].

8.2.2 Gummifedern

Abweichend von den Metallen, insbesondere Stahl, verursachen beim Gummi bereits kleine Spannungen große Dehnungen; es gilt aber nicht exakt das *Hooke*sche Gesetz. Trotzdem kann für die wichtigsten Gummifederbauarten innerhalb eines bestimmten Belastungsbereiches die Kennlinie näherungsweise als Gerade angenommen werden. Wie bei Metallfedern ist die Federsteife $c = dF/ds$ je nach der Beanspruchungsart vom Elastizitäts- oder Schubmodul, also von den Werkstoffkennwerten der betreffenden Gummiqualität, abhängig. Entscheidend ist die **Shore-Härte A** nach DIN 53505. Die Abhängigkeit des Schubmoduls G von der Shore-Härte zeigt Bild **8.48**. Mit G ergibt sich mit der aus der Festigkeitslehre bekannten Beziehung

$$E = 2(\mu + 1) \cdot G \tag{8.61}$$

und mit der *Poisson*schen Querzahl μ (für Gummi gilt $\mu = \varepsilon_q/\varepsilon = 0{,}5$; ε_q Querkürzung; ε Dehnung) der **Elastizitätsmodul**

$$E = 3 \cdot G \tag{8.62}$$

Dieser Wert hat allerdings nur theoretische Bedeutung, weil er eine völlig unbehinderte Querdehnung (Querkürzung) voraussetzt. Dies ist in der Regel bei Zug- und Druckfedern – von langen Gummibändern abgesehen – nicht gegeben, weil der Gummi an den Enden in irgendeiner Weise befestigt sein muss. In Folge dessen rechnet man an Stelle von E mit einer empirisch ermittelten Beziehung zwischen E und G in Abhängigkeit von der Form der Feder; der Wert E ist dann also kein reiner Werkstoffkennwert mehr. Bei Gummifedern lässt sich im Gegensatz zu Stahlfedern durch Änderung der Gummiqualität und damit von G bzw. E die Federsteife unter Beibehaltung der Federform beeinflussen. Hierin liegt ein weiterer wesentlicher Unterschied gegenüber Metallfedern.

Weitere Eigenschaften des Gummis sind folgende:

1. Dämpfungsfähigkeit. In Folge der hohen Eigendämpfung (innere Reibung) von Gummi klingen durch Stöße angeregte Eigenschwingungen der Gummifedern schneller ab als bei Metallfedern; im Resonanzfall wird der Schwingungsausschlag einer Gummifeder kleiner als der einer Metallfeder. Die zweckentsprechende Auswahl der Gummiqualität sollte man zusammen mit dem Gummihersteller treffen.

2. Schalldämmfähigkeit (DIN 1320 und 1332). Im Gegensatz zu Stahlfedern dämpfen Gummifedern in starkem Maße auch den sog. Körperschall, sofern die Gummidicke ≥ 25 mm beträgt.

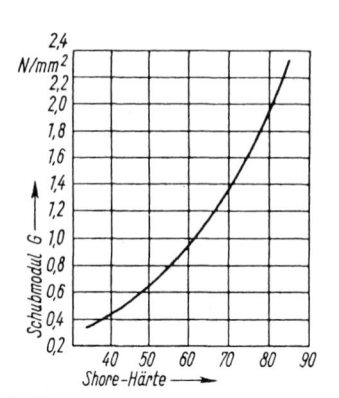

8.48 Schubmodul G einer Gummimischung in Abhängigkeit von ihrer Shore-Härte [2]

3. Elektrische Isolierfähigkeit. Diese ist von der Gummimischung abhängig.

4. Temperaturabhängigkeit. Die Federsteife c bleibt zwischen 0 und 70 °C annähernd konstant; unter -25 °C tritt eine starke Verhärtung ein. Die Festigkeit nimmt dagegen mit steigender Temperatur erheblich ab. Bei Lastwechseln mit hohen Frequenzen tritt in Folge der hohen Eigendämpfung Erwärmung und damit Schädigung ein (s. z. B. Kraftfahrzeugreifen bei hohen Geschwindigkeiten). Kühlung führt meist nicht zum Erfolg, weil Gummi eine sehr schlechte Wärmeleitfähigkeit besitzt. In Folge dessen können Gummifedern bei dynamischer Beanspruchung nicht stark belastet werden. Die Federsteife ist abhängig von der Frequenz der Lastwechsel.

5. Altern. Gummi soll möglichst vor Licht, besonders vor Sonneneinstrahlung, Regen und Wärme, geschützt werden, um Altern zu vermeiden. Dieses äußert sich u. a. in Rissigkeit und Klebrigkeit. Dynamische Beanspruchung wirkt dem Altern entgegen.

6. Einfluss angreifender Mittel. Naturgummi quillt unter Einwirkung von Benzol, Benzin, Öl und Fett. Synthetischer Gummi ist in dieser Hinsicht unempfindlicher. Mit Benzol und aromatischen Kohlenwasserstoffen soll Gummi nicht in Berührung kommen.

Bauformen und Beanspruchungen

Auch die Gummifedern lassen sich nach ihrer **Beanspruchungsart** ordnen. Ihre Berechnung erfolgt mit Hilfe der Spannungs- und Verformungsgleichungen, die in Bild **8.49** für die verschiedenen Bauarten erläutert sind. Die Angabe von Grenzspannungen kann nach den heutigen Erfahrungen nur in Form von Richtwerten erfolgen. Eine besonders enge Zusammenarbeit zwischen Konstrukteur und Hersteller ist notwendig. Um eine gleichmäßigere Spannungsverteilung im Gummi zu erreichen, werden die in Bild **8.49** aufgeführten Grundformen abgewandelt, entsprechend den in Bild **8.50** dargestellten Ausführungen.

8.2 Bemessen und Gestalten der verschiedenen Bauformen

	Parallelschub-		Drehschub-		
	Scheibenfeder a)	Hülsenfeder b)	Hülsenfeder c)	Scheibenfeder d)	
	$\tau = \gamma \cdot G = \dfrac{F}{A}$	$\tau = \gamma \cdot G = \dfrac{F}{A}$ $= \dfrac{F}{2\pi \cdot r \cdot h}$ $\tau_{max} = \dfrac{F}{A_i}$ $= \dfrac{F}{2\pi \cdot r_i \cdot h}$	$\tau = \gamma \cdot G = \dfrac{F}{A}$ $= \dfrac{T/r}{2\pi \cdot r \cdot l}$ $\tau_{max} = \dfrac{T/r_i}{2\pi \cdot r_i \cdot l}$	$\tau = \gamma \cdot G = \dfrac{dF}{dA}$ $= \dfrac{dT/r}{2\pi \cdot r \cdot dr}$	Spannungs-gleichung
	$s = \dfrac{l \cdot F}{A \cdot G} \quad \gamma \approx \dfrac{s}{l}$	$ds = \dfrac{dr \cdot F}{A \cdot G}$ $= \dfrac{dr \cdot F}{2\pi \cdot r \cdot h \cdot G}$ $s = \dfrac{F \cdot \ln(r_a/r_i)}{2\pi \cdot h \cdot G}$	$ds = r \cdot d\varphi = \dfrac{dr \cdot F}{A \cdot G}$ $= \dfrac{dr \cdot T}{r \cdot A \cdot G}$ $= \dfrac{dr \cdot T}{2\pi \cdot r^3 \cdot l \cdot G}$ $d\psi = \dfrac{dr \cdot T}{2\pi \cdot r^3 \cdot l \cdot G}$ $= \dfrac{T \cdot dr/r^3}{2\pi/G}$ $\psi = \dfrac{T}{4\pi \cdot l \cdot G}\left(\dfrac{1}{r_i^2} - \dfrac{1}{r_a^2}\right)$	$\gamma \cdot s \approx \varphi \cdot r$ $dT = 2\pi \cdot G \cdot \gamma \cdot r^2 \cdot dr$ $dT = \dfrac{2\pi \cdot G \cdot \psi \cdot r^3 \cdot dr}{s}$ $T = \dfrac{2\pi \cdot G \cdot \psi \cdot (r_a^4 - r_i^4)}{4 \cdot l}$ $\psi = \dfrac{2 \cdot l \cdot T}{\pi \cdot G \cdot (r_a^4 - r_i^4)}$	Verformungs-gleichung
	$\gamma < 20°$ $s/l < 35\%$	$\dfrac{s}{(r_a - r_i)} < 35\%$ $\tau_G \leq 1{,}5 \text{ N/mm}^2$ $\tau_A \leq \pm 0{,}4 \text{ N/mm}^2$	$\psi < 40°$ $\psi° = 57{,}3 \cdot \psi^{\text{rad}}$ $\tau_G \leq 2 \text{ N/mm}^2$ $\tau_A \leq \pm 0{,}4 \text{ N/mm}^2$	$\psi < 20°$ $\psi° = 57{,}3 \cdot \psi^{\text{rad}}$ $\tau_G \leq \pm 0{,}4 \text{ N/mm}^2$	

F Federkraft s Federweg h Gummihöhe l Gummilänge
r_a, r_i Außen- bzw. Innenhalbmesser der Gummischicht
γ Verschiebungswinkel φ Drehwinkel G Schubmodul s. Bild **8.48**

Druckfedern (Bild **8.51**):

$$\sigma = F/A = \varepsilon \cdot E = f \cdot E/h \qquad s = \sigma \cdot h/E = \dfrac{F \cdot h}{A \cdot E} \qquad \begin{array}{l} \sigma_G \leq 3 \text{ N/mm}^2 \\ \sigma_A = \pm 1 \text{ N/mm}^2 \\ E \text{ s. Bild } \mathbf{8.51} \end{array}$$

$$s < 0{,}2 \cdot h$$

8.49
Wichtige Gummifeder-Grundformen

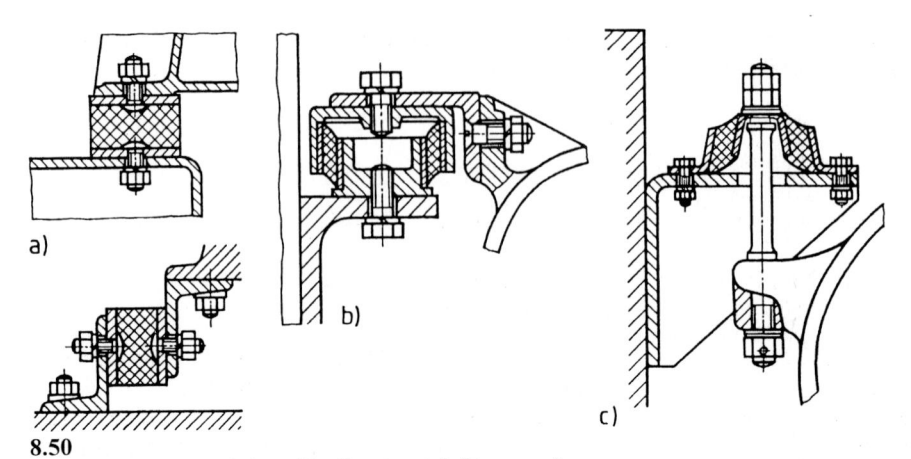

8.50
Ausgeführte Gummifedern (Fa. Continental, Hannover)
a) Gummipuffer oben: als Druckfeder, unten: als Parallelschub-Scheibenfeder
b) U-Schiene (Parallelschub-Scheibenfeder), c) Ringfeder (Parallelschub-Hülsenfeder)

Schubfeder. Schubspannungen sind mit größeren Verformungen verbunden als Druckspannungen. Daher werden vorzugsweise Gummi-**Schub**federn verwendet. Bei ihren wichtigsten Bauarten kann im Bereich nicht zu großer Verformungen die Kennlinie als gerade angenommen werden. Unter dieser Voraussetzung gelten die Gleichungen in Bild **8.49** für die verschiedenen Bauarten.

Druckfeder (s. Bild **8.51**). Im Bereich kleiner Verformungen kann die Kennlinie als gerade angesehen werden. Unter dieser Voraussetzung gelten die in Bild **8.49** angegebenen Gleichungen. Wie bereits erwähnt, ist der **wirksame** Elastizitätsmodul von der Form der Feder abhängig. Er ist somit eine Funktion sowohl des Werkstoffes als auch der Abmessungen. Die Form der Feder wird durch den **Formfaktor k**, der nicht mit der Formziffer α (Abschn. 2.3) verwechselt werden darf, erfasst. Er gibt das Verhältnis der belasteten Fläche des Gummis zur freien Oberfläche an und gilt für Federn mit über die Höhe h konstantem Querschnitt beliebiger Form. Richtwerte für Gummifedern enthalten die AWF-Blätter 500.27.01 bis 500.27.03 und die VDI-Richtlinie 3362.

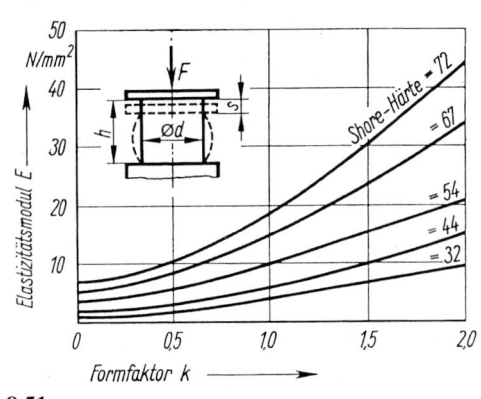

8.51 Elastizitätsmodul E von Gummi in Abhängigkeit vom Formfaktor k und von der Shore-Härte [2]

8.2 Bemessen und Gestalten der verschiedenen Bauformen

Beispiel 9
Eine **zylindrische Gummifeder** (8.51) mit dem Durchmesser $d = 80$ mm und der unbelasteten Höhe $h = 60$ mm hat den **Formfaktor**

$$k = \frac{\pi \cdot d^2 / 4}{\pi \cdot d \cdot h} = \frac{d}{4 \cdot h} = \frac{80 \, \text{mm}}{240 \, \text{mm}} = 0{,}33$$

Bei Härte 72 Shore ergibt sich nach Bild **8.51** der Elastizitätsmodul $E = 9$ N/mm^2.

Zugfeder. Zugbeanspruchte Gummifedern sollten nicht verwendet werden, weil Gummi bei Anrissen der Oberfläche unter Zugbeanspruchung weiterreißt.

Dynamische Beanspruchung. Bei im Betrieb veränderlicher Beanspruchung überlagert sich nach den Ausführungen in Abschn. 2.3 und 8.2.1 der ruhenden Beanspruchung eine schwingende. Eine Erhöhung der Frequenz bewirkt bei Gummifedern eine Erhöhung der bei ruhender Beanspruchung vorhandenen Federsteife, die - genau wie bei Stahlfedern - aus den Spannungs- und Verformungsgleichungen ermittelt werden kann (s. Abschn. 8.1). Die **dynamische Federsteife** ist außerdem abhängig von der Shore-Härte. Sie lässt sich als Vielfaches der statischen Federsteife angeben.

$$c_{\text{dyn}} = k_1 \cdot c_{\text{stat}} \tag{8.63}$$

Der Faktor k_1 ist Bild **8.52** in Abhängigkeit der Shore-Härte zu entnehmen.

Die vorausberechnete Federsteife enthält große Unsicherheiten. Sie wird daher stets durch Versuch ermittelt.

Eigenschwingungszahl. Die Eigenschwingungszahl ω_e eines Gummifeder-Systems kann nach Gl. (8.10) bzw. (8.12) berechnet werden. Hierbei ist als Federsteife c_{dyn} einzusetzen.

Gestaltung. Von der Beanspruchungsart abgesehen, unterscheidet man **gefügte** und **gebundene** Federn. Die wichtigste Konstruktionsbedingung für alle Bauarten ist die Forderung einer unbehinderten Federungsmöglichkeit des Gummis, weil dieser inkompressibel (*Poisson*sche Querzahl $\mu = 0{,}5$; s. Gl. (8.61) u. Abschn. 2.1) ist. Gummi, der von allen Seiten umschlossen ist, ist also praktisch ein starrer Körper [s. auch AWF-Blätter 500.27.00 bis 500.27.06]. Bei **gefügten Federn** muss dafür gesorgt werden, dass der Gummi zwischen den abzufedernden Teilen mit einer ausreichenden Pressung gehalten wird, ohne dass die Federung des Gummis behindert wird.

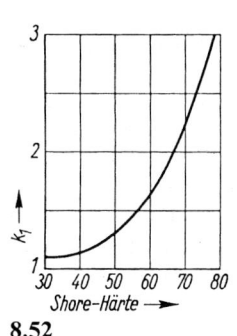

8.52
Faktor $k_1 = c_{\text{dyn}}/c_{\text{stat}}$ als Funktion der Shore-Härte

Ein grundlegendes Beispiel für eine gefügte Feder ist der sog. **Silentblock** nach Bild **8.53**. Er lässt sowohl eine axiale und radiale Federung der beiden Hülsen, zwischen die der Gummi gepresst ist, wie auch deren gegenseitige Schiefstellung und Verdrehung zu. Die hierbei auftretenden Verformungen sind möglich, weil sich der Gummi an den Stirnseiten frei bewegen kann. Ein Beispiel für eine Fehlkonstruktion, bei der der Gummi allseitig eingeschlossen ist und sich nicht verformen kann, zeigt Bild **8.54**. Eine Reihe typischer Bauformen von Gummifedern ist in Bild **8.49** und **8.50** zusammengestellt (s. auch Abschn. Kupplungen).

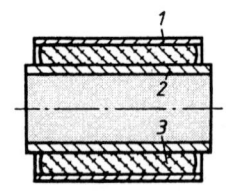

8.53
Gefügte Gummifeder
1 Außenhülse
2 Innenhülse
3 eingepresster Gummi

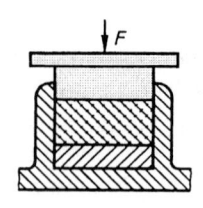

8.54
Fehlerhaft ausgebildete Gummidruckfeder, Gummi kann sich, weil allseitig umschlossen, nicht verformen

Bei **gebundenen Federn** erfolgt die Bindung während des Vulkanisierens des Gummirohlings in Heizformen, in die der Rohling und die mit ihm zu verbindenden Metallteile gebracht werden. Unter Einwirkung von Druck und Wärme entsteht eine so innige Verbindung zwischen Gummi und Metall, dass diese Verbindung höhere Belastungen aushält als der Gummi selbst; ein Nachrechnen der Haftflächen ist daher nicht notwendig.

Für diese Bindung sind besonders Kohlenstoffstahl nach DIN EN 10025 und Bleche nach DIN 1623 geeignet. Die Bindung mit anderen Werkstoffen, wie Stahlguss, Leichtmetallen, Messing, Kunststoffen u. a., sollte nur im Einvernehmen mit dem Hersteller vorgesehen werden. Um Kosten für die Anfertigung neuer Heizformen zu vermeiden, empfiehlt es sich, möglichst Gummifedern zu verwenden, die sich bereits bewährt haben. Die Gummiindustrie besitzt einen umfangreichen Formenpark. Bei der Gestaltung der Gummi-Metallfedern in gebundener Ausführung sind die folgenden Gesichtspunkte zu beachten:

1. Die Heizformen sollen nicht unterschnitten sein.
2. Die Metallteile, an denen der Gummi nach dem Vulkanisieren haften soll, müssen in den Heizformen einwandfrei fixiert werden.
3. Metallteile sollen niemals in den Gummi eingebettet werden, weil nach dem Vulkanisieren innere Spannungen entstehen und bei dynamischer Belastung leicht Anrisse auftreten.
4. Scharfe Kanten, die den Gummi bei Verformung unter Belastung beschädigen, sind zu vermeiden.
5. Wenn die Metallteile, auf die der Gummi aufvulkanisiert wird, gleichzeitig als Teil der Heizform dienen, ist auf gute Ausbildung der Dichtlinien zwischen Metallteil und Heizform-Gegenstück zu achten.
6. Gewindegänge in den Metallteilen, in die während des Vulkanisierens flüssiger Gummi eindringen könnte, müssen entsprechend geschützt werden. Hartlöten zur Befestigung der Gewindebolzen ist zu vermeiden.
7. Beim Abkühlen nach dem Vulkanisieren muss der Gummi unbehindert schwinden können; andernfalls treten hohe Schrumpfspannungen auf, die zum Lösen der Bindung führen können. Deshalb wird bei Hülsenfedern bisweilen die äußere Metallhülse geschlitzt ausgeführt.

8.3 Gasfedern

Die Gasfeder (8.55) besteht aus einem mit Stickstoff gefülltem Druckzylinder 3, der auf einer Seite z. B. mit einem Bodendeckel 5 und auf der gegenüberliegenden Seite durch ein Dichtungspaket 2 gasdicht verschlossen ist. Durch das Dichtungspaket wird eine im Durchmesser reichlich dimensionierte Kolbenstange 1 längsverschiebbar geführt. An ihrem Ende im Rohrinnern ist der Dämpfungs- und Führungskolben 4 befestigt.

8.3 Gasfedern

Gasfedern werden vorwiegend als hydropneumatische Verstellelemente mit einem in sich geschlossenen Gas-Öl-System gebaut.

Durch einfache konstruktive Maßnahmen lassen sich die Federkennlinie und die Dämpfung der Gasfeder stark beeinflussen, die Ausschubgeschwindigkeit begrenzen und der Hub in jeder Lage stufenlos federnd oder starr blockieren.

Gasfedern werden eingesetzt u. a. zum Anheben schwerer Klappen, Deckel und Platten, zur Neigungsverstellung von Schiffsluken, Fahrzeugtüren, Dachfenstern, Lichtkuppeln, Garagentoren, Krankenbetten, Drehstühlen und von Zeichentischen sowie als Feder-Dämpferelement im Fahrzeugbau.

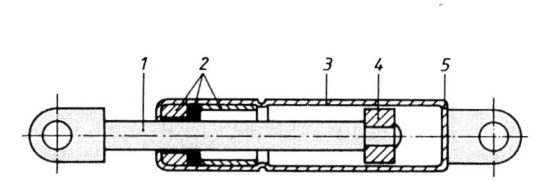

8.55
Gasfeder
1 Kolbenstange
2 Dichtungsführungspaket
3 Druckrohr (verkürzt gezeichnet)
4 Dämpf- und Führungskolben
5 Bodendeckel

8.3.1 Allgemeine Grundlagen

Die **Wirkungsweise** der Gasfedern beruht auf der Zusammendrückbarkeit von Gasen in einem Zylinder mittels eines Kolbens. Die Veränderung der Zustandsgrößen Druck, Volumen und Temperatur lassen sich mit der allgemeinen Gasgleichung bzw. mit der daraus abgeleiteten Polytropengleichung $p \cdot v^n$ = konst. beschreiben. Hierin ist p der Druck, v das spezifische Volumen und n der Polytropenexponent. Für den Sonderfall, dass die Temperatur konstant bleibt, wird $n = 1$ gesetzt. Bei Gasfedern kann im allgemeinen mit dieser isothermen Zustandsänderung gerechnet werden.

Der **Druck** p des Gases, das sich im Behälter (**8.56**) befindet, drückt auf den **Querschnitt** A der Kolbenstange und bewirkt eine Gaskraft in Ausschubrichtung. Diese steht im Gleichgewicht mit der von außen auf die Kolbenstange aufgebrachten Kraft, der Federkraft $F = p \cdot A$ und den Reibungskräften.

Druck und Volumen. Durch Einschieben der Kolbenstange in den Behälter, im Bild **8.56** vom Punkt 1 zum Punkt 2 hin, wird das **Gasvolumen** $V_1 = A_b \cdot s_3 - A \cdot s_1$ auf das Volumen $V_2 = A_b \cdot s_3 - A \cdot s_2$ verkleinert. Dabei steigt der Gasdruck p_1 auf den höheren Wert p_2 nach folgender Gleichung an

$$p_2 = p_1 \cdot \left(\frac{V_1}{V_2}\right)^n = p_1 \cdot \left(\frac{A_b \cdot s_3 - A \cdot s_1}{A_b \cdot s_3 - A \cdot s_2}\right)^n \qquad (8.64)$$

Der Druck- bzw. der Federkraftanstieg (**8.56**) ist somit abhängig vom Anfangsdruck p_1, vom Verdichtungsverhältnis V_1 / V_2 und vom Polytropenexponenten n. In der weiteren Berechnung wird mit der isothermen Zustandsänderung gerechnet und $n = 1$ gesetzt.

Für die Isotherme ergibt sich aus Gl. (8.64) beim **Federweg** s_2 die **Federkraft**

$$F_2 = p_1 \cdot A \cdot \left(\frac{A_b \cdot s_3 - A \cdot s_1}{A_b \cdot s_3 - A \cdot s_2} \right)$$

(8.65)

Bei verhältnismäßig kleinen Änderungen des Gasvolumens, bedingt durch großes Behältervolumen und kleinen Kolbenstangenquerschnitt, verläuft der Kraftanstieg näherungsweise geradlinig (**8.56**). Im Vergleich zu Schraubenfedern weisen Gasfedern nur einen geringen Kräfteanstieg über dem Federweg auf.

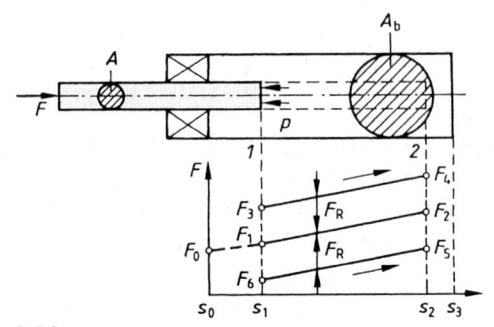

8.56
Federkennlinie der Gasfeder

$F_1 \dots F_2$ Einschubkraft ohne Reibung
$F_1 \dots F_2$ Einschubkraft mit Reibung
$F_1 \dots F_2$ Ausschubkraft mit Reibung

Bei Gasfedern wird das Kraftverhältnis als **Federkennung** x bezeichnet

$$x = \frac{F_2}{F_1} = \frac{V_1}{V_2}$$

(8.66)

Das Verhältnis der Abmessungen von Kolbenstange und Druckrohr bestimmt das Volumenverhältnis. Die Abmessungen werden so gewählt, dass die benötigten Federkräfte und Federwege innerhalb des Federkennungsbereiches von $x = 1{,}01$ bis $1{,}6$ liegen.

Federkennlinie ohne Berücksichtigung der Reibung. Mit der linearisierten Federrate, Gl. (8.1) und Gl. (8.66),

$$c = F_1 \cdot (x - 1)/(s_2 - s_1)$$

und ohne Berücksichtigung der Reibung ergibt sich der linearisierte Federkraftverlauf über dem Federweg s

$$F = F_1 + s \cdot \frac{F_1 \cdot (x-1)}{s_2 - s_1} = F_1 \cdot \left(1 + s \cdot \frac{x-1}{s_2 - s_1} \right)$$

(8.67)

Federkennlinie mit Berücksichtigung der Reibung (8.56). Wird die Kolbenstange mit dem Kolben bewegt, so entsteht an den Führungs- und Dichtungsflächen Reibung, die der Federkraft in Richtung der Bewegung entgegenwirkt. Beim Einschieben der Kolbenstange sind die Einschubkräfte F_3 bis F_4 um die Reibungskraft F_R größer als F_1 bzw. F_2. Beim Ausschieben werden die Ausschubkräfte $F_5 < F_2$ und $F_6 < F_1$.

Temperatureinfluss. Erfährt das Gas von außen her bei konstanter Hubstellung eine Temperaturänderung, so ändert sich der Gasdruck bzw. die Federkraft. Bei Erhöhung der Gastemperatur von +20 °C auf +80 °C wächst die Federkraft um etwa 20%, bei Absenken der Temperatur

8.3 Gasfedern

von +20 °C auf -40 °C nimmt die Kraft um etwa 20% ab. Genaue Werte müssen für jede Gasfederart einzeln berechnet bzw. durch Versuch ermittelt werden.

Beeinflussung der Kennlinie. Durch Vergrößerung der Ölmenge innerhalb der Gasfeder wird das Gasbehältervolumen verkleinert und somit die Federkraft in eingeschobener Stellung erhöht.

Durch eine **zusätzliche Schraubenfeder** zwischen Kolben und Bodendeckel wird eine progressive **Federkennlinie** erreicht (**8.57**). Am Anfang der Ausschubbewegung steht eine höhere Kraft zur Verfügung als die der betreffenden Gasfeder mit flacher Kennung.

Eine **degressive Federkennlinie** ergibt sich durch den Einbau einer Schraubendruckfeder zwischen Kolben und Dichtungspaket (**8.58**). Hierbei kann die Feder so bemessen sein, dass die Gasfederkraft in ausgeschobener Stellung der Kolbenstange Null wird.

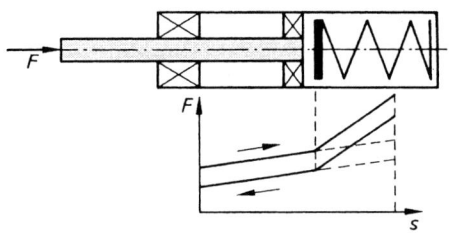

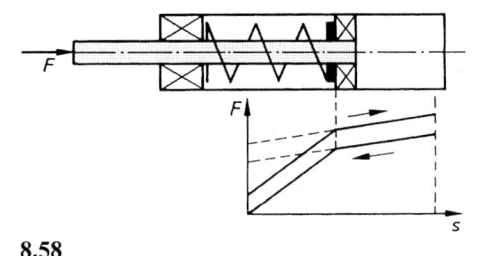

8.57
Progressive Federkennlinie mit Berücksichtigung der Reibung

8.58
Degressive Federkennlinie mit Berücksichtigung der Reibung

8.3.2 Ausführungsformen

Gasfedern werden in nichtblockierbare Gasfedern und blockierbare Gasfedern unterteilt. Die nicht blockierbaren Gasfedern ermöglichen die Bewegung des Kolbens mit oder ohne Dämpfung. Die Dämpfung erfolgt durch langsamen Druckausgleich in den Räumen vor und hinter dem Dämpfungskolben. Diese Federn dienen dazu, Einfluss auf die Ein- und Ausschubgeschwindigkeit zu nehmen oder Schwingungen zu dämpfen.

Der notwendige **Druckausgleich** zwischen beiden Seiten des Kolbens kann erfolgen, z. B. über:

1. einen Ringspalt zwischen dem Kolben und der Zylinderwand,
2. eine im Kolben zweckmäßig gestaltete Drossel (Labyrinth, Bohrung, Kugelventil),
3. ein von außen mit einem Stößel bewegtes Ventil und
4. eine Nut in der Zylinderwand.

Blockierbare Gasfedern lassen sich stufenlos verstellen und sind in der gewünschten Stellung starr oder federnd arretierbar.

Ungedämpftes Einschieben der Kolbenstange (**8.59a**) wird dadurch gewährleistet, dass das Gas ohne nennenswerten Widerstand überwinden zu müssen über einen Ringspalt mit großem

Querschnitt von der Hochdruckseite des Kolbens zur Niederdruckseite gelangen kann. Der Weg des Gases führt durch den Ringspalt zwischen Kolben und Zylinderwand und weiter zwischen der Innenseite des Kolbenringes und der gegenüberliegenden Außenseite des Kolbens. Nur ein vernachlässigbar geringer Teil des Gases strömt auch durch die Drossel im Kolben (im Bild **8.59** nicht eingezeichnet).

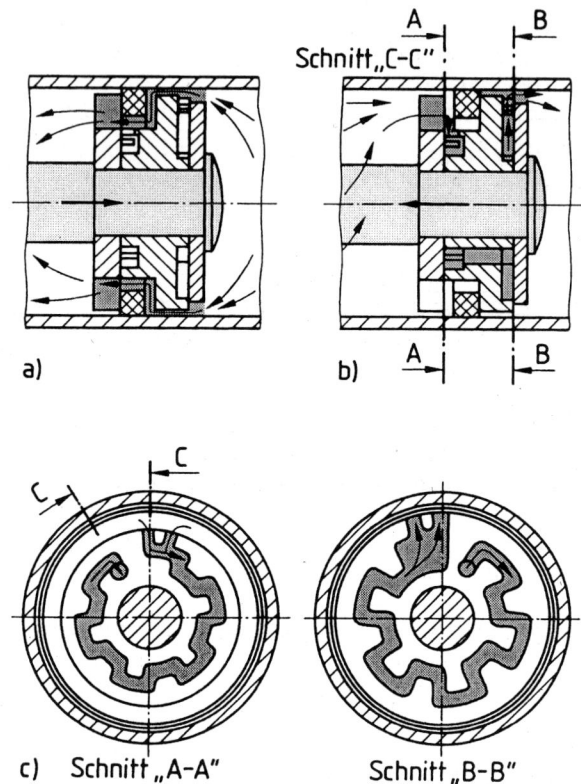

8.59
Funktion der STABILUS-Gasfeder

a) ungedämpftes Einschieben
b) gedämpftes Ausschieben
c) STABILUS-Kolbenlabyrinth

Dämpfen beim Ausschieben der Kolbenstange. Beim Ausschieben wird der Querschnitt des Ringspaltes durch den beweglichen Kolbenring verschlossen (**8.59b**). Das Gas strömt durch die auf beiden Außenseiten der inneren Kolbenscheibe eingearbeiteten hintereinandergeschalteten Labyrinthe (**8.59c**). Aufgrund des großen Strömungswiderstandes der Labyrinthe wird die Ausschubgeschwindigkeit des Kolbens im Vergleich zu der Geschwindigkeit beim Einschieben kleiner.

Dämpfen beim Einschieben der Kolbenstange. Das im Bild **8.59** beschriebene gesamte Kolbenpaket wird um 180° gewendet auf die Kolbenstange montiert. Dadurch ergibt sich eine umgekehrte Funktion; beim Einschieben der Kolbenstange ist der Dämpfungswiderstand vorhanden, beim Ausfahren nicht.

8.3 Gasfedern

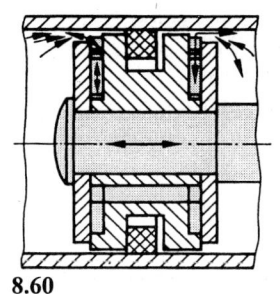

8.60 Gedämpftes Ein- und Ausschieben (STABILUS-Gasfeder)

Dämpfung beim Ein- und Ausfahren der Kolbenstange wird durch eine symmetrische Kolbenkonstruktion ermöglicht (**8.60**). Der Kolbenring liegt in der Mitte des Kolbens, in den auf beiden Seiten ein von außen nach innen führendes Labyrinth eingearbeitet ist. Die beiden Labyrinthe sind miteinander über eine Bohrung verbunden. Das Gas bzw. Öl kann sowohl beim Einschieben als auch beim Ausschieben immer nur durch die Labyrinthe strömen.

Ungedämpfte Bewegung beim Ein- und Ausschieben der Kolbenstange wird durch Weglassen des Kolbendichtringes erreicht. Das Gas strömt hauptsächlich über den Ringspalt zwischen Kolben und Zylinderwand. Gasfedern dieser Art werden überwiegend als Gewichtsausgleich verwendet.

Hydraulische Endlagendämpfung. Zur Schmierung der Gasfeder befindet sich im Druckraum eine bestimmte Ölmenge, die zur hydraulischen Endlagendämpfung benutzt werden kann. Hierzu muss der Einbau der Gasfeder so gewählt werden, dass die Kolbenstange beim Ausschieben nach unten weist. Die Dämpfung erfolgt, sobald der Kolben beim Ausschieben der Stange in das über dem Endanschlag befindliche Öl eintaucht und das Öl durch das Labyrinth strömt. Hierdurch wird ein sanftes Abbremsen bewirkt.

Pneumatische Endlagendämpfung. Eine in der inneren Zylinderwand axial zum Rohr verlaufende und im Endlagenbereich sich verjüngende Nut bewirkt eine beim Verschieben des Kolbens anwachsende Erhöhung des Überströmwiderstandes und somit eine Dämpfung in diesem Bereich.

Federnd blockieren. Bei der stufenlos blockierbaren Gasfeder (**8.61**) trennt der Kolben den Druckraum *1* zwischen Dichtungspaket und Kolben und den Druckraum *2* zwischen Kolben und Bodendeckel gasdicht voneinander. Durch den Kolben führt ein Kanal, der beide Druckräume miteinander verbindet, sobald ein Ventil in der Stirnseite des Kolbens geöffnet wird. Das Ventil wird über einen von außen durch die hohle Kolbenstange geführten Stößel betätigt. Durch Einrücken des Stößels werden die Druckräume *1* und *2* miteinander verbunden, und die Kolbenstange kann in Ein- oder Ausschubrichtung verschoben werden. Gibt man den Stößel frei, so wird der Ventilteller durch den Gasdruck selbsttätig gegen die Abdichtung im Kolben gedrückt. Wegen der Komprimierbarkeit des Gases bleibt bei geschlossenem Ventil und Belastung die Federwirkung bestehen.

Starre Blockierung. Ist der Zylinderraum der Bauart nach Bild **8.61** teilweise mit einem flüssigen Medium gefüllt, so kann, abhängig von der Einbaulage (Kolbenstange nach unten oder nach oben), die Kolbenstange bei **geschlossenem Ventil** nicht mehr bewegt werden.

Ein Trennkolben zwischen Öl und Gasmedium gewährleistet einen lageunabhängigen Einbau der Gasfeder. Erfolgt die Anordnung des Gasdruckraumes zwischen Dichtungspaket und Kolben (**8.62a**), so ist die Gasfeder in Einschubrichtung bis zum Erreichen der mechanischen Festigkeit starr blockiert und in Ausschubrichtung gasdruckabhängig starr blockiert. Wird der Gasdruckraum zwischen Kolben und Bodendeckel angeordnet (**8.62b**), so ist die Gasfeder in Einschubrichtung gasdruckabhängig und in Ausschubrichtung bis zum Erreichen der mechanischen Festigkeit starr blockiert.

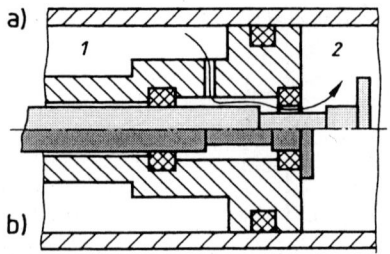

8.61
Federnd blockierbare STABILUS-Gasfeder

1, 2 Druckraum

a) geöffnete Ventilstellung, Kolbenbewegung in Ausschubrichtung
b) geschlossene Ventilstellung, federnd blockierte Kolbenstange

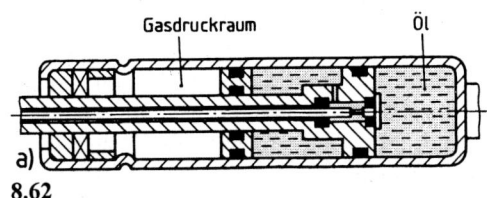

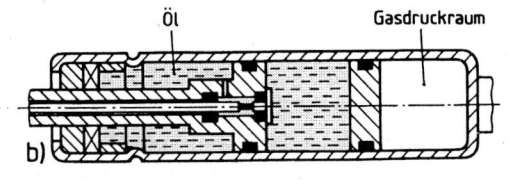

8.62
Lageunabhängiges starres Blockieren
a) Gasdruckraum zwischen Dichtungspaket und Trennkolben
b) Gasdruckraum zwischen Trennkolben und Druckrohrboden
 Gasfeder verkürzt dargestellt

Literatur

[1] Damerow, E.: Grundlagen der praktischen Federprüfung. 2. Aufl. Essen 1953.

[2] Göbel, E. F.: Gummifedern. Berechnung und Gestaltung. 3. Aufl. Berlin-Heidelberg-New York 1969.

[3] Groß, S.; Lehr, E.: Die Federn. Ihre Gestaltung und Berechnung. Berlin-Düsseldorf 1938

[4] -; Berechnung und Gestaltung von Metallfedern. 3. Aufl. Berlin-Göttingen-Heidelberg 1960.

[5] Klein, M.: Einführung in die DIN-Normen. 13. Aufl. Stuttgart 2001.

[6] Repp, O.: Werkstoffe. Stuttgart 1964.

[7] VDI-Richtlinie 3361. Zylindrische Druckfedern aus runden oder flachrunden Drähten und Stäben für Stanzwerkzeuge. Düsseldorf 1964.

[8] VDI-Richtlinie 3362. Gummifedern für Stanzwerkzeuge. Düsseldorf 1964.

[9] Wolf, W. A.: Die Schraubenfedern. 2. Aufl. Essen 1966.

[10] Technische Information, STABILUS GmbH, Koblenz

9 Rohrleitungen und Armaturen

DIN-Blatt Nr.	Ausgabedatum	Titel
1615	10.84	Geschweißte kreisförmige Rohre aus unlegiertem Stahl ohne besondere Anforderungen; Technische Lieferbedingungen
1629	10.84	Nahtlose kreisförmige Rohre aus unlegierten Stählen für besondere Anforderungen; Technische Lieferbedingungen
2391 T1	9.94	Nahtlose Präzisionsstahlrohre mit besonderer Maßgenauigkeit; Teil 1: Maße
2403	3.84	Kennzeichnung von Rohrleitungen nach dem Durchflussstoff
2404	12.42	Kennfarben für Heizungsrohrleitungen
2429 T1	1.88	Graphische Symbole für technische Zeichnungen; Rohrleitungen; Allgemeines
T2	1.88	–; Funktionelle Darstellung
2440	6.78	Stahlrohre; Mittelschwere Gewinderohre
2448	2.81	Nahtlose Stahlrohre; Maße, längenbezogene Massen
2528	6.91	Flansche; Verwendungsfertige Flansche aus Stahl; Werkstoffe
3320 T1	9.84	Sicherheitsventile; Sicherheitsabsperrventile; Begriffe, Größenbemessung, Kennzeichnung
3356 T1	5.82	Ventile; Allgemeine Angaben
3850	12.98	Rohrverschraubungen; Übersicht
3870	9.01	Lötlose und gelötete Rohrverschraubungen; Überwurfmuttern der Reihe LL
3903	4.01	Lötlose Rohrverschraubungen mit Schneidring; Winkel-Einschraubstutzen mit kegeligem Einschraubgewinde (Nicht für Neukonstruktionen)
3904	9.87	Lötlose Rohrverschraubungen mit Schneidring; Winkel-Einschraubstutzen mit zylindrischem Einschraubgewinde
8061	8.94	Rohre aus weichmacherfreiem Polyvinylchlorid; Allgemeine Qualitätsanforderungen
8062	11.88	Rohre aus weichmacherfreiem Polyvinylchlorid (PVC-U, PVC-HI); Maße
8063 T1	12.86	Rohrverbindungen und Rohrleitungsteile für Druckrohrleitungen aus weichmacherfreiem Polyvinylchlorid (PVC-U); Muffen- und Doppelmuffenbogen; Maße
25 807	9.95	Industrielle Kugelhähne aus Stahl
28 030 T1	9.92	Flanschverbindungen für Behälter und Apparate; Apparateflanschverbindung

DIN-Normen, Fortsetzung

DIN-Blatt Nr.	Ausgabedatum	Titel
71 428	11.89	Lötlose Rohrverschraubungen mit Doppelkegelring; Einschraubstutzen mit zylindrischem Einschraubgewinde für Überwurfschrauben
87 101 (Entwurf)	9.01	Rückschlagklappen, selbstschließend, vertikale Bauart DN 50 bis DN 150, PN 1 – Flanschanschluss nach PN 10
EN 736 T1	4.95	Armaturen – Terminologie; Teil 1: Definition der Grundbauarten
EN 754 T7	10.98	Aluminium und Aluminiumlegierungen – Gezogene Stangen und Rohre; Teil 7: Nahtlose Rohre, Grenzabmaße und Formtoleranzen
EN 764	11.94	Druckgeräte – Terminologie und Symbole – Druck, Temperatur, Volumen
EN 805	3.00	Wasserversorgung – Anforderungen an Wasserversorgungssysteme und deren Bauteile außerhalb von Gebäuden
EN 1 092 T2	6.97	Flansche und ihre Verbindungen – Runde Flansche für Rohre, Armaturen, Formstücke und Zubehörteile, nach PN bezeichnet - Teil 2: Gusseisenflansche
EN 1 254 T1	3.98	Kupfer und Kupferlegierungen – Fittings; Teil 1: Kapillarlötfittings für Kupferrohre (Weich- und Hartlöten)
EN 1 333	10.96	Rohrleitungsteile – Definition und Auswahl von PN
EN 1 984	3.00	Industriearmaturen; Schieber aus Stahl
EN 10 204	8.00	Metallische Erzeugnisse – Arten von Prüfbescheinigungen
EN 10 216 T1	8.02	Nahtlose Stahlrohre für Druckbeanspruchungen – Technische Lieferbedingungen; Teil 1: Rohre aus unlegierten Stählen mit festgelegten Eigenschaften bei Raumtemperatur
T2	8.02	–; Teil 2: Rohre aus unlegierten und legierten Stählen mit festgelegten Eigenschaften bei erhöhten Temperaturen
EN 10 217 T1	8.02	Geschweißte Stahlrohre für Druckbeanspruchungen, Technische Lieferbedingungen; Teil 1: Rohre aus unlegierten Stählen mit festgelegten Eigenschaften bei Raumtemperatur
EN 12 449	10.99	Kupfer und Kupferlegierungen; Nahtlose Rundrohre zur allgemeinen Verwendung
EN 13 480 T1	8.02	Metallische industrielle Rohrleitungen; Teil 1: Allgemeines
T2	8.02	–; Teil 2: Werkstoffe
T3	8.02	–; Teil 3: Konstruktion und Berechnung
EN ISO 1127	3.97	Nichtrostende Stahlrohre – Maße, Grenzabmaße und längenbezogene Masse
EN ISO 5167 T1	11.95	Durchflussmessung von Fluiden mit Drosselgeräten; Teil 1: Blenden, Düsen und Venturirohre in voll durchströmten Leitungen mit Kreisquerschnitt
EN ISO 6708	9.95	Rohrleitungsteile – Definition und Auswahl von DN (Nennweite)

9.1 Aufgabe und Darstellung von Rohrleitungen

Formelzeichen

$A = \pi \cdot d_i^2/4$	lichter Rohrquerschnitt am Leitungsende	Δp	Druckdifferenz zwischen Leitungsinhalt und Umgebung
$A_x = \pi \cdot d_{ix}^2/4$	– an der Stelle x	p	Betriebsdruck des Leitungsinhaltes (Überdruck gegen Umgebung)
c	Strömungsgeschwindigkeit (Mittelwert über den Rohrquerschnitt)	S	Sicherheitsbeiwert
c_x	Geschwindigkeit an der Stelle x	s	Mindestdicke der Rohrwand
c_1	Dickenzuschlag wegen Herstellertoleranz	s_v	rechnerische Dicke der Rohrwand, berechnet nach mechanischen Beanspruchung
c_2	– Abrostung und Abnutzung		
d_a, d_i	Rohraußen-, Rohrinnendurchmesser	V	Volumenstrom des Leitungsinhaltes
g	Fallbeschleunigung	v	Verschwächungsbeiwert wegen Schweißung (bzw. Nietung)
H	hydraulisches Gefälle am Ende der Leitung	ζ	Verlustkoeffizient (s. Bild **9.3**)
h_v	Rohrleitungsverlust (Energieverlust durch Widerstände)	λ	Faktor, berücksichtigt *Reynolds*sche Zahl *Re* und relative Rauhigkeit der Rohrwand im geraden Rohr
K	Streckgrenze des Rohrwerkstoffes bei 20 °C	ρ	Dichte des Leitungsinhalts
l	Rohrleitungslänge		

9.1 Aufgabe und Darstellung von Rohrleitungen

In Rohrleitungen werden Gase, Flüssigkeiten, breiartige Stoffe oder Schüttgüter gefördert, oder es werden Drücke übertragen, wobei die Fortleitung des Rohrinhalts untergeordnete Bedeutung hat (Manometerleitungen). Rohrleitungen bestehen aus geraden Rohren, Rohrkrümmern und Verzweigungsstücken (Gabelstück, T-Stück, Kreuzstück), Rohrverbindungen oder Anschlussstücken (Verschraubung, Flanschverbindung, Schweißverbindung) und Absperrungen (Ventil, Schieber, Hahn, Klappe). In der Konstruktionszeichnung wird eine Rohrleitung entweder maßstäblich oder schematisch wiedergegeben, maßstäblich bei kurzen Leitungen, z. B. Verbindungsleitungen innerhalb einer Maschine im Maßstab der übrigen Teile. Längere Leitungen und Leitungsnetze werden schematisch in Rohrleitungsplänen dargestellt.

In diesen Plänen werden die Leitungen je nach deren Inhalt durch farbige Linien (DIN 2403; s. Bild **9.1**), die Einzelteile durch Sinnbilder (DIN 2429) angegeben. Rohrleitungspläne sind Schaltpläne, aus denen in erster Linie die Aufgabe der Leitung erkennbar sein muss; der (häufig räumliche) Verlauf braucht der Ausführung nicht maßstäblich zu entsprechen. Da bei zu kopierenden Originalzeichnungen farbige Linien sinnlos wären, werden die Farben durch verschiedene Stricharten ersetzt, deren Bedeutung auf den Plänen zu erläutern ist. Auf der fertig verlegten Leitung ist der Leitungsinhalt ebenfalls nach DIN 2403 durch Farbe zu kennzeichnen.

Innerhalb der einzelnen Gruppen erfolgt nach DIN 2403 eine Kennzeichnung der Durchflussstoffe durch Zusatzfarben (z. B. Heißdampf: Rot-Weiß-Rot).

Wasser	Dampf	Luft	Gase	Säuren	Laugen	Flüssigkeiten	Vakuum
grün	rot	blau	gelb	orange	violett	braun	grau

9.1 Kennzeichnungen für Rohrleitungen nach dem Durchflussstoff (Auswahl aus DIN 2403)

9.2 Rohre

9.2.1 Berechnen von Rohrleitungen

Strömungsenergie

Soll ein Stoff, d. h. eine Flüssigkeit, ein gas- oder dampfförmiger Stoff, durch eine Rohrleitung gefördert werden, dann ist hierfür eine Geschwindigkeit c erforderlich. Dieser entspricht ein Energiebetrag $c^2/(2 \cdot g)$. Vereinfachend denke man sich das Leitungsende verschlossen. (Allgemeingültig ergeben sich die Energiebeziehungen aus der Gleichung nach *Bernoulli* [3]). Dann entspricht das zur Erzeugung der Geschwindigkeit verfügbare Energiegefälle der mit dem Manometer messbaren Druckdifferenz Δp zwischen dem Rohrinneren und der Umgebung am Leitungsende. Beim Öffnen der Leitung erfolgt Druckausgleich auf den Druck der Umgebung, der Energieüberschuss verwandelt sich in Geschwindigkeitsenergie, ein Teil des Energiebetrags wird zum Ausgleich der Strömungsverluste in der Leitung aufgezehrt bzw. in Wärmeenergie verwandelt. Die Energiebeträge werden zusammengefasst in der Gleichung für das **hydraulische Gefälle**

$$H = \frac{\Delta p}{\rho \cdot g} = \frac{c^2}{2 \cdot g} + \Sigma h_v \qquad (9.1)$$

Sämtliche Energiebeträge dieser Gleichung werden in der Regel bei Flüssigkeiten (gekürzt) in m Flüssigkeitssäule angegeben.

Es bedeuten Δp das Druckgefälle bei geschlossenem Austritt, $\Delta p/(\rho \cdot g)$ den entsprechenden Energiebetrag, c die Geschwindigkeit nach dem Öffnen bzw. $c^2/(2 \cdot g)$ den entsprechenden Energiebetrag, Σh_v die durch Reibung an der Rohrwand und innerhalb der Flüssigkeit, durch Umlenkung und Verwirbelung der in der Leitung strömenden Flüssigkeit entstehenden Energieverluste; ρ ist die Dichte der Flüssigkeit und g die Fallbeschleunigung. Als Einheiten werden für die einzelnen Größen vielfach benutzt H und Σh_v in m, Δp in N/m², c in m/s, ρ in kg/m³ und g in m/s² (s. Beispiel Abschn. 9.2.3); Druckeinheit: 1 Pa = 1 N/m² und 1 MPa = 1 N/mm² (1 MPa = 10⁶ Pa), 1 bar = 0,1 N/mm² = 10⁵ Pa (Umrechnung: 1 kp/cm² ≈ 1 bar).

Besteht zwischen Anfang und Ende der Leitung ein natürliches Gefälle (z. B. bei der Zuleitung zu einer Wasserturbine) oder ein Druckgefälle, dann entspricht H diesem Gefälle. Wird durch die Leitung eine Flüssigkeit nach oben oder in einen Raum mit höherem Druck gefördert (z. B. bei einer Wasserversorgungsanlage), dann ist zu der Nutzförderhöhe (entsprechend der Energie zur Überwindung der Höhen- oder Druckdifferenz) das hydraulische Gefälle H zusätzlich aufzubringen. Die Gesamtenergie wird in diesem Fall durch eine Pumpe, bei Luft und anderen Gasen durch ein Gebläse oder einen Kompressor geliefert (s. Beispiel 9.2.3).

Berechnen des Leitungsquerschnitts

Das je Zeiteinheit durch die Leitung geförderte Flüssigkeitsvolumen, der **Flüssigkeitsstrom** $\dot{V}$, ergibt sich aus der Geschwindigkeit c am Leitungsende und dessen lichtem Querschnitt

$$\dot{V} = \frac{\pi \cdot d_i^2}{4} \cdot c \qquad (9.2)$$

9.2 Rohre

Treten im Verlauf der Leitung verschiedene Querschnitte A auf, dann berechnet man die **Geschwindigkeit in dem beliebigen Querschnitt A_x** aus der Beziehung $\dot{V} = A \cdot c = A_x \cdot c_x$

$$\boxed{c_x = c \cdot \frac{A}{A_x}} \qquad (9.3)$$

Bei der praktischen Rechnung wählt man die zweckmäßige Strömungsgeschwindigkeit (z. B. nach Bild **9.2**) und berechnet damit nach Gl. (9.2) für den angegebenen Förderstrom $\dot{V}$ den erforderlichen Leitungsquerschnitt. Das Rohr mit der entsprechenden Lichtweite (Innendurchmesser) wird nach den Rohrnormen (s. Abschn. 9.2.2) ausgewählt.

Große Strömungsgeschwindigkeit bedeutet kleinen Rohrdurchmesser, kleinere Armaturen, geringen Aufwand für Isolierung und Anstrich, andererseits hohe Druckverluste, größeren Aufwand für Pumpen, höhere Betriebskosten und stärkere Geräusche. (Strömungsgeräusche sind u. a. in Heizungs- und Wasserleitungsrohren von Wohnhäusern sehr unerwünscht).

Rohrleitungsverluste

Die **Verluste** Σh_v in Gl. (9.1) sind bei den üblichen Verhältnissen im Rohrleitungsbau proportional dem **Verlustkoeffizienten** ζ und dem Quadrat der **Strömungsgeschwindigkeit** c.

$$\boxed{\Sigma h_v = \Sigma \zeta \cdot \frac{c^2}{2 \cdot g}} \qquad (9.4)$$

Die Verluste können sehr erheblich werden; bei Fernleitungen bestimmen sie praktisch den gesamten Energieaufwand. In solchen Fällen ist die Wahl der Geschwindigkeit c entscheidend für die Wirtschaftlichkeit der Anlage: Hohe Geschwindigkeit ergibt nach Gl. (9.2) zwar kleine Rohrdurchmesser und damit geringere Kosten für die Leitung und ihre Verlegung, aber hohe Kosten für den Energiebedarf. Die Werte nach Bild **9.2** sind durchschnittliche Erfahrungswerte; die Festlegung der wirtschaftlichsten Geschwindigkeit kann im Einzelfall nur unter sorgfältiger Beachtung aller Kostenfaktoren erfolgen.

Ob die zur Förderung durch die Rohrleitung benötigte Geschwindigkeitsenergie $c^2/(2 \cdot g)$ in Gl. (9.1) am Ende der Leitung noch nutzbar gemacht werden kann (z. B. in einer Turbinenanlage) oder als Verlust zu rechnen ist (z. B. bei Förderung in einen Behälter), ist hier im Rahmen der Leitungsberechnung nicht näher zu untersuchen.

Verluste im geraden Rohr. Im geraden Rohr mit Innendurchmesser d_i und Länge l ist der **Verlustkoeffizient**

$$\boxed{\zeta = \lambda \cdot \frac{l}{d_i}} \qquad (9.5)$$

Damit wird der **Verlust im geraden Rohr** nach Gl. (9.4)

$$\boxed{h_v = \lambda \cdot \frac{l}{d_i} \cdot \frac{c^2}{2 \cdot g}} \qquad (9.6)$$

Wasserversorgung	Trink- und Brauchwasser (Fernleitungen)	1 ... 2 ... 3
	Trink- und Brunnenwasser (Ortsnetze)	0,6 ... 0,7
	Presswasser, lange Leitungen	15
	kurze Leitungen	20 ... 30
Wasserkraft - Anlagen	Druckleitungen von Wasserturbinen, lang und flach	1 ... 3
	steil mit kleinem Durchmesser	2 ... 4
	steil mit großem Durchmesser	3 ... 7
Grubenwasser		1 ... 1,5
Pumpen-Saugleitungen	Kreiselpumpen	0,7 ... 2,0
	Kolbenpumpen	0,5 ... 1,5
Gasleitungen	Gasversorgung,. Fernleitungen	5 ... 20
	Haushaltsanschluss	1
Dampfkraftanlagen	Dampf bis 10 bar [2])	15 ... 20
	Dampf bis 40 bar [2])	20 ... 40
	Dampf bis 125 bar [2])	30 ... 60
	Abdampfleitungen	15 ... 25
Gaskraftanlagen	Treibgas	... 35
	Luft	... 20
	Abgas	25

9.2
Strömungsgeschwindigkeiten in Rohrleitungen in m/s [1])

[1]) Die Zahlenangaben sind Richtwerte, die in den meisten Fällen eine Berechnung der wirtschaftlichen Geschwindigkeit (s. Abschn. 9.2.1) nicht ersetzen können.

[2]) Für Verbindungsleitungen innerhalb der Maschinen sind wesentlich höhere Werte zulässig.

Der **Koeffizient** λ war Gegenstand sehr zahlreicher Untersuchungen. Er ist abhängig von der *Reynolds*schen Zahl Re und von der relativen Rauhigkeit der Rohrwand. Wegen der physikalischen Bedeutung von Re wird auf die einschlägige Literatur verwiesen.

Von den Formeln zur Berechnung des Koeffizienten λ sei hier nur die Zahlenwertgleichung

$$\lambda \approx 0{,}02 + 0{,}0005/d_i \tag{9.7}$$

mit d_i als Innendurchmesser des Rohres in m angeführt. Sie gilt für Wasser und liefert für praktische Rechnungen meist ausreichend genaue Werte. Für Überschlagsrechnungen kann man davon ausgehen, dass bei Wasser λ zwischen 0,01 und 0,025 liegt; λ wird um so kleiner, je größer der Rohrdurchmesser und je glatter die Rohrwand ist. Unter günstigen Umständen können die λ-Werte also niedriger liegen, als die Berechnung nach Gl. (9.7) ergibt.

Verluste in Krümmern, Abzweigungen, Armaturen sowie Ein- und Ausläufen. In diesen Teilen ergeben sich zusätzliche Verluste durch Umlenkung, Verwirbelung und Stoß. Auch sie sind vom Quadrat der Geschwindigkeit abhängig. Eine Auswahl von ζ-Werten ist in Bild **9.3** wiedergegeben.

Für den praktischen Entwurf von Rohrleitungen kann es hilfreich sein, die Abhängigkeit zwischen Förderstrom, Rohrdurchmesser, Geschwindigkeit und Verlust im geraden Rohr in Form von Kurvenblättern zusammenzustellen. Zur Berücksichtigung der hier behandelten Verluste stellt man die Gl. (9.5) um und rechnet für Krümmer usw. mit der **Ersatzrohrlänge**

$$\boxed{l_{ers} = \zeta \cdot \frac{d_i}{\lambda}} \tag{9.8}$$

9.2 Rohre

Die Summe aller Ersatzrohrlängen ist dann vor Anwendung der genannten Kurventafeln der wirklichen Rohrlänge zuzuschlagen.

Der Volumenstrom $\dot{V}$, der durch eine Armatur strömt, ergibt sich mit dem Strömungsdruckverlust (das ist die Druckdifferenz vor und hinter der Armatur) $\Delta p = \zeta \cdot \rho \cdot c^2/2$ bezogen auf den Anschlussquerschnitt A wie folgt:

$$\dot{V} = A \cdot \sqrt{2 \cdot \Delta p / (\zeta \cdot \rho)} \qquad (9.9)$$

Große Druckverluste sind beim Einsatz von Regelarmaturen erwünscht. Strömungstechnische Kenngrößen von Stellventilen bzw. von Stellklappen s. VDI/VDE-Richtlinie 2173 bzw. 2176 Bl. 1.

Gesamtverlust. Der Gesamtverlust in der Rohrleitung ist gleich der Summe aller Einzelverluste

$$\Sigma h_v = \left(\lambda \cdot \frac{l}{d_i} + \Sigma \zeta \right) \cdot \frac{c^2}{2 \cdot g} \qquad (9.10)$$

Hat eine Leitung verschiedene Durchmesser, dann ist Gl. (9.7) für jede Teilstrecke unveränderter Geschwindigkeit gesondert anzuwenden. Die Teilergebnisse sind zu addieren.

Aus Gl. (9.5) in Verbindung mit Gl. (9.2) ist zu entnehmen, dass der Verlust h_v umgekehrt proportional der 5. Potenz des Durchmessers d_i zunimmt. Da die Geschwindigkeit c für die Bemessung des Durchmessers entscheidend ist, ist bei Überschlagsrechnungen c innerhalb der Grenzen, die sich aus Bild 9.2 ergeben, um so kleiner zu wählen, je niedriger der Leitungsverlust gehalten werden soll. Niedrige Verluste sind um so wichtiger, je geringer die Nutzförderhöhe relativ zur Länge der Rohrleitung ist.

Bei Flüssigkeiten, die abhängig von Druck und Temperatur ihren Siedepunkt fast erreicht haben (z. B. Saugleitungen von Pumpen), kann durch den Rohrleitungsverlust unerwünschte Gasausscheidung oder Verdampfung eintreten; um sie zu verhindern, müssen die Geschwindigkeiten niedrig gehalten werden.

Verluste setzen sich in Wärme und damit Temperaturerhöhungen um. Diese sind bei Flüssigkeitsleitungen unbedeutend. Andererseits entstehen, besonders in Dampf- und Heißgasleitungen, fühlbare Energieverluste durch Wärmeabgabe an die Umgebung, deren Höhe von der Güte der Isolierung abhängig ist. Bei Gasen und Dämpfen ändert sich durch Wärmezu- oder -abfuhr der Gaszustand, bei Flüssigkeiten nur die Temperatur.

Wanddicke

Von wenigen Ausnahmen abgesehen, ist der Druck im Innern der Rohrleitung höher als der Druck der Umgebung. Der Überdruck wird im Folgenden mit p bezeichnet. Er ist für die Berechnung der Wanddicke maßgebend. Das Rohr ist ein an beiden Enden abgeschlossener Hohlkörper mit kreisrundem Querschnitt. Die in seiner Wand auftretenden Längs- und Tangentialspannungen sind in Abschn. 5.1 abgeleitet (s. auch Abschn. 6.1). Die außerdem entstehenden Radialspannungen können bei dünnen Wänden ($d_a/d_i \leq 1{,}1$) vernachlässigt werden.

Absperrorgane	Durchgangsventil	4,0 ... 5,0
	Durchgangsventil (Freifluss)	0,5 ... 1,7
	Durchgangsventil (geschmiedet)	6,5
	Eckventil	2,0 ... 4,0
	Rückschlagventil	4,5 ... 7,0
	Rückschlagventil (Freifluss)	2,0 ... 2,5
	Schieber	0,3 ... 0,4
	Rückschlagklappen	1,0 ... 2,0
Rohrformstücke	Rohrbogen (90°, $R = 3 \cdot D$)	0,2 ... 2,0
	T-Stücke (90°-Abzweigungen)	
	durchlaufender Strang	0,04
	Zusammenfluss gleicher Ströme	0,3
	Trennung gleicher Ströme, durchlaufender Strang	0,01
	Abzweigung	0,9
	Zulauf aus Seitenanschluss, durchlaufender Strang geschlossen	0,9
	Ablauf durch Seitenanschluss, durchlaufender Strang geschlossen	1,3
	Einlaufstück, trompetenförmig	0,05
	Einlaufstück, gerade	0,25
	Saugkorb, mit Fußventil	2,3

9.3
Widerstandsbeiwerte ζ für Rohrabsperrungen und Rohrformstücke [1]

[1] Die Beiwerte für T-Stücke sind auf die Geschwindigkeit bezogen, die sich aus dem Gesamtflüssigkeitsstrom errechnet. (Ausführliche Einzelangaben s. Unterlagen der Hersteller.)

Berechnung. Für die Berechnung der Wanddicke von Stahlrohren gilt DIN EN 13480-3, Metallische industrielle Rohrleitungen; Konstruktion und Berechnung. Durch diese Norm wurde der Entwicklung Rechnung getragen, die durch Anwendung höherer Drücke und Temperaturen – insbesondere im Kraftwerksbetrieb – zu Wanddicken führte, die das Durchmesserverhältnis $d_a/d_i = 1{,}1$ überschreiten. Gleichzeitig musste die Entwicklung der Schweißtechnik auf dem Gebiet der Rohrherstellung berücksichtigt werden. Für die erforderliche Wandstärke gilt:

$$s \geq \frac{p \cdot d_i}{2 \cdot f \cdot z - p} + c_0 + c_1 + c_2 = \frac{p \cdot d_a}{2 \cdot f \cdot z + p} + c_0 + c_1 + c_2 \qquad \text{für } d_a/d_i \leq 1{,}7 \quad (9.11\text{a})$$

$$s \geq \frac{d_i}{2} \cdot \left(\sqrt{\frac{f \cdot z + p}{f \cdot z - p}} - 1 \right) + c_0 + c_1 + c_2 = \frac{d_a}{2} \cdot \left(1 - \sqrt{\frac{f \cdot z - p}{f \cdot z + p}} \right) + c_0 + c_1 + c_2$$

$$\text{für } d_a/d_i > 1{,}7 \quad (9.11\text{b})$$

s in mm; erforderliche Wanddicke, nach der das Rohr in den Maßnormblättern auszuwählen ist

d_i in mm; Rohrinnendurchmesser; ergibt sich aus der Berechnung des Durchflussquerschnitts, Gl. (9.2)

d_a in mm; Rohraußendurchmesser

f in N/mm² Auslegungsspannung; abhängig vom verwendeten Werkstoff. Es gilt:

für nichtaustenitische Stähle $f = \min\left\{ \dfrac{R_{eHt}}{1{,}5} \text{ oder } \dfrac{R_{p0,2t}}{1{,}5} ; \dfrac{R_m}{2{,}4} \right\}$

9.2 Rohre

für austenitische Stähle

für $A > 35\%$ $\qquad f = \dfrac{R_{p1,0t}}{1,5}$ oder $f = \min\left\{\dfrac{R_{mt}}{3}; \dfrac{R_{p1,0t}}{1,2}\right\}$, falls der Wert R_{mt} vorliegt

für $35\% \geq A \geq 30\%$ $\quad f = \min\left\{\dfrac{R_{p1,0t}}{1,5}; \dfrac{R_m}{2,4}\right\}$

für Stahlguss $\qquad f = \min\left\{\dfrac{R_{eHt}}{1,9} \text{ oder } \dfrac{R_{p0,2t}}{1,9}; \dfrac{R_m}{3,0}\right\}$

Hierin bedeuten:
R_{eHt} festgelegter Mindestwert für die obere Streckgrenze bei Berechnungstemperatur
$R_{p0,2t}$ festgelegter Mindestwert für die 0,2%-Dehngrenze bei Berechnungstemperatur
R_m festgelegter Mindestwert für die Zugfestigkeit bei Raumtemperatur
R_{mt} festgelegter Mindestwert für die Zugfestigkeit bei Berechnungstemperatur
$R_{p1,0t}$ festgelegter Mindestwert für die 1,0%-Dehngrenze bei Berechnungstemperatur
A Bruchdehnung
Werte bei Berechnungstemperatur nur dann, wenn diese höher als die Raumtemperatur ist.

z Schweißnahtfaktor; dieser Zahlenwert berücksichtigt bei geschweißten Rohren die mögliche Festigkeitsminderung durch nicht erkennbare Schweißfehler in der Längs- oder Spiralnaht (s. Abschn. Schweißverbindungen). Es dürfen keine signifikanten Fehler erkennbar sein. Der Schweißnahtfaktor ist von der Art der Prüfung abhängig. Es gilt:
 $z = 1$ bei vollständigem Nachweis durch zerstörende oder zerstörungsfreie Prüfung,
 $z = 0,85$ bei Nachweis durch zerstörungsfreie Prüfung an Stichproben,
 $z = 0,7$ bei Nachweis Sichtprüfung.

p in N/mm^2; Betriebsdruck; die Druckdifferenz zwischen Rohrinhalt und Umgebung, die im Höchstfall über längere Zeit wirkt; geringe kurzfristige Drucküberschreitungen werden nicht berücksichtigt.

c_0 in mm; Korrosions- bzw. Erosionszuschlag; er berücksichtigt die für die Lebensdauer der Leitung zu erwartende Schwächung der Wanddicke durch Rost oder/und Verschleiß. Für Leitungen aus Stahlrohr wird in der Regel $c_2 = 1$ mm gesetzt. Bei Leitungen ohne Korrosion und Verschleiß, z. B. Schmierölleitungen, gilt $c_2 = 0$; bei sehr starkem Korrosionsangriff, z. B. in der chemischen Industrie, gilt $c_2 > 1$ mm.

c_1 in mm; Absolutwert der Minustoleranz der Wanddicke. Er berücksichtigt die in Folge der Herstellungstoleranzen mögliche Unterschreitung der Nennwanddicke. DIN EN 13480-3 enthält hierzu keine Angaben; die zurückgezogene Norm DIN 2413 empfiehlt für nahtlose Rohre $c_0 = (0,085$ bis $0,22) \cdot s_v$; hierbei ist s_v die rechnerische Mindestwanddicke, d. h. ohne Zuschläge c_0 bis c_2.

c_2 in mm; Zuschlag für die mögliche Wanddickenabnahme bei der Fertigung, z. B. in Folge von Biegen, Gewindeschneiden, Eindrehungen usw. Er wird aus den konstruktiven Gegebenheiten ermittelt.

Beanspruchung durch Wärmedehnung

Eine Rohrleitung, die Temperaturänderungen ausgesetzt ist, verändert ihre Länge (**9.4** bis **9.6**). Dies ist u. a. in Wärmekraftwerken, bei Anlagen der Verfahrenstechnik oder bei Fernheizleitungen der Fall. Die **Längenänderung** Δl ist abhängig vom Wärmeausdehnungsbeiwert α (s. Kap. 6), von der Temperaturdifferenz zwischen kaltem und warmem Zustand und von der Länge l_0 im kalten Zustand:

$$\Delta l = l_\vartheta - l_0 = \alpha \cdot \Delta \vartheta \cdot l_0 \qquad (9.12)$$

Hierbei ist l_ϑ die gesamte Rohrlänge im erwärmten Zustand. Mit $\alpha = 11,5 \cdot 10^{-6}$ in 1/K ergibt sich für ein Stahlrohr von 1 m Länge bei einer Temperaturerhöhung von 20 °C auf 120 °C, ($\Delta \vartheta = 100$ K), die Verlängerung $\Delta l = 1,15$ mm.

Die Anschlüsse der Rohrleitung, z. B. im Kraftwerk am Dampfkessel und an der Turbine dürfen unter der Wirkung der Wärmeausdehnung der Verbindungsrohrleitung weder ihre Lage noch ihre Form ändern. Praktisch lässt sich diese Bedingung nicht vollkommen verwirklichen, rechnerisch werden die Rohrleitungsendpunkte als „Festpunkte" behandelt. Bei geradliniger Leitungsführung würde die Wärmeausdehnung des Rohres in diesem und in den Festpunkten untragbare Beanspruchungen ergeben, wie die folgende Rechnung zeigt.

Die durch behinderte Wärmedehnung im Werkstoffquerschnitt entstandene Spannung σ und die daraus resultierende **Reaktionskraft** (Längskraft) F lassen sich mit der *Hooke*schen Gleichung mit der Längenänderung $\Delta l = \alpha \cdot \Delta \vartheta \cdot l_0$ bestimmen (s. Abschn. 2.1 und Bild **2.16**):

$$\sigma = \varepsilon \cdot E = (\Delta l / l_0) \cdot E = \alpha \cdot \Delta \vartheta \cdot E \text{ bzw. } \boxed{F = \alpha \cdot \Delta \vartheta \cdot E \cdot A} \qquad (9.13)$$

Hierbei sind E der Elastizitätsmodul des Werkstoffes (temperaturabhängig!) und A die Querschnittsfläche der Rohrwand.

Man erkennt, dass die Spannung σ unabhängig von den Rohrabmessungen ist; die Kraft F ist um so größer, je größer der Werkstoffquerschnitt A ist; beide Größen sind unabhängig von der Rohrleitungslänge. Für ein Stahlrohr mit den Abmessungen 216 × 6,5 ergibt sich bei einer Temperatursteigerung von 20 auf 120 °C eine Spannung von etwa 230 N/mm² und eine Reaktionskraft von 977 kN.

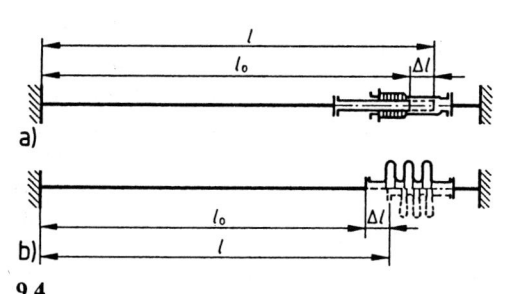

9.4
Rohrkompensatoren zum Ausgleich von Wärmedehnungen in geraden Rohrleitungen

a) Schubstopfbuchse
b) Membrankompensator

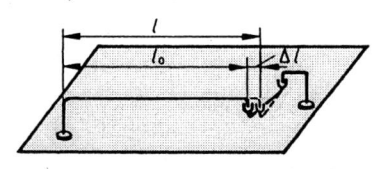

9.6
Drehstoffbuchsen in einer räumlich verlegten Rohrleitung

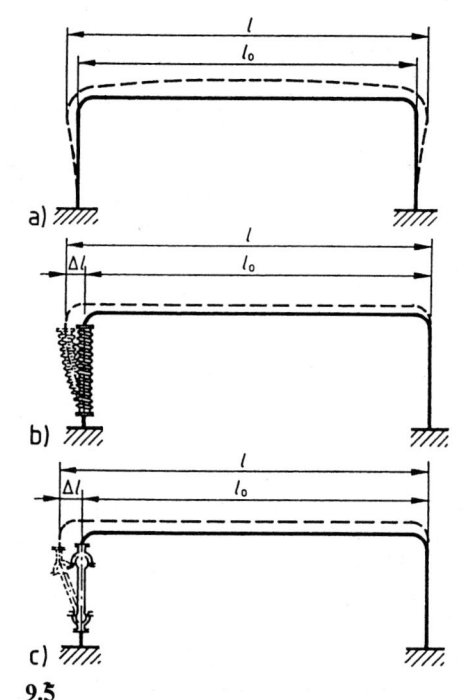

9.5
Ausgleich der Wärmedehnung bei Rohrleitungen, die in einer Ebene liegen, durch

a) Eigenfederung der Rohrleitung
b) einen Metallschlauch c) Kugelstopfbuchsen

9.2 Rohre

Die Spannung würde hiernach etwa die Höhe der Streckgrenze erreichen; unter der sehr hohen Kraftwirkung würden sich die angeschlossenen Bauteile unzumutbar verformen. Eine gradlinige Verbindung der beschriebenen Art ist selbst bei wesentlich geringeren Temperaturunterschieden, als sie heute in Kraftwerken auftreten, nicht ausführbar. Die Bilder **9.4** bis **9.6** zeigen schematisch Lösungswege, durch die die Wärmeausdehnung beherrschbar wird.

Für den geradlinigen Leitungsverlauf eignen sich die Schubstopfbuchse, Bild **9.4a**, oder der Membrankompensator, Bild **9.4b**. Die Schubstopfbuchse ist nicht unbegrenzt verwendbar; bei hohen Drücken und großen Temperaturwechseln ergeben sich Dichtungsschwierigkeiten. Die Reibungskräfte innerhalb der Dichtung lösen Festpunktsreaktionen und Spannungen im Rohr aus. Der Membrankompensator, Bild **9.7**, mindert als federndes Einbauglied die Festpunktsreaktionen. Die verbleibenden Reaktionskräfte verursachen im Scheitel der Membranen erhebliche Biegespannungen. Für Temperaturen bis 100 °C bei PN 10 eignen sich auch Gummi-Kompensatoren. An Stelle der gewellten Membran aus Stahlblech tritt ein Gummizwischenstück z. B. mit nur einer einzigen wellenförmigen Vergrößerung des Durchflussquerschnittes.

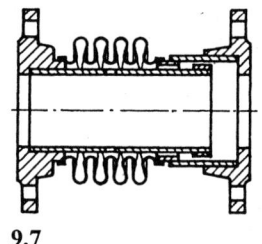

9.7 Membrankompensator

Verlegt man die Rohrleitung nicht geradlinig, sondern in einer Ebene, im einfachsten Fall L- oder U-förmig, dann bewirken die Festpunktsreaktionen eine Biegung der Rohrachse (**9.5 a**). Hierbei wirkt das Rohr selbst in seiner gesamten Länge als Federungsglied, wobei den u. a. durch Biegemomente beanspruchten Rohrbögen (**9.9**) eine besondere Bedeutung zukommt [15], [16].

Bei räumlich verlegten Rohrleitungen (**9.6**) treten in den Festpunkten außer Biegemomenten zusätzlich Torsionsmomente auf, die eine Verdrehung der Leitungselemente und damit eine weitere Verformungsmöglichkeit liefern. Bei eben und bei räumlich verlegten Leitungen können wie bei geradlinigem Leitungsverlauf besondere Einbauglieder zur Herabsetzung der Festpunktsreaktionen verwendet werden (s. Bild **9.5 b** und **c** sowie **9.6**). Beim Faltenrohrbogen (**9.8**) treten die Höchstspannungen im Scheitel der Falten als Biegespannungen auf. Das Federungsverhalten entspricht annähernd demjenigen des Glattrohrbogens.

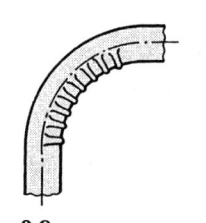

9.8 Faltenrohrbogen

Die Leitungsführung hat einen wesentlichen Einfluss auf die Höhe von Reaktionen und Spannungen.

In Bild **9.9** werden drei Leitungen gegenübergestellt, die sich bei sonst gleichen Bedingungen nur durch die Anordnung der Rohrbögen unterscheiden. Im Fall I sind die Rohrbögen zu einer Lyra am Ende der Leitung zusammengefasst, im Fall II ist der gleiche Lyrabogen in der Mitte der Leitung angeordnet, im Fall III ist er durch ein gerades Rohrstück in der Mitte derart aufgeteilt, dass die senkrechten Schenkel jeweils in der Mitte des halben Festpunktsabstands liegen. Die Höchstspannungen verhalten sich wie 100 : 77 : 55. Die Höchstspannung im Fall III ist nur wenig größer als die Hälfte derjenigen im ungünstigsten Fall I.

Leitungen für hocherhitzte Inhalte kann man zweckmäßig mit Vorspannung einbauen. Man stellt sie um einen Teil der Wärmedehnung kürzer her, als es dem Festpunktsabstand entspricht. Beim Einbau im kalten Zustand wird sie dadurch „verspannt". Bei Erwärmung wird zunächst diese Vorspannung abgebaut, nach Erreichen des Nullwerts bei einer Zwischentemperatur kehren sich die Vorzeichen für Reaktionen und Spannungen um, im Betriebszustand sind beide um den Betrag der Vorspannung geringer.

Im – allerdings nur theoretisch zu betrachtenden – Grenzfall einer Vorspannung von 100% könnte man erreichen, dass bei der Betriebstemperatur die Festpunktsreaktionen Null werden, dass also die Leitung nur durch den Innendruck beansprucht wird, wogegen die Leitung bei Stillstand der Anlage im kalten Zustand allein durch die Vorspannung beansprucht wird. Eine Erörterung dieser Maßnahme und einen ausführlichen Rechnungsgang zur Ermittlung der Festpunktsreaktionen und Spannungen s. [16].

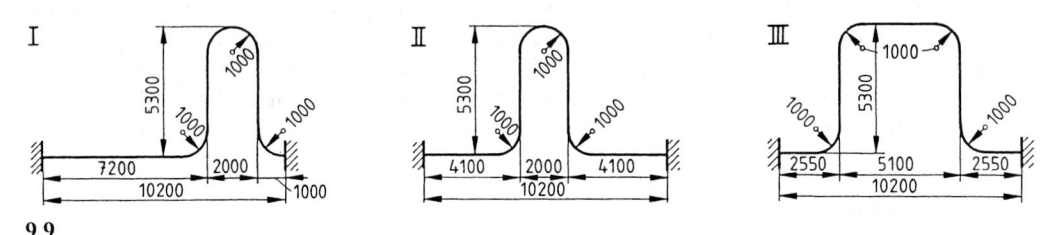

9.9
Vergleich zwischen drei Rohrleitungen mit gleichem Festpunktsabstand, gleicher Ausladung, gleichen Krümmern und gleichen Rohrabmessungen $\sigma_I : \sigma_{II} : \sigma_{III} = 100 : 77 : 55$

9.2.2 Rohrnormen

Druckstufen (DIN EN 1333; Bild **9.10**)

Durch den Begriff Druckstufe werden die für einen bestimmten Innendruck bemessenen Rohrleitungsteile, Rohre, Formstücke, Rohrverbindungen, Armaturen und sonstige Teile, z. B. Behälter, einander zugeordnet. Man unterscheidet Nenndruck, zulässigen Betriebsdruck, Prüfdruck der Rohrleitungsteile und Prüfdruck für die fertig verlegte Rohrleitungsanlage. **Nenndruck** einer Rohrleitung ist der Druck, für den alle genormten Teile ausgelegt sind (s. Bild **9.10** nach DIN EN 1333); Nenndruck von 1 kp/cm^2 (1 bar, früher; bedeutet jetzt 10^5 Pa). Der Nenndruck wird ohne Einheit angegeben (PN 10).

2,5	6	10	16	25	40	63	100

9.10
Druckstufen PN in bar [1]) (DIN EN 1333)

[1]) Der Nenndruck wird ohne Einheit angegeben, z. B. PN 10.

Zulässiger Betriebsdruck ist der höchste Druck, der für einen bestimmten Nenndruck ausgelegte Teile im Betrieb zulässig ist. Im Temperaturbereich zwischen + 20 °C und + 120 °C stimmen Nenndruck und zulässiger Betriebsdruck überein; bei höheren Temperaturen ist der zulässige Betriebsdruck niedriger als der Nenndruck. DIN EN 1333 enthält eine Übersicht über die Zuordnung von zulässigem Betriebsdruck und Nenndruck in Abhängigkeit von der Betriebstemperatur und die im Einzelfall bewährten Werkstoffe für Rohre und Rohrleitungsteile.

9.2 Rohre

Treten stärkere Druckschwankungen, vorübergehende Temperaturüberschreitungen oder zusätzliche mechanische Beanspruchungen z. B. durch verhinderte Wärmeausdehnung der Rohrleitung auf, so ist ein höherer Nenndruck zu wählen.

Prüfdruck für Rohrleitungsteile (Werksprüfdruck). Die Einzelteile für eine Rohrleitung werden bei ihrem Hersteller mit einem Druck geprüft, der in der Regel dem 1,5fachen Nenndruck entspricht. Als Prüfmittel dienen Flüssigkeiten. Wegen der erhöhten Gefahren (Explosion) sollen gasförmige Prüfmittel nur in begründeten Ausnahmefällen und unter Beachtung besonderer Vorsichtsmaßnahmen angewendet werden.

Prüfdruck für die fertig verlegte Rohrleitung. Er ist mit Rücksicht auf empfindliche Teile, z. B. Dichtung der Flanschverbindung, und wegen der Gefahr des Verzugs bei nicht geradlinig verlegten Leitungen niedriger als der Prüfdruck für die Einzelteile, aber höher als der Betriebsdruck. Seine Höhe ist bei abnahmepflichtigen Anlagen vorgeschrieben, in allen anderen Fällen zu vereinbaren. Bei geringen Prüfdrücken sind auch gasförmige Prüfmittel, z. B. Pressluft oder Stickstoff, zugelassen.

Nennweiten (DIN EN ISO 6708; Bild **9.11**)

Mit Rücksicht auf Herstellung und Zusammenbau (z. B. mit Lötverschraubungen, Gewinde- oder Walzflanschen) sind die Rohraußendurchmesser festgelegt. Je nach dem Innendruck werden die zu einem Außendurchmesser gehörenden Wanddicken unterschieden. Andererseits ist nach früherer Gewohnheit im Rohrleitungsbau noch vielfach die Angabe des Innendurchmessers (der „Lichtweite") üblich. Der Begriff Nennweite (DN) ist eine Kenngröße. Sie entspricht etwa dem Innendurchmesser. Abweichungen zwischen wirklichem Innendurchmesser und Nennweite ergeben sich durch die unterschiedlichen Wanddicken bei gleichem Außendurchmesser. Die Nennweite (z. B. DN 20) hat keine Einheit und darf nicht als Maßeintragung im Sinne von DIN 406 benutzt werden. In DIN EN ISO 6708 sind Nennweiten von 1 mm ... 4000 mm genormt. Bild **9.11** zeigt einen Auszug aus DIN EN ISO 6708 für den Bereich der gebräuchlichsten Nennweiten, in Klammern sind die entsprechenden Angaben in Zoll zugeordnet.

Zur Erläuterung mögen die Normblätter für gewöhnliches nahtloses Stahlrohr dienen: In DIN 2448 sind die Rohraußendurchmesser festgelegt und zu jedem Außendurchmesser mehrere Wanddicken. Die Rohrbestellung erfolgt unter Angabe von Außendurchmesser, Wanddicke und Werkstoff. In Folge der historischen Entwicklung laufen heute noch verschiedene Arten von Bestellangaben nebeneinander; aus diesem Grunde erschien es zweckmäßig, in dem Übsichtsblatt über die genormten Rohre (Bild **9.12**) jeweils ein Bestellbeispiel mit aufzuführen. Man beachte auch die in jedem Maßnormblatt aufgeführten Bestellbeispiele.

10	15	20	25	32	40	50	80	100
(3/8)	(1/2)	(3/4)	(1)	(1 1/4)	(1 1/2)	(2)	(3)	(4)

9.11
Nennweiten DN in mm (in Zoll) nach DIN EN ISO 6708 (Auszug)

Genormte Rohrarten (Bild **9.12**)

Graugussrohre haben angegossene Flansche bzw. Muffen (Flansch- oder Muffenrohre). Sie werden vorwiegend für Erdleitungen, Stadtnetze für Gas- und Wasserversorgung sowie Abwasserleitungen benutzt, soweit nicht wegen der Größe für letztere keramische Rohre oder

Zementrohre verwendet werden. Als Korrosionsschutz dient Bitumen, heiß aufgebracht, und darauf zum Schutz gegen organische Säuren des Bodens zusätzlich Kalkanstrich. Grauguss wird wegen seiner guten Korrosionsbeständigkeit dem Stahl vorgezogen, ist aber, insbesondere in verkehrsreichen Straßen, bruchgefährdet und muss sehr gut unterfüttert werden.

Stahl-Muffenrohre werden wie Graugussrohre verwendet. Wegen ihrer höheren Korrosionsempfindlichkeit ist sehr guter Schutz erforderlich. Sie sind unempfindlich gegen starke Verkehrsbelastungen.

Gewinderohre waren früher für Hausanlagen bei geringen Drücken gebräuchlich: Verzinkt für Kalt- und Warmwasserleitungen, unverzinkt für Heizdampf, Öl usw.

Nahtlose Stahlrohre sind die meist verwendeten Rohre für alle Drücke und Temperaturen. Die Verbindung geschieht durch Schweißung, Flansche oder Verschraubungen, der Rostschutz durch Verzinkung und nichtmetallische Überzüge. Maße: Nach DIN 2448, darüber hinaus nach Vereinbarung. Werkstoffe: für allgemeinen Rohrleitungsbau nach DIN 1629, für warmfeste Rohre nach DIN EN 10216-2, nahtlose Rohre aus nichtrostenden Stählen DIN EN ISO 1127. Berechnung der Wanddicke nach DIN EN 13480-3.

Schweißbarkeit der Rohre nach DIN EN 10025: Die Stahlsorten S185 (St33), S235 (St37) und E295 (St50-2) sind nur in den Gütegruppen JR, JO, J2G3, J2G4, K2G3 und K2G4 zum Schweißen nach allen Verfahren geeignet.

Geschweißte Stahlrohre (Maße nach DIN 2458; Werkstoffe nach DIN EN 10025 bzw. DIN 1626. Stahlrohre geschweißt, austenitisch, nichtrostend nach DIN EN ISO 1127) werden im Bereich der üblichen Nennweiten ähnlich wie nahtlose Rohre verwendet. Besonders geeignet sind sie für Leitungen mit großem Durchmesser für Bewässerungsanlagen und Wasserturbinen, wenn nahtlose Rohre zu teuer oder nicht ausführbar sind. Rohre großer und größter Durchmesser werden wie Behälter aus Blechen geschweißt.

Präzisionsstahlrohre, nahtlos DIN 2391 oder geschweißt DIN 2393. Kennzeichnend ist die blanke, maßgenaue Oberfläche. Sie finden Anwendung u. a. bei lötlosen Rohrverschraubungen, damit einwandfreier Sitz der Schneidkanten gesichert ist, und auch bei Rohrleitungen, die eine glatte, zunderfreie Innenwand haben müssen (s. auch Kupferrohre).

Kupferrohre. Anwendung für hohe Korrosionsbeständigkeit (aber Empfindlichkeit gegen basische Flüssigkeiten), ferner für Heizungsanlagen, Hauswasserleitungen, Schmierölleitungen, bei denen Stahlrohre wegen des anhaftenden Zunders das Öl verunreinigen können, in der Lebensmittelindustrie und – verzinnt – in Brauereien und ähnlichen Betrieben. Vorteil: Einfache Kaltverformung durch Biegen.

Messingrohre werden als Leitungsrohre selten verwendet. Sie sind schwierig zu biegen und bei ungeeigneter Legierung spannungskorrosionsempfindlich.

Bleirohre. Chemisch sehr beständig. Billige Verlegung gleicht häufig den hohen Rohstoffpreis aus.

Aluminiumrohre werden wegen des geringen Gewichts im Fahrzeug- und Flugzeugbau benutzt, ferner anstelle von Kupferrohren bei Stoffen, von denen Kupfer chemisch angegriffen wird.

9.2 Rohre

Rohrart		Nennweite DN in Zoll (") bzw. Außendurchmesser in mm	Maßnorm DIN	Werkstoff Bezeichnung	Werkstoff DIN	Stücklistenangabe 1) (Bestellbeispiel)
aus Stahl — Gewinderohre	mittelschwere nahtlos	1/8" ... 6"	2440	St37.0	1629	Gewinderohr DIN 2440 - St37.0 - 2" nahtlos
	geschweißt	1/8" ... 6"	2440	S185	EN 10025	Gewinderohr DIN 2440 - S185 - DN 40
	schwere nahtlos	1/8" ... 6"	2441	St37.0	1629	Gewinderohr DIN 2441 - St37.0 - 2" nahtlos
	geschweißt	1/8" ... 6"	2441	S185	EN 10025	Gewinderohr DIN 2441 - S185 - 2"
	mit Gütevorschrift nahtlos	10,2 ... 165,1	2442	St37.0	1629	Rohr DIN 2442 - St37.0 – 88,9 x 4,85 nahtlos
	geschweißt	(1/8" ... 6")		S235JR	EN 10025	
aus Stahl — glatte Enden	nahtlose Stahlrohre, Übersicht	10,2 ... 558,8	2448	2)	1629, EN 10216-2	Rohr DIN 2448 - St37.0 – 133 x 4
	geschweißte Stahlrohre	10,2 ... 1016	2458	3)	1626, EN 10025	Rohr DIN 2458 – S235JR – 133 x 4
	nahtlose Präzisionsstahlrohre 4)	4 ... 120	2391 T1		s. 2391 T 2	Rohr DIN 2391-1 - St35 – 45 x 3
	geschweißte Präzisionsstahlrohre 4)	4 ... 120	2393		s. 2393	Rohr DIN 2393 - St35 – BK 28 x 2
aus NE-Metallen	Kupfer und Kupferlegierungen, nahtlos gezogen	3 ... 450	EN 12449		EN 12449	Rohr EN 12449 – CuSn6 – OD22 x 2,0
	Aluminium und Aluminiumlegierungen, nahtlos gezogen	3 ... 350	EN 754 T7		EN 753 T3	Rohr EN 754 – EN AW-Al99,5 – OD22 x 2,0
	Aluminium und Aluminiumlegierungen, gepresst	8 ... 450	EN 755		EN 753 T3	Rohr EN 755 – EN AW-Al99,5 – OD22 x 2,0
aus Kunststoff	PVC hart (Polyvinylchlorid, hart)	5 ... 160	8062		8061	Rohr DIN 8062 32x 2,5 – PVC-U
	PE weich (Polyethylen, weich)	10 ... 160	8072		8073	PE weich-Rohr DIN 8072 32 x 3,5
	PE hart (Polyethylen, hart)	10 ... 140	8074		8074	Rohr DIN 8074 32 x 2,9 – PE 80

9.12 Übersicht über genormte Rohre (Auswahl)

Fußnoten zu Bild **9.12**

¹) Die Bestellformel umfasst stets sämtliche Gewährleistungsbedingungen: Maßtoleranzen, Gewichtstoleranzen, Werkstoffeigenschaften. In der Regel findet man die Maß- und Gewichtstoleranzen im Maßnormblatt, die Vorschriften über die Werkstoffeigenschaften im Werkstoffnormblatt und die Bestellformel (Stücklistenangabe) im Maßnormblatt.

Werkstoffangaben fallen in der Bestellung fort, wenn das Maßnormblatt nur einen Werkstoff nennt; Beispiel: nahtloses Gewinderohr nach DIN 2440. Werkstoffangaben erforderlich, wenn das Maßnormblatt eine Werkstoffauswahl nennt; Beispiel: nahtloses Rohr nach DIN 2448.

Mengenangaben bei der Bestellung. Bei Lieferung in Herstelllängen Angabe der Gesamtlänge oder des Gesamtgewichts vor dem Bestellzeichen; Beispiel: 300 m Rohr 133x4 DIN 2448 – St37.0. Bei Bestellungen fester Längen Angabe der Stückzahlen vor dem Bestellzeichen, Längenangaben im Bestellzeichen; Beispiel: 100 Stück Rohr 133x4x6000 DIN 2448 – St37.0.

²) Stahl nach DIN 1629 und DIN EN 20216-2; andere Stahlsorten nach Vereinbarung.
³) Stahl nach DIN EN 10025, techn. Lieferbedingungen DIN 1626; andere Stahlsorten nach Vereinbarung
⁴) Kaltgezogen oder kaltgewalzt mit besonderer Maßgenauigkeit.
⁵) BK: zugblank, hart; DIN 2393

Kunststoffrohre sind gegen die meisten chemischen Stoffe korrosionssicher. Verwendung in der Lebensmittel- und chemischen Industrie sowie für Versorgungs- und Abwasserleitungen (auch Erdverlegung). Die Festigkeit ist temperaturabhängig. Lieferbar in verschiedenen Weichheitsgraden (Übergang zu Schläuchen). Einfache Verlegung. Die Anwendung, die sich mehr und mehr ausweitet, wird vom Preis der Rohre mitbestimmt. Hinweise auf Verwendung, Verarbeitung, zulässige Beanspruchung und chemische Beständigkeit siehe DIN 8061, 8062, 8063 (PVC hart), DIN 8072 bis DIN 8075 (Polyäthylen).

9.2.3 Berechnungsbeispiel

Für die Förderung von 70 m³/h Frischwasser soll eine 200 m lange Leitung dimensioniert werden, die bis zum Wasseraustritt die Höhendifferenz 30 m überwinden muss. Das Wasser tritt am Ende drucklos aus (Auslauf in einen Behälter). Bei der Berechnung der Verluste sind folgende Bauteile zu berücksichtigen: 5 Stück 90-Grad-Bogen $(R = 3 \cdot d)$, 1 Absperrventil, 1 Einlaufstück (gerade, ohne Saugkorb).

1. Vorläufige Bestimmung des Rohrinnendurchmessers. Der Förderstrom ist $\dot{V} = 70$ m³/(3600 s) = 0,0195 m³/s. Nach Bild **9.3** wird zunächst die Geschwindigkeit $c = 3$ m/s angenommen: Gl. (9.2) ergibt dann den Rohrquerschnitt

$$A = \frac{\pi \cdot d_i^2}{4} = \frac{\dot{V}}{c} = \frac{0,0195 \, \text{m}^3/\text{s}}{3 \, \text{m/s}} = 0,0065 \, \text{m}^2$$

Hieraus folgt $d_i = 0,091$ m = 91 mm.

9.2 Rohre

Berechnungsbeispiel, Fortsetzung

2. Vorläufige Berechnung der Verlusthöhe h_V. Diese setzt sich aus den Verlusten im geraden Rohr, in den Rohrbögen und den Einbauteilen zusammen. Nach der Zahlenwert-Gl. (9.7) ist der Koeffizient $\lambda = 0{,}02 + 0{,}0005/0{,}091 = 0{,}0255$. Bild **9.13** ergibt für die Widerstandsbeiwerte ζ der Einbauteile

5 Stück 90-Grad-Krümmer (ζ je gleich 1,0) $\zeta = 5{,}0$
1 Absperrventil (Freifluss) $\zeta = 1{,}5$
1 Einlaufstück $\zeta = 0{,}25$
                                     $\Sigma\zeta = 6{,}75$

Die Verlusthöhe wird dann nach Gl. (9.10)

$$h_v = \left(0{,}0255 \cdot \frac{200\,\text{m}}{0{,}091\,\text{m}} + 6{,}75\right) \cdot \frac{(3\,\text{m/s})^2}{2 \cdot 9{,}81\,\text{m/s}^2} = 28{,}7\,\text{m}$$

Sie entspricht also etwa der Nutzförderhöhe von 30 m. (Wenn dies zu hoch erscheint, muss die Geschwindigkeit herabgesetzt werden.)

3. Bestimmung der Rohrabmessungen (Bestellvorschrift). Es soll nahtloses Rohr nach DIN 2448 verwendet werden. Damit stehen im Bereich des vorläufig berechneten Innendurchmessers folgende genormte Abmessungen zur Wahl

a) $d_a = 108$ mm $s = 3{,}6$ mm   hieraus $d_i = 100{,}8$ mm
b) $d_a = 101{,}6$ mm $s = 3{,}6$ mm   hieraus $d_i = 94{,}4$ mm

Das nächst kleinere Rohr würde ergeben

c) $d_a = 88{,}9$ mm $s = 3{,}2$ mm   hieraus $d_i = 82{,}5$ mm

Rohr c) kommt hier nicht in Betracht, da für den Rechenwert $d_i = 91$ mm der Verlust bereits recht hoch ist. Da hier andere Gesichtspunkte nicht gegeben sind, wählt man zwischen den Abmessungen a) und b) nach Preis und Liefermöglichkeit.

Für a) lautet die Bestellvorschrift: 200 m nahtloses Stahlrohr 108 × 3,6 DIN 2448 St37.0 in Herstelllängen, gegebenenfalls mit Rostschutzvorschrift, z. B. „innen und außen feuerverzinkt".

4. Endgültige Berechnung der Verlusthöhe. Da der Innendurchmesser mit der 5. Potenz in die Verluste eingeht, muss jetzt die Verlustberechnung mit dem Innendurchmesser des gewählten Rohres erneut vorgenommen werden. Mit $d_i = 100{,}8$ mm wird $c = 2{,}44$ m/s und $h_v = 17{,}3$ mm.

5. Nachrechnung der Rohrwanddicke s. Aus der Nutzförderhöhe 30 m ergibt sich für den tiefsten Punkt, also den Anfangspunkt der Leitung, die Druckhöhe 30 m. Der Innendruck ist dann $p = \rho \cdot g \cdot H = (1000\,\text{kg/m}^3) \cdot (9{,}81\,\text{m/s}^2) \cdot 30\,\text{m} = 9{,}81 \cdot 30\,000$ kg m/(s² m²) = 9,81 · 30 000 N/m² = 294 000 N/m² = 0,294 N/mm² = 2,94 bar.

Es wird zur Sicherheit mit dem aufgerundeten Wert 0,3 N/mm² gerechnet. Für ihn wird die erforderliche Mindestwanddicke nach DIN EN 13480 T3 bestimmt.

Berechnungsbeispiel, Fortsetzung

In die Gleichung (9.11a) sind die folgenden Zahlenwerte einzusetzen:

$p = 0{,}3$ in N/mm² $\quad d_a = 108$ in mm $\quad z = 1$ für nahtloses Rohr
$c_0 = 1$ mm; Korrosionszuschlag, Regelfall
$c_1 = $ Minustoleranz der Wanddicke, -15% nach DIN 1629
$c_2 = 0$; keine Wanddickenabnahme bei der Fertigung (keine Eindrehungen o. ä.)

$$f = \min\left\{\frac{R_{eHt}}{1{,}5} \text{ oder } \frac{R_{p0{,}2t}}{1{,}5}; \frac{R_m}{2{,}4}\right\} \quad \text{Auslegungsspannung}$$

$f = 145{,}8$ N/mm² mit $R_{eH} = 235$ N/mm², $R_m = 350$ N/mm² für St37.0 (DIN 1629)

Mit diesen Werten ergibt Gl. (9.11a)

$$s \geq \frac{0{,}3\,\text{N/mm}^2 \cdot 108\,\text{mm}}{2 \cdot 145{,}8\,\text{N/mm}^2 \cdot 1 + 0{,}3\,\text{N/mm}^2} \cdot \left(\frac{1}{1-0{,}15}\right) + 1\,\text{mm} + 0 = 1{,}13\,\text{mm}$$

Die Normalwanddicke 3,6 mm nach DIN 2448 ist größer als der nach DIN EN 13480 T3 zu fordernde Mindestwert. ∎

9.3 Rohrverbindungen

9.3.1 Schweißverbindung

Die Schweißverbindung ist eine unlösbare Verbindung, anwendbar bis zu den höchsten Drücken und Temperaturen und bei allen schweißbaren Rohrwerkstoffen. Abgesehen von untergeordneten Leitungen, bei denen Undichtigkeiten oder Brüche keine Gefahr bedeuten, dürfen Rohrschweißungen nur von geprüften Rohrschweißern ausgeführt werden (Richtlinien für die Prüfung von Rohrschweißern s. DIN EN 287-1). Die Formen der Schweißfugen für die Stumpfstoßverbindung an Rohrleitungen sind in DIN 2559 festgelegt (Bild **9.14**). Sie entsprechen etwa den Stumpfstoßverbindungen von Blechschweißungen (s. Abschn. 5.1).

Schweißverfahren. Da Rohrrundnähte vorwiegend nur von einer Seite, also von außen, geschweißt werden können, müssen Verfahren gewählt werden, die die Nahtwurzel zuverlässig durchschweißen. Für Rohre im Kesselbau sind vorwiegend das Wolfram-Inertgasschweißen (WIG) entweder für die gesamte Naht oder nur für die Nahtwurzel eingesetzt. Das Gasschmelzschweißen (G) wird für das Schweißen in Zwangspositionen und auf der Baustelle angewendet. Für größere Rohrdurchmesser und Wanddicken sowie für Füll- und Decklagen wird das Lichtbogenschweißen mit Stabelektrode (E) oder das Metallschutzgasschweißen (MIG/MAG) bevorzugt.

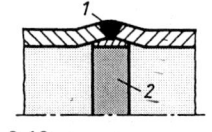

9.13
Stumpfnaht *1* mit aufgeweiteten Rohrenden und Einlegering *2*

Einlegeringe (**9.13**) können als Badsicherung und zur Erleichterung der Zentrierung verwendet werden. Die Schweißkanten müssen zum Schweißen stets sorgfältig vorbereitet sein (s. **9.14**).

9.3 Rohrverbindungen

Lfd. Nr.	Benennung Sinnbild [1]	Fugenformen Schnitt	Lfd. Nr.	Benennung Sinnbild [1]	Fugenformen Schnitt
1	I–Naht $\;\|\|\;$		4	U–Naht auf V–Wurzel	
2	V–Naht $\vee$		5	V–Naht auf V–Wurzel	
3	U–Naht $\curlyvee$			Schweißverfahren [1]) Wurzellage: E, MIG / MAG, WIG und auch G für Nr. 1 bis 4, E für Nr. 5 [2]) weitere Lagen: E, MIG / MAG, WIG und auch G für Nr. 1 und 2, nur E und MIG für Nr. 3 bis 5	

9.14
Stumpfnahtformen nach DIN 2559; [1]) Zusatzzeichen siehe DIN EN 22553 und Bild **5.6**

Für Werkstattschweißungen wird auch das Abbrennstumpfschweißen mit entlang der Schweißfuge rotierendem Lichtbogen angewendet. Der an der Rohrinnenseite entstehende Schweißgrat wird durch Füllen des Rohres mit Formiergas mit einem bestimmten Druck minimiert. Der Grat an der Außenseite wird mit einem Schneidwerkzeug entfernt. Formiergas dient auch bei anderen Verfahren zum Schutz der Nahtwurzel.

Das mechanisierte WIG- und Plasmaschweißen mit maschinell geführten Rundnahtschweißköpfen wird bei größeren Wanddicken z. B. für Rohre in der Kerntechnik eingesetzt.

Für die wirtschaftliche Herstellung von Rohrleitungen und Rohrleitungsteilen soll das Rohr so lange wie möglich gerade bleiben, damit es beim Rundnahtschweißen leicht um die Längsachse gedreht werden kann. So werden z. B. zuerst die Flansche angeschweißt, und dann wird das Rohr gebogen.

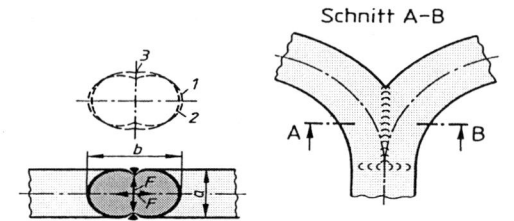

9.15
Geschweißte Rohrverzweigung (Hosenrohr): Verformung des nicht kreisförmigen Querschnitts durch die Kräfte $F_1 \sim p \cdot b$, $F_2 \sim p \cdot a$, $F_1 > F_2$ (mit p als Innendruck). Hierdurch Biegung der Querschnitts-Mittellinie. *1* Form ohne, *2* mit Innendruck, *3* Gefahrenstelle (Biegespannung in der Schweißnaht)

Herstellung von Rohrverzweigern oder seitlichen Anschlüssen durch Schweißung. Hierbei ist darauf zu achten, dass jede Abweichung des Rohrquerschnitts von der Kreisform zusätzliche Beanspruchungen ergibt, meist Biegebeanspruchungen im Sinn einer Aufblähung, durch die in der gefährdeten Faser die Streckgrenze leicht überschritten wird (**9.15**). Spröde oder durch das Schweißen versprödende Werkstoffe sind diesen Beanspruchungen nicht gewachsen. Es besteht Bruchgefahr, der durch stegförmige Kragen vorgebeugt werden muss. Ebene Flächen, wie sie häufig bei eingesetzten Zwickeln von Hosenstücken entstehen können, sind möglichst zu vermeiden. Die Gefahr der Aufblähung ist um so größer, je strömungsgünstiger, d. h. schlanker, die Verzweigung ausgeführt wird. Aus den genannten Gründen sollen Verzweigungen so konstruiert werden, dass längere Längsnähte nicht erforderlich werden.

9.3.2 Schraubverbindung für Gewinderohre

Die Schraubverbindung wird im Bereich der genormten Gewinderohre angewendet und geschieht durch Schraubmuffen mit Innengewinde; sie ist als unlösbar zu bezeichnen, da eine Trennung nur durch Zerlegen der Rohrleitung vom Ende her möglich ist (nicht zu verwechseln mit der lösbaren „Rohrverschraubung", s. Abschn. 9.3.5). Als Gewinde ist Whitworth-Rohrgewinde, zylindrisches Innen- und zylindrisches Außengewinde (nicht selbst dichtend) nach DIN ISO 228 T1 oder Whitworth-Rohrgewinde, zylindrisches Innen- und kegeliges Außengewinde (selbst dichtend) nach DIN 2999 bzw. DIN 3858 vorgeschrieben. Verbindungsstücke, Winkelstücke, Abzweigstücke usw. aus Temperguss oder Stahl sind genormt in DIN EN 10241 und 10242.

9.3.3 Muffenverbindung

Die Muffenverbindung ist eine nicht lösbare Verbindung von Muffenrohren, ein Lösen ist nur durch Verschieben der Rohre in Längsrichtung möglich. Die einfachste Muffenform entspricht nach Wirkungsweise und Ausführung einer Stopfbuchse mit Abdichtung durch Hanf und Holzwolle, darüber Bleiausguss, der verstemmt wird: Stemmmuffe (9.16a); ähnlich wirkt die Schraubmuffe, bei der Rundgummi in einen Spalt eingelegt und durch einen Schraubring zusammengedrückt wird. Beide Formen erlauben Überbrückung von Fluchtungsfehlern („Knicke") in der Leitung bis zu etwa 3° und beim Zusammenbau geringe Längsverschiebungen. Längskräfte können nicht übertragen werden.

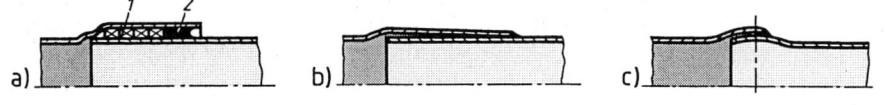

9.16
Muffenformen
  a) Sternmuffe mit Faserstoffpackung (1) und Bleiausguss, verstemmt (2)
  b) Einsteck-Schweißmuffe
  c) Kugel-Schweißmuffe

Bei Stahlmuffenrohren werden außerdem Schweißmuffen verschiedener Ausführung verwendet, z. B. die Einsteck-Schweißmuffe und die Kugelschweißmuffe (9.16 b und c). Bei der Kugelschweißmuffe wird das Ende des äußeren Rohres nach dem Zusammenbau durch Bördelung an das Innenrohr angelegt. Auf diese Weise ist die Verbindung in der Lage, Längskräfte aufzunehmen, ohne dass die Schweißnaht durch diese beansprucht wird. Die Schweißnaht hat also lediglich die Aufgabe der Abdichtung.

9.3.4 Flanschverbindung

Die Flanschverbindung ist eine lösbare Verbindung für alle Drücke und Temperaturen. Sie wird weitgehend durch die Schweißverbindung ersetzt. Auch Gehäuse von Armaturen (s. Abschn. 9.4) werden zum Teil so ausgebildet, dass sie unmittelbar (ohne Flansch) in die Leitung eingeschweißt werden können. In der Regel beschränken sich Flanschverbindungen auf die Stellen einer Rohrleitung, an denen eine Trennungsmöglichkeit vorgesehen werden muss (z. B. Anschluss an Turbine oder Kessel), ferner auf Verbindungen in gefährlichen Leitungen an Stellen, wo die Zuverlässigkeit einer Schweißverbindung nicht mit genügender Sicherheit nachgeprüft werden kann. Eine Flanschverbindung besteht aus den beiden Flanschen, der Flanschdichtung und den Flanschschrauben. Alle Teile sind weitgehend genormt.

9.3 Rohrverbindungen

	Nenndruck	DIN-Nr.
Gusseisenflansche	PN 2,5 bis 63	EN 1092 T2
Stahlflansche	PN 2,5 bis 100	EN 1092 T1
Gewindeflansche	PN 6 bis 16	2558 und EN 1092 T1
Lötflansche	PN 6 bis 10	EN 1092 T1
Vorschweißflansche	PN 1 bis 100	2627 bis 2630; EN 1092 T1
lose Flansche für Bördelrohre	PN 6 und 10	EN 1092 T1
lose Flansche mit glattem Bund	PN 25 bis 40	EN 1092 T1
lose Flansche mit Vorschweißbund	PN 10	EN 1092 T1

9.17
Arten von Flanschen

Flanschbeanspruchung. Soweit die Flanschabmessungen nach den Maßnormblättern für bestimmte Nennweiten und Nenndrücke festgelegt sind, ist eine Festigkeitsberechnung nicht erforderlich. In allen übrigen Fällen sind Festigkeitsrechnungen nach DIN EN 1591 T1 durchzuführen.

Form und Werkstoff der **Flanschverbindungsschrauben** sind festgelegt in DIN 2501, 2510 und DIN EN 1591 T1.

Soweit die Flanschabmessungen genormt sind, werden durch die Flanschnormen Anzahl und Abmessung der Flanschschrauben festgelegt, eine Festigkeitsrechnung ist nicht erforderlich. Es sind nur Schraubenform und Werkstoff nach DIN 2509, 2510 und DIN EN 1515 T1 vorzuschreiben. Die Berechnung von Schrauben für Hochdruck-Heißdampfrohrleitungen und vergleichbare Anwendungen erfolgt nach Technischen Regeln für Dampfkessel (TRD), soweit sie nicht durch Norm festgelegt sind.

Werkstoff und Form der Flanschdichtungen richten sich nach Art, Druck und Temperatur des die Rohrleitung durchströmenden Mediums, die Form außerdem nach der Form der Flanschdichtfläche (flach, Vor- und Rücksprung, Ringnut usw.; s. Flanschnormen DIN 2500). Es kommen in Betracht: Gummi als Flach- oder Rundgummi, Presspappe, Gummiasbest (z. B. Klingerit), Asbest mit Kupferumhüllung, Blei und Kupfer oder Weicheisen mit eingedrehten Rillen (Rillendichtungen) oder als Linsen- bzw. Spießkantendichtung. Die Dichtungen für Rohrverbindungen sind in DIN 2693, 2695 bis 2697 und DIN EN 1514 T1 genormt. Siehe auch Abschn. 10, Dichtungen.

9.3.5 Verschraubung

Die Verschraubung wird bei kleinen Nennweiten bis etwa DN 32 und Drücken bis etwa PN 160 verwendet, bei Schlauchverschraubungen auch für wesentlich höhere Werte, da hier Flanschverbindungen nicht sinnvoll sind (z. B. bei DN 25 für PN 400). Der Vorteil gegenüber der Flanschverbindung besteht im einfachen, schnellen Herstellen und Lösen der Verbindung und im geringeren Platzbedarf in radialer Richtung. Man unterscheidet die Rohrverschraubung als Verbindung zwischen zwei Rohren (**9.20**), die Einschraubverschraubung (**9.18**) als Verbindung eines Rohres mit einem Gehäuseanschluss und die Überwurfverschraubung zum unmittelbaren Anschluss an eine Gehäusebohrung (**9.19**).

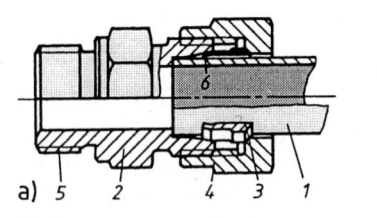

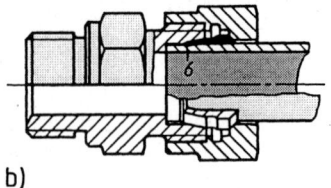

9.18
Lötlose Rohrverschraubung als Einschraubverschraubung

1 Rohrende
2 Einschraubstutzen (Gewinde 5 dient zum Einschrauben in ein Gehäuse)
3 Schneid- und Keilring
4 Überwurfmutter
5 Gewinde
6 Schneidkante a) vor und b) nach dem Verschrauben

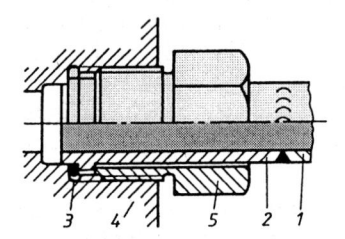

9.19
Überwurfverschraubung

1 Rohrende
2 Vorschweißbund
3 Flachdichtung
4 Gehäuse
5 Überwurfschraube

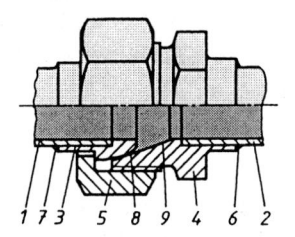

9.20
Lötverschraubung mit Kegel-Kugel-Dichtung

1, 2 Rohrenden
3 Lötnippel mit kugeliger Dichtfläche *8*
4 Lötnippel mit kegeliger Dichtfläche *9*
5 Überwurfmutter
6, 7 Lötverbindung

Die Verbindung mit dem Rohr erfolgt durch Einlöten (Lötverschraubung, Bild **9.20**), durch Vorschweißen (Schweißverschraubung, Bild **9.19**) oder durch Klemmring mit Schneidkante (lötlose Verschraubung, Bild **9.18**). Die Schraubverbindungen sind in DIN 2353 sowie in DIN 3900 bis 3954 genormt.

Die Abdichtung geschieht bei ebener Dichtfläche, d. h. bei der Bundverschraubung (**9.19**) durch eingelegten Dichtring 3 und bei der Kegel-Kugel-Verschraubung (**9.20**) unmittelbar zwischen kegelförmiger Dichtfläche 9 des Außenstücks und kugeliger Dichtfläche 8 des Innenstücks, also ohne besondere Dichtung. Auch bei der lötlosen Verschraubung (**9.18**) dichtet der auf das Rohr geklemmte Ring 3 unmittelbar am Gegenstück der Verschraubung ab.

Die zuverlässigste Abdichtung, auch bei häufigem Lösen der Verbindung, wird durch die Flachdichtung der Bundrohre erreicht. Diese hat ferner den Vorteil, dass bei Beschädigungen die Dichtung einfach zu erneuern ist.

Gegenüber den anderen Verschraubungsarten besitzt die lötlose Rohrverschraubung den Vorteil, dass sie nicht auf schweißbare oder lötbare Rohrwerkstoffe beschränkt ist (Schwierigkeit bei Leichtmetallrohr und weichem Kupferrohr) und dass sie ohne weitere Vorbereitung auf das glatte Rohrende aufgebracht werden kann. Voraussetzung für ihre Zuverlässigkeit ist eine enge Toleranz des Rohraußendurchmessers, wie sie bei den Präzisionsstahlrohren gewährleistet ist.

9.4 Rohrleitungsschalter (Armaturen)

9.4.1 Hahn

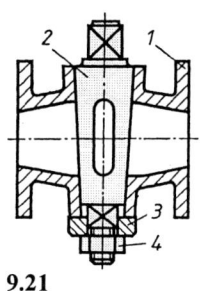

Hähne werden bei kleinen Nennweiten und in der Regel bei niedrigen Drücken verwendet, in Sonderausführungen aber auch bis zu sehr hohen Drücken. Kennzeichnend ist, dass der volle Leitungsquerschnitt durch eine geringe Drehung des Kükens, meist um 90°, freigegeben oder abgesperrt werden kann. Nach der Durchgangsrichtung unterscheidet man Durchgangshähne, Winkelhähne und Schalthähne (Dreiwegehähne).

9.21
Einfacher Durchgangshahn
1 Gehäuse
2 Küken mit Vierkant für Aufsteckschlüssel
3 Scheibe mit Vierkantloch
4 Mutter

Beim **einfachen Hahn** (9.21) dreht sich das kegelförmige Küken im Gehäuse, wobei die Abdichtung sowohl zwischen Eintritts- und Austrittsanschluss der Leitung als auch gegen die Umgebung erfolgt. Damit das Küken nicht aus seinem Sitz herausgehoben wird, endet es unten in einem Gewindezapfen mit Vierkantsitz für eine Scheibe, die durch eine Mutter gehalten wird.

Beim **Stopfbuchshahn** (9.22) ist das Gehäuse unten geschlossen, der Kükenschaft ist durch eine Stopfbuchse abgedichtet, die so ausgebildet ist, dass sie gleichzeitig den erforderlichen Dichtungsdruck in der konischen Sitzfläche des Kükens erzeugt. Die Sitzfläche des Kükens dichtet also nur zwischen Eintritts- und Austrittsseite des Hahns, die Dichtung gegen die Umgebung erfolgt durch die Stopfbuchse. Der Stopfbuchshahn wird dort verwendet, wo ein Austreten des Leitungsinhalts mit Sicherheit ausgeschlossen werden muss, z. B. bei Brandgefahr oder Gefahr für das Bedienungspersonal z. B. durch Dampf oder ätzende Flüssigkeiten. Es werden zahlreiche Sonderausführungen hergestellt, durch die in der Regel Schonung der Dichtfläche zuverlässige Abdichtung auch bei höheren Drücken oder leichte Beweglichkeit des Kükens bei größeren Abmessungen erreicht wird. Der Werkstoff von Küken und Gehäuse muss gute Gleiteigenschaften besitzen, er muss sich leicht ein- und nachschleifen lassen, möglichst unempfindlich gegen Verletzungen der Dichtfläche sein und darf durch die Flüssigkeit nicht korrosiv angegriffen werden. Die gebräuchlichen Werkstoffe sind: Gehäuse und Küken aus Grauguss, Gehäuse aus Grauguss und Küken aus Rotguss oder Bronze, Küken und Gehäuse aus Rotguss oder Bronze, ferner Leichtmetall (Aluminium-Legierungen mit ausreichenden Gleiteigenschaften), Kunststoff, Glas oder Keramik.

9.4.2 Ventil

Wirkungsweise und Aufbau

Ventile werden für alle Drücke, Temperaturen und Nennweiten bis etwa DN 300 verwendet. Als Verschlussstück dient eine tellerförmige Platte (Ventilteller 5a in Bild **9.23a**), ein Kegel (Ventilkegel 5b in Bild **9.23b**) oder eine Kugel (Bild **9.28**). Beim Öffnen wird das Verschlussstück in axialer Richtung vom Ventilsitz abgehoben. Hierbei tritt keine Reibung zwischen Sitz und Verschlussstück auf wie bei Schiebern (s. Abschn. 9.4.3) und Hähnen (s. Abschn. 9.4.1).

Der Leitungsinhalt erfährt im Ventil eine mehrfache scharfe Umlenkung, die einen relativ hohen Druckverlust ergibt Bild **9.3**. Um diesen niedrig zu halten, wurden strömungsgünstige Formen entwickelt (**9.24 a** bis **c**). Das Verschlussstück muss bei voller Öffnung des Ventils ganz aus dem Bereich der Strömung zurückgezogen werden. Im Gegensatz zu Schieber und Hahn darf das Ventil nur in der konstruktiv vorgesehenen Richtung durchströmt werden. Diese – meist gegen die Unterseite des Ventiltellers gerichtet – ist deshalb stets durch einen außen auf dem Gehäuse angebrachten Pfeil kenntlich zu machen.

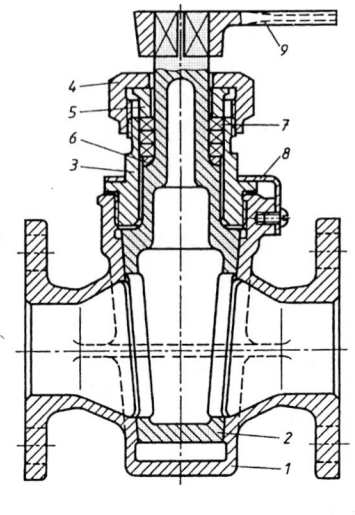

9.22
Stopfbuchshahn

1 Gehäuse
2 Küken
3 Kopfstück
4 Überwurfmutter
5 Stopfbuchsring
6 Stopfbuchs-Grundring
7 Stopfbuchspackung
8 Legeschlüssel zur Sicherung des Kopfstücks
9 Aufsteckschlüssel

9.23
Fertig zusammengeschweißte und -gebaute Ventile.
Einzelteile der Gehäuse im Gesenk geschlagen

Pfeile: Durchströmungsrichtung

a) Durchgangs-Absperrventil geschweißt,
DN 80 mm, PN 25/40 bar
b) Kleinventil, im Gesenk geschlagen und spanend bearbeitet

1 Gehäuse
2 Kopfstück
3, 4 Flansche
5a Ventilteller
5b Ventilkegel
6 Gewindespindel
7 Spindelmutter
8 Stopfbuchse
9 Handrad

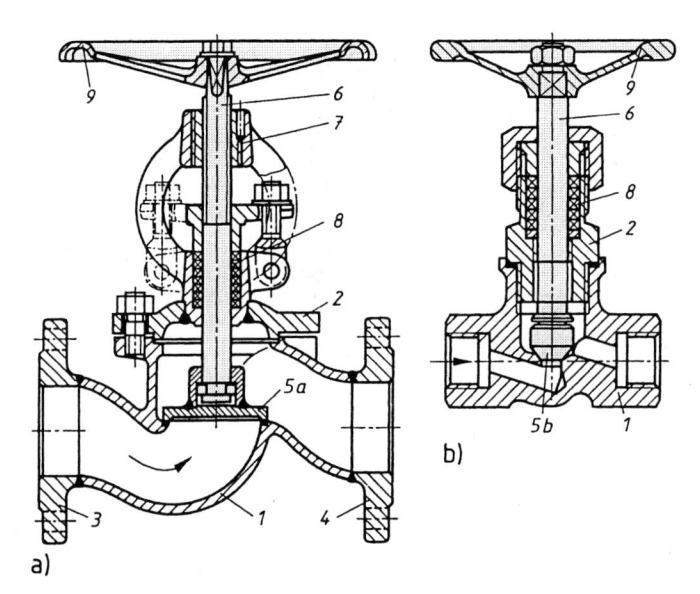

Die **Betätigung des Verschlussstücks** erfolgt entweder durch eine Gewindespindel (Grundregel: Drehung nach rechts schließt, Drehung nach links öffnet), durch Federkraft oder durch den Leitungsinhalt selbst, je nach Ausführung und Aufgabe des Ventils. Die Betätigung der Spindel geschieht entweder unmittelbar durch ein Handrad, bei großen Drücken und Nennweiten auch über eine Zahnrad- oder Kegelradübersetzung bzw. durch einen Servomotor. Mechanische Fernbetätigung über ein Gestänge ist üblich,

9.4 Rohrleitungsschalter

wenn das Ventil an unzugänglicher Stelle der Leitung eingebaut ist oder mehrere Ventile von einem zentralen Steuerstand aus betätigt werden sollen.

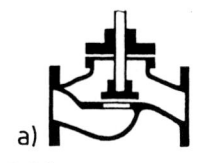

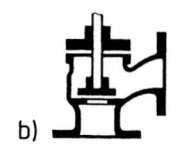

9.24
Absperrventile
a) Durchgangsventil, $\zeta \approx 2{,}5$
b) Eckventil, $\zeta \approx 1{,}8$
c) Freiflussventil, $\zeta \approx 1{,}0$

Die **Teile eines Ventils** gehen aus Bild **9.23** hervor. Je nach dem Leitungsinhalt können erhebliche Korrosionseinflüsse (Wasser, Seewasser, Chemikalien) oder sehr hohe Temperaturen (Heißdampf bis 700 °C) auftreten oder beides gemeinsam, wie z. B. in der Erdölverarbeitung und anderen Betrieben. Da die Ventile diejenigen Einrichtungen sind, die im Gefahrenfall Leitungen zuverlässig absperren sollen, müssen sie auch dann einwandfrei arbeiten, wenn sie lange Zeit nicht betätigt worden sind. Sehr wichtig ist deshalb die richtige Werkstoffwahl.

Werkstoffe. Für das Gehäuse verwendet man je nach Leitungsinhalt in der Regel Grauguss, auch schweißbaren Stahl (**9.23a**), bei hohen Drücken und kleinen Nennweiten Gesenkschmiedestücke (**9.23b**), bei hohen Drücken und großen Nennweiten Stahlguss, bei hohen Temperaturen warmfesten Stahlguss bzw. warmfesten Stahl.

Die Zahlenangaben für ζ sind Richtwerte, gültig für Wasser als Medium; je nach der Nennweite des Ventils sind entsprechende Abweichungen zu berücksichtigen

Genügt die Korrosionsbeständigkeit der Eisenwerkstoffe nicht, z. B. bei Seewasser, dann erfolgt bei größerer Nennweite Korrosionsschutz durch Feuerverzinkung oder Bitumenanstrich; Gehäuse kleiner Nennweite werden dann aus Kupferlegierungen (Bronze) hergestellt. Für die chemische Industrie verwendet man auch Gummiauskleidungen und Ventile aus rostfreiem Stahl.

Werkstoffe für die Abdichtung (Ventilsitz im Gehäuse und Dichtring im Verschlussstück): Selten aus dem gleichen Werkstoff wie Gehäuse und Verschlussstück (z. B. Gehäuse des bekannten Wasser-„Hahns", meist mit eingewalztem Ring aus korrosionsbeständigem Werkstoff wie Nickel, Bronze, rostfreiem Stahl, oder Auftragschweißung – „Panzerung" – mit den gleichen Werkstoffen (der übliche Abschluss einer Hauswasserleitung ist ein Ventil. Die Bezeichnung „Wasserhahn" ist deshalb sachlich nicht richtig.)). Für Heißdampf oder bei starker Verschleißgefahr (verunreinigte Flüssigkeiten, scharfer Dampfstrahl) Panzerung mit Hartmetall (Kobalt-Wolfram-Eisen-Legierungen):

Für die Spindel benutzt man bei Öl und anderen nicht korrosionsgefährdenden Stoffen Stahl, bei Wasser (auch Seewasser) Sondermessing oder Bronze, bei hohen Anforderungen an Korrosionssicherheit und bei Heißdampf rostfreien Stahl. Kopfstück selten aus Grauguss, meist Gesenkstück aus Stahl oder, bei Gehäusen aus Kupferlegierungen ebenfalls aus Sondermessing oder Bronze. Spindelmutter aus Sondermessing, Rotguss oder Bronze und nur, wenn deren Temperaturbeständigkeit nicht ausreicht, aus warmfestem Stahl. Werkstoff und Art der Stopfbuchspackung richten sich nach dem Leitungsinhalt.

Bauarten

Absperrventile (9.23 und **9.24)** haben die Aufgabe, eine Leitung zu öffnen oder zu schließen. Zur Änderung des Förderstroms sind sie weniger geeignet und sollten deshalb hierfür nicht verwendet werden. Das Spindelgewinde liegt in der Regel außerhalb des Ventilraums, also vor der Stopfbuchse, damit es von schädigenden Einflüssen des Leitungsinhalts frei bleibt. Da zum Neuverpacken der Stopfbuchse freier Raum erforderlich ist, ergeben sich für diese Anordnung große Bauhöhen der Ventile **(9.23a)**. Erlaubt der Leitungsinhalt, dass die Spindel mit ihm in Berührung kommt, dann kann das Spindelgewinde auch innerhalb des Ventilraums angeordnet werden **(9.23b)**, eine Schmierung der Spindelmutter ist dann allerdings nicht möglich; es ergeben sich aber billige Ausführungen des Kopfstückes und geringere Bauhöhe (bekanntestes Beispiel der „Wasserhahn").

Je nach der Durchströmungsrichtung kann bei geschlossenem Ventil der Druck des Leitungsinhalts von oben auf das Verschlussstück wirken, also den Anpressdruck der Spindel unterstützen, oder von unten, so dass die Spindel nicht nur den Schließdruck, sondern zusätzlich auch noch den Druck des Leitungsinhalts aufzunehmen hat. „Druck unter dem Verschlussstück" ist gebräuchlicher, da dann bei geschlossenem Ventil die Stopfbuchse druckfrei ist und ohne Schwierigkeiten neu verpackt werden kann. Eine Entlastung der Stopfbuchse bei voll geöffnetem Ventil erreicht man durch die „Kegelrückdichtung": Das Verschlussstück (Ventilkegel) besitzt auf seiner oberen Fläche einen Dichtungsring, der sich gegen eine entsprechende Dichtfläche des Kopfstücks legt **(9.25)**.

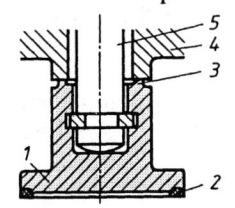

9.25
Ventilteller *1* mit auflegierter (gepanzerter) Sitzfläche *2* und Kegelrückdichtung *3* gegen des Kopfstück *4*; Gewindespindel *5*

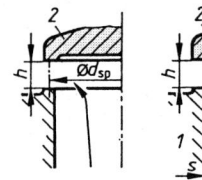

9.26
Öffnungsquerschnitt bei einem Absperrventil (a) und einem Drosselventil (b) bei gleicher Ventilerhebung h
1 Gehäuse Öffnungsquerschnitt:
2 Verschlussstück beim Absperrventil $A_a = \pi \cdot d_{sp} \cdot h$
3 Drosselkragen am Verschlussstück beim Drosselventil $A_b = \pi \cdot d_{sp} \cdot s$

Drosselventile (9.26b) dienen auch zur Änderung des Förderstroms; sie wirken gleichzeitig als Absperrventile, von denen sie sich nur durch den „Drosselkragen" unterscheiden. Beim Absperrventil genügen wenige Spindelumdrehungen, um den vollen Leitungsquerschnitt freizugeben, eine feinstufige Einstellung des Förderstroms ist nicht möglich. Der Drosselkragen dagegen erlaubt eine allmähliche Vergrößerung des Durchtrittsquerschnitts entsprechend dem Spindelhub.

Druckminderventile setzen, insbesondere bei Dampf oder Gasen (z. B. an Gasflaschen), den Druck in dem nachfolgenden Teil der Leitung herab. Die Druckminderung ist einstellbar. Wirkungsweise: Der aus dem höheren Druck auf der Eintrittsseite resultierenden Kraft am Teller wirkt die Summe aus einer Gewichts- oder Federkraft und der aus dem Druck auf der Austrittsseite resultierenden Kraft am Teller entgegen. Die Öffnung passt sich automatisch der Entnahmemenge an.

9.4 Rohrleitungsschalter

Rückschlagventile öffnen und schließen sich selbsttätig in Abhängigkeit von der Druckdifferenz vor und hinter dem Verschlussstück; sie werden u. a. zur selbsttätigen Absperrung von Leitungen benutzt, wenn – z. B. durch Abstellen einer Kreiselpumpe – die Förderung aufhört; der Druck in dem hinter dem Ventil liegenden Leitungsteil wird dadurch aufrecht erhalten (**9.27**).

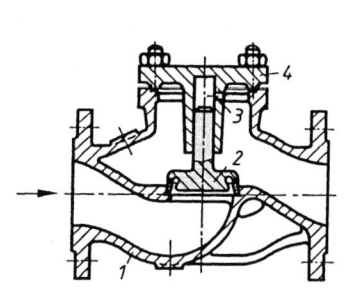

9.27
Rückschlagventil (der Pfeil gibt die Durchflussrichtung an)
1 Gehäuse
2 Verschlussstück
3 Entlüftungsbohrung
4 Deckel

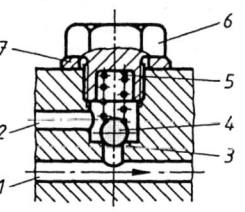

9.28
Sicherheits-(Überdruck-)Ventil im Gehäuse einer Schmierölpumpe
1 Druckölleitung
2 Ölrücklaufleitung
3 gehärtete Stahlkugel als Verschlussstück
4 Ventilsitz (kegelig geschliffen)
5 kalibrierte Ventilfeder
6 Einstellschraube
7 kalibrierte Zwischenscheibe, die die Federspannung und damit den Öffnungsdruck des Ventils bestimmt

Sicherheitsventile, s. AD-Merkblatt A 2, sind während des geordneten Betriebs geschlossen und öffnen sich selbsttätig, sobald der Druck in der Leitung die zulässige Grenze überschreitet (**9.28**).

Wirkungsweise. Der Ventilaustritt mündet ins Freie oder in eine drucklose Auffangleitung. Das Verschlussstück wird durch eine einstellbare Feder oder ein einstellbares Gewicht auf den Sitz gedrückt. Die Öffnung erfolgt, wenn der Druck in der Leitung den Anpressdruck der Feder bzw. des Gewichts überwindet. Anwendung zum Schutz gegen gefährlichen Überdruck in Leitungen mit Dampf, Öl usw. Im Schmierölkreislauf von Kraftfahrzeugmotoren wirkt das einstellbare Sicherheitsventil in einfachster Weise zugleich als Druck-Regelventil.

Schnellschlussventil. Kennzeichnende Anwendung in Dampfkraftanlagen zur sofortigen selbsttätigen Absperrung der Dampfzufuhr bei Eintritt einer Gefahr, z. B. bei Versagen der Lagerschmierung oder bei Überdrehzahl („Durchgehen") der Turbine.

Wirkungsweise. Das Ventil ist als selbsttätiges Absperrventil in die Hauptleitung eingeschaltet. Bei normalem Betrieb ist es voll geöffnet. Als Schließkraft wirkt eine Federkraft. Das Ventil wird im normalen Betrieb durch eine Sperre gegen die Schließkraft offengehalten. Beim Eintreten einer Störung wird die Sperre selbsttätig durch ein (meist hydraulisches) Relais zurückgezogen.

Rohrbruchventile wirken ebenfalls als Sicherung. Im Betrieb sind sie voll geöffnet. Sie werden selbsttätig geschlossen, wenn in dem Leitungsteil hinter dem Ventil ein starker Druckabfall eintritt. Die Schließbewegung wird durch die erhöhte Strömungsgeschwindigkeit eingeleitet.

Weitere Einzelheiten der Ventilausführung und -berechnung s. AD-Merkblatt A 2. Ventile werden von Spezialfirmen hergestellt und fertig zum Einbau geliefert.

9.4.3 Schieber

Schieber (**9.29**) werden bei größeren und größten Nennweiten und für alle Drücke verwendet. Als Verschlussstück dient eine Platte 5, die quer zur Strömungsrichtung in den Leitungsquerschnitt eingeschoben wird. Schieber zeichnen sich durch geringe bis sehr geringe Durchflussverluste und kleine Baulängen aus. Der Platzbedarf quer zur Leitungsrichtung ist größer als bei Ventilen. Der Öffnungs- und Schließweg ist erheblich, da der Schieberkörper jeweils über den ganzen Leitungsquerschnitt bewegt werden muss. Entsprechend hoch sind Öffnungs- und Schließzeiten. Doch besteht der Vorteil, dass der Schieber feinstufige Teilöffnungen erlaubt; er eignet sich zur einfachen und genauen Einstellung des Durchsatzes (Mengenstromes) des betreffenden Mediums.

Wegen der symmetrischen Ausführung ist eine Durchströmung in beiden Richtungen möglich. Der Kraftaufwand zur Bewegung der Schieberplatte ist in Folge der Reibung zwischen Platte und Sitz im Vergleich zum Kraftaufwand bei der Bewegung eines Ventiltellers erheblich. Bei größeren Nennweiten und hohen Drücken genügt vielfach Handantrieb nicht mehr, es müssen Übersetzungen oder mechanischer Antrieb (hydraulisch oder elektrisch) vorgesehen werden.

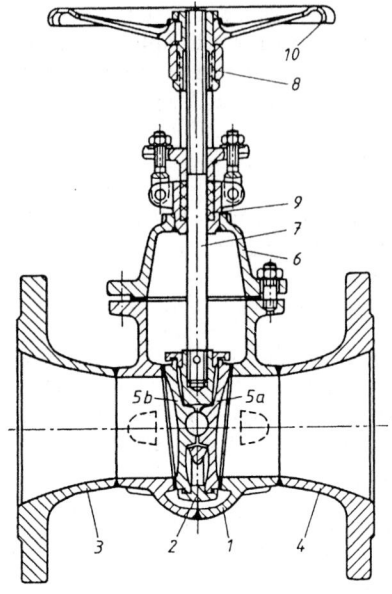

9.29
Fertig zusammengeschweißter und -gebauter Keilschieber mit geteilter Platte. Nennweite 100 mm, Nenndruck 25. Die Einzelteile des Gehäuses sind nicht gegossen, sondern im Gesenk geschlagen und dann verschweißt

1 Gehäuse mit Flanschen 3, 4
2 Schieberkörper
5a, 5b Schieberplatten mit Dichtflächen
6 Kopfstück
7 Spindel
8 Spindelmutter
9 Stopfbuchse mit Packung
10 Handrad, auf Spindelmutter fest (Spindel hebt und senkt sich mit der Schieberplatte)

Bauarten. Der einfache Parallelschieber trägt auf beiden zueinander parallelen Flächen der ebenen Schieberplatte je eine Dichtfläche, die sich gegen einen entsprechenden Ring des Gehäuses legt.

Die Anpressung erfolgt nur durch den Druck des zu fördernden Mediums. Die Abdichtung ist nicht immer zuverlässig, da ein zusätzliches Anpressen wie beim Ventil durch die Spindel nicht möglich ist. Beim Öffnen und Schließen gleiten die Dichtflächen unter Druck aufeinander, mechanische Beschädigungen der Dichtfläche durch Verunreinigungen oder „Fressen" sind möglich. Eine besondere Bauart erreicht Unempfindlichkeit gegen Verschmutzung dadurch, dass der Schieber zwischen zwei Gleitplatten verschoben wird, die von Federn an den Schieber gedrückt werden.

Der Parallelschieber mit Spreizvorrichtung vermeidet die Nachteile des einfachen Schiebers, ist aber in der Ausführung komplizierter. Die Schieberplatte ist in zwei symmetrische Platten geteilt, die nach dem Einschieben in der Schlussstellung durch ein Kniehebelsystem oder durch Keilwirkung auseinander gespreizt werden, so dass sie sich mit entsprechender Anpresskraft gegen die Gehäuse-Dichtflächen legen. Auf diese Weise wird außerdem das Gehäuse-Mittelstück druckfrei, die Stopfbuchse ist bei geschlossenem Schieber entlastet. Der einfache Keilschieber enthält eine keilförmige Platte, die beim Schließen durch die Spindel in einen keilförmigen Zwischenraum zwischen den Gehäuseabdichtungen geschoben wird. Die Abdichtung erfolgt hier unter zusätzlicher Anpresskraft durch die Spindel beiderseits. Die Gleitbewegung der Dichtflächen kurz vor und nach der Schlussstellung ergibt allerdings Verschleißgefahr und erheblichen Reibungswiderstand.

Der Keilwinkel bei Gehäuse und Platte müssen genau gleich sein, da sonst die Abdichtung unvollkommen ist; Temperaturdifferenzen im Gehäuse oder mechanische Zusatzbeanspruchungen können ein Verziehen des Gehäuses und damit Änderungen des Keilwinkels hervorrufen, die ebenfalls die Abdichtung gefährden. Ein Nachschleifen der Dichtflächen im Gehäuse ist sehr schwierig.

Die Nachteile des einfachen Keilschiebers werden durch eine Teilung der Platte (**9.29**) vermieden. Die Plattenhälften *5a* und *5b* stützen sich in der Mitte gelenkig aufeinander ab und können sich dadurch unabhängig voneinander gegen die Gehäuse-Dichtflächen anlegen.

Für die Anordnung der Spindelmutter gibt es mehrere Möglichkeiten:

Die einfachste Ausführung ergibt sich, wenn sie wie bei den Ventilen im Kopfstück liegt; die Spindel ist dann mit dem Handrad fest verbunden und dreht sich in der Schieberplatte.

Hierbei macht das Handrad die gesamte Hubbewegung der Platte mit. Ordnet man die Spindelmutter in der Schieberplatte an, dann behält das Handrad, das dann im Kopfstück drehbar gelagert wird, seine Lage; die Spindelmutter ist aber den korrodierenden oder verschmutzenden Einflüssen des Fördermittels ausgesetzt. Eine außen liegende Spindel bei unveränderter Handradstellung ist möglich, wenn das Handrad im Kopfstück drehbar gelagert und selbst als Spindelmutter ausgebildet wird (**9.29**). Im Gegensatz zur vorhin beschriebenen Ausführung wird dabei die Stellung der Schieberplatte dadurch erkennbar, dass die Spindel mehr oder weniger über das Handrad hinausragt. Das hat andererseits den Nachteil, dass die Spindel die Bedienung des Handrades erschweren kann und mechanischen Beschädigungen ausgesetzt ist. Welche der drei Möglichkeiten anzuwenden ist, richtet sich nach den Vor- und Nachteilen im jeweiligen praktischen Betriebsfall.

9.4.4 Klappe

Klappen sind Platten, die sich um eine Achse drehen und dabei den Strömungsquerschnitt absperren oder öffnen. Die Achse kann durch die Klappenmitte gehen (**9.30**), wie bei der Rauchrohrklappe eines Ofens oder bei der Drosselklappe des Kraftfahrzeug-Vergasers; sie kann auch außerhalb der Klappe liegen, wie bei Rückschlagklappen in Pumpen-Saugleitungen (**9.31**).

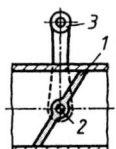

9.30
Drosselklappe in einer Luftleitung (vereinfachte Darstellung)
1 Klappe
2 Drehachse
3 Einstellhebel

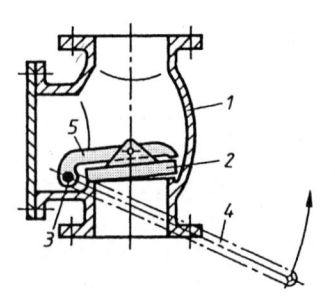

9.31
Rückschlagklappe einer Pumpen-Saugleitung
1 Gehäuse
2 Klappe
3 Drehachse (mit Teil *4* und *5* fest verbunden)
4 Hebel zur Betätigung der Klappe von außen (wenn die Saugleitung entwässert werden soll)
5 Klappenarm

Literatur

[1] AD-Merkblätter der Arbeitsgemeinschaft Druckbehälter (AD) Köln, Berlin.
[2] Arnold, W.: Handbuch für das Kupferschmiedegewerbe, Rohrleitungs- und Apparatebau. 2. Aufl. Hannover 1956.
[3] Becker, E.: Technische Strömungslehre. 7. Aufl. Stuttgart 1993.
[4] Enders, W.: Wärmespannungen in Rohrleitungen. Forsch. Ing.-Wes. Bd. 23, 1957.
[5] Hampel, H.: Rohrleitungsstatik. Berlin–Heidelberg–New York 1972.
[6] v. Jürgensonn, H.: Elastizität und Festigkeit im Rohrleitungsbau. 2. Aufl. Berlin–Göttingen–Heidelberg 1953.
[7] Klein, M.: Einführung in die DIN-Normen. 13. Aufl. Stuttgart 2001.
[8] Lenz, E.: Sicherheitsventile für Druckbehälter, insb. Berechnung. Köln 1956.
[9] Schwaigerer, S.: Festigkeitsberechnung im Dampfkessel-, Behälter- und Rohrleitungsbau. 5. Aufl. Berlin–Heidelberg–New York 1997.
[10] Schwedler, F.; v. Jürgensonn, H.: Handbuch der Rohrleitungen. 4. Aufl. 4. Neudruck. Berlin–Göttingen–Heidelberg 1957.
[11] Schwenk, E.: Hochdruckrohrleitungen für Dampfkraftwerke. Halle 1950.
[12] Wagner, W.: Rohrleitungsanlagen aus Stahl. 1. Aufl. Würzburg 1979.
[13] Wiese, Fr.-F.: Rohrleitungen in Dampfkraftwerken und dampfverbrauchenden Betrieben. Düsseldorf 1960.
[14] Zoebl, H.; Kruschik, J.: Strömung durch Rohre und Ventile. Wien–New York 1982.
[15] Hemmerling, E., Hahnfeld, I., Ebbighausen, H.: Durchfederung von Rohrkrümmern unter dem Einfluss eines Biegemoments. Z. Schiffbau 44 (1943).
[16] Hemmerling, E.: Die mechanische Beanspruchung von Hochdruck-Heißdampf-Rohrleitungen. Z. Konstruktion 5 (1953) H 1 u. H 2.

10 Dichtungen

DIN-Blatt Nr.	Ausgabedatum	Titel
2693	6.67	Runddichtringe für Vorsprungflansche mit Eindrehung, Nenndrücke 10 bis 40
2695	11.02	Membran-Schweißdichtungen und Schweißring-Dichtungen für Flanschverbindungen
2696	8.99	Flanschverbindungen mit Dichtlinse
2697	1.72	Kammprofilierte Dichtringe und Dichtungen für Flanschverbindungen, Nenndruck 64 bis 400
3760	9.96	Radial-Wellendichtringe
3761 T1 bis 15	1.84	Radial-Wellendichtringe für Kraftfahrzeuge
3771 T1	12.84	Fluidtechnik; O-Ringe; Maße nach ISO 3601/1
3780	9.54	Dichtungen; Stopfbuchsen-Durchmesser und zugehörige Packungsbreiten, Konstruktionsblatt
5419	9.59	Filzringe, Filzstreifen, Ringnuten für Wälzlagergehäuse
28040	2.89	Flachdichtungen für Apparateflanschverbindungen
28091 T1	9.95	Technische Lieferbedingungen für Dichtungsplatten; Teil 1: Dichtungswerkstoffe; Allgemeine Festlegungen
EN 1514 T1	8.97	Flansche und ihre Verbindungen – Maße für Dichtungen für Flansche mit PN-Bezeichnung; Teil 1: Flachdichtungen aus nichtmetallischem Werkstoff mit oder ohne Einlagen
EN 12756	3.01	Gleitringdichtungen – Hauptmaße, Bezeichnung und Werkstoffschlüssel

10.1 Aufgabe und Einteilung

Eine Dichtung soll den Stofftransport zwischen zwei voneinander getrennten Räumen verhindern. Hierbei können die Räume nach dem Zusammenbau vollkommen getrennt sein – nur gelegentlich, z. B. zu Reparaturzwecken, wird die Trennung aufgehoben – oder sie sind längs der Fläche eines sich drehenden bzw. hin und her gehenden Maschinenteils ständig miteinander verbunden. Daher wird zwischen Dichtungen an **ruhenden** und an **bewegten Maschinenteilen** unterschieden.

Dichtungen an ruhenden Maschinenteilen sind stets Berührungsdichtungen. Dagegen können an bewegten Maschinenteilen die Dichtflächen berühren oder als berührungsfreie Dichtungen mit einem bestimmten Abstand der Dichtflächen voneinander ausgeführt werden.

Im Sinne des Begriffes der „technischen Dichtheit" wird von Dichtungen an ruhenden Teilen bei flüssigen Medien eine verlustlose Dichtheit verlangt, wogegen bei gasförmigen Medien Diffusionsverluste möglich sind.

Dichtungen an bewegten Teilen dürfen bei flüssigen Medien im Laufe der Zeit an der Gleitfläche geringe Leckverluste aufweisen. Bei gasförmigen Medien entstehen geringe Verluste. (Zwischen gleitenden Flächen – z. B. Berührungsdichtung und Welle – ist ein Flüssigkeitsfilm erforderlich, um schnellen Verschleiß zu verhindern. Bei Betrieb im Gebiet der Flüssigkeitsreibung gibt es keinen Verschleiß, dafür aber Leckverluste. Bei Betrieb im Gebiet der Mischreibung mit überwiegender Festkörperreibung gibt es anfangs keine Leckverluste, dafür aber Verschleiß; s. Abschn. 10.3.2, Selbsttätige Berührungsdichtungen.)

Bei der Entscheidung über Werkstoff und Ausführung einer Dichtung sind Art und Größe der Beanspruchung durch Druck und Temperatur, die konstruktive Gestaltung der abzudichtenden Verbindung sowie Art und Betriebszustand der Medien (Staub, Fett, Flüssigkeiten, Gase oder Dämpfe und deren chemisches Verhalten) zu berücksichtigen.

Es müssen folgende Werkstoffeigenschaften beachtet werden:

Festigkeit, Härte, plastisches und elastisches Verformungsverhalten, Temperaturbeständigkeit, Quellung, Alterung, Ermüdung, Beständigkeit gegen Laugen, Säuren und Lösungsmittel, Verschleißfestigkeit und Reibungseigenschaften. Für die vielfältigen Betriebsbedingungen, die unterschiedlichen Anforderungen und Einbauverhältnisse stehen eine Vielzahl verschiedener Dichtungswerkstoffe zur Verfügung, wie z. B. Filz, organische Fasern (Hanf, Jute, Baumwolle), anorganische Fasern (Schlackenwolle), Leder, Papier und Pappe, Kork, Gummi-Kork, Vulkanfiber, Asbest, Gummi-Asbest, Asbest mit Elastomeren und Füllstoffen (z. B. Schwerspat), Metall-Asbest, Metalle und Kunststoffe (z. B. Acrylnitril-Butadien-Kautschuk, Fluor-Kautschuk, Polytetrafluoräthylen (PTFE), Acetalharz). Wegen der gesundheitsschädigenden Wirkung ist die Verwendung von Asbest mittlerweile verboten.

10.2   Dichtungen an ruhenden Maschinenteilen

Diese Berührungsdichtungen sind entweder unlösbar oder lösbar. Zu dieser Gruppe gehört auch die Stoffschlussverbindung mit Dichtmassen, die je nach Werkstoff über verschieden leichte Lösbarkeit verfügt.

10.2.1   Unlösbare und bedingt lösbare Berührungsdichtungen

Unlösbare Berührungsdichtungen werden meist durch Schweißen hergestellt. Wegen der absoluten Dichtheit der Schweißnähte wird diese Verbindung bei Druckbehältern und Rohrleitungen verwendet, bei denen Instandsetzungsarbeiten selten vorkommen. Schweißverbindungen mit Durchleitung der Rohrkräfte werden je nach Rohr- bzw. Behälterwandstärke als Stumpf-, V-, U- oder als VU- Naht ausgebildet (s. Rohrverbindungen).

10.1 Walzverbindung

Walzverbindungen (Quersitze), häufig bei Rohrböden und Flanschverbindungen benutzt, haben ebenfalls die Eigenschaft zu dichten. Hochbeanspruchte Walzverbindungen werden mit Walzrillen und Schweißnaht versehen (**10.1**).

Bei den **bedingt lösbaren Schweißverbindungen** sind die Schweißnähte reine Dichtnähte, die an zwei Ringe angebracht werden, wobei zunächst jeder mit je einem Bauteil und dann beide

10.2 Dichtungen an ruhenden Maschinenteilen

außen miteinander verschweißt werden (**10.2**). Die Durchleitung der Verbindungskräfte geschieht nicht durch die Schweißnähte, sondern durch die Schrauben oder seltener durch Klammern. Zum Lösen der Dichtung wird die äußere mittlere Schweißnaht der Dichthälften entfernt.

Die Verlötung zweier Behälter oder Rohre kann auch zu den bedingt lösbaren Berührungsdichtungen gezählt werden. Die Lösbarkeit beruht auf dem niedrigeren Schmelzpunkt des Lotes.

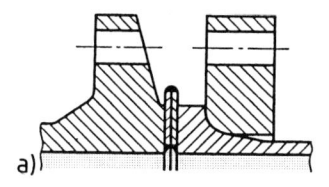

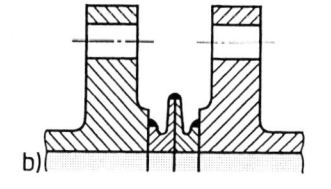

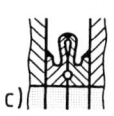

10.2
Dichtschweißungen
a) Membran-Schweißdichtung
b) Schweißringdichtung (alle Schweißnähte befinden sich außen)
c) Schweißringdichtung mit Hohllippe und Drahtring für hohe Beanspruchung. Die Hohllippe wird nur auf Zug beansprucht. Der Drahtring verhindert Störungen beim Schweißen durch nachlaufendes Kondenswasser bei abgestellten Anlagen

Die **Presssitzverbindung** ist infolge der hohen Flächendrücke der ineinandergefügten Teile eine Dichtverbindung. Konzentrische Dichtungsringe, in beide gegenüberliegende Teile eingepresst, werden z. B. bei Dampfturbinen angewendet (**10.3**). Damit die bei der Montage gepresste Luft aus der Ringnut entweichen kann, müssen an geeigneter Stelle z. B. Entlüftungsbohrungen vorhanden sein, die später dicht verschraubt werden.

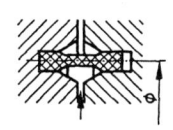

10.3
Längspresssitz;
↑ Richtung des Druckgefälles

Dichtkitte verwendet man vor allem bei provisorischen Abdichtungen, porösen oder grob bearbeiteten Dichtflächen, Abdichtungen von Rissen u. dgl. entweder ohne oder mit Zwischenlagen (Hanffäden, Kohlenstofffasern, Drahtnetze). Sie dürfen unter wechselnden Betriebsbedingungen weder reißen noch erweichen, abbröckeln oder sich zersetzen. Mankankitte, Silikonpaste und Kunststofflacke entsprechen den Anforderungen an Dichtkitte.

10.2.2 Lösbare Berührungsdichtungen

Die lösbaren Dichtverbindungen stellen eine Gruppe von großer Mannigfaltigkeit dar, die durch den Begriff der Dichtpressung gekennzeichnet ist. Die erforderliche Dichtpressung [11] wird bei den dichtungslosen Verbindungen und bei den Flach- und Formdichtungen durch äußere Kräfte, z. B. durch Schraubenkräfte, erzeugt, oder sie entsteht bei den selbsttätigen Dichtungen vorwiegend durch den Betriebsdruck.

Dichtungslose Verbindungen bestehen allein aus geschliffenen metallischen Dichtflächen, die mit einem geschlossenen Tragspiegel aufeinanderliegen. Dieser wird nur bei hoher Oberflächengüte und durch große Dichtkräfte erreicht. Die Anzugskräfte gleichen letzte Unebenheiten durch plastische Verformung aus. Um in breiten Flächen hohe Dichtkräfte zu erzielen, müssen viele Schrauben bei möglichst geringem Abstand voneinander vorgesehen werden. Schmale Dichtflächen (Dichtleisten) sind vorteilhafter als breite Flächen, da sie bereits bei kleinen Schraubenkräften eine genügend hohe Flächenpressung aufweisen und leichter einen geschlossenen Tragspiegel bilden (Fa. Carl Freudenberg, Weinheim; Martin Merkel, Hamburg; Busak und Shamban, Stuttgart). Bemerkenswert sind ballig ausgeführte Dichtleisten an Flanschen, die im unbelasteten Zustand die gegenüberliegende Fläche in einer Linie berühren. Bei Belastung (Anziehen der Schrauben) bildet sich dann durch Formänderung eine größere zusammenhängende Berührungsfläche mit gutem Dichtvermögen aus. (In manchen Fällen empfiehlt es sich, Unebenheiten und Rauheiten durch Aufstreichen dünner Schichten Dichtungsmittel auszugleichen.) Dichtungslose Verbindungen werden bei hohen Drücken und Temperaturen, z. B. bei geteilten Gehäusen von Dampfturbinen oder bei Flanschverbindungen von Hochdruck-Heißdampfleitungen, vorgesehen.

Bei Absperrorganen (Ventile, Schieber) und bei Ventilen von Verbrennungskraftmaschinen werden geschliffene Dichtflächen verwendet, die auf Körpern unterschiedlicher Metalle angebracht sind. Diese Metalle müssen oft eine hohe Verschleiß- und Korrosionsbeständigkeit aufweisen. Als Richtwert für die zulässige Pressung in den Dichtflächen von Ventilen und Schiebern bei den Dichtwerkstoffen aus Gusseisen, Bronze und nichtrostendem Stahl kann p_{zul} = 8 N/mm^2; 25 N/mm^2 bzw. 50 N/mm^2 gesetzt werden.

Flachdichtungen sind Dichtelemente wie Scheiben, Ringe oder Rahmen, die zwischen die Dichtflächen gelegt werden und sich bereits bei kleiner Flächenpressung durch Verformung auf ihrer ganzen Breite der Dichtfläche anpassen. Um ein Herausdrücken der Flachdichtung aus einer Rohrverbindung zu verhindern, können die Flansche mit Nut und Feder (DIN 2512) oder mit Vor- und Rücksprung ausgeführt werden, oder die Dichtung wird ausblassicher ausgeführt, z. B. mittels einer metallischen Inneneinfassung. Das wichtigste Unterscheidungsmerkmal von Flachdichtungen ist der Werkstoff, der eine Unterteilung in Weich-, Mehrstoff- und Hartdichtungen zulässt.

Für **Weichdichtungen** werden u. a. Papier, Pappe, Gummi, weiche Kunststoffe und gewebte oder gepresste faserige Platten verwendet. Gummi- bzw. Kunststoffdichtungen haben eine große Anpassungsfähigkeit an die Dichtflächen, sind aber nur für niedrige Betriebstemperaturen geeignet. Die am häufigsten verwendete Dichtung ist die auch Faserdichtung genannte Weichstoffdichtung. Früher in asbesthaltiger Ausführung als It-Dichtung bekannt und millionenfach eingesetzt, dürfen heute in den meisten westeuropäischen und einigen überseeischen Staaten nur noch asbestfreie Dichtungen verwendet werden. Abgekürzt werden diese nach der neuen DIN 28091 mit FA. Von den früheren It-Dichtungen unterscheiden sich diese FA-Dichtungen in zwei wesentlichen Punkten: Die thermische Beständigkeit reicht nur bis 250 °C, in Sonderfällen auch bis knapp über 300 °C, nie jedoch bis an die bei It möglichen 550 °C; die Dichtheit ist - zumindest bei guten Dichtungen - wesentlich besser geworden, teilweise um den Faktor zehn oder mehr.

FA-Dichtungen bestehen aus drei Hauptbestandteilen (s. a. DIN 28091/2): Aus Fasern als Träger der mechanischen Festigkeit, Bindemitteln zur Erzeugung eines festen Verbundes und der

10.2 Dichtungen an ruhenden Maschinenteilen

gewünschten Dichtheit sowie Füllstoffen zur Erhöhung der thermischen und chemischen Beständigkeit und der Dichtheit, indem die Räume zwischen den Fasern aufgefüllt werden.

Als sogenannte Asbestersatzfasern werden zu über 90% Aramidfasern (Kevlar oder Twaron) verwendet, daneben Glas- bzw. Keramikfasern oder in geringem Umfang auch Kohlefasern. Auch bei Verwendung dieser Fasern wird ein gewisser Anteil an Aramidfasern benötigt, um mechanisch akzeptable Dichtungsmaterialien produzieren zu können.

Die Bindemittel bestehen im Allgemeinen aus Gummi, vorzugsweise Nitrilkautschuk (NBR). Daneben werden für Spezialanwendungen auch Styrolbutadienkautschuk (SBR), Ethylenpropylenkautschuk (EPDM) oder Chloroprenkautschuk (CR) eingesetzt. Füllstoffe bestehen im Allgemeinen aus silikatischen Mineralien, aber auch aus anderen mineralischen Stoffen, wie Schwerspat, Calciumcarbonat oder Grafit [21].

Die Bezeichnung der Dichtungswerkstoffe ist in DIN 28091 festgelegt und beinhaltet die Werkstoffgruppe (FA für Fasern, TF für PTFE, GR für expandiertes Graphit), die Art der Haupt- und Nebenfasern, die Art des Haupt- und Nebenbindemittels und die Art der Einlage.

Mehrstoffdichtungen bestehen aus einer Kombination von Weichstoff und Metall. Sie zeichnen sich durch höhere Festigkeit, chemische Beständigkeit und Gasdichte aus.

Metallummantelte Weichstoffdichtungen besitzen eine allseitige oder an einer Seite offene dünne Metalleinfassung (**10.4a**). Bei metalleingefassten Weichstoffdichtungen erstreckt sich die Ummantelung nicht über die ganze Dichtungsbreite (**10.4b**). Der Weichstoff kommt mit den Dichtflächen in Berührung und passt sich diesen gut an. Durch Einlagen wird diese Dichtung sehr formbeständig. Spiraldichtungen bestehen aus Metallstreifen und Streifen aus dem Dichtungswerkstoff, die spiralförmig unter hoher Pressung gewickelt sind (**10.4c**).

Die Metallstreifen werden innen und außen durch Punktschweißen zusammengehalten. Zur Verbesserung der elastischen Eigenschaften der Dichtung sind die Metallbänder eingesickt. Spiraldichtungen werden an Flanschverbindungen für alle Medien mit hohen Temperaturen und Drücken verwendet. Eine Feinstbearbeitung der Dichtflächen ist nicht erforderlich. Auch leicht verzogene Flansche können wirksam abgedichtet werden.

Für sehr hohe Temperaturen bis ca. 950 °C stehen für Anwendungen im Abgasbereich Dichtungen auf Glimmerbasis zur Verfügung, z. B. Reinz Xtreme® plus.

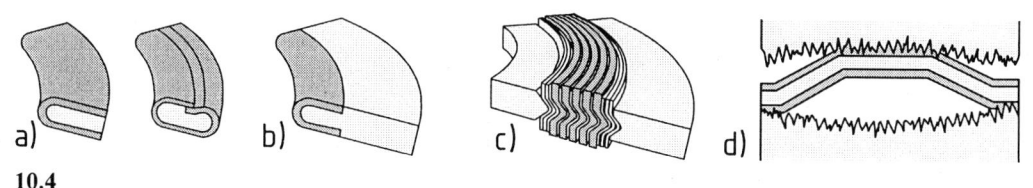

10.4
Flachdichtungen
a) metallummantelte Weichstoffdichtungen, außen offen, einteilig und flachoval, geschlossen mit überlapptem Stoß
b) metalleingefasste Weichstoffdichtungen, innen eingefasst (z. B. Reinz AFM 34 ME)
c) Spiraldichtung mit Zentrier- und Stützring (z. B. Reinz-Flexotherm® FSP 4)
d) Dichtungen aus gummibeschichtetem Blech mit Sicke (z. B. Reinz-Retall®-Dichtung)

Dichtungen aus gummibeschichtetem Blech mit Sicke. Eine neue Generation von Metall-Weichstoff-Dichtungen besteht aus beidseitig mit einigen µm Gummi beschichtetem Blech mit zusätzlich eingeprägten Sicken, Bild **10.4d**. Das Blech dient als mechanisch stabiler Träger, die Sicke bewirkt eine gute Anpassung an die Unebenheiten der Dichtflächen und behält eine hohe Rückerholung während der Betriebsdauer. Die Gummischicht füllt die Rauhigkeiten der Dichtflächen aus und erzeugt somit die eigentliche Dichtheit. Da der Gummi in den Rauhigkeiten vor dem Angriff des Luftsauerstoffes geschützt ist, können solche Dichtungen bei höheren Temperaturen eingesetzt werden als andere Dichtungen auf Gummibasis.

Mit Nitrilkautschuk beschichtete Dichtungen sind bis 180 °C verwendbar. Bei Fluorkautschuk, der von Haus aus sauerstoffbeständig ist, liegt die Einsatzgrenze bei ca. 270 °C. Die wesentlichen Vorteile dieser Dichtungsart sind: Geringe benötigte Schraubenkräfte, da nur die Sickenlinien angepresst werden müssen, hohe Dichtwirkung, gutes Rückstellvermögen, schmale Dichtungen möglich, geeignet bei Vibrationen, geeignet bei häufigen Druck- oder Temperaturschwankungen, fast beliebige Dichtungsformen sind möglich und durch flexible Sickengestaltung werden auch ungünstige Verteilungen der Flächenpressung bei biegeschwachen Dichtflächen sicher beherrscht. Anwendungen dieser Dichtungen in der Verfahrenstechnik finden sich bevorzugt in Kompressoren, Pumpen oder Steuerventilen. [21]

Hartdichtungen werden mit rechteckigem Querschnitt aus Blei, Aluminium, Kupfer und für hohe Temperaturen und höchste Drücke aus legiertem Stahl hergestellt. Hohe Anpresskräfte sind erforderlich, um die Unebenheiten der Dichtflächen auszugleichen.

Profildichtungen sind Scheiben, Ringe oder Rahmen, die infolge ihrer Querschnittsform nicht mit der ganzen Breite aufliegen und dadurch eine Dichtpressung ermöglichen - Grundquerschnitte sind die Kreisfläche und ballige Flächen. Eine Unterteilung der Profildichtungen ergibt sich durch die Trennung von Dichtungen mit vorwiegend elastischen oder vorwiegend plastischen Formänderungen.

Weichstoff-Profildichtungen werden aus elastischen Werkstoffen (Gummi oder Kunststoff) in den verschiedensten Querschnittsformen stranggepresst als Meterware hergestellt. Die Profilstränge können zu geschlossenen Dichtrahmen, zu Profilringen und zu Einfassungen weiterverarbeitet werden. Sie finden vielseitige Verwendung z. B. im Fahrzeugbau oder zur Abdichtung von Kühlschränken und Fenstern.

Von großer Bedeutung für die Abdichtung von Druckflüssigkeit an ruhenden Teilen, wie z. B. an Deckeln, Flanschen, Buchsen, Spindeln, Verschraubungen usw., sind Profildichtungen mit Kreisquerschnitt, die **Rundschnurringe**.

Mit eingeengten Toleranzen hergestellt, werden sie „O-Ringe" genannt. Sie dienen auch zur Abdichtung axial-bewegter Maschinenteile. Rundschnurringe können auch mit Stützringen aus Metall versehen werden (**10.5**).

10.5
Weichstoff-Profildichtung; Rundschnurring mit Metallstützringen

Der Stützring nimmt den Innendruck auf und verhindert, dass der Rundschnurring herausgedrückt wird. Die eigentliche Abdichtung erfolgt durch den Schnurring. Rundschnurringe mit Stützringen werden zur Abdichtung von Flanschen und Behälterdeckeln mit unbearbeiteten Flächen benutzt.

10.2 Dichtungen an ruhenden Maschinenteilen

O-Ringe werden in den verschiedensten Abmessungen mit Ringdicken von 1 ... 3 ... 8 mm hergestellt. Die Abstufung der Ringinnendurchmesser beträgt dabei etwa 0,2 ... 1 ... 2 ... 3 mm (s. Herstellerkataloge [13]). Runddichtringe mit besonderer Maßgenauigkeit s. DIN 3771. Diese Norm enthält in Teil 5 auch Festlegungen über das Profil der Ringnuten und Einbaumaße (**10.7**).

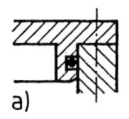

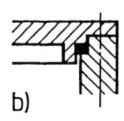

10.6
Anordnung der Rundschnurringe
a) Normalfall
b) sichere Anordnung für hohe Drücke
c) selbstdichtender Deckelverschluss

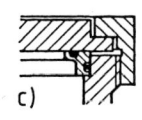

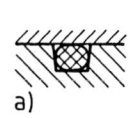

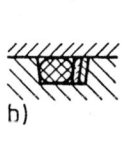

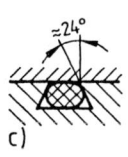

10.7
Nutformen für Rundschnurringe
a) Normalausführung
b) mit Stützringen bei Druckschwankungen
c) 2 hinterdrehte Flanken, sicher gegen Herausfallen

Rundschnurringe werden mit geringer Vorspannung eingebaut. Dabei ist die Richtung des Betriebsdruckes zu beachten. Die Dichtwirkung wird z. T. oder vorwiegend durch den Innendruck des Mediums unterstützt (**10.6**).

Bei dieser selbsthelfenden Konstruktion nach Bild **10.6c** wird der Spalt am O-Ring durch den Innendruck verkleinert. Der L-förmige Metallring wird durch den Druck nach oben gegen den Deckel gepresst und schließt den Spalt am Deckel. Gleichzeitig wird der Metallring radial gedehnt, so dass der Extrusionsspalt kleiner wird, je größer der abzudichtende Innendruck des Behälters wird.

Da Gummi zwar elastisch, aber nicht zusammendrückbar ist, muss genügend Raum für die nötige Formänderung vorhanden sein (**10.7**).

Werden die Dichtungskräfte vorwiegend durch den Betriebsdruck aufgebracht, so spricht man von „selbstdichtenden Verbindungen"; Anwendung z. B. bei Handlochverschlüssen (**10.8**) oder Schnurringen (**10.9**). Im Gegensatz zu den Verbindungen, bei denen die Dichtkraft von außen aufgebracht wird, nimmt hier die Dichtwirkung mit steigendem Betriebsdruck zu.

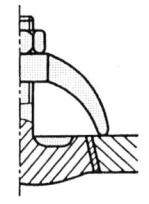

10.8
Handlochverschluss mit Konusring

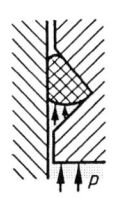

10.9
Rundschnurring, durch Betriebsdruck angepresst

Hartstoff-Profildichtungen werden aus den verschiedensten Metallen, wie Blei, Kupfer, Aluminium, Rotguss und legierten Stählen, hergestellt. Die Querschnittsform hat zur Folge, dass die Größe der Dichtfläche von den aufgebrachten Kräften abhängt. An den zunächst linienförmigen Berührungsflächen wird die Dichtung plastisch verformt. Hartstoff-Profildichtungen werden mit verschiedenen Querschnittsformen sowohl für ebene als auch für angepasste Dichtflächen hergestellt (**10.10** und **10.11**). Sie eignen sich zur Abdichtung von Rohrleitungsflanschen und Verschlüssen von Apparaten für höchste Drücke und Temperaturen.

10.10
Hartstoff-Profildichtungen für ebene Flächen
a) Linsenring; b) Kammprofilringe, normale Ausführung; c) mit Stoßrändern; d) Wellring

In der Festigkeitsrechnung für Flanschverbindungen mit Flach- oder Profildichtungen nach DIN EN 1591 werden experimentell ermittelte Dichtungskennwerte (Formänderungswiderstand, Standfestigkeit) angegeben. Mit diesen Werten lassen sich die zum Vorverformen erforderliche Dichtungskraft, die erforderliche Betriebsdichtungskraft und, in Verbindung mit der Rohr- und der Ringflächenkraft, die notwendige Betriebsschraubenkraft bestimmen. Mit dieser wird dann die Festigkeitsberechnung des Flansches durchgeführt.

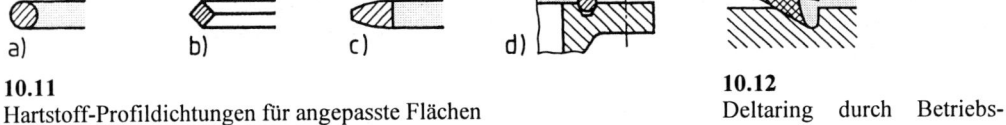

10.11
Hartstoff-Profildichtungen für angepasste Flächen
a) Kreisring, Flansche mit Nut und Feder oder Vor- und Rücksprung
b) Spießkantring, Flansche: Nuten
c) Linsenring, Flansche: kegelige Dichtflächen
d) Nutenring, oval

10.12
Deltaring durch Betriebsdruck angepresst

Zur Herstellung einer selbstdichtenden Verbindung zwischen Hochdruckbehälter und Deckel oder auch bei Hochdruckventilen eignet sich die Delta-Dichtung, ein keilförmiger Stahlring, der in eine Ausnehmung zwischen Behälterwand und Deckel gelegt wird (**10.12**). Der Ring wird durch den Innendruck verformt und an die sauber bearbeiteten Oberflächen der Ausnehmungen angepresst.

10.3 Berührungsdichtungen an bewegten Maschinenteilen

Bei jeder Berührungsdichtung bewegter Maschinenteile sind drei Undichtheitswege zu sperren (**10.13**). Entsprechend der Relativbewegung kann man zwischen Stopfbuchsen mit der Hauptdichtung auf der zylindrischen Dichtfläche und Stopfbuchsen mit der Hauptdichtung auf der radialen Dichtfläche unterscheiden.

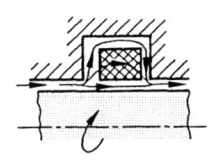

10.13
Undichtheitswege bei Berührungsdichtungen

10.3 Berührungsdichtungen an bewegten Maschinenteilen

Die Berührungsdichtungen bestehen aus Dichtelementen, die durch äußere oder innere Kräfte fest an die Gleitflächen gepresst werden. Bei Bewegung der Flächen bildet sich Misch- oder Flüssigkeitsreibung aus, die mehr oder weniger Verschleiß zur Folge hat. Bei Flüssigkeits- oder Gasreibung befindet sich zwischen den Gleitflächen ein Spalt, durch den das Medium austreten kann. Bei Stopfbuchspackungen setzt die Drosselwirkung im Spalt den Leckverlust herab. Ein geringer Leckverlust ist nicht zu verhindern, wenn Festkörperreibung und damit Verschleiß vermieden werden soll. Erwärmung, Verschleiß und Leckverlust beeinflussen die Lebensdauer und die Betriebssicherheit der Dichtung. Bei der Auswahl der bestmöglichen Dichtung für eine bestimmte Konstruktion ist daher das Reibungsverhalten der Dichtung mit seinen Einflussgrößen, wie Beschaffenheit der Gleitflächen, Geschwindigkeit, Art der Bewegung, Betriebsdauer, Hubfrequenz, Art des abzudichtenden Mediums, Temperatur und Druck, Art der Werkstoffe und Form der Dichtung, zu berücksichtigen.

10.3.1 Packungen

Packungen sind Dichtungsteile, die in Stopfbuchsen (**10.14**) eingelegt und mit der Stopfbuchsenbrille gegen die Dichtflächen gepresst werden. Die elastische Querverformung der Packung infolge der axialen Belastung sorgt für engsten Spalt zwischen Gleitflächen und somit für eine gute Dichtwirkung.

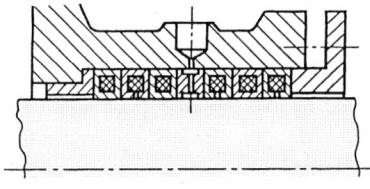

10.14
Stopfbuchse für trockene Medien mit Schmierlaterne

Eine dauerhafte Abdichtung gegen Medien ohne Schmierfähigkeit setzt eine Zusatzschmierung im Dichtspalt voraus, die über eine Schmierlaterne, die im Packungsraum eingebaut wird, erfolgt.

Die Bemessung des Packungsraumes ist abhängig vom Verwendungszweck, vom Betriebsdruck und von der Packungsart. Nach DIN 3780 kann als Richtmaß für die Packungsbreite $s \approx (1 \dots 2) \cdot \sqrt{d}$ in mm, mit d in mm als dem Stangen- bzw. Wellendurchmesser (Innendurchmesser der Packung), gesetzt werden. Die Packungslänge liegt im Bereich von $l \approx (1{,}5 \dots 4) \cdot d$. Packungen werden aus den verschiedensten Dichtstoffen hergestellt. Man unterscheidet Weichstoffpackungen, Metall-Weichstoffpackungen und Weichmetallpackungen.

Die **Weichstoffpackungen** bestehen aus einem Grundgefüge, das die Füllstoffe und das Schmiermittel aufnimmt. Meist ist das Grundgefüge aus organischen oder anorganischen Fasern, wie Hanf, Baumwolle und früher auch Asbest, aufgebaut. Die Faserstoffe werden entweder zu einem Strang oder Ring gedreht, geflochten gewickelt (**10.15**) oder regellos als Stoffpackung eingelegt.

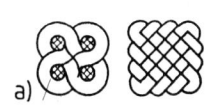

10.15
Weichstoffpackung
a) Geflechtpackung
b) Gewebepackungen

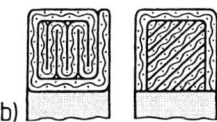

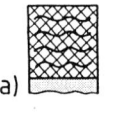

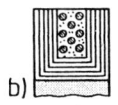

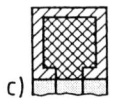

10.16
Metall-Weichstoffpackungen
a) mit Metalllamellen
b) mit Drahtseele
c) Metallhohlring

Dem Verwendungszweck entsprechend stellt man trockene, gummierte, graphitierte und imprägnierte Weichpackungen mit quadratischem, rundem oder anderem Profilquerschnitt her. Schmiermittel bzw. auch Imprägnierungsmittel zum Schutz gegen chemische Angriffe sind Fette, Talkum, Graphit und Molybdänsulfid. Häufig werden die Fasergeflechte durch einen Kern aus Gummi oder Kunststoff verstärkt. Packungen, bei denen der gesamte Querschnitt aus Kunststoff besteht, z. B. PTFE, sind ebenfalls gebräuchlich.

Weichpackungsstopfbuchsen werden besonders im Armaturenbau für kleinere Geschwindigkeiten, bei hohen Temperaturen und bis zu sehr hohen Drücken verwendet.

Zur Erhöhung der Verschleißfestigkeit und zur Beeinflussung des Formänderungsvermögens werden Einlagen oder Umhüllungen aus Metall (Blei, Messing, Bronze, Zinn, Aluminium, Kupfer usw.) mit Weichstoffen zu **Metall-Weichstoffpackungen** (**10.16**) kombiniert. Ihre Anwendung finden diese Packungen z. B. bei Kreiselpumpen, Verdichter- und Heißdampfventilen, wenn mittlere Geschwindigkeiten (bis etwa 8 m/s), hohe Drücke und hohe Temperaturen vorhanden sind.

Die **Metallpackungen** bestehen aus Ringen oder Ringhälften, die aus weichen, plastisch verformbaren Metallen hergestellt sind (**10.17**). Die zur Dichtwirkung vorausgesetzte Verformbarkeit kann durch entsprechende Querschnittsausbildung unterstützt werden (**10.18**). Eine ausreichende Schmierung der metallischen Laufflächen muss durch das Medium, durch eine selbstschmierende Metallpackung oder evtl. durch Zusatzschmierung gewährleistet sein.

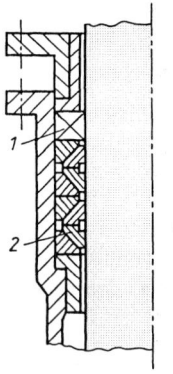

10.17
Weichmetallpackung

10.18
Stopfbuchse
1 Weichstoffpackung
2 Metallkegelring

Metallpackungen besitzen eine größere Lebensdauer als Weichstoffpackungen, setzen aber eine glatte und genaulaufende Stange oder Welle voraus. Anwendung bei höheren Temperaturen und Drücken; für Autoklaven, Pressen, Hochdruckpumpen, Dampf- und Brennkraftmaschinen, Kolbenverdichter und auch in Verbindung mit Weichpackungen. Die zulässige Gleitgeschwindigkeit ist vom Werkstoff, vom Druck und von der Temperatur abhängig. Sie kann vom Hersteller erfragt werden.

Knetpackungen werden als formlose Knetmasse oder als gepresste Ringe oder Halbschalen aus Trockenschmiermittel (z. B. Graphit) mit Spänen aus Blei oder Zinnlegierungen (zur besseren Wärmeableitung) oder mit Gespinsten (z. B. Textilien) hergestellt. Beim Anziehen der Stopfbuchsenbrille zerplatzen die Ringe. Das Material wird überall schlüssig an die Wände des Dichtraumes gepresst. Das Spiel zwischen Welle und Brillenflansch bzw. Stopfbuchse muss möglichst klein sein. Falls erforderlich, können Abschlussringe aus Metall, Kohle oder Dichtungsplatten die engen Spalte schaffen. Infolge der hohen Schmierfähigkeit des Dichtungswerkstoffes kann eine Zusatzschmierung entfallen.

10.3 Berührungsdichtungen an bewegten Maschinenteilen

Anwendung: Zur Abdichtung auch aggressiver Medien hoher Temperaturen in Kreiselpumpen und Armaturen.

Über die **Wirkungsweise** von Weichpackungsstopfbuchsen herrscht u. a. folgende Anschauung [14]: Während der Montage verringert sich beim Anziehen der Brille die ursprüngliche Packungslänge l' durch die Brillenkraft F_1 auf die Länge $l = k_1 \cdot l'$ (**10.19**). Der Verringerungsfaktor k_1 ist stark vom Werkstoff und vom Brillendruck abhängig: $k_1 = 0{,}85 \ldots 0{,}33$ bei $p_1 = (5 \ldots 90)$ N/mm². Als Folge der axialen Brillenkraft F stellt sich die Radialkraft $k \cdot F$ ein, die eine Anpressung der Packung an Welle und Gehäuse bewirkt. Das Verhältnis der Radialkraft zur Axialkraft ($k = 0{,}6 \ldots 1{,}0$) hängt von der Art der Packung und von der Anpresskraft ab. Die Reibungskräfte $\mu \cdot k \cdot F$ an Welle und Gehäuse vermindern die axiale Kraft in der Packung. Der Packungsdruck fällt daher zum inneren Ende der Stopfbuchse hin nach einer Exponentialfunktion auf seinen Kleinstwert ab. Der Abfall des Brillendruckes ist unerwünscht. Bewegliche Ausgleichshülsen können hier Abhilfe schaffen [15] (**10.20**). Jedoch findet auch in den Stopfbuchsen üblicher Ausführung nach dem Anziehen durch Kriechverformung der Packung ein Spannungsausgleich zwischen Brille und Grundring statt.

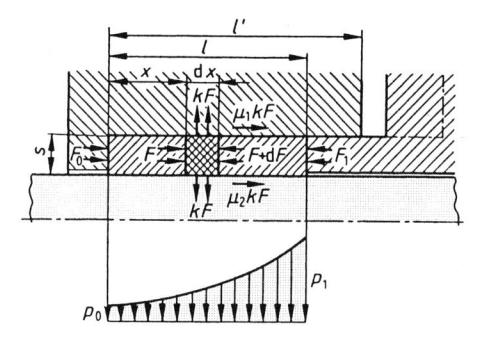

10.19
Kräfte in einer Weichpackungsstopfbuchse im Montagezustand

l' Packungslänge vor dem Anziehen der Brille; l Packungslänge nach dem Anziehen der Brille; s Dicke der Packung; F_1 Brillenkraft; F Axialkraft an der Stelle x infolge der Brillenkraft; F_0 Brillenkraft am Grundring; k Verhältnis des Radialdruckes zum Axialdruck; μ_1, μ_2 Reibungszahlen zwischen Packung und Gehäuse bzw. Welle; $p_1 - p_0$ Packungsdruck

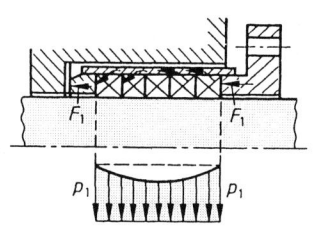

10.20
Pressungsverlauf bei einer Weichpackungsstopfbuchse mit Ausgleichshülse im Montagezustand

10.3.2 Selbsttätige Berührungsdichtungen

Bei den selbsttätigen Berührungsdichtungen, zu denen Manschetten, Formdichtungen, Federringdichtungen, Kolbenringe und Gleitdichtungen der verschiedensten Art zählen (**10.21**), bewirkt die elastische Formsteifigkeit der Dichtung oder eine Feder ein Anpressen einer Dichtkante bzw. -fläche an die Gleitfläche. Der Betriebsdruck unterstützt die Pressung. Zwischen den Gleitflächen entsteht Misch- oder Flüssigkeitsreibung.

Das Reibungsverhalten der Manschetten und Formdichtungen stimmt mit der von Stribeck bei Untersuchungen an Gleitlagern gefundenen Kurve überein [16]. Kennzeichnend für den Verlauf der Reibungszahl über der Kenngröße $\eta \cdot v / p \cdot d$ sind bei vorgegebener Pressung p und bei konstanter Zähigkeit η der hohe Reibwert beim Beginn der Bewegung, die schnelle Abnahme bis zu einem Minimum und das lang-

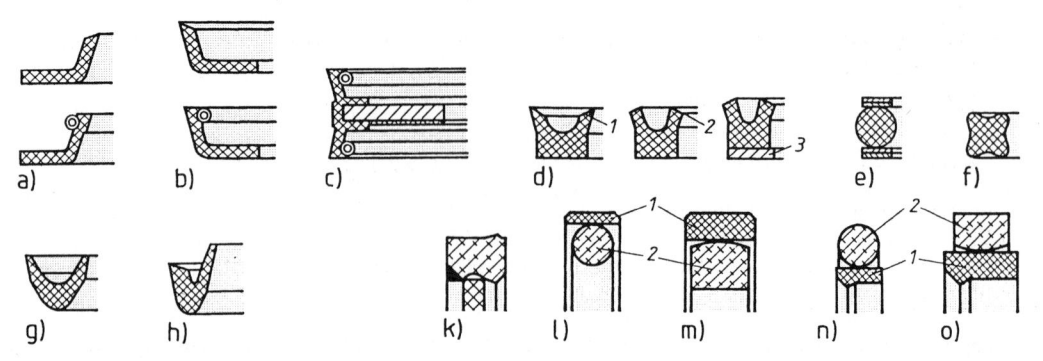

10.21 Selbsttätige Berührungsdichtungen

a) Hutmanschette
b) Topfmanschette
c) Doppeltopfmanschette
d) Nutringe
 1 Dichtkante bei der älteren Bauart
 2 Dichtkante bei der neueren Bauart
 3 „Back-Ring"
e) O-Ring mit „Back-Ringen"
f) Quadring (Vierlippenring)
g) Dachmanschette
h) Lippenring
i) V-Packungsring
k) Stangendichtung mit Dreieck-Kunststoff-Backring
l), m) Kolbendichtungen
 1 PTFE-Profilgleitring
 2 Gummidichtring
n), o) Stangendichtungen
 1 PTFE-Profilgleitring
 2 Gummidichtring

same Ansteigen mit zunehmender Gleitgeschwindigkeit v. Im Gebiet der reinen Flüssigkeitsreibung verläuft die Stribeck-Kurve mit guter Näherung nach der Gleichung $\mu = k \cdot \sqrt{\eta \cdot v / p \cdot d}$. Vom Reibungszustand hängen der Verschleiß und der Leckverlust ab. In der Kenngröße bedeutet d Durchmesser. (Über Reibung siehe auch die Abschnitte Gleitlager und Kupplungen, Teil 2.)

Manschetten dienen vorwiegend zur Abdichtung axialgeführter Stangen und Kolben oder Achsen und sich drehender Wellen. Abgedichtet werden hauptsächlich unter hohem Druck stehende Flüssigkeiten. Manschetten können auch als Schutzdichtungen eingebaut werden. Die Dichtlippe muss dem abzudichtenden Medium bzw. dem Überdruck zugewandt und zu jedem Zeitpunkt ausreichend geschmiert sein. In Einzelfällen wird die Abdichtung durch verstärkte Anpressung der Dichtlippe mit Hilfe einer Sperrflüssigkeit bewirkt. Bei höherem Innendruck versieht man die Manschetten mit Stützringen. Manschetten werden aus Leder, Gummi, Kunststoffen und gummierten Geweben hergestellt.

Hutmanschetten (**10.21a, 10.22**) werden zur Abdichtung hin- und hergehender oder sich drehender Stangen im Bereich kleinerer und mittlerer Drücke (≈ 40 bar) vorwiegend in der Pneumatik verwendet. Der Mindestdruck beträgt $\approx 0{,}5$ bis 2 bar, je nach Stärke des Stulpes. Für Konstruktionen mit zeitweiser Drucklosigkeit oder mit geringem Unterdruck wird eine Anpressfeder verwendet.

Topfmanschetten (**10.21b, 10.23**) dienen zur Abdichtung hin- und hergehender Kolben mit kleinen und mittleren Drücken (≈ 60 bar) vorwiegend in der Pneumatik. Kleine Drehbewegungen sind zulässig. Die Dichtlippe darf bei der Kolbenbewegung nirgends anstoßen und nicht als steuernde Kante Schlitze und dgl. überschleifen. Der Mindestdruck beträgt $\approx 0{,}5$ bis 2 bar. Ist an der Abdichtstelle zeitweise kein Druck oder Unterdruck vorhanden, so ist eine Anpressfeder erforderlich.

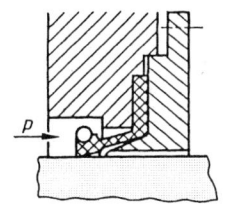

10.3 Berührungsdichtungen an bewegten Maschinenteilen

10.22
Stangenabdichtung mit Hutmanschette
und Stützring

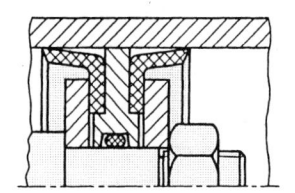

10.23
Kolbenabdichtung mit Topfmanschette

Doppeltopfmanschetten (**10.21c**) werden in doppelseitig beaufschlagten Arbeitszylindern (bis 70 bar) für pneumatische und hydraulische Geräte jeglicher Art benutzt. Bei kleinerem Zylinderdurchmesser und niedrigen Betriebsdrücken können sie direkt als einbaufertige Kolben verwendet werden.

Nutringe (**10.21d**) dienen zur Abdichtung längsbewegter Kolben und Stangen mit mittleren und hohen Drücken (bis ≈ 300 bar). Sie werden nicht festgehalten, sondern liegen frei im Dichtraum. Die Dichtlippen müssen gegen den Druck angeordnet sein. Bei den Nutringen älterer Bauart (**10.21d** *1*) sind die Vorderkanten der Lippen stets auch die Dichtkanten. Für den Einbau ist kennzeichnend, dass Gegenringe vorgesehen werden müssen (**10.24**).

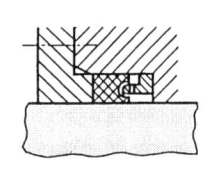

10.24
Stangenabdichtung, Nutring
älterer Bauart mit Gegenring

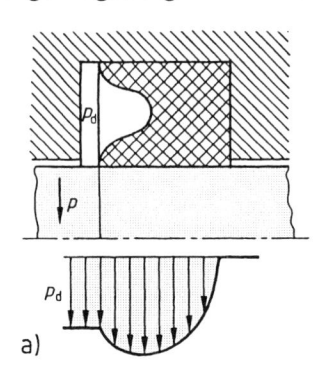

10.25
Anpressverteilung an einem Nutring
a) ältere Bauart
b) neue Bauart

Gegenringe sollen Bewegungen des Nutringes in Richtung der Achse verhindern, damit die empfindlichen Dichtkanten nicht anstoßen und beschädigt werden. Die Gegenringe sitzen auf bzw. in dem Maschinenteil, welches relativ zum Nutring in Ruhe ist, und ragen in die Nut zwischen den Dichtlippen hinein. Nach dem Einbau muss zwischen Nut und Gegenring ein kleiner Abstand von einigen Zehnteln bestehen bleiben. Die älteren Bauarten sind den neueren in jenen Fällen überlegen, in welchen das Druckmedium, z. B. Wasser, kein besonderes Adhäsions- und Schmiervermögen besitzt. Bei Nutringen neuerer Bauart liegt die Dichtkante in Nähe der Vorderkante der Dichtlippe, fällt mit dieser aber nicht zusammen (**10.21d** *2*). Die Abdichtwirkung ist sehr hoch und von der Belastung wenig abhängig. Sie besteht bereits bei Atmosphärendruck. Gegenringe entfallen hier. Besitzt das Druckmedium nur eine geringe Schmierfähigkeit, so darf bei Verwendung dieser Nutringe die Laufgeschwindigkeit nicht zu hoch sein.

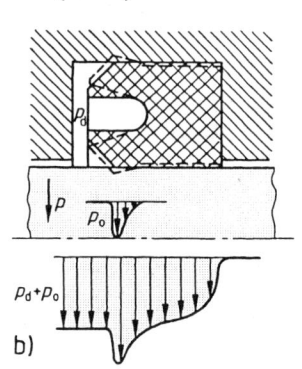

Um den Nutring bei höheren Drücken (bis 400 bar) bzw. bei zu großem Spiel vor Zerstörung durch Eindringen von Feststoffteilchen in den Spalt zu bewahren, werden ihm sog. „Back-Ringe" aus Leder oder Kunststoff entsprechender Festigkeit unterlegt. Sie sind entweder gleich breit wie die Nutringe oder halb so breit und in eine Ausnehmung des Nutringes eingelegt (**10.21d** *3*). Die „Back-Ringe" sind an der Bewegungsseite außen bzw. innen ganz eng eingepasst.

Die Dichtungsform bestimmt den Reibungszustand im Wesentlichen durch die Größe und den Verlauf der Dichtpressung p über dem Dichtspalt [17, 18]. Der statische Pressungsverlauf setzt sich aus der Vorspannung p_0 und der durch den Betriebsdruck p_d bedingten Pressung zusammen (**10.25**). Verläuft der Anstieg der Pressung flach wie beim Nutring alter Bauart, so wird die Ausbildung eines zusammenhängenden Schmierfilmes (Flüssigkeitsreibung) begünstigt, und die Dichtheit ist gering. Steigt die Pressung dagegen sofort hinter der Dichtkante steil an, so ist eine sehr hohe Gleitgeschwindigkeit erforderlich, um den zum Abheben der Dichtkante notwendigen hydrodynamischen Druck im Reibraum zu erzeugen (**10.25**). Wegen des überwiegenden Anteils der Festkörperreibung an der Mischreibung bleibt die Dichtheit bis zu hohen Gleitgeschwindigkeiten hin bestehen.

Die aus dem Dichtspalt an einer Kolbenstange auf der Niederdruckseite ausgetragene Ölmenge haftet als dünner Ölfilm auf der Stangenoberfläche. Ein Teil des Ölfilms wird beim Rückhub zurückgefördert. Ist der Pressungsanstieg auf der Niederdruckseite klein, wie beim Nutring neuerer Bauart, so wird die zurückgeförderte Ölmenge groß sein. Bei entsprechendem Verhältnis zwischen Vor- und Rücklaufgeschwindigkeit kann die gesamte ausgetragene Ölmenge wieder zurückgefördert werden.

Runddichtringe dienen außer zur Dichtung ruhender Maschinenteile auch zur Abdichtung hin- und hergehender Kolben und Kolbenstangen bei Gleitgeschwindigkeiten bis $\approx 0{,}5$ m/s. Drehbewegung bis 4 m/s ist zulässig. Die Abdichtwirkung der Ringe entsteht durch Verformung ihres Querschnittes in radialer Richtung. Gegenüber anderen Dichtungstypen erfordern O-Ringe engere Toleranzen und bessere Oberflächengüte der abzudichtenden Teile. Die gegen Verunreinigung der Dichtfläche empfindlichen Ringe können durch vorgeschaltete Abstreifringe (**10.26**) geschützt werden. Die O-Ringe sind je nach Werkstoff für alle Medien von –50 bis 250 °C und bis 350 bar anwendbar. Ein Einwandern in den Dichtungsspalt bei hohen Druckdifferenzen wird durch „Back-Ringe", auch Stützringe genannt, unterbunden (**10.21e**). Es sind dann Betriebsdrücke über 600 bar zulässig.

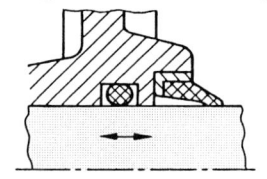

10.26 Runddichtring (O-Ring) mit Abstreifring als Stangenabdichtung

Die **Quadringdichtung** (**10.21f**) dichtet mit zwei Lippen, zwischen denen sich ein Schmiermittelvorrat ansammelt. Die Dichtung ist bis ≈ 250 bar verwendbar und eignet sich je nach Werkstoff für alle Medien von –45 bis ≈ 260 °C. Bei mittleren und hohen Drücken (über 7 bar) soll der Druck nur auf eine Seite der Dichtung wirken. Für doppelseitige Druckwirkung sind dann zwei Vierlippenringe einzubauen. Gegen Fremdkörper ist die Dichtung sehr empfindlich.

Dachmanschetten (**10.21g**) werden zur Abdichtung hin- und hergehender Kolben und Stangen und umlaufender Teile verwendet. Sie werden stets mehrfach, mindestens 2 Stück, als Packung angeordnet. Betriebsdrücke bis über 250 bar sind zulässig. An die Bearbeitung der Dichtflächen werden keine zu hohen Ansprüche gestellt. Die Manschetten werden mit Stütz-

10.3 Berührungsdichtungen an bewegten Maschinenteilen

und Druckring eingebaut (**10.27**). Im Stützring muss sich eine Druckbohrung befinden, die ein rasches Einwirken des Betriebsdruckes gewährleistet. Um eine gleichmäßigere Gleitreibung zu erzielen, können die Dachmanschetten mit Vorspannung eingebaut werden, die durch eine Feder erzeugt wird.

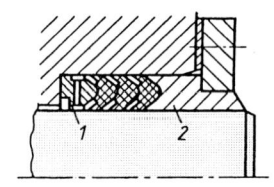

10.27
Dachmanschetten
1 Stützring
2 Druckring

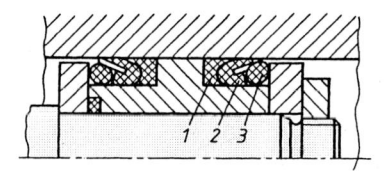

10.28
Kolbendichtung
1 Druckring
2 Lippenring
3 Rundgummistützring

Lippenringe (**10.21h**) werden einzeln mit Stütz- und Druckring (**10.28**) oder zu mehreren hintereinander als Packung (**10.29**) eingebaut. Sie dienen ebenfalls zur inneren oder äußeren Abdichtung hin- und hergehender Maschinenteile bei Drücken bis etwa 350 bar. Sie sind aber auch für die Abdichtung bei kleiner Drehgeschwindigkeit geeignet.

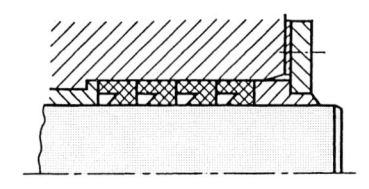

10.29
Tauchkolbenabdichtung mit
Lippen-Packungsringen

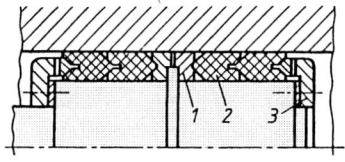

10.30
Kolbenabdichtung
1 Druckring
2 V-Packungsring
3 Stützring

V-Packungsringe (**10.21i**) werden nur zur Abdichtung bei hin- und hergehender Bewegung verwendet. Hauptanwendungsgebiet sind schwere Pressen mit liegenden Zylindern. Wegen der verhältnismäßig großen Steifigkeit sollten sie nur bei Drücken über 50 bar eingesetzt werden. V-Packungen werden mit Stütz- und Druckringen eingebaut (**10.30**). Gegenüber den Lippenpackungsringen ergibt die V-Form eine weitergehende Nachspannbarkeit, die besonders bei ungleichmäßiger Stopfbuchsraumbreite erwünscht ist.

Die **Compact-Stangendichtung** (Fa. Martin Merkel, Hamburg) (**10.21k**) besteht aus einem profilierten Kunststoffring, der einen Kunststoff-Backring einschließt. Die Dichtung ist leicht verformbar. Sie lässt sich daher in die dafür vorgesehene Ringnut im Zylinder leicht einsprengen. Der Backring zentriert sich durch den dreieckigen Querschnitt schon bei niedrigem Druck und verschließt den Dichtspalt unter Aufrechterhaltung des Schmierfilms in der Verschleißzone. Diese Stangendichtung wird vorwiegend für die Abdichtung von Kolbenstangen und Plungern verwendet. Sie eignet sich zum Einsatz gegen alle Druckflüssigkeiten auf Mineralölbasis.

OMEGAT-Dichtsätze (Fa. Merkel, Hamburg) werden für die Abdichtung von Kolben und Kolbenstangen in der Hydraulik und Pneumatik verwendet (**10.21 l**, **m** und **n**, **o**). Sie bestehen aus zwei Bauteilen: einem Profilring aus Fluorkunststoff PTFE als dynamische Abdichtung und einem Gummiring als statisches Dichtelement, das den Durchtritt des Mediums durch den Nutraum verhindert. Durch Eigenvorspannung des PTFE-Ringes und die Vorspannung des Gummiringes im Nutgrund wird der PTFE-Ring an die Gleitfläche gepresst und der Dichtvorgang eingeleitet. (Bei Kolbendichtungen befindet sich die Ringnut im Kolben und bei Stangendichtungen im Zylinder.) Mit zunehmendem hydraulischem Druck erhöht sich die Anpresskraft.

Der PTFE-Ring besitzt ein gutes Reibverhalten. Auch bei niedrigen Hubgeschwindigkeiten werden Ratterbewegungen (stick-slip) vermieden. Langsame und schnelle Hubbewegungen können mit gleichmäßigem Lauf ausgeführt werden. Wegen der guten Laufeigenschaften ist der Einsatz bei schlecht schmierenden Medien oder bei kurzzeitigem Trockenlauf möglich.

Die Kolben-Dichtsätze der leichten Baureihe (**10.21 l**) werden für beidseitig beaufschlagte Kolben bei leichten bis mittelschweren Beanspruchungen eingesetzt. Sie können ab 20 mm Kolbendurchmesser in eingestochene Nuten geknöpft werden.

Die Bauteile der schweren Reihe (**10.21 m**) sind wesentlich kräftiger ausgelegt. Hieraus ergibt sich eine höhere Standfestigkeit des PTFE-Ringes gegen Einwandern in den Dichtspalt. Durch den speziell profilierten Gummi-Ring kann die erforderliche Dichtpressung (Vorspannung) und damit auch die Anpresskraft des PTFE-Ringes an die Gleitfläche schwereren Betriebsbedingungen besser angepasst werden.

Die OMEGAT-Stangendichtungen (**10.21 n**, **o**) entsprechen im Aufbau und in der Wirkungsweise den OMEGAT-Kolbendichtungen. Bei Stangenabdichtungen wird gegenüber Kolbenabdichtungen ein höherer Grad an Dichtwirkung verlangt. Die PTFE-Ringe sind daher am Innendurchmesser mit einer Dichtkante versehen. Die hohe spezifische Anpresskraft im Bereich dieser Dichtkante gewährleistet die besonders gute Dichtwirkung.

Radial-Wellendichtringe (Fa. KACO, Heilbronn; Goetze-AG, Burscheid; Elring Dichtungswerke KG, Stuttgart) (Bild **10.31**) (DIN 3760, DIN 3761) sind Manschetten aus Elastomer (z. B. Nitril-Butadien-, Acrylat-, Silikon- oder Fluor-Kautschuk), die in einem Gehäuse gefasst oder so versteift sind, dass sie als einbaufertige Teile verwendet werden können (**10.31**). Sie dienen als Schutzdichtungen dazu, den Schmiermittelaustritt aus Lagern und Maschinengehäusen oder das Eindringen von Feuchtigkeit, Staub, Schmutz und anderen Verunreinigungen in diese Bauteile zu verhindern. Das übliche Kennzeichen einer Dichtung, das Trennen von Räumen verschiedenen Druckes, fehlt bei Schutzdichtungen oft vollständig. Es wurden jedoch Sonderbauformen zur Verwendung als Drehdruckdichtung entwickelt.

Die Radial-Wellendichtringe nach DIN 3761 für Kraftfahrzeuge unterscheiden sich in der Konstruktion nicht wesentlich von den Wellendichtungen nach DIN 3760 für den allgemeinen Maschinenbau. Ihre äußeren Abmessungen stimmen mit denen der Radial-Wellendichtringe nach DIN 3760 überein.

Die Dichtlippe der Manschette wird im allgemeinen durch eine Feder angedrückt. Bei der üblichen Einbauweise zeigt die federbelastete Dichtlippe in Richtung des abzudichtenden Mediums. Der abdichtbare Differenzdruck ist begrenzt bis $\approx$ 1 bar. Ab $\approx$ 0,5 bar muss bei der Normalbauform die Dichtlippe durch Stützringe unterstützt werden (**10.33**). Für den Einsatz als Drehdruckdichtung bis 10 bar bzw. 100 bar werden Sonderbauformen mit besonders kurzer Dichtlippe ohne zusätzlichen Stützring angefertigt (**10.34**; **10.35** und **10.36**). Je nach Werkstoff sind die Dichtungen bis 35 m/s und 160 °C anwendbar (**10.37** u. **10.38**).

10.3 Berührungsdichtungen an bewegten Maschinenteilen

d_1	d_2	b ±0,2	d_3	d_1	d_2	b ±0,2	d_3	d_1	d_2	b ±0,2	d_3	d_1	d_2	b ±0,2	d_3
6	16	7	4,8	22	32	7	19,6	42	55	8	38,7	72	95	10	67,7
	22				35				62				100		
8	22	7	6,6		40				72			75	95	10	70,7
	24				47				60				100		
9	22	7	7,5		35			45	62	8	41,6	78	100	10	73,6
	24			24	37	7	21,5		65			80	100	10	75,5
	26				40				72				110		
	22				47			48	62	8	44,5	85	110	12	80,4
10	24	7	8,4		35				24				120		
	26				40				65			90	110	12	85,3
11	22	7	9,3	25	42	7	22,5	50	68	8	46,4		120		
	26				47				72			95	120	12	90,1
	22				52				80				125		
12	24	7	10,2		37			52	68	8	48,3		120		
	28			26	42	7	23,4		72			100	125	12	95
	30				47								130		
	24				40				70				130		
14	28	7	12,1	28	47	7	25,3	55	72	8	51,3	105	140	12	99,9
	30				52				80						
	35								85						
	26				40				70				130		
15	30	7	13,1	30	42	7	27,3	56	72	8	52,3	110	140	12	104,7
	32				47				80						
	35				52				85						
					62							115	140	12	109,6
													150		
	28				45			58	72	8	54,2				
16	30	7	14	32	47	7	29,2		80			120	150	12	114,5
	32				52				75				160		
	35								80			125	150	12	119,4
					47			60	85	8	56,1		160		
	28			35	50	7	32		90				160		
	30				52							130	170	12	124,3
17	32	7	14,9		62			62	85	10	58,1				
	35				47				90			135	170	12	129,2
	40				50			63	85	10	59,1	140	170	15	133
				36	52	7	33		90			145	175	15	138
	30				62				85			150	180	15	143
18	32	7	15,8		52			65	90	10	61	160	190	15	153
	35								100			170	200	15	163
	40			38	55	7	34,9					180	210	15	173
	30				62			68	90	10	63,9	190	220	15	183
	32				52				100			200	230	15	193
20	35	7	17,7	40	55	7	36,8					210	240	15	203
	40				62			70	90	10	65,8	220	250	15	213
	47				72				100			230	260	15	223

10.31
Radial-Wellendichtringe ohne und mit Schutzlippe, DIN 3760, (Maße in mm), (Zwischengrößen s. Firmenkataloge); die Wellendichtringe brauchen der bildlichen Darstellung **10.32a** nicht zu entsprechen; nur die angegebenen Maße sind einzuhalten; Fortsetzung s. nächste Seite

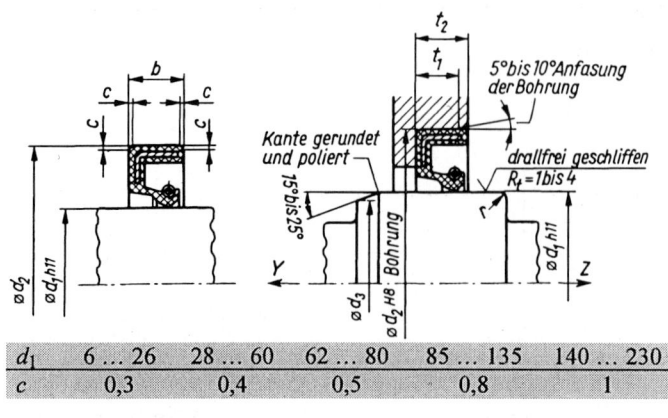

Für den Wellendurchmesser d_1 im Bereich der Lauffläche ist das ISO-Toleranzfeld h11 vorzusehen.

Gestaltungsempfehlung:

a) Einbaurichtung Z der Welle: Abrunden der Welle mit r > 0,6 mm für Ringe ohne und r > 1 mm für Ringe mit Dichtlippe oder Anschrägen der Welle

b) Einbaurichtung Y der Welle: Anschrägen der Welle $t_1 \geq 0{,}85 \cdot b$
$t_2 \geq (b + 0{,}3)$

d_1	6…26	28…60	62…80	85…135	140…230
c	0,3	0,4	0,5	0,8	1

10.31 Radial-Wellendichtringe; Fortsetzung

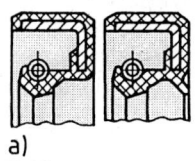

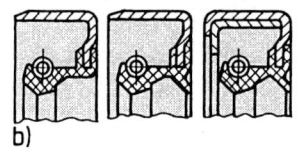

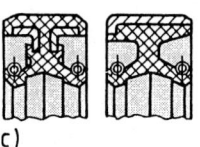

10.32
Wellendichtringe
a) Baureihe DIN 3760 mit Weichstoffsitz und mit zusätzlicher Staublippe
b) mit Metallsitz und mit zusätzlicher Staublippe
c) mit zwei federbelasteten Dichtringen
d) zur Abdichtung umlaufender Gehäuse

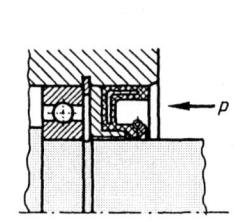

10.33
Wellendichtring mit Stützring zur Druckabdichtung. Der Stützring ist dem Profil der Dichtlippe angepasst

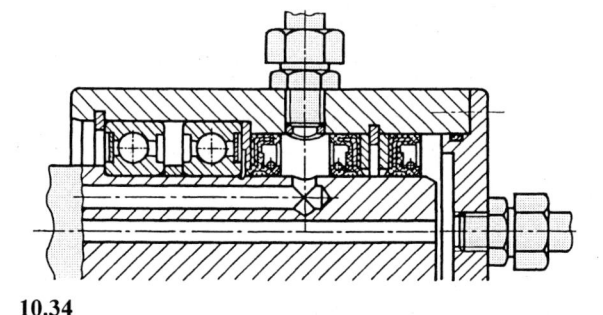

10.34
Zweifache Dreh-Druck-Einführung
Wellendichtring der Bauform SIMRIT BA B SL für Dreh-Druck-Abdichtungen ohne zusätzlichen Stützring. Lauffläche des Wellendichtringes gegenüber Kugellagersitz um 0,2 mm im Durchmesser vermindern

Ab einer bestimmten Unrundheit oder Exzentrizität der umlaufenden Teile treten große Leckverluste auf. Für die Lebensdauer der Welle oder Achse ist es erforderlich, dass ihre Lauffläche unter der Dichtlippe gehärtet bzw. verschleißfest ist. Die Dichtlippen müssen zu jedem Zeitpunkt ausreichend geschmiert werden. Ist mit ungenügender Schmierung zu rechnen, so kann mittels einer zweiten Manschette eine Schmierkammer gebildet werden.

10.3 Berührungsdichtungen an bewegten Maschinenteilen

\multicolumn{4}{c	}{BA B SL}	\multicolumn{4}{c	}{BA HD}	\multicolumn{3}{c}{}
d_1	d_2	b	b_1	d_1	d_2	b	b_1	d_1	d_2	b
8	22	6	6,5	25	47	6	6,5	30	50	7
10	22	6	6,5	30	42	6	6,5	32	52	6
12	22	6	6,5	35	52	6	6,5	40	60	6
12	24	6	6,5	40	62	6	6,5	45	65	7
15	35	6	6,5	45	62	6	6,5	56	76	6
18	35	6	6,5	50	72	7	7,5	72	95	6
20	35	6	6,5	60	80	7	7,5	300	332	16
22	32	6	6,5	70	90	7	8,0	340	380	18
22	35	6	6,5	80	100	7	8,0			
25	35	6	6,5							

10.35
SIMMERING-Radial-Wellendichtring für den Einsatz als Drehdruckdichtung. Bauform BA B SL (**10.34**) bis 10 bar und Bauform BA HD bis 100 bar. Werkstoff: Acrylform BA BSL (**10.34**) bis 10 bar und Bauform BA HD bis 100 bar. Werkstoff: Acrylnitril-Butadien-Kautschuk (Maße in mm) Firma Carl Freudenberg SIMRIT

[1]) Radial-Wellendichtringe der Bauform BA HD können in Abhängigkeit vom Werkstoff bei $p \cdot v = 10$ bar·m/s eingesetzt werden. Grenzwerte: Druckbelastung $p = 100$ bar bei der Umfangsgeschwindigkeit $v = 0,1$ m/s. Hierbei ist mit einer Leckage von 2 … 5 g/24 Stunden zu rechnen.

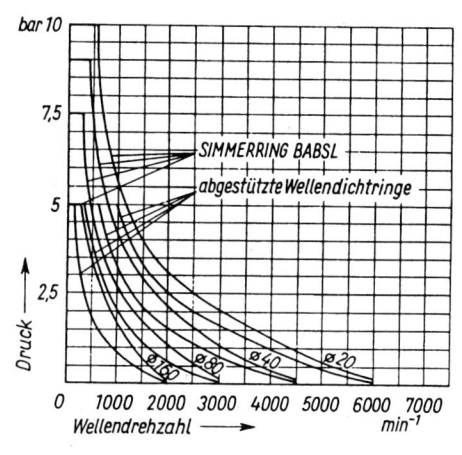

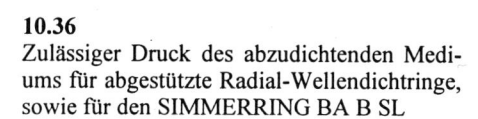

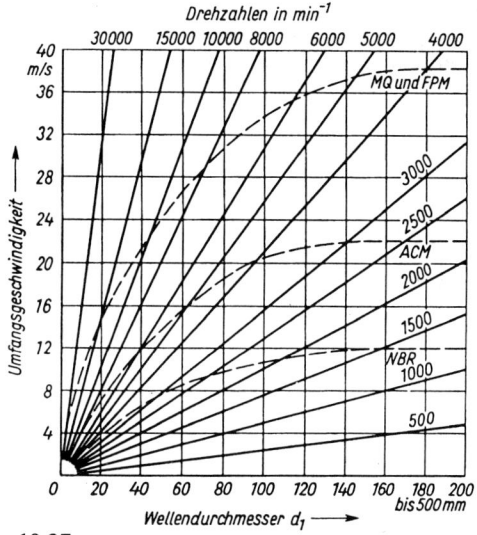

10.36
Zulässiger Druck des abzudichtenden Mediums für abgestützte Radial-Wellendichtringe, sowie für den SIMMERRING BA B SL

10.37
Zulässige Drehzahlen und Umfangsgeschwindigkeiten bei drucklosem Betrieb bezogen auf den Werkstoff des Elastomerteils eines Radial-Wellendichtringes nach DIN 3760. NBR = Nitril-Butadien-Kautschuk, ACM = Acrylat-Kautschuk, MQ = Silicon-Kautschuk, PM = Flour-Kautschuk

Werkstoff-Basis	Temperaturbereich °C an der Dichtlippe	mineralische Schmierstoffe						schwer entflammbare Druckflüssigkeiten VDMA 24317 HSB HSC HSD			VDMA 24320 HSA	Sonstige Medien		
		Motorenöle	Getriebeöle	Hypoidgetriebeöle	ATF-Öle	Druckflüssigkeiten DIN 51 524	Fette	**Wasser-Öl-Emulsionen	Wässrige Lösungen	Wasserfreie Flüssigkeiten	Öl-Wasser-Emulsionen	Heizöl EL + L	**Wasser	**Waschlaugen
Acrylnitril-Butadien-Kautschuk	−40 / +120	100	80	80	100	90	90	70	70	--	70	90	90	90
Acrylat-Kautschuk	−30 / +150	130	120	120	130	120	+	--	--	--	--	+	--	--
Silikon-Kautschuk	−50 / +180	150	−	−	130	130	+	60	+	−	60	−	+	+
Flour-Kautschuk	−30 / +200	170	150	150	170*	150	+	+	+	150	+	+	+	+
Ethylen-Propylen-Terpolymer-Kautschuk	−50 / +140	--	--	--	--	--	--	--	70	−	--	--	100	100
Polytetraflouräthylen	−80 / +200	170*	150	150	170*	150	150	+	+	150	+	+	+	+

10.38
Chemische und thermische Beständigkeit des Elastomerteils von Radial-Wellendichtringen (nach DIN 3760 und SIMRIT-Werk Carl Freudenberg)
+ beständig, im allg. nicht eingesetzt   − bedingt beständig   -- unbeständig
** Zusatzschmierung empfohlen
* Dauertemperaturbelastung für mineralische Schmierstoffe ≤ 150 °C

Bei mit Fett gefüllten Schmierkammern muss die Dichtlippe einer der verwendeten Manschetten von der Kammer wegweisen, damit beim Einpressen des Fettes kein Überdruck entsteht (**10.39**). Staub, Schmutz oder Betriebsmitteln, die keine Schmiereigenschaften besitzen, ist das Eindringen zum Dichtspalt durch Anordnung einer Vorrichtung (z. B. Gleitringdichtung, Staublippe, Abweisblech, Labyrinth o. ä.) zu verhindern (**10.41**). Bei zu starkem Ölzufluss sollte dem Dichtring z. B. ein Spritzring vorgeschaltet werden.

Wellendichtringe können in der Kontaktfläche mit hydrodynamischen Dichthilfen, „Drall" genannt, versehen werden, um eine Ölrückförderung nach Art eines Rückfördergewindes zu erreichen. Im eingebauten Zustand liegt die Dichtkante der Dichtlippe am ganzen Umfang der Welle an, so dass auch im Ruhezustand trotz des Dralls eine sichere Abdichtung erzielt wird. Dichtringe mit Wechseldrall sind für beide Drehrichtungen verwendbar.

10.39
Abdichtung einer Wasserpumpe
1 Fettkammer

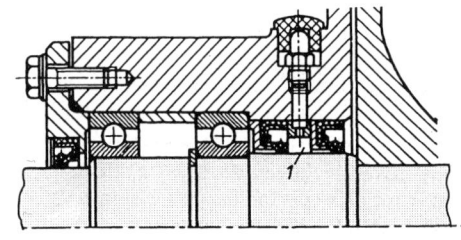

10.3 Berührungsdichtungen an bewegten Maschinenteilen

d	d_0	C	d_1	V–Ring S a	V–Ring S b	V–Ring A a	V–Ring A b
19– 21	18	4	$d+12$	7,9	9,0 ± 0,8	4,7	6,0 ± 0,8
21– 24	20	4	$d+12$	7,9	9,0 ± 0,8	4,7	6,0 ± 0,8
24– 27	22	4	$d+12$	7,9	9,0 ± 0,8	4,7	6,0 ± 0,8
27– 29	25	4	$d+12$	7,9	9,0 ± 0,8	4,7	6,0 ± 0,8
29– 31	27	4	$d+12$	7,9	9,0 ± 0,8	4,7	6,0 ± 0,8
31– 33	29	4	$d+12$	7,9	9,0 ± 0,8	4,7	6,0 ± 0,8
33– 36	31	4	$d+12$	7,9	9,0 ± 0,8	4,7	6,0 ± 0,8
36– 38	34	4	$d+12$	7,9	9,0 ± 0,8	4,7	6,0 ± 0,8
38– 43	36	5	$d+15$	9,5	11,0 ± 1,0	5,5	7,0 ± 1,0
43– 48	40	5	$d+15$	9,5	11,0 ± 1,0	5,5	7,0 ± 1,0
48– 53	45	5	$d+15$	9,5	11,0 ± 1,0	5,5	7,0 ± 1,0
53– 58	49	5	$d+15$	9,5	11,0 ± 1,0	5,5	7,0 ± 1,0
58– 63	54	5	$d+15$	9,5	11,0 ± 1,0	5,5	7,0 ± 1,0
63– 68	58	5	$d+15$	9,5	11,0 ± 1,0	5,5	7,0 ± 1,0
68– 73	63	6	$d+18$	11,3	13,5 ± 1,2	6,8	9,0 ± 1,2
73– 78	67	6	$d+18$	11,3	13,5 ± 1,2	6,8	9,0 ± 1,2
78– 83	72	6	$d+18$	11,3	13,5 ± 1,2	6,8	9,0 ± 1,2
83– 88	76	6	$d+18$	11,3	13,5 ± 1,2	6,8	9,0 ± 1,2
88– 93	81	6	$d+18$	11,3	13,5 ± 1,2	6,8	9,0 ± 1,2
93– 98	85	6	$d+18$	11,3	13,5 ± 1,2	6,8	9,0 ± 1,2
98–105	90	6	$d+18$	11,3	13,5 ± 1,2	6,8	9,0 ± 1,2
105–115	99	7	$d+21$	13,1	15,5 ± 1,5	7,9	10,5 ± 1,5
115–125	108	7	$d+21$	13,1	15,5 ± 1,5	7,9	10,5 ± 1,5
125–135	117	7	$d+21$	13,1	15,5 ± 1,5	7,9	10,5 ± 1,5
135–145	126	7	$d+21$	13,1	15,5 ± 1,5	7,9	10,5 ± 1,5
145–155	135	7	$d+21$	13,1	15,5 ± 1,5	7,9	10,5 ± 1,5

10.40
V-Ringdichtung (Maße in mm). Auszug aus Werksnorm (Fa. M. Merkel)

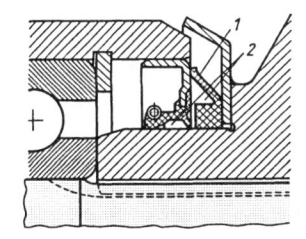

d_0 Ringdurchmesser vor Einbau

10.41
Hinterachsabdichtung
1 Gleitringdichtung
2 Fettfüllung

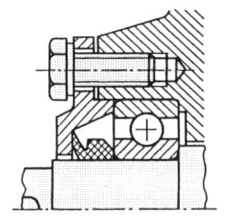

10.42
Wellendichtung mit V-Ring (Fa. M. Merkel)

Bei der axial dichtenden V-Ring-Wellendichtung liegt die Dichtlippe am Deckel an (**10.42**), wodurch der Wellenverschleiß vermieden wird. V-Ringe können z. B. auch in Labyrinthdichtungen eingebaut werden, um deren Wirksamkeit zu steigern (Maße s. Bild **10.40**). Infolge Fliehkraftwirkung kann die Dichtlippe bei höheren Drehzahlen abheben.

Die **Axial-Wellendichtung** nach Bild **10.45** und **10.46** dichtet an einer beliebigen geschliffenen und gehärteten axialen Gegenlauffläche ab. Dazu eignen sich Wellenenden, Wellenbunde, ungestempelte Stirnseiten von Wälzlagern oder möglichst geläppte Gegenlaufflächen im Gehäuse. Die Manschetten und die auf den Rücken der Dichtfläche wirkende Sternfeder sorgen für gleichbleibenden Anpressdruck (Dichtlippenvorspannung).

Filzringdichtungen (10.43 und 10.44) werden ölgetränkt eingebaut. Sie eignen sich für Abdichtungen von Lagergehäusen bis zu mittleren Drehzahlen und besonders zur Abdichtung gegen Fettaustritt. Bei Geschwindigkeiten über 10 m/s neigt der Ring zum Verkleben. Bei hohen Temperaturen wird er steif und unelastisch und verliert seine Dichtwirkung. Die Reibung kann besonders bei neuen Filzringen sehr groß sein. Der Filzring wird in eine konische Nut eingelegt. Einfacher ist der Einbau mit Deckplatte oder Kappe. Es gibt auch Filzringe in Metallgehäusen, die als einbaufertige Dichtung in eine entsprechende Ausnehmung des Gehäuses geschoben werden.

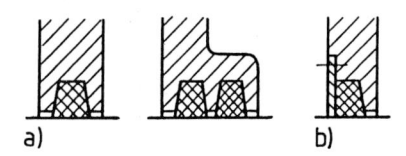

10.43
Filzringdichtung (DIN 5419)
a) in konischer Nut
b) mit Deckplatte

Auch Kombinationen des Filzringes mit anderen Dichtungen, z. B. mit einer Gummimanschette, sind möglich. Der Filzring wirkt hier als Ölbehälter zur Schmierung der naheliegenden Dichtlippe. Um Ölverlust durch den Filz hindurch zu verhindern, muss das Schmieröl durch Spritzringe oder Spaltdichtungen vom Filzring ferngehalten werden. In Filzringe betten sich leicht schmirgelnde Bestandteile ein, welche dann in die Welle Rillen eingraben.

d_1	17	20	25	26	28	30	32	35	36	38	40	42	45	48	50	52
d_2	27	30	37	38	40	42	44	47	48	50	52	54	57	64	66	68
b	4	4	5	5	5	5	5	5	5	5	5	5	5	6,5	6,5	6,5
d_4	18	21	26	27	289	31	33	36	37	39	41	43	46	49	51	53
d_5	28	31	38	39	41	43	45	48	49	51	43	55	58	65	67	69
f	3	3	4	4	4	4	4	4	4	4	4	4	4	5	5	5
d_1	55	58	60	65	70	72	75	78	80	82	85	88	90	95	100	105
d_2	71	74	76	81	88	90	93	96	98	100	103	108	110	115	124	129
b	6,5	6,5	6,5	6,5	7,5	7,5	7,5	7,5	7,5	7,5	8,5	8,5	8,5	10	10	10
d_4	56	59	61,5	66,5	71,5	73,5	76,5	79,5	81,5	83,5	86,5	89,5	92	97	102	107
d_5	72	75	77	82	89	91	94	97	99	101	104	109	111	116	125	130
f	5	5	5	5	6	6	6	6	6	6	6	7	7	7	8	8

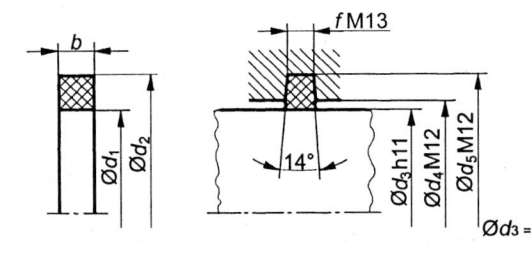

10.44
Filzringe und Ringnuten nach DIN 5419
(Maße in mm)

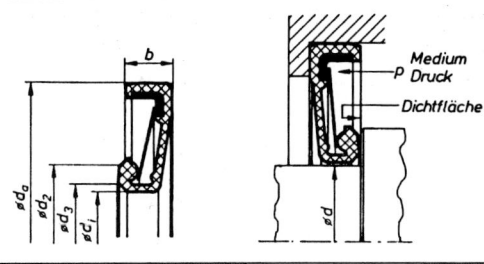

10.3 Berührungsdichtungen an bewegten Maschinenteilen

d	d_i	d_a	d_2	d_3	b	Zuordnung zu den Wälzlager-Reihen				
30	32	56	37,5	34,5	6	6006	–	6405	–	–
35	37	65	44	41	6,5	6007	6306	6406	4206	–
40	42	73	50	46,5	6,5	6008	6307	6407	4207	–
45	47	78	56	51,5	6,5	6009	6308	6408	4208	–
50	53	83	59,5	56,5	6,5	6010	6309	6409	4209	–
55	58	90	65	61	7	6011	6310	–	4210	–
60	63	100	69	65,5	8	6012	6311	6410	4211	–
65	68	110	77	72	8,5	6013	6312	6411	4212	–
70	72	115	79	74	8,5	6014	6313	6412	4213	–
75	78	120	88	83	8,5	6015	6314	6413	4214	–
80	84	128	94	90	9	6016	6315	6414	4215	–
85	87	138	96	91	9,5	6017	6316	6414	4216	–
90	94	148	101,5	96,5	10	6018	6317	6415/16	4217	–
95	98	158	108	103	10	6019	6318	6415/16	–	–
100	104	168	114	109	10,5	6020	6319	6416	4218/19	–
30	32	50	36	33	5	6206	–	6405	–	4305
35	37	56	41	38	5	6207	6306/07	6405/06	–	4306
40	42	62	47	44	5,5	6208	6308	6407	–	4307
45	47	70	53	49	5,5	6209	6308/09	6407/08	–	4308
50	52	75	59	55,5	6	6210	6309	6408/09	–	4309
55	58	83	65,5	61,5	6	6211	6310	6409/10	–	4310
60	61	89	69	65	6,5	6212	6311	6410/11	–	4311
65	67	94	74	70	7	6213	6312	6411/12	–	–
70	73	104	78	74	7,5	6214	6413	6411/12	–	4312
75	78	109	84	80	7,5	6215	6313/14	6413/14	–	4313
80	84	119	89	85	8	6216	6314/15	6414	–	4314
85	87	124	94	90	8	6217	6315/16	6414/15	–	4315
90	93	132	101	96	8,5	6218	6316	6415/16	–	–
95	98	137	104,5	100	8,5	6219	6317/18	6415/16	–	4316/17
100	101	142	110	105	8,5	6220	6318/19	6416	–	4318/19

10.45
Axial-Wellendichtung (Hirschmann AG u. Co, Neckertenzlingen), innendichtend für Öl- und Fettabdichtung (Auswahl)

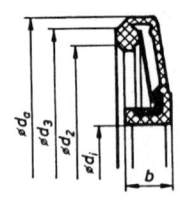

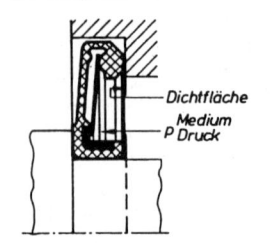

d_a	d_i	d_2	d_3	b	Zuordnung zu den Wälzlager-Reihen				
53	35	47,5	50,5	4,5	6006	–	–	–	–
61	40	54	58	4,5	6007	6305	–	–	–
66,5	45	59,5	63,5	5	6008	–	6404	–	–
74	50	66,5	70,5	5	6009	6307	6405	–	–
77	55	71	75	5,5	6010	–	–	–	–
87	61	80,5	84,5	6	6011	6309	6407	–	–
93	66	85	89	6	6012	–	–	–	–
97	71	90,5	94,5	6	6013	–	6408	–	–
106	76	99	103	6,5	6014	6310	–	–	–
112	81	103	108	7	6015	6311	6409	–	–
122	86	112	117	7,5	6016	6312	6410	–	–
127	91	118	123	7,5	6017	–	6411	–	–
137	98	128	133	8	6018	6314	6412	–	–
142	103	132	137	7,5	6019	6314	6412	–	–
147	108	137	142	8,5	6020	6315	6413	–	–
60	36	54	58	5,5	6206	6305	6404	4206	4305
68	42	61,5	65,5	6	6207	6306	–	4207	4306
77	47	69,5	73,5	6	6208	6307	6405	4208	4307
82	52	74,5	78,5	6,5	6209	6308	6406	4209	4308
86	57	79	83	7	6210	–	6407	4210	–
97	64	88	92	7,5	6211	6309	6408	4211	4309
106	69	98	102	8	6212	6310	6409	4212	4310
116	74	105	110	8,5	6213	6311	6410	4213	4311
120,5	80	109	114	8,5	6214	6312	–	4214	4312
126	85	115	120	9	6215	6312	–	4215	4313
136	92	125	130	9	6216	6313	6411	4216	4314
145	97	134	139	9	6217	6314	6412	4217	4315
156	102	144	149	9,5	6218	6315	6413	4218	4316
166	108	154,5	159	9,5	6219	6316	6415	4219	4317
175	114	164	169	10	6220	6317	6416	4220	4318

10.46
Axial-Wellendichtung (Hirschmann AG u. Co, Neckertenzlingen), außendichtend nur für Öl- und Fettabdichtung (Auszug)

10.3 Berührungsdichtungen an bewegten Maschinenteilen

Abdeckscheiben als Schutzdichtung für Wälzlager sollen das Eindringen von Flüssigkeit oder Fremdkörpern in die fettgeschmierten Lager verhindern. Kugellager, die mit einer einmaligen Fettfüllung versehen wurden, werden mit festeingebauten Deckscheiben geliefert. Die Lager sind entweder ein- oder beidseitig mit einer Deck- bzw. Dichtscheibe versehen, die in einer Rille im Außenring festgehalten wird und mit einer Hohlkehle oder V-Nut am Innenring eine Spaltdichtung bildet (**10.47a**). Bei anderen Bauformen schleifen die innen mit einer Kunststoffschicht belegten Deckscheiben bzw. die stahlblechverstärkten Kunststoff-Dichtscheiben an der Innenseite der Hohlkehle bzw. der V-Nut (**10.47b**). Die V-Nut erzeugt Zentrifugalkräfte, die Fremdkörper vom Lager weg und das Fett in das Lager zurückdrängen.

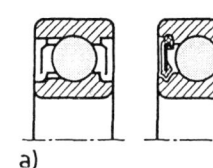

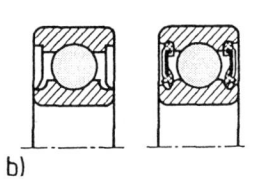

10.47
Deck- und Dichtscheiben in Kugellagern
a) als Spaltdichtung
b) mit schleifender Dichtkante

Die federnde Abdeckscheibe, der Nilos-Ring (Fa. Ziller & Co., Hilden), dichtet am inneren oder äußeren Wälzlagerring mit seiner senkrecht auf der Stirnfläche gleitenden Dichtkante (**10.48, 10.50** und **10.51**). Dabei schleift sich die Dichtkante in den gehärteten Wälzlagerring ein und bildet eine feine Labyrinthdichtung. Für eine gute Dichtwirkung ist der konzentrische Lauf und ein schlupffestes Spannen der Nilos-Ringe Voraussetzung.

10.48
Federnde Abdeckringe
a) außen dichtend
b) doppelt außen dichtend mit Fettkammer
c) innen dichtend

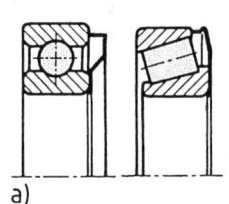

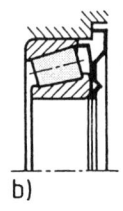

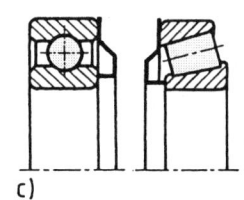

Als Zentrierung dienen je nach Ausführung des Nilos-Ringes die Welle oder das Gehäuse (**10.48c, 10.50**). Zentrierungen auf oder in Gewindegängen, Gewindeausläufen, Einstichen oder Hohlräumen müssen vermieden werden. Bei der Verwendung von Spreizringen (z. B. von SEEGER-L-Ringen) zum schlupffesten Spannen sind Nilos-Distanzringe erforderlich, die sich der Nilos-Ring-Form anpassen (**10.52**).

10.49
Wälzlagerabdichtung
a) *1* außen dichtende Nilos-Ringe bilden eine Fettkammer
b) Kegelrollenlager in einer Radnabe
1 Fettkammer
2 Festhaltewarze

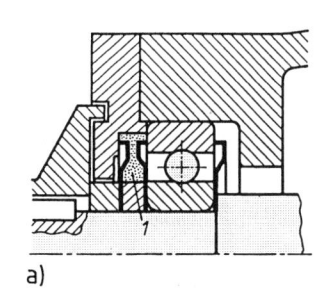

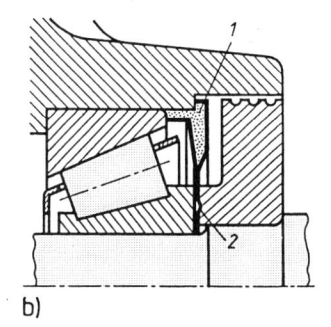

	für Lagerreihe 60				für Lagerreihe 62				für Lagerreihe 63			
d	a	c	s	h	a	c	s	h	a	c	s	h
25	43,7	34	0,3	2,5	47	36	0,3	2,5	54,8	40	0,3	2,5
30	50	40	0,3	2,5	56,2	44	0,3	2,5	64,8	48	0,3	2,5
35	56,2	44	0,3	2,5	64,8	48	0,3	2,5	70,7	54	0,3	2,5
40	62,2	51	0,3	2,5	72,7	57	0,3	3	80,5	60	0,3	3
45	69,7	56	0,3	2,5	77,8	61	0,3	3	90,8	75	0,3	3
50	74,6	61	0,3	2,5	82,8	67	0,3	3	98,9	80	0,3	3
55	83,5	67	0,3	3	90,8	75	0,3	3	108	89	0,3	3
60	88	71	0,3	3	100,8	85	0,3	3	117,5	95	0,3	3
65	93,5	78	0,3	3	110,5	90	0,3	3	127,5	100	0,3	3,5
70	103	83	0,3	3	115,8	95	0,3	3,5	137	110	0,5	3,5
75	108	89	0,3	3	120,5	100	0,5	3,5	147	110	0,5	3,5
80	117,5	95	0,3	3	129	106	0,5	3,5	157,5	130	0,5	3,5
85	123	104	0,5	3,5	138,5	115	0,5	3,5	164	135	0,5	4
90	129	106	0,5	3,5	148	124	0,5	3,5	174	140	0,5	4
95	137	110	0,5	3,5	157,5	130	0,5	3,5	184	150	0,5	4
100	142	117	0,5	3,5	167	135	0,5	4	199	165	0,5	4
105	148	124	0,5	3,5	174	140	0,5	4	208	174	0,5	4
110	157,5	130	0,5	3,5	184	150	0,5	4	219	179	0,5	4
120	169	140	0,5	4	199	165	0,5	4	239	190	0,5	4
130	188	155	0,5	4	214	173	0,5	4	251	200	0,5	5
140	199	165	0,5	4	229	183	0,5	4	267	220	0,5	5
150	214	173	0,5	4	248	200	0,5	4	286	235	0,5	5
160	229	183	0,5	4	267	220	0,5	5	314	260	0,5	5
170	248	200	0,5	4	286	235	0,5	5	320	268	0,5	5

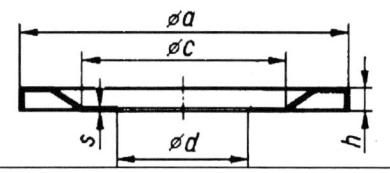

10.50
Nilos-Dichtringe, außen dichtend, für Rillenkugellager nach DIN 625. (Auswahl aus Werksnormen, Maße in mm)

10.3 Berührungsdichtungen an bewegten Maschinenteilen

für Lagerreihe 60					für Lagerreihe 62					für Lagerreihe 63				
i	D	c	s	h	i	D	c	s	h	i	D	c	s	h
29	47	38	0,3	2,5	31,5	52	42	0,3	2,5	32,2	62	47	0,3	2,5
35	55	46	0,3	2,5	36,3	62	47	0,3	2,5	37,2	72	56	0,3	2,5
40,2	62	52	0,3	2,5	43	72	56	0,3	2,5	45	80	65	0,3	2,5
46	68	57	0,3	2,5	48	80	62	0,3	3	51	90	70	0,3	3
51	75	63	0,3	2,5	53	85	68	0,3	3	56	100	80	0,3	3
56	80	67	0,3	2,5	57,5	90	73	0,3	3	62	110	86	0,3	3
61,5	90	74	0,3	3	64,5	100	80	0,3	3	67	120	93	0,3	3
67	95	80	0,3	3	70	110	85	0,3	3	73	130	102	0,5	3
74	100	86,5	0,3	3	74,5	120	95	0,3	3	77,5	140	110	0,5	3,5
77	110	90	0,3	3	79,5	125	102	0,3	3,5	82,6	150	120	0,5	3,5
82	115	95	0,3	3	85	130	105	0,5	3,5	87,2	160	125	0,5	3,5
86,5	125	105	0,3	3	92	140	112	0,5	3,5	95	170	138	0,5	3,5
91,5	130	110	0,5	3,5	98	150	125	0,5	3,5	100	180	140	0,5	4
98	140	118	0,5	3,5	103	160	125	0,5	3,5	106	190	150	0,5	4
103	145	123	0,5	3,5	110	170	137	0,5	3,5	115	200	160	0,5	4
108	150	128	0,5	3,5	115	180	145	0,5	4	118	215	170	0,5	4
116,5	160	137	0,5	3,5	119,5	190	158	0,5	4	127	225	180	0,5	4
120	170	145	0,5	3,5	125,5	200	165	0,5	4	133	240	197	0,5	4
130	180	150	0,5	4	134	215	175	0,5	4	142	260	205	0,5	4
140	200	170	0,5	4	147	230	190	0,5	4	148	280	225	0,5	5
152	210	175	0,5	4	160	250	200	0,5	4	165	300	235	0,5	5
164	225	185	0,5	4	172	270	220	0,5	4	172	320	255	0,5	5
174	240	200	0,5	4	184	290	240	0,5	5	185	340	276	0,5	5
185	260	215	0,5	4	200	310	261	0,5	5	200	360	295	0,5	5

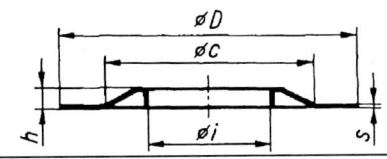

10.51
Nilos-Dichtringe, innen dichtend, für Rillenkugellager nach DIN 625 (Auswahl aus Werksnormen, Maße in mm)

für Wellen							für Bohrungen					
d	f	b	m	k	a	c	s	D	l	b	m	k	a	c
17	26	2	0,70	16,2	3,6	2,4	0,60	30	20	2,5	1,30	31,4	4,9	3,2
20	30	2	1,30	19,0	3,8	2,6	1,20	32	22	3	1,30	33,7	5,1	3,3
25	37	2	1,30	23,9	4,3	3,0	1,20	35	24	2,5	1,60	37,0	5,5	3,6
30	43	2,5	1,60	28,6	4,7	3,4	1,50	40	27	2,5	1,85	42,5	7,2	4,0
35	47	2,5	1,60	33,0	5,2	3,8	1,50	42	29	3	1,85	44,5	7,2	4,1
40	54	2,5	1,85	37,5	7,2	4,2	1,75	47	34	3	1,85	49,5	7,2	4,5
45	59	2,5	1,85	42,5	7,2	4,6	1,75	52	37	3	2,15	55,0	8,2	4,7
50	64	2,5	2,15	47,0	8,2	5,0	2,00	55	41	3	2,15	58,0	8,2	5,1
55	71	3	2,15	52,0	8,2	5,4	2,00	62	48	3	2,15	65,0	8,2	5,6
60	75	3	2,15	57,0	8,2	5,8	2,00	68	50	3	2,65	71,0	10,2	6,1
65	83	3,5	2,65	62,0	10,2	6,2	2,50	72	50	3,5	2,65	75,0	10,2	6,4
70	88	3,5	2,65	67,0	10,2	6,6	2,50	75	57	3,5	2,65	78,0	10,2	6,6
75	94	3,5	2,65	72,0	10,2	7,0	2,50	80	60	3,5	2,65	83,5	10,2	7,0
80	100	3,5	2,65	76,5	10,2	7,4	2,50	85	60	3,5	3,15	88,5	12,2	7,4
85	105	3,5	3,15	81,5	10,2	7,8	3,00	90	68	3,5	3,15	93,5	12,2	7,7
90	111	3,5	3,15	86,5	10,2	8,2	3,00	95	73	3,5	3,15	98,5	12,2	8,1
95	115	3,5	3,15	91,5	10,2	8,6	3,00	100	77	4	3,15	103,5	12,2	8,5
100	122	3,5	3,15	96,5	10,2	9,0	3,00							

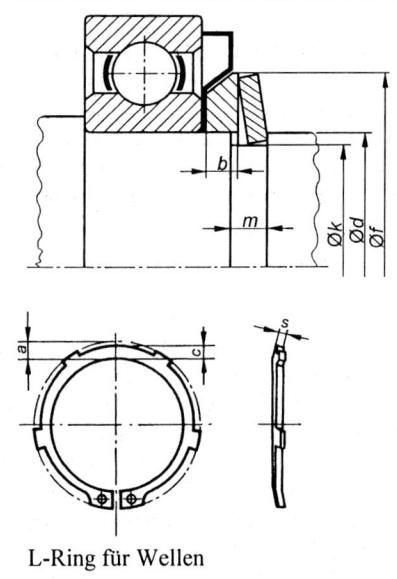

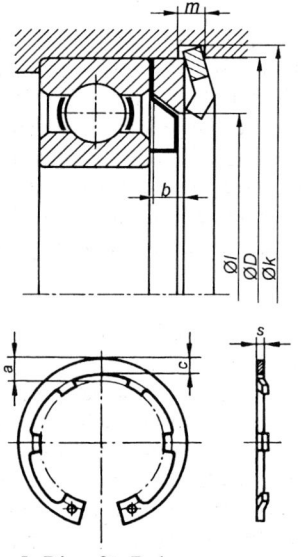

L-Ring für Wellen

L-Ring für Bohrungen
Dicke s ab D = 35 mm wie bei
L-Ringen für Wellen

10.52
Nilos-Distanzringe zum schlupffesten Spannen mit SEEGER-L-Ringen (Fa. Seeger-Orbis GmbH, Schneidhain). (Auswahl aus Werksnormen, Maße in mm)

10.3 Berührungsdichtungen an bewegten Maschinenteilen

Federringdichtungen sind selbsttätig wirkende, mit Federdruck vorgespannte Flächendichtungen, die den Differenzdruck an der Dichtstelle zur Dichtwirkung ausnutzen. Sie bestehen aus mehrteiligen Ringen, die durch eine Schlauchfeder zusammengehalten werden (**10.53**). Die Ringe sind paarweise in Kammern angeordnet und können sich radial leicht bewegen (**10.54**).

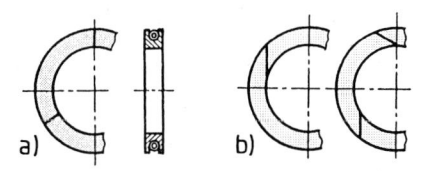

10.53
Federringdichtung
a) Deckring
b) Packungsringe, zwei- und dreiteilig

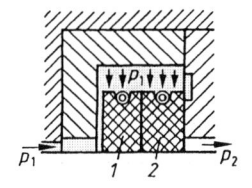

10.54
Einbau der Federringe
1 Packungsring
2 Deckring
p_1 Mediumsdruck
$p_1 > p_2$

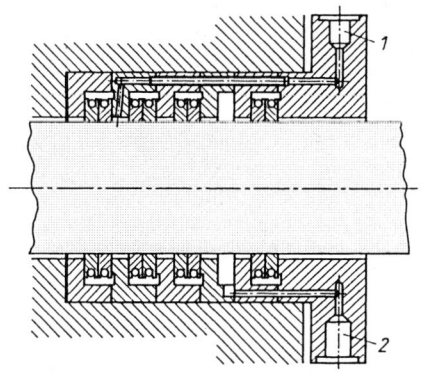

10.55
Abdichtung eines Gaskompressors
1 Druckschmierung
2 Gasabsaugung

Die eigentliche Abdichtung erfolgt durch den hinter die Ringe tretenden Mediumsdruck. Die Dichtringe stellen sich bei Verschleiß selbsttätig nach. Als Werkstoff kommt in Frage: Gusseisen, Bronze, Weißmetall und auch Kohle für ungeschmierte, trocken laufende Dichtungen, Metallringe müssen geschmiert werden. Bei Anordnung einer ringlosen Kammer, vor den letzten Dichtringen, kann die Leckmenge abgesaugt oder Kondenswasser abgeleitet werden (**10.55**). Es kann auch eine Sperrflüssigkeit in die Kammer gedrückt werden, wenn gegen Vakuum abgedichtet oder der Austritt von Gasen verhindert werden soll. Federringdichtungen finden ihre Anwendung zur Abdichtung gegen Dampf oder Gas bei hin- und hergehenden Stangen.

Kolbenringe [1] (s. Teil 2) dichten zwischen Kolben und Zylinder den Arbeitsraum gegen das Kurbelgehäuse ab. Durch Eigenspannung sowie Mediumsdruck radial gegen die Zylinderwand spannende Ringe liegen in Nuten des Kolbens. Kolbenringe leiten einen Großteil der Wärme, die vom Kolben aufgenommen wird, an den Zylinder ab. Als Werkstoff für Kolbenringe kommt vorwiegend Sondergrauguss, Bronze oder auch Stahl zur Anwendung. Das Laufverhalten kann durch Oberflächenbehandlung verbessert werden. Man unterscheidet zwischen Kompressionsringen und Ölabstreifringen (DIN ISO 6621 und 6625). Kompressionsringe dichten gegen den Durchtritt des Arbeitsmediums zum Kurbelgehäuse ab. Während des Betriebes drückt das Medium den Ring über seine Innenfläche und Flanke an die Zylinderwand und die Kolbenringnut (s. Teil 2), wodurch die axiale und radiale Abdichtung herbeigeführt wird. Um die Einlaufzeit zu verringern, werden Ringe mit konischen Laufflächen hergestellt (Minutenringe genannt). Zu Beginn des Einlaufens berühren die Ringe den Zylinder auf schmaler Fläche mit hohem Anpressdruck. Der höhere Anfangsverschleiß hat ein schnelleres Anpassen des Ringes an die Zylinderwand zur Folge.

Ölabstreifringe dienen zur Regelung der Schmierfilmdicke auf der Zylinderwand (s. Teil 2). Die Abstreifkanten streifen das überschüssige Öl in Richtung Kolbenende ab, von wo es durch Bohrungen im Kolben in den Getrieberaum zurückfließen kann.

Für den Einbau in den Kolben werden die Kolbenringe geschlitzt ausgeführt. Die Stoßfugen sind gerade, schräg oder überlappt ausgebildet. Allgemein ist der Geradstoß üblich. Er gestattet genauere und einfachere Fertigung und vermeidet die Gefahr des Spitzenbruches.

Der Schrägstoß ergibt keine bessere Dichtwirkung. Das befürchtete Übereinanderstehen der Stöße, bei denen das Medium in einer Linie an den Stoßstellen hindurchtreten kann, tritt in der Praxis kaum auf, da die Ringe unregelmäßig wandern. Bei steuernden Kolben, z. B. 2-Takt-Motor, werden die Ringstöße durch Stifte so festgelegt, dass sie keine Steuerschlitze passieren, sonst besteht Bruchgefahr. Verdichtungs- und Ölabstreifringe müssen so kombiniert werden, dass bei guter Abdichtung ausreichende Schmierung von Zylinder, Kolben und Ringen gesichert ist. Die Ringzahl richtet sich nach dem abzudichtenden Medium und dessen Druck. Es sind zwei bis sechs Ringe üblich. Eine größere Ringzahl verursacht vermehrte Reibungsverluste, ohne besser zu dichten.

Gleitringdichtungen [4], [18] dichten rotierende Wellen vorwiegend gegen tropfbare Medien, aber auch gegen Gase und Dämpfe ab. Sie zeichnen sich durch geringe Leckverluste, erhöhte Sicherheit und Lebensdauer aus. Die Gleitringdichtung schafft eine ständige kraftschlüssige Abdichtung zwischen rechtwinklig zur Wellenachse stehenden Dichtflächen. Eine Unterteilung kann nach Anordnung der Gleitringe und nach der Gleitflächenausbildung erfolgen. Bei der **Innenanordnung** liegen die Dichtelemente im Druckraum ($p_1 > p_2$). Eine axiale Federkraft drückt einen mit der Welle rotierenden oder einen im Gehäuse feststehenden Gleitring gegen einen feststehenden bzw. gegen einen rotierenden Gegenring (**10.56 a, b**). Der Innendruck kann neben der Federkraft mit zur Dichtpressung verwendet werden. Der axiale Undichtheitsweg zwischen Ring und Welle oder im Gehäuse wird durch ein eigenes Dichtelement (O-Ring, Nutring) geschlossen. Bei der **Außenanordnung** liegt die Gleitfläche außerhalb des Druckraumes ($p_1 > p_2$) (**10.56 c, d**). Eine gute Wärmeableitung besitzt die schwimmende Gleitringdichtung (**10.57**). Jedoch können sich bei dieser Dichtung Ungenauigkeiten in der Planparallelität und exzentrischer Lauf auf die Dichtspalte nachteilig auswirken.

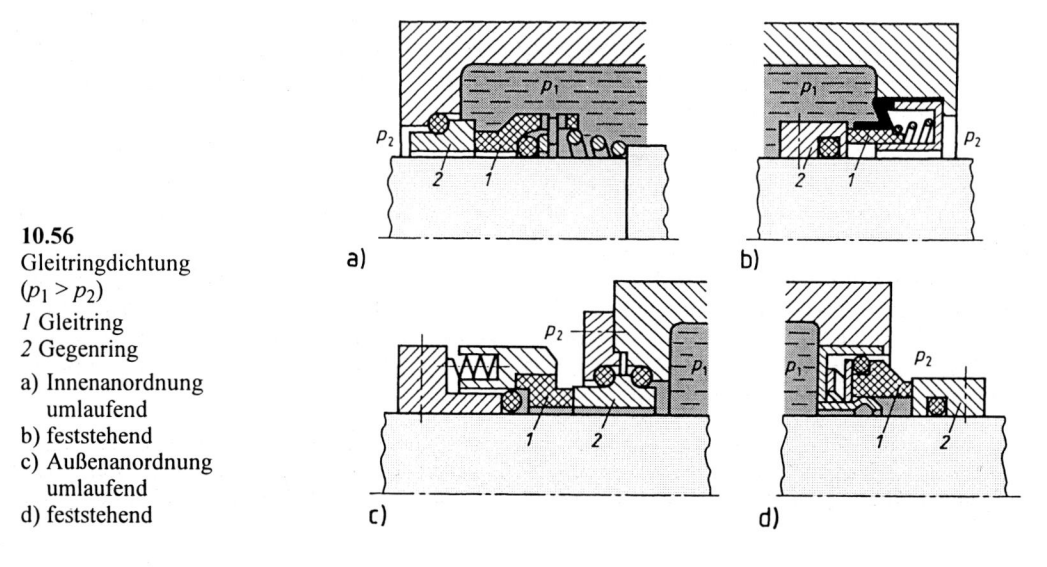

10.56
Gleitringdichtung
($p_1 > p_2$)
1 Gleitring
2 Gegenring
a) Innenanordnung umlaufend
b) feststehend
c) Außenanordnung umlaufend
d) feststehend

10.3 Berührungsdichtungen an bewegten Maschinenteilen

Die doppelte Gleitringdichtung (**10.58**) wird hauptsächlich bei der Abdichtung von Gasen, stark festkörperhaltigen Flüssigkeiten, chemisch gefährlichen oder hoch erhitzten Medien eingesetzt. Ein zusätzlicher Sperr-, Schmier- und Kühlmittelkreislauf sorgt dafür, dass der notwendige Sperrdruck vorhanden ist, die Gleitflächen geschmiert sind und die Reibungswärme abgeführt werden kann. Der Sperrflüssigkeitsdruck muss ≈ 1 bis 2 bar größer als der Behälterdruck sein.

Hydrodynamische Gleitringdichtungen lassen sich durch besondere Ausbildung der Gleitfläche herstellen. Die Gleitfläche wird mit Ausnehmungen versehen, in denen sich hydrodynamisch ein Druck aufbauen kann. Wegen der herrschenden Flüssigkeitsreibung gibt es keinen Verschleiß.

Hydrostatische Dichtungen werden bei Gasabdichtung oder mangelnder Schmierfähigkeit des Mediums eingesetzt. Eine Kühl- oder Sperrflüssigkeit wird durch Bohrungen zwischen die Gleitfläche gepresst. Durch Regelung des Sperrdruckes können Leckverlust, Reibung und Verschleiß beeinflusst werden.

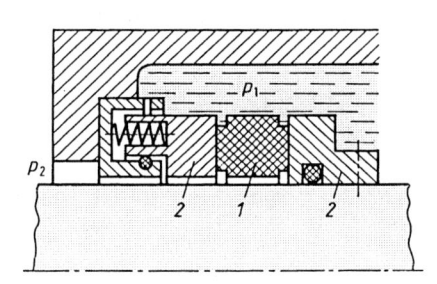

10.57
Schwimmende Gleitringdichtung ($p_1 > p_2$)
1 Gleitring
2 Gegenring

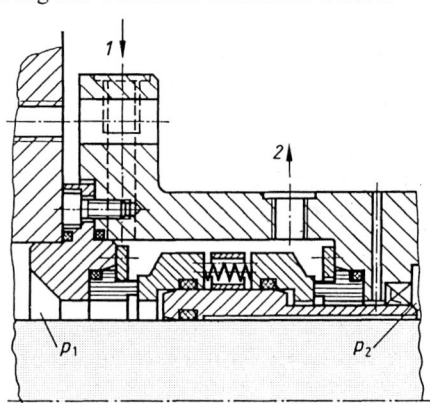

10.58
Doppelte Gleitringdichtung
1 Sperrmittel-Eingang
2 Sperrmittel-Ausgang

Um Wärmeausdehnungen von Maschinen und Gleitringteilen sowie den Ringverschleiß der Stirnfläche auszugleichen, hat die Gleitringdichtung mindestens ein elastisches Teil, z. B. Feder, Membrane, Faltenbalg. Die üblichen Gleitwerkstoffe sind Kunststoffe und kohlekeramische Werkstoffe zum Lauf gegen Metalle und Metalloxide.

Das Anwendungsgebiet der Gleitringdichtung reicht vom Vakuum bis zu höchsten Drücken. Es wird eine Vielzahl von Konstruktionen auf den verschiedensten Gebieten verwendet, wie z. B. im Pumpen- und Verdichterbau, bei Haushaltsmaschinen, bei Laugenpumpen von Wasch- und Geschirrspülautomaten und bei Rührwerken.

In die Berechnung des Leistungsbedarfes einer Gleitringdichtung sind das Reibungsmoment der Gleitfläche und das Reibungsmoment, das durch Verwirbelung der Flüssigkeit durch Rotation der Dichtung entsteht, einzusetzen. Im allgemeinen laufen Gleitringdichtungen im Bereich der Mischreibung mit einem überwiegenden Anteil an Festkörperreibung. Man rechnet mit einem Reibungsbeiwert $\mu = 0{,}05 \ldots 0{,}1$.

Mit wachsenden Gleitdrücken bzw. auch bei schlechter Wärmeableitung kommt es wegen der starken Wärmeentwicklung zur Schmiermittelvergasung im Reibraum. Der Reibungsverlauf wird dabei instabil bei starkem Anstieg des Reibungsbeiwertes und hohem Verschleiß. Hydrodynamische Gleitringdichtungen bieten eine Verbesserung gegenüber Gleitringen mit glatter Lauffläche, weil hier die geringe Wärmeentwicklung wegen der kleinen Reibungswerte leichter zu beherrschen ist. Bei hohen Umfangsgeschwindigkeiten oder viskosen Medien können die Turbulenzverluste infolge der Ringrotation wesentlich größer als die Verluste durch Reibung in der Gleitfläche werden.

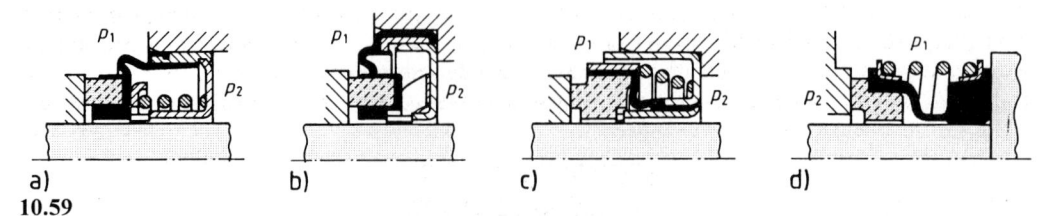

10.59
Einbaufertige Gleitringdichtungen (Bauarten der KACO-Gerätetechnik GmbH, Heilbronn)
a) zum abzudichtenden Medium hin geschlossene Bauform ($p_1 > p_2$). Die Druckfeder liegt auf der Luftseite. Der Innendruck p_1 wirkt der Druckfederkraft entgegen
b) wie a), jedoch mit kleinerer Einbaubreite durch Verwendung einer Wellfeder
c) zum abzudichtenden Medium hin offene Bauart. Die Schließkraft wird durch die Druckfeder und durch den Innendruck p_1 aufgebracht
d) wie c), jedoch mit einem frei beweglichen Gummibalg als Sekundärdichtung

10.4 Berührungsfreie Dichtungen

Berührungsfreie Dichtungen sind dadurch gekennzeichnet, dass zwischen bewegter und ruhender Dichtfläche eine Spaltweite bestimmter Größe eingehalten wird und somit keine Berührung der Dichtflächen stattfindet. Den Trennungsspalt füllt der abzudichtende Stoff oder ein Hilfsstoff. In den Strömungs- oder Drosseldichtungen, zu denen die Spalt-, Labyrinth- und Labyrinthspaltdichtungen zählen, wird das abzudichtende Druckgefälle mittels Reibung oder/und Verwirbelung abgebaut. Da hierfür eine Strömung Voraussetzung ist, sind diese Dichtungen nicht vollständig dicht. Um die Leckverluste klein zu halten, ist ein hoher Durchflusswiderstand erforderlich. Der notwendige Sperrdruck für eine Flüssigkeitssperre kann in der Dichtung selbst entstehen, wie z. B. in der Stopfbuchse mit Fliehkraftsperrung oder in der Gewindewellendichtung, oder er wird außerhalb der Stopfbuchse von einer Sperrmittelpumpe erzeugt. Wegen fehlender Gleitreibung sind berührungsfreie Dichtungen gegen Heißlaufen sicher. Sie werden dort verwendet, wo andere Dichtungen wegen zu hoher Temperatur, Drücke oder Gleitgeschwindigkeiten nicht eingesetzt werden können. Sie werden auch in einfacher Form als Schutzdichtungen gegen Fremdstoffe, z. B. in Lagergehäuse, eingebaut. Berührungsfreie Dichtungen besonderer Art sind die Membrandichtungen, die den bewegten mit dem feststehenden Teil mittels einem stark verformbaren Teil verbinden.

10.4.1 Strömungsdichtungen

Spaltdichtungen sind berührungsfreie Dichtungen mit geradem Durchgangsspalt (**10.60**). Der Undichtheitsstrom ist von der Viskosität, vom Druckabfall, von der Spaltweite und von der

10.4 Berührungsfreie Dichtungen

Spaltlänge abhängig. Axiale Spaltdichtungen lassen sich auf die Grundformen Büchse oder Ring zurückführen. Sie werden im allgemeinen nur zur Abdichtung flüssiger Medien benutzt. Fest eingebaute Büchsen können in Folge ungünstiger Bedingungen mit der umlaufenden Welle reiben. Es ist daher notwendig, bei der Auswahl der Stoffpaarung die Reibungs- und Verschleißeigenschaften zu berücksichtigen. Schwimmende Büchsen sind in radialer Richtung frei beweglich (**10.61**). Bei exzentrischer oder zur Wellenachse nicht paralleler Lage bildet sich hydrodynamisch ein Druck aus, der selbstzentrierende Querkräfte hervorruft. Wegen des geringen Büchsengewichtes sind die Berührungskräfte klein. Auch bei sehr engen Spalten bleibt der Verschleiß sehr gering.

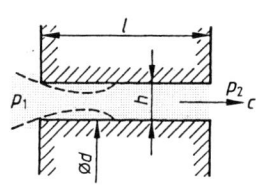

10.60
Glatter Ringspalt $p_1 > p_2$

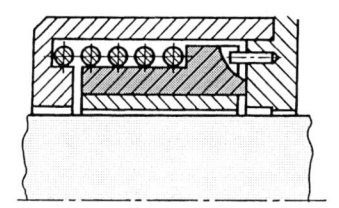

10.61
Schwimmende Büchse

Bei hohen Drücken führt die dafür notwendige lange Büchse zu Schwierigkeiten. Durch Hintereinanderschalten mehrerer schmaler Ringe besteht die Möglichkeit, Dichtungen mit langem Spalt zu bauen. Jeder Ring ist in seiner Bewegung von den anderen unabhängig und übernimmt einen Teil des Gesamtdruckes. Schmale Ringe erfordern, da die hydrodynamischen Kräfte nicht ausreichen, eine Zentrierung z. B. mittels O-Ringen (**10.62**). Jeder Schwimmring erhält Drehsicherungsstifte. Da die Druckdifferenz je Ring kleiner ist als bei breiten Ringen, bleibt die Flächenpressung in axialer Richtung gering. Die notwendige Pressung wird daher durch Federn erzeugt. Zur Druckentlastung des O-Ringes ist eine Bohrung durch den Schwimmring erforderlich.

Schwimmende Büchsen und Ringe werden z. B. in Kreiselpumpen, Umwälzgebläsen für Reaktoren und in Turbokompressoren eingebaut.

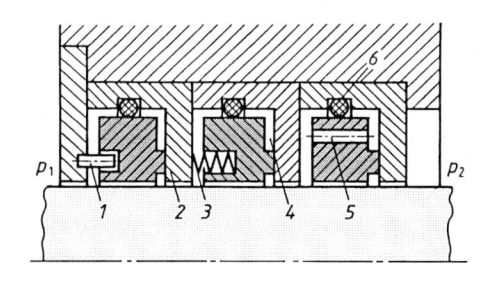

10.62
Schwimmringdichtung

1 Drehsicherungsstift
2 Distanzhalter
3 Anpressfeder
4 hydraulischer Entlastungsraum
5 Entlastungsbohrung
6 O-Ring

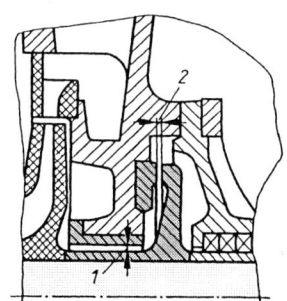

10.63
Dichtungsspalte einer Kreiselpumpe

1 axiale Spaltdichtung
2 radiale Spaltdichtung

Die Dichtungsspalte können auch radial angeordnet (z. B. in Kreiselpumpen, **10.63**) und mit oder ohne Selbsteinstellung ausgeführt werden. Radialspaltdichtungen mit Selbsteinstellung der Spaltweite besitzen eine axial bewegliche Dichtfläche. Die Selbsteinstellung erfolgt z. B. durch einen Spalt, der sich in Richtung des Druckgefälles verengt.

Labyrinthdichtungen für kompressible Medien bestehen aus Umkehrspalten, die durch abwechselnd hintereinander angeordnete kurze Ringspalte und Ringkammern gebildet werden (**10.64**). Der Ringspalt – möglichst mit zugespitzten Ringen – wirkt als Drosselstelle, an der Druckenergie in Geschwindigkeitsenergie umgewandelt wird. In der nachfolgenden Kammer findet durch Wirbelung und Stoß eine Umwandlung in Reibungswärme statt. Die Lässigkeit nimmt mit der Labyrinthzahl ab. Eine vollkommene Abdichtung ist nicht möglich. Die Güte der Dichtung wird durch scharfe Kanten und durch Wechsel der Strömungsrichtung wesentlich erhöht. Je nach Anordnung der Drosselstellen kann man axiale und radiale Labyrinthe unterscheiden, die auch kombiniert in den verschiedensten Ausführungsformen hergestellt werden. Kürzeste Baulänge und einfache Montage gestatten Labyrinthdichtungen in Form von Stopfbuchsen.

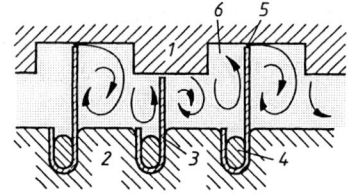

10.64
Labyrinthdichtung
1 Gehäuse *4* Stemmdraht
2 Welle   *5* Ringspalt (Drosselstelle)
3 Ring   *6* Ringkammer

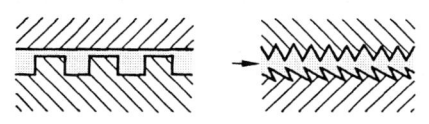

10.65
Labyrinthspaltdichtungen

Ist die Verwendung einer Labyrinthdichtung mit ineinandergreifenden Drosselstellen aus Montagegründen nicht möglich, z. B. auch bei hin- und hergehenden Teilen, so empfiehlt sich die Anwendung einer Labyrinthspaltdichtung, auch Halblabyrinth genannt, deren Ringspalt mehrfach ein- oder beidseitig durch Ringnuten erweitert ist (**10.65**). Labyrinthspaltdichtungen, die in Treibstoffpumpen von Raketentriebwerken eingebaut und hohen Drücken und Drehzahlen ausgesetzt sind, werden mit kleinstzulässigem Spalt gebaut. Da ein Anstreifen nicht mehr ausgeschlossen werden kann, metallische Berührung aber vermieden werden muss, ist die Werkstoffpaarung genauso wichtig wie für Gleitringdichtungen. Bei sandhaltigem Wasser haben sich spiralförmig gewundene Nuten an der Dichtfläche zweckmäßiger als gerade glatte Spalte erwiesen.

Bei der **Berechnung des Durchflusses** durch Spalt- und Labyrinthdichtungen muss zwischen laminarer und turbulenter Strömung und zwischen kompressiblen und inkompressiblen Medien unterschieden werden.

Der **Undichtheitsstrom** in m³/s einer durchgehenden glatten Spaltdichtung nach Bild **10.60** ist bei laminarer Strömung

$$\boxed{\dot{V} = \frac{\pi \cdot d \cdot h^3 \cdot \Delta p}{12 \cdot \eta \cdot l}} \tag{10.1}$$

10.4 Berührungsfreie Dichtungen

Hierbei bedeuten:

Δp die Druckdifferenz zwischen beiden Seiten des Spaltes in N/m^2, η die dynamische Zähigkeit in Ns/m^2, d der innere Spaltdurchmesser, h die Spalthöhe und l die Spaltlänge. Alle Abmessungen werden in m eingesetzt.

Bei **turbulenter Strömung** und für inkompressible Medien berechnet man den **Undichtheitsstrom** einer Spaltdichtung aus der Beziehung der Umsetzung von Druck in Geschwindigkeit nach der Gleichung

$$\boxed{\dot{V} = \mu \cdot A \cdot c = \mu \cdot A \cdot \sqrt{2 \cdot \Delta p / \rho}} \tag{10.2}$$

Es bedeuten:

$A = \pi \cdot d \cdot h$ den Durchgangsquerschnitt, c die Durchflussgeschwindigkeit, Δp die Druckdifferenz (in N/m^2), ρ die Dichte der Flüssigkeit (in kg/m^3) und μ die Durchflusszahl, welche die Spaltwiderstände, die Kontraktion und die Zähigkeit berücksichtigt. Für glatte Spaltwände setzt man $\mu = [1{,}5 + \lambda \cdot l/(2 \cdot h)]^{-1/2}$ mit der Widerstandszahl λ in die Rechnung ein. Für Wasserkreiselpumpen gilt als Anhaltswert $\lambda = 0{,}04$.

Zur Berechnung der Lässigkeit von Labyrinthdichtungen für **Gase und Dämpfe** (**10.64**) wird nach Stodola [6] näherungsweise die Masse m bestimmt, die pro Zeiteinheit durch eine Folge von z Spalten vom Querschnitt A hindurchtritt. Der Druck p_1 und das spezifische Volumen v_1 vor dem ersten Spalt und der Druck p_2 nach dem letzten Spalt müssen hierzu bekannt sein. Aus Gl. (10.2) lässt sich der **Massenstrom** $\dot{m}$ ableiten. Es ist

$$\boxed{\dot{m} = \mu \cdot A \cdot \sqrt{\frac{p_1^2 - p_2^2}{z \cdot p_1 \cdot v_1}}} \tag{10.3}$$

Tritt im letzten Spalt Schallgeschwindigkeit auf, so gilt die Gleichung

$$\boxed{\dot{m} = \mu \cdot A \cdot \sqrt{\frac{1}{z+1{,}4}\left(\frac{p_1}{v_1}\right)}} \tag{10.4}$$

Die Ableitung dieser Gleichung erfolgte mit einem Isentropenexponent $\chi = 1{,}3$. **Schallgeschwindigkeit** stellt sich **bei der Bedingung** ein

$$\boxed{\frac{p_2}{p_1} \triangleq \frac{0{,}85}{\sqrt{z+1{,}4}}} \tag{10.5}$$

Die Durchflusszahl μ ist von der Konstruktion abhängig. Sie wird zweckmäßig im Versuch ermittelt. Als Anhaltswert gilt $\mu \approx 0{,}8$.

(Die Schreibweise vorstehender Gleichungen beruht auf dem internationalen Einheitensystem. Hierbei ist Newton eine abgeleitete SI-Einheit: 1 N = 1 kg·m/s.) Theoretisch-empirische Berechnungen des Durchflusses durch Labyrinthdichtungen s. [7] und [9].

10.4.2 Dichtungen mit Flüssigkeitssperrung

Flüssigkeitsgesperrte Stopfbuchsen dichten meist vollkommen ab. Sie eignen sich daher besonders gut für den Einsatz in Maschinen, die mit giftigen Betriebsmitteln oder mit Vakuum arbeiten. Auf einfache Weise ist der Sperrdruck in der Dichtung selbst durch Fliehkraftpressung zu erzielen. Die Flüssigkeit wird durch Reibung von einer umlaufenden Scheibe mitgenommen (**10.66**). Der größte Druckunterschied, dem der umlaufende Flüssigkeitsring das Gleichgewicht halten kann, ist von der Winkelgeschwindigkeit, der spezifischen Masse und den Durchmessern abhängig. Verursacht die Reibleistung eine zu große Erwärmung, so muss die Flüssigkeit laufend erneuert und gekühlt werden. Bei kleinen Drehzahlen und im Stillstand ist die Dichtung nicht wirksam. Um dennoch ein Austreten des evtl. giftigen Mediums zu verhindern, kann rechtzeitig ein ungefährliches Sperrgas eingeleitet werden, das auf der einen Seite das Medium zurückdrängt und auf der anderen Seite ausströmt.

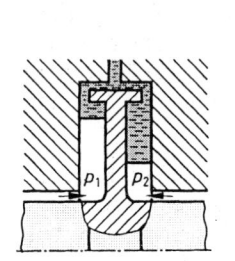

10.66
Stopfbuchse mit Flüssigkeitssperrung

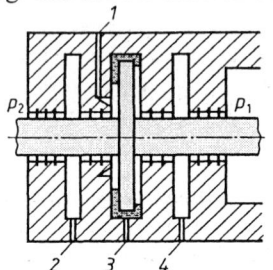

10.67
Kompressorabdichtung
1 Wassereintritt *3* Wasserausgang
2 Sperrgaseintritt *4* Gasabsaugung

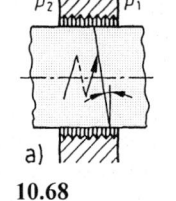

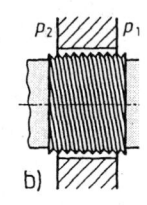

10.68
Gewindewellendichtung
a) Gewinde im Gehäuse
b) Gewinde auf der Welle
$p_1 > p_2$

Einfache Spaltdichtungen ergeben eine völlige Abdichtung, wenn ein Sperrmittel (Öle mit hoher Viskosität oder Gase) mit einem bestimmten Druck an geeigneter Stelle in den Spalt gepumpt wird (**10.67**). Das Sperrmittel tritt an beiden Seiten wieder aus. Im Gegensatz zur Stopfbuchse mit Fliehkraftpressung wird hier der Sperrdruck außerhalb der Stopfbuchse erzeugt. Verluste an Sperrmittel sind nicht zu vermeiden.

Gewindewellendichtungen erzeugen den Sperrdruck an der Dichtstelle durch ein Rückfördergewinde, das entweder in die umlaufende Welle oder in das ruhende Gehäuse eingeschnitten ist (**10.68**). Gewindesteigung und Drehrichtung sind aufeinander abgestimmt. Für wechselnde Drehrichtung ist die Gewindewellendichtung ungeeignet.

Die Anordnung gegenläufiger Gewinde mit hochviskoser Sperrflüssigkeit ist in den Fällen erforderlich, in denen das Betriebsmedium selbst keine hinreichende Viskosität besitzt. Das gegenläufige Gewinde fördert die Flüssigkeit zur Mitte der Stopfbuchse hin, wo sie einen Sperring bildet, der sich in Abhängigkeit von der Differenz des erzeugten und abzudichtenden Druckes selbsttätig über beide Gewinde verstellt.

Zur Abdichtung von Gasen hat sich die Gewindewellendichtung besonders bewährt. Schaumbildung, die bei höheren Laufgeschwindigkeiten durch Eindringen von Gas in die Sperrflüssigkeit entstehen kann, lässt sich durch geeignete Maßnahmen verhindern.

Durch Haftung und innere Zähigkeitsreibung wird infolge der Schraubbewegung im Gewinde die Flüssigkeit gegen den abzudichtenden Druck gefördert. Dabei baut sich längs des Gewindeganges ein ansteigender Druck auf. Von der Fördermenge strömt unter Einwirkung des abzudichtenden Druckes ein Teil als Verlust durch den Spalt und durch die Gewindegänge zurück. Die Dichtwirkung beruht somit auf dem Gleichgewicht zwischen Fördern und Rückströmen. Der größte Dichtdruck, der sich bei voller Auf-

10.4 Berührungsfreie Dichtungen

füllung des Gewindes einstellt, ist nach Gümbel-Everling [2] $p = C \cdot \eta \cdot v \cdot l/h^2$. Er ist demnach abhängig von der dynamischen Zähigkeit η, von der Wellenumfangsgeschwindigkeit v, von der wirksamen Gewindelänge l, von der Gewindetiefe h und von einer dimensionslosen Konstante C. Diese Konstante ist nicht nur von der Gewindeform, sondern in starkem Maße auch von der Größe des Spaltes zwischen Gewindespitze und gegenüberliegender Fläche abhängig [19], [20].

10.4.3 Berührungsfreie Schutzdichtungen

Spaltdichtungen. Die Welle wird vom Gehäuse dicht umschlossen. Welle und Bohrung erhalten gleiches Nennmaß. Der Spalt kann glatt sein oder durch Rillen (Fettrillen) unterbrochen werden (**10.69a**). Spaltdichtungen genügen bei Lagern mit Fettschmierung. Bei ölgeschmierten Lagern genügen sie nur dann, wenn das Öl durch Spritzringe abgeleitet wird oder die Dichtung mit Förderrillen versehen ist.

Labyrinthdichtungen. Es werden axiale und radiale Labyrinthe ausgeführt (**10.69 b, c, d**). Die Labyrinthe, deren Bezeichnung für Schutzdichtungen irreführend ist, da hier keine Labyrinthwirkung wie bei Drosseldichtungen (**10.64**) vorhanden ist, sind verlängerte Spalte. Die Fliehkraft hat auf das Lässigkeitsverhalten einen gewissen Einfluss. Mit Fett gefüllte Labyrinthe dichten gegen Wasserspritzer, Staub und auch gegen ungewöhnlich starke Verschmutzung, z. B. bei Baumaschinen (s. Nilos-Stahlscheiben-Labyrinthdichtung, Bild **10.70**).

Besteht die Gefahr, dass Fett aus den Spalten gespült wird, so muss eine eigene Fettschmierung, z. B. über Schmiernippel, vorgesehen werden. Zur Abdichtung gegen Öl in Lagern werden den Labyrinthen Spritzringe vorgeschaltet.

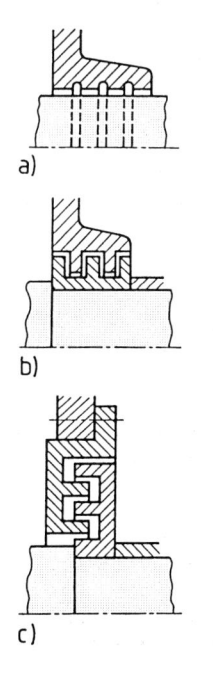

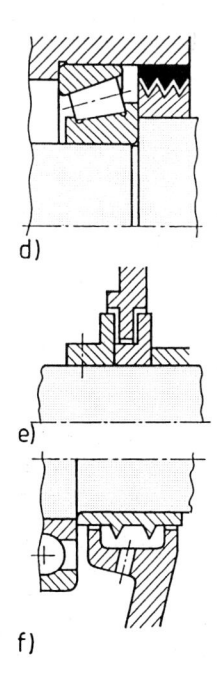

10.69
Abdichtung von Lagerstellen
a) Spaltdichtung mit Fettrillen
b) axiales Labyrinth
c) radiales Labyrinth
d) Labyrinthringe als fertiges Einbauelement
e) Abwerfscheibe
f) Spritzring mit Ölfangkammer

Labyrinthspaltdichtungen werden als Schutzdichtungen in Form von Stau- oder Abstreifscheiben gebaut. Sie bestehen aus hintereinandergeschalteten, zugeschärften Messingscheiben, die den Ölaustritt und das Eindringen von Fremdstoffen verhindern. Bei zu großem Ölanfall müssen Spritzringe zur Entlastung vorgeschaltet werden. Als Schutz gegen staubhaltige Außenluft werden Abwerfscheiben verwendet, die seitlich aus dem Lagergehäuse hinausragen sollen (**10.69e**). Damit durch deren Pumpwirkung nicht Öl aus dem Inneren herausgesaugt wird, muss auch innen eine Scheibe vorhanden sein.

Spritzringe werden bei starkem Ölfluss zusammen mit anderen Schutzdichtungen oder auch ohne diese angeordnet. Die einfachste Form besteht aus einer scharfkantigen Nut oder der Eindrehung einer Schleuderkante. Ein aufgeschobener Spritzring vermeidet Kerbwirkung. Häufig sind auch die Enden von Distanzbuchsen oder Stellringen als Spritzringe ausgebildet. In manchen Fällen müssen Ölfangkammern mit einem Ablauf in das Lagergehäuse vorgesehen werden (**10.69f**). Die Konstruktion soll so ausgeführt sein, dass das an der Gehäusewand abfließende Öl nicht mehr auf die Welle gelangt.

10.4.4 Membrandichtungen

Faltenbälge sind stark verformbare Schutzhüllen, die zur vollkommenen Abdichtung hin- und hergehender Maschinenteile benutzt werden. Metallfaltenbälge werden als Falten- oder Wellrohre aus Messing, Tomback oder aus Stahl hergestellt. Das Wellrohr (**10.71**) soll trotz der vorhandenen Federkraft nicht als arbeitende Feder, z. B. bei Verwendung in Gleitringdichtungen, verwendet werden. An die Faltenbälge können Ringe oder Flansche angeschweißt oder angelötet werden. Nichtmetallische Faltenbälge sind einfache Schutzhüllen aus nachgiebigen Werkstoffen, wie Leder, Gummi, Teflon oder anderen Kunststoffen. Sie dienen zur Abdichtung von Teilen mit begrenzter Beweglichkeit, z. B. an Durchführungsstellen von Hebeln oder Schubstangen (**10.73**). Im Inneren des Balges darf kein wesentlicher Druckunterschied zu seiner Umgebung bestehen.

Weichstoffmembranen sind quer zu ihrer Ebene elastisch verformbare Platten aus Gummi oder gummiartigen Kunststoffen. Ihre Aufgabe besteht darin, eine elastische Trennwand zwischen zwei Medien zu bilden und eine Volumenänderung der abgetrennten Räume zu ermöglichen. Sie finden Anwendung in pneumatischen und hydraulischen Geräten, wie in Druckschaltern, Membranpumpen und Regel- und Anzeigegeräten. Flachmembranen (**10.72a**) können nur kleine Hübe ausführen. Wellmembranen dagegen (**10.72b**) ermöglichen durch vorgeformte konzentrische Erweiterungen größere Hübe. Topf- oder Rollmembranen bestehen aus einem kegelstumpfförmigen dünnen Mantel aus Gummi oder Kunststoff mit oder ohne Gewebeauflage. Beim Durchlaufen des Hubes wird der Mantel umgerollt (**10.74**). Topfmembranen ersetzen u. a. Manschetten oder O-Ringe in den Fällen, wo bei kleinen Geschwindigkeiten unerwünschte Reibungskräfte oder Rattern auftreten.

10.4 Berührungsfreie Dichtungen

d M8	D k7	w_A	w_J	d M8	D k7	w_A	w_J
20	42	38	24	50	90	83	57
20	47	41	26	50	110	99	61
20	52	45	27				
				55	100	91	64
25	47	43	29				
25	52	46	31	60	110	101	69
25	62	54	33				
				70	125	116	79
30	55	50	35	75	130	121	84
30	62	56	36	80	140	129	91
30	72	65	37				
35	62	57	40				
35	72	65	42				
35	80	71	44				
40	68	63	45				
40	80	73	47				
40	90	81	49				
45	75	70	50				
45	85	78	52				
45	100	91	54				

10.70
Fettgefüllte Nilos-Stahlscheiben-Labyrinthdichtung (Auswahl aus Werksnormen, Maße in mm)

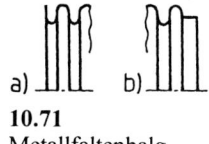

10.71
Metallfaltenbalg
a) ohne Endbord
b) mit Endbord

10.72
Weichstoffmembranen
a) Flachmembran
b) Wellmembran

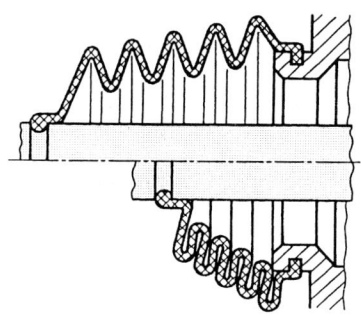

10.73
Balgdichtung

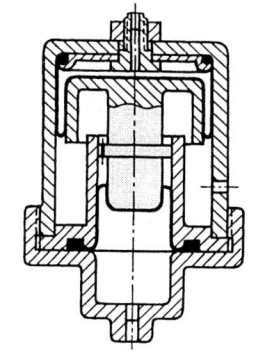

10.74
Differentialkolben mit Topfmembranen

Literatur

[1] Englisch, C.: Kolbenringe. 2 Bde. Wien 1958.
[2] Gümbel und Everling: Reibung und Schmierung im Maschinenbau. Berlin 1925.
[3] Klein, M.: Einführung in die DIN-Normen. 13. Aufl. Stuttgart 2001.
[4] Mayer, E.: Axiale Gleichringdichtungen. 6. Aufl. Düsseldorf 1977.
[5] Schmid, E.: Handbuch der Dichtungstechnik. Expert-Verlag, 1980.
[6] Stodola, A.: Dampf- und Gasturbinen. 6. Aufl. Berlin 1924.
[7] Traupel, W.: Thermische Turbomaschinen. 1. Bd. 3. Aufl. Berlin–Heidelberg–New York 1977.
[8] Trutnovsky, K.: Berührungsdichtungen an ruhenden und bewegte Maschinenteilen. 2. Aufl. Berlin 1975.
[9] –: Berührungsfreie Dichtungen. 3. Aufl. Düsseldorf 1973.
[10] –: Schutzdichtungen. Düsseldorf 1977.
[11] Krägeloh, E.: Anforderungen an Dichtungen. Z. Konstruktion 20 (1968), H. 6.
[12] Schwaigerer, S.; Seufert, W.: Untersuchungen über das Dichtvermögen von Dichtungsleisten. BWK 3 (1951), S. 144 bis 148.
[13] Trutnovsky, K.: Die Wirkungsweise von Weichpackungsstopfbuchsen. Z. Konstruktion 20 (1968), H. 6.
[14] Müller, H. K.: Weichpackungsstopfbuchsen mit ausgeglichener Anpressung. Z. Konstruktion 20 (1968), H. 6.
[15] Lang, C. M.: Untersuchungen an Berührungsdichtungen für hydraulische Arbeitszylinder. Diss. TH Stuttgart 1960. –: Elastische Dichtungen in Hydrozylindern. Z. Maschinenmarkt 73 (1967), H. 61. –: Dichtungsbauarten und Dichtungsprobleme in der Ölhydraulik. Z. technica (1969), H. 24, H. 26 (1970), H. 2.
[16] Müller, H. K.: Schmierfilmbildung. Reibung und Leckverlust von elastischen Dichtungsringen an bewegten Maschinenteilen. Diss. TH. Stuttgart 1962.
[17] Schmitt, W.: Gummielastische Dichtungen in der Hydraulik. Z. Konstruktion 20 (1968), H. 6.
[18] Mayer, E.: Berechnung und Konstruktion von axialen Gleitringdichtungen. Z. Konstruktion 20 (1968), H. 6.
[19] Frössel, W.: Untersuchung an Gewindewellendichtungen. Z. Konstruktion 18 (1966), H. 4.
[20] Passera, W.: Untersuchungen an konzentrischen Gewinde-Wellendichtungen. Fortschritt-Ber. VDI-Z, Reihe 7, Nr. 16 (1969).
[21] Unterlagen der Reinz-Dichtungs-GmbH & Co. KG, Neu-Ulm, 2003.

Sachverzeichnis

Abbrennstumpfschweißen 142, 165
Abdeckscheiben als Dichtung 445ff.
Abdichtung
-, Flanschverbindung 412, 428
-, Rohre 412, 423
Abmaß 94f., 98ff.
Abschälen, Klebeverband 211f.
Abscheren, Bolzen und Stifte 277
-, Niete 125, 127, 133, 136,
-, Schraube 319f., 321, 323
Abscherspannung 48
Absperrorgane 339ff.
-, Widerstandsbeiwert 399
AD-Merkblätter 140, 182f., 323
Allgemeintoleranzen 104
Alphabet, griechisches 10
Aluminium 36f., 118
Anstrengungsverhältnis 59, 77
Anwendungsziele 15f.
Anzieh|drehmoment 296, 314f.
-, -faktor 305f., 313
Arbeitsvermögen 349
Armaturen 414ff.
Auflagefläche, Schraube 306
Auftrag|löten 201
-, -schweißen 153
Ausdehnung, thermische 245, 401
ausdehnungsgerechtes Gestalten 18, 402
Ausgleich, Rohrleitungen 401
Ausgleichs-Unterlegscheibe 331
Ausnutzungsfaktor, Feder 350, 354
Ausschlag|festigkeit, 354
-, -spannung 62f., 310, 370
Ausschnitte, Behälterböden 183f.
austenitisches Gusseisen 35
Axialkraft 226f.

Axialkraft, zul., für Sicherungsringe 261
Axialwellendichtung 442, 443

Bach 51, 59, 78
Back-Ringe 432, 434
Bauformen, Bewegungsschrauben 324
-, Gasfedern 384ff.
-, Gleitringdichtungen 450f.
-, Gummifedern 379ff.
-, Sicherungsringe 257f.
-, Wellendichtringe 436ff.
Baustähle 32
-, Festigkeitskennwerte 29f., 37
-, Schwingfestigkeit 38
Bauteilspannung, zul. 125, 320
Beanspruchung (Arten, Belastung) 45ff.
-, Biege- 49ff., 62, 81ff., 157, 162, 165f., 177, 187, 189
-, Druck- 48, 62, 157, 162, 164, 235ff.
-, dynamische, Gummifedern 383
-, dynamische (schwingende) 40f., 61ff., 168, 369
-, Hertzsche Pressung 56
-, Knick- 53ff., 325, 368
-, Oberflächen- 56
-, ruhende 63
-, Scher-, Schub- 48f., 132, 177f., 187f., 192, 202, 203, 208ff., 213f., 319f., 321, 342
-, schwellende 40f., 63f., 78, 310f.
-, Torsions- 46, 52, 62, 88, 167, 194f., 265, 311, 324, 340, 365
-, von Federn 354, 361, 365
-, -, Gummifedern 380f.
-, -, Schraubenfedern 365ff.
-, -, Tellerfedern 357f.
-, wechselnde 38f., 61

Beanspruchung, Zug- 46f., 62, 64, 124, 133, 157, 162, 164, 179, 202, 311, 401
-, zusammengesetzte 56ff., 62f. 83ff., 177, 187, 190, 237, 240, 311f., 341
Beanspruchungsgruppen 170f., 173
Behälterbau (Schweißen im) 178ff.
-, Beiwert β 183
Behälter, Berechnungstemperatur 181f.
-, Bewertung der Schweißnaht 182f.
-, -böden, Ausschnitte in gewölbten 183f.
-, -, ebene, geschweißte 184, 185
-, Kesselformel 182f.
-, Sicherheit 181f.
-, Wanddicke 178ff.
Beiwinkel 128, 133f.
Belastung s. Beanspruchung
-, exzentrische 303f.
Belastungs|bild 61, 170
-, -fälle nach Bach 78f.
Berechnung, Bewegungsschrauben 324 ff.
-, Bolzen, Stifte 277f.
-, Federn 347ff., 354
-, Gasfedern 384ff.
-, Kegelsitzverbindung 225f.
-, Keilverbindung 252
-, Klebverbindung 209f.
-, Klemmverbindung 222f.
-, Lötverbindung 201f.
-, Nietverbindung 123ff., 134f.
-, Passfederverbindung 262f.
-, Pressverbindung 235ff.
-, Profilwellenverbindung 265ff.
-, Polygonprofilverbindung 270f.
-, Punktschweißverbindung 161ff.
-, reibschlüssige Verbindung 219ff.
-, Ringspannverbindung 227ff.

Berechnung, Rohrleitungen 395ff.
-, Schraubenverbindung 291ff., 318
-, Schweißverbindung 155ff.
-, Sicherungsringe 257f.
-, Tellerfedern 359f.
Berechnungsbeispiele, Federn 349f., 351, 361f., 375ff., 383
-, Grundl. d. Festigkeitsl. 68f., 72f., 75ff.
-, Klebverbindung 213
-, Klemmverbindung 225
-, Lötverbindung 205
-, Nietverbindung 132ff., 137
-, Querpressverbindung 248ff.
-, Rohrleitungen 407f.
-, Schraubenverbindung 334ff.
-, Schweißverbindung 164ff., 186ff.
Berührungs-Dichtungen 423ff.
berührungsfreie Dichtungen 452f.
Betriebsfaktor φ 156, 188, 221
Bewegungsschraube 324f.
-, Flächenpressung 325
-, Knickung 325
-, Verdrehung 324
-, Wirkungsgrad 325f.
Bewertung, Schweißnähte 145
Bezeichnung, Schweißnähte 144ff.
Biege|beanspruchung 49ff.
-, Festigkeits|bedingung 49
-, -, -nachweis 51
-, schiefe 51
-, Schubmittelpunkt 51
-, Spannungsverteilung 51
-, -feder 353f.
-, -festigkeit 59
-, -moment 49, 81ff.
-, -verlauf 81ff.
-, -spannung 49f.
-, -umformung 19
-, -verformung 354
-, -wechselfestigkeit 38ff., 63
Biegung 49f., 354
-, mit Querkraft 50f., 131f.
-, schiefe 51
Blattfeder 353f.
Blech|dicken, Nietloch 126
-, -verbindung (Klebverbindung) 203f.
Blei 31

Block|länge 347, 366
-, -spannung 368, 372, 374
Böden, Behälter 182f.
Bohrbearbeitung 25
Bolzen 272f., 274
Bor 31
Bördelnaht 147, 150
Brainstorming 13
Bruch|dehnung 37, 39, 42
-, -festigkeit 59
-, -sicherheit 60, 71

Chrom 31

Dachmanschetten 432, 434
Dampfkessel 178
Dämpfung 359, 380
Darstellung Schweißnähte 146ff.
Dauerbruch 59ff., 70
Dauerfestigkeit 69
-, Diagramm 38ff., 63, 72, 75
-, Gusseisen 42, 63
-, Stahl 37ff., 63
Dauerhaltbarkeit 69
-, Federn 351, 354, 373
-, Schrauben 309, 311
-, Schweißverbindung 168f., 174
Deckelschraube 263
Dehn|grenze 60
-, -schraube 293, 300, 314ff., 323, 332, 339
Diagonalstab, Fachwerk 128, 133
Dicht|kitte 423
-, -lippe 433, 436
Dichtung 413ff., 422ff.
-, Abdeckscheiben als Schutz- 445f.
-, Axial-Wellen- 442f.
-, Back-Ringe 432, 434
-, bedingt lösbare 422
-, Berührungs- 422ff.
-, berührungsfreie 452ff.
-, Compact-Stangen- 435
-, Dichtschweißung 423
-, dichtungslose Verbindung 424
-, Drehdruck- 439
-, Faltenbalg 458f.
-, Federring- 449
-, Filzring- 442
-, Flach- 424
-, Flexotherm- 425

Dichtung, für Kreiselpumpe 453
-, Gewindewellen- 456f.
-, Gleitring- 450ff.
-, Hart- 426
-, Hartstoff-Profil- 427
-, Kitte 423
-, Kolben- 449
-, Kolbenring 449
-, Labyrinth- 454f., 457f.
-, Linsenring 428
-, Lippenring 432
-, lösbare Berührungs- 423ff.
-, Manschetten 432
-, -, Dach- 434
-, -, Hut- 432
-, -, Topf- 432
-, Membran- 458f.
-, Mehrstoff- 425
-, mit Flüssigkeitssperrung 455f.
-, Nilos-Dichtringe 445ff.
-, -, -Distanzringe 448
-, -, -Stahlscheiben-Labyrinth- 459
-, Nutring- 433f.
-, "OMEGAT"-Dichtsatz 436
-, "O"-Ringe 427
-, Packung 429ff.
-, -, Bemessung 429
-, -, Knet- 430
-, -, Metall- 430f.
-, -, Weichpackungsstoffbuchse 431f.
-, -, Weichstoff- 429
-, -, Wirkungsweise 431
-, Pressverbindung 423
-, Profil- 426
-, Quadring- 434
-, Radial-Wellendichtringe 436ff.
-, Retall- 425
-, Ringspalt- 453
-, Rund|dichtringe 434
-, -schnurring 426f.
-, Schutz- 445, 457f.
-, Schwimmring- 453
-, selbsttätige Berührungs- 431ff.
-, Spalt- 452f., 457f.
-, Spießkantring 428
-, Spritzringe 458
-, Stangen- 434f.
-, Strömungs- 452ff.
-, unlösbare 422f.
-, V-Packungsring 435

Sachverzeichnis

Dichtung, V-Ring-Wellen- 441
-, Walzverbindung 422
-, Weich- 424
-, Weichstoffmembranen 458
-, Weichstoffprofil- 426
DIN-Normen, Absperrgeräte 320
-, allg. 90f.
-, Bolzen und Stifte 255f., 274f.
-, Dichtungen 422
-, Einhcits|bohrung 90
-, -welle 91
-, Federn 344f.
-, Flanschverbindung 340
-, Formelzeichen 90
-, formschlüssige Verbindung 255, 258ff.
-, Gestaltabweichung 90
-, Keilverbindungen 218, 253
-, Keilwellenverbindungen 255, 266, 268
-, Klebverbindungen 206
-, Lötverbindungen 197
-, Maßeintragungen 90
-, Nietverbindungen 115f.
-, Normzahlen 90
-, Oberflächenrauheit 90
-, Passungen 90f.
-, Passungsauswahl 91
-, reibschlüssige Verbindungen 217
-, Rohrleitung 391ff.
-, Schraubenverbindungen 280ff., 292f.
-, schweißtechnische 140f.
-, Stahlbauten 116
-, Toleranzen 90f.
-, Werkstoffe 28
-, -, Prüfung 29
Doppellaschennietung 126
Drehbearbeitung 19, 25
Drehfeder 362ff.
Drehmoment, Anzieh- 296
-, Los- 297, 307
-, -schlüssel 221, 305, 334
Dreh|schubfeder 381
Dreiwegehahn 414
Drosselklappe 421
-, -ventil 417
Druckbehälter 178ff., 196
Druck|feder, Gummi 381f.
-, Metall 352ff.

Druck|hülse 233
-, -minderventil 417
-, -mutter 327
-, -spannung 48, 62
-, -stab, Fachwerk 123, 128f., 137
-, -stufen 403
Durchbiegung, Feder 346, 354
Durchfluss 394f.
Durchgangshahn 414
Durchmesserzentrierung 267
dynamische Beanspruchung, Bauteile 61
- -, Federn 351, 354, 369f., 373f., 383
- -, Schrauben 309f.

Ebener Spannungszustand 46
-, räumlicher 46
Eigenschaften, Gummi 380f.
Eigenschwingung 350f., 383
-, Druck-Stahlfeder 367
-, Resonanz 351
Einheiten 10
Einheits|bohrung 94, 97
-, -welle 94, 97
Einpresskraft 245
Einsatzstähle 33
-, Festigkeitskennwerte 34, 39
-, Schwingfestigkeit 41
Einschraubtiefe 291, 313
Eisenwerkstoffe 29ff.
Elastizitätsmodul 32ff., 42, 354f., 382
-, Gummi 379, 382
-, Gusseisen 33f., 42, 54
-, Nichteisenmetalle 36f., 355
-, Stahl 32f., 54, 248, 290, 354
-, Temperaturen, höhere 60
Elektronenstrahl-Schweißen 142
Entlastungskerbe 327
Entwerfen, Maschinenteile 11
-, Gestalten 13
-, -, ausdehnungsgerechtes 18
-, -, beanspruchungsgerechtes 15
-, -, fertigungsgerechtes 18
-, -, kraftflussgerechtes 17
-, Leitregel 14f.
-, Methoden zur Lösungsfindung 12f.
-, ertragbarer Spannungsausschlag 38ff., 62f., 69, 354, 358, 373

Erwärmung, Naben- 245, 249
Euler, Knickformel 54
Evolventenprofil 267f.

Fachwerk, Knotenblech 129, 153
-, Knotenpunkt 128, 154
-, Momentenanschluss 130
Faltenbalg 458
Falznaht 204
-, -verbindung 213
Feder|abmessungen 352, 360, 364
-, Arbeits|temperatur 371, 386
-, -, -vermögen 349
-, Ausnutzungsfaktor 350
-, Bauformen, Gummi 380f.
-, -, Gasfedern 384
-, -, Metall 352, 354
-, Baugrößen, Druckfeder 364
-, Berechnungsgrundlagen 346
-, Biege- 352f., 354
-, ebene gewundene Biege- 356
-, Blatt- 354f.
-, Block|länge 366, 368
-, -spannung 370, 372, 374
-, Dauerfestigkeit 372ff.
Feder, Diagramm 347, 349, 359, 369, 386f.
-, Dreh- 362ff.
-, Drehstab- 362
-, Druck- 346, 363ff., 375ff.
-, Durchbiegung 346, 354
-, dynamische Beanspruchung 369, 382
-, Eigenschwingungszahl 350f., 367f., 383
-, Elastizitätsmodul 354f., 379, 382
-, -enden 356, 362, 378
-, -energie 349
-, Form|faktoren 355, 365
-, -federn 355
-, Gas- 385ff.
-, -, Ausführungen 387ff.
-, -, blockierbare 387
-, -, Dämpfen 388
-, -, Druck 385
-, -, -, -ausgleich 387
-, -, federnde Blockierung 389
-, -, Kennlinie 386f.
-, -, Feder|kraft 385
-, -, -weg 386
-, -, starre Blockierung 389

Feder, Gas-, Temperatureinfluss 386
-, -, ungedämpftes Einschieben 387
-, -, Volumen 386
-, geschichtete Blatt- 353
-, Grenzspannung 351
-, Gummi- 379ff.
-, Hintereinanderschaltung 348
-, Hub|spannung 370f.
-, -festigkeit 369f., 373f.
-, -kennlinie 347, 386f.
-, -, für Federsäulen 358f.
-, Knicksicherheit 368
-, Kombinationen 347, 358
-, -konsole, geschweißt 192
-, -konstante (-steife) (-rate) 347f., 359, 365, 383
-, -körper-Länge 356
-, -kraft 347
-, -länge 347, 366f.
-, Leitertafel 375
-, Nichteisenmetall 355
-, -Paket 357f.
-, Parallel|schaltung 347f.
-, -, -schub- 381
-, Pass- 262f.
-, Querfederung 368
-, -rate 347, 359, 365
-, Raumzahl 350
-, Relaxation 369, 372
-, Resonanzschwingung 350, 367
-, Ring- 352
-, -ringdichtung 449
-, Rundungshalbmesser 354f., 381
-, -säule 357f.
-, -scheibe 329
-, Scheiben- 263f., 381
-, Schenkel- 354, 356
-, Schenkel-, Dauerfestigkeit 373
-, Schrauben|biege- 354, 356
-, -, -dreh- 363f.
-, -, -druck- 363ff.
-, Schub- 381f.
-, -, -modul 354f., 380
-, schwingende Systeme 350
-, Schwinghub 369, 376
-, Spannungs|erhöhung 363
-, -, -gleichungen 354, 361, 365
-, Spiral- 354, 356
-, Stahl-, Maße 360, 364

Feder|steife 300, 347f., 365, 383
-, Teller- 357ff.
-, Trapez- 353f.
-, Dreh|schub- 381
-, -spannung 372
-, Verformungsgleichungen 349f., 354
-, Vorspannkraft 378
-, -weg 346ff., 354, 358, 365, 369f., 377, 386
-, Werkstoffe 355, 372ff.
- Windungs|abstand 347, 366
-, -, -zahl 366
-, Zug- 372ff., 377f.
-, zug- und druckbeanspruchte 352
-, zulässige Beanspruchung 368
Federung, spezifische 347
Feingestalt 110
Fertigung (Herstellung), Gewinde 326
-, Nietverbindungen 118ff.
-, reibschlüssige Verbindungen 250
-, Schweißverbindungen 140ff.
Festigkeit, Bruch 60
-, Dauerschwing- 62
-, Einflüsse auf die 64ff.
-, Warm- 60
-, Zeit- 64, 181
-, Zug- 60
Festigkeits|bedingungen 48ff.
-, -klassen für Schrauben 287ff.
-, -hypothese 56ff.
-, -, Anstrengungsverhältnis 59, 76
-, Gestaltänderungsenergie- 58, 76, 88, 236, 311
-, Schubspannungs- 57, 179, 236
-, modifizierte Schubspannungs- 236, 241
-, Normalspannungs- 57, 88
Festigkeitslehre 45ff.
-, Anstrengungsverhältnis 59
-, Anwendungsbeispiel 68ff.
-, Beanspruchungsarten 45ff.
-, Biege|beanspruchung 49f., 51f.
-, Druck- 48
-, Flächenpressung 55
-, Grenzspannungen 59ff.
-, Hertzsche Pressung 56
-, Hypothesen 57ff.

Festigkeitslehre, Knickung 54f.
-, Scher- (Schub-) 48, 50f., 62
-, Spannungs|kreis 46, 52f.
-, -, -zustand 45
-, Torsions- (Verdreh-) 52f.
-, Verformung 47
-, Zugspannung 47f.
Festigkeitswerte 37ff.
-, Ausschlag 311, 358, 373
-, Federn 381ff.
-, Gusseisen 42ff.
-, Kesselbleche 181
-, Klebstoffe 216
-, Leichtmetalle 36, 63, 135f.
-, Lötverbindungen 203
-, Muttern 289f.
-, niedriglegierte Stähle 39f.
-, Nietwerkstoffe 117f.
-, Punktschweißen 164
-, Schrauben 288, 290, 311, 314ff.
-, Schweißwerkstoffe 180
-, Schwell- 38, 40ff.
-, Stahl 29ff., 37f., 43f., 63, 180
-, -, -guss 43f.
-, Wechsel- 38, 40ff., 74
-, Zeit|dehngrenze 181
-, -standfestigkeit 181
Filzringdichtung 442
Flachdichtungen 424
Flächenpressung 56
-, Bolzen 277f.
-, formschlüssige Verbindungen 260, 262, 269
Flächenpressung, gewölbte Flächen 55f.
-, Grenz- 306
-, Klemmsitz 224f.
-, Presssitz 236ff., 240ff., 248
-, reibschlüssige Verbindungen 219f., 224f.
-, Schraubenverbindung 304f.
-, zulässige 48, 264, 306
Flächenträgheitsmoment 49f., 52, 131, 165f., 177, 187f.
Flach|gewinde 283, 294
-keil 252f.
-stab 126, 132f.
Flanken|durchmesser 283, 285
-kehlnaht 159
-zentrierung 267ff.

Sachverzeichnis

Flansch 153, 411f.
-, -dichtungen 424, 428
Fließ|grenze 60
-richtung, Lot- 198
Flügelmutter 293
Flüssigkeitssperre 455f.
Flussmittel 198f.
Formdehngrenze 69
Formfaktor, Federn 354, 365
-, Gummifeder 382f.
-, Schraubenfeder 365
formschlüssige Verbindung 255ff.
- -, Bolzen und Stifte 272ff.
- -, Keilwellen 265f.
- -, Passfedern 262f.
- -, Polygonprofilwellen 269f., 271
- -, Spannhülsen 274ff.
- -, Zahnwellen mit Evolventen 267ff.
Form|toleranzen 106
- -, Zeichnungsangabe 106
-zahl α 64ff., 72f.
- -, Schweißnähte α_N 168f.
Form|ziffer α_k 64ff.
- -, Beanspruchung, ruhende 67
- -, -, veränderliche 67
Fräsbearbeitung 19, 25f.
Freimachen, Maschinenteile 79ff.
Freimaße 104ff.
Fugen|dicke Klebverb. 210f.
-löten 198, 204f.

Gasfeder 384ff.
-, Ausführungen 387ff.
-, blockierbare 387
-, Dämpfen 388f.
-, Druck 385
-, -ausgleich 385
-, federnd blockieren 389f.
-, Kennlinie 386f.
-, Feder|kraft 385
-, -weg 386
-, starre Blockierung 389f.
-, Temperatureinfluss 386f.
-, ungedämpftes Einschieben 387f.
-, Volumen 385
Gasschmelzschweißen 141
gekerbte Stäbe 66
geschweißte Teile 19
Gesenkschmiedebearbeitung 18f.

Gestalt|abweichung 110
-änderungsenergie-Hypothese 58, 75, 79, 236, 311
Gestalten 13ff.
-, Abmessungen 15f.
-, Anwendungsziele 16
-, ausdehnungsgerecht 18
-, beanspruchungsgerecht 15f., 24, 29
-, fertigungsgerecht 18, 25f.
-, festigkeits- und steifigkeitsgerecht 16, 25f.
-, kraftflussgerecht 17
-, werkstoffgerecht 18, 20, 29
Gestalten, Kontrollfragen 14f.
-, -, Auslegung 14
-, -, Ergonomie 14
-, -, Fertigung 14
-, -, Funktion 14
-, -, Gebrauch 14
-, -, Gestalt 14
-, -, Instandhaltung 14
-, -, Kontrolle 14
-, -, Kosten 14
-, -, Kraftfluss 14
-, -, Montage 14
-, -, Recycling 14
-, -, Sicherheit 14
-, -, Termin 14
-, -, Transport 14
-, -, Wirkprinzip 14
-, Leitregel 14f.
-, Richtlinien 18ff.
Gestaltfestigkeit 62
Gestaltung 13ff.
-, Bolzen 272f., 274f.
-, Dreh-Druck-Dichtung 438
-, Druck|hülsen 232f.
-, -ölpressverband 251
-, Federenden 356, 362, 378
-, Federn 352ff.
-, Formfedern 353ff.
-, formschlüssige Verbindungen 257ff.
-, Gasfedern 387
-, Gewindeteile 330f.
-, Gummifedern 382f.
-, Gussteile 18, 20ff.
-, Keilverbindung 252
-, Klebverbindung 209ff.
-, Klemmverbindung 222f.

Gestaltung, Lötverbindung 202ff.
-, Nietverbindung 118ff., 128ff.
-, Passfederverbindung 262f.
-, Profilwellenverbindung 265ff.
-, Punktschweißverbindung 161
-, reibschlüssige Verbindung 250f.
-, Ringspannscheibenverbindung 232
-, Schraubenverbindung 326ff., 331ff.
-, Schrumpfscheibenverbindung 231
-, Schweißverbindung 151ff., 184
-, Schwimmringdichtung 451
-, Stifte 272ff.
-, Wellenabdichtungen 437ff.
Gestaltungsrichtlinien 18ff.
-, für Biegeumformung 19
-, für Bohrbearbeitung 19, 25f.
-, für Drehbearbeitung 19, 25
-, für Fräsbearbeitung 19, 25
-, für geschweißte Teile 19, 151ff., 184
-, für Gesenkschmiedebearbeitung 18
-, für Gussteile 18, 20ff.
-, für Schleifbearbeitung 19
-, für Sinterteile 18
Gewaltbruch 59
Gewinde 279, 283f.
-, -arten 283
-, -einsatz 326
-, Einsatzbuchsen 326
-, Einschraubtiefe 291, 313
-, Flach- 283, 294
-, Fläche 325
-, -herstellung 326
-, ISO-Profil 283
-, -kräfte 291
-, metrisches 283f., 285f.
-, Nennmaße 284, 286
-, Normen 297ff.
-, -profile 283
-, Reibung 294f., 298
-, Rund- 283f.
-, Sägen- 283f.
-, Sonder- 284
-, Spannungsquerschnitt 285, 300
-, Spitz- 283f., 295f.
-, -steigung 283, 285f., 324
-tolerierung 284f., 286

Gewinde, Trapez- 283f., 286
-wellendichtung 456
-, Whitworth- 283f.
Glättungstiefe 110, 235
Gleichdick 270f.
Gleichgewichtsbedingungen 80
Gleitfeder 262
gleitfeste Schraubenverbindungen 321
Gleitmodul, Gummi 380
-, Nichteisenmetalle 355
-, Stahl 354
Gleit|reibwert (Reibungszahl) 219ff., 226, 245, 296f., 298, 321, 431
-ringdichtung 450f.
-stein 80
-, -widerstand 120
Goodman-Diagramm 62, 358, 373
Grauguss 33
Grenz(ab)maß 94f., 98ff.
Grenzspannungen 59ff., 71
-, Dauerbruch 61, 70
-, dynamische Beanspruchung 61ff.
-, Ermittlung 54, 63
-, Federn 351
-, gekerbte Bauteile 69ff.
-, Gewaltbruch 59
-, Knicken 53ff.
-, Verformung, elastische 60
-, -, plastische 59
griechisches Alphabet 10
Grobgestalt 110f.
Größenfaktor b 64
Grund|abmaß 95
-toleranzgrad 95, 97f., 100f.
Gümbel-Everling 457
Gummi, Altern 380
-, Dämpfung 380
-, Eigenschaften 380
-, Schubmodul 380f.
-, Shore-Härte 379ff.
Gummifedern 379ff.
-, Altern 380
-, Bauformen 380f.
-, -, gebundene 383f.
-, -, gefügte 383f.
-, Dämpfung 380
-, Drehschub- 381

Gummifedern, Druck- 381f.
-, dynamische Federsteife 383
-, Eigenschwingungszahl 383
-, Elastizitätsmodul 379, 382
-, Gestaltung 383f.
-, Hülsenfeder 381f.
-, Parallelschub- 381
-, Quellen 380
-, Querzahl 379
-, Schalldämmfähigkeit 380
-, Scheibenfeder 381
-, Schubfeder 381f.
Gussaluminium 36
Gusseisen 33ff.
-, austenitisches 35
-, Dauerfestigkeit 43
-, Elastizitätsmodul 42, 248
-, Festigkeitskennwerte 34, 42ff.
-, Grauguss 33f., 143
-, Grenzspannungen 63
-, kleinste Wandstärke 19
-, mit Lamellengraphit 33f.
-, mit Kugelgraphit 34
-, Schubmodul 42
-, Temperguss 34f., 143
-, Wandstärke 42
Gussteile, Gestalten 20ff.
-, Wandstärke 42
-, Zugfestigkeit 42ff.

Haftkraft 219
Hahn 414
Hartlöten 199, 205
Hartstoff-Profildichtung 427
Hauptspannung 47, 76
-, Anwendungsbeispiel 76
Hebel, geschweißt 188f.
Hertzsche Pressung 56
hochlegierte Stähle 31
- -, Festigkeitswerte 39
- -, Legierungszusätze 31f.
Höchstmaß 94
Hochtemperaturlöten 198f.
Hohl|keil 253
-welle 238, 242
Hohlzylinder, dünnwandig, geschweißt 178
- -, unter Außendruck 238
- -, unter Innendruck 236f.
Hooksches Gesetz 15, 47, 60, 298f., 379, 401

Hülse, Spann- 274f., 276
Hutmanschetten 431
Hypothese, Festigkeits-
-, Gestaltänderungsenergie- 52, 76, 88, 236, 311
-, modifizierte Schubspannungs- 236, 241
-, Normalspannungs- 57, 88
-, Schubspannungs- 57f., 179, 236

Ideensuche 12
-, Interpret. math. Funktionen 13
-, Methode der/des Analogie 13
-, - Fragens 12
-, - Negation 12
-, - Rückwärts|schreitens 13
-, - Vorwärts- 13
-, systematische Suche 13
Innensechskant 291
ISO-Gewinde, metrisch 284f.
-, -, toleranzen 286f.
-, -, Trapez 284, 286
-, Normen, Abmaße 90f.
-, -, Passungen 90f.
-, -, Toleranzen 90f.
- Passsystem "Einheits|bohrung" 94, 97, 105
-, -, -"welle" 94, 97, 105
-Toleranz|faktor 95, 101
-, -, -kurzzeichen 97f., 105
ISO-Grundtoleranzgrade 95, 101f.
Istmaß 94

Johnson-Parabel 55

Kaltnietung 121
Kapillarwirkung, Löten 204
Kegel 227
-kerbstift 274f.
-, Norm- 226f.
-rückdichtung 417
-steigung 227
-stift 274f.
-, Toleranzeintragung 109
-verbindung 225f.
-, -, Axialkraft 226
-, winkel 227
Kehlnaht 158ff.
Keile 252f.
Keil, Flach- 252f.

Sachverzeichnis

Keil, Hohl- 253f.
-, Längs- 252
-, Nasen- 252f.
-, Quer- 252
-, Tangent- 252
-verbindungen 252ff.
-welle 265f.
-wellenprofil 265
Kerben, Lunker, Poren 18, 20f.
Kerbfälle, Schweißverb. 170ff.
Kerb|faktor (-wirkungszahl) β_k 69, 66, 266, 268, 271
-nägel 275f.
-spannung 64ff.
-stäbe 65f.
-stift 274ff.
-wirkung 64
-, -, Form|zahl α 66f.
-, -, Formziffer α_k 64ff.
-, -, Oberflächenfaktor 69
-, -, Spannungsgefälle 73f.
-, -, Stützwirkung 73
Kerndurchmesser 283, 285f.
Kessel|bau 178ff.
-bleche 181
-formel 144ff.
-lötung 205f.
Klappe 420
Klebstoff 207, 216
Klebverbindungen 206
-, Abschälen 211
-, Berechnen 210
-, Fugendicke 210, 216
-, Gestalten 211ff.
-, Sicherheit 210
-, Überlappungsverhältnis 210
-, zul. Spannung 177
Klemm|kraft 303, 308f.
-länge 300f., 339
-scheiben-Mutter 328
-verbindung 222ff.
Knebelkerbstift 275, 277
Knetpackung 429
Knicken 53f.
-, Druckfedern 368
-, Federweg 368
Knicken, Grenzspannung 55
-, Johnson-Parabel 55
-, Schlankheitsgrad 54f., 325
-, Tetmajer-Gerade 54f.
-, Trägheitsradius 54, 325

Knick|länge 54, 325, 368
-sicherheit, Federn 368
- -, Spindeln 325
-spannung 54
Knotenblech, Fachwerk 129
Kobalt 31
Kohlenstoff 31
-äquivalent 143
Kolben|dichtung 432
-ringe 449
Kompensatoren 402
Konstruieren 11ff.
-, Entwerfen 11, 13
-, Funktion 12
-, Gestaltung 13ff.
-, Hauptmerkmale 13
-, Hilfsmittel zur Lösungsfindung 12f.
-, Ideensuche 12f.
-, -, Methoden 12f.
-, Konzipieren 11f.
Konstruieren, Leitregel 14f.
-, Vorgehensplan 11f.
Kopfauflagefläche 305f.
Kraft|einleitung 302f., 332
- flussgerechtes Gestalten 17
-, -linien 17, 161
-schlussverbindungen 218
-verhältnis 303
Kräfte, dynamische 61
-, Ermittlung 79ff.
-, schiefe Ebene 307
Kranbau, Schubspannung 124f.
Kreuzlochmutter 293
Kronenmutter 293
Kunststoffe 36f.
Kupfer 31

Labyrinthdichtung 454, 457
Lagerbock, geschweißt 190
Längs|keil 252
-pressverband 234, 250
Längung der Schraube 298f.
Laschennietung 122
Laserschweißen 142
Last, Einzel- 81f.
Last|fälle, Stahlbau 124, 173
- -, Leichtmetallbau 134
- im Wälzlager 17
-, Mittel- 61
-, Ober- 61, 310, 369f.

Last, Strecken- 81
-spielzahl (Spannungsspiel) 170, 173, 369, 373
-, Unter- 61, 310, 369
Legierungszusätze 31f.
Leichtmetall 36f., 63, 126
-niete 116f., 118, 134, 136
Leistung 10
Leitertafel, Schraubenfedern 375
Leitregel, Gestalten 13
Leitungs|führung 402
-querschnitt 396
Lichtbogenhandschweißen 141
Linsenring 428
Lippenring 432, 435
Literatur, Dichtungen 460
-, Federung 390
-, Festigkeitsberechnung 89
-, Gestalten 27
-, Kleben 216
-, Konstruieren 27f.
-, Löten 216
-, Nietverbindung 138
-, Normung 114
-, Pressverbände 254
-, reibschlüssige Verbindg. 254
-, Rohrleitungen 421
-, Schraubenverbindg. 343
-, Schweißtechnik 197
-, Werkstoffe 44
Liquidustemperatur 198
Lochleibungsdruck 121, 123, 125, 127f., 132ff., 319f.
Losdreh|moment 297
-sicherung 329
Lösen, selbsttätiges d. Schraubenverbindung 306ff.
Lötarten 199ff.
Lote 199f.
Löten, Arbeitstemperaturen 198ff.
-, Wärmequellen 199f.
Lotschmelzpunkt 198ff.
Lötverbindung 197ff.
-, Anwendungsbeispiele 199, 203f.
-, Auftraglöten 201
Lötverbindung, Berechnen 202f.
-, Blech- 203
-, Bolzen- 203
-, Dünnblechbehälter 204
-, Festigkeit 202f.

Lötverbindung, Fließrichtung 201
-, Flussmittel 201
-, Fugenlöten 201
-, gemuffte 204
-, Gestalten 202ff.
-, Hartlöten 198ff., 205
-, Hochtemperaturlöten 198ff.
-, Kapillarwirkung 198, 205
-, Lotformstück 204
-, Lötzeiten 198
-, Oberflächenrauheit 201
-, Rohrverbindung 204
-, Scherbeanspruchung 202
-, Sicherheitszahl 203
-, Spalt|löten 201
-, -weite 199ff.
-, Vorteile 201
-, Weichlöten 198, 200, 204
-, Zugbeanspruchung 202
-, zul. Spannung 198, 203
Lötvorgang 198

Mangan 31
Manschetten
-, Dach- 434f.
-, Hut- 432
-, Topf- 432f.
Maschinenteile, Berechnung allg. 45ff.
-, Freischneiden 79ff.
Maßeintragung 90f.
Massenreduktion 351
Membran|dichtung 458
-kompensator 401
Metall|federn, Bauformen 352
-klebstoff 208, 216
-packung 430
-schutzgasschweißen 141
Methode des Fragens 12
-, Brainstorming 13
-, mathematische Funktion 13
-, Negation 12
-, Rückwärtsschreiten 13
-, Vorwärtsschreiten 13
Minderungsfaktor 264
Mindestmaß 94
Mittel|last 61
-spannung 62f., 67, 75f., 170
Mittenrauhwert 111
modifizierte Schubspannungshypothese 203, 236

Mohrscher Spannungskreis 46, 52f., 58
Molybdän 31
Momentenanschluss, Fachwerk 129f.
morphologischer Kasten 13
Muffen 411
-, Einsteckschweiß- 411
-, Klebverbindung 212
-, Kugelschweiß- 411
-, Lötverbindung 203f.
-, Schraub- 410
- Stemm- 410
Mutter 293, 325, 327f.
-, Entlastungskerbe 327
-, -höhe 325, 327
-, Sperrzahn- 328
-, Spindel- 419
-, Stell- 261
-, Zug- 327

Naben|breite 220f., 249f.
-, Erwärmung 245
-gestaltung 250
Nachgiebigkeit 299
- der Schraube 300
- verspannter Teile 301
Nahtarten, Schweißen 145, 147f., 156ff.
Nahtformen, Niete 121f.
-, Schweißen 140, 147ff., 158
-, -, Flankenkehlnaht 159
-, -, Halsnaht 177, 188
-, -, Hohlnaht 158f.
-, -, Kehlnaht 158f.
-, -, Rundnaht 167
-, -, Stirnkehlnaht 159
-, -, Stumpfnaht 156f.
Nahtvorbereitung 146, 150
Nasenkeil 253
Nenn|druck, Rohre 403
-maß 94
Nenn|spannung, Schweißverb. 155ff., 177
-weiten 404
Nichteisenmetall, Elastizitätsmodul 355
-, Schubmodul 355
nichtrostender Stahlguss 35, 44
- -, Festigkeitswert 44
Nickel 31

niedriglegierte Stähle 30f.
- -, Festigkeitswerte 39f.
Niet, Beanspruchung 122ff., 131, 136
-, Dorn- 119
-durchmesser 120, 126
-, Durchzieh- 119
-, Einsatzgebiet 119
-, Flachrund- 119
-, -formen 119
-, Halbrund- 119
-, Hals- 131
-, Hohl- 119
-, Kopf- 132
-, Leichtmetall- 134ff.
-, Linsen- 119
-, -lochdurchmesser 120, 132
-, Nahtformen 121f.
-, Randabstände 121f., 128, 137
-, Riemen- 119
-, -risslinie 129
-, Rohr- 119
-, -schaft 118
-, -länge 120
-, Schließkopf 118
-, Senk- 119
-, Setzkopf- 118
-, Spreiz- 276
-, -teilung 121f., 128f., 137
Nietverbindung 115ff.
-, Beanspruchung, Bauteil 122ff.
-, -, Niet- 122ff., 131
-, Blechdicken 125, 136
-, Blindnietung 276
-, Doppellaschennietung 126
-, Gleitwiderstand 120
-, Kaltnietung 121
-, Laschennietung 125f.
-, Lastfälle 124
-, Leichtmetallbau 134ff.
-, Momentenanschluss 130
-, Nahtformen 118f., 121f.
-, Schwächungsverhältnis 117, 124
-, Stahlbau 123ff.
-, Warmnietung 120
-, Werkstoffe 117f., 135f.
Nietverbindung, zul. Spannungen 124f., 127, 135f.
-Nietzahl 127, 133.
Nilos-Distanzringe 448

Sachverzeichnis

Nilos-Labyrinthdichtung 459
-Ringe 445ff.
Normal|spannung 45ff.
-,-spannungshypothese 57
Normzahlen 92ff.
-, Graph. Darstellung mit 92
-, Grundreihen 93
-, Hauptwerte 93
-, Mantissen 93
-, Stufensprung 93
Nut|ring 432ff.
-tiefe in der Nabe 263
- - - Welle 263
Nutzförderhöhe 395

Oberflächen|angaben
-, Anordnung der Symbole 114
-, Begriffe 108, 110f.
-, Beschaffenheit 112
-, Eintragung in Zeichnungen 112
-, -faktor κ 69, 74
-, Gestaltabweichung 110
-, Glättungstiefe 110
-, Kennzeichen der Rillenrichtung 114
-, Rauheit 110
-, Rauheitsklassen 113
-, -, Fertigungsverfahren 113
-, Rauhtiefe 111ff.
-symbole 112
-, technische 108ff.
-, Tragantteil 113
Ober|last 61
- spannung 61
OMEGAT-Dichtsatz 436
O-Ringe 426f., 434
-, Maße 427
Ösen, Federenden 378

Packungen 429ff.
-, Bemessung 429
-, Knet- 430
-, Metall- 430
-, Weichpackungstopfbuchse 430
-, Weichstoff- 429f.
-, Wirkungsweise 431
Parallel|schieber 419
-schubfeder 381
Pass|feder 262f.
-kerbstift 273ff., 276
-scheiben 263f.

Passschraube 319ff., 328
Passungen 96ff., 105
Passungen, Druckhülsen 233
-, Kerbstifte 277
-, Paarungsauswahl 103
-, Passungsauswahl 103, 105
-, Passfedern 262, 263
-, Pressverbände 244
-, Ringfeder-Elemente 258
-, Spannverbindung 230
-, System "Einheits|bohrung" 97, 105
-, - -"welle 97, 105
-, Wälzlager 103f.
-, Zahnwellenverb. 268
plastische Formänderung 241
Plastizitätsdurchmesser 243
Pleuelschraube 339
Poisson-Zahl 47, 238, 248, 379
Polygonprofil 270f.
Press|schweißen 142, 163
-sitzverbindung, Flansche 423
Pressverbindung 234ff.
-, Aufgaben beim Auslegen 235
-, Längspresssitz 234, 250
-, Querpressverband 236ff.
Probestab 64f.
Profildichtung 426ff.
Profile, formschlüssige Verbindungen 265ff.
Profilschnitt der Oberfläche 111, 235
Prüfdruck 404, 406
Punktschweißverbindung 161, 164

Quadringdichtung 431, 433
Querkeil 252
Querpressverbände 236ff.
-, Beanspruchung bei gegebenem Fugendruck 247
-, - durch Rotation 236
-, - elastisch 236ff.
-, - - -plastisch 241ff.
-, Beanspruchungsfälle 247
-, Beispiel 248f.
-, Deformation der Rauheiten 235
-, "dickwandige Rohre" 236
-, Drehmomenteinfluss 239f.
-, Einpresskraft 245
-, Elastizitätsmodul 248

Querpressverbände, Erwärmungsmittel 252
-, -temperatur 245
-, Fertigen 250ff.
-, Festlegen der Passung 244, 249
-, fiktive Streckgrenze 236
-, Hauptaufgaben 235
-, Hohlwelle unter Außendruck 238
-, Iteration 243
-, Mindest-Fugenpressung 240
-, modifizierte Schubspannungshypothese 236
-, Nabe unter Innendruck 236
-, plastische Formänderung 241
-, Plastizitätsdurchmesser 243
-, Poisson-Zahl 47, 238, 248, 379
-, Presspassung 234
-, Rechnungsgang 246f.
-, Reibungszahl 221
-, Schrumpftemperatur 245
-, Sicherheit 240
-, Spannungsverteilung 237
-, Toleranzen und Passungen 105, 244, 248f.
-, Übermaß 96, 234f., 239f., 244,
-, -, bezogenes 239, 247
-, -, erforderliches 239
-, Übermaßpassung 93, 234, 244
-, Vollwelle unter Außendruck 239
-, Wärmeausdehnungskoeffizient 245
-, zul. Fugendruck 240f., 244
-,- Spannung 240
Querzahl 47, 238, 248, 379
-, Gummi 379

Radial|spannung 179, 237f.
-, Wellendichtringe 435ff.
- -, Beständigkeit 439
- -, Drehdruck- 438
- -, Einbaubeispiele 438
- -, Maße 436
- -, mit Schutzlippe 438
- -, Werkstoffe 439
- -, zul. Drehzahlen 438
- -, - Druck 438
Randabstand 121, 128, 137
Rändelmutter 293
Rauheit 110ff.

Rauheit, Eintragung in Oberflächensymbole 112f.
-, gemittelte Rauhtiefe 111ff.
-, Gestaltabweichung 110
-, Glättungstiefe 110
-, Messungssystem 110
-, Mittenrauhwert 111ff.
-, plastische Deformation 235
-, Profil|höhe 110
-, -Kappenhöhe 111
-, -schnitt 111f.
-, -taltiefe 111
-, Rauheitsklassen 113
-, Rauhigkeit, Rohre 397
-, Rautiefe 111
Raumzahl, Feder 350, 354
Regelgewinde 285
Regel für Dampfkessel 184
Reibkorrosion 250
reibschlüssige Verbindung 217ff.
-, Dehnhülse 233
-, Drehmomentübertragung 219ff.
-, Druckhülsen 232f.
-, Gestalten 250ff.
-, Keilverbindung 252f.
-, Kegelverbindung 225f.
-, Klemmverbindung 222ff.
-, -, Ein-Gelenkpunktmodell 222f.
-, -, Zwei-Gelenkpunktmodell 223f.
-, Längspresssitz 234, 250
-, Pressverbindung 234ff.
-, Querpressverband 234ff.
Reibkorrosion 250
Reibungsschluss 219f.
-, -, gleichmäßig verteilte Flächenpressung 219
-, -, punktförmiger Kraftangriff 220
-, Ringspann|verbindung 227ff., 230
-, -scheiben 231
-, Schrumpfscheiben 231
-, Toleranzringe 234
Reibung 219, 224, 226, 245, 294f., 298, 314f., 321, 324, 431
-, Berührungsdichtungen 428 431, 434
-, Festkörper- 429, 432
-, Flüssigkeits- 429, 432

Reibung, Gewinde- 294ff.
-, Misch- 297, 428, 433
-, Nietverbindung 120f.
-, Ruhereibung 220
-, Schraubenverbindung 294ff., 321
-, Stopfbuchsen 431
Reibungs|beiwerte bzw. -koeffizienten oder -ziffern
- -, reibschlüssige Verbindungen 219ff., 221, 234
- -, Schrauben 298, 314f.
-kegel 226
-kraft 120f., 219, 294
-moment 296
-schluss 219
-winkel 226, 295ff., 307, 325
Resonanz 351, 367
Reynoldssche Zahl 397
Ring|federspannverbindung 227, 230
-spaltdichtung 452f.
-spannscheiben 227
Rohr 395ff.
-, Aluminium- 407
-, -arten 405f.
-, -bestellung 404
-, Blei- 405
-, DIN-Normen 391ff., 403ff.
-, geschweißtes 405
-, Gewinde- 405
-, Grauguss- 405
-, Hosen- 410
-, Korrosionsschutz 405
-, Kunststoff- 407
-, Kupfer- 405
-, Lichtweite 404
-, Messing 405
-, Muffen- 405, 411
-, nahtloses 405
-, Nennweiten 404
-, Präzisionsstahl- 405
-, Werkstoffe 405f.
Rohrleitung 391ff
-, Berechnen 395ff.
-, -, Beispiel 407
-, -, Druckdifferenz 395
-, Ersatzlänge 397
-, -, Flüssigkeitsstrom 395
-, -, hydraul. Gefälle 395f.
-, -, Leitungsquerschnitt 395

Rohrleitung, Ersatzlänge, Nutzforderhöhe 395
-, -, Strömungs|energie 395
-, -, -geschwindigkeit 397
-, Druckstufen 403
-, -, Betriebsdruck 403
-, -, Nenndruck 404
-, -, Prüfdruck 404
-, Verluste 396, 398
-, -Koeffizient 396f.
-, -, Reynoldsche Zahl 397
-, -, Wandrauhigkeit 397
-, Wanddicke, Berechnung 398
-, -, Dickenzuschlag 400
-, -, Geltungsbereich 399
-, -, Rostzuschlag 400
-, -, Sicherheit 400
Rohrleitung, Wanddicke, Verschwächungsfaktor 397, 400
-, Wärmedehnung 400f.
-, -, Ausgleich 401
-, -, Reaktionskraft 401
-, -, Widerstandsbeiwert 395, 398
Rohrleitungsführung 402
-, Drehstopfbuchse 401
-, Faltenrohrbogen 402
-, Kennfarben 394
-, Kugelstopfbuchse 401
-, Leitungsplan 394
-, Membrankompressor 402
-, Schubstopfbuchse 402
-, Sinnbilder 394
Rohrleitungsschalter 414ff.
-, Absperrventil 417f.
-, Drossel|klappe 420
- , -ventil 417
-, Druckminderventil 417
-, Hahn 414f.
-, Keil|schieber 420
-, Parallel- 419
-, Rohrbruchventil 418
-, Rückschlag|klappe 421
-, - ventil 418
-, Schieber 419f.
-, Schnellschluss|ventil 418
-, Sicherheits- 418
-, Stopfbuchshahn 414
Rohrverbindungen 409ff.
-, Flansch- 411f.
-, gelötete 204
-, geklebte 212

Sachverzeichnis

Rohrverbindungen, Muffen- 411
-, Schweiß- 408f.
-, Schraub- 411
-, Verschraubung 412f.
Rund|dichtring 434
- nähte, Schweißen 162, 167, 193
- schnurring 427
- stab 65, 68, 72

Satz von Steiner 50
Schalldämmfähigkeit, Gummi 380
Scheiben, blanke 274
-feder 262f., 381ff.
-, Zahn- 329
Schenkelfeder 354, 356f., 373
Scherfestigkeit, Punktschweißverb. 164
Schieber 419f.
schiefe Ebene 307
Schlankheitsgrad 54f., 325
Schließkopf 118
Schmelzschweißen 140
Schnellschlussventil 418
Schraube 279ff.
-, Abschätzen des Durchmessers 317
-, Arten 289
-, Beanspruchung 297
-, -, Biege- 304
-, -, Scher- 319f., 321
-, -, schwingende 310f.
-, -, Verdreh- 311
-, -, Zug- 311, 322
-, Befestigungs- 295
-, Berechnen 308ff.
-, Bewegungs- 296, 324
-, -, Wirkungsgrad 325f.
-, Dauerhaltbarkeit 311
-, Deckel- 327
-, Dehn- 293, 299, 314ff., 323, 328, 332, 339
-, - schaftquerschnitt 316
-, Einschraubtiefe 313, 291
-, federnde Länge 300
-, Festigkeitsklassen 287f.
-, Gewinde 283ff.
-, -, Gestaltung 330
-, -, gleitfeste 321
-, -Normen 279, 283f.
-, -, Regel- 283f., 285
-, -tolerierung 284

Schrauben|tolerierung, Trapez 283f., 286
-, Kerndurchmesser 285f.
-, Kraft an d. Streckgr. 316
-, -verhältnis 303, 319
- -, Kräfte im Gewinde 291f.
-, Lochleibungsdruck 319ff.
-, Mutter-Normen 281
-, -Arten 289
-, Nachgiebigkeit 300
-, Normen 279
-, Pass- 292, 321f.
-, Pleuel- 339
-, Rechnungsgang 313
-, Reibungs|winkel 295
-, -zahlen 296, 298
-, Schaftdurchmesser 316
-, Sicherung 281, 328f., 333
-, Spannungs|ausschlag 310
-, -querschnitt 300
-, Temperatureinfluss 289f.
-, Toleranzlagen 284, 286
-, Vergleichsspannung 312
-, Verspannungsschaubild 297f.
-, Vorspannkraft 296, 309, 312, 314ff., 323
-, warmfeste 289f.
-, Werkstoffe 287f.
Schrauben|druckfeder 363ff.
-zugfeder 377f.
Schraubenverbindung 279ff.
-, Anzieh|drehmoment 296, 314f.
-, -faktor 305f.
-, Ausführungen 326ff.
-, Berechnungsbeispiele 334ff.
-, Bemessungsgrundlagen 308ff.
-, Bohrungsdurchmesser 306
-, Druckbehälterbau 323
-, Durchgangsloch 306
-, Ersatzquerschnitt 301
-, -zylinder 301
-, exzentrische Belastung 304
-, Flächenpressung 305, 306
-, Gestaltung 330
-, gleitfeste – 317, 320f.
-, Hochdruckanlage 328
-, Klemmkraft 309
-, Kräfte 291ff., 302ff., 308ff.
- Krafteinleitung 302f.
-, -verhältnis 303

Schrauben, Lastfall 319ff.
-, Lösen, selbsttätiges 306ff.
-, Mutter 293, 327f.
-, Nachgiebigkeit 299ff.
-, Pfad zur Berechnung 318
-, -, querbelastete 309
-, Scher-Lochleibungs- 319
-, Setzen der 304, 306
-, -sicherung, Normen 281
-, Spannungsausschlag 310
-, Stahlbau 319ff., 342
-, Vergleichsspannung 312
-, Verspannungsschaubild 297
-, Zugbeanspruchung 322
Schrumpftemperatur 245
Schub|feder, Gummi 381f.
-mittelpunkt 51
-modul, Gummi 380
- -, Nichteisenmetall 355
- -, Gusseisen 42
- -, Stahl 354
-spannung 47, 48, 50, 52f., 57, 88, 131, 157f., 162, 165, 210
-spannungshypothese 57
-stopfbuchse 401
Schutzdichtungen 457f.
Schwächungsverhältnis v, Nietverbindung 124
-, Rohr 397, 400, 409
Schweißen, Abbrennstumpf- 142, 165
-, AD-Merkblätter 140, 182
-, Arbeitspositionen 145
-, Druckbehälter 178ff.
-, Elektronenstrahl- 142
-, Gasschmelz- 142
Schweißen, Kessel- und Behälterbau 178ff.
-, Laserstrahl- 142
-, Lichtbogenhand- 141
-, Maschinenteile 168ff.
-, Metallschutzgas- 141
-, Pressschweißen 142
-, Punkt- 161, 164
-, Stahlbauten 173ff.
-, Unterpulver- 141
-, Verfahren 122
-, Werkstoffe 143f.
-, Wolfram-Inertgas- 141
-, Zusatzwerkstoffe 144
Schweißnaht, Arten 144ff., 410

Schweißnaht, Bewertung 145
-, Bezeichnung 144
-, Darstellung 145, 147ff.
-, Nahtform 145
-, Spannungsrichtungen 177
-, Symbole 146, 147ff.
Schweißstoß 144
Schweißverbindung 139ff.
-, Beanspruchungsgruppen 170f., 173
-, Behälterbau 152, 178ff., 196
-, Berechnen 155ff.
-, Berechnungsbeispiele 164ff., 186ff.
-, -, Behälter 196
-, -, Federkonsole 192
-, -, Gabelstück 164
-, -, Hebel 195
-, -, Kettenrad 167
-, -, Konsolträger 166
-, -, Lagerbock 190
-, -, Stabanschluss 186
-, -, Stirnrad 193
-, -, Trägeranschluss 186, 188
-, -, Winkelhebel 188
-, -, Zapfen 165
-, Bewertung 145
-, Bewertungs|faktor 164, 170
-, -gruppen 145
-, -ziffer 183
-, Dauerhaltbarkeit 169f., 172, 174
-, Druckbehälter 178ff.
-, -, Berechnung 169, 178ff.
-, -, AD-Merkblätter 182
-, -, Ausschnitte 184, 185
-, -, Boden 183
-, -, TRD 184
-, dynamische Beanspruchung 168f.
Schweißverbindung, Eigenspannungen 170
-, Fachwerkknoten 153
-, Flankenkehlnaht 159
-, Formzahl 169
-, Gestaltung 151ff.
-, Kehlnähte 158ff.
-, Kerb|fälle 170, 171f.
-, -wirkung 157
-, Kesselbau 178ff.
-, Kranbau 170

Schweißverbindung, Kreuzstoß 161
-, Laschenstoß 161
-, Lastfall 173
-, Naht|anhäufung 154
-, -dicke 156ff., 175
-, -formen 147ff., 152, 156ff.
-, -länge 152, 156ff., 162, 175
-, -vorbereitung 150
-, Nennspannungen 155, 157, 162, 177f., 179
-, Punkt- 161ff.
-, -, Abscherspannung 163
-, -, Durchmesser 164f.
-, -, Nenn- 176
-, Rohr|knoten 153, 172
-, -leitung 409f.
-, Rundnähte 167
-, ruhende Beanspruchung 168
-, schwingende Beanspruchung 168
-, Sicherheit 164, 168f., 181f.
-, Stahlbau 173
-, -, bauliche Durchbildung 178
-, -, Naht|dicke, -länge 175
-, -, Nennspannung 177f.
-, -, Vergleichsspannung 178
-, -, Vorschriften 170f.
-, -, Werkstoff 175
-, Stirnkehlnaht 159
-, Stumpfnähte 156ff.
-, Trägeranschluss 153, 186
-, T-Stoß 160
-, Verbundkonstruktion 151
-, Vorschriften 140
-, Wertigkeit 182f.
Schweißverbindung, zul. Spannung 167ff., 174, 176
Schwefel 31
Schwellfestigkeit 38, 63, 168f.
Schwerlinie 128
Schwimmringdichtung 452
Schwinge 82
Schwingung 351, 367f., 383
Schwingungsdauer 350f.
Seilrolle 272
Selbsthemmung 294, 307, 326
Senkkerbnagel 274f.
Setzkopf 118
Shore-Härte 379f.
Sicherheit, allg. 71ff., 78f.

Sicherheit, Druckbehälter 182
-, formschlüssige Verbindung 255f.
-, Kessel 181
-, Klebverbindung 206ff.
-, Lötverbindung 197ff.
-, Nietverbindung 123
-, Pressverbindung 220, 223
-, Schrumpfverbindung 240ff.
-, Schweißverbindungen 164, 168, 181f.
Sicherungs|ringe 257f., 261
-scheibe 257f.
Silizium 32
Sinterteile 28
Smith-Diagramm 38ff., 62f.
Spalt|breite, Lötverbindung 198ff.
-dichtung 452
Spann|element 227f., 230
-hülse 274ff.
-satz 230
Spannung 45ff.
-, Abscher- 45, 48, 93, 117, 127, 132, 136, 163f., 176f., 198ff., 203, 208ff., 319ff.
-, Biege- 45, 49ff., 157, 162, 165ff., 187ff., 354
-, Druck- 45, 48, 157, 162, 165f., 236f.
-, Ermittlung 45ff.
-, Flächenpressung 56f., 219f., 241ff., 260, 264, 269
-, Grenz- 45, 59ff., 60, 71
-, Haupt- 18, 45, 47, 75
-, Anwendungsbeispiel 75
-, normal- 45, 47
-, Knick- 53ff., 107
-, Mittel- 45, 61f., 67, 170, 309f.
-, Nenn- 45, 155, 157, 162, 165
-, Normal- 45ff., 57, 71
-, Ober- 61, 72f., 170, 309f., 370
-, resultierende 45, 88
-, Schrumpf- 237ff.
-, Schub- 45, 47f., 50, 52f., 57f., 77, 88, 131, 157f., 162, 165 207, 210, 381
-, Tangential- 46, 52f., 71, 179f., 238
-, Torsions- 45f., 52f., 65ff., 77, 87f., 162, 167, 195, 311, 340, 365, 374

Sachverzeichnis

Spannung, Unter- 61, 72f., 170, 309f., 370
-, Vergleichs- 45, 56ff., 75ff., 88, 157, 162, 177, 179, 187, 237, 311f., 324
-, Zug 45, 47, 60, 86, 124, 126 157, 162, 164f.
-, zulässige 47ff., 52, 78f., 174
-, -, Aluminiumlegierungen 118, 135f.
-, -, Bauteile 125, 320
-, -, Bolzen und Stifte 255f.
-, -, Federn 354, 370f., 374, 381
-, -, Flächenpressung 264, 306
-, -, formschl. Verbindg. 255f.
-, -, Hub- 373f.
-, -, Klebverbindg. 210, 216
-, -, Krane 174, 176
-, -, Leichtmetallbau 118, 134f.
-, -, Lötverbindung 197, 202
-, -, Nietverbindung 118, 135f. 155ff.
-, -, reibschl. Verbindung 241f., 244, 248
-, -, Schrauben 305, 311, 319
-, -, Schub- (Stahlbau) 125, 174, 176
-, -, Schweißverbindung 154f., 157, 162, 168, 174, 176
-, -, Schwellbeanspruchung 168f.
-, zulässige, Stahlbau 125, 174, 176, 320
-, -, Wechselbeanspruchung 168f.
Spannungs|ausschlag 62, 70, 75ff., 383f.
- -, ertragbarer 38, 40f., 67f., 69, 354, 358, 373
- -, Grenz- bei Dauerbruch 62
-erhöhung 64
-gefälle 72f.
-gleichungen, Feder 354, 361, 365
-kollektiv 170, 173
-querschnitt 310f.
-spielbereich 170
-spitze 64f., 161
-verteilung, Presssitz 227f., 237
-zustand 45f.
- -, ebener 46
- -, räumlicher 46
- -, zweiachsiger 46

spezifische Federung 347
Spiralfeder 354, 356
Spreizniete 276
Sprengring 257
Spritzring 439
Stahl, warmfester 60, 180
Stahlbau 123f., 173, 292, 319, 320
Stähle, Kennwerte 32f., 37ff., 43, 63, 180
-, Schweißbarkeit 32, 143
Stahlhochbau 122
-, geschweißt 173, 176
Stahlguss 35, 37ff.
-, nichtrostender 35
-, warmfester ferritischer 35
Stangendichtung 433
Steckkerbstift 273ff.
Steigung, Gewinde 283, 285f.
Steiner, Satz von 50, 186
Stifte 274ff.
Stiftverbindung 273ff.
Stirnkehlnaht 159
Stodola 455
stoffschlüssige Verbindung 120ff.
Stopfbuchse
-, flüssigkeitsgesperrte 430, 456
-, Weichpackungs- 430f.
Stopfbuchs|hahn 414
- packung 429ff.
Stoß (schweißverb.) 154f., 160f.
-, Momenten- 221
- zahl φ 163, 221
Streckgrenze (Fließ-) 37ff., 60
Stribeck-Kurve 431
Strömung 394ff.
Strömungsdichtung 452ff.
Stumpfnaht 155ff.
Stützwirkung 73, 77
Systemlinie 128

Tangential|spannung 46, 52, 163, 179, 236, 324
-keil 252f.
technische Richtlinie, Dampfkessel 140, 184f.
Tellerfeder 357ff.
-, Berechnung 354, 357ff.
-, Festigkeit 358
-, Kenn|linien 359f.
-, -werte 354, 372
-, Kombinationen 359

Tellerfeder, Maße 360
-, Spannung 361
Temperguss 34, 143
-, Festigkeitswerte 42
-, Grenzspannungen 63
Tetmajer-Gerade 54f.
Titan 32
Toleranzen 92f., 101ff.
-, Abmaß 94, 98
-, -, Grenz- 94
Toleranzen, Abmaß, Grund- 95, 101ff.
-, -, oberes 94, 98
-, -, unteres 94, 98
-, Allgemein- 93
-angabe in Zeichnungen 104, 106
- - bei Kegeln 108f.
-faktor 95
-feld 95
- - lage 98, 101ff.
-, Allgemein- 93, 104
-, Form- 106f.
-, -, Symbole 106f.
-, -, für Kerbstifte 227
-, Gewinde 386
-, Grenz|maß 94
- -, Höchst- 94
- -, Ist- 94
- -, Mindest- 94
- -, Nenn- 94
-, Grundbegriffe 94
-, Grund- 95, 101
-, Grundtoleranzgrad 95, 97f., 100ff.
-, -, Berechnung 101
-klasse 95, 98
- -, Bezeichnung 98
-, Kurzzeichen 97f.
-, Lage- 104
-, Maß- 95
-, Paarungsauswahl 103
-, Passfeder 104
-, Passtoleranz 96
-, Passung 96
-, -, Spiel- 96
-, -, Übergangs- 96
-, -, Übermaß- 96
-, -, Wälzlager- 103
-, Passungs|auswahl 103, 105f.
-, -system 94, 97
-, Spiel 95

Toleranzen, Spiel, Höchst- 95
-, -, Ist- 95
-, -, Mindest- 95
-, System Einheitsbohrung 94, 97
-, - Einheitswelle 94, 97
-, Übermaß 96
-, -, Höchst- 96
-, -, Ist- 96
-, -, Mindest- 96
-zone 106f.
Topfmanschetten 431
Torsions|spannung 46, 52, 77, 88, 167, 311, 324
-stäbe mit beliebigem Querschnitt 53
-wechselfestigkeit 38, 40ff., 63
Träger, genietet 128ff.
Träger, geschweißt 135f., 153 186f.
Trägheitsradius 54, 325
Trapezgewinde 286

Überlappungs|nietung 121
-verhältnis 210
Übermaß 96, 238
Umrechnungsbeziehungen 10
Undichtheits|strom 455
-wege 428
unlegierte Stähle 30
- -, Festigkeitswerte 37f.
unlösbare Verbindungen 115ff., 139ff.
Unter|last 61, 309, 370
-pulverschweißen 141
-spannung 61f., 72, 170, 310, 370

Vanadin 32
VDI-Richtlinien, Federn 390
- -, Festigkeitsberechnung 89
- -, Gestalten 27
- -, Kleben 216
- -, Konstruktionsmethodik 27
- -, Löten 206
- -, Schrauben 343
Ventil 414
-, Bauarten 417
-, Kegel- 415
-teller 415
Verbindungen, formschlüssige 255ff.
-, gleitfeste 321

Verbindungen, Kegel- 225f.
-, Keil- 252f.
-, Keilwellen- 265f.
-, Kleb- 206ff., 207
-, Klemm- 222ff.
-, Löt- 197ff.
-, Niet- 115ff.
-, Pass|feder- 262
-, -schrauben 319
-, Press- 234ff.
-, Profilwellen- 265ff., 268f.
-, reibschlüssige 217ff.
-, Ringspann- 227f., 230
-, Rohr- 409
-, Scher-Lochleibungs- 319
-, Schrauben- 279ff., 282ff.
-, Schrumpf- 236ff.
-, Schweiß- 139ff.
-, Spann- 227
-, stoffschlüssige 139ff.
-, unlösbare 115ff., 139ff.
Verdreh|schub-Feder 381
-spannung (Torsions-) 46f., 59, 63, 77, 87, 162, 167, 195, 225, 311f., 324, 340, 365, 370, 378
Verformung, elastisch 47, 236
-, - -plastisch 201f.
-, Gleichungen, Feder 354
Vergleichsspannung 57ff., 75ff., 88, 157, 162, 178f., 237, 240 311, 324, 341
-, Pressverbindung 237, 240
-, Schraubenverbindung 311f., 317, 324
-, Schweißverbindung 157, 162, 178f.
Vergütungsstähle 32
-, Schwingfestigkeit 40
-, Werkstoffwerte 39
Verlustkoeffizient ς 396, 399
Verschleiß 17
Verschraubung, Rohr 412
-, -, Einschraub- 413
-, -, überwurf- 413
Verschwächungsbeiwert v, Nietverbindung 124
-, Rohr 400
Verspannungsschaubild 297f.
Volumenstrom 395
Vorgehensplan beim Konstruieren 11ff.

Vorgehensplan beim Konstruieren, Ausarbeiten 12
-, Entwerfen 11
-, Ideensuche 12
-, Klärung der Aufgabenstellung 12
-, Konzipieren 11
-, Lösungs|findung 12
-, -prinzipien 12
-, planen 11
-, Produktplanung 12
Vorspannkraft 222f., 296, 309, 314f., 319
Vorspannung, Federn 372, 378
-, Schrauben 296, 309, 312, 314f.
V-Ring-Wellendichtung 432, 435, 441

Wämeausdehnung α_9, lineare 60, 245, 400f.
Walzverbindung 422
Warm|festigkeit, Kesselblech 180
-streckgrenze 60
Wechselfestigkeit 38, 40f., 74
Weich|löten 198ff., 204
-packung 429
-stoffmembran 458
Weichstoffpackung 429
Wellen|dichtringe 436ff.
-sicherung 257ff.
Werkstoffe, Aluminiumlegierungen 36, 118
-, austenitisches Gusseisen 35
-, Baustähle 32, 37f.
-, Einsatzstähle 33, 39, 41
-, Eisen- 31ff.
-, Festigkeitswerte 37ff.
Werkstoffe für
- - Bolzen und Stifte 273f., 277f.
- - Federn 346, 359, 372ff.
- - Klebverbindungen 216
- - Lötverbindungen 199f., 203
- - Nietverbindungen 117f.
- - reibschlüssige Verbindungen 251
- - Rohrleitungen 405f.
- - Schrauben 287f., 290
- - Schweißverbindungen 143f., 174, 176, 180ff.
-, Gusseisen 33f., 42

Sachverzeichnis

Werkstoffe, hochlegierte Stähle 31
-, Kerbstift- 273f., 277
-, Klebstoffe 216
-, Kunststoffe 36f.
-, Legierungszusätze 31f.
-, Leichtmetalle 36, 63, 135f.
-, Naben- 250, 264
-, nicht rostender Stahlguss 35, 44
-, niedriglegierte Stähle 30
-, Normen 28f.
-, Nummern 37ff.
-, Stahl 29ff., 37ff.
-, -guss 35, 42ff.
-, -, Schweißzusatz 144
-, Temperguss 34, 42
-, unlegierte Stähle 30
-, Vergütungsstähle 32, 39f.
-, warmfeste Stähle 33, 60, 290
-, warmfester Stahlguss 35, 43

Wechselfestigkeitsverhältnis 74f.
Whitworth-Gewinde 283f.
Widerstandsbeiwert 396f.
Windungsdurchmesser 347, 367
Wirkungsgrad, Bewegungsschraube 325f.
Wöhler-Versuche 62
Wolfram 32
-, -Inertgas-Schweißen 141

Zahnwellenverbindung 265, 268
Zeit|dehngrenze 181
-standfestigkeit, Kesselbleche 181
Zellenbauweise 153, 215
Zentrierung bei Zahnwellenverbindung 269
Zug|feder 363ff. 372, 374, 377f.
-festigkeit 37ff., 60, 125

Zug|mutter 327
-spannung 47f., 60, 86, 124, 126, 157, 162, 165
-versuch 60
- -, Dehngrenze 37ff., 60
- -, Streckgrenze 37ff., 60
Zulässige Axialkraft für Sicherungsringe 261
- Drehzahl (Dichtung) 439
- Spannung s. unter Spannung
Zulässiger Druck (Dichtung) 439
Zusammenschalten von Federn 348f., 358f.
Zusammengesetzte Beanspr. 68
Zusatzlasten 124, 175
Zweischnittigkeit 121
Zylinder-Kerbstift 273ff.
-stift 273, 275